Das Tierreich.

Eine Zusammenstellung und Kennzeichnung der rezenten Tierformen.

Begründet von der Deutschen Zoologischen Gesellschaft.

Im Auftrage der

Preußischen Akademie der Wissenschaften zu Berlin

herausgegeben von

F. E. Schulze (†), W. Kükenthal (†),

fortgesetzt von **K. Heider.**

Schriftleiter: **C. Apstein.**

„Πάντα ῥεῖ." *„Sine systemate chaos."*

47. Lieferung.

Coelenterata.

Gorgonaria

bearbeitet von

Prof. W. Kükenthal (†)
Berlin.

Mit 209 Abbildungen.

Berlin und Leipzig 1924
Walter de Gruyter & Co.
vormals G. J. Göschensche Verlagshandlung — J. Guttentag, Verlagsbuchhandlung
Georg Reimer — Karl J. Trübner — Veit & Comp.
Ausgegeben Oktober 1924

Das Tierreich.

Im Auftrage der

Preußischen Akademie der Wissenschaften zu Berlin

herausgegeben von

F. E. Schulze (†), W. Kükenthal (†),

fortgesetzt von **K. Heider.**

Schriftleiter: **C. Apstein.**

---

47. Lieferung.

Coelenterata

Gorgonaria

bearbeitet von

Prof. W. Kükenthal (†)
Berlin.

Mit 209 Abbildungen.

Berlin und Leipzig 1924
Walter de Gruyter & Co.
vormals G. J. Göschensche Verlagshandlung — J. Guttentag, Verlagsbuchhandlung
Georg Reimer — Karl J. Trübner — Veit & Comp.
Ausgegeben Oktober 1924

Druck: August Hopfer, Burg Bz. Mgdbg.

Inhalt.

Die Literatur wurde bis 1. Januar 1923 berücksichtigt.

Da der Autor nicht mehr den Druck seiner Arbeit erlebt hat, hat die Korrekturen bis Bogen 26 Herr Dr. Moser, Kustos am Museum für Naturkunde in Berlin, freundlichst gelesen.

Druckfehler:

p. 199 *E. sasappo* statt *sassapo*
p. 364 *J. santa crucis* statt *sanctae crusis*

Literatur-Kürzungen

Abh. Ak. Berlin — Abhandlungen der Königlichen Akademie der Wissenschaften zu Berlin. Berlin. 4.
Abh. Bayer. Ak. — Abhandlungen der mathematisch-physikalischen Classe der Königlich Bayerischen Akademie der Wissenschaften. München. 4.
Abh. Schles. Ges. — Abhandlungen der Schlesischen Gesellschaft für vaterländische Cultur. — Abtheilung für Naturwissenschaften und Medicin. Breslau. 8.
Abh. Senckenb. Ges. — Abhandlungen herausgegeben von der Senckenbergischen naturforschenden Gesellschaft. Frankfurt a. M. 4.
Agassiz, Nomencl. zool. — Nomenclator zoologicus, continens Nomina systematica Generum Animalium tam viventium quam fossilium. Auctore L. Agassiz. 1 Vol. & Index universalis. Soloduri. 1842—46, 46. 4.
Amer. J. Sci. — The American Journal of Science and Arts. New Haven (New York). 8.
An. Mus. Chile — Anales del Museo Nacional de Chile. Leipzig. 4.
Ann. Mus. Paris — Annales du Muséum |national| d'Histoire naturelle. Paris. 4.
Ann. nat. Hist. — The Annals and Magazine of natural History, including Zoology, Botany, and Geology. London. 8.
Annot. zool. Jap. — Annotationes zoologicae Japonenses. Tokyo. 8.
Ann. Soc. Agric. Lyon — Annales des Sciences physiques et naturelles, d'Agriculture et d'Industrie, publiées par la Société Royale |nationale||Impériale| d'Agriculture, etc., de Lyon ([ser. 4 & sequ.:] Annales de la Société |Impériale| d'Agriculture, Histoire naturelle et Arts utiles de Lyon). Lyon, Paris. 8.
Ann. Univ. Lyon — Annales de l'Université de Lyon. Paris. 8.
Arch. Mus. Paris — Archives du Muséum d'Histoire naturelle. Paris. 4.
Arch. Naturg. — Archiv für Naturgeschichte. Berlin. 8.
Arch. Zool. expér. — Archives de Zoologie expérimentale et générale. Paris. 8.
Ark. Zool. — Arkiv för Zoologi utgifvet af K. Svenska Vetenskaps-Akademien. Stockholm. 8.
Bergens Mus. Aarbog(k) — Bergens Museums Aarbog. Afhandlinger og Aarsberetning udgivne af Bergens Museum. Bergen. 8.
Bergens Mus. Aarsber. — Bergens Museums Aarsberetning. Bergen. 8. Anno 1885 bis 91: 1886—92. [sequ.: *Bergens Mus. Aarbog*]
Berlin. ent. Z. — Berliner entomologische Zeitschrift. Berlin. 8.
Bertoloni, Rar. Ital. Plant. — Rariorum Italiae Plantarum decas tertia. Accedit specimen zoophytorum Portus Lunae. Auctore Antonio Bertoloni. Pisis. 1810. 8.
Bielschowsky, Revis. Gorgon. — Eine Revision der Familie Gorgoniidae. Dissertation von Eva Bielschowsky. Breslau. 1918. 8.
Bih. Svenska Ak. — Bihang till Kongl. Svenska Vetenskaps-Akademiens Handlingar. — Afdelning 4, Zoologi. Stockholm. 8.
Billberg, Enum. Ins. — Enumeratio Insectorum in Museo Gust. Joh. Billberg. [Holmiae.] 1820. 4.
Blainville, Man. Actin. — Manuel d'Actinologie ou de Zoophytologie, contenant . . . Avec un Atlas . . . Par H. M. D. de Blainville. Paris. 1834 [& 1837]. 8.
Bull. Mus. Harvard — Bulletin of the Museum of comparative Zoology at Harvard College, in Cambridge. Cambridge. Mass., U. S. A. 8.
Bull. Mus. Paris — Bulletin du Muséum d'Histoire naturelle. Paris. 8.

Bull. U. S. Fish Comm. — Bulletin of the United States Fish Commission. Washington. 8.

Catesby, Pisc. Imag. — Piscium Serpentum Insectorum aliorumque nonnulorum Animalium nec non Plantarum quarundam Imagines quas Marcus Catesby in posteriore Parte splendidi illius Operis quo Carolinae Floridae et Bahamensium Insularum tradidit Historiam naturalem eiusque Appendice descripsit vivis Coloribus pictas edere coeperunt Nicolaus Fridericus Eisenberger et Georgius Lichtensteger. Norimbergae (Nürnberg). 1750. 2.

Cavolini, Mem. Stor. Polip. — Memorie per servire alla Storia de' Polipi marini di Filippo Cavolini. Napoli. 1785. 4.

Chiaje, Mem. Stor. Not. — Memorie sulla Storia e Notomia degli Animali senza Vertebre del Regno di Napoli di (scritte da) Stefano delle Chiaje (Chiaie). Vol. 1—4; Atl. Napoli. 1823 [1824], 25, 28, 29; 22. 4 & 2.

CR. Ac. Sci. — Comptes rendus hebdomadaires des Séances de l'Académie des Sciences. Paris. 4.

Cuvier, Règne an. — Le Règne animal distribué d'après son Organisation, pour servir de Base à l'Histoire naturelle des Animaux et d'Introduction à l'Anatomie comparée. Par [Georges] Cuvier. Tom. 1—4. Paris. 1817. 8.

G. Cuvier, Règne an., ed. 2 — Le Règne animal distribué d'après son Organisation, pour servir de Base à l'Histoire naturelle des Animaux et d'Introduction à l'Anatomie comparée. Par [Georges] Cuvier. Nouvelle Édition, revue et augmentée. [Tom. 4 & 5:] Par [Pierre André] Latreille. Tom. 1—5. Paris. 1829, 29, 30, 29, 29. 8.

Dejean, Cat. Col., ed. 2 — Catalogue des Coléoptères de la Collection de M. le Comte [P. F. M. Auguste] Dejean. [Editio 2.] Lief. 1—5. Paris. 1833 (1833, 34, 35). 8.

Denk. Ak. Wien — Denkschriften der Kaiserlichen Akademie der Wissenschaften. — Mathematisch-naturwissenschaftliche Classe. Wien. 4.

Denk. Ges. Jena — Denkschriften der medicinisch-naturwissenschaftlichen Gesellschaft zu Jena. Jena. 4.

Descr. Égypte — Description de l'Égypte, ou Recueil des Observations et des Recherches qui ont été faites en Égypte pendant l'Expédition de l'Armée Française, publié par les Ordres de sa Majesté l'Empereur Napoléon le Grand. — Histoire naturelle. Tom. 1ı—1ıv, 2; Planches. Paris. 1809 [1809—27], 13 [1818, 29] [1]). 4 & 2.

Dict. Sci. nat. — Dictionnaire des Sciences naturelles, ... Par plusieurs Professeurs du Jardin du Roi, et des principales Écoles de Paris. [Réd. par F. Cuvier.] *v.* 1—60; Planches. Strasbourg et Paris (Paris). 1816—30. 8.

D. Südp. Exp. — Deutsche Südpolar-Expedition 1901—1903. Im Auftrage des Reichsamtes des Innern herausgegeben von Erich von Drygalski. Zoologie. Berlin. 4.

Duchassaing, An. rad. Antill. — Animaux radiaires des Antilles par P. Duchassaing. Paris. 1850. 8.

Duchassaing, Rev. Zooph. Spong. Antill. — Revue des Zoophytes et des Spongiaires des Antilles. P. Duchassaing de Fontbressin. Paris. 1870. 8.

Edinb. new phil. J. — The Edinburgh new philosophical Journal. Conducted by Robert Jameson. Edinburgh. 8.

Ellis, Nat. Hist. Corall. — An Essay towards a natural History of the Corallines, and other Marine Productions of the like Kind, commonly found on the Coast of Great Britain and Ireland. To which is added, the Description of a large Marine Polype, taken near the North Pole by the Whalefishers, in the Summer 1753. By John Ellis. London. 1756. 4.

Ellis & Solander, Zooph. — The natural History of many curious and uncommon Zoophytes, collected from various Parts of the Globe by the late John Ellis. Systematically arranged and described by the late Daniel Solander. London. 1786. 4.

---

[1]) Cfr.: C. Davies Sherborn in: P. zool. Soc. London, 1897 p. 285.

Ergeb. Hamburg. Magalh.-Sammelr. — Ergebnisse der Hamburger Magalhaensischen Sammelreise 1892/93. Herausgegeben vom Naturhistorischen Museum zu Hamburg. Hamburg. 1896—1907. 8.

Ergeb. Tiefsee-Exp. — Wissenschaftliche Ergebnisse der Deutschen Tiefsee-Expedition auf dem Dampfer „Valdivia" 1898—1899. Im Auftrage des Reichsamtes des Innern herausgegeben von Carl Chun und nach seinem Tode fortgesetzt von A. Brauer, E. Vanhöffen und C. Apstein. Jena. 4.

Esper, Pflanzenth. — Die Pflanzenthiere in Abbildungen nach der Natur mit Farben erleuchtet nebst Beschreibungen von Eugenius Johann Christoph Esper. Nürnberg. 4.

Exp. antarct. Franç. — Expédition antarctique française (1903—1905) commandée par Jean Charcot. Sciences naturelles: Documents scientifiques. Paris. 4.

Exp. Travailleur & Talisman — Expéditions scientifiques du Travailleur et du Talisman pendant les Années 1880, 1881, 1882, 1883. Ouvrage publié sous les Auspices du Ministère de l'Instruction publique sous la Direction de A. Milne-Edwards. Paris. 4.

Fauna Geogr. Maldiv. — The Fauna and Geography of the Maldive and Laccadive Archipelagoes. Being the Account of the Work carried on and of the Collections made by an Expedition during the years 1899 and 1900 edited by J. Stanley Gardiner. Vol. 1, 2. Cambridge. 1903 (1901—03), 1903, 05. 4.

Fauna S. W. Austral. — Die Fauna Südwest-Australiens. Ergebnisse der Hamburger Südwestaustralischen Forschungsreise 1905, herausgegeben von W. Michaelsen und R. Hartmeyer. Jena. 8.

F. Fl. Neapel — Fauna und Flora des Golfes von Neapel und der angrenzenden Meeres-Abschnitte herausgegeben von der zoologischen Station zu Neapel. Leipzig (Berlin). 4.

Filhol, Vie Fond Mers — La Vie au Fond des Mers. Les Explorations sous-marines et les Voyages du Travailleur et du Talisman par H. Filhol. In Bibliothèque de la Nature publiée sous la Direction de Gaston Tissaudier. Paris. 1885. 8.

Forh. Selsk. Christian. — Forhandlinger i Videnskabs-Selskabet i Christiania. Christiania. 8.

Gmelin-Linné, Syst. Nat. — Caroli a Linné Systema Naturae per Regna tria Naturae, secundum Classes, Ordines, Genera, Species, cum Characteribus, Differentiis, Synonymis, Locis. Editio XIII, aucta, reformata. Cura Jo. Frid. Gmelin. — Tomus I. Pars 1—7. Lipsiae. 1788 [Pars 6 & 7: 1791]. 8.

Gorzawsky, Gorgon. — Die Gorgonarenfamilien der Primnoiden und Muriceiden. Hubert Gorzawsky. Diss. Breslau. 1908. 2.

Gray, Cat. Lithoph. Brit. Mus. — Catalogue of Lithophytes or Stony Corals in the Collection of the British Museum. J. E. Gray. London. 1870. 8.

Gray, Syn. Brit. Mus. — [J. E. Gray] Synopsis of the Contents of the British Museum. Ed. 42. London. 1840. 8. (Ed. 44. London. 1842. 8.)

Herdman, Rep. Ceylon Pearl Fish. — Report of the Government of Ceylon on the Pearl Oyster Fisheries of the Gulf of Manaar, by W. A. Herdman. With supplementary Reports upon the marine Biology of Ceylon, by other Naturalists. Published .... by the Royal Society. London. 4.

Int. Fisch.-Ausstel. Berlin, Ital. Abt. — Internationale Fischerei-Ausstellung in Berlin im Jahre 1880. Italienische Abtheilung. Berlin. 8.

Isis — Isis |Encyklopädische Zeitschrift, vorzüglich für Naturgeschichte, vergleichende Anatomie und Physiologie| von [Lorenz von] Oken. Leipzig. 4.

J. Coll. Japan — The Journal of the College of Science, Imperial University, Japan. Tokyo. 8.

J. Fish. Bureau Tokyo — Journal of the Imperial Fisheries Bureau. Tokyo. 8.

J. Linn. Soc. London — The Journal of the Linnean Society. — Zoology. London. 8.

J. mar. biol. Ass. — Journal of the marine biological Association of the United Kingdom. Plymouth and London. 8.

Johnston, Hist. Brit. Zooph. — A History of the British Zoophytes by George Johnston. Ed. 2. *v.* 1, 2. London. 1847. 8.

J. R. micr. Soc. — Journal of the Royal microscopical Society. London. 8.

Klunzinger, Korall. Rot. Meer. — Die Korallthiere des Roten Meeres von C. B. Klunzinger. *v.* 1—3. Berlin. 1877, 79, 79. 4.

Koch, Anthoz. Guinea — Ueber die von Herrn Prof. Dr. Greff im Golf von Guinea gesammelten Anthozoen. Dissertation von Wilhelm Koch. Bonn. 1886. 8.

Kölliker, Icon. histiol. — Icones histiologicae oder Atlas der vergleichenden Gewebelehre. Herausgegeben von A. Kölliker. I. Abtheilung: Der feinere Bau der Protozoen. II. Abtheilung: Der feinere Bau der höheren Thiere. 1. Heft. Die Bindesubstanz der Coelenteraten. Leipzig. 1864, 65. 4.

Koren & Danielssen, Nye Alcyon. Gorg. & Pennat. Bergens Mus. — J. Koren & D. C. Danielssen, Nye Alcyonider, Gorgonider og Pennatulider tilhörende Norges Fauna. Bergen. 1883. 2.

Lacaze-Duthiers, Hist. Corail — Histoire naturelle du Corail, Organisation-Reproduction. Pèche en Algérie-Industrie et Commerce par H. Lacaze-Duthiers. Paris. 1864. 8.

Lamarck, Hist. An. s. Vert. — Histoire naturelle des Animaux sans Vertèbres, présentant les Caractères généraux et particuliers de ces Animaux, ...; précédée d'une Introduction ... Par [Jean Baptiste] de Lamarck. Tom. 1—5, 6I & II, 7. Paris. 1815, 16, 16, 17, 18, 19, 22, 22. 8.

Lamarck, Hist. An. s. Vert., ed. 2 — Histoire naturelle des Animaux sans Vertèbres, présentant les Caractères généraux et particuliers de ces Animaux, ...; précédée d'une Introduction .... Par J. B. P. A. de Lamarck. 2. Édition. Revue et augmentée de Notes présentant les Faits nouveaux dont la Science s'est enrichie jusqu'a ce Jour; par G. P. Deshayes et H. Milne Edwards. Tom. 1—11. Paris. 1835—45. 8.

Lamarck, Syst. An. s. Vert. — Système des Animaux sans Vertèbres, ou Tableau général des Classes, des Ordres et des Genres de ces Animaux. Par J. B. Lamarck. Paris. 1801. 8.

Lamouroux, Expos. Polyp. — Exposition méthodique des Genres de l'Ordre des Polypiers, avec leur Description ... Par J. Lamouroux. Paris. 1821. 4.

Lamouroux, Hist. Polyp. — Histoire des Polypiers coralligènes flexibles, vulgairement nommés Zoophytes. Par J. V. F. Lamouroux. Caen. 1816. 8.

Lesson, Traité Orn. — Traité d'Ornithologie, ou Tableau méthodique des Ordres, Sous-Ordres, Familles, Tribus, Genres, Sous-Genres et Races d'Oiseaux. Par R. P. Lesson. Cum atl. Paris. 1830, 31. 8.

Linné, Syst. Nat., ed. 10 — Caroli Linnaei Systema Naturae per Regna tria Naturae, secundum Classes, Ordines, Genera, Species, cum Characteribus, Differentiis, Synonymis, Locis. Editio X, reformata. — Tomus I. Holmiae. 1758. 8.

Linné, Syst. Nat., ed. 12 — Caroli a Linné Systema Naturae per Regna tria Naturae, secundum Classes, Ordines, Genera, Species, cum Characteribus, Differentiis, Synonymis, Locis. Editio XII, reformata. — Tomus I. Pars 1, 2. Holmiae. 1766, 67. 8.

Mag. Ins.-Kunde — Magazin für Insektenkunde, herausgegeben von Karl Illiger. Braunschweig. 8.

Mar. Invest. S. Afr. — Marine Investigations in South Africa. Cape of Good Hope. Department of Agriculture. Cape Town. 8.

Marsilli, Hist. Mer — Histoire physique de la Mer. Ouvrage enrichi de Figures dessinées d'après le naturel par Louis Ferdinand Comte de Marsilli. Amsterdam. 1725. 2.

Meddel. Grönl. — Meddelelser om Grønland, udgivne af Commissionen for Ledelsen af de geologiske og geographiske Undersøgelser i Grønland. Kjøbenhavn. 8.

Mem. Acc. Torino — Memorie della Reale Accademia delle Scienze di Torino. — Scienze fisiche, matematiche e naturali. Torino. 4.

Mem. Austral. Mus. — Australian Museum, Sydney. Memoir. Sydney. 8.

Mem. Boston Soc. — Memoirs read before the Boston Society of natural History, being a new Series of the Boston Journal of natural History. Boston. 4.

Mém. Mus. Paris — Mémoires du Muséum d'Histoire naturelle. Paris. 4.
Mém. Soc. zool. France — Mémoires de la Société zoologique de France. Paris. 8.
H. Milne-Edwards, Hist. Corall. — Histoire naturelle des Coralliaires ou Polypes proprement dits par H. Milne Edwards [et J. Haime]. Tome 1—3. Paris. 1857, 57, 60. 8.
Milne-Edwards & Haime, Monogr. Brit. foss. Corals — A Monograph of the British fossil Corals. By H. Milne-Edwards and Jules Haime. Part 1—5. London. 1850—54 (1850, 51, 52, 53, 54). 4.
Monber. Ak. Berlin — Monatsberichte der Königlich Preussischen Akademie der Wissenschaften zu Berlin. Berlin. 8.
Monit. zool. Ital. — Monitore zoologico Italiano. Pubblicazioni Italiane di Zoologia, Anatomia, Embriologia. Diretto dei Giulio Chiarugi, Eug. Ficalbi. Siena, Firenze. 8.
Morphol. Jahrb. — Morphologisches Jahrbuch. Leipzig. 8.
Mt. Ges. Bern — Mittheilungen der naturforschenden Gesellschaft in Bern. Bern. 8.
Mt. Ges. Lübeck — Mitteilungen der geographischen Gesellschaft und des Naturhistorischen Museums in Lübeck. Lübeck. 8.
Mt. Stat. Neapel — Mittheilungen aus der zoologischen Station zu Neapel. Leipzig (Berlin). 8.
Müller, Naturs. Linné — Des Ritters Carl von Linné vollständiges Natursystem nach der zwölften lateinischen Ausgabe [und nach Anleitung des Holländischen Houttuynischen Werks] mit einer ausführlichen Erklärung ausgefertigt von Philipp Ludwig Statius Müller. Theil 1—4, 5 I & II, 6 I & II; Supplement- und Register-Band. Nürnberg. 1773, 73, 74, 74, 74, 75, 76, 75; 89 (76). 8.
O. F. Müller, Zool. Dan,. ed. 3 — Zoologia Danica seu Animalium Daniae et Norvegiae rariorum ac minus notorum Descriptiones et Historia. Auctore Othone Friderico Müller. Ad Formam Tabularum denuo edidit Frater Auctoris ([Vol. 3:] Descripsit et Tabulas addidit Petrus Christianus Abildgaard) ([Vol. 4:] Descripserunt et Tabulas dederunt P. C. Abildgaard, M. Vahl, J. S. Holten, J. Rathke). [Editio 3.] Vol. 1—4. Havniae. 1788, 88, 89, 1806. 2.
N. Acta Ac. Leop. — Nova Acta Academiae Caesareae Leopoldino-Carolinae Germanicae Naturae Curiosorum. Verhandlungen der Kaiserlichen Leopoldinisch-Carolinischen Akademie der Naturforscher. Norimbergae (Erlangen) (Bonn). 4.
Nat. antarct. Exp. — National antarctic Expedition 1901—1904. Natural History. London. 4.
N. Bull. Soc. philom. — Nouveau Bulletin des Sciences, par la Société philomatique de Paris. Paris. 4.
Norske Selsk. Skr. — Det Kongelige Norske Videnskabers-Selskabs Skrifter. Trondhjem. 8.
Ov. Danske Selsk. — Oversigt over det Kongelige Danske Videnskabernes Selskabs Forhandlinger og dets Medlemmers Arbeider. Kjöbenhavn. 4 (8).
Ov. Trondhjemsfjordens Fauna — Oversigt over Trondhjemsfjordens Fauna.
P. Ac. Philad. — Proceedings of the Academy of natural Sciences of Philadelphia. Philadelphia. 8.
Pallas, Elench. Zooph. — P. S. Pallas, Elenchus Zoophytorum sistens Generum Adumbrationes generaliores et Specierum cognitarum succinctas Descriptiones cum selectis Auctorum Synonymis. Hagae-Comitum. 1766. 8.
P. Amer. Ac. — Proceedings of the American Academy of Arts and Sciences. Selected from the Records. Boston and Cambridge. 8.
P. Boston Soc. — Proceedings of the Boston Society of natural History. Cambridge (Boston). 8.
P. Essex Inst. — Proceedings of the Essex Institute. Salem. 8.
P. Irish Ac. — Proceedings of the Royal Irish Academy. — [Ser. 2:] Science. Dublin. 8.
P. phys. Soc. Edinb. — Proceedings of the Royal physical Society of Edinburgh. Edinburgh. 8.
P. R. Soc. London — Proceedings of the Royal Society of London. London. 8.
P. U. S. Mus. — Proceedings of the United States national Museum. Washington. 8.

P. zool. Soc. London — Proceedings of the zoological Society of London. London. 8.
Quart. J. micr. Sci. — Quarterly Journal of microscopical Science. London. 8.
Rafinesque, Anal. Nat. — Analyse de la Nature ou Tableau de l'Univers et des Corps organisés. Par C. S. Rafinesque. Palerme. 1815. 8.
Rep. mar. Zool. Okhamandal —
Rep. U. S. Fish Comm. — United States Commission of Fish and Fisheries. Report of the Commissioner. Washington. 8.
Rep. Voy. Alert — Report on the zoological Collections made in the Indo-Pacific Ocean during the Voyage of H. M. S. „Alert" 1881—82. London. 1884. 8.
Rep. Voy. Challenger — Report on the scientific Results of the Voyage of H. M. S. Challenger during the Years 1873—76 under the Command of George S. Nares and Frank Tourle Thomson. Prepared under the Superintendence of |the late| C. Wyville Thomson and now of John Murray. London, Edinburgh, Dublin. 4.
Rep. Voy. Challenger, Narr. — Report on the scientific Results of the Voyage of H. M. S. Challenger during the Years 1873—76 under the Command of George S. Nares and |the late| Frank Tourle Thomson. Prepared under the Superintendence of the late C. Wyville Thomson and now of John Murray. — Narrative. Vol. 1 Part I & II, Vol. 2. London, Edinburgh, Dublin. 1885, 85, 82. 4.
Résult. Camp. Monaco — Résultats des Campagnes scientifiques accomplies sur son Yacht par Albert Ier Prince souverain de Monaco. Publiés sous sa Direction avec le Concours de Jules de Guerne (Jules Richard). Monaco. 4.
Rev. Suisse Zool. — Revue Suisse de Zoologie et Annales du Musée d'Histoire naturelle de Genève. Genève. 8.
Rev. zool. — Revue zoologique, par la Société Cuvierienne. Paris. 8.
M. Sars, Koren & Danielssen, Fauna littor. Norveg. — Fauna littoralis Norvegiae ved M. Sars, J. Koren, D. C. Danielssen. *v.* 2. Bergen. 1856. 2.
SB. Ges. Fr. Berlin — Sitzungsberichte der Gesellschaft naturforschender Freunde zu Berlin. Berlin. 4, 8.
SB. Ges. Marburg — Sitzungsberichte der Gesellschaft zur Beförderung der gesammten Naturwissenschaften in Marburg. Marburg. 8.
A. F. Schweigger, Handb. Naturg. — Handbuch der Naturgeschichte der skelettlosen ungegliederten Thiere von August Friedrich Schweigger. Leipzig. 1820. 8.
Sci. Invest. Fish. Ireland — Scientific Investigations. Fisheries Branch. Department of Agriculture and Technical Instruction for Ireland. Dublin. 8.
Siboga-Exp. — Résultats des Explorations zoologiques, botaniques, oceanographiques et géologiques entreprises aux Indes néerlandaises orientales en 1899—1900 à bord du Siboga sous le Commandement de G. F. Tydeman. Publiés par Max Weber. Leiden. .8.
Skr. Selsk. Trondhiem. — Det Trondhiemske Selskabs Skrifter. *v.* (Deel) 1—3. Kiøbenhavn. 1761—1765. 4.
Svenska Ak. Handl. — Kongliga Svenska Vetenskaps-Akademiens Handlingar. Stockholm. 8 (4).
J. A. Thomson & W. D. Henderson, Alcyon. Investigator — An Account of the Alcyonarians collected by the Royal Indian Marine Survey Ship Investigator in the Indian Ocean by J. A. Thomson & W. D. Henderson. Calcutta. 1906. *v.* 1. The Alcyonarians of the Deep Sea. 4.
J. A. Thomson & J. Simpson, Alcyon. Investigator — An Account of the Alcyonarians collected by the R. Indian maiine Survey Ship Investigator in the Indian Ocean by J. Arthur Thomson & J. J. Simpson. *v.* 2. Calcutta. 1909. 4.
Tr. Connect. Ac. — Transactions of the Connecticut Academy of Arts and Sciences. New Haven. 8.
Tr. Linn. Soc. London — The Transactions of the Linnean Society of London. — [Ser. 2:] Zoology. London. 4.
Tr. micr. Soc. London — The Transactions of the |Royal| microscopical Society of London. London. 8.
Tr. R. Soc. Edinb. — Transactions of the Royal Society of Edinburgh. Edinburgh. 4.

Tr. zool. Soc. London — Transactions of the zoological Society of London. London. 4.

U. S. expl. Exp. — United States exploring Expedition. During the Years 1838—42. Under the Command of Charles Wilkes. *v.* 1—17. New York, Philadelphia etc. 1846—1858. 4 & 2.

Verh. Ges. Würzburg — Verhandlungen der physikalisch-medicinischen Gesellschaft in Würzburg. Erlangen (Würzburg). 8.

Verh. Ver. Hamburg — Verhandlungen des Vereins für naturwissenschaftliche Unterhaltung zu Hamburg. Hamburg. 8.

Verrill, Check-L. mar. Invert. — Preliminary Check-List of the marine Invertebrata of the Atlantic Coast from Cape Cod to the Gulf of St. Lawrence. Prepared for the U. S. Commission of Fish and Fisheries. By A. E. Verrill. New Haven. 1879. 8.

Vid. Meddel. — Videnskabelige Meddelelser fra den naturhistoriske Forening i Kjøbenhavn for Aarene .... Kjøbenhavn. 8.

Voy. Astrol. — Voyage de Découvertes de l'Astrolabe, exécuté par Ordre du Roi, pendant les Années 1826—29, sous le Commandement de J. Dumont d'Urville. — Zoologie, par [Jean Réné Constantin] Quoy et [Jean Paul] Gaimard. *v.* 1—4; Atl. Paris. 1830, 32, 34(35), 33; 33. 8 & 2.

Voy. Vénus — Voyage autour du Monde sur la Frégate la Vénus, commandée par A. du Petit-Thouars. 11 *v.* & 4 Atl. Paris. 1840—55. 8 & 2. — Zoologie. Cum Atlas. Paris. 1855, 46. 8 & 2.

Willey,. Zool. Results — Zoological Results based on Material from New Britain, New Guinea, Loyalty Islands and elsewhere, collected during the Years 1895, 96 and 97 by Arthur Willey. (Part) 1—5. Cambridge. 1898—1900. 4,

Zool. Anz. — Zoologischer Anzeiger. Leipzig. 8.

Zool. Jahrb. — Zoologische Jahrbücher. — Zeitschrift für Systematik, Geographie und Biologie der Thiere. Jena. 8.

Zool. Jahrb., Syst. — Zoologische Jahrbücher. — Abtheilung für Systematik, Geographie und Biologie der Thiere. Jena. 8.

Zweite D. Nordpolarf. — Die zweite Deutsche Nordpolarfahrt in den Jahren 1869 und 1870 unter Führung des Kapitän Karl Koldewey. Herausgegeben von dem Verein für die Deutsche Nordpolarfahrt in Bremen. Band 1, 2. Leipzig. 1873 (1873, 74), 74. 8.

Z. wiss. Zool. — Zeitschrift für wissenschaftliche Zoologie. Leipzig. 8.

Systematischer Index

[Neue Gattungs- und Artnamen sind durch ein Kreuz (†) bezeichnet]

Ordo: Gorgonaria

1756 *„Keratophyta“*, Ellis, Nat. Hist. Corall., p. 56 | 1758 *Isis* + *Gorgonia*, Linné, Syst. Nat., ed. 10 p. 799, 800 | 1766 *G.* + *I.*, Pallas, Elench. Zooph., p. 160, 220 | 1786 *G.* + *I.*, Ellis & Solander, Zooph., p. 67, 104 | 1816 *„Polypiers corticifères (Gorgoniées + Isidées)“*, Lamarck, Hist. An. s. Vert., *v.* 2 p. 288 | 1816 *„Polypiers corticifères“* (part.) *(Gorgonieae + Isideae)*, Lamouroux, Hist. Polyp., p. 363, 458 | 1834 *Phytocorallia octactinia (Isidae + Ceratocorallia s. Gorgonina)*, Ehrenberg in: Abh. Ak. Berlin, p. 354 | 1857 *Gorgonidae*, H. Milne-Edwards. Hist. Corall., *v.* 1 p. 134 | 1865 *Gorgonacea*, A. E. Verrill in: P. Essex Inst., *v.* 4 Commun. p. 148 | 1865 *Gorgonidae*, Kölliker, Icon. histiol., p. 135 | 1870 *Zoophytaria rupicolae*, J. E. Gray, Cat. Lithoph. Brit. Mus., p. 1 | 1878 *Pseudaxonia* + *Axifera*, G. Koch in: Morphol. Jahrb., *v.* 4 p. 474 | 1887 *Pseudaxoniae* + *Gorgonacea*, G. Koch in: F. Fl. Neapel, *v.* 15 p. 17 | 1887 *G.*, Th. Studer (& P. Wright) in: Arch. Naturg., *v.* 53I p. 24 | 1919 *Gorgonaria*, Kükenthal in: Ergeb. Tiefsee-Exp., *v.* 13 pars 2 p. 9.

Die Gorgonarien sind stets koloniebildende, meist baumartig verästelte und festgewachsene Oktokorallen, deren Polypen im allgemeinen einander gleichwertig sind und kurze Gastralhöhlen besitzen, die durch ein Netzwerk von Verbindungskanälen (Solenia) miteinander verbunden sind. Darunter finden sich größere in der Längsrichtung verlaufende, aus Solenia entstandene Kanäle, die mit der Basis der Polypengastralräume in Verbindung stehen. Das Coenenchym ist in zwei Schichten differenziert, eine äußere Rindenschicht und eine innere Markschicht. Die Rindenschicht ist mit losen mesogloealen Skleriten erfüllt, in der Markschicht sind die mesogloealen Skleriten von Hornsubstanz in verschiedenem Grade eingehüllt, und es kann sich eine feste Achse ausbilden, die entweder aus teilweise oder völlig durch Kalksubstanz verkitteten Skleriten besteht, oder die Skleriten treten gegenüber der Hornsubstanz bis zum völligen Verschwinden zurück, und es bildet sich eine Hornachse aus, in welche sich in verschiedenem Grade amorphe oder kristallinische Kalksubstanz einlagern kann. Die Form der Skleriten ist sehr verschieden, in bezug auf Gestalt und Anordnung aber für die einzelnen Arten und auch für höhere Kategorien charakteristisch. Die Skleriten der Gorgonarien kommen in zwei Grundformen vor, als Spicula und als Schuppen. Die Spicula sind in einer Hauptachse ausgedehnt und erscheinen als Spindeln (siehe Fig. 111), Walzen (siehe Fig. 36), Nadeln (siehe Fig. 31), Stäbe (siehe Fig. 18), Gürtelstäbe (siehe Fig. 36), nach der Zahl ihrer seitlichen Fortsätze als „Achter“, „Zwölfer“ usw. bezeichnet, Hanteln (siehe Fig. 188) und verschieden gestaltete Keulen (siehe Fig. 88). Die Schuppen sind flach mit glattem, gezacktem, eingekerbtem, oder stacheligem Rande (siehe Fig. 147) und mit glatten, bedornten, bewarzten oder mit Leisten bedeckten Flächen (siehe Fig. 153). Dimorphismus der Polypen tritt nur bei zwei Gattungen auf.

Gorgonarien kommen in allen Meeren und in Tiefen bis über 4000 m vor.

Die Körperform ist vorwiegend eine baumartig verzweigte. Nur wenige primitive Formen bilden flache, inkrustierende Überzüge über festen Massen. Bei den litoralen Gorgonarien erfolgt die Verzweigung in der Regel in einer Ebene, bei den abyssalen nimmt entweder die Verzweigung ab bis zu völliger Unverzweigtheit, so daß die Körperform der Kolonie rutenartig wird, oder die Verzweigung ist eine allseitige und regelmäßige. Der Stamm der Kolonie ist nicht der untere Teil eines primären Polypen, sondern ein Teil des Coenenchyms, und die Polypen einer Gorgonarienkolonie sind einander gleichwertig. Die Kolonien sind auf ihrer Unterlage festgeheftet durch eine meist scheibenförmige Verbreiterung, die „Fußplatte“, oder in weichem Untergrunde durch lange, schmale oft wurzelförmig verästelte Fortsätze, „Stolonen“. Als Besonderheit ist die blattartige Verbreiterung des unteren Stammendes bei Arten der Gattung *Solenocaulon* zu erwähnen. Bei vielen Arten tritt eine Verschmelzung benachbarter Stämme, Äste und Zweige ein, und diese Anastomosenbildung kann zu einem netzförmigen Aufbau der Kolonie und schließlich zu blattartigen Bildungen führen.

Dimorphismus der Polypen ist selten und kommt nur bei den Gattungen *Corallium* und *Paragorgia* vor, wo außer den größeren Autozooiden noch kleinere Siphonozooide erscheinen. Bei den primitiveren Formen sind die Polypen meist ziemlich gleichmäßig über die gesamte Kolonie verteilt, bei der großen Mehrzahl aber sind sie vorwiegend oder ausschließlich auf deren oberen Teil beschränkt, und es ist nicht nur die Fußplatte polypenfrei, sondern auch der untere Teil des Stammes, der sogar (so bei *Solenocaulon*) zu einem scharf vom oberen polypentragenden Teil der Kolonie abgesetzten Stiel werden kann. Entweder stehen die Polypen allseitig an Stamm und Ästen, oder sie ordnen sich in seitliche Reihen an und lassen eine oder beide Flächen frei. Formen größerer Tiefen haben vielfach eine wirtelförmige Anordnung der Polypen aufzuweisen.

Bei den litoralen Formen sind die Polypen fast stets klein, bei den abyssalen dagegen größer, dafür aber weniger zahlreich. Bei allen Gorgonarien sind die Polypen so angeordnet, daß die wimpernde Schlundrinne (Siphonoglyphe), welche an einer Schmalseite des Schlundrohres entlang zieht, auf der abaxialen, d. h. der Unterlage abgewandten Seite des Polypen liegt. Man bezeichnet diese Seite des Polypen als die ventrale (siehe Fig. 1). Die dorsale Seite, die stets der Unterlage zugewandt, also adaxial ist, wird durch ein Septenpaar gekennzeichnet, dessen Muskelfahnen einander abgewandt sind. In ihrem Bau schließen sich die Polypen eng an die der Alcyonarien an. Ihr oberer dünnwandiger Teil kann sich in einen verdickten, proximalen Teil zurückziehen, der als Polypenkelch bezeichnet wird. Nicht selten ist auch der Kelch in das Innere der Kolonie zurückziehbar, und man spricht dann von einem Scheinkelch. Die Retraktionsfähigkeit ist bei litoralen Formen stärker entwickelt als bei abyssalen, wo sie völlig fehlen kann. Die dem distalen Rande des Mauerblattes aufsitzenden, hohlen Tentakeln sind stets gefiedert, und zwar stehen die Fiedern in 2 seitlichen Reihen zu meist 8—14. Nach innen von den Tentakeln liegt die Mundscheibe, von der aus sich das Schlundrohr nach innen zieht. Dessen innere Wandung ist ektodermaler Herkunft und bildet ein hohes Epithel, das mit zahlreichen einzelligen Drüsen durchsetzt ist. Die Schlundrinne (Siphonoglyphe) ist kurz und auf das untere Ende des Schlundrohres beschränkt. Die vom Mauerblatt entspringenden 8 Mesenterien sind mit der Schlundrohrwandung verschmolzen, ihre Ränder ragen unterhalb des letzteren frei in den Gastralraum hinein und tragen die Mesenterialfilamente, von denen die beiden dorsalen direkte Fortsetzungen des ektodermalen Schlundrohrepithels, auch länger sind und als zweilappige Streifen erscheinen, während die 6 anderen von dicken Massen entodermaler Zellen gebildet werden (siehe Fig. 2), die zum Teil drüsiger Natur sind.

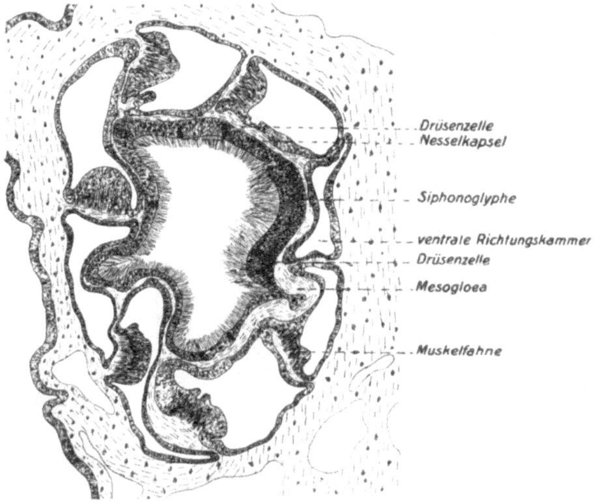

Fig. 1. Querschnitt durch einen Polypen einer Gorgonarie (**Primnoa resedaeformis**) in Höhe des Schlundrohres.

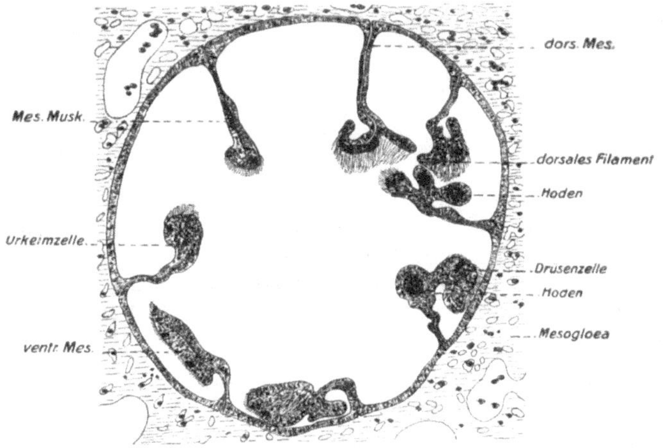

Fig. 2. Querschnitt durch einen Polypen einer Gorgonarie (**Paragorgia arborea**) unterhalb des Schlundrohres.

Die Muskulatur ist teils ektodermalen, teils entodermalen Ursprungs und mit der zwischen beiden Keimblättern gelegenen, festeren Schicht, der Mesogloea, verbunden. Die ektodermale Muskulatur ist am deutlichsten an der Innenseite der Tentakel als Längsmuskulatur ausgeprägt, die die Tentakel über die Mundscheibe und in das Schlundrohr einzuschlagen hat. Bei manchen

Formen können überdies die Tentakel sich in sich selbst einstülpen. Die entodermale Muskulatur bildet einen feinen Kranz von ringförmig die Gastralhöhle umgebenden Muskelfibrillen. Am stärksten entwickelt ist die Muskulatur der Mesenterien, wo sie auf einer Seite eines jeden Mesenteriums als Wulst entodermaler Längsmuskulatur, als Muskelfahne, auftritt, während auf der anderen Seite feine, von Entodermzellen abgeschiedene Querfasern liegen.

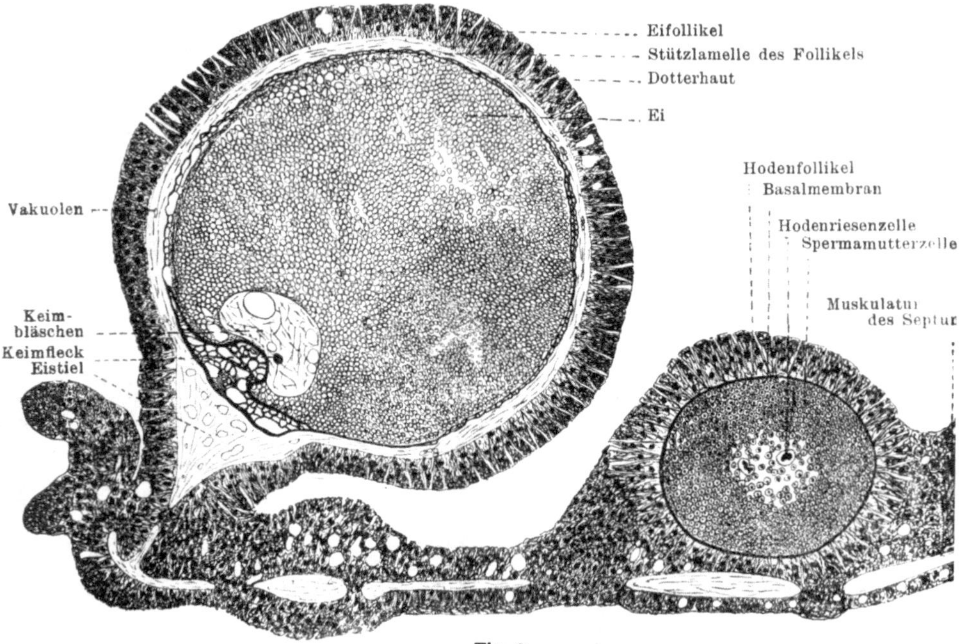

Fig. 3.
Gonaden an dem ventralen Septum einer hermaphroditischen Gorgonarie (Primnoa resedaeformis).

Die Geschlechtsprodukte entstehen an den ventralen und lateralen Mesenterien, niemals aber an den dorsalen, und zwar bilden sie sich zunächst im basalsten Polypenteile aus. Recht häufig ist Hermaphroditismus, und zwar werden die beiderlei Geschlechtsprodukte nicht gleichzeitig reif, sondern es bilden sich erst die Eier und später die Spermatozoen aus. Von Interesse ist die Auffindung zweier verschiedener Formen von Spermatozoen bei *Muricella erythraea.*

Die stets kurzen Gastralräume der Polypen sind mit entodermalem Geißelepithel ausgekleidet und miteinander durch ein System von Ernährungskanälen oder „Solenia" verbunden. Letztere sind auf basale Ausläufer des Gastralraumes des aus der Larve entstehenden Primärpolypen zurückzuführen. Es lassen sich längsverlaufende Hauptkanäle und ein peripheres Kanalnetz unterscheiden, die in wechselnder Weise mit den Gastralräumen der Polypen in Verbindung stehen und wie diese mit geißeltragenden Entodermzellen ausgekleidet sind. Mit der Ausbildung einer zentralen Achse ordnen sich die Hauptkanäle meist zu einem diese umgebenden Kranze an. Bei Formen mit seitlicher Polypenanordnung wird die radialsymmetrische Anordnung der Hauptkanäle durch Ausbildung zweier entgegengesetzt liegender, größerer Kanäle verwischt.

Die Kanäle wie der untere Teil der Polypen liegen in einer gemeinsamen Leibesmasse, dem Coenenchym, das durch Verschmelzung des Ektoderms und der sich verdickenden Mesogloea der Polypenwandungen wie der von ihnen abgehenden Stolonen entsteht. Nur der obere Polypenteil *(Anthocodia)* bleibt frei. Die Mesogloea besteht aus einer anscheinend homogen gallertigen bis festen Grundsubstanz, die mancherlei Einschlüsse enthält. Diese Grundsubstanz entsteht als Abscheidung des Ektoderms, und dessen Basalmembran bildet einen Teil der Grundsubstanz. Aus dem Ektoderm wandern Zellen und Zellstränge oder zusammenhängende protoplasmatische Massen ein (siehe Fig. 5), von denen ein Teil zu einem Netz von Zellsträngen wird. Diese können ein Lumen gewinnen und zu Zellkanälen werden, die sich aber von den entodermalen Kanälen schon dadurch unterscheiden, daß ihnen eine epitheliale Auskleidung fehlt. Von diesen aus dem Ektoderm stammenden, mesogloealen Zellsträngen und Zellkanälen kann Hornsubstanz abgeschieden werden. Andere mehr rundliche Zellen der Mesogloea, die ebenfalls aus dem Ektoderm eingewandert sind, aber nicht die stark lichtbrechenden Körnchen in gleichem Maße enthalten wie die Zellstränge, sind die Bildner der Skleriten, die Skleroblasten.

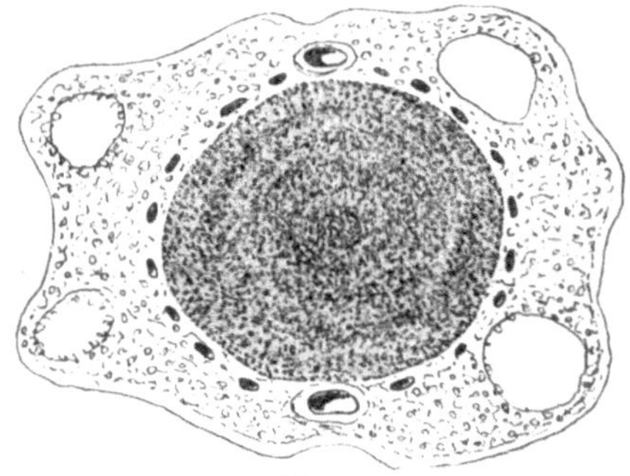

Fig. 4. Anordnung der Längskanäle bei einer skleraxonen Gorgonarie (Suberogorgia appressa).

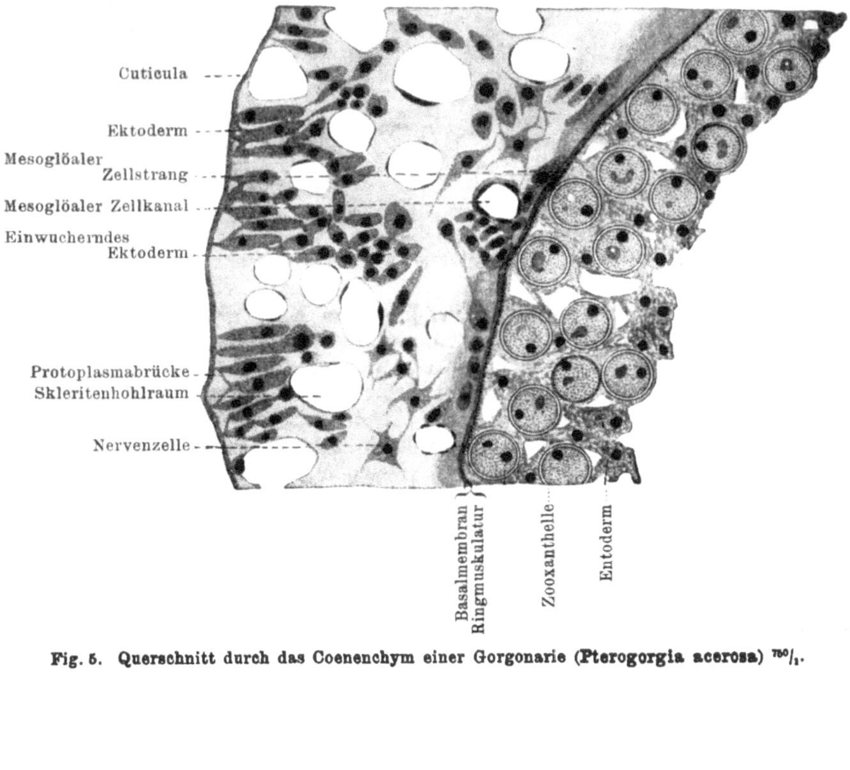

Fig. 5. Querschnitt durch das Coenenchym einer Gorgonarie (Pterogorgia acerosa) 750/1.

Ferner finden sich in der Mesogloea bindegewebige Fasern, die ebenfalls verhornen können, wie auch die Skleroblasten nach Abscheidung der Kalksubstanz des Skleriten eine diesen umschließende Hornhülle bilden können.

Schließlich ist noch ein in der Mesogloea vorkommender Plexus von Nervenzellen zu erwähnen (siehe Fig. 5).

Bei einem Teile der Gorgonarien, den Skleraxoniern, liegen die hornabscheidenden Zellen zerstreut in der Mesogloea, bei der anderen Unterordnung, den Holaxoniern, sind sie dagegen epithelartig angeordnet und bilden das „Achsenepithel". Es wird also sowohl das Hornskelett der Skleraxonier wie die Achse der Holaxonier von den gleichen mesogloealen Zellen ektodermalen Ursprunges gebildet. Bei den Skleraxoniern liegen die Skleriten entweder noch lose und unverkittet in einem Netzwerk von Horn-

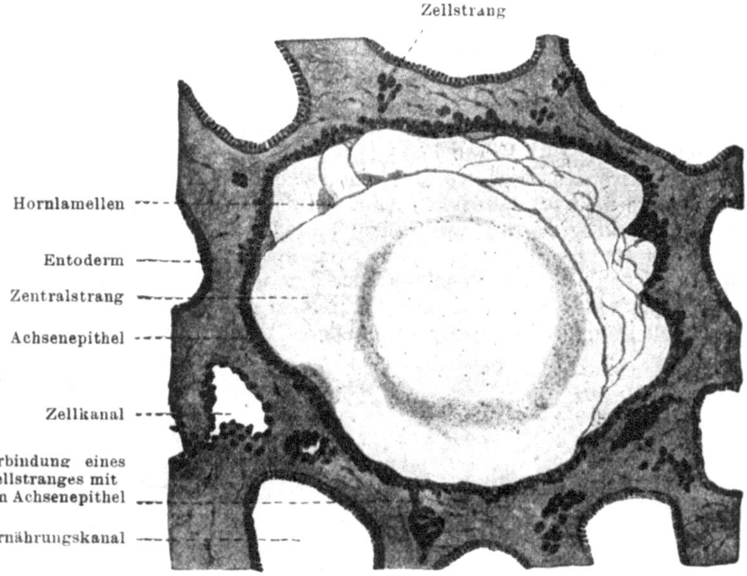

Fig. 6.
Querschnitt durch die Achse mit Achsenepithel und umgebender Mesogloea einer Plexaura $(^{125}/_{1})$.

substanz, oder sie sind durch Abscheidung von Kalksubstanz teilweise oder völlig verkittet. Da die Abscheidung dieser Skelettsubstanzen vorwiegend oder ausschließlich in dem unteren, respektive inneren Teile der Kolonie erfolgt, kommt es zur Differenzierung zweier Schichten, der Ober- oder Rindenschicht und der Unter- oder Markschicht. Mit dem Auftreten der Kittsubstanz, welche die Skleriten vereinigt, kommt es zur Ausbildung einer inneren Achse, die also schon bei einem Teile der Skleraxonier auftritt. Meist legt sich das Hornskelett in der Markschicht in Form einer Röhre an, während das Zentrum von einer wenig oder nicht verhornten Säule von Mesogloea eingenommen wird, deren Skleriten denen der äußeren Rinde gleichen. Das ist der Markstrang, dessen Entstehung so zu erklären ist, daß die Bildung der Stämme durch Einrollung und schließlich Röhrenbildung ursprünglich flacher, basaler Stolonen erfolgt ist, wodurch die äußere Rindenschicht zum Teil ins Innere gelangte. Bei den Holaxoniern bildet sich die

Achse in ganz ähnlicher Weise aus, nur treten die skelettabscheidenden Zellen in den schon erwähnten epithelialen Verband des Achsenepithels ein, und die Abscheidung von Hornsubstanz erfolgt in konzentrischen, dicht aneinanderliegenden Lamellen. Bei den Skleraxoniern werden zahlreiche Skleriten in die Achse aufgenommen, bei den Holaxoniern fehlen diese oder treten nur vereinzelt in der Achse auf. Dagegen ist auch bei den Holaxoniern im Inneren der Achse ein dem Markstrang der Skleraxonier entsprechendes Gebilde, der Zentralstrang, vorhanden, der durch Vakuolenbildung und Differenzierung eines „Schwammgewebes" aus der Mesogloea entstanden ist. Vielfach ist dieser Zentralstrang durch transversale Hornlamellen gekammert. Der Bau der Achse ist für die einzelnen Familien charakteristisch. Sowohl bei den Skleraxoniern wie bei den Holaxoniern kann es zu einer Gliederung der Achse kommen, indem rein hornige Glieder (Nodien) mit verkalkten Gliedern (Internodien) abwechseln. Das ist bei den Melitodiden und bei den Isididen der Fall. Während die Achse vorwiegend eine Hornbildung ist und Skleriten in ihr nur bei Skleraxoniern in größerer Menge vorkommen, sind in der Rindenschicht des Coenenchyms auch der Holaxonier sowie in den Polypenwandungen Skleriten meist sehr zahlreich. Diese für die einzelnen Arten wie auch größeren Gruppen in ihrer Form charakteristischen Gebilde entstehen im Inneren der aus dem Ektoderm in die Mesogloea eingewanderten Skleroblasten.

Fig. 7.
Primärpolyp von Anthoplexaura dimorpha mit davon abgehenden Knospen (nach Kinoshita).

Alle Skelettsubstanzen, sowohl die Skleriten wie die Horn- und Kalksubstanz der Achse, gehen also aus ektodermalen Zellen hervor, die in die Mesogloea eingewandert sind.

Alle Gorgonarien sind festsitzende Kolonien und daher freier Ortsbewegung nicht fähig, nur die Polypen haben bei manchen Arten eine gewisse Beweglichkeit. Auf Reize vermögen sich die Polypen oft blitzschnell einzuziehen, und auch die Nachbarpolypen werden davon ergriffen, so daß außer einem ziemlich selbständigen Nervensystem der einzelnen Polypen ein diese verbindendes koloniales Nervensystem angenommen werden muß.

Die Ernährung erfolgt im Gastralraume der Polypen, doch trifft man geformte Nahrung nur sehr selten in deren Innerem an. Das Wachstum ist nicht auf die Spitzen der Zweige beschränkt, sondern kann auch intercalar sein. Die Regenerationsfähigkeit ist eine sehr große.

Die Fortpflanzung ist eine geschlechtliche. Wie schon erwähnt, ist protogyner Hermaphroditismus recht häufig. Meist werden die reifen Geschlechtsprodukte durch die Polypen ins Wasser entleert und hier befruchtet, doch findet sich bei einigen Arten auch Viviparität. Die Entwicklung zeigt eine freischwimmende ovale oder birnenförmige Larve, Planula, die sich dann festsetzt und Schlundrohr, Septen usw. hervorgehen läßt.

Dann kommt es zur Ausbildung der Kolonie durch Ausknospen Solenia enthaltender, basaler Fortsätze, Stolonen, die neue Polypen hervorgehen lassen.

Sämtliche Gorgonarien sind Meeresbewohner und auf festem Untergrunde festgewachsen oder im Schlamm oder Sand mit wurzelartigen Fortsätzen verankert. Das einzige Verbreitungsmittel stellen daher Meeresströmungen dar, welche die freischwimmenden Larven zu transportieren vermögen. Von Hemmnissen der Verbreitung kommen zunächst größere Meerestiefen in Betracht, da die einzelnen Arten nur in begrenzten Tiefenzonen vorkommen. Nur wenige Arten haben vermocht, in das Hochseeabyssal einzudringen, und die größte Tiefe, in welcher bis jetzt eine Gorgonarie gefunden worden ist, beträgt 4209 m. Ferner bildet die Temperatur eine erhebliche Schranke. Die große Mehrzahl der Arten gehört dem Litoral des Tropengürtels an, und von da aus ist die Abwanderung einzelner Arten in die Tiefe sowie in die nördliche und südliche gemäßigte Zone erfolgt. Nur wenige Arten haben die Arktis erreicht, während die Zahl der antarktischen Arten größer ist. Zwei große Faunenbezirke lassen sich unterscheiden, der indopazifische und der atlantische. Von diesen ist das Hauptentstehungszentrum der indopazifische Ozean und insbesondere der malayische Archipel, während die große Mehrzahl der im atlantischen Ozean vorkommenden Gattungen aus dem indopazifischen Meeresgebiet eingewandert ist. Ein kleineres atlantisches Entstehungszentrum sind die Antillen.

Die Stammesgeschichte der Gorgonarien zeigt uns, daß die Ordnung aus membranös ausgebreiteten Alcyonarien entstanden ist, die zur Familie *Alcyoniidae* gehören. Der Hauptstamm hat sich aus Formen entwickelt, die der Gattung *Alcyonium* nahestanden, und aus denen zunächst die Gattung *Erythropodium* entsproßte. Zwei Seitenzweige sind wahrscheinlich von den Alcyonariengattungen *Gersemia* und *Anthomastus* abgegangen. Aus ersterer entstand *Anthothela*, aus letzterer *Paragorgia*. Im übrigen ist die Ordnung der Gorgonaria durchaus einheitlich, und die Unterordnung der Holaxonier hat sich aus der der Skleraxonier entwickelt.

2 Unterordnungen, 12 Familien, 112 sichere, 10 unsichere Gattungen, 805 sichere Arten mit 48 Varietäten und 255 unsichere Arten.

Bestimmungstabelle der Unterordnungen:

Die innere Schicht des Coenenchyms enthält lose oder verkittete Skleriten	A. Subordo: **Scleraxonia**
Die innere Schicht wird zu einer hornigen, skleritenfreien Achse	B. Subordo: **Holaxonia**

A. Subordo: **Scleraxonia**

1878 *Pseudaxonia* (part.), G. Koch in: Morphol. Jahrb., *v.* 4 p. 474 | 1887 *Scleraxonia*, Th. Studer (& P. Wright) in: Arch. Naturg., *v.* 53I p. 24 | 1919 *S.*, Kükenthal in: Ergeb. Tiefsee-Exp., *v.* 13 pars 2 p. 15.

Gorgonarien, deren Coenenchym aus einer äußeren skleritenerfüllten Rindenschicht und einer inneren Markschicht besteht, deren Skleriten entweder wie in der Rindenschicht lose in der Mesogloea liegen, oder durch mesogloeale Hornsubstanz vereinigt sind, oder aber durch Kalksubstanz in gleichmäßiger oder unregelmäßiger Verteilung teilweise oder gänzlich zu einer Achse verkittet sind.

4 Familien, 25 sichere und 2 unsichere Gattungen, 125 sichere Arten, von denen 2 in 5 Unterarten zerfallen, und 36 unsichere Arten.

Bestimmungstabelle der Familien:

1	Skleriten der Markschicht lose und nur von Hornsubstanz umscheidet; keine Achsenbildung . . .	1. Fam. **Briareidae**
	Skleriten der Markschicht durch Kalksubstanz verkittet; Achsenbildung — 2	

2	Die Achse ist ungegliedert — 3	
	Die Achse ist gegliedert	4. Fam. **Melitodidae**
3	Die Achsenskleriten sind nur mit ihren seitlichen Fortsätzen verkittet	2. Fam. **Suberogorgiidae**
	Die Achsenskleriten sind völlig zu einer soliden Kalkmasse verkittet	3. Fam. **Coralliidae**

1. Fam. **Briareidae**

1857 „*Briaracées*" (part.) [err. transcript. *Braracées*], H. Milne-Edwards, Hist. Corall., *v.* 1 p. 188 | 1859 *Briareidae*, J. E. Gray in: Ann. nat. Hist., ser. 3 *v.* 4 p. 443 | 1863 *B.*, A. E. Verrill in: Mem. Boston Soc., *v.* 1 p. 10 | 1865 *Briareaceae*, Kölliker, Icon. histiol., p. 141 | 1870 *Briareacae* (part.), Kölliker in: Verh. Ges. Würzburg, ser. 2 *v.* 2 p. 19 | 1887 *Briaridae*, Th. Studer (& P. Wright) in: Arch. Naturg., *v.* 53 I p. 26 | 1889 *Briareidae*, P. Wright & Th. Studer in: Rep. Voy. Challenger, *v.* 31 pars 64 Pref. p. 31 | 1911 *B.*, Nutting in: Siboga-Exp., *v.* 13 b5 p. 2 | 1916 *B.*, Kükenthal in: Zool. Anz., *v.* 47 p. 172 | 1919 *B.*, Kükenthal in: Ergeb. Tiefsee-Exp., *v.* 13 pars 2 p. 17.

Scleraxonier, deren Coenenchym in eine Ober- oder Rindenschicht und eine Unter- oder Markschicht differenziert ist. Die Kolonien sind entweder nur membranös ausgebreitet, oder es erheben sich von dieser Ausbreitung unverzweigte oder verzweigte, rinnenförmige, hohle oder solide Fortsätze, die Stämme. Die Markschicht enthält lose Skleriten, die von verschieden starken Hornscheiden umgeben sind. Eine zusammenhängende Achse wird nicht ausgebildet. Die Polypen sind durch ein oberflächliches Netzwerk von Solenia verbunden, während unter ihren kurzen Gastralräumen größere longitudinale Solenia verlaufen. Die Polypen sind in verschiedenem Maße retraktil, und Polypenkelche sind fast stets vorhanden. Ihre Bewehrung besteht fast durchweg aus bedornten oder bewarzten Spindeln, die eine Krone bilden. Die Grundform der Coenenchymskleriten ist die bewarzte Spindel und der Gürtelstab. Die Skleriten der Markschicht sind länger, schlanker und oft verzweigt. Rot, braun, weiß.

Atlantischer und pazifischer Ozean, meist im tropischen und subtropischen Litoral.

15 sichere, 2 unsichere Gattungen mit 32 sicheren, 15 unsicheren Arten und 1 Varietät.

Bestimmungstabelle der Gattungen:

1	Kolonien stets nur membranös verbreitert . . .	1. Gen. **Erythropodium**
	Kolonien mit aufgerichteten Stämmen — 2	
2	Polypen auf Basis wie Stämmen — 3	
	Polypen der Basis fehlend, die zu einer Fußplatte reduziert ist — 6	
3	Stämme rinnenförmige oder röhrenförmige Stolonen	2. Gen. **Solenopodium**
	Stämme durchweg solid — 4	
4	Stämme reichlich Anastomosen bildend	3. Gen. **Anthothela**
	Stämme keine Anastomosen bildend — 5	
5	Polypen kelchlos, direkt in die Rinde zurückziehbar	4. Gen. **Briareum**
	Polypen in Kelche zurückziehbar	5. Gen. **Pseudosuberia**
6	Die Markschicht ist von Ernährungskanälen durchzogen — 7	
	Ernährungskanäle fehlen der Markschicht — 10	
7	Ohne Dimorphismus der Polypen — 8	
	Mit Dimorphismus der Polypen	9. Gen. **Paragorgia**
8	Polypen kelchlos	6. Gen. **Machaerigorgia**
	Polypen in Kelche zurückziehbar — 9	

9	Stamm und Äste rund	7. Gen. **Semperina**
	Stamm und Äste abgeplattet, meist sekundär rinnen- oder röhrenförmig	8. Gen. **Solenocaulon**
10	Stamm und Äste rund, Polypen allseitig — 11	
	Stamm und Äste abgeplattet, Polypen biserial angeordnet	15. Gen. **Iciligorgia**
11	Polypen kelchlos — 12	
	Polypen in Kelche zurückziehbar — 13	
12	Grundform der Spicula sehr kleine Dreier, Vierer und Gürtelstäbe	10. Gen. **Titanideum**
	Grundform der Spicula die bewarzte Spindel . .	11. Gen. **Paratitanideum**
13	Kolonie unverzweigt	12. Gen. **Suberia**
	Kolonie verzweigt — 14	
14	Polypen gänzlich spiculafrei	13. Gen. **Spongioderma**
	Polypen dicht mit sehr kleinen Spicula erfüllt .	14. Gen. **Diodogorgia**

1. Gen. **Erythropodium** Kölliker

1860 *Xaenia* (part.), Duchassaing & Michelotti in: Mem. Acc. Torino, ser. 2 *v.* 19 p. 16 | 1865 *Erythropodium*, Kölliker, Icon. histiol., p. 141 | 1901 *E.*, Th. Studer in: Résult. Camp. Monaco, *v.* 20 p. 16 | 1906 *Alcyonium* [Subgen. *E.*] (part.), Kükenthal in: Ergeb. Tiefsee-Exp., *v.* 13 pars 1 p. 49 | 1916 *E.*, Kükenthal in: Zool. Jahrb., suppl. 11 p. 450 | 1919 *E.*, Kükenthal in: Ergeb. Tiefsee-Exp., *v.* 13 pars 2 p. 31.

Die Kolonie bildet membranöse Überzüge, die sich nicht von der Unterlage erheben. Die kleinen Polypen, denen ausgebildete Polypenkelche fehlen, sind völlig retraktil und ihre Gastralhöhlen stehen in indirekter Verbindung durch ein Netzwerk von Solenia. Das Coenenchym ist in eine Oberschicht und eine Unterschicht geschieden mit verschieden gestellten und verschieden gefärbten Skleriten. Die Grundform der Skleriten ist der Gürtelstab und die dick bewarzte Spindel. Außerdem kommt ein besonders in der Unterschicht ausgebildetes mesogloeales Hornskelett vor, das an der Basis eine feste Membran bildet.

Antillen, Marquesas-Inseln, Litoral.

2 sichere, 2 unsichere Arten.

Spec. typ.: *E. caribaeorum* (Duchass. & Mich.).

Bestimmungstabelle der Arten:

Polypenspicula kleine Gürtelstäbe	1. **E. caribaeorum**
Polypenspicula lange Spindeln	2. **E. marquesarum**

1. **E. caribaeorum** (Duchass. & Mich.) 1860 *Xaenia c.*, Duchassaing & Michelotti in: Mem. Acc. Torino, ser. 2 *v.* 19 p. 16 t. 1 f. 8—11 | 1865 *Erythropodium carybaeorum*, Kölliker, Icon. histiol., p. 141 t. 12 f. 10, 11 | 1916 *E. caribaeorum*, Kükenthal in: Zool. Jahrb., suppl. 11 p. 445 | 1919 *E. c.*, Kükenthal in: Ergeb. Tiefsee-Exp., *v.* 13 pars 2 p. 34.

Fig. 8. Skleriten der Unterschicht von **Erythropodium caribaeorum** (100/1).

Die Kolonie bildet membranöse Überzüge, die verschieden dick sein können und bis 4 mm Dicke erreichen. Die kleinen Polypen stehen in etwa 2 mm Entfernung voneinander und sind völlig in die Rinde zurückziehbar, da konstante Polypenkelche fehlen. Ihre kurzen Gastralhöhlen sind durch ein Netz von Solenia, die in verschiedener Höhe einmünden, verbunden. Das Coenenchym besteht aus einer oberen und einer basalen Schicht, die schon durch die dunkelrote Färbung der letzteren unterschieden sind. Die Skleriten sind Gürtelstäbe, und zwar Sechser, und davon ableitbare unregelmäßigere Formen (Fig. 8). In den Polypen sind sie nur 0,03 mm, in dem Coenenchym bis 0,1 mm lang und in der basalen Schicht kräftig karminrot gefärbt. Außerdem tritt in dem Coenenchym, besonders in der basalen Schicht ein mesogloeales Horngerüst auf, welches die Spicula umgibt und die Basis nach außen durch eine feste Membran abgrenzt. Farbe kräftig braunrot.

Antillen. Flaches Litoral.

2. **E. marquesarum** Kükth. 1916 *E. m.*, Kükenthal in: Zool. Anz., *v.* 47 p. 173 | 1919 *E. m.*, Kükenthal in: Ergeb. Tiefsee-Exp., *v.* 13 pars 2 p. 34.

Die Kolonie bildet membranöse Überzüge, die bis 10 mm Dicke erreichen können. Die kleinen Polypen stehen in etwa 3 mm Entfernung voneinander und sind völlig in die Rinde zurückziehbar, da nur Scheinkelche vorhanden sind (Fig. 9). Sie fehlen an der Oberseite am Umschlagsrande. Die kurzen Gastralhöhlen werden durch ein Netzwerk oberflächlicher und basaler Solenia verbunden. Das Coenenchym besteht aus einer dickeren, hellen, oberen und einer dünnen dunkelroten basalen Schicht. Die Skleriten sind Gürtelstäbe und vorwiegend Spindeln (Fig. 10). In den Polypen sind sie 0,24 mm lange, weit

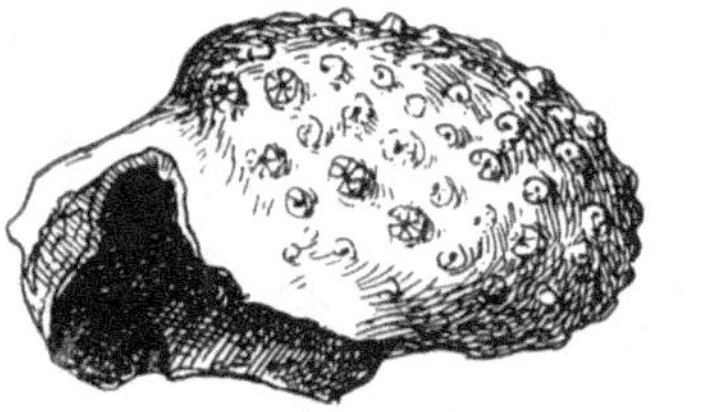

Fig. 9.
Erythropodium marquesarum (3/1).

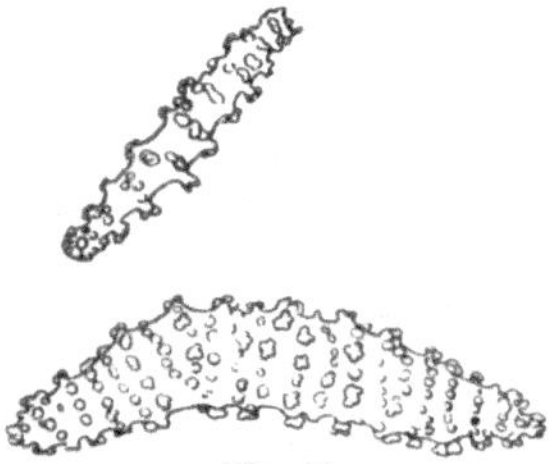

Fig. 10.
Skleriten der oberen und mittleren Rindenschicht von Erythropodium marquesarum (83/1).

bewarzte Spindeln, in der Oberschicht des Coenenchyms werden sie 0,36 mm lang, sind dicker und die großen, engstehenden Warzen sind stärker gezackt, in den tieferen Schichten treten auch Dreistrahler und ganz unregelmäßig gestaltete Körper auf; letztere überwiegen in der tieferen Basalschicht, während in dem basalsten Teile die Spicula wieder kleiner, schlanker und denen der obersten Rindenschicht ähnlicher werden. Ein Hornskelett ist in der Basalschicht vorhanden, aber spärlich entwickelt. Die Basis wird nach außen von einer festen Membran abgegrenzt. Hellbraun, Basalschicht dunkelrot.

Marquesas-Inseln. Flaches Litoral.

E. salomonense J. A. Thoms. & Mackinn. 1910 *Alcyonium (E.) s.*, J. A. Thomson & Mackinnon in: Tr. Linn. Soc. London, ser. 2 *v.* 13 p. 174 t. 12 f. 8; t. 13 f. 9 | 1919 *A. (E.) s.*, Kükenthal in: Ergeb. Tiefsee-Exp., *v.* 13 pars 2 p. 36.

Auf membranöser, inkrustierender Basis erheben sich solide warzenartige Fortsätze, welche allein die Polypen tragen. Die Polypen stehen 8 mm voneinander entfernt und sind in niedrige warzenartige Kelche zurückziehbar. Bewehrt sind sie mit 5—6 Paar konvergierenden, zarten, weißen Spindeln in 8 Doppelreihen, die auf einem Ring von 6—7 Reihen ähnlicher transversaler Spindeln ruhen. In der Mittellinie der Tentakel liegen kleine transversale Spindeln in einer Reihe angeordnet. Das Coenenchym enthält Doppelkugeln mit einem Durchmesser bis zu 0,195 mm, die sehr dicht angeordnet sind. Siegellackrot.

Chagos-Archipel. In 110—220 m Tiefe.

E. indicum (J. A. Thoms. & W. D. Hend.) 1905 *Bellonella indica,* J. A. Thomson & W. D. Henderson in: Herdman, Rep. Ceylon Pearl Fish., *v.* 3 nr. 20 p. 274 t. 6 f. 5 | 1906 *Nidalia i.,* Kükenthal in: Ergeb. Tiefsee-Exp., *v.* 13 pars 1 p. 33 | 1910 *Alcyonium (Erythropodium) indicum,* J. A. Thomson & Mackinnon in: Tr. Linn. Soc. London, ser. 2 *v.* 13 p. 174 t. 12 f. 7 | 1919 *A. (E.) i.,* Kükenthal in: Ergeb. Tiefsee-Exp., *v.* 13 pars 2 p. 37.

Kolonie aufrecht. Auf einen dicken, sterilen Stiel folgt ein walzenförmiger, polypentragender Teil, der fingerförmige Äste abgibt. Die Polypen haben 1 mm im Durchmesser haltende, achtlappige Kelche und stehen etwa ebenso weit voneinander. Tentakel mit 18 Pinnulae jederseits. In der Polypenwand liegen zahlreiche diffus verteilte Spicula. Die Coenenchymspicula sind meist bewarzte Doppelkugeln bis zu 0,08 mm Länge, außerdem kommen kleine Sechser vor. Siegellackrot mit gelben Polypenkelchen.

Seychellen in 71 m Tiefe, Ceylon im tiefen Wasser.

2. Gen. **Solenopodium** Kükenthal

1906 *Erythropodium* (part.), Kükenthal in: Ergeb. Tiefsee-Exp., *v.* 13 pars 1 p. 50 | 1908 *E.* (part.), Kükenthal in: Zool. Anz., *v.* 33 p. 19 | 1916 *Solenopodium,* Kükenthal in: Zool. Anz., *v.* 47 p. 172 | 1916 *S.,* Kükenthal in: Zool. Jahrb., suppl. 11 p. 467 | 1919 *S.,* Kükenthal in: Ergeb. Tiefsee-Exp., *v.* 13 pars 2 p. 37.

Die Kolonie ist teils membranös in einer Fläche verbreitert, teils in rinnen- oder röhrenförmigen, stammartigen Fortsätzen erhoben, die spärlich verzweigt sein können, vielfach verschmelzen und an ihrem oberen Ende auch solid sind. Basis wie Stämme bestehen aus einer Rinden- und einer Markschicht, und besonders letztere ist von horniger, netzförmiger Substanz erfüllt, die an der inneren Oberfläche eine feste Membran bildet. Die Polypen stehen auf der Oberfläche der Basis wie der der Stämme, an letzteren ringsherum, und sind in Scheinkelche zurückziehbar, die sich schließen und zurückziehen können. Die Grundform der Skleriten ist eine lange Spindel mit weitstehenden Warzengürteln. Die Polypen sind fast spiculafrei; die Spicula der Rindenschicht sind farblos, die der Markschicht rotgefärbt. Außer Spindeln kommen Dreistrahler und unregelmäßige Formen in der Markschicht vor. Ernährungskanäle durchziehen Rinde und Markschicht. Die Gastralräume der Polypen sind nur indirekt durch Verästelungen der Kanäle miteinander verbunden. Markschicht dunkelrot, Rindenschicht weißgelb oder hellgelbbraun.

Rotes Meer, Malayischer Archipel, Neupommern. Flaches Litoral.

2 sichere Arten, davon eine mit einer Varietät, 1 unsichere.

Spec. typ.: *S. stechei* (Kükth.)

Bestimmungstabelle der Arten:

Spicula Spindeln bis zu 0,6 mm Länge	1. **S. stechei**
Spicula Gürtelstäbe bis zu 0,25 mm Länge	2. **S. contortum**

1. **S. stechei** (Kükth.) 1908 *Erythropodium s.,* Kükenthal in: Zool. Anz., *v.* 33 p. 19 | 1919 *Solenopodium s.,* Kükenthal in: Ergeb. Tiefsee-Exp., *v.* 13 pars 2 p. 38.

Von membranöser Basis erheben sich rinnenförmige oder röhrenförmige Fortsätze, die sich gelegentlich etwas verzweigen und auch Anastomosen bilden können. Die walzenförmigen Stämme sind im Inneren hohl, am oberen Ende meist solid, und streckenweise können sie sich zu tiefen Rinnen öffnen. Ihr Ende ist nicht verdickt und abgerundet. Basis und Stämme bestehen aus einer hellen Rinden- und einer dunkelkarminroten Markschicht. Die Basis wird von einer festen Schicht horniger Substanz gebildet. Die Polypen stehen in 2—3 mm Entfernung an Basis wie Stämmen, sind etwa 1 mm lang und in niedrige, längsovale, achtstrahlige Kelche zurückziehbar.

Die Grundform aller Skleriten ist die Spindelform mit in weitstehenden Gürteln angeordneten Warzen. In den Polypen sind die sehr spärlichen Spicula etwas verbreiterte, mehr stabförmige Spindeln von 0,09 mm Länge. In den Kelchen stehen sie als kräftige Spindeln von 0,4 mm Länge in dichter, vorwiegend longitudinaler Anordnung, in der übrigen Rinde können sie bis 0,6 mm lang werden und sich in Dreistrahler, sowie unregelmäßige Formen umwandeln. In der Markschicht sind die rotgefärbten Spindeln schlanker, ihre sehr weitstehenden Warzen können sehr hoch und zu langen Fortsätzen werden, und es finden sich zahlreiche unregelmäßige mitunter dendritische Formen. Weißgelb, Polypenkelche an den Mündungen hellrot, Markschicht dunkelkarminrot.

Banda (Molukken). Flaches Litoral.

1a. **S. s. var. novaepommeraniae** Kükth. 1919 *S. s.* var. *n.*, Kükenthal in: Ergeb. Tiefsee-Exp., *v.* 13 pars 2 p. 901.

Von der typischen Art unterschieden durch die größere Höhe und dichtere Anordnung der Polypenkelche, durch die häufigere Rinnenform der freien Ausläufer und durch etwas stärkere Bewehrung. Braungelb.

Neupommern. Litoral.

2. **S. contortum** (Kükth.) 1906 *Alcyonium (Erythropodium) c.*, Kükenthal in: Ergeb. Tiefsee-Exp., *v.* 13 pars 1 p. 50 t. 7 f. 34—36; t. 8 f. 37—38 | 1919 *Solenopodium c.*, Kükenthal ibid., *v.* 13 pars 2 p. 41.

Fig. 11. Solenopodium stechei (¹/₁).

Die Kolonie besteht aus langen, schmalen, rinnenförmigen, eingerollten Bändern, die miteinander mehr oder minder verschmolzen sind, und auf deren konvexen Oberseite die Polypen stehen, während die hohlkehlenartige Unterseite glatt ist. Vereinzelt können sich die Rinnen zu Röhren schließen. Die Polypen sind in 1,5 mm hohe Kelche zurückziehbar, die mit bis 0,2 mm langen Gürtelstäben bedeckt sind. Ähnliche Formen bis zu 0,25 mm Länge finden sich auch in der Rinde (Fig. 12). In der Mesogloea besonders des basalen Teiles der Kolonie liegt ein Gerüst aus Hornfasern, die an der Basis in eine feste, hornige Membran eintreten. Rot.

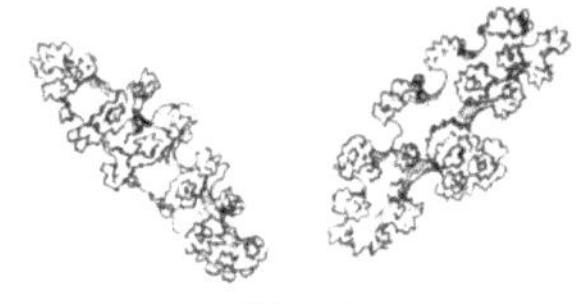

Fig. 12. Solenopodium contortum. Coenenchymskleriten.

Rotes Meer. Litoral.

S. excavatum (Nutting) 1911? *Suberia excavata*, Nutting in: Siboga-Exp., *v.* 13b5 p. 14 t. 3 f. 2, 2a; t. 11 f. 4 | 1919 *Solenopodium excavatum*, Kükenthal in: Ergeb. Tiefsee-Exp., *v.* 13 pars 2 p. 42.

Die Äste sind walzenförmig, an den Enden nicht angeschwollen und dicht bedeckt mit papillenförmigen Polypenkelchen, die schräg nach oben gerichtet sind und 3,5 mm Länge, 1,8 mm Dicke erreichen. Bei zurückgezogenen Polypen schließen sich die Kelche zu einem achtstrahligen Stern. Der retraktile Polypenteil scheint keine Bewehrung zu haben, in den Kelchen liegen in deren Längsrichtung regelmäßige Spindeln. Die Rinde ist ziemlich dünn und erfüllt mit farblosen, langen Spindeln mit zahlreichen Warzengürteln sowie dreistrahligen und unregelmäßigen Formen. Die Achse ist anscheinend von einer Muschel ausgehöhlt und mit purpurfarbenen und tief violetten, langen, starken Spindeln erfüllt, die mit dichten Warzengürteln bedeckt sind. Auch Dreistrahler und unregelmäßige Formen kommen vor. Ernährungsgefäße umgeben die Achse und durchziehen sie. Hellbraun, Tentakel gelb, Achse tief purpurfarben.

Obi (Malayischer Archipel). Litoral.

3. Gen. Anthothela A. E. Verrill

1856 *Briareum* (part.), M. Sars in: M. Sars, J. Koren & D. C. Danielssen, Fauna littor. Norveg., *v.* 2 p. 63 | 1870 ?*Gymnosarca*, Kent in: Quart. J. micr. Sci., ser. 2 *v.* 10 p. 397 t. 21 | 1879 *Anthothela*, A. E. Verrill in: P. U. S. Mus., *v.* 2 p. 199 | 1883 *A.*, A. E. Verrill in: Bull. Mus. Harvard, *v.* 11 p. 40 | 1887 *A.*, Th. Studer (& P. Wright) in: Arch. Naturg., *v.* 53 I p. 28 | 1891 *A.*, Grieg in: Bergens Mus. Aarsber., 1890 nr. 2 p. 3 | 1913 *A.*, Broch in: Norske Selsk. Skr., nr. 2 p. 4 | 1919 *A.*, Kükenthal in: Ergeb. Tiefsee-Exp., *v.* 13 pars 2 p. 43.

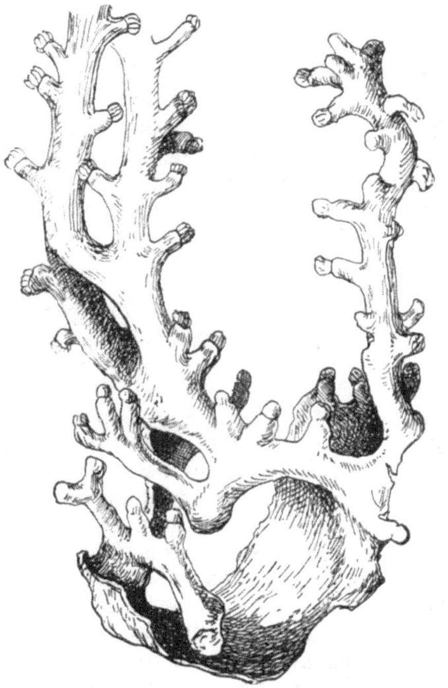

Fig. 13. **Anthothela grandiflora** (1/1).

Kolonie mit membranös verbreiterter Basis und davon abgehenden, meist anastomosierenden Stämmen. Die Polypen stehen sowohl auf der membranösen Basis, wie an den Stämmen, hier mitunter stärker angehäuft auf einer Seite und sind in hohe Kelche zurückziehbar. In der Rinde finden sich lange, bedornte Spindeln und kürzere Gürtelstäbe. Die wenig scharf geschiedene Markschicht ist schwammig und mit schlanken Spindeln und Stäben erfüllt; sie wird von Ernährungskanälen durchzogen. Hellrosenrot oder bräunlich.

Nordatlantische Küsten. Tiefes Litoral und Küsten-Abyssal.

Mit 1 sicheren, 1 unsicheren Art.

Spec. typ.: *Anthothela grandiflora* (Sars)

1. **A. grandiflora** (Sars) 1856 *Briareum grandiflorum*, M. Sars in: M. Sars, J. Koren & D. C. Danielssen, Fauna littor. Norveg., *v.* 2 p. 63 t. 10 f. 10—12 | 1870? *Gymnosarca bathybius*, Kent in: Quart. J. micr. Sci., ser. 2 *v.* 10 p. 397 t. 21 | 1879 *Anthothela insignis* + *A. grandiflora*, A. E. Verrill, Check-L. mar. Invert., p. 15, 32 | 1879 *A. g.*, A. E. Verrill in: P. U. S. Mus., *v.* 2 p. 199 | 1879 *Paragorgia g.*, Storm in: Norske Selsk. Skr., p. 144, 337 | 1879 *Briareum grandiflorum*, Storm ibid., p. 23 | 1883 *Anthothela grandiflora*, A. E. Verrill in: Bull. Mus. Harvard, *v.* 11 p. 40 t. 4 f. 6, 6a | 1891 *A. g.*, Grieg in: Bergens Mus. Aarsber., 1890 nr. 2 p. 11 | 1909 ? *Gymnosarca bathybius*, J. Stephens in: Sci. Invest. Fish. Ireland, (1907) nr. 5 p. 7 | 1913 *Anthothela grandiflora*, Broch in: Norske Selsk. Skr., nr. 2 p. 5 | 1919 *A. g.*, Kükenthal in: Ergeb. Tiefsee-Exp., *v.* 13 pars 2 p. 43.

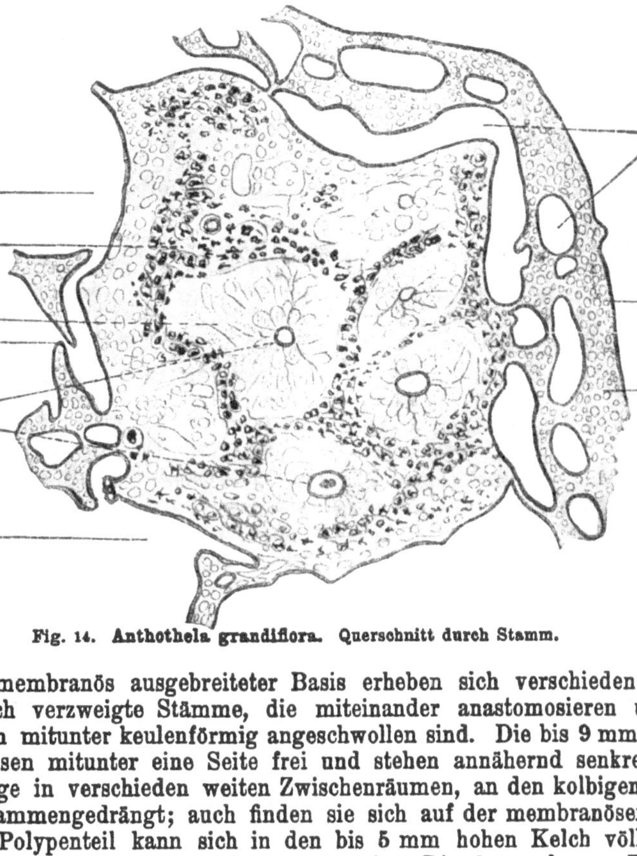

Fig. 14. **Anthothela grandiflora.** Querschnitt durch Stamm.

Von membranös ausgebreiteter Basis erheben sich verschieden große, sehr spärlich verzweigte Stämme, die miteinander anastomosieren und an ihren Enden mitunter keulenförmig angeschwollen sind. Die bis 9 mm langen Polypen lassen mitunter eine Seite frei und stehen annähernd senkrecht auf der Unterlage in verschieden weiten Zwischenräumen, an den kolbigen Enden dichter zusammengedrängt; auch finden sie sich auf der membranösen Basis. Der obere Polypenteil kann sich in den bis 5 mm hohen Kelch völlig einziehen, der nicht besonders scharf abgegrenzt ist. Die 3 mm langen Tentakel haben 9—12 Paar Pinnulae. Die Skleriten des retraktilen Polypenteiles sind bis 0,7 mm lange Spindeln, die sich nach oben in 8 steil konvergierenden Doppelreihen anordnen. Im Tentakelstamm finden sich bis 0,56 mm lange schlanke, weitbedornte Spindeln, sowie an der Basis der Pinnulae kleinere Stachelkeulen. In der Rinde liegen bis 0,6 mm lange, gerade oder schwach gebogene, kräftig bedornte Spindeln, sowie kleinere 0,1—0,2 mm lange dicke, stark bewarzte Gürtelstäbe, Walzen oder Keulen. Auch in den Polypenkelchen kommen ähnliche Skleriten vor. Die nicht scharf abgegrenzte Markschicht ist erfüllt mit schlanken Stäben und Spindeln, es fehlen aber die kleinen, dicken, stark bewarzten Walzen und Keulen der Rinde. Ernährungskanäle durchziehen auch die Markschicht und sind von schwammigem Gewebe umgeben (Fig. 14). Hellrosenrot oder schwach bräunlich.

Westküste Norwegens, Neufundland und Ostküste Nordamerikas. Tiefes Litoral und Küsten-Abyssal.

A. argentea Th. Stud. 1894 *A. a.*, Th. Studer in: Bull. Mus. Harvard, *v.* 25 p. 60 | 1919 *A. a.*, Kükenthal in: Ergeb. Tiefsee-Exp., *v.* 13 pars 2 p. 45.

Baumartig verzweigt, die Äste gehen nahezu rechtwinklig vom Hauptstamm ab, sind walzenförmig und mit rechtwinklig aufsitzenden Polypen von 5 mm Höhe und 2—3 mm Durchmesser bedeckt. Der obere Polypenteil ist nicht in den Polypenkelch zurückziehbar. Die Polypenspicula bilden einen Ring unter den Tentakeln, in deren Basis große glasartige silbrig glänzende Spicula eindringen. In der Rinde und den Polypenkelchen finden sich keulenförmige sowie dornige und gebogene Stäbe. Weiß, Tentakel bräunlich.

Pazifische Küste von Zentralamerika. Abyssal.

4. Gen. **Briareum** Blainville

1830 *B.*, Blainville in: Dict. Sci. nat., *v.* 60 p. 484 | 1834 *B.*, Blainville, Man. Actin., p. 520 | 1857 *B.*, H. Milne-Edwards, Hist. Corall., *v.* 1 p. 188 | 1860 *Briarea*, Duchassaing & Michelotti in: Mem. Acc. Torino, ser. 2 *v.* 19 p. 15 | 1865 *Briareum*, Kölliker, Icon. histiol., p. 141 | 1887 *B.*, Th. Studer (& P. Wright) in: Arch. Naturg., *v.* 53ı p. 28 | 1913 *B.*, Kinoshita in: J. Coll. Japan, *v.* 32 nr. 10 p. 28 | 1916 *B.*, Kükenthal in: Zool. Anz., *v.* 47 p. 173 | 1919 *B.*, Kükenthal in: Ergeb. Tiefsee-Exp., *v.* 13 pars 2 p. 45.

Von membranöser Basis entspringen aufrechte, dicke, walzenförmige Stämme. Die kelchlosen Polypen sitzen ringsherum sowie auf der Basis und sind völlig retraktil. Die Rinde ist nicht in eine Außenschicht gesondert und die Achse nicht scharf gegen die Rinde abgegrenzt. Die Ernährungskanäle durchziehen die tiefere Rindenschicht sowie die Achse. Die Rindenskleriten sind lange Spindeln sowie Dreistrahler, die mit hohen zackigen Dornen dicht besetzt sind, und ähnliche noch größere Formen liegen in dem Horngerüst der Achse. Gelblich oder rötlich, Achse blaurot.

1 sichere, 1 unsichere Art.

Antillen. Litoral.

1. **B. asbestinum** (Pall.) 1766 *Alcyonium a.*, Pallas, Elench. Zooph., p. 344 | 1786 *Gorgonia briareus*, Ellis & Solander, Zooph., p. 93 t. 14 f. 1, 2 | 1797 *Alcyonium asbestinum*, Esper, Pflanzenth., Forts. *v.* 1 Alcyon. t. 5 | 1821 *Gorgonia briareus* + *Alcyonium plexaureum*, Lamouroux, Expos. Polyp., p. 35 t. 14 f. 1, 2 | 1830 *Briareum gorgonoideum*, Blainville in: Dict. Sci. nat., *v.* 60 p. 484 | 1833 *Vioa asbestina*, Nardo in: Isis, p. 523 | 1834 *Briareum gorgonoideum*, Blainville, Man. Actin., p. 521 t. 87 f. 3 | 1834 *Lobularia asbestina*, Ehrenberg in: Abh. Ak. Berlin, p. 283 | 1857 *Briareum gorgonideum*, H. Milne-Edwards, Hist. Corall., *v.* 1 p. 188 | 1860 *Briarea capitata* + *B. asbestina* + ? *B. plexaura*, Duchassaing & Michelotti in: Mem. Acc. Torino, ser. 2 *v.* 19 p. 15 u. 1864 ibid. ser. 2 *v.* 23 p. 11 | 1864 *Briareum asbestinum*, A. E. Verrill in: Bull. Mus. Harvard, *v.* 1 p. 39 | 1865 *B. suberosum*, Kölliker, Icon. histiol., p. 141 t. 19 f. 28—30 | 1870 *Vioa asbestina*, J. E. Gray in: Ann. nat. Hist., ser. 4 *v.* 5 p. 408 | 1908 *Titanideum hartmeyeri*, Kükenthal in: Zool. Anz., *v.* 33 p. 19 | 1913 *Briareum asbestinum*, Kinoshita in: J. Coll. Japan, *v.* 32 nr. 10 p. 29 | 1916 *B. a.*, Kükenthal in: Zool. Jahrb., suppl. 11 p. 469 t. 23 f. 2 | 1919 *B. a.*, Kükenthal in: Ergeb. Tiefsee-Exp., *v.* 13 pars 2 p. 46.

Die Kolonie bildet ziemlich dicke, membranöse Verbreiterungen, die auch Achsen abgestorbener Gorgonien umwachsen können, und von denen teils dicke und kurze, plumpe, knopfförmige, teils längere, walzenförmige

Erhebungen abgehen. Letztere erheben sich meist schräg von der Unterlage um dann vertikal aufzubiegen, sind an einzelnen Stellen knollig angeschwollen und unverzweigt oder verzweigt (Fig. 15). Im letzteren Falle gehen laterale Seitenäste ab, die in einer Ebene liegen und gelegentlich nochmals Zweige abgeben können. Stämme und Äste enden abgerundet, mitunter etwas angeschwollen. Die 1—2 mm langen Polypen stehen auf der Oberfläche der basalen Ausbreitung etwas weiter, rings um Stämme und Äste etwas enger und sind völlig retraktil. Ihre Wandung ist fast nackt oder mit 8 Bändern etwa 0,1 mm langer roter bedornter Spindeln bedeckt. Das Coenenchym ist in eine helle Rindenschicht und eine blaurot gefärbte Markschicht unterschieden, sowohl in der basalen Ausbreitung wie in den Stämmen. Die Grundform der Skleriten ist die bewarzte Spindel. In der äußersten Rinde wie in der innersten Markschicht kommen die gleichen kleinen Formen von 0,25 mm Länge vor, in der dazwischenliegenden tieferen Rindenschicht und oberen Markschicht werden sie bis 0,7 mm lang. Ein weites Netzwerk horniger Substanz durchzieht das Coenenchym, insbesondere die Markschicht und hüllt die Skleriten ein. An der Basis der membranösen Ausbreitung bildet sich eine derbe Hornmembran. Gelbbraun und bläulichrot, letzteres besonders an den Enden der Stämme und Zweige. Markschicht intensiv blaurot.

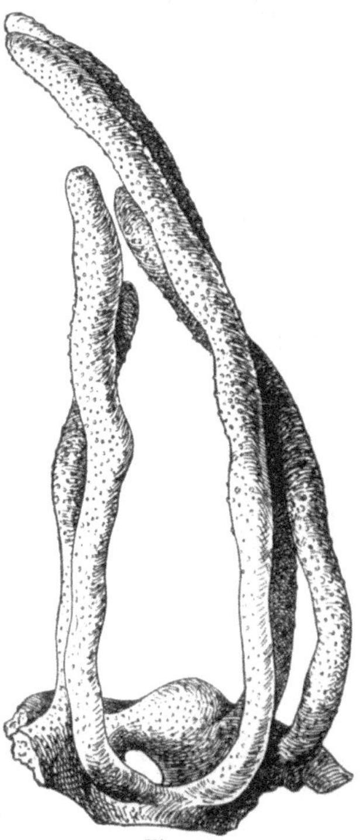

Fig. 15.
Briareum asbestinum (1/1).

Antillen. Litoral.

B. palma christi Duchass. & Mich. 1860 *B. p. c.*, Duchassaing & Michelotti in: Mem. Acc. Torino, ser. 2 *v.* 19 p. 16 t. 1 f. 7 | 1865 *B. p. c.*, Kölliker, Icon. histiol., p. 141 t. 19 f. 32 | 1919 *B. p. c.*, Kükenthal in: Ergeb. Tiefsee-Exp., *v.* 13 pars 2 p. 48.

Die Kolonie ist fächerförmig verbreitert, an der Basis gestielt. Der obere Rand ist bald gebogen, bald gelappt. Die Polypen stehen in 2 mm Entfernung voneinander. Unter den Spicula finden sich Dreistrahler mit sehr großen zackigen Fortsätzen. Rosa.

Guadelupe. Litoral.

B. grandiflorum Möb. 1874 *B. g.*, Möbius in: Zweite D. Nordpolarf., *v.* 2 p. 260 | 1916 *Eunephthya glomerata*, Jungersen in: Meddel. Grönl., *v.* 43 p. 493.

Nicht zur Gattung *Briareum* gehörig, sondern zu *Eunephthya glomerata* A. E. Verrill.

5. Gen. **Pseudosuberia** Kükenthal

1916 *P.*, Kükenthal in: Zool. Anz., *v.* 47 p. 174 | 1919 *P.*, Kükenthal in: Ergeb. Tiefsee-Exp., *v.* 13 pars 2 p. 48.

Die Kolonie besteht aus einer membranös verbreiterten Basis und kurzen, sich darauf erhebenden unverzweigten oder verzweigten, walzenförmigen Stämmen, die keine Anastomosen bilden. Die Polypen stehen auf der membranösen Basis wie auf den Stämmen, auf letzteren allseitig, und sind in Kelche zurückziehbar. Die Grundform der Spicula ist die bewarzte Spindel. Die Markschicht ist nicht scharf gesondert und von Ernährungskanälen durchzogen.

Australien. Flaches Litoral.

1 Art.

1. **P. genthi** (P. Wright & Th. Stud.) 1889 *Suberia g.*, P. Wright & Th. Studer in: Rep. Voy. Challenger, *v.* 31 pars 64 p. 163 t. 40 f. 1 | 1919 *Pseudosuberia g.*, Kükenthal in: Ergeb. Tiefsee-Exp., *v.* 13 pars 2 p. 49.

Die Kolonie überzieht nackte Gorgonienachsen und entsendet von dieser inkrustierenden Basis kleine aufrechte, unverzweigte oder verzweigte, walzenförmige Stämme, die niemals Anastomosen bilden. Die Polypen stehen zahlreich und allseitig auf der Oberfläche der membranösen Basis wie der Stämme und sind in Kelche zurückziehbar, die ebenfalls stark eingezogen werden können. Die Polypenskleriten bilden eine wohlentwickelte Krone von gebogenen und bewarzten bis 0,3 mm langen Spindeln. Eine zentrale Markschicht ist nicht scharf ausgeprägt. Ernährungskanäle finden sich auch in der Markschicht vor. Die Skleriten sind warzige Spindeln, gestreckt und dann 0,34 mm lang oder gebogen und bis 0,4 mm lang. Außerdem finden sich unregelmäßig verzweigte Skleriten von bis zu 0,24 mm Länge sowie Vierstrahler von 0,32 mm Länge und 0,1 mm lange Doppelkreuze vor.

Port Jackson (Australien). Flaches Litoral.

6. Gen. **Machaerigorgia** Kükenthal[1])

1884 *Iciligorgia* (part.) (non *I.*, Duchassaing 1870), S. Ridley in: Rep. Voy. Alert, p. 351 | 1908 *Alertigorgia*, Kükenthal in: Zool. Anz., *v.* 33 p. 17 | 1916 *Machaerigorgia*, Kükenthal in: Zool. Anz., *v.* 47 p. 174 | 1916 *Alertigorgia*, Broch in: Svenska Ak. Handl., *v.* 52 nr. 11 p. 20 | 1919 *Machaerigorgia*, Kükenthal in: Ergeb. Tiefsee-Exp., *v.* 13 pars 2 p. 49.

Kolonie baumartig in einer Ebene vorwiegend unilateral verzweigt, sehr stark in der Verzweigungsebene abgeplattet mit messerscharfen Rändern, in denen in schmalen Längsfurchen die Polypen sitzen. Polypenkelche fehlen, die Polypen sind völlig in die Rinde zurückziehbar. In der dünnen Rinde liegen ovale Skleriten mit sehr dicht gestellten, großen Warzen, die aber nicht in Gürteln angeordnet sind. Die Markschicht ist wenigstens im Stamm von Ernährungskanälen durchzogen und enthält außer unregelmäßig bewarzten Spindeln und den ovalen Skleriten wie in der Rinde vorwiegend lange, dünne bedornte Stabformen. Weiß, gelblich.

Torresstraße, Malayischer Archipel, Nordwest-Australien. Flaches Litoral.

1. **M. orientalis** (S. Ridl.) 1884 *Iciligorgia o.*, S. Ridley in: Rep. Voy. Alert, p. 351 | 1889 *I. o.*, P. Wright & Th. Studer in: Rep. Voy. Challenger, *v.* 31 pars 64 p. 164 t. 30 f. 2 | 1911 *I. o.*, Nutting in: Siboga-Exp., *v.* 13b5 p. 18 t. 4 f. 1, 1a | 1916 *Alertigorgia o.*, Broch in: Svenska Ak. Handl., *v.* 52 nr. 11 p. 22 | 1919 *Machaerigorgia o.*, Kükenthal in: Ergeb. Tiefsee-Exp., *v.* 13 pars 2 p. 50.

Die sehr brüchige Kolonie ist baumartig und in einer Ebene verzweigt (Fig. 16). Die Äste und Zweige gehen vorwiegend unilateral ab, die Hauptäste in annähernd einem rechten Winkel, die langen Endzweige spitzwinkliger. Stamm, Äste und Zweige sind sehr stark in der Verzweigungsebene abgeplattet; die

[1]) Den Namen *Machaerigorgia* behalte ich aus den 1919 p. 50 auseinandergesetzten Gründen bei.

Äste sind besonders in ihrem proximalen Teile messerartig zugeschärft, und in dem scharfen Rande verläuft eine schmale, tiefe Furche, in welcher die Polypen sitzen. Doch kommen diese Furchen gelegentlich auch an anderen Stellen vor, und einzelne Polypen können auch auf einer Fläche sitzen. Gesonderte Polypenkelche fehlen und die Polypen sind völlig in die Rinde zurückziehbar. Einige gekrümmte, reichlich bedornte, bis 0,85 mm lange Spindeln bilden eine Krone unter den Tentakelbasen. Die dünne Rinde ist

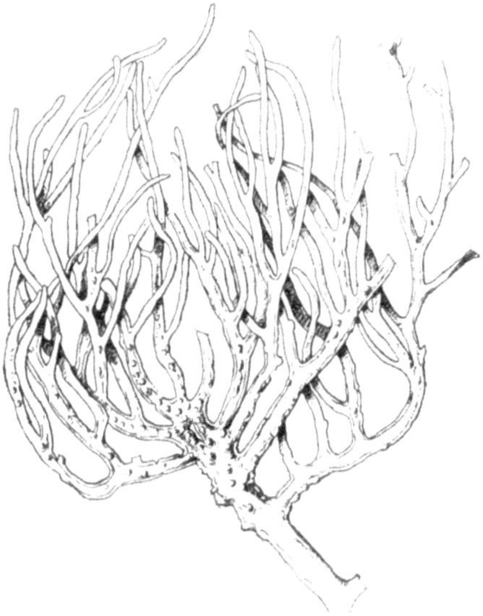

Fig. 16.
Machaerigorgia orientalis (1/2), (nach Nutting).

dicht mit bis 1 mm langen Spindeln und ovalen, sehr stark bewarzten Spicula erfüllt, deren sehr dicht stehende Warzen nicht in Gürteln angeordnet sind. In der Markschicht liegen neben unregelmäßig bewarzten Spindeln und ovalen Spicula, die denen der Rinde gleichen, vorwiegend lange, dünne, bedornte, bis 1 mm lange Stabformen. Die Markschicht ist im Stamm von zahlreichen Ernährungskanälen durchbohrt, die der Markschicht der Achse meist fehlen. Cremeweiß oder gelblich.

Torresstraße, Malayischer Archipel, Nordwest-Australien. Flaches Litoral.

7. Gen. **Semperina** Kölliker

1870 *S.*, Kölliker in: Verh. Ges. Würzburg, ser. 2 *v.* 2 p. 9, 17 | 1878 *Suberia* (part.), Th. Studer in: Monber. Ak. Berlin, p. 666 | 1887 *Semperina* + *Suberia* (part.), Th. Studer (& P. Wright) in: Arch. Naturg., *v.* 53 I p. 28 | 1889 *S.* + *S.* (part.), P. Wright & Th. Studer in: Rep. Voy. Challenger, *v.* 31 pars 64 Pref. p. 32 | 1911 *S.* + *S.* (part.), Nutting in: Siboga-Exp., *v.* 13b[5] p. 10 | 1916 *Semperina* + *Suberiopsis*, Broch in: Svenska Ak. Handl., *v.* 52 nr. 11 p. 115 | 1919 *Semperina*, Kükenthal in: Ergeb. Tiefsee-Exp., *v.* 13 pars 2 p. 50.

Verzweigung unregelmäßig, vorwiegend in einer Ebene. Stamm und Äste von rundlichem Querschnitt und solid, die Enden sind keulenförmig angeschwollen. Die Polypen lassen eine Fläche frei und stehen auf der anderen sowie den Seiten. Polypenkelche sind stets vorhanden. Die Polypen sind verschieden retraktil und mit einer starken Spiculakrone bewehrt, die von bedornten Spindeln gebildet wird. Auch die Tentakel sind reich mit Spindeln versehen. Die dünne Rinde enthält große, bedornte Spindeln, teilweise auch stark bewarzte Achter und Zwölfer. Die dicke Markschicht ist von Ernährungskanälen durchzogen und vorwiegend von langen, feinbedornten Nadeln erfüllt, die durch Hornsubstanz teilweise verkittet sind. Rot oder braun.

Malayischer Archipel, Philippinen, Neuseeland. Litoral und Küsten-Abyssal.

5 Arten.

Spec. typ.: *Semperina rubra* Köll.

Bestimmungstabelle der Arten:

1	In der Rinde Spindeln und Gürtelstäbe oder dicke ovale Spicula — 2	
	In der Rinde nur Spindeln	5. **S. macrocalyx**
2	In der Rinde Spindeln und Gürtelstäbe	1. **S. rubra**
	In der Rinde Spindeln und dicke ovale Spicula — 3	
3	Rindenspicula bis 0,14 mm lang	2. **S. brunnea**
	Rindenspicula bis 0,24 mm lang	3. **S. köllikeri**
	Rindenspicula bis 0,8 mm lang	4. **S. australis**

1. **S. rubra** Köll. 1870 *S. r.*, Kölliker in: Verh. Ges. Würzburg, ser. 2 *v.* 2 p. 17 t. 3 f. 4, 8 | 1911 *S. r.*, Nutting in: Siboga-Exp., *v.* 13b5 p. 11 | 1919 *S. r.*, Kükenthal in: Ergeb. Tiefsee-Exp., *v.* 13 pars 2 p. 52.

Verzweigung unregelmäßig, Stamm solid und walzenförmig, auf einer Fläche etwas abgeplattet, Äste meist kurz und unverzweigt, vorwiegend in einer Ebene liegend, von rundlichem Querschnitt und an den Enden meist angeschwollen. Die Polypen fehlen einer Seite und stehen vielfach in Gruppen zusammen. Polypenkelche sind kaum wahrnehmbar; die Polypen scheinen nur wenig rückziehbar zu sein. Ihre Skleriten sind in Kronenform angeordnete, warzige Spindeln mit Übergängen zu Keulen und zackigen Platten. Die Tentakel enthalten im proximalen Teile longitudinale, im distalen in konvergierende Doppelreihen angeordnete Spindeln. Die dünne Rinde enthält 0,2—0,6 mm lange, dicke, mit vereinzelten großen Dornen besetzte Spindeln, sowie stark bewarzte Achter und Zwölfer. Die dicke Markschicht ist ziemlich scharf abgegrenzt und wie die Rinde von zahlreichen Ernährungskanälen durchzogen, ihre Spicula sind 0,5—0,6 mm lange gerade oder leicht gebogene schlanke feinbedornte Nadeln, die teilweise durch größere oder kleinere Massen gelblicher Hornsubstanz verkittet sind. Tiefrot, Polypen gelblich, Spicula rot und weiß.

Bohol (Philippinen) und Kei-Inseln. Litoral.

2. **S. brunnea** Nutting 1911 *S. b.*, Nutting in: Siboga-Exp., *v.* 13b5 p. 12 t. 2 f. 2, 2a; t. 11 f. 3 | 1919 *S. b.*, Kükenthal in: Ergeb. Tiefsee-Exp., *v.* 13 pars 2 p. 53 t. 34 f. 24.

Die ziemlich brüchige Kolonie ist sehr reichlich und ungefähr in einer Ebene verzweigt, nach der Vorderfläche zu etwas eingerollt. Die Verzweigung ist dichotomisch und die der Endzweige lateral; letztere sind an ihren Enden etwas angeschwollen. Der Dickenunterschied der Äste und Zweige ist ziemlich gering, im Querschnitt sind sie annähernd kreisrund. Die Polypen stehen auf einer Fläche und den Seiten in dichter Anordnung und lassen nur die Hinterfläche frei, an den Endzweigen nur einen Streifen in der Mittellinie übrig lassend (Fig. 17). Die Polypen sind völlig in niedrige Kelche zurückziehbar, die sich zu einer achtstrahligen Erhebung schließen können; ihre Skleriten sind 0,3 mm lange gekrümmte kräftige Spindeln mit zahlreichen Warzen. In der Rinde liegen dickere Spindeln von 0,14 mm Länge, die in der Stammrinde oval und selbst kugelig werden können, und deren große gezackte Warzen nicht sehr regelmäßig stehen. In tieferer Schicht treten Gürtelstäbe auf und in der Markschicht finden sich dünne schlanke bis 0,6 mm Stabformen, gerade oder gebogen, glatt oder feinbedornt, durch Hornsubstanz miteinander verkittet. Ernährungskanäle kommen zahlreich im Stamm vor (Fig. 18), und sind in den Ästen spärlicher. Dunkelbraun, Hinterfläche etwas heller.

Malayischer Archipel. Litoral.

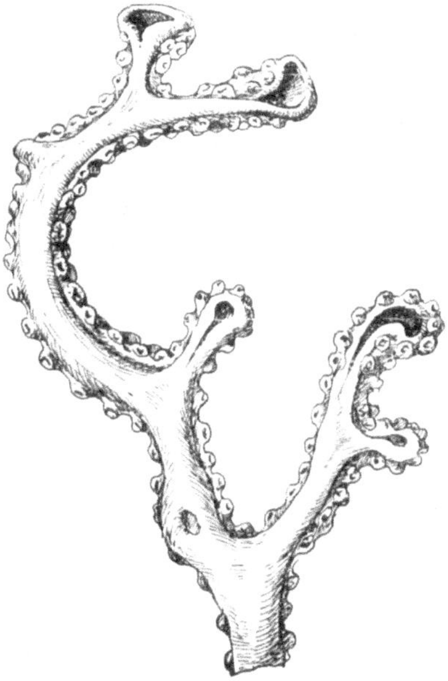

Fig. 17.
Semperina brunnea, Zweig von der Hinterseite ($^{3}/_{2}$).

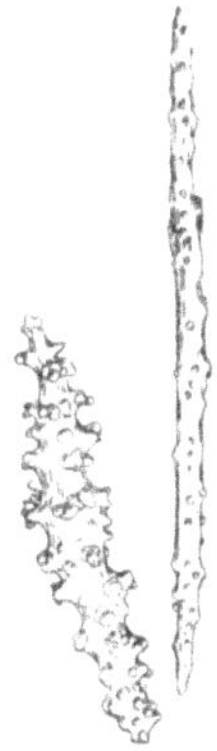

Fig. 18.
Semperina brunnea. Skleriten der Markschicht ($^{96}/_{1}$).

3. **S. köllikeri** (Th. Stud.) 1878 *Suberia k.*, Th. Studer in: Monber. Ak. Berlin, p. 667 t. 5 f. 37a, b, c, d | 1911 *S. k.*, Nutting in: Siboga-Exp., *v.* 13b5 p. 13 | 1919 *Semperina k.*, Kükenthal in: Ergeb. Tiefsee-Exp., *v.* 13 pars 2 p. 56, 902.

Der Stamm ist dichotomisch und wenig verästelt und die Enden sind stark verbreitert mit starken Längsstreifen auf der Hinterseite. Die Basis hat wurzelartige Ausläufer. Die Polypen sitzen einseitig, am Stamm dicht gedrängt und sind in 1—1,5 mm hohe, stumpf kegelförmige Kelche mit achtstrahliger Öffnung zurückziehbar. An den etwas abgeplatteten Ästen stehen sie in zwei Reihen, an den Zweigenden sind sie dicht zusammengedrängt. Die Hinterfläche ist polypenfrei. Die dünne Rinde hat eine rauhe Oberfläche und enthält warzige und dornige bis 0,24 mm lange Spindeln, sowie kleinere ovale Skleriten mit meist 2 Gürteln großer Warzen, die Markschicht ist von einem Kranze von im Querschnitt länglich ovalen Längsgefäßen umgeben und enthält dicht aneinander liegende glatte oder spärlich bedornte stabförmige Spicula bis zu 0,34 mm Länge, außerdem Kreuzformen und Drillinge. Rosenrot.

Nördlich von Neu-Seeland. Tiefes Litoral.

4. **S. australis** (Broch) 1916 *Suberiopsis a.*, Broch in: Svenska Ak. Handl., *v.* 52 nr. 11 p. 16 t. 1 f. 2 | 1919 *Semperina a.*, Kükenthal in: Ergeb. Tiefsee-Exp., *v.* 13 pars 2 p. 56.

Verzweigung dichotomisch. Die Polypen lassen die Hinterfläche der Zweige frei und sitzen dichtgedrängt an der Vorderfläche und den Seiten. Ihre Länge beträgt 2,5 mm, bei 0,5 mm langen kräftigen Tentakeln. Die Polypenkelche sind 1 mm hoch, 1 mm breit. Die Polypenskleriten sind zahlreiche bis 1,3 mm lange schlanke dicht bewarzte Spindeln, die basal in 3 bis 5 transversalen Reihen stehen, über denen sich Doppelreihen von 7—9 Paar erheben. Den Tentakeln fehlen Spicula. Im Schlundrohr liegen bis 0,3 mm lange Spindeln mit zwei Warzengürteln. In den Kelchen liegen nach allen Richtungen sich kreuzende 1,3 mm lange schlanke Spindeln, in der Rinde breitere stab- oder spindelförmige auch ovale bis 0,8 mm lange Spicula mit großen, gezackten Warzen. Die Markschicht enthält bis 1,8 mm lange, sehr dünne, feinbedornte Stäbe, sowie breitere Spindeln bis 1 mm Länge, die Keulenform annehmen können. Hornsubstanz findet sich besonders in der Peripherie der Markschicht vor. Die Markschicht ist von einem Kranze von Längskanälen umgeben. Gelbrot.

Nordwestaustralien. Litoral.

5. **S. macrocalyx** (Nutting) 1911 *Suberia m.*, Nutting in: Siboga-Exp., *v.* 13b5 p. 15 t. 3 f. 3, 3a; t. 11 f. 5 | 1919 *Semperina m.*, Kükenthal in: Ergeb. Tiefsee-Exp., *v.* 13 pars 2 p. 57.

Die Kolonie bildet einen aufgerichteten Stamm mit lateralen, allseitigen, kurzen Zweigen. Stamm und Äste sind im Querschnitt kreisrund und am Ende angeschwollen. Die Polypen stehen basal auf drei Seiten, distal ringsherum und sind an den Enden dicht angehäuft, sonst etwa 3 mm voneinander entfernt. Der retraktile Polypenteil ist mit starker Skleritenkrone bewehrt, mit mehreren Reihen transversaler Spindeln, auf denen konvergierende Doppelreihen stehen. In den Tentakelrücken liegen longitudinal angeordnete Spindeln. Die Polypenkelche sind 1,8 mm hoch, 2 mm breit und erfüllt mit langen, dornigen Spindeln, die in konvergierenden Doppelreihen stehen. Die Rinde ist dünn und nur mit schlanken, longitudinal angeordneten Spindeln erfüllt, die Markschicht enthält ein Netzwerk schlanker, bedornter Spindeln und ist von großen Ernährungsgefäßen durchbohrt, die sie auch umgeben. Hellgelbbraun.

Malayischer Archipel. In 1165—1264 m Tiefe.

8. Gen. **Solenocaulon** J. E. Gray

1862 *S.*, J. E. Gray in: Ann. nat. Hist., ser. 3 *v.* 10 p. 147 | 1867 *Solenogorgia*, Genth in: Z. wiss. Zool., *v.* 17 III p. 429 | 1889 *Solenocaulon*, P. Wright & Th. Studer in: Rep. Voy. Challenger, *v.* 31 pars 64 Pref. p. 31 | 1896 *S.*, Germanos in: Abh. Senckenb. Ges., *v.* 23 p. 145 | 1904 *S.*, Janower in: Rev. Suisse Zool., *v.* 12 p. 495 | 1911 *S.*, Nutting in: Siboga-Exp., *v.* 13b5 p. 3 | 1919 *S.*, Kükenthal in: Ergeb. Tiefsee-Exp., *v.* 13 pars 2 p. 57.

Kolonie aufrecht, unverzweigt oder verzweigt. Mit langem walzenförmigem, solidem Stiel, der am unteren Ende abgeplattet sein kann. Der

Stamm ist solid oder flachgedrückt, rinnenförmig, teilweise röhrenförmig geschlossen. Die Hauptäste gehen vorwiegend in einer Ebene und lateral ab und sind teils röhren- teils rinnenförmig, oft breit ausgezogen, teilweise auch solid. Es können weitere Verzweigungen eintreten. Die Röhren der Äste kommunizieren mit der des Hauptastes. Die Rinnenbildung erfolgt nach einer Fläche zu, die entgegengesetzte Fläche ist nackt, und am Stamm und den Hauptästen mitunter mit einer längsverlaufenden, wulstigen Verdickung versehen, die einer inneren Achse entspricht. Die Grundform aller Skleriten ist die Spindel. Die in Kelche zurückziehbaren Polypen stehen vorwiegend in Längsreihen an den Seiten der Äste und auch des Hauptstammes aber nicht des Stieles, sind mit einer kräftigen Skleritenkrone von bedornten Spindeln bewehrt, und auch die Tentakel enthalten zahlreiche, breite zackige Skleriten. Die Polypen sind stets in achtlappige Kelche zurückziehbar. Die Rinde ist dünn und fest und enthält meist kleine, ovale Skleriten mit Warzenkränzen, sowie größere, dicke, bewarzte Spindeln. Die innere Markschicht ist mit langen, dünnen, glatten oder nur fein bedornten Stäben erfüllt, die meist in unregelmäßig verteilter Hornsubstanz eingebettet sind und an einzelnen Stellen auch stellenweise verschmelzen können. Die Markschicht wird, soweit sie nicht verschmolzen ist, wie die Rinde von Ernährungskanälen durchzogen. Rot, braun oder weißlich.

Indischer Ocean, Malayischer Archipel, Australien, Ostasiatische Küsten. Litoral.

8 sichere, 2 unsichere Arten.

Spec. typ.: *Solenocaulon tortuosum* J. E. Gray.

Bestimmungstabelle der sicheren Arten:

1	Stamm und Äste verbreitert, aber nicht röhrenförmig — 2	
	Stamm und Äste teilweise zu Röhren geschlossen — 3	
2	Endzweige walzenförmig	1. **S. querciforme**
	Endzweige rinnenförmig verbreitert	2. **S. cervicorne**
3	Spicula der Markschicht nicht verschmolzen — 4	
	Spicula der Markschicht stellenweise verschmolzen — 6	
4	Polypenskleriten z. T. gegabelte Spindeln	3. **S. tortuosum**
	Polypenskleriten keine gegabelten Spindeln — 5	
5	Äste biegsam	4. **S. grayi**
	Äste starr	5. **S. chinense**
6	Verschmelzungen nur im Stiel	6. **S. simplex**
	Verschmelzungen auch im Stamm — 7	
7	Äste dünn, spärlich, rechtwinklig abgehend	7. **S. sterroclonium**
	Äste breit, reichlich, spitzwinklig abgehend	8. **S. tubulosum**

1. **S. querciforme** Nutting 1911 *S. q.*, Nutting in: Siboga-Exp., v. 13^{b5} p. 8 t. 1 f. 1, 1a; t. 11 f. 1 | 1919 *S. q.*, Kükenthal in: Ergeb. Tiefsee-Exp., v. 13 pars 2 p. 67.

Die Kolonie ist annähernd in einer Ebene und stark baumförmig verzweigt. Stamm und Äste mit Ausnahme der Zweigenden sind sehr stark abgeplattet und in ihren dickeren Teilen tief längsgefurcht, die Seitenzweige sind mehrfach gebogen und ebenfalls seitlich verbreitert, und die Endzweige sind dünn und walzenförmig. Die Polypen stehen vorwiegend in zwei seitlichen Längsreihen an den dünneren Ästen und Zweigen in 3 mm Entfernung, scheinen nur teilweise retraktil zu sein und sind mit sehr kräftiger Skleritenkrone mit 8—10 transversalen Spindelreihen bewehrt; die Tentakel sind ebenfalls mit Spicula besetzt. Die Polypenkelche sind etwa 1,5 mm hoch und ebenso breit. Die dünne Rinde des Stammes enthält kleine, rundliche, scheibenförmige oder kompakte, unregelmäßige Skleriten mit großen und unregelmäßig angeordneten Warzen, die Rinde der Äste vorwiegend Spindeln, die Markschicht enthält in Hornsubstanz eingebettete, sehr schlanke, fast glatte Stäbe und ist von großen Ernährungskanälen durchsetzt. Hellgelbbraun.

Malayischer Archipel. Litoral und Küsten-Abyssal.

2. **S. cervicorne** (J. E. Gray) 1870 *Leucoella cervicornis*, J. E. Gray in: Ann. nat. Hist., ser. 4 *v.* 5 p. 408 | 1884 *L. c.*, S. Ridley in: Rep. Voy. Alert, p. 355 | 1904 *Solenocaulon cervicorne*, Janower in: Rev. Suisse Zool., *v.* 12 p. 518 t. 7 f. 2; t. 8 f. 5, 7, 8, 9 | 1919 *S. c.*, Kükenthal in: Ergeb. Tiefsee-Exp., *v.* 13 pars 2 p. 67.

Kolonie baumförmig, vorwiegend in einer Ebene verzweigt. Der Stiel ist leicht abgeplattet, solid und setzt sich in ebenfalls solide Hauptstämme fort, die auf einer Fläche konkav, auf der entgegengesetzten konvex sind, dann walzenförmig werden und Seitenäste in spitzem Winkel abgeben, die sich besonders im oberen Teile der Kolonie weiter verzweigen können. Die Äste und Zweige sind von rundlichem Querschnitt und solid, und ihre Enden gehen auf der Hinterseite in eine Halbrinne oder einen Halbkanal über und sind mitunter noch abwärts gekrümmt. Die Polypen stehen nicht regelmäßig in seitlichen Längsreihen, sondern meist zerstreut in unregelmäßigen Abständen. Ihre Skleriten sind Spindeln und unregelmäßige Kalkkörper. Die Kelche sind niedrig, etwa 1 mm hoch. Die ziemlich harte Rinde enthält 0,1—0,6 mm lange Skleriten, vorwiegend kleinere, etwas abgeplattete Spindeln mit weitstehenden, großen Warzen, sowie große, meist gebogene, mit kleinen dicht gestellten Warzen. Die relativ weiche Markschicht enthält außer unregelmäßig verteilter Hornsubstanz zahlreiche lose, 0,2 bis 0,9 mm lange, schlanke, schwach bedornte Spindeln. Dunkelbraun.

Singapore, Queensland. Flaches Litoral.

3. **S. tortuosum** J. E. Gray 1862 *S. t.*, J. E. Gray in: P. zool. Soc. London, p. 34 | 1878 *S. t.*, Th. Studer in: Monber. Ak. Berlin, p. 669 t. 5 f. 29a—d | 1884 *S. t.*, S. Ridley in: Rep. Voy. Alert, p. 353 | 1896 *S. akalyx*, Germanos in: Abh. Senckenb. Ges., *v.* 23 p. 159 t. 9 f. 4 | 1903 *S. tortuosum*, Hickson in: Fauna Geogr. Maldiv., *v.* 2 p. 495 f. 13 | 1904 *S. t.*, Janower in: Rev. Suisse Zool., *v.* 12 p. 515 t. 7 f. 1 | 1909 *S. t.*, M. Harrison in: Tr. Linn. Soc. London, ser. 2 *v.* 11 p. 39 t. 8 f. 14, 15; t. 7 f. 66, 67 | 1909 *S. t.*, J. A. Thomson & J. Simpson, Alcyon. Investigator, *v.* 2 p. 154 | 1919 *S. t.*, Kükenthal in: Ergeb. Tiefsee-Exp., *v.* 13 pars 2 p. 68.

Die Kolonie ist baumförmig und vorwiegend in einer Ebene verzweigt, indem vom Hauptstamm laterale Äste abgehen, die wieder verzweigte Seitenäste tragen können. Ein solider, am unteren Ende abgeplatteter Stiel ist vorhanden und weist eine rauhe Oberfläche auf. Der im basalen Teile solide Hauptstamm wird dann vorwiegend röhrenförmig und gibt teils röhrenförmig geschlossene, teils halbrinnenförmige Äste ab, von denen zahlreiche kürzere, flache, halbrinnenförmige Seitenäste abgehen. Am Hauptstamm finden sich größere und kleinere, ovale Lücken der Wandung. Die Wandung von Stamm, Ästen und Zweigen ist mit Längsfurchen versehen. Die Polypen sitzen in zwei seitlichen Reihen an den Rändern der Zweige, kommen aber in zwei seitlichen Reihen auch am Hauptstamm vor. Die Polypenkelche sind klein und achtlappig, der retraktile Polypenteil ist mit 3—4 Reihen horizontaler gekrümmter Spindeln bewehrt, auf denen 2—3 Paar konvergierender in 8 Doppelreihen stehen und in die aborale Tentakelseite übertreten. In den Pinnulae liegen die Skleriten transversal. Vielfach treten unregelmäßige Spindelformen, insbesondere Gabelungen auf. Die dünne Rinde enthält ziemlich dicke, bewarzte Spindelformen, sowie kleine, walzenartige oft fast kugelige Formen mit Warzenringen. Nach Innen zu treten mehr stabförmige, schlanke

Spicula auf. In der abgeplatteten Achse liegen neben spindelförmigen vorwiegend lange, stabförmige Körper von 0,6 mm Länge mit schwacher Bedornung, auch finden sich unregelmäßig verteilte Anhäufungen von Hornsubstanz, die auch der Rinde nicht fehlen. Die Skleriten der Markschicht sind nicht verschmolzen. Dunkelbraunrot auch weiß, Polypen braun oder weiß.

Indopacifischer Ocean vom Persischen Golf bis Nordaustralien. Litoral.

4. **S. grayi** Th. Stud. 1878 *S. g.*, Th. Studer in: Monber. Ak. Berlin, p. 671 t. 5 f. 40a—d | 1903 *S. tortuosum* (part.), Hickson in: Fauna Geogr. Maldiv., *v.* 2 p. 497 | 1904 *S. Grayi*, Janower in: Rev. Suisse Zool., *v.* 12 p. 505 t. 8 f. 3 | 1909 *S. tortuosum*, J. A. Thomson & J. Simpson, Alcyon. Investigator, *v.* 2 p. 160 | 1911 *S. grayi*, Nutting in: Siboga-Exp., *v.* 13b5 p. 6 | 1919 *S. g.*, Kükenthal in: Ergeb. Tiefsee-Exp., *v.* 13 pars 2 p. 69, 901.

Der Hauptstamm spaltet sich in zwei in spitzem Winkel abgehende Hauptäste, die zu einer Röhre geschlossen sind. Die biegsamen Seitenäste sind meist nur rinnenförmig eingebogen und ihre Enden hängen nach unten. Seitenzweige kommen nur vereinzelt vor. Die Polypen stehen in 2 Reihen an den Rändern der Äste, fehlen aber dem Hauptstamm fast völlig und sind mit gekrümmten, dornigen, 0,3 mm messenden Skleriten besetzt, die eine Krone bilden. Die Polypenkelche ragen ziemlich weit vor. Die Rinde ist eher weicher, die Achse dagegen härter. Die Rindenspicula sind etwas abgeplattet, stabförmig, meist gerade und 0,3 mm lang, und zwischen ihnen liegen 0,05 mm messende Skleriten mit unregelmäßig stehenden, hohen Fortsätzen. In der Markschicht liegen bis 0,7 mm lange, spindelförmige Skleriten von mehr abgeplatteter Form mit nur wenigen Ausläufern. Die wenig scharf ausgeprägte Markschicht ist von Ernährungskanälen durchzogen und enthält ein dichtes Netzwerk von Hornsubstanz. Weißgrau oder hellbraun.

Nordwestaustralien, Malayischer Archipel. Litoral.

5. **S. chinense** Kükth. 1916 *S. c.*, Kükenthal in: Zool. Anz., *v.* 47 p. 175 | 1919 *S. c.*, Kükenthal in: Ergeb. Tiefsee-Exp., *v.* 13 pars 2 p. 70.

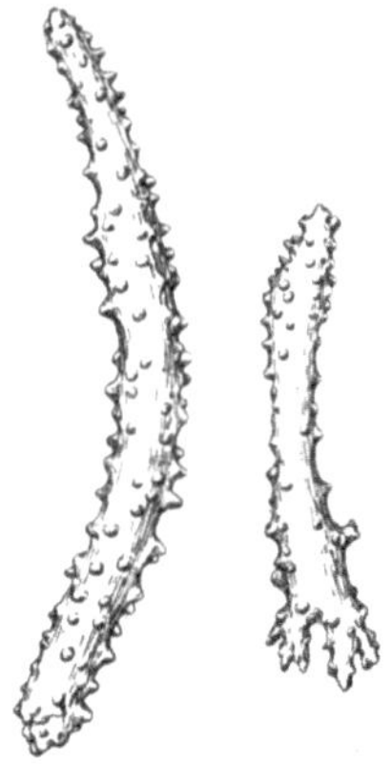

Fig. 19.
Solenocaulon chinense.
Skleriten vom Polyp und Tentakel ($^{152}/_{1}$).

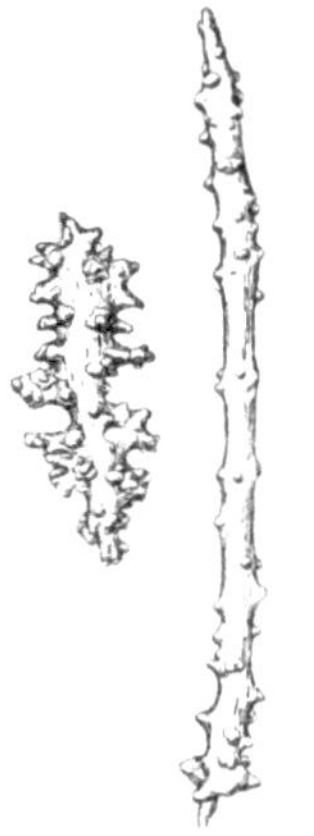

Fig. 20.
Solenocaulon chinense.
Skleriten von Rinde und Markschicht ($^{157}/_{1}$).

Die Kolonie ist unverzweigt oder verzweigt. Der Hauptstamm ist röhrenförmig und durchbrochen. Der Stiel ist walzenförmig, etwa halb so lang wie die Kolonie und sein unterstes Ende ist spatelförmig verbreitert. Die Hauptäste sind röhrenförmig, im distalen Teile breit rinnenförmig, die Endzweige schmal und abgeplattet. Die Polypen stehen in dichten Reihen seitlich und um die Öffnungen des Stammes herum. Ihre Bewehrung besteht aus kräftigen bis 0,3 mm langen bedornten Spindeln, die aber keine Gabelung zeigen und in Kronenform angeordnet sind. Die Tentakel enthalten flache, gezackte Platten (Fig. 19). Ast- und Stammende sind mit kleinen, etwa 0,06 mm langen, ovalen Spindeln mit hohen Warzengürteln erfüllt, die in schlanke, 0,18 mm lange, hoch bewarzte Spindeln übergehen. Außerdem finden sich bis 0,6 mm lange, fast glatte oder fein bedornte Stäbe vor, die in die gleichen Formen der Markschicht übergehen (Fig. 20). In der Stielrinde liegen bis 0,4 mm lange, mächtige, walzenförmige Spindeln, die dicht mit hohen, verzweigten Dornen besetzt sind und in kleinere mehr kugelige Körper übergehen. Verschmelzungen der Skleriten der Markschicht kommen nicht vor. Hellbraun, graubraun.

Chinesisches Meer.

6. **S. simplex** Brundin 1896 *S. s.*, Brundin in: Bih. Svenska Ak., *v.* 22 nr. 3 p. 9 t. 1 f. 4; t. 2 f. 4 | 1919 *S. s.*, Kükenthal in: Ergeb. Tiefsee-Exp., *v.* 13 pars 2 p. 72, 901.

Die Kolonie besteht nur aus einem aufrechten Stamm ohne größere Verzweigungen. Der die Hälfte der Kolonielänge messende Stiel ist solid, oben walzenförmig, unten blattartig verbreitert, der Stamm röhrenförmig und mit einigen großen Öffnungen versehen. Am Rande jeder Öffnung entspringen mehrere ganz kurze, lappenförmige Fortsätze, die selten noch weiter verzweigt sind. Diese Fortsätze sind rinnenförmig vertieft, und die Polypen sitzen besonders an ihrer Spitze dichtgedrängt. Auch am Hauptstamme finden sie sich vereinzelt, in Gruppen oder in breiten Reihen vor. Die Skleritenkrone besteht aus 0,5 mm langen Spindeln, die einen breiten transversalen Ring bilden, auf dem vertikal gerichtete Spindeln in 8 parallelen Reihen stehen. In den Tentakeln liegen transversal in 2 Längsreihen bis zu 0,3 mm lange Skleriten, die Kelche sind 1—1,5 mm hoch und achtstrahlig, die äußere Rindenschicht ist fest und mit meist kurzen, dicht bewarzten Spindeln von bis 0,13 mm Länge besetzt, während etwas tiefer bis 0,2 mm lange Spindeln vorkommen. In der weichen Markschicht finden sich 0,3—0,6 mm lange, schlanke Stäbe, an den Enden spärlich bedornte, die durch Hornsubstanz miteinander verbunden sind. Rotbraun.

Chinesisches Meer, Formosa. Litoral.

7. **S. sterroclonium** Germanos 1895 *S. s.* + *S. diplocalyx*, Germanos in: Zool. Anz., *v.* 18 p. 445, 446 | 1896 *S. s.* + *S. d.*, Germanos in: Abh. Senckenb. Ges., *v.* 23 p. 151 t. 9 f. 1, 2; t. 11 f. 16 | 1903 *S. tortuosum* (part.), Hickson in: Fauna Geogr. Maldiv., *v.* 2 p. 495 | 1909 *S. sterroclonium*, J. A. Thomson & J. Simpson, Alcyon. Investigator, *v.* 2 p. 157 | 1911 *S. s.*, Nutting in: Siboga-Exp., *v.* 13b' p. 5 | 1919 *S. sterroklonium*, Kükenthal in: Ergeb. Tiefsee-Exp., *v.* 13 pars 2 p. 74.

Die Kolonie ist annähernd federförmig in einer Ebene verzweigt. Der walzenförmige Stiel ist solid, am Ende mitunter abgeplattet, der Stamm teils halbrinnenförmig, teils zu einem Rohr geschlossen. Die ziemlich dünnen Äste entspringen lateral zu beiden Seiten unter nahezu rechtem Winkel, krümmen sich dann aber etwas nach oben und geben meist keine weiteren Zweige ab. Die Äste sind plattgedrückt oder rinnenförmig, an einigen Stellen auch walzenförmig und solid. Polypen fehlen dem Stiel und sitzen seitlich an Stamm und Ästen in ziemlich weiter Entfernung. Ihre Bewehrung besteht aus einem Kranze von 6—8 transversalen Spindelreihen, auf denen in 8 konvergierenden Feldern je 2—3 Paar konvergierender Spindeln stehen. Auch die Tentakel sind bis in die Pinnulae hinein mit Spicula erfüllt. Die Polypenkelche sind mehr als 1 mm hoch, und ihre Mündung endigt in 8 ungleichmäßigen, mit stark hervorragenden Spicula besetzten Lappen. Die harte, lederartige Rinde enthält bis 0,23 mm lange, ovale, sehr stark bewarzte Skleriten und besonders im oberen Teil der Kolonie schlankere, bis 0,29 mm lange, stark bewarzte Spindeln und Stäbe, die in einer tieferen Schicht 0,38 mm Länge erreichen. Die Markschicht des Stieles, welche von Ernährungskanälen durchzogen wird, wird aus meist losen, durch Hornsubstanz verbundenen, bis 0,38 mm langen, fast glatten Stäbchen gebildet, in Stamm und Ästen, zum Teil auch im Stiel verschmelzen die Skleriten zu einer festen Achse. Rot, auf der inneren Fläche hellrosarot bis weißlich, Polypen weiß, andere Exemplare weiß mit bräunlichen oder lachsfarbenen Polypenkelchen.

Malayischer Archipel, Andamanen. Litoral.

8. **S. tubulosum** (Genth) 1867 *Solenogorgia tubulosa*, Genth in: Z. wiss. Zool., *v.* 17 III p. 429 t. 23—25 | 1878 *Solenocaulon tubulosum*, Th. Studer in: Monber. Ak. Berlin, p. 671 | 1904 *S. t.*, Janower in: Rev. Suisse Zool., *v.* 12 p. 511 | 1919 *S. t.*, Kükenthal in: Ergeb. Tiefsee-Exp., *v.* 13 pars 2 p. 75.

Die baumförmig in einer Ebene verzweigte Kolonie ist sehr starr und brüchig. Der walzenförmig an seinem unteren Ende mitunter etwas abgeplattete Stiel setzt sich in einen hohlen Hauptstamm fort, der sich dichotomisch teilen kann, und laterale teilweise verzweigte Seitenäste abgibt, die ebenfalls hohl, an ihren Enden breit rinnenförmig sind. Die Polypen stehen in 2 lateralen Reihen und sind besonders an den Rändern der Zweigenden dichtgedrängt, ihre Bewehrung besteht aus 0,1 bis 0,3 mm langen Spindeln, die eine Skleritenkrone bilden. Die Tentakel sind mit nach unten konvergierenden Skleriten erfüllt, die verbreiterte und zackige Gebilde von bis 0,2 mm Länge darstellen und sich in die einzelnen Pinnulae einschieben. Die Polypenkelche sind meist niedrig. In der dünnen, festen Rinde von Stamm und Ästen liegen zweierlei Skleritenformen, kleinere gedrungene, stark bewarzte Walzen und Spindeln, und lange, stabförmige, meist etwas gebogene Spicula von bis zu 1,2 mm Länge, die weit bedornt sind. In der Stielrinde werden die ersteren Skleritenformen mehr kugelig und bis 0,2 mm lang. Die Markschicht besteht aus langen, meist fast glatten Stabformen von 0,5—1,5 mm Länge, die am Stiel ein dichtes Gewirr bilden, in Stamm und Ästen aber zu einer festen Achse verschmelzen, die auf der Hinterseite in Wulstform vorspringt. Ernährungskanäle fehlen dieser als Achse zu bezeichnenden Region völlig. Hellgraubraun.

Philippinen.

S. ramosum Hickson 1903 *S. ramosa*, Hickson in: Fauna Geogr. Maldiv., *v.* 2 p. 498 f. 14—17 | 1909 *S. r.*, M. Harrison in: Tr. Linn. Soc. London, ser. 2 *v.* 11 p. 39 t. 3 f. 16; t. 7 f. 78—81 | 1909 *S. r.*, J. A. Thomson & J. Simpson, Alcyon. Investigator, *v.* 2 p. 159 | 1919 *S. ramosum*, Kükenthal in: Ergeb. Tiefsee-Exp., *v.* 13 pars 2 p. 75.

Die Kolonie ist baumartig in einer Ebene verzweigt. Der Stamm bildet ein sehr weites, mehrfach durchbrochenes Rohr; von dem Gürtel entspringen schlanke, walzenförmige Endzweige. Die Polypen stehen an ihnen in 2 seitlichen Reihen und sollen nur teilweise zurückziehbar sein. Ihre Skleriten sind dicker und zahlreicher als bei anderen Arten. Auch die Tentakel enthalten kräftige, in die Pinnulae hineinreichende Spicula. Die Polypenkelche sind hoch und schlank. Alle übrigen Merkmale wie bei *S. tortuosum*. Dunkelbraun.

Malediven. Litoral.

S. jedanense Nutting 1911 *S. j.*, Nutting in: Siboga-Exp., *v.* 13bs p. 9 t. 2 f. 1, 1a; t. 11 f. 2 | 1919 *S. j.*, Kükenthal in: Ergeb. Tiefsee-Exp., *v.* 13 pars 2 p. 76.

Die Kolonie ist ungefähr federförmig. Der Hauptstamm wird röhrenförmig, im oberen Teile auch rinnenförmig und gibt seitliche, ebenfalls röhrenförmige, kurze Äste ab, die in schmale Endzweige enden, die Endzweige sind im basalen Teile röhrenförmig, im distalen mitunter abgeplattet. Die Polypen stehen fast ausschließlich an den Endzweigen in lateralen Reihen; sie sind völlig retraktil und tragen eine Spiculakrone. Auch die Tentakel enthalten longitudinale und seitlich davon 2 Reihen nach unten konvergierender Spindeln, die in die Pinnulae eintreten. Die Polypenkelche sind niedrig und 2 mm breit, sie enden achtlappig und sind erfüllt mit longitudinal angeordneten, dicken, stark bewarzten Spindeln. Die Rinde enthält ovale und runde, stark bewarzte Spindeln, in der Markschicht liegen schlanke Stabformen, die bedornt sind, auch ist die Markschicht von Ernährungskanälen durchzogen. Braun.

Malayischer Archipel: Litoral.

9. Gen. **Paragorgia** H. Milne-Edwards

1857 *P.*, H. Milne-Edwards, Hist. Corall., *v.* 1 p. 190 | 1870 *P.*, Kölliker in: Verh. Ges. Würzburg, ser. 2 *v.* 2 p. 12 | 1887 *P.*, Th. Studer (& P. Wright) in: Arch. Naturg., *v.* 53I p. 28 | 1911 *P.*, Nutting in: Siboga-Exp., *v.* 13bs p. 16 | 1913 *P.*, Kinoshita in: J. Coll. Japan, *v.* 32 nr. 10 p. 32 | 1919 *P.*, Kükenthal in: Ergeb. Tiefsee-Exp., *v.* 13 pars 2 p. 76.

Aufrecht und vorwiegend in einer Ebene verzweigte Kolonie mit walzenförmigen, dicken Stämmen und Ästen, die vielfach knollig angeschwollen sind. Die Polypen stehen unregelmäßig, mitunter eine Fläche freilassend und sind in breite Kelche zurückziehbar, die sich ebenfalls größtenteils einziehen und einen achtstrahligen Stern bilden können. In der Polypenwand liegen 8 Längsstreifen kleiner Achtstrahler, die sich auf den Tentakelrücken fortsetzen. Dimorphismus ist stets vorhanden. Die sehr kleinen Zooide sind tentakellos und ragen meist nicht vor, in ihnen entwickeln sich die Geschlechtsprodukte. Die Rinde bildet eine dünne Außenschicht ohne Ernährungskanäle, erfüllt mit kleinen Achtstrahlern. In der tieferen Rindenschicht mit einem Kranze von Ernährungskanälen finden sich außer Achtstrahlern größere, mehr stab- oder spindelförmige Spicula mit großen Dornen. Die Achse ist wenig scharf abgegrenzt, von zahlreichen Ernährungskanälen durchzogen und erfüllt mit noch längeren, stab- oder spindelförmigen Skleriten. Rot oder weiß.

Nördliche atlantische Küsten von Europa und Amerika, Japan, Hawai, Indischer Ozean. Tieferes Litoral und Küsten-Abyssal.

Mit 1 sicheren Art, 2 unsicheren.

1. **P. arborea** (L.) 1758 *Alcyonium arboreum*, Linné, Syst. Nat., ed. 10 p. 803 | 1834 *Lobularia arborea*, Ehrenberg in: Abh. Ak. Berlin, p. 283 | 1846 *Briareum arboreum*, J. D. Dana in: U. S. expl. Exp., *v.* 7 p. 644 | 1856 *Alcyonium a.*, M. Sars in: M. Sars, J. Koren & D. C. Danielssen, Fauna littor. Norveg., *v.* 2 p. 65 | 1857 *Paragorgia arborea*, H. Milne-Edwards, Hist. Corall., *v.* 1 p. 190 | 1879 *P. a.*, Storm in: Norske Selsk. Skr., 1876—1877 p. 145, 337; 1878 p. 22 | 1883 *P. nodosa* + *Briareum Frielei*, J. Koren & D. C. Danielssen, Nye Alcyon. Gorg. & Pennat. Bergens Mus., p. 17, 18 t. 8 f. 10—26; t. 9 | 1888 *P. arborea*, Storm in: Norske Selsk. Skr., 1887 p. 86 | 1912 *P. nodosa*, Nutting in: P. U. S. Mus., *v.* 43 p. 99 | 1913 *P. arborea*, Broch in: Norske Selsk. Skr., (1912) nr. 2 p. 10 | 1913 *P. a.* + *P. nodosa* + ?*P. granulosa* + ?*P. tenuis*, Kinoshita in: J. Coll. Japan, *v.* 32 nr. 10 p. 33 | 1915 *P. a.*, Hickson in: P. zool. Soc. London, p. 548 | 1919 *P. a.*, Kükenthal in: Ergeb. Tiefsee-Exp., *v.* 13 pars 2 p. 77.

Die Kolonie ist baumförmig, vorwiegend in einer Ebene verzweigt und wird sehr groß. Die Basis ist membranös verbreitert und inkrustierend; vom Hauptstamm gehen dicke Hauptäste aus, die sich wiederholt teilen.

Die Äste sind mitunter nur rundliche Anschwellungen. Die Polypen stehen unregelmäßig ringsherum und sind 3 mm lang, mit 3 mm langen Tentakeln und 5 mm breit. Ein Polypenkelch ist nur angedeutet und völlig retraktil. Zwischen den Polypen finden sich sehr zahlreiche, nicht vorragende, kleine Zooide ohne Kelche und Tentakel. In ihnen entwickeln sich die Geschlechtsprodukte. In der Polypenwand liegen kleine Achtstrahler in 8 Längsstreifen, die sich in den Tentakelstamm fortsetzen, wo sie als bis 0,17 mm lange, dicke Spindeln mit unregelmäßig und dicht gestellten, großen Dornen erscheinen. Auch in der Wand des Schlundrohres finden sich kleine, 0,09 mm lange Skleriten. Die Rinde besteht aus 2 Schichten. In der dichteren, dünnen Außenschicht liegen dichtgedrängt 0,04—0,05 mm lange Achtstrahler, die meist rot gefärbt sind. In der tieferen Rindenschicht finden sich außer Achtstrahlern schlank stabförmige oder spindelförmige, mit großen Dornen besetzte Skleriten, die bis 0,28 mm lang werden können. In der wenig scharf abgegrenzten Markschicht finden sich ähnliche, bis 0,38 mm lange Formen. Die Markschicht ist stark durchsetzt mit Ernährungsgefäßen (Fig. 21), die auch in einer Ringschicht an der Grenze von Achse und Rinde erscheinen. Rot mit gelblichweißen Polypen (*forma typica*) oder weiß (*forma alba* Storm) mit rosa gefärbten Polypen.

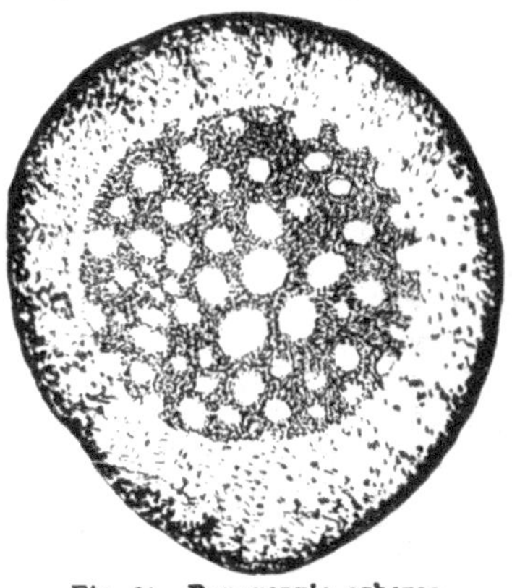

Fig. 21. **Paragorgia arborea.** Querschnitt durch den Stamm.

Nördliche atlantische Küsten von Europa und Amerika, Golf von Alaska, Japan. Tieferes Litoral und Küsten-Abyssal.

P. splendens J. A. Thoms. & W. D. Hend. 1906 *P. s.*, J. A. Thomson & W. D. Henderson, Alcyon. Investigator, *v.* 1 p. 20 t. 1 f. 5; t. 5 f. 9, 14 | 1911 ?*P. s.*, Nutting in: Siboga-Exp., *v.* 13b5 p. 16 t. 3 f. 4, 4a | 1919 *P. s.*, Kükenthal in: Ergeb. Tiefsee-Exp., *v.* 13 pars 2 p. 80.

Die Kolonie ist in einer Ebene verzweigt. Die Polypen stehen vorwiegend auf einer Fläche, einzeln oder in Gruppen, an den angeschwollenen Zweigenden dicht angehäuft und sind in Kelche zurückziehbar, die sich zu 8strahligen Warzen schließen können. Auf dem Tentakelrücken findet sich ein schmaler Längsstreifen von Skleriten. Zahlreiche tentakellose Zooide sind vorhanden. Die Rinde hat eine glänzende sandartige Oberfläche, die an den dünneren Zweigen Längsfurchen aufweist. Ihre Spicula sind bis 0,14 mm lange, lachsfarbene, stark bewarzte Gebilde; die Achse enthält bis 0,22 mm lange Spindeln mit unregelmäßig angeordneten Warzen oder Dornen. Die Achse wird von zahlreichen Ernährungskanälen durchzogen. Korallenrot.

Indischer Ozean, Malayischer Archipel. Küsten-Abyssal.

P. regalis Nutting 1912 *P. r.*, Nutting in: P. U. S. Mus., *v.* 43 p. 100 t. 15 f. 1, 1a; t. 21 f. 7 | 1919 *P. r.*, Kükenthal in: Ergeb. Tiefsee-Exp., *v.* 13 pars 2 p. 81.

Die sehr reichliche Verästelung erfolgt annähernd in einer Ebene. Stamm und Äste sind rund und letztere teilweise knollig verdickt und an den Enden angeschwollen. Die Polypen fehlen einer Fläche, und ihre niedrigen Kelche sind fast völlig einziehbar. Der retraktile Polypenteil trägt distalwärts 8 Längsstreifen kleiner, längsgerichteter Spicula, die in die Tentakelrücken übergehen. Die Polypen sind von sehr verschiedener Größe und gehen in Zooide über, wenn solche überhaupt vorkommen. Die Achse ist von dichtgelagerten, schlanken und ziemlich großen, bedornten Spindeln erfüllt und enthält zahlreiche Ernährungsgefäße. Hellziegelrot am Stamm heller, fast weiß werdend.

Japan. Küsten-Abyssal.

10. Gen. **Titanideum** A. E. Verrill

1863 *T.*, L. Agassiz MS., A. E. Verrill in: Mem. Boston Soc., *v.* 1 p. 10 | 1865 *Briareum*, Kölliker, Icon. histiol., p. 141 | 1870 *Titanideum*, Kölliker in: Verh. Ges. Würzburg, ser. 2 *v.* 2 p. 14 | 1887 *T.*, Th. Studer (& P. Wright) in: Arch. Naturg., *v.* 53 I p. 29 | 1889 *T.*, P. Wright & Th. Studer in: Rep. Voy. Challenger, *v.* 31 pars 64 Pref. p. 33 | 1911 *Titanidium* (err.), Nutting in: Siboga-Exp., *v.* 13b5 p. 19 | 1916 *Titanideum*, Kükenthal in: Zool. Jahrb., suppl. 11 p. 476 | 1919 *T.*, Kükenthal in: Ergeb. Tiefsee-Exp., *v.* 13 pars 2 p. 81.

Kolonien unverzweigt oder spärlich dichotomisch verzweigt. Die Hauptstämme sind walzenförmig und entspringen von gemeinsamer membranöser Basis. Die kelchlosen und skleritenfreien Polypen stehen ringsherum und sind völlig retraktil. Die dicke Rinde hat keine besondere Außenschicht aufzuweisen, und ihre Skleriten sind sehr kleine Dreistrahler, Vierstrahler und mehrstrahlige Formen. Ernährungskanäle treten nur in der die Äste umgebenden Rinde in einem Kreise auf und fehlen der ziemlich scharf begrenzten Markschicht, die lange, stabartige Skleriten mit einzelnen Ausläufern sowie besonders Vierstrahler enthält, die in festem, hornigem Maschenwerk liegen. Rot, Achse gelbbraun.

Karolina. Litoral.

1 sichere, 2 unsichere Arten.

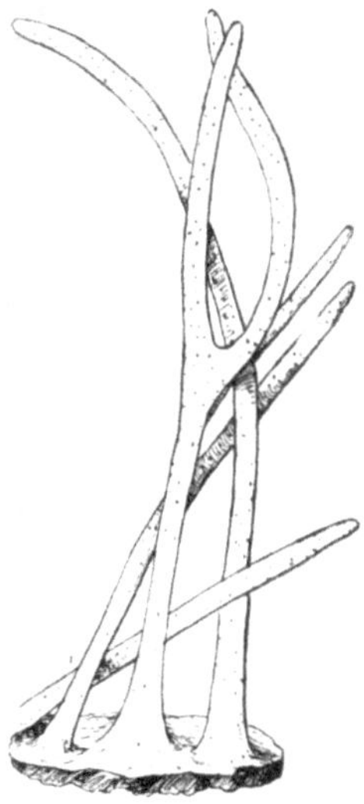

Fig. 22.
Titanideum suberosum (2/1).

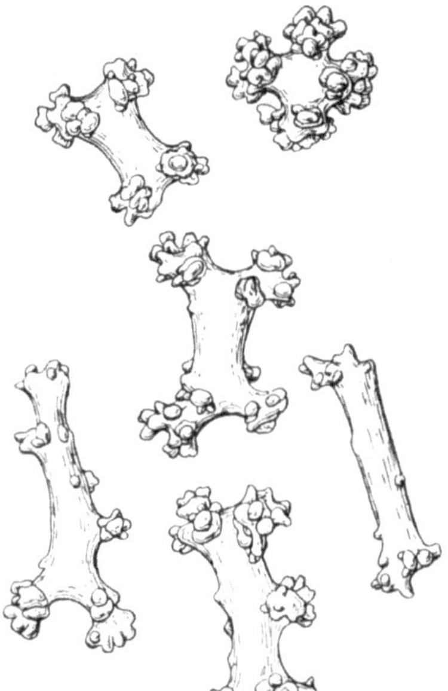

Fig. 23. Titanideum suberosum.
Skleriten der Markschicht (140/1).

1. **T. suberosum** (Ellis & Soland.)[1]) 1756 *„Spongy keratophyte"*, Ellis, Nat. Hist. Corall., p. 63 t. 26 P. Q. R. | 1786 *Gorgonia suberosa* (non *G. s.*, Pallas, Elench. Zooph., p. 191, 1766), Ellis & Solander, Zooph., p. 93 | 1846 *Briareum suberosum*, J. D. Dana in: U. S. expl. Exp., *v.* 7 p. 643 | 1857 *B. s.*, H. Milne-Edwards, Hist. Corall., *v.* 1 p. 190 | 1863 *Titanideum s.* (Agassiz MS.), in: A. E. Verrill in: Mem. Boston Soc., *v.* 1

1) Da eine Verwechslung mit *G. s.* Pallas nicht zu befürchten ist, behalte ich den Namen bei.

p. 11 | 1865 *Solanderia frauenfeldtii*, Kölliker, Icon. histiol., p. 141 t. 19 f. 19, 20, 22 | 1870 *Titanideum suberosum*, Kölliker in: Verh. Ges. Würzburg, ser. 2 *v.* 2 p. 14 t. 3 f. 3 | 1919 *T. s.*, Kükenthal in: Ergeb. Tiefsee-Exp., *v.* 13 pars 2 p. 82.

Von gemeinsamer membranöser Ausbreitung entspringen schlanke, walzenförmige, mitunter einen Seitenast tragende Stämme, die abgerundet und etwas angeschwollen endigen (Fig. 22). Die Polypen fehlen der verbreiterten Basis und stehen an den Stämmen in ziemlich regelmäßiger Anordnung ringsherum. Polypenkelche fehlen und die spikulafreien Polypen sind direkt in die dicke Rinde zurückziehbar. Die Skleriten der Rinde sind meist sehr dicke, kräftig bewarzte Gürtelstäbe, Dreistrahler von 0,04—0,06 mm Länge sowie Vierstrahler, Fünfstrahler, sowie Achter und Zwölfer. Die Markschicht ist scharf gegen die Rinde abgesetzt und mit bis 0,2 mm langen unregelmäßig oder regelmäßig und sehr hoch bedornten Stäben erfüllt, die durch ein festes Netzwerk von Hornsubstanz verbunden sind (Fig. 23). Ernährungskanäle fehlen der Markschicht und kommen in einem Kranze longitudinaler Gefäße in der tieferen Markschicht, sowie als dichtes peripheres Netzwerk vor. Orange- bis dunkelrot. Markschicht gelbbraun.

Karolina. Litoral.

T. noduliferum (Harg. & Rogers) 1901 *Solanderia nodulifera*, Hargitt & Rogers in: Bull. U. S. Fish. Comm., *v.* 2 p. 279 | 1919 *Titanideum noduliferum*, Kükenthal in: Ergeb. Tiefsee-Exp., *v.* 13 pars 2 p. 83.

Kolonie spärlich und anscheinend vorwiegend in einer Ebene verzweigt, mit langen, unverzweigten Endästen. Die weitstehenden Polypen scheinen flache Kelche zu besitzen. Grundform der Skleriten sind die bewarzte, bis 0,36 mm lange Spindel und anscheinend kurze Dreistrahler von 0,048—0,06 mm Länge. Farbe dunkelgelb mit purpurrot gesprenkelten Polypenkelchen.

Antillen. Litoral.

T. crustatum (Harg. & Rogers) 1901 *Solanderia crustata*, Hargitt & Rogers in: Bull. U. S. Fish. Comm., *v.* 2 p. 280 | 1919 *Titanideum crustatum*, Kükenthal in: Ergeb. Tiefsee-Exp., *v.* 13 pars 2 p. 83.

Soll in Spiculation, Farbe und Bau der *Solanderia nodulifera* gleichen und sich von ihr dadurch unterscheiden, daß sie Gorgonidenachsen überzieht.

Portoriko. Litoral.

11. Gen. **Paratitanideum** Kükenthal

1911 *Titanideum* (part.), Nutting in: Siboga-Exp., *v.* 13b5 p. 20 | 1916 *T.* (part.), Broch in: Svenska Ak. Handl., *v.* 52 nr. 11 p. 18 | 1919 *Paratitanideum*, Kükenthal in: Ergeb. Tiefsee-Exp., p. 13 pars 2 p. 84.

Verzweigung baumartig, dichotomisch, reichlich. Anastomosen vorhanden. Die Endzweige bilden ein dichtes Gewirr. Die kleinen Polypen stehen allseitig und sind völlig retraktil. Kelche fehlen. Die Polypen sind mit einer Krone von Spindeln bewehrt. Die Grundform der Rindenskleriten ist die bewarzte Spindel, die sehr dick werden kann. In der Markschicht liegen ähnliche Formen. Die Markschicht ist von einem Kranze von Längskanälen umgeben.

Malayischer Archipel, Nordwestaustralien. Litoral.

2 Arten.

Spec. typ.: *Paratitanideum friabilis.*

Bestimmungstabelle der Arten:

Rindenskleriten bis 0,25 mm lang	1. **P. friabilis**
Rindenskleriten bis 1 mm lang	2. **P. mjöbergi**

1. **P. friabilis** (Nutting) 1911 *Titanideum f.*, Nutting in: Siboga-Exp., *v.* 13b5 p. 20 t. 3 f. 1, 1a; t. 11 f. 6 | 1919 *Paratitanideum f.*, Kükenthal in: Ergeb. Tiefsee-Exp., *v.* 13 pars 2 p. 84.

Die dicken, plumpen, leicht zerbrechlichen Stämme sind baumartig mehrfach verzweigt und können Anastomosen eingehen. Die Endzweige bilden ein dichtes Gewirr und sind an ihren Enden kaum angeschwollen. Die Polypen stehen ringsherum und sind völlig einziehbar in ovale oder schlitzförmige Öffnungen, die an den Zweigen in 1 mm Entfernung stehen, die Rinde ist dünn, und die Ernährungskanäle bilden einen unregelmäßigen Ring um die Markschicht, die nicht scharf abgegrenzt und leicht zerreiblich ist, die Rindenspicula sind meist kurze, dicht bewarzte, mitunter ovale Spindeln, gelegentlich kommen auch längere, schlankere Spindeln vor. In der Markschicht finden sich neben wenigen schlanken Spindeln mit dornigen Warzen zahlreiche kurze, dicke Formen. Cremeweiß.

Malayischer Archipel. Flaches Litoral.

2. **P. mjöbergi** (Broch) 1916 *Titanideum m.*, Broch in: Svenska Ak. Handl., *v.* 52 nr. 11 p. 18 t. 2 f. 6 | 1919 *Paratitanideum m.*, Kükenthal in: Ergeb. Tiefsee-Exp., *v.* 13 pars 2 p. 84.

Die Äste sind nach oben gerichtet und die Zweigenden erheblich angeschwollen. Die Polypen stehen allseitig, sind sehr klein, kelchlos und völlig in die Rinde zurückziehbar. Sie sind mit einer Krone bis 1 mm langer, meist gebogener, dicht bedornter Spindeln bewehrt. Auf 2 transversalen Reihen erheben sich Doppelreihen von 3—4 Paar Spindeln. Die Tentakel sind spiculafrei. In der Rinde liegen bis fast 1 mm lange, oft dicke und auch keulenförmig werdende Spindeln, die stark bewarzt sind. Ähnliche bis 0,6 mm lange Skleriten liegen in der Markschicht, die keine Ernährungskanäle aufzuweisen hat. Ein Kranz von Längskanälen umgibt die Markschicht. Gelblich weiß.

Nordwestaustralien. Flaches Litoral.

12. Gen. **Suberia** Th. Studer

1878 *S.* (part.), Th. Studer in: Monber. Ak. Berlin, p. 666 | 1887 *S.* (part.), Th. Studer (& P. Wright) in: Arch. Naturg., *v.* 53I p. 28 | 1889 *S.* (part.), P. Wright & Th. Studer in: Rep. Voy. Challenger, *v.* 31 pars 64 Pref. p. 32 | 1911 *S.* (part.), Nutting in: Siboga-Exp., *v.* 13b5 p. 18 | 1919 *S.*, Kükenthal in: Ergeb. Tiefsee-Exp., *v.* 13 pars 2 p. 85.

Die aufrechte Kolonie entspringt von membranöser Basis, ist unverzweigt, und der Stamm ist von rundem Querschnitt und am Ende keulenförmig angeschwollen. Die Polypen stehen allseitig, nur dem basalsten Teile fehlend, und sind in hohe Kelche zurückziehbar, die aber ebenfalls retraktil sind. Polypenspicula fehlen fast völlig. Die sehr dicke Rinde enthält kleine Gürtelstäbe, teilweise von ovalem Umrisse, die dünne Markschicht lange schlanke Gürtelstäbe, die durch ein Horngerüst verbunden sind; der Markschicht dicht anliegend findet sich ein Kranz großer Längsgefäße, die Markschicht selbst ist aber nicht von Solenia durchzogen. Farbe fleischfarben.

Ostküste von Südamerika, Südafrika. Litoral.

2 Arten.

Spec. typ.: *Suberia clavaria* Th. Stud.

Bestimmungstabelle der Arten:

Rindenskleriten kleine Gürtelstäbe	1. **S. clavaria**
Rindenskleriten längere Spindeln	2. **S. capensis**

1. **S. clavaria** Th. Stud. 1878 *S. c.*, Th. Studer in: Monber. Ak. Berlin, p. 667 t. 5 f. 38, a, b | 1911 *S. clavata* (err.), Nutting in: Siboga-Exp., *v.* 13b5 p. 13 | 1919 *S. clavaria*, Kükenthal in: Ergeb. Tiefsee-Exp., *v.* 13 pars 2 p. 85 t. 35 f. 25.

Kolonie unverzweigt. Von membranöser, oft inkrustierender Basis erhebt sich ein sich kolbig verdickender Stamm von kreisrundem Querschnitt (Fig. 24). Die Polypen stehen allseitig, nur der Basis und dem basalen Stammteil fehlend und erheben sich aus längsovalen konischen Kelchen, die in 3 mm Entfernung und am Ende gedrängter stehen und ebenfalls eingezogen werden können. Die Kelchöffnungen sind klein, kreisrund und achtstrahlig. Der retraktile Polypenteil ist fast völlig spiculafrei, nur einige kleine, schwach bedornte Spindeln können vorkommen. In den Kelchwänden wie in der äußeren Rinde liegen kleine 0,06—0,09 mm lange, sehr dicke,

Fig. 24.
Suberia clavaria (1/1).

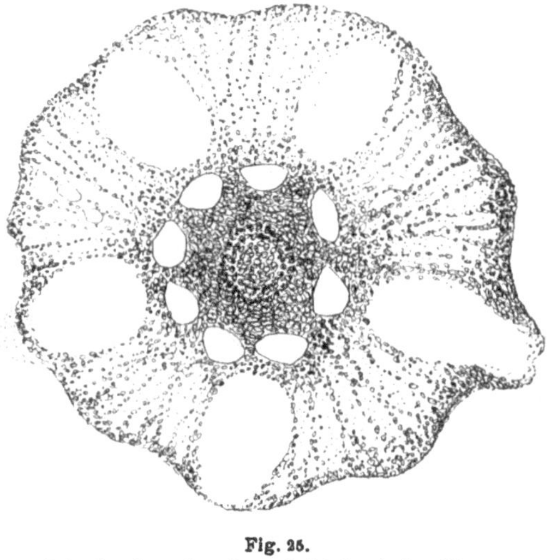

Fig. 25.
Suberia clavaria. Querschnitt durch den Stamm.

fast ovale, stark bewarzte Gürtelstäbe mit meist 4 Warzengürteln, von denen die mittleren viel größer sind als die äußeren. Das Coenenchym ist deutlich in eine sehr dicke Rindenschicht und eine durch einen Kranz großer longitudinaler Solenia getrennte Markschicht geschieden. Der Markschicht fehlen Ernährungskanäle (Fig. 25). In der Rindenschicht liegen kleine dicke, bewarzte, ovale und längere bis 0,14 mm lange, schlankere Gürtelstäbe mit weitgestellten Warzengürteln. Die Rindenskleriten stehen in radiär verlaufenden Zügen. Die Markschicht enthält in einem hornigen Maschenwerk bis 0,24 mm lange schlanke Stäbe mit oft unregelmäßig angeordneten weitgestellten Warzen, sowie unregelmäßige Formen. Fleischfarben.

Ostküste Südamerikas. Litoral.

2. **S. capensis** J. S. Thoms. 1911 *S. c.*, J. S. Thomson in: P. zool. Soc. London, p. 870 | 1919 *S. c.*, Kükenthal in: Ergeb. Tiefsee-Exp., *v.* 13 pars 2 p. 89.

Von inkrustierender Basis erhebt sich ein walzenförmiger Stamm, der am oberen Ende stark anschwillt. Die Polypen stehen annähernd allseitig in unregelmäßigen Entfernungen und sind in 2—3 mm hohe und ebenso breite Kelche zurückziehbar. Der retraktile Polypenteil ist bewehrt mit Spindeln bis 0,188 mm Länge, die in 8 Längsbändern stehen, daneben kommen kleine unregelmäßige Formen vor. Die rauhe Rinde enthält bis 0,22 mm lange Spindeln, kleine Dreistrahler und andere Formen. Die Markschicht wird von einem hornigen Netz gebildet, in dem bis 0,289 mm lange Spindeln, Stäbe und unregelmäßige Formen liegen. Ein Ring großer Längskanäle liegt der Peripherie der Achse dicht an. Dunkelrot.

Südafrika. Litoral.

13. Gen. **Spongioderma** Kölliker

1846 nec *Solanderia*, Duchassaing & Michelin in: Rev. zool., p. 218 | 1857 nec *S.*, H. Milne-Edwards, Hist. Corall., *v.* 2 p. 189 | 1860 & 1864 nec *S.*, Duchassaing & Michelotti in: Mem. Acc. Torino, ser. 2 *v.* 19 p. 34 & ser. 2 *v.* 23 p. 23 | 1861 *S.* (part.), Möbius in: N. Acta Ac. Leop., *v.* 29 p. 8 | 1865 *S.* (part.), Kölliker, Icon. histiol., p. 161 | 1866 ?*Homophyton*, J. E. Gray in: P. zool. Soc. London, p. 27 | 1870 nec *Solanderia*, Duchassaing, Rev. Zooph. Spong. Antill., p. 18 | 1870 *Spongioderma*, Kölliker in: Verh. Ges. Würzburg, ser. 2 *v.* 2 p. 14 | 1887 *S.*, Th. Studer (& P. Wright) in: Arch. Naturg., *v.* 53I p. 29 | 1889 *S.*, P. Wright & Th. Studer in: Rep. Voy. Challenger, *v.* 31 pars 64 Pref. p. 34 | 1901 *Solanderia* (part.), Hargitt & Rogers in: Bull. U. S. Fish. Comm., *v.* 2 p. 279, 280 | 1910 *Dendrogorgia*, J. Simpson in: P. phys. Soc. Edinb., *v.* 18 p. 62 | 1910 *D.*, Kinoshita in: Annot. zool. Jap., *v.* 7 p. 231 | 1919 *Spongioderma*, Kükenthal in: Ergeb. Tiefsee-Exp., *v.* 13 pars 2 p. 89.

Kolonie aufrecht baumförmig, dichotomisch verzweigt. Die Hauptäste liegen in einer Ebene. Die Endzweige sind sehr lang, meist gekrümmt und walzenförmig. Die Polypen sind in Kelche zurückziehbar und stehen rings um die Äste in ziemlich weitem Abstande, auch können sie auf den Stamm übergehen, der retraktile Polypenteil ist skleritenfrei. Die Rinde ist dicht erfüllt mit rundlichen, ovalen oder dreieckigen Skleriten, meist mit einer Einschnürung in der Mitte und mit sehr großen, bedornten Ausläufern versehen. Eine äußere, feste Rindenschicht ist scharf von einer tieferen Zwischenschicht geschieden. Die Markschicht enthält in einem hornigen Maschenwerk ein dichtes Gewirr von stabförmigen Skleriten, die mit einzelnen großen Dornen oder großen zackigen Warzen besetzt sind. Ernährungskanäle fehlen der Markschicht und finden sich in 2 konzentrischen Kreisen in der Rindenschicht. Rinde rot.

Südafrika. Litoral.

2 sichere Arten und 1 unsichere.

Spec. typ.: *Spongioderma verrucosa* (Möb.)

Bestimmungstabelle der Arten:

Rindenskleriten 0,06 mm lang. Polypenkelche gelb	1. **S. verrucosa**
Rindenskleriten 0,12 mm lang. Polypenkelche rot	2. **S. chuni**

1. **S. verrucosa** (Möb.) 1861 *Solanderia v.*, Möbius in: N. Acta Ac. Leop., *v.* 29 p. 3 | 1865 *S. v.*, Kölliker, Icon. histiol., p. 161 | 1866 ?*Homophyton Gattyiae*, J. E. Gray in: P. zool. Soc. London, p. 27 | 1870 *Spongioderma verrucosa*, Kölliker in: Verh. Ges. Würzburg, ser. 2 *v.* 2 p. 11 | 1919 *S. v.*, Kükenthal in: Ergeb. Tiefsee-Exp., *v.* 13 pars 2 p. 91 t. 31 f. 8.

Die Kolonie ist aufgerichtet und mehrfach dichotomisch verzweigt. Die langen, walzenförmigen Endzweige sind nach oben gerichtet (Fig. 26), meist etwas eingekrümmt und ihre Enden sind abgerundet. Die Hauptäste liegen in einer Ebene, treten Seitenzweige auf, so liegen sie teilweise in anderen Ebenen.

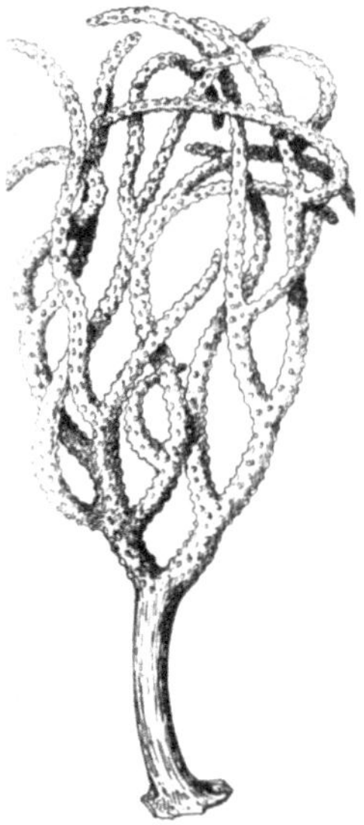

Fig. 26.
Spongioderma verrucosa (1/1).

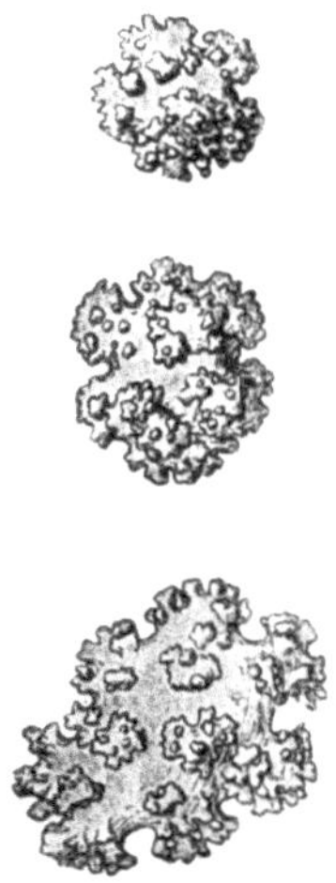

Fig. 27.
Spongioderma verrucosa.
Skleriten der äußeren Rinde.

Die Polypenkelche fehlen meist dem Hauptstamm und stehen an den Zweigen in 3 mm Entfernung voneinander. An ihrer Basis sind sie von ovalem Umrisse und ihre 2,5 mm lange Längsachse steht in der Längsrichtung der Äste. Ihre Höhe beträgt 2 mm, ihr oberes Ende ist zugespitzt. Dem retraktilen Polypenteil fehlen Skleriten. Die äußere Rinde enthält durchschnittlich 0,06 mm große, meist annähernd rundliche oder ovale Kalkkörper mit großen, bedornten, warzenartigen Fortsätzen und meist einer Einschnürung in der Mitte, die in der darunter liegenden Zwischenschicht bis 0,14 mm lang werden (Fig. 27).

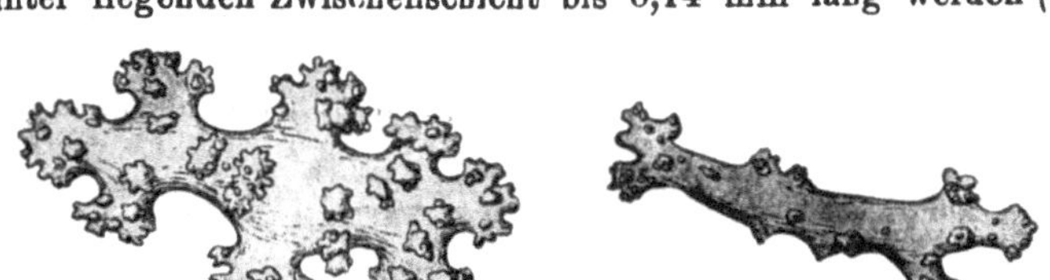

Fig. 28. Spongioderma verrucosa. Skleriten der Markschicht.

Die Kelchskleriten sind den Rindenskleriten ähnlich und 0,68 mm lang. Die konzentrisch geschichtete Markschicht enthält in einem hornigen Netzwerk mehr stabförmige, teilweise glatte, etwa 0,18 mm lange Skleriten mit einzelnen großen Ausläufern oder gezackten Warzen (Fig. 28). Rinde der Äste zinnoberrot, Stamm dunkler rot, Polypen orangegelb.

Südafrika. Litoral.

2. **S. chuni** Kükth. 1908 *S. c.*, Kükenthal in: Zool. Anz., *v.* 33 p. 18 | 1919 *S. c.*, Kükenthal in: Ergeb. Tiefsee-Exp., *v.* 13 pars 2 p. 94 · t. 31 f. 9.

Die Kolonie ist aufgerichtet, und die langen unverzweigten Hauptäste liegen in einer Ebene, sind stark gekrümmt und nahezu parallel nach oben gerichtet. Die Polypenkelche gehen am Hauptstamm bis fast zur Basis und stehen an den Zweigen in 4 mm Entfernung voneinander. An ihrer Basis sind sie von kreisrundem Umrisse und ihr Durchmesser beträgt 2 mm; ihr Gipfel ist abgerundet. Die Rindenskleriten sind durchschnittlich 0,12 mm lange, dicke, walzenförmige bis ovale Körper, mit großen, bedornten, warzenartigen Fortsätzen bedeckt und in der Mitte meist eingeschnürt. Ähnlich sind die gleichgroßen Skleriten der Polypenkelche, während in der Zwischenschicht die Kalkkörper 0,17 mm lang sind und in der Markschicht 0,18 mm lange, breite plumpe Stäbe mit einzelnen großen Dornen und zackigen Warzen darstellen. Stamm und Äste sind dunkelrosenrot gefärbt, ebenso die Polypenkelche.

Südafrika. Litoral.

S. capensis (Hickson) 1904 *Juncella elongata* var. *c.*, Hickson in: Mar. Invest. S. Afr., *v.* 3 p. 233 | 1910 *Dendrogorgia c.*, J. Simpson in: P. phys. Soc. Edinb., *v.* 18 p. 62 | 1910 *D. c.*, Kinoshita in: Annot. zool. Jap., *v.* 7 p. 231 | 1919 *Spongioderma c.*, Kükenthal in: Ergeb. Tiefsee-Exp., *v.* 13 pars 2 p. 95.

Die Kolonie ist in einer Ebene in scheinbarer Dichotomie verzweigt. Die Äste nehmen nur wenig an Dicke ab, sind nach oben gerichtet und leicht gebogen. Die Polypen stehen rings um Stamm und Äste und sind in nicht sehr ausgeprägte Kelche zurückziehbar. Die ziemlich dicke Rinde ist dicht mit meist rotgefärbten Spicula erfüllt, vorwiegend Dreistrahlern bis zu 0,087 mm Durchmesser, deren Ausläufer meist stark angeschwollen und dicht mit Warzen besetzt sind. Andere Dreistrahler haben längere Ausläufer, die weniger bewarzt sind, auch Doppelsterne kommen vor. In der Rinde finden sich zwei konzentrische, miteinander verbundene Ringe von Längskanälen. Der Markschicht fehlen Längskanäle, sie ist erfüllt mit einem hornigen Netzwerk und langen teils glatten, teils unregelmäßig bewarzten Spicula, die bis zu 0,15 mm lang werden, und weist eine deutliche konzentrische Schichtung auf. Dunkelrot.

Südafrika. Litoral.

14. Gen. **Diodogorgia** Kükenthal

1919 *D.*, Kükenthal in: Ergeb. Tiefsee-Exp., *v.* 13 pars 2 p. 96.

Kolonie aufrecht, baumförmig, ungefähr in einer Ebene lateral verzweigt. Die Astenden sind angeschwollen. Die kleinen Polypen sind in Kelche zurückziehbar und stehen allseitig in weitem Abstande, vereinzelt auch am Hauptstamm. Der retraktile Polypenteil ist dicht mit sehr kleinen Gürtelstäben und daraus hervorgehenden Formen erfüllt. In der Rinde liegen dicke, fast ovale Spindeln mit großen Warzengürteln; im tieferen Coenenchym längere, weiter bewarzte Spindeln, in der Markschicht findet sich ein dichtes Gewirr langer, stabförmiger Skleriten mit einzelnen großen Ausläufern, sowie unregelmäßige Formen. Die Skleriten der Markschicht sind eingehüllt in ein dichtes horniges Maschenwerk, das an einzelnen Stellen zu achsenartigen Bildungen verschmelzen kann. Ernährungskanäle fehlen der Markschicht und finden sich in zwei konzentrischen Kreisen in der Rindenschicht. Rinde rot, Kelche gelb.

Golf von Mexiko, Antillen. Litoral.

2 Arten.

Spec. typ.: *Diodogorgia ceratosa* Kükth.

Bestimmungstabelle der Arten:

{ Verzweigung baumförmig, in einer Ebene . . . . 1. **D. ceratosa**
{ Verzweigung buschig, nicht in einer Ebene . . . . 2. **D. cervicornis**

1. **D. ceratosa** Kükth. 1919 *D. c.*, Kükenthal in: Ergeb. Tiefsee-Exp., *v.* 13 pars 2 p. 97.

Kolonie baumförmig, wenig und annähernd in einer Ebene verzweigt. Die Äste entspringen in einem Winkel von 60—80° vom Hauptstamm und sind meist unverzweigt und am Ende angeschwollen. Die Polypen sind sehr klein und stehen allseitig in etwa 6 mm Entfernung voneinander; nur an den Enden der Äste sind sie dicht angehäuft. Die 1 mm langen Polypen sind in konische Kelche zurückziehbar, und ihre Wand wie ihre Tentakel sind dicht erfüllt mit

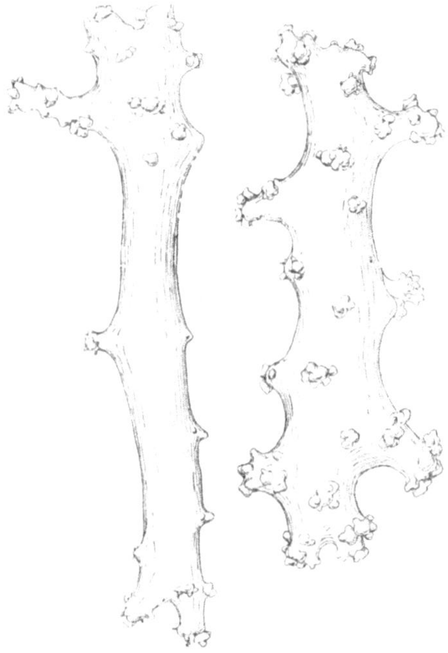

Fig. 29. **Diodogorgia ceratosa.** Skleriten der Markschicht ($^{250}/_{1}$).

sehr kleinen, etwa 0,04 mm messenden Spicula, Gürtelstäben, Dreistrahlern, Vierern, Fünfern usw. In den Kelchen werden diese Formen größer, bis 0,09 mm lang, und sind reicher bewarzt. Ähnliche, meist ovale Skleriten liegen in der äußeren Rindenschicht, während das tiefere Coenenchym bis 0,25 mm lange, schlankere Spindeln enthält, deren große Warzen vereinzelter stehen. Die Markschicht enthält bis 0,3 mm lange, schlanke Spindeln, mit einzelnen seitlichen Fortsätzen und weniger weit gestellten Warzen, sonst glatt, sowie unregelmäßige Formen (Fig. 29). Diese Skleriten sind eingehüllt in ein dichtes Maschenwerk von Hornsubstanz, die an einzelnen Stellen zu größeren achsenartigen Bildungen zusammenfließen können. Die Skleriten der Polypen und teilweise auch der Polypenkelche sind intensiv gelb, die des Coenenchyms rot.

Golf von Mexiko.

2. **D. cervicornis** Kükth. 1919 *D. c.*, Kükenthal in: Ergeb. Tiefsee-Exp., *v.* 13 pars 2 p. 645.

Von gemeinsamer Basis gehen mehrere Stämme ab, von denen die größeren Äste abgeben, die nicht in einer Ebene liegen. Die Enden sind meist etwas angeschwollen. Die allseitigen Polypen stehen in durchschnittlicher Entfernung von 4 mm, und sind an den Astenden dicht angehäuft. Die Polypen sind in 2 mm hohe, konische Kelche zurückziehbar, die sich senkrecht von ihrer Unterlage erheben. Die Polypenskleriten sind sehr kleine Gürtelstäbe, Dreier, Vierer usw. von 0,04 mm durchschnittlicher Länge, die auch in den Tentakeln dichtgedrängt sind, in den Polypenkelchen größer werden und mit stark bewarzten Spindeln untermischt sind, die 0,24 mm Länge erreichen können. In der Rinde liegen etwas kleinere Spindeln, die nach innen zu schlanker werden und in die stabförmigen etwa 0,2 mm langen Skleriten der Markschicht übergehen, die bis auf einzelne große Fortsätze glatt sind. Die Skleriten der Markschicht sind in ein dichtes Netzwerk von Hornsubstanz eingehüllt. Rinde und Markschicht intensiv gelb. Polypen und ihre Kelche dunkelrot. Die Farbe ist an die Skleriten gebunden.

Antillen. Litoral.

15. Gen. **Iciligorgia** Duchassaing

1870 *I.*, Duchassaing, Rev. Zooph. Spong. Antill., p. 12 | 1870 ?*Lignella*, J. E. Gray in: Ann. nat. Hist., ser. 4 *v.* 5 p. 407 | 1884 nec *Iciligorgia*, S. Ridley in: Rep. Voy. Alert, p. 351 | 1889 *I.* (part.), P. Wright & Th. Studer in: Rep. Voy. Challenger, *v.* 31 pars 64 p. 164 | 1908 *I.*, Kükenthal in: Zool. Anz., *v.* 33 p. 17 | 1911 nec *I.*, Nutting in: Siboga-Exp., *v.* 13b5 p. 17 | 1916 *I.*, Kükenthal in: Zool. Jahrb.. suppl. 11 p. 483 t. 23 f. 3 | 1919 *I.*, Kükenthal in: Ergeb. Tiefsee-Exp., *v.* 13 pars 2 p. 101.

Baumartig in einer Ebene verzweigt, sehr brüchig. Stamm und Äste abgeplattet mit flacher Vorderseite und gewölbter Hinterseite. Polypen in zwei seitlichen Längsreihen, in vorragende Kelche zurückziehbar. Polypenspicula große, weitbedornte Spindeln, die in 8 konvergierenden Doppelreihen angeordnet sind. Die dünne Rinde enthält schlanke Spindeln mit großen abgerundeten Warzen, die Markschicht nadelförmige, lange Stabformen. Ernährungskanäle fehlen der Markschicht und kommen nur in der tieferen Rindenschicht vor. Farbe dunkelbraun.

Antillen.

1 sichere, 1 unsichere Art.

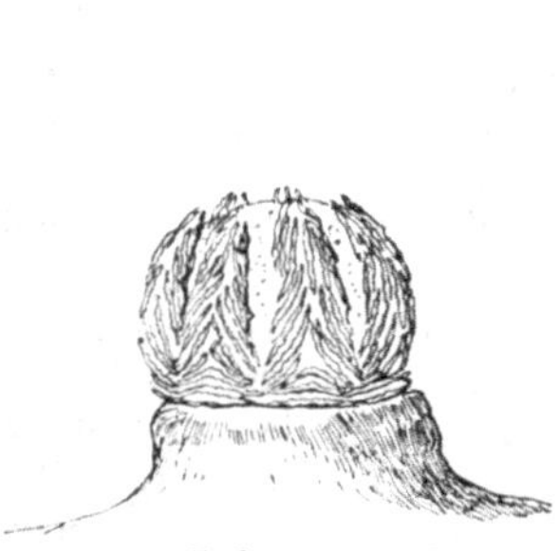

Fig. 30. **Iciligorgia ballini.** Polyp.

Fig. 31. **Iciligorgia ballini.** Skleriten der Markschicht (100/1).

1. **I. ballini** Kükth. 1908 *I. b.*, Kükenthal in: Zool. Anz., *v.* 33 p. 17 | 1916 *I. b.*, Kükenthal in: Zool. Jahrb., suppl. 11 p. 479 t. 23 f. 8 | 1919 *I. b.*, Kükenthal in: Ergeb. Tiefsee-Exp., *v.* 13 pars 2 p. 101.

Die sehr brüchigen Kolonien sind baumartig in annähernd einer Ebene verzweigt und Stamm und Äste sind in der Verzweigungsebene stark abgeplattet. Die Polypen stehen an den Rändern in zwei Längsreihen, können aber auch auf die stärker abgeplattete Vorderseite übertreten, während die gewölbte Hinterseite stets völlig nackt ist. Die Polypen sind in konische Kelche zurückziehbar und 2 mm hoch, 1,5 mm breit. Die Bewehrung des retraktilen Polypenteiles besteht aus 8 dichten Feldern nach innen gebogener, bedornter Spindeln, die bis zu 0,35 mm lang werden, und von denen die untersten Paare horizontal, die obersten fast longitudinal stehen (Fig. 30). Diese 8 Skleritenfelder sind im oberen Teile durch weite Zwischenräume getrennt. Die dünne Rinde enthält etwa 0,25 mm lange, meist dicke Spindeln mit dicht stehenden, großen, abgerundeten Warzen, die ziemlich scharf abgegrenzte Achse einen Filz von bis 0,7 mm langen, dünnen, fast glatten oder nur fein bedornten Stäben (Fig. 31). Ernährungskanäle fehlen der Markschicht völlig und kommen nur in einem Kranze in der tieferen Rindenschicht vor. Hellbraun bis dunkelbraun.

Antillen. Litoral.

I. schrammi Duchass. 1870 *I. s.*, Duchassaing, Rev. Zooph. Spong. Antill., p. 12 | 1919 *I. s.*, Kükenthal in: Ergeb. Tiefsee-Exp., *v.* 13 pars 2 p. 102.

Weit fächerförmig, dichotomisch verzweigt. Achse sehr dünn, weiß, Rinde schwarz, mit zierlichen flachen Spicula, eiförmigem Polypenmund und eingefalteten Tentakeln.

Guadelupe. Litoral.

Genera dubia Briareidarum

Gymnosarca Kent

1870 *G.*, Kent in: Quart. J. micr. Sci., ser. 2 *v.* 10 p. 397 t. 21 | 1894 *Clavularia* (part.), Hickson in: Tr. zool. Soc. London, *v.* 13 p. 333 | 1909 *Gymnosarca*, J. Stephens in: Sci. Invest. Fish. Ireland 1907 nr. 5 p. 7.

Die Kolonie besteht aus zahlreichen kriechenden Stolonen, welche tote Madredorarien überziehen und freien walzenförmigen Fortsätzen den Ursprung geben. Letztere sind mit Polypen besetzt und dicht erfüllt mit einer Masse verfilzter Spicula.

1 Art.

G. bathybius Kent

Mit den Merkmalen der Gattung.

Küste Portugals und Irlands. Küsten-Abyssal.

Wahrscheinlich zu *Anthothela grandiflora* (p. 15) gehörig.

Stereogorgia Kükenthal

1916 *S.*, Kükenthal in: Zool. Anz., *v.* 47 p. 178 | 1919 *S.*, Kükenthal in: Ergeb. Tiefsee-Exp., *v.* 13 pars 2 p. 120.

Die Kolonie überzieht Echinidenstacheln, ist an einem Ende kolbig angeschwollen und unverzweigt. Die großen, allseitig stehenden Polypen sind am Ende dichter angehäuft, stehen senkrecht auf der Unterlage und sind in sehr dicke mit 8 Längsrippen versehene Kelche zurückziehbar, die sehr stark bewehrt sind. Die Grundform der Skleriten ist die hoch und weit bedornte Spindel, die Keulenform annehmen kann. In der Markschicht findet sich ein derbes Geflecht von Hornfasern. Die Längskanäle sind zu einem Kranze angeordnet.

Ostafrikanische Küste. Küsten-Abyssal.

Mit 1 Art.

S. claviformis Kükth. 1916 *S. c.*, Kükenthal in: Zool. Anz., *v.* 47 p. 177 | 1919 *S. c.*, Kükenthal in: Ergeb. Tiefsee-Exp., *v.* 13 pars 2 p. 121 t. 32 f. 16.

Die unverzweigte Kolonie überzieht Echinidenstacheln und ist an einem Ende keulenförmig angeschwollen (Fig. 32). Die Polypen sind 3 mm hoch, wovon 2 mm auf den dicken mit 8 Längsrippen versehenen Kelch kommen. Im retraktilen Polypenteil liegen bis 0,3 mm lange, hoch und weit bedornte Spindeln, basal in 8—10 horizontalen, darüber in konvergierenden Reihen. Der Polypenkelch enthält ebenso lange, dicke Spindeln und Keulen, deren hohe Dornen zu unregelmäßigen, großen Ausläufern werden können (Fig. 33). Ähnliche Skleriten enthält die Rinde. In der Markschicht findet sich ein Netzwerk derber Hornfasern. Weiß.

Ostafrikanische Küste. Küsten-Abyssal.

Fig. 32.
Stereogorgia claviformis.

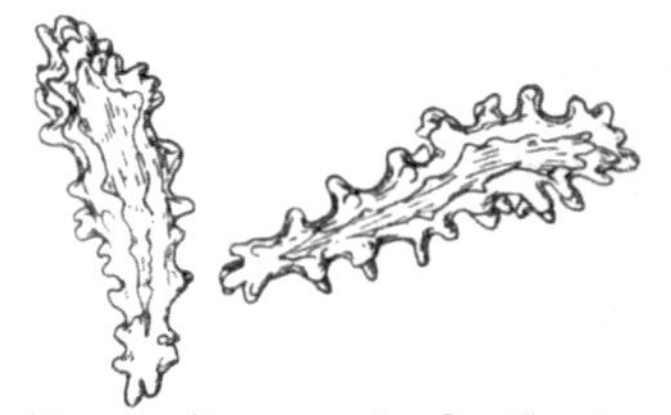

Fig. 33. **Stereogorgia claviformis.**
Skleriten des Polypenkelches (100/1).

2. Fam. **Suberogorgiidae**

1865 *Sclerogorgiaceae*, Kölliker, Icon. histiol., p. 142 | 1887 *Suberogorgidae*, Th. Studer (& P. Wright) in: Arch. Naturg., *v.* 53 I p. 29 | 1889 *Sclerogorgiadae*, P. Wright & Th. Studer in: Rep. Voy. Challenger, *v.* 31 pars 64 p. 165 | 1911 *Sclerogorgidae*, Nutting in: Siboga-Exp., *v.* 13b⁵ p. 23] | 1916 *Suberogorgiidae*, Kükenthal in: Zool. Anz., *v.* 47 p. 176 | 1919 *S.*, Kükenthal in: Ergeb. Tiefsee-Exp., *v.* 13 p. 108.

Baumförmige, in einer Ebene verzweigte Scleraxonier, deren Coenenchym in eine Rinden- und eine Markschicht differenziert ist. In der Markschicht hat sich eine ungegliederte Achse entwickelt, indem die Achsenspicula durch Kalksubstanz teilweise verkittet sind. Da die Achsenskleriten meist regelmäßig angeordnet sind, entsteht mitunter eine fast gitterförmige Struktur der Achse. Außerdem findet sich ein Hornskelett vor, das die Spicula umscheidet. Die longitudinalen Solenia finden sich in der tieferen Rindenschicht, fehlen aber der Achse. Die Polypen sind in Kelche zurückziehbar. Die Grundform der Skleriten ist die bewarzte oder glatte Spindel.

Indopazifischer Ozean. Litoral und Küsten-Abyssal.

Mit 2 Gattungen, 9 sicheren, 3 unsicheren Arten.

Bestimmungstabelle der Gattungen:

{ Das Hornskelett ist in der Achse gleichmäßig verteilt . 1. Gen. **Suberogorgia**
{ Das Hornskelett ist in der Achse ungleichmäßig verteilt . 2. Gen. **Keroeides**

1. Gen. **Suberogorgia** J. E. Gray emend.

1857 *Subergorgia*, J. E. Gray in: P. zool. Soc. London, *v.* 25 p. 159 | 1865 *Sclerogorgia*, Kölliker, Icon. histiol., p. 142 | 1878 *S.*, Th. Studer in: Monber. Ak. Berlin, p. 666 | 1884 *Suberogorgia*, S. Ridley in: Rep. Voy. Alert, p. 349 | 1887 *S.*, Th. Studer

(& P. Wright) in: Arch. Naturg., *v.* 53 I p. 30 | 1889 *S.*, P. Wright & Th. Studer in: Rep. Voy. Challenger, *v.* 31 pars 64 p. 165 | 1911 *S.*, Nutting in: Siboga-Exp., *v.* 13^{b5} p. 24 | 1916 *S.*, Kükenthal in: Zool. Anz., *v.* 47 p. 176 | 1919 *S.*, Kükenthal in: Ergeb. Tiefsee-Exp., *v.* 13 pars 2 p. 110.

Die Kolonie ist in einer Ebene entwickelt, meist fächerförmig und mitunter netzförmig. Stamm und Äste können abgeplattet sein und mediane Längsfurchen auf den Flächen aufweisen. Die Polypen stehen vorwiegend seitlich, sind in oft sehr flache Kelche zurückziehbar und ihre Spicula sind Spindeln, die in einer Krone angeordnet sind. Auch die Tentakel sind mit longitudinal gestellten Spindeln bewehrt. Die Rinde ist dünn, und ihre Spicula sind Spindeln mit meist regelmäßig in Gürteln stehenden, großen Warzen; diese Spindeln können teilweise durch kleinere, ovale, bewarzte Körper ersetzt werden. Die Achsenspicula sind glatte Spindeln, die zu einer Art Maschenwerk verschmelzen und von Hornscheiden umgeben sind. Die Achse wird nicht von Ernährungskanälen durchzogen. Vorherrschend braun und rot.

Indopazifischer Ozean. Litoral.

8 sichere Arten, 3 unsichere.

Spec. typ.: *Suberogorgia suberosa* (Pall.)

Bestimmungstabelle der Arten:

1	Kolonie netzförmig — 2	
	Anastomosen fehlen — 3	
2	Rindenspicula nur Spindeln	1. **S. rubra**
	Rindenspicula Spindeln und Doppelrädchen .	2. **S. verriculata** und 3. **S. ornata**
3	Stamm und Äste mit deutlichen, medianen Längsfurchen — 4	
	Stamm und Äste ohne deutliche, mediane Längsfurchen . . .	8. **S. thomsoni**
4	Polypenkelche hoch	4. **S. köllikeri**
	Polypenkelche flach oder verschwindend — 5	
5	Verzweigung dichotomisch	5. **S. suberosa**
	Verzweigung lateral — 6	
6	Rindenspicula mit in Gürteln angeordneten Warzen	6. **S. appressa**
	Rindenspicula mit unregelmäßig angeordneten Warzen	7. **S. pulchra**

1. **S. rubra** J. A. Thoms. 1905 *S. r.*, J. A. Thomson in: Herdman, Rep. Ceylon Pearl Fish., *v.* 4 p. 172 f. 4 | 1911 *S. r.*, Nutting in: Siboga-Exp., *v.* 13^{b5} p. 27 | 1919 *S. r.*, Kükenthal in: Ergeb. Tiefsee-Exp., *v.* 13 pars 2 p. 112.

Kolonie fächerförmig, sehr reich verzweigt, aber mit nur wenigen Anastomosen. Stamm und Äste sind im Querschnitt kreisrund und zeigen nur Spuren medianer Längsfurchen. Die Polypen stehen allseitig mit einer Tendenz zu seitlicher Anordnung besonders an den Endzweigen. Ihre Kelche sind 1 mm hoch, 1,3 mm breit und deutlich achtlappig. Die Polypenspicula stehen in 8 dreieckigen Feldern; die Tentakel sind dicht besetzt mit konvergierenden bis longitudinalen Spindeln. Die Polypenkelche enthalten ovale, dicht bewarzte Spindeln, ebenso die oberflächliche Rindenschicht. Darunter liegen nicht sehr regelmäßig bewarzte Spindeln bis zu 0,45 mm Länge. Rot, Polypen weiß.

Ceylon, Malayischer Archipel. Litoral.

2. **S. verriculata** (Esp.) 1791—99 *Gorgonia v.*, Esper, Pflanzenth., *v.* 2 p. 124 t. 35 | 1855 *Gorgonella v.*, Valenciennes in: CR. Ac. Sci., *v.* 41 p. 12 | 1857 *Rhipidigorgia v.*, H. Milne-Edwards, Hist. Corall., *v.* 1 p. 176 | 1865 *Sclerogorgia v.*, Kölliker, Icon. histiol., p. 142 | 1870 *Rhipidella verticillata*, J. E. Gray in: Ann. nat. Hist., ser. 4 *v.* 5 p. 407 | 1889 *Suberogorgia verriculata*, P. Wright & Th. Studer in: Rep. Voy. Challenger,

v. 31 pars 64 p. 167 | 1909 *S. v.*, J. A. Thomson & J. Simpson, Alcyon. Investigator, *v.* 2 p. 164 | 1911 *S. v.*, Nutting in: Siboga-Exp., *v.* 13b5 p. 24 | 1919 *S. v.*, Kükenthal in: Ergeb. Tiefsee-Exp., *v.* 13 pars 2 p. 112, 901.

Die Kolonie ist ausgeprägt fächerförmig und netzförmig. Der Hauptstamm ist dick und durchzieht die ganze Kolonie. Er gibt nur wenige dickere Äste, aber zahlreiche dünne Zweige ab, die reichlich anastomosieren. Die Polypen stehen rings um die im Querschnitt kreisrunden Zweige und sind ziemlich gleichmäßig in Abständen von 1 mm verteilt. Ihre Kelche sind niedrige Warzen von 0,7 mm Durchmesser mit achtlappigem Rande. die sich über den eingezogenen Polypenteil völlig schließen können. Die Tentakel sind mit einer Reihe longitudinal angeordneter Spicula auf ihrer Dorsalseite versehen. Die Polypenkelche enthalten kleine, runde oder ovale Spicula mit zahlreichen in Gürteln angeordneten Warzen, 0,10—0,16 mm lang, sowie kleine Doppelrädchen mit zackigen Rändern der Platten. Die Achse ist von langen, oft gebogenen, glatten, verschmolzenen Spindeln erfüllt, die von verschmelzenden Hornsträngen eingeschlossen werden. Ernährungskanäle fehlen der Achse und stehen außen von ihr in einem Kreise. Dunkelgraubraun.

Nordwestaustralien, Japan, Malayischer Archipel, Neupommern, Samoa. Litoral und Küsten-Abyssal.

3. **S. ornata** J. A. Thoms. & J. Simps. 1909 *S. o.*, J. A. Thomson & J. Simpson, Alcyon. Investigator, *v.* 2 p. 164 t. 2 f. 7 a, b | 1911 *S. o.*, Nutting in: Siboga-Exp., *v.* 13b5 p. 25 | 1919 *S. o.*, Kükenthal in: Ergeb. Tiefsee-Exp., *v.* 13 pars 2 p. 113.

Die Kolonie ist in einer Ebene verzweigt und netzförmig. Der Hauptstamm durchzieht die gesamte Kolonie. Die Zweige bilden reichliche Anastomosen. Die Polypen stehen rings um die Zweige in Abständen von etwa 1 mm und sind völlig in die flachen Kelche zurückziehbar, die 0,8 mm hoch, 1,5 mm breit und achtlappig sind. Der retraktile Polypenteil hat eine schwach entwickelte Spiculakrone mit 4—6 Paar konvergierender Spicula in jedem Felde, schwach bedornten bis 0,18 mm langen Spindeln. In den Polypenkelchen liegt eine oberflächliche Schicht von kleinen, ovalen Spindeln und Doppelköpfen, darunter größere, regelmäßige Spindeln. Die dicke, oberflächlich oft gerunzelte Rinde ist an der Oberfläche bedeckt mit kleinen Doppelköpfen und klöppelförmigen Spicula von etwa 0,05 mm Länge; tiefer liegen 0,1 mm lange Spindeln mit regelmäßigen Warzengürteln. Die Achse besteht aus dicht verschmolzenen Spicula. Hellgraubraun.

Andamanen, Lakkadiven, Malayischer Archipel. Litoral.

4. **S. köllikeri** P. Wright & Th. Stud. 1889 *S. k.*, P. Wright & Th. Studer in: Rep. Voy. Challenger, *v.* 31 pars 64 p. 167 t. 40 f. 2 | 1905 *S. k.* var. *ceylonensis*, J. A. Thomson in: Herdman, Rep. Ceylon Pearl Fish., *v.* 4 p. 171 | 1906 *S. k.* var. *zanzibarensis*, J. A. Thomson & W. D. Henderson in: P. zool. Soc. London, pars 1 p. 429 t. 29 f. 4 | 1909 *S. k.* var. *ceylonensis*, J. A. Thomson & J. Simpson, Alcyon. Investigator, *v.* 2 p. 164 | 1911 *S. k.*, Nutting in: Siboga-Exp., *v.* 13b5 p. 26 | 1919 *S. k.*, Kükenthal in: Ergeb. Tiefsee-Exp., *v.* 13 pars 2 p. 113.

Die Kolonie ist fächerförmig, aber nicht netzförmig. Stamm und Äste sind in der Verzweigungsebene abgeplattet und mit einer in der Mittellinie verlaufenden Längsfurche auf Vorder- und Rückseite versehen. Die großen Polypen stehen vorwiegend seitlich und sind völlig in 1,5 mm hohe, 2 mm breite Kelche zurückziehbar. Ihre Bewehrung besteht in einem aus schlanken Spindeln zusammengesetzten Kragen; auch die Tentakel enthalten einige zarte longitudinal angeordnete Spindeln. Die Polypenkelche enthalten kurze, ovale Skleriten. Die Rinde ist dünn und enthält eine oberflächliche Schicht bis

0,4 mm langer, mit großen Warzen meist in regelmäßigen Gürteln dicht besetzter Spindeln; darunter liegt eine Schicht kleinerer 0,2 mm langer, bedornter Spindeln, die teilweise in Doppelreihen übergehen. Die Achse enthält zu einem dichten Maschenwerk verschmolzene Spicula. Orangerot oder rotbraun.

Japan, Malayischer Archipel, Ceylon, Andamanen, Zanzibar. Litoral und Küsten-Abyssal.

5. **S. suberosa** (Pall.) 1766 *Gorgonia s.*, Pallas, Elench. Zooph., p. 191 | 1794—97 *G. s.*, Esper, Pflanzenth., Forts. *v.* 1 p. 170 (nec *G. s.* Ellis & Soland.) t. 49 | 1816 *G. sulcifera*, Lamarck, Hist. An. s. Vert., *v.* 2 p. 497 | 1846 *Pterogorgia s.*, J. D. Dana in: U. S. expl. Exp., *v.* 7 p. 652 | 1857 *Subergorgia suberosa*, J. E. Gray in: P. zool. Soc. London, *v.* 25 p. 159 | 1857 *Pterogorgia s.*, H. Milne-Edwards, Hist. Corall., *v.* 1 p. 169 | 1865 *Sclerogorgia s.*, Kölliker, Icon. histiol., p. 142 | 1878 *Leptogorgia miniacea* (part.), Th. Studer in: Monber. Ak. Berlin, p. 655 | 1884 *Suberogorgia suberosa*, S. Ridley in: Rep. Voy. Alert, p. 349 | 1889 *S. s.*, P. Wright & Th. Studer in: Rep. Voy. Challenger, *v.* 31 pars 64 p. 166 | 1919 *S. s.*, Kükenthal in: Ergeb. Tiefsee-Exp., *v.* 13 pars 2 p. 114, 901.

Kolonie annähernd in einer Ebene, aber nicht netzförmig und dichotomisch verzweigt. Stamm und Äste sind etwas abgeplattet, ziemlich gleich breit und mit tiefer medianer Längsfurche versehen. Die Polypen stehen vorwiegend seitlich und sind in flache Kelche zurückziehbar. Die Rinde enthält ovale Spindeln mit großen Warzengürteln. Gelblich.

Australien, Admiralitätsinseln, Mauritius. Litoral.

6. **S. appressa** Nutting 1911 *S. a.*, Nutting in: Siboga-Exp., *v.* 13b5 p. 28 t. 5 f. 1, 1a; t. 11 f. 7 | 1913 *S.* aff. *a.*, Kinoshita in: J. Coll. Japan, *v.* 32 nr. 10 p. 44 | 1919 *S. a.*, Kükenthal in: Ergeb. Tiefsee-Exp., *v.* 13 pars 2 p. 114 t. 34 f. 26.

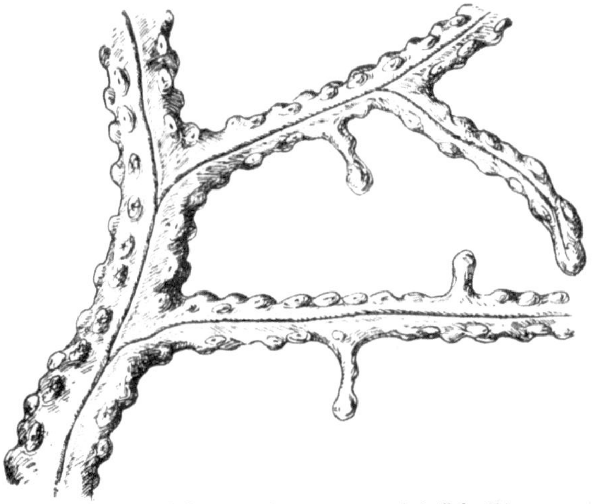

Fig. 34. **Suberogorgia appressa.** Aststück (⁸/₇).

Die annähernd in einer Ebene verzweigte Kolonie erhebt sich von dünner membranöser Basis, und Stamm und Äste sind in der Verzweigungsebene abgeplattet (Fig. 34). Die Teilung der größeren Äste erfolgt anscheinend dichotomisch, während die kurzen Endzweige lateral von den zahlreichen nach oben gerichteten Seitenästen abgehen. Auf Vorder- wie Hinterfläche findet sich je eine deutlich mediane Längsfurche, die bis zur Basis hinabreicht. Die Polypen sind bis 0,8 mm hoch, völlig in flache Kelche zurückziehbar und stehen in unregelmäßigen Reihen zu beiden Seiten. Ihre Bewehrung besteht aus bis 0,18 mm langen, flachen Spindeln mit weitstehenden abgerundeten Warzen an den Rändern (Fig. 35). Diese Skleriten bilden eine

Fig. 35. **Suberogorgia appressa.** Polypenkrone (67/1).

Krone von fast longitudinal gerichteten Doppelreihen von 4—5 Paar, die in die Tentakelachse eintreten, während die Basis 1—2 horizontale Reihen enthält. Die Rindenskleriten sind etwa 0,12 mm lange, gelbe, stabförmige, vorwiegend aber ovale Formen, mit 4 Gürteln großer, gezackter Warzen (Fig. 36).

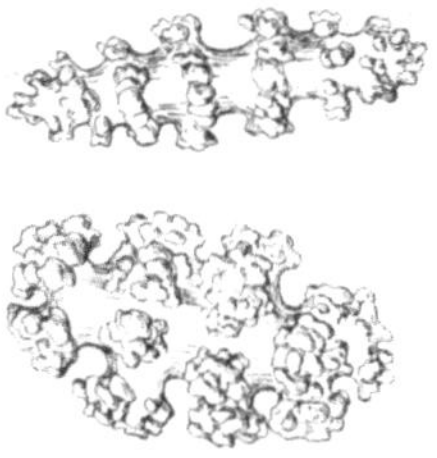

Fig. 36. **Suberogorgia appressa.** Rindenskleriten (203/1).

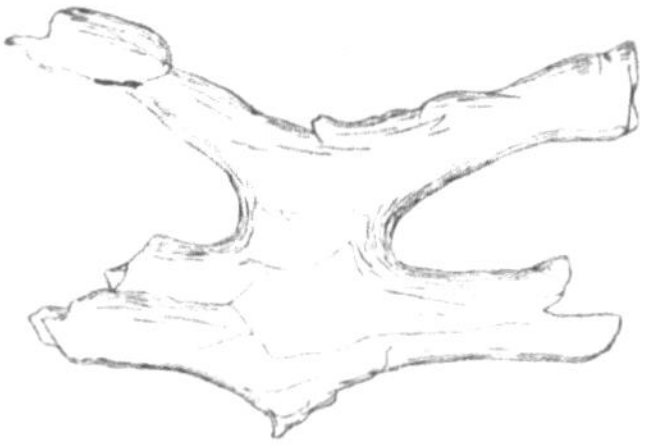

Fig. 37. **Suberogorgia appressa.** Verkittete Achsenskleriten (203/1).

Auch die Enden laufen in gezackte Warzen aus. Mitunter findet sich in der Mitte eine tiefere ringförmige Einschnürung. Die Achse besteht aus in Hornsubstanz eingebetteten, fast völlig verschmolzenen Spicula (Fig. 37) und ist nicht von Ernährungskanälen durchbohrt. Braungelb, terrakottafarben, braunrot oder dunkelrot mit weißen Polypen.

Aru-Inseln. Flaches Litoral.

7. **S. pulchra** Nutting 1911 *S. p.*, Nutting in: Siboga-Exp., *v.* 13b5 p. 30 t. 6 f. 1, 1a; t. 11 f. 9 | 1919 *S. p.*, Kükenthal in: Ergeb. Tiefsee-Exp., *v.* 13 pars 2 p. 116.

Kolonie fächerförmig, aber nicht netzförmig, vorwiegend lateral verzweigt. Stamm und Hauptäste sind etwas abgeplattet. Eine mediane Längsfurche ist auf einer oder beiden Flächen vorhanden. Die Polypen stehen in 2—3 unterbrochenen Reihen zu beiden Seiten, sind sehr klein, und ihre Tentakel sind dicht mit longitudinalen Spindeln erfüllt. Die Polypenkelche sind sehr flach, mit achtstrahliger Öffnung. Die Rinde enthält ovale bis scheibenförmige, kräftig bewarzte Spicula, deren Warzen nicht in Gürteln angeordnet sind. Die Achsenskleriten sind zu einer Art Netzwerk verschmolzen Gelbrot oder terrakottafarben, die Kelchmündungen sind gelblich, die Tentakelspicula karminrot.

Steht *S. appressa* sehr nahe und ist vielleicht mit ihr identisch.

Malayischer Archipel. Litoral.

8. **S. thomsoni** Nutting 1911 *S. t.*, Nutting in: Siboga-Exp., *v.* 13b5 p. 29 t. 6 f. 2, 2a; t. 11 f. 8 | 1919 *S. t.*, Kükenthal in: Ergeb. Tiefsee-Exp., *v.* 13 pars 2 p. 117.

Kolonie fächerförmig, aber nicht netzförmig. Stamm und Äste sind im Querschnitt kreisrund. Von medianen Längsfurchen sind nur Spuren vorhanden. Die Polypen stehen seitlich und wechselständig. Der retraktile Polypenteil enthält eine zarte Krone von Spicula, die Kelche sind 1,2 mm hoch. 1,9 mm breit und mit ziemlich dicken, vertikal angeordneten Spindeln erfüllt. Die Rinde enthält typische Spindeln mit großen, nicht regelmäßig angeordneten Warzen. Die Achsenskleriten sind glatt und zu einer Art Maschenwerk verbunden. Hellrötlichbraun.

Malayischer Archipel. Litoral.

S. patula (Ellis & Soland.) 1786 *Gorgonia p.*, Ellis & Solander, Zooph., p. 88 t. 15 f. 3, 4 | 1846 *Pterogorgia p.*, J. D. Dana in: U. S. expl. Exp., *v.* 7 p. 650 | 1865 ? *Suberogorgia p.*, Kölliker, Icon. histiol., p. 142 | 1919 *S. p.*, Kükenthal in: Ergeb. Tiefsee-Exp., *v.* 13 pars 2 p. 117.

Verästelung in einer Ebene, lateral, Endzweige sehr kurz. Stamm und Äste in der Verzweigungsebene abgeplattet. Die Polypen stehen jederseits in 2 Reihen in flachen Kelchen. Glänzend rot. Achse dunkel, hornig.

Mittelmeer?

S. compressa Gray 1857 *S. c.*, J. E. Gray in: P. zool. Soc. London, *v.* 25 p. 288.

Stamm abgeplattet mit breiten lateralen Rinnen. Polypen kaum vorragend. Die Äste schlank, gebogen, divergierend.

S. mexicana (G. Koch) 1878 *Sclerogorgia m.*, G. Koch in: Morphol. Jahrb., *v.* 4 p. 448 | 1919 *Suberogorgia m.*, Kükenthal in: Ergeb. Tiefsee-Exp., *v.* 13 pars 2 p. 118.

Von einem kurzen Stamm mit zwei, wahrscheinlich wagerecht gestellten Ästen gehen in einer Ebene liegende, senkrecht gestellte Zweige ab, die sich nicht weiter teilen. Die Polypenkelche sind niedrig, stehen 2—3 mm voneinander entfernt und sind über die Zweige ziemlich gleichmäßig verteilt. Lebhaft hellrot, Polypenkelche hellgelb, Achse schwarzgrau.

Mexiko (?).

2. Gen. **Keroeides** P. Wright & Th. Studer

1887 *K.*, Th. Studer (& P. Wright) in: Arch. Naturg., *v.* 53 I p. 30 | 1889 *K.*, P. Wright & Th. Studer in: Rep. Voy. Challenger, *v.* 31 pars 64 p. 168 | 1906 *K.*, J. A. Thomson & W. D. Henderson, Alcyon. Investigator, *v.* 1 p. 22 | 1908 *K.*, Nutting in: P. U. S. Mus., *v.* 34 p. 569 | 1910 *K.*, Kinoshita in: Annot. zool. Jap., *v.* 7 p. 225 | 1911 *Koroeides* (err.), Nutting in: Siboga-Exp., *v.* 13b5 p. 31 | 1919 *Keroeides*, Kükenthal in: Ergeb. Tiefsee-Exp., *v.* 13 pars 2 p. 118.

Kolonie verzweigt. Die Achse besteht aus einem inneren hornigen Zentralstrang und einer äußeren Schicht von Skleriten, mit ihren Ausläufern verschmolzen, die durch hornige Substanz verbunden sind. Die Polypen stehen ringsherum, an den Zweigen vorwiegend lateral und sind in niedrige Kelche zurückziehbar. Ihre Skleriten sind kleine, dornige Spindeln, die eine

Krone bilden. In der dünnen Rinde liegen große, warzige Spindeln sowie flache, scheibenförmige Skleriten und unregelmäßige Formen. Rot.

Indopazifischer Ozean. Tiefes Litoral und Küsten-Abyssal.

1 Art.

1. **K. koreni** P. Wright & Th. Stud. 1889 *K. k.*, P. Wright & Th. Studer in: Rep. Voy. Challenger, *v.* 31 pars 64 p. 169 t. 40 f. 3 | 1897 *K. gracilis*, Whitelegge in: Mem. Austral. Mus., *v.* 3 p. 308 t. 16 f. 1—5 | 1899 *K. g.* + *K. pallida*, Hiles in: Willey, Zool. Results, pars 2 p. 201 t. 22 f. 12—16 | 1905 *K. g.*, J. A. Thomson & W. D. Henderson in: Herdman, Rep. Ceylon Pearl Fish., *v.* 3 nr. 20 p. 287 | 1906 *K. g.* + *K. koreni*, J. A. Thomson & W. D. Henderson, Alcyon. Investigator, *v.* 1 p. 22 t. 4 f. 1—3 u. t. 1 f. 6, 7 | 1909 *K. k.*, J. A. Thomson & J. Simpson, Alcyon. Investigator, *v.* 2 p. 167 | 1910 *K. k.*, Kinoshita in: Annot. zool. Jap., *v.* 7 p. 226 | 1911 *Koræides* (err.) *k.*, Nutting in: Siboga-Exp., *v.* 13b5 p. 31 t. 6 f. 3, 3a | 1919 *Keroeides k.*, Kükenthal in: Ergeb. Tiefsee-Exp., *v.* 13 pars 2 p. 120.

Die Äste gehen von dem aufrechten Stamm ungefähr in rechtem Winkel ab, und ihre Seitenzweige entspringen ebenfalls meist annähernd rechtwinklig. Die Polypen stehen an Stamm und Ästen ringsherum, an den Zweigenden vorwiegend lateral und können 2 mm Höhe erreichen (Fig. 38). Die Polypenskleriten bilden eine Krone und stellen kleine dornige Spindeln von 0,2 mm Länge dar. Die Polypenkelche sind niedrig. Die dünne Rinde ist gepflastert mit großen, warzigen Spindeln bis zu 2,4 mm Länge, die gerade oder gebogen, an den Enden auch gegabelt oder dreiteilig sein können. Ferner finden sich flache, scheibenförmige Skleriten, bis zu 0,4 mm Durchmesser haltend, sowie dreieckige und andere Formen. In den Polypenkelchen liegen die großen Rindenspicula, Achse mit hornigem Zentralstrang und von Skleriten gebildeter Achsenrinde. Rot mit Wachsglanz, auch hellgelblich.

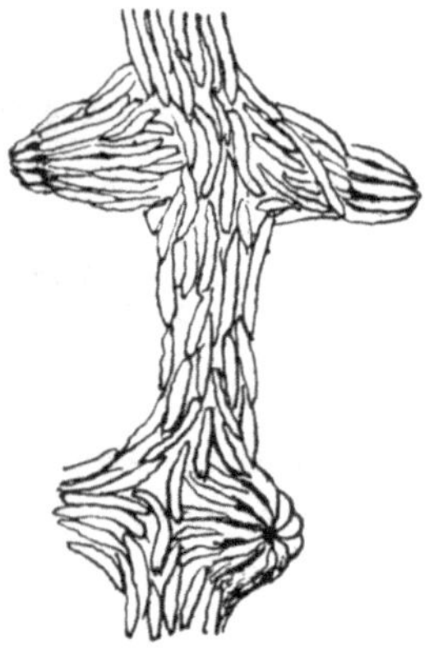

Fig. 38.
Keroeides koreni. Aststück (10/1) nach Thomson & Henderson).

Indopazifischer Ozean. Tiefes Litoral und Küsten-Abyssal.

3. Fam. **Coralliidae**

1846 *Coralliinae*, J. D. Dana in: U. S. expl. Exp., *v.* 7 p. 639 | 1857 *Coralliidae*, J. E. Gray in: P. zool. Soc. London, *v.* 25 p. 286 | 1857 *Coralliinae*, H. Milne-Edwards, Hist. Corall., *v.* 1 p. 201 | 1882 *Coralliidae*, S. Ridley in: P. zool. Soc. London, p. 221 | 1904 *C.*, Kishinouye in: J. Fish. Bureau Tokyo, *v.* 14 p. 20 | 1907 *C.*, Hickson in: Siboga-Exp., *v.* 13c1 p. 1 | 1919 *C.*, Kükenthal in: Ergeb. Tiefsee-Exp., *v.* 13 pars 2 p. 827.

Skleraxonier von baumförmiger oder strauchförmiger Gestalt, mit harter, ungegliederter Achse, die aus einzelnen Skleriten besteht, welche durch sich einlagernde Kalksubstanz fest verkittet sind. Die Polypen stehen allseitig oder auf einer Fläche und seitlich und sind stets in Kelche zurückziehbar. Es ist Dimorphismus vorhanden. Die Zooide sind sehr klein und zwischen den Polypen angeordnet. Die Geschlechtsprodukte entstehen fast stets in den Zooiden. Die Rinde ist verschieden dick und enthält kleine Gürtelstäbe („Achter") und daraus hervorgehende Siebener und Sechser, seltener auch bedornte Spindeln und häufig eigentümliche Doppelbildungen („Doppelkeulen"), oder aber breite, an der nach außen gewandten Seite bedornte Platten. Vorwiegend rot, auch gelb und weiß.

Indopazifischer und Atlantischer Ozean. Tiefes Litoral, Küsten-Abyssal bis zum Hochsee-Abyssal.

2 Gattungen.

Bestimmungstabelle der Gattungen:

1	Skleriten Gürtelstäbe, auch Doppelkeulen, Kreuze und Spindeln	1. Gen. **Corallium**
2	Skleriten keine Gürtelstäbe und Doppelkeulen, sondern Spindeln, Platten und unregelmäßige Formen	2. Gen. **Pleurocoralloides**

1. Gen. Corallium Lamarck

1758 *Madrepora* (part.), Linné, Syst. Nat., ed. 10 p. 797 | 1767 *Isis* (part.), Linné, Syst. Nat., ed. 12 *v.* 1 pars 2 p. 1288 | 1791 *Gorgonia* (part.), J. F. Gmelin-Linné, Syst. Nat., ed. 13 pars 6 p. 3805 | 1801 *Corallium*, Lamarck, Syst. An. s. Vert., p. 378 | 1815 *C.*, Lamarck in: Mém. Mus. Paris, *v.* 1 p. 407 | 1864 *C.*, Lacaze-Duthiers, Hist. Corail, p. 210 | 1867 *C.* + *Pleurocorallium* + *Hemicorallium*, J. E. Gray in: P. zool. Soc. London, p. 126 | 1882 *C.* + *P.*, S. Ridley in: P. zool. Soc. London, p. 221 | 1889 *C.* + *P.*, P. Wright & Th. Studer in: Rep. Voy. Challenger, *v.* 31 pars 64 p. 185 | 1899 *P.*, J. Y. Johnson in: P. zool. Soc. London, p. 57 | 1904 *Corallium*, Kishinouye in: J. Fish. Bureau Tokyo, *v.* 14 p. 20 | 1907 *C.*, Hickson in: Siboga Exp., *v.* 13cl p. 2 | 1919 *C.*, Kükenthal in: Ergeb. Tiefsee-Exp., *v.* 13 pars 2 p. 828.

Verzweigung in einer Ebene oder allseitig. Polypen auf einer Fläche und den Seiten oder allseitig. Zooide sind stets vorhanden. Die Skleritenformen sind sehr kleine Gürtelstäbe, meist Achter, und Doppelkeulen, auch Kreuze, sowie teilweise auch Spindeln. Farbe rot, gelblich oder weiß.

Mittelmeer, Atlantischer und Indopazifischer Ozean. Im tiefen Litoral und Küsten-Abyssal.

16 Arten.

Spec. typ.: *Corallium rubrum* (L.)

Bestimmungstabelle der Arten:

I. Die Polypen stehen allseitig.
 A. Verzweigung allseitig.
  a) Die Rindenskleriten sind fast ausschließlich Achter . 1. **C. rubrum**
  b) Die Rindenskleriten sind fast ausschließlich Doppelkeulen, außerdem Sechser . . . . 2. **C. inutile**
 B. Verzweigung in einer Ebene . . . . 3. **C. stylasteroides**
II. Die Polypen stehen nur auf der Vorderfläche.
 A. Unter den Skleriten finden sich keine Spindeln.
  a) Die Skleriten sind nur Gürtelstäbe und Doppelkeulen.
   1. Die Gürtelstäbe sind Achter . . . . 4. **C. johnsoni**
   2. Die Gürtelstäbe sind Siebener und Sechser.
    α) Die Endzweige entspringen direkt von den Hauptästen . . . . 5. **C. secundum**
    β) Die Endzweige entspringen von Seitenästen . 6. **C. elatius**
   3. Die Gürtelstäbe sind Achter, Siebener und Sechser 7. **C. konojoi**
  b) Die Skleriten sind Gürtelstäbe, Doppelkeulen und Kreuzformen . . . . 8. **C. pusillum**
  c) Die Skleriten sind Gürtelstäbe (Achter) und Kreuzformen, aber keine Doppelkeulen . . . . 9. **C. japonicum**

B. Unter den Skleriten finden sich Spindelformen.
a) Die Spindeln sind klein und auf die Polypen beschränkt.
1. Die Achter sind 0,08 mm lang . . . . 10. **C. reginae**
2. Die Achter sind 0,06—0,07 mm lang . . . . . 11. **C. halmaheirense**
b) Die Spindeln sind meist groß und kommen auch in der Rinde vor.
1. Es finden sich 3 verschiedene Skleritenformen (Achter, Doppelkeulen und Spindeln) . . . . . 12. **C. variabile**
2. Es finden sich 5 verschiedene Skleritenformen, (Achter, Doppelkeulen, Spindeln, Kreuze und unregelmäßige Formen.
α) Farbe der Rinde hellgelb.
αα) Farbe der Polypenkelche hellgelb . . . 13. **C. boshuensis**
ββ) Farbe der Polypenkelche orange . . . . 14. **C. maderense**
γγ) Farbe der Polypenkelche hellrot . . . . 15. **C. tricolor**
β) Farbe der Rinde hellrot . . . . 16. **C. sulcatum**

1. **C. rubrum** (L.) 1758 *Madrepora rubra,* Linné, Syst. Nat., ed. 10 p. 797 | 1766 *Isis nobilis,* Pallas, Elench. Zooph., p. 223 | 1767 *I. n.,* Linné, Syst. Nat., ed. 12 v. 1 pars 2 p. 1288 | 1791 *Gorgonia n.,* J. F. Gmelin-Linné, Syst. Nat., ed. 13 pars 6 p. 3805 | 1801 *Corallium rubrum,* Lamarck, Syst. An. s. Vert., p. 378 | 1816 *C. r.,* Lamarck, Hist. An. s. Vert., v. 2 p. 297 | 1816 *C. r.,* Lamouroux, Hist. Polyp., p. 456 | 1834 *C. nobile,* Ehrenberg in: Abh. Ak. Berlin, p. 354 | 1857 *C. rubrum,* H. Milne-Edwards, Hist. Corall., v. 1 p. 202 | 1864 *C. r.,* Lacaze-Duthiers, Hist. Corail, p. 210 | 1880 *C. r.* + *C. Lubrani.* A. Targioni-Tozzetti in: Int. Fisch.-Ausstel. Berlin, Ital. Abt., p. 78 | 1884 *C. r.,* Greeff in: SB. Ges. Marburg, p. 33.

Verzweigung spärlich, allseitig, baumförmig. Die Polypen stehen allseitig und sind in sich warzenförmig schließende, vorragende Kelche zurückziehbar. Der Polypenkörper ist fast stets völlig spiculafrei. In der ziemlich dicken Rinde liegen 0,05—0,07 mm lange, gelegentlich bis 0,1 mm Länge erreichende Gürtelstäbe („Achter"), selten Doppelkeulen. Die im Querschnitt kreisrunde Achse ist an der Oberfläche längsgestreift und von einem Kranze von Längskanälen umgeben. Vorwiegend rot, auch heller bis gelblich und weiß.

Mittelmeer und Canarische Inseln. Tieferes Litoral und Küsten-Abyssal.

2. **C. inutile** Kishinouye 1903 *C. i.,* Kishinouye in: Zool. Anz., v. 26 p. 626 | 1904 *C. i.,* Kishinouye in: J. Fish. Bureau Tokyo, v. 14 p. 27 t. 5 f. 1, 2; t. 7 f. 7; t. 8 f. 18.

Spärlich und allseitig verzweigt, doch liegen die Hauptäste oft in einer Ebene. Anastomosen sind häufig. Die Polypen sind klein, 1—1,5 mm im Durchmesser haltend, schwach vorragend und allseitig stehend. Die Rinde ist dünn aber fest. Die Skleriten sind „Sechser" und Doppelkeulen. Erstere sind rar, letztere wiegen vor und weisen fast glatte Oberflächen auf. Die in den Polypen vorkommenden Sechser zeigen niedrige Warzen und werden fast stabartig. Unter jedem Polypen findet sich in der fein gestreiften Achse eine kleine aber tiefe Grube. Farbe hellrot, Achse fast weiß.

Kashiwajima (Japan).

3. **C. stylasteroides** S. Ridl. 1882 *C. s.,* S. Ridley in: P. zool. Soc. London, p. 225 t. 9 f. 1—4.

Verzweigung in einer Ebene, sehr reichlich und dichotomisch, Äste gewunden, bis auf die Enden seitlich abgeflacht. Von den größeren Ästen gehen seitlich einige unregelmäßig stehende, kleine, kolbige Zweige ab. Die Polypen stehen überall, doch vorwiegend auf den seitlichen Flächen, und ihre Kelche sind nur 0,75 hoch und in grubige Vertiefungen der Achse einziehbar

(Fig. 39). Die Skleriten der dünnen Rinde sind 0,053—0,058 mm lange Gürtelstäbe („Achter") mit deutlichem, glattem, mittlerem Schaft (Fig. 40). Die Achse ist an der Oberfläche fein längsgestreift. Sehr hellrot, Achse weiß.

Mauritius. Tieferes Litoral und Küsten-Abyssal.

Fig. 39. Fig. 40.
Corallium stylasteroides.
Fig. 39: Achse mit grubigen Vertiefungen (nach Ridley).
Fig. 40: Rindensklerit (nach Johnson).

4. **C. johnsoni** Gray 1860 *C. j.*, J. E. Gray in: P. zool. Soc. London, p. 394 | 1867 *Hemicorallium j.*, J. E. Gray in: P. zool. Soc. London, p. 127 | 1882 *Pleurocorallium j.*, S. Ridley in: P. zool. Soc. London, p. 223 | 1885 ?*Coralliopsis perrieri*, H. Filhol, Vie Fond Mers, p. 263 t. 1 | 1889 *Pleurocorallium johnsoni*, P. Wright & Th. Studer in: Rep. Voy. Challenger, *v.* 31 pars 64 p. 186 | 1899 *P. j.*, J. Y. Johnson in: P. zool. Soc. London, p. 61 t. 6, 7 f. 2, 5 | 1909 *Corallium j.*, J. Stephens in: Sci. Invest. Fish. Ireland 1907 nr. 5 p. 7.

Verzweigung vorwiegend in einer Ebene, sehr reich und unregelmäßig; Anastomosen selten; Basis stark verbreitert und dünn. Die Polypen stehen in unregelmäßiger Anordnung auf einer Fläche, in Entfernungen von 1—5 mm voneinander, an den Zweigenden dichter. Die Polypenkelche sind 2 mm hoch, 2,5 mm breit und halbkugelig. In der Rinde finden sich außer „Achtern" „operngläsähnliche" Skleriten, sowie birnförmige Doppelbildungen. Die im Querschnitt elliptische Achse ist an der Oberfläche längsgestreift. Rinde cremefarben, Polypen gelb oder orange, Achse weiß.

Madeira, Canarische Inseln, Irische Küste, Küsten- und Hochsee-Abyssal.

5. **C. secundum** Dana 1846 *C. s.*, J. D. Dana in: U. S. expl. Exp., *v.* 7 p. 641 t. 60 f. 1 | 1882 *Pleurocorallium s.*, S. Ridley in: P. zool. Soc. London, p. 224 t. 9 f. 6—11 | 1889 ?*P. s.*, P. Wright & Th. Studer in: Rep. Voy. Challenger, *v.* 31 pars 64 p. 186 | 1904 *P. s.*, Kishinouye in: J. Fish. Bureau Tokyo, *v.* 14 t. 4.

Verzweigung vorwiegend in einer Ebene. Äste dick und zahlreich, mit direkt aufsitzenden, zahlreichen, kurzen Seitenzweigen. Die Polypen stehen auf einer Fläche und sind besonders an den Zweigenden reichlich, hier oft paarweise stehend. Die Oberfläche der Achse ist glatt. Rinde scharlachrot, Achse hellfleischrot und weiß.

Japan.

6. **C. elatius** S. Ridl. 1882 *C. secundum* var. *elatior*, S. Ridley in: P. zool. Soc. London, p. 228 t. 9 f. 6—11 | 1903 *C. e.*, Kishinouye in: Zool. Anz., *v.* 26 p. 625 | 1904 *C. elatius*, Kishinouye in: J. Fish. Bureau Tokyo, *v.* 14 p. 24 t. 1 f. 3; t. 3 f. 1, 2; t. 7 f. 6; t. 8 f. 7—15.

Verzweigung in einer Ebene, die Äste sind etwas rückwärts gebogen. Anastomosen kommen vor. Die zahlreichen Endzweige sind sehr dünn. Die Polypen sind 1,5—2 mm hoch, bilden zurückgezogen rundliche Erhebungen und stehen meist nur auf der Vorderfläche in mehreren Reihen, in Entfernungen von etwa 3 mm. Um ihre Basis sind zahlreiche papillenartige Zooide von ovalem Querschnitt angeordnet. In den Polypen finden sich kleine Sechser. Die dicke und feste Rinde hat zahlreiche kleine Warzen auf ihrer Oberfläche und enthält Sechser, Siebener und Doppelkeulen. Die Achse ist fein gestreift, und unter jedem Polypen findet sich eine kleine grubige Vertiefung. Scharlachfarben bis Vermillon, die Zweigenden hellrot oder farblos, die Rinde meist rot mit weißem Zentrum.

Südwestküste von Kiushu und Südküsten von Tosa und Kii (Japan).

7. **C. konojoi** Kishinouye 1903 *C. k.*, Kishinouye in: Zool. Anz., *v.* 26 p. 625 | 1904 *C. k.*, Kishinouye in: J. Fish. Bureau Tokyo, *v.* 14 p. 26 t. 1 f. 4; t. 7 f. 5; t. 8 f. 16, 17.

Spärlich und meist in einer Ebene verzweigt, Anastomosen häufig. Die Enden der Äste sind stumpf abgerundet. Die Polypen sind 2—3 mm lang und etwas vorragend; sie stehen nur auf der Vorderseite, an den Zweigenden dichter angehäuft. Die Rinde ist dick, fest und glatt. Die Skleriten sind vorwiegend 0,09 mm lange Sechser, ferner Siebener und Achter sowie Doppelkeulen. In den Polypen finden sich kleine Achter oder Sechser. Die Achse ist schwach gestreift. Gelblich bis rötlich, die Polypenkelche dunkler, die Achse milchweiß mit einem schmalen, rötlichen Zentrum.

Südwestlich von Kiushu und an den Südküsten von Tosa und Kii (Japan).

8. **C. pusillum** Kishinouye 1904 *C. p.*, Kishinouye in: J. Fish. Bureau Tokyo, *v.* 14 p. 27 t. 5 f. 3, 4; t. 7 f. 4.

Verzweigung dichotomisch in einer Ebene; die dicken Äste sind an ihren Enden abgerundet. Die bei Kontraktion etwa 2 mm im Durchmesser haltenden Polypen sind nahezu halbkugelig und stehen ausschließlich an der Vorderfläche. Die dicke und feste Rinde ist an der Oberfläche granuliert. Die Skleriten sind Achter, Kreuze und Doppelkeulen. Die Achse ist gestreift. Orangefarbig, an den Endzweigen hellgelb, Achse weiß.

Oshima, Izu (Japan).

9. **C. japonicum** Kishinouye 1903 *C. j.*, Kishinouye in: Zool. Anz., *v.* 26 p. 623 | 1904 *C. j.*, Kishinouye in: J. Fish. Bureau Tokyo, *v.* 14 p. 21 t. 1 f. 1, 2; t. 2; t. 4 f. 3; t. 7 f. 1; t. 8 f. 1—6.

Verzweigung sehr fein und in einer Ebene. Die Endzweige entspringen von den Seiten und der Vorderfläche der Äste und sind kurz und dornenartig. Die Polypen sind nur wenig über die Rinde erhaben und messen 0,7 mm im Durchmesser; sie stehen in der Regel nur auf der Vorderfläche in vielen Reihen. Die dünne Rinde ist mit feinen Warzen bedeckt. Die Skleriten sind 0,05 mm lange Achter, sowie in geringerer Zahl etwas kleinere Kreuzformen. Die feingestreifte Achse weist unter jedem Polypen eine kleine Grube auf. Dunkelrot, an den Zweigenden heller bis weiß, die etwas durchscheinende Achse ist dunkelrot mit einem weißen Zentrum.

Südwestküste von Kiushu und bei Tosa (Japan).

10. **C. reginae** Hickson 1907 *C. r.*, Hickson in: Siboga-Exp., *v.* 13c1 p. 4 t. 1 f. 1, 2, 3, 4, 8, 10.

Verzweigung unregelmäßig und vorwiegend in einer Ebene. Die Polypen mit 1,5 mm hohen Kelchen stehen vorwiegend auf einer Fläche, nur an den Zweigenden allseitig. Die Zooide sind zahlreich, unregelmäßig verteilt und sehr klein. Die Geschlechtsprodukte entstehen ausschließlich in den Zooiden.

Die Skleriten sind Gürtelstäbe („Achter") von 0,075—0,08 mm Länge und vereinzelte Doppelkeulen. Rot.

Malayischer Archipel. Im tieferen Litoral.

11. **C. halmaheirense** Hickson 1907 *C. h.*, Hickson in: Siboga-Exp., *v.* 13 c1 p. 6 t. 1 f. 5, 6, 9.

Verzweigung vorwiegend in einer Ebene, doch geben die Endäste nur auf einer Fläche Zweige ab. Die Polypenkelche sind 2—3 mm hoch und vorwiegend nach einer Fläche gerichtet. An den Enden der Endzweige stehen die Polypen paarweise gegenständig. Zwischen den Polypen liegen kleine Zooide. Die Skleriten sind Gürtelstäbe („Achter") von 0,06—0,07 mm Länge; in den Polypenkelchen liegen bewarzte und abgeflachte Spindeln oder Stäbe von etwa 0,09 mm Länge. Rinde orangerot, Achse sehr hellrot, fast weiß.

Halmahera (Malayischer Archipel). In 1089 m Tiefe.

12. **C. variabile** (J. A. Thoms. & W. D. Hend.) 1906 *Pleurocorallium v.*, J. A. Thomson & W. D. Henderson, Alcyon. Investigator, *v.* 1 p. 24 t. 1 f. 9; t. 5 f. 6; t. 9 f. 13.

Verzweigung in einer Ebene, spärlich; die Äste sind gewunden und kaum abgeplattet; seitlich von ihnen entspringen zahlreiche, kurze Endzweige. Die Polypen stehen unregelmäßig auf einer Fläche. Die Polypenkelche sind walzenförmig mit 8 Längsrippen versehen und bis 2,7 mm hoch. Die Tentakel sind 0,5 mm lang und dicht mit kleinen Spicula besetzt. Die dünne, fein granulierte Rinde enthält zahlreiche Skleriten, 0,06—0,08 mm lange Gürtelstäbe („Achter"), „operngläsähnliche", 0,06 mm lange Formen, sowie einzelne bedornte, 0,06—0,09 mm lange Spindeln. Die im Querschnitt runde oder etwas ovale Achse ist an der Oberfläche fein längsgestreift. Rinde cremeweiß, Polypenkelche lachsfarben, Tentakel gelblich, Achse weiß.

Indischer Ozean. Küsten-Abyssal.

13. **C. boshuensis** Kishinouye 1903 *C. b.*, Kishinouye in: Zool. Anz., *v.* 26 p. 624 | 1904 *C. b.*, Kishinouye in: J. Fish. Bureau Tokyo, *v.* 14 p. 22 t. 3 f. 3, 4; t. 7 f. 2; t. 8 f. 20.

Verästelung fein, in einer Ebene, die Hauptäste sind seitlich komprimiert. Die Polypen sind vorragend und walzenförmig. Die Rinde ist dünn. Skleritenformen sind Achter, Kreuze, lange, bewarzte Spindeln, Doppelkeulen und unregelmäßige Formen. Am häufigsten sind Achter. Hellgelb, Achse völlig cremeweiß, fast ohne Streifen und Gruben.

Mera-Boshu (Japan).

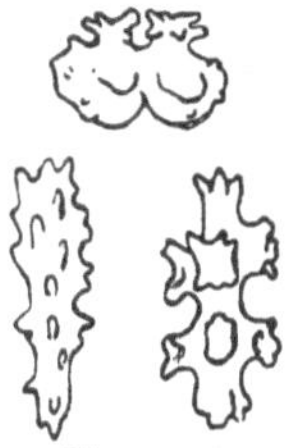

Fig. 41. **Corallium maderense.** Rindenskleriten (nach Johnson).

14. **C. maderense** (J. Y. Johns.) 1899 *Pleurocorallium m.*, J. Y. Johnson in: P. zool. Soc. London, p. 60 t. 5 u. t. 7 f. 1—4 | 1907 *Corallium m.*, Hickson in: J. mar. biol. Ass., ser. 2 *v.* 8 p. 7.

Verzweigung in einer Ebene dicht und außerordentlich reich bis zu Zweigen der siebenten und achten Ordnung. Die Äste sind unregelmäßig gebogen und weisen keine Anastomosen auf. Die Polypen stehen nur auf einer Fläche, vorwiegend an den Zweigenden. Die Polypenkelche sind 2 mm lang, 1 mm breit, mit 8 Längsrippen und mit 8 vorspringenden Bündeln von Spicula versehen. Die dünne, an der Oberfläche fein granulierte Rinde enthält außer kurzen Gürtelstäben noch „operngläsähnliche" Skleriten, unregelmäßig strahlige Kugeln, lange, bewarzte, walzenförmige oder spindelförmige auch keulenförmige Skleriten und Kreuze (Fig. 41). Die im Querschnitt elliptische Achse hat eine glatte Oberfläche. Die Geschlechtsprodukte entstehen in den Siphonozooiden. Rinde hell ockergelb, Achse weiß.

Madeira, Golf von Biskaya. Küsten-Abyssal.

15. **C. tricolor** (J. Y. Johns.) 1867 *Hemicorallium johnsoni* (part.), J. E. Gray in: P. zool. Soc. London, p. 126 | 1899 *Pleurocorallium tricolor*, J. Y. Johnson in: P. zool Soc. London, p. 58 t. 7 f. 3.

Verzweigung subalternierend in einer Ebene, bis zu Zweigen vierter Ordnung. Die Äste sind gebogen, bilden keine Anastomosen und sind im Querschnitt elliptisch. Die Endzweige sind schlank und enden spitz. Die Polypen stehen unregelmäßig auf einer Fläche, an den Zweigenden paarweise oder zu dritt, und ihre schlanken Kelche sind 2,5—3 mm hoch, unten 2 mm dick. Die granulierte Rinde enthält Doppelkeulen, Gürtelstäbe (Achter), zahlreiche unregelmäßige, fast kugelige, mit dicken, ausstrahlenden Fortsätzen bedeckte Skleriten, in den Kelchen bedornte Spindeln, die einhalbmal größer sind als die Gürtelstäbe, sowie Kreuzformen. Die Oberfläche der Achse ist glatt. Rinde hellgelb, Polypenkelche hellzinnoberrot, Achse weiß.

Madeira.

16. **C. sulcatum** Kishinouye 1903 *C. s.*, Kishinouye in: Zool. Anz., *v.* 26 p. 624 | 1904 *C. s.*; Kishinouye in: J. Fish. Bureau Tokyo, *v.* 14 p. 23 t. 4 f. 1, 2; t. 7 f. 3; t. 8 f. 19.

Verzweigung in einer Ebene mit Anastomosenbildung. Die 2 mm hohen, 1,5 mm breiten Polypen sind walzenförmig mit Längsfurchen und stehen nur auf der Vorderseite. Die Zooide sind etwas vorragend. Die Rinde ist dünn und längsgefurcht. Die Skleriten sind Achter, Kreuze, lange, bewarzte Spindeln und unregelmäßige Formen. Achter sind am häufigsten. Die Achse ist glatt, in den Endzweigen schlank und zugespitzt. Hellrot, die Endzweige gelblich. Achse rötlich.

Mera-Boshu (Japan). In mehr als 180 m Tiefe.

2. Gen. **Pleurocoralloides** Th. Moroff

1902 *P.*, Th. Moroff in: Zool. Jahrb., Syst. *v.* 17 p. 405 | 1902 *P.*, Th. Moroff in: Zool. Anz., *v.* 25 p. 583 | 1907 *Corallium* (part.), Hickson in: Siboga-Exp., *v.* 13c1 p. 2.

Verzweigung allseitig oder in einer Ebene. Die Rindenskleriten sind große Spindeln und daraus hervorgegangene Platten. Die Rinde ist sehr dünn.

Japan.

2 Arten.

Spec. typ.: *Pleurocoralloides formosum* Moroff

Bestimmungstabelle der Arten:

1	Verzweigung allseitig, Achse im Querschnitt kreisrund . . .	1. **P. formosum**
	Verzweigung in einer Ebene, Achse abgeflacht	2. **P. confusum**

1. **P. formosum** Moroff 1902 *P. f.*, Th. Moroff in: Zool. Jahrb., Syst. *v.* 17 p. 406 t. 17 f. 10; t. 18 f. 20.

Verzweigung regellos, allseitig, strauchförmig. Die obersten Äste liegen ziemlich deutlich in einer Verzweigungsebene. Stamm und Äste sind im Querschnitt rund, nur die distalen Teile der Äste komprimiert. Die Äste entspringen in spitzem Winkel unter 45°. Die stark vorspringenden Polypen stehen allseitig, im oberen distalen Teil der Äste aber nur an den Kanten der abgeplatteten Äste. Ihre Kelche sind bis 0,9 mm lang und reichlich mit spindelförmigen Spicula versehen, die sich zum Teil in die wenig retraktilen Tentakel fortsetzen. Die sehr dünne Rinde enthält spindelförmige Skleriten von 0,33 mm Länge, sowie vereinzelte plattenförmige. Die Außenfläche der Skleriten ist mit vielen niedrigen Wärzchen bedeckt (Fig. 42). Die Achse ist im Querschnitt kreisrund und an der Oberfläche fein längsgestreift. Intensiv hellrot, Polypen gelb.

Sagamibai (Japan).

Fig. 42.
Pleurocoralloides formosum. Rindenskleriten (nach Moroff).

2. **P. confusum** (Moroff) 1902 *Pleurocorallium c.*, Th. Moroff in: Zool. Jahrb., Syst. *v.* 17 p. 404 t. 17 f. 8; t. 18 f. 19.

Verzweigung in einer Ebene. Die in verschiedenen Richtungen verlaufenden Äste bilden Anastomosen und tragen an ihren freien Enden abgerundete Endzweige. Die Polypen finden sich nur auf einer Fläche des ziemlich stark abgeflachten Stammes und der Zweige und fehlen auch dem basalen Stammteil. Ihr Kelch ist breit und niedrig und dicht mit spindelförmigen Spicula bedeckt. Die sehr dünne Rinde enthält zahlreiche, bis 0,25 mm lange, gerade oder gekrümmte Spindeln, sowie viele stark gezackte, meist vorragende Platten. Die Innenfläche der Skleriten ist annähernd glatt, die nach außen gerichtete Fläche mit zahlreichen stark gezackten Warzen besetzt. Die Oberfläche der Achse ist fein längsgestreift. Rinde intensiv rot, der retraktile Polypenteil grell gelb, die Achse rot.

Sagamibai (Japan).

Diese von Moroff zur Gattung *Pleurocorallium* gestellte Form gehört nach der Gestalt ihrer Rindenskleriten zur Gattung *Pleurocoralloides*.

4. Fam. **Melitodidae**

1816 *Melitaea* (part.), Lamouroux, Hist. Polyp., p. 458 | 1834 *Isidea* (part.), Ehrenberg in: Abh. Ak. Berlin, p. 354 | 1857 *Isidinae* (part.), H. Milne-Edwards, Hist. Corall., *v.* 1 p. 192 t. 1 | 1859 *Melitheadea* (part.), J. E. Gray in: P. zool. Soc. London, *v.* 27 p. 484 | 1865 *Melithaeaceae* (part.), Kölliker, Icon. histiol., p. 142 | 1865 *Isidae* (part.), A. E. Verrill in: P. Essex Inst., *v.* 4 Commun. p. 190 | 1870 *Melithaeadae* + *Mopseadae* + *Trinelladae* + *Ellisselladae* (part.), J. E. Gray, Cat. Lithoph. Brit. Mus., p. 3, 5, 12, 31 | 1889 *Melitodidae*, P. Wright & Th. Studer in: Rep. Voy. Challenger, *v.* 31 pars 64 p. 170 | 1911 *M.*, Nutting in: Siboga-Exp., *v.* 13b5 p. 55 | 1919 *M.*, Kükenthal in: Ergeb. Tiefsee-Exp., *v.* 13 pars 2 p. 124.

Skleraxonier mit deutlich gesonderter, mitunter von entodermalen Kanälen durchzogener Achse, die aus abwechselnd harten und weichen Gliedern zusammengesetzt ist. Die harten Glieder bestehen aus völlig verkitteten Skleriten, die weichen, meist angeschwollenen enthalten in Hornsubstanz eingehüllte stabförmige, glatte Spicula. Die Verzweigung erfolgt dichotomisch, fast stets von den weichen Gliedern („Nodien") aus, und die Kolonien sind vorwiegend in einer Ebene entwickelt. Die Polypen entspringen mit Ausnahme der Gattung *Clathraria* aus Kelchen, die an den Seitenrändern oder auch noch außerdem auf einer Fläche stehen. Die Polypenskleriten sind Spindeln oder Keulen, die in acht dreieckigen Feldern angeordnet sind, die Rindenskleriten sind Spindeln, Stachelkeulen, teilweise auch Blattkeulen, und aus diesen hervorgegangene, kleine, rundliche, oft kugelige Formen.

Indopazifischer Ozean, vorwiegend im Litoral.

6 Gattungen mit 65 sicheren, 15 unsicheren Arten und 5 Unterarten.

Bestimmungstabelle der Gattungen:

1	Polypen mit vorragenden Kelchen — 2	
	Polypen ohne vorragende Kelche	6. Gen. **Clathraria**
2	Die Verästelung erfolgt vorwiegend von den Nodien aus — 3	
	Die Verästelung erfolgt nur von den Internodien aus . .	5. Gen. **Parisis**
3	Polypenkelche niedrig, fast stets auch die Vorderfläche bedeckend — 4	
	Polypenkelche hoch, in 2 seitlichen Längsreihen angeordnet	4. Gen. **Acabaria**
4	Die Rinde enthält keine Blattkeulen oder Blattkugeln .	1. Gen. **Melitodes**
	Die Rinde enthält Blattkeulen oder Blattkugeln — 5	
5	Die Rinde enthält Blattkeulen	2. Gen. **Mopsella**
	Die Rinde enthält oberflächlich gelagerte Blattkugeln .	3. Gen. **Wrightella**

1. Gen. **Melitodes** A. E. Verrill

1767 *Isis* (part.), Linné, Syst. Nat., ed. 12 *v.* 1 pars 2 p. 1287 | 1815 *Melitea* (part.) (non *M.* Péron & Lesueur 1809), Lamarck in: Mém. Mus. Paris, *v.* 1 p. 410 | 1816 *Melitaea* (non *M.* J. C. Fabricius 1808), Lamarck, Hist. An. s. Vert., *v.* 2 p. 297 | 1834 *M.* (part.) + *Mopsea* (part.), Ehrenberg in: Abh. Ak. Berlin, p. 355 | 1857 *Melithaea*, H. Milne-Edwards, Hist. Corall., *v.* 1 p. 199 | 1864 *Melitodes*, A. E. Verrill in: Bull. Mus. Harvard, *v.* 1 p. 38 | 1865 *Melithaea* (part.), Kölliker, Icon. histiol., p. 142 | 1870 *M.* + *Melitella* (part.), J. E. Gray, Cat. Lithoph. Brit. Mus., p. 4, 5 | 1887 *Melitodes*, Th. Studer (& P. Wright) in: Arch. Naturg., *v.* 53I p. 31 | 1909 *M.*, Kükenthal in: Abh. Bayer. Ak., suppl. *v.* 1 nr. 5 p. 51 | 1911 *M.* + *Birotulata*, Nutting in: Siboga-Exp., *v.* 13b5 p. 56 | 1916 *M.*, Broch in: Svenska Ak. Handl., *v.* 52 nr. 11 p. 24 | 1919 *M.*, Kükenthal in: Ergeb. Tiefsee-Exp., *v.* 13 pars 2 p. 134.

Die Kolonien sind meist in einer Ebene entwickelt, selten buschig. Die Verzweigung geschieht von den Nodien aus, nur gelegentlich entspringen Endäste von den Internodien. Die Polypen stehen an den Seiten und auf einer Fläche, fehlen aber der entgegengesetzten und sind in niedrige Kelche zurückziehbar. Ihre Bewehrung besteht aus Spindeln, die in einem transversalen Ringe angeordnet sind und darüber aus in 8 Feldern konvergierenden Spindeln oder Keulen. Die Rinde enthält Spindeln, teilweise auch Stachelkeulen, aber keine Blattkeulen. Vorwiegend rot.

Indopazifischer Ozean. Litoral.

20 sichere Arten mit 3 Unterarten, 8 unsichere Arten.

Spec. typ.: *Melitodes ochracea* (L.)

Bestimmungstabelle der Arten:

1	Kolonie flächenhaft entwickelt — 2	
	Kolonie buschig entwickelt — 18	
2	Verästelung reichlich netzförmig — 3	
	Verästelung nicht reichlich, keine Anastomosen — 15	
3	Die Verzweigung ist in einer Ebene erfolgt — 4	
	Die Kolonie ist in zwei oder mehreren parallelen Ebenen entwickelt — 11	
4	Aeste und Zweige sind abgeplattet — 5	
	Aeste und Zweige sind nicht abgeplattet — 7	
5	Die Zweige sind nahezu parallel nach oben gerichtet . .	1. **M. esperi**
	Die Seitenzweige gehen nahezu rechtwinklig ab — 6	

6	Die Spiculafelder der Polypen enthalten 1—2 Paar konvergierender Spicula	2. **M. mertoni**
	Die Spiculafelder der Polypen enthalten 3—4 Paar konvergierender Spicula	3. **M. moluccana**
7	Die Rindenskleriten sind nur Spindeln — 8	
	Die Rindenskleriten sind Spindeln und Stachelkeulen — 9	
8	Die Netzmaschen sind eng	4. **M. albitincta**
	Die Netzmaschen sind weit	5. **M. nodosa**
9	Die Verzweigung erfolgt spitzwinklig — 10	
	Die Verzweigung erfolgt meist nahezu rechtwinklig	6. **M. sulfurea**
10	Die Rindenspicula sind schwach bewarzt	7. **M. flabellum**
	Die Rindenspicula sind kräftig bewarzt	8. **M. modesta**
11	Aeste und Zweige sind abgeplattet — 12	
	Aeste und Zweige sind nicht abgeplattet — 13	
12	Die Rindenskleriten sind nur Spindeln	9. **M. densa**
	Die Rindenskleriten sind Spindeln und Stachelkeulen	10. **M. flabellifera**
13	Die Rinde ist dünn	11. **M. laevis**
	Die Rinde ist dick — 14	
14	Die Stachelkeulen der Rinde sind kleiner als 0,1 mm	12. **M. stormii**
	Die Stachelkeulen der Rinde sind größer als 0,1 mm	13. **M. rubeola**
15	Die Zweige sind nur wenig dünner als die Äste — 16	
	Die Zweige sind im Verhältnis zu den Hauptästen sehr dünn — 17	
16	Die Endzweige entspringen spitzwinklig	15. **M. ornata**
	Die Endzweige entspringen annähernd rechtwinklig	14. **M. africana**
17	Die Äste sind abgeplattet	16. **M. ochracea**
	Die Äste sind nicht abgeplattet	17. **M. squamosa**
18	Verästelung spärlich, baumförmig — 19	
	Verästelung sehr dicht, ein durcheinander gewirrtes Netzwerk bildend	20. **M. variabilis**
19	Die Rindenskleriten sind nur Spindeln	18. **M. arborea**
	Die Rindenskleriten sind Spindeln und Stachelkeulen	19. **M. rugosa**

1. **M. esperi** P. Wright & Th. Stud. 1889 *M. e.*, P. Wright & Th. Studer in: Rep. Voy. Challenger, *v.* 31 pars 64 p. 179 t. 40 f. 10b | 1911 *M. e.*, Nutting in: Siboga-Exp., *v.* 13b5 p. 40 | 1919 *M. e.*, Kükenthal in: Ergeb. Tiefsee-Exp., *v.* 13 pars 2 p. 138.

Die Kolonie ist fächerförmig in einer Ebene ausgebreitet, etwa ebenso breit wie hoch, die Hauptachse ist im Querschnitt oval. Die im Querschnitt breit ovalen bis stark abgeplatteten Internodien sind durchschnittlich 8 mm lang, die Nodien 2,5—3 mm. Die Verzweigung erfolgt dichotomisch von den Nodien aus und die Zweige laufen nahezu parallel nach oben. Anastomosen gehen als kurze Seitenzweige von einem Nodium zum anderen. Die Polypen stehen zerstreut fast überall an den Zweigen, nur auf einer Fläche fehlend und haben flache, 0,5—1 mm hohe Kelche. Die Polypenspicula sind gebogene dornige Spindeln von bis zu 0,3 mm Länge, in den Kelchen finden sich auch Doppelkreuze von etwa 0,08 mm Länge. Hier und in der Rinde kommen Stachelkeulen mit gelegentlich etwas abgeflachten Köpfen von bis zu 0,24 mm Länge, sowie einseitig bedornte Spindeln von 0,1 mm Länge und gebogene bedornte Spindeln von bis 0,24 mm Länge vor, die ein dichtes Lager in der dicken Rinde bilden. Dunkelrot, Polypen gelb.

Torresstraße, Malayischer Archipel, Südafrika (?). Litoral.

2. **M. mertoni** Kükth. 1909 *M. m.*, Kükenthal in: Zool. Anz., *v.* 35 p. 51 | 1911 *M. m.*, Kükenthal in: Abh. Senckenb. Ges., *v.* 33 p. 337 t. 22 f. 19 | 1919 *M. m.*, Kükenthal in: Ergeb. Tiefsee-Exp., *v.* 13 pars 2 p. 139.

Die Kolonie ist ausgeprägt in einer Ebene entwickelt; von einem dicken Hauptstamm gehen in gewisser Höhe zahlreiche radienförmig angeordnete Äste ab, die zahlreiche kurze, sich nicht überdeckende Seitenäste abgeben. Alle Äste sind in der Verzweigungsebene abgeplattet. Anastomosen sind selten. Die Nodien sind nur am Hauptstamm stark angeschwollen. Die Internodien sind sehr kurz, durchschnittlich 5 mm lang. Die Polypen stehen seitlich in je einer Reihe, sowie vereinzelt auf einer Fläche und sind 1 mm

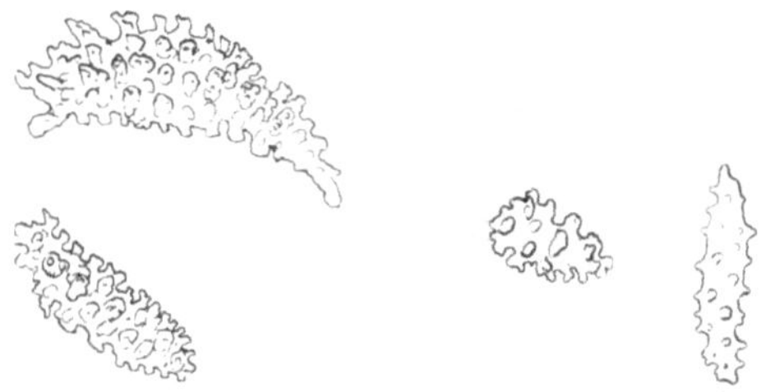

Fig. 43. Fig. 44.
Melitodes mertoni.
Fig. 43: Skleriten des Polypenkelches. Fig. 44: Skleriten der Rinde.

hoch. Bewehrt sind sie mit horizontalen, 0,25 mm langen Spindeln, auf denen in 8 konvergierenden Doppelreihen je 1—2 Paar 0,14 mm langer Spindeln stehen. Die Polypenspindeln sind gleichmäßig bedornt. Die flachen Polypenkelche enthalten dicke, bis 0,3 mm lange Spindeln und Keulen mit breiten, gezackten Warzen (Fig. 43). Die Rinde enthält schlankere, 0,1 mm lange Spindeln und Keulen (Fig. 44). Die Spicula der Nodien sind glatte, mitunter in der Mitte angeschwollene Stäbchen von 0,08 mm Länge. Kräftig rot, Polypen weiß.

Aruinseln. Litoral.

3. **M. moluccana** Kükth. 1896 *M. sulfurea* (part.), (nec *M. s.*, Th. Studer in: Mt. Ges. Lübeck 1895, ser. 2 fasc. 7, 8 p. 108), Germanos in: Abh. Senckenb. Ges., *v.* 23 p. 162 t. 9 f. 5; t. 12 f. 19 | 1919 *M. moluccana*, Kükenthal in: Ergeb. Tiefsee-Exp., *v.* 13 pars 2 p. 139.

Die Kolonie ist fächerförmig in einer Ebene verbreitert. Von den Hauptästen gehen in meist rechtem Winkel kurze Zweige ab, die sich entweder dichotomisch teilen, oder unverzweigt sind. Anastomosen kommen vor, sind aber nicht häufig. Die Nodien treten deutlich hervor und sind an den dickeren Ästen 3—4,5 mm lang, an den Zweigen 1—1,5 mm. Die Internodien sind basalwärts nur 4—7 mm lang, mehr distalwärts 10—14 mm. Die Äste sind etwas abgeplattet. Die Polypen sind unregelmäßig aber dicht auf den ganzen Stock verteilt, nur an den großen Ästen auf eine Fläche beschränkt. Die Kelche sind flach. Die Polypenspicula sind spindelförmig und bilden in vier- bis fünffacher transversaler Reihe einen Ring, auf dem sich 3—4 Paar konvergierender Spindeln in 8 Doppelreihen erheben. Die Rindenskleriten sind gerade oder schwach gekrümmte Spindeln, bis 0,16 mm lang und mit hohen, abgerundeten Dornen besetzt, in der Rinde der stärkeren Äste werden sie kleiner und dicker und verlieren ihre Spindelform. Mennigrot, ebenso die Polypenkelche, Polypen gelblichgrün, Achse lackrot.

Ternate (Molukken). Litoral.

4. **M. albitincta** S. Ridl. 1884 *M. a.*, S. Ridley in: Rep. Voy. Alert, p. 357 t. 37 f. C-C""; t. 38 f. b, b1 | 1895 *M. a.*, Th. Studer in: Mt. Ges. Lübeck, ser. 2 fasc. 7, 8 p. 106 | 1919 *M. a.*, Kükenthal in: Ergeb. Tiefsee-Exp., *v.* 13 pars 2 p. 140 t. 35 f. 27.

Kolonie in einer Ebene verzweigt. Stamm und Äste sind schlank. Die Internodien sind im Querschnitt kreisrund, die Nodien oval, etwas dicker als die Internodien und etwa halb so lang. Die Zweige sind wellenförmig gebogen und durch zahlreiche Anastomosen untereinander verbunden. Die Polypen stehen vorwiegend in zwei seitlichen, alternierenden Längsreihen, eine Fläche völlig freilassend. Die Polypenkelche sind 0,4—1 mm breit und flach. Die Kelchskleriten sind Spindeln von bis zu 0,21 mm Länge, mit zahlreichen, großen Warzen. Die dünne und sehr glatte Rinde enthält stark bedornte, 0,21 mm lange Spindeln, sowie kleine warzige, rundliche Formen von 0,07 mm Durchmesser. Weiß mit rötlichen Flecken, Polypenkelche orangerot.

Australien, Singapore. Oberes Litoral.

5. **M. nodosa** P. Wright & Th. Stud. 1889 *M. n.*, P. Wright & Th. Studer in: Rep. Voy. Challenger, *v.* 31 pars 64 p. 178 t. 40 f. 10 | 1911? *M. n.*, J. S. Thomson in: P. zool. Soc. London, p. 876 | 1919 *M. n.*, Kükenthal in: Ergeb. Tiefsee-Exp., *v.* 13 pars 2 p. 141.

Die Kolonie ist in einer Ebene verzweigt und doppelt so hoch wie breit. Die Äste sind im Querschnitt kreisrund und einige entspringen auch von den Internodien, die fein längsgefurcht und 5—10 mm lang sind. Die Nodien springen vor. Einige weit stehende Anastomosen sind vorhanden, und die Maschen des Netzes sind weit. Die Polypen fehlen einer Fläche mit Ausnahme der Zweigenden, stehen auf der anderen sehr dicht und haben 0,75—1 mm im Durchmesser haltende Kelche. Die Rindenskleriten sind unregelmäßig gebogene Spindeln von 0,24 mm Länge, mit langen, stumpfen Dornen, ferner unregelmäßig verzweigte Skleriten und 0,1 mm lange Vierstrahler. In den Polypen kommen Doppelkreuze von 0,1 mm Länge vor. Rotbraun, die Nodien etwas dunkler, Achse gelbrot, Polypen gelb.

Neu-Hebriden, Japan, Südafrika (?). Tieferes Litoral und Küsten-Abyssal.

6. **M. sulfurea** Th. Stud. 1895 *M. s.*, Th. Studer in: Mt. Ges. Lübeck, ser. 2 fasc. 7, 8 p. 108 t. 1 f. 2; t. 5 f. 3, 4 | 1896 nec. *M. s.*, Germanos in: Abh. Senckenb. Ges., *v.* 23 p. 162 | 1919 *M. s.*, Kükenthal in: Ergeb. Tiefsee-Exp., *v.* 13 pars 2 p. 141 t. 35 f. 28.

Die fächerförmige und netzförmige Kolonie weist starke Hauptäste auf, von denen lateral dünne Zweige in oft fast rechtem Winkel entspringen, die sich dichotomisch teilen und durch Anastomosen verbunden sind. Äste und Zweige sind nicht abgeplattet. Die Internodien sind 5—9,2 mm lang, die Nodien treten überall deutlich hervor. Die Polypen lassen eine Fläche frei und entspringen aus flachen, 1 mm breiten Kelchen. Die Polypenskleriten sind gebogene Spindeln von etwa 0,11 mm Länge, die mit stumpfen Warzen spärlich besetzt sind. Die dünne Rinde enthält teils dicke, gerade oder schwach gebogene Spindeln von 0,12 mm Länge, die mit spitzen, zuweilen verzweigten Dornen besetzt sind, teils 0,085 mm lange Stachelkeulen. Rinde schwefelgelb, Kelche weiß, Achse lackrot.

Singapore. Flaches Litoral.

7. **M. flabellum** J. A. Thoms. & Mackinn. 1910 *M. f.*, J. A. Thomson & Mackinnon in: Tr. Linn. Soc. London, ser. 2 *v.* 13 p. 198 t. 10 f. 6, 7; t. 13 f. 8 | 1911 *M. f.*, Nutting in: Siboga-Exp., *v.* 13b5 p. 39 | 1919 *M. f.*, Kükenthal in: Ergeb. Tiefsee-Exp., *v.* 13 pars 2 p. 142.

Kolonie in einer Ebene dichotomisch verzweigt. Die Äste sind durch zahlreiche Anastomosen netzförmig verbunden. Die Internodien des Stammes sind etwa 5 mm, die Nodien 3—4 mm lang, die Internodien der Äste bis 9 mm lang, die Nodien 2 mm. Die Polypen stehen seitlich und auf einer Fläche auf Nodien und Internodien. Die Polypenkelche sind kleine flache Warzen. Die Polypenspicula sind Spindeln, in ein oder zwei transversalen Reihen und darüber in konvergierenden Doppelreihen angeordnet, die an den Tentakeln in der Längsrichtung verlaufen. Die Skleriten der sandartig glänzenden Rinde sind dornige Spindeln und Keulen von sehr verschiedener Gestalt. Die geraden oder leicht gebogenen Spindeln sind bis 0,26 mm lang, und ihre nicht sehr zahlreichen Warzen sind mitunter nach den Enden zu gerichtet. Die wenig zahlreichen Keulen sind bis 0,2 mm lang, und ihre Warzen sind mitunter leicht gezähnelt. Auch kleine Doppelkeulen und unregelmäßige, kompakte Körper kommen vor. Hellgraubraun, auch rot.

Providence-Insel (Ind. Ozean), Malayischer Archipel. Flaches und mittleres Litoral.

8. **M. modesta** Nutting 1911 *M. m.*, Nutting in: Siboga-Exp., *v.* 13b5 p. 43 t. 7 f. 2, 2a; t 12 f. 2 | 1919 *M. m.*, Kükenthal in: Ergeb. Tiefsee-Exp., *v.* 13 pars 2 p. 142.

Kolonie ausgesprochen fächerförmig und etwas netzförmig, fast doppelt so hoch wie breit. Die Internodien werden bis 9 mm lang. Die Verzweigung ist meist dichotomisch und U-förmig. Die Polypen stehen vorwiegend lateral und auf einer Fläche und ihre Kelche haben höchstens 1 mm Durchmesser und sind sehr flach. Die Polypenskleriten bilden einen Kragen, über dem konvergierende Doppelreihen stehen. Die Kelchskleriten sind dornige Spindeln und Stachelkeulen. Auch in der Rinde finden sich ziemlich große Spicula. Zitronengelb, oder hellorangebraun, Achse dunkelrot.

Malayischer Archipel. Flaches Litoral.

9. **M. densa** Kükth. 1908 *M. d.*, Kükenthal in: Zool. Anz., *v.* 33 p. 192 | 1909 *M. d.*, Kükenthal in: Abh. Bayer. Ak., suppl. *v.* 1 nr. 5 p. 58 t. 5 f. 25 | 1919 *M. d.*, Kükenthal in: Ergeb. Tiefsee-Exp., *v.* 13 pars 2 p. 143.

Verzweigung äußerst dicht, in parallel übereinander liegenden Ebenen. Anastomosen nicht häufig. Äste und Zweige sind bis oben hin sehr stark verbreitert. Die Internodien sind kurz, die Nodien treten stark hervor. Die Polypen stehen vorwiegend an den Rändern, auf eine Fläche übertretend. Der Polypenkelch ist niedrig, der retraktile Teil dagegen relativ hoch. Die Polypenspicula bilden eine Krone und stellen 0,25 mm lange, dicht und stark bedornte Spindeln dar. An der Außenseite der Tentakel bilden sie auf deren Mittellinie einen kräftigen Kiel. In der Rinde liegen dicke, gerade oder gekrümmte, bis 0,18 mm lange Spindeln mit dicht stehenden, großen Dornen, die in ovale, 0,12 mm messende Körper übergehen. Daneben treten in der unteren Stammrinde schlankere Spindeln mit Gürteln großer Dornen auf. Dunkelrot, Polypen gelb.

Japan. Litoral.

10. **M. flabellifera** Kükth. 1908 *M. f.*, Kükenthal in: Zool. Anz., *v.* 33 p. 190 | 1909 *M. f.*, Kükenthal in: Abh. Bayer. Ak., suppl. *v.* 1 nr. 5 p. 53 t. 4 f. 22 | 1919 *M. f.*, Kükenthal in: Ergeb. Tiefsee-Exp., *v.* 13 pars 2 p. 143.

Die Kolonie ist fächerförmig von unten an in einer Ebene verzweigt und von rundlichem Umriß. Nicht selten kommen Verzweigungen in zwei parallelen Ebenen vor. Die Äste entspringen in spitzem Winkel; Anastomosen sind vorhanden. Alle Äste sind in der Verzweigungsebene stark abgeplattet.

Die Nodien sind etwa 4 mm lang und treten besonders im basalen Teile deutlich hervor, die Internodien 5—6 mm. Beide werden von entodermalen Längskanälen durchzogen. Die Polypen stehen vorwiegend auf einer Fläche und an den Rändern und sind 1 mm hoch und ebenso breit. Die relativ hohen Polypenkelche stehen senkrecht zur Achse, und ihre Wandung ist dünn und teilweise durchscheinend. Im retraktilen Polypenteil bilden die Spicula einen transversalen Ring von etwa 4 übereinander liegenden Reihen von nach unten konkav eingebogenen Spindeln von 0,24 mm Länge, auf dem 8 dreieckige Felder konvergierender teilweise gebogener kräftig bedornter Spindeln stehen, die stachelkeulenähnlich werden können. Die Tentakelachse enthält zwei nach unten konvergierende Reihen ineinandergreifender, breiter, bis 0,15 mm langer Spindeln, die mit großen weitstehenden Warzen besetzt sind. Im Schlundrohr liegen sehr kleine, meist sternförmige Skleriten. Die Rinde enthält Spindeln und Stachelkeulen von 0,15 mm Länge; in der unteren Rinde finden sich 0,06—0,1 mm lange Skleriten mit 2—3 Gürteln großer, gezackter Dornen. Die Nodien enthalten glatte 0,06 mm lange Stäbchen mit abgerundeten Enden. Orangegelb, orangerot, mennigrot, oder rosenrot mit ebenso oder mehr gelblich gefärbten Polypen.

Japan. Oberes Litoral.

Diese Art zerfällt in 3 Unterarten:

10a. **M. flabellifera typica** Kükth. 1908 *M. f. t.*, Kükenthal in: Zool. Anz., *v.* 33 p. 190 | 1909 *M. f. t.*, Kükenthal in: Abh. Bayer. Ak., suppl. *v.* 1 nr. 5 p. 53 t. 4 f. 22.

Mit den Merkmalen der Art.

Japan. Oberes Litoral.

10b. **M. flabellifera reticulata** Kükth. 1908 *M. f.* var. *r.*, Kükenthal in: Zool. Anz., *v.* 33 p. 191 | 1909 *M. f.* var. *r.*, Kükenthal in: Abh. Bayer. Ak., suppl. *v.* 1 nr. 5 p. 55 t. 4 f. 23.

Die Kolonie wird durch zahlreiche Anastomosen stärker netzartig und ist von querovalem Umriß. Stamm und Äste sind nur wenig abgeplattet. Die Skleriten sind im allgemeinen größer und stärker bedornt. Orangerot.

Japan. Tiefes Litoral.

10c. **M. flabellifera cylindrata** Kükth. 1908 *M. f.* var. *c.*, Kükenthal in: Zool. Anz., *v.* 33 p. 192 | 1909 *M. f.* var. *c.*, Kükenthal in: Abh. Bayer. Ak., suppl. *v.* 1 nr. 5 p. 57 t. 4 f. 24.

Die Kolonie ist meist nicht völlig in einer Ebene entwickelt, mitunter mehr buschig und höher als breit. Anastomosen sind nicht häufig, Stamm und Äste sind fast nicht abgeplattet. Die Nodien sind stark angeschwollen. Die Polypen stehen sehr dicht, und ihre unter 1 mm im Durchmesser haltenden Kelche sind flach.

Japan.

11. **M. laevis** P. Wright & Th. Stud. 1889 *M. l.*, P. Wright & Th. Studer in: Rep. Voy. Challenger, *v.* 31 pars 64 p. 179 t. 40 f. 11 | 1910 *M. l.*, J. A. Thomson & Mackinnon in: Tr. Linn. Soc. London, ser. 2 *v.* 13 p. 198 t. 10 f. 5, 10 | 1919 *M. l.*, Kükenthal in: Ergeb. Tiefsee-Exp., *v.* 13 pars 2 p. 144.

Die Kolonie ist fächerförmig mit parallel stehenden Fächern, etwas höher als breit, mit reichlicher aber unregelmäßiger Verzweigung und häufigen Anastomosen. Die Internodien sind im Querschnitt kreisrund, deutlich längsgefurcht und 5—9 mm lang. Die Nodien sind etwas dicker als die Internodien. Die Polypen fehlen nur einer Fläche, stehen 1—1,5 mm voneinander entfernt, und ihre flachen Kelche halten 0,75—1 mm im Durchmesser. Die glatte Rinde ist sehr dünn und durchscheinend. Von Skleritenformen kommen bis 0,24 mm lange Stachelkeulen, bis 0,24 mm lange, leicht gebogene dornige Spindeln, bis 0,1 mm lange, einseitig bedornte Spindeln und sternförmige, 0,12 mm lange Formen vor. Dunkelgrauweiß, Tentakel der Polypen mit gelben Spicula. Internodien schwach rötlich.

Amboina, Providence-Insel. Litoral.

12. **M. stormii** Th. Stud. 1895 *M. s.*, Th. Studer in: Mt. Ges. Lübeck, ser. 2 fasc. 7, 8 p. 106 t. 1 f. 1 | 1896 *M. s.*, Brundin in: Bih. Svenska Ak., *v.* 22 nr. 3 p. 13 | 1919 *M. s.*, Kükenthal in: Ergeb. Tiefsee-Exp., *v.* 13 pars 2 p. 145 t. 35 f. 29.

Die Kolonie ist annähernd in einer oder mehreren parallelen Ebenen dichotomisch verzweigt. Äste und Zweige sind ziemlich gleichmäßig dünn; Anastomosen sind besonders im basalen Teile häufig. Die Verzweigung erfolgt spitzwinklig. Der Hauptstamm ist ein wenig abgeplattet, die Äste und Zweige sind im Querschnitt kreisrund. Die Internodien sind 8—13 mm lang; die 1,5—3 mm langen Nodien treten deutlich hervor. Die Polypen stehen auf einer Fläche, die entgegengesetzte freilassend. Ihre Kelche haben 1 mm Durchmesser und sind sehr flach. Die Polypenskleriten sind schwach bedornte 0,12 bis 0,15 mm lange Spindeln, von denen die horizontal gelagerten schlank, die darauf sich erhebenden, konvergierenden dicker und häufig keulenförmig angeschwollen sind. In der relativ dünnen Rinde finden sich 0,12 mm lange Spindeln mit weitgestellten, hohen Dornen, kleine, im Umriß ovale Keulen von etwa 0,06 mm Länge, die eine Außenschicht bilden, sowie halbseitig bedornte Spindeln von 0,15 mm Länge. Rinde und Kelche weiß mit rötlichem Anfluge; Achsenskelett korallenrot.

Singapore, Billiton. Flaches Litoral.

13. **M. rubeola** P. Wright & Th. Stud. 1889 *M. r.*, P. Wright & Th. Studer in: Rep. Voy. Challenger, *v.* 31 pars 64 p. 175 t. 40 f. 6 | 1919 *M. r.*, Kükenthal in: Ergeb. Tiefsee-Exp., *v.* 13 pars 2 p. 146.

Kolonie stark verzweigt, doch liegen die Äste nicht immer in einer Ebene, sondern bilden übereinander liegende, parallele Fächer, die durch Anastomosen verbunden sind. Die Internodien sind 4—13 mm lang, glatt, walzenförmig und weiß, die Nodien 2 mm lang und kräftig rot. Die Polypen stehen an den Ästen teils in spiraliger Anordnung, teils mehr zweireihig und sind in deutliche Warzen von 1 mm Basisdurchmesser und 0,5 mm Höhe zurückziehbar. Die rauhe Rinde enthält sehr dornige Stachelkeulen von 0,18 mm Länge. Andere Skleritenformen sind einseitig bedornte Spindeln von bis 0,12 mm Länge, die einen langen Arm absenden können, und bedornte gebogene Spindeln von 0,3 mm Länge. Weiß mit glänzend roten Nodien.

Arafurusee. Litoral.

14. **M. africana** Kükth. 1908 *M. a.*, Kükenthal in: Zool. Anz., *v.* 33 p. 194 | 1919 *M. a.*, Kükenthal in: Ergeb. Tiefsee-Exp., *v.* 13 pars 2 p. 147 t. 31 f. 10; t. 36 f. 30.

Die Kolonie ist in einer etwas eingekrümmten Ebene entwickelt und höher als breit. Die Verästelung ist dichotomisch und nicht reichlich (Fig. 45); Anastomosen sind selten. Die bis zum Ende gleichmäßig dicken Äste sind in der Verzweigungsebene abgeplattet. Die Internodien sind ziemlich gleichmäßig 20 mm lang und können kleine Endzweige in rechtem Winkel abgeben; die Nodien bilden nur schwache Anschwellungen. Die Polypen stehen vorwiegend lateral und im basalen Teile der Kolonie auf einer Fläche, sind bis 2 mm hoch und mit transversal angeordneten, 0,26 mm langen Spindeln bewehrt, auf denen 8 Doppelreihen von je 2—3 Paar stärker bedornter, nach oben konvergierender Spindeln stehen (Fig. 46). Im Kelch liegen 0,18 mm lange, breite und stark gezackte Spicula, die in Stachelkeulen übergehen, deren obere Zacken sich blattartig verbreitern können. In der Rinde liegen 0,1 mm lange Spindeln und Keulen, in den Nodien 0,12 mm lange glatte, konisch zugespitzte Stäbe. Orangerot, Polypenkelche schwefelgelb.

Südafrika. Litoral.

Fig. 45. **Melitodes africana.** Ast.

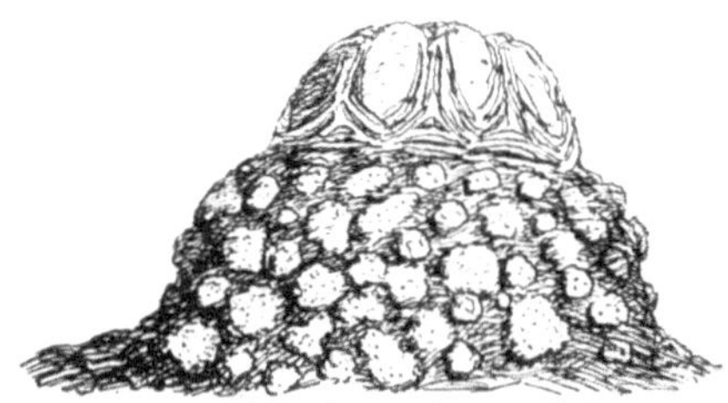

Fig. 46. **Melitodes africana.** Polyp.

15. **M. ornata** J. A. Thoms. & J. Simps. 1909 *M. o.*, J. A. Thomson & J. Simpson, Alcyon. Investigator, *v.* 2 p. 173 t. 5 f. 3, 9; t. 9 f. 11 | 1919 *M. o.*, Kükenthal in: Ergeb. Tiefsee-Exp., *v.* 13 pars 2 p. 148.

Die Verzweigung ist dichotomisch und ziemlich spärlich; Anastomosen fehlen völlig, die Internodien sind senkrecht zur Verzweigungsebene abgeplattet und 12—18 mm lang; die Nodien sind annähernd kugelig. Die Polypen stehen überall, nur einen schmalen Längsstreifen auf einer Fläche freilassend. Sie messen 0,5—0,7 mm im Durchmesser und stehen ebenso weit voneinander; die Polypenkelche sind sehr niedrig. Die Polypenspicula bilden eine Krone und stellen glatte, bis 0,2 mm sowie bewarzte, bis 0,25 mm lange Spindeln dar. In den Polypenkelchen liegen 0,175 mm lange Stachel- oder Blattkeulen, sowie 0,25 mm lange bewarzte Spindeln. Die dünne Rinde ist dicht mit Skleriten erfüllt, Stachelkeulen oder Blattkeulen von 0,1 mm Länge, bewarzten, geraden oder gekrümmten Spindeln von 0,175 mm Länge sowie kleinen, 0,075 mm im Durchmesser haltenden Doppelrädern. Hellkorallenrot, Polypenkelche goldgelb, Internodien hellkorallenrot.

Andamanen. Litoral.

16. **M. ochracea** (L.) 1758 *Isis ocracea* (err.), Linné, Syst. Nat., ed. 10 p. 799 | 1766 *I. o.*, Pallas, Elench. Zooph., p. 230 | 1786 *I. ochracea*, Ellis & Solander, Zooph., p. 105 | 1788 *I. o.*, Esper, Pflanzenth., *v.* 1 p. 38 t. 4, 4a; suppl. t. 11 f. 1—3 | 1816 *Melitea o.*, Lamouroux, Hist. Polyp., p. 462 | 1846 nec *Melitaea o.*, J. D. Dana in: U. S. expl. Exp., *v.* 7 p. 682 | 1865 *Melitella o.*, Kölliker, Icon. histiol., p. 142 | 1870 *Melithaea o.* + *Melitella elongata*, J. E. Gray, Cat. Lithoph. Brit. Mus., p. 6 | 1889 *Melitodes o.*, P. Wright & Th. Studer in: Rep. Voy. Challenger, *v.* 31 pars 64 p. 292 | 1895 *M. o.*, Th. Studer in: Mt. Ges. Lübeck, ser. 2 fasc. 7, 8 p. 109 | 1911 *M. o.*, Kükenthal in: Abh. Senckenb. Ges., *v.* 33 p. 334 t. 23 f. 20 | 1911 *M. o.* + *Birotulata splendens*, Nutting in: Siboga-Exp., *v.* 13b5 p. 38 | 1919 *M. o.*, Kükenthal in: Ergeb. Tiefsee-Exp., *v.* 13 pars 2 p. 148.

Die Kolonie ist annähernd in einer Ebene verzweigt und ziemlich schmal. Der Hauptstamm und die Hauptäste sind sehr dick und abgeplattet, die Seitenäste dagegen dünn. Die Äste gehen in spitzem Winkel konvergierend dichotomisch ab und sind etwas wellenförmig gebogen. Die Nodien treten als kugelige Gebilde stark hervor, die Internodien sind ziemlich gleichmäßig kurz. Die Polypen stehen in der Verzweigungsebene sowie auf einer Fläche, die entgegengesetzte freilassend, sind sehr klein, nur 0,45 mm im Durchmesser haltend, und ihre Kelche sind flach. Die Polypenbewehrung besteht aus einem Ringe von transversal gelagerten, gebogenen, schlanken Spindeln in drei Reihen übereinander, auf denen sich 8 konvergierende Doppelreihen dicker und stärker bedornter Spindeln und Keulen von 0,15 mm Länge erheben. Die Polypenkelche sind dicht erfüllt mit dicken Spindeln und Keulen von bis zu 0,1 mm Länge (Fig. 47), die mit 2 bis 3 Kränzen großer, rundlicher Warzen besetzt sind. Die Rindenskleriten sind dicke Spindeln, Keulen und mehr ovale bis 0,1 mm lange Körper, die dicht mit warzigen Dornen besetzt sind. Darunter liegt eine Schicht schlanker, weitbedornter Spindeln und Stäbe. In den Nodien liegen zahlreiche, fast stets glatte, gebogene, bis 0,07 mm lange Stäbe. Rot, sowie orange- bis schwefelgelb, Polypenkelche rot, Achse ziegelrot.

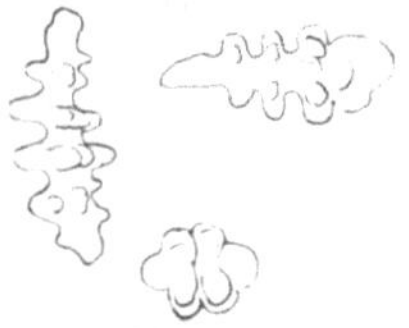

Fig. 47.
Melitodes ochracea.
Kelchskleriten (300/1).

Hinterindien. Flaches Litoral.

17. **M. squamosa** Nutting 1911 *M. s.*, Nutting in: Siboga-Exp., *v.* 13bb p. 41 t. 7 f. 1, 1a; t. 12 f. 1 | 1919 *M. s.*, Kükenthal in: Ergeb. Tiefsee-Exp., *v.* 13 pars 2 p. 150.

Kolonie fächerförmig aber nicht netzförmig, fast dreimal so hoch wie breit. Stamm und Äste sind im Querschnitt ungefähr kreisrund. Die Nodien sind stark angeschwollen und bis 6 mm, die Internodien sind 4 bis 12,5 mm lang. Die Polypen stehen vorwiegend lateral. Die bis 1 mm im Durchmesser haltenden Polypenkelche sind sehr flach. Die Polypenspicula sind regelmäßig angeordnete, gebogene, bewarzte Spindeln, basal einen starken Ring bildend, auf dem sich 8 konvergierende Paare erheben, die unter jeder Tentakelbasis vorspringen. In der Rinde finden sich scheibenförmige, bewarzte Skleriten neben gewöhnlichen Spindeln, deren Warzen in regelmäßigen Wirteln angeordnet sind, sowie einzelne bewarzte Keulen. Orangerot, die distalen Partien fast weiß, die Polypen gelblich, die Kelche dunkelrot.

Malayischer Archipel. Litoral.

18. **M. arborea** Kükth. 1908 *M. a.*, Kükenthal in: Zool. Anz., *v.* 33 p. 193 | 1909 *M. a.*, Kükenthal in: Abh. Bayer. Ak., suppl. *v.* 1 nr. 5 p. 59 t. 4 f. 26 | 1919 *M. a.*, Kükenthal in: Ergeb. Tiefsee-Exp., *v.* 13 pars 2 p. 150.

Die Kolonie ist baumartig und in mehreren sich schneidenden Ebenen verästelt. Der Stamm ist dick walzenförmig und nicht abgeplattet, dagegen sind die mit kurzen, plumpen Seitenzweigen versehenen Äste etwas abgeplattet. Anastomosen kommen nur vereinzelt vor. Die Nodien sind äußerlich nicht wahrnehmbar. Die Polypen stehen in 2 mm Entfernung, vorwiegend seitlich, und sind 2 mm hoch, 1,6 mm breit; der retraktile Polypenteil ist durchsichtig und mit 8 konvergierenden Feldern von Spicula bedeckt, die 0,2 mm lange Spindeln mit sehr großen, weitstehenden, oft verzweigten Dornen darstellen. Die Spitzen der dreieckigen Felder laufen in schmale, von Spicula gebildete Wülste auf der Mittellinie der äußeren Tentakelfläche aus. Seitlich davon finden sich zahlreiche, nach unten konvergierende, 0,15 mm lange, flache und sehr breite Skleriten mit einzelnen sehr großen Dornen. In der Rinde liegen bis 0,15 mm lange, dicke Spindeln mit großen verästelten Dornen, die in kleinere, ovale, stark dornige Körper übergehen. Dunkelrosenrot, Polypen heller.

Japan.

19. **M. rugosa** P. Wright & Th. Stud. 1889 *M. r.*, P. Wright & Th. Studer in: Rep. Voy. Challenger, *v.* 31 pars 64 p. 174 t. 40 f. 6 | 1919 *M. r.*, Kükenthal in: Ergeb. Tiefsee-Exp., *v.* 13 pars 2 p. 151.

Die Äste liegen nicht alle in einer Ebene und Anastomosen fehlen. Die Basis ist zweilappig, scheibenförmig. Die Internodien sind lang, das unterste 25 mm, etwas unregelmäßig von Gestalt und wellenförmig gebogen, und die Nodien sind dreieckig und haben gleichmäßig 2,5 mm Durchmesser. Der unterste Ast geht von einem Internodium aus. Die Polypen stehen unregelmäßig an Stamm und Ästen und sind in niedrige, 1 mm breite Warzen zurückziehbar. Die ziemlich dichte Rinde hat eine rauhe Außenseite, hervorgerufen durch teilweise vortretende, dornige, bis 0,1 mm lange Spindeln. Andere Skleritenformen sind Stachelkeulen, die sich teilweise der Blattkeulenform nähern, von bis zu 0,22 mm Länge, einseitig bedornte Spindeln von bis zu 0,2 mm Länge, gebogene, bedornte Spindeln von 0,26 mm und gestreckte, bedornte Spindeln von 0,1 mm Länge. Polypen gelb, Internodien rot.

Basstraße. Litoral.

20. **M. variabilis** Hickson 1905 *M. v.*, Hickson in: Fauna Geogr. Maldiv., *v.* 2 p. 809 t. 67 f. 11 | 1909 *M. v.*, J. A. Thomson & J. Simpson, Alcyon. Investigator, *v.* 2 p. 169 | 1910 *M. v.*, J. A. Thomson & Mackinnon in: Tr. Linn. Soc. London, ser. 2 *v.* 13 p. 198 t. 13 f. 13 | 1911 *M. v.*, Nutting in: Siboga-Exp., *v.* 13b5 p. 40 | 1919 *M. v.*, Kükenthal in: Ergeb. Tiefsee-Exp., *v.* 13 pars 2 p. 151.

Die zarte Kolonie verzweigt sich nach allen Richtungen unter starker Anastomosenbildung. Die Internodien sind sehr verschieden lang. Die Polypen enthalten kurze, glatte Stäbe von 0,07 mm Länge. In der die Nodien bedeckenden Rinde finden sich gebogene Spindeln von 0,13 mm Länge mit längeren Dornen auf der konvexen Seite, in der die Internodien bedeckenden Rinde liegen gebogene Spindeln mit längeren Dornen auf der konvexen Seite. Diese Skleriten sind verschieden groß, 0,14—0,27 mm messend. Farbe sehr verschieden, hauptsächlich weiß, gelb und rot. Die Färbung der Nodien weicht von der der Internodien meist ab.

Malediven. Flaches Litoral.

M. fragilis P. Wright & Th. Stud. 1889 *M. f.*, P. Wright & Th. Studer in: Rep. Voy. Challenger, *v.* 31 pars 64 p. 180 t. 41 f. 2(?) | 1919 *M. f.*, Kükenthal in: Ergeb. Tiefsee-Exp., *v.* 13 pars 2 p. 152.

Verzweigung unregelmäßig, vorwiegend in einer Ebene mit maschenartiger Verknüpfung durch Anastomosen. Die oft gebogenen, längsgestreiften Internodien sind sehr verschieden lang. Die Polypen stehen vorwiegend in zwei seitlichen Reihen in Entfernungen von etwa 1 mm voneinander und sind in nur wenig erhobene Kelche von 1 mm Durchmesser zurückziehbar. Die Polypenspicula sind gebogene, dornige Spindeln bis 0,4 mm Länge in regelmäßiger kronenartiger Anordnung; auf der Außenfläche der Tentakel liegen dornige Spindeln von gelber Farbe. Die Rinde ist dünn und durchscheinend und enthält eine äußere Schicht roter, warziger und dorniger Spindeln von bis 0,22 mm Länge, die der Oberfläche ein rauhes Aussehen verleihen, sowie eine tiefere Schicht farbloser, kleiner Spindeln von 0,08 mm Länge, mit 8 vorspringenden Warzen, und sternförmige Skleriten von 0,12 mm Durchmesser. Dunkellachsfarben bis tiefrot, Polypen gelb.

Amboina. Litoral.

M. pulchella J. A. Thoms. & J. Simps. 1909 *M. p.*, J. A. Thomson & J. Simpson, Alcyon. Investigator, *v.* 2 p. 175 | 1919 *M. p.*, Kükenthal in: Ergeb. Tiefsee-Exp., *v.* 13 pars 2 p. 153.

Die Verzweigung ist in einer Ebene erfolgt und bei den sekundären Zweigen dichotomisch im Winkel von etwa 30°. Anastomosen sind nicht vorhanden. Die Länge der Internodien ist verschieden, an den kleineren Zweigen beträgt sie etwa 15 mm. Die Nodien treten nur an den Zweigen hervor. Die Polypen stehen lateral und mehr basalwärts auf einer Fläche. Die Polypenkelche sind 0,5 mm hoch und halten ebensoviel im Durchmesser. Die Polypenspicula bilden eine Krone und sind leicht bedornte und gebogene bis 0,3 mm lange Spindeln. Die dicht mit Skleriten erfüllte Rinde enthält bis 0,2 mm lange Stachelkeulen, die blattkeulen-ähnlich werden, bis 0,175 mm lange, einseitig bedornte Spindeln, 0,125 mm lange Spindeln mit Warzengürteln, sternförmige, 0,05 mm messende Gebilde und Doppelkugeln von 0,075 mm Länge. Weiß oder hellrötlich.

Gasparstraße (Ostküste von Sumatra).

Wahrscheinlich zu *Mopsella* gehörig.

M. virgata Verrill 1846 *Melitaea ochracea* (part.), J. D. Dana in: U. S. expl. Exp., *v.* 7 p. 682 | 1864 *Melitodes virgata*, A. E. Verrill in: Bull. Mus. Harvard, *v.* 1 p. 38 | 1919 *M. v.*, Kükenthal in: Ergeb. Tiefsee-Exp., *v.* 13 pars 2 p. 153.

Diese Art wurde von Verrill aufgestellt für Exemplare von den Fidschi-Inseln, welche Dana zu *M. ochracea* gerechnet hatte. Sie unterscheiden sich von letzterer Art in folgendem: Die Hauptäste laufen nahezu parallel und sind viel länger und weniger stark verzweigt. Auch sind die Internodien länger, und der allgemeine Aufbau ist lockerer. Hellgelb, orangefarben oder rot.

Fidschi-Inseln.

M. tenella Dana 1846 *M. t.*, J. D. Dana in: U. S. expl. Exp., *v.* 7 p. 683 | 1857 *Melithaea t.*, H. Milne-Edwards., Hist. Corall., *v.* 1 p. 201 | 1859 *Melitella t.*, J. E. Gray in: P. zool. Soc. London, *v.* 27 p. 486 | 1864 *Mopsella t.*, A. E. Verrill in: Bull. Mus. Harvard, *v.* 1 p. 39 | 1870 *M. t.*, J. E. Gray, Cat. Lithoph. Brit. Mus., p. 10.

Die Verästelung ist nicht in einer Ebene erfolgt. Anastomosen sind selten. Die Zweige sind sehr schlank und biegsam. Die Polypenkelche sind klein und flach. Die Rinde ist scharlachrot, die Polypen lebhaft gelb, die blaßrote Achse ist nahezu glatt.

Sandwichs-Inseln.

M. flabellata (Gray) 1870 *Melitella f.*, J. E. Gray, Cat. Lithoph. Brit. Mus., p. 6.

Kolonie fächerförmig, im Umriß eiförmig, länger als breit. Glieder schlank, in der Mitte dicker.

Fundort ?

M. occidentalis (Duchass.) 1870 *Melithaea o.*, Duchassaing, Rev. Zooph. Spong. Antill., p. 18.

Nicht zur Gattung *Melitodes* gehörig, wahrscheinlich eine Isidide, vielleicht identisch mit *Chelidonisis aurantiaca.*

M. thomsoni Broch 1916 *M. t.*, Broch in: Svenska Ak. Handl., *v.* 52 nr. 11 p. 26 t. 1 f. 3.

Die Polypen sitzen ziemlich dicht an der Vorderfläche wie an den Seiten der Zweige. Ihre Skleriten sind 0,3 mm lange, gebogene Spindeln, die reichlich bedornt sind. In den Kelchen liegen 0,12 mm lange Spindeln und Warzenkeulen, in der Rinde 0,15 mm lange, gebogene, mit großen Warzen besetzte Spindeln, die Spicula der Nodien sind schlank stabförmig, 0,12 mm lang, in der Mitte mit scharf vorspringender Anschwellung. Hell blutrot, Polypen weiß oder gelb, mit roten Kelchen.

Nordwestaustralien. Litoral.

Auf ein jugendliches Exemplar hin gegründet. Die Art steht der *M. ochracea* nahe.

M. linearis (Gray) 1870 *Melitella l.*, J. E. Gray, Cat. Lithoph. Brit. Mus., p. 6.

Kolonie sehr reichlich in einer Ebene verzweigt. Äste schlank, fadenförmig, gleichmäßig groß, an jedem Nodium Anastomosen bildend, so daß länglichovale Fenster entstehen. Die Nodien sind groß, angeschwollen, rot, die Achse weiß. Die Polypenkelche sind ziemlich hoch, nur einzelne etwas weiter auseinander stehend, in ein oder zwei Reihen zu jeder Seite des Stammes.

Wahrscheinlich zu *Acabaria* gehörig.

2. Gen. Mopsella J. E. Gray

1857 *M.*, J. E. Gray in: P. zool. Soc. London, *v.* 25 p. 284 | 1864 *M.* + *Melitella* (part.), A. E. Verrill in: Bull. Mus. Harvard, *v.* 1 p. 38 | 1865 *Melithaea* (part.), Kölliker, Icon. histiol., p. 142 | 1870 *Mopsella* + *Melitella* (part.), J. E. Gray, Cat. Lithoph. Brit. Mus., p. 9 | 1889 *Mopsella*, P. Wright & Th. Studer in: Rep. Voy. Challenger, *v.* 31 pars 64 Pref. p. 36 | 1911 *M.*, Nutting in: Siboga-Exp., *v.* 13b5 p. 48 | 1919 *M.*, Kükenthal in: Ergeb. Tiefsee-Exp., *v.* 13 pars 2 p. 155.

Die Kolonien sind meist in einer Ebene entwickelt, selten mehr buschig. Die Verzweigung geschieht von den Nodien aus, nur die Endzweige können auch von den Internodien abgehen. Die Polypen stehen an den Seiten sowie auch auf einer Fläche der Äste und entspringen aus niedrigen Kelchen. Ihre Bewehrung besteht vorwiegend aus Spindeln, die in einem transversalen Ringe angeordnet sind, über dem sich 8 Felder konvergierender Spicula erheben. Die Rinde enthält außer anderen Skleritenformen stets Blattkeulen. Die vorherrschende Farbe ist rot, seltener gelb, braun und weiß.

Indopazifischer Ozean. Flaches Litoral.

11 sichere Arten, 2 unsichere.

Spec. typ.: *Mopsella textiformis* (Lm.)

Bestimmungstabelle der Arten:

1	Kolonie in einer Ebene entwickelt — 2	
	Kolonie mehr buschig aufgebaut — 9	
2	Polypen auf einer Fläche und seitlich — 3	
	Polypen nur zu beiden Seiten der Äste — 8	
3	Anastomosen zahlreich, daher Kolonie netzförmig — 4	
	Anastomosen spärlich oder fehlend — 7	
4	Blätter der Blattkeulen senkrecht aufsitzend — 5	
	Blätter der Blattkeulen schräg inseriert	4. **M. spinosa**
5	Hauptäste dick, Seitenzweige sehr dünn	1. **M. textiformis**
	Äste allmählich an Dicke abnehmend — 6	
6	Netzwerk sehr eng, schwammartig	2. **M. spongiosa**
	Netzwerk weitmaschiger	3. **M. clavigera**
7	Verzweigung vorwiegend lateral, Hauptäste vortretend .	5. **M. aurantia**
	Verzweigung dichotomisch, ohne vortretende Hauptäste .	6. **M. zimmeri**
8	Mit dreieckigen, bewarzten Rindenskleriten	7. **M. triangulata**
	Die dreieckigen Rindenskleriten fehlen	8. **M. robusta**
9	Äste im Querschnitt kreisrund	9. **M. dichotoma**
	Äste abgeplattet — 10	
10	Enden der Zweige zugespitzt	10. **M. klunzingeri**
	Enden der Zweige abgeplattet	11. **M. sanguinea**

1. **M. textiformis** (Lm.) 1815 *Melitea t.*, Lamarck in: Mém. Mus. Paris, *v.* 1 p. 412 | 1816 *M. t.*, Lamouroux, Hist. Polyp., p. 464 t. 19 f. 1 | 1857 *Melithaea t.*, H. Milne-Edwards, Hist. Corall., *v.* 1 p. 201 | 1864 *Mopsella t.*, A. E. Verrill in: Bull. Mus. Harvard, *v.* 1 p. 38 | 1884 *M. t.*, S. Ridley in: Rep. Voy. Alert, p. 358 | 1911 *M. t.*, J. A. Thomson & Mackinnon in: Mem. Austral. Mus., *v.* 4 p. 671 t. 63 f. 4, 5 | 1919 *M. t.*, Kükenthal in: Ergeb. Tiefsee-Exp., *v.* 13 pars 2 p. 159.

Die Kolonie ist ausgeprägt in einer Ebene entwickelt und bildet ein Netzwerk wellenförmig gebogener, sehr dünner Äste, die von stärkeren Hauptstämmen abgehen, und die durch zahlreiche Anastomosen verbunden sind. Die Nodien sind kurz und vierkantig, die tief längsgefurchten Internodien 4—9 mm lang. Die Polypen sitzen an den Seiten und einer Fläche. Die Polypenkelche enthalten 0,28 mm lange, gekrümmte, bedornte Spindeln. In der rauhen Rinde liegen Spindeln von 0,18 mm Länge sowie 0,21 mm lange Blattkeulen mit zwei gezähnten Blättern. Dunkelscharlachrot, ebenso die Polypenkelche. Die Polypen sind gelb oder rot, die Internodien tiefrot, die Nodien hellrot.

Australien. Flaches Litoral.

2. **M. spongiosa** Nutting 1911 *M. s.*, Nutting in: Siboga-Exp., *v.* 13bb p. 50 t. 8 f. 1; t. 12 f. 7 | 1919 *M. s.*, Kükenthal in: Ergeb. Tiefsee-Exp., *v.* 13 pars 2 p. 159.

Kolonie derb, fächer- und netzförmig mit sehr langen Maschen, so daß ein schwammartiges Aussehen hervorgerufen wird. Die meisten Äste sind etwas abgeplattet, nur die Endzweige im Querschnitt kreisrund. Die Nodien sind meist stark angeschwollen. Die Internodien sind 2,3—11 mm lang. Die Polypen stehen dichtgedrängt an den Seiten der Hauptstämme und rings um die Endzweige. Sie sind mit gebogenen Spindeln bewehrt. In den Kelchen und der Rinde wiegen Blattkeulen vor mit mehreren meist parallelen Blättern und dicht und unregelmäßig bewarztem Stiel. Dunkelgraubraun, Achse dunkelkarmin.

Aru-Inseln. Flaches Litoral.

3. **M. clavigera** S. Ridl. 1884 *M. c.*, S. Ridley in: Rep. Voy. Alert, p. 360 t. 37 f. 3; t. 38 f. a—a'' | 1919 *M. c.*, Kükenthal in: Ergeb. Tiefsee-Exp., *v.* 13 pars 2 p. 160.

Die Kolonie ist ausgeprägt in einer Ebene netzförmig entwickelt. Anastomosen zahlreich. Die Internodien sind meist wellenförmig gebogen und abgeplattet. Die Nodien treten wenig hervor. Die Polypen lassen nur auf einer Fläche eine nackte Mittellinie frei und ihre Kelche sind niedrig. Die Polypenspicula sind bis 0,285 mm lange, gekrümmte und schwach bedornte Spindeln. In der dünnen Rinde liegen 0,21 mm lange, stark bewarzte Spindeln sowie Blattkeulen von 0,14 mm Länge mit zwei lanzettförmigen Blättern. Farbe stark variierend, meist weiß, Polypenkelche schmutzig braun bis weiß, Nodien hellrot oder farblos, Internodien weiß oder hellrot.

Australien. Flaches Litoral.

4. **M. spinosa** Kükth. 1878 *Melitella retifera* (part.), Th. Studer in: Monber. Ak. Berlin, p. 666 | 1909 *Mopsella spinosa*, Kükenthal in: Zool. Anz., *v.* 35 p. 52 | 1911 *M. s.* + *M. aff. s.*, Kükenthal in: Abh. Senckenb. Ges., *v.* 33 p. 343 t. 23 f. 24 | 1911 *M. studeri*, Nutting in: Siboga-Exp., *v.* 13bb p. 49 t. 9; t. 12 f. 6 | 1916 *M. fragilis*, Broch in: Svenska Ak. Handl., *v.* 52 nr. 11 p. 29 t. 1 f. 4 | 1919 *M. spinosa*, Kükenthal in: Ergeb. Tiefsee-Exp., *v.* 13 pars 2 p. 160.

Verzweigung streng in einer Ebene; die Äste strahlen radienförmig von der Basis aus und teilen sich wiederholt dichotomisch „U"förmig. Hauptäste treten nicht hervor. Die Nodien sind ein wenig angeschwollen. Die Internodien sind 8—10 mm lang. Die schlanken, im Querschnitt kreisrunden Äste sind vielfach durch Anastomosen verbunden. Die Polypen entspringen aus dichtstehenden, kreisrunden Kelchen und lassen nur auf einer Fläche einen schmalen Streifen frei. Der Polypenkörper ist bewehrt mit transversalen, darüber mit 8 Feldern konvergierender, bis 0,28 mm langer Spindeln, die in der Mitte scharf eingeknickt sind und hier größere Dornen tragen (Fig. 48). In den Polypenkelchen und noch in der Rinde liegen 0,14 mm lange Blattkeulen mit hohen schmalen Blättern, die in einem Winkel zum schlanken, bedornten Schaft stehen (Fig. 49). Außerdem kommen einseitig riesig hoch

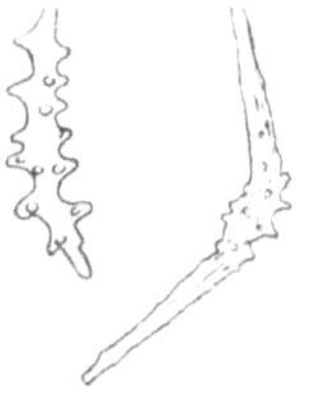

Fig. 48.
Mopsella spinosa. Polypenskleriten.

Fig. 49.
Mopsella spinosa. Kelchsklerit.

bedornte, blattkeulenartige Formen von 0,15 mm Länge mit 0,07 mm hohen abgeplatteten Dornen vor, sowie schlanke Spindeln mit weitstehenden, abgerundeten Dornen, die sich an einem Ende keulenförmig verdicken können. Die Nodien enthalten bis 0,1 mm lange, schlanke, glatte Stäbe, in der Mitte häufig mit ringförmiger Anschwellung. Rinde ziegelrot oder ockergelb, Polypenkelche gelb, Achse blutrot.

Malayischer Archipel, Nordwestaustralien. Flaches Litoral.

5. **M. aurantia** (Esp.) 1798 *Isis a.*, Esper, Pflanzenth., Forts. *v.* 2 p. 8 t. 9 | 1816 *Melitaea retifera*, Lamarck, Hist. An. s. Vert., *v.* 2 p. 299 | 1857 *Melithaea r.*, H. Milne-Edwards, Hist. Corall., *v.* 1 p. 200 | 1859 *Melitella r.*, J. E. Gray in: P. zool. Soc. London, *v.* 27 p. 486 | 1864 *Mopsella r.*, A. E. Verrill in: Bull. Mus. Harvard, *v.* 1 p. 58 | 1865 *M. r.*, Kölliker, Icon. histiol., p. 142 t. 19 f. 38, 39 | 1870 *Melitella r.*, J. E. Gray, Cat. Lithoph. Brit. Mus., p. 7 | 1878 *Mopsella r.*, Th. Studer in: Monber. Ak. Berlin, p. 666 | 1895 *M. aurantia*, Th. Studer in: Mt. Ges. Lübeck, ser. 2 fasc. 7, 8 p. 109 | 1916 *M. rubrinodis*, Broch in: Svenska Ak. Handl., *v.* 52 nr. 11 p. 31 t. 3 f. 10 | 1919 *M. aurantia*, Kükenthal in: Ergeb. Tiefsee-Exp., *v.* 13 pars 2 p. 161 t. 36 f. 31.

Die Kolonie ist breit in einer Ebene entwickelt, doch können sich die Verzweigungen einzelner Hauptäste teilweise überdecken. Die Hauptäste sind bedeutend dicker als die Seitenzweige und bis weit hinauf zu verfolgen. Die Endäste gehen in spitzem bis rechtem Winkel ab. Anastomosen kommen vor, sind aber nicht häufig. Die Nodien treten besonders an den Hauptästen kugelig vor. Die Internodien sind durchschnittlich 15 mm lang, basalwärts etwas kürzer. Die Polypen stehen ausschließlich auf einer Fläche, hier dichtgedrängt, und an den Seiten. Ihr Durchmesser beträgt 0,8 mm. Die Bewehrung besteht aus horizontal gelagerten schlanken Spindeln, die in der Mitte hohe, aber abgerundete Dornen tragen, und darüber konvergierenden, viel dickeren Spindeln mit sehr hohen Dornen, die an den oberen Enden schräg nach oben und außen gerichtet sind. Sehr stark bedornt sind auch die breiten, etwas gebogenen Tentakelskleriten. Kelche und Rinde sind reichlich mit Blattkeulen versehen, von rundlicher Form und etwa 0,1 mm Länge. Die zahlreichen Blätter jeder Blattkeule sind oben etwas eingekerbt, ihr Wurzelteil ist sehr kurz und dicht bewarzt. Daneben kommen vereinzelte, stark bedornte Spindeln vor. In den Nodien liegen 0,1 mm lange, gestreckte, glatte Stäbchen. Orange, rot oder weiß mit orangefarbenen oder roten, auch weißlichen Polypenkelchen.

Malayischer Archipel, Nordwestaustralien. Flaches Litoral.

6. **M. zimmeri** Kükth. 1908 *M. z.*, Kükenthal in: Zool. Anz., *v.* 33 p. 199 | 1919 *M. z.*, Kükenthal in: Ergeb. Tiefsee-Exp., *v.* 13 pars 2 p. 163 t. 36 f. 32.

Die Kolonie ist ausgesprochen in einer Ebene entwickelt. Der Hauptstamm ist kurz und walzenförmig, die Hauptäste treten nicht hervor. Die Verzweigung ist dichotomisch; die Äste sind etwas abgeplattet und verzweigen sich dichotomisch in spitzem Winkel, sich kaum überkreuzend. Anastomosen sind in wechselnder Zahl vorhanden. Die Polypen stehen dichtgedrängt an den Seitenrändern und auf einer Fläche; ihre Kelche sind abgerundet, achtlappig und etwa 1 mm breit und ebenso hoch. Die Bewehrung des oberen Polypenteiles besteht aus ein paar Reihen transversaler Spindeln,

Fig. 50. **Mopsella zimmeri.** Skleriten der Rinde und der Nodien ($^{330}/_{1}$).

über denen je 2—3 Paar konvergierender, 0,2 mm langer stehen, die mit hohen Dornen besetzt sind. Die Tentakel enthalten gebogene, breite, stark zackige Spindeln von 0,12 mm Länge. In der Rinde liegen vorwiegend Blattkeulen von 0,12 mm Länge, deren Schaft zahlreiche stumpfe Dornen aufweist, während der obere Teil aus längsovalen, an der Spitze etwas gezackten Blättern besteht. Außerdem finden sich auch Stachelkeulen und dicke, meist einseitig bedornte Spindeln. Letztere dominieren in der unteren Stammrinde und sind hier 0,09 mm lang (Fig. 50). In den Nodien liegen 0,09 mm lange, glatte Stäbchen, die in der Mitte einen kräftigen, ringförmigen Wulst tragen. Farbe verschieden, schwefelgelb, orangerot, ziegelrot.

Australien.

7. **M. triangulata** (Nutting) 1911 *Acabaria t.*, Nutting in: Siboga-Exp., *v.* 13b5 p. 47 t. 8 f. 2, 2a; t. 12 f. 5 | 1919 *Mopsella t.*, Kükenthal in: Ergeb. Tiefsee-Exp., *v.* 13 pars 2 p. 165.

Die Kolonie ist annähernd fächerförmig. Stamm und Äste sind im Querschnitt kreisrund. Anastomosen scheinen zu fehlen oder sind sehr selten. Die Internodien sind 6—8 mm lang. Die Polypen stehen nicht eng und seitlich; ihre Kelche sind klein, nur 0,5 mm hoch, 0,7 mm im Durchmesser haltend; ihre Wandung ist mit Stachelkeulen erfüllt, deren Spitzen über die Oberfläche hervorragen. Der retraktile Polypenteil enthält einen Ring horizontaler Spindeln, darüber je 2 oder mehr konvergierende Spindeln, die sich in longitudinale Spicula auf der dorsalen Mittellinie der Tentakel fortsetzen. Die Rindenskleriten sind Blatt- und Stachelkeulen sowie dreieckige Formen, während gewöhnliche Spindeln rar sind und kleine, gebogene und mit Warzengürteln versehene Formen darstellen. Dunkelkorallenrot, Polypenkelche und Polypenspindeln dunkelkarminrot.

Malayischer Archipel. Litoral.

8. **M. robusta** (Shann) 1912 *Wrightella r.*, Shann in: P. zool. Soc. London, p. 525 t. 62 f. 9; t. 63 f. 15 | 1919 *Mopsella r.*, Kükenthal in: Ergeb. Tiefsee-Exp., *v.* 13 pars 2 p. 165.

Von einer netzförmigen Basis erhebt sich ein schlanker Hauptstamm, der sich dichotomisch in sehr spitzem Winkel in einer Ebene teilt. Die Endzweige sind abgeplattet; Anastomosen kommen an den oberen Zweigen vor. Die Nodien sind besonders basal kuglig angeschwollen. Die Internodien sind durchschnittlich 10 mm lang. Die Äste sind sehr schlank. Die Polypen stehen nicht dicht in zwei seitlichen Längsreihen, ihre Kelche sind 0,75 mm hoch und ebenso breit. Skleritenformen sind Blattkeulen von 0,27 mm Länge, Spindeln ebenso lang, teils mit blattartigen, teils mit spitzen Dornen. Auch einige sternförmige Formen von 0,10—0,15 mm Durchmesser kommen vor. Gelb, Achse weiß.

Singapore. Flaches Litoral.

9. **M. dichotoma** (Pall.) 1766 *Isis d.*, Pallas, Elench. Zooph., p. 229 | 1788, 1798 *I. d.*, Esper, Pflanzenth., *v.* 1 p. 43 t. 5 f. 4, 5; Forts. *v.* 2 p. 6 t. 11 f. 4, 5 | 1857 nec *Mopsella d.*, J. E. Gray in: P. zool. Soc. London, *v.* 25 p. 287 | 1857 *Mopsea d.* (part.), H. Milne-Edwards. Hist. Corall., *v.* 1 p. 197 | 1865 *M. d.*, Kölliker, Icon. histiol., p. 142 | 1870 nec *Mopsella d.*, J. E. Gray, Cat. Lithoph. Brit. Mus., p. 10 | 1889 *Melitodes d.*, P. Wright & Th. Studer in: Rep. Voy. Challenger, *v.* 31 pars 64 p. 173 | 1900 nec *M. d.*, Hickson in: Mar. Invest. S. Afr., *v.* 1 p. 80 t. 1, 2, 6B | 1919 *Mopsella d.*, Kükenthal in: Ergeb. Tiefsee-Exp., *v.* 13 pars 2 p. 166.

Die Kolonie ist fächer- oder mehr buschförmig entwickelt. Anastomosen sind vorhanden. Stamm und Äste sind im Querschnitt kreisrund. Die Nodien springen äußerlich nicht vor, die Internodien sind basal 4—6 mm, distal 6—8 mm lang. Die Polypen stehen unregelmäßig auf beiden Seiten und einer Fläche und fehlen der entgegengesetzten, die längsgestreift ist. Die Polypenkelche sind 1 mm hoch, 1,25 mm breit. Die dicke und feste Rinde enthält sehr verschiedenartige Skleriten, mit großen Dornen einseitig besetzte Spindeln bis zu 0,12 mm Länge, Stachelkeulen, schwach entwickelte Blattkeulen, Vierlinge, winzige Doppelspindeln und andere Formen. Die längsten erreichen 0,36 mm. Ähnliche Skleriten bedecken die Polypenkelche, während die Polypen selbst gerade oder etwas gebogene dornige Spindeln von 0,12 mm Länge besitzen. Ziegelrot oder gelb, Nodien braun, Internodien kräftig gelb.

Indopazifischer Ozean.

10. **M. klunzingeri** Kükth. 1908 *M. k.*, Kükenthal in: Zool. Anz., *v.* 33 p. 198 | 1919 *M. k.*, Kükenthal in: Ergeb. Tiefsee-Exp., *v.* 13 pars 2 p. 167 t. 36 f. 33.

Verzweigung baumartig in einer Ebene. Die zugespitzt endigenden, abgeplatteten, meist lateral entspringenden Äste sind bis oben hin gleich dick (Fig. 51). Die Endzweige gehen in einem mehr rechten Winkel ab. Die Nodien treten äußerlich kaum hervor. Die Internodien sind etwa 13 mm lang. Die Endzweige gehen rechtwinklig von den Internodien ab. Die Polypen sitzen nicht dicht auf den Seiten und einer Fläche und sind 1 mm hoch. Die Polypenskleriten sind 0,15 mm lange, ziemlich weit auseinanderstehende, 8 Dreiecke bildende Spindeln. Der Polypenkelch enthält 0,14 mm lange, rote Spindeln, die mit 3—4 Gürteln hoher, zackiger Dornen besetzt sind, und 0,07 mm lange, gelbe Blattkeulen, mit einem Schopf sehr breiter abgerundeter Blätter, während das sich zuspitzende Ende 2—3 Dornengürtel trägt. Ähnliche, etwas größere Formen kommen in der Astrinde vor (Fig. 52). In den

Nodien liegen bis 0,2 mm lange, schlanke Stäbe, die in der Mitte wulstig angeschwollen sind. Orangerot, Polypen weiß, Achse der Internodien kräftig rot.

Westaustralien. Flaches Litoral.

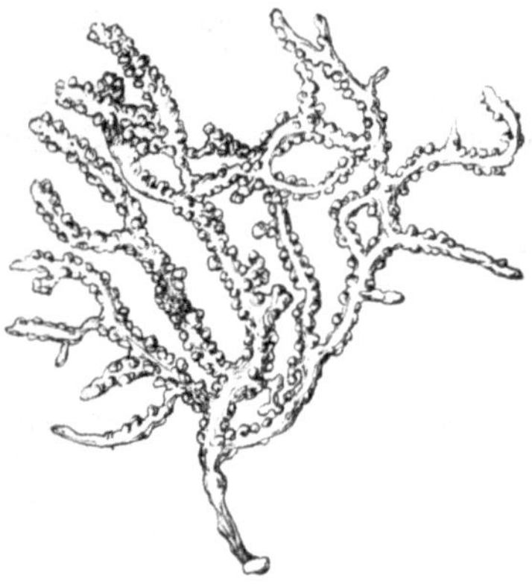

Fig. 51. **Mopsella klunzingeri.**

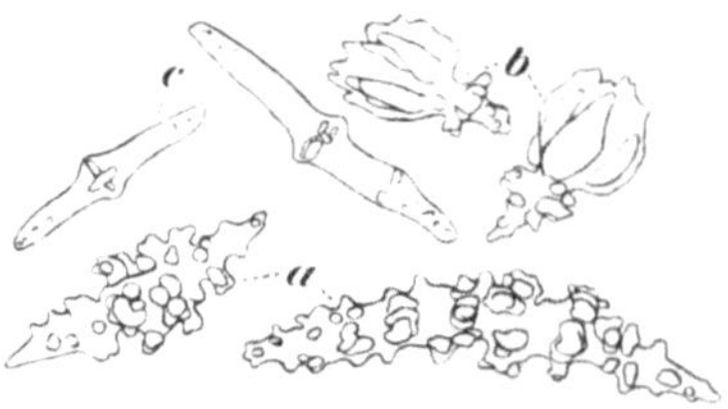

Fig. 52. **Mopsella klunzingeri.** Skleriten der Polypen (*a*), der Rinde (*b*) und der Nodien (*c*).

11. **M. sanguinea** Kükth. 1908 *M. s.*, Kükenthal in: Zool. Anz., *v.* 33 p. 199 | 1910 *M. s.*, Kükenthal in: Fauna S. W. Austral., *v.* 3 fasc. 1 p. 101 t. 1 f. 5 | 1919 *M. s.*, Kükenthal in: Ergeb. Tiefsee-Exp., *v.* 13 pars 2 p. 167 t. 37 f. 34.

Die Kolonie ist in zwei sich kreuzenden Ebenen verzweigt. Die stark abgeplatteten Äste endigen mit stumpfer Verbreiterung. Die Endzweige entspringen von den Internodien. Dio Polypen stehen an den Seiten und auf einer Fläche ziemlich dicht und ihre Kelche sind flach und achtlappig. Die Polypenskleriten sind 0,24 mm lange, schlanke Spindeln, die in der Mitte kräftig bedornt sind. Die Polypenkelche enthalten 0,2 mm lange, kräftig und regelmäßig bedornte Spindeln sowie bis 0,12 mm lange Blattkeulen mit zackigen Blatträndern. Ebensolche Formen finden sich in der Rinde, außerdem sehr breite und stark bedornte Spicula. Die Nodien enthalten 0,1 mm lange, glatte Stäbchen, in der Mitte meist mit einer Anschwellung. Blutrot.

Australien. Flaches Litoral.

M. sinuata (P. Wright & Th. Stud.) 1889 *Melitodes s.*, P. Wright & Th. Studer in: Rep. Voy. Challenger, *v.* 31 pars 64 p. 177 t. 41 f. 1 | 1919 *Mopsella s.*, Kükenthal in: Ergeb. Tiefsee-Exp., *v.* 13 pars 2 p. 168.

Die Kolonie ist fächerförmig und ebenso breit wie hoch. Anastomosen sind sehr zahlreich; in die Maschen erstrecken sich sehr kurze Seitenzweige. Die Internodien sind sehr verschieden lang, von 4—10 mm, walzenförmig und tief spiralig längsgefurcht, die terminalen sind mehr hornig. Die Nodien sind recht groß. Die Polypen fehlen meist beiden Flächen, stehen nur lateral und sind völlig in die Rinde zurückziehbar, so daß Kelche fehlen. Über den Polypenöffnungen stehen lange bedornte Spindeln. Die dünne Rinde enthält eine äußere Schicht von dornigen Spindeln, ferner kommen 0,18 mm lange Stachelkeulen, einzelne sehr kleine, bis 0,04 mm lange Blattkeulen und bis 0,2 mm lange Doppelkreuze vor. Schmutzig gelb, Internodien weiß, Nodien gelb, Polypenöffnungen rot.

Philippinen. Litoral.

M. gracilis Gray 1859 *M. g.*, J. E. Gray in: P. zool. Soc. London, *v.* 27 p. 486.

Kolonie sehr schlank, fadenförmig. Internodien lang, schlank, hellrot, Nodien leicht angeschwollen. Äste auseinander weichend.

Verbreitung unbekannt.

3. Gen. **Wrightella** J. E. Gray

1786 *Isis* (part.), Ellis & Solander, Zooph., p. 107 | 1816 *Melitaea* (part.), Lamarck, Hist. An. s. Vert., *v.* 2 p. 300 | 1870 *Wrightella* + *Melitella* (part.), J. E. Gray, Cat. Lithoph. Brit. Mus., p. 31 | 1884 *W.*, S. Ridley in: Rep. Voy. Alert, p. 580 | 1889 *W.*, P. Wright & Th. Studer in: Rep. Voy. Challenger, *v.* 31 pars 64 Pref. p. 36 | 1908 *W.*, Kükenthal in: Zool. Anz., *v.* 33 p. 200 | 1911 *W.*, Nutting in: Siboga-Exp., *v.* 13b5 p. 51 | 1919 *W.*, Kükenthal in: Ergeb. Tiefsee-Exp., *v.* 13 pars 2 p. 168.

Die Kolonien sind in einer oder mehreren, dann parallelen Ebenen fächerförmig verzweigt; Anastomosen können vorkommen. Stamm und Äste sind entweder im Querschnitt kreisrund oder in der Verzweigungsebene abgeplattet. Die Nodien treten nicht hervor. Die Polypen stehen in 2 seitlichen Reihen und können auf eine Fläche übertreten. Ihre Kelche sind breiter als hoch; sie enthalten wie die Rinde eine dichte Schicht annähernd kugeliger kleiner Skleriten (Blattkugeln), die aus Blattkeulen entstanden sind.

Indopazifischer Ozean. Oberes Litoral.

4 sichere Arten, 1 unsichere.

Spec. typ.: *Wrightella coccinea* (Ellis & Soland.)

Bestimmungstabelle der Arten:

1	Transversaler Ring der Polypenbewehrung von einer Reihe gebildet	1. **W. coccinea**
	Transversaler Ring der Polypenbewehrung von 3—4 Reihen gebildet — 2	
2	Die konvergierenden Polypenspindeln zu je 1 Paar . . .	2. **W. superba**
	Die konvergierenden Polypenspindeln zu je 2 Paar . . .	3. **W. braueri**
	Die konvergierenden Polypenspindeln zu je 2—3 Paar .	4. **W. tongaensis**

1. **W. coccinea** (Ellis & Soland.) 1786 *Isis c.*, Ellis & Solander, Zooph., p. 107 t. 12 f. 5 | 1816 *Melitaea c.*, Lamarck, Hist. An. s. Vert., *v.* 2 p. 300 | 1816 *Melitea Rissoi*, Lamouroux, Hist. Polyp., p. 463 | 1857 *Melithaea coccinea*, H. Milne-Edwards, Hist. Corall., *v.* 1 p. 200 | 1865 *M. c.*, Kölliker, Icon. histiol., p. 142 | 1870 *Melitella c.* + *Wrightella c.* + *W. chrysanthos*, J. E. Gray, Cat. Lithoph. Brit. Mus., p. 7, 32 | 1884 *W. coccinea* + *W. chrysanthos*, S. Ridley in: Rep. Voy. Alert. p. 581 | 1900 *Primnoisis capensis*, Hickson in: Mar. Invest. S. Afr., *v.* 1 p. 87 t. 6tt' | 1905 *Wrightella Coccinea*, Hickson in: Mar. Invest. S. Afr., *v.* 3 p. 219 | 1908 *W. c.*, Kükenthal in: Zool. Anz., *v.* 33 p. 200 | 1908 nec *Melitodes c.*, J. A. Thomson & McQueen in: J. Linn. Soc. London, *v.* 31 p. 66 t. 6 f. 1, 2 | 1919 *Wrightella c.*, Kükenthal in: Ergeb. Tiefsee-Exp., *v.* 13 pars 2 p. 170 t. 37 f. 35.

Die kleinen Kolonien sind in einer oder mehreren, dann meist parallelen Ebenen verzweigt. Die Äste gehen in spitzem bis nahezu rechtem Winkel ab; Anastomosen finden sich fast ausschließlich zwischen Ästen verschiedener Verzweigungsebenen. Stamm und Äste sind von kreisrundem Querschnitt, bei größeren Exemplaren ein wenig in der Verzweigungsebene abgeplattet. Die Internodien sind durchschnittlich 6 mm lang. Die Nodien treten äußerlich kaum hervor. Die Polypen stehen seitlich sowie auf einer Fläche. Sie sind klein und ihre achtlappigen Kelche sind flach. Ihre Bewehrung besteht aus 8 Feldern von je 3 dicken, gekrümmten Spindeln, einer horizontalen und 2 nach oben konvergierenden. Diese Spindeln sind etwa 2 mm lang und dichtbedornt. In der Mittellinie der Tentakel liegen 0,09 mm lange, dicke, gezackte Spindeln und Platten. Kelche wie Rinde sind gleichmäßig dichtgepflastert mit verschieden großen, in der Mitte etwa 0,12 mm Durchmesser haltenden, annähernd kugeligen Skleriten, die auf der frei nach außen ragenden Seite aus zahlreichen Blättern bestehen, die an den Enden spitz zulaufen, auch wohl gekerbt sind, auf der Innenseite aus zahlreichen wurzelähnlichen Warzen. Vereinzelt liegen dazwischen längere, gestrecktere Blattkeulen. Die Nodien enthalten 0,05 mm lange, glatte, gekrümmte, dicke Stäbchen, Farbe sehr verschieden, meist mit zitronengelben Spicula. Gelb mit rötlichen Polypen, orange mit gelben Polypen, ziegelrot mit hellroten Polypen.

Indopazifischer Ozean. Litoral.

2. **W. superba** Kükth. 1911 ? *W. tongaensis* (part.), Nutting in: Siboga-Exp., *v.* 13b5 p. 52 | 1919 *W. superba*, Kükenthal in: Ergeb. Tiefsee-Exp., *v.* 13 pars 2 p. 172.

Kolonie etwas breiter als hoch, annähernd fächerförmig, nicht eigentlich netzförmig, doch kommen Anastomosen vor. Die Internodien werden bis 18 mm lang. Die Verzweigung ist unregelmäßig dichotomisch und die Äste sind im Querschnitt kreisrund. Die Polypen stehen in dichter Anordnung seitlich sowie auf einer Fläche, während die entgegengesetzte völlig nackt ist. Die Polypenkelche sind 0,8 mm hoch und 1,3 mm breit. Der retraktile Polypenteil ist kräftig bewehrt mit 3—4 Reihen stark bedornter Spindeln, über denen sich in jede Tentakelbasis hinein ein Paar erhebt. Die Tentakel enthalten ein dreieckiges Feld von Skleriten, teilweise aus Stachelplatten bestehend. Polypenkelche und Rinde sind oberflächlich gepanzert mit kugelähnlichen Blattkeulen. Außerdem kommen gewöhnliche Spindeln, Keulen, Stachelplatten und andere Formen vor. Glänzend orange, die Ränder der Polypenkelche, die Polypenspicula und die Achse glänzend karmin. Polypen weiß.

Malayischer Archipel. Flaches Litoral.

3. **W. braueri** Kükth. 1919 *W. b.*, Kükenthal in: Ergeb. Tiefsee-Exp., *v.* 13 pars 2 p. 902.

Verzweigung in einer Ebene, lateral und dichotomisch gemischt. Die Äste entspringen spitzwinklig und sind gleichmäßig dünn. Die Internodien sind 15—18 mm lang, die Nodien treten kaum hervor. Die Polypen stehen in seitlichen, annähernd wechselständigen Reihen sowie auf einer Fläche in dichten Abständen von 1 mm und sind mit kräftig bedornten etwa 0,16 mm langen Spindeln bewehrt, von denen die basalen in 4 dichten, transversalen Reihen liegen. Auf ihnen erheben sich in 8 steil konvergierenden Doppelreihen je 2 Paar ähnlicher Spindeln. Die Polypenkelche wie die äußere Rindenschicht enthalten in dichter Anhäufung 0,05 mm messende Blattkugeln, mit Übergängen zu Blattkeulen und mehr walzenförmigen Skleriten; auch kleine, gebogene, bedornte Spindeln kommen vor. Die Nodien enthalten 0,08—0,09 mm lange schlanke, glatte Stäbe, mitunter mit wülstiger Anschwellung in der Mitte. Weißlichviolett, Achse kräftig rot.

Seychellen.

4. **W. tongaensis** Kükth. 1908 *W. t.*, Kükenthal in: Zool. Anz., *v.* 33 p. 200 1911 nec *W. t.*, Nutting in: Siboga-Exp., *v.* 13b5 p. 52 | 1919 *W. t.*, Kükenthal in: Ergeb. Tiefsee-Exp., *v.* 13 pars 2 p. 171 t. 34 f. 36.

Von einer dicken gemeinsamen Basis entspringen zahlreiche niedrige Kolonien mit kurzen Hauptstämmen, die sich sofort mehrfach dichotomisch teilen. Die Äste liegen in einer Fläche, die etwas eingekrümmt ist; Anastomosen fehlen. Die Verzweigung ist regelmäßig und spitzwinklig. Die Internodien sind etwa 8 mm lang. Die Nodien treten nur basal etwas hervor. Stamm und Äste sind stark abgeplattet. Die Polypen sitzen ausschließlich an den scharf ausgeprägten Rändern ziemlich dicht zusammen, sind 0,6 mm hoch, 0,5 mm breit und ihre Polypenkelche sind flach und etwas eingekerbt. Die Polypenspicula bilden 8 scharf begrenzte, dreieckige Felder, unten mit 3 horizontalen, etwas gekrümmten, darüber 2—3 Paar schräg konvergierenden Spindeln. Diese Spindeln sind etwa 0,2 mm lang, ziemlich dick und mit weitstehenden, abgerundeten Dornen besetzt. Die Tentakel enthalten, dicht aneinandergelagert, breite 0,12 mm lange, gezackte Platten in zwei nach unten konvergierenden Reihen. In den Polypenkelchen liegen 0,14 mm lange, dicke Spindeln mit Stachelkeulen mit hohen, aber abgerundeten Warzen. Die Rinde enthält fast ausschließlich kleine kugelige Körper von etwa 0,06 mm Durchmesser, die auf der Außenseite eine Anzahl blattartiger, abgerundeter Spitzen zeigen, auf der Innenseite zahlreiche Warzen. In tieferer Schicht gehen diese umgewandelten Blattkeulen in kleine Spindeln mit ein paar Gürteln hoher Dornen über. Die Nodien enthalten bis 0,14 mm lange, glatte, schlanke, in der Mitte etwas verdickte Stäbe. Orangerot, Polypenspicula blutrot.

Tonga-Inseln.

W. dubia (Broch) 1916 *Mopsella d.*, Broch in: Svenska Ak. Handl., *v.* 52 nr. 11 p. 32 t. 3 f. 11 | 1919 *Wrightella d.*, Kükenthal in: Ergeb. Tiefsee-Exp., *v.* 13 pars 2 p. 173.

Verzweigung unregelmäßig, vorwiegend in einer Ebene. Ein Hauptstamm läßt sich nur undeutlich erkennen. Anastomosen fehlen. Die Internodien sind 4—10 mm lang. Die Polypen lassen an den kleinen Ästen nur einen schmalen Streifen der Hinterfläche frei und sind mit transversal angeordneten, bewarzten, schwach gebogenen Spindeln bewehrt, auf denen 8 Doppelreihen stärker bewarzter, bis 0,22 mm langer Spindeln stehen. Die Tentakelspicula sind mehr keulenförmig, reichlich bewarzt und bis 0,1 mm lang. Im Schlundrohr treten bis 0,04 mm lange Doppelsterne auf. Die Polypenkelche sind an der Basis 0,8 mm breit, 0,5 mm hoch und enthalten bis 0,25 mm lange, stark bewarzte Spindeln. In der Rinde liegen Blattkugeln von 0,05—0,08 mm Durchmesser, in den schwach angeschwollenen Nodien bis 0,09 mm lange, mitunter in der Mitte mit schwacher Anschwellung versehene Stäbe. Zitronengelb, auch die Spicula, Achse dunkelrot, ebenso Spicula der Nodien.

Nordwestaustralien. Flaches Litoral.

4. Gen. **Acabaria** J. E. Gray

1859 *A.*, J. E. Gray in: P. zool. Soc. London, *v.* 27 p. 484 | 1868 *A.* + *Anicella*, J. E. Gray in: Ann. nat. Hist., ser. 4 *v.* 2 p. 445 | 1884 *Acabaria* + *Psilacabaria*, S. Ridley in: Rep. Voy. Alert, p. 361, 363 | 1889 *Melitodes* (part.), P. Wright & Th. Studer in: Rep. Voy. Challenger, *v.* 31 pars 64 p. 171 | 1909 *Acabaria*, Kükenthal in: Abh. Bayer. Ak., suppl. *v.* 1 nr. 5 p. 60 | 1911 *A.*, Nutting in: Siboga-Exp., *v.* 13b5 p. 48 | 1919 *A.*, Kükenthal in: Ergeb. Tiefsee-Exp., *v.* 13 pars 2 p. 174.

Die Kolonien sind meist in einer Ebene und dichotomisch verzweigt. Die Äste gehen von den Nodien ab. Die Äste sind sehr dünn und im Querschnitt meist kreisrund. Die Polypen stehen in zwei seitlichen Längsreihen, fast stets wechselständig, und ihre Kelche sind auffällig hoch. Skleritenformen sind Spindeln und Stachelkeulen, aber keine Blattkeulen. Färbung vorwiegend weißlich, gelblich oder bräunlich, seltener rot.

Indopazifischer Ozean. Litoral und Küsten-Abyssal.

18 sichere Arten mit 2 Unterarten, 4 unsichere Arten.

Spec. typ.: *Acabaria divaricata* J. E. Gray

Bestimmungstabelle der Arten:

1	Kolonie flächenhaft entwickelt — 2	
	Kolonie buschig — 17	
2	Kolonie netzförmig — 3	
	Kolonie nicht netzförmig — 8	
3	Kolonie in einer Ebene — 4	
	Kolonie in zwei oder mehr parallelen Ebenen — 7	
4	Verzweigung U-förmig — 5	
	Verzweigung spitz dichotomisch — 6	
5	Verzweigung dicht, Maschen eng	1. **A. philippinensis**
	Verzweigung locker, Maschen weit	2. **A. planoregularis**
6	Äste im Querschnitt kreisrund	3. **A. ramulosa**
	Äste abgeplattet	4. **A. squarrosa**
7	Äste schlank, Verzweigung sehr dicht	5. **A. habereri**
	Äste dicker, Verzweigung spärlicher	6. **A. undulata**
8	Die Äste gehen spitzwinklig ab — 9	
	Die Äste gehen nahezu rechtwinklig ab — 15	
9	Kolonie in einer Ebene — 10	
	Kolonie in zwei parallelen Ebenen	13. **A. hicksoni**
10	Äste im Querschnitt kreisrund — 11	
	Äste abgeplattet	12. **A. serrata**
11	Polypen bis 2 mm hoch — 12	
	Polypen bis 1 mm hoch — 13	
12	Polypen dicht stehend, in Entfernungen von 1,5 mm .	7. **A. formosa**
	Polypen weit stehend, in Entfernungen von 3 mm . .	8. **A. valdiviae**
13	Endzweige dichotomisch, spitzwinklig abgehend . . .	9. **A. biserialis**
	Endzweige lateral, mehr rechtwinklig abgehend — 14	
14	Rinde feinkörnig	10. **A. tenuis**
	Rinde längsgestreift	11. **A. modesta**
15	Internodien kurz, bis 7 mm lang — 16	
	Internodien länger, bis 16 mm lang	16. **A. gracillima**
16	Rindenskleriten dichte, bis 0,08 mm messende Spindeln .	14. **A. frondosa**
	Rindenskleriten plumpe, bis 0,18 mm messende Keulen .	15. **A. amboinensis**
17	Polypen 1 mm lang	17. **A. erythraea**
	Polypen bis 2 mm lang	18. **A. corymbosa**

1. **A. philippinensis** (P. Wright & Th. Stud.) 1889 *Melitodes p.*, P. Wright & Th. Studer in: Rep. Voy. Challenger, *v.* 31 pars 64 p. 176 t. 40 f. 8 | 1909 *M. p.*, J. A. Thomson & J. Simpson, Alcyon. Investigator, *v.* 2 p. 172 t. 5 f. 2, 4; t. 9 f. 12 | 1911 *M. aff. p.*, Kükenthal in: Abh. Senckenb. Ges., *v.* 33 p. 336 | 1911 *Acabaria p.*, Nutting in: Siboga-Exp., *v.* 13^{b5} p. 44 | 1919 *A. p.*, Kükenthal in: Ergeb. Tiefsee-Exp., *v.* 13 pars 2 p. 176.

Kolonie fächerförmig und netzförmig, etwas höher als breit; Anastomosen zwischen Nodien wie auch Internodien sind häufig. Die Internodien sind 4—8 mm lang; die Nodien haben einen Durchmesser von 1,5 mm. Die Polypen sind vorwiegend an den Seiten der dünnen Äste angeordnet und in deutliche Kelche von 0,5—1 mm Durchmesser zurückziehbar. Die Rinde ist mäßig dick und rauh. Skleritenformen sind keulenförmige Spindeln von 0,18 mm Länge, gebogene warzige Spindeln von 0,2 mm Länge, Stachelkeulen bis 0,14 mm lang, einseitig bedornte Spindeln von 0,06 mm Länge, vierstrahlige Formen von 0,12 mm. In den Polypen liegen gebogene, bedornte Spindeln von 0,2 mm Länge, unregelmäßig verzweigte Spindeln und 0,06 mm lange Doppelkreuze. Farbe verschieden, gelb mit roten Polypen, auch weiß mit hellroten Polypen.

Philippinen, Andamanen, Malayischer Archipel. Litoral.

2. **A. planoregularis** Kükth. 1909 *A. p.*, Kükenthal in: Zool. Anz., *v.* 35 p. 51 | 1911 *A. p.*, Kükenthal in: Abh. Senckenb. Ges., *v.* 33 p. 339 t. 23 f. 21 | 1919 *A. p.*, Kükenthal in: Ergeb. Tiefsee-Exp., *v.* 13 pars 2 p. 177.

Die Kolonie ist hoch in einer Ebene entwickelt und ihre sehr dünnen Äste bilden durch Anastomosen ein Netzwerk langer, schmaler Maschen. Die Polypen stehen lateral in dichter Anordnung und ihr retraktiler Teil enthält in 8 dreieckige Felder angeordnete, kräftig bedornte, 0,19 mm lange Spindeln zu je 3 Paar; darunter liegen zwei Reihen horizontaler Spindeln. Die Kelche enthalten konvergierende oder longitudinale, bis 0,14 mm lange, dicke Spindeln und Stachelkeulen mit dicht gestellten, spitzen und hohen Dornen. In der Rinde liegen zahlreiche Spindeln und Keulen, darunter kleinere von 0,09 mm Länge mit regelmäßig gestellten Dornenkränzen (Fig. 53), sowie einseitig mit sehr hohen Dornen dicht besetzte Formen von bis 0,25 mm Länge. Die Skleriten der Nodien sind sehr schlanke, glatte Stäbe von etwa 0,1 mm Länge, in der Mitte mit ringförmiger Anschwellung, gelblichweiß.

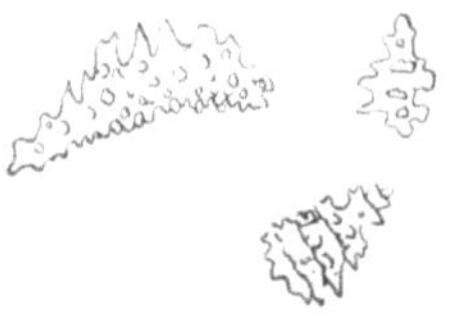

Fig. 53. Acabaria planoregularis. Rindenskleriten (²⁸/₁).

Aru-Inseln. Flaches Litoral.

3. **A. ramulosa** Kükth. 1909 *A. r.*, Kükenthal in: Zool. Anz., *v.* 35 p. 51 | 1911 *A. r.*, Kükenthal in: Abh. Senckenb. Ges., *v.* 33 p. 340 t. 23 f. 23 (err. non 22) | 1919 *A. r.*, Kükenthal in: Ergeb. Tiefsee-Exp., *v.* 13 pars 2 p. 178.

Die Kolonie ist in einer Ebene entwickelt und die dünnen Äste verzweigen sich dichotomisch in sehr spitzem Winkel. Dagegen sind die zahlreichen kurzen Endzweige nahezu rechtwinklig gestellt und entspringen von Nodien wie Internodien; letztere sind 7 mm lang. Anastomosen sind zahlreich. Die Polypen stehen wechselständig in 2 lateralen Reihen und haben sehr schlanke Kelche. Im retraktilen Polypenteil finden sich 8 Felder von 1—2 Paar spitz konvergierenden, 0,24 mm langen Spindeln, die nach innen gebogen und gleichmäßig kräftig bedornt sind. In den Tentakeln liegen horizontale, nach unten eingebogene, breite, flache Platten von 0,15 mm Länge, die auf der konvexen Seite hohe Dornen tragen. Im Polypenkelch liegen dicke, mit kräftigen, breiten Dornen besetzte Spindeln und Keulen von etwa 0,25 mm Länge. In der Rinde liegen kürzere und schlankere Spindeln sowie einseitig mit hohen Dornen besetzte Spicula, und in den Nodien 0,07 mm lange, meist etwas gebogene Stäbchen. Farbe unten hellrot, oben weißgelb.

Aru-Inseln. Flaches Litoral.

4. **A. squarrosa** Kükth. 1909 *A. s.*, Kükenthal in: Zool. Anz., *v.* 35 p. 52 | 1911 *A. s.*, Kükenthal in: Abh. Senckenb. Ges., *v.* 33 p. 341 t. 23 f. 22 (err. non 23) | 1919 *A. s.*, Kükenthal in: Ergeb. Tiefsee-Exp., *v.* 13 pars 2 p. 178.

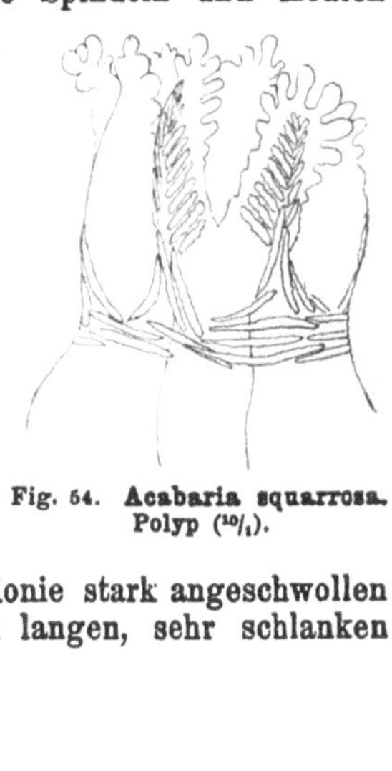

Fig. 54. Acabaria squarrosa. Polyp (¹⁰/₁).

Die sehr starre Kolonie ist in einer Ebene entwickelt, mit dichter Verzweigung in sehr spitzem Winkel, aber nicht sehr zahlreichen Anastomosen. Stamm und Äste, die sonst schlank sind, sind abgeplattet. Die Nodien sind im unteren Teile der Kolonie stark angeschwollen und stehen sehr dicht beieinander. Die bis 1 mm langen, sehr schlanken

Polypen stehen dicht in zwei lateralen Reihen. Der retraktile Teil enthält 8 Felder von 2 bis 3 Paar konvergierender, schlanker, schwach bedornter, 0,2 mm langer Spindeln und darüber nur 3 Reihen transversaler Spindeln (Fig. 54). Die Tentakel sind dicht erfüllt mit zwei nach unten konvergierenden Reihen breiter, gezackter Platten von etwa 0,09 mm Länge. In den hohen Polypenkelchen liegen Spindeln und Keulen von 0,15—0,18 mm Länge, die mit hohen, meist verästelten Warzen besetzt sind. In der Rinde werden diese zu kleineren, mehr ovalen Körpern von 0,08 mm Länge. Darunter liegen schlanke, kleine Spindeln mit flachen Dornen. Weiß.

Aru-Inseln. Flaches Litoral.

5. **A. habereri** Kükth. 1908 *A. h.*, Kükenthal in: Zool. Anz., *v.* 33 p. 197 | 1909 *A. h.*, Kükenthal in: Abh. Bayer. Ak., suppl. *v.* 1 nr. 5 p. 65 t. 5 *f.* 29 | 1919 *A. h.*, Kükenthal in: Ergeb. Tiefsee-Exp., *v.* 13 pars 2 p. 179.

Die hohe Kolonie ist sehr dicht verästelt, netzförmig und die Verzweigungen der Äste liegen vielfach in parallelen Ebenen übereinander. Anastomosen sind besonders im oberen Teile außerordentlich häufig. Die Äste teilen sich dichotomisch in spitzem Winkel und sind auch unten sehr dünn und von kreisrundem Querschnitt. Die Nodien sind besonders im unteren Teile stark angeschwollen und durchschnittlich etwa 12 mm voneinander entfernt. Die Polypen stehen lateral, unregelmäßig, oft sehr dicht und nach einer Seite zugekehrt. Die Polypen sind 1 mm hoch und im retraktilen Teile mit 8 dreieckigen Feldern von 0,18 mm langen Spindeln bewehrt, die mit weitstehenden und abgerundeten, oben hohen Warzen besetzt sind und vielfach in Stachelkeulen übergehen, deren stachelige Enden über die Oberfläche der Polypen vorragen. Die Tentakel sind scharf zum Polypenrumpf eingeknickt. Die Kelche sind achtlappig und mit 0,15—0,18 mm langen, bedornten Spindeln erfüllt; in der Rinde werden diese Spindeln kürzer und breiter und die sehr hohen Dornen ordnen sich zu Gürteln an. Die Nodien enthalten glatte Stäbchen von 0,07 mm Länge. Gleichmäßig orangegelb.

Japan.

6. **A. undulata** Kükth. 1908 *A. u.*, Kükenthal in: Zool. Anz., *v.* 33 p. 196 | 1909 *A. u.*, Kükenthal in: Abh. Bayer. Ak., suppl. *v.* 1 nr. 5 p. 63 t. 5 *f.* 28: t. 7 *f.* 40 bis 43 | 1919 *A. u.*, Kükenthal in: Ergeb. Tiefsee-Exp., *v.* 13 pars 2 p. 179.

Die Kolonie ist in zwei parallel und dicht übereinander liegenden Ebenen netzförmig entwickelt. Die Verzweigung erfolgt in sehr spitzem Winkel. Anastomosen sind ziemlich häufig vorhanden. Die Äste sind wellenförmig gebogen und von rundlichem Querschnitt. Die Nodien sind besonders im unteren Teile stark angeschwollen. Die großen, wechselständigen Polypen stehen lateral in der Verzweigungsebene, sind aber einer Fläche zugewandt. Die Polypenkelche sind über 1 mm hoch und laufen in 8 abgerundeten Lappen aus. Der retraktile Polypenteil enthält in 8 dreieckigen Feldern stehende, 0,24 mm lange, gerade oder gebogene Spindeln, die mit weitgestellten niedrigen und stumpfen Dornen besetzt sind. Diese Spicula setzen sich in der Mittellinie der Tentakel fort; seitlich davon liegen sehr kleine, 0,01 mm lange Spindeln. Die Polypenkelche enthalten 0,2 mm lange, dickere und mit größeren Dornen besetzte Spindeln, die auch in dichten Massen in der Rinde vorkommen und in kleinere, 0,1 mm lange Spindeln mit ein paar Dornengürteln übergehen, die in der Stammrinde dominieren. Die Nodien enthalten 0,12 mm lange, ganz glatte, zugespitzte Stäbe. Intensiv blutrot.

Japan. Küsten-Abyssal.

7. **A. formosa** Nutting 1911 *A. f.*, Nutting in: Siboga-Exp., *v.* 13b5 p. 46 t. 7 f. 3, 3a; t. 12 f. 3 | 1919 *A. f.*, Kükenthal in: Ergeb. Tiefsee-Exp., *v.* 13 pars 2 p. 180.

Die Kolonie ist sehr zart und zerbrechlich. Die walzenförmigen Äste gehen dichotomisch und spitzwinklig, aber in ziemlich weitem Winkel ab. Die Polypen stehen in zwei wechselständigen, lateralen Reihen, in Entfernungen von etwa 1,5 mm. Die Polypenkelche sind 1,7 mm hoch, an der Basis 2,1 mm breit. Der retraktile Polypenteil ist stark bewehrt mit 2—3 Reihen ringförmiger Spicula, über denen sich 8 konvergierende Felder erheben. Die Skleriten sind schlanke, oft gebogene, bedornte Spindeln, sowie Stachelkeulen. Außerdem kommen kleine Spindeln mit 2 Warzengürteln vor. Die Rinde ist dünn. Hellchromgelb, Achse glänzend rot.

Malayischer Archipel. Litoral.

8. **A. valdiviae** Kükth. 1908 *A. v.*, Kükenthal in: Zool. Anz., *v.* 33 p. 198 | 1919 *A. v.*, Kükenthal in: Ergeb. Tiefsee-Exp., *v.* 13 pars 2 p. 180 t. 37 f. 37.

Fig. 55.
Acabaria valdiviae (1/1).

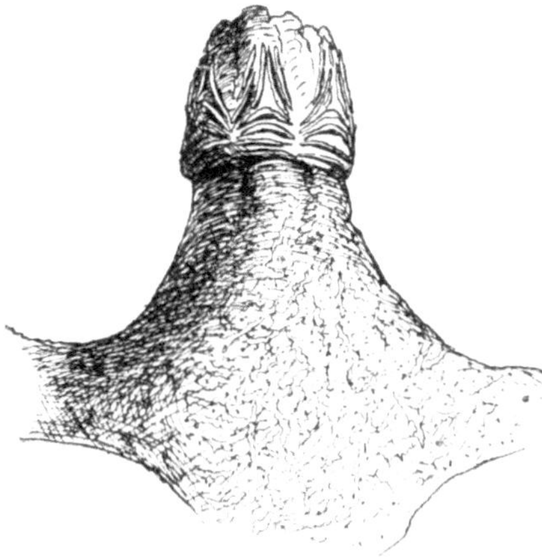

Fig. 56.
Acabaria valdiviae. Polyp.

Die Kolonie ist mit scheibenförmiger Basis festgewachsen und breitet sich annähernd in einer Ebene aus. Die Äste verlaufen spitzwinklig nach oben, sind sehr dünn, von kreisrundem Querschnitt und ohne Anastomosen (Fig. 55). Die Nodien bilden keine Anschwellungen. Die Internodien sind unten 4, oben 13 mm lang. Die großen, über 2 mm langen Polypen stehen wechselständig in 2 lateralen Längsreihen in Entfernungen von 3 mm. Ihre Kelche sind 1,5 mm hoch. Der retraktile Polypenteil ist bewehrt mit einem Ringe transversaler Spindeln, auf dem sich 8 Felder konvergierender erheben, die bis 0,25 mm Länge erreichen (Fig. 56). Der Polypenkelch enthält 0,18 mm lange Spindeln, entweder mit einigen hohen Dornen in der angeschwollenen Mitte, oder einem keulenförmig angeschwollenen Ende, dessen

Dornen sich stark abplatten können. Die Rinde enthält ähnliche, aber kleinere 0,09 mm lange Formen. Die glatten Stäbchen der Nodien sind bis 0,1 mm lang. Weiß oder hellgelb.

Südafrika. Küsten-Abyssal.

9. **A. biserialis** Kükth. 1908 *A. b.*, Kükenthal in: Zool. Anz., *v.* 33 p. 195 | 1908 *Melitodes splendens*, J. A. Thomson & McQueen in: J. Linn. Soc. London, *v.* 31 p. 67 t. 7 f. 1—2 | 1913 *Acabaria biserialis*, Kükenthal in: Denk. Ak. Wien, *v.* 89 p. 24 t. 2 f. 7 | 1919 *A. b.*, Kükenthal in: Ergeb. Tiefsee-Exp., *v.* 13 pars 2 p. 181.

Die Verzweigung ist in einer Ebene erfolgt, streng dichotomisch, Hauptstamm und Äste sind sehr dünn und walzenförmig. Die in spitzem Winkel abgehenden Äste sind nach oben gerichtet; Anastomosen sind selten. Die Nodien sind etwa 3 mm lang, die Internodien etwa 15 mm. Die Polypen stehen streng biserial und wechselständig in Entfernungen von 1,5 mm und sind 1 mm hoch. Der retraktile Polypenteil enthält einen Kranz schlanker, transversaler Spindeln von 0,24 mm Länge und darüber 8 Felder von 2—3 Paar spitz konvergierender, etwas kleinerer und stärkerer Spindeln. Die schlanken Kelche sind mit dicken, in 8 Doppelreihen nach oben konvergierenden Spindeln gepanzert, die etwa 0,2 mm lang und kräftig bedornt sind, und die in Stachelkeulen übergehen. Ähnliche Formen finden sich in der Rinde und außerdem zahlreiche, kleinere, dicke Spindeln, 0,08—0,12 mm lang, die mit einigen Gürteln großer Dornen besetzt sind (Fig. 57). In den Nodien liegen 0,08 mm lange, vollkommen glatte, leicht gebogene Stäbchen. Nodien orangegelb, Rinde hellgelb, hellbraun oder dunkelbraun.

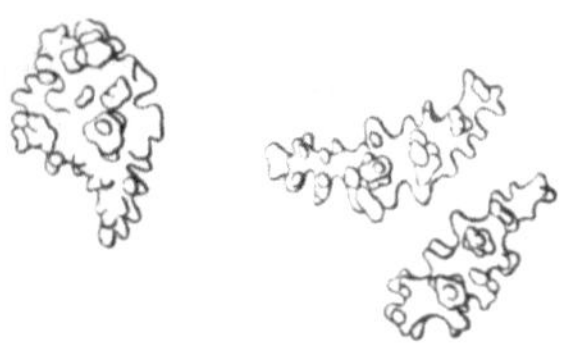

Fig. 57. **Acabaria biserialis.** Rindenskleriten.

Rotes Meer. Litoral.

10. **A. tenuis** Kükth. 1908 *A. t.*, Kükenthal in: Zool. Anz., *v.* 33 p. 195 | 1909 *A. t.*, Kükenthal in: Abh. Bayer. Ak., suppl. *v.* 1 nr. 5 p. 61 t. 5 f. 27 | 1911 *A. t.*, Nutting in: Siboga-Exp., *v.* 13b5 p. 45 | 1919 *A. t.*, Kükenthal in: Ergeb. Tiefsee-Exp., *v.* 13 pars 2 p. 183.

Verästelung der zarten, in einer Ebene ausgebreiteten Kolonie spitzwinklig mit seltenen Anastomosen. Nur die kurzen Endzweige können in weiterem Winkel abgehen. Die Äste sind sehr dünn und im Querschnitt kreisrund. Die Verzweigung der Endzweige ist lateral, nicht dichotomisch; Anastomosen kommen selten vor. Die über 1 mm hohen Polypen fehlen dem Hauptstamme fast völlig und stehen wechselständig an den Ästen zu beiden Seiten. Im retraktilen Polypenteil stehen die farblosen Spicula in 8 Feldern und sind 0,25 mm lange Spindeln, die mit kräftigen, aber abgerundeten und ziemlich weitstehenden Dornen besetzt sind. In den großen Tentakeln liegen die Spicula in zwei basalwärts konvergierenden Reihen und stellen stark gezackte, 0,13 mm lange Platten dar. Die Kelchskleriten sind 0,15 mm lange, schlanke Spindeln mit sehr hohen, oft nur einseitig stehenden Dornen, sowie Stachelkeulen mit verbreiterten Stacheln und kleinen, mehr ovalen Körpern von 0,08 mm Länge. In der Rinde liegen dickere Spindeln, die basalwärts mit 2—3 Gürteln hoher Dornen versehen sind und 0,06 bis 0,18 mm messen, sowie unregelmäßig gestaltete, kleinere Skleriten. Mennigrot bis rosenrot, Polypen weiß, Tentakelspicula gelb.

Japan, Malayischer Archipel. Litoral und Küsten-Abyssal.

11. **A. modesta** Kükth. 1908 *A. m.*, Kükenthal in: Zool. Anz., *v.* 33 p. 197 | 1909 *A. m.*, Kükenthal in: Abh. Bayer. Ak., suppl. *v.* 1 nr. 5 p. 66 t. 5 f. 30 | 1919 *A. m.*, Kükenthal in: Ergeb. Tiefsee-Exp., *v.* 13 pars 2 p. 183.

Die in einer Ebene entwickelte Kolonie ist spärlich in spitzem Winkel verästelt; Anastomosen sind selten. Stamm und Äste sind von rundem Querschnitt. Die Internodien sind etwa 15 mm lang, die Nodien sitzen etwas unterhalb der dichotomischen Teilung. Die wechselständigen, lateral angeordneten Polypen stehen in 3 mm Entfernung von einander, und ihr retraktiler Teil ist mit 0,2 mm langen, schlanken, weit und flach bedornten Spindeln bewehrt, die basal in transversalem Ringe stehen. Die Tentakel enthalten 0,12 mm lange, breite gezackte Platten. In den Polypenkelchen liegen in 8 nach oben konvergierenden Doppelreihen dicke, bis 0,3 mm lange Spindeln mit hohen, aber abgerundeten Dornen. Die dünne, fein längsgestreifte Rinde enthält oben 0,12—0,18 mm lange, breite, hoch bedornte Spindeln, mehr basalwärts kleinere und unregelmäßigere Formen. In den Nodien liegen glatte, abgerundete, 0,12 mm lange Stäbchen. Elfenbeinweiß, Nodien bleigrau.

Japan. Tieferes Litoral.

Diese Art zerfällt in 2 Unterarten:

11a. **A. modesta typica** Kükth. 1909 *A. m. t.*, Kükenthal in: Abh. Bayer. Ak., suppl. *v.* 1 nr. 5 p. 66 t. 5 f. 30.

Mit den Merkmalen der Art.

Japan. Tieferes Litoral.

11b. **A. modesta abyssicola** Kükth. 1909 *A. m.* var. *a.*, Kükenthal in: Abh. Bayer. Ak., suppl. *v.* 1 nr. 5 p. 68 | 1919 *A. m.* var. *a.*, Kükenthal in: Ergeb. Tiefsee-Exp., *v.* 13 pars 2 p. 184.

Im Aufbau dem Typus gleichend. Die Polypen stehen dichter, ihre Kelche sind flacher. Die Rindenspicula sind mit sehr langen, mitunter einseitig stehenden Dornen besetzt. Weißgrau.

Japan. Küsten-Abyssal.

12. **A. serrata** S. Ridl. 1884 *A. s.*, S. Ridley in: Rep. Voy. Alert, p. 362 t. 37 f. EE'; t. 38 f. c-c'' | 1919 *A. s.*, Kükenthal in: Ergeb. Tiefsee-Exp., *v.* 13 pars 2 p. 184.

Die Kolonie ist ausgesprochen in einer Ebene entwickelt. Die Verästelung erfolgt dichotomisch in einem Winkel von 30—40°; Anastomosen fehlen oder sind sehr selten. Die schlanken, leicht gebogenen Internodien sind 8—10 mm lang und abgeplattet. Die Nodien sind von kugeliger Form und doppelt so dick wie die benachbarten Internodien. Die Polypen stehen in zwei lateralen Reihen in dichter Anordnung, und ihre Kelche sind 0,5 mm hoch und von konischer Form. Die Polypenspindeln sind bis 0,21 mm lang und in der Mitte mit einigen abgerundeten Warzen besetzt. Die sehr dünne und glatte Rinde enthält spindel- bis keulenförmige 0,4 mm lange Skleriten mit großen Warzen, die besonders an einem Ende angehäuft sind, sowie kleinere, kürzere Formen von bis 0,12 mm Länge mit 2 Warzengürteln. Farbe bei jungen Exemplaren weiß bis hellscharlachrot, bei alten tiefkarminrot.

Port Darwin (Australien). Flaches Litoral.

13. **A. hicksoni** Nutting 1911 *A. h.*, Nutting in: Siboga-Exp., *v.* 13b5 p. 47 t. 8 f. 3, 3a; t. 12 f. 4 | 1919 *A. h.*, Kükenthal in: Ergeb. Tiefsee-Exp., *v.* 13 pars 2 p. 184.

Die Kolonie ist annähernd fächerförmig in 2 parallelen Ebenen; die Nodien sind äußerlich nicht scharf von den Internodien unterschieden und von unten nach oben 1,2—2,5 mm lang; die proximalen Internodien sind 4 mm, die distalen 13 mm lang. Die Polypen stehen annähernd wechselständig in 2 lateralen Reihen. Die Polypenkelche bilden niedrige Kegel von 1 mm Höhe, 1,2 mm Durchmesser. Der retraktile Polypenteil enthält einen deutlichen Ring von Spicula, darüber 8 Doppelreihen konvergierender Spindeln. Der Polypenkelch hat basal einen horizontalen Spicularing aufzuweisen, darüber konvergierende Doppelreihen. In den Tentakeln liegen seitlich schräge Reihen von Spindeln, die in die Pinnulä hineinragen. Die Skleriten gleichen denen von *Acabaria tenuis* Kükth. (nr. 10). Dunkelrot, Polypen rot und gelb.

Timor. Flaches Litoral.

14. **A. frondosa** (Brundin) 1896 *Psilacabaria f.*, Brundin in: Bih. Svenska Ak., *v.* 22 nr. 3 p. 14 t. 1 f. 5; t. 2 f. 5 | 1909 *Acabaria f.*, Kükenthal in: Abh. Bayer. Ak., suppl. *v.* 1 nr. 5 p. 61 | 1919 *A. f.*, Kükenthal in: Ergeb. Tiefsee-Exp., *v.* 13 pars 2 p. 185.

Die Verzweigung ist fächerförmig in einer Ebene erfolgt und die Äste gehen in nahezu rechtem Winkel ab; Anastomosen fehlen. Die Polypen stehen fast durchweg in 2 deutlich ausgeprägten seitlichen Längsreihen. Die Internodien der Hauptstämme sind 2—3 mm lang, die der Zweige 5—7 mm. Die Nodien sind unten 3—4 mm lang, oben 1—1,5 mm, an Hauptstämmen und Ästen sind sie deutlich angeschwollen. Die Polypenspicula sind bis 0,24 mm lange, warzige Spindeln, in den Tentakeln liegen bis 0,18 mm lange Spicula. Die Rinde enthält kurze, stumpfe Spindeln von 0,07—0,08 mm Länge, die mit warzigen Höckern dicht besetzt sind, und außerdem spärliche, bis 0,15 mm lange Formen. Weißlich.

Japan.

15. **A. amboinensis** Hentschel 1903 *A. a.*, Hentschel in: Denk. Ges. Jena, *v.* 8 VI p. 645 t. 52 f. 1—10 | 1919 *Mopsella a.*, Kükenthal in: Ergeb. Tiefsee-Exp., *v.* 13 pars 2 p. 166 | 1919 *Acabaria a.*, Kükenthal ibid., p. 902.

Die Kolonie ist meist in einer Ebene verzweigt, die Äste gehen in weitem Winkel ab; Anastomosen sind selten. Die Nodien sind sehr groß und weich, die Internodien 4—7 mm lang. Die Polypen sind anscheinend in 2 Reihen angeordnet und stehen in relativ weiten Entfernungen von etwa 2 mm voneinander. Die Polypenspicula sind gebogene Spindeln und im Kelche 0,16 mm lange Stachelkeulen, letztere in 8 Reihen angeordnet. Die Tentakelspicula sind 0,17 mm groß. Die Rinde ist dünn, rauh und längsgefurcht. Sie enthält außen plumpe Keulen von 0,08—0,13 mm Länge, darunter Skleriten von 0,04—0,09 mm Länge, die in die glatten, in der Mitte angeschwollenen, stabförmigen Spicula der Nodien übergehen. Farbe sehr variabel, weiß, gelb, korallenrot. Polypen gelb bis rosenrot. Achse rosa, Nodien weiß bis schwach rosa.

Amboina. Litoral.

16. **A. gracillima** (S. Ridl.) 1884 *Psilacabaria g.*, S. Ridley in: Rep. Voy. Alert, p. 364 t. 37 f. D-D''; t. 38 f. f-f' | 1909 *Acabaria g.*, Kükenthal in: Abh. Bayer. Ak., suppl. *v.* 1 nr. 5 p. 61 | 1911 *Psilacabaria g.*, J. A. Thomson & Mackinnon in: Mem. Austral. Mus., *v.* 4 p. 671 | 1912 *P. g.*, Shann in: P. zool. Soc. London, p. 525 | 1919 *Acabaria g.*, Kükenthal in: Ergeb. Tiefsee-Exp., *v.* 13 pars 2 p. 185.

Die sehr zarte und zerbrechliche Kolonie ist dichotomisch und annähernd in einer Ebene verästelt; Anastomosen scheinen zu fehlen. Die Äste gehen ungefähr in rechtem Winkel ab. Die dünnen Internodien sind 12—16 mm lang, von kreisförmigem Querschnitt und leicht gebogen; die Nodien treten nicht hervor. Die Polypen stehen in spiraligen (?) Reihen, sind ziemlich weit voneinander entfernt und 1 mm hoch. Die Kelchskleriten sind Spindeln von bis zu 0,3 mm Länge mit Warzengürteln, keulenartige Formen mit unregelmäßig angeordneten Warzen, die am oberen Ende größer werden, sowie kleine, 0,21 mm messende Spindeln von 0,21 mm Länge. Die rauhe Rinde enthält große, spindel- bis keulenförmige, 0,31 mm lange Skleriten, deren Warzen zu Wülsten zusammentreten. Weiß oder gelblich braun, Kelchspitzen blaßgelb, Achse der Internodien weiß, nicht gestreift.

Australien, Singapore. Flaches Litoral.

17. **A. erythraea** (Ehrbg.) 1834 *Mopsea e.*, Ehrenberg in: Abh. Ak. Berlin, p. 355 | 1836 *Isis e.*, Lamarck, Hist. An. s. Vert., ed. 2 *v.* 2 p. 477 | 1857 *Mopsea e.*, H. Milne-Edwards, Hist. Corall., *v.* 1 p. 198 | 1865 *M. e.*, Kölliker, Icon. histiol., p. 142 t. 19 f. 43, 44 | 1870 *Mopsella e.*, J. E. Gray, Cat. Lithoph. Brit. Mus., p. 10 | 1877 *Mopsea e.*, Klunzinger, Korall. Rot. Meer., *v.* 1 p. 57 t. 4 (err. non t. 6) f. 4 | 1906 *Wrightella e.*, J. A. Thomson & W. D. Henderson in: P. zool. Soc. London, pars 1 p. 430 t. 28 f. 10 | 1908 *Melitodes coccinea*, J. A. Thomson & McQueen in: J. Linn. Soc. London, *v.* 31 p. 66 t. 6 f. 1, 2 | 1908 *Acabaria erythraea*, Kükenthal in: Zool. Anz., *v.* 33 p. 195 | 1913 *A. e.*, Kükenthal in: Denk. Ak. Wien, *v.* 89 p. 23 t. 2 f. 6 | 1919 *A. e.*, Kükenthal in: Ergeb. Tiefsee-Exp., *v.* 13 pars 2 p. 186.

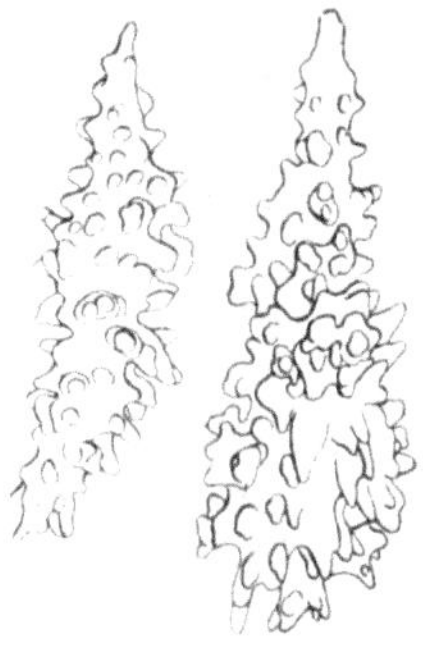

Fig. 58.
Acabaria erythraea.
Rindenskleriten.

Die kleinen zierlichen Kolonien sind sehr starr und zerbrechlich und buschig entwickelt mit Tendenz zur Anordnung in einer Ebene; Anastomosen sind selten. Stamm und Äste sind in der Verzweigungsebene etwas abgeplattet. Die Polypen sitzen vorwiegend in 2 lateralen Reihen in dichter Anordnung, ihre Kelche sind über 1 mm hoch und ihr Rand ist achtlappig eingekerbt. Der retraktile Polypenteil enthält 8 Felder von je 2 Paar schlanken aber kräftig bedornten, 0,24 mm langen Spindeln. In den Tentakeln liegen kleinere, 0,12 mm lange, breite, stark bedornte und gekrümmte Platten (Fig. 58). Polypenkelche und Rinde sind erfüllt mit dicken aber spitz zulaufenden, 0,24 mm langen Spindeln, die meist etwas gekrümmt und sehr kräftig bedornt sind. Diese Spindeln gehen in Keulen über, deren Dornen sich etwas abplatten können. Die äußerlich nicht vorspringenden, kurzen Nodien enthalten 0,07 mm lange, glatte Stäbchen, gerade oder leicht gebogen und mitunter mit einem schwachen mittleren Wulst versehen. Zinnoberrot, dunkelrot, orangerot auch gelb.

Rotes Meer. Ostafrika. Litoral.

18. **A. corymbosa** Kükth. 1908 *A. c.*, Kükenthal in: Zool. Anz., *v.* 33 p. 197 | 1909 *A. c.*, Kükenthal in: Abh. Bayer. Ak., suppl. *v.* 1 nr. 5 p. 70 t. 6 f. 31 | 1919 *A. c.*, Kükenthal in: Ergeb. Tiefsee-Exp., *v.* 13 pars 2 p. 187.

Die kleinen, sehr dichten und buschigen Kolonien können zu mehreren von gemeinsamer membranöser Basis entspringen. Die Verästelung erfolgt spitzwinklig dichotomisch; die Äste sind meist gekrümmt, durcheinander gewirrt und wenig verzweigt; Anastomosen sind besonders im unteren Teile der Kolonie vorhanden. Die Nodien sind äußerlich nicht sichtbar. Die Zweigenden sind abgeplattet. Die Polypen sind sehr verschieden groß, bis 2 mm lang, 1,5 mm breit, stehen in sehr verschiedenen Entfernungen voneinander und sind meist wechselständig. Der retraktile Polypenteil enthält

8 dreieckige Felder bis 0,24 mm langer, schlanker, gerader oder gekrümmter Spindeln, die mit weitstehenden, aber sehr großen, breiten, oft verzweigten Dornen besetzt sind und die in schlanke Stachelkeulen übergehen. Die Spitze der Felder setzt sich in eine mediane Längsrippe der Tentakel fort, zu deren Seiten schräg nach unten konvergierende, 0,12 mm breite Platten mit einigen sehr langen verzweigten Dornen liegen. Die Spicula der oberen Rinde sind schlanke, gerade oder gekrümmte Spindeln von 0,12 mm Länge, die mit wenigen Wirteln hoher Dornen besetzt sind. In der Stammrinde werden diese Spicula kleiner und dicker. Die Nodien enthalten 0,07 mm lange, glatte, in der Mitte scharf angeschwollene Stäbchen. Blutrot, Tentakel gelblich.

Japan.

A. divaricata Gray 1859 *A. d.*, J. E. Gray in: P. zool. Soc. London, *v.* 27 p. 485 | 1868 *A. d.*, J. E. Gray in: Ann. nat. Hist., ser. 4 *v.* 2 p. 445 tf. 3 | 1870 *A. d.*, J. E. Gray. Cat. Lithoph. Brit. Mus., p. 8 | 1919 *A. d.*, Kükenthal in: Ergeb. Tiefsee-Exp., *v.* 13 pars 2 p. 187.

Die Kolonie ist fächerförmig, divergierend, sehr zart. Die Seitenzweige gehen fast rechtwinklig von Stamm und Ästen ab. Die Rinde ist dünn und granuliert. Die Polypen stehen wechselständig in zwei seitlichen Längsreihen und ihre Kelche sind subzylindrisch. Die Achse ist verkalkt, solid und längsgefurcht, die Nodien (bei Gray error: Internodien!) sind angeschwollen, schwammig. Rinde gelb oder rotbraun, Achse rosenrot.

Australien.

A. variabilis (J. A. Thoms. & W. D. Hend.) 1906 *Wrightella v.*, J. A. Thomson & W. D. Henderson in: P. zool. Soc. London, pars 1 p. 431 t. 28 f. 3—9 | 1919 *Acabaria v.*, Kükenthal in: Ergeb. Tiefsee-Exp., *v.* 13 pars 2 p. 188.

Meist in einer Ebene verzweigt, die Äste sind abgeplattet. Die Polypen stehen vorwiegend in zwei seitlichen Reihen und sind wechselständig. Die Skleriten sind warzige Spindeln, teils gerade, teils gebogen, sowie warzige Keulen, aber keine Blattkeulen. Farbe sehr verschieden, gelb oder rot in verschiedenen Kombinationen.

Ostafrika. Flaches Litoral.

Steht *A. erythraea* (nr. 17) sehr nahe und ist vielleicht mit ihr identisch.

A. japonica (Verrill) 1865 *Mopsella j.*, A. E. Verrill in: P. Essex Inst., *v.* 4 Commun. p. 190, ibid. 1870 *v.* 6 p. 80 | 1870 *Melitella j.*, J. E. Gray, Cat. Lithoph. Brit. Mus., p. 7 | 1884 *Acabaria j.*, S. Ridley in: Rep. Voy. Alert, p. 361 | 1919 *A. j.*, Kükenthal in: Ergeb. Tiefsee-Exp., *v.* 13 pars 2 p. 188.

Verzweigung annähernd in einer Ebene, dichotomisch, Anastomosen fehlen. Die sehr dünnen, am Ende etwas angeschwollenen Äste gehen im Winkel von 45° voneinander ab; die abgerundeten, papillenartigen Polypenkelche sind ziemlich groß. Die Rinde enthält keine Blattkeulen. Farbe hellscharlachrot mit zitronengelben Polypenkelchen.

Japan, Australien. Flaches Litoral.

A. australis (Gray) 1868 *Anicella a.*, J. E. Gray in: Ann. nat. Hist., ser. 4 *v.* 2 p. 445 f. 4 | 1870 *Acabaria a.*, J. E. Gray, Cat. Lithoph. Brit. Mus., p. 9.

Verzweigung in einer Ebene, Äste dünn, Nodien wenig vortretend. Rot.

Australien.

5. Gen. **Parisis** A. E. Verrill

1864 *P.*, A. E. Verrill in: Bull. Mus. Harvard, *v.* 1 p. 37 | 1870 *P.* + *Trinella*, J. E. Gray, Cat. Lithoph. Brit. Mus., p. 12, 13 | 1882 *P.*, S. Ridley in: Ann. nat. Hist., ser. 5 *v.* 10 p. 130 | 1889 *P.*, P. Wright & Th. Studer in: Rep. Voy. Challenger, *v.* 31 pars 64 p. 181 | 1908 *P.*, Kükenthal in: Zool. Anz., *v.* 33 p. 190 | 1911 *P.*, Nutting in: Siboga-Exp., *v.* 13 b5 p. 53 | 1919 *P.*, Kükenthal in: Ergeb. Tiefsee-Exp., *v.* 13 pars 2 p. 188.

Die Kolonien sind in einer Ebene verzweigt, Anastomosen fehlen fast stets. Internodien und Nodien haben annähernd gleichen Durchmesser. Die Äste entspringen stets von den Internodien, die Endzweige gehen meist in einem annähernd rechten Winkel ab. Die Polypen stehen an Stamm und Ästen meist in 2 seitlichen Reihen. Die dünne Rinde ist mit breit spindelförmigen bis plattenartigen, auch vielstrahligen, großen Skleriten gepflastert. Schmutzig braun bis weiß, auch hellblau.

Indopazifischer Ozean. Litoral und Küsten-Abyssal.

4 Arten.

Spec. typ.: *Parisis fruticosa* Verrill

Bestimmungstabelle der Arten:

1	Anastomosen fehlen — 2	
	Anastomosen vorhanden	4. **P. laxa**
2	Rindenskleriten bis 0,6 mm große Platten	1. **P. fruticosa**
	Rindenskleriten bis 0,32 mm große Platten — 3	
3	Polypen in zwei seitlichen Reihen stehend	2. **P. minor**
	Polypen rings um die Äste stehend	3. **P. australis**

1. **P. fruticosa** Verrill 1864 *P. f.*, A. E. Verrill in: Bull. Mus. Harvard, *v.* 1 p. 37 | 1870 *P. f.* + *Trinella swinhoei*, J. E. Gray, Cat. Lithoph. Brit. Mus., p. 12, 13 | 1882 *P. mauritiensis*, S. Ridley in: Ann. nat. Hist., ser. 5 *v.* 10 p. 131 | 1889 *P. fruticosa*, P. Wright & Th. Studer in: Rep. Voy. Challenger, *v.* 31 pars 64 p. 182 t. 41 f. 4 (err. non 2) | 1906 *P. indica*, J. A. Thomson & W. D. Henderson, Alcyon. Investigator, *v.* 1 p. 23 t. 4 f. 4, 5, 8, 9 | 1909 *P. fruticosa* + *P. i.*, J. A. Thomson & J. Simpson, Alcyon. Investigator, *v.* 2 p. 176 | 1910 *P. f.*, J. A. Thomson & Mackinnon in: Tr. Linn. Soc. London, ser. 2 *v.* 13 p. 200 | 1911 *P. f.*, Nutting in: Siboga-Exp., *v.* 13b5 p. 54 | 1919 *P. f.*, Kükenthal in: Ergeb. Tiefsee-Exp., *v.* 13 pars 2 p. 190.

Die Kolonie ist fächerförmig, fast durchweg in einer Ebene verzweigt. Die Hauptäste entspringen unregelmäßig an den Seiten des Hauptstammes in Wirteln von 50° und teilen sich wiederholt in immer kleinere Äste und Endzweige, die oft in rechtem Winkel abgehen; Anastomosen fehlen. Die Nodien treten nur im Stamm und den Hauptästen etwas hervor. Die längsgefurchten Internodien sind bis 10 mm lang. Die etwa 1,4 mm hohen Polypen stehen seitlich an Stamm und Ästen gegenständig oder wechselständig und sind 2 mm voneinander entfernt. Ihre Bewehrung ist schwach. Die Rinde ist mit großen, plattenartigen, verschieden geformten Skleriten von bis zu 0,6 mm Länge erfüllt, die pflasterartig die Oberfläche bedecken. Kleinere Formen sind oft mehr sternförmig, strahlig oder kreuzförmig. Die Oberfläche der Rindenskleriten ist mit großen, abgerundeten Warzen dicht bedeckt. Gelbweiß oder schmutzig braun, Nodien dunkelbraun, Internodien weiß.

Indopazifischer Ozean. Tiefes Litoral und Küsten-Abyssal.

2. **P. minor** P. Wright & Th. Stud. 1889 *P. m.*, P. Wright & Th. Studer in: Rep. Voy. Challenger, *v.* 31 pars 64 p. 184 t. 41 f. 6 (err. non 4) | 1903 *P. m.*, Hentschel in: Denk. Ges. Jena, *v.* 8 VI p. 646 t. 52 f. 11 | 1911 ? *P. m.*, Nutting in: Siboga-Exp., *v.* 13b5 p. 55 | 1919 *P. m.*, Kükenthal in: Ergeb. Tiefsee-Exp., *v.* 13 pars 2 p. 191.

Die Kolonie ist in einer Ebene verzweigt; Anastomosen fehlen anscheinend. Die Internodien sind 3—7 mm lang und haben eine rauhe Oberfläche und flache Furchen; die Nodien sind kaum wahrnehmbar. Die Polypen stehen in zwei seitlichen Reihen an Stamm und Ästen, meist gegenständig aber auch wechselständig, in Entfernungen von 1,5 mm. Ihre Kelche sind 1 mm hoch und ebenso breit. Die dünne Rinde ist mit einer Schicht vielstrahliger großer Skleriten gepflastert, die bis 0,32 mm Länge erreichen, während in den Polypenkelchen unregelmäßige, spindelförmige Spicula von 0,2 mm Länge vorkommen. Bräunlichweiß.

Japan, Amboina, Malayischer Archipel. Küsten-Abyssal.

3. **P. australis** P. Wright & Th. Stud. 1889 *P. a.*, P. Wright & Th. Studer in: Rep. Voy. Challenger, *v.* 31 pars 64 p. 183 t. 41 f. 5 (err. non f. 8) | 1911 *P. a.*, J. A. Thomson & Mackinnon in: Mem. Austral. Mus., *v.* 4 p. 672 t. 70 | 1919 *P. a.*, Kükenthal in: Ergeb. Tiefsee-Exp., *v.* 13 pars 2 p. 191.

Die Kolonie ist in einer Ebene verzweigt. Die Äste gehen vom basalen Teile des Hauptstammes wechselständig nach beiden Seiten ab, im distalen Teile der Kolonie tritt dichotomische Verzweigung ein, auch gehen kurze Seitenäste ab im Winkel von 45—60°; Anastomosen fehlen völlig. Die längsgefurchten Internodien sind 2—4 mm lang; die 0,5—1 mm langen Nodien treten nicht hervor. Die Polypen stehen nur bei jüngeren Kolonien an den Endzweigen vorwiegend und zu beiden Seiten, an den stärkeren Ästen rings herum und sind 0,75 mm hoch bei einem Durchmesser von 1 mm. Die Rinde ist dünn und mit einem Pflaster plattenartiger bis fast kugeliger, bewarzter Spindeln mit tief eingeschnittenen Rändern erfüllt, die bis 0,26 mm lang sind. Schmutzig braun.

Australien. Litoral.

4. **P. laxa** Verrill 1865 *P. l.*, A. E. Verrill in: P. Essex Inst., *v.* 4 Commun. p. 152, 190 | 1870 *P. l.*, J. E. Gray, Cat. Lithoph. Brit. Mus., p. 13 | 1919 *P. l.*, Kükenthal in: Ergeb. Tiefsee-Exp., *v.* 13 pars 2 p. 191.

Kolonie netzförmig mit einigen Anastomosen; Seitenzweige in nahezu rechtem Winkel abgehend, verlängert, gekrümmt, an den Enden abgerundet. Polypen ziemlich groß, unregelmäßig rings um die Zweige angehäuft. Die Rinde ist dünn, ihre Oberfläche rauh. Die Internodien sind länger, die Nodien kürzer als bei *P. fruticosa* (nr. 1). Glänzend hellblau.

Hongkong.

6. Gen. **Clathraria** J. E. Gray

1859 *C.*, J. E. Gray in: P. zool. Soc. London, *v.* 27 p. 486 | 1889 *C.*, P. Wright & Th. Studer in: Rep. Voy. Challenger, *v.* 31 pars 64 Pref. p. 37 | 1908 *C.*, Kükenthal in: Zool. Anz., *v.* 33 p. 200 | 1910 *C.*, Kükenthal in: Fauna S. W. Austral., *v.* 3 fasc. 1 p. 103 | 1919 *C.*, Kükenthal in: Ergeb. Tiefsee-Exp., *v.* 13 pars 2 p. 192.

Die Kolonie ist vorwiegend in einer Ebene entwickelt. Die Äste entspringen fast ausnahmslos von den Nodien. Die Verzweigung ist vorwiegend dichotomisch. Die Äste sind im Querschnitt kreisrund und durchweg von gleicher Dicke; Anastomosen können vorkommen. Die Polypen sitzen rings um die Äste, nur auf einer Fläche einen meist schmalen Längsstreifen freilassend, sind klein und haben keine oder doch kaum vorspringende Kelche, so daß sie völlig in die Rinde zurückgezogen werden können. Bewehrt sind sie mit bedornten Spindeln. In der Rinde liegen außer Spindeln und Stachelkeulen zahlreiche kleine, kurze aber sehr breite Blattkeulen. Rot, nur bei einer Art gelblich.

Indischer Ozean, Australien, Molukken. Litoral.

8 Arten.

Spec. typ.: *Clathraria rubrinodis* Gray

Bestimmungstabelle der Arten:

1	Die Verästelung ist vorwiegend dichotomisch — 2	
	Die Hauptäste entspringen unilateral	8. **C. robusta**
2	Die Kolonie ist netzförmig	1. **C. planiloca**
	Die Kolonie ist nicht netzförmig — 3	
3	Verzweigung weitwinklig — 4	
	Verzweigung spitzwinklig — 5	
4	Zweigenden abgestumpft	2. **C. rubrinodis**
	Zweigenden zugespitzt	3. **C. acuta**
5	Die konvergierenden Polypenspindeln stehen zu 1—2 Paaren — 6	
	Die konvergierenden Polypenspindeln stehen zu 3 Paaren .	7. **C. roemeri**
6	Polypenspindeln schwach bedornt	4. **C. akalyx**
	Polypenspindeln stark bedornt — 7	
7	Blattkeulen der Rinde sehr klein, nur 0,04—0,06 mm messend	5. **C. elongata**
	Blattkeulen der Rinde 0,07—0,09 mm messend	6. **C. atrorubens**

1. **C. planiloca** (S. Ridl.) 1888 *Mopsella p.*, S. Ridley in: J. Linn. Soc. London, *v.*21 p. 244 t. 18 f. 6 | 1919 *Clathraria p.*, Kükenthal in: Ergeb. Tiefsee-Exp., *v.* 13 pars 2 p. 194.

Die kräftige Kolonie ist fächerförmig. Die kurzen Hauptäste verzweigen sich in sehr spitzem Winkel; die Maschen des Netzwerkes sind sehr eng; Anastomosen sind sehr häufig. Nodien und Internodien sind äußerlich wenig geschieden, letztere sind durchschnittlich 9 mm lang. Die sehr kleinen Polypen stehen rings um die Zweige sehr eng, teilweise nur einen schmalen nackten Streifen auf einer Fläche freilassend. Die Polypenkelche ragen nicht über die Rinde vor und enthalten 0,14 mm lange Blattkeulen mit wenigen kurzen Blättern und relativ langen, stark bewarzten Stielen. Im retraktilen Polypenteil liegen walzenförmige oder abgeplattete, spindelförmige oder unregelmäßig geformte Skleriten von 0,14 mm Länge, die in 8 dreieckigen Feldern stehen, sowie lange, schlanke, mit abgerundeten Warzen bedeckte, 0,2 mm lange Spindeln, die einen transversalen Ring bilden. Die dünne, glatte Rinde enthält kurze, breite 0,07 mm lange Blattkeulen, mit mehreren scharf zugespitzten Blättern, sowie spindelförmige mehr keulenförmige oder unregelmäßige bis 0,18 mm lange Skleriten mit weitstehenden Warzen. Hellrot, Polypen hellzitronengelb oder farblos.

Mergui-Archipel. Litoral.

2. **C. rubrinodis** Gray 1859 *C. r.*, J. E. Gray in: P. zool. Soc. London, *v.* 27 p. 486 | 1865 *Mopsea bicolor,* Kölliker, Icon. histiol., p. 142 t. 19 f. 42 | 1870 *Clathraria rubrinodis,* J. E. Gray, Cat. Lithoph. Brit. Mus., p. 11 t. 3 | 1908 *C. r.,* J. A. Thomson & McQueen in: J. Linn. Soc. London, *v.* 31 p. 68 t. 6 f. 3, 4 | 1919 *C. r.*, Kükenthal in: Ergeb. Tiefsee-Exp., *v.* 13 pars 2 p. 193.

Die Verzweigung erfolgt vorwiegend in einer Ebene und die Äste entspringen fast stets von den Nodien. Vielfach ist die Verzweigung dichotomisch in weitem Winkel; Anastomosen sind häufig. Die Äste sind im Querschnitt kreisrund und durchweg von gleicher Dicke, ihr Ende ist abgestumpft. Die Internodien sind 7—32 mm lang und längsgefurcht. Die Furchen sind abwechselnd tiefer, gleich breit und flacher und in bestimmten Intervallen oval verbreitert. Nährkanäle fehlen der Achse. Die Nodien sind 3—4 mm lang und etwas dicker als die Internodien. Die kleinen Polypen sind völlig in die Rinde zurückziehbar und rings um die Zweige spiralig angeordnet. Die Rinde ist erfüllt mit kleinen Skleriten, bedornten Keulen, warzigen Doppelkeulen und seltener Spindeln. Die Keulen sind bis 0,153 mm lang, die Doppelkeulen bis 0,067 mm, die Spindeln bis 0,187 mm. In den Nodien liegen bis 0,102 mm lange Spindeln. Glänzend hellgelb, Nodien dunkelrot.

Rotes Meer. Litoral.

3. **C. acuta** Gray 1870 *C. a.*, J. E. Gray, Cat. Lithoph. Brit. Mus., p. 12 | 1908 *C. a.*, J. A. Thomson & McQueen in: J. Linn. Soc. London, *v.* 31 p. 70 t. 7 f. 3, 4 | 1919 *C. a.*, Kükenthal in: Ergeb. Tiefsee-Exp., *v.* 13 pars 2 p. 193.

Die Verzweigung erfolgt im großen und ganzen in einer Ebene und ist baumförmig. Die schlanken im Querschnitt kreisrunden Äste entspringen teils von den Nodien, teils von den Internodien und sind zugespitzt. Vielfach findet sich dichotomische Teilung; Anastomosen sind nicht häufig. Die Internodien sind 10—17 mm lang. Ihre Achse ist längsgefurcht und die Furchen erweitern sich zu kreisrunden Gruben. Die Nodien sind leicht angeschwollen, die Internodien sind 10—17 mm lang. Die Polypen stehen ziemlich spärlich, sind aber größer als bei *C. rubrinodis*. Die Skleriten der zarten, durchscheinenden Rinde sind dornige und warzige Keulen, Doppelkeulen und vereinzelte Spindeln. Größe und Bedornung ist geringer als bei *C. rubrinodis*. Rot, Nodien dunkelrot, Internodien rosenrot.

Rotes Meer. Flaches Litoral.

4. **C. akalyx** Kükth. 1908 *C. a.*, Kükenthal in: Zool. Anz., *v.* 33 p. 201 | 1910 *C. a.*, Kükenthal in: Fauna S. W. Austral., *v.* 3 fasc. 1 p. 104 t. 1 f. 8 | 1919 *C. a.*, Kükenthal in: Ergeb. Tiefsee-Exp., *v.* 13 pars 2 p. 194 t. 37 f. 38.

Die sehr schmale Kolonie ist im allgemeinen in einer Ebene verzweigt. Die dichotomisch sich teilenden Äste gehen im spitzen Winkel ab und laufen fast parallel; Anastomosen fehlen. Die Äste sind im Querschnitt kreisrund und oben und unten an Dicke fast gleich, etwa 1,6 mm im Durchmesser haltend. Sie entspringen von den Nodien, kleine Endzweige aber auch von den Internodien, die bis 17 mm lang werden können. Die in die Rinde zurückziehbaren Polypen sitzen in sehr dichter Anordnung rings um die Äste, nur auf einer Fläche bleibt ein schmaler, heller gefärbter Streifen frei; sie sind 0,6 mm hoch und ebenso breit. Die Polypenskleriten stehen in 8 Dreiecken und sind zartbedornte Spindeln von 0,14 mm Länge, die mit abgerundeten, niederen Dornen besetzt sind (Fig. 59). In der Rinde liegen stark bedornte Spindeln und Keulen von 0,12 mm Länge, besonders dicht in dem sich kaum erhebenden Polypenkelch, sowie 0,08 mm lange, sehr breite Blattkeulen. Die Nodien enthalten 0,09 mm lange, glatte, etwas gebogene Stäbchen. Ziegelrot, der polypenfreie Streifen orangerot, Polypen weiß.

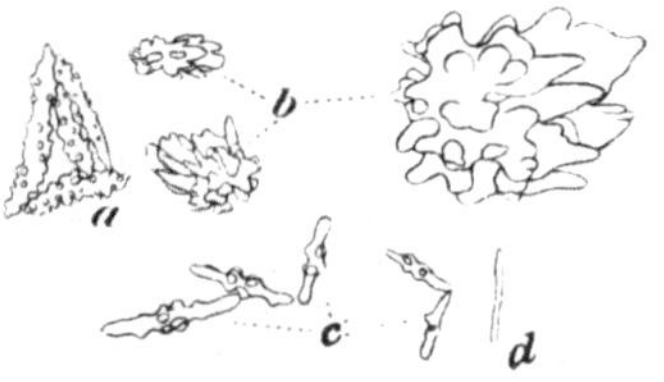

Fig. 59. **Clathraria akalyx.** Skleriten der Polypen (*a*), der äußeren Rinde (*b*), rechts stärker vergrößert, der tieferen Rinde (*c*) u. der Nodien (*d*).

Westaustralien. Flaches Litoral.

5. **C. elongata** (Gray) 1816 *Melitaea ochracea* var. *lutea*, Lamarck, Hist. An. s. Vert., *v.* 2 p. 299 | 1859 *Melitella elongata*, J. E. Gray in: P. zool. Soc. London, *v.* 27 p. 485 | 1864 *Mopsella e.*, A. E. Verrill in: Bull. Mus. Harvard, *v.* 1 p. 38 | 1870 *Melitella e.*, J. E. Gray, Cat. Lithoph. Brit. Mus., p. 6 | 1878 *Mopsella e.*, Th. Studer in: Monber. Ak. Berlin, p. 666 | 1919 *Clathraria e.*, Kükenthal in: Ergeb. Tiefsee-Exp., *v.* 13 pars 2 p. 903.

Verzweigung in einer etwas eingekrümmten Ebene, vorwiegend dichotomisch und sehr spitzwinklig, so daß die schlanken Äste fast parallel laufen,

Anastomosen fehlen. Die Internodien sind etwa 20 mm lang. Die Polypen stehen allseitig und sehr dicht und lassen nur auf einer Fläche einen schmalen medianen Streifen frei. Vorragende Polypenkelche fehlen. Die Polypenbewehrung besteht aus einem Ringe von 2—3 Reihen transversaler Spindeln von 0,25 mm Länge, auf denen je 1 Paar konvergierender Spindeln sich erheben, zwischen denen sich noch eine dritte Spindel einlagern kann. Die Tentakel enthalten flache, stark gezackte, plattenförmige Skleriten. In der Rinde liegen vorwiegend kleinere, 0,15 mm messende, vielfach gekrümmte Spindeln und Stachelkeulen, sowie 0,07—0,08 mm messende Formen mit 2 Gürteln hoher, gezackter Fortsätze. Außerdem kommen mehr vereinzelt sehr kleine, 0,04—0,06 mm messende Blattkeulen mit mehreren zackigen Blättern vor. Hellrot, Achse kräftig rot.

Westaustralien. Im tieferen Litoral.

6. **C. atrorubens** (Gray) 1870 *Melitella a.*, J. E. Gray, Cat. Lithoph. Brit. Mus., p. 6 | 1878 *Mopsella a.*, Th. Studer in: Monber. Ak. Berlin, p. 666 | 1919 *Clathraria a.*, Kükenthal in: Ergeb. Tiefsee-Exp., *v.* 13 pars 2 p. 903.

Verzweigung in einer Ebene, typisch dichotomisch; die Äste gehen in spitzem Winkel ab, auch „u"-förmig und meist parallel verlaufend, Anastomosen kommen vor. Die schlanken Äste sind im Querschnitt kreisrund und von annähernd gleicher Dicke. Die Internodien sind 18—22 mm lang, die Nodien kräftig angeschwollen. Die völlig retraktilen Polypen stehen allseitig, nur einen schmalen Streifen auf einer Fläche freilassend. Ihre Bewehrung besteht aus 3 Reihen gebogener, transversaler Spindeln von 0,2 mm Länge, auf denen sich je 1—2 Paar etwa 0,18 mm lange, konvergierende Spindeln erheben. Alle Polypenspindeln sind kräftig bedornt. In der Rinde liegen 0,06 mm messende Achter, sowie 0,07—0,09 mm lange Blattkeulen mit mehreren breiten, zugespitzten Blättern. Dazu kommen noch Stachelkeulen, mit schräg aufgesetzten Fortsätzen am dicken Ende, sowie 0,2 mm lange Spindeln mit weitstehenden, hohen Dornen und unregelmäßig geformte Skleriten. In den Nodien liegen 0,18 mm lange, glatte Stäbe, meist leicht gebogen und mit einem kräftigen Wulst in der Mitte. Graubraun bis rötlichbraun, Nodien kräftig rot.

Nordwestaustralien, im tiefen Litoral.

7. **C. roemeri** Kükth. 1908 *C. r.*, Kükenthal in: Zool. Anz., *v.* 33 p. 201 | 1919 *C. r.*, Kükenthal in: Ergeb. Tiefsee-Exp., *v.* 13 pars 2 p. 195 t. 37 f. 39.

Die Kolonie ist in einer Ebene entwickelt und sehr schmal, indem die ziemlich spärliche, dichotomische Teilung in sehr spitzem Winkel erfolgt; Anastomosen fehlen (Fig. 60). Die sehr dünnen Äste sind im Querschnitt kreisrund und von gleichmäßigem Durchmesser. Die Internodien sind 12 mm lang. Die kleinen Polypen sitzen in sehr dichter Anordnung rings um die Äste, nur einen schmalen, nackten Streifen übrig lassend und sind vollkommen retraktil. Die Polypenspicula stehen in acht dreieckigen Flächen und sind 0,15 mm lange, stark bewarzte Spindeln. In dem sich nicht erhebenden Kelchteil liegen 0,07 mm lange Blattkeulen mit abgerundeten, breiten Blättern, die sehr unregelmäßige Formen annehmen. In der Rinde werden diese Blattkeulen noch breiter, daneben kommen 0,09 mm

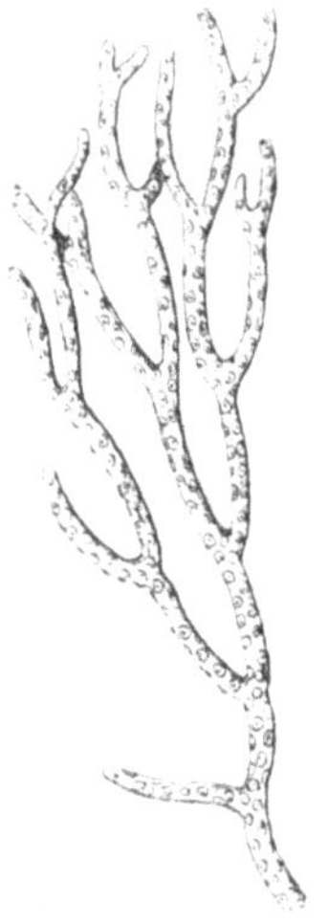

Fig. 60. **Clathraria roemeri** (¹/₁).

lange Spindeln vor. Die Nodien enthalten 0,06 mm lange, glatte, etwas gebogene Stäbchen. Dunkelrot, Polypen und Kelchringe schwefelgelb.

Amboina. Litoral.

8. **C. robusta** Kükth. 1919 *C. r.*, Kükenthal in: Ergeb. Tiefsee-Exp., *v.* 13 pars 2 p. 904.

Verzweigung in einer Ebene von einer Seite eines geradlinig verlaufenden Hauptstammes aus. Die in ziemlich regelmäßigen Abständen stehenden, spitzwinklig abgehenden Hauptäste teilen sich wiederholt spitzwinklig dichotomisch, Anastomosen fehlen. Die Internodien der Hauptäste sind basal 20 mm lang, distad kürzer werdend, der Hauptstamm ist merklich dicker, wie die schlanken im Querschnitt kreisrunden, einen gleichmäßigen Durchmesser aufweisenden Äste. Die Polypen sind in sehr dichter Anordnung auf einer Fläche und beiden Seiten, und lassen auf der anderen Fläche einen breiten, nackten Streifen frei. Ihre Kelche sind ganz flach, ihre Bewehrung besteht aus einem transversalen Ringe dicker, kräftig bedornter Spindeln in 2 Reihen, von denen die untere bis 0,3 mm, die obere 0,2 mm lange Spindeln enthält. Darauf stehen spitz konvergierend je 2 Paar kleinere, etwa 0,22 mm lange Spindeln. In der äußeren Rindenschicht liegen dichtgedrängt ovale bis fast kugelige Skleriten, von etwa 0,1 mm Durchmesser, die dicht mit bestachelten Warzen besetzt sind. Diese Formen gehen in tieferer Schicht in dicke Spindeln und Stachelkeulen über. Blutrot, die polypenfreie Fläche orangerot.

Neupommern.

B. Subordo **Holaxonia**

1878 *Axifera*, G. Koch in: Morphol. Jahrb., *v.* 4 p. 475 | 1887 *Holaxonia*, Th. Studer (& P. Wright) in: Arch. Naturg., *v.* 53ɪ p. 83 | 1916 *H.*, Kükenthal in: Zool. Anz., *v.* 47 p. 179 | 1919 *H.*, Kükenthal in: Ergeb. Tiefsee-Exp., *v.* 13 pars 2 p. 197.

Gorgonarien, deren Coenenchym aus einer äußeren, skleritenerfüllten Rindenschicht und einer inneren, hornigen Achse besteht, in welcher Kalksubstanz in verschiedenem Maße und verschiedener Verteilung eingelagert sein kann, in welcher aber Skleriten nicht oder nur gelegentlich vorkommen.

8 Familien.

Bestimmungstabelle der Familien:

1	Die Achse ist ungegliedert — 2	
	Die Achse ist gegliedert	12. Fam. **Isididae**
2	Der Zentralstrang ist weich und gekammert — 3	
	Der Zentralstrang ist verkalkt und nicht verkammert — 6	
3	Die Achsenrinde ist gefächert — 4	
	Die Achsenrinde ist nicht gefächert	9. Fam. **Gorgoniidae**
4	Polypen ohne Deckel — 5	
	Polypen mit Deckel	6. Fam. **Muriceidae**
5	Polypen stets zurückziehbar	5. Fam. **Plexauridae**
	Polypen nicht zurückziehbar	7. Fam. **Acanthogorgiidae**
6	Die Lamellen der Achsenrinde verlaufen wellenförmig, Skleriten von Schuppenform	8. Fam. **Primnoidae**
	Die Lamellen der Achsenrinde verlaufen in glatten konzentrischen Kreisen — 7	
7	Skleriten Doppelkugeln und Doppelspindeln . .	10. Fam. **Gorgonellidae**
	Skleriten abgeflachte Stäbe und Platten	11. Fam. **Chrysogorgiidae**

5. Fam. **Plexauridae**

1859 *P.*, J. E. Gray in: Ann. nat. Hist., ser. 3 *v.* 4 p. 442 | 1865 *Euniceidae*, Kölliker, Icon. histiol., p. 137 | 1868 *Plexauridae*, A. E. Verrill in: Tr. Connect. Ac., *v.* 1 p. 413 | 1889 *P.*, P. Wright & Th. Studer in: Rep. Voy. Challenger, *v.* 31 pars 64 p. 135 | 1910 *P.*, Nutting in: Siboga-Exp., *v.* 13b[1] p. 1 | 1919 *P.*, Kükenthal in: Ergeb. Tiefsee-Exp., *v.* 13 pars 2 p. 204.

Die Kolonien sind entweder in einer Ebene oder mehr buschig verzweigt, Stamm und Äste sind ungefähr von gleichem Durchmesser. Die Basis kann membranös verbreitert sein und mehrere Stämme tragen, auch können auf ihr Polypen vorkommen. An den Ästen und Stämmen stehen die Polypen stets allseitig, sind stets retraktil und völlig entweder in die Rinde oder in Kelche oder Scheinkelche zurückziehbar. Die Polypenspicula bilden meist eine Krone; ein Operkulum fehlt. Die besonders im oberen Teile der Kolonie dicke Rinde enthält zwei Schichten von Skleriten, von denen die eine aus Gürtelstäben und bedornten Spindeln besteht, während die äußere sehr verschieden geformte Skleriten enthält. Die Achse enthält einen kräftigen Zentralstrang, der durch flache oder gewölbte, quere Platten in Kammern gegliedert ist und eine fächerige Achsenrinde, die mit feinschwammiger Substanz oder mit krystallinischer Kalkmasse erfüllt ist. Weiß, gelb, braun, rot.

Indopazifischer und atlantischer Ozean. Vorwiegend in der Tropenzone. Litoral.

11 Gattungen mit 98 sicheren, 38 unsicheren Arten und 9 Unterarten.

Bestimmungstabelle der Gattungen:

1	In der äußeren Rinde finden sich nur dicke, oft ovale Spindeln — 2	
	In der äußeren Rinde finden sich Spindeln und andere Skleritenformen — 3	
	In der äußeren Rinde finden sich nur senkrecht eingepflanzte Ballonkeulen	11. Gen. **Eunicella**
2	Die Polypen sind groß	1. Gen. **Anthoplexaura**
	Die Polypen sind klein	2. Gen. **Euplexaura**
3	Die anderen Skleritenformen sind keine Keulen — 4	
	Die anderen Skleritenformen sind Keulen — 5	
4	Es sind lange, fast glatte Stäbe	3. Gen. **Rhabdoplexaura**
	Es sind Zwei- und Vierstrahler von Schmetterlingsform	4. Gen. **Plexaurella**
5	Es sind nur Warzenkeulen	5. Gen. **Psammogorgia**
	Es treten auch andere Keulenformen auf — 6	
6	Außer Warzenkeulen treten Stachelkeulen auf, deren Fortsätze sich blattartig verbreitern können — 7	
	Warzen- und Stachelkeulen fehlen, es finden sich dafür Blattkeulen — 9	
7	Polypen ohne vorspringende Kelche — 8	
	Polypen mit vorspringenden Kelchen	8. Gen. **Eunicea**
8	In der Rinde fehlen einseitig bedornte Spindeln .	6. Gen. **Plexaura**
	In der Rinde kommen einseitig bedornte Spindeln vor	7. Gen. **Plexauropsis**
9	Die Blattkeulen wandeln sich nicht in breite Platten um	9. Gen. **Plexauroides**
	Die Blattkeulen wandeln sich zum Teil in breite Platten um	10. Gen. **Paraplexaura**

1. Gen. **Anthoplexaura** Kükenthal

1908 *A.*, Kükenthal in: Zool. Anz., *v.* 32 p. 502 | 1909 *A.*, Kükenthal in: Abh. Bayer. Ak., suppl. *v.* 1 nr. 5 p. 22.

Die Kolonien sind nicht ausgesprochen in einer Ebene verzweigt, sondern mehr buschig. Die sehr großen Polypen sind in hohe Kelche zurückziehbar und völlig skleritenfrei. Die dicke Rinde enthält fast ovale Spindeln mit hohen schmalen, an den Enden abgestutzten Warzen, darunter liegen kleinere, schlankere Formen, deren Warzen in Gürteln angeordnet sind. Die Achse ist hornig und mit Kalkeinlagerungen versehen, an den Endzweigen sehr dünn und schlaff. Dunkelrot, Polypen durchscheinend weiß.

Japan. Litoral.

1 Art.

1. **A. dimorpha** Kükth. 1908 *A. d.*, Kükenthal in: Zool. Anz., *v.* 32 p. 502 | 1909 *A. d.*, Kükenthal in: Abh. Bayer. Ak., suppl. *v.* 1 nr. 5 p. 22 t. 3 f. 13, 14; t. 7 f. 36 bis 39 | 1910 *A. d.*, Kinoshita in: J. Coll. Japan, *v.* 27 nr. 14 p. 2 | 1919 *A. d.*, Kükenthal in: Ergeb. Tiefsee-Exp., *v.* 13 pars 2 p. 214.

Von stark verbreiterter membranöser Basis erhebt sich ein kurzer Hauptstamm, von dem Hauptäste abgehen, die sich meist in verschiedenen Ebenen

Fig. 61. **Anthoplexaura dimorpha.** Stück eines Astes (vergrößert).

Fig. 62. **Anthoplexaura dimorpha.** Kelchskleriten (87/1).

verzweigen, so daß eine mehr buschige Form entsteht. Die Verzweigung ist eine vorwiegend einseitig laterale, die Seitenäste gehen meist in nahezu rechtem Winkel ab, um sich dann nach oben umzubiegen. Die Enden der Endzweige sind etwas angeschwollen; Stamm und Äste sind nicht abgeplattet. Die bis 5 mm langen, 1,5 mm dicken Polypen stehen sehr dicht und finden sich auch auf der membranösen Basis (Fig. 61). Ihre Tentakel sind 2 mm lang und jederseits mit 8—10 konischen Pinnulae besetzt, von denen die obersten die längsten sind. Die Kelche sind bis 1 mm hoch. Skleriten fehlen den Polypen völlig, in den Kelchen sind sie dicht gelagerte dicke, oft nahezu ovale Spindeln, bis 0,24 mm Länge, die mit hohen, schmalen, abgestumpften Warzen besetzt sind (Fig. 62). In der dicken Rinde werden die Skleriten schlanker und in den tieferen Schichten kleiner, bis 0,12 mm lang und sind mit ein paar Gürteln sehr hoher, schlanker Warzen besetzt. Die hornige Achse ist dünn und weich. Dunkelrot, Polypen durchscheinend weiß, Achse dunkelbraun, oben hellbraun.

Japan. Flaches Litoral.

2. Gen. **Euplexaura** A. E. Verrill

1865 *Plexaura* (part.), A. E. Verrill in: P. Essex Inst., *v.* 4 Commun. p. 186 | 1870 *Euplexaura*, A. E. Verrill in: ibid., *v.* 6 Commun. p. 75 | 1887 *E.*, Th. Studer (& P. Wright) in: Arch. Naturg., *v.* 531 p. 60 | 1889 *E.*, P. Wright & Th. Studer in:

Rep. Voy. Challenger, *v.* 31 pars 64 p. 143 | 1896 *E.*, Brundin in: Bih. Svenska Ak., *v.* 22 nr. 3 p. 20 | 1909 *E.*, Kükenthal in: Abh. Bayer. Ak., suppl. *v.* 1 nr. 5 p. 5 | 1910 *E.*, Nutting in: Siboga-Exp., *v.* 13b1 p. 11 | 1919 *E.*, Kükenthal in: Ergeb. Tiefsee-Exp., *v.* 13 pars 2 p. 215.

Die Kolonien sind fast stets in einer Ebene verzweigt und entspringen mitunter mit mehreren Stämmen von einer membranösen Basis, die nicht selten auch Polypen trägt. Die kleinen Polypen sind völlig retraktil, meist ohne gesonderte Kelche. Ihre Skleriten sind weitbedornte, flache Spindeln, die in einer Krone angeordnet sind. In der Rinde liegen in oberflächlicher Schicht dicke, oft ovale, dicht mit großen Warzen bedeckte Spindeln und Doppelspindeln, in tieferer Schicht Gürtelstäbe. Die Achse ist fast stets etwas verkalkt und wenig biegsam. Weiß, gelblich oder hellbraun, seltener rot.

Indopazifischer Ozean, vom Kap der guten Hoffnung bis Japan und Westaustralien, auch Kalifornien. Litoral.

19 sichere, 10 unsichere Arten.

Spec. typ.: *E. rhipidalis* Th. Stud.

Bestimmungstabelle der Arten:

1	Kolonie schlank, in die Höhe entwickelt, Äste spärlich, mit langen, rutenförmigen Endzweigen — 2	
	Kolonie breit, Verzweigung reichlich, in einer Ebene — 6	
2	Polypenskleriten sind vorhanden — 3	
	Polypenskleriten fehlen	5. **E. pendula**
3	Die Polypenskleriten stehen in einer Krone — 4	
	Die Polypenskleriten stehen nur in konvergierenden Doppelreihen — 5	
4	Rindenskleriten 0,12 mm lang	1. **E. braueri**
	Rindenskleriten bis 0,85 mm lang	2. **E. media**
5	Rindenskleriten bis 0,12 mm lang	3. **E. albida**
	Rindenskleriten bis 0,5 mm lang	4. **E. kükenthali**
6	Endzweige sehr lang	6. **E. marki**
	Endzweige kurz — 7	
7	Kolonie netzförmig — 8	
	Kolonie ohne Anastomosen — 10	
8	Rindenskleriten ovale Gürtelspindeln	7. **E. anastomosans**
	Rindenskleriten schlank — 9	
9	Rindenskleriten sehr klein	8. **E. mollis**
	Rindenskleriten größer	9. **E. reticulata**
10	Verästelung reichlich, spitzwinklig — 11	
	Verästelung spärlicher, weitwinklig — 12	
11	Basis und unterer Hauptstamm ohne Polypen	10. **E. rhipidalis**
	Basis und unterer Hauptstamm mit Polypen	11. **E. curvata**
12	Mit deutlichen Polypenkelchen — 13	
	Ohne Polypenkelche — 15	
13	Rindenskleriten bis 0,32 mm groß	12. **E. robusta**
	Rindenskleriten bis 0,15 mm groß — 14	
14	Polypen stark bewehrt, mit breiten, kräftig bedornten Spindeln	13. **E. parva**
	Polypen schwach bewehrt, mit schlanken, schwach bedornten Spindeln	14. **E. abietina**
15	Polypen in 4 mm Entfernung stehend	15. **E. sparsiflora**
	Polypen in 2 mm Entfernung stehend — 16	
16	Äste und Zweige sehr dick	16. **E. crassa**
	Äste und Zweige dünn — 17	

17 { Polypenskleriten flach, weit und fein bedornt — 18
Polypenskleriten dick und dicht bedornt . . . . 19. **E. aruensis**

18 { Rindenskleriten mit kleinen, weit gestellten Warzen . . 17. **E. pinnata**
Rindenskleriten mit großen, sehr dicht stehenden Warzen 18. **E. erecta**

1. **E. braueri** Kükth. 1909 *E. b.*, Kükenthal in: Abh. Bayer. Ak., suppl. *v.* 1 nr. 5 p. 20 t. 2 f. 8 | 1919 *E. b.*, Kükenthal in: Ergeb. Tiefsee-Exp., *v.* 13 pars 2 p. 219.

Die Kolonie ist vorwiegend in die Höhe und in einer Ebene entwickelt. Die spitzwinklig abgehenden, spärlichen Äste entspringen alle von der gleichen Seite. Die langen, schlanken, etwas eingekrümmten Endzweige sind an den Enden nicht angeschwollen. Der Stamm ist etwas abgeplattet. Die Polypen stehen in 2 mm Entfernung, gehen tief am Hauptstamm herab und sind nur 0,7 mm hoch, kelchlos mit einer Krone kleiner, 0,06 mm langer, weit und flach bedornter Skleriten. In der oberen Rindenschicht liegen 0,12 mm lange Spindeln oder Gürtelstäbe mit 2 Gürteln großer, gezackter Fortsätze, in der tieferen Rindenschicht werden diese Gürtelstäbe kleiner und ihre Fortsätze sind abgerundet. Gelbbraun, die sehr dünne Achse schwarzbraun.

Seychellen. Litoral.

2. **E. media** J. S. Thoms. 1911 *E. m.*, J. S. Thomson in: P. zool. Soc. London, p. 883 t. 44 f. 2a—c | 1919 *E. m.*, Kükenthal in: Ergeb. Tiefsee-Exp., *v.* 13 pars 2 p. 220.

Die Kolonie ist in einer Ebene verzweigt; Stamm und basale Astteile sind abgeplattet. Die Polypen stehen allseitig und haben keine Kelche; sie sind etwa 1,2 mm lang, 0,5 mm dick und unter den Tentakelbasen mit longitudinalen, bis 0,112 mm langen, stab- oder nadelförmigen Spicula bewehrt, die abgerundete Warzen tragen. Die Tentakel haben 10 Paar Pinnulae. Die dichte und granulierte Rinde enthält zahlreiche bis 0,085 mm lange, unregelmäßig bewarzte Spindeln. Die tieferen Coenenchymskleriten sind mehr stabförmig mit kleinen Warzen, bis 0,085 mm lang, sowie Kreuze. Kräftig rot mit weißen Polypen. Steht *E. braueri* sehr nahe.

Südafrika. Litoral.

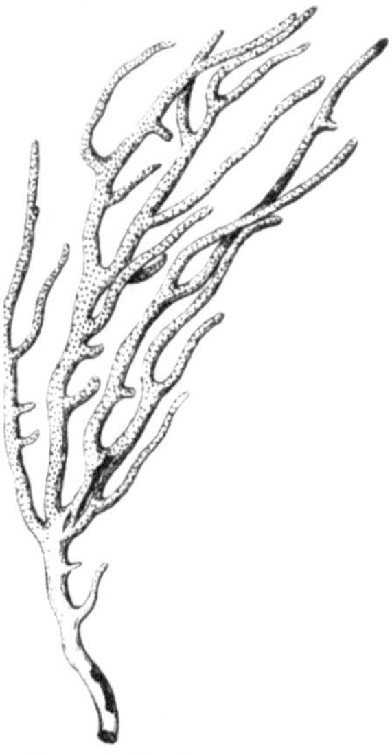
Fig. 63. Euplexaura albida.

3. **E. albida** Kükth. 1908 *E. a.*, Kükenthal in: Zool. Anz., *v.* 32 p. 495 | 1910 *E. a.*, Kükenthal in: Fauna S. W. Austral., *v.* 3 fasc. 1 p. 87 t. 1 f. 7 | 1919 *E. a.*, Kükenthal in: Ergeb. Tiefsee-Exp., *v.* 13 pars 2 p. 220.

Die schlanke, in einer Ebene entwickelte Kolonie ist ziemlich spärlich verästelt und die Endzweige sind nach aufwärts gebogen (Fig. 63). Stamm und Äste sind nicht abgeplattet bis auf den basalsten Teil des Hauptstammes; Anastomosen fehlen. Die völlig in die Rinde zurückziehbaren, ovale Öffnungen lassenden Polypen sind 0,7 mm lang, kelchlos und stehen in Entfernungen von 1,5—2,5 mm; dem unteren Teil des Hauptstammes fehlen sie. Bewehrt sind sie mit 0,12—0,15 mm langen, flachen und schwach und weit bedornten Spindeln, die in 8 Doppelreihen zu je zwei Paar stehen. In der oberen Rinde liegen 0,12 mm lange Doppelspindeln mit ziemlich weitstehenden, gezackten, großen Warzen, die in Gürteln stehen; darunter finden sich kleinere, schlankere Spindeln mit abgerundeten Warzen. Weiß, Polypen hellbraun, Achse dunkelbraun.

Westaustralien. Im flachen Litoral.

4. **E. kükenthali** Broch 1916 *E. k.*, Broch in: Svenska Ak. Handl., *v.* 52 nr. 11 p. 43 t. 2 f. 8 | 1919 *E. k.*, Kükenthal in: Ergeb. Tiefsee-Exp., *v.* 13 pars 2 p. 220.

Die schlanke, in einer Ebene entwickelte Kolonie ist ziemlich spärlich verästelt mit langen, nach oben laufenden Endzweigen. Stamm und Äste sind walzenförmig und an den Enden schwach angeschwollen; Anastomosen fehlen. Die kelchlosen Polypen stehen in Entfernungen von 1—1,5 mm und sind völlig in die Rinde zurückziehbar, ovale Anschwellungen lassend. Die Polypenspicula sind 0,26 mm lange, schwach bedornte Stäbe, die in 8 Doppelreihen zu je einem Paar stehen. Die obere Rinde enthält zahlreiche 0,3 mm lange Skleriten, die breit spindelförmig sind und sehr lange gestielte Warzen tragen (Fig. 64). Im tieferen Coenenchym sind die Skleriten bis 0,5 mm lange, weit bewarzte Spindeln auch Keulen. Zu innerst liegt eine Schicht von 0,15 mm langen Gürtelstäben. Weiß.

Nordwestaustralien. Flaches Litoral.

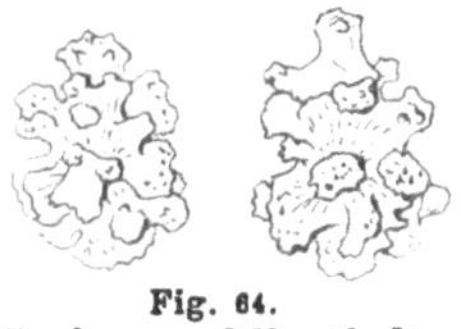

Fig. 64.
Euplexaura kükenthali.
Skleriten der äußeren und tieferen Rinde.
(nach Broch) ([illegible]/1).

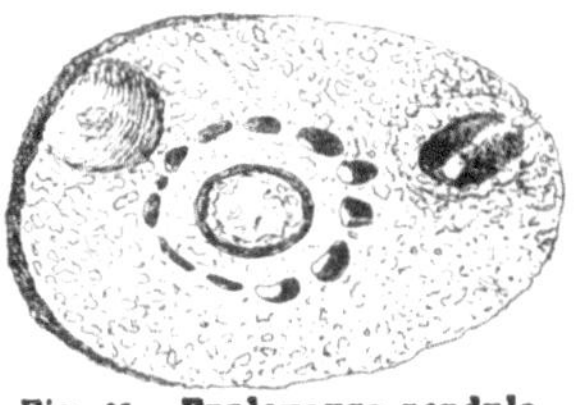

Fig. 65. **Euplexaura pendula.**
Astquerschnitt.

5. **E. pendula** Kükth. 1917 *E. p.*, Kükenthal in: Zool. Anz., *v.* 48 p. 333 | 1919 *E. p.*, Kükenthal in: Ergeb. Tiefsee-Exp., *v.* 13 pars 2 p. 221 t. 38 f. 40.

Die Kolonie ist in die Höhe und mehr buschig entwickelt. Die Verzweigung ist spärlich und spitzwinklig. Die sehr langen, rutenförmigen Endzweige sind schlaff und herabhängend. Die Hauptstämme sind in ihrem basalen Teile erheblich abgeplattet, Äste und Zweige haben kreisrunden Querschnitt (Fig. 65). Die Polypen stehen in Entfernungen von 4 mm allseitig, dem basalen Teile der Hauptstämme teilweise fehlend, sind 1 mm lang und völlig spiculafrei. Polypenkelche fehlen. Die äußere Rindenschicht enthält ovale Doppelspindeln von 0,16 mm durchschnittlicher Länge mit sehr hohen, abgespreizten Ausläufern, so daß sternförmige Bildungen entstehen, die in der tieferen Rinde kleiner, bis 0,12 mm lang und teilweise zu 0,09 mm langen Gürtelstäben mit zwei Kränzen sehr hoher Ausläufer werden. Weiß, Polypen hellbraun, Achse dunkelbraun.

Westaustralien. Flaches Litoral.

6. **E. marki** Kükth. 1909 *Psammogorgia arbuscula* (non Verrill 1866), Nutting in: P. U. S. Mus., *v.* 35 p. 719 | 1913 *Euplexaura marki*, Kükenthal in: Zool. Jahrb., Syst. *v.* 35 p. 266 t. 8 f. 11 | 1919 *E. m.*, Kükenthal in: Ergeb. Tiefsee-Exp., *v.* 13 pars 2 p. 222.

Kolonie weitwinklig lateral in einer Ebene verzweigt, mit ziemlich langen, aufwärts strebenden Endzweigen, Basis membranös verbreitert. Alle Äste sind gleich dick und im Querschnitt kreisrund. Die 2 mm hohen Polypen stehen in 2 mm Entfernung, ihre Kelche sind achtlappig. Die Polypenbewehrung ist schwach und fehlt im mittleren Teil. Unter den Tentakeln und an der Basis über dem Kelch liegen transversal 0,12 mm lange, schlanke, rote Spindeln, die mit weitstehenden, großen Dornen besetzt sind. Auf dem oberen Spicularing stehen 8 Doppelreihen konvergierender Spicula. Im Coenenchym liegen außen bis 0,18 mm große, rote, dicke, mitunter fast ovale Spindeln und Doppelspindeln mit 2 oder mehr Gürteln sehr großer, gezackter Warzen. In der tieferen Schicht des Coenenchyms finden sich rotgefärbte Gürtelstäbe. Kräftig rot.

Kalifornien. Litoral und Küsten-Abyssal.

7. **E. anastomosans** Brundin 1896 *E. a.*, Brundin in: Bih. Svenska Ak., *v.* 22 nr. 3 p. 20 t. 1 f. 7; t. 2 f. 7 | 1909 *E. a.*, Kükenthal in: Abh. Bayer. Ak., suppl. *v.* 1 nr. 5 p. 16 t. 2 f. 6 | 1919 *E. a.*, Kükenthal in: Ergeb. Tiefsee-Exp., *v.* 13 pars 2 p. 224.

Die Kolonie ist sehr dicht verzweigt. Die kurzen Endäste sind am Ende meist etwas verdickt; Anastomosen sind häufig. Zweige und Äste sind annähernd gleich dick und etwas abgeplattet. Die Polypen stehen 1,5 bis 1,8 mm voneinander entfernt, entspringen aus flachen, meist ovalen Kelchen und sind mit einer Krone von 0,18 mm langen, kräftig bedornten, meist gekrümmten Spindeln bewehrt. Die Polypenkelche enthalten 0,16 mm lange Spindeln mit sehr hohen, abgerundeten Warzen. In der äußeren Rinde liegen 0,14 mm lange, ovale Spindeln und Doppelspindeln dicht mit großen Warzen besetzt, tiefer finden sich kleine Gürtelstäbe. Graubräunlich.

Japan. Litoral.

8. **E. mollis** Nutting 1910 *E. m.*, Nutting in: Siboga-Exp., *v.* 13b1 p. 13 t. 3 f. 4, 4a; t. 4 f. 8 | 1919 *E. m.*, Kükenthal in: Ergeb. Tiefsee-Exp., *v.* 13 pars 2 p. 224.

Die Kolonie ist in einer Ebene verzweigt und die Äste bilden zahlreiche Anastomosen. Die Polypen sind klein und stehen in etwa 1 mm Entfernung, die Polypenkelche sind niedrig. Das Coenenchym ist mäßig dick, hat eine glatte Oberfläche und ist erfüllt mit kleinen Spindeln, deren ziemlich große Warzen in Gürteln stehen, auch kommen kleine Kugeln, Kreuze und Klöppel vor. Braun bis aschgrau.

Malayischer Archipel. Litoral.

9. **E. reticulata** Nutting 1910 *E. r.*, Nutting in: Siboga-Exp., *v.* 13b1 p. 14 t. 3 f. 2, 2a; t. 4 f. 9 | 1919 *E. r.*, Kükenthal in: Ergeb. Tiefsee-Exp., *v.* 13 pars 2 p. 224.

Die Kolonie ist fächer- und netzförmig mit zahlreichen Anastomosen. Die Polypen stehen in Entfernungen von 2 mm, ihre Kelche sind niedrig, haben aber scharf abgesetzte Ränder. Die Polypenspicula bilden eine Krone. Die Coenenchymskleriten sind gleichmäßig kleine Spindeln, deren Warzen nur selten in deutlichen Gürteln stehen. Hellgraubraun.

Malayischer Archipel. Litoral und Küsten-Abyssal.

10. **E. rhipidalis** Th. Stud. 1895 *E. r.*, Th. Studer in: Mt. Ges. Lübeck, ser. 2 fasc. 7, 8 p. 115 t. 1 f. 3; t. 6 f. 1, 2 | 1919 *E. r.*, Kükenthal in: Ergeb. Tiefsee-Exp., *v.* 13 pars 2 p. 224.

Die Kolonie ist fächerförmig in einer Ebene entwickelt und sehr reich verästelt, ohne Anastomosen, der Fächer ist nach einer Fläche umgebogen. Die Endzweige sind kurz, wellig gebogen und am Ende verdickt. Stamm und Äste sind in der Verzweigungsebene abgeplattet, nur die Endzweige nicht. Die Polypen stehen auf der konvexen Seite in 2—2,5 mm, auf der konkaven in 1,5 mm Entfernung, und fehlen dem Hauptstamm und dem basalen Teile der Hauptäste. Die Polypenkelche sind flach und haben 1 mm Durchmesser. Die Polypenspicula sind 0,2 mm lange, gerade und gebogene Spindeln und Stäbchen, die mit feinen und scharfen Dornen besetzt sind. Die glatte, dicke Rinde enthält dicke, stumpfe, kurze Spindeln und Doppelspindeln von bis zu 0,15 mm Länge, die mit großen, verzweigten Warzen dicht besetzt sind. Graubraun.

Singapore, Banda. Flaches Litoral.

11. **E. curvata** Kükth. 1908 *E. c.*, Kükenthal in: Zool. Anz., *v.* 32 p. 498 | 1909 *E c.*, Kükenthal in: Abh. Bayer. Ak., suppl. *v.* 1 nr. 5 p. 15 t. 1 f. 5 | 1919 *E. c.*, Kükenthal in: Ergeb. Tiefsee-Exp., *v.* 13 pars 2 p. 225.

Die sehr dicht verzweigte Kolonie ist in einer allseitig eingekrümmten Ebene entwickelt und die Äste überdecken sich vielfach. Die Basis ist breit und membranös, und von ihr gehen mehrere Hauptstämme ab. Die Hauptstämme sind etwas abgeplattet, die Endzweige im Querschnitt kreisrund und an den Enden etwas verdickt. Die Polypen stehen an der konkaven Fläche in 2 mm Entfernung, an der konvexen in 3 mm Entfernung und kommen auch auf der membranösen Basis vor. Es sind flache Polypenkelche vorhanden. Die Polypenspicula bilden eine Krone von 3 Reihen transversaler und 3 Paar konvergierender Spindeln in jeder Doppelreihe, die bis 0,24 mm lang, meist gebogen und mit kleinen, spitzen Dornen versehen sind. In der äußeren Rinde liegen 0,15 mm lange, ovale Doppelspindeln mit Gürteln großer, gezackter Warzen, in der tieferen Rinde Gürtelstäbe von 0,12 mm Länge (Fig. 66). Gelbbraun. Polypen schwarzbraun, Achse rotbraun (in Alkohol).

Japan.

Fig. 66.
Euplexaura curvata.
Rindenskleriten ($^{80}/_{1}$).

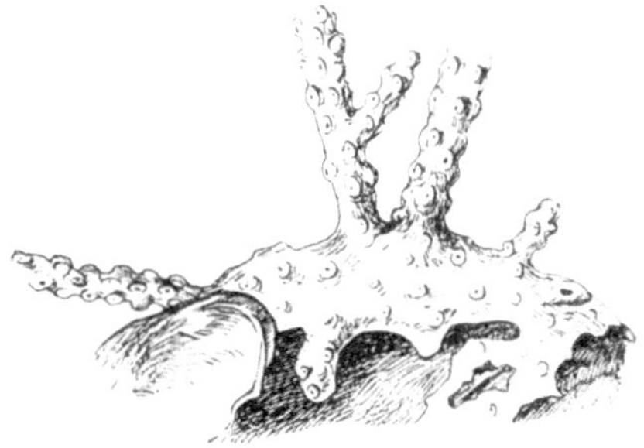

Fig. 67. **Euplexaura robusta.**
Stammbasis.

12. **E. robusta** Kükth. 1908 *E. r.*, Kükenthal in: Zool. Anz., *v.* 32 p. 498 | 1909 *E. r.*, Kükenthal in: Abh. Bayer. Ak., suppl. *v.* 1 nr. 5 p. 18 t. 2 f. 9 (err. nec 7) | 1915 *E. r.*, Schimbke in: Arch. Naturg., *v.* 81 A. fasc. 11 p. 37 | 1916 *E. flabellata*, Broch in: Svenska Ak. Handl., *v.* 52 nr. 11 p. 42 t. 4 f. 16 | 1919 *E. robusta*, Kükenthal in: Ergeb. Tiefsee-Exp., *v.* 13 pars 2 p. 225.

Mehrere Stämme entspringen von gemeinsamer membranöser Basis (Fig. 67). Die nicht dichte Verzweigung erfolgt in einer etwas eingekrümmten Ebene. Die vielfach eingekrümmten Äste geben nur gelegentlich Seitenzweige ab. Stamm und Äste sind ungefähr gleich dick, und ersterer ist etwas mehr abgeplattet. Die besonders an den Zweigenden sehr dicht stehenden Polypen haben 1 mm hohe, achtlappige Kelche, und ihre Spicula bilden eine Krone von 2—3 Reihen transversaler und je 3—4 Paar konvergierender, flacher, weitbedornter Spindeln von 0,2 mm Länge. Die 0,25 mm langen, dicken, mit abgerundeten Warzen besetzten Kelchskleriten stehen ebenfalls in 8 konvergierenden Doppelreihen. Die obere Rindenschicht enthält bis 0,32 mm lange, dicke Spindeln, die mit großen, gezackten Warzen dicht besetzt sind, darunter liegen 0,12 mm lange Gürtelstäbe mit abgerundeten Fortsätzen. Achse sehr biegsam mit sehr wenig Kalk. Graubraun, Achse dunkelbraun.

Japan, Nordwestaustralien. Litoral.

13. **E. parva** Kükth. 1909 *E. p.*, Kükenthal in: Abh. Bayer. Ak., suppl. *v.* 1 nr. 5 p. 21 t. 2 f. 7 (err. nec 9) | 1919 *E. p.*, Kükenthal in: Ergeb. Tiefsee-Exp., *v.* 13 pars 2 p. 226.

Die ziemlich starre Kolonie ist ausgesprochen in einer Ebene entwickelt. Die Verzweigung ist eine spitzwinklig dichotomische, die Endzweige sind meist kurz. Stamm und Äste sind abgeplattet. Die Polypen sind 0,8 mm lang und haben deutliche Kelche; bewehrt sind sie mit 0,15—0,18 mm langen, breiten, flachen, kräftig bedornten Spindeln. In der oberen Rindenschicht liegen etwa 0,15 mm lange Doppelspindeln mit halbkugeligen, glatten Warzen, in der unteren Rindenschicht werden diese Skleriten kleiner, und die Warzen stehen weiter (Fig. 68). Weißlich, Achse dunkelbraungelb (in Alkohol).

Fig. 68. **Euplexaura parva.** Skleriten der Rinde ($^{80}/_{1}$).

Malayischer Archipel.

14. **E. abietina** Kükth. 1908 *E. a.*, Kükenthal in: Zool. Anz., *v.* 32 p. 496 | 1909 *E. a.*, Kükenthal in: Abh. Bayer. Ak., suppl. *v.* 1 nr. 5 p. 9 t. 1 f. 2 | 1919 *E. a.*, Kükenthal in: Ergeb. Tiefsee-Exp., *v.* 13 pars 2 p. 227.

Die Kolonie ist in einer Ebene und wechselständig fiederig verzweigt. Die Äste sind nicht weiter verzweigt, nach oben gerichtet und werden nach

Fig. 69. **Euplexaura abietina.** Polyp ($^{33}/_{1}$).

Fig. 70. **Euplexaura sparsiflora.** Polypenbewehrung ($^{70}/_{1}$).

oben zu immer kleiner. Stamm und Äste sind in der Verzweigungsebene etwas abgeplattet. Polypen finden sich bis an die Basis des Hauptstammes und sind etwa 2 mm voneinander entfernt und bis 1,5 mm hoch (Fig. 69). Ein niedriger, achtlappiger Kelch ist vorhanden. Ihre Bewehrung besteht aus konvergierenden Doppelreihen von je 2 Paar flachen und schwach bedornten, 0,8 mm langen Spindeln, unter denen transversal verlaufende Spindeln fehlen. In der äußeren Rinde liegen ovale, fast kugelige Doppelspindeln von etwa 0,12 mm Länge, die mit großen aber nicht besonders engstehenden gezackten Warzen besetzt sind. In der tieferen Rinde treten kleinere Gürtelstäbe auf. Rinde weiß, Polypen hellbraun, Achse schwarzbraun.

Japan.

15. **E. sparsiflora** Kükth. 1908 *E. s.*, Kükenthal in: Zool. Anz., *v.* 32 p. 497 | 1909 *E. s.*, Kükenthal in: Abh. Bayer. Ak., suppl. *v.* 1 nr. 5 p. 11 t. 1 f. 3 | 1919 *E. s.*, Kükenthal in: Ergeb. Tiefsee-Exp., *v.* 13 pars 2 p. 227.

Verzweigung reichlich, in einer etwas eingekrümmten Ebene gleichmäßig verteilt. Die Äste gehen vorwiegend rechtwinklig ab. Die Polypen stehen in etwa 4 mm Entfernung und fehlen dem untersten Stammteil. Die Polypenkelche sind nur Scheinkelche und ganz flach. Die Polypenspicula sind 0,26 mm lange, schmale Spindeln, die eine Krone bilden. Transversal liegen etwa 4—5 Reihen übereinander, darüber je 4—5 Paar konvergierender Spindeln (Fig. 70). Die obere Rindenschicht enthält 0,16 mm lange, ovale Doppelspindeln mit regelmäßigen Gürteln großer Warzen, die Kelche bis 0,14 mm lange, schmalere Spindeln, die tiefere Rindenschicht Gürtelstäbe mit flachen Warzen. Rinde und Achse hellbraun.

Japan. Tieferes Litoral.

16. **E. crassa** Kükth. 1908 *E. c.*, Kükenthal in: Zool. Anz., *v.* 32 p. 496 | 1909 *E. c.*, Kükenthal in: Abh. Bayer. Ak., suppl. *v.* 1 nr. 5 p. 7 t. 1 f. 1 | 1919 *E. c.*, Kükenthal in: Ergeb. Tiefsee-Exp., *v.* 13 pars 2 p. 227.

Die Kolonie ist in die Breite und in einer Ebene entwickelt. Die Basis ist membranös verbreitert. Die Verzweigung ist spärlich und die kurzen plumpen Endzweige enden abgerundet aber ohne Anschwellung. Stamm und Äste sind etwas in der Verzweigungsebene abgeplattet. Die Polypen stehen in Entfernungen von 2 mm und finden sich auch auf der membranösen Basis. Die Polypen haben keine Kelche und sind direkt in die Rinde zurückziehbar. Die Polypenspicula sind zarte, flache, weitbedornte Spindeln von etwa 0,18 mm Länge, die eine Krone bilden. In der oberflächlichen Rindenschicht liegen dicke, fast ovale, dicht mit großen, gezackten Warzen besetzte Doppelspindeln von 0,18 mm Länge, mit sehr kurzem, äquatorialem Schaft. In der tieferen Rindenschicht treten 0,12 mm lange Gürtelstäbe mit meist zwei Gürteln und terminalen Warzen auf. Zarthellbraun, Polypen dunkler, Achse dunkelrotbraun.

Japan.

17. **E. pinnata** P. Wright & Th. Stud. 1816? *Plexaura olivacea*, Lamouroux, Hist. Polyp., p. 451 t. 16 | 1889 *Euplexaura pinnata*, P. Wright & Th. Studer in: Rep. Voy. Challenger, *v.* 31 pars 64 p. 144 t. 33 f. 5 | 1912 *E. p.*, Nutting in: P. U. S. Mus., *v.* 43 p. 88 | 1919 *E. p.*, Kükenthal in: Ergeb. Tiefsee-Exp., *v.* 13 pars 2 p. 228.

Von breiter membranöser Basis erhebt sich ein etwas abgeplatteter Stamm, der sich wiederholt teilt, so daß die Kolonie breit fächerförmig wird. Alle Äste liegen in einer Ebene. Die dicht stehenden Polypen sind völlig retraktil; Kelche fehlen. Die Polypenspicula sind kleine, flache Nadeln mit gezähnten Rändern, dazwischen finden sich vierstrahlige Formen. Die Tentakelspicula sind kleine, bis 0,1 mm lange, gebogene Nadeln, die der dichten und körnigen Rinde bis 0,2 mm lange, bewarzte Spindeln mit einigen drei- und vierstrahligen Formen. Hellbraun.

Japan. Litoral.

18. **E. erecta** Küktb. 1908 *E. e.*, Kükenthal in: Zool. Anz., v. 32 p. 497 | 1909 *E. e.*, Kükenthal in: Abh. Bayer. Ak., suppl. v. 1 nr. 5 p. 13 t. 1 f. 4 | 1919 *E. e.*, Kükenthal in: Ergeb. Tiefsee-Exp., v. 13 pars 2 p. 228.

Verzweigung in einer etwas eingekrümmten Ebene, nahezu rechtwinklig, die Enden der Äste und Zweige aufwärts gebogen. Die Zweige stehen vorwiegend wechselständig. Stamm und Äste sind kaum abgeplattet. Die Polypen stehen auf der konkaven Fläche in 2 mm, auf der konvexen in 3 mm Entfernung und haben ganz flache Scheinkelche, die völlig verschwinden können. Sie kommen auch im basalen Teile des Hauptstammes vor. Die Polypenspicula stehen in 8 Doppelreihen, die unten fast horizontal, oben spitz konvergierend verlaufen und aus je 6—8 Paar 0,2 mm langer, sehr flacher und weitbedornter Spindeln bestehen. Die Rindenskleriten sind bis 0,3 mm große, ovale Doppelspindeln mit sehr dicht gestellten, großen, gezackten Warzen (Fig. 71). In tieferer Schicht werden die Spicula schlanker und die Warzen sind flacher. Hellbräunlich bis weißlich, Polypen etwas dunkler, Achse hellbraun.

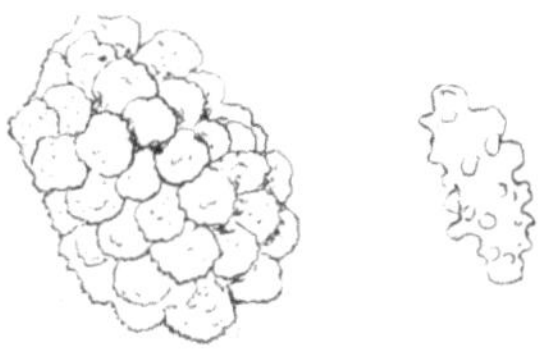

Fig. 71. **Euplexaura erecta.** Rindenskleriten ($^{70}/_{1}$).

Japan. Tieferes Litoral.

19. **E. aruensis** Kükth. 1911 *E. a.*, Kükenthal in: Abh. Senckenb. Ges., v. 33 p. 332 t. 22 f. 18 | 1915 *E. a.*, Schimbke in: Arch. Naturg., v. 81 A. fasc. 11 p. 85 | 1919 *E. a.*, Kükenthal in: Ergeb. Tiefsee-Exp., v. 13 pars 2 p. 229.

Die Kolonie ist ausgeprägt in einer Ebene entwickelt und reichlich verzweigt. Stamm, Äste und Seitenzweige sind gleich dick und etwas abgeplattet. Die Polypen stehen in Entfernungen von 2 mm und haben sehr niedrige Scheinkelche. Bewehrt sind sie mit 0,2 mm langen, dicken, dicht bedornten Spindeln. In der oberen Rindenschicht liegen sehr dicke, 0,24 mm lange, 0,12 mm dicke Spindeln und Doppelspindeln, die in den Polypenkelchen keulenartig anschwellen können und dicht mit ziemlich kleinen Warzen besetzt sind. Darunter liegen schlankere Formen mit schwächerer Bedornung. Hellbraun, Polypen dunkelbraun.

Aru-Inseln. Litoral.

E. divergens (Th. Stud.) 1878 *Leptogorgia d.*, Th. Studer in: Monber. Ak. Berlin, p. 655 | 1919 *Euplexaura d.*, Kükenthal in: Ergeb. Tiefsee-Exp., v. 13 pars 2 p. 904.

Verzweigung in einer Ebene, spärlich, lateral. Die Aeste entspringen fast rechtwinklig und biegen dann distalwärts um. Im Querschnitt sind Stamm und Aeste kreisrund. Die kleinen Polypen lassen meist eine Fläche frei und sind in niedrige Scheinkelche zurückziehbar. Ihre Bewehrung besteht aus 0,2 mm messenden, weit bedornten, flachen Spindeln, die in konvergierenden Doppelreihen angeordnet sind. In der äußeren Rinde liegen bis 0,5 mm lange, dicke Spindeln, die mit hohen, abgerundeten Warzen unregelmäßig besetzt sind. Darunter liegen kleinere, mehr stabförmige Skleriten mit ein paar weitstehenden Warzengürteln. Ockergelb, Polypen weiß.

Nordwestaustralien. Litoral.

E. capensis Verrill 1865 *Plexaura friabilis* (non *P. f.*, Lamouroux 1816 p. 430), A. E. Verrill in: P. Essex Inst., v. 4 Commun. p. 186 | 1870 *Euplexaura capensis*, A. E. Verrill ibid., v. 6 Commun. p. 74 | 1905 ?*Gorgonia sp.*, Hickson in: Mar. Invest. S. Afr., v. 3 p. 229 | 1919 *Euplexaura capensis*, Kükenthal in: Ergeb. Tiefsee-Exp., v. 13 pars 2 p. 229.

Dichotomisch verästelt, mit langen, rutenförmigen, unverästelten Endzweigen. Die Polypen sind gleichmäßig verteilt und ihre Kelche sind niedrig. Die Rinde ist sehr spiculareich und zerreiblich. Die Achse ist dunkelbraun.

Südafrika. Litoral.

E. parciclados P. Wright & Th. Stud. 1889 *E. p.*, P. Wright & Th. Studer in: Rep. Voy. Challenger, *v.* 31 pars 64 p. 144 t. 33 f. 6.

Von stark verbreiterter, inkrustierender Basis erhebt sich der schwach verzweigte Stamm mit langen Endzweigen. Die Polypen stehen zahlreich und etwas unregelmäßig an Stamm und Ästen und sind völlig in die Rinde zurückziehbar. Ihre Spicula sind leicht gebogene Nadeln. Die dichte und körnige Rinde enthält bis 0,26 mm lange Spindeln mit 2 oder 4 Gürteln blattragender Warzen sowie vierstrahlige Formen.

Japan. Litoral.

E. rubra Nutting 1910 *E. r.*, Nutting in: Siboga-Exp., *v.* 13b1 p. 12 t. 3 f. 3, 3a; t. 4 f. 7.

Verzweigung unbekannt. Stamm und Äste nicht abgeplattet. Die Polypen sind sehr klein und sind in 1 mm hohe, konische Kelche zurückziehbar. Polypenspicula anscheinend longitudinal angeordnete Spindeln. Die Rindenskleriten sind ovale dicht bewarzte Spindeln. Die Achse enthält reichlich Kalksalze. Scharlachrot, Polypen gelb.

Neu-Guinea. Litoral.

E. thomsoni nom. nov. Kükth. 1905 *Plexaura antipathes* var. *flexuosa* (non *P. f.* Lamouroux 1816 nec Valenciennes 1857), J. A. Thomson & W. D. Henderson in: Herdman, Rep. Ceylon Pearl Fish., *v.* 3 nr. 20 p. 305 | 1910 *Euplexaura f.*, J. A. Thomson & Russell in: Tr. Linn. Soc. London, ser. 2 *v.* 13 p. 160 | 1910 ? *Plexaura aggregata*, Nutting in: Siboga-Exp., *v.* 13b1 p. 4 t. 1 f. 1, 1a; t. 4 f. 1 | 1919 *Euplexaura flexuosa*, Kükenthal in: Ergeb. Tiefsee-Exp., *v.* 13 pars 2 p. 231.

Die Kolonien sind buschig und nicht in einer Ebene verzweigt. Es können mehrere Stämme von einer gemeinsamen Basis entspringen. Die Endzweige sind an den Enden keulenförmig angeschwollen. Die Polypen stehen allseitig und haben keine Kelche, sondern sind direkt in ovale und runde Öffnungen der Rinde zurückziehbar. Die Skleriten sind kurze, stark verzweigte bis 0,2 mm lange Spindeln oder kleine, bewarzte, kugelige Körper, bis 0,15 mm Durchmesser haltend. Die Achse ist an der Basis dick, in den Zweigen aber sehr dünn. Schmutzig grauweiß mit hellbräunlichen Flecken; Achse dunkelbraun.

Indopazifischer Ozean, Malayischer Archipel. Litoral bis Küsten-Abyssal.

E. recta (Nutting) 1910 *Plexaura r.*, Nutting in: Siboga-Exp., *v.* 13b1 p. 6 t. 2 f. 3, 3a; t. 4 f. 3 | 1919 *Euplexaura r.*, Kükenthal in: Ergeb. Tiefsee-Exp., *v.* 13 pars 2 p. 232.

Die Kolonie ist fächerförmig aber nicht netzförmig. Die Endzweige sind lang, schlank und parallel aufwärts verlaufend, die Polypen sind völlig in die Rinde zurückziehbar. Polypen- und Tentakelspicula fehlen anscheinend. Die Rindenskleriten sind sehr kurze, dicke, oft fast kugelförmige, dichtbewarzte Spindeln. Die Achse ist rein hornig. Farbe dunkelbraun, Achse schwarz.

Malayischer Archipel. Flaches Litoral.

E. platystoma (Nutting) 1910 *Plexaura p.*, Nutting in: Siboga-Exp., *v.* 13b1 p. 7 t. 2 f. 2, 2a; t. 4 f. 4 | 1919 *Euplexaura p.*, Kükenthal in: Ergeb. Tiefsee-Exp., *v.* 13 pars 2 p. 232.

Die Kolonie ist spärlich und unregelmäßig verzweigt. Die Polypen sind völlig in die Rinde zurückziehbar und stehen ziemlich weit. Ihre Bewehrung besteht aus 8 Längsreihen schlanker Spindeln und auch die Tentakel weisen eine Anzahl zarter Spindeln auf ihrer Dorsalfläche auf, die in zwei Längsreihen angeordnet sind. Die mäßig dicke Rinde enthält ziemlich schlanke, meist gekrümmte Spindeln bis zu 1 mm Länge mit nicht sehr deutlichen Warzengürteln. Hellgrau, fast weiß. Achse basal goldbraun, distal heller.

Malayischer Archipel. Flaches Litoral.

E. nuttingi Kükth. 1910 *Plexaura pinnata* (non *Euplexaura p.*, P. Wright & Th. Studer 1889), Nutting in: Siboga-Exp., *v.* 13bl t. 1 f. 3, 3a; t. 4 f. 5 | 1919 *Euplexaura nuttingi*, Kükenthal in: Ergeb. Tiefsee-Exp., *v.* 13 pars 2 p. 233.

Die Kolonie ist fächerförmig mit unregelmäßig stehenden, seitlichen Ästen. Die Polypen stehen in 1 mm Entfernung, sind völlig in die Rinde zurückziehbar und enthalten einige wenige zarte Spindeln in Polypenwand und Tentakeln. Die mäßig dicke Rinde enthält kleine, dicke Spindeln und Doppelspindeln mit regelmäßig angeordneten Gürteln hoher Warzen. Hellbraun, Achse dunkelbraun.

Malayischer Archipel.

E. attenuata (Nutting) 1910 *Plexaura a.*, Nutting in: Siboga-Exp., *v.* 13bl p. 5 t. 1 f. 2, 2a; t. 4 f. 2 | 1919 *Euplexaura a.*, Kükenthal in: Ergeb. Tiefsee-Exp., *v.* 13 pars 2 p. 233.

Die Kolonie ist anscheinend schwach verzweigt. Die Polypenkelche stehen in weiterer Entfernung und sind Scheinkelche. Die Polypen sind mit sehr zarten Längsbändern von Spicula besetzt. Die Rinde ist dick und erfüllt mit kleinen Spindeln, deren Warzen in regelmäßigen Gürteln angeordnet sind. Die Ernährungskanäle stehen nicht sehr regelmäßig um die hornige Achse. Hellbraun, Achse dunkelbraun.

Malayischer Archipel. Flaches Litoral.

E. flava (Nutting) 1910 *Plexaura f.*, Nutting in: Siboga-Exp., *v.* 13bl p. 8 t. 2 f. 1, 1a; t. 4 f. 6 | 1919 *Euplexaura f.*, Kükenthal in: Ergeb. Tiefsee-Exp., *v.* 13 pars 2 p. 233.

Die Äste sind ziemlich regelmäßig fiederig und vorwiegend in einer Ebene verzweigt, der Hauptstamm ist abgeplattet. Die Polypen entspringen aus niedrigen Kelchen, und sind mit einigen kleinen, stabförmigen Spicula versehen. Die Rindenskleriten sind vorwiegend gerade und gekrümmte Spindeln, dazwischen einige Keulenformen. Achse rein hornig. Hellneaplergelb, Achse braun.

Malayischer Archipel. Flaches Litoral.

3. Gen. **Rhabdoplexaura** Kükenthal

1910 *Hicksonella* (non *H.*, Simpson 1910), Nutting in: Siboga-Exp., *v.* 13bl p. 14 | 1919 *Rhabdoplexaura*, Kükenthal in: Ergeb. Tiefsee-Exp., *v.* 13 pars 2 p. 234.

Verzweigung dicht, baumförmig, die Polypen stehen dicht und allseitig, mit sehr niedrigen Kelchen und sind in die dicke Rinde einziehbar. Die Skleriten sind von zweierlei Gestalt, kleine, dicke, ovale Spindeln, die dicht bewarzt sind und lange, glatte oder nur feinbedornte, schlanke Stäbe. Hellbraun.

Malayischer Archipel. Flaches Litoral.

1 Art.

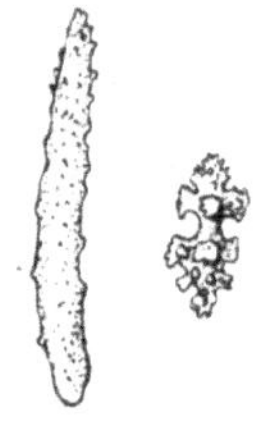

Fig. 72.
Rhabdoplexaura princeps.
Rindenskleriten
(nach Nutting).

1. **R. princeps** (Nutting) 1910 *Hicksonella p.*, Nutting in: Siboga-Exp., *v.* 13bl p. 15 t. 3 f. 1, 1a; t. 4 f. 10 | 1919 *Rhabdoplexaura p.*, Kükenthal in: Ergeb. Tiefsee-Exp., *v.* 13 pars 2 p. 234.

Die Kolonie ist baumförmig und dicht verzweigt; die Endzweige sind kurz. Die Polypen stehen allseitig und dicht, ihre Kelche sind sehr niedrig. Die dicke Rinde enthält Spicula von zweifach verschiedener Gestalt (Fig. 72). Die meisten sind kurze, ovale, dicht bewarzte Spindeln, die anderen ziemlich lange, bis 1,3 mm erreichende, stabförmige Spicula, die entweder fast glatt oder nur sehr fein bedornt sind. Hellbraun, Skleriten farblos.

Malayischer Archipel. Flaches Litoral.

4. Gen. Plexaurella (Valenciennes) Kölliker

1816 *Plexaura* (part.), Lamouroux, Hist. Polyp., p. 424 | 1816 *Gorgonia* (part.), Lamarck, Hist. An. s. Vert., *v.* 2 p. 313 | 1855 *Plexaurella* (nom. nud.), Valenciennes in: CR. Ac. Sci., *v.* 41 p. 10 | 1857 *Plexaura* (part.), H. Milne-Edwards, Hist. Corall., *v.* 1 p. 152 | 1860 *Eunicea* (part.), Duchassaing & Michelotti in: Mem. Acc. Torino, ser. 2 *v.* 19 p. 20 | 1865 *Plexaurella*, Kölliker, Icon. histiol., p. 138 | 1887 *P.*, Th. Studer (& P. Wright) in: Arch. Naturg., *v.* 53 I p. 43 | 1889 *P.*, F. J. Bell in: P. zool. Soc. London, p. 48 | 1907 *P.*, A. E. Verrill in: Tr. Connect. Ac., *v.* 12 p. 310 | 1916 *P.*, G. Kunze in: Zool. Jahrb., suppl. 11 p. 553.

Verzweigung dichotomisch und lateral gemischt. Äste starr, brüchig, gekrümmt. Die Endzweige können kolbig endigen. Polypen allseitig stehend, völlig in die Rinde zurückziehbar. Die Umgebung der porenförmigen Öffnung ist glatt oder nur schwach erhöht. Die Polypenspicula sind in einer Krone angeordnete Spindeln. Die Tentakelspicula sind meist fiederartig angeordnete, glatte oder fein bedornte Stäbe. Die Rinde ist dick und enthält sehr verschiedene Skleritenformen. In der äußeren Rindenschicht kommen kleine, bewarzte Vierstrahler mit zwei sehr kurzen Ausläufern vor. In der mittleren Schicht finden sich bewarzte Vierstrahler, Dreistrahler, Zweistrahler, Spindeln und andere Formen. In der Innenhaut herrschen einfachere, glattere Skleritenformen vor. Die Achse enthält konzentrisch geschichtete Kalkeinlagerungen von halbmondförmigem Querschnitt (Figur 73). Weißlich, grau, gelbgrau, olivenbraun, braun. Achse schwarz.

Antillen, Küste von Mexiko und von Südamerika bis Bahia. Litoral.

9 sichere Arten mit 2 Unterarten und 3 unsichere Arten.

Spec. typ.: *P. dichotoma* (Esp.)

Fig. 73. **Plexaurella kunzei.** (nach Kunze).

Bestimmungstabelle der Arten:

1 { Die Kolonie ist aufrecht verzweigt — 2
Die Kolonie ist nicht aufrecht verzweigt . . . . 9. **P. curvata**

2 { Die Ränder der Polypenmündung sind schwach erhöht — 4
Die Ränder der Polypenmündung sind fast glatt — 3

3 { Die Endäste sind 7—10 mm dick . . . . 7. **P. vermiculata**
Die Endäste sind höchstens 4 mm dick . . . . 8. **P. tenuis**

4 { Die Polypen stehen weit voneinander — 5
Die Polypen stehen dicht — 7

5	Die Endäste sind dicker als 5 mm — 6	
	Die Endäste sind dünner als 4 mm	3. **P. minuta**
6	Im Coenenchym herrschen Vierstrahler vor . . .	1. **P. kunzei**
	Im Coenenchym herrschen Spindeln vor	2. **P. fusifera**
7	Die Endäste sind dicker als 14 mm	4. **P. heteropora**
	Die Endäste sind höchstens 13 mm dick — 8	
8	Die Endäste sind dicker als 7 mm — 9	
	Die Endäste sind höchstens bis 7 mm dick . . .	6. **P. teres**
9	Die Äste sind gerade oder schwach gekrümmt . .	5. **P. dichotoma**
	Die Äste sind stark gekrümmt	5a. **P. dichotoma grisea**

1. **P. kunzei** nom. nov. Kükth. 1857 *Plexaura friabilis* (non *P. f.*, Lamouroux 1816), H. Milne-Edwards, Hist. Corall., *v.* 1 p. 156 | 1916 *Plexaurella f.*, G. Kunze in: Zool. Jahrb., suppl. 11 p. 560 t. 27 f. 1.

Kolonie aufrecht und spärlich dichotomisch verzweigt. Stamm und Äste im Querschnitt rund, letztere sind etwa 13,5 mm dick, am Ende schwach verdickt und sehr starr und zerbrechlich. Die Polypen stehen weit auseinander, die Polypenöffnung ist rund bis spaltförmig und die umgebende Rinde steigt zu ihr allmählich bis auf 1 mm Höhe an (Fig. 74). Die großen

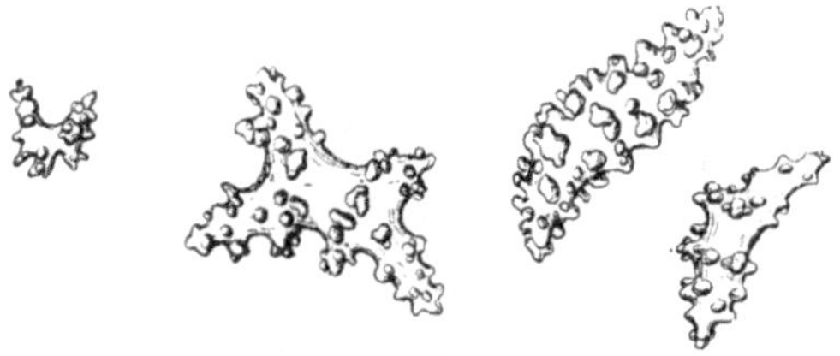

Fig. 74. **Plexaurella heteropora.** Skleriten der äußeren, mittleren und inneren Rinde (nach Kunze).

Polypen sind mit einer ansehnlichen Krone bedornter Spindeln bewehrt, deren 8 Zacken unten miteinander verschmolzen sind. Die stabförmigen Tentakelspicula gehen bis in die Pinnulae hinein. Die 6—7 mm dicke Rinde enthält in der äußersten Schicht vorwiegend kleine, bis 0,11 mm lange Vierstrahler mit 2 sehr verkürzten Ausläufern. In der mittleren Schicht liegen vorwiegend schlanke oder sehr plumpe, bis 0,23 mm messende Vierstrahler. Die Innenhaut enthält schlanke Vierstrahler, bis 0,36 mm lange Dreistrahler und spindelähnliche Formen. Gelblichweiß, Polypen hellgelb, Achse fast schwarz.

Antillen. Litoral.

2. **P. fusifera** Kunze 1916 *P. f.*, G. Kunze in: Zool. Jahrb., suppl. 11 p. 563 t. 27 f. 2.

Verzweigung spärlich, dichotomisch und lateral gemischt. Die Äste divergieren stark. Die Polypen stehen weit auseinander. Die Polypenöffnung ist meist spaltförmig und die Rinde steigt zu ihr ganz allmählich bis zu 1 mm Höhe an. Polypenkrone sehr gut ausgebildet, mit etwa 0,55 mm hohen Zacken. Tentakel und Pinnulae sehr reich mit Spicula bewehrt. Außenwand der Kelchfalte spiculafrei. Die Rinde ist 2,5 mm dick und enthält in der äußersten Schicht viele kleine, bis 0,17 mm messende Vierstrahler mit 2 sehr kurzen Ausläufern, daneben Warzenkeulen und andere Formen. Die mittlere Schicht enthält neben Vier- und Dreistrahlern viele bis 0,42 mm lange, schlanke, fast gerade und weitbedornte Spindeln. In der Innenhaut sind strahlige Formen sowie Spindeln am häufigsten. Gelbgrau, Polypen braun, Achse fast schwarz.

Barbados. Litoral.

3. **P. minuta** Kunze 1916 *P. m.*, G. Kunze in: Zool. Jahrb., suppl. 11 p. 565 t. 27 f. 3.

Die Kolonie ist aufrecht und gemischt dichotomisch und lateral verzweigt. Die meist gekrümmten Äste sind starr, 3—3,5 mm dick und endigen schwach und kolbig verdickt. Die Polypen stehen weit auseinander und zu ihrer meist spaltförmigen Öffnung steigt die Rinde ganz allmählich an. Die reich gefiederten Tentakel enthalten zahlreiche schlanke, schwachbedornte, bis 0,08 mm lange Stäbe. Die Skleriten der äußeren Rindenschicht sind plump und sehr unregelmäßig bedornt. In der mittleren Rinde liegen Vierstrahler meist mit 2 sehr kurzen Ausläufern, Dreistrahler, Zweistrahler und Spindeln. Die Innenhaut enthält viele kleine, plumpe, schwachbedornte Spicula, vielfach Spindeln. Hellgelbbraun, Polypen braun.

Mexiko.

4. **P. heteropora** (Lm.) 1816 *Gorgonia h.*, Lamarck, Hist. An. s. Vert., *v.* 2 p. 321 | 1816 *Plexaura h.*, Lamouroux, Hist. Polyp., p. 428 | 1907 *Plexaurella dichotoma* (part.), A. E. Verrill in: Tr. Connect. Ac., *v.* 12 p. 310 | 1916 *P. heteropora*, G. Kunze in: Zool. Jahrb., suppl. 11 p. 567 t. 27 f. 4.

Verzweigung spärlich, aufrecht und nahezu in einer Ebene, lateral und dichotomisch gemischt. Die Äste sind 14—16 mm dick, ihre Enden sind schwach angeschwollen. Die Polypen sind dicht angeordnet; um die spaltförmige Öffnung ist die Rinde schwach angewölbt. Eine Spiculakrone ist anscheinend vorhanden. Die Tentakel einschließlich Pinnulae sind auch mit Spicula bewehrt. Die Außenwand der Kelchfalte ist spiculafrei. In der äußersten Rindenschicht kommen 0,09 mm große Vierstrahler mit zwei sehr verkürzten Strahlen vor, in der mittleren Schicht bis 0,35 mm lange Vierstrahler, Dreistrahler und Spindeln (Fig. 75). Die Skleriten der Innenhaut sind meist kleine, plumpe Formen, sowie bis 0,26 mm lange Spindeln. Graugelb, Polypen tiefbraun, Achse schwarz.

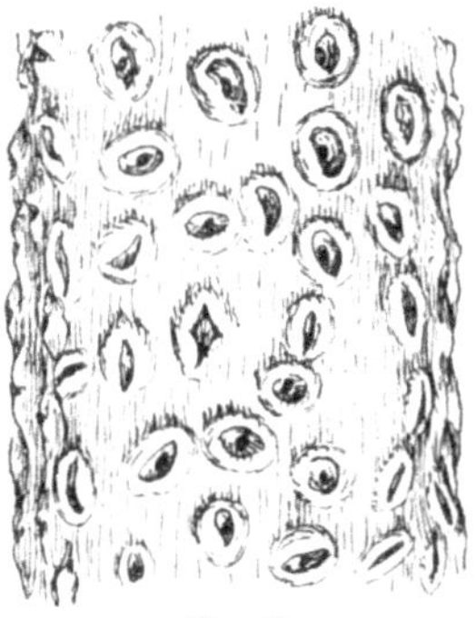

Fig. 76.
Plexaurella dichotoma.
Umgebung der Polypenmündungen (⁴/₁).

Barbados. Litoral.

5. **P. dichotoma** (Esp.) 1794 *Gorgonia d.*, Esper, Pflanzenth., *v.* 2 p. 59 t. 14 | 1816 *G. d.*, Lamarck, Hist. An. s. Vert., *v.* 2 p. 321 | 1855 *Plexaurella d.*, Valenciennes in: CR. Ac. Sci., *v.* 41 p. 10 | 1860 *Eunicea anceps*, Duchassaing & Michelotti in: Mem. Acc. Torino, ser. 2 *v.* 19 p. 25 t. 3 f. 1, 2 | 1864 *Plexaura dichotoma*, A. E. Verrill in: Bull. Mus. Harvard, *v.* 1 p. 34 | 1865 *Plexaurella d.* + *P. anceps*, Kölliker, Icon. histiol., p. 138 t. 18 f. 11, 14 | 1907 *P. d.*, A. E. Verrill in: Tr. Connect. Ac., *v.* 12 p. 310 t. 36A f. 1, 2 | 1916 *P. d.*, G. Kunze in: Zool. Jahrb., suppl. 11 p. 569 t. 28 f. 5.

Verzweigung aufrecht buschig und in wechselnder Dichte dichotomisch und lateral gemischt. Die Endzweige sind oft sehr lang, von rundem Querschnitt und 7—13 mm Durchmesser. Die Äste sind brüchig und ziemlich starr. Die dicht stehenden Polypen haben eine meist etwas erhöhte, runde bis spaltförmige Öffnung (Fig. 76). Die Polypenkrone ist wenig deutlich.

Die Tentakel enthalten zahlreiche Spicula, die auch als sehr kleine Stäbe in die Pinnulae eintreten. Die Außenwand der Kelchfalte ist spiculafrei. Die Rindenspicula haben sehr verschiedene Formen. Außen liegen reichlich kleine etwa 0,12 mm lange Vierstrahler mit zwei sehr verkürzten Strahlen sogenannter Keulen, in der Mitte vorwiegend sehr verschieden geformte, bewarzte größere Vierstrahler, sowie Mehrstrahler, Dreistrahler und Spindeln. Die Innenhaut enthält vor allem einfache, bis 0,29 mm lange Spindeln. Olivbraun, braun, graubraun, gelbbraun, Achse schwarz.

Antillen, Barbados. Litoral.

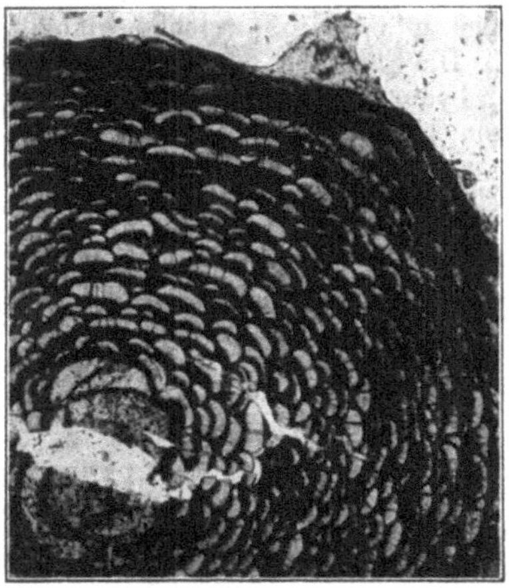

Fig. 76. **Plexaurella vermiculata.** Achsenquerschliff.

Diese Art zerfällt in 2 Unterarten:

5a. **P. dichotoma typica** (Esp.) 1794 *Gorgonia d.*, Esper, Pflanzenth., *v.* 2 p. 59 t. 14.

Mit den Merkmalen der Art.

Antillen. Litoral.

5b. **P. dichotoma grisea** Kunze 1916 *P. d.* var. *g.*, G. Kunze in: Zool. Jahrb., suppl. 11 p. 573 t. 28 f. 6.

Verzweigung lateral, die Äste sind stark gekrümmt, starr und leicht zerbrechlich. Die Endzweige sind im Querschnitt rund und 9—11,5 mm dick. Die ziemlich dicht stehenden Polypen haben meist schwach erhöhte ovale Öffnungen. Die großen Vierstrahler der mittleren Rinde sind sehr plump. Hellgrau, Achse schwarz.

Barbados. Litoral.

6. **P. teres** Kunze 1916 *P. t.*, G. Kunze in: Zool. Jahrb., suppl. 11 p. 575.

Kolonie aufrecht, teils dichotomisch teils lateral verzweigt. Die dicht stehenden Polypen haben eine runde oder spaltförmige, bis 1 mm messende Öffnung. Die Rindenskleriten sind vorwiegend ganz besonders gedrungene Vierstrahler bis zu 0,28 mm Länge. Hellgelblichgrau, Achse schwarz.

Verbreitung unbekannt, wahrscheinlich Antillen.

7. **P. vermiculata** (Lm.) 1816 *Gorgonia v.*, Lamarck, Hist. An. s. Vert., *v.* 2 p. 319 | 1855 *Plexaura v.*, Valenciennes in: CR. Ac. Sci., *v.* 41 p. 6 | 1889 *Plexaurella v.* + *P. affinis* + *P. anguiculoides*, F. J. Bell in: P. zool. Soc. London, p. 48 t. 3 f. 2—4 | 1907 *P. dichotoma* (part.), A. E. Verrill in: Tr. Connect. Ac., *v.* 12 p. 310 | 1916 *P. vermiculata*, G. Kunze in: Zool. Jahrb., suppl. 11 p. 576 t. 28 f. 7.

Kolonie aufrecht und buschig, dicht verzweigt, dichotomisch und lateral gemischt. Die Endzweige sind mitunter sehr lang, von rundem Querschnitt und 7—10 mm dick, die Äste sind ziemlich starr und brüchig. Die dicht stehenden Polypen zeigen ovale oder runde Öffnungen oder longitudinal angeordnete Spalten. Die Tentakel sind reich mit stabförmigen Spicula erfüllt. Die Außenwand der Kelchfalte ist spiculafrei. In der mittleren Rindenschicht liegen vorwiegend bis 0,3 mm lange Vierstrahler mit 2 verkürzten Strahlen, zwischen denen eine völlig warzenlose Zone liegt. Außerdem kommen kreuzförmige und anders geformte Spicula vor. Die Spicula der Innenhaut sind kleiner und mehr walzen- oder spindelförmig. Olivbraun, hellgraubraun, Achse schwarz.

Antillen. Litoral.

8. **P. tenuis** Kunze 1916 *P. t.*, G. Kunze in: Zool. Jahrb., suppl. 11 p. 579 t. 27 f. 8.

Die Kolonie ist aufrecht und spärlich, teils dichotomisch teils lateral verzweigt. Die im Querschnitt runden Endzweige sind 3,5 mm dick. Die Äste sind etwas biegsam. Die in mäßigem Abstande stehenden Polypen haben ovale, im Durchmesser 0,75 mm haltende Öffnungen. Eine Polypenkrone aus schlanken, flach und weit bedornten Spindeln ist vorhanden. Die Tentakel enthalten Spicula bis in die Pinnulae. In der etwa 1,25 mm dicken Rinde liegen außen kleine, gedrungene, warzige Zweistrahler, in der Mitte etwa 0,44 mm lange, schlanke, weit offene Zweistrahler, neben anders geformten Skleriten. Die Innenhaut enthält mäßig schlanke, kleinere Skleriten. Farbe schmutzigweißlich, Achse schwarzbraun.

St. Thomas (Antillen). Litoral.

9. **P. curvata** Kunze 1916 *P. c.*, G. Kunze in: Zool. Jahrb., suppl. 11 p. 582 t. 27 f. 9.

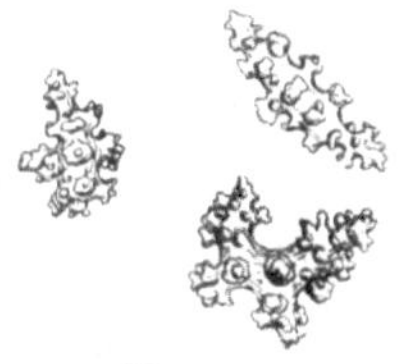

Fig. 77. **Plexaurella curvata.** Skleriten der äußeren und mittleren Rinde (nach Kunze).

Die Kolonie ist nicht aufrecht verzweigt, die Äste sind meist sehr stark und mehrfach gekrümmt, 3—7 mm dick und ihre Enden sind oft kolbenartig verdickt. Die dichtstehenden Polypen haben ovale, bis 1 mm lange Öffnungen auf schwacher Erhöhung. Die Polypenkrone besteht aus schwach bedornten Stäben, die auch in großer Zahl in den Tentakeln vorkommen. Die äußere Rindenschicht enthält vorwiegend kleine Vierstrahler, mit 2 stark verkürzten Strahlen, sowie keulenartige und fast spindelförmige Skleriten; in der mittleren Schicht kommen vor allem größere Vierstrahler, sowie Spindeln vor (Fig. 77), in der Innenhaut nur kleine, verschiedenartig geformte Skleriten. Schmutzigweiß, hellgrau, braungrau, Achse dunkelgraubraun.

Antillen. Litoral.

P. crassa (Ellis) 1756 ?*Gorgonia c.*, Ellis, Nat. Hist. Corall., p. 91 | 1865 *Plexaurella c.*, Kölliker, Icon. histiol., p. 138 t. 18 f. 12.

Keine Beschreibung, nur Abbildung eines *Spiculums*; danach gehört die Form zur Gattung *Plexaurella*.

P. furcata (Lm.) 1816 ?*Gorgonia f.*, Lamarck, Hist. An. s. Vert., *v.* 2 p. 316 | 1865 *Plexaurella f.*, Kölliker, Icon. histiol., p. 138.

Weit und dichotomisch verzweigt, niedrig, Äste mitunter gebogen. Rinde weiß.

Von Kölliker zur Gattung *Plexaurella* gestellt.

P. nutans (Duchass. & Mich.) 1860 *Eunicea n.*, Duchassaing & Michelotti in: Mem. Acc. Torino, ser. 2 *v.* 19 p. 24 t. 3 f. 3, 4 | 1865 *Plexaurella n.*, Kölliker, Icon. histiol., p. 138 t. 18 f. 15.

Äste stark gekrümmt und ziemlich dick. Die weit stehenden Polypen haben eine meist längliche und ziemlich weit offene Öffnung mit schwach erhöhtem Rande. Die Rindenskleriten, zum Teil Vierstrahler, sind relativ schlank und tragen wenig Warzen. Gelblichweiß.

Antillen.

Vielleicht identisch mit *P. kunzei* (nr. 1).

5. Gen. **Psammogorgia** A. E. Verrill

1868v *P.*, A. E. Verrill in: Amer. J. Sci., ser. 2 *v.* 45 p. 413 | 1868xii *P.*, A. E. Verrill in: Tr. Connect. Ac., *v.* 1 p. 414 | 1887 *P.*, Th. Studer (& P. Wright) in: Arch. Naturg., *v.* 53i p. 60 | 1909 *P.*, Nutting in: P. U. S. Mus., *v.* 35 p. 719 | 1910 *P.*, Nutting in: Siboga-Exp., *v.* 13bi p. 16 | 1919 *P.*, Kükenthal in: Ergeb. Tiefsee-Exp., *v.* 13 pars 2 p. 234, 905.

Die Kolonie ist dichotomisch oder zweiseitig lateral verzweigt mit nicht abgeplatteten Ästen. Achse hornig. Die Polypen stehen allseitig und sind meist in Kelche zurückziehbar. An den Tentakelbasen finden sich ziemlich lange, schlanke, bewarzte Spindeln. Die Skleriten der mäßig dicken fein granulierten Rinde sind kurze, dicke, sehr rauhe, warzige Spindeln und warzige Keulen von mittlerer Größe.

Westküste Mittelamerikas, Kalifornien, Neuseeland, Neupommern. Litoral und Küsten-Abyssal.

Mit 10 sicheren, 4 unsicheren Arten und 3 Unterarten.

Spec. typ.: *Psammogorgia arbuscula* (Verrill)

Bestimmungstabelle der Arten:

1	In der mittleren Rindenschicht Spindeln und Warzenkeulen — 2	
	In der mittleren Rindenschicht Spindeln aber keine Warzenkeulen — 7	
2	Verzweigung in einer Ebene — 3	
	Verzweigung buschig — 6	
3	Warzenkeulen mit stumpfem Ende — 4	
	Warzenkeulen mit zugespitztem Ende	4. **P. gracilis**
4	Zweige nicht oder kaum verjüngt — 5	
	Zweige verjüngt	3. **P. teres**
5	Polypenspicula bis 0,264 mm lang	1. **P. arbuscula**
	Polypenspicula bis 0,155 mm lang	2. **P. fucosa**
6	Rindenskleriten bis 0,18 mm lang	5. **P. schoedei**
	Rindenskleriten bis 0,1 mm lang	6. **P. nodosa**
7	Spindeln der äußeren Rinde gleichmäßig bedornt — 8	
	Spindeln der äußeren Rinde einseitig hoch bedornt	10. **P. variabilis**
8	Polypen dicht gestellt	7. **P. spauldingi**
	Polypen in Entfernungen von 2—2,5 mm — 9	
9	Kolonie unverzweigt oder wenig verzweigt	8. **P. simplex**
	Kolonie fächerförmig verzweigt	9. **P. torreyi**

1. **P. arbuscula** (Verrill) 1866 *Echinogorgia a.*, A. E. Verrill in: P. Boston Soc., *v.* 10 p. 329 | 1868 *Psammogorgia a.*, A. E. Verrill in: Tr. Connect. Ac., *v.* 1 p. 414 t. 5 f. 17; t. 6 f. 9 | 1909 nec *P. a.*, Nutting in: P. U. S. Mus., *v.* 35 p. 719 | 1910 ? *P. a.*, Nutting in: Siboga-Exp., *v.* 13b1 p. 16 | 1919 *P. a.*, Kükenthal in: Ergeb. Tiefsee-Exp., *v.* 13 pars 2 p. 236.

Die Kolonie ist niedrig und unregelmäßig dichotomisch annähernd in einer Ebene verzweigt. Oft entspringen mehrere Stämme von gemeinsamer, breiter, inkrustierender Basis, die mit Polypen besetzt ist. Die Zweige verlaufen entweder annähernd parallel oder sind stark gekrümmt und bilden mitunter Anastomosen. Die Endzweige verjüngen sich kaum und enden abgerundet. Die Polypen sind groß mit großen Kelchen, die regelmäßig allseitig stehen; die Polypenspicula unter den Tentakelbasen sind bis 0,264 mm lange, schlanke, zugespitzte, oft gebogene Spindeln, die mit kleinen, scharfen Dornen besetzt sind. Die mäßig dicke Rinde weist eine rauhe, granulierte Oberfläche auf und enthält Spicula verschiedener Form, lange mit großen dornigen Warzen besetzte Spindeln bis zu 0,264 mm Länge, dicke, fast kugelige Skleriten, die dicht mit dornigen Warzen besetzt sind und etwa 0,1 mm Länge erreichen und vorwiegend in oberflächlicher Schicht vorkommen, ferner Keulen von 0,18 mm Länge, deren mäßig verdicktes Ende mit scharfen, dornigen Warzen besetzt ist. Glänzend rot, Polypen glänzend gelb.

Panama- und Perl-Inseln. Flaches Litoral.

Diese Art zerfällt in 3 Unterarten:

1a. **P. arbuscula typica** (Verrill) 1866 *Echinogorgia a.*, A. E. Verrill in: P. Boston Soc., *v.* 10 p. 329.

Mit den Merkmalen der Art.

Panama und Perl-Inseln. Flaches Litoral.

1b. **P. arbuscula dowii** Verrill 1868 *P. a.* var. *D.*, A. E. Verrill in: Tr. Connect. Ac., *v.* 1 p. 415 | 1919 *P. a.* var. *D.*, Kükenthal in: Ergeb. Tiefsee-Exp., *v.* 13 pars 2 p. 237.

Mit regelmäßiger, mehr fächerförmiger Verzweigung, flachen Polypenkelchen und tiefroter Farbe.

San Salvador, Perl-Inseln.

1c. **P. arbuscula pallida** Verrill 1868 *P. a.* var. *p.*, A. E. Verrill in: Tr. Connect. Ac., *v.* 1 p. 415 | 1919 *P. a.* var. *p.*, Kükenthal in: Ergeb. Tiefsee-Exp., *v.* 13 pars 2 p. 237.

Fächerförmig, Polypen mit niedrigen, warzenförmigen Kelchen. Spicula dünner und etwas kleiner. Grauweiß oder gelblich.

Perl-Inseln.

2. **P. fucosa** (Val.) 1846 *Gorgonia f.*, Valenciennes in: Voy. Vénus, Atlas Zooph. t. 15 bis | 1857 *Plexaura f.*, H. Milne-Edwards, Hist. Corall., *v.* 1 p. 154 | 1868 *Psammogorgia f.*, A. E. Verrill in: Tr. Connect. Ac., *v.* 1 p. 417 | 1869 *P. f.*, A. E. Verrill in: Amer. J. Sci., ser. 2 *v.* 48 p. 427 | 1919 *P. f.*, Kükenthal in: Ergeb. Tiefsee-Exp., *v.* 13 pars 2 p. 237.

Mehrere Stämme entspringen von gemeinsamer Basis; die Verzweigung ist unregelmäßig dichotomisch in einer Ebene, die Endzweige sind wenig dünner und an den Enden abgerundet oder angeschwollen, oft gekrümmt. Die Polypen haben flache Kelche, und ihre Spicula sind bis 0,155 mm lange, feinbedornte, schlanke Spindeln. Die Rindenskleriten variieren sehr stark in Gestalt und Farbe. Es sind vorwiegend starke, mit großen, rauhen Warzen besetzte, 0,156 mm lange Spindeln, ferner ebenso lange Doppelspindeln, mit gürtelförmig angeordneten Warzen, Doppelkugeln, Warzenkeulen usw. Dunkelrötlich.

Mazatlan (Mexiko).

3. **P. teres** Verrill 1868 *P. t.*, A. E. Verrill in: Tr. Connect. Ac., *v.* 1 p. 416 t. 5 f. 18; t. 7 f. 1 | 1915 ?*P. t.*, Hickson in: P. zool. Soc. London, p. 554 t. 1 f. 1 | 1919 *P. t.*, Kükenthal in: Ergeb. Tiefsee-Exp., *v.* 13 pars 2 p. 237.

Die Kolonie ist groß, dichotomisch reichlich verzweigt, von Fächerform, mit ziemlich großen, walzenförmigen, oft gebogenen Zweigen. Die Basis ist verbreitert und gibt mehr als einen Stamm ab. Anastomosen sind nicht selten. Die Endzweige verjüngen sich nicht unerheblich. Die großen Polypen stehen allseitig weit auseinander, und ihre Kelche sind flach oder nur wenig erhaben. Die Polypenspicula sind bis 0,264 mm lange, schlanke, zugespitzte, meist gebogene Spindeln, die mit kleinen, spitzen Dornen besetzt sind. Die dünne Rinde hat eine fein granulierte Oberfläche und enthält 0,192 mm lange, dicke Spindeln, die mit hohen, rauhen Warzen bedeckt sind, die an den Enden in 2 oder 3 unregelmäßigen Gürteln stehen. Ferner finden sich nahezu kugelige Skleriten von 0,168 mm Länge vor, die dicht mit langen bedornten Warzen besetzt sind. Auch Keulenformen kommen vor, und außerdem zahlreiche kleine Skleriten von verschiedener Gestalt, alle besetzt mit rauhen Warzen. Achse dunkelgelb, dick undurchsichtig, holzartig, in den Asten weich. Glänzend rot.

Perl-Inseln, Westküste von Vancouverinsel. Flaches Litoral.

4. **P. gracilis** Verrill 1868 *P. g.*, A. E. Verrill in: Tr. Connect. Ac., *v.* 1 p. 417 t. 5 f. 19; t. 6 f. 10 | 1919 *P. g.*, Kükenthal in: Ergeb. Tiefsee-Exp., *v.* 13 pars 2 p. 238.

Kolonie schlank, fächerförmig, die schlanken Endzweige sind lang und verlaufen annähernd parallel. Die Polypen stehen allseitig sehr dicht und ihre Kelche sind niedrig. Die hellgelben Polypenspicula sind lange, schlanke, fast glatte Spindeln bis zu 0,15 mm Länge. Die mäßig dicke Rinde enthält 0,24 mm lange, schlanke Spindeln mit sehr spitzen Enden und hohen Warzen, die 5—6 unregelmäßige Gürtel bilden, ferner kurze, sehr stark bewarzte Spindeln mit abgerundeten Enden, bis 0,168 mm lang, Keulen (Fig. 78) mit sehr spitzen, unteren Enden, 0,25 mm lang, deren verdickter Teil mit zahlreichen großen Warzen und Dornen besetzt ist. Hellrot.

Fig. 78.
Psammogorgia gracilis.
Skleriten (nach Verrill).

Perl-Inseln.

5. **P. schoedei** Kükth. 1919 *P. s.*, Kükenthal in: Ergeb. Tiefsee-Exp., *v.* 13 pars 2 p. 905.

Verzweigung buschig, spitzwinklig. Die langen Endzweige hängen etwas herab und enden leicht angeschwollen. Die kleinen Polypen stehen allseitig in 3 mm Abstand, und sind mit 4—5 Paar 0,15 mm langer, schlanker, flacher Spindeln in jeder Doppelreihe bewehrt. In der äußeren Rinde liegen bis 0,18 mm lange, dicke, fast ovale Spindeln mit unregelmäßigen Gürteln großer, gezackter Warzen, sowie 0,12 mm erreichende, schlanke Spindeln mit sehr hohen, in regelmäßigen Gürteln stehenden, gestielten Warzen; auch Keulen kommen vor, die meist etwas abgeflacht sind. In der tieferen Rinde finden sich kleine, schlanke Gürtelstäbe mit 2 bis 4 Gürteln hoher Warzen. Weißgelb.

Bougainville.

6. **P. nodosa** Kükth. 1919 *P. n.*, Kükenthal in: Ergeb. Tiefsee-Exp., *v.* 13 pars 2 p. 905.

Verzweigung buschig, die Endzweige sind kurz und meist angeschwollen. Die sehr kleinen, allseitig stehenden Polypen sind völlig in die Rinde einziehbar. Die Rindenskleriten sind 0,08—0,1 mm messende Keulen, die Gürtelstäbe der tieferen Rindenschicht sind klein und schlank. Braun.

Neupommern.

7. **P. spauldingi** Nutting 1909 *P. s.*, Nutting in: P. U. S. Mus., *v.* 35 p. 721 t. 88 f. 3, 4; t. 90 f. 7 | 1919 *P. s.*, Kükenthal in: Ergeb. Tiefsee-Exp., *v.* 13 pars 2 p. 238.

Kolonie fächerförmig, Äste im Querschnitt kreisrund. Polypen dicht gestellt, mit niedrigen Kelchen. Die Polypenbewehrung ist schwach und besteht aus 8 Doppelreihen schlanker, fein bedornter Spindeln. Das Coenenchym enthält kleine, hohe und stark bewarzte Spindeln und Doppelspindeln. Glänzend rot, Polypen weiß.

Kalifornien.

8. **P. simplex** Nutting 1909 *P. s.*, Nutting in: P. U. S. Mus., *v.* 35 p. 720 t. 88 f. 5, 6; t. 90 f. 4 | 1919 *P. s.*, Kükenthal in: Ergeb. Tiefsee-Exp., *v.* 13 pars 2 p. 238.

Kolonie unverzweigt oder wenig verzweigt. Stamm im Querschnitt kreisrund und gleichmäßig dick. Die 1 mm hohen Polypen stehen gleichmäßig und nicht dicht, meist 2 mm voneinander entfernt, mit deutlichen Kelchen. Ihre Spicula stehen in steilen Doppelreihen und sind rotgefärbte Spindeln. Die dünne Rinde enthält außen kleine Doppelspindeln, Rosetten, und kleine Keulen, in tieferer Schicht grössere, schlanke, zugespitzte Spindeln, die oft etwas gebogen und mit regelmäßig angeordneten Warzen besetzt sind. Rot.

Kalifornien. Küsten-Abyssal.

9. **P. torreyi** Nutting 1909 *P. t.*, Nutting in: P. U. S. Mus., *v.* 35 p. 721 t. 89 f. 1, 2; t. 90 f. 5 | 1919 *P. t.*, Kükenthal in: Ergeb. Tiefsee-Exp., *v.* 13 pars 2 p. 239.

Die Kolonie ist ausgesprochen fächerförmig mit zahlreichen Anastomosen. Die Zweige stehen wechselständig. Die Polypen stehen allseitig und 2,5 mm voneinander entfernt; ihre Polypen sind 1,5 mm hoch mit stumpf konischen Kelchen. Die Polypenspicula sind lange, bewarzte Spindeln, die longitudinal angeordnet sind. Die Coenenchymspicula sind kleiner und fast durchweg von Spindelform. Dunkelpurpurrot.

Kalifornien. Küsten-Abyssal.

10. **P. variabilis** Th. Stud. 1894 *P. v.*, Th. Studer in: Bull. Mus. Harvard, *v.* 25 p. 67 | 1919 *P. v.*, Kükenthal in: Ergeb. Tiefsee-Exp., *v.* 13 pars 2 p. 239.

Von flacher Basis erhebt sich ein dicker Hauptstamm, von dem in großen und unregelmäßigen Zwischenräumen lange, biegsame Äste abgehen, die nur wenig verzweigt sind. Die Äste entspringen im Winkel von 45—90°. Die Äste sind nur an den Enden abgeplattet. Die Polypen entspringen aus flachen Kelchen, die an Stamm und Ästen spiralig angeordnet sind, an den Enden lateral. Die Spicula der Kelche und der Rinde sind in zwei Lager geschieden. Das äußere enthält dicke, warzige Spindeln, deren nach außen zu gelegene Seite viel höher verzweigte Warzen trägt als die Innenseite. Die tiefere Schicht enthält kleine, sehr bedornte Spindeln. Die Tentakel enthalten kleine, stachelige Spicula, die auf einem Ring gebogener Stäbe ruhen, der sich an der Basis der Tentakelkrone hinzieht. Die Achse ist hornig und biegsam. Weiß oder gelb, Achse gelb.

Westküste Zentralamerikas. Tieferes Litoral.

P. ridleyi J. A. Thoms. & J. Simps. 1909 *P. r.*, J. A. Thomson & J. Simpson, Alcyon. Investigator, *v.* 2 p. 263 t. 2 f. 5; t. 9 f. 10 (a) 10 (b) | 1919 *P. r.*, Kükenthal in: Ergeb. Tiefsee-Exp., *v.* 13 pars 2 p. 239.

Von kriechender Basis entspringen zwei Hauptstämme, die sich in einer Ebene verzweigen. Die Enden der Zweige sind leicht kolbig angeschwollen. Die Polypen stehen allseitig in Entfernungen von 0,5 mm und sind völlig in die Rinde zurückziehbar. Die Polypenspicula sind bis 0,15 mm lange, bedornte Spindeln. Das in den Zweigen dickere Coenenchym ist erfüllt mit verschieden gestalteten Skleriten, bis 0,3 mm langen, dicht bewarzten Spindeln, bis 0,2 mm langen Spindeln, deren Warzen in 4 bis 5 Gürteln stehen, bis 0,175 mm langen, unregelmäßig bewarzten Spindeln, vierstrahligen Formen und Vierlingen. Achse hornig faserig, sehr biegsam mit weichem, weißem Zentralstrang. Hellbraun.

Andamanen.

P. pulchra J. S. Thoms. 1911 *P. p.*, J. S. Thomson in: P. zool. Soc. London, p. 881 t. 43 f. 5; t. 45 f. 3a, b | 1919 *P. p.*, Kükenthal in: Ergeb. Tiefsee-Exp., *v.* 13 pars 2 p. 240.

Von membranöser Basis entspringen 1 oder 2 wenig verzweigte Stämme. Die Enden der Äste sind stark angeschwollen. Die Polypen stehen allseitig und überall, auch auf der membranösen Basis und sind 1,5 mm hoch, 2 mm dick. Die Polypenspicula sind bis 0,114 mm lange, rote Spindeln, die in konvergierenden Reihen angeordnet sind, darunter liegt ein Ring von 2—3 transversalen Spiculareihen. Die Kelche sind von einem Kranz vorragender Spicula umgeben, die gelb gefärbt sind. In der oberflächlichen Rinde liegen bis 0,123 mm lange, gelbe Spindeln verschiedener Größe dicht nebeneinander, vorwiegend in der Längsrichtung der Achse angeordnet. Außerdem kommen auf der Achsenoberfläche noch große, bis 0,34 mm lange, nadelförmige, fast glatte Spicula vor. Die Achse enthält einen dicken, grünen Zentralstrang, der von einer hornigen Röhre umschlossen ist. Orange mit roten Flecken auf den Tentakeln.

Südafrika. Litoral.

P. plexauroides S. Ridl. 1888 *P. (?) p.*, S. Ridley in: J. Linn. Soc. London, *v.* 21 p. 235 t. 17 f. 1—6 | 1919 *P. p.*, Kükenthal in: Ergeb. Tiefsee-Exp., *v.* 13 pars 2 p. 240.

Die Kolonie ist ausgeprägt fächerförmig, die Äste stehen wechselständig und gehen in ungefähr rechtem Winkel ab. Die Endzweige sind leicht kolbig angeschwollen. Anastomosen kommen nur selten vor. Die Basis ist verbreitert, Stamm und Äste sind walzenförmig. Die Polypen stehen allseitig und entspringen aus sehr flachen, längsovalen Kelchen von 0,75 mm Längsdurchmesser. Die feste Rinde ist an der Oberfläche fein granuliert. Folgende Skleritenformen kommen vor: kurze dicke bis 0,18 mm lange Walzen, dicht bedeckt mit kleinen Warzen, Walzen von 0,12 mm Länge mit 2 Warzengürteln von je 5 Warzen, Walzen mit 2 weniger deutlichen Gürteln von je 4 Warzen und sehr kleine abgestumpfte Walzen mit flachen Facetten. Dunkelbraun, Achse sehr dunkelbraun.

Vielleicht eine *Leptogorgia*.

Mergui-Archipel.

P. geniculata Th. Stud. 1878 *? P. g.*, Th. Studer in: Monber. Ak. Berlin, p. 654 t. 3 f. 20a—e | 1919 *P. g.*, Kükenthal in: Ergeb. Tiefsee-Exp., *v.* 13 pars 2 p. 240, 905.

Stamm walzenförmig, die unverzweigten Äste sind kurz und stehen wechselständig nach zwei Seiten, ihr Ende ist kolbig abgestumpft. An der Abgangsstelle jedes Astes ist der Stamm knieförmig in entgegengesetzter Richtung abgestumpft. Die Achse ist verhältnismäßig dick, hornig, schwarz, mit einem dünnen, weichen Zentralstrang. Die dünne Rinde hat eine granulierte Oberfläche. Die Polypen stehen zerstreut, allseitig. Im Coenenchym liegen durchschnittlich 0,128 mm messende Skleriten, stachelig, warzig, unregelmäßig, ziemlich breit, auch keulenförmig, sowie dornige Vierlinge und Sechser. In der tieferen Rindenschicht sind die sehr hohen Warzen der kleinen Skleriten in 2 Gürteln angeordnet. Weiß, Achse schwarz.

Neu-Seeland. Tiefes Litoral.

6. Gen. **Plexaura** Lamouroux

1794 *Gorgonia* (part.), Esper, Pflanzenth., *v.* 2 p. 49 | 1812 *Plexaura*, Lamouroux in: N. Bull. Soc. philom., *v.* 3 p. 187 | 1816 *P.* (part.), Lamouroux, Hist. Polyp., p. 424 | 1857 *P.*, H. Milne-Edwards, Hist. Corall., *v.* 1 p. 152 | 1889 *P.* + *Pseudoplexaura*, P. Wright & Th. Studer in: Rep. Voy. Challenger, *v.* 31 pars 64 p. 137; p. 141 | 1907 *Plexaura* + *Euniceopsis* (part.), A. E. Verrill in: Tr. Connect. Ac., *v.* 12 p. 302, 311 | 1917 *P.*, Kükenthal in: Zool. Anz., *v.* 48 p. 335 | 1921 *P.*, J. Moser in: Zool. Anz., *v.* 53 p. 111.

Die baumförmig aufgerichteten Kolonien sind meist lateral und dichotomisch gemischt, buschig oder mehr in einer Ebene verzweigt. Stamm, Äste und Zweige sind stets rund und allseitig mit dichtgedrängten Polypen besetzt, die nur gelegentlich Anordnung in Längsreihen zeigen. Ein Polypenkelch fehlt stets, und die Polypen sind völlig in die Rinde zurückziehbar. Die Polypenbewehrung ist schwach und kann auch fehlen. Die stets dicke Rinde enthält in der Außenschicht farblose Spindeln und Stäbchen, sowie verschieden geformte Keulen, auch Stachelkugeln. Skleriten von Schmetterlingsform fehlen stets. Die innere Rindenschicht enthält außer farblosen, meist violette Skleriten, Spindeln, Stäbe, sowie kleine, bewarzte Walzen, die auch gebogen sein können. In der Innenhaut können rotgefärbte Skleriten eingelagert sein. Die Achse ist rein hornig.

Küsten des tropischen westatlantischen Ozeans. Litoral.

19 sichere, 2 unsichere Arten.

Spec. typ.: *P. homomalla* Lmx.

Bestimmungstabelle der Arten:

1	Die Skleriten der Rinde sind bis 1,2 mm lang und länger — 2	
	Die Skleriten der Rinde erreichen kaum 1 mm Länge — 8	
2	Farbige Skleriten kommen nur in der Basis vor — 3	
	Farbige Skleriten finden sich auch in der Rinde der Äste — 4	
3	Die Zweigenden sind 3 mm dick	1. **P. miniacea**
	Die Zweigenden sind 8—11 mm dick	2. **P. fusca**
4	Die Skleriten der inneren Rinde sind farblos und violett, aber nie rot — 5	
	In der inneren Rinde kommen auch rote Skleriten vor .	7. **P. valenciennesi**
5	Die farbigen Skleriten sind etwa 0,2 mm lang	3. **P. dubia**
	Die farbigen Skleriten sind bis 1,3 mm lang oder länger — 6	
6	Die Kolonie ist nicht violett gefärbt — 7	
	Die Kolonie ist violett gefärbt	6. **P. edwardsi**
7	Die violetten Skleriten sind in den Zweigenden nur 0,23 mm lang	4. **P. atra**
	Die violetten Skleriten sind auch in den Zweigenden bis 1,6 mm lang.	5. **P. flexuosula**
8	Die Innenskleriten sind farblos und violett, aber niemals rot — 9	
	Die Innenskleriten sind auch rot — 14	
9	Die Skleriten sind höchstens 0,44 mm lang	8. **P. ehrenbergi**
	Die Skleriten erreichen wenigstens 0,5 mm Länge — 10	
10	Die Zweigenden sind skleritenfrei	9. **P. turgida**
	Die Zweigenden enthalten Skleriten — 11	
11	Die Skleriten werden bis 0,8 mm lang — 12	
	Die Skleriten werden kaum bis 0,6 mm lang	13. **P. hartmeyeri**

12	Die Stammskleriten sind länger als die der Zweige — 13	
	Die Zweigskleriten sind länger als die des Stammes . .	12. **P. kükenthali**
13	Die violetten Skleriten werden nur 0,24 mm lang . . .	10. **P. arbusculum**
	Die violetten Skleriten werden mehr als 0,5 mm lang .	11. **P. ramosa**
14	Die Skleriten sind stets kürzer als 0,5 mm — 15	
	Die Skleriten sind mindestens 0,5 mm lang — 18	
15	Es sind farblose Spindeln vorhanden — 16	
	Farblose Spindeln fehlen	17. **P. laevigata**
16	Die violetten Skleriten sind auf die Basis beschränkt .	14. **P. corticosa**
	Die violetten Skleriten kommen auch in den Ästen und Zweigen vor — 17	
17	Die farblosen Skleriten erreichen nur 0,25 mm Länge .	15. **P. porosa**
	Die farblosen Skleriten erreichen etwa 0,45 mm Länge .	16. **P. esperi**
18	Die Zweigenden sind 4 mm dick	18. **P. homomalla**
	Die Zweigenden sind 2—2,5 mm dick	19. **P. flavida**

1. **P. miniacea** Ehrbg. 1834 *P. m.*, Ehrenberg in: Abh. Ak. Berlin, p. 365 | 1917 *P. m.*, Kükenthal in: Zool. Anz., *v.* 48 p. 335 | 1921 *P. m.*, J. Moser in: Zool. Anz., *v.* 53 p. 114.

Von einem kurzen, walzenförmigen Stamme entspringen sehr lange, schlanke, rutenförmige Äste von etwa 3 mm Durchmesser in dichotomischer Verzweigung, allseitig oder vorwiegend in einer Ebene liegend. Die Polypen stehen an Stamm und Ästen in unregelmäßiger Anordnung. In der Astrinde finden sich nur farblose Spicula als bis 0,8 mm lange, dünne, mit hohen Warzen besetzte Stäbe, die basal bis 1 mm Länge erreichen, ferner etwa 0,22 mm lange, wurstförmige Skleriten mit niedrigen, abgestumpften in Gürteln stehenden Warzen, verschieden gestaltete, etwa 0,1 mm lange Keulen, sowie mit spitzen, kurzen Dornen besetzte, kugelige Gebilde von 0,1 mm Durchmesser. Auch die Skleriten der inneren Astrinde sind farblos, dagegen treten in der Basis einzelne violette Skleriten auf in Form von Stäben, Spindeln und Keulen, die bis 1,6 mm Länge erreichen. Hellgraubraun bis blaßrötlich, Polypen graubraun.

Westindien. Litoral.

2. **P. fusca** (Duchass. & Mich.) 1860 *Eunicea f.*, Duchassaing & Michelotti in: Mem. Acc. Torino, ser. 2 *v.* 19 p. 25 | [?] 1907 *Pseudoplexaura crassa* (non P. Wright & Th. Studer), A. E. Verrill in: Tr. Connect. Ac., *v.* 12 p. 307 t. 33; t. 34A f. 3 | [?] 1913 *P. c.*, Chester in: P. Amer. Ac., *v.* 48 p. 787 | 1921 *Plexaura fusca*, J. Moser in: Zool. Anz., *v.* 53 p. 114.

Verzweigung lateral und dichotomisch gemischt, mit langen, an den Enden 10 mm dicken Ästen. Die dunklen Polypen stehen gleichmäßig dicht. Die harte Rinde enthält vor allem bis 2 mm messende, durchschnittlich 1,2 mm lange Spindeln und Stäbe, letztere in den Zweigenden überwiegend. Spärlicher sind etwa 0,18 mm lange Keulenformen. Violette Skleriten der Innenschicht finden sich nur in der Basis, meist von Spindel- oder Keulenform und bis 0,3 mm lang. Dunkelbraun.

Bermuda, Westindien. Litoral.

3. **P. dubia** Köll. 1794 *Gorgonia antipathes* (part.), (non Ehrenberg 1834), Esper, Pflanzenth., *v.* 2 p. 90 Gorg. t. 24 | 1865 *Plexaura dubia* [nom. nud.], Kölliker, Icon. histiol., p. 138 | 1889 *Pseudoplexaura crassa*, P. Wright & Th. Studer in: Rep. Voy. Challenger, *v.* 31 pars 64 p. 142 t. 33 f. 3 | non 1907 *P. c.*, A. E. Verrill in: Tr. Connect. Ac., *v.* 12 p. 307 t. 33; t. 34A f. 3 | nec 1913 *P. c.*, Chester in: P. Amer. Ac., *v.* 48 p. 787.

Verzweigung lateral und dichotomisch gemischt. Die langen Äste haben an ihren Enden einen Durchmesser von etwa 8 mm (Fig. 79). Die harte

Rinde enthält bis 1,5 mm lange, durchschnittlich 0,8 mm messende farblose Stäbe und Spindeln, die nach der Basis zu an Zahl zunehmen. Die verschiedenen Keulenformen sind etwa 0,23 mm lang, nur die Blattkeulen sind stets kleiner. Außerdem kommen sehr zahlreiche kleine Stäbe und Spindeln von durchschnittlich 0,2 mm Länge vor. In der inneren Rinde liegen zerstreut rötlichviolette Skleriten verschiedener Gestalt von etwa 0,2 mm Länge. Braun, distalwärts heller.

Fig. 79. **Plexaura dubia.** Astende (nach J. Moser).

Bermuda, Westindien. Litoral.

4. **P. atra** (Verrill) 1901 *Eunicea a.*, A. E. Verrill in: Tr. Connect. Ac., *v.* 11 p. 52 t. 9 f. 4, 5 | 1917 *Plexaura a.*, Kükenthal in: Zool. Anz., *v.* 48 p. 335 | 1921 *P. a.*, J. Moser in: Zool. Anz., *v.* 53 p. 114.

Die buschige Kolonie trägt lange, lateral und dichotomisch gemischt verzweigte Äste mit kurzen, 4 mm dicken, verjüngten Endzweigen. Die Polypen stehen dicht und regellos. In der Rinde liegen farblose, oft gebogene Spindeln und Stäbe, die an den Zweigenden 1 mm, mehr basalwärts 2 mm lang werden, und oft seitliche Auswüchse sowie Verwachsungen zeigen. Die verschiedenen Keulenformen haben eine durchschnittliche Länge von 0,19 mm. Die violetten Spindeln der inneren Rindenschicht der Zweigenden sind etwa 0,23 mm lang, in den basalen Teilen der Kolonie dagegen ebenso groß wie die farblosen. Dunkelbraun.

Bermuda, Westindien. Litoral.

5. **P. flexuosula** nom. nov. Kükth. 1821 *P. flexuosa* (non *Gorgonia f.*, Lam.), Lamouroux, Expos. Polyp., p. 35 t. 70 f. 1 | 1834 *Eunicea furcata,* Ehrenberg in: Abh. Ak. Berlin, p. 360 | 1846 *Gorgonia anguiculus,* J. D. Dana in: U. S. expl. Exp., *v.* 7 p. 668 | 1855 *Plexaura salicornoides* + *P. rhipsalis,* non *P. flexuosa,* Valenciennes in: CR. Ac. Sci., *v.* 41 p. 12 | 1857 *P. anguiculus* + *P. s.* + *P. rhipidalis* (err!), non *P. flexuosa,* H. Milne-Edwards, Hist. Corall., *v.* 1 p. 157; p. 153 t. B[3] f. 2; p. 155; p. 154 | 1860 *P. s.* + *P. anguicola* (err!) + *P. flexuosa* + *P. r.* (err!), Duchassaing & Michelotti in: Mem. Acc. Torino, ser. 2 *v.* 19 p. 20, 28 | 1864 *P. f.* + *P. mutica,* A. E. Verrill in: Bull. Mus. Harvard, *v.* 1 p. 34, 17 | 1907 *P. f.*, A. E. Verrill in: Tr. Connect. Ac., *v.* 12 p. 302 t. 33B f. 2b, c; t. 33B f. 4 (err. non 2!) a, b, c; t. 36 f. 2 (6); t. 36B f. 4 | 1917 *P. f.* + *P. salicornoides,* Kükenthal in: Zool. Anz., *v.* 48 p. 335 | 1921 *P. f.*, J. Moser in: Zool. Anz., *v.* 53 p. 114.

Die aufrechte, buschige Kolonie ist lateral und dichotomisch gemischt verzweigt. Die festen Zweige haben einen Durchmesser von 4, höchstens 5 mm. Die Polypen stehen dicht und ziemlich gleichmäßig verteilt. Die rauhe Rinde enthält farblose und violette Spindeln, beide von bis zu 1,6 mm Länge, sowie kleine Spindeln und Stäbe mit sehr hohen Warzen. Die Keulen sind durchschnittlich 0,18 mm lang; auch kugelige Skleriten kommen vor. Weißlich bis schmutzig graugelb. Zweigkuppen mit violettem Schimmer.

Westindien. Litoral.

6. **P. edwardsi** nom. nov. J. Moser 1857 *P. flexuosa* (non *P. f.* Lamouroux 1821), H. Milne-Edwards, Hist. Corall., *v.* 1 p. 157 | 1921 *P. edwardsi,* J. Moser in: Zool. Anz., *v.* 53 p. 115.

Verzweigung der aufgerichteten Kolonie lateral und dichotomisch gemischt, Entwicklung in einer Ebene angedeutet. Die festen Zweige haben 3—4 mm Durchmesser. Die Polypen stehen in dichter, aber meist regelloser Anordnung, in Entfernungen von 1 mm (Fig. 80). In der Rinde wiegen farblose und violette Spindeln bis zu 1,8 mm Länge vor, die mit niedrigen Warzen besetzt sind. Ferner kommen verschiedene Keulenformen bis zu 0,18 mm Länge vor. Violett.

Bermuda, Westindien. Litoral.

Fig. 80.
Plexaura edwardsi.
Astende (nach J. Moser).

Fig. 81.
Plexaura valenciennesi.
Astende (nach J. Moser).

7. **P. valenciennesi** P. Wright & Th. Stud. 1889 *P. v.*, P. Wright & Th. Studer in: Rep. Voy. Challenger, *v.* 31 pars 64 p. 137 t. 33 f. 1 | 1907 *P. v.*, A. E. Verrill in: Tr. Connect. Ac., *v.* 12 p. 303 | 1921 *P. v.*, J. Moser in: Zool. Anz., *v.* 53 p. 114.

Verzweigung der kleinen Kolonie lateral und dichotomisch gemischt in einer Ebene. Die 4 mm dicken Zweige stehen einseitig, sind nicht verjüngt und tragen die Polypen auf kleinen, warzenartigen Erhebungen in dichter, gleichmäßiger Anordnung (Fig. 81). Die Zweigspitzen enthalten in ihrer Rinde bis 1,6 mm lange, 0,3 mm dicke, farblose und violette Spindeln, von denen die kleineren mitunter einseitig stärker bedornt sind. Mehr basalwärts werden die Spindeln kürzer und plumper und sind häufig mit Auswüchsen versehen. Überall treten verschieden gestaltete Keulen von durchschnittlich 0,16 mm Länge auf. In der Innenhaut wie auch vereinzelter in den übrigen Rindenschichten liegen purpurrote 0,25 mm lange Skleriten. Purpurrot, Polypen gelb.

Bermuda, Westindien. Litoral.

8. **P. ehrenbergi** Köll. 1834 *P. antipathes* (non *Gorgonia a.* Esper 1794), Ehrenberg in: Abh. Ak. Berlin, p. 365 | 1865 *P. ehrenbergii*, Kölliker, Icon. histiol., p. 138 | 1921 *P. ehrenbergi*, J. Moser in: Zool. Anz., *v.* 53 p. 114.

Kolonie hoch baumförmig, mit langen, schlanken, 4—5 mm dicken Zweigen, die nicht verjüngt enden. Die glatte Rinde enthält schlanke, farblose Stäbe und kleine Spindeln von bis 0,44 mm Länge, sowie verschiedene Keulenformen von bis zu 0,18 mm Länge; nur die Blattkeulen werden bis 0,33 mm lang. In der inneren Rinde liegen violette und rote, 0,08—0,17 mm messende Skleriten verschiedener Gestalt aber keine Spindeln. Schmutzig hellgelb, Zweigkuppen mit violettem Schimmer.

Westindien. Litoral.

9. **P. turgida** (Ehrbg.) 1834 *Eunicea t.*, Ehrenberg in: Abh. Ak. Berlin, p. 364 | 1857 *E. crassa*, H. Milne-Edwards, Hist. Corall., *v.* 1 p. 148 | 1864 *Plexaura turgida*, A. E. Verrill in: Bull. Mus. Harvard, *v.* 1 p. 35 | 1900 *Eunicea grandis*, A. E. Verrill in: Tr. Connect. Ac., *v.* 10 p. 570 t. 69 f. 3, 3a | 1907 *Euniceopsis g.*, A. E. Verrill in: Tr. Connect. Ac., *v.* 12 p. 313 t. 33A, 33B f. 1a; t. 36B f. 3 | 1917 *Plexaura g.*, Kükenthal in: Zool. Anz., *v.* 48 p. 335 | 1921 *P. turgida*, J. Moser in: Zool. Anz., *v.* 53 p. 114.

Die hoch aufgerichtete Kolonie ist in einer Ebene, lateral und dichotomisch gemischt verzweigt. Die langen Zweige sind an den verjüngten Enden noch 5 mm dick. Die weiche, rauhe Rinde enthält in den Zweigspitzen keine Skleriten. In den mehr basalen Teilen der Kolonie finden sich ziemlich vereinzelt bis 0,75 mm lange, meist kürzere Stäbe und schlanke Spindeln, die in der Basis etwas kürzer werden. Die ziemlich spärlichen Keulen sind etwa 0,2 mm lang. Die Innenskleriten sind rötlichviolett und sehr verschieden gestaltet, auch Mehrstrahler von 0,1 mm Durchmesser kommen vor. Graubraun.

Bermuda, Florida, Westindien. Litoral.

10. **P. arbusculum** Duchass. 1850 *P. a.*, Duchassaing, An. rad. Antill., p. 20 | 1860 *P. a.*, Duchassaing & Michelotti in: Mem. Acc. Torino, ser. 2 *v.* 19 p. 26 | 1917 *P. a.*, Kükenthal in: Zool. Anz., *v.* 48 p. 335 | 1921 *P. a.*, J. Moser in: Zool. Anz., *v.* 53 p. 114.

Die Kolonie ist buschig, lateral und dichotomisch gemischt verzweigt, und hat 4—5 mm dicke Zweige, deren weiche Rinde eine rauhe Oberfläche aufweist. In den Zweigenden sind die Skleriten spärlich, es sind kleine Stäbchen, bis 0,32 mm lang, mit hohen, abgerundeten Warzen. Im mittleren Teil der Kolonie sind es dicke, bis 0,65 mm lange Spindeln, die in der Basis bis 0,8 mm lang werden. Die Warzenkeulen sind 0,16 mm, die Stachelkeulen 0,2 mm, und die Blattkeulen durchschnittlich 0,3 mm lang. Die violetten Innenskleriten sind von Spindel- und Keulenform und in den Zweigspitzen 0,24 bzw. 0,16 mm, in der Basis nur 0,12 mm lang. Hellgelblichbraun.

Westindien. Litoral.

Fig. 82.
Plexaura ramosa.
Astende (nach J. Moser).

Fig. 83.
Plexaura kükenthali.
Astende (nach J. Moser).

11. **P. ramosa** J. Moser 1921 *P. r.*, J. Moser in: Zool. Anz., *v.* 53 p. 118.

Die aufrechte, buschige Kolonie ist lateral und dichotomisch gemischt verzweigt mit langen, sich allmählich verjüngenden Ästen, die ihrerseits kurze, feste Endzweige von 6,5 mm Durchmesser tragen. An den Enden treten Verdickungen auf. Die Polypen sind regellos angeordnet (Fig. 82). In der Rinde der Zweigenden liegen schlanke, farblose und violette Stäbe und Spindeln bis zu 0,55 mm lang, mit hohen Dornen, sowie rundliche, gezackte Formen von bis zu 0,3 mm Durchmesser. Mehr basalwärts werden die Spindeln schlanker und bis 1 mm lang. Die verschieden geformten Keulen haben 0,23 mm durchschnittliche Länge, am längsten werden die Warzenkeulen. Weiß.

Westindien. Litoral.

12. **P. kükenthali** J. Moser 1921 *P. k.*, J. Moser in: Zool. Anz., *v.* 53 p. 118.

Entwicklung der kleinen, weichen Kolonie vorwiegend in einer Ebene. Die wiederholt gebogenen Äste sind an den Enden schwach verdickt, und haben 4 mm Durchmesser (Fig. 83). Die äußeren Rindenskleriten der Zweige sind farblose Spindeln und Stäbe von bis zu 0,8 mm Länge, die basal etwas kürzer und dicker werden. Keulen sind selten, vorwiegend Warzenkeulen von bis zu 0,5 mm Länge. Die inneren Rindenskleriten sind violett, und in den Zweigenden 0,3 mm lang, mehr basalwärts etwas größer und massiger. Dunkelgraubraun, Polypen gelb.

Kingston (Jamaika). Litoral.

13. **P. hartmeyeri** J. Moser 1921 *P. h.*, J. Moser in: Zool. Anz., *v.* 53 p. 118.

Verzweigung der dichtbuschigen Kolonie besonders im oberen Teil reichlich. Die langen, 3,5—4 mm dicken Endzweige sind an den Enden ein wenig verdickt (Fig. 84). Die Rinde enthält in den Enden der Zweige vereinzelte, mit hohen Warzen besetzte Spindeln von bis zu 0,55 mm Länge. In der Mitte der Kolonie werden die Spindeln kleiner, bis 0,3 mm erreichend, aber dicker, während sie in der Basis wieder 0,53 mm lang sind. Zahlreicher sind kleine, oft bestachelte Kugelformen sowie 0,17 mm lange, verschieden geformte Keulen. Die tiefere Rinde enthält violette, bis 0,33 mm lange Spindeln, sowie Keulen und Kugeln von bis zu 0,25 mm Länge. Gelblich bis hellbräunlich.

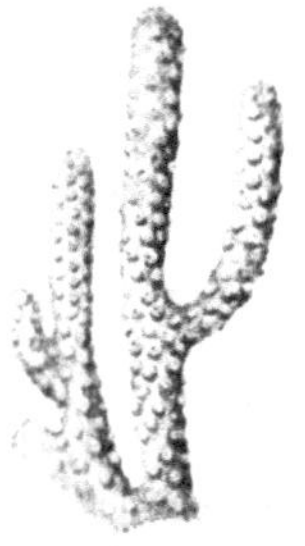

Fig. 84. Plexaura hartmeyeri. Astende (nach J. Moser).

Tortugas. Litoral.

14. **P. corticosa** Duchass. & Mich. 1860 *P. c.*, Duchassaing & Michelotti in: Mem. Acc. Torino, ser. 2 *v.* 19 p. 25 | 1921 *P. c.*, J. Moser in: Zool. Anz., *v.* 53 p. 114.

Kolonie baumförmig, abgeflacht. Die langen, schlanken Äste sind kaum verjüngt, 2,5—3 mm dick und tragen kurze Endzweige, die terminal etwas verdickt sind. Die Zweigenden enthalten kleine, hochbewarzte Spindeln von 0,2 mm Länge, die an der Basis 0,35 mm lang werden, sowie etwa 0,2 mm messende, verschieden geformte Keulen. Die Skleriten der inneren Rinde sind im oberen Teile der Kolonie braunrot, im basalen violett. In der Basis werden die violetten Spindeln bis 0,4 mm lang. Dunkelgraubraun, Polypen gelb.

Westindien. Litoral.

15. **P. porosa** (Esp.) 1794 *Gorgonia p.*, Esper, Pflanzenth., *v.* 2 p. 49 t. 10 f. 1, 2 | 1816 *G. vermiculata* (part. 2 var.), Lamarck, Hist. An. s. Vert., *v.* 2 p. 319 | 1816 *Plexaura friabilis* + *P. macrocythara*, Lamouroux, Hist. Polyp., p. 430, 429 | 1855 *P. porosa*, Valenciennes in: CR. Ac. Sci., *v.* 41 p. 12 | 1901 *P. crassa*, Hargitt & Rogers in: Bull. U. S. Fish. Comm., *v.* 2 p. 285 | 1921 *P. porosa*, J. Moser in: Zool. Anz., *v.* 53 p. 114.

Verzweigung buschig, nicht sehr dicht, Kolonie etwas abgeflacht, mit langen, schlanken, sich allmählich verjüngenden Zweigen. Rinde glatt. Die Skleriten der äußeren Rindenschicht sind kleine, bis 0,25 mm messende Spindeln und Stäbe, sowie vereinzelte, 0,18 mm lange Keulen. Im Innern liegen violette und mehr gelbrote Skleriten bis zu 0,4 mm Länge. Weißlich, Polypen gelb.

Westindien. Litoral.

16. **P. esperi** Verrill 1794 *Gorgonia antipathes* (part., non *G. a.*, Linné 1758), (non Ehrenberg 1834), Esper, Pflanzenth., *v.* 2 p. 90 Gorg. t. 23 | [?] 1855 *G. antipathus* [err.!], Valenciennes in: CR. Ac. Sci., *v.* 41 p. 12 | 1865 *Plexaura antipathes*, Kölliker, Icon. histiol., p. 138 t. 18 f. 21, 22 | 1907 *P. Esperi*, A. E. Verrill in: Tr. Connect. Ac., *v.* 12 p. 305 t. 36A f. 4 | 1921 *P. e.*, J. Moser in: Zool. Anz., *v.* 53 p. 114.

Der kurze Stamm trägt lange, kaum 3 mm dicke Äste, die sich nicht verjüngen. In der Rinde liegen farblose Spindeln und Stäbe von bis 0,45 mm Länge, sowie verschiedenartige Keulen von 0,16 mm Länge. In der inneren Rinde liegen teils violett, teils rotbraun gefärbte Skleriten, darunter auch Spindeln von 0,08—0,3 mm Länge. Weißlich, Polypen gelb, Zweige mit violetter, netzförmiger Zeichnung.

Westindien. Litoral.

17. **P. laevigata** J. Moser 1921 *P. l.*, J. Moser in: Zool. Anz., *v.* 58 p. 119.

Kolonie baumförmig, hoch. Die Zweige verjüngen sich stark und sind unten 8—10 mm, oben nur 4 mm dick. Die glatte Rinde enthält farblose Keulen von etwa 0,2 mm Länge, sowie rote und violette, 0,14 mm lange Skleriten. Häufig sind kleine, fast unbewarzte, 0,25 mm lange Skleriten. Farblose Spindelformen fehlen völlig. : Weißlich, Polypen gelb, Zweige mit violetten Flecken.

Westindien. Litoral.

18. **P. homomalla** (Esp.) 1794 *Gorgonia h.*, Esper, Pflanzenth., *v.* 2 p. 104 Gorg. t. 29 f. 1, 2 | 1816 *Plexaura h.*, Lamouroux, Hist. Polyp., p. 430 | 1857 *P. h.*, H. Milne-Edwards, Hist. Corall., *v.* 1 p. 155 | 1901 *P. h.*, Hargitt & Rogers in: Bull. U. S. Fish. Comm., *v.* 2 p. 285 | 1907 *P. h.*, A. E. Verrill in: Tr. Connect. Ac., *v.* 12 p. 804 | 1917 *P. h.*, Kükenthal in: Zool. Anz., *v.* 48 p. 335.

Verzweigung der buschigen Kolonie lateral und dichotomisch gemischt, dicht, eine Ebene bevorzugend. Die Äste sind ziemlich schlank, 3—4 mm dick und biegsam, in getrocknetem Zustand herabhängend. Die glatte Rinde enthält in den Zweigen schlanke, mit hohen, abgerundeten Warzen besetzte Stäbe von bis zu 0,7 mm Länge und 0,12 mm Dicke. Mehr basal finden sich dicke, oft verzweigte Spindeln von bis zu 0,64 mm Länge, sowie kurze Walzen. Die Keulen sind 0,16 mm lang.. Die Innenskleriten sind in den Zweigspitzen rotbraun gefärbt und weisen weit voneinander abstehende, einfache Warzen auf. Mehr basal ist die innere Rindenschicht von violetten, hochbewarzten Spindeln und kürzeren, besonders an den Enden bewarzten Walzen erfüllt. Auch Stachelkugeln und ähnliche Formen von durchschnittlich 0,17 mm Durchmesser finden sich vor. Hellgrau bis dunkelgraubraun, Polypen gelb, Zweige mit violetter, netzförmiger Zeichnung.

Westindien. Litoral.

19. **P. flavida** (Lm.) 1815 *Gorgonia f.*, Lamarck in: Mém. Mus. Paris, *v.* 2 p. 158 | 1855 *Plexaura f.*, Valenciennes in: CR. Ac. Sci., *v.* 41 p. 12 | 1857 *P. f.*, H. Milne-Edwards, Hist. Corall., *v.* 1 p. 153 | 1865 *P. f.*, Kölliker, Icon. histiol., p. 138 t. 18 f. 6 | 1907 *P. f.*, A. E. Verrill in: Tr. Connect. Ac., *v.* 12 p. 805 | 1917 *P. f.*, Kükenthal in: Zool. Anz., *v.* 48 p. 335 | 1921 *P. f.*, J. Moser in: Zool. Anz., *v.* 53 p. 114.

Kolonie dichtbuschig, fast federförmig. Der kurze Stamm trägt einige Hauptäste, von denen zahlreiche kurze, 2—2,5 mm dicke Endzweige in nicht dichotomischer Anordnung abgehen. Die Polypen stehen dicht und unregelmäßig. In der Rinde der Endzweige liegen schlanke, bis 0,5 mm messende, hoch bewarzte, farblose Stäbe, die mehr basalwärts in Spindelform übergehen, sowie 0,2 mm lange, verschiedengestaltete Keulen, die mehr basal bis 0,25 mm lang werden. Nur vereinzelt treten violette Skleriten von etwa 0,12 mm Länge auf, mit farblosen oder rotbraunen Warzen. In der inneren Rindenschicht finden sich rote bis rotbraune Spindeln von 0,2 mm Länge, sowie ebenso gefärbte, 0,16 mm lange Keulen. Zitronengelb.

Westindien. Litoral.

P. racemosa Val. 1855 *P. r.* (nom. nud.), Valenciennes in: CR. Ac. Sci., *v.* 41 p. 12 | 1857 *P. r.*, H. Milne-Edwards, Hist. Corall., *v.* 1 p. 152.

Kolonie mäßig verzweigt, Äste ziemlich dick und nur wenig verjüngt. Durchmesser der Zweige etwa 8,5 mm. Rinde dick.

Kanarische Inseln.

P. volvata Kunze 1917 *P. v.* [nom. nud.], G. Kunze MS. in: Kükenthal in: Zool. Anz., *v.* 48 p. 335.

7. Gen. **Plexauropsis** Verrill

1907 *P.*, A. E. Verrill in: Tr. Connect. Ac., *v.* 12 p. 309.

Verzweigung dichotomisch. Die allseitig stehenden Polypen sind kelchlos, völlig zurückziehbar und spiculafrei. Die ziemlich dicke Rinde enthält kleine Keulen, deren Fortsätze dornig oder blattartig verbreitert sind, sowie einseitig bedornte Spindeln und unregelmäßige Formen, die der Oberfläche ein granuliertes Aussehen verleihen.

Bermuda.

1 Art.

1. **P. bicolor** Verrill 1907 *P. b.*, A. E. Verrill in: Tr. Connect. Ac., *v.* 12 p. 309 t. 33B f. 2b, c; t. 35A (err. non XXXVI) f. 1, 2.

Verzweigung dichotomisch, die Astenden sind wenig verjüngt und abgerundet. Die Polypen stehen allseitig und ziemlich dicht, sind völlig retraktil und skleritenfrei. Die dicke Rinde hat ein dünnes äußeres Lager von hellgefärbten, kleinen Stachelkeulen, deren Stacheln blattartig verbreitert sein können, sowie einseitig bedornten Spindeln und unregelmäßigen Formen. Die Innenhaut enthält schlankere, zugespitzte, purpurrote Spindeln, die zum kleineren Teil verzweigt sind. Polypen hell braungelb; Rinde gelblichweiß, Innenhaut purpurfarben.

Bermuda. Flaches Litoral.

8. Gen. **Eunicea** Lamouroux

1766 *Gorgonia* (part.), Pallas, Elench. Zooph., p. 160 | 1786 *G.* (part.), Ellis & Solander, Zooph., p. 67 | 1791 *G.* (part.), Esper, Pflanzenth., *v.* 2 p. 1 | 1816 *G.* (part.), Lamarck, Hist. An. s. Vert., *v.* 2 p. 322 | 1816 *Eunicea*, Lamouroux, Hist. Polyp., p. 431 | 1857 *E.*, H. Milne-Edwards, Hist. Corall., *v.* 1 p. 146 | 1860 *E.*, Duchassaing & Michelotti in: Mem. Acc. Torino, ser. 2 *v.* 19 p. 20 | 1864 *E.*, A. E. Verrill in: Bull. Mus. Harvard, *v.* 1 p. 35 | 1865 *E.*, Kölliker, Icon. histiol., p. 142 | 1900 & 1901 *E.*, A. E. Verrill in: Tr. Connect. Ac., *v.* 10 p. 569; *v.* 11 p. 52 | 1907 *Euniceopsis*, A. E. Verrill in: Tr. Connect. Ac., *v.* 12 p. 311 | 1916 *Eunicea*, G. Kunze in: Zool. Jahrb., suppl. 11 p. 505.

Verzweigung dichotomisch und lateral gemischt, in mehreren meist parallelen Ebenen. Die Äste sind im basalen Teil der Kolonie abgeplattet, die Endzweige sind im Querschnitt kreisrund. Die Polypen sind meist regellos verteilt, mitunter in streckenweiser, zeiliger Anordnung. Der Polypenkelch ist in seinem basal gerichteten Teile fast stets zu einer „Unterlippe" verlängert. Dem Polypenkörper fehlen Skleriten, während der Tentakelstamm in zwei Reihen angeordnete stab- oder spindelförmige Spicula aufweist. Die dicke Rinde enthält eine oberflächliche Schicht von Blatt-, Stachel- und Warzenkeulen, darunter meist lilagefärbte, bedornte Spindeln, und in der Innenhaut, zwischen den Längskanälen und der Achse (der „Innenhaut") farblose oder lilafarbene, stark bedornte Spindeln. Einförmig weißlich, gelblich, grau bis braunschwarz.

Ostküste Amerikas von Florida bis Bahia. Litoral.

11 sichere Arten mit 2 Unterarten, 10 unsichere Arten.

Spec. typ.: *Eunicea succinea* (Pall.)

Bestimmungstabelle der Arten:

1 { Skleriten teils farblos, teils lila — 2
  { Skleriten teils gelblich, teils purpurrot . . . . 11. **E. humilis**

2 { Pinnulae frei von Skleriten — 3
  { Pinnulae mit Skleriten — 7

3	Kelche senkrecht stehend — 4	
	Kelche aufgebogen — 5	
4	Kelche gleichweit	1. E. madrepora
	Kelche nach der Mündung zu verjüngt	2. E. esperi
5	Kelche weit höher als breit — 6	
	Kelche kaum höher als breit	5. E. calyculata
6	Kelchmündung nicht verdickt	3. E. laxispica
	Kelchmündung verdickt	4. E. mammosa
7	Endäste dick — 8	
	Endäste schlank — 10	
8	Unterlippe vorhanden — 9	
	Unterlippe fehlt	8. E. sparsiflora
9	Unterlippe sehr lang	6. E. tourneforti
	Unterlippe kurz	7. E. multicauda
10	Kelch schuppenartig	9. E. asperula
	Kelch stumpf kegelförmig	10. E. succinea

1. **E. madrepora** (Dana) 1846 *Gorgonia m.*, J. D. Dana in: U. S. expl. Exp., *v.* 7 p. 671 | 1860 *Eunicea megastoma*, Duchassaing & Michelotti in: Mem. Acc. Torino, ser. 2 *v.* 19 p. 24 | 1916 *E. madrepora*, G. Kunze in: Zool. Jahrb., suppl. 11 p. 512 t. 24 f. 1.

Die runden Endäste der in einer Ebene verzweigten Kolonie haben 2—2,5 mm Durchmesser. Die Polypen stehen regellos und allseitig (Fig. 85), streckenweise zeilig angeordnet, erheben sich senkrecht von der Unterlage, sind schlank, röhrenförmig und bis 4 mm lang. Die Unterlippe ist niedrig aber gut ausgebildet, auch eine sehr kleine Oberlippe ist deutlich abgesetzt. Im Tentakelstamm liegen in einer Doppelreihe plumpe, schwachbedornte, 0,09 bis 0,13 mm lange Stäbe. Die Polypenkrone ist auf 8 Paar etwa 0,2 mm lange Spindeln beschränkt. Die 0,75 mm dicke Rinde enthält 0,12—0,19 mm lange Blatt- und Stachelkeulen, darunter 0,2 mm lange, schlanke Spindeln, in der Innenhaut liegen lilafarbene 0,11 bis 0,15 mm lange bedornte Spindeln. Graubraun.

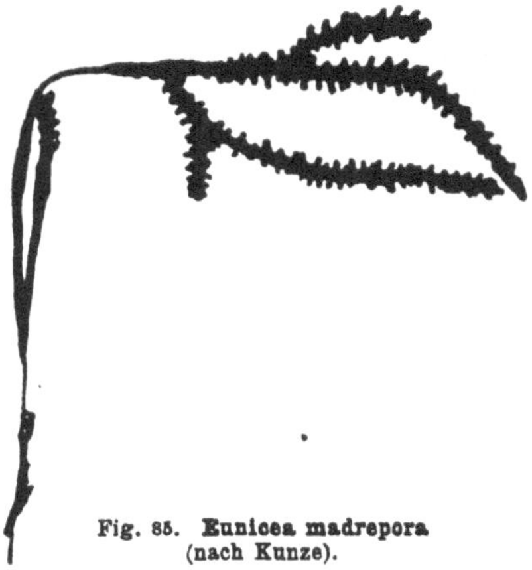

Fig. 85. **Eunicea madrepora** (nach Kunze).

Antillen.

2. **E. esperi** Duchass. & Mich. 1860 *E. e.*, Duchassaing & Michelotti in: Mem. Acc. Torino, ser. 2 *v.* 19 p. 20 t. 2 f. 4, 5 | 1916 *E. e.*, G. Kunze in: Zool. Jahrb., suppl. 11 p. 515.

Die Polypen stehen allseitig und sehr dicht um die aufrecht verzweigte Kolonie und sind zum großen Teile deutlich zeilig angeordnet. Die sehr schlanken, röhrenförmigen Polypenkelche stehen senkrecht auf der Unterlage und werden distalwärts enger, in 2 deutliche Lippen auslaufend.

Antillen.

3. **E. laxispica** (Lm.) 1816 *Gorgonia l.*, Lamarck, Hist. An. s. Vert., *v.* 2 p. 323 | 1857 *Eunicea laxispina* (err.), H. Milne-Edwards, Hist. Corall., *v.* 1 p. 147 | 1864 *E. laxispica*, A. E. Verrill in: Bull. Mus. Harvard, *v.* 1 p. 35 | 1916 *E. l.*, G. Kunze in: Zool. Jahrb., suppl. 11 p. 515.

Die Endäste sind dünn, die schlanken Polypen stehen in mäßiger Dichte, regellos, werden bis 5 mm lang, bei 2 mm Dicke. Sie gehen in sehr spitzem Winkel ab und sind mitunter schwach nach oben gekrümmt. Die deutlich abgesetzte, abgerundete Unterlippe wird bis 1 mm lang, die Oberlippe ist ebenfalls deutlich aber sehr niedrig. Im Tentakelstamm liegen in einer Doppelreihe schlankere Spindeln und plumpere Stäbe, die spärlich mit flachen Dornen besetzt sind. In der obersten Rindenschicht liegen etwa 0,15 mm lange Warzenkeulen, deren Warzen sich am Stiel oft zu Gürteln anordnen. Darunter finden sich bis 0,75 mm lange, bedornte und bewarzte, sehr schlanke Spindeln, farblos oder lila gefärbt; die Innenhaut enthält lilafarbige großdornige 0,1—0,3 mm lange Spindeln. Gelblichweiß.

Antillen.

4. **E. mammosa** Lmx. 1816 *E. m.*, Lamouroux, Hist. Polyp., p. 438 t. 17 | 1857 *E. m.*, H. Milne-Edwards, Hist. Corall., *v.* 1 p. 147 | 1860 *E. m.* + *E. ehrenbergi*, Duchassaing & Michelotti in: Mem. Acc. Torino, ser. 2 *v.* 19 p. 20, 21 t. 2 f. 6, 7 | 1916 *E. m.*, G. Kunze in: Zool. Jahrb., suppl. 11 p. 519 t. 24 f. 3.

Verzweigung ziemlich dicht in undeutlichen parallelen Ebenen. Die mäßig starren Endäste sind rund und 3—6 mm dick. Die Polypen sind bis 4 mm lang und distal bis 2 mm breit; sie stehen in Entfernungen von 2—3 mm, und ihre Kelche weisen eine deutlich abgesetzte, abgerundete Unterlippe auf (Fig. 86). In dem Tentakelstamm liegen bis 0,11 mm lange, flachdornige Stäbe. Die 2 mm dicke Rinde enthält außen bis 0,15 mm lange Stachelkeulen, darunter sehr verschieden große, bis 1 mm Länge erreichende, schlanke Spindeln, während in der Innenhaut lila gefärbte 0,1 bis 0,15 mm lange, großdornige Spindeln vorkommen. Hellgraugelb oder elfenbeinfarben.

Antillen.

Fig. 86.
Eunicea mammosa.
Aststück (¹/₁).

5. **E. calyculata** (Ellis & Soland.) 1786 *Gorgonia c.*, Ellis & Solander, Zooph., p. 95 | 1816 *Eunicea c.*, Lamouroux, Hist. Polyp., p. 438 | 1816 *? Gorgonia plantaginea*, Lamarck, Hist. An. s. Vert., *v.* 2 p. 322 t. 2 | 1864 *Eunicea p.* + *E. calyculata*, A. E. Verrill in: Bull. Mus. Harvard, *v.* 1 p. 35 | 1916 *E. c.*, G. Kunze in: Zool. Jahrb., suppl. 11 p. 523 t. 24 f. 4.

Die meist buschige Kolonie hat lange 3—5 mm dicke Endzweige. Die Polypen stehen regellos oder streckenweise zeilig angeordnet in 2—4 mm Entfernung, sich mitunter berührend. Ihr Kelch wird 2 mm hoch, die Unterlippe ist abgerundet, der Tentakelstamm enthält bedornte spindel- oder stabförmige Spicula. In der Polypenkrone liegen einige 0,15 mm lange Spindeln, die 1—1,5 mm dicke Rinde enthält 0,12—0,15 mm lange Stachelkeulen (Fig. 87), darunter bis 1,5 mm lange bedornte und bewarzte schlanke Spindeln und in der Innenhaut lilafarbige 0,14—0,17 mm lange großdornige Spindeln. Gelblichgrau.

Antillen, Küste von Florida.

6. **E. tournefortí** M.-E. 1857 *E. t.* + *E. rousseaui*, H. Milne-Edwards, Hist. Corall., *v.* 1 p. 150, 151 | 1864 *E. t.* + *E. r.*, A. E. Verrill in: Bull. Mus. Harvard, *v.* 1 p. 36 | 1907 *Euniceopsis t.*, A. E. Verrill in: Tr. Connect. Ac., *v.* 12 p. 312 | 1916 *Eunicea t.*, G. Kunze in: Zool. Jahrb., suppl. 11 p. 528 t. 25 f. 5.

Verzweigung in einer oder mehreren Ebenen. Endäste rund oder schwach abgeplattet, 8—10 mm dick und ziemlich starr. Die Polypen stehen sehr dicht, die Unterlippe ist meist stark verlängert und ist recht spitz. Die

Polypenkrone ist sehr gut ausgebildet und wird von dornigen, meist etwas gekrümmten Spindeln gebildet. In der Innenwand der Kelche liegen stab-, spindel- oder keulenförmige, 0,07—0,1 mm lange Skleriten. Die Rinde enthält 0,08 mm lange Warzenkeulen, darunter bis 1,3 mm große, gedrungene Spindeln, in der Innenhaut liegen großdornige, farblose Spindeln von 0,13 bis 0,3 mm Länge. Gelbgrau, dunkelbräunlich, schwärzlich.

Antillen, Florida.

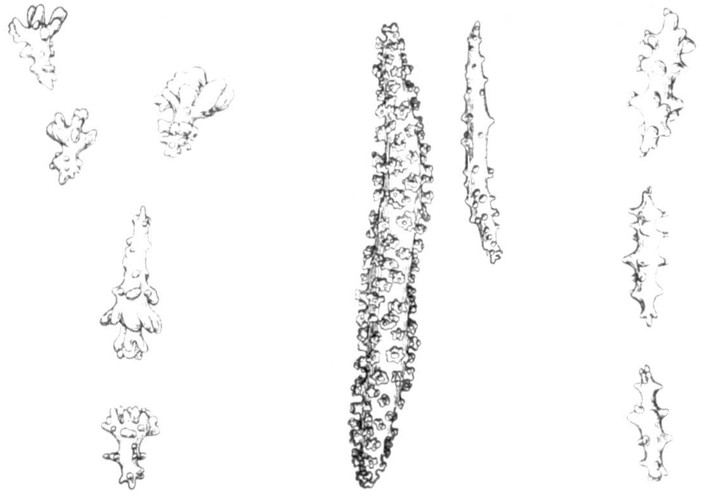

Fig. 87. **Eunicea calyculata.**
Skleriten *a* der äußeren, *b* der mittleren Rinde, *c* der Innenhaut (nach Kunze).

7. **E. multicauda** (Lm.) 1816 *Gorgonia m.*, Lamarck, Hist. An. s. Vert., *v.* 2 p. 321 | 1857 *Eunicea m.* + *E. crassa*, H. Milne-Edwards, Hist. Corall., *v.* 1 p. 148 | 1916 *E. m.*, G. Kunze in: Zool. Jahrb., suppl. 11 p. 532 t. 25 f. 6.

Die Verzweigungsebenen verlaufen nicht immer parallel. Die runden Endzweige sind 6—12 mm dick (Fig. 88). Die Polypen stehen regellos um den ganzen Ast herum und haben niedrige Polypenkelche, deren Rand oft mit 8 schwachen Kerben versehen ist. Die Tentakel enthalten sehr zahlreiche Spicula auch in den Pinnulae, die Spindeln der gut ausgebildeten Polypenkrone sind schlank, warzig, meist gebogen und bis über 0,4 mm lang. Die etwa 3 mm dicke Rinde enthält weiße Stachelkeulen, die blattkeulenähnlich werden können, und 0,11 mm lang sind, darunter plumpe, bewarzte, bis 2 mm lange Spindeln und in der Innenhaut farblose, 0,25 mm lange Spindeln mit großen Warzen. Braun.

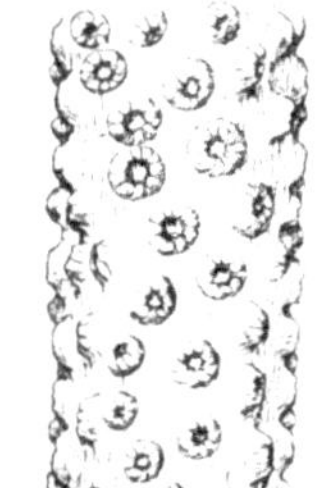

Fig. 88.
Eunicea multicauda.
Aststück (nach Kunze).

Antillen.

8. **E. sparsiflora** Kunze 1916 *E. s.*, G. Kunze in: Zool. Jahrb., suppl. 11 p. 537 t. 25 f. 7.

Die Verzweigung ist undeutlich in mehreren Ebenen. Die Endzweige sind rund und starr und 7—8 mm dick. Die Polypen stehen unregelmäßig oder zeilig in ziemlich großen Abständen. Der bis 2,5 mm hohe Polypenkelch verjüngt sich distalwärts und erscheint hier schräg abgeschnitten. Besondere Lippen fehlen. Die Tentakel enthalten zahlreiche Spicula auch in den Pinnulae. Die Polypenkrone ist sehr gut ausgebildet und enthält bis 0,5 mm lange, schwach gebogene, warzige Spindeln. In der inneren Kelchwand liegen schlanke, flachbedornte 0,3 mm lange Spindeln. Die 3 mm dicke Rinde enthält 0,1 mm lange Stachelkeulen, darunter plumpe, 2 mm lange Spindeln, die dicht mit flachen Warzen besetzt sind; in der Innenhaut liegen farblose, stark bewarzte, 0,4 mm lange Spindeln. Dunkelolivbraun.

Antillen.

9. **E. asperula** Val. 1855 *E. a.*, Valenciennes in: CR. Ac. Sci., *v.* 41 p. 12 | 1857 *E. a.*, H. Milne-Edwards, Hist. Corall., *v.* 1 p. 150 | 1916 *E. a.*, G. Kunze in: Zool. Jahrb., suppl 11 p. 541.

Fig. 89. **Eunicea asperula** (nach Kunze).

Verzweigung in meist parallel laufenden Ebenen. Die Endäste können schwach abgeplattet sein und sind 6—8 mm dick. Die Polypen stehen ziemlich weit und regellos, nur stellenweise in Längsreihen angeordnet (Fig. 89). Die Unterlippe ist stark entwickelt. Die Pinnulae enthalten Spicula. Die Polypenkrone ist gut ausgebildet, die Skleriten der inneren Kelchwand werden bis über 2 mm lang. Die 2,5 mm dicke Rinde enthält 0,1 mm lange Stachelkeulen, die zu Blattkeulen neigen, darunter bis 1 mm lange, plumpe, bewarzte Spindeln und in der Innenhaut liegen farblose, 0,2 mm lange, großwarzige Spindeln. Gelblich grau, braun, schwärzlich.

Antillen.

Diese Art zerfällt in 2 Unterarten:

9a. **E. asperula typica** Val. 1855 *E. a.*, Valenciennes in: CR. Ac. Sci., *v.* 41 p. 12.

Mit den Merkmalen der Art.

Antillen.

9b. **E. asperula grandicalyx** Kunze 1916 *E. a.* var. *g.*, G. Kunze in: Zool. Jahrb., suppl. 11 p. 545 t. 26 f. 9.

Die Polypenkelche sind sehr groß, und ihre große Unterlippe ist schuppenartig und ein- oder mehrspitzig. Die Schuppen werden bis 4 mm lang. Dunkelbraun.

Antillen.

10. **E. succinea** (Pall.) 1766 *Gorgonia s.*, Pallas, Elench. Zooph., p. 200 | 1816 *Eunicea limiformis* + *E. s.*, Lamouroux, Hist. Polyp., p. 436, 437 | 1834 *E. l.* + *E. clavaria* + *E. s.*, Blainville, Man. Actin., p. 507 | 1857 *Gorgonia (E.) s.* + *E. c.*, H. Milne-Edwards, Hist. Corall., *v.* 1 p. 149 | 1864 *E. limiformis*, A. E. Verrill in: Bull. Mus. Harvard, *v.* 1 p. 35 | 1916 *E. succinea*, G. Kunze in: Zool. Jahrb., suppl. 11 p. 546 t. 26 f. 10.

Annähernd in einer Ebene und lateral verzweigt. Die runden, mäßig biegsamen Endzweige sind 6 mm dick. Die Polypen stehen regellos in 2—4 mm Entfernung. Die Unterlippe ist deutlich ausgebildet als abgestumpfter Vorsprung von 0,5 mm Länge. Die Tentakelspicula sind plumpe, flachdornige, bis 0,15 mm lange Stäbe, die Pinnulae sind unbewehrt. Die Polypenkrone ist zu einem achtstrahligen Stern rückgebildet, und besteht aus 0,25 mm langen, bedornten Spindeln. Die 2—2,5 mm dicke Rinde enthält 0,15 bis 0,2 mm lange Stachelkeulen, darunter schlanke, bedornte, bis 1,5 mm lange Spindeln, und lilagefärbte 0,1—0,3 mm lange Spindeln der Innenhaut. Braun.

Antillen, Florida.

11. **E. humilis** M.-E. 1816 *Gorgonia citrina* (part.), Lamarck, Hist. An. s. Vert., *v.* 2 p. 316 | 1855 *Eunicea c.* (part.), Valenciennes in: CR. Ac. Sci., *v.* 41 p. 13 | 1857 *E. humilis*, H. Milne-Edwards, Hist. Corall., *v.* 1 p. 149 t. B^2 f. 1 | 1868 *E. h.*, A. E. Verrill in: Tr. Connect. Ac., *v.* 1 p. 360 t. 4 f. 4 | 1916 *E. h.*, G. Kunze in: Zool. Jahrb., suppl. 11 p. 550.

Dicht verzweigt, gedrungen. Die Endzweige sind 3—4 mm dick. Die Polypen stehen regellos, schräg nach außen und oben gerichtet. Die Kelche sind nur mäßig hoch. In der Rinde liegen dicke, gelbliche Warzenkeulen, darunter sehr gedrungene, spindelförmige, bewarzte Skleriten, ebenfalls gelblich gefärbt, sowie kleinere Spindeln von anderer Form. In der Innenhaut liegen purpurrote, schlanke, mit großen Warzen bedeckte Spindeln. Gelblich. Zitronengelb.

Bahia.

E. echinata Val. 1855 *E. e.* (nom. nud.), Valenciennes in: CR. Ac. Sci., *v.* 41 p. 13. Nur Name, keine Beschreibung oder Abbildung.

E. citrina Val. 1855 *E. c.*, Valenciennes in: CR. Ac. Sci., *v.* 41 p. 13.

E. gracilis Val. 1855 *E. g.*, Valenciennes in: CR. Ac. Sci., *v.* 41 p. 13.

E. distans Duchass. & Mich. 1860 *E. d.*, Duchassaing & Michelotti in: Mem. Acc. Torino, ser. 2 *v.* 19 p. 21 t. 1 f. 16, 17.

Ähnlich *E. clavaria:* die Endzweige sind länger, die Polypen stehen weiter auseinander und haben keine Unterlippe. Schwärzlich.

St. Thomas.

E. stromyeri Duchass. & Mich. 1860 *E. s.*, Duchassaing & Michelotti in: Mem. Acc. Torino, ser. 2 *v.* 19 p. 21 t. 2 f. 8, 9.

Schwach verzweigt, die Endzweige sind 4 mm dick. Die Polypen sind klein und stehen weit voneinander.

St. Thomas.

E. sayoti Duchass. & Mich. 1860 *E. s.*, Duchassaing & Michelotti in: Mem. Acc. Torino, ser. 2 *v.* 19 p. 22.

Schwach verzweigt, mit dicken nur wenig gebogenen Endzweigen. Die Unterlippe ist rudimentär, eine Oberlippe fehlt. Die Rinde ist glatt. Grünlich.

St. Thomas.

E. aspera Duchass. & Mich. 1860 *E. a.*, Duchassaing & Michelotti in: Mem. Acc. Torino, ser. 2 *v.* 19 p. 23.

Die Endzweige sind abgeplattet, 6 mm dick. Die Polypenkelche sind niedrig. Die Rinde ist dick.

St. Thomas.

E. hirta Duchass. & Mich. 1860 *E. h.*, Duchassaing & Michelotti in: Mem. Acc. Torino, ser. 2 *v.* 19 p. 23 t. 2 f. 12, 13.

Endzweige rund, 4 mm dick. Die Unterlippe endigt in einem spitzen Winkel. Die Polypen stehen ziemlich weit. Hellgelb.

St. Thomas.

E. laciniata Duchass. & Mich. 1860 *E. l.*, Duchassaing & Michelotti in: Mem. Acc. Torino, ser. 2 *v.* 19 p. 23 t. 2 f. 10, 11.

Schwach verzweigt, Endzweige rund. Die Polypenkelche sind groß, ihre Unterlippe ist zugespitzt und gebogen.

Antillen.

E. lugubris Duchass. & Mich. 1860 *E. l.*, Duchassaing & Michelotti in: Mem. Acc. Torino, ser. 2 *v.* 19 p. 25 t. 3 f. 7, 8.

Reichlich verzweigt, Endzweige rund, Polypenkelche groß.

Antillen.

E. heteropora (Lm.) 1816 *Gorgonia h.*, Lamarck, Hist. An. s. Vert., *v.* 2 p. 321 | 1816 *Eunicea h.*, Lamouroux, Hist. Polyp., p. 429 | 1846 *E. h.*, J. D. Dana in: U. S. expl. Exp., *v.* 7 p. 670 | 1860 *E. h.*, Duchassaing & Michelotti in: Mem. Acc. Torino, ser. 2 *v.* 19 p. 24.

Ähnlich *E. multicauda*, aber die Kelchränder sind fast flach.

Antillen.

9. Gen. **Plexauroides** P. Wright & Th. Studer

1889 *P.*, P. Wright & Th. Studer in: Rep. Voy. Challenger, *v.* 31 pars 64 p. 138 | 1895 *P.*, Th. Studer in: Mt. Ges. Lübeck, ser. 2 fasc. 7, 8 p. 112 | 1908 *P.*, Kükenthal in: Zool. Anz., *v.* 32 p. 499 | 1910 *P.*, Kükenthal in: Fauna S. W. Austral., *v.* 3 fasc. 1 p. 88 | 1916 *P.*, Broch in: Svenska Ak. Handl., *v.* 52 nr. 11 p. 35 | 1917 *P.*, Kükenthal in: Zool. Anz., *v.* 48 p. 336 | 1919 *P.*, Kükenthal in: Ergeb. Tiefsee-Exp., *v.* 13 pars 2 p. 241.

Die hohen und schlanken, mitunter auch fächerförmigen Kolonien, sind vorwiegend in einer Ebene entwickelt. Die dünnen, walzenförmigen Äste streben nahezu parallel nach oben, und ihre langen Endzweige sind oft ziemlich schlaff. Die Polypen sind klein, stehen eng zusammen und entspringen direkt aus der Rinde oder nur schwach angedeuteten Kelchen. In der äußeren Rinde liegen abgeflachte Blattkeulen mit ganzrandigen oder geteilten, glatten Blättern, die in Zacken übergehen können, und mit meist wurzelartig verästeltem, bewarztem basalem Teile. In der tieferen Rinde finden sich kleinere, mehr spindelförmige Skleriten, oft mit unregelmäßigen Ausläufern. Farbe fast durchweg rot.

Ceylon, Hinterindien, Westaustralien. Flaches Litoral.

Mit 14 sicheren Arten und 2 Unterarten.

Spec. typ.: *Plexauroides praelonga* (Ridley)

Bestimmungstabelle der Arten:

1	In der Rinde Blattkeulen — 2	
	In der Rinde Blattkeulen und Stachelplatten — 11	
2	Blattkeulen mit flachem Blatt mit einheitlichem Rande — 3	
	Blattkeulen mehrspitzig — 5	
3	Blatt dünn — 4	
	Blatt verdickt	3. **P. indica**
4	In der tieferen Rinde bis 0,24 mm lange Drei- und Vierstrahler	1. **P. praelonga**
	In der tieferen Rinde bis 0,12 mm lange Vierstrahler	2. **P. simplex**
5	Blattkeulen mit flachen, an den Enden zugespitzten Blättern — 6	
	Blattkeulen mit abgerundeten, mehr warzenartigen Fortsätzen — 8	
6	Polypen in 2 mm Entfernung stehend — 7	
	Polypen in 1 mm Entfernung stehend	6. **P. filiformis**
7	Wurzelteil der Blattkeulen verästelt	4. **P. michaelseni**
	Wurzelteil der Blattkeulen unverästelt, scheibenförmig	5. **P. spinifera**
8	Endzweige lang, dünn, biegsam — 9	
	Endzweige kürzer, dicker, starr — 10	
9	Verzweigung zweiseitig fiederig	7. **P. lenzii**
	Verzweigung einseitig	8. **P. unilateralis**
10	Polypen mit Skleriten	9. **P. regularis**
	Polypen skleritenfrei	10. **P. rigida**
11	Blattkeulen mit flachem Blatt mit einheitlichem Rande	11. **P. multispinosa**
	Blattkeulen mehrspitzig — 12	
12	Stachelplatten nicht oder nur wenig breiter als hoch	12. **P. mjöbergi**
	Stachelplatten viel breiter als hoch — 13	
13	Stachelplatten bis 0,6 mm messend, mit zahlreichen glatten, flachen Spitzen auf einer Seite	13. **P. mikrodentata**
	Stachelplatten bis 0,9 mm messend, mit runden oder blattförmigen Dornen auf einer Seite	14. **P. heterospiculata**

1. **P. praelonga** (S. Ridl.) 1884 *Plexaura p.*, S. Ridley in: Rep. Voy. Alert, p. 339 t. 36 f. F; t. 38 f. g, g' | 1889 *Plexauroides p.*, P. Wright & Th. Studer in: Rep. Voy. Challenger, *v.* 31 pars 64 p. 138 t. 28 f. 1, 1a; t. 33 f. 2 | 1895 *P. p.*, Th. Studer in: Mt. Ges. Lübeck, ser. 2 fasc. 7, 8 p. 112 t. 5 f. 5 | 1905 *P. p.* var. *typica* + *P. p.* var. *elongata*, J. A. Thomson & W. D. Henderson in: Herdman, Rep. Ceylon Pearl Fish., *v.* 3 nr. 20 p. 304 | 1909 *P. p.*, J. A. Thomson & J. Simpson, Alcyon. Investigator, *v.* 2 p. 262 t. 9 f. 13 | 1910 *P. p.*, Nutting in: Siboga-Exp., *v.* 13b1 p. 10 | 1911 *P. p.*, Kükenthal in: Abh. Senckenb. Ges., *v.* 33 p. 328 t. 22 f. 15 | 1919 *P. p.*, Kükenthal in: Ergeb. Tiefsee-Exp., *v.* 13 pars 2 p. 244.

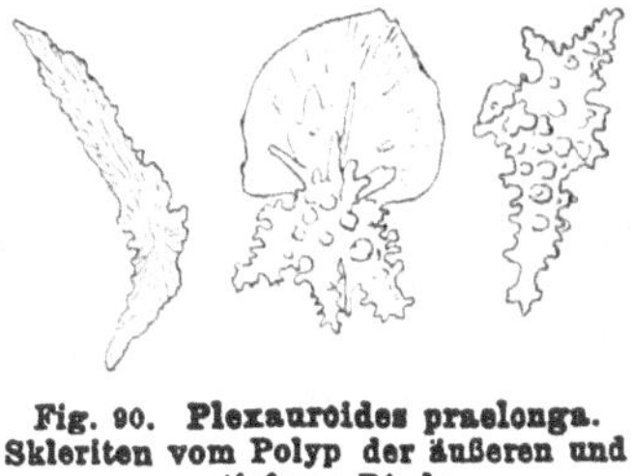

Fig. 90. Plexauroides praelonga. Skleriten vom Polyp der äußeren und tieferen Rinde.

Die Kolonie ist spärlich verzweigt, und die langen, rutenförmigen Endzweige streben parallel nach oben. Die Polypen stehen in Entfernungen von 1,5 mm und entspringen aus flachen, kreisrunden

Kelchen. Bewehrt sind sie mit einem Ring transversaler Spindeln, auf dem sich je 2—3 Paar konvergierender erheben. Die Polypenspindeln sind meist stark gekrümmt, breit und flach, kräftig bedornt und etwa 0,24 mm lang, gelegentlich 0,4 mm erreichend. In der äußeren Rinde liegen bis 0,45 mm messende Blattkeulen, deren Blatt einheitlich und von dreieckigem bis kreisrundem Umriß ist, mit feingezähntem Rande und sehr feiner, radialer Streifung (Fig. 90). Die Wurzel ist mehrästig und stark bedornt, darunter liegen starkbedornte Drei- und Vierstrahler von etwa 0,24 mm Länge. Ziegelrot, Achse schwarz.

Australien, Singapore und Andamanen. Litoral.

Diese Art zerfällt in 2 Unterarten:

1a. **P. praelonga typica** (S. Ridl.) 1884 *Plexaura p.*, S. Ridley in: Rep. Voy. Alert, p. 339 t. 36 f. F; t. 38 f. g, g'.

Mit den Merkmalen der Art.

Australien, Singapore, Andamanen.

1b. **P. praelonga cinerea** (S. Ridl.) 1884 *Plexaura p.* var. *c.*, S. Ridley in: Rep. Voy. Alert, p. 340 t. 38 f. h | 1895 *Plexauroides p.* var. *c.*, Th. Studer in: Mt. Ges. Lübeck, ser. 2 fasc. 7, 8 p. 112 | 1910 *P. p.* var. *c.*, J. A. Thomson & Russell in: Tr. Linn. Soc. London, ser. 2 *v.* 13 p. 160 t. 8 f. 1 | 1919 *P. p.* var. *c.*, Kükenthal in: Ergeb. Tiefsee-Exp., *v.* 13 pars 2 p. 245.

Diese Varietät ist vom Typus durch etwas höhere Kelchwarzen und schmutzig graubraune Farbe unterschieden. Auch ist das Blatt der Blattkeulen dicker und mit Warzen besetzt.

Australien, Singapore, Saya de Malfa. Litoral.

2. **P. simplex** Kükth. 1908 *P. s.*, Kükenthal in: Zool. Anz., *v.* 32 p. 500 | 1910 *P. s.*, Kükenthal in: Fauna S. W. Austral., *v.* 3 fasc. 1 p. 94 t. 1 f. 8 | 1919 *P. s.*, Kükenthal in: Ergeb. Tiefsee-Exp., *v.* 13 pars 2 p. 245.

Die Kolonie ist unverzweigt und rutenförmig. Die Polypen stehen sehr dicht, sind bis 1 mm hoch und haben einige kreisrunde Scheinkelche; bewehrt sind sie mit einigen transversalen und je 2—3 Paar konvergierender, eine Krone bildender Spindeln von 0,25 mm Länge, die breit und flach und mit weitstehenden, flachen Dornen besetzt sind. In der äußeren Rinde liegen flache Blattkeulen von 0,4 bis 0,5 mm Durchmesser mit kreisrunder, fast glatter, membranöser Scheibe und radienförmig auslaufender, kräftig bedornter Wurzel. Darunter finden sich kleine, meist vierzackige etwa 0,12 mm messende Skleriten. Ziegelrot, Polypen weiß, Achse dunkelbraun.

Nordwestaustralien.

3. **P. indica** (S. Ridl.) 1888 *Plexaura i.*, S. Ridley in: J. Linn. Soc. London, *v.* 21 p. 233 t. 18 f. 1—5 | 1895 *Plexauroides i.*, Th. Studer in: Mt. Ges. Lübeck, ser. 2 fasc. 7, 8 p. 112 | 1909 *Plexaura i.*, J. A. Thomson & J. Simpson, Alcyon. Investigator, *v.* 2 p. 261 | 1919 *Plexauroides i.*, Kükenthal in: Ergeb. Tiefsee-Exp., *v.* 13 pars 2 p. 245.

Die Kolonie ist vorwiegend unilateral, fächerförmig im Winkel von 60—90° verzweigt; die langen, walzenförmigen Endzweige sind abgerundet, oft leicht angeschwollen; die größeren Äste sind etwas abgeplattet. Die kleinen Polypen sind fast kelchlos und 0,5 mm breit; sie stehen allseitig in Entfernungen von 0,5—1 mm. Die Polypenskleriten sind dicke, bis 0,35 mm lange, oft gegabelte Spindeln mit zackigen Warzen und 0,25 mm lange Dreistrahler. In der äußeren Rindenschicht liegen verschieden geformte, bis

0,27 mm große Blattkeulen, teils mit dickem, ganzrandigem Blatte, teils mit leicht welligem bis stark gezähntem Rande und glatter oder bedornter Oberfläche. Der Schaft ist meist zwei- oder vierwurzelig und kräftig bewarzt. In der tieferen Rindenschicht liegen meist in der Mitte eingeknickte, stark bewarzte, bis 0,21 mm lange Spindeln. Kräftig mennigrot oder orangegelb, Polypen weiß, Achse schwarz und braun, in den Ästen bis zu ockergelb werdend.

Ceylon, Hinterindien. Flaches Litoral.

4. **P. michaelseni** Kükth. 1908 *P. m.*, Kükenthal in: Zool. Anz., *v.* 32 p. 499 | 1910 *P. m.*, Kükenthal in: Fauna S. W. Austral., *v.* 3 fasc. 1 p. 90 t. 1 f. 2, 2a | 1919 *P. m.*, Kükenthal in: Ergeb. Tiefsee-Exp., *v.* 13 pars 2 p. 246.

Die schlanke, schlaffe Kolonie ist spärlich und in einer Ebene verzweigt. Die sehr langen, unverzweigten Endzweige sind am Ende kolbig angeschwollen. Die Polypen sind 2 mm voneinander entfernt, 2 mm hoch und mit langen, schmalen Tentakeln von 0,6 mm Länge und 8—10 Paar schlanken Pinnulae versehen (Fig. 91); Polypenkelche fehlen; die Polypen sind völlig skleritenfrei. In der äußeren Rinde liegen 0,2 mm breite, flache Blattkeulen, deren Blatt in mehrere sternförmig ausstrahlende Spitzen geteilt ist, in der tieferen Rinde mehr spindelförmige, mit langen, zackigen Fortsätzen versehene Skleriten von 0,08 mm Länge. Dunkelrot, Polypen durchscheinend hellgrau, Achse schwarz mit hellbraunem, metallischem Schimmer.

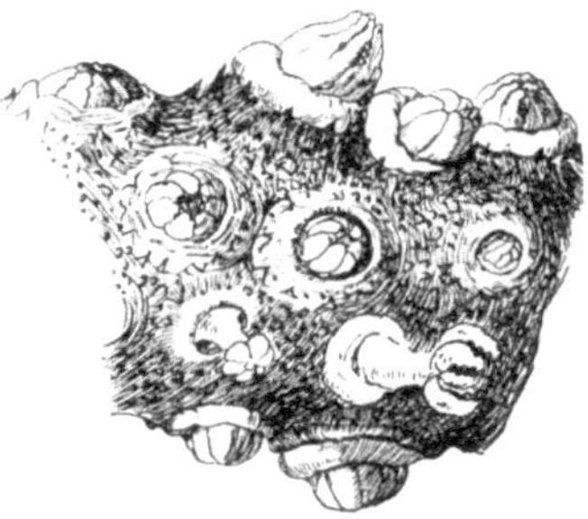

Fig. 91. Plexauroides michaelseni.

Westaustralien. Flaches Litoral.

5. **P. spinifera** Kükth. 1909 *P. spinosa* (non *Paraplexaura s.* Kükth. 1909), Kükenthal in: Zool. Anz., *v.* 35 p. 50 | 1911 *P. spinifera*, Kükenthal in: Abh. Senckenb. Ges., *v.* 33 p. 331 t. 22 f. 17 | 1919 *P. s.*, Kükenthal in: Ergeb. Tiefsee-Exp., *v.* 13 pars 2 p. 246.

Fig. 92. Plexauroides spinifera.

Fig. 93. Plexauroides spinifera. Skleriten der mittleren Rindenschicht.

Die ziemlich rigide Kolonie entspringt von einer dicken, membranösen Verbreiterung und teilt sich in eine Anzahl Äste, deren Endzweige als lange, unverzweigte Ruten erscheinen. Die lateral von den Ästen entspringenden, langen Seitenzweige gehen in schräg zu der Verzweigungsebene der Hauptäste stehenden Ebenen ab (Fig. 92). Stamm und Äste sind nicht abgeplattet. Die Dicke der Äste bleibt sich bis oben hin annähernd gleich.

Die kelchlosen Polypen sind skleritenfrei und stehen in 2 mm Entfernung. Die äußere Rinde enthält 0,25 mm messende Blattkeulen mit großer scheibenförmiger Wurzel, deren Blatt zu ein paar glatten, scharfen Spitzen reduziert ist. In der tieferen Rinde liegen bis 0,3 mm lange, dicke Spindeln (Fig. 93) und darunter bis 0,1 mm große, gezackte Skleriten. Dunkelbraunrot, Polypen schwärzlich, Achse schwarzgrau.

Aru-Inseln. Flaches Litoral.

6. **P. filiformis** Kükth. 1908 *P. f.*, Kükenthal in: Zool. Anz., *v.* 32 p. 501 | 1910 *P. f.*, Kükenthal in: Fauna S. W. Austral., *v.* 3 fasc. 1 p. 95 t. 1 f. 1 | 1919 *P. f.*, Kükenthal in: Ergeb. Tiefsee-Exp., *v.* 13 pars 2 p. 247.

Die sehr schmale, in einer Ebene entwickelte Kolonie weist einander parallel laufende Hauptäste auf, von denen nur auf einer Seite Endzweige abgehen, die sehr lang, fast fadenförmig und unverzweigt sind. Die Polypen stehen in 1 mm Entfernung, sind sehr klein, und ihre Tentakel besitzen 6—7 Paar ziemlich langer Pinnulae. Polypenspicula fehlen, ebenso gesonderte Polypenkelche. Die äußere Rinde enthält Blattkeulen von 0,24 mm Durchmesser, mit radial verlaufenden, schwertartigen Blättern. In der tieferen Rinde liegen 0,09 mm lange Vierstrahler. Hellbraun bis ockergelb, Achse unten schwarzbraun, oben rotbraun.

Westaustralien. Flaches Litoral.

7. **P. lenzii** Th. Stud. 1895 *P. l.*, Th. Studer in: Mt. Ges. Lübeck, ser. 2 fasc. 7, 8 p. 114 t. 3 f. 1; t. 5 f. 7, 8 | 1910 *P. l.*, Nutting in: Siboga-Exp., *v.* 13b1 p. 10 | 1919 *P. l.*, Kükenthal in: Ergeb. Tiefsee-Exp., *v.* 13 pars 2 p. 247.

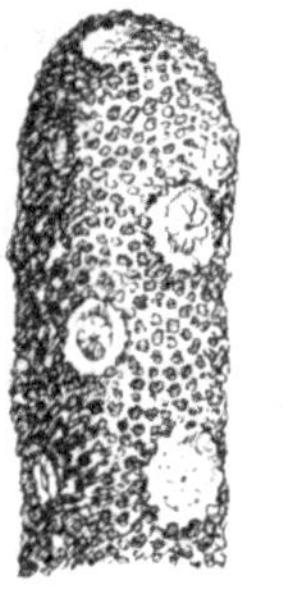

Fig. 94. Plexauroides lenzii. Astende.

Die Kolonie ist unregelmäßig fiederig in einer Ebene verästelt. Die Endzweige sind lang und am Ende etwas verdickt, abgestumpft endigend, nach oben parallel verlaufend. Die Polypen stehen dicht und sind kelchlos (Fig. 94); ihre Skleriten sind kleine, bewarzte Spindeln. In der äußeren Rinde liegen dicke, bis 0,4 mm lange Warzenkeulen mit fein verteilten Warzen und sehr reich verästelten Wurzelausläufern, die in breite Stachelplatten übergehen können. In tieferer Schicht kommen bis 0,2 mm lange, gebogene und gerade Spindeln mit langen, oft unsymmetrisch entwickelten, verzweigten Warzen, sowie Doppelsternen mit meist drei verzweigten Strahlen von 0,09 mm Länge, sowie Zwillingsbildungen vor. Die Achse ist elastisch, hornig, schwarz. Rotbraun.

Singapore, Aru-Inseln. Flaches Litoral.

8. **P. unilateralis** Th. Stud. 1895 *P. u.*, Th. Studer in: Mt. Ges. Lübeck, ser. 2 fasc. 7, 8 p. 112 t. 2; t. 5 f. 6 | 1919 *P. u.*, Kükenthal in: Ergeb. Tiefsee-Exp., *v.* 13 pars 2 p. 248.

Verzweigung wiederholt einseitig, lateral. Die Endzweige sind lang und rutenförmig und verlaufen nahezu parallel miteinander in einer Ebene; Stamm und Hauptäste sind abgeplattet. Die Polypen stehen sehr dicht und haben nur gelegentlich niedrige Kelche. In den Polypen kommen in dichter Anordnung kleine, warzige, spindelförmige Skleriten vor. Die rauhe Rinde enthält eine oberflächliche Schicht von Blatt- und Stachelkeulen von bis 0,22 mm Länge senkrecht zur Oberfläche stehend und mit einem stark verdickten, gezackten Blatt und zahlreichen scharfen Dornen auf der Oberfläche. Die

Wurzel der Blattkeulen hat zahlreiche reich bewarzte und verzweigte Ausläufer. In tieferer Schicht liegen gerade und gebogene, dicke, mit verzweigten Warzen besetzte Spindeln oft mit einseitigen Ausläufern oder Keulenform annehmend bis 0,23 mm lang. Ferner finden sich eigenartige, etwa 0,1 mm lange Doppelräder, jedes Rad aus 3—5 konvergierenden Ausläufern bestehend. Achse hornig, braun. Dunkelbraunrot.

Singapore. Flaches Litoral.

9. **P. regularis** Kükth. 1909 *P. r.*, Kükenthal in: Zool. Anz., *v.* 35 p. 50 | 1911 *P. r.*, Kükenthal in: Abh. Senckenb. Ges., *v.* 33 p. 330 t. 22 f. 16 | 1919 *P. r.*, Kükenthal in: Ergeb. Tiefsee-Exp., *v.* 13 pars 2 p. 248.

Die ziemlich starre, sehr regelmäßig in einer Ebene entwickelte Kolonie gibt in gleichmäßigen Abständen und beiderseitig nach oben verlaufende Äste ab, die mit lateralen, unten kurzen, oben längeren Endzweigen besetzt sind, deren Enden nicht verdickt sind. Stamm und Äste sind in der Verzweigungsebene etwas abgeplattet. Die sehr kleinen Polypen stehen in Entfernungen von 1 mm und entspringen aus niedrigen Scheinkelchen. Ihre Bewehrung besteht aus einer Reihe von transversalen und je 1—2 Paar spitz konvergierenden Spindeln, meist 0,12 mm lang und fein bedornt. In der äußeren Rinde liegen bis 0,25 mm messende Blattkeulen, deren Blätter sehr tief eingekerbt und gespalten sind. In der tieferen Rinde finden sich Spindeln und 0,08 mm lange, meist vierstrahlige Körper mit abgerundeten Warzen. Dunkelbraunrot, Polypen gelbweiß, Achse schwarz.

Aru-Inseln. Flaches Litoral.

10. **P. rigida** Kükth. 1908 *P. r.*, Kükenthal in: Zool. Anz., *v.* 32 p. 500 | 1910 *P. r.*, Kükenthal in: Fauna S. W. Austral., *v.* 3 fasc. 1 p. 92 t. 1 f. 4 | 1919 *P. r.*, Kükenthal in: Ergeb. Tiefsee-Exp., *v.* 13 pars 2 p. 249.

Die Kolonie ist ziemlich breit in einer Ebene entwickelt und reichlich verästelt. Die Endzweige sind nicht besonders lang, aber starr; ihre Enden sind kolbig angeschwollen. Die Polypen sind etwa 1 mm hoch und stehen sehr dicht in Entfernungen von 1 mm. Polypenkelche sind nur angedeutet. Die Polypen sind skleritenfrei. Die Tentakel haben 8 Paar plumpe Pinnulae. In der äußeren Rinde liegen 0,25 mm im Durchmesser haltende Blattkeulen, deren breite Stacheln abgestumpfte Enden haben. In der tieferen Rinde finden sich kleinere, etwa 0,15 mm messende Spindeln und 0,08 mm große Sterne und Doppelsterne. Blutrot, Polypen weiß, Achse schwärzlich-braungelb.

Westaustralien. Flaches Litoral.

11. **P. multispinosa** Broch 1916 *P. m.*, Broch in: Svenska Ak. Handl., *v.* 52 nr. 11 p. 39 t. 4 f. 14 | 1919 *P. m.*, Kükenthal in: Ergeb. Tiefsee-Exp., *v.* 13 pars 2 p. 249.

Fig. 95.
Plexauroides multispinosa.
Rindenskleriten (nach Broch).

Verzweigung spärlich in einer Ebene. Zweigenden etwas angeschwollen. Die Polypen sitzen in Entfernungen von 0,5—0,8 mm, sind kelchlos und mit bis 0,17 mm langen, stabförmigen Spicula bewehrt. Die äußere Rinde enthält bis 0,7 mm lange Stachelplatten mit zahlreichen, großen, messerklingenartigen Blättern, sowie typische Blattkeulen mit einem großen, lappigen Blatte und mit kräftigen Ausläufern versehenem Wurzelteil (Fig. 95). In der tieferen Rinde wiegen bis 0,6 mm lange, stark bewarzte, unregelmäßige Spindeln vor. Ziegelrot, Hauptkörper der großen

Blattkeulen blutrot, Blätter leuchtend gelb, Skleriten der tieferen Rindenschichten blutrot.

Nordwestaustralien. Flaches Litoral.

12. **P. mjöbergi** Broch 1916 *P. m.*, Broch in: Svenska Ak. Handl., *v.* 52 nr. 11 p. 38 t. 4 f. 13 | 1919 *P. m.*, Kükenthal in: Ergeb. Tiefsee-Exp., *v.* 13 pars 2 p. 250.

Verzweigung unbekannt. Die Polypen sind dicht angeordnet und kelchlos. Im Polypenköpfchen liegen einige bis 0,2 mm lange, stabförmige Spicula, die auch fehlen können. In der äußeren Rinde liegen bis 0,5 mm große, zu Stachelplatten umgeformte Blattkeulen mit zahlreichen, kurzen Stacheln und stark bewarztem, mitunter mit kurzen Fortsätzen versehenem Wurzelteil. Außerdem kommen abgeflachte Blattkeulen mit tiefeingeschnittenen Blättern vor. In der tieferen Rinde liegen bis 0,4 mm lange Spindeln, Dreistrahler und unregelmäßig stabförmige, bewarzte Spicula. Schmutzigbraun, Rindenskleriten dunkelgelb.

Nordwestaustralien. Flaches Litoral.

13. **P. mikrodentata** Broch 1916 *P. m.*, Broch in: Svenska Ak. Handl., *v.* 52 nr. 11 p. 36 t. 3 f. 12 | 1919 *P. m.*, Kükenthal in: Ergeb. Tiefsee-Exp., *v.* 13 pars 2 p. 250.

Die Kolonie ist ziemlich reichlich in einer Ebene verzweigt; die starren Endzweige sind am Ende kolbig angeschwollen. Die kleinen Polypen stehen dicht und zeigen schwache Andeutungen von Kelchen. Die Polypen sind skleritenfrei. In der äußeren Rinde liegen bis 0,6 mm breite Stachelplatten, deren Außenfläche zahlreiche glatte Zacken trägt, während der nur selten mit Ausläufern versehene Wurzelteil stark bewarzt ist. In der tieferen Rinde wiegen reichlich bewarzte, bis 0,5 mm lange Spindeln sowie kleine Skleritenformen vor. Blutrot, Achse schwarzbraun.

Nordwestaustralien. Flaches Litoral.

14. **P. heterospiculata** Broch 1916 *P. h.*, Broch in: Svenska Ak. Handl., *v.* 52 nr. 11 p. 37 t. 1 f. 5 | 1919 *P. h.*, Kükenthal in: Ergeb. Tiefsee-Exp., *v.* 13 pars 2 p. 250.

Kolonie unverzweigt, rutenförmig. Die Polypen stehen dicht und sind kelchlos. Skleriten fehlen den Polypen. In der äußeren Rinde liegen plattenförmig verbreiterte, 0,35 mm messende Blattkeulen mit einer Reihe breiter, spitz zerlaufender Dornen auf der Außenseite und nicht in Ausläufer ausgezogenem, bewarztem Wurzelteil, sowie bis 0,9 mm lange, stark umgeformte, oft zu dicken Spindeln gewordene Blattkeulen. Blaßgelb mit braunen Polypen.

Nordwestaustralien. Flaches Litoral.

10. Gen. **Paraplexaura** Kükenthal

1909 *P.*, Kükenthal in: Abh. Bayer. Ak., suppl. *v.* 1 nr. 5 p. 26 | 1917 *P.*, Kükenthal in: Zool. Anz., *v.* 48 p. 341 | 1919 *P.*, Kükenthal in: Ergeb. Tiefsee-Exp., *v.* 13 pars 2 p. 251.

Die ziemlich starren Kolonien sind niedrig und breit und ausgeprägt in einer Ebene entwickelt. Die Polypen entspringen aus deutlichen Kelchen und sind meist mit Spindeln bewehrt, die konvergierende Reihen bilden, unter denen transversale Spindeln vorkommen können. In der ziemlich dicken Rinde, deren Oberfläche rauh erscheint, liegen Blattkeulen, die in mehr plattenartige Gebilde, sowie in Warzenkeulen übergehen. In der tieferen

Rinde finden sich schlankere, mehrstrahlige oder mehr spindelartige Skleriten. Die Achse ist etwas verkalkt. Gelb oder braun.

Nikobaren, Japan. Tieferes Litoral.

Mit 4 sicheren Arten, 1 unsicheren.

Spec. typ.: *P. asper* (Moroff)

Bestimmungstabelle der Arten:

1	Blattkeulen mit annähernd einheitlichem Blattrand — 2	
	Blattkeulen mit mehrzackigen Blättern — 3	
2	Blattkeulen etwa 0,3 mm groß	1. **P. verrucosa**
	Blattkeulen etwa 0,18 mm groß	2. **P. studeri**
3	Die Blätter sind breite, plumpe, stumpfe Fortsätze	3. **P. asper**
	Die Blätter sind zu langen, flachen Stacheln ausgezogen . .	4. **P. spinosa**

1. **P. verrucosa** (Brundin) 1896 *Plexauroides v.*, Brundin in: Bih. Svenska Ak., *v.* 22 nr. 3 p. 17 t. 1 f. 6; t. 2 f. 6 | 1919 *Paraplexaura v.*, Kükenthal in: Ergeb. Tiefsee-Exp., *v.* 13 pars 2 p. 252.

Die Kolonie ist spärlich und in einer Ebene verzweigt. Die Äste und Zweige sind nicht abgeplattet und gleich dick. Die Polypen stehen sehr dicht, und ihre Kelche sind wohl ausgebildet. Die Skleriten der Polypen sind in Doppelreihen angeordnete, 0,14 mm lange, bewarzte Spindeln; die Tentakel sind spiculafrei. In der Rinde wird die feinstachelige Oberfläche gebildet von 0,25—0,3 mm messenden Blattkeulen mit ganzem oder nur wenig ausgeprägtem Blattrand (Fig. 96). Diese Blattkeulen gehen in Warzenkeulen über. Im tieferen Coenenchym liegen bewarzte Spindeln von bis 0,3 mm Länge, die große Fortsätze abgeben und zu strahligen Gebilden werden können. Rötlich ockergelb.

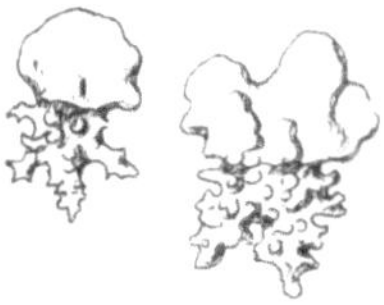

Fig. 96. Paraplexaura verrucosa. Skleriten (nach Brundin).

Hirudostraße (Japan).

2. **P. studeri** (Kükth.) 1908 *Plexauroides s.*, Kükenthal in: Zool. Anz., *v.* 32 p. 501 | 1909 *Paraplexaura s.*, Kükenthal in: Abh. Bayer. Ak., suppl. *v.* 1 nr. 5 p. 32 t. 3 f. 12.

Die ziemlich starre Kolonie ist spärlich in einer Ebene verzweigt, mit parallellaufenden Hauptästen, die kurze, unverzweigte Endzweige mit leicht kolbig angeschwollenen Enden abgeben; die Äste sind etwas abgeplattet. Die Polypen stehen in Entfernungen von 1 mm und sind in niedrige, ovale Kelche zurückziehbar; bewehrt sind sie mit 0,12 mm langen, weit bedornten Spindeln, die in konvergierenden Reihen zu je 2 Paaren angeordnet sind. In der äußeren Rinde liegen 0,18 mm lange Blattkeulen, deren stark verästelter Teil fast stets zweizipflig ist, während das Blatt halbkreisförmigen Umriß hat, der lappig ausgeschnitten sein kann. Diese Blattkeulen können in dicke, bewarzte, plattenartige Gebilde übergehen, auch warzenkeulenartig werden. In tieferer Schicht liegen drei- und mehrstrahlige, bedornte Skleriten von 0,2 mm Länge. Rehbraun, Achse erdbraun.

Nikobaren.

3. **P. asper** (Moroff) 1902 *Plexauroides a.*, Th. Moroff in: Zool. Jahrb., Syst. *v.* 17 p. 408 t. 17 f. 9; t. 18 f. 22 | 1909 *Paraplexaura a.*, Kükenthal in: Abh. Bayer. Ak., suppl. *v.* 1 nr. 5 p. 27 | 1919 *P. a.*, Kükenthal in: Ergeb. Tiefsee-Exp., *v.* 13 pars 2 p. 253.

Die Kolonie ist in einer Ebene verzweigt und breiter als hoch. Die Äste gehen in spitzem bis rechtem Winkel ab, die Endzweige biegen sich meist nach aufwärts. Stamm und Hauptäste sind ein wenig abgeplattet.

Die Polypen stehen in 1,75 mm Entfernung und sind in niedrige Kelche zurückziehbar. Ihre Wandung ist skleritenfrei. In der dicken Rinde liegen außen Blattkeulen von etwa 0,3 mm Länge, mit mehreren breiten, plumpen und dicken, meist ebenfalls bewarzten Blättern. Diese Blattkeulen können sich verbreitern und zu mehr plattenartigen, gezackten Gebilden von etwa 0,45 mm Breite werden, die aber stets einen stark verästelten und bewarzten, wurzelförmigen Teil unterscheiden lassen. In tieferer Schicht werden die Skleriten schlanker, kleiner, mehrstrahlig oder spindelartig und gehen in der die Äste begrenzenden Schicht in kleine, unregelmäßig gezackte, oft viererartige Formen über. Die Achse ist dünn, ziemlich elastisch und enthält etwas Kalk. Ockergelb bis hellbraun.

Japan.

4. **P. spinosa** (Kükth.) 1908 *Plexauroides s.*, Kükenthal in: Zool. Anz., *v.* 32 p. 501 | 1909 *Paraplexaura s.*, Kükenthal in: Abh. Bayer. Ak., suppl. *v.* 1 nr. 5 p. 28 t. 2 f. 10 | 1919 *P. s.*, Kükenthal in: Ergeb. Tiefsee-Exp., *v.* 13 pars 2 p. 254.

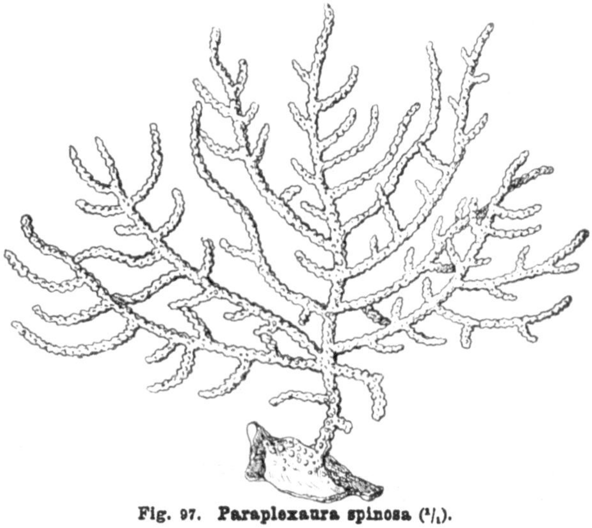

Fig. 97. **Paraplexaura spinosa** (1/1).

Die Kolonie ist etwas breiter als hoch und in einer Ebene entwickelt. Die Verzweigung ist eine ziemlich dichte und laterale, die Seitenäste gehen im Winkel von 60—80° ab und tragen annähernd wechselständig fiederförmig kleine Endzweige (Fig. 97). Die Äste sind etwas abgeplattet. Die Polypen stehen in 1 mm Entfernung und sind in niedrige, kreisrunde Kelche zurückziehbar. Bewehrt sind sie mit einer Skleritenkrone von 0,16 mm langen, weitbedornten, breiten Spindeln, aus einer transversalen und je 2 Paar konvergierender Reihen bestehend. In der äußeren Rinde liegen bis 0,35 mm lange Blattkeulen, deren Blatt in einzelne lange, flache Stacheln ausläuft, die aus der Rinde vorragen. Auch können sich die Blattkeulen stark verbreitern und mehr plattenartig werden. In der tieferen Rindenschicht finden sich unregelmäßig sternförmige, 0,15 mm lange Skleriten und noch tiefer kleine Vierstrahler. In der Rinde des Hauptstammes treten die Blattkeulen stark zurück. Ockergelb, Achse schwarzbraun.

Japan. Litoral.

P. armata Kükth. 1909 *P. a.*, Kükenthal in: Abh. Bayer. Ak., suppl. *v.* 1 nr. 5 p. 30 t. 2 f. 11 | 1919 *P. a.*, Kükenthal in: Ergeb. Tiefsee-Exp., *v.* 13 pars 2 p. 255.

Die stark in die Breite entwickelte Kolonie hat eine gleichmäßige Verästelung mit kurzen, starren Endzweigen aufzuweisen. Die Polypen stehen in Entfernungen von 2 mm und sind in nahezu 2 mm hohe Kelche zurückziehbar; bewehrt sind sie mit 0,36 mm langen, abgeplatteten und weit bedornten Spindeln, die zu je 3 konvergierenden Paaren über einem transversalen Ringe stehen. Die Tentakel enthalten zahlreiche kleine Spindeln in konvergierenden Doppelreihen. Die Kelchskleriten sind bis 0,7 mm lange Keulen, deren freies, weit vorragendes Ende verbreitert und an den Rändern schwertartig zugeschärft ist. Die Rinde enthält in oberflächlicher Schicht etwa 0,8 mm lange, plattenartige Skleriten mit sehr großen, zackigen Warzen, von denen die am Rande stehenden sich blattartig verbreitern können, in tieferer Schicht sind die Skleriten bedeutend kleiner. Erdbraun, Achse basal olivengrün, distal gelblichbraun.

Japan. Tiefes Litoral.

11. Gen. **Eunicella** A. E. Verrill

1869 *E.*, A. E. Verrill in: Amer. J. Sci., ser. 2 *v.* 48 p. 425 | 1878 *E.*, Th. Studer in: Monber. Ak. Berlin, p. 655 | 1887 *E.* + *Platygorgia*, Th. Studer (& P. Wright) in: Arch. Naturg., *v.* 53I p. 60 | 1909 *E.*, Kükenthal in: Abh. Bayer. Ak., suppl. *v.* 1 nr. 5 p. 33 | 1919 *E.*, Kükenthal in: Ergeb. Tiefsee-Exp., *v.* 13 pars 2 p. 255.

Die Kolonien sind unverästelt oder in einer Ebene oft fächerförmig verzweigt, teils mit sehr langen, teils mit kurzen Endzweigen. Die kleinen Polypen erheben sich entweder aus flachen oder konischen oder halbkugeligen Kelchen. Polypenskleriten können fehlen oder sind weitbedornte, flache Spindeln, die in einer Krone stehen, die Oberfläche der Rinde ist gepanzert mit senkrecht stehenden, im Querschnitt runden, vieleckigen oder dreieckigen Keulen, deren bewarzter Schaft im Inneren liegt, während der verdickte Teil Dütenkeulenform oder Blattkeulenform annimmt. Im tieferen Coenenchym liegen längere Gürtelstäbe und Gürtelspindeln. Die Achse ist von einem Kranze longitudinaler Solenia umgeben. Meist weiß, auch rot.

Atlantische Küsten Europas und Afrikas von Schottland bis Kap der guten Hoffnung, Mittelmeer, Japan. Litoral und Küsten-Abyssal.

Mit 9 sicheren, 8 unsicheren Arten.

Spec. typ.: *Eunicella verrucosa* (Pall.)

Bestimmungstabelle der Arten:

1	Kolonien unverzweigt oder fast unverzweigt — 2	
	Kolonien verzweigt — 3	
2	Polypenkelche halbkugelig	1. **E. rigida**
	Polypenkelche abgestumpft, kegelförmig	2. **E. filiformis**
3	Kolonie in die Höhe entwickelt, mit langen Endzweigen — 4	
	Kolonie in die Breite entwickelt, oder doch mehr fächerförmig mit kurzen Endzweigen — 6	
4	Rindenkeulen klein, 0,075 mm lang	3. **E. verrucosa**
	Rindenkeulen groß, über 0,12 mm lang — 5	
5	Rindenkeulen glattrandig	4. **E. pendula**
	Rindenkeulen von welligem Umriß	5. **E. hendersoni**
6	In der Rinde Dütenkeulen — 7	
	In der Rinde Ballonkeulen — 8	
7	Stamm und Äste nur wenig abgeflacht	6. **E. papillosa**
	Stamm und Äste sind sehr stark abgeflacht	7. **E. alba**
8	Ballonkeulen klein, 0,08 mm lang	8. **E. lata**
	Ballonkeulen groß, etwa 0,12 mm lang	9. **E. densa**

1. **E. rigida** Kükth. 1908 *E. r.*, Kükenthal in: Zool. Anz., *v.* 32 p. 503 | 1911 *E. papillosa* (part.), J. S. Thomson in: P. zool. Soc. London, p. 880 t. 43 f. 2, 3 | 1919 *E. rigida*, Kükenthal in: Ergeb. Tiefsee-Exp., *v.* 13 pars 2 p. 257 t. 30 f. 3.

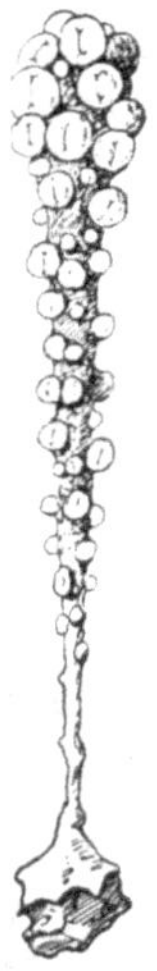

Fig. 98. Eunicella rigida. Junge Kolonie (³/₁).

Kolonie unverzweigt (Fig. 98) oder in einer annähernden Ebene verzweigt. Die Hauptäste sind walzenförmig gestreckt, oben etwas dicker als unten und leicht abgeflacht. Der unterste verjüngte Teil über der membranösen Basis ist polypenfrei. Die spiculafreien Polypen sind völlig in halbkugelige, mitunter walzenförmige Kelche zurückziehbar, die sich bis auf einen Längsschlitz schließen können. In der äußersten Rinde, auch der Polypenkelche, liegt ein dichter Panzer 0,07—0,08 mm langer Dütenkeulen, oben von dreieckigem Umriß, mit etwas gezackten, dicht zusammenliegenden Blättern, ein oder zwei von abgerundeten, zahnartigen Fortsätzen gebildeten Ringen und am wenig verjüngten Ende mit 1—2 Gürteln großer, gezackter Warzen. In der tieferen Rinde liegen etwa 0,12 mm lange, ziemlich dicke Spindeln und Doppelspindeln mit meist 4 Gürteln großer, gezackter Warzen. Polypenkelche weiß, Rinde hellbraun, Achse schwärzlich.

Südafrika. Tieferes Litoral.

2. **E. filiformis** (Th. Stud.) 1878 *Eunicea f.*, Th. Studer in: SB. Ges. Fr. Berlin, p. 138 | 1878 *Eunicella f.*, Th. Studer in: Monber. Ak. Berlin, p. 655 t. 4 f. 23a, b, c | 1919 *E. f.*, Kükenthal in: Ergeb. Tiefsee-Exp., *v.* 13 pars 2 p. 259.

Kolonie unverzweigt, sehr dünn und elastisch. Die Polypen stehen unregelmäßig in 1 bis 1,2 mm hohen, abgestumpft kegelförmigen Kelchen. Die äußere Rindenschicht enthält 0,074 mm lange Keulen, die flach und mit senkrechten Leisten versehen sind. Darunter liegen warzige Spindeln von 0,14 mm Länge. Blaßrosa.

Westafrika. Küsten-Abyssal.

3. **E. verrucosa** (Pall.) 1766 *Gorgonia v.* (part.), Pallas, Elench. Zooph., p. 196 | 1767 *G. v.* (part.), Linné, Syst. Nat., ed. 12 *v.* 1 pars 2 p. 1291 | 1775 nec *G. v.*, St. Müller, Naturs. Linné, *v.* 6 p. 759 t. 26 f. 2 | 1785 *G. v.*, Cavolini, Mem. Stor. Polip., nr. 1 p. 7 t. 1 f. 1; nr. 2 t. 4 | 1786 *G. v.* (part.), Ellis & Solander, Zooph., p. 89 | 1788 *G. v.*, Esper, Pflanzenth., *v.* 1 p. 61 t. 16 f. 1, 2 | 1816 *G. v.*, Lamarck, Hist. An. s. Vert., *v.* 2 p. 315 | 1816 *G. v.*, Lamouroux, Hist. Polyp., p. 411 | 1828 *G. v.*, Chiaje, Mem. Stor. Not., *v.* 3 p. 24 t. 33 f. 4—7 | 1857 *G. v.*, H. Milne-Edwards, Hist. Corall., *v.* 1 p. 159 | 1865 *G. v.*, Kölliker, Icon. histiol., p. 139 | 1869 *Eunicella v.*, A. E. Verrill in: Amer. J. Sci., ser. 2 *v.* 48 p. 426 | 1882 *Gorgonia v.*, G. Koch in: Mt. Stat. Neapel, t. 3 IV p. 538 | 1887 *G. v.* + *G. Cavolini*, G. Koch in: F. Fl. Neapel, *v.* 15 p. 58, 82 | 1912 *G. v.*, J. S. Thomson in: Ann. nat. Hist., ser. 8 *v.* 10 p. 479 | 1914 *Eunicella v.*, Th. Studer in: Zool. Anz., *v.* 43 p. 449 | 1919 *E. v.*, Kükenthal in: Ergeb. Tiefsee-Exp., *v.* 13 pars 2 p. 260.

Die Kolonie ist buschig verzweigt mit Neigung zur Anordnung der Äste in einer Ebene. Die nach aufwärts strebenden Endäste sind lang, schlank und rutenförmig. Die Polypen stehen allseitig unregelmäßig und sind in niedrige, warzenförmige Kelche zurückziehbar (Fig. 99). Die Skleriten der äußeren Rinde sind senkrecht zur Oberfläche eingepflanzte, etwa 0,075 mm messende Keulen, deren verdickter oberer Teil im Querschnitt ungefähr dreieckig, mit wulstig vorspringenden Ecken ist, die durch drei flache, etwas höckerige Längswulste erzeugt werden. Am Keulenschaft findet sich ein

Kranz zackiger Vorsprünge. In dem tieferen Coenenchym liegen etwa 0,25 mm lange, schlanke, zugespitzte Spindeln und Doppelspindeln mit weitstehenden hohen, mitunter verzweigten Warzen, die teilweise in Gürteln stehen. Orange bis mennigerot, wenn Zooxanthellen vorhanden sind: weiß.

Mittelmeer, atlantische Küsten von Portugal, Frankreich und England, In 1 bis 50 m Tiefe.

4. **E. pendula** Kükth. 1908 *E. p.*, Kükenthal in: Zool. Anz., *v.* 32 p. 503 | 1909 *E. p.*, Kükenthal in: Abh. Bayer. Ak., suppl. *v.* 1 nr. 5 p. 36 t. 4 f. 21 | 1919 *E. p.*, Kükenthal in: Ergeb. Tiefsee-Exp., *v.* 13 pars 2 p. 262.

Fig. 99. **Eunicella verrucosa.** Ast.

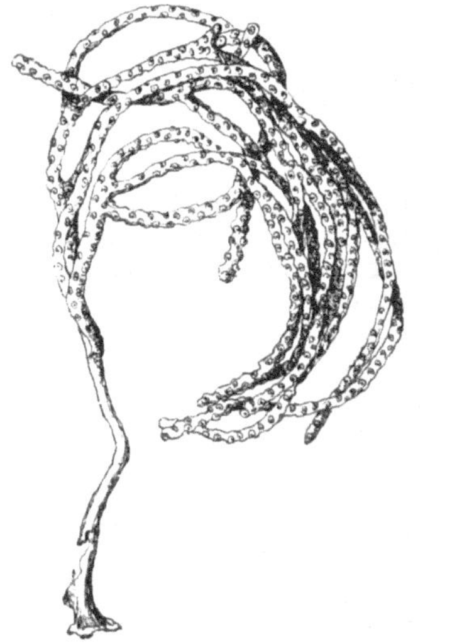

Fig. 100. **Eunicella pendula.**

Die Kolonie ist in einer etwas eingerollten Ebene entwickelt; Seitenäste und Endzweige gehen in spitzem Winkel ab. Die Endzweige sind lang, rutenförmig und herabhängend (Fig. 100). Die Polypen stehen in 3,5 mm Entfernung und fehlen dem unteren Ende des Hauptstammes. Die Polypen sind 1 mm lang, der Polypenkelch 0,7 bis 1 mm hoch. Die Polypenskleriten stehen in 8 konvergierenden Doppelreihen und sind 0,16 mm lange, breite, flach und weit bedornte Spindeln. Die äußere Rinde enthält senkrecht zu ihr stehende, einen dichten Panzer bildende Ballonkeulen von 0,12 mm Länge, von glattem Umriß, auf deren Ballen drei Längsleisten mit abgerundeten, nicht eingebuchteten Rändern sitzen, die nach oben zu scharfen Schneiden werden, während die bedornte Wurzel nur klein und unverzweigt ist. Darunter liegen 0,1 mm lange Gürtelstäbe von Achterform. Die Achse ist gänzlich unverkalkt. Rinde und Polypen weiß, Achse unten rotbraun, oben gelblich.

Japan. Tieferes Litoral.

5. **E. hendersoni** Kükth. 1908 *E. h.*, Kükenthal in: Zool. Anz., *v.* 32 p. 504 | 1909 *E. h.*, Kükenthal in: Abh. Bayer. Ak., suppl. *v.* 1 nr. 5 p. 38 t. 4 f. 20 | 1919 *E. h.*, Kükenthal in: Ergeb. Tiefsee-Exp., *v.* 13 pars 2 p. 262.

Die Kolonie ist wenig verzweigt, die Äste gehen spitzwinklig ab und sind ziemlich rigid. Die Polypen stehen in Entfernungen von 2,3 mm und fehlen dem unteren Teil des Hauptstammes; sie sind 1 mm groß und mit etwa 0,18 mm langen, hoch, aber weit bedornten Spindeln bewehrt. Die äußere Rinde ist mit dicht stehenden Ballonkeulen gepanzert, die 0,13 mm lang sind und 3 Längsleisten mit völlig eingebuchteten Rändern aufweisen; darunter liegen 0,09 mm lange Gürtelstäbe. Hellbräunlich, Achse unten schwarzbraun, oben hellbraun.

Japan. Küsten-Abyssal.

6. **E. papillosa** (Esp.) 1794—97 *Gorgonia p.*, Esper, Pflanzenth., Forts. *v.* 1 p. 173 t. 50 | 1865 *G. p.*, Kölliker, Icon. histiol., p. 139 t. 18 f. 25—27, 40 | 1869 *Eunicella p.*, A. E. Verrill in: Amer. J. Sci., ser. 2 *v.* 48 p. 425 | 1878 *E. p.*, Th. Studer in: Monber. Ak. Berlin, p. 656 | 1889 *E. p.*, P. Wright & Th. Studer in: Rep. Voy. Challenger, *v.* 31 pars 64 p. 145 | 1900 ? *E. p.*, Hickson in: Mar. Invest. S. Afr., *v.* 1 p. 86 t. 5C | 1911 nec *E. p.*, J. S. Thomson in: P. zool. Soc. London, p. 880 t. 43 f. 2, 3 | 1919 *E. p.*, Kükenthal in: Ergeb. Tiefsee-Exp., *v.* 13 pars 2 p. 263.

Kolonie in einer Ebene verzweigt. Die Verzweigung ist zweiseitig lateral von etwa halber Höhe des Stammes an. Stamm und Äste sind ungefähr gleich dick, an den Enden mitunter etwas angeschwollen und in der Verzweigungsebene abgeplattet. Die Äste und Zweige entspringen im Winkel von 60—90°. Die Polypen gehen bis zur Basis hinab und sind völlig in kleine, halbkugelige Kelche zurückziehbar, deren Öffnung einen häufig aufgewulsteten Längsschlitz bildet. Die Polypen sind spiculafrei, Kelch und äußere Rinde mit 0,09 mm langen Dütenkeulen von abgerundet dreieckigem Querschnitt gepanzert. Die Dütenkeulen sind mit zwei Ringen zugespitzter Fortsätze versehen; aus der oberen Düte ragt neben dünneren Blättern ein kräftiger, zahnartiger Fortsatz heraus. Am wenig verjüngten Ende steht ein Gürtel großer, gezackter Warzen, darunter noch ein zweiter unvollkommener mit wenigen kleinen Warzen. Im tieferen Coenenchym liegen 0,15 mm lange, 0,06 mm breite Doppelspindeln mit 2 bis 4 Gürteln großer, gezackter Warzen jederseits. Weiß, Achse hellbraun mit metallischem Schimmer.

Südafrika. Tieferes Litoral.

7. **E. alba** (Esp.) 1766 nec *Gorgonia palma*, Pallas, Elench. Zooph., p. 189 | 1794 *G. p.* var. *alba*, Esper, Pflanzenth., Forts. *v.* 1 t. 40 | 1855 nec *G. p.*, Valenciennes in: CR. Ac. Sci., *v.* 41 p. 6 | 1865 *G. albicans*, Kölliker, Icon. histiol., p. 139 | 1869 *G. palma*, A. E. Verrill in: Amer. J. Sci., ser. 2 *v.* 48 p. 426 | 1878 *Eunicella p.*, Th. Studer in: Monber. Ak. Berlin, p. 656 | 1887 *Platygorgia albicans*, Th. Studer (& P. Wright) in: Arch. Naturg., *v.* 531 p. 60 | 1905 *Gorgonia a.*, Hickson in: Mar. Invest. S. Afr., *v.* 3 p. 227 | 1919 *Eunicella a.*, Kükenthal in: Ergeb. Tiefsee-Exp., *v.* 13 pars 2 p. 269.

Die Hauptäste sind in einer Ebene verzweigt. Stamm und basaler Teil der Äste sind in der Verzweigungsebene stark abgeplattet, während die Endzweige nahezu walzenförmig sind. Die Rinde ist dünn, die Achse enthält nur Spuren von Kalk. Die kleinen, flachen Polypenkelche von 0,5 mm Durchmesser sind unregelmäßig allseitig an den Zweigen verstreut. Die Rinde enthält in oberflächlicher Schicht senkrecht stehende, schmale, wenig verbreiterte Dütenkeulen von 0,08 mm Länge, darunter bis 0,14 mm lange Spindeln mit 2 bis 4 regelmäßigen Gürteln hoher Warzen. Weiß.

Südafrika. Litoral.

8. **E. lata** Kükth. 1917 *E. l.*, Kükenthal in: Zool. Anz., *v.* 48 p. 342 | 1919 *E. l.*, Kükenthal in: Ergeb. Tiefsee-Exp., *v.* 13 pars 2 p. 265 t. 38 f. 41.

Kolonie stark in der Breite in einer Ebene entwickelt, abgeplattet; der geradlinig verlaufende Hauptstamm gibt im Winkel von 70—80 Grad lateral

Äste ab (Fig. 101), die sich unter gleichem Winkel weiter verzweigen; die Endzweige sind kurz. Die Polypenkelche stehen in Entfernungen von 1,7 mm, finden sich auch an der Basis, sind hoch, konisch und besonders an den Enden der Zweige schräg aufwärts gerichtet. Auf den abgeplatteten Flächen des unteren Hauptstammes sind sie in einer Längsreihe angeordnet, die von ein paar schwachen Furchen begrenzt wird. In der Kelchwand wie in der

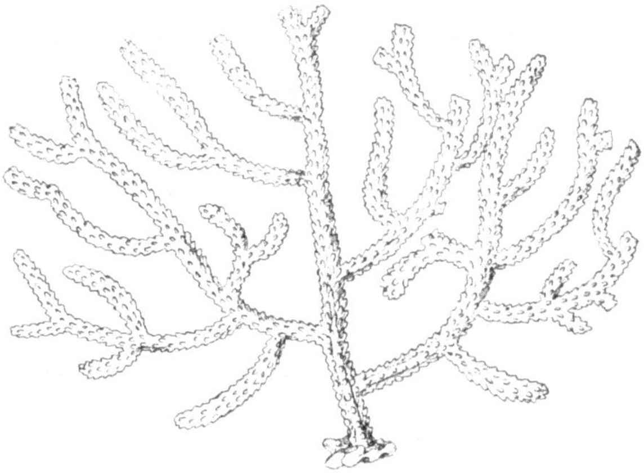

Fig. 101. **Eunicella lata** ($^{1}/_{1}$).

äußeren Rinde liegen 0,08 mm lange Blattkeulen, deren Ballon drei verschmolzene, abgerundete Blätter aufliegen. Die Oberfläche des Ballons ist mit flachen, in undeutlichen weiten Gürteln stehenden Warzen besetzt. Das spitz zulaufende Ende ist mit 1—2 Gürteln großer, gezackter Fortsätze bedeckt. In tieferer Schicht liegen 0,12—0,15 mm lange Spindeln, die mit kräftigen, weitstehenden, in undeutlichen Gürteln angeordneten Dornen besetzt sind. Milchweiß.

Westafrika.

Fig. 102.
Eunicella densa.
Ballonkeule ($^{284}/_{1}$).

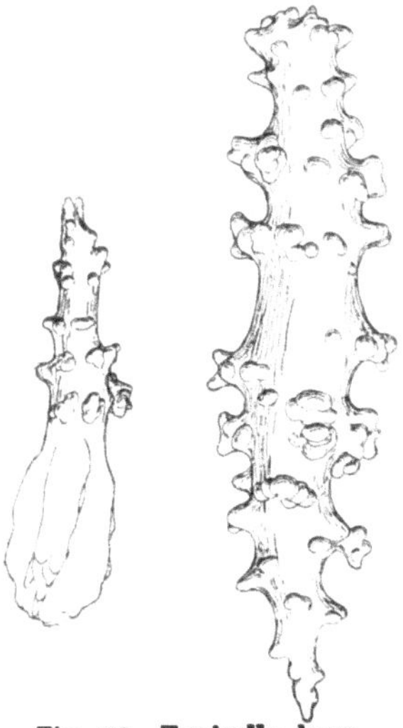

Fig. 103. **Eunicella densa.**
Skleriten der tieferen Rinde ($^{284}/_{1}$).

9. **E. densa** Kükth. 1917 *E. d.*, Kükenthal in: Zool. Anz., *v.* 48 p. 342 | 1919 *E. d.*, Kükenthal in: Ergeb. Tiefsee-Exp., *v.* 13 pars 2 p. 266 t. 38 f. 42.

Kolonie sehr reichlich und spitzwinklig in einer Ebene verästelt. Stamm und Äste stark abgeplattet; Endzweige sehr kurz, kolbig. Polypenkelche sehr klein, flach gewölbt, sehr dicht stehend, am unteren Stammteil auf den abgeplatteten Flächen in 3—4 Längsreihen, die durch Furchen getrennt sind. In den Kelchen und in der äußeren Rinde liegt ein Panzer 0,12—0,15 mm großer Ballonkeulen, das obere Ende stark angeschwollen, fast glatt, mit drei längsgelagerten Blättern, das untere Ende zugespitzt (Fig. 102), mit 2 bis 3 Dornenkränzen. In dem tieferen Coenenchym finden sich bis 0,2 mm große, zugespitzte, schlanke Spindeln mit weitstehenden Warzengürteln. Auch Doppelspindeln kommen vor und zwischen Blattkeulen und Spindeln finden sich Übergänge (Fig. 103). Gelbweiß, Stamm und Hauptäste basal bläulichweiß, Achse dunkelbraun.

Westafrika.

E. subtilis (Val.) 1855 *Gorgonia s.*, Valenciennes in: CR. Ac. Sci., *v.* 41 p. 12 | 1857 *G. s.*, H. Milne-Edwards, Hist. Corall., *v.* 1 p. 159 | 1869 *Eunicella s.*, A. E. Verrill in: Amer. J. Sci., ser. 2 *v.* 48 p. 426.

Zweige sehr schlank, Polypenkelche niedrig, weitstehend, Rinde glatt. Weiß.

Algier.

Wahrscheinlich zu *E. verrucosa* (nr. 3) gehörig.

E. stricta (Bertoloni) 1725 *„Litophyte premier"*, Marsilli, Hist. Mer, p. 91 t. 16 f. 80 | 1788 *Gorgonia viminalis* var. *singularis*, Esper, Pflanzenth., *v.* 1 t. 11 | 1810 *G. stricta*, Bertoloni, Rar. Ital. Plant., p. 94 | 1816 *G. graminea* (nec *G. stricta*), Lamarck, Hist. An. s. Vert., *v.* 2 p. 318 | 1816 *G. Bertoloni*, Lamouroux, Hist. Polyp., p. 414 | 1855 *G. graminea*, Valenciennes in: CR. Ac. Sci., *v.* 41 p. 12 | 1857 *G. g.*, H. Milne-Edwards, Hist. Corall., *v.* 1 p. 161 | 1869 *Eunicella g.* + *E. Bertolonii*, A. E. Verrill in: Amer. J. Sci., ser. 2 *v.* 48 p. 426 | 1914 *E. stricta*, Th. Studer in: Zool. Anz., *v.* 43 p. 451.

Die Kolonie ist wenig verzweigt, die Zweige sind sehr schlank, lang und walzenförmig, die Polypenkelche sind sehr flach und können völlig im glatten Coenenchym verschwinden. Eine mediane Längsfurche fehlt. Weiß.

Mittelmeer.

Wahrscheinlich zu *E. verrucosa* (nr. 3) gehörig.

E. gazella (Th. Stud.) 1878 *Gorgonia furcata* (non Lamarck 1816), Th. Studer in: SB. Ges. Fr. Berlin, p. 138 | 1878 *Eunicella f.*, Th. Studer in: Monber. Ak. Berlin, p. 655 t. 4 f. 22a | 1901 *E. gazella*, Th. Studer in: Résult. Camp. Monaco, *v.* 20 p. 51.

Von flacher Basis erhebt sich ein gerader, aufrechter Stamm, der sich in zwei stumpfe, keulenförmig endende Äste spaltet. Rinde dick, außen mit 0,1 mm langen Keulen, tiefer mit 0,21 mm langen, warzigen Spindeln.

Westafrika in 16° n. Br., 23° östl. L. In 210 m Tiefe.

E. crinita nom. nud. (Val.) 1855 *Gorgonia c.*, Valenciennes in: CR. Ac. Sci., *v.* 41 p. 12 | 1869 *Eunicella c.*, A. E. Verrill in: Amer. J. Sci., ser. 2 *v.* 48 p. 426.

Keine Beschreibung oder Abbildung.

Bizagosarchipel, Afrika.

E. dubia Th. Stud. 1890 *E. d.*, Th. Studer in: Mém. Soc. zool. France, *v.* 3 p. 557 | 1901 *E. d.*, Th. Studer in: Résult. Camp. Monaco, *v.* 20 p. 50 t. 8 f. 5, 6.

Verzweigung unbekannt. Stamm und Äste abgeplattet. Die Polypen sind in warzenartige Kelche zurückziehbar, die vorwiegend seitlich stehen. In der äußeren Rinde liegen 0,14 mm lange, völlig glatte Ballonkeulen, die nur am Schaftende kleine, mitunter verzweigte Warzen tragen. Die 0,14 mm langen Spindeln des tieferen Coenenchyms sind schwach bewarzt. Weiß, die zarte, biegsame Achse goldgelb.

Die Art ist gekennzeichnet durch die völlig glatten Ballonkeulen; da sie jedoch nur auf ein Bruchstück hin aufgestellt worden ist, muß ich vorläufig von einer Einreihung in das System absehen.

Azoren, in 1300 m Tiefe.

E. tenuis Verrill 1869 *E. t.*, A. E. Verrill in: Amer. J. Sci., ser. 2 *v.* 48 p. 426.

Kolonie groß, annähernd fächerförmig, dicht verzweigt, die Zweige mit wechselständigen Endzweigen. Die Polypen haben kleine, aber deutliche, konische Kelche und stehen an den Zweigen unregelmäßig wechselständig. Die Skleriten sind größere, bis 0,196 mm lange Doppelspindeln, deren Warzen teilweise in Gürteln stehen, kleinere bis 0,072 mm lange, kurze, ziemlich breite Keulen, oft dreikantig, meist mit 2 oder 3 Zähnen auf jeder Kante, das dünne Ende mit einem Gürtel von sehr kleinen, rauhen Warzen. Weiß.

Westindien?

E. venosa (Val.) 1855 *Gorgonia v.*, Valenciennes in: CR. Ac. Sci., *v.* 41 p. 12 | 1857 *G. v.*, H. Milne-Edwards, Hist. Corall., *v.* 1 p. 158 | 1869 *Eunicella v.*, A. E. Verrill in: Amer. J. Sci., ser. 2 *v.* 48 p. 426 | 1878 *? E. papillosa*, Ehrenberg MS in: Th. Studer in: Monber. Ak. Berlin, p. 656.

Sehr ähnlich *E. verrucosa* (nr. 3), nur sind die Polypenkelche höher.

Algier.

Wohl zu *E. verrucosa* gehörig.

E. pergamentacea S. Ridl. 1882 *E. p.*, S. Ridley in: Ann. nat. Hist., ser. 5 *v.* 10 p. 129.

Mit wenigen langen Endzweigen, weitstehenden Polypen. Rinde lederartig. Weiß.

Mittelmeer.

Wohl zu *E. verrucosa* (nr. 3) gehörig.

6. Fam. **Muriceidae**

1821 *Muricea*, Lamouroux, Expos. Polyp., p. 36 | 1857 *„Primnoacées“* (part.), H. Milne-Edwards, Hist. Corall., *v.* 1 p. 138 | 1864 *Muriceae* (part.), Duchassaing & Michelotti in: Mem. Acc. Torino, ser. 2 *v.* 23 p. 14 | 1865 *Primnoaceae* (part.), Kölliker, Icon. histiol., p. 135 | 1878 *Muriceadae* (part.), Th. Studer in: Monber. Ak. Berlin, p. 641 | 1883 *Muriceidae*, A. E. Verrill in: Bull. Mus. Harvard, *v.* 11 p. 28, 30 | 1887 *M.*, Th. Studer (& P. Wright) in: Arch. Naturg., *v.* 53 I p. 52 | 1889 *M.*, P. Wright & Th. Studer in: Rep. Voy. Challenger, *v.* 31 pars 64 p. 92 | 1908 *M.*, Gorzawsky, Gorgon., p. 45 | 1910 *M.*, Nutting in: Siboga-Exp., *v.* 13b p. 3 | 1919 *M.*, Kükenthal in: Ergeb. Tiefsee-Exp., *v.* 13 pars 2 p. 834.

Die Kolonien sind meist in einer Ebene verzweigt und weisen nicht selten Anastomosenbildung auf, die zu Netzform führen kann. Auch buschige sowie schwach verzweigte bis unverzweigte Formen kommen vor. Die Polypen stehen entweder allseitig, oder sie lassen die Hinterfläche frei, oder sie stehen vorwiegend oder ausschließlich seitlich. Ihre Kelche sind meist höher als breit. Ein Operkulum ist stets vorhanden und wird von spindelförmigen Skleriten gebildet, die in die dorsale Tentakelwand eingelagert und meist einem die Tentakelbasen verbindenden, transversalen Skleritenringe aufgesetzt sind. Die Rinde enthält Skleriten von äußerst verschiedener Gestalt. Die eingegliederte Achse hat einen weichen, durch quere Platten gekammerten Zentralstrang und eine in Fächer geteilte Achsenrinde.

Indopazifischer und Atlantischer Ozean. Vom Litoral bis ins Abyssal.

27 sichere, 7 unsichere Gattungen mit 219 sicheren Arten mit 12 Unterarten resp. Varietäten und 53 unsicheren Arten.

Bestimmungstabelle der Gattungen:

1	Grundformen der Coenenchymskleriten Spindeln, die teilweise zu Keulen oder abgeplatteten Formen werden können — 2	
	Die Spindeln treten gegenüber anderen Grundformen zurück — 13	
2	Kelchskleriten unregelmäßig gelagert — 3	
	Kelchskleriten regelmäßiger, meist in Doppelreihen gelagert — 10	
3	Kelche mit Unterlippen	1. Gen. **Muricea**
	Kelche ohne Lippen — 4	
4	Coenenchymskleriten nur Spindeln, die keulenförmig werden können — 5	
	Coenenchymskleriten Spindeln und abgeplattete, oft schuppenartige Formen — 7	
5	Spindeln gleichmäßig bewarzt oder bedornt — 6	
	Spindeln auf der Außenseite bedornt, auf der Innenseite bewarzt	4. Gen. **Eumuricea**
6	Warzen fein gezackt oder blattartig verbreitert .	2. Gen. **Menacella**
	Warzen oder Dornen groß	3. Gen. **Elasmogorgia**
7	Stachelplatten fehlen — 8	
	Stachelplatten kommen vor	8. Gen. **Muriceides**
8	Rinde einschichtig	5. Gen. **Thesea**
	Rinde zweischichtig — 9	
9	Die Polypen stehen allseitig oder fehlen nur einer Fläche	6. Gen. **Paracis**
	Die Polypen stehen seitlich wechselständig . .	7. Gen. **Scleracis**
10	Die Doppelreihen überkreuzen sich nicht — 11	
	Die Doppelreihen überkreuzen sich teilweise — 12	
11	Rinde einschichtig	9. Gen. **Anthomuricea**
	Rinde zweischichtig	10. Gen. **Muricella**
12	Opercularskleriten in Dreiecken angeordnet . .	11. Gen. **Anthogorgia**
	Opercularskleriten in konvergierenden Doppelreihen	12. Gen. **Calicogorgia**
13	Die charakteristischen Skleriten haben einen äußeren, oft glatten und einen inneren, verzweigten Teil — 14	
	Die charakteristischen Skleriten sind Doppelscheiben oder Doppelkugeln	18. Gen. **Pseudobebryce**
	Die charakteristischen Skleriten haben Kelchform	19. Gen. **Bebryce**
	Die charakteristischen Skleriten sind teilweise plattenförmig — 16	
	Die charakteristischen Skleriten sind flach sternförmig — 18	
	Es sind viele, sehr verschiedene Grundformen von Skleriten vorhanden — 20	
14	Der äußere Teil ist ein glatter Stachel — 15	
	Der äußere Teil ist meist gezähnelt, oft auch blattartig verbreitert	15. Gen. **Perisceles**
	Der äußere Teil ist mit fingerförmigen Fortsätzen versehen	16. Gen. **Paracamptogorgia**
	Der äußere Teil ist stets blattartig verbreitert .	17. Gen. **Echinogorgia**
15	Der Wurzelteil ist wenig verzweigt	13. Gen. **Menella**
	Der Wurzelteil ist stark verzweigt	14. Gen. **Echinomuricea**
16	Die Platten sind Stachelplatten und kommen nur in den Kelchen vor	20. Gen. **Placogorgia**
	Die Platten sind scheibenförmig oder oval und kommen in Kelchen und Rinde vor — 17	

17	Kelche niedrig, warzenförmig	21. Gen. **Discogorgia**
	Kelche hoch, walzenförmig	22. Gen. **Lepidomuricea**
18	Es sind noch Stachelplatten vorhanden	23. Gen. **Brandella**
	Stachelplatten fehlen — 19	
19	Opercularskleriten in Dreiecken angeordnet . .	24. Gen. **Villogorgia**
	Opercularskleriten vorwiegend in Doppelreihen .	25. Gen. **Paramuricea**
20	Es sind auch einseitig hochbedornte Stachelplatten vorhanden	26. Gen. **Pseudothesea**
	Stachelplatten fehlen	27. Gen. **Heterogorgia**

1. Gen. **Muricea** Lamouroux

1821 *M.* (part.), Lamouroux, Expos. Polyp., p. 36 | 1834 *M.* (part.), Blainville, Man. Actin., p. 509 | 1834 *M.* (part.), Ehrenberg in: Abh. Ak. Berlin, p. 358 | 1857 *M.* (part.), H. Milne-Edwards, Hist. Corall., *v.* 1 p. 142 | 1865 *M.* (part.), Kölliker, Icon., histiol., *v.* 2 p. 135 | 1868 *M.* (part.), A. E. Verrill in: Amer. J. Sci., ser. 2 *v.* 45 p. 411 | 1878 *M.* (part.), Th. Studer in: Monber. Ak. Berlin, p. 649 | 1889 *M.*, P. Wright & Th. Studer in: Rep. Voy. Challenger, *v.* 31 pars 64 p. 93 | 1908 *M.*, Gorzawsky, Gorgon., p. 8 | 1910 *M.*, Nutting in: Siboga-Exp., *v.* 13b p. 9 | 1919 *M.*, Kükenthal in: Ergeb. Tiefsee-Exp., *v.* 13 pars 2 p. 835.

Die Kolonie ist meist baumförmig und dichotomisch oder lateral verzweigt. Die Polypen stehen allseitig, ihre Kelche sind zweilippig oder haben eine vorspringende Unterlippe; ihr Operkulum besteht aus Spindeln, welche in den Tentakelbasen liegen. In der meist dicken Rinde und den Kelchwänden liegen große Spindeln und unregelmäßigere, mitunter einseitig hoch bedornte Formen, die in den Kelchwänden nicht in Doppelreihen angeordnet sind. Rot, braun, grau, weiß.

Ost- und Westküste von Zentralamerika. Litoral.

16 sichere Arten mit 5 Unterarten resp. Varietät und 1 unsichere Art.

Spec. typ.: *Muricea muricata* (Pall.).

Bestimmungstabelle der Arten:

1	Polypenkelche abgespreizt, sich nicht überdeckend — 2	
	Polypenkelche angeschmiegt, sich überdeckend — 9	
2	Kelche hoch — 3	
	Kelche flach	8. **M. robusta**
3	Verzweigung allseitig — 4	
	Verzweigung annähernd in einer Ebene — 7	
4	Kolonien dichte Rasen bildend — 5	
	Kolonien spärlicher verzweigt	4. **M. retusa**
5	Kelchunterlippe lang — 6	
	Kelchunterlippe kurz	3. **M. fruticosa**
6	Rindenskleriten zugespitzt	1. **M. muricata**
	Rindenskleriten abgestumpft	2. **M. austera**
7	Skleriten über den Kelch vorragend — 8	
	Skleriten nicht über den Kelch vorragend	7. **M. crassa**
8	Farbe rotbraun	5. **M. echinata**
	Farbe weiß	6. **M. formosa**
9	Die Äste und Zweige sind lang und schlank — 10	
	Die Äste und Zweige sind dick — 13	
10	Die Endzweige hängen herab — 11	
	Die Endzweige stehen aufrecht — 12	
11	Verzweigung reichlich	9. **M. pendula**
	Verzweigung spärlich	10. **M. laxa**
12	Die Spindeln der Rinde sind bis 2 mm lang	11. **M. aspera**
	Die Spindeln der Rinde sind bis 1,2 mm lang	12. **M. tenella**
	Die Spindeln der Rinde sind bis 0,925 mm lang	13. **M. appressa**

13 { Verzweigung allseitig, rasenartige Kolonie . . . . 14. **M. hebes**
Verzweigung annähernd in einer Ebene — 14

14 { Farbe purpurrot . . . . 15. **M. purpurea**
Farbe weiß . . . . 16. **M. albida**

1. **M. muricata** (Pall.) 1766 *Gorgonia m.*, Pallas, Elench. Zooph., p. 198 | 1816 *Eunicea m.*, Lamouroux, Hist. Polyp., p. 439 | 1821 *Muricea spicifera*, Lamouroux, Expos. Polyp., p. 36 t. 71 f. 1, 2 | 1834 *M. muricata*, Blainville, Man. Actin., p. 509 t. 88 f. 1 | 1868 *M. m.*, A. E. Verrill in: Amer. J. Sci., ser. 2 *v.* 45 p. 412 | 1907 *M. m.*, A. E. Verrill in: Tr. Connect. Ac., *v.* 12 p. 301 t. 33B f. 2a; t. 33C f. 2d; t. 36 f. 2 (7).

Die Kolonien bilden flache Klumpen, dichotomisch geteilter, ziemlich dichter Äste. Die Polypen sind groß, schräg distalwärts gerichtet, die Unterlippe der Kelche ragt weit vor und die gesamte Oberfläche ist reich an Skleriten, von denen die oberflächlichen sehr große, regelmäßige Spindeln werden können und sich überdecken. Die dicke Rinde enthält außen bis 1,3 mm lange Spindeln, die zum Teil keulenartig verbreitert sind, während in tieferer Schicht kurze, bis 0,15 mm messende Stäbe oder Keulen, die spärlich bewarzt oder bedornt sind, vorkommen. Gelbbraun bis ockergelb mit weißen, lederfarbigen oder ockergelben Polypen, die mit rostbraunen Flecken versehen sein können.

Antillen, Bermudas. Im flachen Litoral.

2. **M. austera** Verrill 1869 *M. a.*, A. E. Verrill in: Tr. Connect. Ac., *v.* 1 p. 430 t. 8 f. 7.

Dichte, oft rasenartige Kolonie mit dicken, abgerundeten Endzweigen. Anastomosen können vorkommen. Die Polypen stehen sehr dicht und entspringen in einem Winkel von 45 Grad; ihre vorspringenden Kelche haben eine zugespitzte Unterlippe, und sind dicht bedeckt mit kurzen aber kräftigen, rauhen Spindeln von bis zu 1,6 mm Länge, die an den Kelchrändern etwas vorragen. In den Polypen liegen bis 0,5 mm lange, aber meist viel kleinere, schlanke und dichtbewarzte Spindeln mit abgestumpften Enden. Die feste Rinde ist von mittlerer Dicke und weist eine harte, rauhe Oberfläche auf, die mit kräftigen, rauhen, bis 1,67 mm langen Spindeln erfüllt ist. Gleichmäßig rötlich oder gelblichbraun.

Panama, Perl-Inseln, Kap St. Lucas, La Paz. Im flachen Wasser.

3. **M. fruticosa** Verrill 1869 *M. f.*, A. E. Verrill in: Tr. Connect. Ac., *v.* 1 p. 428 t. 7 f. 2.

Die polsterartige, reich verzweigte Kolonie gibt nach allen Seiten zahlzeiche, kurze Zweige ab, die mitunter Anastomosen bilden, und deren Enden rundlich angeschwollen sind. Die Polypen stehen dicht, schräg distalwärts gerichtet, und ihre konischen Kelche weisen im distalen Teil der Kolonie eine lange und zugespitzte Unterlippe auf. Die Kelchwände enthalten bis 2,9 mm messende Spindeln, die häufig gebogen, auch unregelmäßig gestaltet sind, die dünne Rinde weist teilweise noch größere Spindeln auf, die auf einer Seite bewarzt, auf der anderen fein bedornt sind. Außerdem kommen kleinere, regelmäßiger geformte Spindeln vor. Tief rotbraun, Stamm und Hauptäste gelb mit braun.

Perl-Inseln. Im flachen Litoral.

Diese Art zerfällt in 2 Unterarten:

3a. **M. fruticosa typica** Verrill 1869 *M. f.*, A. E. Verrill in: Tr. Connect. Ac., *v.* 1 p. 428 t. 7 f. 2.

Mit den Merkmalen der Art.

Perl-Inseln. Im flachen Litoral.

3b. **M. fruticosa miser** Verrill 1869 *M. f.* var. *m.*, A. E. Verrill in: Tr. Connect. Ac., *v.* 1 p. 430.

Die Kolonie bildet kleine, rundliche Klumpen dicht verzweigter, schlanker Äste. Die Polypen stehen an den größeren Ästen sehr spärlich, und ihre Kelche sind klein. Auch die Maße der Skleriten sind geringer. Tiefbraun, die Basis der Äste und Zweige hellgelb.

Perl-Inseln, Corinto (Nicaragua). Im flachen Wasser.

4. **M. retusa** Verrill 1869 *M. r.*, A. E. Verrill in: Tr. Connect. Ac., *v.* 1 p. 432 t. 8 f. 8.

Die Kolonie ist spärlich verzweigt, ihre Äste sind gleichmäßig dick, und die Enden der Zweige sind nur wenig angeschwollen. Die Polypen stehen nicht besonders dicht und entspringen im Winkel von 45 Grad und im basalen Teile darüber. Ihre großen Kelche weisen nur eine kurze Unterlippe auf, und enthalten kurze, dicke, bewarzte und bedornte Spindeln, deren abgestumpfte Enden nicht vorragen. Die dicke Rinde enthält bis 1,47 mm lange, kräftige, oft unregelmäßig gestaltete Spindeln, die, wie die des Kelches, auf einer Seite rauhe Warzen, auf der anderen große, konische Dornen tragen, auch kommen unregelmäßig abgeplattete, oft dreieckige Formen vor. Dunkelpurpurbraun.

Perl-Inseln. Im flachen Litoral.

5. **M. echinata** M.-E. 1855 *M. e.* (nom. nud.), Valenciennes in: CR. Ac. Sci., *v.* 41 p. 13 | 1857 *M. e.*, H. Milne-Edwards, Hist. Corall., *v.* 1 p. 143 | 1869 *M. e.*, A. E. Verrill in: Tr. Connect. Ac., *v.* 1 p. 426 t. 8 f. 6.

Verzweigung annähernd in einer Ebene, unregelmäßig dichotomisch oder fast fiederförmig, mit oft keulenförmig angeschwollenen Endzweigen. Die nicht dicht stehenden Polypen sind schräg distalwärts gerichtet, und ihre Kelche sind mit langen, zugespitzten Spindeln bedeckt, die eine lange, eingebogene Unterlippe bilden, und über den Kelchrand vorragen. In dem Polypenkörper liegen kleine, konvergierend angeordnete, gelbe Spicula bis zu den Tentakelbasen. Die dünne Rinde enthält bis 1,95 mm messende Spindeln. Tief rötlichbraun, Polypen gelb.

Panama. Im flachen Litoral.

M. echinata var. flabellum Verrill 1869 *M. e.* var. *f.*, A. E. Verrill in: Tr. Connect. Ac., *v.* 1 p. 427.

Reichlichere Verzweigung, mit sich oft verjüngenden Endzweigen. Tiefbraun.

Perl-Inseln. Im flachen Litoral.

6. **M. formosa** Verrill 1869 *M. f.*, A. E. Verrill in: Tr. Connect. Ac., *v.* 1 p. 434 t. 8 f. 15.

Verzweigung unregelmäßig dichotomisch, die Äste sind von mittlerer Dicke, die kurzen Zweige gehen in fast rechtem Winkel ab und biegen dann nach oben um; ihre Enden sind etwas angeschwollen. Die langen, kegelförmigen Polypenkelche haben eine zugespitzte Unterlippe, welche die Oberlippe überragt; ihr Rand ist mit den vorragenden Enden langer, spitzer Spindeln besetzt. Die eine Seite der bis 0,135 mm langen Kelchspindeln ist bedornt, die andere bewarzt. In der ziemlich dünnen Rinde liegen kräftige Spindeln. In den Polypen finden sich bis 0,45 mm messende, lange, weitbewarzte, schlanke Spindeln, mit nicht besonders zugespitzten Enden. Weiß.

Zorritos (Peru). Im flachen Litoral.

7. **M. crassa** Verrill 1869 *M. c.*, A. E. Verrill in: Tr. Connect. Ac., *v.* 1 p. 425 t. 7 f. 10; t. 8 f. 5.

Die ziemlich starre Kolonie ist annähernd in einer Ebene dichotomisch verzweigt. Die dicken und kolbigen, meist gekrümmten Äste sind nicht weiter verzweigt und gelegentlich durch Anastomosen verbunden. Die dicht stehenden Polypen entspringen nahezu senkrecht und ihre Kelche sind 2 bis 3 mm lang und röhrenförmig. Die Unterlippe springt nur wenig vor. Die Kelchskleriten sind 0,75—2,18 mm lange, kräftig bewarzte und bedornte Spindeln. Die dicke Rinde ist mit unregelmäßig gestalteten, oft gekrümmten, langen Skleriten erfüllt, die bis 4 mm Länge erreichen. Dunkelbraun, mit dunkler gefärbten Kelchrändern.

Panama, Perl-Inseln. Litoral.

8. **M. robusta** Verrill 1866 *M. r.*, A. E. Verrill in: P. Boston Soc., *v.* 10 p. 329 | 1869 *M. r.*, A. E. Verrill in: Tr. Connect. Ac., *v.* 1 p. 436 t. 7 f. 8; t. 8 f. 9.

Verzweigung ziemlich spärlich, die kräftigen Äste und Zweige sind meist gekrümmt und ihre Enden sind abgerundet. Die Polypen stehen dicht, und ihre Kelche sind niedrig; auch die Unterlippe ist wenig entwickelt. Die dicke Rinde weist eine körnige Oberfläche auf, ihre Skleriten sind kleine, höchstens 0,825 mm messende Spindeln und Keulen, deren dichtstehende Warzen mit großen, spitzen Dornen besetzt sind. Gelblichbraun.

Acapulco (Mexiko).

9. **M. pendula** Verrill 1863 *M. p.*, A. E. Verrill in: Mem. Boston Soc., *v.* 1 p. 9 | 1864 *M. elegans* (Agassiz in MS.), A. E. Verrill in: Bull. Mus. Harvard, *v.* 1 p. 36.

Verzweigung in einer Ebene, vorwiegend lateral und annähernd fiederförmig. Zweige zahlreich, lang, dünn und oft herabhängend. Die Polypen stehen in spitzem Winkel, nicht besonders dicht, ihr Kelch ist mit etwa 0,52 mm langen Spindeln bewehrt, deren eines Ende fein zugespitzt ist. Das Tentakeloperkulum wird von kleinen, spärlich bewarzten Spindeln gebildet, die in konvergierenden Doppelreihen angeordnet sind und einem doppelten, transversalen Spicularinge aufsitzen. Die Rinde enthält 2 Skleritenschichten, außen große, bis 1,04 mm messende, gekrümmte Spindeln, die mitunter in Keulen übergehen, innen kurze Stäbe oder Platten von höchstens 0,1 mm Länge mit großen, glatten Dornen. Gelblich orange.

Charleston (Südkarolina), Barbados, Campechebank. Im flachen Litoral.

10. **M. laxa** Verrill 1864 *M. l.*, A. E. Verrill in: Bull. Mus. Harvard, *v.* 1 p. 36.

Schlanke Kolonie mit langen biegsamen Zweigen. Die Polypen stehen ziemlich dicht, entspringen spitzwinklig und ihre langen Kelche laufen spitz zu. Die Kelchskleriten sind durchschnittlich 0,51 mm lange Spindeln, die teils mit großen, gezackten Warzen, teils mit oft verzweigten Dornen besetzt sind. Einzelne bis 1,08 mm messende Kelchskleriten ragen mit ihren zugespitzten Enden weit über den Kelchrand vor, und bilden die Unterlippe. Die Polypenspicula sind 0,1 mm messende, spärlich bewarzte und bedornte Spindeln. In der 0,5 mm dicken Rinde finden sich außen Spindeln, darunter Keulen oder Stäbe von nur 0,05 mm durchschnittlicher Länge. Die Achse ist weich und biegsam. Hellgelb.

Florida, Barbados.

11. **M. aspera** Verrill 1869 *M. a.*, A. E. Verrill in: Tr. Connect. Ac., *v.* 1 p. 448.

Kolonie fächerförmig mit annähernd fiederförmigen Zweigen. Die Endzweige sind ziemlich schlank, und am Ende etwas angeschwollen, sie entspringen in einem weiten, oft nahezu rechten Winkel. Die Polypen sind leicht angedrückt, sich etwas überdeckend und ihre lange, zugespitzte Unterlippe wird von langen, schlanken Spindeln gebildet, die am Ende etwas vorragen. Die Oberlippe ist rudimentär oder fehlt völlig. Die dünne Rinde enthält lange, oft kräftige Spindeln bis zu 2 mm Länge, die meist etwas gekrümmt, mitunter auch gegabelt sind und zum Teil zugespitzt, zum Teil abgestumpft sind. Außerdem kommen zahlreiche sehr schlanke, zugespitzte Spindeln bis zu 1,37 mm Länge vor. Gelbweiß.

Panama. Im flachen Litoral.

12. **M. tenella** Verrill 1869 *M. t.*, A. E. Verrill in: Tr. Connect. Ac., *v.* 1 p. 446 t. 6 f. 12; t. 8 f. 14.

Verzweigung fächerförmig. Die Endzweige sind lang, sehr schlank und biegsam. Die Polypen stehen dicht, nur basal zerstreuter, entspringen spitzwinklich und ihre Kelche sind in eine scharf zugespitzte und eingebogene Unterlippe eingebogen, während eine Oberlippe völlig fehlt. Die Kelchskleriten sind Spindeln, Keulen und Stäbe von durchschnittlich 0,31 mm Länge; in den Polypen liegen 0,05 mm lange, etwas gekrümmte Spindeln. Die dünne Rinde enthält bis 1,2 mm messende, schlanke, fein bewarzte Spindeln, bis 0,575 mm lange Keulen und bis 0,4 mm lange, unregelmäßige Formen. Rein weiß, Polypen hellbraun.

Zorritos (Peru), Panama und Perl-Inseln, Ecuador, Acajutla. Im flachen Litoral.

13. **M. appressa** Verrill 1846 *Gorgonia plantaginea* (non *G. p.* Lamarck 1816), Valenciennes in: Voy. Vénus, Atl. Zooph. t. 15 | 1864 *Muricea appressa*, A. E. Verrill in: Bull. Mus. Harvard, *v.* 1 p. 37 | 1864 *Eunicea Tabogensis*, Duchassaing & Michelotti in: Mem. Acc. Torino, ser. 2 *v.* 23 p. 111 | 1866 *Muricea appressa*, A. E. Verrill in: P. Boston Soc., *v.* 10 p. 329 | 1869 *M. a.*, A. E. Verrill in: Tr. Connect. Ac., *v.* 1 p. 444 t. 8 f. 13.

Verzweigung dicht, fächerförmig in einer Ebene. Die schlanken, biegsamen Endzweige biegen etwas distalwärts um und laufen nahezu parallel mit dem Aste, von dem sie entspringen. Die Polypen stehen dicht, ihre Kelche sind klein und überdecken sich, ihre Unterlippe ist stark verlängert und eingekrümmt, ihre Oberfläche ist reich an kleinen Skleriten, deren Enden etwas vorragen. Die Rinde ist dünn. Die Skleriten sind klein, gelbbraun und tief rötlichbraun; die größeren, bis 0,925 mm langen sind sehr rauhe Spindeln, auf der einen Seite bewarzt, auf der anderen hoch bedornt, ferner kommen bis 0,6 mm lange, bedornte Keulen vor, sowie unregelmäßige, bis 0,5 mm lange Formen, auf einer Seite mit tief eingeschnittenen Rändern. Tiefbraun, auch gelblichweiß.

Zorritos (Peru), Panama, Corinto (Nicaragua), La Paz, Perl-Inseln. Im flachen Wasser.

Diese Art zerfällt in 2 Unterarten:

13a. **M. appressa typica** Verrill 1864 *M. a.*, A. E. Verrill in: Bull. Mus. Harvard, *v.* 1 p. 37.

Mit den Merkmalen der Art.

Zorritos, Panama, Corinto, La Paz, Perl-Inseln. Im flachen Wasser.

13b. **M. appressa** subspec. **flavescens** Verrill 1869 *M. a.* var. *f.*, A. E. Verrill in: Tr. Connect. Ac., *v.* 1 p. 446.

Verzweigung wie bei der typischen Form. Die Skleriten sind durchschnittlich etwas größer und rauher und von weißer Farbe. Stamm und Polypen sind rein weiß.

Zorritos (Peru) in 5—9 m Tiefe, Perl-Inseln. Im flachen Wasser.

14. **M. hebes** Verrill 1864 *M. h.*, A. E. Verrill in: Bull. Mus. Harvard, *v.* 1 p. 36 | 1866 *M. h.*, A. E. Verrill in: P. Boston Soc., *v.* 10 p. 328 | 1869 *M. h.*, A. E. Verrill in: Tr. Connect. Ac., *v.* 1 p. 439 t. 7 f. 8; t. 8 f. 11.

Verzweigung spärlich, die Kolonie bildet niedrige Klumpen. Die Äste sind kurz und keulenförmig angeschwollen. Die Polypen stehen dicht, ihre Kelche sind ziemlich klein, nach aufwärts gekrümmt und mit langer, abgeflachter und umgebogener Unterlippe versehen. Die Rinde ist dick und ziemlich fest. Die Skleriten sind bis 0,875 mm lange, oft unregelmäßige Spindeln, die sehr rauh bewarzt sind, und meist ein spitzes und ein stumpfes Ende aufweisen. Außerdem kommen etwas kürzere und dickere Spindeln, sowie abgeflachte Skleriten vor, deren eine Randhälfte in lange, unregelmäßige, zahnartige Fortsätze ausgezogen ist, und deren Umriß sehr variiert. Gelbbraun.

Panama und Perl-Inseln, im flachen Wasser. Acapulco, Corinto.

15. **M. purpurea** Verrill 1864 *M. hebes* (part.), A. E. Verrill in: Bull. Mus. Harvard, *v.* 1 p. 36 | 1868 *M. purpurea*, A. E. Verrill in: Amer. J. Sci., ser. 2 *v.* 45 p. 412 | 1869 *M. p.*, A. E. Verrill in: Tr. Connect. Ac., *v.* 1 p. 441 t. 7 f. 6; t. 8 f. 12.

Verzweigung spärlich, meist annähernd in einer Ebene. Die Äste sind meist gekrümmt, gehen in weitem, oft fast rechtem Winkel ab und sind dann nach aufwärts gebogen. Die Endzweige sind kaum dünner als die Äste und ebenfalls gekrümmt, ihre Enden können leicht angeschwollen sein. Die Polypen stehen dicht, ihre Kelche sind klein und kurz, gewöhnlich sich überdeckend, mit wohlentwickelter, ovaler Unterlippe, deren freies Ende eingebogen ist. Die Kelchoberfläche ist stark körnig von zahlreichen kleinen, bewarzten, aber nicht dornigen Skleriten. Die Rinde ist dick, fest und körnig. Die Skleriten sind kleine, bis 0,625 mm lange Spindeln, bis 0,575 mm lange, bedornte Keulen, sowie ebensolange, unregelmäßige, kurze und breite Formen mit großen, gezackten Warzen, die auf einer Seite in sehr scharfe Spitzen auslaufen. Die Polypenskleriten sind bis 0,262 mm lange, meist schlanke und zugespitzte, feinbewarzte Spindeln. Gleichmäßig rötlich purpurn.

Perl-Inseln und Panama, Acapulco, Corinto, Ecuador. Im flachen Litoral.

16. **M. albida** Verrill 1866 *M. robusta* (part.), A. E. Verrill in: P. Boston Soc., *v.* 10 p. 329 | 1869 *M. albida*, A. E. Verrill in: Tr. Connect. Ac., *v.* 1 p. 437 t. 7 f. 9; t. 8 f. 10.

Verzweigung annähernd in einer Ebene, die kräftigen Äste sind ziemlich lang und an den Enden keulenförmig angeschwollen. Die Polypen stehen vorwiegend distalwärts gerichtet und überdecken sich etwas; ihre Kelche werden fast ausschließlich aus einer breiten, eingekrümmten Unterlippe gebildet. Die dicke Rinde enthält kräftige, bis 1,42 mm messende Spindeln mit einem zugespitzten und einem abgestumpften Ende, sowie bis 1,25 mm lange Keulen. Weiß.

Panama, Perl-Inseln. Im flachen Litoral.

M. elongata Lmx. 1821 *M. e.*, Lamouroux, Expos. Polyp., p. 37 t. 71 f. 3, 4 | 1857 *M. e.*, H. Milne-Edwards, Hist. Corall., *v.* 1 p. 143.

Verzweigung spärlich in einer Ebene. Endzweige lang, fast rutenförmig, nur wenig biegsam. Polypen oval, Kelche klein, beschuppt.

Havana.

2. Gen. **Menacella** J. E. Gray

1870 *M.*, J. E. Gray in: Ann. nat. Hist., ser. 4 *v.* 5 p. 406 | 1882 *M.*, S. Ridley in: Ann. nat. Hist., ser. 5 *v.* 9 p. 191 | 1889 *M.*, P. Wright & Th. Studer in: Rep. Voy. Challenger, *v.* 31 pars 64 Pref. p. 55 | 1910 *M.*, Nutting in: Siboga-Exp., *v.* 13ᵇ p. 46.

Verzweigung fächerförmig und netzförmig. Die Polypen stehen allseitig, aber unregelmäßig, dichter angehäuft an den Zweigen. Ihre kurzen, warzenförmigen Kelche sind mit unregelmäßig gelagerten, bewarzten Spindeln erfüllt, ebenso wie die Rinde. Die Warzen dieser Spindeln sind fein gezackt oder blattartig verbreitert. Das Operculum wird von je 3 äußerst zarten, in einem Dreieck angeordneten Spindeln gebildet, seine Basis bildet ein einreifiger, transversaler Ring dünner Spindeln. Weiß.

Malayischer Archipel. Tieferes Litoral.

1 sichere Art, 2 unsichere.

1. **M. reticularis** Gray 1766 nec *Gorgonia reticulum*, Pallas, Elench. Zooph., p. 167 | 1870 *Menacella reticularis*, J. E. Gray in: Ann. nat. Hist., ser. 4 *v.* 5 p. 406 | 1882 *M. r.*, S. Ridley in: Ann. nat. Hist., ser. 5 *v.* 9 p. 191 | 1910 *M. r.*, Nutting in: Siboga-Exp., *v.* 13ᵇ p. 46.

Die Kolonie ist fächerförmig und etwas netzförmig. Die Äste gehen vorwiegend von einer Seite ab. Die Polypen stehen unregelmäßig allseitig, an den Zweigen dichter als an den Ästen; ihre Kelche sind kurz walzenförmig, in kontrahiertem Zustande warzenförmig, bis 0,8 mm hoch und 1,5 mm breit. Die Kelchwände sind mit nicht regelmäßig angeordneten, warzigen Spindeln erfüllt, ebenso wie die Rinde; die Warzen sind fein kreneliert oder blattartig verbreitert. Das Operculum besteht aus je 3 äußerst zarten, im Dreieck angeordneten Spindeln, seine Basis bildet einen aus einer transversalen Reihe bestehenden Ring dünner Spindeln. Weiß.

Bali-See (Malayischer Archipel). Im tiefen Litoral.

M. gracilis J. A. Thoms. & J. Simps. 1909 *M. g.*, J. A. Thomson & J. Simpson Alcyon. Investigator, *v.* 2 p. 221 t. 8 f. 16; t. 6 f. 6.

Verzweigung in einer Ebene; die Äste gehen nahezu rechtwinklig ab. Der Stamm ist durch die ganze Kolonie hindurch zu verfolgen und nimmt distalwärts an Dicke stark ab. Anastomosen fehlen. Die Polypen stehen vorwiegend seitlich an Stamm und Ästen in Abständen von 1—2 mm und subalternierend; ihre Kelche sind klein und warzenförmig. Das Operculum besteht aus einem transversalen Ring von 2—3 Reihen gekrümmter, bis 0,35 mm langer Spindeln, denen acht in Spitzen endende Felder von je 4—5 Spicula aufsitzen. In den Kelchwänden liegen in longitudinaler Anordnung oft in acht Felder geschiedene Spindeln. Die sehr dünne Rinde enthält bis 1,2 mm lange, mit rauhen Warzen besetzte Spindeln, die gestreckt oder „S"-förmig gekrümmt sind, sowie kleine, bis 0,11 mm lange Walzen und bis 0,15 mm lange Kreuze. Cremeweiß.

Andamanen.

Da die Kelchskleriten longitudinal gerichtet und in acht Feldern angeordnet sind, kann die Art nicht zu *Menacella* gehören.

M. sladeni J. A. Thoms. & Russell 1910 *M. s.*, J. A. Thomson & Russell in: Tr. Linn. Soc. London, ser. 2 *v.* 13 p. 150.

Verzweigung spärlich, in einer Ebene, rechtwinklig. Die niedrigen Polypenkelche stehen vorwiegend lateral. Die Polypen sind mit in einer Krone angeordneten Spindeln bewehrt, die bis 0,357 mm lang werden. In den Kelchwänden sind kleine, in acht konvergierenden Doppelreihen angeordnete Spindeln vorhanden, die an dem Rande in acht wenig auffälligen Spitzen zusammentreten. Weiß, Achse gelblich.

Providence-Insel in 53 m Tiefe.

Die Stellung dieser Form ist vorläufig noch ganz unsicher. Jedenfalls gehört sie nicht zu *Menacella*, weil die Kelchskleriten in acht konvergierenden Doppelreihen angeordnet sind.

3. Gen. **Elasmogorgia** P. Wright & Th. Studer

1887 *Elasma* (non *E.*, Jaennicke 1866), Th. Studer (& P. Wright) in: Arch. Naturg., *v.* 53 I p. 58 | 1889 *Elasmogorgia*, P. Wright & Th. Studer in: Rep. Voy. Challenger, *v.* 31 pars 64 p. 132 | 1909 *Filigella* (part.), Kinoshita in: J. Coll. Japan, *v.* 27 nr. 7 p. 1 | 1910 *Elasmogorgia*, Nutting in: Siboga-Exp., *v.* 13b p. 45.

Unverzweigt oder verzweigt. Stamm und Äste sind sehr dünn und biegsam. Eine basale Anheftung kann fehlen. Die Polypen stehen allseitig, oder zweiseitig, in Entfernungen von durchschnittlich 2—3 mm; ihre Kelche sind flach und nicht scharf von der Rinde abgesetzt; ihr Operculum ist deutlich entwickelt und besteht aus in Dreiecken oder in konvergierenden Paaren angeordneten Spindeln; ein transversaler Spicularing ist vorhanden. Die Rinde enthält in longitudinaler Anordnung und in einer dichten Schicht dicke, mit Dornen oder großen, krenelierten Warzen besetzte Spindeln, die stets unter 1 mm Länge bleiben und in den Kelchwänden kleiner werden. Weiß, hellgraubraun.

Indopazifischer Ozean; Malediven, Andamanen, Malayischer Archipel, Japan. Im tieferen Litoral.

4 Arten.

Spec. typ.: *E. filiformis* P. Wright & Th. Stud.

Bestimmungstabelle der Arten:

1	Unverzweigt oder kaum verzweigt — 2	
	Reichlich in einer Ebene verzweigt	4. **E. ramosa**
2	Opercularskleriten im Dreieck angeordnet — 3	
	Opercularskleriten in konvergierenden Doppelreihen	3. **E. mitsukurii**
3	Rindenskleriten bis 0,62 mm lang	1. **E. filiformis**
	Rindenskleriten bis 0,2 mm lang	2. **E. flexilis**

1. **E. filiformis** P. Wright & Th. Stud. 1889 *E. f.*, P. Wright & Th. Studer in: Rep. Voy. Challenger, *v.* 31 pars 64 p. 133 t. 23 f. 10; t. 27 f. 7 | 1909 *E. f.*, J. A. Thomson & J. Simpson, Alcyon. Investigator, *v.* 2 p. 238 | 1910 *E. f.*, Nutting in: Siboga-Exp., *v.* 13b p. 45 | 1910 *E. f.*, J. A. Thomson & Russell in: Tr. Linn. Soc. London, ser. 2 *v.* 13 p. 159 | 1912 *E. f.*, Nutting in: P. U. S. Mus., *v.* 43 p. 85.

Unverzweigt oder wenig verzweigt, Stamm sehr schlank und biegsam, am distalen Ende leicht angeschwollen. Die Polypen stehen in weiten Entfernungen von etwa 3 mm, auf einer oder auf beiden Flächen, entspringen senkrecht von ihrer Unterlage und ihre breiten, sich allmählich aus dem Rande erhebenden Kelche sind 0,5—1 mm hoch; ihr Operculum besteht aus drei in einem spitzwinkligen Dreieck stehenden, bis 0,18 mm langen Spindeln, zwischen denen eine oder mehrere kleinere Spindeln liegen. Das Operculum ruht auf einem zarten aber deutlichen, transversalen Spicularing. In der Rinde liegen in dichter, longitudinaler Anordnung in einer dicken Schicht bis 0,62 mm lange, dicke, mit spitzen Dornen besetzte Spindeln, die in den Kelchwänden kleiner werden, und in deren basalem Teile transversal, im distalen mehr aufgerichtet sind. Weiß.

Arafurasee in 51 m Tiefe, Timorsee in 112 m Tiefe, Amiranten in 54 m Tiefe, Japan in 104 m Tiefe.

2. **E. flexilis** Hicks. 1905 *E. f.*, Hickson in: Fauna Geogr. Maldiv., *v.* 2 p. 814 t. 67 f. 4, 5, 6 | 1909 *E. f.*, J. A. Thomson & J. Simpson, Alcyon. Investigator, *v.* 2 p. 240.

Unverzweigt oder schwach verzweigt, Stamm und Äste sehr dünn und biegsam. Die Polypen stehen allseitig, nur an den Enden mehr in zwei seitlichen Reihen, in Abständen von 2—3 mm; ihre Kelche sind sehr flach, und in der Längsrichtung seitlich zusammengepreßt; ihr Operculum besteht aus bis 0,3 mm langen, in 8 Dreiecken stehenden, bewarzten Spindeln, zwischen denen weitere Spindeln vorkommen, die auf einem unvollständigen, transversalen Spicularing ruhen. Die dünne, aber nicht durchscheinende Rinde ist mit dicken, unregelmäßigen, warzigen Spindeln von etwa 0,2 mm Länge erfüllt. Cremeweiß.

Malediven in 36—68 m Tiefe, Andamanen.

3. **E. mitsukurii** (Kinosh.) 1909 *Filigella m.*, Kinoshita in: J. Coll. Japan, *v.* 27 nr. 7 p. 1 t. 1 f. 1; t. 2 f. 7—9.

Unverzweigt oder sehr schwach verzweigt, Stamm sehr dünn, fadenförmig und sehr biegsam; sein distales Ende ist angeschwollen, sein basales Ende ist nicht festgewachsen (Fig. 104). Die Polypen stehen allseitig in Entfernungen von 1—3 mm; ihre Kelche sind flach kegelförmig, 0,5 mm hoch, an der Basis 1 mm breit; ihr Operculum wird gebildet von je 3—6 Paar Spindeln von bis zu 0,36 mm Länge, die basal transversal, darüber allmählich steiler konvergierend angeordnet sind. Die Rinde ist erfüllt mit longitudinal angeordneten Spindeln von bis zu 0,39 mm Länge, die mit großen, krenelierten Warzen besetzt sind. In der Kelchwand sind diese Skleriten etwas kleiner. Weiß.

Jogaschima, Pagamibai (Japan). In 128 m Tiefe.

Fig. 104. Elasmogorgia mitsukurii. Ast (nach Kinoshita).

4. **E. ramosa** Nutting 1912 *E. r.*, Nutting in: P. U. S. Mus., *v.* 43 p. 86 t. 15 f. 2, 2a; t. 21 f. 4.

Verzweigung reichlich, in einer Ebene, bis zu Ästen vierter Ordnung. Die Enden der Zweige sind leicht angeschwollen. Die Polypen stehen allseitig, ihre Kelche sind völlig in die Rinde einbezogen; ihr Operculum besteht aus unregelmäßig angeordneten nahezu longitudinalen Spindeln, die annähernd in einem spitzwinkligen Dreieck stehen. Die Rinde ist bedeckt mit kurzen bewarzten Spindeln, die sich auch, sich teilweise überdeckend, an den eingesunkenen Kelchen finden und gezähnte Ränder aufweisen. Hellgraubraun.

Japan. In 193 m Tiefe.

4. Gen. **Eumuricea** Verrill

1869 *Muricea* (Subgen. *E.*), A. E. Verrill in: Tr. Connect. Ac., *v.* 1 p. 449 | 1919 *E.*, Kükenthal in: Ergeb. Tiefsee-Exp., *v.* 13 pars 2 p. 336.

Verzweigung baumförmig, mitunter in annähernd einer Ebene, dichotomisch. Äste und Zweige biegen nach aufwärts um, einander fast parallel laufend. Die Dicke der Äste und Zweige ist nahezu dieselbe; die Zweigenden sind etwas angeschwollen Die Polypen stehen stets allseitig und sehr dicht, annähernd in rechtem Winkel entspringend, mitunter schräg aufwärts gebogen; ihre Kelche sind sehr lang und schlank, röhrenförmig, am distalen Ende meist etwas verbreitert mit achtstrahliger Mündung. In den Kelchen wie in der dicken Rinde liegen große Spindeln, die an einem oder an beiden Enden zugespitzt sind und auf einer Seite spitze Dornen, auf der anderen weitere, abgestumpfte, krenelierte Warzen tragen. In den Kelchwänden können die Spindeln sich teilweise überdecken, sind aber nicht in konvergierenden Doppelreihen angeordnet. Braun.

Panama, Peru, Westindien. Litoral.

6 sichere, 3 unsichere Arten.

Spec. typ.: *E. acervata* (Verrill)

Bestimmungstabelle der Arten:

1	Verzweigung allseitig — 2	
	Verzweigung annähernd in einer Ebene — 4	
2	Äste rechtwinklig entspringend, dann aufwärtsbiegend, parallellaufend	1. **E. acervata**
	Äste spitzwinklig entspringend, divergierend — 3	
3	Rindenskleriten bis 2,7 mm lang	2. **E. tubigera**
	Rindenskleriten bis 1,2 mm lang	3. **E. horrida**
4	Rindenskleriten bis 2,6 mm lang — 5	
	Rindenskleriten bis 1,8 mm lang	6. **E. squarrosa**
5	Kelche bis 3,5 mm lang	4. **E. hispida**
	Kelche bis 2 mm lang	5. **E. atlantica**

1. **E. acervata** (Verrill) 1866 *Muricea a.*, A. E. Verrill in: P. Boston Soc., *v.* 10 p. 327 | 1868 *M. (Eumuricea) a.*, A. E. Verrill in: Tr. Connect. Ac., *v.* 1 p. 419 t. 7 f. 5; t. 8 f. 1.

Kolonien baumförmig, dichotomisch verästelt, ziemlich kräftig und starr. Die sich wiederholt teilenden Äste sind gleich dick und an den Enden etwas angeschwollen und abgerundet. Die Äste entspringen fast rechtwinklig und biegen dann nach oben um, einander fast parallel laufend. Die verschieden großen Polypen stehen allseitig, senkrecht auf der Unterlage, in gleichmäßig dichten Abständen; ihre Kelche sind so hoch wie breit, und deren Oberfläche ist mit sich teilweise überdeckenden, bedornten, ziemlich regelmäßigen Spindeln erfüllt. Ähnliche Spindeln erfüllen die ziemlich dicke Rinde. Die größeren Spindeln werden bis 2 mm lang, sind an beiden Enden oder nur an einem zugespitzt und dicht bedornt oder bewarzt, außerdem kommen dickere, oft gekrümmte bis 1,35 mm lange Spindeln vor, teilweise ebenfalls mit einem abgerundeten Ende, ferner kleine, unregelmäßige Skleriten von bis zu 0,187 mm Länge, die keulenförmig werden können. Dunkelbraun.

Panama.

2. **E. tubigera** (Verrill) 1868 *Muricea (E.) t.*, A. E. Verrill in: Tr. Connect. Ac., *v.* 1 p. 421 t. 7 f. 7; t. 8 f. 2.

Kolonie dichotomisch verzweigt, kräftig und starr; die Endzweige sind nahezu ebenso dick wie die Hauptäste, an den Enden abgerundet und leicht verdickt. Die Äste gehen in spitzem Winkel ab, nur wenig divergierend. Die Polypen stehen allseitig und besonders an den Zweigenden sehr dicht; ihre Kelche sind sehr lang und schlank, distal oft angeschwollen und bilden bei Kontraktion einen achtstrahligen Stern an der Mündung. Ihre Wandung enthält gleichgroße aber oft kräftigere Spindeln als die Rinde, die mäßig dick ist. Die Rindenskleriten sind bis 2,37 mm lange, schlanke und an einem oder an beiden Enden zugespitzte, bedornte Spindeln, daneben bis 1,36 mm messende, dickere Spindeln, sowie kleine, unregelmäßige Formen. Hellgrünlichbraun.

Perl-Inseln und Panama.

3. **E. horrida** (Möb.) 1861 *Muricea h.*, Möbius in: N. Acta Ac. Leop., *v.* 29 p. 11 t. 3 f. 5—8 | 1865 *M. h.*, Kölliker, Icon. histiol., p. 135 | 1869 *M. (Eumuricea) h.*, A. E. Verrill in: Tr. Connect. Ac., *v.* 1 p. 423.

Kolonie allseitig und reichlich verzweigt. Die Äste sind steif und elastisch. Anastomosen kommen vor. Die Polypen stehen allseitig und senkrecht oder schräg distalwärts gerichtet, an den Endzweigen sind sie am dichtesten; ihre schief oder gerade abgestutzten, walzenförmigen Kelche sind bis 2 mm lang und haben am Kelchrand einen Durchmesser von 1,5 mm; über der Basis sind sie schmaler; ihr Operculum ist flach. Die Rinde ist rauh und am Stamm dünner als an den Zweigen. Die Skleriten sind gerade oder etwas gebogene, mit krenelierten Warzen besetzte Spindeln von bis zu 1,2 mm Länge. Weißgrau. Endzweige und Polypenkelche gelbbraun.

Peru.

Fig. 105. **Eumuricea atlantica** (nach M. Riess).

4. **E. hispida** (Verrill) 1866 *Muricea h.*, A. E. Verrill in: P. Boston Soc., *v.* 10 p. 328 | 1868 *M. (Eumuricea) h.*, A. E. Verrill in: Tr. Connect. Ac., *v.* 1 p. 422 t. 7 f. 4; t. 8 f. 3.

Verzweigung spärlich, etwas fächerförmig. Die Hauptäste entspringen nahe der Basis und biegen dann, annähernd parallel laufend, nach oben um. Äste und Zweige sind schlank. Die Polypen stehen allseitig und dicht; ihre Kelche sind sehr lang, dünn und walzenförmig, distal breiter als basal, ihre Wände sind mit langen, scharf zugespitzten Spindeln besetzt, die an den Enden weit vorragen. Die Rinde ist dünn. Die Skleriten sind bis 2,6 mm lange, oft gekrümmte Spindeln, auf einer Seite mit kleinen, aber scharfen

Dornen besetzt, auf der anderen mit sehr dicht stehenden, rauhen Warzen. Dickere Spindeln messen bis 2 mm. Außerdem finden sich bis 0,425 mm lange, meist regelmäßige, kleinere Spindeln vor. Umbrabraun.

Panama.

5. **E. atlantica** Rieß MS 1919 *E. a.*, Rieß MS in: Kükenthal in: Ergeb. Tiefsee-Exp., *v.* 13 pars 2 p. 907.

Verzweigung reichlich und dichotomisch, in einer oder mehreren, hintereinander liegenden Ebenen. Äste und Zweige sind annähernd gleich dick, biegen nach aufwärts um, einander parallel laufend und enden zugespitzt. Die dicht angeordneten, röhrenförmigen, am distalen Ende verbreiterten, 1—2 mm langen Polypen stehen entweder senkrecht oder sind schräg distalwärts gerichtet (Fig. 105). Das flache Tentakeloperculum besteht aus in konvergierenden Doppelreihen angeordneten, bedornten Spindeln; die Kelchskleriten sind einseitig bedornte, bis 1,8 mm lange, etwas über den Kelchrand vorragende, longitudinal angeordnete Spindeln mit einem zugespitzten und einem abgestumpften Ende. Die äußere Rinde enthält ähnliche Skleriten, aber meist ohne die einseitige Bedornung, auch können die Spindeln an einem Ende gegabelt sein. In der inneren Rindenschicht finden sich schmale, 0,55 mm lange, spärlich bewarzte und bedornte Spindeln. Gelbbraun und dunkelbraun.

Tortugas, Kingston.

6. **E. squarrosa** (Verrill) 1869 *Muricea (E.) s.*, A. E. Verrill in: Tr. Connect. Ac., *v.* 1 p. 423 t. 6 f. 13; t. 8 f. 4.

Verzweigung annähernd in einer Ebene, ziemlich spärlich, dichotomisch. Die Äste und Zweige biegen, einander fast parallel laufend, nach oben um. Die Enden der Zweige sind meist etwas angeschwollen. Die Polypen stehen allseitig und sehr dicht, entspringen nahezu rechtwinklig, biegen aber oft schräg nach oben um; ihre Kelche sind höher als breit, röhrenförmig und abgestumpft; deren Wände sind mit großen Spindeln besetzt, deren Enden am Rande als schwache Spitzen vorragen. Die Rinde ist von mittlerer Dicke und mit großen, oberflächlich gelegenen, bis 1,8 mm langen Spindeln erfüllt, die auf einer Seite bedornt auf der anderen bewarzt sind. Ferner kommen dickere, bis 1,7 mm lange, meist unregelmäßig geformte Spindeln, sowie kleine, bis 0,5 mm lange, schlanke Spindeln vor. Dunkelgelbbraun.

Panama und Perl-Inseln. In sehr seichtem Wasser.

E. pusilla Nutting 1909 *E. p.*, Nutting in: P. U. S. Mus., *v.* 35 p. 718 t. 88 f. 3, 4.

Verzweigung unregelmäßig, annähernd in einer Ebene; die Äste stehen weit voneinander ab. Die Polypen stehen in zwei seitlichen Reihen, wechselständig, in Entfernungen von 2,5 mm; ihre Kelche sind flache, abgerundete Hügel, mit achtstrahliger Öffnung, 1 mm hoch, 2 mm breit; ihre Tentakel sind mit langen, longitudinal angeordneten Spindeln bewehrt, die nur in der Tentakelbasis konvergierend stehen. Darunter liegt ein Ring transversaler Spicula. In den Kelchwänden finden sich zugespitzte Spindeln, die sich teilweise überdecken und meist transversal gelagert sind. In der Rinde liegen longitudinal angeordnete Skleriten sehr verschiedener Form, unsymmetrische Spindeln mit unregelmäßig gezackten Rändern und Fortsätzen, Keulen, kleine Scheibenformen, Sterne und Doppelsterne. Sehr hellgrau oder bräunlichgrau.

Point Loma-Leuchtturm (Kalifornien). In 176 m Tiefe.

Die Form gehört keinesfalls zu *Eumuricea*, dagegen spricht der Aufbau, die Anordnung der Polypen in zwei seitlichen Reihen, ihre weiten Abstände voneinander, sowie die Gestalt der Coenenchymskleriten.

E. ramosa J. A. Thoms. & J. Simps. 1909 *E. r.*, J. A. Thomson & J. Simpson, Alcyon. Investigator, *v.* 2 p. 260 t. 8 f. 15.

Verzweigung vorwiegend in einer Ebene, der Hauptstamm ist schlank gekrümmt, die größeren Äste verjüngen sich erheblich, die gleichmäßig dicken Endzweige sind an den Enden etwas angeschwollen. Die Polypen stehen allseitig, in ziemlich großen Abständen, nur an den Zweigenden dichter, ihre Kelche sind abgestumpft kegelförmig, 1 mm hoch, 1 mm breit; ihr Operculum besteht aus acht unregelmäßigen Gruppen von bis 0,6 mm langen Spindeln, auch Keulen, die einen wenig erhobenen Kegel bilden. In den Kelchwänden finden sich in acht Feldern angeordnete, longitudinale Spicula, die am Kelchrande acht Vorsprünge bilden. Die nur an den Zweigen dickere Rinde enthält mit rauhen Warzen besetzte, bis 1,5 mm lange Spindeln, die teilweise gerade, teilweise gebogen, teils spitz, teils abgestumpft sind. Grauweiß.

Andamanen. In 85—440 m Tiefe.

Wohl nicht zu *Eumuricea* gehörig. Dagegen spricht die Gestalt der Polypenkelche und die Anordnung ihrer Skleriten in acht Feldern.

E. splendens J. A. Thoms. & J. Simps. 1909 *E. s.*, J. A. Thomson & J. Simpson, Alcyon. Investigator, *v.* 2 p. 258 t. 4 f. 2, 3; t. 8 f. 17.

Verzweigung in einer Ebene, die Äste entspringen vorwiegend von einer Seite. Die großen Polypen stehen senkrecht und an der Basis des Stammes und der Äste meist in zwei seitlichen Reihen, sonst allseitig; ihre Kelche sind 1,5 mm hoch und 2 mm breit, bei Retraktion wird an der Kelchmündung ein achtstrahliger Stern gebildet. Das Operculum wird von je 2 bis 0,6 mm langen Spindeln gebildet, die einem Ring gebogener, transversaler Spindeln aufsitzen. In den dicken, rigiden Kelchwänden finden sich bis 0,7 mm lange Spindeln mit rauhen Warzen, die annähernd in acht konvergierenden Reihen angeordnet sind. In der dicken Rinde liegen bis 0,8 mm lange Spindeln, die dicht mit Warzen besetzt sind, die in Gürteln angeordnet sein können, kleinere, bis 0,5 mm lange, schlankere, schwächer bewarzte Spindeln, sowie kleine unregelmäßige, etwas spindelförmige Skleriten bis zu 0,15 mm Länge. Rosenrot.

Mergui-Archipel.

Diese Art gehört keinesfalls zu *Eumuricea*. Dagegen spricht die Anordnung der Polypen, die breite Gestalt ihrer Kelche, und vor allem die Anordnung der Kelchskleriten in acht konvergierenden Doppelreihen.

5. Gen. Thesea Duchassaing & Michelotti

1860 *T.* + *Acis* (non *A.*, Billberg 1820, Lesson 1830), Duchassaing & Michelotti in: Mem. Acc. Torino, ser. 2 *v.* 19 p. 18, 19 | 1864 *T.* + *A.*, Duchassaing & Michelotti in: ibid., ser. 2 *v.* 23 p. 14 | 1865 *A.* + *T.*, Kölliker, Icon. histiol., p. 136 | 1889 *T.* + *A.* (part.), P. Wright & Th. Studer in: Rep. Voy. Challenger, *v.* 31 pars 64 Pref. p. 56 | 1919 *A.*, Kükenthal in: Ergeb. Tiefsee-Exp., *v.* 13 pars 2 p. 836.

Verzweigung in einer Ebene, lateral und dichotomisch gemischt. Die Zweigenden sind nicht angeschwollen. Die Polypen stehen allseitig und in sehr weiten Abständen. Ein ausgebildetes Operculum soll fehlen(?), die Kelche sind sehr niedrig. In der Rinde liegt eine einfache Lage großer, etwas abgeplatteter, dicht aneinander stoßender, fein bewarzter Spindeln, die in den Kelchwänden kleiner und mehr schuppenartig werden.

Atlantischer Ozean: Antillen bis westlich von Florida. Im tiefen Litoral und Küsten-Abyssal.

1 sichere Art, 2 unsichere.

1. **T. guadalupensis** (Duchass. & Mich.) 1860 *Acis g.* + *T. exserta*, Duchassaing & Michelotti in: Mem. Acc. Torino, ser. 2 *v.* 19 p. 20 t. 1 f. 14, 15 | 1865 *A. g.*, Kölliker, Icon. histiol., p. 136 t. 17 f. 15 | 1889 *A. g.*, P. Wright & Th. Studer in: Rep. Voy. Challenger, *v.* 31 pars 64 p. 122.

Verzweigung in einer Ebene, dichotomisch. Die Polypen stehen in weiten Abständen und ihre Kelche sind niedrig warzenförmig. Ein vorragendes Operculum fehlt, ebenso ein transversaler Spicularing unter den Tentakelbasen, doch finden sich Skleriten an der Basis der Tentakel. Die Polypenspicula sind 0,27—0,32 mm lang, in den Kelchen werden die mehr schuppenförmigen Skleriten 0,36—0,66 mm lang, in der Rinde liegt eine einfache Lage 1,2—2 mm langer, abgeplatteter, warziger Spindeln. Weißlich.

Guadelupe, Barbados, Tortugas.

T. nutans (Duchass. & Mich.) 1864 *Acis n.*, Duchassaing & Michelotti in: Mem. Acc. Torino, ser. 2 *v.* 23 p. 15 t. 3 f. 1, 2 | 1870 *A. n.*, Duchassaing, Rev. Zooph. Spong. Antill., p. 15 | 1889 *A. n.*, P. Wright & Th. Studer in: Rep. Voy. Challenger, *v.* 31 pars 64 p. 122.

Verzweigung reichlich in einer Ebene, vorwiegend lateral, Äste schlank. Die Polypen stehen allseitig in großen Abständen und haben niedrige Kelche. In den Tentakeln finden sich Spicula. Die Rinde ist mit großen, longitudinal angeordneten Spindeln gepanzert. Retraktiler Polypenteil schwärzlich, Rinde rötlich.

Santa Cruz (Antillen), Guadelupe, in tiefem Wasser.

T. solitaria (Pourt.) 1868 *Acis s.*, Pourtalès in: Bull. Mus. Harvard, *v.* 1 p. 132 | 1910 nec *A. s.*, J. A. Thomson & Russell in: Tr. Linn. Soc. London, ser. 2 *v.* 13 p. 154 t. 6 f. 7.

Unverzweigt. Die Polypen stehen vorwiegend in zwei Reihen in dichter Anordnung. Die dicke Rinde ist mit langen, flachen Skleriten bedeckt, die auf den nicht sehr vorspringenden Polypenkelchen kleiner werden. Weißlich.

Golfstrom (westlich von Florida) in 367 m Tiefe.

6. Gen. **Paracis** Kükenthal

1882 *Acis* (part.), S. Ridley in: Ann. nat. Hist., ser. 5 *v.* 10 p. 126 | 1889 *A.* (part.), P. Wright & Th. Studer in: Rep. Voy. Challenger, *v.* 31 pars 64 p. 121 | 1909 *A.* (part.), Kinoshita in: J. Coll. Japan, *v.* 27 nr. 7 p. 5 | 1910 *A.* (part.), Nutting in: Siboga-Exp., *v.* 18b p. 41 | 1919 *Paracis*, Kükenthal in: Ergeb. Tiefsee-Exp., *v.* 13 pars 2 p. 837.

Verzweigung meist aber nicht immer in einer Ebene, vorwiegend lateral. Die Zweigenden sind mitunter leicht angeschwollen. Auch unverzweigte Formen kommen vor. Die Polypen stehen allseitig oder eine Fläche freilassend und besonders an den Zweigen in geringen Abständen, oft sehr dicht. Ein Operculum ist stets vorhanden und wird von basalen Tentakelskleriten gebildet, die im Dreieck oder in konvergierenden Doppelreihen angeordnet sind. Ein transversaler Ring von Skleriten unter dem Operculum ist stets vorhanden. Die Polypenkelche sind meist hoch und mit Spindeln oder Schuppen gepanzert, die in Längs- und oft auch Querreihen stehen. In der Rinde liegen in zwei Schichten große Spindeln, oder Platten und Schuppen.

Indopazifischer Ozean. Litoral und Küsten-Abyssal.

Mit 17 sicheren, 2 unsicheren Arten und 2 Unterarten.

Spec. typ.: *P. orientalis* S. Ridl.

Bestimmungstabelle der Arten:

1	Die Polypenkelche sind mit spindelförmigen Skleriten bedeckt — 2	
	Die Polypenkelche sind mit schuppenartigen Skleriten bedeckt — 5	
2	Die Spindeln sind longitudinal angeordnet — 3	
	Die Spindeln sind transversal angeordnet	4. **P. orientalis**
3	Die Skleriten des Operculum stehen in Dreiecken	1. **P. alternans**
	Die Skleriten des Operculum stehen in konvergierenden Reihen — 4	

4	Der transversale Skleritenring besteht aus 3 Reihen . . .	2. **P. obscura**
	Der transversale Skleritenring besteht aus 6—7 Reihen .	3. **P. ulex**
5	Die Randschuppen sind nicht in einen Stachel ausgezogen — 6	
	Die Randschuppen sind in einen Stachel ausgezogen — 14	
6	Das Operculum wird aus je zwei großen Spindeln gebildet, zwischen denen kleinere vorkommen können — 7	
	Das Operculum wird von mehreren konvergierenden Spicula in jeder Reihe gebildet — 12	
7	Die Rindenskleriten sind große Spindeln	5. **P. pustulata**
	Die Rindenskleriten sind vorwiegend Schuppen — 8	
8	Die Rindenskleriten der äußeren Schicht sind nur Schuppen — 9	
	Die Rindenskleriten der äußeren Schicht sind am Stamm Schuppen, an den Zweigen Spindeln	10. **P. rigida**
	Die Rindenskleriten sind Spindeln, Platten und blattkeulenähnliche Formen	11. **P. dejecta**
9	Rindenskleriten von ovalem Umriß — 10	
	Rindenskleriten vieleckige Platten — 11	
10	Rindenskleriten klein, 0,5 mm messend	6. **P. alba**
	Rindenskleriten groß, bis 5 mm messend	7. **P. squamata**
11	Kelchskleriten in zwei transversalen Reihen	8. **P. ijimai**
	Kelchskleriten in 2—4 transversalen Reihen	9. **P. miyajimai**
12	Rindenskleriten große Spindeln	12. **P. serrata**
	Rindenskleriten mehr plattenförmig — 13	
13	Rindenskleriten langgestreckt	13. **P. solorensis**
	Rindenskleriten meist oval	14. **P. ceylonensis**
14	Rindenskleriten der äußeren Schicht vorwiegend oder teilweise Spindeln — 15	
	Rindenskleriten der äußeren Schicht vieleckige Schuppen .	17. **P. spinifera**
15	Das Operculum wird von je zwei Spindeln gebildet . . .	15. **P. spinosa**
	Das Operculum wird von je einer Anzahl Spindeln und Keulen gebildet	16. **P. indica**

1. **P. alternans** (J. A. Thoms. & Russell) 1910 *Acis a.*, J. A. Thomson & Russell in: Tr. Linn. Soc. London, ser. 2 *v.* 13 p. 156.

Verzweigung in einer Ebene, lateral wechselständig. Die Polypen stehen auf beiden Seiten und auf einer Fläche in Entfernungen von durchschnittlich 1,5 mm, ihre Kelche sind abgestumpft kegelförmig, 1,5 mm hoch, 2 mm breit an der Basis; ihr Operculum ist hoch und wird von 2 konvergierenden und 2 transversalen, bis 0,7 mm langen Spindeln gebildet, die in einem Dreieck stehen. Die Polypenkelche sind mit longitudinalen, bewarzten, einander teilweise überdeckenden Spindeln gepanzert, die oft 8 vorspringende Zähne bilden. In der Rinde liegen bis 3,8 mm lange Spindeln. Weiß.

Steht *P. pustulata* (nr. 5) sehr nahe.

Salomon-Inseln. In 110—220 m Tiefe.

2. **P. obscura** (J. A. Thoms. & Russell) 1910 *Acis o.*, J. A. Thomson & Russell in: Tr. Linn. Soc. London, ser. 2 *v.* 13 p. 156.

Verzweigung spärlich, in einer Ebene, dichotomisch, Kolonie plump. Die Polypen stehen allseitig in Abständen von 2—2,5 mm, ihre Kelche sind 1,5—2 mm hoch, 2—2,5 mm breit, ihr Operculum besteht aus je 2 Paar konvergierender Spindeln, die auf 3 transversalen Spindelreihen ruhen. Die Kelche sind bewehrt mit dachziegelförmig sich überdeckenden, longitudinal angeordneten, bewarzten Spindeln. In der Rinde liegen fast ausschließlich bis 1,62 mm lange, dicke, fein bewarzte Spindeln, von denen einige mehr Keulenform annehmen können. Weiß.

Salomon-Inseln. In 110—220 m Tiefe.

3. **P. ulex** (J. A. Thoms. & J. Simps.) 1909 *Acis u.*, J. A. Thomson & J. Simpson, Alcyon. Investigator, *v.* 2 p. 237 t. 1 f. 2, 5; t. 9 f. 6a, 6b, 6c.

Baumartig, allseitig verzweigt. Die Polypen stehen allseitig, dem Stamm fehlend, vereinzelt an den größeren Ästen, dicht an den Zweigen, sind klein und warzenförmig und ihr Operculum besteht aus je 3—7 konvergierenden Spindeln von bis 0,28 mm Länge, die auf einem transversalen Ring von 6—7 Reihen ruhen. In der Kelchwand liegen longitudinale Spindeln mit vorragenden Dornen. Die dünne Rinde enthält eine Schicht von stark bewarzten, bis 1,1 mm langen Spindeln sowie unregelmäßig verzweigten Schuppen von bis zu 0,55 mm Durchmesser, die einen nicht völlig geschlossenen Panzer bilden. Grau.

Andamanen. In 145 m Tiefe.

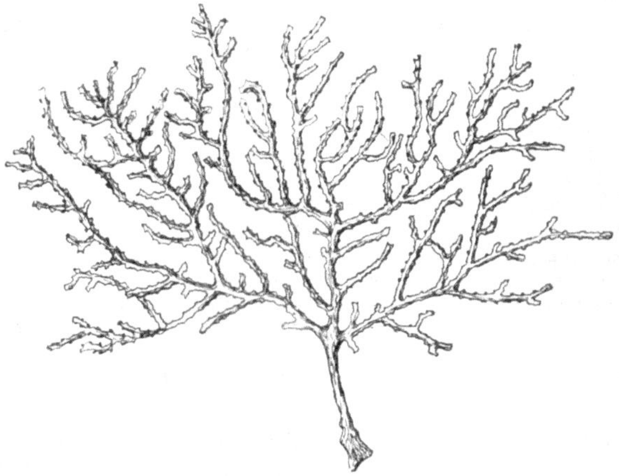

Fig. 106. **Paracis pustulata** (nach Wright u. Studer).

4. **P. orientalis** (S. Ridl.) 1882 *Acis o.*, S. Ridley in: Ann. nat. Hist., ser. 5 *v.* 10 p. 126 t. 5 f. 1—6.

Verzweigung annähernd in einer Ebene, dichotomisch und lateral. Stamm und Äste walzenförmig rund, Enden der Zweige leicht angeschwollen. Die Polypen stehen vorwiegend auf beiden Flächen in Abständen von 1—3 mm; ihre Kelche sind 0,5 mm hoch, 0,9 mm breit; ihr Operculum wird von 0,28—0,42 mm langen, zugespitzten, fein bewarzten Spindeln gebildet. Die Kelche sind basal mit transversal angeordneten, spindelförmigen Skleriten gepanzert, die fein bewarzt sind und 0,45 mm Länge erreichen, distal finden sich mehr schuppenförmige Skleriten von etwa 0,47 mm größtem Durchmesser, mit langen, stachelartigen Fortsätzen. In der Rinde liegen spindelähnliche Skleriten von bis zu 1,8 mm Länge mit großen Fortsätzen auf der Außenseite, sowie schuppenähnliche Formen von 0,7 mm Länge, deren Rand in verschieden geformte Zacken ausläuft. Schmutzig weiß, Polypen umbrabraun.

Mauritius. In 147 m Tiefe.

5. **P. pustulata** (P. Wright & Th. Stud.) 1889 *Acis p.*, P. Wright & Th. Studer in: Rep. Voy. Challenger, *v.* 31 pars 64 p. 122 t. 24 f. 1, 1a; t. 27 f. 6 | 1909 *A. p.*, J. A. Thomson & J. Simpson, Alcyon. Investigator, *v.* 2 p. 234 t. 1 f. 6, 7; t. 9 f. 5a, 5b | 1909 *A. p.*, Kinoshita in: J. Coll. Japan, *v.* 27 nr. 7 p. 5 t. 1 f. 2; t. 2 f. 10—12.

Verzweigung ziemlich gleichmäßig in einer Ebene (Fig. 106); Stamm und Äste sind in der Verzweigungsebene abgeplattet und gleichmäßig dick, die Enden der Zweige sind etwas angeschwollen. Die Polypen stehen seitlich und auf einer Fläche in Abständen von 1—1,5 mm, sind 0,8 mm hoch, an der Basis 1,5 mm breit und mit einem unvollkommenen Operculum versehen, das von 2 bis 4 fast glatten, schuppenartigen und gezähnten Skleriten an der Basis jedes Tentakels gebildet wird, die speerartig oder stachelplattenähnlich sind, und bis 0,54 mm Länge erreichen. Darunter liegt ein unvollständiger Ring transversaler, abgestumpfter Spindeln (Fig. 107). In der dünnen Rinde liegen große und dicke, etwas abgeflachte, an den Rändern gezähnte und ineinander greifende Spindeln von bis zu 3 mm Länge bei 0,2 mm Breite. Am Polypenkelch sind die bis 0,9 mm messenden Skleriten scheibenförmig, in Ringform angeordnet, mitunter dreieckig, mitunter rhombisch, am Kelchrand schuppenförmig und gezähnt. Achse hornig, starr, Rinde und Polypen weiß, Operculum violett.

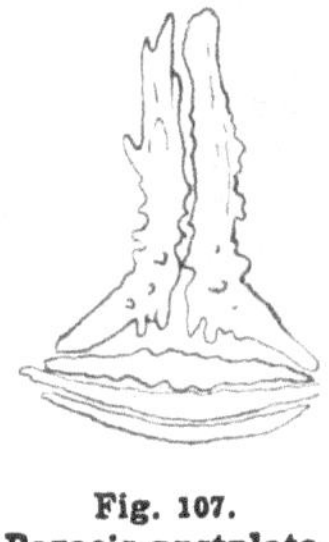

Fig. 107. Paracis pustulata. Operculumskleriten (nach Kinoshita).

Östlich von Japan. In 631 m Tiefe. Andamanen, Uji-Inseln (Japan). In 147 m Tiefe.

6. **P. alba** (J. A. Thoms. & W. D. Hend.) 1905 *Acis a.*, J. A. Thomson & W. D. Henderson in: Herdman, Rep. Ceylon Pearl Fish., *v.* 3 nr. 20 p. 299 t. 3 f. 9; t. 5 f. 4 | 1910 *A. a.*, Nutting in: Siboga-Exp., *v.* 13b p. 41 | 1910 *A. a.*, J. A Thomson & Russell in: Tr. Linn. Soc. London, ser. 2 *v.* 13 p. 155.

Verzweigung ausgesprochen in einer Ebene, die Polypen stehen allseitig; ihre Kelche sind niedrig kegelförmig und klein; ihr Operculum wird von je 3 in einem Dreieck stehenden Spindeln gebildet, in den Kelchen liegen ähnliche Skleriten wie in der Rinde. Die Rinde ist dünn und granuliert, ihre Oberfläche ist bedeckt mit abgeflachten, unregelmäßigen, dicht mit rauhen Warzen bedeckten, bis 0,5 mm messenden Schuppen, dazwischen und darunter mit bis 0,25 mm langen Spindeln. Grauweiß.

Trincomali, Galle (Ceylon). In tiefem Wasser; Providence-Insel. In 92—143 m Tiefe. Malayischer Archipel. In 113 m Tiefe.

Fig. 108. Paracis squamata. Aststück (nach Nutting).

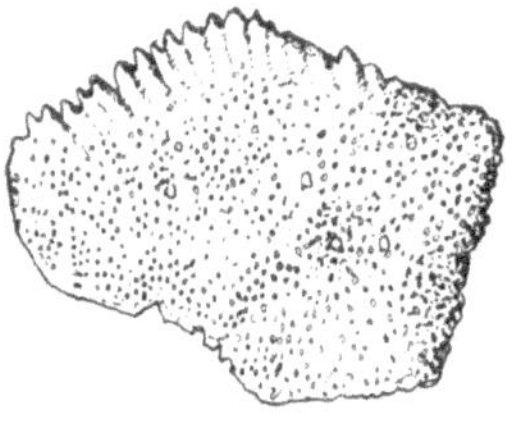

Fig. 109. Paracis squamata. Sklerit (nach Nutting).

7. **P. squamata** (Nutting) 1910 *Acis s.*, Nutting in: Siboga-Exp., *v.* 13b p. 42 t. 7 f. 2, 2a; t. 20 f. 50 | 1912 *A. s.*, Nutting in: P. U. S. Mus., *v.* 43 p. 81.

Verzweigung in einer Ebene, reichlich, lateral; die Äste stehen ungefähr wechselständig. Die Polypen entspringen seitlich und von einer Fläche in Abständen von 0,5—2,2 mm, und ihre Kelche sind 1,5 mm hoch, 1,5 mm breit. Das Operculum wird von starken Spindeln oder Stäben gebildet, von denen zwei an der Tentakelbasis dicht zusammentreten können (Fig. 108). Die Kelchskleriten sind große, gezähnte Platten, die sich teilweise überdecken und verschiedenen Umriß aufweisen. In der Rinde liegen dicht nebeneinander bis 5 mm lange, 2 mm breite Platten mit fein gezähnten Rändern (Fig. 109). Elfenbeinweiß, Polypen rötlich braun.

Saleijer in 400 m Tiefe, Kei-Inseln in 304 m Tiefe, Solorstraße in 113 m Tiefe, Japan in 188 m Tiefe.

8. **P. ijimai** (Kinosh.) 1909 *Acis i.*, Kinoshita in: J. Coll. Japan, *v.* 27 nr. 7 p. 8 t. 1 f. 3; t. 2 f. 13—16.

Verzweigung vorwiegend in einer Ebene, wechselständig oder gegenständig. Die Polypen stehen allseitig, nur an den Endzweigen seitlich wechselständig, ihr Kelch ist 0,5—0,8 mm hoch, 1—1,2 mm an der Basis breit, ihr Operculum wird von je 2, seltener 3 Skleriten von 0,3—0,6 mm Länge gebildet, die erst konvergieren, dann parallel dicht nebeneinander laufen, und deren freie Enden glatt und blattartig, deren basale Enden bewarzt sind. Darunter können zwei konvergierende Paare kleinerer Skleriten vorkommen. Der Kelch ist mit schuppenartigen Skleriten bedeckt, die 8 Längsreihen und 2 transversale Reihen bilden, von polygonalem Umriß, gezähntem Rande und oft mit apikalem Fortsatz. In der Rinde liegen 2—4 mm lange Schuppen, polygonal oder elliptisch, sich leicht überdeckend und darunter einige kleinere, bis 0,4 mm lange, ungleichmäßige Skleriten. Polypen braun mit purpurnem Anflug, Rindenskleriten farblos.

Uji-Insel (Japan) in 147 m Tiefe.

9. **P. miyajimai** (Kinosh.) 1909 *Acis m.*, Kinoshita in: J. Coll. Japan, *v.* 27 nr. 7 p. 10 t. 1 f. 4—6; t. 2 f. 17—20.

Verzweigung in einer Ebene, Stamm und stärkere Äste sind senkrecht zur Verzweigungsebene abgeplattet. Die Verzweigung ist lateral gegenständig, sehr selten dichotomisch. Die Polypen stehen seitlich und auf einer Fläche in dichter Anordnung, ihre warzenförmigen Kelche sind 1,5 mm hoch und ebenso breit, ihr Operculum besteht aus je 2 konvergierenden Spindeln von sehr verschiedener Größe, die einige kleinere Spindeln einschließen können. Die Polypenkelche sind bedeckt mit dicken, schuppenartigen, meist in 8 Längsreihen angeordneten Skleriten. Jede Längsreihe enthält 2—4 Schuppen, die breiter als hoch sind, bis zu 1,1 mm messend, und deren freier Rand meist abgerundet, seltener mit einem abgerundeten Fortsatz versehen ist. Die Rinde ist mit typischen, meist polygonalen Schuppen von 1,5—3 mm Größe gepanzert, deren Außenseite mit kleinen, abgerundeten Warzen besetzt ist. Darunter liegt eine Schicht 0,45 mm langer Spindeln oder Keulen. Alle Skleriten sind weiß.

Satsuma (Japan).

10. **P. rigida** (J. A. Thoms. & J. Simps.) 1909 *Acis r.*, J. A. Thomson & J. Simpson, Alcyon. Investigator, *v.* 2 p. 237 t. 4 f. 4, 9.

Verzweigung in einer Ebene, sehr unregelmäßig. Die Polypen stehen seitlich und auf einer Fläche; ihre Kelche sind warzenförmig, 0,75 mm hoch und 0,75 mm breit, ihr Operculum besteht aus je 2—3 schwach bewarzten, bis 0,3 mm langen Spindeln. Die Rinde ist bedeckt mit schuppenartigen, an den Zweigen mehr spindelförmigen, longitudinalen Skleriten von bis zu 2 mm Länge, die dicht aneinander liegen. Gelblichweiß.

Andamanen.

11. **P. dejecta** (J. A. Thoms. & Russell) 1910 *Acis d.*, J. A. Thomson & Russell in: Tr. Linn. Soc. London, ser. 2 *v.* 13 p. 155 t. 6 f. 2, 2a, 4, 4b.

Verzweigung vorwiegend in einer Ebene. Die Polypen stehen meist in 2 seitlichen Reihen, in Abständen von 1,5—2 mm, ihre Kelche sind 1 mm hoch, 2 mm breit; ihr Operculum besteht aus je 2 stark gebogenen Spindeln an den Tentakelbasen. Die Polypenkelche sind mit sich überdeckenden Schuppen versehen. In der Rinde liegen außen 3—4,5 mm lange und 1,5—2,5 mm breite und bis 1 mm dicke Platten, die mit kleinen kegelförmigen Warzen bedeckt sind, darunter finden sich kleinere Schuppen wie in den Kelchwänden. Außerdem kommen 0,3—0,5 mm messende Blattkeulen (?) vor, die in unregelmäßige 0,5 mm messende Platten übergehen, sowie bis 0,3 mm lange, bewarzte Spindeln. Grauweiß.

Saya de Malha, in 275 m Tiefe.

12. **P. serrata** (Nutting) 1910 *Acis s.*, Nutting in: Siboga-Exp., *v.* 13b p. 44 t. 7 f. 1, 1a; t. 20 f. 7.

Verzweigung annähernd in einer Ebene, Anastomosen kommen vor. Die Polypen stehen vorwiegend seitlich in Abständen von etwa 2,5 mm; ihre kegelförmigen Kelche sind 2 mm hoch, an der Basis 2,2 mm breit. Das Operculum besteht aus schlanken Spindeln in der Tentakelbasis, die mitunter in konvergierenden Reihen angeordnet sind. In der Kelchwand liegen breite, mitunter sich überdeckende Platten von bis zu 2,3 mm Länge. Die Rinde enthält vorwiegend longitudinal angeordnete, große Spindeln, deren Ränder dicht aneinander schließen. Fast weiß, Achse grau bis weißlich.

Insel Buton (Malayischer Archipel) in 75—94 m Tiefe.

13. **P. solorensis** (Nutting) 1910 *Acis s.*, Nutting in: Siboga-Exp., *v.* 13b p. 43 t. 7 f. 3, 3a; t. 20 f. 6.

Verzweigung in einer Ebene, dichotomisch. Die Polypen stehen fast ausschließlich seitlich, nur einzelne auf einer Fläche in Abständen von 2 bis 3 mm; ihre kegelförmigen Kelche sind 1,4 mm hoch, an der Basis 1,9 mm breit; ihr Operculum wird von einer Anzahl kleiner Spindeln gebildet. Die Kelchwände sind mit aneinanderstoßenden, mitunter sich überdeckenden Platten gepanzert, die sehr unregelmäßig geformt sind, 3 mm an Größe aber nicht überschreiten. In der Rinde liegen fein granulierte, große Skleriten, die mosaikartig aneinander gefügt sind. Orangegelb. Skleriten orange, Achse hellgrau.

Timorsee in 112 m Tiefe, Solorstraße in 113 m Tiefe.

14. **P. ceylonensis** (J. A. Thoms. & W. D. Hend.) 1905 *Acis c.*, J. A. Thomson & W. D. Henderson in: Herdman, Rep. Ceylon Pearl Fish., *v.* 3 nr. 20 p. 299 t. 3 f. 9; t. 5 f. 4 | 1909 *A. c.*, J. A. Thomson & J. Simpson, Alcyon. Investigator, *v.* 2 p. 232 | 1910 *A. c.*, J. A. Thomson & Russell in: Tr. Linn. Soc. London, ser. 2 *v.* 13 p. 154.

Verzweigung spärlich, annähernd in einer Ebene oder regellos allseitig. Die Polypen stehen allseitig, sehr verschieden dicht, in Abständen von 0 bis 2 mm und ihre Kelche sind 0,5 mm hoch, an der Basis 1 mm breit; ihr

Operculum besteht aus je 4 in konvergierenden Paaren angeordneten, bis 0,22 mm langen Spindeln. In den Kelchen liegen ovale Schuppen, die am Kelchrande zahnartige Vorsprünge aufweisen können. In der dicken Rinde sind bewarzte, meist ovale Platten von bis zu 0,6 mm Länge. Retraktiler Polypenteil schwarz, Rinde weiß.

Galle (Ceylon) in tiefem Wasser, Andamanen in 97 m Tiefe, Puri 18 m, Ganjamküste (Indien) 18 m, Providence-Insel (Ind. Ozean) in 92—143 m Tiefe.

Diese Art zerfällt in 2 Unterarten:

14a. **P. ceylonensis typica** (J. A. Thoms. & W. D. Hend.) 1905 *Acis c.*, J. A. Thomson & W. D. Henderson in: Herdman, Rep. Ceylon Pearl Fish., *v.* 3 nr. 20 p. 299 t. 3 f. 9; t. 5 f. 4.

Mit den Merkmalen der Art.

14b. **P. ceylonensis imbricata** (J. A. Thoms. & W. D. Hend.) 1905 *Acis c.* var. *i.*, J. A. Thomson & W. D. Henderson in: Herdman, Rep. Ceylon Pearl Fish., *v.* 3 nr. 20 p. 300.

Verzweigung kaum angedeutet, die großen Rindenskleriten sind von sehr unregelmäßiger Gestalt und überdecken sich stark.

Trincomali (Ceylon).

15. **P. spinosa** (J. A. Thoms. & W. D. Hend.) 1906 *Acis s.*, J. A. Thomson & W. D. Henderson, Alcyon. Investigator, *v.* 1 p. 77 t. 5 f. 11 | 1910 *A. s.*, J. A. Thomson & Russell in: Tr. Linn. Soc. London, ser. 2 *v.* 13 p. 155.

Verzweigung in einer Ebene, sehr unregelmäßig. Die Polypen stehen allseitig an Stamm und Ästen; ihre Kelche sind niedrig; ihr Operculum besteht aus je 2 Spindeln, die auf einem unvollständigen, transversalen Spicularing von meist 2 Reihen ruhen. Die Polypenkelche sind bedeckt mit schuppenförmigen Skleriten, deren oberste Reihe über den Kelchrand vorragende Stacheln entsendet. Die dünne Rinde ist von reich bewarzten, bis 2,5 mm langen Spindeln, sowie von schuppenähnlichen, mit spitzen Fortsätzen versehenen, bis 1,1 mm langen Skleriten bedeckt. Weiß mit bräunlichem Anflug, grau.

Andamanen, im tieferen Litoral, Chagos-Archipel in 110—200 m Tiefe.

16. **P. indica** (J. A. Thoms. & W. D. Hend.) 1905 *Acis i.*, J. A. Thomson & W. D. Henderson in: Herdman, Rep. Ceylon Pearl Fish., *v.* 3 nr. 20 p. 297 t. 2 f. 3; t. 5 f. 7 | 1909 *A. i.*, J. A. Thomson & J. Simpson, Alcyon. Investigator, *v.* 2 p. 233 | 1910 *A. i.*, J. A. Thomson & Russell in: Tr. Linn. Soc. London, ser. 2 *v.* 13 p. 154 t. 8 f. 3.

Verzweigung fächerförmig in einer Ebene, nur die Endzweige können rechtwinklig dazu entspringen, Anastomosen kommen vor. Die Polypen stehen allseitig und ihre Kelche sind klein. Das Operculum ist etwas kegelförmig erhoben und besteht aus 0,3—0,5 mm langen, schlanken Spindeln auch Keulen, die auf einem unvollständigen Ringe transversaler Spindeln ruhen. Die Kelche sind mit schuppenartigen Skleriten bedeckt, die sich in Stacheln ausziehen und mit diesen den Kelchrand überragen. In der Rinde liegen bis 3 mm lange, flache, dichtbewarzte Spindeln und Schuppen. Weißlich braun, auch rötlich.

Steht *P. pustulata* (nr. 5) und *P. orientalis* (nr. 4) nahe.

Galle (Ceylon) in tiefem Wasser, Andamanen, Chagos-Archipel in 110 bis 220 m Tiefe.

17. **P. spinifera** (Nutting) 1912 *Acis s.*, Nutting in: P. U. S. Mus., *v.* 43 p. 82 t. 13 f. 2, 2a; t. 21 f. 1.

Verzweigung in einer Ebene, lateral und teilweise gegenständig. Die Polypen stehen dicht und allseitig, oft in Abständen von weniger als 1 mm. Ihre Kelche sind kurze Walzen oder breit abgestumpfte Kegel von 2,4 mm Höhe und an der Basis 2 mm Breite. Das Operculum wird von je 3 im Dreieck zusammentretenden Spindeln gebildet, und ruht auf zwei oder mehr transversalen Spiculareihen. Die Kelchwände sind mit dachziegelförmigen, schuppenähnlichen Platten bedeckt, die meist in 2 Reihen angeordnet sind und in bis 2 mm lange Stacheln auslaufen, die mehr als 1 mm über den Kelchrand vorragen können (Fig. 110). In der Rinde liegen 2 Skleritenschichten, die äußere besteht aus meist polygonalen, bis 2,5 mm messenden Schuppen, deren Ränder sich teilweise überdecken, die innere aus einem dünnen Lager kleiner Spindeln. Braun.

Fig. 110. **Paracis spinifera.** Ast (nach Nutting).

Japan in 188 m Tiefe.

P. sp. (Hickson) 1905 *Acis sp.?*, Hickson in: Fauna Geogr. Maldiv., *v.* 2 p. 816.

Verzweigung anscheinend spärlich, die Rinde ist dünn; Kelche gelb, Rinde orangenfarben oder die äußeren Rindenskleriten sind weiß, die inneren rot, oder alle Rindenskleriten sind rot.

Malediven in 37 m Tiefe.

P. indivisa Kükth. 1910 *Acis solitaria* (non *A. s.*, Pourtalès 1868), J. A. Thomson & Russell in: Tr. Linn. Soc. London, ser. 2 *v.* 13 p. 154 t. 6 f. 7.

Unverzweigt. Die Polypen stehen allseitig, die Rinde enthält eine äußere Schicht großer, unregelmäßiger, viereckiger Skleriten von bis zu 1,5 mm Länge, darunter kleinere, bewarzte Spindeln und unregelmäßig geformte Schuppen mit Fortsätzen am Rande.

Salomon-Inseln in 110—220 m Tiefe.

7. Gen. Scleracis Riess MS

1919 *S.*, Riess MS in: Kükenthal in: Ergeb. Tiefsee-Exp., *v.* 13 pars 2 p. 837.

Verzweigung in einer Ebene, lateral und dichotomisch gemischt, weitwinklig. Die Polypen stehen senkrecht und seitlich in 2 wechselständigen Längsreihen und sind bis 2 mm hoch. Ihr Operculum wird von Doppelreihen spärlich bewarzter Spindeln gebildet. In der Rinde sind 2 deutliche Schichten unterscheidbar; außen liegen große, dicht bewarzte, oft gekrümmte Spindeln, innen kurze, gerade, spärlich bewarzte Spindeln; in den Kelchen kommen außerdem breitere abgeplattete Formen vor. Die Kelchskleriten stehen teils longitudinal, teils in konvergierenden Doppelreihen.

1 Art.

Barbados, Tortugas, im tieferen Litoral.

1. **S. pumila** Riess MS 1919 *S. p.*, Riess MS in: Kükenthal in: Ergeb. Tiefsee-Exp., *v.* 13 pars 2 p. 908.

Weitwinklig in einer Ebene verzweigt. Die Polypen stehen in 2 wechselständigen, seitlichen Längsreihen in Abständen von 1—1,5 mm und entspringen senkrecht. Ihre Höhe beträgt bis 2 mm; ihr Operculum wird von konvergierenden Doppelreihen schmaler, spärlich bewarzter, 0,18 mm langer

Spindeln gebildet. In den Kelchen liegen 0,7 mm lange, dicht bewarzte Spindeln mit abgestumpften Enden, die longitudinal oder in konvergierenden Doppelreihen angeordnet sind und am Kelchrande vorragen können, auch breitere, abgeplattete Formen kommen vor. Die Rinde enthält außen noch größere Spindeln, innen kleine und spärlich bewarzte. Weiß, grau, rot.

Barbados, Tortugas, im tieferen Litoral.

8. Gen. **Muriceides** P. Wright & Th. Studer

1887 *M.* + *Clematessa*, Th. Studer (& P. Wright) in: Arch. Naturg., *v.* 53I p. 54, 55 | 1889 *M.* + *Clematissa*, P. Wright & Th. Studer in: Rep. Voy. Challenger, *v.* 31 pars 64 p. 105, 106 | 1910 *M.*, Nutting in: Siboga-Exp., *v.* 13b p. 27 | 1919 *M.*, Kükenthal in: Ergeb. Tiefsee-Exp., *v.* 13 pars 2 p. 837.

Verzweigung in einer Ebene, mitunter spärlich, auch unverzweigt. Die Polypen stehen allseitig, mitunter vorwiegend seitlich, meist in weiten Abständen; ihr Operculum wird von konvergierenden Doppelreihen gebildet, ihre Kelche sind im allgemeinen höher als breit. Die Rinde enthält Spindeln mit verzweigten Warzen, die sich verbreitern und in Stachelplatten übergehen können. In den Kelchwänden liegen die Skleriten meist longitudinal und können am Rande etwas vorragen. Schwarzbraun, gelbbraun, olivgrün, weiß.

Japan, Philippinen, Malayischer Archipel, Kongomündung, Azoren.

14 sichere Arten, 1 unsichere.

Spec. typ.: *M. fragilis* P. Wright & Th. Stud.

Bestimmungstabelle der Arten:

1	Kolonie in einer Ebene meist reichlich verzweigt — 2	
	Kolonie unverzweigt oder sehr spärlich verzweigt — 10	
2	Polypen an den Ästen allseitig angeordnet — 3	
	Polypen an den Ästen vorwiegend seitlich angeordnet — 7	
3	Polypen höchstens 2 mm hoch — 4	
	Polypen 2—4,5 mm hoch — 6	
4	Zweigenden stark verdickt — 5	
	Zweigenden nicht verdickt	3. **M. chuni**
5	Verzweigung bis zu Zweigen zweiter Ordnung	1. **M. robusta**
	Verzweigung bis zu Zweigen vierter Ordnung	2. **M. verrilli**
6	Farbe weiß	4. **M. dubia**
	Farbe dunkelbraun bis schwarz	5. **M. nigra**
7	Polypen bis 1 mm hoch	6. **M. collaris**
	Polypen 2 mm hoch — 8	
8	Die Polypen stehen in 2 mm Abstand — 9	
	Die Polypen stehen in 3—5 mm Abstand	9. **M. javensis**
9	Kelchskleriten Spindeln	7. **M. cylindrica**
	Kelchskleriten teilweise Blattkeulen	8. **M. fusca**
10	Polypenkelche weniger als 1 mm breit	10. **M. furcata**
	Polypenkelche 2 mm breit — 11	
	Polypenkelche 3 mm breit — 12	
11	Polypen sehr eng stehend	11. **M. obtusa**
	Polypen weit und unregelmäßig angeordnet	12. **M. fragilis**
12	Polypenkelche bis 5,5 mm hoch	13. **M. alba**
	Polypenkelche bis 2 mm hoch	14. **M. sceptrum**

1. **M. robusta** (P. Wright & Th. Stud.) 1889 *Clematissa r.*, P. Wright & Th. Studer in: Rep. Voy. Challenger, *v.* 31 pars 64 p. 108 t. 22 f. 9; t. 26 f. 5.

Verzweigung locker, in einer Ebene. Die Äste gehen wechselständig und in rechtem Winkel vom Stamme ab, und die von ihnen entspringenden

Zweige stehen ebenfalls senkrecht auf den Ästen. Die langen, unverzweigten Enden sind knopfförmig angeschwollen. Die Polypen stehen in Abständen von 1—2 mm, an den Zweigenden dichter, sind 1,5 mm hoch mit 1,5 mm hohem Operculum und 1,5 mm messendem Basisdurchmesser. Die Skleriten der äußeren Rinde sind wie die der Polypen bis 0,62 mm lange, oft gebogene Keulen, die mit verzweigten Dornen besetzt sind, in tieferer Schicht finden sich bis 0,6 mm lange, mehr spindelförmige, dicht gelagerte Spindeln. Die Achse ist weich und schlaff. Braungelb.

Sarmiento Kanal (Patagonien), in 733 m Tiefe.

2. **M. verrilli** (P. Wright & Th. Stud.) 1889 *Clematissa v.*, P. Wright & Th. Studer in: Rep. Voy. Challenger, *v.* 31 pars 64 p. 107 t. 22 f. 10; t. 26 f. 6 | 1908 *? C. v.*, Nutting in: P. U. S. Mus., *v.* 34 p. 584.

Verzweigung in einer Ebene, sehr reichlich, bis zu Zweigen vierten Grades. Die Äste entspringen in einem fast rechten Winkel vom Stamm, und biegen dann nach aufwärts um, mit dem Stamm parallel laufend. Die Ast- und Zweigenden sind stets knopfförmig angeschwollen. Die Polypen stehen allseitig in Abständen von 2 mm, sind 2 mm hoch, an der Basis 2,5 mm breit. Das von den basalen Abschnitten der Tentakel gebildete, aus 0,41 mm langen, gebogenen, bedornten Spindeln bestehende Operculum ist 2 mm hoch. Die Skleriten der Polypen wie die der dicken Rinde sind bis 0,5 mm messende, dicke Körper, mit oft verzweigten Dornen besetzt und mit einem reichen verdickten Ende. Graubraun. Achse weich, hornig, gelbbraun.

Tristan d'Acunha in 659 m Tiefe.

3. **M. chuni** Kükth. 1919 *M. c.*, Kükenthal in: Ergeb. Tiefsee-Exp., *v.* 13 pars 2 p. 297, 908 t. 30 f. 5.

Verzweigung in einer Ebene, Stamm und Äste sind etwas abgeplattet. Die Äste entspringen meist in weitem Winkel und biegen dann nach oben um. Die Polypen stehen allseitig, in höchstens 2 mm Abstand und sind schräg distalwärts gerichtet. Die Polypenskleriten sind hoch bedornte, etwa 0,22 mm lange Spindeln, die in konvergierenden Doppelreihen angeordnet sind und einem transversalen Skleritenringe aufsitzen. In den Kelchen liegen 0,3 mm messende, dicke Spindeln, die an ihrer Außenseite mit sehr hohen, oft blattartig verbreiterten Ausläufen besetzt sind und in Stachelplatten von bis zu 0,5 mm Länge übergehen. Auch stachelkeulenartige Formen kommen vor. In der Rinde wiegen 0,3 mm lange, dicke, bestachelte Spindeln vor. Braun mit olivgrünem Schimmer.

Westafrika. Litoral.

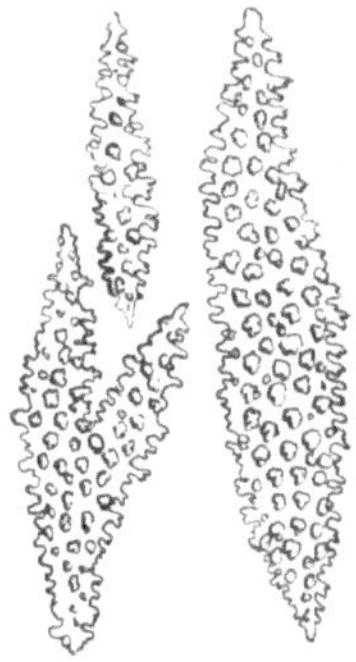

Fig. 111. **Muriceides dubia.**

4. **M. dubia** Nutting 1910 *M. d.*, Nutting in: Siboga-Exp., *v.* 13b p. 29 t. 4 f. 2, 2a; t. 19 f. 11.

Verzweigung in einer Ebene. Der wellig gebogene Hauptstamm gibt ebenso dicke, nach außen und oben gebogene, wechselständige Äste ab, die im Querschnitt rund sind. Die Polypen stehen dicht und allseitig, ihre Kelche sind 2,5 mm hoch und ebenso dick, gelegentlich aber bis 4,5 mm hoch. Das Operculum ist schwach entwickelt und besteht aus einigen in Doppelreihen stehenden, im distalen Tentakelteile longitudinalen Spindeln. Die dicke

Rinde enthält dicht bewarzte Spindeln (Fig. 111), die in den Kelchwänden longitudinal angeordnet sind, und sich teilweise überdecken. Nahezu weiß.

Aru-Inseln. In 57 m Tiefe.

5. **M. nigra** Nutting 1912 *M. n.*, Nutting in: P. U. S. Mus., *v.* 43 p. 77 t. 12 f. 1, 1 a; t. 20 f. 4.

Verzweigung in einer Ebene, Äste ziemlich dick. Die Polypen stehen in ziemlich regelmäßigem, 2 mm messendem Abstand allseitig an Stamm und Ästen, und ihre walzenförmigen Kelche sind bis 3 mm hoch, 2 mm breit. Der transversale Skleritenring ist deutlich entwickelt und besteht aus 2 bis 4 Reihen von Spindeln; das Operculum ist mäßig hoch, und wird von konvergierenden Doppelreihen, im distalen Tentakelteil von longitudinal angeordneten Spindeln gebildet. In der Rinde liegen meist kleine, dicht bewarzte Spindeln, sowie einige kleine, unregelmäßige, bewarzte Formen, in den Kelchwänden sind die Spindeln vorwiegend longitudinal angeordnet. Dunkelbraun, fast schwarz.

Japan, in 253 m Tiefe.

6. **M. collaris** Nutting 1910 *M. c.*, Nutting in: Siboga-Exp., *v.* 13b p. 28 t. 4 f. 3, 3a; t. 19 f. 10.

Verzweigung in einer Ebene, dichotomisch und lateral; die Äste und Zweige biegen nach oben um und verlaufen parallel. Die Polypen stehen vorwiegend seitlich, ihre Kelche sind abgestumpft kegelförmig, 1 mm hoch, 1,5—2 mm breit, und ihr Operculum, das aus konvergierenden, im distalen Tentakelteil longitudinalen Spindeln besteht, ist hoch. Ein transversaler Skleritenring ist vorhanden. Die dicke Rinde enthält meist gestreckte, bewarzte Spindeln, die in den Kelchwänden longitudinal verlaufen und etwas über den Rand vorragen können. Außerdem finden sich einige Dreistrahler, die zu Stachelplatten werden können. Elfenbeinweiß.

Kei-Inseln, in 304 m Tiefe.

7. **M. cylindrica** Nutting 1912 *M. c.*, Nutting in: P. U. S. Mus., *v.* 43 p. 76 t. 11 f. 1, 1a; t. 20 f. 3.

Verzweigung in einer Ebene, die Äste sind etwas abgeplattet. Die Polypen stehen vorwiegend seitlich, an den Endzweigen allseitig, in mittlerem Abstand von 2 mm; ihre Kelche sind etwas über 2 mm lang, 1,7 mm breit; ihr Operculum ist 2 mm hoch, aus zahlreichen in konvergierenden Doppelreihen stehenden, ziemlich kleinen Spindeln gebildet, die auf einem sehr kräftig entwickelten Ring kleiner, transversaler Spindeln ruhen. Die Rinde enthält ziemlich kleine, eng bewarzte Spindeln, die in den Kelchwänden etwas schlanker werden, longitudinal angeordnet sind, und am Rande etwas vorragen können. Gelblichbraun.

Japan. Tieferes Litoral und Küsten-Abyssal.

8. **M. fusca** J. S. Thoms. 1911 *M. f.*, J. S. Thomson in: P. zool. Soc. London, p. 878 t. 44 f. 4a—c.

Verzweigung ziemlich reichlich, in einer Ebene; die Äste sind etwas abgeplattet. Die Polypen stehen in Abständen von 0,1—1,9 mm vorwiegend seitlich und auf einer Fläche; ihre Kelche sind etwa 2 mm hoch, 1,6 mm breit, und ihr Operculum besteht aus 8 dreieckigen Feldern von je 8—12 konvergierenden Spindeln von bis zu 0,34 mm Länge, die auf einem transversalen Spicularinge mit etwa 10 Reihen ruhen. In der Kelchwand finden sich bis 0,29 mm messende Blattkeulen und kleinere Formen. Die dünne Rinde enthält sehr kleine Spindeln und Kalkkörper von bis zu 0,105 mm Länge. Grau.

Südafrika.

9. **M. javensis** Nutting 1910 *M. j.*, Nutting in: Siboga-Exp., *v.* 13b p. 27 t. 4 f. 1, 1 a.

Verzweigung in einer Ebene, lateral. Die Zweige sind meist nach aufwärts gebogen und etwas abgeplattet. Die Polypen stehen vorwiegend seitlich und wechselständig in weiten, unregelmäßigen Abständen und senkrecht auf der Unterlage. Ihre Kelche sind etwas in der Verzweigungsebene abgeplattet und 2 mm hoch, 4 mm breit. Das Operculum ist 2 mm hoch und besteht aus kleinen, in konvergierenden Reihen angeordneten Spindeln, die auf einem horizontalen Skleritenring ruhen. In der dicken Rinde wie in den Kelchwänden liegen verschieden gestaltete, dicht bewarzte Spindeln. Hell cremeweiß.

Java. In 15 m Tiefe.

10. **M. furcata** Th. Stud. 1890 *M. f.*, Th. Studer in: Mém. Soc. zool. France, *v.* 3 p. 556 | 1901 *M. f.*, Th. Studer in: Résult. Camp. Monaco, *v.* 20 p. 47 t. 7 f. 7—11.

Verzweigung sehr schwach oder fehlend. Die Polypen stehen allseitig, basal in weiten Abständen, distal enger, und ihre Kelche sind kurz kegelförmig, 1 mm hoch, 0,8 mm breit. Das Operculum besteht aus zahlreichen in konvergierenden Doppelreihen angeordneten, etwas abgeplatteten und schwach bewarzten Spindeln von bis zu 0,52 mm Länge, die auf einem transversalen Skleritenringe ruhen. In der Rinde, wie in den Kelchwänden liegen bis 0,492 mm messende, dicke, gebogene Spindeln, die mit verzweigten Dornen besetzt sind, und die Oberfläche durchbrechen. Diese Skleriten gehen im basalen Teile der Kolonie in rauhe Platten von 0,465 mm großem Durchmesser über. Gelbbraun.

Azoren. In 454 m Tiefe.

11. **M. obtusa** (P. Wright & Th. Stud.) 1889 *Clematissa o.*, P. Wright & Th. Studer in: Rep. Voy. Challenger, *v.* 31 pars 64 p. 108 t. 23 f. 2; t. 26 f. 4.

Verzweigung spärlich, in einer Ebene. Die Zweigenden sind knopfförmig angeschwollen. Die Polypen stehen in Abständen von 1 mm, an den Zweigenden dichter, ihre Kelche sind walzenförmig, 2 mm hoch, 2 mm dick; ihre Tentakeln sind völlig zurückziehbar und enthalten bis 0,47 mm lange, schwach gebogene Skleriten, die an einem Ende abgerundet, am anderen mit scharfen Dornen besetzt sind. Die Skleriten der Polypen und der dünnen, nur an den Zweigenden dickeren Rinde sind bis 0,5 mm lange Spindeln und Keulen mit verzweigten Fortsätzen, die oft über die Oberfläche der Polypen vorragen. Auch Übergänge zu Stachelplatten finden sich. Die Achse ist hornig und weich. Grau weiß.

Port Churruca (Patagonien). In 448 m Tiefe.

12. **M. fragilis** P. Wright & Th. Stud. 1889 *M. f.*, P. Wright & Th. Studer in: Rep. Voy. Challenger, *v.* 31 pars 64 p. 105 t. 22 f. 5; t. 25 f. 1.

Sehr spärlich verzweigt. Die Polypen stehen in weiten Abständen senkrecht auf der Unterlage, haben walzenförmige oder abgestumpft kegelförmige, 2—3 mm hohe Kelche mit einem Basaldurchmesser von 2 mm und ein 1,5 mm hohes Operculum, bestehend aus in konvergierenden Reihen angeordneten, bedornten Spindeln von 0,3—0,5 mm Länge, die einem Ring transversaler Skleriten aufsitzen. Die rauhe, dünne Rinde enthält wie die Kelchwände 0,5 mm lange, scharf bedornte Spindeln, breite, flache Skleriten mit teilweise verzweigten Fortsätzen, sowie stachelplattenähnliche, bis 0,29 mm lange Formen, deren Spitzen aus der Oberfläche vorragen. Achse hornig, biegsam, dunkelbraun; Rinde und Polypen weiß.

Philippinen. In 686 m Tiefe.

13. **M. alba** (Nutting) 1908 *Clematissa a.*, Nutting in: P. U. S. Mus., *v.* 34 p. 582 t. 44 f. 4; t. 48 f. 4.

Verzweigung spärlich; Stamm und Äste gleich dick, ihre Enden mit einem unregelmäßigen Haufen Polypen besetzt. Die Polypen stehen unregelmäßig, senkrecht auf der Unterlage, mit aufwärts oder abwärts gebogenen distalen Enden und werden bis 5,5 mm groß und 3 mm breit. Das Operculum ist hoch und scharf abgesetzt; es ruht auf einem Ring transversaler Spindeln und besteht aus 12 oder mehr spitz konvergierenden, auch longitudinalen, ziemlich kurzen Spindeln mit abgestumpften Enden. Die Rindenskleriten sind bewarzte Spindeln, die oft abgeplattet und verzweigt sind, im Polypenkelch sind sie ziemlich klein und ganz regellos angeordnet. Weiß.

Hawai-Abyssal.

14. **M. sceptrum** (Th. Stud) 1890 *Clematissa s*, Th. Studer in: Mém. Soc. zool. France, *v.* 3 p. 557 | 1901 *C. s.*, Th. Studer in: Résult. Camp. Monaco, *v.* 20 p. 49 t. 8 f. 1—4.

Kolonie unverzweigt, am Ende angeschwollen. Die Polypen sind 1,5 bis 2 mm, am unteren Stammteil nur 1 mm hoch bei einem Basisdurchmesser von 3 mm. Das Operculum besteht aus 8 Feldern von je 5—7 Spindeln, die nach oben konvergieren, und die auf einem Ring transversaler Spindeln ruhen. In der Schlundrohrwand und den Septen liegen meist vierstrahlige, 1 mm messende Sterne. Die Kelche enthalten 0,42 mm lange, longitudinal angeordnete Spindeln, mit oft verzweigten, dornigen Fortsätzen, und ähnliche Formen enthält die dicke, rauhe Rinde. Die hornige Achse ist biegsam und braungelb; Rinde und Polypen weiß.

Südlich von Pico (Azoren) in 1135 m Tiefe.

M. tenuis (Nutting) 1908 *Clematissa tenue*, Nutting in: P. U. S. Mus., *v.* 34 p. 583 t. 44 f. 3; t. 49 f. 2.

Unverzweigt oder spärlich verzweigt. Die Polypen stehen unregelmäßiger, an den Astenden dichter, ihre Kelche sind sehr niedrig, und ihre Basen stoßen oft zusammen. Die Polypen sind mit 8 longitudinalen Streifen bewarzter Spicula versehen. Das Operculum besteht aus einem transversalen Spicularing mit darauf stehenden, in konvergierenden Doppelreihen angeordneten Spindeln. Die Rindenskleriten sind fast schuppenförmig, mit unregelmäßig gezackten Rändern, die sich teilweise zu überdecken scheinen. Auch finden sich mitunter gebogene und verzweigte, warzige Spindeln, oft mit einseitig stehenden Fortsätzen. Grau.

Hawai. In tiefem Litoral und Küsten-Abyssal.

Die eigenartige Gestalt und Anordnung der Rindenskleriten läßt die Zugehörigkeit zu *Muriceides* als zweifelhaft erscheinen.

9. Gen. **Anthomuricea** P. Wright & Th. Studer

1887 *A.*, Th. Studer (& P. Wright) in: Arch. Naturg., *v.* 53 I p. 55 | 1889 *A.*, P. Wright & Th. Studer in: Rep. Voy. Challenger, *v.* 31 pars 64 p. 103 | 1910 *A.*, Nutting in: Siboga-Exp., *v.* 13b p. 22.

Kolonie in einer Ebene verzweigt. Die Polypen stehen allseitig oder biserial, ihre Kelche sind meist hoch und walzenförmig; ihr Operculum besteht aus konvergierenden Doppelreihen schlanker Spindeln. Die Polypenkelche sind mit Spindeln bewehrt, die in mehr oder minder deutlichen Doppelreihen angeordnet sind; die meist dünne Rinde enthält ebenfalls bewarzte Spindeln, die wie die Kelchskleriten zum Teil keulenförmig werden können. Stachelplatten fehlen.

Patagonien, Westküste Zentralamerikas, Polynesien, Hawai, Malayischer Archipel, Japan. Im Litoral und Küsten-Abyssal.

9 Arten.

Spec. typ.: *A. argentea* P. Wright & Th. Stud.

Bestimmungstabelle der Arten:

1	Kolonie verzweigt — 2	
	Kolonie unverzweigt	9. **A. simplex**
2	Polypen allseitig stehend — 3	
	Polypen in zwei seitlichen Reihen — 7	
3	Verteilung der Polypen gleichmäßig — 4	
	Polypen in unregelmäßigen Wirteln angeordnet	6. **A. tenuispina**
4	Polypen 1 mm hoch	1. **A. reticulata**
	Polypen 2 mm hoch — 5	
	Polypen 3 mm hoch	5. **A. brunnea**
5	Operculum aus mehreren konvergierenden Spindelpaaren bestehend — 6	
	Operculum aus je 1 Paar Skleriten bestehend	4. **A. timorensis**
6	Kelchskleriten spindelförmig	2. **A. divergens**
	Kelchskleriten keulenförmig	3. **A. argentea**
7	Polypen 0,5 mm hoch	7. **A. aberrans**
	Polypen 2 mm hoch	8. **A. sanguinea**

1. **A. reticulata** Nutting 1910 *A. r.*, Nutting in: Siboga-Exp., *v.* 13b p. 24 t. 2 f. 3, 3; t. 19 f. 7.

Verzweigung ausgeprägt fächer- und netzförmig. Die Hauptäste sind abgeplattet, die Endzweige entspringen allseitig. Die Polypen stehen allseitig in Entfernungen von 1,3 mm; ihre Kelche sind kurz walzenförmig, 1 mm hoch, 1,5 mm breit; ihr Operculum ist hoch kegelförmig und besteht aus in Doppelreihen angeordneten Spindeln, die sich im distalen Tentakelteile in longitudinale fortsetzen. Darunter liegt ein gut ausgebildeter Ring transversaler Spindeln. In den Kelchwänden finden sich gleichmäßig kleine aber starke Spindeln, die basal ringförmig, darüber in konvergierenden Doppelreihen angeordnet sind. Die Rindenspicula sind ebenfalls Spindeln, wie die der Kelche. Braun.

Flores bis zu 40 m Tiefe, Solar (Malayischer Archipel).

2. **A. divergens** Kükth. 1919 *A. d.*, Kükenthal in: Ergeb. Tiefsee-Exp., *v.* 13 pars 2 p. 908.

Verzweigung in einer Ebene; der Hauptstamm ist nicht abgeplattet und entsendet die Hauptäste in ungefähr rechtem Winkel, von denen laterale Seitenäste abgehen können; die schlanken, langen, rutenartigen Endzweige sind schlaff und hängen etwas herab. Die Polypen stehen allseitig in Abständen von 2 mm. Das Operculum wird von mehreren konvergierenden Paaren schlanker, bis 0,3 mm messender Spindeln gebildet. Die Kelche enthalten bis 0,5 mm lange, kräftig bedornte, abgeflachte und meist etwas gebogene Spindeln in immer steiler werdenden, konvergierenden Doppelreihen. Einzelne Fortsätze können über die Kelchoberfläche vorragen. Hellrötlichbraun oder weißgrau.

Japan. In 200 m Tiefe.

3. **A. argentea** P. Wright & Th. Stud. 1889 *A. a.*, P. Wright & Th. Studer in: Rep. Voy. Challenger, *v.* 31 pars 64 p. 104 t. 23 f. 1 | 1894 *A. a.*, Th. Studer in: Bull. Mus. Harvard, *v.* 25 p. 66.

Verzweigung in einer Ebene, lateral. Stamm und Äste sind verschieden gekrümmt, die Astenden sind etwas angeschwollen, weich und herabhängend. Die Polypen stehen allseitig in Entfernungen von 2—2,5 mm und sind 2 mm hoch, wovon 1 mm auf den Kelch kommt. Das Operculum besteht aus je 4—5 Doppelreihen schwach gebogener, bis 0,38 mm langer Spindeln, die auf einem Ringe feinbedornter, bis 0,58 mm langer Spindeln ruhen. Die Kelchwand ist mit konvergierenden Doppelreihen keulenförmiger, bis 0,3 mm langer Skleriten erfüllt. Die dünne, durchscheinende Rinde enthält gebogene, bis 0,5 mm lange Spindeln mit kurzen, spitzen Dornen. Rinde glitzernd weiß, Polypen braun.

Patagonien in 256 m Tiefe, Westküste Zentralamerikas (21° 19' n. Br., 106° 24' östl. L.) in 1243 m Tiefe.

4. **A. timorensis** Nutting 1910 *A. t.*, Nutting in: Siboga-Exp., *v.* 13b p. 23 t. 2 f. 2, 2a.

Verzweigung unbekannt. Die Polypen stehen sehr dicht und allseitig; ihre Kelche sind 2 mm hoch, 1,75 mm breit, ihr Operculum wird von je 2 gebogenen Spindeln gebildet. In den Kelchwänden liegen gleichmäßig bewarzte Spindeln, die im basalen Teile in konvergierenden Doppelreihen angeordnet sind. Die Rindenspicula sind ziemlich schlanke, gerade oder schwach gebogene Spindeln. Hell gelblichbraun.

Timor. In 23 m Tiefe.

5. **A. brunnea** Nutting 1910 *A. b.*, Nutting in: Siboga-Exp., *v.* 13b p. 23 t. 2 f. 1, 1a; t. 19 f. 6.

Verzweigung annähernd in einer Ebene, sehr unregelmäßig. Die Polypen stehen senkrecht, dicht und allseitig, in Entfernungen von 1 mm, besonders dicht an beiden Seiten; ihre Kelche sind röhrenförmig und werden bis 3 mm hoch bei einer größten Breite von 1,5 mm; ihr Operculum besteht aus je 4 und mehr in konvergierenden Doppelreihen angeordneten, langen Spindeln. In den Kelchwänden liegen in Doppelreihen angeordnete Spindeln, die am Rande keine Vorsprünge bilden. Alle Spindeln sind stark bewarzt. Tief goldbraun.

Pulu Weh (Sumatra). In 73 m Tiefe.

6. **A. tenuispina** Nutting 1908 *A. t.*, Nutting in: P. U. S. Mus., *v.* 34 p. 581 t. 44 f. 2; t. 48 f. 5.

Verzweigung fächerförmig, lateral. Die 2 mm hohen Polypen stehen an Stamm und Ästen zerstreut, an den Enden dichter. An den Endzweigen sind sie in unregelmäßigen Wirteln zu 3—9 angeordnet, in Entfernungen von 2—3 mm; ihre Kelche sind abgestumpft kegelförmig; ihr Operculum besteht aus in Doppelreihen angeordneten Spindeln, die sich distalwärts und longitudinal fortsetzen. Darunter liegt ein transversaler Ring gebogener, schlanker Spindeln. Die Kelchwände sind mit 8 Doppelreihen kleiner, bewarzter Spindeln versehen, die um die Kelchbasis herum transversal angeordnet sind. Dunkelbraun, Polypen viel heller gelbbraun.

Hawai. In 581—694 m Tiefe.

7. **A. aberrans** Nutting 1912 *A. a.*, Nutting in: P. U. S. Mus., *v.* 43 p. 75 t. 13 f. 3, 3a; t. 20 f. 2.

Verzweigung unregelmäßig in einer Ebene bis zu Zweigen fünfter Ordnung. Der Hauptstamm ist leicht abgeplattet. Die Polypen stehen seitlich, an den Endzweigen allseitig, in Entfernungen von 1—2 mm; ihre Kelche sind niedrige, 0,5 mm hohe, 1,5 mm breite Warzen; ihr Operculum besteht aus 3 in einem spitzwinkligen Dreieck stehenden Spindeln, darunter findet sich ein transversaler Ring von 2—3 Reihen Spindeln. Die Kelchwände sind mit einfachen, oft gebogenen Spindeln versehen, die im distalen Teile sich in konvergierende Doppelreihen anordnen können. Die Rindenskleriten sind kleine, warzige Spindeln, die unregelmäßig gelagert sind und 1,3 mm Länge kaum überschreiten. Grau, Achse gelbbraun mit etwas Goldglanz.

Japan. In 59 m Tiefe.

8. **A. sanguinea** Nutting 1910 *A. s.*, Nutting in: Siboga-Exp., *v.* 13^b p. 22 t. 1 f. 4, 4a; t. 19 f. 5.

Verzweigung fächerförmig, in einer Ebene, lateral. Die Polypen stehen regelmäßig wechselständig in 2 seitlichen Reihen und sind schräg nach dem distalen Ende zu gebogen. Ihre Abstände betragen 2,5 mm. Die Kelche sind walzenförmig und bis 2 mm hoch; das Operculum ist kegelförmig erhoben und besteht aus sehr zahlreichen schlanken Spindeln, die im basalen Tentakelteile in Doppelreihen, darüber longitudinal angeordnet sind. Darunter liegt ein sehr kräftiger Ring transversaler Spindeln. Die Kelchwände sind mit longitudinal angeordneten, sehr schlanken Spindeln erfüllt, die besonders am Kelchrande eine Tendenz zur Anordnung in Doppelreihen besitzen und hier acht stumpfe Fortsätze bilden. Die Rindenskleriten sind sehr schlanke, bewarzte Spindeln, die bis 2,2 mm Länge erreichen. Tief karminrot.

Bai von Bima in 55 m Tiefe, Damarinsel in 45 m Tiefe (Malayischer Archipel).

9. **A. simplex** Whitelegge 1897 *A. s.*, Whitelegge in: Mem. Austral. Mus., *v.* 3 p. 310 t. 16 f. 11—15.

Anscheinend unverzweigt; die 2—4 mm hohen, 2 mm breiten Polypen entspringen nahezu senkrecht in Abständen von 2—3 mm und stehen im basalen Teile wechselständig, im distalen mehr spiralig; ihr Operculum besteht aus in Doppelreihen angeordneten, bis 0,8 mm langen Skleriten, deren distales Viertel dicht bewarzt ist, während der übrige Teil fast glatt ist. Darunter liegt ein schmaler Ring transversaler, bis 0,8 mm messender Skleriten mit glatten, abgestumpften Enden, deren mittlerer Teil einige niedrige Warzen trägt. In den Kelchen liegen bis 2 mm lange Skleriten, an der Basis transversal oder schräg, darüber longitudinal angeordnet. Die Rinde enthält bis 4 mm lange Spindeln, die dicht bewarzt sind und lange spitze Enden aufweisen, sowie bis 1,7 mm lange Keulenformen. Purpurrot.

Funafuti.

10. Gen. **Muricella** A. E. Verrill

1869 *Muricea (Muricella)*, A. E. Verrill in: Tr. Connect. Ac., *v.* 1 p. 450 | 1889 *Muricella*, P. Wright & Th. Studer in: Rep. Voy. Challenger, *v.* 31 pars 64 p. 123 | 1909 *M.*, J. A. Thomson & J. Simpson, Alcyon. Investigator, *v.* 2 p. 241 | 1910 *M.* + *Versluysia*, Nutting in: Siboga-Exp, *v.* 13^b p. 29, 35.

Verzweigung fast stets in einer Ebene, mitunter durch Anastomosen netzförmig. Die Zweigenden sind meist etwas angeschwollen. Die Polypen stehen im allgemeinen senkrecht, allseitig oder vorwiegend seitlich, in meist geringen Abständen; ihre Kelche sind verschieden hoch, meist kegelförmig, und an ihrem Rande häufig aber nicht immer mit 8 vorspringenden Zähnen versehen; ihr Operculum ist verschieden hoch und wird von in konvergierenden Reihen oder in spitzem Dreieck stehenden Spindeln gebildet, die einem

Ringe transversaler Spindeln aufsitzen. Die Rindenskleriten sind stets in 2 Schichten angeordnete Spindeln, außen liegen große, dicht bewarzte Formen in oft unzusammenhängender Schicht und longitudinaler Anordnung. In den Kelchen sind die Spindeln meist kleiner als in der Rinde und distalwärts longitudinal, oft auch in mehr oder minder deutlichen konvergierenden Doppelreihen angeordnet. Weiß, grau, rot usw.

26 sichere Arten mit 2 Unterarten und 4 unsichere Arten.

Spec. typ.: *M. nitida* (Verrill)

Bestimmungstabelle der Arten:

1	Verzweigung in einer Ebene — 2	
	Verzweigung allseitig buschig	26. M. arborea
2	Ohne Anastomosen — 3	
	Mit Anastomosen — 22	
3	Die Polypen stehen ausschließlich seitlich — 4	
	Die Polypen stehen nicht ausschließlich seitlich — 7	
4	Rinde sehr dünn	1. M. flexilis
	Rinde dick — 5	
5	Operculum aus je einem Paar in spitzem Winkel konvergierender Spindeln gebildet	2. M. rosea
	Operculum aus konvergierenden Doppelreihen gebildet — 6	
6	Skleriten der Kelchwand vorwiegend longitudinal angeordnet	3. M. stellata
	Skleriten der Kelchwand in 8 konvergierenden Doppelreihen	4. M. complanata
7	Die Polypen stehen seitlich und auf einer Fläche — 8	
	Die Polypen stehen seitlich und auf beiden Flächen — 11	
8	Operculum aus je 2—3 Paar konvergierender Spindeln gebildet	5. M. nitida
	Operculum aus acht Doppelreihen zahlreicher konvergierender Spindeln gebildet — 9	
9	Polypenkelche bis 2,1 mm hoch	6. M. grandis
	Polypenkelche bis 1,1 mm hoch — 10	
10	Kelchskleriten fast ebenso groß wie die Rindenskleriten	7. M. dubia
	Kelchskleriten viel kleiner als die Rindenskleriten	8. M. purpurea
11	Operculum aus je einem Paar in spitzem Winkel konvergierender Spindeln gebildet — 12	
	Operculum aus acht Doppelreihen zahlreicher konvergierender oder longitudinaler Spindeln gebildet — 18	
12	Kelchskleriten nur Spindeln — 13	
	Kelchskleriten Spindeln und andere Formen — 17	
13	Die distalen Kelchskleriten sind longitudinal angeordnet — 14	
	Die distalen Kelchskleriten sind in 8 konvergierenden Doppelreihen angeordnet — 15	
14	An der Kelchbasis ein transversaler Skleritenring	9. M. argentea
	An der Kelchbasis kein transversaler Skleritenring	10. M. bengalensis
15	Stämme unverzweigt	11. M. abnormalis
	Stämme verzweigt — 16	
16	Farbe grauweiß	12. M. crassa
	Farbe intensiv rot	13. M. aruensis
17	Außer Spindeln ovale bis scheibenförmige Skleriten	14. M. dentata
	Außer Spindeln keulenförmige Skleriten	15. M. gracilis
18	Rinde dick — 19	
	Rinde dünn — 20	

19	Kelchskleriten longitudinal angeordnet	16. **M. robusta**
	Kelchskleriten in 8 konvergierenden Doppelreihen angeordnet	17. **M. erythraea**
20	Spindeln des Operculums longitudinal angeordnet . .	18. **M. operculata**
	Spindeln des Operculums in 8 konvergierenden Doppelreihen — **21**	
21	Polypenkelche bis 0,5 mm hoch	19. **M. rubra**
	Polypenkelche 1 mm hoch	20. **M. tenera**
22	Spindeln der Rinde gleichmäßig bewarzt — **23**	
	Spindeln der Rinde auf der Außenseite stärker bewarzt .	25. **M. umbraticoides**
23	Spindeln des Operculum unregelmäßig gelagert . . .	21. **M. reticulata**
	Spindeln des Operculum in konvergierenden Doppelreihen — **24**	
24	Distale Kelchskleriten in longitudinaler Anordnung . .	22. **M. ramosa**
	Distale Kelchskleriten in konvergierenden Doppelreihen — **25**	
25	Polypenkelche 1 mm hoch	23. **M. brunnea**
	Polypenkelche 0,5 mm hoch	24. **M. perramosa**

1. **M. flexilis** Hiles 1899 *M. f.*, Hiles in: P. zool. Soc. London, p. 49 t. 3 f. 1, 2.

Kolonie sehr schlank, in einer Ebene verzweigt. Die Äste sind in der Verzweigungsebene leicht abgeplattet. Die Polypen stehen seitlich; ihre Kelche sind 0,9 mm hoch, an der Basis 0,8 mm breit. In der sehr dünnen Rinde finden sich bis 1,105 mm lange Spindeln mit nicht dicht stehenden Warzen. Schmutzig weiß.

Funafuti. In 73—130 m Tiefe.

2. **M. rosea** (Nutting) 1910 *Versluysia r.*, Nutting in: Siboga-Exp., *v.* 13b p. 37 t. 6 f. 4, 4a; t. 20 f. 3.

Verzweigung unbekannt, wohl in einer Ebene. Die Polypen stehen seitlich und wechselständig in Abständen von 3 mm und sind abwechselnd nach beiden Flächen gebogen; ihre Kelche sind ausgesprochen kegelförmig, 2 mm hoch, 2,5 mm an der Basis breit, ihr Operculum wird von je 2 konvergierenden Spindeln gebildet, die auf einem zarten aber deutlichen, transversalen Ringe ruhen. Die übrigen Tentakelskleriten sind nicht in konvergierenden Doppelreihen angeordnet. In der Rinde liegen bis 2,5 mm lange, bewarzte Spindeln, darunter eine Schicht kleinerer. Die Kelchspindeln sind kleiner und an der Kelchbasis mehr horizontal angeordnet. Stamm und Hauptäste rosarot, Zweige und Kelche weiß, die großen Rindenskleriten weiß, die kleineren rosarot.

Butoninsel in 75—94 m Tiefe, Solorstraße in 113 m Tiefe.

3. **M. stellata** Nutting 1910 *M. s.*, Nutting in: Siboga-Exp., *v.* 13b p. 33 t. 5 f. 1, 1a.

Verzweigung in einer Ebene; die Äste sind eingeknickt oder gebogen. Die Verzweigung geht bis zu den Ästen fünften Grades. Die Polypen stehen seitlich und wechselständig in Abständen von etwa 2 mm, ihre Kelche sind 1,3 mm hoch, 1,7 mm breit, die der Polypen 2,8 mm hoch und 1,5 mm breit; ihr Operculum bildet einen achtstrahligen Stern, kräftiger, in konvergierenden Doppelreihen angeordneter Spindeln; darunter findet sich ein von einer Reihe gebildeter Ring von Spindeln. In der Rinde liegen dicht bewarzte, bis 2,7 mm lange, 0,8 mm dicke Spindeln, die in den Kelchwänden kleiner werden und vorwiegend longitudinal angeordnet sind. Dunkelscharlachrot.

Malayischer Archipel. In 300—400 m Tiefe.

4. **M. complanata** P. Wright & Th. Stud. 1889 *M. c.*, P. Wright & Th. Studer in: Rep. Voy. Challenger, *v.* 31 pars 64 p. 125 | 1905 *M. c.*, J. A. Thomson & W. D. Henderson in: Herdman, Rep. Ceylon Pearl Fish., *v.* 3 nr. 20 p. 303 | 1909 *M. c.*, Nutting in: P. U. S. Mus., *v.* 35 p. 717 | 1909 *M. c.*, J. A. Thomson & J. Simpson, Alcyon. Investigator, *v.* 2 p. 250 t. 5 f. 10a, 10b | 1910 *M. c.*, Nutting in: Siboga-Exp., *v.* 13b p. 31 | 1910 *M. c.*, J. A. Thomson & Russell in: Tr. Linn. Soc. London, ser. 2 *v.* 13 p. 158 t. 6 f. 3, 8, 12.

Verzweigung reichlich, in einer Ebene, Stamm und Äste sind in der Verzweigungsebene abgeplattet. Die Polypen stehen ausschließlich an beiden Seiten, wechselständig in Abständen von 1—1,5 mm; ihr Kelch ist abgestumpft kegelförmig, 1 mm hoch, an der Basis 2 mm breit, ihr Operculum besteht aus konvergierenden Doppelreihen bis 0,41 mm langer Spindeln, die auf einem aus einer oder 2 Reihen gebildeten, transversalen Skleritenringe ruhen. Die ziemlich dicke Rinde ist mit einer dichten Lage meist gekrümmter, dicht bewarzter Spindeln bedeckt, die mitunter an einem Ende keulenförmig verdickt sind und 1,5 mm Länge erreichen. Um die Basis der Polypenkelche herum bilden sie einen Ring, auf dem in senkrechter Anordnung in 8 konvergierenden Doppelreihen bis 0,63 mm messende, weniger stark bewarzte Spindeln stehen, die am Kelchrande 8 vorspringende Zähne bilden. Hellrosa, Kelche gelblich, auch weißlich oder gelblich, oder violett mit weißen Polypen, oder purpurrot mit gelben Polypen.

Hyalonemagrund in der Sagamibai (Japan) in 631 m Tiefe, Ceylon, Andamanen, Indische Küste, Kalifornien (?) in 250 m Tiefe, Malayischer Archipel in 36—73 m Tiefe, Amiranten in 58—65 m Tiefe, Seychellen in 61 m Tiefe, Salomons-Inseln in 110 bis 220 m Tiefe.

5. **M. nitida** (Verrill) 1868 *Muricea n.*, A. E. Verrill in: Amer. J. Sci., ser. 2 *v.* 45 p. 413 | 1869 *Muricella n.*, A. E. Verrill in: Tr. Connect. Ac., *v.* 1 p. 450 | 1889 ? *M. n.*, P. Wright & Th. Studer in: Rep. Voy. Challenger, *v.* 31 pars 64 p. 127 | 1896 *M. n.*, Germanos in: Abh. Senckenb. Ges., *v.* 23 p. 181 t. 10 f. 14 | 1905 *M. n.*, J. A. Thomson & W. D. Henderson in: Herdman, Rep. Ceylon Pearl Fish., *v.* 3 nr. 20 p. 302.

Fächerförmig, in einer Ebene spitzwinklig und lateral verzweigt bis zu Zweigen fünften Grades. Die Zweigenden sind meist verdickt, sonst sind Zweige, Äste und Stamm von annähernd gleicher Dicke. Die Polypen stehen vorwiegend an den Seiten und auf einer Fläche, an den Zweigen in Abständen von 2 mm; ihre Kelche sind abgestumpft kegelförmig, bis 1 mm hoch und ebenso breit; sie erheben sich senkrecht von der Unterlage, nur an den Enden schräg distalwärts gerichtet (Fig. 112); das Operculum bildet einen niedrigen Kegel von je 2—3 Paar konvergierender, bis 0,36 mm langer Spindeln, die einen gut ausgebildeten Ring transversaler, bis 0,75 mm langer, scharf bedornter Spindeln aufsitzen. In der Rinde liegt eine Schicht longitudinal angeordneter, meist gekrümmter, bis 2 mm langer Spindeln, die dicht mit kleinen, krenelierten Warzen bedeckt sind und an einem Ende häufig in einen winklig gekrümmten Haken auslaufen. In den Polypenkelchen stehen die bis 1 mm langen Spindeln in longitudinaler oder schräger Richtung in acht nicht scharf voneinander abgegrenzten Feldern. Purpurrot, Polypenskleriten glänzend gelb.

Fig. 112.
Muricella nitida.

Eboninsel (Zentralpazifik) Hyalonemagrund in der Sagamibai (Japan) in 631 m Tiefe, Ceylon, Ternate im Litoral.

6. **M. grandis** Nutting 1910 *M. g.*, Nutting in: Siboga-Exp., *v.* 13b p. 84 t. 5 f. 4, 4a; t. 19 f. 12.

Verzweigung annähernd in einer Ebene, unregelmäßig, bis zu Zweigen fünften Grades. Die Hauptäste sind abgeplattet. Die Polypen stehen in ziemlich gleichmäßigen Abständen von 3 mm an den Seiten und auf einer Fläche: ihre Kelche sind bis 2,1 mm hoch, 3 mm breit und in ihrem distalen Teile nach oben gekrümmt, ihr Operculum besteht aus kleinen, stabförmigen, in konvergierenden Doppelreihen angeordneten Spicula, die einem transversalen Ringe roter Spindeln aufruhen. In der Rinde liegen sehr verschieden große, bis 2 mm Länge erreichende, dicht bewarzte Spindeln, deren Ränder ineinandergreifen; in den Kelchwänden sind sie longitudinal angeordnet und ragen etwas über den Rand vor. Dunkelkarminrot.

Malayischer Archipel. In 45—113 m Tiefe.

7. **M. dubia** Nutting 1910 *M. d.*, Nutting in: Siboga-Exp., *v.* 13b p. 84 t. 5 f. 2, 2a; t. 19 f. 13.

Verzweigung in einer Ebene, Stamm und Äste sind ziemlich starr. Die Polypen stehen fast ausschließlich seitlich und auf einer Fläche in geringen Abständen; ihre Kelche sind bis 1,1 mm hoch, 2 mm breit; ihr flaches Operculum wird von zahlreichen in konvergierenden Doppelreihen stehenden Spindeln gebildet, die zusammen eine reguläre Rosette bilden. In der Rinde liegen mittelgroße, dicht bewarzte, ziemlich dicke Spindeln, die in den Kelchen kaum kleiner sind und kurze Erhebungen über den Kelchrand bilden. Sehr hell braun, fast weiß.

Floressee. In 73 m Tiefe.

8. **M. purpurea** Whitelegge 1897 *M. p.*, Whitelegge in: Mem. Austral. Mus., *v.* 3 p. 315 t. 17 f. 26—29 | 1910 nec *M. p.*, J. A. Thomson & Russell in: Tr. Linn. Soc. London, ser. 2 *v.* 13 p. 158 t. 6 f. 6, 9.

Verzweigung in einer Ebene, reichlich, Zweige abgeplattet. Die Polypen stehen senkrecht, seitlich und auf einer Fläche; ihre Kelche sind 0,8 mm hoch, 0,8—1 mm an der Basis breit; ihr Operculum wird von zahlreichen kurzen, etwa 0,15 mm langen, bedornten Spindeln gebildet, die einem schmalen, transversalen Ring 0,3 mm langer Spindeln aufruhen. In der dünnen Rinde liegen bis 5,5 mm lange, sehr schlanke, mitunter verzweigte Spindeln, die dicht bedornt sind. In den Kelchen sind die Spindeln viel kleiner und longitudinal in nicht scharf ausgesprochenen Gruppen angeordnet. Dunkelpurpurrot, Skleriten silberglänzend.

Funafuti.

9. **M. argentea** (Nutting) 1910 *Versluysia a.*, Nutting in: Siboga-Exp., *v.* 13b p. 49 t. 5 f. 3, 3a; t. 20 f. 1.

Verzweigung in einer Ebene, mit langen Endzweigen. Die Polypen stehen allseitig und dicht, in 1 mm Abstand, vorwiegend seitlich; ihre Kelche sind weniger als 1 mm hoch und 1,5 mm breit, der Rand ist mit 8 Fortsätzen versehen; ihr Operculum ist flach kegelförmig und besteht aus je 2 spitz konvergierenden Spindeln, die auf einer einzelnen Reihe transversaler Spindeln ruhen. In der Rinde liegen außen bis 4 mm lange, dicke, dicht bewarzte Spindeln in ziemlich dichter Anordnung, in den Kelchen sind an deren Basis die kurzen, fast ovalen Spindeln in einem transversalen Ring, darüber longitudinal angeordnet. Farbe hellbraun mit silberglänzenden Skleriten.

Timorsee. In 112 m Tiefe.

10. **M. bengalensis** J. A. Thoms. & W. D. Hend. 1906 *M. b.*, J. A. Thomson & W. D. Henderson, Alcyon. Investigator, *v.* 1 p. 78 t. 1 f. 8; t. 8 f. 2.

Verzweigung in einer Ebene, die Äste stehen ziemlich regelmäßig wechselständig. Die Polypen stehen in einer steilen Spirale oder unregelmäßig seitlich und wechselständig; ihre Kelche sind abgestumpft kegelförmig mit longitudinal angeordneten Skleriten, die am Rande vorragende Spitzen bilden; ihr Operculum besteht aus je 2 spitz konvergierenden Spindeln, die mit dem aus 1 oder 2 Reihen zusammengesetzten, transversalen Ringe Dreiecke bilden. Die dicke und rauhe Rinde enthält große und ziemlich breite, unregelmäßige Spindeln von bis zu 2,8 mm Länge. Rosenrot.

Andamanen, Bai von Bengalen in 161 m Tiefe.

11. **M. abnormalis** Nutting 1912 *M. a.*, Nutting in: P. U. S. Mus., *v.* 43 p. 79 t. 11 f. 3, 3a; t 20 f. 6.

Von gemeinsamer Basis erheben sich unverzweigte, walzenförmige Stämme. Die Polypen stehen allseitig in Abständen von etwa 1,5 mm, ihre Kelche sind etwa 2 mm hoch, 1,9 mm breit; ihr Operculum wird von je 3 in einem spitzwinkligem Dreieck stehenden Spindeln gebildet, die auf einem zweireihigen, transversalen Ringe langer, oft gekrümmter Spindeln ruhen. In der Rinde liegen schlanke, oft gebogene, bis 2 mm lange Spindeln, die mit scharf zugespitzten Warzen besetzt sind. In den Kelchwänden finden sich lange, schlanke Spindeln, die sich distal in konvergierenden Doppelreihen anordnen. Hellgelb bis cremeweiß.

Steht der *M. crassa* sehr nahe und ist vielleicht mit ihr identisch.

Japan, in 198 m Tiefe.

12. **M. crassa** P. Wright & Th. Stud. 1889 *M. c.*, P. Wright & Th. Studer in: Rep. Voy. Challenger, *v.* 31 pars 64 p. 131 | 1910 *M. c.*, Nutting in: Siboga-Exp., *v.* 13b p. 31.

Verzweigung in einer Ebene, lateral, bis zu Zweigen dritter Ordnung. Äste und Zweige von gleicher Dicke, ihre Enden sind angeschwollen. Die Polypen stehen senkrecht in 1—1,5 mm Abstand, in dichten, unregelmäßigen Spiralen, ihre Kelche sind 2 mm hoch, 2—2,5 mm an der Basis breit. Ihr Operculum stellt eine niedrige Pyramide dar und wird von je 2 bis 0,43 mm langen, konvergierenden Spindeln gebildet. In der sehr dicken Rinde liegen außen leicht gebogene, große, bis 1,2 mm messende Spindeln, die dicht mit krenelierten Warzen bedeckt sind, in tieferer Schicht finden sich kleinere Skleriten, die häufig einen bis drei Ausläufer entsenden. In den Polypenkelchen liegt nur eine Schicht bis 0,9 mm langer Spindeln, die in 8 spitz konvergierenden Doppelreihen angeordnet sind, die am Ende zahnartig vorragen. Grauweiß.

Arafurasee in 90 m Tiefe, Nord-Celebes in 80 m Tiefe.

13. **M. aruensis** Kükth. 1919 *M. a.*, Kükenthal in: Ergeb. Tiefsee-Exp., *v.* 13 pars 2 p. 909.

Verzweigung in einer Ebene, weitwinklig, die Astenden sind etwas angeschwollen. Die Polypen stehen allseitig, senkrecht und dicht; ihre Kelche sind 2 mm hoch und walzenförmig. Das Operculum besteht aus 1—3 Paaren konvergierender, bis 0,25 mm langer Spindeln, die einem einreihigen Kranze transversaler Spindeln aufruhen. In den Kelchen liegen in konvergierenden Doppelreihen angeordnet 1 mm lange, dicke Spindeln, die am Kelchrande

8 Vorsprünge bilden. In der Rinde finden sich außen bis 2 mm lange Spindeln, in tieferer Schicht kleinere Spindeln, Dreistrahler und ovale Formen, die sämtlich mit großen, verzweigten Warzen besetzt sind. Intensiv dunkelrot.

Aru-Inseln. Litoral.

14. **M. dentata** (Nutting) 1910 *Versluysia d.*, Nutting in: Siboga-Exp., *v.* 13b p. 38 t. 6 f. 3, 3a; t. 20 f. 2.

Verzweigung unregelmäßig in einer Ebene, nicht netzförmig, bis zu Ästen vierten Grades. Die Polypen stehen allseitig in Abständen von etwa 1,5 mm, jedoch vorwiegend seitlich und gegenständig. ihre warzenförmigen bis flach kegelförmigen Kelche sind 1 mm hoch, an der Basis 2 mm breit und mit kleinen Fortsätzen am Rande versehen; ihr Operculum besteht aus je 3 Spindeln, die auf einem zarten, transversalen Ringe ruhen. In der Rinde liegen sehr stark bewarzte, dicke Spindeln, die mitunter abgeflacht und länglich scheibenförmig sind. Die Rinde ist nicht deutlich in zwei Skleritenschichten differenziert. In den Polypenkelchen sind die Spindeln weniger stark bewarzt, mehr oval und mitunter scheibenförmig, sich alsdann teilweise überdeckend. Grau, Skleriten farblos.

Malayischer Archipel. In 75—118 m Tiefe.

15. **M. gracilis** P. Wright & Th. Stud. 1889 *M. g.*, P. Wright & Th. Studer in: Rep. Voy. Challenger, *v.* 31 pars 64 p. 129 t. 25 f. 7 | 1910 *M. g.*, Nutting in: Siboga-Exp., *v.* 13b p. 30.

Verzweigung in einer Ebene, lateral, rechtwinklig; der Stamm ist zart und dünn, die Enden der Zweige sind etwas verdickt. Die Polypen stehen wechselständig, vorwiegend in zwei seitlichen Reihen, an den verdickten Zweigenden in spiraliger Anordnung, allseitig; ihre Kelche sind flach, bis 0,5 mm hoch; ihr Operculum ist kaum erhaben und besteht aus je 2 konvergierenden Spindeln, zwischen die sich eine dritte einschieben kann. Die dicke Rinde ist erfüllt mit dicken, etwas abgeflachten, dicht aneinander gelagerten, kleinen, bis 0,46 mm langen Spindeln, die dicht mit großen, mitunter verzweigten Warzen besetzt sind. Die Warzen sind auf der Außenseite der Spindeln stets höher und gezackter als auf der Innenseite. Die Rindenskleriten liegen vorwiegend in der Längsrichtung, ebenso die des Kelches, die mehr keulenförmig sind, bis 0,3 mm messen und spitze, dornige Fortsätze aufweisen. Intensiv rot, Operculum weiß.

Admiralitäts-Inseln in 29—37 m Tiefe, Aru-Inseln in 57 m Tiefe.

16. **M. robusta** J. A. Thoms. & J. Simps. 1909 *M. r.*, J. A. Thomson & J. Simpson, Alcyon. Investigator, *v.* 2 p. 257 t. 5 f. 8.

Verzweigung spärlich, lateral. Die Polypen stehen allseitig, jedoch vorwiegend seitlich, ihre Kelche sind 1 mm hoch, an der Basis 2 mm breit; ihr Operculum besteht aus 3 und mehr Paaren konvergierender, bis 0,8 mm langer Spindeln, die auf 3—4 transversalen Reihen ruhen. In der sehr dicken und rauhen Rinde liegen 2 Schichten von Skleriten, außen sehr große und dicke, mit feinen Warzen besetzte Spindeln von bis zu 2 mm Länge, darunter und dazwischen eine Schicht recht gleichmäßig gestellter, bedornter oder schwach bewarzter, 0,3 mm messender Spindeln. In den Kelchen sind die Spindeln in 8 Feldern angeordnet. Dunkelbraun, große Rindenskleriten helldurchsichtig weiß, kleine Rindenskleriten rot.

Andamanen.

17. **M. erythraea** Kükth. 1913 *M. e.*, Kükenthal in: Denk. Ak. Wien, *v.* 89 p. 28 t. 3 f. 11 (err. non f. 10).

Verzweigung in einer Ebene. Stamm und Äste vielfach gebogen und geknickt und in der Verzweigungsebene abgeplattet. Die Polypen stehen vorwiegend seitlich in Abständen von 1—3 mm, ihre Kelche sind etwa 1 mm hoch; ihr Operculum wird von in konvergierenden Doppelreihen zu je 8 Paar stehenden, 0,35 mm langen, schlanken, weit und flach bedornten Spindeln gebildet. In der dicken Rinde liegen bis 2,7 mm lange, sehr dicke, meist etwas abgeflachte und weit und flach bewarzte Spindeln in dichter, longitudinaler Anordnung. Die Polypenkelche enthalten ähnliche aber nur 0,6 mm lange, longitudinal angeordnete Spindeln, die distal in konvergierende Doppelreihen zusammentreten und gelegentlich am Rande 8 kleine Vorsprünge bilden. Elfenbeinweiß.

Rotes Meer. Litoral.

18. **M. operculata** (Nutting) 1910 *Versluysia o.*, Nutting in: Siboga-Exp., *v.* 13b p. 39 t. 6 f. 2, 2a.

Kolonie schlank, in einer Ebene verzweigt bis zu Ästen zweiter Ordnung. Die Polypen stehen allseitig oder unregelmäßig, in Abständen von 1—2 mm, ihre 0,75 mm hohen, 1,5 mm breiten Kelche sind nahezu walzenförmig bis kegelförmig, entspringen senkrecht und sind in ihrem oberen Teile etwas distalwärts gekrümmt, am Kelchrande finden sich 8 vorspringende Zähne in verschiedener Ausbildung; ihr Operculum ist meist sehr hoch und von longitudinal angeordneten Bündeln ziemlich dicker Spindeln in der dorsalen Tentakelwand gebildet. In der dünnen Rinde liegen sehr stark bewarzte, bis 2 mm lange Spindeln, unter und zwischen ihnen kleinere Spindeln. Die Polypenkelche enthalten ziemlich regellos verlaufende Spindeln mit Andeutung einer basal transversalen und distal longitudinalen Anordnung. Silberbraun oder grau.

Malayischer-Archipel. In 55 m Tiefe.

19. **M. rubra** J. A. Thoms. 1905 *M. r.*, J. A. Thomson in: Herdman, Rep. Ceylon Pearl Fish., *v.* 4 p. 179 f. 2, 7 | 1909 *M. r.*, J. A. Thomson & J. Simpson, Alcyon. Investigator, *v.* 2 p. 253 | 1910 *M. r.*, J. A. Thomson & Russell in: Tr. Linn. Soc. London, ser. 2 *v.* 13 p. 159 t. 6 f. 1, 5; t. 13 f. 17.

Verzweigung in einer Ebene, sehr unregelmäßig, die Zweige sind nach allen Richtungen hin gebogen, Stamm und Äste abgeplattet. Die Polypen stehen allseitig, an den Zweigen vorwiegend seitlich, ihre Kelche sind 0,5 mm hoch, 0,75 mm breit, ihr Operculum ist schwach entwickelt und besteht aus 2 Paar konvergierenden Spindeln zu 0,2 mm Länge, die auf einem Ringe von 2—3 Reihen transversaler Spindeln ruhen. In der dünnen, glatten Rinde liegen bis 1,2 mm lange, bewarzte Spindeln, in den Polypenkelchen kleinere bis 0,45 mm messende longitudinale, mitunter in 8 Feldern mit vorragenden Spitzen angeordneten Spindeln. Hellrot, orangerot.

Ceylon, Andamanen, tieferes Litoral, Ganjamküste in 34 m Tiefe, Providence-Insel in 92 m Tiefe.

Diese Art zerfällt in 2 Unterarten:

19a. **M. rubra typica** J. A. Thoms. 1905 *M. r.*, J. A. Thomson in: Herdman, Rep. Ceylon Pearl Fish., *v.* 4 p. 179 f. 2, 7.

Mit den Merkmalen der Art.

Ceylon, Andamanen, Ganjamküste, Providence-Insel. Tieferes Litoral.

19b. **M. rubra robusta** J. A. Thoms. & J. Simps. 1909 *M. r.* var. *r.*, J. A. Thomson & J. Simpson, Alcyon. Investigator, *v.* 2 p. 255.

Verzweigung spärlich in einer Ebene, die Äste stehen weiter und verlaufen regelmäßiger als bei der typischen Form; die Polypen stehen wechselständig, ihre Kelche sind in der Verzweigungsebene abgeflacht und ihre Basis ist longitudinal langgestreckt, ihr Operculum ist besser entwickelt und besteht aus in Dreiecken angeordneten Gruppen zahlreicher Spindeln, die auf einem breiten Ringe transversaler Skleriten ruhen. In der dünnen und glatten Rinde liegen bis 1,8 mm lange Spindeln. Purpurrot mit weißen Polypen.

Andamanen, Ganjamküste in 83 m Tiefe.

20. **M. tenera** S. Ridl. 1884 *M. t.*, S. Ridley in: Rep. Voy. Alert, p. 335 t. 36 f. E, E', e, é | 1889 *M. t.*, P. Wright & Th. Studer in: Rep. Voy. Challenger, *v.* 31 pars 64 p. 124 | 1899 *M. t.*, Hiles in: P. zool. Soc. London, p. 50 | 1908 *M. t.*, Nutting in: P. U. S. Mus., *v.* 34 p. 546.

Verzweigung annähernd in einer Ebene, lateral, die Äste stehen wechselständig und sind wie der Stamm etwas abgeplattet. Die ansehnlichen Polypen stehen senkrecht und vorragend in 2 seitlichen Reihen, wechselständig; ihre kegelförmigen Kelche sind 1 mm hoch, ihr Rand läuft in 8 dreieckige Fortsätze aus; ihr Operculum wird von etwa 0,35 mm langen Spindeln gebildet. Die papierdünne Rinde enthält etwa 1 mm messende, sehr dicht bewarzte Spindeln, die in den Kelchwänden in mehreren Längsreihen angeordnet sind. Weiß, Polypen hellbraun.

Port Molle (Queensland) in 26—39 m Tiefe, Kei-Inseln in 260 m Tiefe.

21. **M. reticulata** (Nutting) 1910 *Versluysia r.*, Nutting in: Siboga-Exp., *v.* 13b p. 39 t. 6 f. 1, 1a; t. 20 f. 4.

Verzweigung in einer Ebene und netzförmig mit zahlreichen Anastomosen. Die Polypen stehen allseitig und sehr dicht in Abständen von 0,5—1 mm, ihre Kelche sind niedrig, meist nur 0,5 mm hoch, 0,9 mm breit und weisen 8 vorragende Zähne am Rande auf. Ihr Operculum wird von zahlreichen, unregelmäßig angeordneten, großen Spindeln gebildet. Die Rinde enthält in zwei Schichten Spindeln, die nur selten bis 2 mm groß werden; in den Kelchen sind die Spindeln nur wenig kleiner als in der Rinde und vorwiegend longitudinal, nur an der Basis transversal angeordnet. Hellgelblichbraun.

Aru-Inseln 13 m, Floressee 73 m.

22. **M. ramosa** J. A. Thoms. & W. D. Hend. 1905 *M. r.* + *M. ceylonensis*, J. A. Thomson & W. D. Henderson in: Herdman, Rep. Ceylon Pearl Fish., *v.* 3 nr. 20 p. 301, 302 | 1909 *M. r.*, J. A. Thomson & J. Simpson, Alcyon. Investigator, *v.* 2 p. 249, 252 | 1910 *Versluysia r.* + *V. ceylonensis*, Nutting in: Siboga-Exp., *v.* 13b p. 36.

Verzweigung in einer Ebene, Anastomosen können vorkommen; Äste und Zweige wechselständig oder gegenständig, meist in rechtem Winkel entspringend. Die Polypen stehen in kurzen Spiralen oder häufiger seitlich in unregelmäßiger Anordnung; ihre Kelche sind klein; ihr Operculum ist wohl entwickelt, gewölbt und besteht aus 4 Paaren konvergierend angeordneter Spindeln von bis zu 0,35 mm Länge, die auf einem transversalen, aus 5 Reihen gebildeten Ringe ruhen. In der dünnen Rinde liegen mehr vereinzelt gerade oder gekrümmte, bis 4,5 mm lange Spindeln mit zahlreichen rauhen Warzen, darunter eine Schicht kleinerer Spindeln. Um die Kelchbasis liegen die

Skleriten in horizontaler Anordnung, darüber in longitudinaler. Fleischfarben, Spindeln weiß.

Ceylon, Andamanen in 97 m Tiefe, Persischer Golf in 88—90 m Tiefe, Malayischer Archipel in 40—113 m Tiefe.

23. **M. brunnea** nom. nov. Kükth. 1910 nec *Versluysia reticulata*, Nutting in: Siboga-Exp., *v.* 13b p. 39 | 1912 *Muricella r.*, Nutting in: P. U. S. Mus., *v.* 43 p. 78 t. 14 f. 1, 1a; t. 20 f. 5.

Verzweigung in einer Ebene, sehr reichlich und durch zahlreiche Anastomosen netzförmig. Stamm und Hauptäste sind abgeplattet. Die Polypen stehen allseitig, in Abständen von weniger als 1 mm, nur auf einer Fläche zerstreuter; ihre Kelche sind 1 mm hoch, an der Basis 1,3 mm breit, ihr Operculum besteht aus in konvergierenden Doppelreihen angeordneten Spindeln. In der Rinde liegen bis 2,5 mm lange, stark bewarzte Spindeln, sowie viel kleinere Spindeln, die longitudinal angeordnet sind und nur um die Kelchbasen einen Ring bilden. In den Kelchen liegen kräftig bewarzte Spindeln, die im distalen Teile sich mitunter in undeutlichen konvergierenden Doppelreihen anordnen und am Rande in rundlichen Erhebungen vorragen. Tief schokoladenbraun, Skleriten farblos, silbern glänzend.

Japan in 174—194 m Tiefe.

24. **M. perramosa** S. Ridl. 1882 *M. p.*, S. Ridley in: Ann. nat. Hist., ser. 5 *v.* 10 p. 128 | 1889 *M. p.*, P. Wright & Th. Studer in: Rep. Voy. Challenger, *v.* 31 pars 64 p. 126 | 1905 *M. p.*, Hickson in: Fauna Geogr. Maldiv., *v.* 2 p. 815 | 1910 *M. p.*, Nutting in: Siboga-Exp., *v.* 13b p. 32.

Verzweigung reichlich in einer Ebene, Anastomosen kommen vor. Die vorragenden Polypen stehen seitlich und auf einer Fläche, an den Endzweigen in Abständen von 1 mm; ihre Kelche sind halbkuglig, 0,5 mm hoch, ebenso breit und bedeckt mit 8 konvergierenden Doppelreihen von Spindeln, die am Kelchrande in 8 Zähne vorspringen; ihr Operculum wird von fein bewarzten, leicht gekrümmten, bis 0,265 mm langen Spindeln gebildet. In der dünnen Rinde liegen mehr vereinzelt bis 1,7 mm lange, dicht bewarzte Spindeln, sowie zahlreiche kleinere bis 0,8 mm lange Spindeln, deren oft gespaltene Warzen in 2 mehr oder minder deutlichen Gürteln liegen. Karminrot bis ziegelrot.

Mauritius in 165 m Tiefe, Hyalonemagrund in der Sagamibai (Japan) in 631 m Tiefe, Malediven in 55—65 m Tiefe, Malayischer Archipel bei Neu-Guinea in 82 bis 90 m Tiefe.

25. **M. umbraticoides** (Th. Stud.) 1878 *Muricea* (err.) *u.*, Th. Studer in: Monber. Ak. Berlin, p. 650 t. 16a, b | 1884 *M. u.*, S. Ridley in: Rep. Voy. Alert, p. 336 | 1889 *Muricella u.*, P. Wright & Th. Studer in: Rep. Voy. Challenger, *v.* 31 pars 64 p. 124 | 1896 *M. u.*, Brundin in: Bih. Svenska Ak., *v.* 22 nr. 3 p. 17.

Verzweigung in einer Ebene, symmetrisch, Anastomosen kommen, wenn auch selten, vor. Die kurzen Endzweige sind oft etwas kolbig angeschwollen. Die Polypen stehen senkrecht und allseitig, ihre Kelche sind niedrig und ihr Rand achtlappig. Die dünne Rinde ist mit einer oberflächlichen Lage von großen, halbseitig warzigen Spindeln bedeckt, die pflasterartig nebeneinander liegen und bis 0,6 mm Länge erreichen. Darunter liegt eine Schicht kleinerer, warziger Spindeln bis zu 0,25 mm Länge messend, die auch die Kelchwände bedecken. Grauweiß.

Dirk Hartog (Westaustralien) in 82 m Tiefe, Port Curtis (Queensland) in 9 bis 20 m Tiefe, Port Molle in 26 m Tiefe, Arafurasee in 90 m Tiefe, Formosakanal in 66 m Tiefe.

26. **M. arborea** J. A. Thoms. & J. Simps. 1909 *M. a.*, J. A. Thomson & J. Simpson, Alcyon. Investigator, *v.* 2 p. 255 t. 8 f. 1, 5; t. 8 f, 18.

Verzweigung annähernd buschig, nahezu rechtwinklig. Am distalen Ende der Kolonie stehen die gleichgroßen Äste in 2 senkrecht sich schneidenden Ebenen. Die Polypen stehen unregelmäßig, an den Zweigen vorwiegend seitlich; ihre walzenförmigen Kelche sind 1,5 mm hoch, 1 mm breit; ihr Operculum ist undeutlich entwickelt, an den Tentakelbasen stehen kleine Spindeln von bis zu 0,175 mm Länge in konvergierenden Doppelreihen, weiter distalwärts in der Längsachse. In der ziemlich dicken Rinde liegen 2 Schichten von Skleriten, die äußere erfüllt mit großen, rauh bewarzten Spindeln von bis zu 3,5 mm Länge, in meist longitudinaler Anordnung, die innere mit bis 0,35 mm langen Spindeln in regelloser Anordnung. Die Kelche enthalten an der Basis mehr transversal angeordnete Spindeln, über denen sich 8 konvergierende Doppelreihen bis 1 mm langer Spindeln erheben, die vorspringende Ecken am Kelchrande bilden. Braun.

Arakanküste in 24 m Tiefe.

M. decipiens nom. nov. Kükth. 1910 *M. purpurea* (non *M. p.*, Whitelegge 1897), J. A. Thomson & Russell in: Tr. Linn. Soc. London, ser. 2 *v.* 13 p. 159 t. 6 f. 6, 9.

Verzweigung in einer Ebene, lateral, die Polypen haben ein aus 8 Dreiecken bestehendes Operculum, dem 4 bis 5 Reihen transversaler Skleriten aufsitzen. Jedes Dreieck besteht aus 4 bis 5 Paar Spindeln. In der Rinde liegen bis 2 mm lange, longitudinal angeordnete Spindeln. In manchen Polypenkelchen ordnen sich die Skleriten in konvergierenden Doppelreihen an und bilden 8 Randzähne. Dunkelrot oder purpurfarben.

Die Form, welche von ihren Autoren zu *M. purpurea* gestellt wurde, gehört nicht dazu, sondern bildet eine eigene Art. Nicht nur die Rindenskleriten sind sehr viel kleiner, sondern auch das Operculum ist anders gebaut und der transversale Spicularing ist viel breiter.

Providence-Insel in 92—228 m Tiefe.

M. flexuosa (Verrill) 1865 *Lissogorgia f.*, A. E. Verrill in: P. Essex Inst., *v.* 4 Commun. p. 187 | 1868 *Muricea f.*, A. E. Verrill in: Amer. J. Sci., ser. 2 *v.* 45 p. 413 | 1869 *Muricella f.*, A. E. Verrill in: Tr. Connect. Ac., *v.* 1 p. 450.

Verzweigung annähernd in einer Ebene, sehr reichlich, lateral, unregelmäßig fiederig, Endzweige abgespreizt, mit zahlreichen Anastomosen. Die Polypen stehen senkrecht; ihre Kelche sind abgerundet, warzenförmig und mit zahlreichen zugespitzten, sich überdeckenden Spindeln bedeckt. Die dünne Rinde ist mit großen Spindeln erfüllt. Grauweiß.

Hongkong.

M. megaspina Harg. & Rogers 1901 *M. m.*, Hargitt & Rogers in: Bull. U. S. Fish. Comm., *v.* 2 p. 282.

Die Polypen stehen in spitzem Winkel an Stamm und Ästen. In der sehr dünnen Rinde finden sich große, bedornte und bewarzte, 2—3 mm lange Spindeln, in den Kelchen kleinere Formen in mehr longitudinaler Anordnung. Weiß.

Portorico.

Ungenügend beschrieben, fraglich ob die Form zur Gattung *Muricella* gehört.

M. tuberculata (Esp.) 1791—99 *Gorgonia t.*, Esper, Pflanzenth., *v.* 2 p. 127 t. 37 | 1865 *Muricea t.*, Kölliker, Icon. histiol., p. 136.

Mit kleinen Kelchen und Spindeln von 0,44—0,61 mm Länge.

11. Gen. **Anthogorgia** A. E. Verrill

1868 *A.*, A. E. Verrill in: Amer. J. Sci., ser. 2 *v.* 45 p. 413 | 1887 *A.*, Th. Studer (& P. Wright) in: Arch. Naturg, *v.* 531 p. 55 | 1909 *A.*, J. A. Thomson & J. Simpson, Alcyon. Investigator. *v.* 2 p. 194 | 1910 *A.*, Nutting in: Siboga-Exp., *v.* 13b p. 25.

Verzweigung in einer Ebene, mitunter mit Anastomosenbildung. Stamm und Äste schlank. Die großen Polypen stehen meist zu beiden Seiten, sind walzenförmig, weit vorspringend und erheben sich annähernd senkrecht von der Unterlage; ihr Operculum besteht aus in 8 Dreiecken angeordneten Spindeln. Die Kelchskleriten sind in Doppelreihen angeordnete, sich oft kreuzweise überdeckende, große, bewarzte Spindeln. In der dünnen Rinde liegen die großen, teils geraden, teils gekrümmten Spindeln vorwiegend in der Längsrichtung. Vorwiegend weiß.

Indopazifischer Ozean, von Japan bis zum Malayischen Archipel und Westaustralien, westwärts zu den Andamanen und Mauritius.

7 Arten.

Spec. typ.: *A. divaricata* (Verrill)

Bestimmungstabelle der Arten:

1	Polypen über 1 mm hoch — 2	
	Polypen unter 1 mm hoch	6. **A. glomerata**
2	Polypen bis 4 mm hoch — 3	
	Polypen bis 3 mm hoch — 4	
3	Polypen in ziemlich gleichmäßiger Entfernung	1. **A. grandiflora**
	Polypen unregelmäßig angeordnet	2. **A. aurea**
4	Rindenskleriten bis 1,8 mm lang — 5	
	Rindenskleriten bis 0,93 mm lang — 6	
5	Rinde dick	3. **A. verrilli**
	Rinde dünn	7. **A. divaricata**
6	Operculum aus Tentakelskleriten gebildet	4. **A. japonica**
	Operculum aus Kelchskleriten gebildet	5. **A. racemosa**

1. **A. grandiflora** nom. nov. Kükth. 1906 nec *A. verrilli*. J. A. Thomson & W. D. Henderson, Alcyon. Investigator, *v.* 1 p. 64 | 1910 *A. v.*, Nutting in: Siboga-Exp., *v.* 13b p. 25 t. 3 f. 2, 2a; t. 19 f. 8.

Kolonie fächerförmig, breiter als hoch, reichlich verzweigt. Die Äste verlaufen gestreckt. Die Polypen stehen meist seitlich, mitunter regelmäßig wechselständig in 3 bis 4 mm Entfernung, entspringen rechtwinklig und ziemlich gestreckt und sind etwa 4 mm hoch bei 1,5 mm Durchmesser. Am distalen Ende sind sie etwas verbreitert. Das Operculum besteht aus einem Ring transversaler Spindeln, auf denen sich acht Paar konvergierender erheben, zwischen denen sich je eine dritte einschiebt. Die eingefalteten Tentakel bilden keine Erhebung. Die Kelche sind mit starken, leicht gebogenen, kräftig bewarzten Spindeln versehen, die konvergierend in der Längsrichtung liegen und wie in der Rinde zwei Schichten zu bilden scheinen. Hellbraun, Skleriten farblos.

Solorstraße in 113 m Tiefe.

2. **A. aurea** Nutting 1910 *A. a.*, Nutting in: Siboga-Exp., *v.* 13b p. 26 t. 3 f. 1, 1a; t. 19 f. 9.

Kolonie fächerförmig. Die Äste sind gekrümmt. Die Polypen stehen seitlich, sind aber einer Fläche zugekrümmt und stehen in sehr verschiedenen Entfernungen von 1,5—4 mm. Ihre Gestalt ist walzenförmig und oft gekrümmt, sie sind 4 mm hoch und 2 mm dick. Das Operculum besteht aus einem schwach entwickelten, transversalen Ring schlanker, stark bewarzter Spindeln mit daraufstehenden, konvergierenden Paaren. Die zusammengefalteten Tentakel bilden eine kuppelförmige Erhebung, und ihre aborale Seite ist mit kleinen, konvergierenden Spindelpaaren erfüllt. Die Kelchwände enthalten große, dicht bewarzte, meist in der Längsrichtung angeordnete Spindeln. In der Rinde liegen longitudinal gerichtete, gerade oder gebogene Spindeln. Hellorangebraun, die Kelche sind etwas heller. Viele Spicula zeigen goldige oder orangegelbe Farbe.

Balisee in 100 m Tiefe, Damarinsel in 45 m Tiefe.

3. **A. verrilli** J. A. Thoms. & W. D. Hend. 1906 *A. v.*, J. A. Thomson & W. D. Henderson, Alcyon. Investigator, *v.* 1 p. 64.

Verzweigung in einer Ebene. Die Polypen stehen weit zerstreut, sind walzenförmig und etwa 2,25 mm hoch, 1 mm breit. Ihre Skleriten sind unregelmäßig angeordnete Spindeln. Das Operculum besteht aus 2—3 transversalen Reihen von Spindeln, auf denen sich 8 Paar konvergierende erheben. Die Tentakelskleriten sind bis 0,2 mm lang. Die ziemlich dicke Rinde enthält unregelmäßig angeordnete, bis 1,8 mm lange, durchscheinende Spindeln. Weißlich, die weiche Achse ist an der Basis braun, an den Zweigen goldgelb.

Andamanen. Im tiefen Litoral.

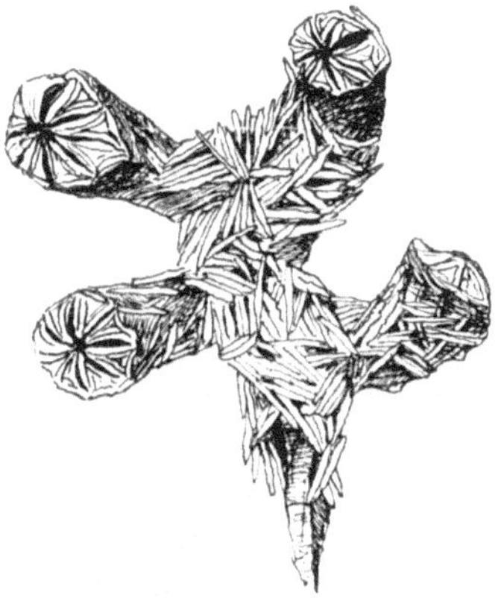

Fig. 113. **Anthogorgia japonica.** Ast (nach Wright & Studer).

4. **A. japonica** Th. Stud. 1889 *A. j.*, Th. Studer in: Rep. Voy. Challenger, *v.* 32 pars 81 p. 12 t. 3 f. 2, 2a; t. 5 f. 6.

Verzweigung in einer Ebene, Hauptstamm abgeplattet. Die Polypen stehen senkrecht auf der Unterlage, vorwiegend seitlich, sind 1,8 mm hoch und walzenförmig oder in der Mitte etwas eingeschnürt und haben einen Durchmesser von 1 mm (Fig. 113). Das von Tentakelskleriten gebildete Operculum besteht aus 8 Feldern von je etwa 0,3 mm langen, bedornten Spindeln, von denen 2 nach der Tentakelbasis zu konvergieren. Die Tentakel enthalten kleinere, schwächer bedornte Spindeln. Die Polypenkelche sind mit bis 0,93 mm langen Spindeln bewehrt, die sich vielfach kreuzen. Die dünne Rinde enthält teilweise gekrümmte, teilweise gestreckte, dornige Spindeln, die in unregelmäßigen, längsverlaufenden Reihen liegen. Braun.

Japan. Im Küsten-Abyssal.

5. **A. racemosa** J. A. Thoms. & J. Simps. 1909 *A. r.*, J. A. Thomson & J. Simpson, Alcyon. Investigator, *v.* 2 p. 195 t. 2 f. 2, 3; t. 8 f. 14.

Verzweigung in einer Ebene, ohne Anastomosen. Die Polypen stehen allseitig an Stamm und Ästen, seitlich an den Zweigen, sind 3 mm hoch, 1 mm breit und ihre Kelche sind mit sich kreuzenden, aber nicht in Doppelreihen stehenden Spindeln bedeckt. In den Tentakeln liegen zahlreiche bedornte Spindeln von 0,2—0,4 mm Länge. Die nicht sehr dünne Rinde enthält bis 0,9 mm lange bewarzte Spindeln. Cremeweiß.

Andamanen.

6. **A. glomerata** J. A. Thoms. & J. Simps. 1909 *A. g.*, J. A. Thomson & J. Simpson, Alcyon. Investigator, *v.* 2 p. 194 t. 2 f. 8; t. 8 f. 11.

Verzweigung in einer Ebene mit zahlreichen Anastomosen. Die Hauptstämme sind abgeplattet. Die Polypen stehen unregelmäßig und lassen größere Strecken der Rinde frei, während sie an anderen Stellen zu Klumpen zusammentreten. Ihre Höhe beträgt 0,75 mm, bei 1,25 mm Durchmesser. Das Operculum besteht aus 8 in Dreiecken stehenden Spindeln. Die dünne Rinde enthält gerade oder gebogene bewarzte Spindeln, die unregelmäßig gelagert sind und bis 0,7 mm Länge erreichen. Cremeweiß.

Andamanen.

7. **A. divaricata** (Verrill) 1865 *Muricea? d.*, A. E. Verrill in: P. Essex Inst., *v.* 4 Commun. p. 188 t. 5 f. 6, 6a | 1868 *Anthogorgia d.*, A. E. Verrill in: Amer. J. Sci., ser. 2 *v.* 45 p. 413 | 1878 *?A. d.*, Th. Studer in: Monber. Ak. Berlin, p. 651 | 1919 *A. d.*, Kükenthal in: Ergeb. Tiefsee-Exp., *v.* 13 pars 2 p. 909.

Verzweigung annähernd in einer Ebene, reichlich. Die Äste sind lang, schlank und abgespreizt. Die Polypen stehen senkrecht auf der Unterlage vorwiegend zu beiden Seiten, sind etwa 3 mm hoch und mitunter am Ende keulenförmig verdickt. Ihre Kelche sind dicht mit langen, unregelmäßig angeordneten, bedornten Spindeln bewehrt, die distalwärts in 8 Spitzen konvergieren; die dünne Rinde enthält große, dicke Skleriten, die der Oberfläche ein rauhes Aussehen verleihen. Achse weich, biegsam. Aschgrau.

Hongkong, ? Dirk Hartog (Westaustralien), Mauritius.

12. Gen. Calicogorgia J. A. Thomson & W. D. Henderson

1906 *C.*, J. A. Thomson & W. D. Henderson, Alcyon. Investigator, *v.* 1 p. 65.

Kolonie in einer Ebene und unregelmäßig, meist wechselständig verzweigt; die Polypen stehen vorzugsweise seitlich. Die Polypenkelche sind mit in acht Doppelreihen angeordneten Spicula bewehrt; der Kelchrand ist gezähnt. Das Operculum springt kegelförmig vor, und seine Skleriten sind in konvergierenden Doppelreihen angeordnet. Die Skleriten der Rinde sind warzige, gebogene oder gestreckte Spindeln. Weißlich, grau oder rötlichgelb.

Indischer Ozean und Japan. Tieferes Litoral und Küsten-Abyssal.

4 Arten.

Spec. typ.: *C. investigatoris* J. A. Thoms. & W. D. Hend.

Bestimmungstabelle der Arten:

1	Rindenskleriten unter 2 mm lang — 2	
	Rindenskleriten bis 3,4 mm lang	4. **C. rubrotincta**
2	Polypenkelche niedrig, warzenartig	1. **C. tenuis**
	Polypenkelche hoch — 3	
3	Polypenkelche bis 2 mm hoch	2. **C. granulosa**
	Polypenkelche bis 3 mm hoch	3. **C. investigatoris**

1. **C. tenuis** J. A. Thoms. & J. Simps. 1909 *C. t.*, J. A. Thomson & J. Simpson, Alcyon. Investigator, *v.* 2 p. 197 t. 3 f. 10.

Verzweigung unregelmäßig in einer Ebene, mit vereinzelten Anastomosen. Die Polypen stehen unregelmäßig zu beiden Seiten und sind reich mit 8 Feldern longitudinaler, bis 0,5 mm langer, bedornter Spindeln bewehrt, die bis in die Tentakel und Pinnulae hineingehen. Die Polypenkelche sind klein und warzenartig und ihre longitudinal angeordneten Skleriten sind annähernd in 8 Feldern angeordnet. Die dünne Rinde enthält vorwiegend in der Längsrichtung angeordnete, bewarzte oder bedornte Spindeln von 0,8 bis 1,2 mm Länge sowie dickere, zugespitzte Spindeln von etwa 0,8 mm Länge. Cremeweiß.

Andamanen.

2. **C. granulosa** Kükth. & Gorz. 1908 *C. g.*, Kükenthal & Gorzawsky in: Abh. Bayer. Ak., suppl. *v.* 1 nr. 3 p. 68 t. 4 f. 22.

Die Kolonie ist in einer Ebene ziemlich spärlich verzweigt. Die Zweige sind meist gekrümmt, Die Polypen stehen annähernd wechselständig in 2 seitlichen Reihen. Ihre Bewehrung besteht aus einer Krone transversal gelagerter, sehr großer, bewarzter Spindeln, auf denen sich kleinere, mehr

Fig. 114.
Calicogorgia granulosa. Polyp.

Fig. 115.
Calicogorgia granulosa.
Rindenskleriten.

longitudinal angeordnete, 0,5 mm lange Spindeln in 8 Feldern erheben und in die Tentakel fortsetzen (Fig. 114). Auch die Pinnulae enthalten je ein Spiculum. Die bis 2 mm hohen und ebenso breiten Kelche enthalten einander vielfach kreuzende, in 8 undeutlichen konvergierenden Doppelreihen angeordnete, bis 0,35 mm lange Spindeln. Die Rinde enthält bis 0,28 mm lange stark bewarzte Spindeln (Fig. 115). Grau.

Tokiobucht (Japan) in 600 m Tiefe.

3. **C. investigatoris** J. A. Thoms. & W. D. Hend. 1906 *C. i.*, J. A. Thomson & W. D. Henderson, Alcyon. Investigator, *v.* 1 p. 65 t. 9 f. 10 | 1909 *C. i.*, J. A. Thomson & J. Simpson, Alcyon. Investigator, *v.* 2 p. 196.

Die Kolonie ist in einer Ebene verzweigt. Die Polypen stehen besonders an den Zweigen in zwei seitlichen Reihen, an den Ästen auch mehr allseitig und sind 4 mm hoch. Ihre Bewehrung besteht aus kronenartig angeordneten, leicht gebogenen Spindeln, die zu meist 3 konvergierenden Paaren je einem transversalen Sklerit aufsitzen; das dadurch gebildete Operculum springt kegelförmig vor. Die 1,9—3 mm hohen Polypenkelche enthalten in 8 konvergierenden Doppelreihen angeordnete, bewarzte und bedornte Spindeln, die 0,1—0,8 mm lang und gestreckt oder leicht gebogen sind. Die Skleriten der dünnen Rinde sind kleiner und dicker aber von ähnlicher Form. Die Oberfläche der Achse ist netzförmig gezeichnet. Grauweiß oder rötlichgelb.

Golf von Martapan, Indischer Ozean. Im tiefen Litoral.

4. **C. rubrotincta** J. A. Thoms. & W. D. Hend. 1906 *C. r.*, J. A. Thomson & W. D. Henderson, Alcyon. Investigator, *v.* 1 p. 66 t. 9 f. 9.

Verzweigung mehr buschig, die Polypen stehen vorwiegend wechselständig in zwei seitlichen Reihen und ihr Operculum enthält ein oder zwei basale, transversale Reihen von Skleriten. In den Tentakeln liegen farblose Spindeln von longitudinaler Anordnung. Die Polypenkelche sind abgestumpft kegelförmig und stehen senkrecht auf der Unterlage; ihre Skleriten ragen etwas vor. Die Rinde enthält gerade oder gebogene, reich bewarzte Spindeln, die an einem Ende gegabelt sein können und 0,9—3,4 mm lang sind, sowie 0,2—0,5 mm lange, gerade oder gebogene, schwächer bewarzte Spindeln. Rötlich.

Bay von Bengalen. Im tiefen Litoral.

13. Gen. **Menella** J. E. Gray

1870 *M.*, J. E. Gray in: Ann. nat. Hist., ser. 4 *v.* 5 p. 407 | 1887 *M.*, Th. Studer (& P. Wright) in: Arch. Naturg., *v.* 53I p. 55 | 1889 *M.*, P. Wright & Th. Studer in: Rep. Voy. Challenger, *v.* 31 pars 64 Pref. p. 53 | 1910 *M.*, Nutting in: Siboga-Exp., *v.* 13b p. 85.

Kolonie unverzweigt oder nur spärlich verzweigt. Die distalen Astenden sind verdickt. Die Polypen stehen unregelmäßig allseitig; ihre Kelche sind niedrig, das Operculum flach und von zarten Spindeln gebildet. In der Rinde liegen vorwiegend mehrstrahlige, besonders vierstrahlige Skleriten mit einem längeren, glatten Fortsatz, der besonders an den Polypenkelchen vorragt, außerdem finden sich plattenförmige Skleriten und unregelmäßig gezackte Spindeln. Hellgrau bis rötlichbraun.

Bombay, Malayischer Archipel, Japan. Im oberen und mittleren Litoral.

3 sichere Arten, 1 unsichere.

Spec. typ.: *M. indica* J. E. Gray

Bestimmungstabelle der Arten:

1	Verzweigt — 2	
	Unverzweigt	1. **M. indica**
2	Opercularspindeln hellrötlich	2. **M. rubescens**
	Opercularspindeln scharlachrot	3. **M. grayi**

1. **M. indica** J. E. Gray 1870 *M. i.*, J. E. Gray in: Ann. nat. Hist., ser. 4 *v.* 5 p. 407 | 1912 *M. i.*, Nutting in: P. U. S. Mus., *v.* 43 p. 86.

Kolonie unverzweigt, das apikale Ende des biegsamen Stammes ist verdickt. Die Polypen stehen allseitig unregelmäßig; ihre niedrigen, kaum 1 mm hohen Kelche stehen in Abständen von durchschnittlich 2 mm. Die Kelchwand ist mit scharfen, distalwärts gerichteten Spitzen besetzt, die besonders am Rande vortreten. Das flache, eingesunkene Operculum wird von zarten Spindeln gebildet, von denen 2 nahezu longitudinal am Tentakelrücken verlaufen. In der rauhen Rinde liegen Vierstrahler mit einem besonders langen, glatten Strahl, drei- und vielstrahlige, symmetrische und asymmetrische Formen, sowie einige gewöhnliche Spindeln. Dunkelgraubraun, Skleriten farblos.

Japan. Im mittleren Litoral.

2. **M. rubescens** Nutting 1910 *M. r.*, Nutting in: Siboga-Exp., *v.* 13b p. 85 t. 15 f. 1, 1a; t. 22 f. 18.

Verzweigung spärlich, lateral. Die dicht und allseitig stehenden Polypen haben niedrige, bis 1,3 mm hohe Kelche, deren Rand mit vorstehenden Spitzen besetzt ist, während an den Seiten die Skleriten ringförmig angeordnet sind. Die Kelchwand setzt sich nach innen vom Kelchrand in acht zarte, lappige Fortsätze fort. In den Tentakeln liegen einige zarte, rötlich gefärbte Spindeln. Die Rinde enthält Drei- und Vierstrahler, mit längerem, glattem Fortsatz, unregelmäßig gegabelte Platten (Fig. 116), sowie Spindeln mit vielen unregelmäßigen Fortsätzen und Warzen. Rötlichbraun.

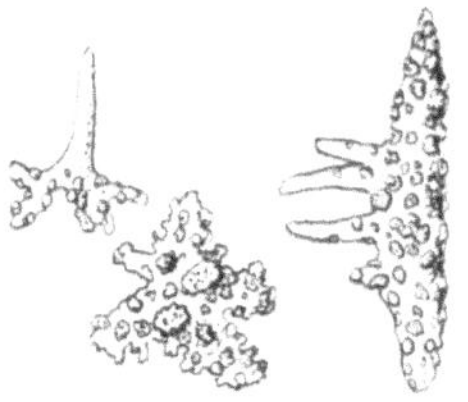

Fig. 116.
Menella rubescens.
Skleriten (nach Nutting).

Malayischer Archipel. Im oberen Litoral.

3. **M. grayi** Nutting 1910 *M. g.*, Nutting in: Siboga-Exp., *v.* 13b p. 86 t. 15 f. 2, 2a; t. 22 f. 12.

Verzweigung sehr spärlich. Die Polypen stehen allseitig und in Entfernungen von durchschnittlich 1 mm; ihre Kelche sind ganz flach, oft völlig in die Rinde einbezogen; ihr Operculum besteht aus langen, schlanken Spindeln von scharlachroter Farbe. Die dünne Rinde enthält schlanke, zarte Skleriten, meist Drei- und Vierstrahler, aber auch schlanke, gebogene, bewarzte Spindeln, sowie selten solche vom Echinogorgiatypus. Hellgraubraun. Opercularspindeln scharlachrot, die anderen Skleriten farblos.

Malayischer Archipel. In 55 m Tiefe.

M. grandiflora Nutting 1908 *M. g.*, Nutting in: P. U. S. Mus., *v.* 34 p. 584 t. 44 f. 5; t. 48 f. 6.

Kolonie unverzweigt. Der Stamm erhebt sich an einer scheibenförmigen, lederartigen Basis und ist am distalen Ende etwas angeschwollen. Die sehr großen, bis 7 mm messenden Polypen stehen dicht und allseitig, jedoch dichter an 2 entgegengesetzten Seiten; ihre Kelche sind abgestumpft kegelförmig, 3,5 mm hoch und 5,5 mm breit im Basisquerschnitt elliptisch; ihr Operculum besteht aus spitz konvergierenden und im distalen Tentakelteile longitudinalen Spindeln, die auf einem transversalen Skleritenringe ruhen. An den Kelchwänden stehen die Skleriten in acht Längsbändern, darunter mehr ringförmig. Die Rindenskleriten sind groß, bewarzt und mitunter gegabelt. Polypen sehr hell bräunlichgelb, Achse sehr dunkelbraun.

Hawai. In 528 Faden Tiefe.

14. Gen. Echinomuricea A. E. Verrill

1869 *E.*, A. E. Verrill in: Amer. J. Sci., ser. 2 *v.* 47 p. 285 | 1889 *E.*, P. Wright & Th. Studer in: Rep. Voy. Challenger, *v.* 31 pars 64 p. 112 | 1890 *E.*, Hedlund in: Bih. Svenska Ak., *v.* 16 nr. 6 p. 12 | 1909 *E.*, J. A. Thomson & J. Simpson, Alcyon. Investigator, *v.* 2 p. 198 | 1910 *E.*, Nutting in: Siboga-Exp., *v.* 13b p. 56.

Verzweigung in einer Ebene, Anastomosen kommen vor. Die Polypen stehen stets allseitig, meist sehr dicht, und ihr Operculum ist mitunter kegelförmig emporgewölbt. Die Kelche springen deutlich vor und sind mit vorragenden Stacheln besetzt, die zu eigenartigen, auch in der oberflächlichen Rinde vorhandenen Skleriten gehören. Deren Basis ist ein oft stark verzweigter oder gelappter, warziger Wurzelteil, aus dessen Mitte ein langer, senkrecht dazu stehender, glatter oder bedornter Stachel entspringt. Außerdem kommen Keulen, Spindeln, Sterne und unregelmäßige Formen vor. Vorwiegend braun oder rot.

Indopazifischer Ozean, von Japan bis Australien und zum Golf von Cutch. Im Litoral und Küstenabyssal.

16 sichere Arten mit 2 Unterarten, 4 unsichere Arten mit einer Varietät.

Spec. typ.: *E. coccinea* (Stps.)

Bestimmungstabelle der Arten:

1	Zweigenden nicht verdickt — 2	
	Zweigenden verdickt — 11	
2	Kelchstacheln glatt — 3	
	Kelchstacheln bewarzt oder gezähnelt — 8	
3	Anastomosen fehlen — 4	
	Anastomosen vorhanden — 7	
4	Kelche breiter als hoch — 5	
	Kelche höher als breit	4. **E. peterseni**
5	In der Rinde auch Stachelplatten	1. **E. spinifera**
	In der Rinde keine Stachelplatten — 6	
6	Operculum mit 3 Skleriten in jedem Felde	2. **E. uliginosa**
	Operculum mit mehreren Skleriten in jedem Felde . .	3. **E. pulchra**
7	Rinde dünn	5. **E. ochracea**
	Rinde dick	6. **E. reticulata**
8	Kelche breiter als hoch — 9	
	Kelche höher als breit — 10	
9	Kelche abgestumpft kegelförmig	7. **E. costata**
	Kelche halbkuglig	8. **E. indica**
10	Kelche keulenförmig angeschwollen	9. **E. cylindrica**
	Kelche walzenförmig	10. **E. collaris**
11	Kelchstacheln glatt — 12	
	Kelchstacheln bewarzt oder gezähnelt — 14	
12	Kelche breiter als hoch — 13	
	Kelche höher als breit	13. **E. philippinensis**
13	Kelche nicht scharf von der Unterlage abgesetzt . .	11. **E. coronalis**
	Kelche scharf von der Unterlage abgesetzt	12. **E. indomalaccensis**
14	Stämme unverzweigt	14. **E. coccinea**
	Stämme verzweigt — 15	
15	Anastomosen fehlen	15. **E. splendens**
	Anastomosen vorhanden	16. **E. andamanensis**

1. **E. spinifera** Nutting 1910 *E. s.*, Nutting in: Siboga-Exp., *v.* 13b p. 59 t. 9 f. 2, 2a; t. 21 f. 6.

Verzweigung schwach, die Zweige sind am Ende anscheinend nicht verdickt, die Polypen stehen äußerst dicht und allseitig. Ihre Kelche sind 1 mm hoch, am distalen Ende 1,8 mm breit. Die Kelchwand ist mit Stacheln besetzt, die distalwärts zu einer Krone zusammentreten. Die innersten schlagen sich über den eingefalteten Tentakeln ein. In den Tentakeln liegen kleinere, longitudinale Spindeln. Die Stachelskleriten haben eine sehr stark gelappte und bewarzte Basis und einen langen, glatten Stachel, außerdem kommen Stachelplatten, Kreuze, Sterne und Spindeln oft mit einseitig stehenden Fortsätzen vor. Hellbraun, Achse goldbraun, Skleriten farblos.

Neu-Guinea in 82 m Tiefe, Aru-Inseln in 57 m Tiefe.

2. **E. uliginosa** J. A. Thoms. & J. Simps. 1909 *E. u.*, J. A. Thomson & J. Simpson, Alcyon. Investigator, *v.* 2 p. 201 t. 4 f. 6, 7.

Verzweigung spärlich, in einer Ebene, die Zweigenden sind nicht verdickt. Die Polypen stehen dicht und allseitig, ihre Kelche sind 1 mm hoch,

1,5 mm breit und mit glatten, vorragenden Stacheln bewehrt, die nach aufwärts und auswärts gerichtet sind und oft in Ringen stehen. Der retraktile Polypenteil ist bis 2 mm lang. Das konisch sich erhebende Operculum besteht aus acht Gruppen von drei Spindeln und einem Ring von 2—3 transversalen Reihen. Die dicke und rauhe Rinde ist mit Skleriten versehen, die in allen Richtungen verlaufen. Die Stachelskleriten sind bis 0,7 mm lang, wovon 4 mm auf den glatten Stachel kommen, außerdem finden sich gebogene, dicke bis 0,8 mm lange, unregelmäßig bewarzte Spindeln, die mitunter auf einer Seite vorstehende Fortsätze abgeben und unregelmäßigere Formen. Rot.

Lakkadiven, Arakanküste. In 24 m Tiefe.

Diese Art zerfällt in 2 Unterarten:

2a. **E. uliginosa typica** J. A. Thoms. & J. Simps. 1909 *E. u.*, J. A. Thomson & J. Simpson, Alcyon. Investigator, *v.* 2 p. 201 t. 4 f. 6, 7.

Mit den Merkmalen der Art.

Lakkadiven, Arakanküste. In 24 m Tiefe.

2b. **E. uliginosa tenerior** J. A. Thoms. & Crane 1909 *E. u.* var. *t.*, J. A. Thomson & Crane in: Ann. nat. Hist., ser. 8 *v.* 3 p. 364 | 1909 *E. u.* var. *t.*, J. A. Thomson & Crane in: Rep. mar. Zool. Okhamandal, pars 1 p. 131 tf. 9, 10, 13.

Kolonie zarter als die typische Art, die Stacheln der Stachelskleriten sind länger, die oberflächlichen Rindenskleriten sind weiße, bis 0.61 mm lange, reich bewarzte Spindeln. Die Grundfarbe der Rinde ist weiß.

Dwarka. In 30 m Tiefe.

3. **E. pulchra** Nutting 1910 *E. p.*, Nutting in: Siboga-Exp., *v.* 13b p. 59 t. 10 f. 3, 3a; t. 21 f. 7.

Verzweigung in einer Ebene ziemlich spärlich, Endzweige lang, nicht verdickt. Die Polypen stehen allseitig und sehr dicht, ihre Kelche sind weniger als 1 mm hoch bei 1,5 mm Durchmesser und weisen einen mit vorragenden Stacheln besetzten Rand auf. Der basale Teil der Stachelskleriten besteht aus großen, bewarzten, radiär ausstrahlenden Fortsätzen, auf denen sich der schlanke, glatte Stachel erhebt. Die Skleriten des Operculum sind zahlreich. Einfache Spindeln sind selten, etwas häufiger kommen sternförmige Formen und Kreuze vor. Dunkelbraun, Skleriten weinfarben bis karminrot.

Banda. In 9—45 m Tiefe.

4. **E. peterseni** Hedl. 1890 *E. p.*, Hedlund in: Bih. Svenska Ak., *v.* 16 nr. 6 p. 11 t. 3 | 1896 *E. p.*, Brundin in: Bih. Svenska Ak., *v.* 22 nr. 3 p. 16.

Wenig verzweigt, die Äste sind von der Dicke des Stammes. Die Polypen stehen senkrecht dicht und allseitig und fehlen nur dem untersten verbreiterten Stammteile. Ihre Länge beträgt 1,5—1,7 mm bei 1—1,2 mm Durchmesser, am distalen Ende sind sie etwas verbreitert. Das Operculum besteht aus konvergierenden Reihen schlanker, etwas gebogener warziger Spindeln, die 0,29—0,36 mm lang sind. Transversale Spindeln fehlen. Im oberen Kelchteil finden sich Stachelskleriten mit 2—6 wurzeligem, basalem Teil und glattem Stachel von bis zu 0,48 mm Länge, die besonders am Kelchrande weit vorragen. Die ziemlich dicke, granulierte Rinde enthält unregelmäßige Spindeln von bis zu 0,65 mm Länge, die gerade oder gebogen und stark warzig, auch mit größeren Fortsätzen versehen sind, ferner warzige, im basalen Stammteile bis 0,93 mm lange Keulen und 3—5strahlige, stark bewarzte Sterne, die bis zu 0,055 mm messen. Auch knollige oder warzige, durchlöcherte Platten kommen vor. Dunkelrot.

Hongkong in 55 m Tiefe, Hirudostraße (Japan).

5. **E. ochracea** J. A. Thoms. & J. Simps. 1909 *E. o.*, J. A. Thomson & J. Simpson, Alcyon. Investigator, *v.* 2 p. 205.

Verzweigung der zarten Kolonie in einer Ebene. Die Äste und Zweige entspringen fast rechtwinklig und biegen dann aufwärts. Die Endzweige sind lang und schlank. Anastomosen kommen vor. Die Polypen stehen allseitig und dicht, ihre Kelche sind klein und sehr stark mit senkrecht abstehenden Stacheln bedeckt. Die Rinde ist dünn und läßt die Achse durchscheinen. Die Stachelskleriten haben nur gelegentlich blattartige Verbreiterungen, ihre Stacheln sind kurz und glatt, außerdem kommen lange, gebogene, dornige Spindeln und unregelmäßige Formen vor. Hellgelb.

Indischer Ozean.

6. **E. reticulata** J. A. Thoms. & J. Simps. 1909 *E. r.*, J. A. Thomson & J. Simpson, Alcyon. Investigator, *v.* 2 p. 206 t. 1 f. 9; t. 8 f. 6.

Verzweigung in einer Ebene. Die Äste und Zweige entspringen rechtwinklig und biegen zum Teil nach aufwärts um. Ihre Enden sind nicht verdickt. Anastomosen sind sehr häufig, so daß ein Netzwerk mit fast rechtwinkligen Maschen entsteht. Die Polypen stehen allseitig und dicht, ihre Kelche sind 0,5 mm hoch und 1 mm breit und mit durchgebrochenen Stacheln dicht bedeckt. Das Operculum besteht aus 8 Feldern langer, fast parallel laufender Spindeln, die bis 0,7 mm lang werden. Die Stachelskleriten haben scharfe, glatte Stacheln und 2—5 basale Fortsätze. Die Rinde ist sehr dick und dicht mit Skleriten erfüllt, außer Stachelskleriten Keulen und Vierstrahler. Hellbraun.

Andamanen.

7. **E. costata** Nutting 1910 *E. c.*, Nutting in: Siboga-Exp., *v.* 13[b] p. 61 t. 10 f. 1, 1a; t. 21 f. 8.

Verzweigung reichlich, in einer Ebene. Die Endzweige biegen alle nach aufwärts um. Die Polypen stehen dicht und allseitig, besonders dicht an den Seiten, wo sie 2 mm voneinander entfernt sind. Ihre 1,7 mm breiten, abgestumpft kegelförmigen Kelche sind mit rauhen, bedornten Stacheln besetzt. Der transversale Skleritenring des Polypen ist stark entwickelt, und das aus je zwei längsverlaufenden Spindeln gebildete Operculum bildet einen regelmäßigen Kegel. Außer Stachelskleriten kommen Spindeln, mitunter mit einseitigen Fortsätzen, sowie Dreistrahler vor. Gelblichbraun, Skleriten farblos.

Timorsee. In 520 m Tiefe.

Fig. 117. Echinomuricea indica. Ast (nach Thomson & Simpson).

8. **E. indica** J. A. Thoms. & J. Simps. 1909 *E. i.*, J. A. Thomson & J. Simpson, Alcyon. Investigator, *v.* 2 p. 204 t. 3 f. 2, 3; t. 8 f. 4.

Verzweigung in einer Ebene, lateral, die am Ende nicht verdickten Zweige gehen rechtwinklig ab und sind fast halbkreisförmig gebogen. Die Polypen stehen unregelmäßig allseitig und nicht sehr dicht (Fig. 117). Ihr Operculum ist kuppelförmig und besteht aus einem Ring von 3 bis 4 horizontalen Reihen von 0,35 bis 0,45 mm langen, gebogenen Spindeln, auf denen zu Paaren oder zu dritt sich 8 Skleritengruppen erheben. Die Kelche sind nahezu halbkuglig, 0,75—1 mm im Durchmesser haltend und stark bestachelt. Die ziemlich dicke Rinde ist ebenfalls stark bestachelt. Die Stachelskleriten sind bis 0,4 mm lang, ihre Stacheln sind kurz und leicht gezähnt, außerdem kommen 0,5 mm lange Keulen und bis 0,4 mm lange warzige Spindeln vor. Braun.

Arakanküste. In 24 m Tiefe.

9. **E. cylindrica** Nutting 1910 *E. c.*, Nutting in: Siboga-Exp., *v.* 13b p. 60 t. 10 f. 2, 2a.

Verzweigung unbekannt. Die Polypen stehen allseitig und meist dicht, lassen aber an einzelnen Stellen Zwischenräume von 1,3 mm. Ihre Kelche sind meist keulenförmig angeschwollen, 2,7 mm lang, 1,9 mm breit, das Operculum ist sehr hoch und besteht aus je zwei Paar gebogener Spindeln. Die Kelchwand ist mit langen, scharfen Stacheln besetzt, besonders am Rande. Der Polyp wird von 3—4 transversalen Reihen von Spindeln umgürtet. Die Stachelskleriten bestehen aus einem reich verzweigten, basalen Teile und einem fein gezähnelten, langen Stachel. Kräftig rotbraun, Skleriten farblos.

Kei-Inseln. In 595 m Tiefe.

10. **E. collaris** Nutting 1910 *E. c.*, Nutting in: Siboga-Exp., *v.* 13b p. 58 t. 9 f. 1, 1a; t. 21 f 5.

Verzweigung anscheinend schwach, die Zweigenden sind nicht verdickt. Die Polypen stehen sehr dicht und allseitig, besonders an den Zweigenden, entspringen rechtwinklig, biegen dann aber distalwärts um. Das aus drei im Dreieck gelagerten Spindeln bestehende Operculum ist hoch kuppelförmig gewölbt. In der Tentakelachse finden sich longitudinale Spindeln. Die 2 mm hohen, 1,5 mm breiten, walzenförmigen Kelche sind miteinander überdeckenden Skleriten versehen, deren Basis aus einer Anzahl blattartiger Fortsätze besteht (Fig. 118), aus denen sich scharfe, oft gegabelte und rauhe Stacheln nach außen erheben. Hellgelbbraun, Skleriten farblos.

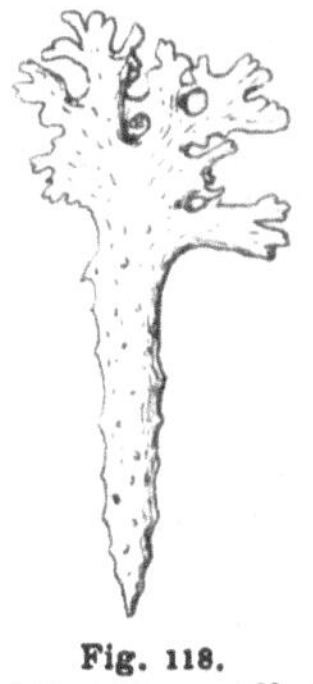

Fig. 118. **Echinomuricea collaris.** Sklerit (nach Nutting).

Bandasee. In 1224 m Tiefe.

11. **E. coronalis** Germanos 1896 *E. c.*, Germanos in: Abh. Senckenb. Ges., *v.* 23 p. 165 t. 10 f. 9, 10; t. 12 f. 22 | 1910 *E. c.*, Nutting in: Siboga-Exp., *v.* 13b p. 56.

Verzweigung annähernd in einer Ebene, reichlich. Die Zweigenden sind in der Regel kolbig angeschwollen, die Polypen stehen sehr dicht aber unregelmäßig, sind bis 4 mm lang und völlig in die niedrigen, 0,7 mm hohen Kelche zurückziehbar. Ihr Operculum ist niedrig und besteht aus Reihen konvergierender Spindeln, die sich bis zur Mitte der Tentakel fortsetzen. Transversale Skleriten fehlen. Der Polypenleib ist skleritenfrei. Am Kelchrande ragen glatte Dornen in zwei Kränzen weit hervor. Ihre Höhe beträgt 0,28 mm, ihre Basis wird von mannigfach gezackten, bewarzten Ausläufern gebildet. Die Skleriten der dünnen Rinde bilden zwei Schichten, von denen die äußere, stark gekrümmte, weitbedornte meist longitudinal gelagerte Spindeln enthält, auf deren konvexer Seite 1 oder 2 sehr große, bedornte Ausläufer entspringen. Diese Skleriten gehen allmählich in kleinere, unregelmäßige Spindelformen der tieferen Schicht über. Braunrot oder hellbraun, Polypen schwarzgrau.

Ternate in 30—40 m Tiefe, Nordcelebes in 80 m Tiefe, Timorsee in 84 m Tiefe.

12. **E. indomalaccensis** S. Ridl. 1884 *E. i.*, S. Ridley in: Rep. Voy. Alert, p. 386 | 1890 *E. i.*, Hedlund in: Bih. Svenska Ak., *v.* 16 nr. 6 p. 13 | 1905 *E. i.*, J. A. Thomson & W. D. Henderson in: Herdman, Rep. Ceylon Pearl Fish., *v.* 3 nr. 20 p. 291 | 1909 *E. i.*, J. A. Thomson & J. Simpson, Alcyon. Investigator, *v.* 2 p. 199 | 1910 *E. i.*, Nutting in: Siboga-Exp., *v.* 13b p. 57.

Verzweigung fast vollständig in einer Ebene. Die Äste sind walzenförmig und leicht keulenförmig angeschwollen. Die Polypen stehen allseitig, ziemlich dicht und sind mit gebogenen Spindeln mit glatten Enden bewehrt. Ihre Kelche sind abgestumpft kegelförmig, kürzer als breit und ihr Rand ist mit Stacheln besetzt. Die Rinde ist dünn. Die Stachelskleriten sind in den Kelchen 0,35—0,65 mm lang mit glattem Stachel. In der Rinde kommen außerdem kegelförmige bis spindelförmige, mit großen Warzen besetzte, bis 0,38 mm lange Formen, sowie 0,53 mm messende, drei- und einstrahlige Formen vor. Rot.

Port Curtis (Queensland) in 9—20 m Tiefe, Port Molle (Queensland) in 22 bis 37 m Tiefe, Warriorriff, Torresstraße, Golf von Manaar, Malayischer Archipel.

13. **E. philippinensis** Hedl. 1889 *E. indomalaccensis* (part.), P. Wright & Th. Studer in: Rep. Voy. Challenger, *v.* 31 pars 64 p. 112 t. 23 f. 4; t. 27 f. 3 | 1890 *E. philippinensis*, Hedlund in: Bih. Svenska Ak., *v.* 16 nr. 6 p. 14.

Verzweigung in einer Ebene, die Zweigenden sind stark verdickt. Anastomosen sind vorhanden. Die Polypen stehen allseitig, senkrecht entspringend, sind walzenförmig und ihre Kelche sind höher als breit. Das Operculum ragt nicht vor und besteht aus dünnen Spindeln, von denen 3—4 in die Tentakel konvergieren. Die Kelchskleriten haben eine bedornte, 2—6 lappige Basis, von der aus sich glatte Stacheln über die Oberfläche besonders des Kelchrandes erheben. Die Rindenskleriten sind entweder Spindeln mit oft verzweigten Warzen, auch gelegentlich keulenartig an einem oder beiden Enden verdickt, oder mit lateralen, verzweigten, bedornten Fortsätzen versehene Formen. Dunkelrot.

Philippinen. In 38 m Tiefe.

14. **E. coccinea** (Stps.) 1855 *Nephthya c.*, Stimpson in: P. Ac. Philad., *v.* 7 p. 375 | 1865 *Acanthogorgia c.*, A. E. Verrill in: P. Essex Inst., *v.* 4 Commun. p. 152; p. 188 t. 6 f. 7, 7a | 1869 *Echinomuricea c.*, A. E. Verrill in: Amer. J. Sci., ser. 2 *v.* 47 p. 285 | 1870 *E. c.*, A. E. Verrill in: P. Essex Inst., *v.* 6 Commun. p. 79.

Von verbreiterter Basis erheben sich einfache keulenförmige Stämme, die wie die Basis dicht und allseitig mit großen Polypen besetzt sind. Die Polypenkelche sind umgeben von zahlreichen, dunkelroten, vorspringenden, scharf gezähnelten Stacheln, deren Basis unregelmäßig verzweigt ist. Das Operculum besteht aus konvergierenden Reihen roter Skleriten unter jeder Tentakelbasis. Glänzend rot, Polypen gelblich fleischfarben, durchscheinend.

Hongkong. In 18 m Tiefe.

15. **E. splendens** J. A. Thoms. & J. Simps. 1909 *E. s.*, J. A. Thomson & J. Simpson, Alcyon. Investigator, *v.* 2 p. 207.

Verzweigung in einer Ebene, ohne Anastomosen. Die Endzweige sind aufwärts gebogen. Die Enden sind keulenförmig verdickt. Die Polypen stehen allseitig und sehr dicht. Ihre Kelche sind 0,5 mm hoch, 1 mm breit und kuppelförmig. Sie sind sehr reich mit senkrecht vorstehenden, bedornten Stacheln bewehrt. In der dicken Rinde liegen lange, dicke, longitudinale Spindeln mit rauhen Warzen, kürzere dickere Spindeln, Stachelskleriten und unregelmäßige sternförmige Formen. Ziegelrot, Polypen weiß, Skleriten blaßrot.

Indischer Ozean.

16. **E. andamanensis** J. A. Thoms. & J. Simps. 1909 *E. a.*, J. A. Thomson & J. Simpson, Alcyon. Investigator, *v.* 2 p. 203 t. 1 f. 8; t. 8 f. 2.

Verzweigung in einer Ebene, unregelmäßig, die am Ende keulenförmig angeschwollenen Äste wenden sich nahezu vertikalwärts, Anastomosen sind nicht selten. Die Polypen stehen unregelmäßig, mitunter in nahezu spiraler Anordnung. Das horizontale Operculum besteht aus einem Ring von 3 Reihen transversaler Spindeln, auf dem je 5 in Dreieckform angeordnete, 0,3 mm lange Spindeln stehen, von denen 2 Paare spitz konvergieren, die fünfte dazwischen liegt. Die Kelche springen nicht vor und sind rauher als die dicke Rinde. Die Stachelskleriten sind bis 0,5 mm lang, ihr Stachel ist dick kegelförmig und besonders am Ende rauh bewarzt. Außerdem kommen in der Rinde bis 0,4 mm lange, bewarzte Keulen, bis 0,8 mm lange, bewarzte Spindeln und kleinere, unregelmäßige Formen vor. Braun.

Andamanen.

E. brunnea Nutting 1908 *E. b.*, Nutting in: P. U. S. Mus., *v.* 34 p. 585 t. 45 f. 1; t. 49 f. 4.

Verzweigung in einer Ebene. Die Polypen stehen vorwiegend zu beiden Seiten, ihre Kelche sind kegelförmig, etwa 2 mm breit, ihre Ränder sind mit vorragenden Spitzen besetzt. Unter den Tentakeln liegen einige konvergierende, lange, bewarzte Spindeln. In der Rinde finden sich verschiedene Formen, an beiden Enden verzweigte und gegabelte Spindeln, Sterne usw. Sandigbraun.

Hawai. Im tiefen Litoral und Küsten-Abyssal.

E. horrida (Hickson) 1905 *Acamptogorgia h.*, Hickson in: Fauna Geogr. Maldiv., *v.* 2 p. 814 t. 67 f. 3, 4.

Verzweigung spärlich, nicht in einer Ebene. Die Polypenkelche sind nicht besonders hoch und 0,3 mm breit. Ihr Rand ist besetzt mit 0,1 mm weit vorragenden Dornen. In der Kelchwand wie in der dünnen Rinde liegen Stachelskleriten, deren drei basale Äste stark bewarzt sind, während der sich aus ihrer Mitte erhebende, 0,2 mm lange Stachel glatt ist. Außerdem kommen an der Rindenoberfläche leicht gebogene, bewarzte, 0,6 mm lange Spindeln vor.

Malediven. In 46—71 m Tiefe.

E. spinosa (Hiles) 1899 *Acamptogorgia s.*, Hiles in: P. zool. Soc. London, p. 47 t. 1 f. 3, 4, 5 | 1905 *A. s.*, J. A. Thomson & W. D. Henderson in: Herdman, Rep. Ceylon Pearl Fish., *v.* 3 nr. 20 p. 296 | 1910 ? *A. s.*, J. A. Thomson & Russell in: Tr. Linn. Soc. London, ser. 2 *v.* 13 p. 152.

Verzweigung im Winkel von 60—90°. Die Polypen stehen vornehmlich an den Seiten, gegenständig und entspringen rechtwinklig. Ihre Höhe beträgt 0,73 mm bei etwas geringerem Durchmesser. Das Operculum bildet einen niederen Kegel und besteht aus 0,36 mm langen, gegabelten, basalen Tentakelskleriten, die zu je 2 oder 3 auf einem Ring von Spindeln stehen. Die Kelche enthalten blattartige Stachelskleriten, von 0,36 mm Breite, aus deren Mitte sich ein 0,36 mm langer, scharfer Stachel senkrecht erhebt. Die Rindenskleriten sind 0,21 mm lange, gebogene Spindeln mit kurzen, verzweigten Fortsätzen auf der konvexen Seite. Hellbraun.

Funafuti in 74—164 m Tiefe, Galle (Ceylon) in tiefem Wasser, Mauritius in 183 m Tiefe.

E. spinosa var. ceylonensis (J. A. Thoms. & W. D. Hend.) 1905 *Acamptogorgia s.* var. *c.*, J. A. Thomson & W. D. Henderson in: Herdman, Rep. Ceylon Pearl Fish., *v.* 3 nr. 20 p. 297 t. 1 f. 1.

Verzweigung streng in einer Ebene, Anastomosen sind häufig. Die Polypen stehen auf 3 Seiten und sind 0,8 mm hoch, 0,6 mm breit. Das Operculum ist kegelförmig. Die dünne Rinde zeigt eine sehr rauhe Oberfläche. Hellbraun.

Galle (Ceylon). In tiefem Wasser.

E tenuis (J. A. Thoms. & J. Simps.) 1909 *Acamptogorgia t.*, J. A. Thomson & J. Simpson, Alcyon. Investigator, *v.* 2 p. 230 t. 3 f. 4, 8; t. 8 f. 7 | 1910 *A. t.*, J. A. Thomson & Russell in: Tr. Linn. Soc. London, ser. 2 *v.* 13 p. 153.

Die zierlichen Kolonien sind in einer Ebene verzweigt, anastomosieren stark und bilden ein weitmaschiges Netz. Die Polypen stehen allseitig in 1—2 mm Entfernung; ihre Kelche sind 0,5 mm hoch, 0,5 mm breit. Das Operculum ist schwach entwickelt und flach. Die Polypenskleriten sind 0,25 mm lange, leicht bedornte Spindeln. Die Kelchskleriten sind in 8 undeutlichen Gruppen angeordnet und ragen am Rande in 8 dreieckigen Zähnen vor. Die sehr dünne Rinde enthält Stachelskleriten von 0,3 bis 0,425 mm Länge, mit kurzem, glattem oder leicht bewarztem Dorn, ferner bis 0,22 mm lange, gebogene, in der Mitte bewarzte Spindeln sowie schuppenartige, 0,35 mm messende Formen mit glatter Oberfläche und unregelmäßigen Rändern; auch 0,1 mm lange, unregelmäßige Kreuze kommen vor. Braun, Polypenkelche weiß.

Andamanen, Providence-Insel. In 94 m Tiefe.

15. Gen. **Perisceles** Th. Studer & P. Wright

1887 *P.*, Th. Studer (& P. Wright) in: Arch. Naturg., *v.* 53 I p. 57 | 1889 *Acamptogorgia*, P. Wright & Th. Studer in: Rep. Voy. Challenger, *v.* 31 pars 64 p. 115 | 1910 *A.*, Nutting in: Siboga-Exp., *v.* 13b p. 68 | 1919 *A.*, Kükenthal in: Ergeb. Tiefsee-Exp., *v.* 13 pars 2 p. 840.

Verzweigung vorwiegend lateral in einer Ebene. Die senkrecht stehenden Polypen finden sich entweder nur seitlich oder außerdem noch auf der Vorderfläche, die Hinterfläche meist freilassend; ihre walzenförmigen Kelche sind meist ebenso hoch wie breit. Das kegelförmige oder flache Operculum wird von 2, 3 oder 4 konvergierenden Spindeln der Tentakelbasis gebildet, die einem transversalen Spindelringe aufsitzen. Die Polypenkelche ebenso wie die fast stets dicke Rinde enthalten eigenartige, etwas gebogene Spindeln und Dreistrahler, von deren Mitte ein oder zwei blattartig verbreiterte, hohe Fortsätze abgehen, die besonders in den Kelchwänden über die Oberfläche vorragen. Außerdem kommen gerade oder gekrümmte Spindeln, Sternformen u. a. vor. Weiß, braun, rot.

Indopazifischer Ozean. Im tieferen Litoral und Küsten-Abyssal.

13 sichere Arten, 1 unsichere.

Spec. typ.: *A. arbuscula* (J. E. Gray)

Bestimmungstabelle der Arten:

1	Kolonie ohne Anastomosen — 2	
	Kolonie mit Anastomosen — 11	
2	Verzweigung in einer Ebene — 3	
	Verzweigung in mehreren Ebenen	11. **P. fruticosa**
3	Polypen dicht stehend — 4	
	Polypen weit stehend — 9	
4	Polypenkelche bis zu 1 mm hoch — 5	
	Polypenkelche über 1 mm hoch — 8	
5	Operculum niedrig	1. **P. arbuscula**
	Operculum hoch — 6	

6	Farbe rot — 7	
	Farbe graubraun	5. **P. spatulata**
7	Spindeln der Rinde bis 0,3 mm lang	2. **P. gracilis**
	Spindeln der Rinde 0,3—0,5 mm lang	3. **P. ceylonensis**
	Spindeln der Rinde 0,6 mm lang	4. **P. rubra**
8	Operculum mit einer transversalen Skleritenreihe . . .	6. **P. tuberculata**
	Operculum mit 2—3 transversalen Skleritenreihen . . .	7. **P. robusta**
9	Operculum niedrig	8. **P. alternans**
	Operculum hoch — 10	
10	Farbe weiß	9. **P. acanthostoma**
	Farbe hellgraubraun	10. **P. foliata**
11	Verzweigung in einer Ebene	12. **P. fallax**
	Verzweigung in mehreren Ebenen	13. **P. circium**

1. **P. arbuscula** (J. E. Gray MS) 1889 *Acamptogorgia a.* (*Menacella a.*, J. E. Gray MS), P. Wright & Th. Studer in: Rep. Voy. Challenger, *v.* 31 pars 64 p. 116 t. 23 f. 7; t. 27 f. 5.

Verzweigung in einer Ebene mit langen, fast gegenständigen Zweigen in großen Abständen, die an ihren Enden leicht verdickt sind. Die Polypen stehen in Gruppen von 3—4, in Abständen von 1—1,5 mm, an den Enden dichter, sind walzenförmig oder abgestumpft kegelförmig, und entspringen rechtwinklig. Ihre Höhe beträgt 0,8—1 mm, bei einem Durchmesser von 1,5 mm. Das Operculum bildet einen niedrigen Kegel und wird von flachen, 0,47 mm langen Spindeln gebildet, deren seitenständige Dornen verzweigt sind. Darunter liegt ein Ring 0,26 mm langer, gebogener, rauher Spindeln. In den Kelchen finden sich 2—3strahlige Skleriten. Die ziemlich dicke und rauhe Rinde enthält gebogene, 0,2—0,3 mm lange Spindeln, meist mit blattartigen Erhebungen auf der konvexen Seite. Braun, Mundscheiben der Polypen mit violettem Anflug.

Auf Hyalonemagrund (Japan) in 631 m Tiefe.

2. **P. gracilis** (J. A. Thoms.) 1905 *Acamptogorgia g.*, J. A. Thomson in: Herdman, Rep. Ceylon Pearl Fish., *v.* 4 p. 177 tf. 12, 13 | 1910 *A. g.*, J. A. Thomson & Russell in: Tr. Linn. Soc. London, ser. 2 *v.* 13 p. 152 t. 13 f. 3.

Verzweigung in einer Ebene. Die Polypen stehen allseitig, aber vorwiegend lateral, entspringen in rechtem Winkel, wechselständig oder gegenständig und ihre Kelche sind 1 mm hoch, und tragen am Rande einen Skleritenring von 2 transversalen Reihen, dem das aus je 2 gebogenen, mit blattartigen Fortsätzen bedeckten Spindeln bestehende Operculum aufsitzt. Die Rinde zeigt eine rauhe Oberfläche und enthält etwa 0,3 mm lange, bewarzte Spindeln, mit einem blattartigen, bezahnten Fortsatz in der Mitte, bis 0,25 mm lange Keulen mit unregelmäßig ausstrahlenden Enden, 0,1 mm lange, unregelmäßige Sternformen und 0,3 mm messende Formen mit 4 oder mehr Strahlen. Rötlich, Polypenkelche weiß.

Ceylon, Providence-Insel. In 92 m Tiefe.

3. **P. ceylonensis** (J. A. Thoms. & W. D. Hend.) 1905 *Echinomuricea c.*, J. A. Thomson & W. D. Henderson in: Herdman, Rep. Ceylon Pearl Fish., *v.* 3 nr. 20 p. 292 t. 6 f. 6 | 1909 *Acamptogorgia c.*, J. A. Thomson & J. Simpson, Alcyon. Investigator, *v.* 2 p. 230 | 1910 *A. c.*, J. A. Thomson & Russell in: Tr. Linn. Soc. London, ser. 2 *v.* 13 p. 152.

Verzweigung in einer Ebene, in verschiedenen Winkeln, unregelmäßig. Die Polypen stehen meist allseitig, lassen aber mitunter einen Streifen an der Hinterfläche frei. Sie entspringen in rechtem Winkel und ihre Kelche sind 1 mm hoch. Das Operculum ist gut ausgebildet. Kelche wie die relativ dünne Rinde haben eine rauhe Oberfläche, die durch vorspringende Skleriten verursacht wird. Diese sind 0,3—0,5 mm groß und weisen außer unregelmäßig blattförmigen und verzweigten Fortsätzen einen bewarzten Fortsatz auf. Außerdem kommen noch unregelmäßige sternförmige und spindelförmige Skleriten vor. Rotbraun, karmin, noch fast schwarz.

Ceylon, Indischer Ozean, Providence-Inseln in 92 m Tiefe, Salomons-Inseln in 137—220 m Tiefe.

4. **P. rubra** (J. A. Thoms.) 1905 *Acamptogorgia r.*, J. A. Thomson in: Herdman, Rep. Ceylon Pearl Fish., *v.* 4 p. 178 tf. 5 | 1909 *A. r.*, J. A. Thomson & J. Simpson, Alcyon. Investigator, *v.* 2 p. 229 | 1910 *Villogorgia r.*, Nutting in: Siboga-Exp., *v.* 13b p. 72.

Verzweigung in einer Ebene, rechtwinklig. Die Polypen stehen allseitig, wechselständig und entspringen rechtwinklig. Ihre Kelche sind 0,5 mm hoch, 1 mm breit. Das konische Operculum besteht aus je 1 Paar keulenförmigen Skleriten, die einem Ringe von 2—3 transversalen Spindeln aufsitzen. Die dünne oder doch nur mäßig dicke Rinde zeigt eine bestachelte Oberfläche, und enthält 0,6 mm lange, gestreckte, bewarzte Spindeln, ebenso lange, gebogene, schmale Spindeln, die nur in der Mitte bewarzt sind; 0,4—0,6 mm breite, dreistrahlige Formen, von denen ein fast glatter Strahl nach außen vorragt und oft eine blattartige Verbreiterung trägt, sowie 0,2 mm lange, stark bewarzte Spindeln, mit einem blattartigen, mittleren Fortsatz. Tiefrot.

Ceylon, Andamanen, Malayischer Archipel in 34—55 m Tiefe.

5. **P. spatulata** (Nutting) 1910 *Acamptogorgia s.*, Nutting in: Siboga-Exp., *v.* 13b p. 68 t. 14 f. 2, 2a; t. 21 f. 12.

Verzweigung in einer Ebene fächerförmig lateral. Die Polypen stehen vorwiegend seitlich, im Durchschnitt 1 mm voneinander entfernt, ihre Kelche sind etwa 0,8 mm hoch, 1,4 mm breit, ihre Wandung ist durchbrochen von abgeflachten, breiten Stacheln der großen, dreistrahligen Stachelskleriten. Das Operculum ist ziemlich hoch und aus je 2 gebogenen Spindeln zusammengesetzt, zwischen denen eine dritte kürzere liegt. Außer den großen Stachelskleriten kommen noch kleinere, mit ovalen mehr schuppenförmigen Fortsätzen versehene sowie gewöhnliche Spindeln vor. Graubraun.

Vielleicht identisch mit *P. fruticosa* Germanos (nr. 11).

Nordcelebes in 80 m Tiefe, Neu-Guinea in 118 m Tiefe, Timorsee in 112 m Tiefe.

6. **P. tuberculata** (Hiles) 1899 *Acamptogorgia t.*, Hiles in: Willey, Zool. Results, pars 2 p. 197 t. 22 f. 1, 2.

Verzweigung in einer Ebene spärlich. Die Polypen stehen dicht auf 3 Seiten, die Hinterseite freilassend, sind 1,5 mm hoch, 1,4 mm breit und haben ein niedriges, kegelförmiges Operculum, aus je 3 flachen, bedornten, 0,3 mm langen Spindeln bestehend, die einem Ring gebogener, schwach bedornter, 0,27 mm langer Spindeln aufsitzen. Die Polypenkelche weisen eine sehr rauhe Oberfläche auf, ebenso wie die ziemlich dünne Rinde. Die Rindenskleriten messen bis 0,51 mm, und ihre aus der Mitte der spindelförmigen Skleriten entspringenden, auf der konvexen Seite gelegenen Fortsätze sind blattförmig verbreitert. Weiß.

Neubritanien.

7. **P. robusta** (J. A. Thoms. & W. D. Hend.) 1906 *Acamptogorgia bebrycoides* var. *robusta* (non *Paracamptogorgia b.*, G. Koch 1887), J. A. Thomson & W. D. Henderson, Alcyon. Investigator, *v.* 1 p. 71 t. 3 f. 7, 8.

Verzweigung in einer Ebene, einseitig. Die Enden der Zweige sind etwas kolbig angeschwollen. Die Polypen stehen allseitig. Ihre Kelche sind 1,5 mm hoch, 1,3—1,7 mm breit (Fig. 119). Ihr Rand ist mit einer Anzahl von Dornen besetzt. Das von den eingefalteten Tentakeln gebildete Operculum ist flach kegelförmig. Die Polypenskleriten bilden eine Krone, die aus 2—3 transversalen Reihen und darauf sich erhebenden, konvergierenden Spindeln und Keulen besteht. Ihre Länge erreicht 0,6 mm. Die dicke Rinde enthält bis 0,6 mm gerade oder gekrümmte Spindeln, die bewarzt sind oder lange, bewarzte Dornen tragen, 0,4 mm messende Vierstrahler und 0,4 mm lange, unregelmäßige Formen mit 2 oder 3 Strahlen an einem Ende, oft plattenförmig, mit davon ausstrahlenden Dornen. Farbe unbekannt.

Indischer Ozean (6° 31' n. Br., 79° 38' 45" östl. L.) in 734 m Tiefe.

8. **P. alternans** (P. Wright & Th. Stud.) 1889 *Acamptogorgia a.*, P. Wright & Th. Studer in: Rep. Voy. Challenger, *v.* 31 pars 64 p. 117 t. 23 f. 6; t. 27 f. 4.

Fig. 119. Perisceles robusta. Astende (nach Thomson & Henderson).

Schwach und in einer Ebene im Winkel von 70 bis 80° verzweigt; die Endzweige sind angeschwollen. Die Polypen stehen am etwas abgeplatteten Stamm weit auseinander, dichter an Ästen und Zweigen; besonders an deren Enden, entspringen in rechtem Winkel, am Stamm in 2 seitlichen, wechselständigen Reihen, und ihre Kelche sind 1 mm hoch und ebenso breit. Das Operculum bildet einen niedrigen Kegel und enthält flache, bedornte Spindeln von 0,39 mm Länge. Im Ringe darunter liegen bis 0,5 mm lange, gebogene, spärlich bedornte Spindeln. Der Kelch enthält dreistrahlige Formen mit kürzerem dritten Strahl und zweiblättrigem Anhang mit gezähntem Rande. In der dicken, rauhen Rinde finden sich stark bedornte, 0,3—0,4 mm lange, gebogene Spindeln, häufig mit blattartigen Fortsätzen. Weißlich.

Kandavuriff, Riff von Kandavu (Fidschi-Inseln).

9. **P. acanthostoma** (Germanos) 1896 *Acamptogorgia a.*, Germanos in: Abh. Senckenb. Ges., *v.* 23 p. 172 t. 10 f. 13; t. 12 f. 24 | 1899 *A. a.*, Hiles in: Willey, Zool. Results, pars 2 p. 197.

Verzweigung ziemlich spärlich in einer Ebene, lateral. Die Polypen stehen teils allseitig, teils in zwei seitlichen Reihen, in nicht dichter Anordnung. Ihr Kelch ist von der Form eines abgestutzten Kegels und bis 1 mm hoch, 0,8 mm breit. Das hohe Operculum besteht aus je einem Paare 0,28—0,3 mm langer Spindeln, deren eines Ende gebogen ist, während das andere von feinen, fingerförmigen Fortsätzen bedeckt ist. Von der konkaven Seite entspringt ein ziemlich langer Fortsatz. Die Tentakel sind bis in die Pinnulae hinein mit kleinen, spindel- oder stabförmigen Skleriten erfüllt. In der Kelchwand liegen meist gebogene Spindeln mit senkrechten Erhebungen, die entweder einfach spitz oder in 2—3 fingerförmige Fortsätze endigen, welche schräg aus der Kelchoberfläche vorragen. Der Kelchrand ist mit acht viel höheren Stacheln besetzt. Die dünne Rinde enthält meist plattenartige, 0,15—0,25 mm lange Skleriten mit senkrechten, einfachen oder geteilten, vorragenden Stacheln. Weißlich.

Ternate. Im Litoral.

10. **P. foliata** (J. A. Thoms. & Russell) 1910 *Acamptogorgia f.*, J. A. Thomson & Russell in: Tr. Linn. Soc. London, ser. 2 *v.* 13 p. 153.

Verzweigung vorwiegend in einer Ebene, wechselständig und lateral. Die Polypen stehen allseitig ziemlich weit voneinander in Entfernungen von

2—3 mm, und ihre Kelche sind abgestumpft walzenförmig. Das Operculum ist hoch. In den Polypen liegen dünne, gebogene, 0,28 mm lange Spindeln, in der Rinde bis 0,67 mm lange Spindeln mit spärlichen, unregelmäßigen, oft etwas blattartig verbreiterten Dornen, bis 0,44 mm lange Spindeln, deren stark blattartig verbreiterte Fortsätze auf der konvexen Seite stehen, sowie bis 0,47 mm lange, drei- oder vierstachlige Formen, mit 3 oder 4 blattartigen Verbreiterungen, die gezähnte Ränder zeigen. Hellgraubraun.

Salomon-Inseln. In 220—275 m Tiefe.

11. **P. fruticosa** (Germanos) 1896 *Acamptogorgia f.*, Germanos in: Abh. Senckenb. Ges., *v.* 23 p. 168 t. 10 f. 11, 12; t. 12 f. 23.

Verzweigung annähernd in einer Ebene, nur die Endzweige können nach verschiedenen Richtungen abgehen. Anastomosen kommen nur gelegentlich an den Zweigen vor. Die Polypen stehen dicht und allseitig, mitunter in kleinen Gruppen. Ihre Kelche sind 0,5 bis 1 mm hoch und walzenförmig bis warzenförmig. Sie sind bewehrt mit Skleriten, die aus einem platten- oder spindelförmigen basalen Teile von 0,35 bis 0,55 mm Länge und einem in mehrere fingerförmige Fortsätze auslaufenden, 0,15 bis 0,23 mm langen, senkrecht darauf stehenden Stachelgebilde bestehen, das über die Oberfläche vorragt. In der sehr rauhen Rinde liegen die gleichen, etwas kleineren Skleriten neben dicken Spindeln mit abgestutzten Enden (Fig. 120), welche von ihrer Mitte zwei einfache oder geteilte Fortsätze abgeben. Alle Skleriten sind dicht mit fein granulierten Warzen bedeckt. Dunkelrot.

Fig. 120. **Perisceles fruticosa.** Skleriten (nach Germanos).

Ternate. Litoral.

12. **P. fallax** nom. nov. Kükth. 1906 *Acamptogorgia bebrycoides* (non *Paracamptogorgia b.*, G. Koch 1887), J. A. Thomson & W. D. Henderson, Alcyon. Investigator, *v.* 1 p. 70 t. 6 f. 4, 5 | 1909 *A. b.*, J. A. Thomson & J. Simpson, Alcyon. Investigator, *v.* 2 p. 229.

Verzweigung in einer Ebene mit zahlreichen Anastomosen. Die Basis bildet eine flach kegelförmige Erhebung mit flachem Rande. Die Verzweigung erfolgt bis zu Zweigen fünften Grades. Die Polypen stehen unregelmäßig, vorwiegend auf 3 Seiten. Das Operculum ist ziemlich hoch. Die Polypenskleriten bilden eine Krone von 2—3 transversalen Spindelreihen, auf denen je 2 Paar konvergierender stehen. Die walzenförmigen, 1,75 mm hohen Polypenkelche verjüngen sich distalwärts etwas, und enthalten die gleichen Skleriten wie die Rinde. Die ziemlich dicke Rinde enthält bewarzte, gerade oder gebogene Spindeln von bis zu 0,5 mm Länge, unregelmäßige, blattkeulenähnliche Formen und Vierstrahler von bis 0,25 mm Länge. Die Blätter der Blattkeulenformen erscheinen teils als ausgebreitete Fortsätze der Hauptspindel, teils als aus mehreren Fortsätzen verschmolzen, und ihre Ränder können glatt oder bedornt sein. Gelbbraun.

Indischer Ozean (11° 14' 18" n. Br., 74° 57' 15" östl. L.) in 124—270 m Tiefe, Küste von Malabar in 66 m Tiefe.

13. **P. circium** (J. A. Thoms. & W. D. Hend.) 1906 *Acamptogorgia c.*, J. A. Thomson & W. D. Henderson, Alcyon. Investigator, *v.* 1 p. 76 t. 5 f. 8; t. 9 f. 1.

Verzweigung sehr unregelmäßig, vorwiegend in einer Ebene, doch können die Zweige in senkrecht zur Verzweigungsebene der Äste stehenden Ebenen entspringen. Anastomosen sind meist sehr häufig. Die Polypen stehen allseitig und ihre Kelche sind 3 mm hoch, 2 mm breit. Das hohe Operculum besteht aus je 2 konvergierenden Spindeln, die einem Ring von 4 transversalen Skleritenreihen aufsitzen. Die Polypenskleriten sind hoch bedornte, bis 1,3 mm lange Spindeln oder Keulen mit blattartigen Fortsätzen. Die Oberfläche der Kelche und der Rinde ist mit vorstehenden Stacheln besetzt. Die Rindenskleriten sind 0,3—0,6 mm lange, gerade oder gebogene Spindeln, auf deren konvexer Seite ein blattartiger Fortsatz sitzt. „U“-förmige Skleriten und sehr unregelmäßige Formen.

Indischer Ozean (6° 31′ n. Br., 79° 38′ 45″ östl. L.). In 734 m Tiefe.

P. atra (J. A. Thoms. & W. D. Hend.) 1905 *Acamptogorgia a.*, J. A. Thomson & W. D. Henderson in: Herdman, Rep. Ceylon Pearl Fish., *v.* 3 nr. 20 p. 296.

Verzweigung in einer Ebene, die Äste gehen in rechtem Winkel ab und biegen dann nach aufwärts um. Die Polypen stehen vorwiegend in zwei seitlichen Reihen, entspringen senkrecht in Zwischenräumen von 2 mm. Schwarz.

Ceylon.

16. Gen. **Paracamptogorgia** Kükenthal

1887 *Muricea* (part.), G. Koch in: F. Fl. Neapel, *v.* 15 p. 52 | 1889 *Acamptogorgia* (part.), P. Wright & Th. Studer in: Rep. Voy. Challenger, *v.* 31 pars 64 p. 115 | 1919 *Paracamptogorgia*, Kükenthal in: Ergeb. Tiefsee-Exp., *v.* 13 pars 2 p. 840.

Verzweigung buschig, nur die Zweige einzelner Äste liegen in je einer Ebene. Die Fußplatte ist klein und sehr dünn. Die Polypen stehen wechselständig in 2 seitlichen Reihen. Das kegelförmige Operculum besteht aus je 3 Spindeln, welche einem Ring von 2—3 transversalen Spindelreihen aufsitzen. In der Rinde liegen vierstrahlige, bewarzte Platten, aus deren Mitte sich, die Oberfläche durchbrechend, ein flachgedrückter, mit fingerförmigen Zacken versehener, hahnenkammähnlicher Fortsatz erhebt. In den Polypenkelchen werden diese Platten durch Verkürzung zweier Strahlen mehr spindelförmig. Weiß.

Mittelmeer, Azoren. In tiefem Litoral bis ins Küsten-Abyssal hineln.

1 Art.

1. **P. bebrycoides** (G. Koch) 1887 *Muricea b.*, G. Koch in: F. Fl. Neapel, *v.* 15 p. 52 t. 1 f. 9; t. 3 f. 4; t. 6 f. 20, 21 | 1901 *Acamptogorgia b.*, Th. Studer in: Résult. Camp. Monaco, *v.* 20 p. 49 | 1906 nec *A. b.*, J. A. Thomson & W. D. Henderson, Alcyon. Investigator, *v.* 1 p. 70 | 1919 *Paracamptogorgia b.*, Kükenthal in: Ergeb. Tiefsee-Exp., *v.* 13 pars 2 p. 910.

Fig. 121. Paracamptogorgia bebrycoides. Skleriten (nach Koch).

Verzweigung buschig, die einzelnen Äste in einer Ebene. Anastomosen sind nicht selten. Die Basis bildet eine kleine und sehr dünne Platte. Die Polypen stehen wechselständig in 2 seitlichen Reihen, und sind 1—2 mm hoch, das kegelförmige Operculum besteht aus je 3 Spindeln. Der darunter liegende Ring besteht aus 2—3 Reihen in der Mitte sehr dicker Spindeln. In der Kelchwand liegen 0,3 – 0,4 mm lange, gebogene Spindeln, auf deren Mitte an der konvexen Seite sich ein hahnenkammähnlicher Fortsatz erhebt. Die Rinde enthält 0,03—0,1 mm lange, meist vierstrahlige, bewarzte Platten (Fig. 121), aus deren Mitte sich der plattgedrückte, mit fingerförmigen Zacken besetzte, hahnenkammartige Fortsatz erhebt, der die Oberfläche durchbricht. Weiß.

Capri in 130 m Tiefe, Azoren 318 m, Barbados.

17. Gen. **Echinogorgia** Kölliker

1865 *E.*, Kölliker, Icon. histiol., p. 136 | 1868, 1869 *E.*, A. E. Verrill in: Tr. Connect. Ac., *v.* 1 p. 419, 497 | 1870 *Bovella*, J. E. Gray in: Ann. nat. Hist., ser. 4 *v.* 5 p. 407 | 1878 *Echinogorgia*, Th. Studer in: Monber. Ak. Berlin, p. 651 | 1884 *E.*, S. Ridley in: Rep. Voy. Alert, p. 337 | 1919 *E.*, Kükenthal in: Ergeb. Tiefsee-Exp., *v.* 13 pars 2 p. 275.

Die Kolonien sind in einer Ebene und vorwiegend in die Breite entwickelt, die Verzweigung ist lateral, die Endzweige sind kurz und abgerundet. Anastomosen kommen vor. Die Polypen stehen allseitig, ziehen tief am Stamm herab und entspringen aus deutlichen Kelchen. Ein Operculum, aus Spindeln gebildet, ist stets vorhanden. Die Kelche wie die oberflächliche Rindenschicht sind stets erfüllt mit Blattkeulen, deren Blätter über der Oberfläche hervorragen und ihr ein rauhes Aussehen verleihen. Außerdem können in der oberflächlichen Rinde noch einzelne große, bedornte Skleriten, Spindeln oder Platten vorkommen, die entweder gleichmäßig fein bedornt sind, oder auf einer Seite sehr hohe Fortsätze tragen. In der tieferen Rinde finden sich verschiedene Skleritenformen, besonders bedornte Spindeln, Kreuze usw. Die Achse weist den typischen Bau der Plexauridenachse auf. Die Längsgefäße stehen in einer weniger regelmäßigen Anordnung um die Achse. Gelb, orange, braun, rot.

Indopazifischer Ozean von Mauritius bis Westaustralien und Philippinen, eine Art von der Westküste Südamerikas (Peru). Im flachen Litoral.

16 sichere, 5 unsichere Arten.

Spec. typ.: *E. reticulata* (Esp.).

Bestimmungstabelle der Arten:

1	In der oberflächlichen Rinde nur Blattkeulen — 2	
	In der oberflächlichen Rinde Blattkeulen und große, dicke, bedornte Spindeln und Platten — 10	
2	Das Blatt der Blattkeule ist einheitlich — 3	
	Die Blattkeulen tragen mehrere Blätter — 8	
3	Der Blattrand ist ganzrandig — 4	
	Der Blattrand ist tief eingekerbt — 7	
4	Polypenkelche konisch oder halbkugelig — 5	
	Polypenkelche ganz flach — 6	
5	Operculum sehr schwach entwickelt	1. **E. flexilis**
	Operculum sehr stark entwickelt.	2. **E. mertoni**
6	Blattkeulen 0,25 mm lang	3. **E. sassapo**
	Blattkeulen 0,4 mm lang	4. **E. flora**
7	Verzweigung unregelmäßig, lateral	5. **E. abietina**
	Verzweigung regelmäßig, fiederförmig	6. **E. pinnata**
8	Die einzelnen Blätter sind glattrandig — 9	
	Die einzelnen Blätter sind eingekerbt	10. **E. aurantiaca**
9	Die Blätter liegen in parallelen Ebenen	7. **E. complexa**
	Die Blätter stehen in radialer Anordnung	8. **E. ridleyi**
	Die Blätter sind in konzentrischen Kränzen angeordnet	9. **E. furfuracea**
10	Die großen Skleriten sind gleichmäßig fein bewarzt oder bedornt — 11	
	Die großen Skleriten sind einseitig und sehr hoch bedornt — 13	
11	Die Blattkeulen sind bis 0,18 mm lang	11. **E. sphaerophora**
	Die Blattkeulen sind über 0,4 mm lang — 12	

12	Die großen Skleriten sind bis 0,9 mm lange, schlanke Platten	12. **E. macrospiculata**
	Die großen Skleriten sind 0,63 mm lange, meist dreieckige Platten	13. **E. reticulata**
	Die großen Skleriten sind 0,4 mm lange Spindeln . .	14. **E. multispinosa**
13	Die Blattkeulen sind 0,22 mm lang	15. **E. gracillima**
	Die Blattkeulen sind 0,32 mm lang	16. **E. ramulosa**

1. **E. flexilis** J. A. Thoms. & J. Simps. 1909 *E. f.*, J. A. Thomson & J. Simpson, Alcyon. Investigator, *v.* 2 p. 220 t. 1 f. 4.

Verzweigung unbekannt. Die Polypen sind bis 1,5 mm lang und stehen allseitig, doch vorwiegend in 4 Längsreihen, ihr Operculum ist sehr primitiv und besteht nur aus je 1—2 Spindeln in jeder konvergierenden Reihe. Die Kelche ragen 1,2 mm weit vor. Das ziemlich dünne Coenenchym ist dicht mit senkrecht eingepflanzten, bis 0,4 mm langen Blattkeulen besetzt, deren flaches, halbkreisförmiges Blatt meist glatt ist. Farbe hell orangebraun.

Arakansee. Im Litoral.

2. **E. mertoni** Kükth. 1919 *E. m.*, Kükenthal in: Ergeb. Tiefsee-Exp., *v.* 13 pars 2 p. 281 t. 39 f. 43.

Die breite Kolonie ist ausgeprägt in einer Ebene verzweigt, und die Verzweigung ist vorwiegend eine laterale. Stamm und Äste sind etwas abgeplattet und von etwa dem gleichen Durchmesser wie die teilweise langen Endzweige, die abgerundet enden. Die Polypen stehen dicht und allseitig um Zweige, Äste und Stamm (Fig. 122), auch der membranösen Basis nicht fehlend und entspringen aus 1,5 mm breiten, 1 mm hohen, fast halbkugeligen Kelchen, die sehr dicht in 1,5 mm Entfernung voneinander stehen. Der ösophageale, nackte Polypenteil ist sehr schlank. Das Operculum besteht aus einem transversalen Ringe gekrümmter, schlanker, bis 0,37 mm langer, fein bedornter Spindeln, auf denen acht Paar eingeknickter, erst konvergierender, dann parallel laufender Skleriten stehen, die Spindeln mit stark bestachelten Enden, auch Gabelungen, sowie Dreistrahler darstellen. Polypenkelch und Rinde sind dicht erfüllt mit Blattkeulen von 0,25—0,3 mm Länge, mit deutlich getrenntem, mehrstrahligem Wurzelteil und einem flachen, fast glattem flachrandigem Blatt, das aus der Wand der Polypenkelche frei vorragt. Im tieferen Coenenchym liegen 0,25 mm lange, stark bewarzte Spindeln, Drei- und Mehrstrahler, sowie Übergangsformen zu Blattkeulen. Hellgrau, Achse braunschwarz.

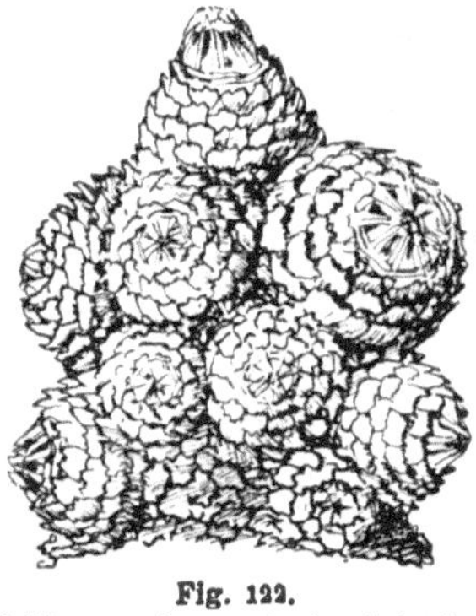

Fig. 122.
Echinogorgia mertoni. Astende.

Aru-Inseln. Litoral.

3. **E. sassapo** (Esp.) 1791—99 *Gorgonia s.*, Esper, Pflanzenth., *v.* 2 t. 9 | 1865 *Echinogorgia s.*, Kölliker, Icon. histiol., p. 136 t. 18 f. 9 | 1919 *E. s.*, Kükenthal in: Ergeb. Tiefsee-Exp., *v.* 13 pars 2 p. 282.

Die Kolonie ist nur wenig verästelt, die Endzweige sind lang. Die Polypen stehen allseitig und ihre Kelche sind anscheinend sehr flach. In ihrer Wandung liegen Blattkeulen von etwa 0,25 mm Länge mit ungeteiltem, flachem, fast glattem Blatt. Farbe dunkelrot.

Mauritius.

4. **E. flora** Nutting 1910 *E. f.*, Nutting in: Siboga-Exp., *v.* 18b p. 66 t. 11 f. 2, 2a; t. 21 f. 10.

Verzweigung spärlich in einer Ebene. Die Endzweige sind lang. Die Polypen stehen allseitig und ihre Kelche sind ganz flache Erhebungen. Das Operculum ist niedrig und besteht aus sehr zarten longitudinal angeordneten Spindeln. Die Kelchwand ist erfüllt mit etwa 0,4 mm langen Blattkeulen (Fig. 123), deren Blatt eine ganzrandige, etwa halbkreisförmige, sehr dünne Platte darstellt, die aus der Wand vorragt. Im Coenenchym finden sich einige andere Skleritenformen, wie kleine Spindeln, Dreistrahler, Kreuze usw. Hellbraun, Achse dunkelbraun. Spindeln farblos.

Fig. 123. Echinogorgia flora. Blattkeule (nach Nutting).

Bei Neu-Guinea. In 82 m Tiefe.

5. **E. abietina** Kükth. 1919 *E. a.*, Kükenthal in: Ergeb. Tiefsee-Exp., *v.* 13 pars 2 p. 283 t. 39 f. 44.

Die Verzweigung ist recht unregelmäßig in einer Ebene erfolgt, ist lateral und subalternierend. Die Kolonie ist meist breiter als hoch. Stamm und Hauptäste verlaufen geradlinig und sind stark abgeplattet. Die mittellangen, dünneren Endzweige enden abgerundet. Die Polypen stehen allseitig, an den Zweigen sehr dicht, in 1 mm Entfernung, an den basalen Teilen viel weiter entfernt und kommen auch auf der membranösen Basis vor. Die Polypen erheben sich aus niedrigen aber deutlichen Kelchen und haben ein verschieden stark ausgebildetes Operculum aus 0,24 mm langen, breiten, an den Rändern gezackten Spindeln, die zu 8 parallel laufenden Paaren auf horizontalen, gekrümmten Spindeln stehen. Die 1 mm in der Basislänge messenden Kelche sind mit 0,24 mm langen Blattkeulen bewehrt, deren meist mit 3 großen Spitzen versehene Blätter glatt sind, auch der breite Wurzelkiel ist wenig bewarzt. Ähnliche Blattkeulen liegen in der oberen Coenenchymschicht, während in der tieferen 0,18 mm lange Spindeln und mehr unregelmäßige Formen vorkommen. Farbe im Leben: Polypenkelche violett, Coenenchym braungrün.

Aru-Inseln. Im Litoral.

6. **E. pinnata** Th. Stud. 1878 *E. sassapo* var. *p.*, Th. Studer in: Monber. Ak. Berlin, p. 651 | 1919 *E. p.*, Kükenthal in: Ergeb. Tiefsee-Exp., *v.* 13 pars 2 p. 910.

Verzweigung in einer Ebene regelmäßig fiederförmig; die Äste sind nochmals gefiedert, die Fiedern gehen unter fast rechtem Winkel gegenständig oder wechselständig ab. Die Endfiedern sind lang und rutenförmig, am Ende abgerundet und angeschwollen. Die Polypen stehen allseitig, in 1,5 mm Entfernung, und besitzen niedrige, aber scharf abgesetzte Kelche. Ihr Operculum wird von etwa 2 Paar fast glatten, dicht zusammenstehenden Spindeln gebildet, von denen das obere Paar etwa 0,2 mm lang ist. Darunter liegt ein dünner Ring transversaler Spindeln. Die Skleriten der Kelche sind bis 0,4 mm lange Blattkeulen, deren Blatt sich in 1—3 Spitzen auszieht, die nach außen durchbrechen und dem Kelch ein rauhes Aussehen verleihen. Braunrot.

Mauritius. In 45 m Tiefe.

7. **E. complexa** Nutting 1910 *E. c.*, Nutting in: Siboga-Exp., *v.* 18b p. 67 t. 11 f. 1, 1a; t. 21 f. 11.

Die Kolonie ist fächer- und netzförmig mit zahlreichen Anastomosen. Die Äste sind durchweg von gleichem Durchmesser, die Endäste sind leicht angeschwollen, die Polypen stehen allseitig und ihr Operculum ist hoch, die Kelche sind flach, nur 0,5 mm hoch, 1,1 mm breit, und ihre Wand ist mit Blattkeulen erfüllt, deren oberer Teil aus einer großen Zahl einzelner parallel angeordneter Blätter besteht, die über die Oberfläche vorragen. Farbe braun, Spicula farblos, Achse dunkelbraun.

Bei Neu-Guinea in 32 m Tiefe, Floressee in 73 m Tiefe.

8. **E. ridleyi** Nutting 1910 *E. r.*, Nutting in: Siboga-Exp., *v.* 13b p. 65 t. 10 f. 4, 4a; t. 21 f. 9.

Die Kolonie ist fächerförmig in einer Ebene verzweigt. Die Endzweige sind leicht verdickt. Stamm und Äste sind annähernd von gleichem Durchmesser. Die Polypen stehen allseitig und sehr dicht, ihre Kelche sind 0,6 mm hoch, 1,2 mm breit und ihr retraktiler Teil ist sehr klein. Die das Operculum bildenden Skleriten sind flache Spindeln. In den Kelchen liegen Blattkeulen, deren oberer Teil aus mehreren aufwärts strebenden, radial auseinander weichenden Blättern besteht (Fig. 124). Außerdem finden sich im Coenenchym ziemlich große dichtbewarzte Spindeln, Sterne und einige Dreistrahler. Farbe tiefdunkelrot, Achse olivbraun, in den Endzweigen grün.

Fig. 124. Echinogorgia ridleyi. Skleriten (nach Nutting).

Bei Neu-Guinea. In 32 m Tiefe.

9. **E. furfuracea** (Esp.) 1791—99 *Gorgonia f.*, Esper, Pflanzenth., *v.* 2 t. 41 f. 1, 2 | 1816 ?*G. retellum*, Lamarck, Hist. An s. Vert., *v.* 2 p. 314 | 1857 *G. furfuracea*, H. Milne-Edwards, Hist. Corall., *v.* 1 p. 179 | 1865 *Echinogorgia f.*, Kölliker, Icon. histiol., p. 136 t. 18 f. 7, 8 | 1878 *E. f.*, Th. Studer in: Monber. Ak. Berlin, p. 652 | 1895 *E. f.*, Th. Studer in: Mt. Ges. Lübeck, ser. 2 fasc. 7, 8 p. 111 | 1910 *E. f.*, Nutting in: Siboga-Exp., *v.* 13b p. 63 | 1919 *E. f.*, Kükenthal in: Ergeb. Tiefsee-Exp., *v.* 13 pars 2 p. 910.

Kolonie fächerförmig in einer Ebene verzweigt, mit einigen Anastomosen. Der Hauptstamm ist basal etwas abgeplattet. Die kleinen Polypen stehen sehr dicht beieinander, an den Endzweigen bilden sie eine dicke Anhäufung. Die Wandungen der Polypenkelche enthalten eigenartige Blattkeulen, deren Blätter einen Kranz um einen engen inneren Hohlraum bilden. Im Coenenchym kommen außerdem noch Dreistrahler, Kreuze, Doppelsterne und vierfache Spindeln vor. Farbe hellgelbbraun, Achse dunkelbraun, Skleriten farblos.

Indischer Ozean, Dirk-Hartog (Westaustralien), Singapore, Malayischer Archipel. Im Litoral.

10. **E. aurantiaca** (Val.) 1855 *Plexaura a.*, Valenciennes in: CR. Ac. Sci., *v.* 41 p. 12 | 1857 *Leptogorgia a.*, H. Milne-Edwards, Hist. Corall., *v.* 1 p. 165 | 1868, 1869, 1870 *Echinogorgia a.*, A. E. Verrill in: Tr. Connect. Ac., *v.* 1 p. 413, 450, 557 | 1910 ?*E. a.*, Nutting in: Siboga-Exp., *v.* 13b p. 62.

Kolonie verzweigt mit starken Ästen und langen Endzweigen. Die Polypen stehen dicht und ihre Kelche sind deutlich ausgeprägt. Ihre Wände sind mit 0,29 mm langen Blattkeulen erfüllt, mit ein oder mehreren glatten Blättern von unregelmäßigem Umriß, die gelappt oder tief eingeschnitten sein können. Im Coenenchym kommen verschiedene Skleritenformen vor, warzige, meist unregelmäßige, bis 0,336 mm lange Spindeln, Kreuze usw. Farbe ockergelb.

Callao (Peru).

11. **E. sphaerophora** Kükth. 1919 *E. s.*, Kükenthal in: Ergeb. Tiefsee-Exp., *v.* 13 pars 2 p. 286 t. 39 f. 45.

Die Kolonie ist in einer Ebene und lateral spitzwinklig verzweigt; Anastomosen kommen vor; Stamm und Äste sind senkrecht zur Verzweigungsebene abgeplattet. Die kleinen Polypen stehen sehr dicht, allseitig und entspringen aus halbkugeligen oder flachen Kelchen, die in 1 mm Entfernung stehen (Fig. 125). Das deutlich entwickelte Operculum enthält auf 3 Reihen transversaler Spindeln in 1 bis 2 Paaren stehende, konvergierende, von 0,15 mm Länge. Die Kelche und die Rinde sind dicht mit Blattkeulen erfüllt, die bis 0,2 mm lang sind. Das Blatt ist flach, einheitlich oder gesägt oder tiefer eingeschnitten, in der Mitte oft mit Kiel, der Wurzelteil ist verschieden stark entwickelt und nur schwach bewarzt. In der tieferen Rindenschicht kommen bis 0,18 mm lange, bewarzte Spindeln sowie 0,06 mm lange Achter vor; in der Oberfläche, besonders der Äste, liegen bis 0,8 mm lange, dicke, äußerst dicht bewarzte Spindeln. Hellgrau, Polypen und Achse braun.

Fig. 125.
Echinogorgia sphaerophora.
Astende.

Ostindien.

12. **E. macrospiculata** J. A. Thoms. & J. Simps. 1909 *E. m.*, J. A. Thomson & J. Simpson, Alcyon. Investigator, *v.* 2 p. 219 t. 5 f. 7; t. 4 f. 8; t. 8 f. 1.

Die Kolonie ist in einer Ebene verzweigt, die Äste gehen in sehr verschiedenen Winkeln ab. Anastomosen fehlen, die sehr kleinen Polypen stehen allseitig, ihre Kelche treten ziemlich deutlich hervor, ihr Operculum ist rudimentär. In dem dicken Coenenchym finden sich 2 Schichten von Skleriten. Außen liegen mächtige, 0,9 mm lange, feinbedornte Platten, sowie bis 0,45 mm lange, stark bewarzte Blattkeulen, innen sehr verschiedenartige andere Formen. Farbe orangefarben.

Andamanen.

13. **E. reticulata** (Esp.) 1791—99 *Gorgonia Sasappo* var. *reticulata*, Esper, Pflanzenth., *v.* 2 p. 48 t. 9 A | 1865 *Echinogorgia pseudosassapo*, Kölliker, Icon. histiol., p. 136 t. 18 f. 10 | 1878 *E. intermedia*, Th. Studer in: Monber. Ak. Berlin, p. 651 t. 3 f. 17a, b | 1889 *E. pseudosassapo*, P. Wright & Th. Studer in: Rep. Voy. Challenger, *v.* 31 pars 64 p. 119 t. 23 f. 9; t. 25 f. 5 | 1903 *E. p.*, Hentschel in: Denk. Ges. Jena, *v.* 8 p. 649 | 1905 ? *E. p.*, J. A. Thomson & W. D. Henderson in: Herdman, Rep. Ceylon Pearl Fish., *v.* 3 nr. 20 p. 292 | 1909 ? *E. p.*, J. A. Thomson & J. Simpson, Alcyon. Investigator, *v.* 2 p. 213 t. 3 f. 9 | 1910 ? *E. p.*, Nutting in: Siboga-Exp., *v.* 13b p. 64 | 1910 *E. p.*, J. A. Thomson & Russell in: Tr. Linn. Soc. London, ser. 2 *v.* 13 p. 149 | 1916 *E.* spec. aff. *p.*, Broch in: Svenska Ak. Handl., *v.* 52 nr. 11 p. 34 | 1919 *E. p.*, Kükenthal in: Ergeb. Tiefsee-Exp., *v.* 13 pars 2 p. 910.

Die Kolonie ist reichlich in einer Ebene verzweigt und durch Anastomosenbildungen netzförmig. Die Verästelung erfolgt lateral und zweiseitig; die kurzen Endzweige sind keulenförmig angeschwollen. Äste und Zweige sind stark abgeplattet. Die Polypen stehen gleichmäßig dicht und allseitig, ihre Kelche sind kleine, 0,5 mm hohe, 1 mm breite Warzen, das ziemlich hohe, konische Operculum wird von wenigen platten Spindeln gebildet. Die dicke und rauhe Rinde enthält zahlreiche Skleriten sehr verschiedener Gestalt,

Spindeln, Sterne, Kreuze, dreieckige, bedornte, scheibenartige Platten von bis 0,63 mm Länge, einseitig bedornte Spindeln, sowie bis 0,6 mm große Blattkeulen, deren Blatt 2—5 Zähne aufzuweisen hat. Dunkelkorallenrot.

Torresstraße, Ceylon, Malayischer Archipel. Im Litoral.

14. **E. multispinosa** J. A. Thoms. & W. D. Hend. 1905 *E. m.*, J. A. Thomson & W. D. Henderson in: Herdman, Rep. Ceylon Pearl Fish., *v.* 3 nr. 20 p. 293 t. 6 f. 1 | 1909 *E. m.*, J. A. Thomson & J. Simpson, Alcyon. Investigator, *v.* 2 p. 218.

Ungleichmäßig in einer Ebene verzweigt, ohne Anastomosen. Die Äste und Zweige entspringen meist rechtwinklig, die Polypen stehen vorwiegend seitlich, teilweise einer Fläche völlig fehlend und meist 2—4 mm voneinander entfernt. Aus den Kelchen ragt nach außen ein Kranz von Skleritenspitzen heraus. Die Rinde ist fein granuliert und fast durchscheinend. Die Coenenchymskleriten sind außerordentlich verschieden in ihrer Gestalt, bis 0,8 mm lange, bewarzte oder bedornte Spindeln, Blattkeulen von 0,4 mm Länge, Warzenkeulen, unregelmäßige, mehr schuppenartige Formen, Drei- und Vierstrahler usw. Cremeweiß oder hellorange.

Ceylon, Andamanen, Coromandelküste. Im Litoral.

15. **E. gracillima** Kükth. 1919 *E. g.*, Kükenthal in: Ergeb. Tiefsee-Exp., *v.* 13 pars 2 p. 289 t. 39 f. 46.

Die Kolonie ist in einer Ebene lateral reichlich verzweigt, mit sich teilweise überdeckenden Zweigen. Der Stamm ist nur wenig abgeplattet. Die sehr kleinen, allseitig in Entfernungen von 1 mm stehenden Polypen von 0,5 mm Durchmesser zeigen ein sehr deutlich entwickeltes, flaches Operculum von je 1—2 Paar 0,18 mm langen Spindeln, die auf einem Kranz transversaler, gekrümmter Spindeln stehen. Der niedrige aber deutliche Kelch enthält 0,22 mm messende Blattkeulen mit mehr spitzigem, flachem Blatteil und stark verästeltem aber meist wenig bewarztem, ebenfalls flachem Wurzelteil. In der äußeren Rinde gehen diese Blattkeulen in breite, plattenartige oder mehr spindelförmige Bildungen von 0,36 mm Länge über mit hohen Zacken auf der einen Seite, wurzelförmigen Warzen auf der entgegengesetzten. In tieferer Rindenschicht finden sich Spindeln von bis zu 0,3 mm Länge mit einzelnen hohen Dornen, sowie unregelmäßige Körper. Ockergelb, Polypen dunkelgraubraun, Skleriten des Operculums weiß, des Coenenchyms gelb.

Philippinen.

16. **E. ramulosa** (Gray) 1870 *Bovella r.*, J. E. Gray in: Ann. nat. Hist., ser. 4 *v.* 5 p. 407 | 1884 *Echinogorgia r.*, S. Ridley in: Rep. Voy. Alert, p. 339 | 1889 *E. r.*, P. Wright & Th. Studer in: Rep. Voy. Challenger, *v.* 31 pars 64 p. 120 t. 23 (err. t. 22) f. 8; t. 25 f. 6 | 1909 *E. r.*, J. A. Thomson & J. Simpson, Alcyon. Investigator, *v.* 2 p. 215 t. 8 f. 3 | 1910 *Thesea r.*, Nutting in: Siboga-Exp., *v.* 13b p. 50.

Verzweigung reichlich in einer Ebene, die Äste und Zweige stehen wechselständig in Winkeln von 45°. Die Enden der Zweige sind verdickt; Stamm und Äste sind abgeplattet. Die Polypen stehen allseitig, an den dickeren Ästen nur auf den Flächen, am Stamm nur auf einer Fläche; ihre Kelche sind hoch und kegelförmig abgestumpft; ihr Operculum ist hoch kegelförmig und besteht aus je 3 Spindeln von 0,26 mm Länge, die auf einem kräftigen Ringe transversaler Spindeln sitzen. In den Kelchwänden liegen dachziegelförmig übereinander, bedornte, scheibenförmige Skleriten von 0,3 mm Länge, 0,2 mm Breite, die gegen den Kelchrand zu in sternförmige Bildungen mit glatten Dornen übergehen. Die Skleriten der dicken und rauhen Rinde sind glatte Spindeln von bis 0,33 mm Länge, in dichter, longitudinaler Anordnung, bei denen ein Ende warzenartige Vorsprünge mit gezähnten Rändern, das andere unregelmäßige, längliche Scheiben mit gezähnten Rändern und bewarzten Oberflächen bildet. Einseitig bestachelte Skleriten von bis zu 0,6 mm Länge umgeben die Basis der Polypenkelche meist in 2 Reihen.

Philippinen in 217 m Tiefe. Persischer Golf in 91 m Tiefe. Andamanen.

E. cerea (Esp.) 1791—99 *Gorgonia c.*, Esper, Pflanzenth., *v.* 2 p. 166 t. 47 f. 1—3 | 1857 *G. c.*, H. Milne-Edwards, Hist. Corall., *v.* 1 p. 144 | 1865 *Echinogorgia c.*, Kölliker, Icon. histiol., p. 136 t. 17 f. 17 | 1878 *E. c.*, Th. Studer in: Monber. Ak. Berlin, p. 652 | 1895 *E. c.*, Th. Studer in: Mt. Ges. Lübeck, ser. 2 fasc. 7, 8 p. 119 | 1903 *E. c.*, Hentschel in: Denk. Ges. Jena, *v.* 8 p. 649.

Die Kolonien sind in einer Ebene verzweigt, ohne Anastomosen. Die Hauptäste gehen beiderseits lateral in fast rechtem Winkel ab. Die Endzweige sind etwas angeschwollen. Auf der Oberfläche des Coenenchyms bilden große, mehr spindelförmige, halbseitig stachelige Skleriten ein förmliches Pflaster, außerdem kommen Stachelkeulen vor. Gelb.

Indischer Ozean, Mermaidstraße (Nordwestaustralien), Singapore im Litoral.

E. flabellum (Esp.) 1791—99 *Antipathes f.*, Esper, Pflanzenth., *v.* 2 p. 139 Antip. t. 1 | 1798 *Gorgonia pseudoantipathes*, Esper, Pflanzenth., Forts. *v.* 2 p. 32 t. 1, 1 V | 1846 ? *G. cancellata*, J. D. Dana in: U. S. expl. Exp., *v.* 7 p. 658 | 1857 ? *Rhipidigorgia c.*, H. Milne-Edwards, Hist. Corall., *v.* 1 p. 179 | 1878 *Paramuricea c.*, Th. Studer in: Monber. Ak. Berlin, p. 653 | 1883 *Plexaura flabellum*, S. Ridley in: Ann. nat. Hist., ser. 5 *v.* 11 p. 253 | 1884 *Echinogorgia f.*, S. Ridley in: Rep. Voy. Alert, p. 337 | 1895 *E. f.*, Th. Studer in: Mt. Ges. Lübeck, ser. 2 fasc. 7, 8 p. 110 | 1909 *E. f.*, J. A. Thomson & J. Simpson, Alcyon. Investigator, *v.* 2 p. 212.

Die Kolonie ist in einer Ebene verzweigt und durch Anastomosen netzförmig. Die Äste sind etwas wellenförmig gebogen und abgeplattet. Die Polypen stehen allseitig und an den Zweigenden sehr dicht. Ihre Kelche sind etwa 1 mm hoch, 0,65 mm breit. Das Operculum ist schwach entwickelt und besteht aus je drei im Dreieck angeordneten Spindeln. Die Rinde ist dick und hat eine rauhe Oberfläche. Die Coenenchymskleriten sind von sehr verschiedener Gestalt, schlanke, 0,18 mm lange, weitbewarzte Spindeln, dicke, sehr kräftig bedornte, 0,1 mm lange Spindeln, 0,22 mm lange Keulen, Doppelsterne von 0,1 mm Durchmesser, Kreuze und regelmäßige Formen sowie Blattkeulen sehr verschiedener Form von bis zu 0,35 mm Länge. Schmutzig weiß, hellgelbbraun bis braun, Kelche gelb, Achse schwarz, in den Zweigen hellgelb.

Ostindien, Molukken, Ceylon, Malakkastraße, Torresstraße, Manila, Mermaidstraße, Nordwestaustralien, Amboina, Port Molle, Port Curtis, Andamanen, Singapore. Im flachen Litoral.

E. umbratica (Esp.) 1791—99 *Gorgonia u.*, Esper, Pflanzenth., *v.* 2 Gorg. t. 20 | 1855 *Rhipidogorgia* nr. 3, Valenciennes in: CR. Ac. Sci., *v.* 41 p. 13 | 1865 *Echinogorgia umbratica*, Kölliker, Icon. histiol., p. 136 t. 18 f. 7, 8.

Die Kolonie ist in einer Ebene ziemlich reichlich verästelt. Anastomosen scheinen nur vereinzelt vorzukommen. Die Endzweige sind kurz. Die Polypen stehen dicht, ihre Kelche sind deutlich vorragend. In der Rinde finden sich kleine Stachelkeulen und Doppelrädchen. Braun.

Verbreitung unbekannt.

E. granifera (Lm.) 1816 *Gorgonia g.*, Lamarck, Hist. An. s. Vert., *v.* 2 p. 316 | 1870 *Echinogorgia g.*, Kent in: Tr. micr. Soc. London, *v.* 3 p. 85 | 1895 *E. g.*, Th. Studer in: Mt. Ges. Lübeck, ser. 2 fasc. 7, 8 p. 111.

Die Kolonien sind fächerförmig in einer Ebene unter Bildung eines feinen Netzwerkes dicht verzweigt. Die Polypen stehen nicht sehr nahe beieinander und haben flache, aber deutliche Kelche. Weiß.

Indischer Ozean, Singapore, im flachen Litoral.

E. modesta Th. Stud. 1889 *E. m.*, Th. Studer in: Rep. Voy. Challenger, *v.* 32 pars 81 p. 9 t. 4 f. 1; t. 5 f. 8 | 1909 *E. m.*, J. A. Thomson & J. Simpson, Alcyon. Investigator, *v.* 2 p. 211.

Die Kolonie besteht aus ein paar nicht weiter verzweigten walzenförmigen Stämmen, die von gemeinsamer Basis entspringen. Die Polypen stehen in 0,8 mm Entfernung ringsherum und sind 0,4 mm hoch. Der Kelch ist achtlappig. Die Skleriten der Rindenoberfläche sind dick spindel- oder keulenförmig, oft flach, bis 0,276 mm lang und mit rauhen Warzen besetzt. In tieferen Schichten kommen bis 0,56 mm lange Spindeln mit weit stehenden Warzen vor, ebenso wie bis 0,8 mm lange, stabförmige Körper mit langen, unverzweigten Warzen. Gelbweiß.

Kobe (Japan). Im Litoral.

18. Gen. Pseudobebryce Kükenthal

Bebryce (part.) Auct. | 1919 *Pseudobebryce*, Kükenthal in: Ergeb. Tiefsee-Exp., *v.* 13 pars 2 p. 841.

Verzweigung in einer Ebene; die Äste entspringen meist rechtwinklig. Die Polypen stehen vorwiegend in seitlichen Reihen und in größeren Abständen; ihre Kelche sind höher als breit. Die das Operculum bildenden Spindeln sind im Dreieck angeordnet. Von den Coenenchymskleriten sind besonders charakteristisch kleine, oberflächlich gelegene, bewarzte Doppelscheiben und Doppelkugeln; darunter kommen andere, größere Skleriten vor.

Indopazifisch, vorwiegend im malayischen Archipel. Litoral.

8 sichere Arten, 1 unsichere.

Spec. typ.: *P. philippii* Th. Stud.

Bestimmungstabelle der Arten:

1	Die Polypen stehen allseitig — 2	
	Die Polypen stehen vorwiegend seitlich — 5	
2	Die äußere Rinde ist mit kleinen Platten gepanzert — 3	
	Die äußere Rinde enthält abgestumpft kegelförmige Skleriten — 4	
3	Die Platten sind sternförmig und messen 0,04 mm	1. **P. stellata**
	Die Platten sind Doppelscheiben und messen 0,03—0,04 mm .	2. **P. studeri**
	Die Platten sind schuppenförmig und messen 0,24 mm . .	3. **P. tenuis**
4	Die Polypenkelche sind 0,5 mm hoch	4. **P. acanthoides**
	Die Polypenkelche sind 1—3 mm hoch	5. **P. philippii**
5	Die äußere Rinde enthält 0,1—0,25 mm messende gelappte Scheiben	6. **P. hicksoni**
	Die äußere Rinde enthält 0,125 mm messende Doppelkugeln und Doppelräder	7. **P. indica**
	Die äußere Rinde enthält hutpilzartige Skleriten	8. **P. thomsoni**

1. **P. stellata** (Hentschel) 1903 *Bebryce s.*, Hentschel in: Denk. Ges. Jena, *v.* 8 p. 649 t. 53 f. 22—25.

Verzweigung spärlich. Die Polypen stehen allseitig in verschiedenen Abständen, ihre Kelche springen als kegelförmige Erhebungen stark vor. Die Polypen enthalten bis 0,44 mm lange Spindeln oder Keulen, die in der Mitte geknickt und reichlich bewarzt, an den Enden glatt sind. In der dünnen Rinde wie in den Kelchwandungen finden sich sternförmige Platten von 0,04 mm Durchmesser, die zu unregelmäßigen, warzigen Klumpen werden können, sowie hantel- oder knopfförmige Skleriten. Rötlich grau.

Amboina. Litoral.

2. **P. studeri** (Whitelegge) 1897 *Bebryce s.*, Whitelegge in: Mem. Austral. Mus., *v.* 3 p. 314 t. 17 f. 21—25 | 1909 *B. mollis* (part.), J. A. Thomson & J. Simpson, Alcyon. Investigator, *v.* 2 p. 225 t. 9 f. 14, 15.

Verzweigung in einer Ebene, die Äste entspringen im allgemeinen im rechten Winkel. Die Polypen stehen meist wechselständig in etwas unregelmäßigen Spindeln um Stamm und Äste, sind 1—4 mm voneinander entfernt, und haben eine flach rundliche Form bei 0,3—0,7 mm Höhe, 0,8—1 mm Breite. Auf einem Ring gebogener, weit bedornter Spindeln von 0,3—0,35 mm Länge stehen in den Tentakelbasen je 3 gebogene Spindeln, von denen eine kürzere mit oberer konvexer Seite transversal liegt, während die beiden anderen longitudinal angeordnet sind und ihre konvexen Seiten nach innen gerichtet haben. In den Tentakelspitzen liegen einige kleine, gebogene Spindeln, mit starken, zahnartigen Fortsätzen auf der konvexen Seite. In den Kelchwänden wie in der dünnen Rinde liegt außen eine dünne Schicht von kleinen Doppelscheiben von 0,03—0,04 mm Durchmesser, deren obere runde Scheibe fein granuliert ist, während die untere, durch einen schmalen, glatten Schaft damit verbundene unregelmäßig bewarzt und meist etwas größer ist. Die äußeren Scheiben bilden einen ziemlich gleichmäßig die Oberfläche bedeckenden Panzer. Unter dieser Schicht liegen zahlreiche größere Skleriten von 0,05—0,2 mm Länge, mit einer breiten, viellappigen Scheibe und einer sehr kurzen, zentralen Erhebung, auf der sich 2 oder mehr Warzen befinden. Hellgelb, weiß.

Soll sich von *P. philippii* (nr. 5) durch die geringere Polypengröße, von *P. mollis* durch andere Skleritenform unterscheiden.

Funafuti.

3. **P. tenuis** (J. A. Thoms. & J. Simps.) 1909 *Bebryce t.*, J. A. Thomson & J. Simpson, Alcyon. Investigator, *v.* 2 p. 228 t. 6 f. 4, 5.

Verzweigung spärlich, Enden der Zweige angeschwollen. Die Polypen stehen teilweise in 4 unregelmäßigen Reihen und ihre Kelche sind 0,75 mm hoch und 1,5—2 mm breit. Sie stehen in Entfernungen von 3,75 mm. Die Tentakel enthalten keine Skleriten, und die Polypenköpfchen sind völlig zurückziehbar. In der dicken und festen Rinde liegt außen eine nahezu gleichmäßige Schicht von Schuppen von bis zu 0,24 mm Durchmesser, die teilweise gezähnte Doppelräder darstellen. Darunter finden sich warzige, unregelmäßige bis 0,18 mm lange Spindeln und einige bis 0,14 mm lange Doppelkeulen. Gelbbraun, an den Enden hellgelb.

Die Art soll *P. hicksoni* (nr. 6) nahe stehen.

Gopalapur (Ind. Küste). In 20 m Tiefe.

4. **P. acanthoides** (J. A. Thoms. & Russell) 1910 *Bebryce a.*, J. A. Thomson & Russell in: Tr. Linn. Soc. London, ser. 2 *v.* 13 p. 151 t. 7 f. 3, 6.

Verzweigung annähernd in einer Ebene; die dicken, steifen Äste bilden Anastomosen. Die Polypen stehen in unregelmäßigen Spiralen und sind 1 mm lang, wovon die Hälfte auf die Kelche kommt. Das Operculum ist hoch und besteht aus konvergierenden Paaren gebogener Spindeln, von denen die untersten die größten sind. Den Tentakeln fehlen Skleriten. Die Polypenkelche weisen mitunter am Rande acht zahnartige Vorsprünge auf. In der Rinde liegen bis 0,2 mm lange, bewarzte Spindeln und Keulen, kugelförmige, 0,18 mm messende Skleriten, die mit Warzen dicht besetzt sind, einige wenige „studlike“ Formen und 0,064 mm messende Kreuze. Cremeweiß bis hellbraun.

Providence-Insel in 92—143 m Tiefe.

5. **P. philippii** (Th. Stud.) 1889 *Bebryce p.*, Th. Studer in: Rep. Voy. Challenger, *v.* 32 pars 81 p. 10 t. 3 f. 3a, 3b; t. 5 f. 7 | 1909 *B. mollis* (part.), J. A. Thomson & J. Simpson, Alcyon. Investigator, *v.* 2 p. 225.

Verzweigung reichlich, in einer Ebene, lateral; die Äste entspringen rechtwinklig und biegen nach oben um. Die Polypen stehen senkrecht in Abständen von 1—1,5 mm und sind in Spiralen angeordnet, vier in jedem Umlauf. Das Polypenköpfchen ist völlig zurückziehbar und das Operculum besteht aus einem Ring gebogener, bedornter Spindeln unter den Tentakelbasen, auf denen je 2 in den Tentakelbasen gelegene, konvergierende Spindeln stehen, zwischen die sich eine Dritte einschiebt. Die Tentakel enthalten Reihen konvergierender, kleiner Skleriten. Die walzenförmigen Kelche sind 1—1,5 mm hoch, 1 mm breit, die der Zweigenden bis 3 mm hoch und schräger gestellt. Die Rinde ist von mittlerer Dicke und enthält wie die Kelchwände 2 Schichten von Skleriten, außen bis 0,067 mm messende, keulenförmige oder abgestumpft kegelförmige Gestalten, die breitere mit zahlreichen warzigen Fortsätzen besetzte Seite nach außen gerichtet, während die Basis 5—6 wurzelähnliche Fortsätze entsendet. Mitunter sind die horizontalen Fortsätze zu einer Platte vereinigt, die bis 0,15 mm Durchmesser erreichen kann. In der tieferen Schicht liegen bis 0,72 mm lange Spindeln oder Keulen mit scharf zugespitzten Dornen. Hellbraun.

Nach Studer der *Bebryce mollis* ähnlich, von ihr unterschieden durch die stärkere Verzweigung der größeren Polypenkelche und die verschiedene Größe der Skleriten. J. A. Thomson und J. Simpson glauben die Art mit *Bebryce mollis* vereinigen zu können.

Arafurasee in 92 m Tiefe.

6. **P. hicksoni** (J. A. Thoms. & W. D. Hend.) 1905 *Bebryce h.*, J. A. Thomson & W. D. Henderson in: Herdman, Rep. Ceylon Pearl Fish., *v.* 3 nr. 20 p. 294 t. 3 f. 1; t. 6 f. 9 | 1910 *B. h.*, Nutting in: Siboga-Exp., *v.* 13b p. 47 | 1912 *B. h.*, Nutting in: P. U. S. Mus., *v.* 43 p. 87.

Verzweigung in einer Ebene, unregelmäßig; Äste und Zweige sind deutlich abgeplattet; ihre Enden sind teils kolbig angeschwollen, teils ebenfalls abgeplattet. Die Polypen stehen in Abständen von 2—2,5 mm, vorwiegend an den Seiten, und ihre Kelche sind abgestumpft kegelförmig. Die Polypenskleriten stehen in 8 Dreiecken und sind gebogene, bewarzte, 0,25 mm lange Spindeln. Die dünne, granulierte Rinde enthält an der Oberfläche 0,1—0,25 mm messende, gelappte und bewarzte, rundliche Scheiben, manche mit einem kurzen, nach innen ragenden Fortsatz. Andere Skleriten sind Doppelkeulen und ähnliche Formen. Grauweiß.

Ceylon.

7. **P. indica** (J. A. Thoms.) 1905 *Bebryce i.*, J. A. Thomson in: Herdman, Rep. Ceylon Pearl Fish., *v.* 4 p. 175 tf. 3 | 1910 *B. i.*, Nutting in: Siboga-Exp., *v.* 13b p. 48.

Verzweigung vorwiegend in einer Ebene, unregelmäßig. Die völlig retraktilen Polypen stehen in Abständen von 1,5—3 mm, allseitig, jedoch vorwiegend seitlich in der Verzweigungsebene und stellen abgestumpfte Kegel von etwa 1,5 mm Höhe und gleicher oder größerer Breite dar. Die Polypenskleriten sind 0,35 mm lange Spindeln mit ziemlich großen, unregelmäßig angeordneten Warzen und glatten Spindeln mit kleineren, regelmäßiger angeordneten Warzen von 0,5—0,6 mm Länge. In der Rinde liegen 0,125 mm lange Doppelkugeln und 0,1 mm messende Doppelräder, die eine dicht aneinander schließende Panzerschicht der Oberfläche bilden und sich an der

Kelchwand überdecken. Ferner 0,15 mm lange, regelmäßige, bewarzte Vierstrahler, 0,25 mm lange, unregelmäßige Vierstrahler, deren Strahlen auf der einen Seite länger und stärker sind als auf der anderen, und schließlich 0,175 mm in Höhe und Breite messende Formen, die amphicoelen Wirbeln ähneln. Dunkelpurpurbraun, Skleriten farblos.

Golf von Manaar (Ceylon), Solorstraße in 114 m Tiefe, Floressee in 73 m Tiefe.

8. **P. thomsoni** (Nutting) 1910 *Bebryce t.*, Nutting in: Siboga-Exp., *v.* 13b p. 49 t. 7 f. 4, 4a; t. 20 f. 8.

Verzweigung spärlich in einer Ebene, lateral und wechselständig. Stamm und Äste sind rund. Die Polypen stehen vorwiegend auf 3 Seiten, in Abständen von 1,5 mm. Die Polypenkelche sind sehr flach, mit ovaler Basis, von 2 mm größtem Durchmesser. Ihre Wände sind mit sich überdeckenden Scheiben mit kammartigen Rändern besetzt. Das Operculum ist von sehr schlanken Spindeln gebildet. Die hutpilzartigen Skleriten der Rinde sind von ziemlich gleichmäßiger Gestalt dicht mit abgerundeten Warzen besetzt. Hellgraubraun.

Westküste von Flores in 40 m Tiefe, Kei-Inseln 90 m Tiefe.

P. sp. (Hickson) 1905 *Bebryce sp.*, Hickson in: Fauna Geogr. Maldiv., *v.* 2 p. 813.
Verzweigung wahrscheinlich dichotomisch, spärlich. Die Polypen sind in Scheinkelche zurückziehbar, die warzenförmig und bis 1 mm hoch sind. Hellbraun. Achse hornig, ohne Kalk.
Malediven in 55 m Tiefe.

19. Gen. **Bebryce** A. Philippi

1842 *B.*, A. Philippi in: Arch. Naturg., *v.* 8I p. 35 | 1865 *B.*, Kölliker, Icon. histiol., p. 137 | 1887 *B.*, G. Koch in: F. Fl. Neapel, *v.* 15 p. 54 | 1889 *B.* (part.), P. Wright & Th. Studer in: Rep. Voy. Challenger, *v.* 31 pars 64 Intr. p. 55 | 1905 *B.* (part.), Hickson in: Fauna Geogr. Maldiv., *v.* 2 p. 815 | 1905 *B.* (part.), J. A. Thomson & W. D. Henderson in: Herdman, Rep. Ceylon Pearl Fish., *v.* 3 nr. 20 p. 294 | 1910 *B.* (part.), Nutting in: Siboga-Exp., *v.* 13b p. 47 | 1919 *B.* (part.), Kükenthal in: Ergeb. Tiefsee-Exp., *v.* 13 pars 2 p. 841.

Verzweigung in einer Ebene, weitwinklig. Die Polypen stehen seitlich, unregelmäßig wechselständig, und in größeren Abständen; ihre Kelche sind schlank und an der Basis schmaler als am distalen Ende; ihr Operculum besteht aus konvergierenden Doppelreihen, die einem breiten, transversalen Gürtel von Spindeln aufsitzen. In der obersten Rindenschicht liegen kleine, kelchförmige Skleriten, deren äußerer Rand mit fingerförmigen, abgerundeten Fortsätzen besetzt ist. In tieferer Schicht liegen meist 6strahlige, flache Skleriten. Hellbraun.

Mittelmeer, Azoren, Seinebank. Tiefes Litoral.

1 Art.

B. mollis Phil. 1842 *B. m.*, A. Philippi in: Arch. Naturg., *v.* 8I p. 35 t. 1 f. 1—3 | 1865 *B. m.*, Kölliker, Icon. histiol., p. 137 t. 18 f. 1, 2, 3 | 1887 *B. m.*, G. Koch in: F. Fl. Neapel, *v.* 15 p. 55 t. 1 f. 1 | 1900 *B. m.*, Lacaze-Duthiers in: Arch. Zool. expér., ser. 3 *v.* 8 p. 363 | 1901 *B. m.*, Th. Studer in: Résult. Camp. Monaco, *v.* 20 p. 50 | 1909 nec *B. m.*, J. A. Thomson & J. Simpson, Alcyon. Investigator, *v.* 2 p. 225 t. 3 f. 14, 15 | 1919 *B. m.*, Kükenthal in: Ergeb. Tiefsee-Exp., *v.* 13 pars 2 p. 293, 911.

Die Verästelung ist weitwinklig, nicht sehr reichlich, und im großen und ganzen in einer etwas gekrümmten Ebene erfolgt. Stamm und Äste sind nahezu gleich dick, die Endzweige sind lang und stark eingekrümmt (Fig. 126). Die Polypen stehen seitlich, unregelmäßig wechselständig in 2 mm Entfernung, ihr retraktiler Teil ist mit großen, 0,96 mm langen, fein bedornten Spindeln bewehrt, die transversal in 5—6 facher Reihe stehen, während die in die Tentakelbasen eintretenden, spitz konvergierenden Doppelreihen je 3—4 Spindeln enthalten. Auch in den Tentakeln sind kleine Skleriten in schrägen Doppelreihen vorhanden. Die über 1 mm hohen, schlanken Kelche

Fig. 126. **Bebryce mollis** (1/1).

sind wie die Rinde außen mit eigenartigen, kelchförmigen Skleriten besetzt, von etwa 0,1 mm Höhe und Breite, mit zahlreichen, fingerförmigen Fortsätzen am breiteren, äußeren Kelchrande, und einigen verzweigten Warzen am weniger breiten, inneren Kelchfuß. In tieferer Schicht liegen etwa 0,18 mm messende, ganz flache, meist 6 strahlige Skleriten, die durch Übergänge mit den kelchförmigen Skleriten verbunden sind. Ähnliche Formen finden sich in der Rinde. Achse ziemlich weich, mit relativ großem Zentralstrang. Farbe meist hellbraun.

Mittelmeer, Azoren, Seinebank, Barbados. Im tieferen Litoral.

20. Gen. **Placogorgia** P. Wright & Th. Studer

1889 *P.*, P. Wright & Th. Studer in: Rep. Voy. Challenger, *v.* 31 pars 64 p. 113 | 1910 *P.* (part.), Nutting in: Siboga-Exp., *v.* 13b p. 76 | 1919 *P.*, Kükenthal in: Ergeb. Tiefsee-Exp., *v.* 13 pars 2 p. 841.

Verzweigung in einer Ebene, lateral. Die langen Äste und Zweige biegen nach aufwärts um und verlaufen mit dem Hauptstamm parallel, ihre Enden sind knopfförmig angeschwollen. Die Polypen stehen allseitig, an den

Enden besonders dicht, ihre Kelche sind abgestumpft kegelförmig; ihr Operculum besteht aus je 2—3 spitz konvergierenden Spindeln in den Tentakelbasen, die auf einem transversalen Ringe dorniger Spindeln ruhen. Zwischen den dadurch gebildeten 8 Dreiecken finden sich relativ weite Zwischenräume. Die Kelchwände enthalten große, häufig verzweigte Stachelplatten in sich dachziegelförmig überdeckenden Reihen. Die Rinde enthält lange, an beiden Enden abgestumpfte, oft gebogene Spindeln, welche die Kelchbasen ringförmig umgeben. Weiß.

St. Pauls-Felsen (Atlant. Ozean) und Barbados. Im tiefen Litoral.

Mit 2 sicheren, 7 unsicheren Arten.

Spec. typ.: *P. atlantica* P. Wright & Th. Stud.

Bestimmungstabelle der Arten:

Die Rinde enthält einfache Spindeln	1. **P. atlantica**
Die Rinde enthält Spindeln mit einem keulenförmigen Fortsatz auf der konvexen Seite	2. **P. polybrachis**

1. **P. atlantica** P. Wright & Th. Stud. 1889 *P. a.*, P. Wright & Th. Studer in: Rep. Voy. Challenger, *v.* 31 pars 64 p. 114 | 1910 nec *P. a.*, Nutting in: Siboga-Exp., *v.* 13b p. 77.

Verzweigung in einer Ebene. Die langen seitlichen Äste entspringen vom Hauptstamm in Winkeln von 45—90° und biegen dann nach aufwärts um, mit dem Hauptstamm parallel laufend, sich nochmals ähnlich verzweigend. Die Endzweige sind terminal knopfförmig angeschwollen. Die Polypen stehen allseitig in dichten Spiralen (?) oder vorwiegend seitlich wechselständig, an den Enden in dichter Anordnung, sich mit ihren Basen berührend; ihre Kelche sind an den Ästen und Zweigen abgestumpft kegelförmig und 0,5—1 mm hoch, bei einer Basisbreite von 1,5 mm. Am Stamm sind die Kelche abgeflacht. Das Operculum wird von je 2—3 konvergierenden, 0,37 mm langen Spindeln in den Tentakelbasen gebildet, die große Zwischenräume freilassen, und auf einem transversalen Ring dorniger Skleriten ruhen. In den Kelchwänden finden sich große Stachelplatten mit basalen Ausläufern, die häufig verzweigt sind. Sie stehen in 3—4 Reihen, überdecken sich dachziegelförmig und messen 0,3—0,5 mm im Durchmesser. Am Kelchrand laufen sie in Spitzen aus. In der Rinde liegen bewarzte, an beiden Enden abgestumpfte, 0,38 mm lange Spindeln, die sich um die Kelchbasis in Ringform anordnen und hier leicht gebogen und abgeflacht sind. Weiß.

St. Pauls-Felsen (Atlant. Ozean) in 146 m Tiefe, Barbados. Im tiefen Litoral.

2. **P. polybrachis** Riess MS 1919 *P. p.*, Riess MS in: Kükenthal in: Ergeb. Tiefsee-Exp., *v.* 13 pars 2 p. 911.

Verzweigung sehr reichlich in einer eingekrümmten Ebene. Anastomosen sind häufig. Die Äste entspringen in rechtem oder spitzem Winkel und sind oft nach aufwärts umgebogen. Stamm und Äste sind schwach abgeplattet, die Endzweige terminal angeschwollen. Die Polypen stehen allseitig in dichten Spiralen, an den Enden besonders dicht angehäuft. Ihr Operculum besteht aus einem dreifachen transversalen Ring von Spindeln, denen je zwei konvergierende, gebogene, fein bewarzte Spindeln aufsitzen. Die Kelchskleriten sind breite, bewarzte Stachelplatten, Keulenformen mit stark verzweigter Basis von etwa 0,35 mm Länge, die die Kelchwand senkrecht durchbrechen, sowie einfache, gestreckte Spindeln. In der Rinde herrschen bewarzte, gebogene,

0,41 mm lange Spindeln vor, von deren konvexer Mitte sich ein unverzweigter, breiter, keulenförmiger Fortsatz bis zu 0,2 mm Höhe erheben kann. Grauweiß.

Barbados. Tiefes Litoral.

P. dentata Nutting 1910 *P. d.*, Nutting in: Siboga-Exp., *v.* 13b p. 80 t. 12 f. 4, 4a; t. 22 f. 10 (err. 1a).

Kolonie fächerförmig und etwas netzförmig, mit nur wenig Anastomosen. Der Hauptstamm ist etwas abgeflacht und gibt sehr zahlreiche, äußerst unregelmäßige laterale Äste ab. Die Verzweigung geht bis zu Zweigen fünften Grades. Die Polypen stehen allseitig, an den Zweigenden dichter, in etwa 1 mm Abstand, am Hauptstamm in etwa 2,5 mm Abstand; ihre Kelche sind kurz walzenförmig, 1 mm hoch und 1 mm breit; ihr Operculum ist hoch und besteht aus je zwei langen, gebogenen Spindeln, zwischen deren Basen eine kürzere dritte liegt. In den Kelchwänden liegen abgeflachte Scheiben mit sehr unregelmäßigen, sich überdeckenden Rändern. Diese Skleriten bilden oft unregelmäßige Kränze um die Kelche. Die Rinde enthält ähnliche Formen, echte Stachelplatten, die verbunden eine strahlige Gestalt annehmen. Dunkelbraun.

Vielleicht zu *Echinogorgia* gehörig.

Floressee.

P. cryptotheca Nutting 1910 *P. c.*, Nutting in: Siboga-Exp., *v.* 13b p. 80 t. 12 f. 3, 3a; t. 22 f. 5.

Kolonie fächerförmig, bis zu Zweigen vierten Grades. Die Polypen stehen allseitig und unregelmäßig; ihre Kelche sind sehr niedrig und ragen kaum über die Rindenoberfläche vor. Die dicke Rinde ist mit scheibenförmigen, meist ovalen Skleriten bedeckt, deren freie gezackte Ränder über die Oberfläche ragen und sich teilweise überdecken. Mitunter werden diese Skleriten zu dicken Keulen mit dornigen Fortsätzen am dickeren Ende, auch kommen gelegentlich kleine Spindeln vor. Hellbraun, fast weiß.

Wohl eine *Plexauride* und zu *Plexauroides* gehörig.

Nordcelebes in 80 m Tiefe, Neu-Guinea in 32 m Tiefe, Kei-Inseln in 90 m Tiefe, Aru-Inseln in 13 m und 57 m Tiefe.

P. indica J. A. Thoms. & W. D. Hend. 1906 *P. i.*, J. A. Thomson & W. D. Henderson, Alcyon. Investigator, *v.* 1 p. 67.

Verzweigung annähernd in einer Ebene. Die Polypen stehen lateral und auf einer Fläche, die entgegengesetzte völlig freilassend; ihre Kelche sind kurz und abgestumpft, etwa 0,5 mm hoch; der freie Polypenteil ist mit einer Krone von 4 transversalen Reihen von Skleriten bewehrt, auf denen je 2 konvergierende sitzen, die mitunter ein drittes einschließen, und die gegen die Basis des Tentakels zu gerichtet sind. Die Skleriten der Polypen und der Kelche sind bis 1,2 mm lange Spindeln, die eine blattartige Fortsetzung an einer Seite tragen können, ferner Spindeln oder Keulen mit einem verzweigten, blätterigen Fortsatz am Ende von bis zu 1 mm Länge. In den Kelchwänden sind die Kalkkörper longitudinal angeordnet. Die Skleriten des Stammes sind gerade oder gebogene Spindeln von bis zu 1,1 mm Länge, mit zahlreichen, rauhen Warzen, an den Enden oft gegabelt.

Nicht zu *Placogorgia* gehörig.

Andamanen. In 82—494 m Tiefe.

P. japonica Nutting 1912 *P. j.*, Nutting in: P. U. S. Mus., *v.* 43 p. 83 t. 13 f. 1, 1a; t. 21 f. 2.

Verzweigung anscheinend spärlich. Die Polypen stehen allseitig, an den Zweigenden Klumpen bildend, in den unteren Teilen der Kolonie bis 2,5 mm voneinander entfernt; ihre Kelche sind niedrig und 2,1 mm an der Basis breit; ihr Operculum besteht aus je 3 Spindeln, die in einem spitzwinkligen Dreieck stehen und auf einem kräftigen, transversalen Ring von 2 oder 3 Spindelreihen ruhen. Die Kelchwände sind mit Spindeln oder langen, abgeflachten Platten verschiedener Gestalt erfüllt, die verschieden angeordnet sind. Mitunter umgeben sie die Kelchbasis ringförmig, oder die distalen zeigen Neigung zu longitudinaler Anordnung und stellen dann dreieckige Platten dar, deren Spitzen über den Kelchrand vorragen. In der Rinde liegen dicke Platten von verschiedenem Umriß, aber niemals gegabelt oder deutlich verzweigt, die über 2 mm lang werden können. Auch einige kleine Spindeln kommen vor. Dunkelbraun.

Die Form soll sich durch die großen Spindeln *Muricella*, durch die plattenförmigen Skleriten *Thesea* nähern und mit *Acanthomuricea ramosa* J. A. Thoms. & W. D. Hend. Ähnlichkeit haben. Jedenfalls gehört sie nicht zu *Placogorgia*.

Japan. In 188—193 m Tiefe.

P. orientalis J. A. Thoms. & W. D. Hend. 1906 *P. o.*, J. A. Thomson & W. D. Henderson, Alcyon. Investigator, *v.* 1 p. 68.

Verzweigung in einer Ebene, die Äste entspringen unregelmäßig. Die Polypen stehen ausschließlich seitlich und wechselständig in je einer Reihe, ihre Kelche sind kurz und abgestumpft kegelförmig, 1 mm hoch; ihr Operculum besteht aus je 2 spitz konvergierenden Spindeln, neben denen noch eine oder zwei seitlich davon vorhanden sind. Diese Felder ruhen auf einem Ringe von 4 transversalen Skleritenreihen. Die Kelchwände enthalten schuppenförmige Skleriten von verschiedener Gestalt, die am Kelchrande mehr spindelförmig werden. Die Rinde ist dünn und mit ähnlichen, sich überdeckenden, schuppenartigen, mitunter mehr spindelförmigen, oft verzweigten Skleriten bedeckt, auch kommen Keulenformen vor mit stark verzweigten Blättern.

Nicht zu *Placogorgia* gehörig.

Andamanen. In 82—494 m Tiefe.

P. squamata Nutting 1910 *P. s.*, Nutting in: Siboga-Exp., *v.* 13 b p. 81 t. 12 f. 2, 2 a; t. 22 f. 8.

Kolonie fächerförmig, der fast geradlinig verlaufende Hauptstamm gibt zu beiden Seiten ziemlich regelmäßig wechselständige Äste ab. Verzweigung bis zu Zweigen zweiten Grades. Die Zweigenden sind keulenförmig. Die Polypen stehen allseitig und sehr dicht, sich meist berührend; ihre Kelche sind niedrige, bis 0,8 mm hohe, 1,5 mm breite Warzen; ihr Operculum besteht aus zarten Spindeln, von denen je 2 lange, gebogene eine dritte kürzere einschließen. Darunter liegt ein transversaler Ring, der aus einer Reihe zarter Spindeln gebildet wird. Die Kelchwände sind mit ziemlich großen, sich teilweise überdeckenden Platten mit gezackten Rändern bedeckt. In der Rinde sind diese Skleriten meist unregelmäßiger, auch kommen einzelne Spindeln und unregelmäßige Formen vor. Hell graubraun.

Gehört wohl zu *Echinogorgia*.

Postillon-Inseln bis zu 86 m Tiefe, Aru-Inseln in 57 m Tiefe, Floressee in 73 m Tiefe.

P. studeri Nutting 1910 *P. s.*, Nutting in: Siboga-Exp., *v.* 13 b p. 82 t. 13 f. 1, 1 a; t. 22 f. 9.

Verzweigung in einer Ebene, lateral. Die Polypen stehen allseitig, jedoch vorwiegend lateral und in Abständen von etwa 2,1 mm; ihre Kelche sind abgestumpft kegelförmig, 1 mm hoch, 1,8 mm breit; das Operculum wird von je 3 Spindeln gebildet, die einem aus 3 oder mehr transversalen Spindelreihen bestehenden Ringe aufruhen. In den Kelchwänden liegen sich überdeckende, eiförmige Platten oder starke, oft transversal gelagerte Spindeln. Im distalen Kelchteile liegen viel kleinere, longitudinale Spindeln, deren Enden über den Kelchrand vorragen. In der Rinde liegen außer diesen Platten, deren freie Ränder gezähnelt sind, abgeflachte und normale Spindeln. Hell graubraun.

Wohl eine *Echinogorgia*.

Kei-Inseln. In 90 m Tiefe.

21. Gen. Discogorgia Kükenthal

Placogorgia (part.) Auct. | 1919 *Discogorgia*, Kükenthal in: Ergeb. Tiefsee-Exp., *v.* 13 pars 2 p. 812.

Verzweigung in einer Ebene, meist reichlich. Kolonien fächerförmig, durch Anastomosenbildung auch netzförmig. Die Polypen stehen allseitig und meist in vielen Abständen; ihr Operculum wird von zarten, in Dreiecksform angeordneten Spindeln gebildet; ihre Kelche sind niedrig warzenförmig, die Coenenchymskleriten sind scheibenförmige oder ovale, auch unregelmäßiger gestaltete Platten mit fein gezähnelten Rändern, sowie andere Formen, besonders Spindeln. In den Kelchwänden liegen die Platten in sich teilweise überdeckender Anordnung.

6 Arten.

Spec. typ.: *D. campanulifera* (Nutting)

Bestimmungstabelle der Arten:

1	Kolonie mit Anastomosen — 2	
	Kolonie ohne Anastomosen — 4	
2	Plattenförmige Skleriten mit engstehenden Warzen — 3	
	Plattenförmige Skleriten mit weitstehenden Warzen . .	3. D. alternata
3	Warzen klein	1. D. campanulifera
	Warzen groß	2. D. bebrycoides
4	Polypen an den Ästen in weiteren Abständen — 5	
	Polypen dicht gedrängt	6. D. reticuloides
5	Plattenförmige Skleriten eng bewarzt	4. D. pulchra
	Plattenförmige Skleriten sehr weit bewarzt	5. D. dendritica

1. **D. campanulifera** (Nutting) 1910 *Placogorgia c.*, Nutting in: Siboga-Exp., *v.* 13b p. 77 t. 11 f. 3, 3a; t. 21 f. 13.

Kolonie fächerförmig, stark mit Campanularien und anderen Hydroidpolypen überwachsen. Die Polypen stehen in verschieden weiten Abständen allseitig; ihre warzenförmigen Kelche sind 0,7 mm hoch, 1,2 mm breit. Das Operculum wird von sehr zarten, schlanken Spindeln gebildet. Die Kelchwände enthalten sich teilweise überdeckende, ovale Platten, die im allgemeinen longitudinal angeordnet sind und distalwärts kleiner werden. Ähnliche Skleriten, nur etwas größer, liegen in der Rinde, manche von ihnen werden mehr spindelförmig, andere zeigen mehr kreisförmigen oder ganz unregelmäßigen Umriß (Fig. 127). Die Warzen der plattenförmigen Skleriten sind klein, ihre vorragenden Ränder sind fein gezähnelt. Graubraun.

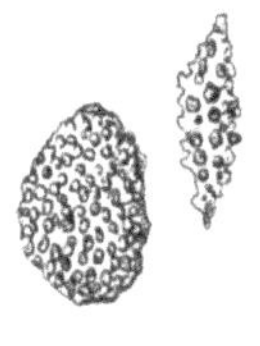

Fig. 127. **Discogorgia campanulifera.** Skleriten (nach Nutting).

Bai von Bima (Malayischer Archipel). In 55 m Tiefe.

2. **D. bebrycoides** (Nutting) 1910 *Placogorgia b.*, Nutting in: Siboga-Exp., *v.* 13b p. 83 t. 13 f. 4, 4a; t. 22 f. 11.

Kolonie fächerförmig, lateral, bis zu Zweigen vierter Ordnung. Die Polypen stehen allseitig, ziemlich dicht und selten in größeren Abständen als 2 mm; ihre Kelche sind sehr niedrige, fast verschwindende Warzen; ihr Operculum ist hoch und aus je 3 Spindeln gebildet, die auf einem transversalen Ring von je 2—3 Reihen von Spindeln ruhen. In den Kelchen liegen ziemlich große, sich überdeckende, scheibenförmige oder ovale Platten mit feingezähnelten Rändern und großen Warzen; auch für die Rinde sind diese Formen charakteristisch. Mitunter sind diese Skleriten nahezu rund und allseitig mit Fortsätzen bedeckt. Typische Spindeln sind sehr selten. Hell lederbraun.

Neu-Guinea in 32 m Tiefe, Aru-Inseln in 57 m Tiefe, Solarstraße in 113 m Tiefe.

3. **D. alternata** (Nutting) 1910 *Placogorgia a.*, Nutting in: Siboga-Exp., *v.* 13b p. 83 t. 13 f. 2, 2a; t. 22 f. 7.

Kolonie fächerförmig, die Äste stehen wechselständig, lateral. Die Polypen stehen allseitig in Entfernungen unter 2 mm; ihre Kelche sind abgestumpft kegelförmig und meist nicht mehr als 1 mm hoch und 2 mm breit; ihr Operculum besteht aus je 2 langen, gebogenen Spindeln, die mit ihren oberen Enden parallel laufen und auf einer kurzen Spindel aufruhen. In den Polypenkelchen liegen flache, scheibenförmige Platten, die sich teilweise mit ihren gezähnten Rändern überdecken. Die dünne Rinde ist mit unverzweigten, bewarzten und verzweigten, weit bewarzten Scheiben und in allen Richtungen gelagerten Spindeln erfüllt. Fast weiß, Stamm und Äste mehr grau.

Britoninsel in 75—94 m Tiefe, Solarstraße in 113 m Tiefe (Malayischer Archipel).

4. **D. pulchra** (Nutting) 1910 *Placogorgia p.*, Nutting in: Siboga-Exp., *v.* 13b p. 78 t. 11 f. 4, 4a; t. 22 f. 4.

Verzweigung sehr unregelmäßig. Die Hauptäste sind im Querschnitt rund, die Astenden sind angeschwollen. Die Polypen sitzen ziemlich gleichmäßig in 1,5 mm Entfernung, ihre Kelche sind sehr niedrige, nicht scharf abgesetzte Erhebungen, ihr Operculum ist flach und bei Retraktion tief unter den Kelchrand eingesunken; es besteht aus einigen kleinen, schlanken Spindeln. In den Kelchwänden und der Rinde liegen sich teilweise überdeckende, kleine, scheibenförmige Platten mit schwach gezähnelten Rändern und dicht stehenden Warzen. Hellkarminrot.

Kei-Inseln in 22 m Tiefe.

5. **D. dendritica** (Nutting) 1910 *Placogorgia d.*, Nutting in: Siboga-Exp., *v.* 13b p. 79 t. 12 f. 1, 1a; t. 22 f. 6.

Verzweigung reichlich in einer Ebene, ohne Anastomosen. Stamm und Äste sind verschieden gekrümmt und verlaufen unregelmäßig. Die Polypen stehen allseitig, an den Zweigen dicht gedrängt, an den größeren Ästen in größeren Abständen. An den Zweigenden bilden die Polypen dicke Anhäufungen. Die Polypenkelche sind niedrige, abgerundete Warzen von 0,7 mm Höhe und 1,2 mm Basisdurchmesser. Das Operculum ist zart. In den Kelchwänden liegen Skleriten, deren blattartige Fortsätze, sich einander teilweise überdeckend, aus der Oberfläche hervorragen. In der Rinde liegen sehr verschiedene, kleine, weit bewarzte Skleritenformen, Kreuze, Sterne und vielstrahlige Körper, von denen viele fein verzweigte, blattartige Fortsätze aufzuweisen haben. Auch einzelne schlanke, gebogene Spindeln kommen vor. Hellgelblich braun.

Kwandangbai in 80 m Tiefe, Britoninsel (Malayischer Archipel) in 75—94 m Tiefe.

6. **D. reticuloides** (Nutting) 1910 *Placogorgia r.*, Nutting in: Siboga-Exp., *v.* 13b p. 84 t. 18 f. 2, 2a.

Kolonie ausgeprägt fächerförmig und nur scheinbar netzförmig. Die Äste und Zweige sind rund und enden angeschwollen. Die Polypen stehen allseitig und gleichmäßig dicht, so daß ihre Basen sich berühren, ihre Kelche sind sehr flach und gehen allmählich in die Rindenoberfläche über; ein Operculum fehlt anscheinend. In den Kelchwänden liegen sich überdeckende Platten mit gezähnelten Rändern, die distalwärts kleiner werden. Der Kelchrand ist auch gezähnelt. In der Rinde liegen abgerundete Platten mit flachen Warzen besetzt, die an den Rändern in ziemlich regelmäßiger Anordnung stehen. Diese Platten weisen verschiedene Größe und Umriß auf, sind aber nicht ausgesprochen gegabelt oder verzweigt. Außerdem kommen einige wenige kleine Spindeln und radiäre Skleriten vor. Hellorange oder terrakottafarben.

Aru-Inseln, Riff, Floressee, in 73 m Tiefe.

22. Gen. **Lepidomuricea** Kükenthal

1906 ***Acanthomuricea*** **(non *A.*, Hentschel 1903), J. A. Thomson & W. D. Henderson, Alcyon. Investigator, *v.* 1 p. 61 | 1919 *Lepidomuricea*, Kükenthal in: Ergeb. Tiefsee-Exp., *v.* 18 pars 2 p. 842.**

Verzweigung in einer Ebene, nur die kurzen Endzweige können senkrecht dazu stehen. Die Polypen sind sehr hoch, und allseitig in verschieden weiten Abständen angeordnet; ihr kegelförmiges, hohes Operculum wird von im Dreieck stehenden, großen Spindeln gebildet, die einem transversalen Spindelringe von 3—5 Reihen aufsitzen. Die walzenförmigen, hohen und schlanken Kelche sind mit sich teilweise überlagernden Platten bedeckt, die einen oberen abgestumpften Fortsatz besitzen. In der dünnen Rinde finden sich Platten, unregelmäßige Scheiben. Stäbe und Spindeln, die mit einem großen, oft blattförmigen Fortsatz versehen sind.

Indischer Ozean. Im Küstenabyssal.

2 Arten.

Spec. typ.: *L. ramosa* (J. A. Thoms. u. W. D. Hend.)

Bestimmungstabelle der Arten:

{ Opercularring mit 3 Reihen von Spindeln	1. **L. ramosa**
{ Opercularring mit 4—5 Reihen von Spindeln	2. **L. spicata**

1. **L. ramosa** (J. A. Thoms. & W. D. Hend.). 1906 *Acanthomuricea r.*, J. A. Thomson & W. D. Henderson, Alcyon. Investigator, *v.* 1 p. 61 t. 5 f. 1, 4, 8; t. 9 f. 5.

Verzweigung in einer Ebene. Die Polypen stehen allseitig, senkrecht und in verschieden weiten Abständen an Stamm und proximalen Astteilen eine Fläche teilweise freilassend (Fig. 128). Das Operculum ist kegelförmig und besteht aus einem in 3 Reihen angeordneten Ringe transversaler Spindeln, denen in Dreiecksform die Opercularskleriten von 0,2 bis 0,8 mm Länge aufsitzen. Die Kelche sind bis 2,3 mm hoch, 1,5 mm breit und bedeckt mit schuppenartigen, sich überdeckenden, in Reihen stehenden Skleriten, die mit abgestumpften Fortsätzen versehen sind. Die Kelchskleriten sind unregelmäßige, bis 0,95 mm lange Platten, bis 0,7 mm lange Scheiben, Dreiecksformen und unregelmäßige, bis 0,6 mm lange Stäbe. In der dünnen Rinde liegen flache Stäbe, unregelmäßige Scheiben, sowie bis 0,7 mm lange Spindeln, die auf einer Seite einen blattförmigen Fortsatz tragen. Grauschwarz.

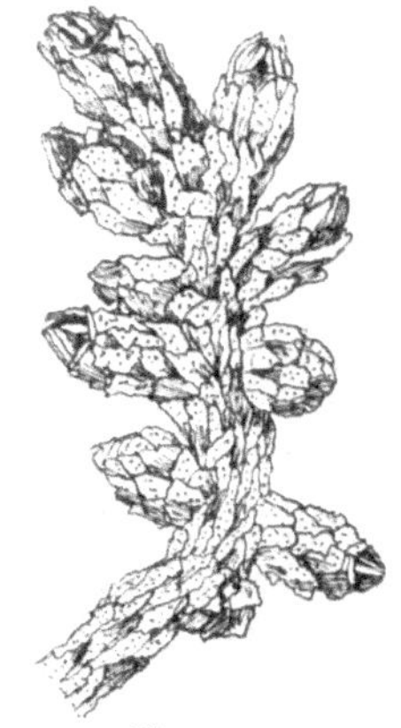

Fig. 128. **Lepidomuricea ramosa.** Ast (nach Thomson & Henderson).

Indischer Ozean (7° 55' nördlicher Breite, 81° 47' östlicher Länge). In 926 m Tiefe.

2. **L. spicata** (J. A. Thoms. & W. D. Hend.) 1906 *Acanthomuricea s.*, J. A. Thomson & W. D. Henderson, Alcyon. Investigator, *v.* 1 p. 63 t. 9 f. 12.

Verzweigung in einer Ebene, bis auf kleine, senkrecht dazu stehende Endzweige. Die Polypen stehen allseitig und dicht, ihr Operculum besteht aus 4—5 transversalen Reihen von bis 0,9 mm langen Spindeln, denen 8 Dreiecke aufsitzen. Die Polypenkelche sind 1,8—2,2 mm hoch und mit breiten Skleriten bedeckt, deren obere, kurze Fortsätze etwas vorragen. Die dünne, rauhe Rinde enthält in einer Schicht 0,6 mm lange, unregelmäßige

Scheiben, bis 1 mm lange, bewarzte Spindeln mit großen zuweilen blattförmigen Fortsätzen und bis 0,5 mm lange, etwas abgeflachte Stäbe. Grauweiß.

Indischer Ozean (6° 31' nördlicher Breite, 79° 38' 45 östlicher Länge). In 734 m Tiefe.

23. Gen. **Brandella** J. E. Gray

1869 *B.*, J. E. Gray in: Ann. nat. Hist., ser. 4 *v.* 3 p. 22 | 1870 *B.*, J. E. Gray, Cat. Lithoph. Brit. Mus., p. 30 | 1882 *Villogorgia* (part.), S. Ridley in: Ann. nat. Hist., ser. 5 *v.* 9 p. 187 | 1889 *V.* (part.), P. Wright & Th. Studer in: Rep. Voy. Challenger, *v.* 31 pars 64 p. 111 | 1910 *V.* (part.), Nutting in: Siboga-Exp., *v.* 13b p. 73 | 1919 *Brandella*, Kükenthal in: Ergeb. Tiefsee-Exp., *v.* 13 pars 2 p. 342.

Verzweigung reichlich in einer Ebene; Anastomosen kommen vor und können die Kolonie netzförmig gestalten. Die Polypen stehen senkrecht, vorwiegend lateral, ihr Operculum wird von in 8 Dreiecken stehenden Spindeln gebildet. Die Skleriten der Rinde und der Kelche sind abgeplattet und vorwiegend Vierstrahler von Schmetterlingsform. Vielfach ragt ein Strahl über die Oberfläche hervor. Rot, braun und weiß.

Polynesien, Malayischer Archipel, Japan, Mauritius, Südostafrika. Im tieferen Litoral.

13 Arten.

Spec. typ.: *B. intricata* Gray

Bestimmungstabelle der Arten:

1	Kolonie netzförmig — 2	
	Kolonie ohne Anastomosen, fächerförmig — 10	
2	Polypen allseitig — 3	
	Polypen vorwiegend seitlich — 9	
3	Äste nicht senkrecht zur Verzweigungsebene abgeplattet — 4	
	Äste senkrecht zur Verzweigungsebene abgeplattet — 8	
4	Polypen in Abständen von 1,5 mm und darüber — 5	
	Polypen in Abständen unter 1 mm — 6	
5	Polypenkelche 0,3 mm hoch	1. **B. inermis**
	Polypenkelche 1,6 mm hoch	2. **B. timorensis**
6	Ohne große Spindeln in der Rinde — 7	
	Mit großen Spindeln in der Rinde	5. **B. serrata**
7	Polypenkelche mit Spindeln	3. **B. flabellata**
	Polypenkelche mit Stachelplatten	4. **B. dubia**
8	Polypenkelche über 1 mm hoch	6. **B. compressa**
	Polypenkelche unter 1 mm hoch	7. **B. mauritiensis**
9	Polypenkelche 0,5 mm hoch	8. **B. intricata**
	Polypenkelche 0,8 mm hoch	9. **B. flavescens**
	Polypenkelche 1,3 mm hoch	10. **B. brunnea**
10	Äste nicht senkrecht zur Verzweigungsebene abgeplattet — 11	
	Äste senkrecht zur Verzweigungsebene abgeplattet . . .	13. **B. flagellata**
11	Farbe rotbraun	11. **B. rubra**
	Farbe weiß	12. **B. gracilis**

1. **B. inermis** (Nutting) 1910 *Villogorgia i.*, Nutting in: Siboga-Exp., *v.* 13b p. 75 t. 14 f. 4, 4a; t. 22 f. 2.

Die Kolonie ist fächerförmig und etwas netzförmig. Die Polypen stehen allseitig und verschieden dicht, in Abständen von bis zu 1,5 mm; ihre Kelche sind walzenförmig oder bei Kontraktion warzenförmig, 0,3 mm hoch,

1,4 mm breit; ihre nahezu glatten Wände sind durchbrochen von kleinen abgestumpften Skleritenfortsätzen, ihr Rand weist einen Ring kurzer Zacken auf. Das Operculum ist rudimentär und wird von einigen sehr kleinen Spindeln an den Tentakelbasen gebildet. Die Rinde enthält vorwiegend Vierstrahler mit einem größeren konischen Fortsatz, ferner Drei- und Fünfstrahler mit je einem größeren Strahl, auch Kreuze und Vielstrahler. Spindeln sind selten. Hellbraun. Achse goldbraun mit starkem Goldglanz.

Insel Rotti. In 34 m Tiefe.

2. **B. timorensis** (Nutting) 1910 *Villogorgia t.*, Nutting in: Siboga-Exp., *v.* 13b p. 74 t. 14 f. 3, 3a; t. 22 f. 3.

Die Kolonie ist fächerförmig und etwas netzförmig verzweigt. Die Polypen stehen senkrecht und allseitig, in sehr verschiedenen, bis zu 3 mm messenden Abständen, ihre Kelche sind röhrenförmig, 1,6 mm lang, 1,2 mm breit, und die Kelchwand ist erfüllt mit meist dreistrahligen Skleriten, deren einer Strahl nach außen ragt. Das Operculum ist sehr hoch und wird von fast longitudinal angeordneten, glatten Spindeln gebildet. In der Rinde liegen große, spindelförmige Skleriten mit ausgebreiteter, meist dreistrahliger Basis, Stachelplatten (Fig. 129), Sterne, Kreuze und vielstrahlige Formen. Dunkelkarminrot, auch die Skleriten.

Fig. 129.
Brandella timorensis.
Skleriten (nach Nutting).

Nach Nutting ähnlich der *Acamptogorgia rubra* J. A. Thoms., nur mit größeren Kelchen.

Neu-Guinea in 118 m Tiefe, Kei-Inseln in 90 m Tiefe, Limarsee in 112 m Tiefe.

3. **B. flabellata** (Gray) 1870 *Boarella f.*, J. E. Gray in: Ann. nat. Hist., ser. 4 *v.* 5 p. 406 | 1882 *Villogorgia (Paramuricea) f.*, S. Ridley in: Ann. nat. Hist., ser. 5 *v.* 9 p. 188.

Verzweigung in einer Ebene, fächerförmig, Äste und Zweige schlank, durch Anastomosen verknüpft. Die Polypen stehen allseitig, die walzenförmigen, durchscheinenden, achtlappigen Polypenkelche enthalten bis 0,46 mm lange, scharf zugespitzte, weit bedornte Spindeln sowie kürzere, 0,355 mm lange Spindeln, deren einer Teil im Winkel eingeknickt ist. Die dünne Rinde enthält 0,32 mm lange, scharf zugespitzte, weit bedornte Spindeln sowie sternförmige, bis 0,212 mm lange Skleriten mit 4—5 langen, unregelmäßigen und gebogenen Armen, von denen einer nicht in einer Ebene mit den anderen liegt. Graubraun, nahe der Basis schwarz.

Verbreitung unbekannt.

4. **B. dubia** nom. nov. Kükth. 1910 *Villogorgia intricata* (non *Brandella i.*, J. E. Gray 1870), Nutting in: Siboga-Exp., *v.* 13b p. 72.

Die Kolonie ist in einer Ebene und netzförmig verzweigt, mit teilweise reichlichen Anastomosen. Die Polypen stehen senkrecht und allseitig, jedoch besonders zahlreich an den Seiten, wo sie nur 0,5 mm voneinander entfernt sind. Die Polypenkelche sind 1 mm hoch, 1 mm breit und ihre Wände sind mit drei- und vierstrahligen Stachelplatten gepflastert, deren blattartige Fortsätze sich teilweise überdecken. Das Operculum ist hoch und wird von je drei in einem spitzwinkligen Dreieck stehenden Skleriten gebildet. Die kleinen Rindenskleriten sind vielfach von Schmetterlingsform, auch Dreistrahler, Kreuze, Sterne usw. kommen vor. Hellbraun mit leicht rötlichem Anflug.

Nutting hat diese Form zu Grays *Brandella intricata* gestellt, von der sie sich aber durch die netzförmige Verzweigung, die engere Anordnung der Polypen, deren doppelte Höhe, ein hohes Operculum und andere Skleritenform unterscheidet.

Aru-Inseln in 57 m, Solarstraße in 113 m, Floressee in 73 m Tiefe.

5. **B. serrata** (Nutting) 1910 *Villogorgia s.*, Nutting in: Siboga-Exp., *v.* 13b p. 73 t. 13 f. 3, 3a; t. 21 f. 14.

Verzweigung ausgesprochen fächer- und netzförmig, mit zahlreichen Anastomosen. Die Äste sind überall von fast gleichem Durchmesser. Die Polypen stehen gleichmäßig und dicht gedrängt allseitig, ihre Kelche sind niedrig warzenförmig, bis 1 mm hoch bei 1,5 mm Durchmesser, und stark retraktil. Ihre Wände sind mit sich teilweise überdeckenden Skleriten erfüllt, an ihrem Rande stehen abgestumpfte, gezähnte Fortsätze vor. Das Operculum besteht aus je zwei spitz zulaufenden Spindeln mit einer dritten dazwischen. Die dicke Rinde ist erfüllt mit unregelmäßig strahligen Skleriten und außerdem vereinzelten riesig großen, bewarzten Spindeln. Hell rötlichbraun.

Aru-Inseln. In 57 m Tiefe.

6. **B. compressa** (Hiles) 1899 *Villogorgia c.*, Hiles in: Willey, Zool. Results, pars 2 p. 200 t. 22 f. 7 | 1910 *V. c.*, Nutting in: Siboga-Exp., *v.* 13b p. 71.

Verzweigung reichlich, in einer Ebene, die Äste gehen von beiden Seiten des Hauptstammes im Winkel von 80—90° ab. Anastomosen sind häufig. Die stärkeren Äste sind senkrecht zur Verzweigungsebene abgeplattet. Die Polypen stehen senkrecht in Abständen von 1—2 mm, an den Zweigenden dichter, auf einer Fläche spärlicher als auf der entgegengesetzten. Sie sind 1—1,2 mm lang, 0,83—1,05 mm dick und ihre Skleriten sind bis 0,4 mm lang. Das Operculum ist von Dreiecken gebildet. Die dünne Rinde enthält bis 0,55 mm lange Spindeln, sowie bis 0,15 mm messende Sterne. Polypen rot, die Rinde bräunlich.

Blanche-Bay, Neu-Brittanien in 91 m Tiefe.

7. **B. mauritiensis** (S. Ridl.) 1882 *Villogorgia m.*, S. Ridley in: Ann. nat. Hist., ser. 5 *v.* 9 p. 189 | 1900 *V. m.*, Hickson in: Mar. Invest. S. Afr., [*v.* 1] p. 87.

Verzweigung reichlich, in einer Ebene, die Äste gehen im Winkel von etwa 30°, die Zweige im Winkel von 45—80° ab. Stamm und Hauptäste sind schlank, die Endzweige fadendünn. Anastomosen sind häufig im mittleren Teil und die dadurch gebildeten Maschen sind länglich. Die Hauptäste sind senkrecht zur Verzweigungsebene stark abgeplattet. Die Polypen stehen allseitig, besonders dicht an den Zweigenden. Die Länge ihrer Kelche beträgt 0,7—0,75 mm, bei einem Durchmesser von 0,75 mm, ihre Skleriten sind 0,39 mm lange, dicht bewarzte Spindeln mit einem verdickten, glatteren Ende. In der dünnen Rinde liegen ähnliche, 0,35 mm lange Formen, sowie fast glatte, vierstrahlige, etwa 0,14 mm lange Skleriten. Schmutzig schwarz an den Hauptästen, bräunlich an den Endzweigen.

Mauritius, in 164 m Tiefe, East-London, in 156 m Tiefe.

8. **B. intricata** Gray 1870 *B. i.*, J. E. Gray, Cat. Lithoph. Brit. Mus., p. 30 | 1882 *Villogorgia i.*, S. Ridley in: Ann. nat. Hist., ser. 5 *v.* 9 p. 188 | 1889 *V. i.*, P. Wright & Th. Studer in: Rep. Voy. Challenger, *v.* 31 pars 64 p. 109 | 1897 *V. i.*, Whitelegge in: Mem. Austral. Mus., *v.* 3 p. 314 | 1899 *V. i.*, Hiles in: Willey, Zool. Results, pars 2 p. 199 | 1899 *V. i.*, Hiles in: P. zool. Soc. London, p. 48 | 1910 *V. i.*, Nutting in: Siboga-Exp., *v.* 13b p. 73.

Verzweigung reichlich in einer Ebene, mit gelegentlich anastomosierenden Zweigen. Die Äste gehen im Winkel von 50° unregelmäßig wechselständig vom Hauptstamm ab, die Zweige entspringen in rechtem Winkel. Die Polypen stehen senkrecht, vorwiegend zu beiden Seiten und in unregelmäßigen Abständen von durchschnittlich 1 mm, sind 0,5 mm hoch und 0,54 mm breit und dicht bewehrt mit abgeplatteten, scheibenförmigen oder meist dreieckigen, bedornten, bis 0,19 mm messenden Skleriten mit einfachen oder verzweigten, seitlichen, zahnartigen Fortsätzen. Das niedrige Operculum besteht aus drei in einem Dreieck angeordneten, breiten Skleriten, von denen das horizontale 0,15 mm, die beiden konvergierenden 0,2 mm lang sind. Ein viertes Sklerit liegt zwischen ihnen. In der dünnen, teilweise durchscheinenden Rinde liegen vierstrahlige Sterne und breite gebogene Spindeln von bis 0,21 mm Länge, mit dornigen Fortsätzen besonders auf der konvexen Seite. Die Achse ist hornig, biegsam und längsgestreift. Bräunlich (im Alkohol).

Baßstraße, zwischen Fidschi-Inseln und Neu-Hebriden in 265 m Tiefe. Sandelbai, Lifu in 55—73 m Tiefe. Funafuti.

9. **B. flavescens** (Nutting) 1910 *Villogorgia f.*, Nutting in: Siboga-Exp., *v.* 13b p. 75 t. 14 f. 1, 1a; t. 22 f. 1.

Die Kolonie ist fächerförmig und ausgesprochen netzförmig. Die Polypen stehen senkrecht, vorwiegend seitlich und wechselständig in Abständen von durchschnittlich 1,6 mm. Ihre Kelche sind röhrenförmig, 0,8 mm hoch, 1 mm breit, und ihre ziemlich glatte Wand ist erfüllt mit sehr kleinen, verschieden geformten Skleriten; ihr Rand trägt schwache Vorsprünge. Das Operculum ist hoch und aus 8 Dreiecken von je 3 Spindeln gebildet. In der Rinde liegen Dreistrahler, schmetterlingsähnliche Formen, Vielstrahler und Stachelplatten, selten einfache Spindeln. Hellbraun.

Paternoster-Inseln in 521 m Tiefe, Nord-Celebes in 80 m Tiefe. Kei-Inseln in 397 m Tiefe.

10. **B. brunnea** (Nutting) 1912 *Villogorgia b.*, Nutting in: P. U. S. Mus., *v.* 43 p. 84 t. 12 f. 2, 2a; t. 21 f. 3.

Die Kolonie ist fächer- und netzförmig. Die Polypen stehen vorwiegend seitlich in Abständen von etwa 1,5 mm; ihre Kelche sind 1,3 mm hoch, 1,5 mm dick, und walzenförmig oder abgestumpft kegelförmig. Ihre Wände sind erfüllt mit kleinen Drei- oder Vierstrahlern, von denen je eine kurze Spitze etwas über die Oberfläche vorragt. Auf einem von 2 oder mehr Reihen von Spindeln gebildeten Ring stehen 8 spitzwinklige Dreiecke, von je 3 Spindeln, außerdem gewöhnlich noch einige weitere parallel laufende Spindeln. In der Rinde liegen kleine Drei- und Vierstrahler, sowie schmetterlingsähnliche Formen, auch unregelmäßige Skleriten, sowie einige wenige Spindeln und Keulen kommen vor. Lebhaft gelblichbraun.

Sata-Misakibucht (Japan) in 188 m Tiefe.

11. **B. rubra** (Hiles) 1899 *Villogorgia r.*, Hiles in: Willey, Zool. Results, pars 2 p. 199 | 1899 *V. r.*, Hiles in: P. zool. Soc. London, p. 48 t. 2 f. 1, 2, 3, 4.

Verzweigung reichlich in einer Ebene. Die Äste gehen beiderseits vom Stamme im Winkel von 80—90° ab; und auch die Zweige entspringen rechtwinklig. Die Polypen stehen senkrecht in Entfernungen von 1—2 mm, vorwiegend seitlich und sind 0,92 mm hoch, 1,3 mm an der Basis breit; ihr Operculum besteht aus je 3 im Dreieck angeordneten, 0,31 mm langen, breiten, etwas bedornten Spindeln. Der Kelch ist bedeckt mit breiten, steifen, etwa dreieckigen, 0,22 mm messenden Platten, mit verzweigten, seitlichen Ausläufern. Die dünne Rinde enthält abgeflachte, gebogene, 0,12 mm lange Spindeln, von deren konvexer Seite Dornen abgehen, sowie 4strahlige Sterne. Rotbraun, Skleriten der Rinde und der Kelche glänzendrot, Operculum weiß.

Elliceinsel in 73—180 m Tiefe, Sandelbai, Lifu.

12. **B. gracilis** (Th. Stud.) 1878 *Paramuricea g.*, Th. Studer in: Monber. Ak. Berlin, p. 653 t. 3 f. 19a, b, c.

Kolonie in einer Ebene verzweigt, mit sehr schlanken, biegsamen Ästen. Anastomosen fehlen. Die Polypen stehen senkrecht, seitlich wechselständig, sind 0,8—1 mm hoch, und ihre Kelche sind dicht mit Skleriten erfüllt. Ein Operculum ist vorhanden. Die Rinde ist sehr dünn und erfüllt mit vierstrahligen, 0,24—0,3 mm langen Skleriten. Weiß.

Bougainville, Salomons-Archipel in 88 m Tiefe.

13. **B. flagellata** (Whitelegge) 1897 *Villogorgia f.*, Whitelegge in: Mem. Austral. Mus., *v.* 3 p. 312 t. 16 f. 16—20.

Verzweigung in einer Ebene, lateral, gegenständig oder wechselständig, mit langen, schlanken, sehr dünnen Endzweigen. Die Äste sind senkrecht zur Verzweigungsebene komprimiert. Die Polypen stehen in Abständen von 0,5—1 mm, sind abgerundet kegelförmig bis walzenförmig und 0,7—0,8 mm hoch, 0,5—0,6 mm breit. Die Tentakel weisen an ihrer Basis einige wenige unregelmäßig gebogene, fein bewarzte Spindeln auf von 0,15—0,25 mm Länge, die auf ihrer konvexen Seite nahe ihrem freien Ende mit 3—4 zahnartigen Fortsätzen versehen sind. Die Kelchskleriten sind 0,15—0,35 mm messende Dreistrahler, deren oberer Strahl lang und dornartig aus der Oberfläche vorragt. Der Kelchrand wird überragt von einer Anzahl langer, zugespitzter Fortsätze ähnlicher 0,3—0,5 mm messender Skleriten. Die sehr dünne Rinde enthält ein Lager vierstrahliger, 0,15—0,2 mm messender Skleriten, von denen ein Strahl über die Oberfläche vorragt. Gelbweiß.

Funafuti.

24. **Villogorgia** Duchassaing & Michelotti

1860 *V.*, Duchassaing & Michelotti in: Mem. Acc. Torino, ser. 2 *v.* 19 p. 32 t. 4 f. 2 | 1865 *Paramuricea* (part.), Kölliker, Icon. histiol., p. 136 | 1882 *Villogorgia* + *P.* (part.) + *Brandella*, S. Ridley in: Ann. nat. Hist., ser. 5 *v.* 9 p. 187 | 1889 *V.* + *B.*, P. Wright & Th. Studer in: Rep. Voy. Challenger, *v.* 31 pars 64 p. 109 | 1910 *V.* + *B.*, Nutting in: Siboga-Exp., *v.* 13b p. 69 | 1919 *V.*, Kükenthal in: Ergeb. Tiefsee-Exp., *v.* 13 pars 2 p. 843.

Verzweigung reichlich, in einer Ebene. Die Äste sind senkrecht zur Verzweigungsebene abgeplattet. Die walzenförmigen Polypen stehen senkrecht und sind dicht mit Skleriten erfüllt. Das Operculum besteht aus je 8 im Dreieck angeordneten Spindeln. In der dünnen Rinde liegen flache, 4-, 6- oder 8strahlige Skleriten. Schwärzlich.

Verbreitung: Guadeloupe.

1 Art.

1. **V. nigrescens** Duchass. & Mich. 1860 *V. n.*, Duchassaing & Michelotti in: Mem. Acc. Torino, ser. 2 *v.* 19 p. 32 t. 4 f. 2 | 1865 *Paramuricea n.*, Kölliker, Icon. histiol., p. 136 t. 17 f. 19, 20 | 1889 *Villogorgia n.*, P. Wright & Th. Studer in: Rep. Voy. Challenger, *v.* 31 pars 64 p. 110.

Verzweigung in einer Ebene, reichlich. Die Äste sind senkrecht zur Verzweigungsebene abgeplattet. Die walzenförmigen Polypen stehen senkrecht auf ihrer Unterlage. Die Polypenkelche sind dicht mit Skleriten von 0,18 bis 0,48 mm Länge erfüllt. In der Polypenwand liegen vorwiegend Dreistrahler in dichter, sich ineinander schiebender Anordnung. Auf einem Ring horizontaler, bedornter und gekrümmter Spindeln erheben sich in 8 konvergierenden Paaren je 2 gekrümmte, 0,14—0,39 mm lange Skleriten, zwischen die sich ein drittes einschiebt. Die dünne Rinde enthält in nicht dichter Anordnung 4-, 6- oder 8strahlige Sterne von 0,07—0,27 mm Länge. Schwärzlich.

Guadeloupe.

25. Gen. **Paramuricea** Kölliker

1865 *P.* + *Villogorgia*, Kölliker, Icon. histiol., p. 136 | 1870 *Boarella*, J. E. Gray in: Ann. nat. Hist., ser. 4 *v.* 5 p. 406 | 1882 *Villogorgia* (part.), S. Ridley in: Ann. nat. Hist., ser. 5 *v.* 9 p. 187 | 1883 *Paramuricea*, A. E. Verrill in: Bull. Mus. Harvard, *v.* 11 p. 34 | 1889 *P.*, P. Wright & Th. Studer in: Rep. Voy. Challenger, *v.* 31 pars 64 p. 98 | 1913 *P.*, Broch in: Norske Selsk. Skr., 1912 nr. 2 p. 20 | 1919 *P.*, Kükenthal in: Ergeb. Tiefsee-Exp., *v.* 13 pars 2 p. 843.

8 sichere Arten, 11 unsichere.

Spec. typ.: *P. placomus* (L.)

Bestimmungstabelle der Arten:

1	Die Polypen stehen an den Ästen allseitig — 2	
	Die Polypen stehen an den Ästen vorwiegend seitlich — 4	
2	Basaler Polypenteil nackt — 3	
	Basaler Polypenteil mit transversalen Spindeln bedeckt . .	3. **P. kükenthali**
3	Transversaler Skleritenring aus 4 Reihen gebildet	1. **P. placomus**
	Transversaler Skleritenring aus 5—8 Reihen gebildet . . .	2. **P. chamaeleon**
4	Kolonie verzweigt — 5	
	Kolonie unverzweigt oder sehr spärlich verzweigt — 7	
5	Endzweige aufrecht — 6	
	Endzweige herabhängend	6. **P. laxa**
6	Kelchskleriten teilweise von Keulenform	4. **P. ramosa**
	Kelchskleriten Spindeln	5. **P. hirsuta**
7	Polypenkelch mit fünfstrahligen Skleriten von etwa 0,2 mm Durchmesser	7. **P. johnsoni**
	Polypenkelch mit Drei- und Mehrstrahlern sowie Spindeln von 0,4 mm Länge	8. **P. hyalina**

1. **P. placomus** (L.) 1758 *Gorgonia p.*, Linné, Syst. Nat., ed. 10 p. 802 | 1765 *G. flabelliformis*, Gunnerus in: Skr. Selsk. Trondhiem., pars 3 p. 1 t. 1 | 1834 *Muricea placomus*, Ehrenberg in: Abh. Ak. Berlin, p. 358 | 1865 *Paramuricea p.*, Kölliker, Icon. histiol., p. 136 | 1868 *? Acanthogorgia hirta*, Pourtalès in: Bull. Mus. Harvard, *v.* 1 p. 131 | 1883 *Paramuricea borealis* + *P. h.*, A. E. Verrill in: Bull. Mus. Harvard, *v.* 11 p. 35 t. 3 f. 3, 3a, 3b | 1887 *Muricea placomus*, G. Koch in: F. Fl. Neapel, *v.* 15 p. 43 t. 1 f. 6; t. 3 f. 1—3; t. 5 f. 4; t. 6 f. 17; t. 7 f. 1—18 | 1887 *Paramuricea elegans*, Grieg in: Bergens Mus. Aarsber., 1886 p. 10 t. 5; t. 7 f. 1—18 | 1890 *P. borealis*, Hedlund in: Bih. Svenska Ak., *v.* 16 nr. 6 p. 15 t. 2 f. 28 | 1894 *Muriceides ramosus* + *P. placomus*, Grieg in: Bergens Mus. Aarbog, nr. 2 p. 6; p. 8 t. 1 f. 3—26; t. 2 f. 27—41, f. 45—47 | 1901 *? P. hirta*, Hargitt & Rogers in: Bull. U. S. Fish. Comm., *v.* 2 p. 281 | 1906 *Muricea paucituberculata*, Marion in: Exp. Travailleur & Talisman, p. 145 | 1913 *Paramuricea placomus*, Broch in: Norske Selsk. Skr., nr. 2 p. 21 | 1916 *P. p.*, Jungersen in: Bergens Mus. Aarbog, nr. 6 p. 27.

Verzweigung vorwiegend in einer Ebene, Anastomosen sind selten. Die Polypen stehen allseitig und verschieden weit, am dichtesten an den Endzweigen größerer Kolonien; ihre Länge beträgt etwa 3 mm bei 1 mm Breite. Der Kelch ist 0,8 mm hoch. Der untere Teil der Polypenwand ist skleritenfrei, im oberen liegt eine Krone von je 2—3 Paar meist gebogenen, 0,5 mm langen Spindeln, deren 8 konvergierende Felder auf einem transversalen Ringe von etwa 4 Reihen aufsitzen, in 8 Spitzen enden, und das Operculum bilden (Fig. 130). In den Tentakeln liegen nach der Spitze zu divergierende Doppelreihen kleiner, flacher, oft unregelmäßiger, stab- oder keulenförmiger Skleriten. Die Polypenkelche enthalten in acht dichten aber undeutlichen Doppelreihen stehende, stark abgeplattete und oft mit großen Ausläufern versehene, bis 0,75 mm lange Skleriten, deren distales Ende glatt und zugespitzt ist. In der Rinde sind diese Skleriten nur bis 0,55 mm lang, daneben kommen gerade oder gebogene Stäbe und Spindeln vor. Leuchtend orangegelb oder weiß.

Fig. 130.
Paramuricea placomus
Polyp (nach Broch).

Nördliche atlantische Küsten von Europa und Amerika. Im tiefen Litoral und Küsten-Abyssal.

2. **P. chamaeleon** G. Koch 1887 *Muricea c.* + *M. kölliken* + *M. macrospina*, G. Koch in: F. Fl. Neapel, *v.* 15 p. 42 t. 1 f. 5, 7; t. 2 f. 1—9; t. 3 f. 16; t. 5 f. 2; t. 7 f. 6—9, 19, 36; t. 8 f. 25.

Fig. 131.
Paramuricea chamaeleon.
Polyp (nach v. Koch).

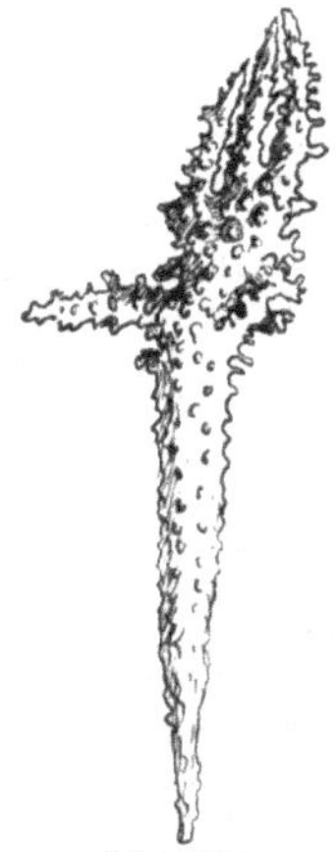

Fig. 132.
Paramuricea chamaeleon.
Polyp (nach v. Koch).

Verzweigung in einer Ebene, unregelmäßig, nicht selten mit Anastomosen. Zweige sehr dünn und biegsam. Die Polypen stehen unregelmäßig verteilt, an den Enden dicht gedrängt; sie messen in ausgestrecktem Zustande 6 mm, in kontrahiertem 1—2 mm. Der untere Teil des retraktilen Polypenkörpers ist skleritenfrei (Fig. 131), dann folgt ein Ring von 5—8 Reihen transversaler, 0,4 mm langer, gekrümmter Spindeln, deren konvexe Seite dicht mit ziemlich hohen, konischen Warzen besetzt ist (Fig. 132). Darauf stehen 8 Felder von 2—4 konvergierenden Spindeln von bis zu 0,7 mm Länge, deren unteres Drittel knieförmig umgebogen ist, während das obere Ende glatter ist und vorragt. Diese Skleriten bilden das Operculum. In der Rinde liegen bis 0,6 mm lange, plumpe Spindeln, die mit Warzen, oft auch dicken Auswüchsen besetzt sind, sowie unregelmäßige Formen. Karminrot oder gelb.

Bai Capri (Mittelmeer). In 50—100 m Tiefe.

3. **P. kükenthali** Broch 1913 *P. k.*, Broch in: Norske Selsk. Skr., nr. 2 p. 26.

Verzweigung vorwiegend in einer Ebene. Die Polypen stehen allseitig und verschieden weit, am dichtesten an den Zweigspitzen; ihre Länge beträgt 4,5 mm, wovon 1,5 mm auf den Kelch kommen, ihre Breite 1,5 mm. Ihre Bewehrung besteht aus einer großen Anzahl in transversalen Reihen gelagerter, auch den Polypenhals bedeckender Spindeln, denen je 5 und mehr Paar immer steiler konvergierender Spindeln aufsitzen, von denen die obersten ein Operculum bilden. Die Polypenskleriten sind bis 0,7 mm lang und stellen meist schwach bedornte, unregelmäßig gebogene Spindeln dar (Fig. 133). In den Tentakeln liegen zahlreiche 0,38 bis 0,07 mm lange, schräg divergierende Skleriten, Stäbe, Keulen und Spindeln, die reich bedornt sind, und auch in den Pinnulä vorkommen. Die ziemlich dünne, oberflächlich fein bestachelte Rinde ist lückenlos mit Skleriten inkrustiert; außer stark bedornten Spindeln, die meist unregelmäßig gebogen sind, finden sich flache, bis 0,5 mm lange, oft verzweigte und stark bedornte Formen, die einen sehr kräftig entwickelten, meist senkrecht abgehenden Fortsatz mit zerschlitztem Ende tragen, die die Rindenoberfläche durchbricht. Besonders stark sind diese Stachelskleriten in den Kelchen entwickelt, wo sie eine Länge von 0,65 mm erreichen. Hellrosa.

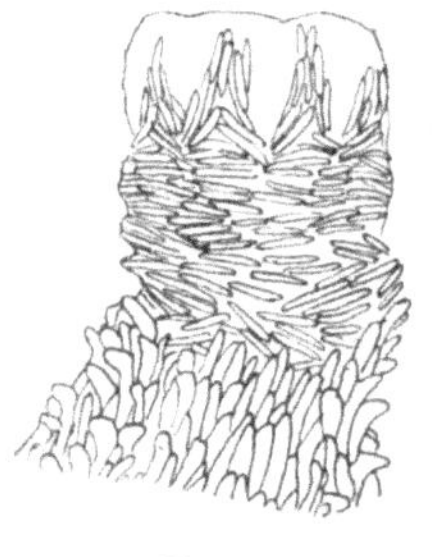

Fig. 133.
Paramuricea kükenthali.
Polyp (nach Broch).

Nördliches Norwegen. Im unteren Litoral und Küsten-Abyssal.

4. **P. ramosa** P. Wright & Th. Stud. 1889 *P. r.*, P. Wright & Th. Studer in: Rep. Voy. Challenger, *v.* 31 pars 64 p. 102 t. 22 f. 7; t. 26 f. 1.

Verzweigung in einer Ebene, fächerförmig, mit Anastomosen. Die Polypen entspringen senkrecht und vorwiegend seitlich, einen nackten Rindenstreifen freilassend, in Zwischenräumen von 1,5—2 mm, an den Enden dichter; sie sind 1—1,5 mm hoch, 1 mm breit, und ihre Krone besteht aus bis 0,45 mm langen, breiten, bedornten Spindeln. Im Kelche liegen keulenförmige Skleriten sowie Stachelplatten von bis zu 0,45 mm Länge, von deren breiter, wurzelartig verästelter Basis sich ein mit zugespitzten Dornen besetzter, keulenförmiger Fortsatz erhebt. Die dünne Rinde enthält 0,25—0,5 mm lange, gerade oder schwach gebogene Spindeln mit scharfen Dornen, und auch mit zwei dornigen Fortsätzen an ihrer konvexen Seite.

Tom-Bai (Patagonien). In 320 m Tiefe.

5. **P. hirsuta** (Gray) 1851 *Nidalia occidentalis* (non *N. o.*, J. E. Gray 1835), J. E. Gray in: P. zool. Soc. London, *v.* 19 p. 125 Rad. t. 3 | 1857 *Acanthogorgia hirsuta*, J. E. Gray in: P. zool. Soc. London, *v.* 25 p. 128 Rad. t. 7 | 1861 *A. h.*, J. Y. Johnson in: P. zool. Soc. London, p. 297 | 1878 *A. h.*, Th. Studer in: Monber. Ak. Berlin, p. 652 | 1919 *Paramuricea h.*, Kükenthal in: Ergeb. Tiefsee-Exp., *v.* 13 pars 2 p. 911.

Verzweigung in einer Ebene, ziemlich spärlich. Die schlanken Polypen stehen senkrecht, seitlich in Abständen von 2 mm, und ihre Kelche werden 2 mm hoch. Das Operculum besteht aus 4 Paar bis 0,4 mm langen Spindeln, die einem transversalen, aus 4—6 Reihen gebildeten Skleritenringe aufsitzen. In den Polypenkelchen liegen in longitudinaler Anordnung bis 0,6 mm lange, dicke, meist gestreckte, weitbedornte Spindeln, die den Rand etwas überragen können. Ähnliche, teilweise abgeplattete Spindeln mit einzelnen größeren Ausläufern finden sich in der Rinde. Weiß.

Madeira. In 110 m Tiefe.

6. **P. laxa** P. Wright & Th. Stud. 1889 *P. l.*, P. Wright & Th. Studer in: Rep. Voy. Challenger, *v.* 31 pars 64 p. 101 t. 22 f. 8; t. 26 f. 2.

Verzweigung in einer Ebene, locker, mit langen Endzweigen. Die Polypen stehen vorwiegend zu beiden Seiten, an den Enden in dichter Anordnung; ihre Länge beträgt 1,3 mm bei 1 mm Durchmesser. Die Polypenkrone besteht aus einem Ringe stark gekrümmter, bedornter, bis 0,38 mm langer Spindeln, dem je 3 Skleriten von bis zu 0,35 mm Länge aufsitzen. Der Kelch enthält 8 Reihen 0,3 mm langer Stachelplatten, in der Rinde liegen bis 0,33 mm lange Spindeln, meist gekrümmt und mit großen Fortsätzen auf einer Seite, sowie unregelmäßigen Formen. Gelb.

Sermientakanal (Patagonien). In 732 m Tiefe.

7. **P. johnsoni** (Th. Stud.) 1878 *Acanthogorgia j.*, Th. Studer in: Monber. Ak. Berlin, p. 652 t. 3 f. 18a, b, c.

Unverzweigt oder sehr spärlich verzweigt. Die Polypen stehen in ziemlich weiten Abständen seitlich, und senkrecht auf der Unterlage, im distalen Teile des Stammes etwas schräg nach aufwärts gerichtet. Der retraktile Polypenteil ist glockenförmig und trägt auf 3 Reihen transversaler Spindeln ein Operculum von je 3 Paar steil konvergierender Spindeln, die schlank, abgeflacht und mit weitstehenden Dornen besetzt sind. Der basale Teil des retraktilen Polypenteiles ist nackt. Die Kelchwand ist stark gepanzert mit fünfstrahligen Skleriten, von denen ein glatter, stachelförmiger Strahl nach außen gerichtet ist. Ähnliche Skleriten hat die Rinde. Blaßviolett.

Kap Verden. Im tiefen Litoral.

8. **P. hyalina** Kükth. 1919 *P. h.*, Kükenthal in: Ergeb. Tiefsee-Exp., *v.* 13 pars 2 p. 295 t. 30 f. 7.

Kolonie anscheinend unverzweigt, schlank. Die Polypen stehen vorwiegend aber nicht ausschließlich seitlich, und entspringen aus ziemlich hohen, konischen Kelchen, die in etwa 2 mm Entfernung stehen. Ihre Bewehrung besteht aus zu 5—6 in konvergierenden Doppelreihen angeordneten, flachen, wenig bedornten Spindeln, an deren Spitze sich ein die Tentakelrücken durchziehendes Operculum, aus konvergierenden Spindeln bestehend, anschließt. Der basale Teil des retraktilen Polypen ist skleritenfrei. Die Kelche enthalten bis 0,4 mm lange Dreistrahler und Mehrstrahler, auch Spindeln mit einzelnen, großen Fortsätzen. Diese Skleriten sind stark abgeflacht. Die äußere Rinde enthält ähnliche Formen, die innere, longitudinal gestellte, kleine, bedornte Spindeln. Die Rinde ist fast durchsichtig. Achse rein hornig. Farbe rehbraun.

Kongomündung. In 44 m Tiefe.

P. grandis Verrill 1883 *P. g.*, A. E. Verrill in: Bull. Mus. Harvard, *v.* 11 p. 37 t. 3 f. 3, 3a, 3b.

Verzweigung der großen Kolonie annähernd in einer Ebene, die Äste gehen in weitem Winkel ab und biegen dann nach aufwärts um. Die Polypen stehen allseitig und sehr dicht. Ihre Bewehrung besteht aus einem Ringe transversal angeordneter gebogener, schlanker und feinbewarzter, bis 0,9 mm langer Spindeln, auf denen in 8 Doppelreihen bis 0,85 mm lange, konvergierende Spindeln stehen. Die Kelche sind etwas breiter als hoch und enthalten abgeplattete, dornige, bis 0,86 mm lange Skleriten mit einem breiteren und oft verzweigten und einem zugespitzten und bedornten Ende, die am Kelchrande acht wenig vorspringende Zähne bilden. Die ziemlich dicke Rinde ist mit unregelmäßig gestalteten, bis 0,67 mm messenden Skleriten ohne vorspringenden

Stachel, sowie mit kleineren, oft gekrümmten, stark bewarzten Spindeln erfüllt. Dunkelbraun bis fast schwarz (in Alkohol).

Wahrscheinlich identisch mit *P. placomus* (nr. 1).

Ostküste von Nordamerika (St. Georgsbank, 41° 32′ 50″ n. Br., 65° 55′ westl. L.). In 959 m Tiefe.

P. tenuis Verrill 1883 *P. t.*, A. E. Verrill in: Bull. Mus. Harvard, *v.* 11 p. 38.

Kolonie schlank, fächerförmig, mit dicken, gelegentlich anastomosierenden Ästen. Die Polypen stehen an den Zweigen vorwiegend in zwei seitlichen Reihen, nicht sehr eng beieinander; ihre Bewehrung besteht aus einer Krone, deren transversale Skleriten schlanke, gebogene Spindeln darstellen, denen acht Felder zugespitzter, konvergierender aufsitzen. Die Kelche sind 0,5 mm hoch, 0,6 mm breit, walzen- oder warzenförmig mit stark bewarzten Spindeln bedeckt, von denen die des Kelchrandes ein wenig vorragen. Die dünne Rinde ist dicht erfüllt mit ziemlich kleinen, spindelförmigen oder unregelmäßig sehr kräftig bewarzten Skleriten, deren eines Ende etwas über die Oberfläche vorragen kann. Grau oder braun (in Alkohol).

Vielleicht identisch mit *P. placomus* (nr. 1).

Barbados. In 139 m Tiefe. Antillen.

P. atlantica (J. Y. Johns.) 1862 *Acanthogorgia a.*, J. Y. Johnson in: P. zool. Soc. London, p. 194 | 1883 *Paramuricea a.*, A. E. Verrill in: Bull. Mus. Harvard, *v.* 11 p. 35 | 1909 *P. a.*, J. Stephens in: Sci. Invest. Fish. Ireland, 1907 nr. 5 p. 15.

Spärlich in einer Ebene verzweigt, die Zweige enden abgerundet. Die Polypen stehen allseitig und sehr dicht, und ihre kurzen, walzenförmigen Kelche weisen am Rande weit vorragende Skleriten auf, die aus einer verzweigten, nicht sehr stark bewarzten Basis und einem bedornten, vorragenden Stachel bestehen. Dunkelbraun.

Wahrscheinlich identisch mit *P. placomus* (nr. 1).

Madeira. Im tiefen Wasser.

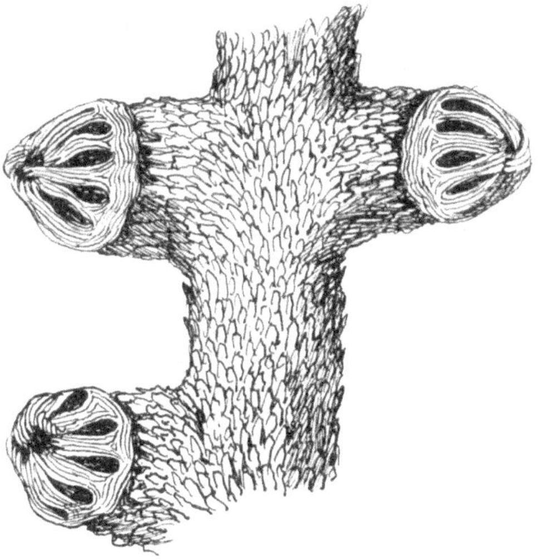

Fig. 134. **Paramuricea aequatorialis.** Aststück (nach Wright & Studer).

P. aequatorialis P. Wright & Th. Stud. 1889 *P. a.*, P. Wright & Th. Studer in: Rep. Voy. Challenger, *v.* 31 pars 64 p. 100 t. 22 f. 6; t. 26 f. 3 | 1908 nec *P. a.*, Nutting in: P. U. S. Mus., *v.* 34 p. 580.

Verzweigung lateral, in einer Ebene. Die Zweige sind in verschiedenen Richtungen gekrümmt. Die Äste stehen gegenständig, und nur die größeren tragen laterale

Seitenäste, die nur an der äußeren Seite stehen. Äste dritter Ordnung sind nur selten entwickelt und dann stets kurz. Die Astenden sind etwas angeschwollen. Die Polypen stehen in 2—3 unregelmäßigen Reihen, in Entfernungen von 1—2 mm; sie erheben sich senkrecht von ihrer Unterlage und sind 2 mm hoch, 1 mm breit (Fig. 184). Ihre Krone wird von 0,7 mm langen, zugespitzten und schwach gebogenen, bedornten Spindeln gebildet, von denen je 4—5 unter der Basis jedes Tentakels nach oben konvergieren und einem Ring aufliegen. Die Tentakel enthalten nadelförmige, fein bedornte Spicula. In den Kelchen finden sich in longitudinaler Anordnung Stachelplatten, von 0,3—0,46 mm Länge, deren einer Stachel schwach zugespitzt ist, darüber liegen gekrümmte, bedornte Spindeln, an einem Ende oft verdickt, die in acht konvergierenden Doppelreihen die Kelchwand umgeben. Grauweiß (in Alkohol).

Nahe mit *P. placomus* (nr. 1) verwandt, vielleicht dazu gehörig.

St. Pauls-Felsen (Atlantischer Ozean). In 167 m Tiefe.

P. contorta W. Koch 1886 *P. c.*, W. Koch, Anthoz. Guinea, p. 4 t. 1 f. 3—7.

Verzweigung vorwiegend in einer Ebene. Die Polypen stehen allseitig und an den Zweigen sehr dicht, sind bis 2 mm hoch und bewehrt mit einer deutlichen Krone, indem je 3—5 Skleriten in einem Dreieck angeordnet sind. Die Polypenskleriten sind 0,6 mm lange, gebogene Spindeln. Die Kelche enthalten bewarzte, 0,3—0,5 mm lange, dicke, dreistrahlige Skleriten, mit einem vorragenden, meist glatteren Strahl. Die dünne Rinde enthält an ihrer Oberfläche stark bewarzte und dicke, 0,35—0,75 mm lange Spindeln, die gerade oder etwas gebogen sind, darüber kleinere, 0,3—0,4 mm lange Spindeln mit ein oder zwei senkrecht zur Längsachse stehenden Fortsätzen, sowie gegabelte Spindeln, Drei- und Vierstrahler. Weiß.

Wohl zum Formenkreis von *P. placomus* (nr. 1) gehörig.

Insel Rolas (Golf von Guinea).

P. grayi (J. Y. Johns.) 1861 *Acanthogorgia g.*, J. Y. Johnson in: P. zool. Soc. London, p. 296 | 1862 *A. g.*, J. Y. Johnson in: P. zool. Soc. London, p. 195 f. 6—9.

Verzweigung annähernd in einer Ebene, unregelmäßig. Die Äste sind schlank und biegsam, ihre Enden sind abgerundet und angeschwollen. Die Polypen stehen allseitig nicht sehr dicht und unregelmäßig, haben ein deutlich ausgebildetes Operculum, und ihre Kelche sind doppelt so hoch wie breit und tragen an ihrem Rande 8 vorragende, glatte Stacheln von Stachelplatten, deren verzweigter Wurzelteil sehr stark bewarzt ist. Die Kelchskleriten stehen in acht spitz konvergierenden Feldern. Die Rinde ist sehr dicht mit Skleriten erfüllt, die zum Teil gebogen und sehr kräftig sind. Dunkelbraun.

Wohl zum Formenkreis von *P. placomus* (nr. 1) gehörig.

Madeira.

P. intermedia Köll. 1865 *P. i.*, Kölliker, Icon. histiol., p. 136.

Der *P. placomus* (nr. 1) sehr ähnlich, nur sind die Polypenkelche kleiner und niedriger, stehen weiter auseinander, die Rinde ist dicker. Den Kelchen fehlen Stachelplatten. Die Rinde enthält stärker bewarzte Skleriten mit wenig entwickelten Stacheln.

Vielleicht identisch mit *P. placomus*.

Verbreitung unbekannt.

P. spinosa Köll. 1865 *P. s.*, Kölliker, Icon. histiol., p. 136.

Ähnlich der *P. placomus* (nr. 1), aber Rinde dünn, Polypenkelche weiter abstehend, höher, Rinde mit bestachelter Oberfläche.

Vielleicht identisch mit *P. kükenthali* Broch (nr. 3).

Verbreitung unbekannt.

P. robusta J. A. Thoms. & J. Ritchie 1906 *P. r.*, J. A. Thomson & J. Ritchie in: Tr. R. Soc. Edinb., *v.* 41 p. 856 t. 1 f. 6; t. 2 f. 2, 7.

Verzweigung vorwiegend in einer Ebene, sehr unregelmäßig; Anastomosen sind selten oder fehlen. Die Polypen stehen allseitig und dicht, ihre Kelche sind 1,5 mm hoch, 1 mm breit. Die Krone besteht aus wenigen Reihen transversaler Spindeln, auf denen in 8 Feldern je 5 Spindeln stehen, die das Operculum bilden. Die Kelche enthalten Stachelplatten von bis zu 0,9 mm Länge, mit wurzelartig verzweigter Basis, deren bewarzte Stacheln den Kelchrand überragen. Die ziemlich dünne Rinde weist eine rauhe Oberfläche auf, die durch vorragende Stacheln bewirkt wird. Hellbraun, Polypenkelche gelblich.

Vielleicht zu *P. placomus* (nr. 1) gehörig.

Gough-Insel (40° 20' s. Br., 9° 56' w. L. in 183 m Tiefe), St. Helena.

P. hawaiensis Nutting 1908 *P. h.*, Nutting in: P. U. S. Mus., *v.* 34 p. 580 t. 44 f. 1; t. 48 f. 3.

Verzweigung in einer Ebene. Die Endzweige sind kräftig verdickt. Die Polypen stehen senkrecht in Abständen von etwa 3 mm, näher an den Zweigenden, sind 2—3 mm hoch und etwa 2 mm dick. An der Kelchbasis stehen bewarzte Spindeln in Ringen, darüber longitudinal aber nicht in 8 distinkten Rippen. Am Kelchrande können sie etwas vorragen. Die Polypenskleriten bilden einen Ring schlanker, schwach bewarzter Spindeln, darüber erheben sich in longitudinaler Anordnung je 4 bis 8 schlanke, gekrümmte, bewarzte Spindeln, die das Operculum bilden. Die Rindenskleriten sind rauhe, dicke Spindeln, die vorwiegend in der Längsrichtung angeordnet sind. Hauptstamm und Äste dunkel goldbraun, die übrige Kolonie graubraun.

Wohl nicht zu *Paramuricea* gehörig.

Kauai (Hawai). In 930—1208 m Tiefe.

P. indica J. A. Thoms. & W. D. Hend. 1906 *P. i.*, J. A. Thomson & W. D. Henderson, Alcyon. Investigator, *v.* 1 p. 60 t. 3 f. 3; t. 9 f. 20.

Nahezu unverzweigt, die Enden sind leicht keulenförmig angeschwollen. Die Polypen stehen ziemlich zerstreut in drei wechselständigen Reihen, eine Fläche freilassend, ihre Kelche sind abgestumpft kegelförmig. Die Polypenbewehrung besteht aus einer Krone von je 3—4 Reihen, die in die Tentakel hineingehen. Die Kelchskleriten sind unregelmäßig angeordnet. Die Rinde ist bestachelt. Skleritenformen sind gerade oder gebogene, bewarzte, bis 0,6 mm lange Spindeln, drei-, vier- und sechsstrahlige Formen, bis zu 0,45 mm messend, unregelmäßige, bis 0,6 mm lange Formen, die oft spindelförmig sind und eine blattartige Verbreiterung auf einer Seite tragen.

Die Form gehört nach der Gestalt der Rindenskleriten auf keinen Fall zu *Paramuricea*.

Andamanen. In 485 m Tiefe.

26. Gen. **Pseudothesea** Kükenthal

1910 *Thesea* (part.), Nutting in: Siboga-Exp., *v.* 13b p. 50 | 1919 *Pseudothesea*, Kükenthal in: Ergeb. Tiefsee-Exp., *v.* 13 pars 2 p. 843.

Verzweigung in einer Ebene. Die Polypen stehen allseitig; ihre Kelche sind niedrige, oft ganz flache Warzen, ihr Operculum ist von in Dreiecksform stehenden Spindeln gebildet. Die charakteristischen Coenenchymskleriten sind zu Stachelplatten umgewandelte Spindeln, deren äußere Seite mit hohen Dornen besetzt ist, sowie zahlreiche andere Formen, Keulen, Sterne usw. Die einseitig bedornten Platten überdecken sich teilweise in den Kelchwänden.

Malayischer Archipel und Japan.

7 Arten.

Spec. typ.: *P. placoderma* (Nutting)

Bestimmungstabelle der Arten:

1 { Verzweigt — 2
  { Unverzweigt oder sehr spärlich verzweigt — 5

2 { Anastomosen fehlen — 3
  { Mit Anastomosen . . . . 5. **P. immersa**

3	Operculum stark entwickelt	1. **P. placoderma**
	Operculum schwach entwickelt — 4	
4	Rot	2. **P. sanguinea**
	Grüngelb	3. **P. flava**
	Weiß	4. **P. pallida**
5	Kelche niedrig, bis 0,9 mm hoch	6. **P. flexilis**
	Kelche 1,5 mm hoch	7. **P. simplex**

1. **P. placoderma** (Nutting) 1910 *Thesea p.*, Nutting in: Siboga-Exp., *v.* 13b p. 54 t. 9 f. 3, 3a; t. 21 f. 2 | 1912 *T. p.*, Nutting in: P. U. S. Mus., *v.* 43 p. 80.

Verzweigung in einer Ebene, bis zu Zweigen vierter Ordnung. Die Polypen stehen allseitig und dichtgedrängt; ihre Kelche sind etwa 1,1 mm hoch. Das kräftige Operculum wird von je 2 großen Spindeln gebildet, welche eine Dritte umfassen, und einem ebenfalls stark entwickelten, transversalen Ringe aufliegen. Die Kelche sind mit sehr großen und unregelmäßig gelagerten Platten gepflastert, deren oberer Rand mit großen, stachelartigen Fortsätzen bedeckt ist, die besonders am Kelchrande vorragen. Auch in der Rinde liegen in unregelmäßiger Anordnung derartige Platten. Graubraun.

Floressee. In 73 m Tiefe.

2. **P. sanguinea** (Nutting) 1910 *Thesea s.*, Nutting in: Siboga-Exp., *v.* 13b p. 55 t. 9 f. 5, 5a; t. 21 f. 1.

Verzweigung in einer Ebene, lateral. Die Enden der Zweige sind angeschwollen. Die Polypen stehen allseitig, in Entfernungen von 1—1,5 mm; ihre Kelche sind sehr niedrig, ihr Operculum ist schwach entwickelt. Die Kelchskleriten treten über den Kelchrand in abgestumpften Fortsätzen heraus. In der Rinde liegen 2 Schichten von Skleriten, von denen die der inneren Schicht kleine Spindeln darstellen, während in der Außenschicht vorwiegend größere und dickere Spindeln, sowie einseitig hoch bestachelte Spindeln vorkommen. Scharlachrot oder dunkelkarminrot.

Malayischer Archipel. Im oberen Litoral.

3. **P. flava** (Nutting) 1910 *Thesea f.*, Nutting in: Siboga-Exp., *v.* 13b p. 52 t. 8 f. 1, 1a.

Kolonie ausgesprochen in einer Ebene verzweigt. Die Enden der Zweige sind etwas verbreitert und abgeplattet. Die Polypen stehen allseitig und sehr dicht, sich meist an der Basis berührend; ihre Kelche sind niedrige, abgerundete Warzen von weniger als 0,5 mm Höhe; ihr Operculum ist sehr zart, ebenso der transversale Skleritenring; in den Kelchwänden liegen einseitig bestachelte Spindeln, deren Stacheln die Oberfläche durchbrechen und Ringe bilden. In der Rinde liegen vorwiegend unregelmäßige, einseitig bestachelte Platten, meist größer als die der Polypenkelche, sowie Sterne und vielstrahlige Formen. Grünlichgelb.

Malayischer Archipel. Litoral.

4. **P. pallida** (Nutting) 1910 *Thesea p.*, Nutting in: Siboga-Exp., *v.* 13b p. 51 t. 8 f. 3, 3a; t. 20 f. 10.

Verzweigung in einer Ebene. Die Polypen stehen allseitig, jedoch vorwiegend seitlich, in verschiedenen Abständen, bald aneinandergedrängt, bald 2 mm voneinander entfernt; ihr Operculum besteht aus zarten Spindeln. Die Kelche sind niedrige, etwa 0,5 mm hohe Warzen; ihre Wand ist mit Platten erfüllt, die einseitig bestachelt sind und sich überdecken. Am Kelchrande ragen die Stacheln vor (Fig. 135). Ähnliche Formen liegen in der Rinde, nebst ovalen Scheiben und dicken Platten mit abgerundeten Enden, die sich teilweise überdecken können. Weiß.

Malayischer Archipel. Mittleres Litoral.

5. **P. immersa** (Nutting) 1910 *Thesea i.*, Nutting in: Siboga-Exp., *v.* 13b p. 53 t. 8 f. 4, 4a; t. 21 f. 4.

Verzweigung in einer Ebene, mit Anastomosen. Die Polypen stehen allseitig und gleichmäßig verteilt; ihr Operculum besteht aus je zwei schlanken, konvergierenden Spindeln, die eine dritte kleinere einschließen; ihre Kelche sind kaum über die Rindenoberfläche erhoben und bewehrt mit einseitig bestachelten Spindeln, die den Kelchrand überragen. In der Rinde liegen ähnliche Formen sowie zahlreiche Sterne, auch Kreuze und vielstrahlige Skleriten. Weiß.

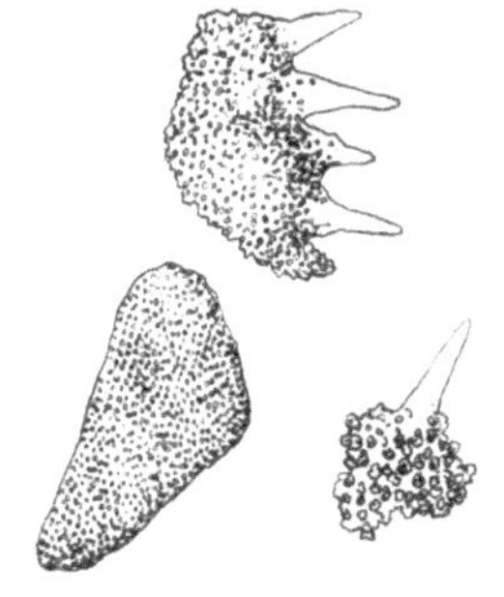

Fig. 135. Pseudothesea pallida. Skleriten (nach Nutting).

Timorsee. In 112 m Tiefe.

6. **P. flexilis** (Nutting) 1910 *Thesea f.*, Nutting in: Siboga-Exp., *v.* 13b p. 54 t. 9 f. 4, 4a; t. 21 f. 3.

Unverzweigt mit sehr biegsamem Stamme. Die Polypen stehen allseitig und in weiten Abständen; ihre Kelche sind niedrig, etwa 0,9 mm hoch; ihr Operculum ist schwach entwickelt. Die Kelchwände enthalten einseitig bestachelte Spindeln und Platten, zu denen in der Rinde große, dicke Spindeln, sowie auch Keulen und mehrstrahlige Formen treten. Hellgelb.

Malayischer Archipel. Im mittleren Litoral.

7. **P. simplex** (Nutting) 1910 *Thesea s.*, Nutting in: Siboga-Exp., *v.* 13b p. 51 t. 8 f. 2, 2a; t. 20 f. 9.

Unverzweigt oder sehr spärlich verzweigt. Die Polypen stehen allseitig und unregelmäßig in Abständen von weniger als 1 mm bis mehr als 2 mm; ihre Kelche sind etwa 1,5 mm hohe, abgerundete Warzen; ihr Operculum ist schwach entwickelt und besteht aus schlanken, longitudinal angeordneten Spindeln, die einer transversalen Reihe schlanker, horizontaler Spindeln aufruhen. In den Kelchwänden liegen einseitig hoch bestachelte Spindeln und Scheiben, deren vorragende, stacheltragende Ränder einander teilweise überdecken, so daß sich die Stacheln in Ringen aus der Kelchwand erheben. Die dünne Rinde ist mit schlankeren, transversal gelagerten Spindeln erfüllt, zu denen sich auch andere Formen, wie Keulen, Sterne, Doppelsterne usw. gesellen. Hellederbraun.

Malayischer Archipel. Im mittleren Litoral.

27. Gen. **Heterogorgia** A. E. Verrill

1868 *Heteorogorgia*, A. E. Verrill in: Amer. J. Sci., ser. 2 *v.* 45 p. 413 | 1869 *Heterogorgia*, A. E. Verrill in: Tr. Connect. Ac., *v.* 1 p. 450 | 1889 *H.*, P. Wright & Th. Studer in: Rep. Voy. Challenger, *v.* 31 pars 64 Pref. p. 55 | 1896 *Astromuricea*, Germanos in: Abh. Senckenb. Ges., *v.* 23 p. 175 | 1910 *Heterogorgia*, Nutting in: Siboga-Exp., *v.* 13b p. 87 | 1919 *H.*, Kükenthal in: Ergeb. Tiefsee-Exp., *v.* 13 pars 2 p. 844.

Verzweigung in einer Ebene, spärlich oder reichlich und dann fächerförmig, auch netzförmig durch Anastomosen. Die Polypen stehen fast stets gleichmäßig allseitig, und ihre Kelche sind niedriger als breit. Das Operculum besteht aus in 8 Dreiecken angeordneten Spindeln, unter denen ein transversaler Skleritenring liegen kann. Die Skleriten des Coenenchyms sind sehr verschieden gestaltet; flache Sterne wiegen vor, Stachelplatten fehlen.

Malayischer Archipel, Ceylon, Persischer Golf, Westküste Zentralamerikas. Im Litoral.

16 Arten.

Spec. typ.: *H. verrucosa* Verrill

Bestimmungstabelle der Arten:

1	Verzweigung nicht netzförmig — 2	
	Verzweigung durch Anastomosen netzförmig — 12	
2	Verzweigung reichlich, fächerförmig — 3	
	Verzweigung spärlich — 8	
3	Polypenkelche 2 mm hoch	1. **H. grandicalyx**
	Polypenkelche niedrig — 4	
4	Polypen weitstehend — 5	
	Polypen engstehend — 7	
5	In der Rinde große Spindeln	2. **H. stellata**
	In der Rinde kleine Spindeln — 6	
6	Rinde dunkelkarmin	3. **H. ramosa**
	Rinde aschgrau	4. **H. polyklados**
	Rinde hellgelb	5. **H. tortuosa**
7	Rinde rot	6. **H. theophilasi**
	Rinde graubraun	7. **H. clausa**
8	Polypen weitstehend — 9	
	Polypen engstehend — 11	
9	In der Rinde sehr große Spindeln	10. **H. muricelloides**
	In der Rinde kleine Spindeln — 10	
10	Rinde gelbweiß	8. **H. papillosa**
	Rinde grauschwarz	9. **H. verrilli**
11	Polypen gleichmäßig allseitig	11. **H. verrucosa**
	Polypen vorwiegend lateral	12. **H. humilis**
12	Stamm und Äste nicht seitlich komprimiert — 13	
	Stamm und Äste seitlich komprimiert	16. **H. flabellum**
13	Rinde sandbraun	13. **H. magna**
	Rinde rötlich	14. **H. stellifera**
	Rinde orangegelb	15. **H. operculata**

1. **H. grandicalyx** nom. nov. Kükth. 1910 *H. verrucosa* (non *H. v.*, A. E. Verrill 1868), Nutting in: Siboga-Exp., *v.* 13b p. 88.

Kolonie fächerförmig, nicht regelmäßig netzförmig, obwohl einige Anastomosen vorhanden sind. Die Äste sind ziemlich dick und mehrfach gekrümmt. Die Verzweigung geht bis zu Zweigen 6. Grades. Die Enden der Zweige sind meist angeschwollen. Eine Abplattung von Stamm, Ästen und Zweigen ist kaum bemerkbar. Die Polypen stehen allseitig in Entfernungen von etwa 1,5 mm; ihre Kelche sind 2 mm hoch, 3 mm breit; ihr Operculum ist hochkegelförmig und aus mehr als je 3 Spindeln gebildet, die auf einem transversalen Ringe von 2—3 Reihen starker Spindeln ruhen. Die Kelchwände sind ziemlich glatt und mit kleinen, sternförmigen und strahligen Skleriten erfüllt, deren Spitzen teilweise vorragen, am Rande nicht mehr als an den Seitenflächen. In der Rinde liegen kleine, verschieden gestaltete Skleriten, Kreuze, Sterne und vielstrahlige Formen, deren Ausläufer stark bewarzt und mitunter verzweigt sind. Aschgrau.

Flores (Malayischer Archipel). Litoral.

2. **H. stellata** Nutting 1910 *H. s.*, Nutting in: Siboga-Exp., *v.* 13b p. 91 t. 15 f. 5, 5a; t. 22 f. 16.

Verzweigung annähernd in einer Ebene, bis zu Zweigen vierter Ordnung. Die Polypen stehen allseitig und in weiten Abständen; ihre Kelche sind sehr niedrig und fast völlig in die Rinde einbezogen, ihre Ränder sind umgeben von abgestumpften Fortsätzen. In der Rinde der Äste liegen ziemlich große, dicht bewarzte Spindeln, sonst finden sich vorwiegend sternförmige, oft fünfstrahlige Formen, von denen ein Strahl länger wird und vorragen kann. Hellgelbbraun.

Timor. In 23 m Tiefe.

3. **H. ramosa** (J. A. Thoms. & W. D. Hend.) 1905 *Astromuricea r.*, J. A. Thomson & W. D. Henderson in: Herdman, Rep. Ceylon Pearl Fish., *v.* 3 nr. 20 p. 291 t. 1 f. 8; t. 5 f. 17 | 1910 *Heterogorgia r.*, Nutting in: Siboga-Exp., *v.* 13b p. 88.

Verzweigung vorwiegend in einer Ebene, spitzwinklig. Die meisten Äste gehen parallel nach oben, und sind gleichmäßig dick, nur an den Enden leicht angeschwollen. Die Polypen stehen allseitig und in ziemlich weiten Abständen; ihre Kelche sind niedrige Warzen. Die Rinde ist mit bewarzten, sternförmigen Skleriten von unregelmäßiger Gestalt erfüllt, die bis 0,3 mm lang werden, auch Doppelräder und Scheibenformen sowie unregelmäßige Dreiecke kommen vor, ebenso vereinzelte gerade oder gebogene, bis 0,4 mm lange Spindeln. Dunkelkarmin.

Ceylon. Litoral.

4. **H. polyklados** (Germanos) 1896 *Astromuricea p.*, Germanos in: Abh. Senckenb. Ges., *v.* 23 p. 176 t. 9 f. 6; t. 11 f. 20; t. 12 f. 21f—f''.

Verzweigung reichlich, in einer Ebene, fächerförmig, Kolonie von fast kreisförmigem Umriß. Die Enden der Zweige sind angeschwollen. Anastomosen fehlen. Die Polypen stehen allseitig und ziemlich gleichmäßig weit entfernt; ihre Kelche sind niedrig warzenförmig; ihr Operculum besteht aus 8 Dreiecken, jedes aus mit glatten, kleinen Warzen besetzten Spindeln zusammengesetzt, die auf einem Ring von 4—5 transversalen Spindelreihen ruhen. In den Kelchwänden liegen lange Nadeln, die über den Kelchrand vorragen, am basalen Ende sich in 3—5 in einer Ebene liegende Ausläufer spalten. Die Rinde ist dünn, nur an den Zweigen dicker, besonders an deren angeschwollenen Enden; ihre Skleriten sind bewarzte Sterne, Doppelsterne und Doppelräder mit meist 4 Strahlen. Spindeln fehlen Stamm und Ästen und finden sich stark umgeformt und kräftig bewarzt nur vereinzelt an den Zweigen. Die Größe der Rindenskleriten schwankt von 0,076—0,35 mm. Aschgrau, Polypen weiß.

Ternate. Im Litoral.

5. **H. tortuosa** Verrill 1868 *H. t.*, A. E. Verrill in: Amer. J. Sci., ser. 2 *v.* 45 p. 414 | 1869 *H. t.*, A. E. Verrill in: Tr. Connect. Ac., *v.* 1 p. 452.

Verzweigung fächerartig, sehr reichlich. Die schlanken Endzweige sind sehr stark gekrümmt, ihre Enden sind angeschwollen. Die ziemlich kleinen Polypen stehen allseitig und in weiten Abständen; ihre Kelche sind abgerundet oder flach kegelförmig, an ihrem Rande ragen einige wenige kleine, schlanke Nadeln vor. In der ziemlich dünnen, festen Rinde liegen kleine Skleriten verschiedener Gestalt, auch bewarzte Spindeln von bis zu 0,375 mm Länge. Kreuze von bis zu 0,175 mm Länge, „heads" von bis zu 0,1 mm Länge, Doppelkugeln von bis zu 0,125 mm Länge usw. Hellgelb oder lederfarbig.

Perl-Inseln. In sehr seichtem Wasser.

6. **H. theophilasi** (Germanos) 1896 *Astromuricea t.*, Germanos in: Abh. Senckenb. Ges., *v.* 23 p. 179 t. 9 f. 7, 8.

Verzweigung in einer Ebene. Die meist kurzen, an ihrem Ende angeschwollenen Endzweige entspringen ziemlich regelmäßig und gegenständig von den Hauptästen. Anastomosen selten. Der Hauptstamm ist stark abgeplattet. Die Polypen stehen allseitig und sehr dicht; ihre Kelche sind niedrig warzenförmig; ihr Operculum ist das gleiche wie bei *H. polyklados* (nr. 4). Die Kelchwände enthalten sternförmige aber lang ausgezogene Skleriten, deren längster Strahl nadelförmig über den Kelchrand vorragt. An der Kelchbasis liegen in 2—3 Kreisen große, warzige, gebogene Spindeln. Die nur an den Zweigenden dickere Rinde enthält ziemlich große bis 0,3 mm lange, fast stets fünf- und mehrstrahlige Sterne, bei denen ein Strahl oft einen lang ausgezogenen Fortsatz bildet. Seltener sind Doppelsterne und Doppelräder, die stärker bewarzt sind, sowie bis 0,4 mm lange Spindeln und Keulenformen an den Zweigen. Graurot bis ziegelrot, Polypen schwärzlich.

Ternate. Im Litoral.

7. **H. clausa** Nutting 1910 *H. c.*, Nutting in: Siboga-Exp., *v.* 13b p. 90 t. 15 f. 4, 4a.

Verzweigung in einer Ebene bis zu Zweigen dritter Ordnung. Die Polypen stehen allseitig in regelmäßigen Abständen von etwa 1 mm; ihre Kelche sind niedrige, 1 mm hohe und ebenso breite, gleichmäßig abgerundete Warzen; ihr Operculum ist sehr zart und besteht aus je drei in spitzwinkligem Dreieck angeordneten Spindeln, die einem zarten transversalen Skleritenringe aufruhen. In den Kelchwänden finden sich unregelmäßig geformte, sich teilweise überdeckende Skleriten; der Kelchrand ist mit kleinen, unansehnlichen Spitzen versehen. In der Rinde liegen vorwiegend Sterne und andere strahlige Formen, auch finden sich einige Kreuze, Keulen usw. Graubraun.

Malayischer Archipel. Im Litoral.

8. **H. papillosa** Verrill 1870 *H. p.*, A. E. Verrill in: Tr. Connect. Ac., *v.* 1 p. 557.

Verzweigung spärlich in einer Ebene, die Äste biegen nach aufwärts um. Die ziemlich langen Endzweige sind gekrümmt und an den Enden abgestumpft. Die Polypen stehen allseitig; ihre papillenförmigen Kelche sind 0,5 mm hoch, achtlappig und mit langen, schlanken, spitzen, gebogenen, weitbewarzten Spindeln von 0,244—0,432 mm Länge erfüllt, die am Kelchrande nur wenig vorragen. In der ziemlich glatten Rinde liegen kleine Skleriten verschiedener Form, vielfach rauh bewarzte Spindeln und Doppelspindeln von bis zu 0,336 mm Länge. Gelbweiß.

La Paz. In 11—15 m Tiefe.

9. **H. verrilli** J. A. Thoms. & W. D. Hend. 1905 *H. v.*, J. A. Thomson & W. D. Henderson in: Herdman, Rep. Ceylon Pearl Fish., *v.* 3 nr. 20 p. 294 t. 6 f. 2.

Verzweigung in einer Ebene, spärlich. Die Äste stehen meist wechselständig, die Enden der Zweige sind leicht angeschwollen. Die Polypen stehen vorwiegend zu beiden Seiten; ihre kegelförmigen Kelche sind weniger als 1 mm hoch; ihr Operculum ist meist erhoben. In den Kelchwänden liegen Spindeln, die sich über den Kelchrand nadelförmig erheben. In der Rinde finden sich regelmäßige, mit stumpfen Warzen besetzte, bis 0,2 mm messende Kreuze, bewarzte Doppelkeulen und rauhe Scheiben verschiedener Größe. Grauschwarz.

Ceylon.

10. **H. muricelloides** Nutting 1910 *H. m.*, Nutting in: Siboga-Exp., *v.* 13[b] p. 89 t. 15 f. 3, 3a; t. 22 f. 18.

Kolonie lang und dünn und sehr wenig verzweigt, die Äste stehen in sehr weiten Entfernungen und entspringen in rechtem Winkel; Stamm und Äste sind gleich dick. Die Polypen sind allseitig angeordnet in durchschnittlich 2 mm Abstand; ihre Kelche sind niedrige Warzen oder abgestumpft kegelförmig, unter 0,5 mm hoch, bei 1,5 mm Breite; ihr Operculum wird von je 2 breiten longitudinalen Spindeln gebildet, die einem deutlichen transversalen Skleritenringe aufruhen. In den Kelchwänden liegen sternförmige Skleriten, von denen ein längerer Fortsatz durchbricht und vorragt. In der Rinde liegen kräftige Spindeln von bis zu 2,5 mm Länge. Dunkelkorallenrot.

Bai von Bima (Malayischer Archipel). In 55 m Tiefe.

11. **H. verrucosa** Verrill 1868 *H. v.*, A. E. Verrill in: Amer. J. Sci., ser. 2 *v.* 45 p. 414 | 1869 *H. v.*, A. E. Verrill in: Tr. Connect. Ac., *v.* 1 p. 451 t. 6 f. 11; t. 8 f. 16 | 1910 nec *H. v.*, Nutting in: Siboga-Exp., *v.* 13[b] p. 89.

Verzweigung dichotomisch, Enden der stark gekrümmten Zweige angeschwollen. Die großen Polypen stehen allseitig senkrecht und gleichmäßig dicht; ihre Kelche sind vorspringend und abgerundet; ihr Operculum ist kegelförmig und besteht aus sehr schlanken, sehr weit und niedrig bewarzten Spindeln von bis zu 0,475 mm Länge, die an einem Ende sich keulenförmig verdicken können und hier stärker bewarzt sind. In den Polypenkelchen liegen zahlreiche lange, spitze, rauh bewarzte Spindeln von etwa 1,5 mm Länge, die über den Rand des Kelches divergierend vorragen. Die ziemlich dünne, feste Rinde enthält kleinere, stark bewarzte Skleriten sehr verschiedener Gestalt, Spindeln von bis zu 0,35 mm Länge, Doppelsterne von bis zu 0,137 mm Länge, Kreuze von bis zu 0,3 mm Länge und andere Formen. Gelblichbraun, Polypen gelblich.

Perl-Inseln (Panama). In sehr flachem Wasser.

12. **H. humilis** Nutting 1910 *H. h.*, Nutting in: Siboga-Exp., *v.* 13[b] p. 91 t. 17 f. 1, 1a; t. 22 f. 14.

Verzweigung in einer Ebene, ziemlich spärlich, bis zu Zweigen dritten Grades. Die Polypen stehen allseitig, jedoch dichter an beiden Seiten, in unregelmäßigen, im Durchschnitt 1 mm messenden Abständen; ihre Kelche sind sehr niedrig und 1,2 mm breit; ihr Operculum aus je 3 Spindeln bestehend ist gut entwickelt. Aus den Kelchrändern wie auch aus den seitlichen Kelchwänden ragen etwas abgestumpfte Nadeln hervor. Die Rindenskleriten sind von sehr verschiedener Gestalt, kleine Kreuze, Sterne, Doppelsterne usw., sowie zahlreiche kleine Stachelplatten und einige wenige Spindeln. Hellbraun mit gelblichem Anflug.

Flores-See. In 73 m Tiefe.

Fig. 136. **Heterogorgia magna.** Skleriten (nach Nutting).

13. **H. magna** Nutting 1910 *H. m.*, Nutting in: Siboga-Exp., *v.* 13[b] p. 92 t. 16 f. 1, 1a; t. 22 f. 15.

Verzweigung in einer Ebene, reichlich, netzförmig durch zahlreiche Anastomosen. Die Endzweige sind kolbig angeschwollen. Die Hauptäste sind etwas abgeplattet. Die Polypen stehen allseitig und dicht, sich fast berührend; ihre Kelche sind nur 0,3 mm hoch, 1,2 mm breit; die Kelchwände sind von Spitzen sternförmiger Skleriten durchbrochen, die am Kelchrande einen Ring abgestumpfter Nadeln bilden. In der Rinde liegen sternförmige, meist fünfstrahlige Skleriten (Fig. 136), deren schlanke Strahlen ziemlich regelmäßig angeordnet sind, auch finden sich Dreistrahler, Vielstrahler, Kreuze sowie einige kleine Spindeln vor. Sandbraun.

Insel Rolli in 80 m Tiefe. Salah-Bai in 86 m Tiefe. Flores.

14. **H. stellifera** (J. A. Thoms. & Crane) 1909 *Astromuricea s.*, J. A. Thomson & Crane in: Ann. nat. Hist., ser. 8 *v.* 3 p. 364 | 1909 *A. s.*, J. A. Thomson & Crane in: Rep. mar. Zool. Okhamandal, pars 1 p. 130 tf. 1, 2, 3.

Fächerförmig und netzförmig durch sehr zahlreiche Anastomosen. Die Polypen stehen allseitig und dicht; ihre niedrigen Kelche sind walzenförmig und 0,5—1 mm breit; ihr Operculum ist flach und besteht aus je 2 konvergierenden Spindeln, die auf einem aus 1 oder 2 Reihen transversaler Skleriten bestehenden Ring ruhen. Die Kelche sind an ihren Rändern mit etwa 12 vorragenden Spitzen versehen. In der sehr rauhen Rinde liegen unregelmäßige, bewarzte, 0,14—0,28 mm messende Sterne und gezähnte Platten, sowie starke, bis 0,45 mm lange Spindeln mit rauhen Warzen und kleine, unregelmäßige Formen. Rötlich, Skleriten der Rinde rosenrot. Polypen weiß.

Golf von Cutch. In flachem Wasser.

15. **H. operculata** Nutting 1910 *H. o.*, Nutting in: Siboga-Exp., *v.* 13b p. 94 t. 18 f. 1, 1 a.

Verzweigung in einer Ebene und netzförmig durch zahlreiche Anastomosen. Die Äste und Zweige sind dünn; nur die basalen Teile der Hauptäste sind abgeflacht. Die Polypen stehen allseitig und sehr dicht; ihre Kelche sind niedrige, 1,5 mm breite Warzen; ihr Operculum besteht aus je 2 starken, einander fast parallel laufenden Spindeln, zwischen deren Basis sich eine dritte kürzere einschiebt, darunter liegt ein aus mehreren transversalen Reihen gebildeter Skleritenring. In den Kelchwänden liegen strahlige Skleriten, deren vorragende Spitzen kranzförmig angeordnet sind; der Kelchrand ist mit abgestumpften Fortsätzen versehen. In der Rinde liegen vorwiegend Sterne, die aber meist nicht regelmäßig gebaut sind, auch Kreuze, schmetterlingsartige Formen, Vielstrahler und einige wenige gebogene Spindeln kommen vor. Orangefarben oder hellterrakottafarben.

Nordcelebes. In 80 m Tiefe.

16. **H. flabellum** (Pall.) 1766 *Antipathes f.*, Pallas, Elench. Zooph., p. 211 | 1791—99 *A. f.*, Esper, Pflanzenth., *v.* 2 p. 139 Antip. t. 1 | 1798 *Gorgonia pseudo-antipathes*, Esper, Pflanzenth., Forts. *v.* 2 p. 32 t. 54 | 1846 *G. cancellata*, J. D. Dana in: U. S. expl. Exp., *v.* 7 p. 658 | 1866 *Echinogorgia f.*, A. E. Verrill in: Amer. J. Sci., ser. 2 *v.* 42 p. 283 | 1868 *Paramuricea cancellata*, A. E. Verrill in: Amer. J. Sci., ser. 2 *v.* 45 p. 413 | 1878 *P. c.*, Th. Studer in: Monber. Ak. Berlin, p. 653 | 1910 *Heterogorgia reticulata*, Nutting in: Siboga-Exp., *v.* 13b p. 93 t. 17 f. 2, 2a; t. 22 f. 17.

Verzweigung in einer Ebene, reichlich, fächerförmig und durch zahlreiche Anastomosen netzförmig. Die Äste sind seitlich stark komprimiert. Die Polypen stehen allseitig und dichtgedrängt, nur auf der Hinterfläche vereinzelter. Ihre warzenförmigen Kelche sind 0,6 mm hoch; ihr Operculum besteht aus Spindelpaaren, die eine kürzere dritte Spindel einschließen, und ruht auf einem Ringe von mehreren transversalen Reihen 0,2 mm langer Spindeln. In den Kelchen liegen flache, sternförmige, meist fünfstrahlige Skleriten von 0,15 mm durchschnittlichem Durchmesser, von denen ein Strahl die Oberfläche durchbricht, der besonders rauh ist. In der Rinde kommen außerdem noch andere Formen vor, so besonders Schmetterlingsformen, auch Spindeln. Hellgraubraun.

Malayischer Archipel, Nordwestaustralien. Litoral.

Genera dubia et species dubiae Muriceidarum

Gen. **Astrogorgia** A. E. Verrill

1868 *A.*, A. E. Verrill in: Amer. J. Sci., ser. 2 *v.* 45 p. 414.

Verzweigung unregelmäßig dichotomisch. Die Polypen stehen allseitig; ihre Kelche sind warzenförmig; ihr Operculum bildet einen niedrigen Kegel, die Rindenoberfläche ist rauh; die Rinde ist erfüllt mit langen, spitzen, bewarzten Spindeln verschiedener Größe. Rot.

Hongkong. Indischer Ozean (?).

Mit 2 Arten.

Spec. typ.: *A. sinensis* (Verrill)

A. sinensis (Verrill) 1865 *Muricea s.*, A. E. Verrill in: P. Essex Inst., *v.* 4 Commun. p. 187 t. 5 f. 5, 5a | 1868 *Astrogorgia s.*, A. E. Verrill in: Amer. J. Sci., ser. 2 *v.* 45 p. 414.

Verzweigung unregelmäßig dichotomisch mit langen, etwas angeschwollenen Endzweigen. Die ziemlich großen Polypen stehen unregelmäßig angehäuft, ihre Kelche sind warzenförmig, etwas vorragend; ihre Tentakel enthalten zahlreiche rote Skleriten. Die ziemlich dicke Rinde ist an ihrer Oberfläche lederartig fest und enthält kleine, längliche Spicula, die in den Wandungen der Polypenkelche stark angehäuft sind. Dunkelrot.

Hongkong.

A. rubra J. A. Thoms. & W. D. Hend. 1906 *A. r.*, J. A. Thomson & W. D. Henderson, Alcyon. Investigator, *v.* 1 p. 69 t. 5 f. 10.

Verzweigung sehr spärlich. Die Polypen stehen an den kleineren Ästen regelmäßig wechselständig, an den größeren Ästen fast gegenständig, die beiden polypenfreien Flächen sind jederseits mit einer Längsfurche versehen. Polypenkelche sind ziemlich hoch, bei teilweise zurückgezogenen Polypen abgestumpft kegelförmig (Fig. 187). Das Operculum besteht aus wenigen großen Skleriten. Die Tentakel enthalten in Längsreihen angeordnet dünne, schwach bewarzte, bis 0,1 mm lange Spindeln. In der ziemlich dicken, etwas rauhen Rinde liegen zwei Schichten von Skleriten, außen schwach bewarzte, dicke und kurze, bis 0,25 mm lange Spindeln, innen dünne, bewarzte, bis 0,4 mm lange Spindeln, die longitudinal angeordnet sind. Rötlich.

Indischer Ozean (6° 55′ 6″ n. Br., 72° 55′ östl. L.) in 384 m Tiefe.

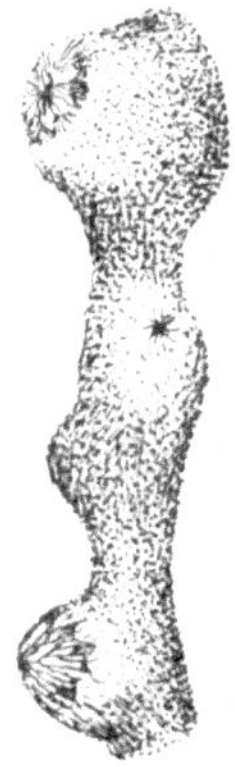

Fig. 137. **Astrogorgia rubra.** Ast (nach Thomson & Henderson).

Gen. **Acanthomuricea** Hentschel

1903 *A.*, Hentschel in: Denk. Ges. Jena, *v.* 8 p. 650 t. 53 f. 26—28 | 1906 nec *A.*, J. A. Thomson & W. D. Henderson, Alcyon. Investigator, *v.* 1 p. 61.

Verzweigung sehr spärlich oder fehlend. Der Stamm ist unregelmäßig gebogen und gedreht. Die Polypen stehen in zwei seitlichen Reihen vorwiegend wechselständig und entspringen bis auf die terminalen senkrecht; ihr Operculum ist flach, ihr Kelch walzenförmig. In den Kelchwänden sind die spindelförmigen Skleriten in acht konvergierenden Doppelreihen angeordnet, in der dünnen, glatten Rinde finden sich Spindeln in longitudinaler Anordnung. Weiß.

Amboina. Litoral.

Die Gattung steht *Anthomuricea* und *Muricella* sehr nahe.

1 Art.

A. biserialis Hentschel 1903 *A. b.*, Hentschel in: Denk. Ges. Jena, *v.* 8 p. 650 t. 53.

Unverzweigt oder wenig verzweigt, Stamm unregelmäßig gebogen und gedreht. Die Polypen stehen in zwei seitlichen Reihen, vorwiegend wechselständig. Die terminalen sind schräg nach oben gerichtet, alle übrigen erheben sich senkrecht von ihrer Unterlage; ihre Kelche sind mittelhoch und meist walzenförmig; ihr Operculum ist flach. In den Kelchwänden stehen die spindelförmigen Skleriten in acht konvergierenden Doppelreihen; in der dünnen Rinde, die eine glatte Oberfläche zeigt, liegen bis 1 mm lange bedornte, meist gestreckte Spindeln in longitudinaler Anordnung. Weiß.

Amboina. Litoral.

Gen. Cyclomuricea Nutting

1908 *C.*, Nutting in: P. U. S. Mus., *v.* 34 p. 585.

Kolonie fächerförmig, Kelche niedrig, dick, warzenförmig, mit ringförmig angeordneten, bewarzten Spindeln bedeckt.

Hawai. Tieferes Litoral.

1 Art.

C. flabellata Nutting 1908 *C. f.*, Nutting in: P. U. S. Mus., *v.* 34 p. 586 t. 45 f. 2, 3; t. 49 f. 1.

Verzweigung fächerförmig. Die Polypen stehen unregelmäßig verteilt an entgegengesetzten Seiten des Hauptstammes, in dichterer Anordnung an den Zweigen, in Abständen von 1 mm; ihre Kelche sind distalwärts eingebogen und 1 mm hoch bei gleichem Durchmesser; ihr Operculum besteht aus in Doppelreihen angeordneten Spindeln, die sich im distalen Tentakelteile in longitudinale fortsetzen. Die Kelche sind mit bewarzten, schlanken Spindeln bedeckt, die zum Teil gegabelt sind und eine transversale Anordnung zeigen. Braun.

Zu *Anthomuricea* oder *Muricella* gehörig.

Biodinsel (Hawai). In 39—183 Faden Tiefe.

Gen. Sarcogorgia J. E. Gray

1857 *S.*, J. E. Gray in: P. zool. Soc. London, *v.* 25 p. 158 t. 8.

Verzweigung unregelmäßig dichotomisch, in einer Ebene. Rinde dünn, glatt, hautartig ohne Skleriten. Polypen ziemlich dicht, allseitig, mit mehr oder minder vorspringenden Kelchen, in denen sandartige Skleriten liegen. Achse olivbraun, aus konzentrischen Lamellen zusammengesetzt.

1 Art.

S. phidippus Gray

Mit den Merkmalen der Gattung. Fundort unbekannt.

Gen. Gonigoria J. E. Gray

1851 *G. clavata*, J. E. Gray in: P. zool. Soc. London, *v.* 19 p. 124 t. 3 f. 1.

Wenig verzweigt, mit dicken, kurzen, keulenförmigen Ästen. Die Rinde ist dick, die Oberfläche ist dicht besetzt mit kegelförmigen Polypenkelchen, die zahlreiche rote Skleriten enthalten.

Möglicherweise zu *Muricea* gehörig.

Hab. ?

Gen. Swiftia Duchass. & Mich.

1864 *S. exserta*, Duchassaing & Michelotti in: Mem. Acc. Torino, ser. 2 *v.* 23 p. 13 t. 2 f. 4, 5.

Verzweigung spärlich, die Rinde ist zart beschuppt, aber frei von Skleriten (!), die Kelche der Polypen stehen lateral, wechselständig und weit auseinander.

Vielleicht eine *Muriceide*.

St. Cruz (Antillen).

Gen. **Hypnogorgia** Duchass. & Mich.

1864 *H. pendula*, Duchassaing & Michelotti in: Mem. Acc. Torino, ser. 2 *v.* 23 p. 21 t. 5 f. 1.

Verzweigung in einer Ebene mit zahlreichen herabhängenden Endästen, die annähernd wechselständig sind. Die Polypenkelche stehen gegenständig oder wechselständig, dicht. In der Rinde liegen glatte Nadeln dicht angehäuft. Farbe weißrötlich.

Vielleicht eine *Muriceide.*

Guadelupe.

7. Fam. **Acanthogorgiidae**

Muriceidae (part.) Auct. | 1908 *A.*, Kükenthal & Gorzawsky in: Abh. Bayer. Ak., suppl. *v.* 1 nr. 3 p. 37 | 1919 *A.*, Kükenthal in: Ergeb. Tiefsee-Exp., *v.* 13 pars 2 p. 298.

Holaxonier mit fast rein horniger Achse. Die Polypen sind nicht in einen Kelchteil und einen darin zurückziehbaren, distalen Teil gesondert, nicht retraktil und nur zum Teil kontraktil. Die Polypen sind groß und mit acht Winkelreihen bedornter Spindeln bewehrt. Ein ausgeprägtes Operculum fehlt, stets fehlt ein transversaler Skleritenring. Die Tentakel können sich nur über der Mundscheibe einschlagen. Die Grundform der Coenenchymskleriten ist die langgestreckte Spindel.

Indopazifischer und Atlantischer Ozean. Im Litoral und Küsten-Abyssal.

2 Gattungen mit 33 sicheren Arten mit 4 Unterarten und 6 unsicheren Arten.

Bestimmungstabelle der Gattungen:

{	Ohne Stachelkrone um die Mundscheibe	1. Gen. **Acalycigorgia**
	Mit Stachelkrone um die Mundscheibe	2. Gen. **Acanthogorgia**

1. Gen. **Acalycigorgia** Kükenthal

1890 *Acanthogorgia* (part.), Hedlund in: Bih. Svenska Ak., *v.* 16 nr. 6 p. 3 | 1908 *Acalycigorgia*, Kükenthal & Gorzawsky in: Abh. Bayer. Ak., suppl. *v.* 1 nr. 3 p. 38.

Die Kolonie ist vorwiegend flächenhaft entwickelt. Die Polypen stehen allseitig und sehr dicht aneinandergedrängt, sind langgestreckt walzenförmig, und nicht retraktil und mit regelmäßigen Winkelreihen zahlreicher bewarzter Spindeln besetzt, die in die Tentakelachse übergehen. Die Spindeln ragen am Rande des Mauerblattes niemals vor. Die Tentakel können sich über die Mundscheibe einschlagen. In der Rinde liegen kleinere Spindeln sowie in tieferer Schicht sehr kleine Stabformen, von denen meist allseitig strahlenförmig Arme ausgehen.

Japan. Im oberen Litoral.

5 sichere Arten.

Spec. typ.: *A. grandiflora* Kükth.

Bestimmungstabelle der Arten:

1	Die Polypenskleriten überkreuzen sich nicht — 2	
	Die Polypenskleriten überkreuzen sich teilweise — 3	
	Die Polypenskleriten überkreuzen sich stets	5. **A. inermis**
2	Verzweigung locker, unregelmäßig	1. **A. irregularis**
	Verzweigung dichter, strahlenförmig	2. **A. radians**
3	Polypen bis 3 mm hoch	3. **A. densiflora**
	Polypen bis 7,5 mm hoch	4. **A. grandiflora**

1. **A. irregularis** Kükth. & Gorz. 1908 *A. i.*, Kükenthal & Gorzawsky in: Abh. Bayer. Ak., suppl. *v.* 1 nr. 3 p. 42 t. 3 f. 15.

Verzweigung annähernd in einer Ebene, locker, unregelmäßig. Die Polypen stehen allseitig, dichtgedrängt, am Hauptstamm dichter an den Seiten, sind bis 1,3 mm groß, und die Winkelreihen ihrer Skleriten überkreuzen sich nirgends. Die Skleriten sind 0,21 mm lange, etwas abgeplattete, meist

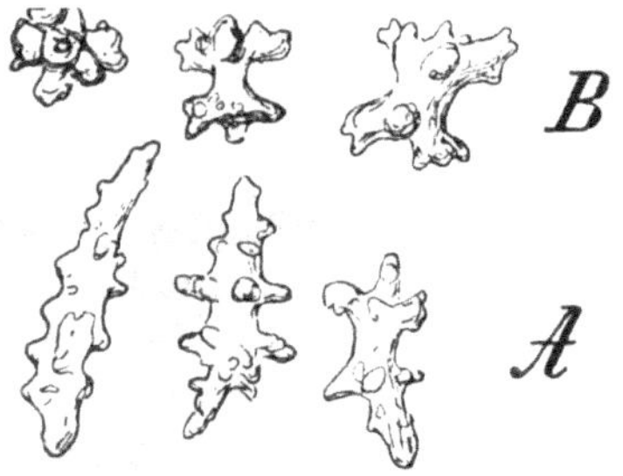

Fig. 138. **Acalycigorgia irregularis.** Rindenskleriten. A von einem dünnen, B von einem stärkeren Astteil ($^{135}/_1$).

gerade Spindeln, die besonders an den Rändern größere Warzen tragen. Die Polypenspindeln setzen sich allmählich in den unteren Teil der Tentakel fort, während deren distaler Teil nahezu skleritenfrei ist. Die Rinde enthält außen bis 0,15 mm lange, weniger abgeflachte Spindeln (Fig. 138), in tieferer Schicht 0,04—0,07 mm messende Gürtelstäbe. Weiß, mit hellbräunlichem Anflug.

Japan. Litoral.

2. **A. radians** Kükth. & Gorz. 1908 *A. r.*, Kükenthal & Gorzawsky in: Abh. Bayer. Ak., suppl. *v.* 1 nr. 3 p. 46 t. 3 f. 16.

Verzweigung ziemlich dicht und annähernd in einer Ebene, aus der zahlreiche Endzweige heraustreten. Die Äste gehen etwa strahlenförmig vom Hauptstamm aus, basal mehr rechtwinklig, distal in spitzer werdendem Winkel. Die Polypen stehen besonders dicht an den Zweigenden, proximalwärts sind sie etwas lockerer und mehr in der Verzweigungsebene angeordnet; ihre Größe kann 3,7 mm erreichen; ihre Winkelreihen überkreuzen sich nicht, und bestehen aus abwechselnden Paaren dicht zusammenstoßender und weiter nach außen gerückter Spindeln von 0,26 mm Länge. Die Winkelreihen treten allmählich in die Basis der Tentakel ein, die sonst skleritenfrei sind. In der äußeren Rinde liegen die gleichen, nur plumperen Spindeln, und nach innen davon finden sich 0,07—0,08 mm messende Skleriten, meist Gürtelstäbe. Hellgelb, braun.

Japan. Im Litoral.

3. **A. densiflora** Kükth. & Gorz. 1908 *A. d.*, Kükenthal & Gorzawsky in: Abh. Bayer. Ak., suppl. *v.* 1 nr. 3 p. 44.

Verzweigung anscheinend nicht ausgeprägt in einer Ebene. Die Polypen stehen allseitig, sehr dicht und sind 3 mm groß; ihre Winkelreihen kreuzen sich nur gelegentlich und gehen in die Tentakelbasis hinein; ihre Skleriten sind von Spindelform, 0,37—0,67 mm lang, etwas gebogen, auf einer Seite abgeplattet und hier warzenfrei. Die Tentakel sind dicht mit Skleriten erfüllt. Blaßrötlichbraun.

Japan. Im Litoral.

4. **A. grandiflora** Kükth. & Gorz. 1908 *A. g.*, Kükenthal & Gorzawsky in: Abh. Bayer. Ak., suppl. *v.* 1 nr. 3 p. 39 t. 3 f. 14.

Verzweigung in parallel übereinander liegenden Ebenen, ziemlich regelmäßig. Die Polypen stehen allseitig und überall sehr dicht, sind bis 7,5 mm groß, und ihre Winkelreihen überkreuzen sich nur selten. Die Polypenskleriten sind 0,6 mm lange, schwach gekrümmte und nicht abgeplattete Spindeln, die allseitig mit Warzen besetzt sind und die allmählich in die Tentakelbasis übergehen, hier dreieckige Felder bildend. Ähnliche Formen liegen in der Rinde, in der sich außerdem 0,07—0,1 mm messende Gürtelstäbe finden. Gelbbraun.

Japan. Litoral.

5. **A. inermis** (Hedl.) 1890 *Acanthogorgia i.*, Hedlund in: Bih. Svenska Ak., *v.* 16 nr. 6 p. 6 t. 2 f. 1—27 | 1908 *Acalycigorgia i.*, Kükenthal & Gorzawsky in: Abh. Bayer. Ak., suppl. *v.* 1 nr. 3 p. 49 t. 3 f. 17 | 1909 *A.* aff. *i.*, Kükenthal in: Abh. Bayer. Ak., suppl. *v.* 1 nr. 5 p. 78.

Verzweigung ausgeprägt in einer Ebene, sehr dicht und regelmäßig, mit Anastomosen. Die Polypen stehen allseitig und besonders dicht an den Zweigen, am Hauptstamm die Seiten der Verzweigungsebene bevorzugend; sie sind bis 5,5 mm groß, und ihre Winkelreihen überkreuzen sich regelmäßig (Fig. 139). Die Polypenskleriten sind 0,27—0,47 mm lange, stark abgeplattete und gekrümmte Spindeln, deren Warzen hauptsächlich an den schmalen Rändern stehen. Ähnliche Spindeln weist die äußere Rinde auf, während darunter 0,07 mm messende Gürtelstäbe liegen. Gelblichweiß mit rötlichem Anflug.

Fig. 139. Acalycigorgia inermis.

Japan, Formosa. Im Litoral.

2. Gen. Acanthogorgia J. E. Gray

1857 *A.*, J. E. Gray in: P. zool. Soc. London, *v.* 25 p. 128 | 1864 *Blepharogorgia* (part.), Duchassaing & Michelotti in: Mem. Acc. Torino, ser. 2 *v.* 23 p. 15 | 1878 *Acanthogorgia*, Th. Studer in: Monber. Ak. Berlin, p. 652 | 1883 *A.*, A. E. Verrill in: Bull. Mus. Harvard, *v.* 11 p. 30 | 1887 *A.*, Th. Studer (& P. Wright) in: Arch. Naturg., *v.* 53I p. 54 | 1908 *A.*, Kükenthal & Gorzawsky in: Abh. Bayer. Ak., suppl. *v.* 1 nr. 3 p. 52 | 1919 *A.*, Kükenthal in: Ergeb. Tiefsee-Exp., *v.* 13 pars 2 p. 298.

Die Kolonie ist flächenhaft oder buschig entwickelt. Die Polypen stehen allseitig oder mehr in der Verzweigungsebene angeordnet, meist rechtwinklig entspringend, sind kelchlos, nicht retraktil und mit Winkelreihen zahlreicher, bewarzter, großer Spindeln besetzt, von denen die obersten stachelartig über die Mundscheibe vorragen. Ein Tentakeloperculum fehlt. Die Rinde enthält Spindeln und in tieferer Schicht kleine, oft sternförmige Skleriten.

Indopazifischer und Atlantischer Ozean, im tieferen Litoral und Küsten-Abyssal.

28 sichere Arten mit 4 Unterarten und 6 unsichere Arten.

Spec. typ.: *A. aspera* Pourt.

Bestimmungstabelle der Arten:

1 { Verzweigung in einer Ebene — 2
  { Verzweigung nicht in einer Ebene — 20

2 { Polypen nicht über 4 mm lang — 3
  { Polypen über 4 mm lang — 19

3	Polypen bis 2 mm lang — 4	
	Polypen 2—4 mm lang — 12	
4	Zweige anastomosierend — 5	
	Ohne Anastomosen — 7	
5	Polypen weitstehend	1. **A. ceylonensis**
	Polypen dichtstehend — 6	
6	Freie Enden der Randskleriten bewarzt	2. **A. studeri**
	Freie Enden der Randskleriten glatt	3. **A. turgida**
7	Polypen allseitig — 8	
	Polypen seitlich	9. **A. breviflora**
8	Polypen weitstehend	4. **A. hirta**
	Polypen dichtstehend — 9	
9	Mit transversalem Skleritenring am distalen Polypenteile .	5. **A. horrida**
	Ohne transversalen Skleritenring — 10	
10	Die Randskleriten weit vorragend — 11	
	Die Randskleriten wenig vorragend	8. **A. procera**
11	Verzweigung reichlich	6. **A. fusca**
	Verzweigung spärlich	7. **A. truncata**
12	Polypen weitstehend — 13	
	Polypen dichtstehend — 16	
13	Polypen allseitig — 14	
	Polypen seitlich	13. **A. aspera**
14	Randskleriten weniger als 1 mm vorragend — 15	
	Randskleriten 2 mm vorragend	12. **A. muricata**
15	In der Rinde nur Spindeln	10. **A. ridleyi**
	In der Rinde Spindeln und sternförmige Skleriten . . .	11. **A. dofleini**
16	Polypenskleriten in Winkelreihen	14. **A. spissa**
	Äußere Schicht der Polypenskleriten longitudinal . . .	15. **A. paradoxa**
17	Polypen allseitig — 17	
	Polypen vorwiegend seitlich — 18	
18	Zweige aufwärts gebogen	16. **A. verrilli**
	Zweige abwärts hängend	17. **A. longiflora**
19	Mit transversalem Skleritenringe im distalen Polypenteile .	18. **A. laxa**
	Ohne transversalen Skleritenring	19. **A. incrustata**
20	Polypen nicht über 4 mm lang — 21	
	Polypen über 4 mm lang — 26	
21	Polypen bis 2 mm lang — 22	
	Polypen 2—4 mm lang — 24	
22	Verzweigung spärlich	20. **A. multispina**
	Verzweigung reichlich — 23	
23	Polypen weitstehend	21. **A. media**
	Polypen dichtstehend	22. **A. candida**
24	Polypen weitstehend	23. **A. angustiflora**
	Polypen dichtstehend — 25	
25	Gleichmäßig dichte Anordnung der Polypen	24. **A. spinosa**
	An den Zweigspitzen besonders dicht angeordnete Polypen	25. **A. japonica**
26	Zweige anastomosierend	26. **A. armata**
	Ohne Anastomosen — 27	
27	Polypenskleriten in regelmäßigen Winkelreihen	27. **A. gracillima**
	Polypenskleriten durcheinander gewirrt	28. **A. ramossissima**

1. **A. ceylonensis** J. A. Thoms. & W. D. Hend. 1905 *A. c.*, J. A. Thomson & W. D. Henderson in: Herdman, Rep. Ceylon Pearl Fish., *v.* 3 nr. 20 p. 290 t. 4 f. 6; t. 5 f. 12 | 1910 *A. c.*, Nutting in: Siboga-Exp., *v.* 13b p. 19 | 1910 *A. c.*, J. A. Thomson & Russell in: Tr. Linn. Soc. London, ser. 2 *v.* 13 p. 144.

Die Kolonie ist fächerförmig in einer Ebene verzweigt; die distalen Zweige können Anastomosen bilden. Die Polypen stehen spärlich, mitunter in kleinen Gruppen und vorwiegend biserial angeordnet, sind bis 1 mm hoch, walzenförmig und mit spindelförmigen, 0,5—0,6 mm langen Skleriten bewehrt, deren distale Enden etwas vorragen können. Die dünne Rinde enthält zahlreiche bewarzte Spindeln, vierstrahlige bis 0,14 mm messende Formen, Dreistrahler, Kreuze und Platten. Graubraun.

Ceylon, Providence-Insel, Malayischer Archipel. Im mittleren Litoral.

2. **A. studeri** Nutting 1910 *A. s.*, Nutting in: Siboga-Exp., *v.* 13b p. 20 t. 1 f. 1, 1a; t. 19 f. 3.

Die Kolonie ist in einer Ebene verzweigt; die Äste können Anastomosen bilden; die Verzweigung ist reichlich. Die Polypen stehen dicht und allseitig und sind etwa 2 mm hoch, 1 mm dick. Die Skleriten sind nicht gebogene Spindeln, die vortretenden obersten Spindeln jeder Winkelreihe sind an ihren freien Enden bewarzt. Die dicke Rinde enthält longitudinal angeordnete Spindeln. Braun, Achse goldigbraun.

Malayischer Archipel. In 55—397 m Tiefe.

3. **A. turgida** Nutting 1910 *A. t.*, Nutting in: Siboga-Exp., *v.* 13b p. 21 t. 1 f. 2, 2a; t. 19 f. 4.

Die Kolonie ist in einer Ebene verzweigt, Anastomosen sind selten. Die Polypen stehen ziemlich gleichmäßig und dicht, allseitig, sie sind bis 2 mm lang und an den distalen Enden angeschwollen. Die Polypenskleriten haben vielfach vorstehende Enden und die Stachelskleriten haben einen kurzen basalen bewarzten Schenkel und einen langen, glatten vorstehenden (Fig. 140). In der Rinde kommen neben kleinen Spindeln zahlreiche unregelmäßige Platten, Kreuze, Sterne usw. vor. Hellbraun.

Fig. 140. Acanthogorgia turgida.

Die Art soll sich von *A. spinosa* (nr. 24) durch die hellere Farbe und schlankere Polypen, von *A. truncata* (nr. 7) durch Farbe und Skleritenform unterscheiden.

Malayischer Archipel. In 75—520 m Tiefe.

4. **A. hirta** Pourt. 1868 *A. h.*, Pourtalès in: Bull. Mus. Harvard, *v.* 1 p. 131 | 1883 *Paramuricea h.*, A. E. Verrill in: Bull. Mus. Harvard, *v.* 11 p. 35 | 1901 ?*P. h.*, Hargitt & Rogers in: Bull. U. S. Fish. Comm., *v.* 2 p. 281.

Verzweigung unregelmäßig, annähernd in einer Ebene. Stämme und Äste sind ungefähr von gleicher Dicke, die Endzweige sind abgeplattet. Die 1—1,5 mm langen Polypen stehen an Stamm und Ästen ziemlich zerstreut, an den Zweigenden mehr angehäuft. Ihre Bewehrung besteht aus 8 Doppelreihen basal fast horizontaler, darüber konvergierender Skleriten. Die Polypenkelche sind vorspringend, gelappt und etwas stachelig. Die dünne, granulierte Rinde ist mit gekrümmten, bedornten Spindeln und anderen unregelmäßig geformten Skleriten erfüllt. Grau.

Florida-Riff, in 593 m Tiefe, Portorico in 178—220 m Tiefe.

5. **A. horrida** Th. Stud. 1890 *A. h.*, Th. Studer in: Mém. Soc. zool. France, *v.* 3 p. 555 | 1901 *A. h.*, Th. Studer in: Résult. Camp. Monaco, *v.* 20 p. 46 t. 7 f. 1—3.

Die Kolonie ist in einer Ebene verzweigt; die Äste gehen in rechtem Winkel ab und biegen dann nach oben um. Die Polypen stehen allseitig und in dichten Spiralen; sie sind 1,5 mm lang, 1 mm dick, und ihre in Winkelreihen stehenden Skleriten sind schwach gebogene, feinbedornte, bis 0,75 mm lange Spindeln. Die oberen sind transversal gelagert, und auf ihnen erheben sich bis 0,92 mm vorragende Spindeln mit langen, glatten Stacheln. Die Rindenskleriten sind teils feinbedornte, bis 0,38 mm lange Spindeln, teils eigenartige Formen, mit einem aus der Oberfläche vorragenden, 0,2 mm langen Stachel, der sich senkrecht von 2 oder 3 Armen erhebt. Achse dünn, biegsam, gelb. Grauweiß.

Golf von Gascogne. In 200 m Tiefe.

6. **A. fusca** Nutting 1912 *A. f.*, Nutting in: P. U. S. Mus., *v.* 43 p. 73 t. 10 f. 1, 1a; t. 19 f. 5.

Verzweigung in einer Ebene, fächerförmig. Die Hauptäste liegen dicht beieinander und senden in unregelmäßiger Anordnung unverzweigte oder gegabelte Seitenäste ab. Die Polypen stehen sehr dicht in undeutlichen Wirteln oder Spiralen zu je 4—5. Ihre Höhe beträgt 1,8—2 mm, ihr größter Durchmesser 1,2 mm; unter den Tentakelbasen sind sie eingeschnürt. Die Polypenbewehrung besteht aus in Winkelreihen angeordneten, schlanken, etwas gebogenen Spindeln, deren Enden etwas vorragen. Die obersten ragen bis 1 mm über den Rand heraus. Ihr proximaler, kürzerer Teil ist im Winkel zu dem längeren, glatten Teil gebogen und dicht bewarzt. Braun.

Japan. In 188 m Tiefe.

7. **A. truncata** Th. Stud. 1890 *A. t.*, Th. Studer in: Mém. Soc. zool. France, *v.* 3 p. 555 | 1901 *A. t.*, Th. Studer in: Résult. Camp. Monaco, *v.* 20 p. 46 t. 6 f. 5—8 | 1910 ?*A. t.*, Nutting in: Siboga-Exp., *v.* 13b p. 17.

Die Kolonie ist in einer Ebene verzweigt. Die Äste gehen im Winkel von 45° ab. Die Polypen stehen rings um die Äste in ziemlich dichten spiralig angeordneten Gruppen, sind nur 1—2 mm hoch und 1—1,5 mm dick, und ihre in Winkelreihen stehenden Skleriten sind stark, bewarzte, gebogene Spindeln, bis zu 0,6 mm Länge. Die vorragenden Polypenskleriten sind bis 0,8 mm lang und haben eine lange, glatte Spitze und einen winklig gebogenen, dickeren basalen Schenkel, der mit oft verzweigten Dornen besetzt ist. An ihrer Basis stehen die Polypenskleriten in Ringen. In den Tentakeln liegen kleine, dornige Spindeln in transversaler Anordnung. Die Rinde ist mit abgeflachten Spindeln erfüllt, deren Spitzen häufig über die Oberfläche heraustreten. Bräunlich, die Achse ist biegsam und gelbbraun.

Golf von Gascogne. In 240 m Tiefe.

8. **A. procera** (Moroff) 1902 *Paramuricea p.*, Th. Moroff in: Zool. Jahrb., Syst. *v.* 17 p. 407 t. 16 f. 17; t. 18 f. 21.

Verzweigung in einer Ebene, vorwiegend lateral und spitzwinklig. Die langen, dünnen Äste sind nach aufwärts gebogen. Die schlanken Polypen stehen sehr dicht und allseitig, erheben sich rechtwinklig zu ihrer Unterlage und werden bis 2 mm lang. Eine Differenzierung in Kelch und Polypenköpfchen ist nicht vorhanden, jedoch ist der distale Polypenteil kontraktil. Die Bewehrung besteht aus in 8 regelmäßigen Doppelreihen angeordneten Spindeln, die am Rande ein wenig vorstehen können. Diese Spindeln sind bis 0,3 mm lang und mit weitstehenden aber kräftigen Warzen besetzt. In der Rinde liegen abgeflachte Spindeln oft mit einzelnen großen Fortsätzen, die die Oberfläche durchbrechen können. Hellbraun.

Sagamibai (Japan).

9. **A. breviflora** Whitelegge 1897 *A. b.*, Whitelegge in: Mem. Austral. Mus., *v.* 3 p. 309 t. 16 f. 6—10.

Verzweigung in einer Ebene, wechselständig. Die Polypen stehen seitlich wechselständig, senkrecht von der Unterlage entspringend, sind 1—1,5 mm lang, 0,7—0,9 mm breit und stehen in Abständen von 1—5 mm; ihre Bewehrung besteht aus in Winkelreihen angeordneten, gebogenen Spindeln von bis zu 0,5 mm Länge, von denen die obersten ihr glattes Ende weit vorragen lassen. Die sehr dünne Rinde enthält 0,3 mm messende Spindeln, die weit bewarzt und in der Längsrichtung angeordnet sind. Gelbweiß.

Funafuti.

10. **A. ridleyi** P. Wright & Th. Stud. 1889 *A. r.*, P. Wright & Th. Studer in: Rep. Voy. Challenger, *v.* 31 pars 64 p. 95 | 1896 ?*A. r.*, Roule in: Ann. Univ. Lyon, *v.* 26 p. 306 | 1910 ?*A. r.*, Nutting in: Siboga-Exp., *v.* 13b p. 12.

Die Kolonie ist annähernd, aber nicht völlig in einer Ebene verzweigt. Die senkrecht abgehenden Polypen stehen in Entfernungen von 3—4 mm, in kurzen, unregelmäßigen Spiralen zu je 3, sind walzenförmig, an den distalen Enden etwas verbreitert und 3 mm lang. Die in Winkelreihen stehenden Polypenskleriten sind 0,4 mm lange, ziemlich dicke Spindeln, die am distalen Ende bis 0,67 mm lang werden, etwas gebogen und mit wenigen spitzen Dornen besetzt sind; ihre Enden ragen etwas vor. Die dünne, durchscheinende Rinde enthält in der Längsrichtung angeordnete, meist gebogene, dornige Spindeln von 0,2—0,4 mm Länge, deren Enden mitunter seitliche Fortsätze abgeben.

Patagonien. In 256 m Tiefe.

11. **A. dofleini** Kükth. & Gorz. 1908 *A. d.*, Kükenthal & Gorzawsky in: Abh. Bayer. Ak., suppl. *v.* 1 nr. 3 p. 57 t. 4 f. 19.

Die Kolonie ist in einer Ebene verzweigt; die ziemlich spärlichen Äste gehen basal mehr rechtwinklig, distal spitzwinkliger ab. Die Polypen sitzen allseitig an den Ästen, oben etwas dichter, unten weit auseinander, sind bis 2,5 mm lang und ihre Spicula, die bis 0,6 mm lang sind, liegen ziemlich weit auseinander, zwei der obersten jeder Winkelreihe ragen etwas vor. Die Tentakelspicula sind 0,053 mm lang. Die Rindenspicula sind abgeflacht und von faseriger Textur, außer Spindeln kommen häufig vier- und mehrarmige Bildungen mit langen schlanken Armen vor. Die Achse ist unverkalkt. Gelbweiß, Achse dunkelbraun, in den Zweigen heller.

Die Form steht der *A. japonica* (nr. 25) sehr nahe.

Japan. Tieferes Litoral.

12. **A. muricata** Verrill 1883 *A. m.*, A. E. Verrill in: Bull. Mus. Harvard, *v.* 11 p. 34 | 1899 nec *A. m.*, Hiles in: P. zool. Soc. London, p. 48 t. 1 f. 6, 7 | 1901 *A. m.*, Th. Studer in: Résult. Camp. Monaco, *v.* 20 p. 45 | 1905 nec *A. m.* var. *indica*, J. A. Thomson & W. D. Henderson in: Herdman, Rep. Ceylon Pearl Fish., *v.* 3 nr. 20 p. 290 | 1909 nec *A. m.*, J. A. Thomson & J. Simpson, Alcyon. Investigator, *v.* 2 p. 192 | 1910 nec *A. m.*, Nutting in: Siboga-Exp., *v.* 13b p. 16.

Die ziemlich zarte Kolonie ist fächerförmig verzweigt. Die erst stark divergierenden Hauptäste wenden sich dann nahezu vertikal nach oben und entsenden in fast rechtem Winkel zahlreiche Seitenzweige. Die Polypen sind etwa 3 mm hoch, 1 mm breit, walzenförmig oder am distalen Ende etwas verbreitert und mit schlanken bewarzten, oft stark gebogenen Spindeln bewehrt, deren Enden teilweise aus der Oberfläche vorragen können. Am distalen Ende ragen 8 spitze Stachelspindeln 2 mm hervor. Die dünne Rinde enthält kleine, rauhe, unregelmäßige Skleriten sowie ziemlich große, oft gebogene Spindeln, deren Enden nicht vorragen. Grauweiß, Achse gelbbraun, stark gestreift.

Westindien, Azoren in 454 m Tiefe.

13. **A. aspera** Pourt. 1867 *A. a.*, Pourtalès in: Bull. Mus. Harvard, *v.* 1 p. 113 | 1883 *A. a.*, A. E. Verrill in: Bull. Mus. Harvard, *v.* 11 p. 33 | 1890 nec *A. a.*, Hedlund in: Bih. Svenska Ak., *v.* 16 nr. 6 p. 3 | 1901 *A. a.*, Th. Studer in: Résult. Camp. Monaco, *v.* 20 p. 44 | 1906 nec *A. a.*, J. A. Thomson & W. D. Henderson, Alcyon. Investigator, *v.* 1 p. 52 | 1908 *A. a.*, Kükenthal & Gorzawsky in: Abh. Bayer. Ak., suppl. *v.* 1 nr. 3 p. 64.

Die Verzweigung der zarten Kolonie erfolgt in einer Ebene. Die Äste gehen vom Hauptstamm stark divergierend ab und können Seitenzweige abgeben. Die 3 mm langen, 1 mm dicken Polypen sind am distalen Ende meist etwas eingeschnürt, stehen weit voneinander, und ihre spitz zulaufenden Skleriten ragen seitlich in 8 Rippen, distal als Nadelkreuz vor. Die dünne Rinde enthält spitze Spindeln, deren eines Ende aus der Oberfläche vorragt und ihr ein rauhes Aussehen verleiht. Dunkelbraun. Polypen durchscheinend mit schwarzen Tentakeln, Achse gelbbraun.

Havanna in 494 m Tiefe, Azoren in 927 m Tiefe.

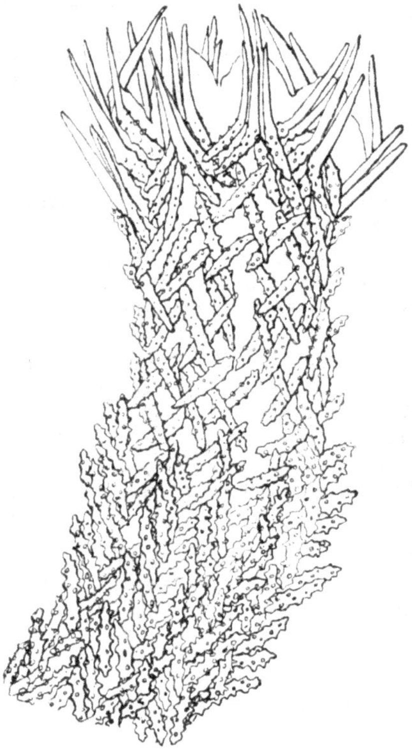

Fig. 141. **Acanthogorgia spissa.**

14. **A. spissa** Kükth. 1909 *A. s.*, Kükenthal in: Abh. Bayer. Ak., suppl. *v.* 1 nr. 5 p. 76 t. 6 f. 35.

Die Kolonie ist annähernd in einer Ebene verzweigt. Die Verzweigung ist eine sehr dichte, Äste und Zweige sind meist leicht wellig gebogen. Die Polypen stehen dicht gedrängt, allseitig (Fig. 141). Die Verzweigungsebene etwas bevorzugend; sind bis 2,5 mm lang und mit 0,8 mm großen, weit, aber kräftig bedornten, in Winkelreihen stehenden Spindeln bewehrt. Die Stachelspindeln sind bis 0,9 mm lang, und 2 von ihnen ragen in jeder Winkelreihe hervor. In den Tentakeln liegen breite, bis 0,12 mm lange, gezähnelte, auch keulenförmig verdickte Platten. Die Rinde enthält schlanke, gekrümmte, weitbedornte Spindeln von 0,3 mm Länge sowie kleine, 0,06 mm lange Formen mit Mittelschaft und an dessen Enden bewarzten, dicken Armen. Hellgelbbraun, Achse dunkelbraun.

Japan. Mittleres Litoral.

15. **A. paradoxa** Nutting 1912 *A. p.*, Nutting in: P. U. S. Mus., *v.* 43 p. 74 t. 11 f. 2, 2a; t. 20 f. 1.

Verzweigung anscheinend in einer Ebene. Die Polypen stehen allseitig und dicht, mitunter in unregelmäßigen Wirteln zu etwa 5, sind bis 3 mm hoch, 1,3 mm dick und mit longitudinal und parallel laufenden Spindeln bedeckt, die bis 3 mm Länge erreichen. Darunter liegen viel kleinere in Winkelreihen angeordnete Spindeln. Die über den Polypenrand vorragenden Spindeln sind bis 3 mm lang, und ihr distaler Teil ist nicht völlig glatt, während der ziemlich lange proximale dicht bewarzt ist. Hellbraun.

Japan. An der Grenze von Litoral und Küsten-Abyssal.

16. **A. verrilli** Th. Stud. 1890 *A. v.*, Th. Studer in: Mém. Soc. zool. France, *v.* 3 p. 555 | 1901 *A. v.*, Th. Studer in: Résult. Camp. Monaco, *v.* 20 p. 44 t. 7 f. 4—6.

Verzweigung in einer Ebene, spärlich; die Äste entspringen im rechten Winkel, um dann aufwärts zu biegen. Die Polypen stehen an Stamm und Ästen allseitig, an den Zweigenden besonders dicht, sind 4—8 mm lang und am distalen Ende angeschwollen. Ihre Bewehrung besteht aus langen, gebogenen 0,776 mm messenden Spindeln, die in 8 Winkelreihen angeordnet sind. Die obersten Spindeln sind longitudinal gerichtet und ragen etwas vor; ihre Länge erreicht 0,98 mm, ihr proximales Ende ist fein bedornt, ihr distales glatt und zugespitzt. In der Rinde liegen gebogene Spindeln, dornige Keulen, auch gegabelte Formen, die 0,41—0,49 mm messen. Gelblichweiß, die fransige, biegsame Achse ist gelb.

Steht *A. armata* (nr. 26) sehr nahe.

Neufundland. In 1267 m Tiefe.

17. **A. longiflora** P. Wright & Th. Stud. 1889 *A. l.*, P. Wright & Th. Studer in: Rep. Voy. Challenger, *v.* 31 pars 64 p. 94 t. 22 f. 1; t. 25 f. 4.

Die Kolonie ist spärlich in einer Ebene verzweigt. Die Zweige sind dünn und weich und hängen herab. Die Polypen stehen meist in Entfernungen von 2—3 mm und sind teils senkrecht aufsitzend, teils schräg distalwärts gerichtet. Die Länge der Polypen kann 10 mm erreichen, bei einer Dicke von nur 1 mm. Die mit Skleriten erfüllten Tentakel sind nur wenig retraktil und bilden eine Art Deckel. Die in den Winkelreihen stehenden Polypenskleriten sind bis 0,7 mm lange, mit kleinen spitzen Dornen besetzte Spindeln, mit verdicktem, winklig eingebogenem, basalem Schenkel. Die am meisten distal gelegenen Polypenskleriten sind bis 1,1 mm lange, nadelförmige Gebilde, die nur wenig vorragen. Die Tentakelskleriten sind bedornte 0,25—0,1 mm lange, longitudinal angeordnete Spindeln. Die sehr dünne Rinde enthält bis 0,48 mm lange, leicht gebogene Spindeln und Stäbe in dichter longitudinaler Anordnung. Ein Ende ist meist verdickt, das andere zugespitzt. Farbe braungelb.

Philippinen. In 700 m Tiefe.

18. **A. laxa** P. Wright & Th. Stud. 1889 *A. l.*, P. Wright & Th. Studer in: Rep. Voy. Challenger, *v.* 31 pars 64 p. 96 t. 22 f. 2; t. 25 f. 3 | 1910 ?*A. l.*, Nutting in: Siboga-Exp., *v.* 13b p. 17.

Die Kolonie ist in einer Ebene verzweigt. Der Hauptstamm ist abgeplattet und stark winklig gebogen. Die im Winkel von 70—90° abgehenden Zweige sind an den Enden abwärts gebogen. Die Polypen stehen senkrecht und gegenständig, und eine Fläche der Äste bleibt stets völlig frei. Sie stehen in Entfernungen von 2—2,5 mm, nur an den Enden viel dichter. Ihre Länge beträgt 3—4,5 mm bei 1—1,5 mm Dicke. Die Polypenskleriten stehen in 8 Winkelreihen, die an der Tentakelbasis in einen horizontalen Ring übergehen, und stellen mit einigen spitzen Dornen besetzte, bis 0,8 mm lange, leicht gebogene Spindeln dar. Die Tentakel enthalten dünne, spitz bedornte, an einem Ende meist verdickte Spindeln von 0,33 mm Länge. Die 8 obersten Polypenskleriten ragen etwas vor, sind aber relativ kurz. In der sehr dünnen, durchscheinenden Rinde liegen durchscheinende, mit wenigen spitzen Dornen besetzte Spindeln von 0,3 mm Länge in longitudinaler Anordnung. An der Polypenbasis finden sich in der Mitte eingeschnürte Skleriten von 0,3 mm Länge, die sich an beiden Enden in je 2 divergierende Arme gabeln. Die gelbbraune Achse ist weich und biegsam.

Tam-Bai (Patagonien). In 320 m Tiefe.

19. **A. incrustata** Kükth. 1919 *A. i.*, Kükenthal in: Ergeb. Tiefsee-Exp., *v.* 13 pars 2 p. 299 t. 30 f. 4.

Die Kolonie ist in einer etwas eingekrümmten Fläche verzweigt, doch stehen die Äste nicht in einer ausgesprochenen Ebene, sondern biradial. Die Äste entspringen im Winkel von 60—90° und sind meist unverzweigt. Die Polypen stehen vorwiegend in der Verzweigungsfläche, an den Astenden dichter, sind bis 4,5 mm lang und sind keulen- oder becherförmig. Ihre Bewehrung besteht aus bis 1 mm langen Spindeln, die in 8 dicht stehenden Winkelreihen angeordnet sind. Die obersten ragen mit nicht scharf zugespitzten Enden etwas vor. Die kleineren Tentakelskleriten stehen in nahezu transversalen Reihen. Die Skleriten der dünnen Rinde sind flache, bedornte, bis 0,6 mm lange Spindeln. Graubraun.

Bouvet-Insel. In 567 m Tiefe.

20. **A. multispina** Kükth. & Gorz. 1890 *A. aspera* (non *A. a.*, Pourtalès 1867), Hedlund in: Bih. Svenska Ak., *v.* 16 nr. 6 p. 3 t. 1 | 1908 *A. multispina*, Kükenthal & Gorzawsky in: Abh. Bayer. Ak., suppl. *v.* 1 nr. 3 p. 61 t. 4 f. 21.

Die Kolonie ist sehr spärlich und nicht ausgesprochen in einer Ebene verästelt. Die Polypen stehen allseitig in Entfernungen von 1—2 mm, sind bis 2 mm lang, 1,2 mm dick und unterhalb der Tentakelinsertion eingeschnürt. Die Polypenskleriten sind teilweise abgeplattete, bis 0,47 mm lange Spindeln, deren untere Hälften sich übereinander kreuzen, während die oberen stachelartigen Enden vorstehen. Die oberen Skleriten jeder Winkelreihe sind bis 0,7 mm lang, und ihre glatten, drehrunden Stacheln ragen in größerer Anzahl heraus. Die Tentakel sind erfüllt mit schwach abgeplatteten Skleriten. In der Rinde finden sich außer Spindeln auch kleinere, 0,19 mm lange Formen mit dornenbesetzten Armen, sowie Stäbchenformen, die an einem Ende oder an anderen Stellen Arme aussenden. Farbe (in Alkohol) bräunlichweiß, die unverkalkte Achse basal dunkelbraun, distal gelbbraun.

Japan. Tieferes Litoral.

Diese Art zerfällt in 2 Unterarten:

20a. **A. multispina typica** Kükth. & Gorz. 1908 *A. m.*, Kükenthal & Gorzawsky in: Abh. Bayer. Ak., suppl. *v.* 1 nr. 3 p. 61 t. 4 f. 21.

Mit den Merkmalen der Art.

Japan. Tieferes Litoral.

20b. **A. multispina iridescens** Kükth. & Gorz. 1908 *A. m.* var. *i.*, Kükenthal & Gorzawsky in: Abh. Bayer. Ak., suppl. *v.* 1 nr. 3 p. 65.

Verzweigung spärlich; die Polypen stehen allseitig, schmale Zwischenräume freilassend, sind bis 2,5 mm lang, und ihr oberster Teil ist kugelig aufgetrieben. Die Polypenskleriten sind 0,6 mm lang, nicht abgeplattet, aber von ovalem Querschnitt; die Stachelskleriten sind ebensolang mit kräftigen, drehrunden, glatten Stacheln. Die Rindenskleriten sind teils Spindeln, teils mehrarmige, kleine Gebilde von etwa 0,1 mm Durchmesser. Schmutziggelb, die freien Skleritenenden irisieren lebhaft.

Japan. Tieferes Litoral.

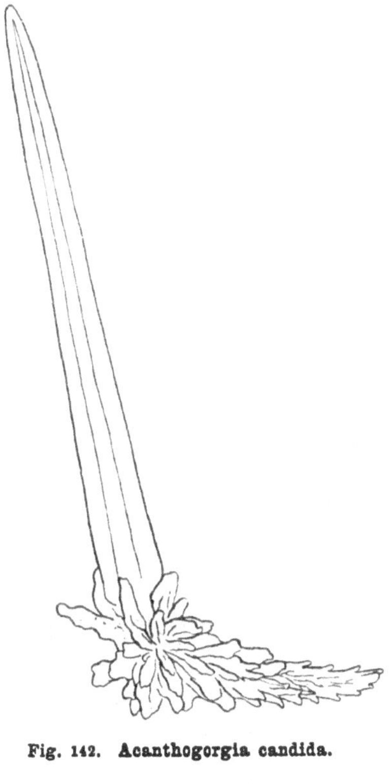

Fig. 142. **Acanthogorgia candida.**

21. **A. media** J. A. Thoms. & W. D. Hend. 1905 *A. m.*, J. A. Thomson & W. D. Henderson in: Herdman, Rep. Ceylon Pearl Fish., *v.* 3 nr. 20 p. 289 t. 2 f. 8; t. 3 f. 7.

Verzweigung nicht auf eine Ebene beschränkt. Die Äste entspringen meist wechselständig. Die Polypen stehen weit voneinander, mitunter gegenständig und sind bis 1,3 mm lang, 1,1 mm breit. Ihre Bewehrung besteht aus bis 0,5 mm langen, schlanken Spindeln, oft mit einem längeren, schwach bewarzten und einem stärker bewarzten, proximalen Arm. Am Polypenrande ragen eine Anzahl bis 0,45 mm langer Spindeln vor. In der dünnen Rinde wie auch in der Polypenwand kommen drei- und mehrstrahlige Sterne von bis zu 0,3 mm Durchmesser vor.

Soll *A. ridleyi* (nr. 10) ähnlich sein.

Ceylon.

22. **A. candida** Kükth. 1909 *A. c.*, Kükenthal in: Abh. Bayer. Ak., suppl. *v.* 1 nr. 5 p. 71 t. 6 f. 32.

Die Kolonie ist buschig, doch liegen die Verzweigungen der einzelnen Hauptäste in je einer Ebene. Die Polypen stehen allseitig, an den Astenden nicht dichter angehäuft, in Entfernungen von 1,2 mm, sind 2 mm hoch, 0,7 mm dick und unterhalb der Tentakelinsertion etwas eingeschnürt. Die Polypenskleriten sind 0,38 mm lang und liegen mit ihren unteren Hälften übereinander gekreuzt, ihre oberen Hälften ragen aus der Oberfläche hervor. Am oberen Ende jeder Winkelreihe ragen 2—3 bis über 1 mm lange Stachelskleriten weit vor. Ihr unterer kurzer Teil ist mit großen, abgeplatteten, strahlenförmig auslaufenden Dornen dicht besetzt, ihr in scharfem Winkel davon abgeknickter, oberer Teil stellt einen vollkommen glatten Stachel dar (Fig. 142). Die Tentakel enthalten etwa 0,1 mm lange, meist gekrümmte, bedornte Spindeln. In der Rinde liegen Spindeln sowie zahlreiche 0,07 mm lange Körper, die aus einem Mittelstück bestehen, von dessen beiden Enden meist je 3 relativ lange Arme abgehen. Hellbräunlich, Achse dunkelbraun, distal gelbbraun mit leicht metallischem Glanz.

Japan.

23. **A. angustiflora** Kükth. & Gorz. 1908 *A. a.*, Kükenthal & Gorzawsky in: Abh. Bayer. Ak., suppl. *v.* 1 nr. 3 p. 58 t. 4 f. 20.

Die Kolonie ist allseitig verzweigt, und die Äste gehen im Winkel von etwa 60° ab. Die Polypen sitzen allseitig, aber unregelmäßig zerstreut, sind bis 4 mm lang, nur 0,8 mm breit, und ihre Skleriten sind 0,7 mm lange, auf der Unterseite abgeflachte Spindeln, mit bewarzten Rändern. Die obersten 3 oder 4 Spindeln jeder Winkelreihe treten weit hervor, ihr glatter drehrunder, freier Stachel ist bis 1,5 mm lang. Die Tentakelskleriten sind breit, 0,025 mm lang und stark abgeplattet. Die Rindenskleriten sind teils Spindeln, teils 0,2 mm lange, stark gebogene Skleriten, mit 2 aus Warzen entstandenen Armen auf der konvexen Seite versehene Gebilde. Gelbweiß, die unverkalkte Achse basal fast schwarz, distal hellbraun bis hellgelb.

Japan. Oberes Abyssal.

24. **A. spinosa** Hiles 1899 *A. s.*, Hiles in: Willey, Zool. Results, pars 2 p. 198 t. 22 f. 3—6 | 1906 *? A. aspera*, J. A. Thomson & W. D. Henderson, Alcyon. Investigator, *v.* 1 p. 47 t. 2 f. 2; t. 5 f. 15 | 1910 *? A. spinosa*, Nutting in: Siboga-Exp., *v.* 13b p. 14.

Verzweigung anscheinend nicht in einer Ebene. Die Polypen stehen allseitig, in dichtester Anordnung, sind lang walzenförmig, 3—4 mm lang, 0,9 mm breit an der Basis, 1,3 mm breit am distalen Ende. Die Polypenskleriten sind bedornte, 0,5 mm lange Spindeln; die 2 oder 3 am meisten distal gelegenen jeder Winkelreihe sind 1,4 mm lang und ragen weit vor. Ihr kurzer unterer Schenkel trägt nur einige Dornen. Die dünne und ziemlich glatte Rinde enthält vorwiegend Vierstrahler von 0,26 mm größtem Durchmesser, daneben auch fein bedornte, bis 0,7 mm lange Spindeln. Schmutzig weiß.

Blanche-Bai (Neu-Britannien). In 47 m Tiefe.

25. **A. japonica** Kükth. & Gorz. 1908 *A. j.*, Kükenthal & Gorzawsky in: Abh. Bayer. Ak., suppl. *v.* 1 nr. 3 p. 53 t. 3 f. 18.

Die Kolonie ist nicht ausgesprochen in einer Ebene entwickelt. Die Äste gehen unter nahezu rechten Winkeln ab. Die Polypen stehen allseitig (Fig. 143). Die Verzweigungsebene bevorzugend, an den Zweigenden dichter, sind bis 3 mm lang und ihre in Winkelreihen stehenden Skleriten sind etwas abgeplattete, in der Mitte winkelig gekrümmte, 0,45 mm lange Spindeln. Vier oder fünf Spindeln am oberen Ende jeder Doppelreihe ragen mit scharf zugespitzten, platteren Enden weit vor und sind bis 0,9 mm lang. In den Tentakeln liegen dünne, abgeplattete, 0,1 mm lange Spicula. Die sehr dünne Rinde enthält Spindeln und etwa 0,065 mm messende, meist vierarmige Gebilde. Bräunlich weiß, die unverkalkte Achse dunkelschwarzbraun.

Japan. In 80—250 m Tiefe.

Fig. 143. **Acanthogorgia japonica.**
a Polyp ausgestreckt, *b* Polyp kontrahiert.

26. **A. armata** Verrill 1878 *A. a.*, A. E. Verrill in: Amer. J. Sci., ser. 3 *v.* 16 p. 376 | 1883 *A. a.*, A. E. Verrill in: Bull. Mus. Harvard, *v.* 11 p. 31 | 1884 *A. a.*, A. E. Verrill in: Amer. J. Sci., ser. 3 *v.* 28 p. 220 | 1905 ?*A. a.*, Hickson in: Mar. Invest. S. Afr., *v.* 3 p. 225 | 1908 ?*A. a.*, Nutting in: P. U. S. Mus., *v.* 34 p. 580 | 1910 ?*A. a.*, Nutting in: Siboga-Exp., *v.* 13b p. 13 t. 19 f. 1.

Die schlanke, biegsame, viel und unregelmäßig verzweigte vorwiegend buschige Kolonie weist gelegentliche Anastomosen ihrer Zweige auf. Die

Polypen stehen allseitig, an den Enden der Zweige besonders dicht und sind 5—8 mm lang, aber nur 0,8—1,5 mm dick. Ihre Wand hat 8 flache Längsfurchen aufzuweisen, in denen in Winkelreihen lange, bewarzte Skleriten liegen, die meist nicht vorragen. Es sind gerade oder winklig gekrümmte Spindeln bis 1,62 mm lang, von denen die obersten jeder Winkelreihe mit glatten Spitzen weit vorragen. Die dünne Rinde ist mit ziemlich kleinen, oft gebogenen, bewarzten Spindeln erfüllt, deren Spitzen nicht aus der Oberfläche vorragen. Hell lachsfarben.

Nordostküste Amerikas. Im oberen Abyssal.

27. **A. gracillima** Kükth. 1909 *A. g.*, Kükenthal in: Abh. Bayer. Ak., suppl. *v.* 1 nr. 5 p. 73 t. 6 f. 33.

Die Kolonie ist allseitig verzweigt. Die Polypen sitzen in ziemlich dichter Anordnung rings um die Äste, sind bis 6 mm lang, sehr schlank und mit eingeknickten, bis 1,2 mm langen Spindeln bewehrt, deren untere Schenkel in benachbarten Winkelreihen sich kreuzen. Von den Stachelspindeln ragen je 2 in jeder Winkelreihe mit 1 mm langen, drehrunden glatten Stacheln vor, während ihr unterer, in stumpfem Winkel dazu stehender Schenkel bis 0,5 mm lang und weit bedornt ist. Die Tentakel enthalten abgeplattete, gebogene, breite, weit bedornte Spindeln von bis 0,18 mm Länge. In der Astrinde liegen gestreckte oder leicht gekrümmte, bis 0,8 mm lange Spindeln, sowie 0,1 mm lange, plattenartige Gebilde mit ein paar großen, aus abgeplatteten Warzen gebildeten Armen. In der Rinde der Basis liegen ausschließlich 0,25 mm lange, gekrümmte und kräftig bedornte Spindeln. Weißgelb, Achse hellbraun.

Japan. Oberes Abyssal.

Diese Art zerfällt in 2 Unterarten:

27a. **A. gracillima typica** Kükth. 1909 *A. g.*, Kükenthal in: Abh. Bayer. Ak., suppl. *v.* 1 nr. 5 p. 73 t. 6 f. 33.

Mit den Merkmalen der Art.

Japan. Oberes Litoral.

27b. **A. gracillima** subsp. **lata** Kükth. 1909 *A. g.* var. *l.*, Kükenthal in: Abh. Bayer. Ak., suppl. *v.* 1 nr. 5 p. 75 t. 4 f. 34.

Die Kolonie ist annähernd in einer Ebene verzweigt. Die Polypen stehen allseitig, aber doch die Verzweigungsebene bevorzugend, und sind bis 5 mm lang, 1,2 mm dick. Ihre Skleriten sind bis 0,7 mm lange, weit und hoch bedornte Spindeln. Die Stacheln der 2 vorragenden Stachelspindeln jeder Winkelreihe sind bis 0,9 mm lang, ihr unterer Schenkel trägt lange, spitze, oft verzweigte Dornen. Die Rindenskleriten sind bis 0,6 mm lange, dicke, kräftig und dicht bedornte Spindeln und kleine, bis 0,08 mm lange, stäbchen- oder plattenförmige Skleriten. Hellgelbbraun, Achse gelbbraun.

Japan. Oberes Abyssal.

28. **A. ramossissima** P. Wright & Th. Stud. 1889 *A. r.*, P. Wright & Th. Studer in: Rep. Voy. Challenger, *v.* 31 pars 64 p. 97 t. 22 f. 4; t. 26 f. 7.

Die Kolonie ist sehr dicht und buschig verzweigt. Der Stamm ist etwas abgeplattet. Die Polypen stehen senkrecht auf den Ästen in Gruppen von 3, die von einander 2 mm entfernt sind, haben eine Länge von 4—6,5 mm, bei einer Dicke von 2—3 mm, und ihre Skleriten sind nicht in regelmäßigen Winkelreihen angeordnet, sondern liegen stark durcheinander gewirrt und bilden nur am distalen Ende einen peripheren Ring. Es sind bis 1 mm lange, dicht mit spitzen, kleinen Dornen besetzte Spindeln. Die vorragenden Spindeln sind 2 mm lange, gerade oder etwas eingeknickte, am basalen Ende verdickte und stark bewarzte Gebilde. In dem peripheren Ring finden sich Vierstrahler von 0,26 mm Länge, sowie keulenartige, 0,25 mm lange Formen, die auf ihrer konvexen Seite zwei divergierende Fortsätze tragen. In der dünnen, durchscheinenden Rinde finden sich dicht bedornte, gebogene, 0,4 mm lange Spindeln, die in longitudinaler Richtung angeordnet sind, sowie stark gekrümmte, kleinere, in der Mitte stark verdickte, 0,2 mm lange, in der Mitte 0,18 mm dicke Skleriten. Die Achse ist weich. Gelblich.

Prinz-Edward-Insel. In 567 m Tiefe.

A. australiensis Hentschel 1903 *A. a.*, Hentschel in: Denk. Ges. Jena, *v.* 8 p. 648 t. 52 f. 16; t. 53 f. 17—20.

Verzweigung in einer Ebene; die Äste entspringen in rechtem Winkel und biegen dann nach oben um. Die Polypen stehen allseitig, unregelmäßig, an den Enden der Zweige dichtgedrängt und nur an den proximalen Teilen zuweilen seitlich; ihre Form ist walzen- bis becherförmig. Die Polypenskleriten sind in Winkelreihen angeordnete Spindeln von bis zu 0,39 mm Länge und die am meisten distal gelegenen ragen mit glatten Dornen über das Köpfchen vor. Die sehr dünne Rinde enthält schlanke, schwach bewarzte Spindeln, die auch keulenförmig werden können, sowie kleinere Doppelbildungen zum Teil in Kreuzform, mit stärkerer Bedornung. Weiß.

Amboina.

A. brevispina Th. Stud. 1894 *A. b.*, Th. Studer in: Bull. Mus. Harvard, *v.* 25 p. 66.

Die Äste der anscheinend in einer Ebene verzweigten Kolonie sind schlaff und biegsam. Die walzenförmigen Polypen stehen in Spiralen, rechtwinklig entspringend und sind 3 mm lang. Ihre Skleriten sind lange, bedornte Stäbe, die in Winkelreihen stehen und am distalen Rande nur wenig vorragen. Schwarz, die Skleriten silberglänzend.

Westküste Zentralamerikas. In 851 m Tiefe.

A. flabellum Hickson 1905 *A. f.*, Hickson in: Fauna Geogr. Maldiv., *v.* 2 p. 812 | 1910 *A. f.*, Nutting in: Siboga-Exp., *v.* 13b p. 18.

Verzweigung in einer Ebene, fächerförmig und netzförmig. Hauptstamm und Äste sind von annähernd gleicher Dicke. Die Polypen stehen ziemlich dicht, aber unregelmäßig, auf den Flächen etwas spärlicher als an den Seiten; sie erreichen eine Höhe von 1 mm und sind mit in Doppelreihen stehenden, kleinen Spindeln bewehrt, von denen die obersten nicht vorragen. Viele von ihnen sind verzweigt oder dreistrahlig. Das Operculum besteht aus je drei Spindeln. Die mäßig dicke Rinde enthält mehr oder minder gekrümmte Spindeln, außerdem kommen kleine Stachelplatten vor. Weiß, die Achse ist goldbraun.

Das Vorkommen eines Operculum und von Stachelplatten verweist die Art aus der Gattung *Acanthogorgia.*

Malediven in 46 m Tiefe, Malayischer Archipel in 27—80 m Tiefe.

A. muricata var. indica J. A. Thoms. & W. D. Hend. 1905 *A. m.* var. *i.*, J. A. Thomson & W. D. Henderson in: Herdman, Rep. Ceylon Pearl Fish., *v.* 3 nr. 20 p. 290 t. 4 f. 11.

Verzweigung in einer Ebene. Die Polypen stehen allseitig und dicht, sind bis 2,5—3 mm lang und basal 0,9 mm, distal 1,1—1,2 mm breit. Am Rande ragen 8 Spindeln vor. Die Rinde ist sehr dünn. Olivbraun.

Nicht zu *A. muricata* (nr. 12) gehörig; steht *A. spinosa* (nr. 24) Hiles nahe.

Ceylon.

A. schrammi (Duchass. & Mich.) 1864 *Blepharogorgia s.*, Duchassaing & Michelotti in: Mem. Acc. Torino, ser. 2 *v.* 23 p. 15 t. 1 f. 9.

Fächer- und netzförmig. Die Polypen stehen in zwei seitlichen Reihen wechselständig und sind lang, walzenförmig mit schmalerer Basis und weiterem distalen Ende. Am Rande ragen 5—10 lange Skleriten weit vor. Weiß, Achse ganz schwarz.

Guadeloupe.

A. striata Nutting 1910 *A. s.*, Nutting in: Siboga-Exp., *v.* 13b p. 20 t. 1 f. 3, 3a; t. 19 f. 2 | 1912 *A. s.*, Nutting in: P. U. S. Mus., *v.* 43 p. 72.

Verzweigung spärlich, ungefähr in einer Ebene. Die Polypen stehen ziemlich dicht und sind bis 3 mm lang, 1—1,5 mm dick. Die Polypenskleriten sind schlanke, gerade oder gebogene Spindeln, die Stachelskleriten zeigen einen langen, glatten, drehrunden Stachel, der in scharfem Winkel zu dem kürzeren bewarzten Teile eingeknickt ist. Polypen hellbraun mit acht dunkleren, braunen Längsstreifen, Achse goldigbraun mit Metallglanz.

Nordcelebes in 80 m Tiefe, Bandasee in 304 m Tiefe, Japan in 188 m Tiefe.

8. Fam. **Primnoidae**

1857 „*Primnoacées*" (part.), H. Milne-Edwards, Hist. Corall., *v.* 1 p. 138 | 1857 *Primnoadae* (part.), J. E. Gray in: P. zool. Soc. London, *v.* 25 p. 285 | 1868 *Primnoidae* (part.), A. E. Verrill in: Mem. Boston Soc., *v.* 1 p. 9 | 1870 *Primnoadae* + *Calligorgiadae* (part.) + *Calyptrophoradae*, J. E. Gray, Cat. Lithoph. Brit. Mus., p. 34, 41, 43 | 1883 *Primnoidae*, A. E. Verrill in: Bull. Mus. Harvard, *v.* 11 p. 28 | 1887 *P.*, Th. Studer (& P. Wright) in: Arch. Naturg., *v.* 53 I p. 46 | 1889 *P.*, P. Wright & Th. Studer in: Rep. Voy. Challenger, *v.* 31 pars 64 p. 46 | 1906 *P.*, Versluys in: Siboga-Exp., *v.* 13a p. 2 | 1908 *P.*, Gorzawsky, Gorgon., p. 45 | 1915 *P.*, Kükenthal in: Zool. Anz., *v.* 46 p. 142 | 1919 *P.*, Kükenthal in: Ergeb. Tiefsee-Exp., *v.* 13 pars 2 p. 301.

Gorgonaceen mit ungegliederter, verschieden stark verkalkter Hornachse und mit meist scheibenförmig verbreiterter Basis. Nur selten sind die Kolonien unverzweigt. Die Verzweigung ist eine unregelmäßige, dichotomische oder eine regelmäßige. In letzterem Falle treten meist Kurzzweige auf, die entweder allseitig oder biradial, oder biserial und fiederförmig angeordnet sind. Die Polypen stehen einzeln oder in Paaren oder Wirteln, sind nicht zurückziehbar und haben keine besonderen Polypenkelche ausgebildet. Die meist ansehnlichen Skleriten sind schuppenförmig, liegen in der Polypenwand stets in einer Schicht, meist in regelmäßiger Anordnung, und die am meisten distal gelegenen (Deckschuppen) bilden sich zu einem nach innen umlegbaren Deckel (Operculum) um. Die darauf folgende transversale Reihe von Polypenschuppen (Randschuppen) kann ebenfalls besondere Ausbildung erlangen und beweglich werden (Circumoperculum). Die Farbe ist bei den einzelnen Arten konstant und nicht an die Skleriten gebunden, vorwiegend sind es weiße, gelbe, braune oder rote Töne.

In allen Meeren mit Ausnahme des arktischen Gebietes, vorwiegend in der Tiefsee.

4 Unterfamilien, 12 sichere Gattungen mit 4 Untergattungen und 1 unsichere Gattung, 121 sichere Arten mit 11 Unterarten und 21 unsichere Arten.

Bestimmungstabelle der Unterfamilien:

1	Ohne ausgebildetes Operculum	a) Subfam. **Primnoidinae**
	Mit ausgebildetem Operculum — 2	
2	Polypen mit zahlreichen Schuppen — 3	
	Polypen mit 2—3 Paar großer, ringförmig zusammenschließender Schuppen	d) Subfam. **Calyptrophorinae**
3	Polypen schräg gestellt, adaxial einkrümmbar .	b) Subfam. **Primnoinae**
	Polypen senkrecht gestellt, adaxial nicht einkrümmbar	c) Subfam. **Callozostrinae**

A. Subfam. **Primnoidinae**

1889 *P.*, P. Wright & Th. Studer in: Rep. Voy. Challenger, *v.* 31 pars 64 p. 90 | 1906 *P.*, Versluys in: Siboga-Exp., *v.* 13a p. 156 | 1915 *P.*, Kükenthal in: Zool. Anz., *v.* 46 p. 142 | 1919 *P.*, Kükenthal in: Ergeb. Tiefsee-Exp., *v.* 13 pars 2 p. 339.

Polypen ohne ausgebildetes Operculum, mit zahlreichen, nicht in Längsreihen stehenden Schuppen.

Eine Gattung und eine Art.

1. Gen. **Primnoides** Th. Studer & P. Wright

1887 *P.*, Th. Studer (& P. Wright) in: Arch. Naturg., *v.* 53 I p. 52 | 1889 *P.*, P. Wright & Th. Studer in: Rep. Voy. Challenger, *v.* 31 pars 64 p. 90 | 1906 *P.*, Versluys in: Siboga-Exp., *v.* 13a p. 9.

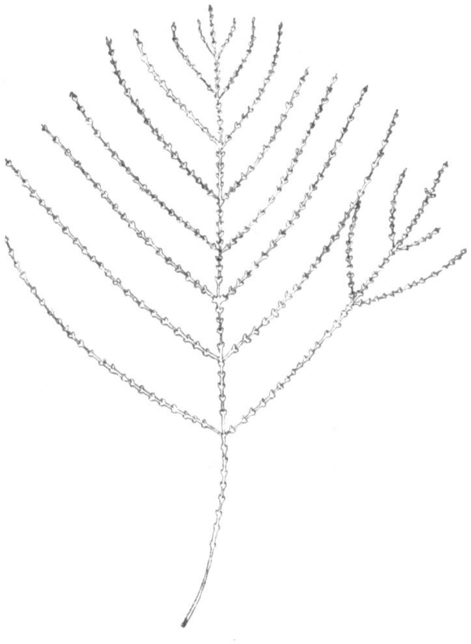

Fig. 144. Primnoides sertularoides.

Verzweigung federförmig in einer Ebene, mit gegenständigen Seitenästen, die nur selten wieder gefiedert sind. Die Polypen stehen paarig gegenständig, meist in der Verzweigungsebene angeordnet. Die Polypen sind mit zahlreichen, nicht in Längsreihen angeordneten, sich teilweise dachziegelförmig deckenden Schuppen bedeckt. Besonders differenzierte Randschuppen sowie ein ausgebildetes Operculum fehlen. Die oberflächlichen Rindenschuppen gleichen den Polypenschuppen, darunter liegt eine Schicht unregelmäßig geformter winziger Skleriten.

Südindischer Ozean. Tiefsee.

1. **P. sertularoides** P. Wright & Th. Stud. 1889 *P. s.*, P. Wright & Th. Studer in: Rep. Voy. Challenger, *v.* 31 pars 64 p. 90 t. 19 f. 1, 1a; t. 21 f. 16 | 1906 *P. s.*, Versluys in: Siboga-Exp., *v.* 13a p. 10 | 1919 *P. s.*, Kükenthal in: Ergeb. Tiefsee-Exp., *v.* 13 pars 2 p. 339.

Kolonie federförmig in einer Ebene verzweigt, mit gegenständigen Seitenästen, von denen nur wenige wieder gefiedert sind. Die Polypen stehen paarig, gegenständig und meist, aber nicht immer, in der Verzweigungsebene (Fig. 144). Die Polypen sind bis 1,5 mm hoch und an der Basis 1 mm breit. Die sich teilweise dachziegelförmig deckenden Polypenschuppen (Fig. 145) sind sehr zahlreich und unregelmäßig angeordnet und es können sich neue zwischen den alten ausbilden. Ein ausgebildetes Operculum fehlt. Der obere Randteil der Rumpfwand kann sich nach innen umbiegen. Die Polypenschuppen sind annähernd scheibenförmig mit glattem Außenrand, außen mit spärlichen Wärzchen bedeckt, innen mit einigen größeren Höckerchen. In der Rinde liegen außen ähnliche Schuppen, meist 0,2 mm messend, und darunter kleinere Skleriten, unregelmäßig geformt, stark warzig und mehr zerstreut. Weiß, Achse gelb.

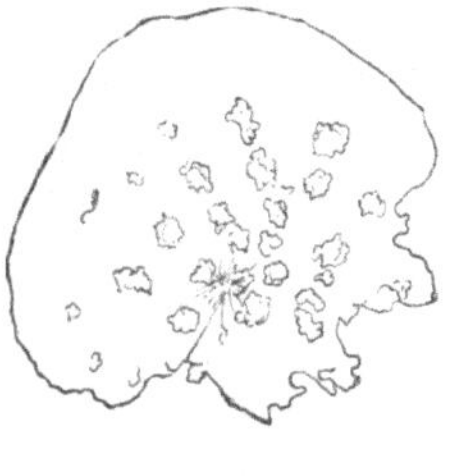

Fig. 145. Primnoides sertularoides.

Prinz-Edward-Insel (südl. Indischer Ozean). In 558 m Tiefe.

B. Subfam. Primnoinae

1889 *P.* (part.), P. Wright & Th. Studer in: Rep. Voy. Challenger, *v.* 31 pars 64 p. 47 | 1906 *Primnoellinae* + *Thouarellinae* (part.) + *Primnoinae* (part.), Versluys in: Siboga-Exp., *v.* 13a p. 157 | 1915 *Primnoinae*, Kükenthal in: Zool. Anz., *v.* 46 p. 143 | 1919 *P.*, Kükenthal in: Ergeb. Tiefsee-Exp., *v.* 13 pars 2 p. 340.

Polypen mit Operculum, mit zahlreichen in 8 oder weniger Längsreihen angeordneten Schuppen, schräg distalwärts gestellt, adaxial einkrümmbar.

6 Gattungen mit 4 Untergattungen, 85 sicheren Arten mit 11 Unterarten und 14 unsicheren Arten.

Bestimmungstabelle der Gattungen:

1	Randschuppen unbeweglich — 2	
	Randschuppen nach innen einschlagbar — 5	
2	Die Polypenschuppen stehen in acht vollständigen Längsreihen	1. Gen. **Plumarella**
	Die Zahl der Längsreihen der Polypenschuppen ist reduziert — 3	
3	Die adaxiale Polypenseite ist mit annähernd gleich großen Schuppen bedeckt wie die abaxiale . .	2. Gen. **Pseudoplumarella**
	Die adaxiale Polypenseite ist nackt oder doch nur teilweise mit kleinen Schuppen bedeckt — 4	
4	Die Polypen stehen dicht und regellos, zum Teil basalwärts gerichtet	3. Gen. **Primnoa**
	Die Polypen stehen in Wirteln	4. Gen. **Caligorgia**
5	Die kleinen Deckschuppen werden von den Randschuppen verdeckt	5. Gen. **Primnoella**
	Die großen Deckschuppen bilden ein über die Randschuppen sich erhebendes Operculum	6. Gen. **Thouarella**

1. Gen. **Plumarella** J. E. Gray [1])

1857 *Cricogorgia*, H. Milne-Edwards, Hist. Corall., Atlas t. B2 f. 6 (ohne Text) | 1870 *Plumarella* + *Cricogorgia*, J. E. Gray, Cat. Lithoph. Brit. Mus., p. 36 | 1878 *P.* (part.), Th. Studer in: Monber. Ak. Berlin, p. 648 | 1887 *P.*, Th. Studer (& P. Wright) in: Arch. Naturg., *v.* 53I p. 51 | 1901 *P.*, Th. Studer in: Résult. Camp. Monaco, *v.* 20 p. 42 | 1906 *P.*, Versluys in: Siboga-Exp., *v.* 13a p. 13 | 1908 *P.*, Kinoshita in: J. Coll. Japan, *v.* 23 nr. 12 p. 6 | 1919 *P.*, Kükenthal in: Ergeb. Tiefsee-Exp., *v.* 13 pars 2 p. 340.

Die Verzweigung ist federartig und in einer Ebene erfolgt. Die Kurzzweige stehen wechselständig, sekundäre Kurzzweige kommen nicht selten vor. Die Polypen stehen sehr selten paarig und niemals in Wirteln, sondern vorwiegend zu beiden Seiten der Äste und Stämme in der Verzweigungsebene meist wechselständig. Die außen nur schwach oder gar nicht skulpturierten Polypenschuppen sind annähernd gleich groß und stehen in 8 vollständigen Längsreihen, dachziegelförmig einander oralwärts überdeckend. Die Randschuppen sind nicht beweglich und entweder von gleicher Form wie die Rumpfschuppen oder in mediane Spitzen ausgezogen, die durch einen Stachel verstärkt werden können. Operculum stets wohl ausgebildet. Die Rindenskleriten sind meist von Schuppenform, doch kommen auch langgestreckte, mehr spindelförmige Formen und in tieferer Schicht sowie der Basis genähert kleinere, kugelförmige oder sternförmige Skleriten vor.

16 sichere Arten mit 4 Unterarten und 1 unsichere Art.

Spec. typ.: *P. penna* (Lm.)

Bestimmungstabelle der Arten:

1	Die Randschuppen nicht zugespitzt — 2	
	Die Randschuppen zugespitzt — 8	
2	Rumpfschuppen ohne Längskiel — 3	
	Rumpfschuppen mit Längskiel — 7	
3	Abaxial 4, 5 oder 6 Schuppen in jeder Längsreihe — 4	
	Abaxial 10 Schuppen in jeder Längsreihe	6. **P. gracilis**
4	Adaxial nur 2 Schuppen in jeder Längsreihe	1. **P. lata**
	Adaxial 3—4 Schuppen in jeder Längsreihe — 5	
	Adaxial 5 Schuppen in jeder Längsreihe	5. **P. pourtalesii**
5	Rumpfschuppen außen glatt	2. **P. delicatissima**
	Rumpfschuppen außen bewarzt — 6	
6	Polypen anliegend	3. **P. flabellata**
	Polypen abgespreizt	4. **P. alba**
7	Abaxial 7 Schuppen in jeder Längsreihe	7. **P. dofleini**
	Abaxial 9 Schuppen in jeder Längsreihe	8. **P. cristata**
	Abaxial 12 Schuppen in jeder Längsreihe	9. **P. serta**
8	Die zugespitzten Randschuppen ohne Stachel — 9	
	Die zugespitzten Randschuppen mit Stachel — 10	
9	Abaxial 5—6 Schuppen in jeder Längsreihe	10. **P. acuminata**
	Abaxial 10 Schuppen in jeder Längsreihe	11. **P. penna**
10	Abaxial 4—6 Schuppen in jeder Längsreihe — 11	
	Abaxial 6—7 Schuppen in jeder Längsreihe	15. **P. spinosa**
	Abaxial 8 Schuppen in jeder Längsreihe	16. **P. rigida**
11	Adaxial 2—3 Schuppen in jeder Längsreihe — 12	
	Adaxial 5 Schuppen in jeder Längsreihe	14. **P. spicata**
12	Polypen klein, bis 0,7 mm lang	12. **P. longispina**
	Polypen groß, über 1 mm lang	13. **P. adhaerans**

[1]) Der Name *Plumarella* ist eingebürgert und daher beibehalten worden, obwohl H. Milne-Edwards eine zu dieser Gattung gehörige Art abgebildet und als *Cricogorgia* bezeichnet hat.

1. **P. lata** Kükth. & Gorz. 1908 *P. l.*, Kükenthal & Gorzawsky in: Zool. Anz., *v.* 32 p. 621 | 1908 *P. l.*, Kükenthal & Gorzawsky in: Abh. Bayer. Ak., suppl. *v.* 1 nr. 3 p. 5 t. 1 f. 1 | 1919 *P. l.*, Kükenthal in: Ergeb. Tiefsee-Exp., *v.* 13 pars 2 p. 343.

Stamm und Seitenäste sind stark abgeplattet. Die wechselständigen Kurzzweige stehen in Entfernungen von 3,3 mm, gehen in Wirteln von 45° ab, sind durchschnittlich etwa 2 cm lang und tragen gelegentlich sekundäre Kurzzweige. Die Polypen stehen wechselständig in Entfernungen von 0,68 mm. Sie sind 0,68 mm lang und mit kreisförmigen großen Schuppen bedeckt, von denen in jeder abaxialen Längsreihe 4, in jeder adaxialen nur 2 stehen. Die Deckschuppen sind alle nahezu gleich groß, bis 0,1 mm lang, und nur die beiden adaxialen sind etwas größer. Die Rindenskleriten sind an den Kurzzweigen sehr schmal und dick, bis 0,17 mm lang, 0,05 mm breit und unregelmäßig mit kleinen Warzen besetzt. An den stärkeren Ästen werden die Rindenskleriten kleiner, kugelförmig, selten mehr plattenförmig und sind mit zahlreichen Warzen besetzt. Weißlich-violett.

Uragabucht (Japan). In 200—300 m Tiefe.

2. **P. delicatissima** P. Wright & Th. Stud. 1889 *P. d.*, P. Wright & Th. Studer in: Rep. Voy. Challenger, *v.* 31 pars 64 p. 74 t. 16 f. 1, 1a; t. 21 f. 8 | 1906 *P. d.*, Versluys in: Siboga-Exp., *v.* 13a p. 14 | 1910 ? *P. d.* var. *dentata*, J. A. Thomson & Russell in: Tr. Linn. Soc. London, ser. 2 *v.* 13 p. 143 t. 9 f. 3; t. 13 f. 10 | 1919 *P. delicatissima*, Kükenthal in: Ergeb. Tiefsee-Exp., *v.* 13 pars 2 p. 344.

Kolonie zart, sehr fein verzweigt. Der Stamm trägt mehrere Hauptäste mit spärlichen, verschieden großen Kurzzweigen, von denen viele 1 oder 2 Seitenzweige abgeben. Die Endabschnitte der Zweige sind sehr dünn und biegsam. Die Polypen stehen an den Kurzzweigen zweireihig, meist alternierend, meist in der Verzweigungsebene angeordnet, mitunter auch allseitig. Die Polypen sind 0,5—0,7 mm lang und mit 8 Längsreihen von abgerundet viereckigen Schuppen bedeckt. Abaxial liegen 5—6 Schuppen in jeder Längsreihe, adaxial 3—4; ihr Durchmesser erreicht 0,2 mm. Der obere Rand der zarten Rumpfschuppen ist fein gezähnt, ihre Außenseite ist glatt, ihre Innenseite bewarzt. Die Deckschuppen sind dreieckig, bis 0,2 mm hoch und gezähnelt. Operculum etwas vorragend, kegelförmig. Die Rindenskleriten sind in 2 Schichten angeordnet. Die obere besteht aus sich überdeckenden, länglich ovalen Schuppen mit einem größten Durchmesser von bis 0,22 mm, die teilweise fein bewarzt und radial gestreift sind. Darunter liegen kleinere, bis 0,11 mm im Durchmesser haltende, ovale Skleriten, die teilweise unregelmäßig gezähnelt sind. Die adaxiale Polypenwand ist stark verdickt und bildet mit der Stammrinde Höhlungen, die als Bruträume funktionieren.

Patagonien (Port Grappler). In 256 m Tiefe.

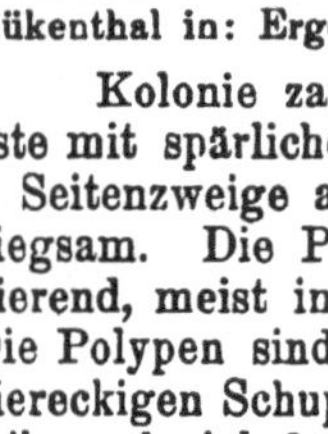

Fig. 146.
Plumarella flabellata.

3. **P. flabellata** Versl. 1906 *P. f.*, Versluys in: Siboga-Exp., *v.* 13a p. 16 | 1908 *P. f.*, Kinoshita in: J. Coll. Japan, *v.* 23 nr. 12 p. 8 | 1912 ? *P. f.*, Nutting in: P. U. S. Mus., *v.* 43 p. 68 | 1919 *P. f.*, Kükenthal in: Ergeb. Tiefsee-Exp., *v.* 13 pars 2 p. 344.

Verzweigung fächerförmig in einer Ebene, federartig, mit nur wenigen Hauptästen. Die dicht angeordneten Kurzzweige stehen regelmäßig alternierend, sind 4—6,5 cm lang und beinahe alle unverzweigt. Die stärkeren Stämme sind abgeplattet. Die Polypen sind bis 0,7 mm lang, von gedrungener Form, kurz keulenförmig und stehen sehr dicht und allseitig auf den meisten Kurzzweigen, auf deren proximalen

Abschnitten und den stärkeren Hauptästen in zwei entgegengesetzten Längsreihen. Sie legen sich dicht der Rinde an. Abaxial finden sich 6 Schuppen in jeder Längsreihe, adaxial 4 oder nur 3. Außen sind die bis 0,2 mm im Durchmesser haltenden Rumpfschuppen mit wenigen Wärzchen bedeckt, auf der Innenseite dichter bewarzt. Ihr Rand ist gezähnelt. Die Deckschuppen sind gerundet dreieckig, bis 0,143 mm hoch und bilden ein niedriges Operculum. Die Rindenskleriten sind auf den Kurzzweigen dick, tafelartig, polygonal oder länglich, auf der Oberfläche grob bewarzt, bis 0,2 mm Durchmesser erreichend. Auf den Hauptästen sind die Rindenskleriten dicker (Fig. 146) und an der Stammbasis stellen sie kleine, rundliche, höckerige Kalkkörperchen von meist 0,07 mm Durchmesser vor.

Japan.

4. **P. alba** Kinosh. 1908 *P. a.*, Kinoshita in: J. Coll. Japan, *v.* 23 nr. 12 p. 15 t. 1 f. 6, 7; t. 5 f. 40 | 1919 *P. a.*, Kükenthal in: Ergeb. Tiefsee-Exp., *v.* 13 pars 2 p. 345.

Die Kolonien sind klein und zart, die Verzweigung ist fächerförmig und federartig. Die meist unverzweigten Kurzzweige gehen alternierend in einem Winkel von 30—40° ab, und stehen nicht besonders dicht. Die Polypen stehen abwechselnd in 2 Reihen, legen sich der Rinde nicht an, und auf 1 cm Kurzzweiglänge kommen etwa 12 Polypen. Die Länge der Polypen beträgt 0,8 mm. Abaxial liegen 4—6, adaxial 3—4 Schuppen in jeder Längsreihe. Die bis 0,33 mm messenden Rumpfschuppen sind elliptisch oder viereckig, gezähnelt, auf der Außenfläche mit radial angeordneten Wärzchen, mehr basal mit rauhen Höckerchen bedeckt. Die Schuppen des Kelchrandes sind davon nicht verschieden; sie greifen fest ineinander ein. Operculum mäßig hoch. Die dreieckigen Deckschuppen sind bis 0,51 mm lang, gezähnelt und außen mit radial angeordneten Warzen besetzt. Die Rindenskleriten sind kleine, dünne, bewarzte Schuppen mit gezähneltem Rande, meist scheibenförmig, von 0,1—0,15 mm Durchmesser, seltener verlängert und dann 0,25 mm, selten bis 0,5 mm lang. Weiß.

Sagamibai (Japan). In 550 m Tiefe.

5. **P. pourtalesii** (Verrill) 1883 *Primnoa p.*, A. E. Verrill in: Bull. Mus. Harvard, *v.* 11 p. 28 | 1889 *Plumarella p.*, P. Wright & Th. Studer in: Rep. Voy. Challenger, *v.* 31 pars 64 p. 73, 74 | 1901 *Primnoa p.*, Hargitt & Rogers in: Bull. U. S. Fish. Comm., *v.* 2 p. 281 | 1906 *Plumarella p.*, Versluys in: Siboga-Exp., *v.* 13a p. 15 | 1919 *P. p.*, Kükenthal in: Ergeb. Tiefsee-Exp., *v.* 13 pars 2 p. 345.

Verzweigung regelmäßig fiederig, mit wechselständigen, parallel laufenden Kurzzweigen, die im Winkel von 45° entspringen, sich nicht weiter verästeln und ziemlich dicht stehen. Distalwärts nehmen die Kurzzweige an Länge allmählich ab. Der Stamm ist in der Verzweigungsebene etwas abgeplattet und verläuft zwischen den Kurzzweigen schwach zickzackartig. Die Polypen stehen wechselständig in zwei seitlichen Reihen, die sich aber auf der einen Fläche bedeutend nähern. Auf 1 cm Astlänge kommen jederseits 6 Polypen. Die Polypen sind bis 1,2 mm lang und stehen meist in einem Winkel von 45° und darüber vom Aste ab. Adaxialwärts sind sie nur wenig eingebogen. In ihrem distalen Teile sind sie ein wenig verdickt. Die Polypenschuppen liegen in 8 deutlichen Längsreihen, abaxial zu 6, adaxial zu 5. Die Polypenschuppen sind im allgemeinen breiter als hoch, bis 0,26 mm breit und außen mit zahlreichen flachen, vom Kernpunkte ausstrahlenden Warzen bedeckt. Ihr freier Rand ist gezähnelt. Die Deckschuppen sind dreieckig, bis 0,33 mm hoch, adaxial etwas kleiner und nicht scharf zugespitzt; ihr freier Rand ist gezähnelt. Zahlreiche abgerundete Warzen strahlen radienförmig vom Kernpunkte aus, verlieren sich aber im distalen Teil. Die flachen Rindenschuppen sind von verschiedener Größe, bis 0,25 mm lang, meist scheibenförmig oder länglich, mit unregelmäßigem, gezähneltem Rande und mit zahlreichen vom Kernpunkte ausstrahlenden Warzen besetzt, die zu kleinen Leisten verbunden sein können. Weiß (in Alkohol), Achse hellgelb.

Florida in 607 m Tiefe. Portorico.

6. **P. gracilis** Kinosh. 1908 *P. g.*, Kinoshita in: J. Coll. Japan, *v.* 23 nr. 12 p. 8 t. 1 f. 1; t. 5 f. 86 | 1919 *P. g.*, Kükenthal in: Ergeb. Tiefsee-Exp., *v.* 13 pars 2 p. 345.

Verzweigung fächerförmig in einer Ebene, federartig mit nur wenigen Hauptästen. Die dicht angeordneten Kurzzweige stehen regelmäßig alternierend, meist 4—5 cm, selten 6,5 cm lang. Die Polypen stehen abwechselnd in zwei Reihen, auf 1 cm Kurzzweiglänge kommen 9—10 Polypen jederseits. Die Polypen sind 0,7—0,8 mm lang. Abaxial stehen etwa 10, adaxial etwa 6 Schuppen in jeder Längsreihe. Die Polypenschuppen haben einen größten Durchmesser von 0,24 mm. Die Deckschuppen sind zart, flach dreieckig und bis 0,24 mm lang. Sie bilden ein niedriges Operculum. Die Rindenskleriten sind ähnlich wie bei *P. flabellata* (nr. 3). In der Hauptastrinde liegen zahlreiche kleine, sternförmige Skleriten.

Westküste von Satsuma (Japan).

7. **P. dofleini** Kükth. & Gorz. 1908 *P. d.*, Kükenthal & Gorzawsky in: Zool. Anz., *v.* 32 p. 624 | 1908 *P. d.*, Kükenthal & Gorzawsky in: Abh. Bayer. Ak., suppl. *v.* 1 nr. 3 p. 18 t. 1 f. 7 | 1919 *P. d.*, Kükenthal in: Ergeb. Tiefsee-Exp., *v.* 13 pars 2 p. 346.

Verzweigungsebene etwas eingekrümmt, der Hauptstamm ist nicht abgeplattet. Die Verzweigungen erfolgen am Hauptstamm in Intervallen von etwa 5 mm. Die Polypen stehen im allgemeinen auf 2 Seiten, sind aber oft etwas nach der konvexen Vorderseite verschoben. Auf 1 cm Länge kommen etwa 20 Polypen. Die Polypen sind etwa 0,7 mm lang und 0,5 mm dick. Abaxial finden sich 7 Schuppen, adaxial 5 Schuppen in jeder Längsreihe. Die ziemlich dicken, 0,2 mm messenden Polypenschuppen sind sehr zerschlitzt und eingebuchtet. Doch sind ihre Ausläufer geradlinig und nur selten verwachsen. Ein in der Längsmittellinie verlaufender Kamm ist kräftig und breit. Die Deckschuppen sind 0,3 mm lang. Die Rindenskleriten sind sehr dick, 0,1—0,14 mm messend, mit kleinen enggestellten Warzen. Elfenbeinweiß (in Alkohol).

Sagamibucht (Japan). In 80—250 m Tiefe.

8. **P. cristata** Kükth. & Gorz. 1908 *P. c.*, Kükenthal & Gorzawsky in: Zool. Anz., *v.* 32 p. 623 | 1908 *P. c.*, Kükenthal & Gorzawsky in: Abh. Bayer. Ak., suppl. *v.* 1 nr. 3 p. 16 t. 1 f. 6 | 1908 *P. carinata*, Kinoshita in: J. Coll. Japan, *v.* 23 nr. 12 p. 17 t. 1 f. 8; t. 5 f. 41 | 1912 *P. c.*, Nutting in: P. U. S. Mus., *v.* 43 p. 64 | 1919 *P. cristata* + *P. carinata*, Kükenthal in: Ergeb. Tiefsee-Exp., *v.* 13 pars 2 p. 347.

Die streng federartig aufgebaute Kolonie hat in etwas mehr als einem halben rechten Winkel entspringende, regelmäßig wechselständige Kurzzweige, die in Entfernungen von 3,4 mm einander parallel laufen und keine sekundären Kurzzweige tragen. Die Polypen stehen meist wechselständig in Entfernungen von 0,5 mm, aber auch gegenständig und sind abwechselnd nach 2 Seiten hin verschoben; die Polypen sind über 1 mm lang. Abaxial stehen 9 Schuppen in jeder Längsreihe, adaxial viel weniger. Die Ränder der etwa 0,23 mm im Durchmesser haltenden Polypenschuppen sind außerordentlich zerschlitzt und eingebuchtet. Ihre Ausläufer verwachsen vielfach miteinander, so daß Löcher in den Schuppen entstehen. In der Längsmittellinie erhebt sich ein ganzrandiger Kamm. Die dreieckigen Deckschuppen sind sonst von ähnlicher Form, tragen ebenfalls einen schmalen hohen Kamm, der sich auf

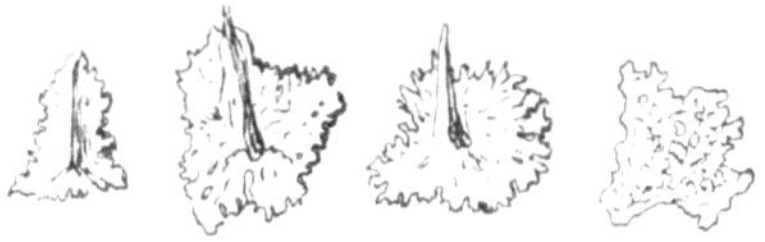

Fig. 147. **Plumarella cristata.**
Polypenschuppen: Deckschuppe, am oberen, mittleren und basalen Polypenteil.

der Unterseite fortsetzt, und sind bis 0,28 mm hoch. Die Rindenskleriten sind flache, weniger stark zerschlitzte Platten mit einem Durchmesser von 0,12 bis 0,16 mm, die auf der Unterseite mit starken Warzen besetzt sind (Fig. 147). Darunter liegen kleinere, rundliche Skleriten von 0,1 mm Durchmesser, die auch im unteren Stammteile vorkommen. Elfenbeinweiß (in Alkohol).

Japan. In 60—600 m Tiefe.

9. **P. serta** Kükth. & Gorz. 1908 *P. s.*, Kükenthal & Gorzawsky in: Zool. Anz., *v.* 32 p. 623 | 1908 *P. s.*, Kükenthal & Gorzawsky in: Abh. Bayer. Ak., suppl. *v.* 1 nr. 3 p. 14 t. 1 f. 4 | 1919 *P. s.*, Kükenthal in: Ergeb. Tiefsee-Exp., *v.* 13 pars 2 p. 348.

Die Verzweigung ist streng fiederartig. Die Kurzzweige gehen in etwas weniger als einem halben rechten Winkel vom Hauptstamme in Abständen von 7,5 mm ab und tragen sehr selten sekundäre Kurzzweige. Die untersten sind die längsten; sie messen etwa 3,5 cm. Die 1,5 mm langen Polypen stehen sehr dicht gedrängt und wechselständig in zwei Reihen jederseits, von denen eine nach der Vorderfläche, die andere nach der Hinterfläche verschoben ist. Ihre adaxiale Seite ist nicht stark verkürzt. Es stehen abaxial 12 Schuppen in jeder Längsreihe, adaxial 5 Schuppen. Die Polypenschuppen sind klein und in der Längsrichtung dachartig eingeknickt. Auf der Kante des Knickes steht eine Leiste, deren Rand tief eingebuchtet ist. Auch die Deckschuppen sind ähnlich skulpturiert. Warzenbildung ist sehr spärlich. Die Rindenskleriten sind rundliche oder längliche Platten von etwa 0,24 mm Durchmesser, mit tief eingebuchteten Rändern und feinen, dichten, radiären Streifen auf der Oberfläche. Mehr basalwärts werden die Rindenskleriten dicker und bewarzt. Elfenbeinweiß (Alkohol). Die Achse ist ziemlich hellgelblich braun.

Sagamibai (Japan). In 80—250 m Tiefe.

Diese Art zerfällt in 2 Unterarten:

9a. **P. serta typica** Kükth. & Gorz. 1908 *P. s.*, Kükenthal & Gorzawsky in: Abh. Bayer. Ak., suppl. *v.* 1 nr. 3 p. 14 t. 1 f. 4.

Mit den Merkmalen der Art.

Sagamibai (Japan). In 80—250 m Tiefe.

9b. **P. serta squamosa** Kükth. & Gorz. 1908 *P. s.* var. *s.*, Kükenthal & Gorzawsky in: Abh. Bayer. Ak., suppl. *v.* 1 nr. 3 p. 16 t. 1 f. 5 | 1919 *P. s.* var. *s.*, Kükenthal in: Ergeb. Tiefsee-Exp., *v.* 13 pars 2 p. 348.

Die Kurzzweige stehen 9,5 mm von einander ab, die Polypen stehen weiter voneinander als beim Typus. Die Achse ist stärker und dunkler bräunlich. Die Skleriten sind auch an den stärkeren Teilen der Kolonie ziemlich dünne Platten.

10. **P. acuminata** Kinosh 1908 *P. a.*, Kinoshita in: J. Coll. Japan, *v.* 23 nr. 12 p. 9 t. 1 f. 2; t. 5 f. 37 | 1919 *P. a.*, Kükenthal in: Ergeb. Tiefsee-Exp., *v.* 13 pars 2 p. 348.

Verzweigung federartig in einer Ebene, fächerförmig. Die dicht angeordneten Kurzzweige sind meist kürzer als 4 cm. Hauptäste und Basalstamm sind in der Verzweigungsebene abgeplattet. Die Polypen stehen auf den Kurzzweigen regelmäßig abwechselnd in zwei Reihen; auf 1 cm Länge kommen jederseits 15 Polypen. Die Polypenlänge beträgt 0,7 mm. Abaxial finden sich 5, selten 6 Schuppen, adaxial nur 3 (Fig. 148). Die Schuppen sind gezähnelt und besonders basal auf der Außenfläche mit Warzen bedeckt. Die randständigen Schuppen sind in der Medianlinie oft zugespitzt und ohne Stachel, die Deckschuppen sind dreieckig und bis 0,3 mm lang. Das Operculum ist mäßig hoch. Die Rindenskleriten der Kurzzweige sind rundlich oder länglich mit gezähneltem Rande, außen bewarzt, und bis 0,25 mm lang. In der Rinde der Hauptäste liegen darunter 0,07 mm messende Sternchen. Rosenrot.

Fig. 148. Plumarella acuminata. Polyp (nach Kinoshita).

Sagamibai (Japan). In 330 m Tiefe.

11. **P. penna** (Lm.) 1815 *Gorgonia p.*, Lamarck in: Mém. Mus. Paris, *v.* 2 p. 164 | 1846 *G. p.*, J. D. Dana in: U. S. expl. Exp., *v.* 7 p. 673 | 1857 *Cricogorgia ramea*, H. Milne-Edwards, Hist. Corall., Atlas t. B2 f. 6 | 1870 *Plumarella penna* + *C. r.*, J. E. Gray, Cat. Lithoph. Brit. Mus., p. 36 | 1878 *P. p.* + *P. r.*, Th. Studer in: Monber. Ak. Berlin, p. 648 | 1889 *P. p.*, P. Wright & Th. Studer in: Rep. Voy. Challenger, *v.* 31 pars 64 p. 74 | 1906 *P. p.*, Versluys in: Siboga-Exp., *v.* 13a p. 18 t. 1 f. 1 | 1916 *P. p.*, Broch in: Svenska Ak. Handl., *v.* 52 nr. 11 p. 33 | 1919 *P. p.*, Kükenthal in: Ergeb. Tiefsee-Exp., *v.* 13 pars 2 p. 349.

Kolonie in einer Ebene federartig verzweigt, mit wenigen Hauptästen und zahlreichen 2—3 cm langen, unverzweigten Kurzzweigen, die sehr regelmäßig alternierend abgehen. Die Polypen sind in zwei einander gegenüber stehenden, alternierenden Reihen in der Verzweigungsebene dicht angeordnet und sind nur 0,5—0,55 mm lang. Sie sind von gedrungener Gestalt, adaxial den Zweigen anliegend und haben in jeder abaxialen Längsreihe etwa 10 Schuppen, in jeder adaxialen nur etwa 4—6 Schuppen aufzuweisen. Die dünnen Polypenschuppen von 0,2—0,25 mm Durchmesser haben zackige Ränder, und der freie Rand der mehr distalen Schuppen ist in eine einfache oder doppelte Spitze ausgezogen. Ihre Oberfläche ist mit sehr kleinen zerstreuten Wärzchen bedeckt. Die Deckschuppen sind 0,1—0,12 mm hoch, ihre Ränder sind stark gezackt, und sie bilden ein flaches Operculum. Die Rindenskleriten sind abgeplattet stabförmig, mit gezackten Rändern ineinandergreifend und weit bewarzt. Ihre Länge schwankt zwischen 0,2—0,28 mm.

Nordwestaustralien, Malayischer Archipel in 36 m und 57 m Tiefe.

12. **P. longispina** Kinosh. 1908 *P. l.*, Kinoshita in: J. Coll. Japan, *v.* 23 nr. 12 p. 14 t. 1 f. 5; t. 5 f. 39 | 1919 *P. l.*, Kükenthal in: Ergeb. Tiefsee-Exp., *v.* 13 pars 2 p. 349.

Verzweigung in einer Ebene mit verhältnismäßig zahlreichen Hauptästen. Die dichtstehenden Kurzzweige sind 1,5—2 cm, selten bis 2,5 cm lang. Die Polypen stehen alternierend in 2 Reihen, sind 0,6—0,7 mm lang, und auf 1 cm Kurzzweiglänge kommen etwa 10 Polypen. Abaxial finden sich 4—5, adaxial 2—3 Schuppen. Die Randschuppen sind meist in der Mitte des freien Randes in einen bis 0,4 mm langen Stachel ausgezogen

(Fig. 149). Auch die Rumpfschuppen zeigen oft einen zugespitzten, freien Rand. Die Außenseiten der Polypenschuppen sind fast glatt, nur am basalen Randsaum spärlich gekörnt; ihr freier Rand meist schwach gezähnelt. Die Deckschuppen sind dreieckig, auf der Außenfläche mit Warzen besetzt, innen glatt und bis 0,34 mm lang. Die Rindenskleriten der Kurzzweige sind dünn, sehr verschieden geformt, meist 0,15 mm im Durchmesser haltend, gezähnelt und auf der Außenfläche bewarzt. Die Rindenskleriten des Hauptstammes sind dicker, etwas kleiner und kräftig bewarzt. Darunter liegen sternförmige, meist unter 0,1 mm große Skleriten.

Fig. 149. Plumarella longispina. Polyp (nach Kinoshita).

Sagamibai (Japan). In 604 m Tiefe.

13. **P. adhaerans** Nutting 1912 *P. a.*, Nutting in: P. U. S. Mus., *v.* 43 p. 65 t. 8 f. 1, 1a; t. 19 f. 1 | 1919 *P. a.*, Kükenthal in: Ergeb. Tiefsee-Exp., *v.* 13 pars 2 p. 350.

Verzweigung federförmig. Der Hauptstamm ist etwas abgeflacht. Die Kurzzweige stehen wechselständig in Entfernungen von 3—4 mm. Die Polypen sind wechselständig in 2 seitlichen Reihen angeordnet. Auf 1 cm Kurzzweig kommen 11—12 Polypen. Die Länge der Polypen beträgt 1 mm. Abaxial finden sich 5 Schuppen in jeder Längsreihe, adaxial nur 2. Die Randschuppen der abaxialen und äußeren lateralen Reihen sind mit scharfen Stacheln bewehrt, sonst haben die Polypenschuppen einen glatten Rand. Das Operculum ist flach. Die dreieckigen Deckschuppen sind annähernd gleich groß. Die Rindenskleriten sind ziemlich große Schuppen. Lederbraun, Achse dunkelgelblich bis olivfarben.

Japan. In etwa 180 m Tiefe.

14. **P. spicata** Nutting 1912 *P. s.*, Nutting in: P. U. S. Mus., *v.* 43 p. 64 t. 8 f. 2, 2a; t. 18 f. 6 | 1919 *P. s.*, Kükenthal in: Ergeb. Tiefsee-Exp., *v.* 13 pars 2 p. 350.

Verzweigung sehr unregelmäßig, fächerförmig. Die Kurzzweige stehen weit voneinander. Die Polypen stehen unregelmäßig auf 2 Seiten, gelegentlich in Paaren, mitunter entspringen sie vom Zweig in rechtem Winkel, meist sind sie aber distalwärts eingebogen. Die Polypen sind 1 mm hoch, ihre Randschuppen haben bis 1 mm lange Stacheln. 6 Schuppen liegen in jeder abaxialen Längsreihe, 5 in jeder adaxialen. Die Polypenschuppen sind am freien Rande gezähnelt und an der Oberfläche fein granuliert. Das Operculum ist sehr hoch, und die adaxialen Deckschuppen sind kaum kleiner als die anderen. Die Rindenskleriten bilden ein unregelmäßiges Mosaik. Farbe sehr lederbraun, Achse hell goldglänzend, in den stärkeren Ästen grünlichbraun.

Japan. 780—1914 m.

15. **P. spinosa** Kinosh. 1907 *P. s.*, Kinoshita in: Annot. zool. Jap., *v.* 6 p. 229 | 1908 *P. s.*, Kinoshita in: J. Coll. Japan, *v.* 23 nr. 12 p. 11 t. 1 f. 3, 4; t. 5 f. 38 | 1908 *P. s.*, Kükenthal & Gorzawsky in: Zool. Anz., *v.* 32 p. 622 | 1908 *P. s.*, Kükenthal & Gorzawsky in: Abh. Bayer. Ak., suppl. *v.* 1 nr. 3 p. 7 t. 1 f. 2 | 1912 *P. s.*, Nutting in: P. U. S. Mus., *v.* 43 p. 63 | 1919 *P. s.*, Kükenthal in: Ergeb. Tiefsee-Exp., *v.* 13 pars 2 p. 350.

Verzweigung typisch federartig, äußerst regelmäßig und dicht. Die Kurzzweige sind 3—4 cm lang und gehen eng in Winkeln von 40—60° ab. Die Polypen stehen wechselständig in 2 Reihen; auf 1 cm Länge kommen jederseits 8—10 Polypen. Die Länge der Polypen beträgt 1 mm und darüber. Abaxial stehen 6—7, adaxial nur 3 Schuppen in jeder Längsreihe. Die Rumpfschuppen sind von elliptischem Umriß, glatter Außenseite und meist gezähnelt; ihr Durchmesser erreicht 0,35 mm. Die Randschuppen mit Ausnahme der beiden adaxialen haben einen bis 0,3 mm langen Stachel. Die Deckschuppen sind meist dreieckig oder abgerundet, gezähnelt, ohne Kiel und bis 0,3 mm hoch. Das Operculum ist niedrig. Die Rindenskleriten sind dünn, gezähnelt, außen bewarzt und 0,15—0,2 mm im Durchmesser haltend. Daneben finden sich in der Hauptastrinde meist in tieferer Lage kleine, dicke, sternförmige Skleriten. Rötlich violett und weiß.

Japan. In 237—330 m Tiefe.

Diese Art zerfällt in 2 Unterarten:

15a. **P. spinosa typica** Kinosh. 1908 *P. s.*, Kinoshita in: J. Coll. Japan, *v.* 23 nr. 12 p. 11 t. 1 f. 3, 4; t. 5 f. 38 | 1908 *P. s.*, Kükenthal & Gorzawsky in: Abh. Bayer. Ak., suppl. *v.* 1 nr. 3 p. 7 t. 1 f. 2.

Mit den Merkmalen der Art.

Japan. In 237—330 m Tiefe.

15b. **P. spinosa brevispina** Kükth. 1919 *P. s.* var. *b.*, Kükenthal in: Ergeb. Tiefsee-Exp., *v.* 13 pars 2 p. 351.

Im Aufbau der typischen Form gleichend. Die Stacheln der Randschuppen sind bedeutend kürzer. Die Rindenskleriten stellen etwas abgeplattete, kleine Stäbchen oder Kugeln dar, es fehlen die flachen Schuppen. Gelbbraun.

Nagasaki (Japan). In 50 m Tiefe.

16. **P. rigida** Kükth. & Gorz. 1908 *P. r.*, Kükenthal & Gorzawsky in: Zool. Anz., *v.* 32 p. 622 | 1908 *P. r.*, Kükenthal & Gorzawsky in: Abh. Bayer. Ak., suppl. *v.* 1 nr. 3 p. 11 t. 1 f. 3 | 1919 *P. r.*, Kükenthal in: Ergeb. Tiefsee-Exp., *v.* 13 pars 2 p. 352.

Sehr starre Kolonie mit schwacher Abflachung des Stammes und der Hauptäste. Die wechselständigen, ziemlich dicken Kurzzweige stehen 4 mm voneinander entfernt, tragen häufig sekundäre Kurzzweige und sind bis 2,5 cm lang. Die Polypen stehen wechselständig in Abständen von 1,1 mm und sind nur 0,5 mm lang. Die Randschuppen mit Ausnahme der 2 adaxialen sind mit kurzen Stacheln versehen. Abaxial liegen 8, adaxial nur 2—3 Schuppen in einer Längsreihe. Die Deckschuppen sind dreieckig zugespitzt und bilden ein niedriges Operculum. Die Rindenskleriten sind abgeplattet, stab-, spindel- und keulenförmig, bis 0,36 mm lang und reichlich bewarzt. In den tieferen Schichten liegen sehr kleine Kugeln von 0,05 mm Durchmesser. Gelblichweiß (Alkohol).

Sagamibai (Japan). In 180—600 m Tiefe.

P. laevis J. A. Thoms. & Mackinn. 1911 *P. l.*, J. A. Thomson & Mackinnon in: Mem. Austral. Mus., *v.* 4 p. 682 t. 66 f. 1; t. 68 f. 9; t. 75 | 1919 *P. l.*, Kükenthal in: Ergeb. Tiefsee-Exp., *v.* 13 pars 2 p. 352.

Verzweigung in einer Ebene. Kurzzweige ziemlich weitstehend, 3—7 cm lang, häufig mit sekundären Kurzzweigen. Die Polypen stehen alternierend in zwei seitlichen Reihen. Auf 1 cm Kurzzweiglänge kommen 10—12 Polypen. Die Polypen sind 0,5 bis 0,75 mm lang. Abaxial scheinen 10 Schuppen und mehr in jeder Längsreihe zu stehen, adaxial etwa 4—6. Die Rumpfschuppen sind nahezu glatt und halten bis 0,17 mm im Durchmesser. Ihre Gestalt ist oval oder biskuitförmig, ihre Ränder sind fein gezähnelt. Das Operculum ist flach. Dunkelgelb bis braungelb.

Australien.

Steht *P. penna* (nr. 11) sehr nahe und ist wahrscheinlich mit ihr identisch.

2. Gen. **Pseudoplumarella** Kükenthal

1915 *P.*, Kükenthal in: Zool. Anz., *v.* 46 p. 145 | 1919 *P.*, Kükenthal in: Ergeb. Tiefsee-Exp., *v.* 13 pars 2 p. 353.

Die Verzweigung ist federartig und in einer Ebene erfolgt, und die Kurzzweige stehen wechselständig. Die Polypen sind meist unregelmäßig rings um Zweige und Stamm angeordnet. Stets sind die Polypen von geringer Größe, stets schräg distalwärts gerichtet, und stets weisen sie eine deutlich ausgeprägte, kürzere, adaxiale Seite auf, die sich aber nicht der Zweigrinde anschmiegt und nicht nackt ist. Die Polypenschuppen sind relativ groß, wenig zahlreich und stehen ringsherum, stets in weniger als 8 Längsreihen angeordnet. Auch die Randschuppen sind stets weniger als acht an der Zahl, den übrigen Rumpfschuppen gegenüber nicht besonders differenziert und nicht umlegbar. Alle Rumpfschuppen sind auf der Außenseite deutlich skulpturiert. Die 8 Deckschuppen sind gut entwickelt, und der von ihnen gebildete Deckel wird von den unbeweglichen Randschuppen nicht überragt. Die Rindenskleriten sind von Schuppenform, unter ihnen kann eine tiefere Schicht kleinerer, mehr kugeliger, zackiger Skleriten vorkommen.

Australien und indoaustralisches Gebiet.

5 Arten.

Spec. typ.: *P. thetis* (J. A. Thoms. & Mackinn.).

Bestimmungstabelle der Arten:

1	Polypen stets einzeln, nie in Wirteln — 2	
	Polypen teilweise in Wirteln angeordnet	5. **P. plumatilis**
2	Mit 6 Schuppen in jeder abaxialen Reihe — 3	
	Mit 3—4 Schuppen in jeder abaxialen Reihe — 4	
3	Die abaxialen Schuppen sind breit und nicht gezähnelt . .	1. **P. thetis**
	Die abaxialen Schuppen sind schmaler und haben einen freien gezähnelten Rand	2. **P. corruscans**
4	Polypen dicht angeordnet, allseitig	3. **P. filicoides**
	Polypen biserial angeordnet	4. **P. versluysi**

1. **P. thetis** (J. A. Thoms. & Mackinn.) 1911 *Plumarella t.*, J. A. Thomson & Mackinnon in: Mem. Austral. Mus., *v.* 4 p. 683 t. 66 f. 5; t. 68 f. 6; t. 76 | 1919 *Pseudoplumarella t.*, Kükenthal in: Ergeb. Tiefsee-Exp., *v.* 13 pars 2 p. 354.

Verzweigung typisch federartig; die Polypen stehen gewöhnlich rings um die Zweige in sehr dichter Anordnung herum. Die Länge der Polypen beträgt durchschnittlich 1 mm. Von den 8 Längsreihen von Schuppen sind nur die beiden abaxialen komplett und bestehen aus acht verhältnismäßig großen, sich teilweise überdeckenden Schuppen. Die adaxialen Reihen sind zu je einer kleinen Schuppe reduziert (Fig. 150), die inneren lateralen Reihen sind ebenfalls reduziert und von den äußeren lateralen Reihen überdeckt. Die Rumpfschuppen sind bis 0,595 mm breit, schild- oder fächerförmig und am freien Rande nicht gezähnelt. Außen ist ein glatter Randsaum vorhanden, mehr zentralwärts finden sich radial angeordnete Leisten und Warzen. Das Operculum ist hoch. Die Deckschuppen sind spitz dreieckig, bewarzt, mit starker medianer Leiste, und ungefähr gleichgroß, bis 0,425 mm an Höhe erreichend. Die Rindenskleriten sind größtenteils dickere

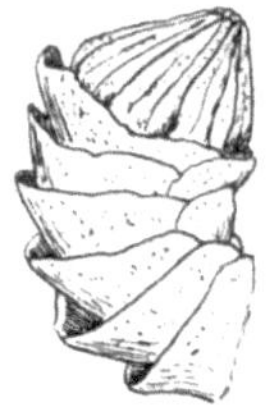

Fig. 150. **Pseudoplumarella thetis.** Polyp (nach Thomson & Mackinnon).

Schuppen von 0,374 mm Durchmesser, bald oval, bald dreieckig und dicht bewarzt. Daneben kommen auch kleinere, rundliche, bewarzte Körper vor. Hellbraun.

Broken Bay (Australien). In 55—73 m Tiefe.

2. **P. corruscans** (J. A. Thoms. & Mackinn.) 1911 *Plumarella c.*, J. A. Thomson & Mackinnon in: Mem. Austral. Mus., *v.* 4 p. 684 t. 65 f. 4; t. 68 f. 8; t. 77 | 1919 *Pseudoplumarella c.*, Kükenthal in: Ergeb. Tiefsee-Exp., *v.* 13 pars 2 p. 355.

Die Verzweigung ist typisch federartig und sehr dicht. Die Polypen stehen jederseits in einer einzelnen Reihe und alternieren miteinander. Die Länge der Polypen beträgt 1 mm. Abaxial stehen 6 Schuppen in jeder Längsreihe, lateral bedeutend weniger, und adaxial sind sie undeutlich. Die Polypenschuppen haben bis 0,255 mm Durchmesser, sind dünn, außen bewarzt, mit einigen radiären Leisten bedeckt, und haben einen gezähnelten Rand, während ihr Randsaum glatt ist. Die Deckschuppen sind spitz-dreieckig, bewarzt, bis 0,459 mm hoch und mit medianer Leiste versehen. Die Rindenskleriten halten bis 0,136 mm im Durchmesser und sind im Zentrum bewarzt. Außer den normalen Polypen kommen vereinzelt auf die doppelte Größe angeschwollene Polypen vor, welche Geschlechtsprodukte enthalten. Hellbraun.

Küste zwischen Port Jackson und Port Hacking (Australien).

3. **P. filicoides** (J. A. Thoms. & Mackinn.) 1911 *Plumarella f.*, J. A. Thomson & Mackinnon in: Mem. Austral. Mus., *v.* 4 p. 686 t. 65 f. 5; t. 68 f. 1; t. 78 | 1919 *Pseudoplumarella f.*, Kükenthal in: Ergeb. Tiefsee-Exp., *v.* 13 pars 2 p. 355.

Verzweigung federförmig, die etwa 4 cm langen Kurzzweige sind ziemlich dick und stehen weit ab, und die Polypen stehen dicht rings um die Zweige herum, während sie am Stamm zu beiden Seiten angeordnet sind. Die Polypen sind 0,5 mm lang und dem Zweige angepreßt. Abaxial liegen 3—4 große Schuppen in jeder Längsreihe, adaxiale Schuppen fehlen anscheinend völlig. Das Operculum ist hoch. Die größeren Polypen von 1 mm Länge haben 4 Schuppen in den adaxialen Reihen, 2—3 in den inneren lateralen. Diese Schuppen sind breit, stark bewarzt und außen mit deutlichen Leisten besetzt. Der glatte Randsaum ist sehr schmal. Ihr Durchmesser kann 0,476 mm erreichen. Das Operculum der großen Polypen ist niedrig. Die Rindenskleriten sind bis 0,357 mm im Durchmesser haltende, bewarzte Schuppen. Farbe rotbraun oder cremefarben.

Südküste von Neu-Südwales.

4. **P. versluysi** (J. A. Thoms. & Mackinn.) 1911 *Plumarella v.*, J. A. Thomson & Mackinnon in: Mem. Austral. Mus., *v.* 4 p. 687 t. 66 f. 4; t. 68 f. 2; t. 79 | 1919 *Pseudoplumarella v.*, Kükenthal in: Ergeb. Tiefsee-Exp., *v.* 13 pars 2 p. 355.

Verzweigung federförmig; die kleinen 2 cm langen, dicken Kurzzweige stehen ziemlich eng und wechselständig. Die Polypen stehen vorwiegend lateral, in ein oder zwei Reihen jederseits. Die Polypen sind 0,75 mm lang und mit 4 Schuppen in jeder abaxialen Längsreihe bedeckt, während die lateralen Reihen undeutlich und die abaxialen anscheinend geschwunden sind. Die Polypenschuppen sind bis 0,425 mm breit, dünn und nicht besonders stark skulpturiert. Die Randschuppen sind etwas höher als die anderen. Das Operculum ist hoch und von annähernd gleichgroßen, dreieckigen Deckschuppen gebildet. Außerdem finden sich größere, bis 1,25 mm lange, stark angeschwollene Polypen. die ähnlich beschuppt sind, doch sind die Polypenschuppen etwas größer und zahlreicher, und das Operculum ist niedriger. Rotbraun.

Australien.

5. **P. plumatilis** (Rousseau MS.) 1857 *Primnoa p.*, Rousseau MS. in: H. Milne-Edwards, Hist. Corall., *v.* 1 p. 141 | 1859 *Calligorgia p.*, J. E. Gray in: P. zool. Soc. London, *v.* 27 p. 484 | 1870 *Plumarella penna* (part.), J. E. Gray, Cat. Lithoph. Brit. Mus., p. 36 | 1870 *Primnoa plumatilis*, Kent in: Tr. micr. Soc. London, *v.* 3 p. 83 t. 41 f. 10—12 | 1878 *Plumarella penna* (part.), Th. Studer in: Monber. Ak. Berlin, p. 648 | 1889 *P. p.* (part.), P. Wright & Th. Studer in: Rep. Voy. Challenger, *v.* 31 pars 64 p. 74 | 1906 *Stenella (Pterostenella) plumatilis*, Versluys in: Siboga-Exp., *v.* 13a p. 39 | 1919 *Pseudoplumarella p.*, Kükenthal in: Ergeb. Tiefsee-Exp., *v.* 13 pars 2 p. 356.

Verzweigung federartig mit typischen Kurzzweigen, welche meist regelmäßig abwechseln. Kurzzweige unverzweigt, bis zu 38 mm lang. Die Polypen sind bis 1 mm lang, distal etwas verbreitert und stehen meist in Paaren, vielfach auch in Wirteln zu 3, auf den stärkeren Abschnitten der Hauptäste meist einzeln. Auf 1 cm Zweiglänge kommen 6—8 Paar resp. Wirtel. Die Polypen sitzen ziemlich schräg auf den Zweigen, sind aber nicht anlegbar. Die Polypenschuppen sind relativ groß und stehen in 4—5 undeutlichen Längsreihen, abaxial zu 5—6, adaxial zu 3—4. Es sind wohl immer 5 Randschuppen vorhanden. Die Polypenschuppen sind 0,3 mm lang, zart, dicht mit Wärzchen bedeckt und am freien Rande mit etwas vorragenden, kurzen, radiären Leisten versehen. Die adaxialen Polypenschuppen sind kleiner. Die nicht umlegbaren Randschuppen sind etwa 0,18 mm hoch, 0,36 mm breit. Die zwei abaxialen Randschuppen tragen je eine Deckschuppe, die 3 anderen je 2 Deckschuppen. Die Deckschuppen sind abaxial 0,38 mm, adaxial 0,3 mm hoch und spitz-dreieckig. Die bis 0,27 mm großen Rindenskleriten sind von der Form der Polypenschuppen, aber ohne Leisten am Rande. Die der Hauptäste werden auf ihrer Außenfläche von netzförmig verbundenen Leisten bedeckt.

Bourbon, Mauritius, Malayischer Archipel. In 90—113 m Tiefe.

3. Gen. **Primnoa** Lamouroux

1812 *P.*, Lamouroux in: N. Bull. Soc. philom., *v.* 3 p. 188 | 1816 *P.*, Lamouroux, Hist. Polyp., p. 440 | 1821 *P.*, Lamouroux, Expos. Polyp., p. 37 | 1834 *P.*, Blainville, Man. Actin., p. 510 | 1834 *Prymnoa* (part.), Ehrenberg in: Abh. Ak. Berlin, p. 357 | 1846 *Primnoa*, J. D. Dana in: U. S. expl. Exp., *v.* 7 p. 676 | 1847 *P.*, G. Johnston, Hist. Brit. Zooph., ed. 2 *v.* 1 p. 171 | 1857 *P.* (part.), H. Milne-Edwards, Hist. Corall., *v.* 1 p. 139 | 1857 *P.* (part.), J. E. Gray in: P. zool. Soc. London, *v.* 25 p. 285 | 1859 *P.* (part.), J. E. Gray ibid., *v.* 27 p. 483 | 1861 *Lithoprimnoa*, Ed. Grube in: Abh. Schles. Ges., *v.* 39II p. 165 | 1865 *Primnoa* (part.), Kölliker, Icon. histiol., p. 135 | 1870 *P.*, J. E. Gray, Cat. Lithoph. Brit. Mus., p. 44 | 1887 *P.*, Th. Studer (& P. Wright) in: Arch. Naturg., *v.* 53I p. 49 | 1889 *P.*, P. Wright & Th. Studer in: Rep. Voy. Challenger, *v.* 31 pars 64 Pref. p. 48 | 1906 *P.*, Versluys in: Siboga-Exp., *v.* 13a p. 84 | 1913 *P.*, Broch in: Norske Selsk. Skr., nr. 2 p. 31 | 1919 *P.*, Kükenthal in: Ergeb. Tiefsee-Exp., *v.* 13 pars 2 p. 357.

Die Verzweigung ist dichotomisch und ziemlich spärlich. Die Kolonien sind strauchähnlich oder mehr in einer Ebene entwickelt. Die Polypen stehen rings um die Zweige dicht angeordnet, aber niemals wirtelständig. Nur die beiden abaxialen Schuppenreihen sind gut entwickelt; die adaxiale Polypenwand, die sich der Zweigrinde anschmiegen kann, ist fast völlig nackt. Der Kelchrand ist von 8 Schuppen umgeben, von denen die 4 adaxialen deutlich kleiner sind als die abaxialen. Diese 8 Randschuppen tragen je eine Deckschuppe. Die Rindenskleriten sind unregelmäßig geformte, meist lange, schmale Platten.

Nördliche atlantische Küsten von Europa und Amerika, Japan. Küsten-Abyssal. Eine Art mit 2 Unterarten und eine zweifelhafte Art.

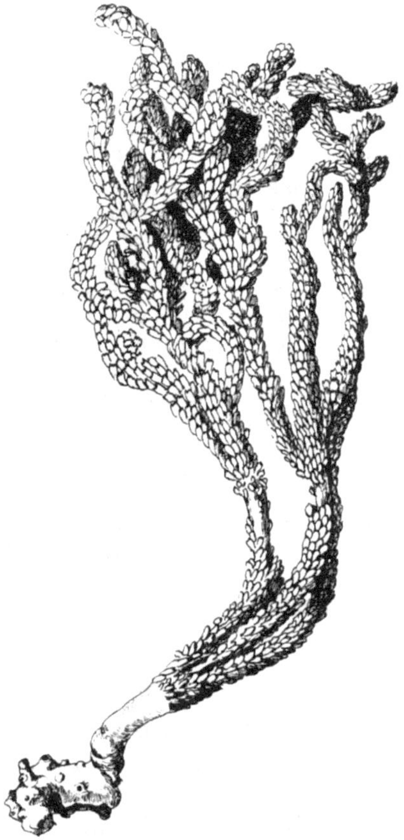

Fig. 151. **Primnoa resedaeformis.**

1. **P. resedaeformis** (Gunn.) 1763 *Gorgonia r.*, Gunnerus in: Skr. Selsk. Trondhiem., pars 2 p. 321, 329 t. 4 | 1766 *G. reseda*, Pallas, Elench. Zooph., p. 204 | 1767 *G. lepadifera*, Linné, Syst. Nat., ed. 12 *v.* 1 pars 2 p. 1289 | 1791 *G. l.*, Esper, Pflanzenth., *v.* 2 p. 71 *Gorgonia* t. 18 | 1816 *G. l.*, Lamarck, Hist. An. s. Vert., *v.* 2 p. 323 | 1816 *Primnoa l.*, Lamouroux, Hist. Polyp., p. 442 | 1857 *P. l.*, H. Milne-Edwards, Hist. Corall., *v.* 1 p. 139 | 1861 *Lithoprimnoa arctica*, Ed. Grube in: Abh. Schles. Ges., *v.* 39II p. 165 | 1878 *Primnoa reseda*, Th. Studer in: Monber. Ak. Berlin, p. 642 | 1888 *P. lepadifera*, Storm in: Norske Selsk. Skr., 1887 p. 86 | 1901 *P. resedaeformis*, Storm in: Ov. Trondhjemsfjordens Fauna, p. 10 | 1906 *P. reseda*, Versluys in: Siboga-Exp., *v.* 13a p. 85 | 1913 *P. resedaeformis*, Broch in: Norske Selsk. Skr., nr. 2 p. 32 | 1919 *P. r.*, Kükenthal in: Ergeb. Tiefsee-Exp., *v.* 13 pars 2 p. 360.

Die strauchähnlich, mitunter annähernd in einer Ebene aufgebauten Kolonien sind dichotomisch und meist ziemlich spärlich verzweigt (Fig. 151).

Die Polypen sitzen meist in sehr dichter Anordnung rings um die Zweige, sich entweder den Zweigspitzen zuwendend, eingekrümmt und der Zweigrinde angeschmiegt, oder nach der Basis zu herabhängend, aber auch im letzteren Falle sind die abaxialen Schuppenreihen nach außen gekehrt. Die Polypen sind bis 5 mm lang und 3 mm dick. Abaxial liegen 2 Reihen großer, unregelmäßig plattenförmiger, bis 1,5 mm messender Schuppen. In jeder Reihe finden sich 4 oder 5 ziemlich dicke Schuppen, von denen die Randschuppen am größten sind. Hier und da sind Reste von äußeren lateralen Schuppenreihen zu bemerken. Von den übrigen Reihen finden sich nur die Randschuppen vor, die einen geschlossenen Ring bilden. Die adaxiale Seite des Polypen ist sonst nackt. Jede der 8 Randschuppen trägt eine Deckschuppe von länglicher, oben abgerundeter Gestalt, etwa 1,5 mm lang. Gelegentlich schieben sich kleine Schuppen an der Basis der Deckschuppen ein. Auch die Tentakel enthalten an ihrer aboralen Seite zahlreiche kleine, etwa 0,2 mm lange Skleriten. Die Rindenskleriten bilden einen lückenlosen Panzer, sind plattenförmig, von sehr verschiedener Gestalt und bis 1,5 mm lang. Ihre Oberfläche ist mit sehr feinen, spitzen Dornen besetzt. Leuchtend rosa.

Nördliche Küsten von Europa und Amerika. Küsten-Abyssal.

Diese Art zerfällt in 2 Unterarten:

1a. **P. resedaeformis typica** (Gunn.) 1763 *Gorgonia r.*, Gunnerus in: Skr. Selsk. Trondhiem., pars 2 p. 321, 329 t. 4 | 1913 *Primnoa r.*, Broch in: Norske Selsk. Skr., nr. 2 p. 32.

Mit den Merkmalen der Art.

Nördliche Küsten von Europa und Amerika. Küsten-Abyssal.

1b. **P. resedaeformis pacifica** Kinosh. 1907 *P. p.*, Kinoshita in: Annot. zool. Jap., *v.* 6 p. 232 | 1908 *P. p.*, Kinoshita in: J. Coll. Japan, *v.* 23 nr. 12 p. 42 t. 3 f. 19, 20; t. 6 f. 49 | 1915 *P. resedaeformis* var. *p.*, Kükenthal in: Zool. Anz., *v.* 46 p. 146 | 1919 *P. r.* var. *p.*, Kükenthal in: Ergeb. Tiefsee-Exp., *v.* 13 pars 2 p. 361.

Polypen größer und Deckschuppen länger als bei der typischen Art (Fig. 152).

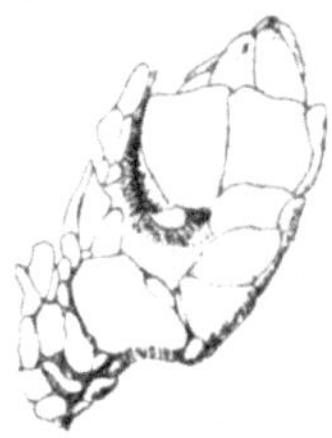

Fig. 152.
Primnoa resedaeformis pacifica.
Polyp (nach Kinoshita).

P. willeyi Hickson 1915 *P. w.*, Hickson in: P. zool. Soc. London, p. 551.

Unterscheidet sich von *P. resedaeformis* durch etwas kleinere Polypen und geringere Schuppenbedeckung der adaxialen Polypenseite. Wohl zu *P. resedaeformis* zu ziehen.

Moresbyinsel, Britisch Kolumbien. In 183 m Tiefe.

4. Gen. Caligorgia J. E. Gray emend. Th. Studer

1857 *Callogorgia*, J. E. Gray in: P. zool. Soc. London, *v.* 25 p. 286 | 1859 *C.*, J. E. Gray, ibid., *v.* 27 p. 482 | 1870 *Calligorgia*, J. E. Gray, Cat. Lithoph. Brit. Mus., p. 35 | 1887 *C.*, Th. Studer (& P. Wright) in: Arch. Naturg., *v.* 53I p. 51 | 1889 *Caligorgia*, P. Wright & Th. Studer in: Rep. Voy. Challenger, *v.* 31 pars 64 p. 75 | 1906 *C.*, Versluys in: Siboga-Exp., *v.* 13a p. 55 | 1908 *C.*, Kükenthal & Gorzawsky in: Abh. Bayer. Ak., suppl. *v.* 1 nr. 3 p. 19 | 1908 *C.*, Kinoshita in: J. Coll. Japan, *v.* 23 nr. 12 p. 34 | 1908 *C.*, Nutting in: P. U. S. Mus., *v.* 34 p. 574 | 1912 *C.*, Kükenthal in: D. Südp.-Exp., *v.* 13 (5) p. 320 | 1915 *C.*, Kükenthal in: Zool. Anz., *v.* 46 p. 146 | 1919 *C.*, Kükenthal in: Ergeb. Tiefsee-Exp., *v.* 13 pars 2 p. 362.

Reichlich und meist in einer Ebene verzweigte Kolonien, teils federartig mit gegenständigen oder wechselständigen Kurzzweigen, teils mehr dichotomisch verzweigt. Die Polypen stehen wirtelständig, nur an den stärkeren Stämmen auch isoliert. Ihre adaxiale Wand ist mehr oder minder nackt. Die Polypenschuppen stehen in Längsreihen, von denen die adaxialen stets reduziert sind; sie sind meist kräftig und ansehnlich, auf der Unterseite mit zahlreichen sehr dicht stehenden, kleinen Wärzchen besetzt, auf der Oberseite meist mit stachelartig vorragenden Leisten oder anderen Skulpturen versehen. Die Deckschuppen sind abaxial gut entwickelt und deutlich zugespitzt, adaxial werden sie kleiner. Die Randschuppen überragen die Deckschuppen nicht und sind nicht nach innen umlegbar. Die Rindenschuppen sind den Polypenschuppen unähnlich, nicht dachziegelartig, sondern nebeneinander geordnet und meist ziemlich dick, oft langgestreckt.

23 sichere Arten mit 2 Unterarten und 4 unsichere Arten.

Spec. typ:: *C. verticillata* (Pall.)

Bestimmungstabelle der Arten:

1	Verzweigung typisch federartig — 2	
	Verzweigung dichotomisch — 13	
2	Die Kurzzweige stehen gegenständig	1. **C. formosa**
	Die Kurzzweige stehen alternierend — 3	
3	Äußere laterale Schuppenreihen gut entwickelt — 4	
	Äußere laterale Schuppenreihen reduziert — 7	
4	6—7 (8) Schuppen in jeder abaxialen Reihe — 5	
	8—10 Schuppen in jeder abaxialen Reihe — 6	
5	Wirtel weitgestellt	2. **C. sertosa**
	Wirtel enggestellt	3. **C. kinoshitae**
6	Die Polypen stehen paarweise	4. **C. grimaldii**
	Die Polypen stehen in Wirteln zu 3—4	5. **C. verticillata**
7	Operculum hoch — 8	
	Operculum niedrig	12. **C. pennacea**
8	Deckschuppen in nur eine Spitze auslaufend — 9	
	Deckschuppen in 2—4 Spitzen auslaufend	11. **C. weltneri**
9	10 Schuppen in jeder abaxialen Reihe — 10	
	6—7 Schuppen in jeder abaxialen Reihe — 11	
10	Deckschuppen ohne stabförmige Spitze	6. **C. flabellum**
	Deckschuppen mit stabförmiger Spitze	7. **C. ramosa**
11	Polypen etwa 2 mm lang	8. **C. robusta**
	Polypen etwa 1 mm lang — 12	
12	Leisten auf der Außenseite der Schuppen netzförmig verbunden	9. **C. gracilis**
	Leisten auf der Außenseite der Schuppen nicht netzförmig verbunden	10. **C. joubini**
13	Verzweigung vorwiegend in einer Ebene — 14	
	Verzweigung buschig nach allen Seiten	23. **C. antarctica**
14	Äußere laterale Schuppenreihen gut entwickelt — 15	
	Äußere laterale Schuppenreihen reduziert — 17	
15	Auf der Außenseite der Schuppen kleine Warzen — 16	
	Auf der Außenseite der Schuppen sehr hohe Warzen	17. **C. compressa**
16	7—8 Schuppen in jeder abaxialen Reihe	13. **C. ventilabrum**
	9 Schuppen in jeder abaxialen Reihe	14. **C. laevis**
	10 Schuppen in jeder abaxialen Reihe	15. **C. versluysi**
	12—13 Schuppen in jeder abaxialen Reihe	16. **C. elegans**
17	3 Schuppen in jeder äußeren lateralen Reihe	18. **C. indica**
	1—2 Schuppen in jeder äußeren lateralen Reihe — 18	

18	Auf der Außenseite der Schuppen niedrige Warzen — 19	
	Auf der Außenseite der Schuppen sehr hohe Warzen . .	22. **C. tuberculata**
19	5 Schuppen in jeder abaxialen Reihe	19. **C. minuta**
	7 Schuppen in jeder abaxialen Reihe — 20	
20	Rumpfschuppen am freien Rande mit kräftigen Leisten .	20. **C. affinis**
	Leisten am Rande der Rumpfschuppen nur schwach entwickelt	21. **C. similis**

1. **C. formosa** Kükth. 1907 *C. f.* + *Primnoella indica*, Kükenthal in: Zool. Anz., *v.* 31 p. 208, 210 | 1919 *C. f.*, Kükenthal in: Ergeb. Tiefsee-Exp., *v.* 13 pars 2 p. 366 t. 30 f. 1; t. 40 f. 47.

Die Verzweigung ist regelmäßig fiederig und in einer Ebene erfolgt. Die Kurzzweige stehen genau gegenständig und sind unten bis 11,5 cm lang; stets sind sie unverzweigt. Die Polypen stehen in Wirteln zu 4 oder 5, distalwärts zu 3. Auf 3 cm Zweiglänge kommen 11—12 Wirtel. Die Polypen sind etwa 1,5 mm lang, adaxial stark eingebogen und in ihrem distalen Teile etwas keulenförmig angeschwollen. Abaxial stehen 10, gelegentlich auch bis 12 rundliche bis trapezförmige, bis 0,4 mm breite Schuppen in jeder Längsreihe. Die äußeren lateralen Schuppenreihen sind gut erhalten, die 3 am meisten distalwärts liegenden sind größer als die mittleren. Von der inneren lateralen Schuppenreihe sind basal und distal je 3 vorhanden, während von den adaxialen basal und distal je 2 Paar vorhanden sind (Fig. 153). Die Rindenskleriten sind schmal, fast spindelförmig, bis 0,42 mm lang, in der unteren Stammrinde auch kleiner und dicht und fein bewarzt. Rinde graublau, Zweige und Polypen weißgelb. Achse gelbbraun mit starkem metallischem Glanz.

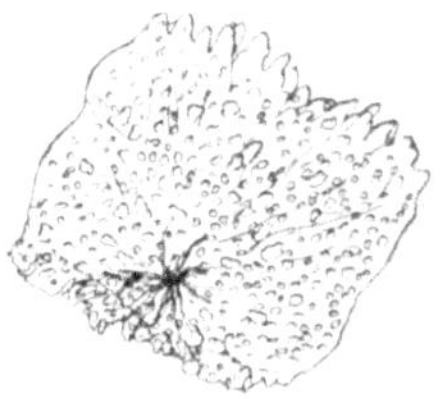

Fig. 153. Caligorgia formosa. Randschuppe

Südwestlich von Groß-Nikobar. In 362—750 m Tiefe.

2. **C. sertosa** P. Wright & Th. Stud. 1889 *C. s.*, P. Wright & Th. Studer in: Rep. Voy. Challenger, *v.* 31 pars 64 p. 77 t. 14 f. 2a; t. 21 f. 9 | 1906 *C. s.*, Versluys in: Siboga-Exp., *v.* 13ª p. 58 | 1909 nec *C. s.*, Nutting in: P. U. S. Mus., *v.* 35 p. 715 | 1919 *C. s.*, Kükenthal in: Ergeb. Tiefsee-Exp., *v.* 13 pars 2 p. 369.

Verzweigung streng federartig, die Kurzzweige gehen unter einem Winkel von 45—60° ab, sind starr und gerade oder nur wenig gebogen. Die Polypen stehen in Wirteln von 4 auch 5, im unteren Stammteile unregelmäßiger und schwinden basalwärts völlig. Die Wirtel sind ziemlich weit voneinander entfernt. Die Polypen sind 1,3—1,5 mm lang. Die beiden abaxialen Längsreihen enthalten je 6 oder 7 Schuppen von 0,45 mm Durchmesser. Auch die äußeren lateralen Längsreihen sind gut entwickelt. Die Randschuppen dieser Reihen sind sehr breit und verdecken die innere laterale Schuppenreihe, die nur distal in 2 oder 3 Schuppen erhalten ist. Adaxial sind nur 2 kleine Randschuppen vorhanden; fast die ganze adaxiale Polypenwand ist nackt. Die Deckschuppen sind groß, zugespitzt, mit einem auf der Innenseite liegenden Kiel. Die abaxialen Deckschuppen sind 0,49 mm groß, die adaxialen 0,24 mm. Die Skleriten der Rinde, von 0,2—0,3 mm Durchmesser, sind sehr dick, meist rundlich, innen stark bewarzt, außen mit oft netzförmig verbundenen Leisten bedeckt. Unter ihnen liegen gelegentlich kleinere Skleriten. Achse gelbweiß.

Kei-Inseln. In 256 m Tiefe.

3. **C. kinoshitae** Kükth. 1909 *C. sertosa* (non *C. s.*, P. Wright & Th. Studer 1889), Nutting in: P. U. S. Mus., *v.* 35 p. 715 | 1913 *C. kinoshitae*, Kükenthal in: Zool. Jahrb., Syst. *v.* 35 p. 264 t. 8 f. 10 | 1919 *C. k.*, Kükenthal in: Ergeb. Tiefsee-Exp., *v.* 13 pars 2 p. 370.

Die Verzweigung ist fiederförmig in einer Ebene, und die Kurzzweige gehen wechselständig von dem zickzackgebogenen Hauptstamme von den Winkeln aus ab. Auf 1 cm Zweiglänge kommen 5 Wirtel, die nur schmale Zwischenräume zwischen einander lassen. In jedem Wirtel stehen 5 oder 6, seltener 4 Polypen. Die Polypen sind bis 2 mm lang, die proximal gelegenen sind etwas kleiner als die distal gelegenen. Auf der abaxialen Seite liegen 7, seltener 8 Schuppen in jeder Längsreihe. Auch die äußeren lateralen Schuppen sind wohl erhalten und stehen in gleicher Anzahl in jeder Längsreihe. Von den inneren lateralen Schuppen finden sich je 4 auf jeder Seite, und adaxial sind 2 distal und 2 proximal liegende Schuppen zu sehen. Auf der Außenseite der Rumpfschuppen verlaufen radiäre Leisten, die am Rande kammartig vorspringen können. Der Durchmesser der meist trapezförmigen Rumpfschuppen beträgt 0,36—0,5 mm. Der Deckel ist hoch. Die Deckschuppen sind abaxial 0,65 mm hoch, während die adaxialen viel kleiner sind. Ihre Spitze ist in einen Stachel ausgezogen, der mit starken Längsleisten versehen ist und abgestumpft endet. Die Rindenschuppen sind dicke, oft langgestreckte, fast spindelförmige Körper von bis 0,42 mm Länge, die äußerst dicht mit kräftigen Dornen besetzt sind. Gelbweiß (in Alkohol).

Kalifornien. In 220—2472 m Tiefe.

4. **C. grimaldii** (Th. Stud.) 1890 *Plumarella g.*, Th. Studer in: Mém. Soc. zool. France, *v.* 3 p. 554 | 1901 *P. g.*, Th. Studer in: Résult. Camp. Monaco, *v.* 20 p. 42 t. 6 f. 1—4 | 1906 *Caligorgia g.*, Versluys in: Siboga-Exp., *v.* 13a p. 63 | 1919 *C. g.*, Kükenthal in: Ergeb. Tiefsee-Exp., *v.* 13 pars 2 p. 370.

Die Kolonie ist federartig in einer Ebene verzweigt; die Äste gehen vom Hauptstamm alternierend unter einem Winkel von 45° ab. Die Polypen stehen paarweise, nur auf dem stärkeren Teile des Stammes unregelmäßiger. Auf 1 cm Zweiglänge kommen 5—6 Paare. Die Polypen sind etwa 1 mm hoch, und die Wirtel bleiben 0,75 mm voneinander entfernt. Die Beschuppung der Polypen ist von der bei *C. verticillata* (nr. 5) kaum verschieden. Die Leisten auf der Außenfläche der Polypenschuppen dehnen sich vom Kernpunkt auf die ganze Schuppe aus. Die Rindenschuppen sind klein, rundlich oder gestreckt, ihr Durchmesser schwankt zwischen 0,1—0,18 mm, in einzelnen Fällen erreicht er 0,3 mm. Diese Schuppen sind ziemlich dick und auf der Außenfläche neben höckerartigen Erhebungen auch mit kräftigen Leisten versehen. Weißgelb (in Alkohol).

Azoren. In 454 m Tiefe.

5. **C. verticillata** (Pall.) 1766 *Gorgonia v.*, Pallas, Elench. Zooph., p. 177 | 1767 *G. verticillaris*, Linné, Syst. Nat., ed. 12 *v.* 1 pars 2 p. 1289 | 1786 *G. v.*, Ellis & Solander, Zooph., p. 83 | 1846 *Muricea v.*, J. D. Dana in: U. S. expl. Exp., *v.* 7 p. 675 | 1847 *Primnoa v.*, Stokes in: Edinb. new phil. J., *v.* 43 p. 261 | 1857 *P. v.*, H. Milne-Edwards, Hist. Corall., *v.* 1 p. 140 | 1857 *Callogorgia verticillata*, J. E. Gray in: P. zool. Soc. London, *v.* 25 p. 286 | 1878 *Primnoa verticillaris*, G. Koch in: Morphol. Jahrb., *v.* 4 p. 457 | 1887 *P. Ellisii*, G. Koch in: F. Fl. Neapel, *v.* 15 p. 86 | 1889 *Caligorgia verticillata*, P. Wright & Th. Studer in: Rep. Voy. Challenger, *v.* 31 pars 64 p. 78 | 1901 *C. v.*, Th. Studer in: Résult. Camp. Monaco, *v.* 20 p. 43 | 1906 *C. v.*, Versluys in: Siboga-Exp., *v.* 13a p. 60 | 1919 *C. v.*, Kükenthal in: Ergeb. Tiefsee-Exp., *v.* 13 pars 2 p. 371.

Die Kolonie ist in einer Ebene verzweigt. Die Äste stehen wechselständig einander gegenüber und tragen ähnlich angeordnete Seitenzweige, von denen die längeren nochmals ebenso angeordnete tertiäre Zweige entsenden können. Die Polypen stehen in Wirteln von 3—5, selten paarweise, und zwar so, daß die Polypen eines Wirtels sich senkrecht unter den Lücken zwischen den Polypen des darüber stehenden Wirtels befinden. Auf 1 cm Astlänge kommen 5—6 Wirtel.

Die keulenförmigen, 1,2 mm langen Polypen sind adaxial eingebogen. Abaxial liegen 8—10 Schuppen in jeder Längsreihe; die 2 adaxialen Längsreihen sind bis auf 2 distale Schuppen geschwunden, ebenso die beiden inneren lateralen Reihen, dagegen sind die äußeren lateralen Reihen wohl entwickelt. Die Deckschuppen sind spitz dreieckig mit etwas kolbig angeschwollener Spitze und bis 0,4 mm hoch. Die Polypenschuppen zeigen auf der Außenfläche radiär vom Kernpunkt ausgehende Leistchen. Die Rindenschuppen sind dick und greifen mit grob und unregelmäßig gezähnelten Rändern ineinander. Ihre Außenfläche trägt am Rande kurze, radiäre Leisten, in dem Mittelfeld spärliche Wärzchen, die oft netzförmig verbunden sind. Ihr Durchmesser liegt meist zwischen 0,27 und 0,36 mm. Tiefergelegene Skleriten sind kleiner, dick und unregelmäßig bewarzt.

Mittelmeer und benachbarte Bezirke des Atlantischen Ozeans, Westindien. In Tiefen bis zu 500 m.

6. **C. flabellum** (Ehrbg.) 1797 *Gorgonia verticillaris* (non *G. v.*, Linné 1767), Esper, Pflanzenth., Forts. *v.* 1 p. 156 Gorg. t. 42 | 1834 *Prymnoa flabellum*, Ehrenberg in: Abh. Ak. Berlin, p. 358 | 1859 *Callogorgia f.*, J. E. Gray in: P. zool. Soc. London, *v.* 27 p. 484 | 1865 *Primnoa f.*, Kölliker, Icon. histiol., p. 135 t. 17 f. 11 | 1870 *Calligorgia verticillata* (part.) + *Xiphocella Esperi*, J. E. Gray, Cat. Lithoph. Brit. Mus., p. 35, 36 | 1878 *C. flabellum*, Th. Studer in: Monber. Ak. Berlin, p. 646 | 1889 *Caligorgia f.*, P. Wright & Th. Studer in: Rep. Voy. Challenger, *v.* 31 pars 64 p. 79 | 1894 *C. f.*, Th. Studer in: Bull. Mus. Harvard, *v.* 25 p. 65 | 1905 *C. f.*, Menneking in: Arch. Naturg., *v.* 71 I p. 251 t. 8 f. 3, 4; t. 9 f. 13, 14 | 1906 *C. f.*, Versluys in: Siboga-Exp., *v.* 13a p. 69 | 1907 *C. f.*, Kükenthal in: Zool. Anz., *v.* 31 p. 209 | 1908 *C. f.*, Kükenthal & Gorzawsky in: Abh. Bayer. Ak., suppl. *v.* 1 nr. 3 p. 20 | 1908? *C. f.*, Kinoshita in: J. Coll. Japan, *v.* 23 nr. 12 p. 35 | 1909 *C. f.*, J. Stephens in: Sci. Invest. Fish. Ireland, (1907) nr. 5 p. 9 | 1912 *C. f.*, Nutting in: P. U. S. Mus., *v.* 43 p. 60 | 1919 *C. f.*, Kükenthal in: Ergeb. Tiefsee-Exp., *v.* 13 pars 2 p. 372 t. 38 f. 48.

Verzweigung in einer Ebene, federförmig. Die Kolonie ist von Fächerform und wird sehr groß, bis 1 m hoch und ebenso breit. Die wechselständigen Kurzzweige gehen in Winkeln von 30—40° ab und werden unten bis 13 cm lang. Gelegentlich kommen Abzweigungen vor. Die Polypen stehen in Wirteln von meist 4, gelegentlich auch 3, selten bis 7 und 8; auf den dicksten Stammabschnitten stehen sie regellos. Auf 1 cm Zweiglänge kommen 5 Wirtel, die einen freien Zwischenraum von 0,25—0,5 mm, mitunter auch mehr lassen (Fig. 154). Die kräftigen Polypen sind 1,5 bis 1,67 mm lang. Abaxial finden sich 10 Schuppen in jeder Längsreihe, die sich über die Seitenflächen ausdehnen. Von den anderen Reihen findet sich nur distalwärts je eine Schuppe, von denen die der äußersten lateralen Reihe am größten ist. Die adaxiale Polypenseite ist sonst nackt. Die Deckschuppen sind gut entwickelt, die abaxialen bis 0,5 mm lang, die adaxialen 0,38 mm. Die abaxialen Rumpfschuppen sind auf der Außenseite mit sehr hohen Leisten versehen, die am Rande als Stacheln vorragen. In der Rinde liegt eine einzige oberflächliche Schicht dicker, länglicher, oft dreischenkeliger Skleriten, dicht mit Höckern und teilweise zu Leisten verbundenen Warzen bedeckt. Meist sind diese Skleriten 0,45 mm lang, einzelne erreichen 0,65 mm Länge.

Indischer Ozean, Pazifischer Ozean bei Japan und Zentralamerika. In 540 bis 250 m Tiefe.

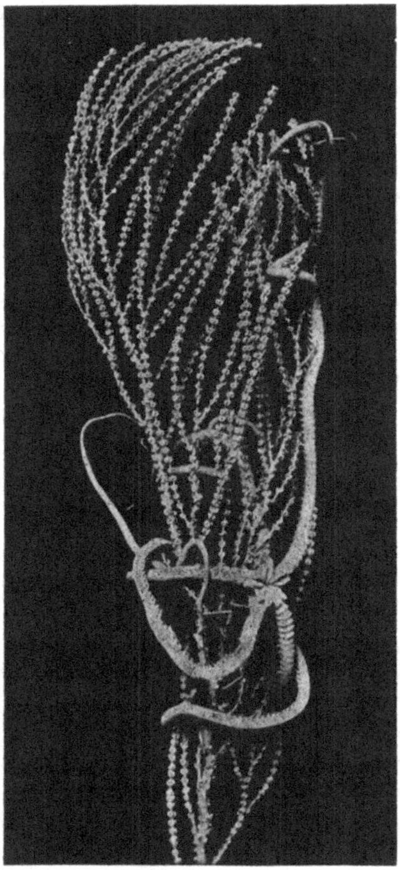

Fig. 154. **Caligorgia flabellum** mit **Ophiocreas** (Ophiure).

Diese Art zerfällt in 2 Unterarten:

6a. **C. flabellum typica** (Ehrbg.) 1834 *Prymnoa f.*, Ehrenberg in: Abh. Ak. Berlin, p. 358 | 1906 *Caligorgia f.*, Versluys in: Siboga-Exp., *v.* 13a p. 69.

Mit den Merkmalen der Art.

Indischer und Pazifischer Ozean. In 540—1250 m Tiefe.

6b. **C. flabellum grandis** Kükth. & Gorz. 1908 *C. f.* var. *g.*, Kükenthal & Gorzawsky in: Zool. Anz., *v.* 32 p. 624 | 1908 *C. f.* var. *g.*, Kükenthal & Gorzawsky in: Abh. Bayer. Ak., suppl. *v.* 1 nr. 3 p. 20 t. 1 f. 8 | 1919 *C. f.* var. *g.*, Kükenthal in: Ergeb. Tiefsee-Exp., *v.* 13 pars 2 p. 374.

Verzweigung wie bei der typischen Form. Die 2,2 mm langen Polypen stehen in Wirteln zu meist 8, nur an den Zweigspitzen weniger, dagegen basalwärts bis zu 10 und 12, auch hier ziemlich regelmäßige Wirtel bildend. Die Deckschuppen sind bis 0,63 mm lang, die adaxialen viel kleiner. Die Leisten auf der Außenseite der Polypenschuppen sind zahlreicher und kräftiger ausgebildet als bei der typischen Form. Gleichmäßig hellbraun (in Alkohol).

Sagamibai (Japan) 570—700 m.

7. **C. ramosa** Kükth. & Gorz. 1908 *C. r.*, Kükenthal & Gorzawsky in: Zool. Anz., *v.* 32 p. 625 | 1908 *C. r.*, Kükenthal & Gorzawsky in: Abh. Bayer. Ak., suppl. *v.* 1 nr. 3 p. 26 t. 2 f. 3 | 1919 *C. r.*, Kükenthal in: Ergeb. Tiefsee-Exp., *v.* 13 pars 2 p. 374.

Die ursprünglich wohl fiederförmige Verzweigung ist cymös. Das oberste Ende der Achse ist schlaff, und die Achse verjüngt sich in ihnen fadenförmig. Die Polypen stehen in Wirteln zu meist 3, auch 4. Zwischen je 2 Wirteln kann ein Zwischenraum von bis 1 mm Länge bleiben. Die Wirtel stehen ziemlich weit voneinander; auf 1 cm Astlänge kommen nur 4—5 Wirtel. Die Polypen sind 1,8 mm lang, ziemlich schlank, und ihre abaxialen Längsreihen bestehen aus 9 Schuppen. Sie liegen dachziegelförmig übereinander und umfassen auch die Seiten des Polypenrumpfes vollständig, so daß sie adaxial oft zusammenstoßen. Kleine adaxiale Schuppenpaare treten nur gelegentlich auf. Am oberen Rande der Rumpfschuppen findet sich je eine Kerbe, die in Längsreihen stehen; auf ihrer Außenseite finden sich zahlreiche scharf ausgeprägte Leisten. Die Deckschuppen sind sehr hoch und am Ende stabförmig ausgezogen. Rötlichbraun (in Alkohol).

Japan.

8. **C. robusta** Versl. 1906 *C. r.*, Versluys in: Siboga-Exp., *v.* 13a p. 72 t. 4 f. 12 | 1919 *C. r.*, Kükenthal in: Ergeb. Tiefsee-Exp., *v.* 13 pars 2 p. 374.

Kolonie fächerförmig; Verzweigung in einer Ebene, federförmig, wechselständig. Die Kurzzweige erreichen 10—12 cm Länge und gehen im Winkel von 35—45° ab. Die Polypen stehen zu 3—5 in Wirteln. Basalwärts werden die Wirtel unregelmäßig. Auf 1 cm Astlänge kommen 4—5 Wirtel, die einen Zwischenraum von 0,25—0,75 mm zwischen einander lassen. Die kräftigen Polypen sind 1,75—2 mm lang. Abaxial finden sich 6 Schuppen in jeder Längsreihe. Von den äußeren lateralen Längsreihen ist nur je die Randschuppe übriggeblieben. Auf der Außenfläche der Polypenschuppen finden sich kräftige, lange, aber niedrige Leisten. Deckschuppen und Rindenschuppen wie bei *C. flabellum* (nr. 6).

Makassarstraße 1801 m, südlich von Timor in 520 m Tiefe.

9. **C. gracilis** (M.-E.) 1857 *Primnoa g.*, H. Milne-Edwards, Hist. Corall., *v.* 1 p. 141 | 1859 *Callogorgia g.*, J. E. Gray in: P. zool. Soc. London, *v.* 27 p. 484 | 1870 *Calligorgia verticillata* (part.), J. E. Gray, Cat. Lithoph. Brit. Mus., p. 35 | 1889 *Caligorgia gracilis*, P. Wright & Th. Studer in: Rep. Voy. Challenger, *v.* 31 pars 64 p. 78. 1906 *C. g.*, Versluys in: Siboga-Exp., *v.* 13a p. 65 | 1919 *C. g.*, Kükenthal in: Ergeb. Tiefsee-Exp., *v.* 13 pars 2 t. 40 f. 49.

Verzweigung typisch federartig, wechselständig. Die Polypen stehen meist in Wirteln zu 4, nach den Zweigspitzen zu auch zu 3. Es kommen etwa 7 Wirtel auf 1 cm Astlänge. Die Polypen sind 1—1,2 mm groß. Die zwei abaxialen Längsreihen bestehen aus 7 Schuppen, die äußeren lateralen Reihen sind geschwunden bis auf je eine Randschuppe; auch die adaxialen Schuppenreihen sind stark rückgebildet. Die Deckschuppen des hohen Operculum sind groß und spitz dreieckig, die abaxialen 0,54 mm lang, die adaxialen kleiner, 0,29—0,33 mm messend. Die Rumpfschuppen sind an der Außenfläche mit verzweigten und netzförmig verbundenen Leisten bedeckt, die zu einem dichten Maschenwerke verbunden sind; am freien Rande sind sie gezähnt. Die Rindenschuppen sind nicht dick, mehr plattenförmig, mit netzförmig verbundenen Leisten und meist von länglicher Form.

Westindien.

10. **C. joubini** Versl. 1906 *C. j.*, Versluys in: Siboga-Exp., *v.* 13a p. 67 t. 4 f. 9 | 1919 *C. j.*, Kükenthal in: Ergeb. Tiefsee-Exp., *v.* 13 pars 2 p. 376.

Verzweigung federartig wechselständig; Kolonie sehr schmal. Die dicken Kurzzweige gehen unter einem Winkel von 30—40° ab, sind nach dem Stamm zu eingebogen und bis 4 cm lang. Die Polypen stehen auf den Kurzzweigen in Wirteln von 3 oder 4, am Stamm auch bis zu 5. Auf 1 cm Länge kommen 5—6 Wirtel, die Zwischenräume von 0,5—1 mm lassen. Die Polypen sind 1 mm lang, gedrungen, mit ziemlich hohem Operculum. Die abaxialen Deckschuppen sind nicht besonders reduziert. Die abaxialen Längsreihen enthalten 6 oder 7 Schuppen, die sich mit Ausnahme der Randschuppen auch auf die Seitenflächen ausdehnen. Von den 6 anderen Reihen sind nur die Randschuppen vorhanden, von denen nur die der äußeren lateralen Reihen größer sind. Die dicken Rumpfschuppen zeigen nur außen wenig kräftige, nicht netzförmig gebundene Leisten. Die Rindenschuppen sind ähnlich denen von *C. pennacea* (nr. 12), aber die Leisten an der Außenfläche sind mehr auf den Rand beschränkt und nicht netzförmig verbunden.

Südlich von Timor. In 520 m Tiefe.

11. **C. weltneri** Versl. 1906 *C. w.*, Versluys in: Siboga-Exp., *v.* 13a p. 73 t. 4 f. 10 | 1919 *C. w.*, Kükenthal in: Ergeb. Tiefsee-Exp., *v.* 13 pars 2 p. 376.

Verzweigung in einer Ebene, sehr regelmäßig federartig. Die wechselständigen Kurzzweige gehen im Winkel von 40—45° ab. Die Polypen stehen auf den Kurzzweigen in Wirteln von meist 5, oft auch 4, auf den Spitzen meist zu 3 oder 4. Auf dem Stamme stehen nur wenige isolierte Polypen. Auf 1 cm Astlänge kommen 4—5 Wirtel. Die Polypen sind bis 2 mm lang, und zwischen den Wirteln findet sich daher nur ein sehr kleiner Abstand. Die 2 abaxialen Längsreihen haben je 7 Schuppen. Von der äußeren lateralen Reihe ist nur die Randschuppe erhalten geblieben. Die Deckschuppen sind breit und laufen in 2—4 Spitzen aus. Die Rumpfschuppen weisen außen hohe Leisten auf, die auf den oberen Randbezirk der Schuppen beschränkt sind. Die Rindenschuppen sind von länglicher Form.

Südwestlich von Waigeu. In 469 m Tiefe.

12. **C. pennacea** Versl. 1906 *C. p.*, Versluys in: Siboga-Exp., *v.* 13a p. 66 | 1910 *C. p.*, J. A. Thomson & Russell in: Tr. Linn. Soc. London, ser. 2 *v.* 13 p. 142 | 1919 *C. p.*, Kükenthal in: Ergeb. Tiefsee-Exp., *v.* 13 pars 2 p. 376.

Verzweigung federartig, Kolonie schmal und hoch. Die 5—8 cm langen Kurzzweige gehen in Winkeln von 30—60° ab, sind gestreckt und kräftig. Die Polypen stehen in Wirteln zu meist 5, oft auch 4 und 6. Auf 1 cm Länge kommen 5—6 Wirtel, mit Zwischenräumen von weniger als 0,5 mm. Die Polypen sind 1,25 mm lang, gedrungen und mit niedrigem Operculum. Die abaxialen Deckschuppen sind bis 0,45 mm lang, die inneren lateralen 0,25 mm, die adaxialen 0,12 mm. Die abaxialen Längsreihen enthalten 6 oder 7 Schuppen, die äußeren lateralen Reihen nur noch je 3 distale, die inneren lateralen und adaxialen Reihen nur noch je eine kleine, zarte Schuppe. Die adaxiale Polypenseite ist sonst nackt. Die Rumpfschuppen sind ziemlich dick, mit unregelmäßigem, gezähneltem freiem Rande. Auf der Außenfläche gehen von den Zähnen Leisten basalwärts ab, daneben finden sich kleine Wärzchen. Die Rindenschicht enthält dicke Schuppen von sehr verschiedener Größe. Eine tiefere Schicht kleinerer Rindenschuppen ist vorhanden. Die Rindenschuppen messen meist 0,36—0,54 mm im Durchmesser, vereinzelt bis 0,7 mm.

Keiinseln, in 204 m Tiefe, Indischer Ozean (Saya de Malha Bank) in 275 m Tiefe.

13. **C. ventilabrum** Th. Stud. 1878 *C. v.*, Th. Studer in: Monber. Ak. Berlin, p. 647 t. 2 f. 12 | 1889 *C. v.*, P. Wright & Th. Studer in: Rep. Voy. Challenger, *v.* 31 pars 64 p. 78 | 1906 *C. v.*, Versluys in: Siboga-Exp., *v.* 13a p. 74 | 1912 nec *C. v.*, Nutting in: P. U. S. Mus., *v.* 43 p. 61 | 1919 *C. v.*, Kükenthal in: Ergeb. Tiefsee-Exp., *v.* 13 pars 2 p. 377.

Verzweigung dichotomisch in einer Ebene. Die Polypen stehen an den Zweigen in Wirteln zu 4 oder 5, an den stärkeren zu 6 (nach Th. Studer zu 8—10), am Stamme unregelmäßig. Auf 1 cm Zweiglänge kommen 7—8 Wirtel, die sich fast berühren. Die Polypen sind bis 1,5 mm lang. Abaxial finden sich 7 oder 8 Schuppen in jeder Längsreihe. Die äußeren lateralen Reihen sind gut entwickelt, von den inneren lateralen und den adaxialen ist nur je eine Randschuppe vorhanden. Die adaxiale Polypenwand ist nackt. Das Operculum ragt wenig vor, die adaxialen Deckschuppen sind etwas kleiner als die anderen. Die Rumpfschuppen sind außen mit kurzen, stachelartigen Leisten am freien Rande, sonst mit Wärzchen bedeckt, die zu anastomosierenden Leisten verschmelzen können. In der Rinde liegt eine oberflächlich geschlossene Schicht ziemlich dicker Schuppen, die außen beinahe glatt sind und nur am Rande kurze, zahnartige, vorspringende Leisten tragen. Darunter liegt eine Schicht mehr kugeliger, kleiner Skleriten von 0,05—0,08 mm Durchmesser.

Neuseeland. In 162 m Tiefe.

14. **C. laevis** J. A. Thoms. & Mackinn. 1911 *C. l.*, J. A. Thomson & Mackinnon in: Mem. Austral. Mus., *v.* 4 p. 689 t. 65 f. 1; t. 68 f. 7; t. 80 | 1919 *C. l.*, Kükenthal in: Ergeb. Tiefsee-Exp., *v.* 13 pars 2 p. 377.

Fig. 155.
Caligorgia laevis. Polyp (nach Thomson & Mackinnon).

Die Verzweigung ist reichlich und typisch dichotomisch, die Zweige gehen in spitzem Winkel ab (Fig. 155). Die Polypen stehen sowohl an den Endzweigen wie an den dickeren Ästen in dichten Wirteln durchschnittlich zu 4, aber auch zu 6 und auf den dickeren Ästen zu 8. Auf 1 cm Länge kommen etwa 8 Wirtel. Die Polypen sind etwa 1 mm lang und haben vollständige abaxiale und äußere laterale Längsreihen von Schuppen aufzuweisen. In ersterer stehen die Schuppen zu 9, in letzterer meist zu 6. Die inneren lateralen und adaxialen Reihen sind sehr unvollständig und bestehen nur aus je 2 oder 3 Schuppen. Die Deckschuppen sind dreieckig, zugespitzt und bis 0,34 mm hoch. Ihre Außenfläche ist größtenteils glatt, ebenso die der Rumpfschuppen mit Ausnahme eines zentralen, bewarzten Feldes. Die Rindenskleriten sind kleine Schuppen und unregelmäßige Körper von bis zu 0,1 mm Durchmesser. Hellbraun bis cremefarben.

Australien.

15. **C. versluysi** J. A. Thoms. 1905 *C. v.*, J. A. Thomson in: Herdman, Rep. Ceylon Pearl Fish., *v.* 4 p. 172 f. 6, 15 | 1919 *C. v.*, Kükenthal in: Ergeb. Tiefsee-Exp., *v.* 13 pars 2 p. 378.

Die Verästelung der zarten Kolonie ist dichotomisch; die Polypen stehen in Wirteln zu 3, auch 2, und auf 1 cm Zweiglänge kommen etwa 8 Wirtel. Die Zwischenräume zwischen je 2 Wirteln betragen 0,5—0,57 mm, gelegentlich auch 1 mm. Die Länge der Polypen beträgt 0,75 mm und weniger. Die abaxialen Längsreihen enthalten 10 oder 11 Schuppen, die äußeren lateralen 5 Schuppen; die inneren Längsreihen sind zu je einer großen, distalen Schuppe reduziert. Die Außenfläche der Polypenschuppen ist mit vom Kernpunkt ausstrahlenden Erhebungen versehen, die teilweise am oberen Rande der Schuppen als Zähne endigen. In der Rinde liegen polygonale Schuppen mit stark gezähnelten, unregelmäßigen Rändern und außen mit radial angeordneten und netzförmig verbundenen Leisten.

Ceylon.

16. **C. elegans** (Gray) 1870 *Callicella e.*, J. E. Gray, Cat. Lithoph. Brit. Mus., p. 37 | 1878 *Calligorgia e.*, Th. Studer in: Monber. Ak. Berlin, p. 647 | 1889? *Caligorgia flabellum* (part.), P. Wright & Th. Studer in: Rep. Voy. Challenger, *v.* 31 pars 64 p. 79 | 1906 *C. elegans*, Versluys in: Siboga-Exp., *v.* 13a p. 82 | 1908? *C. e.*, Kinoshita in: J. Coll. Japan, *v.* 23 nr. 12 p. 40 t. 3 f. 17, 18; t. 6 f. 48 | 1919 *C. e.*, Kükenthal in: Ergeb. Tiefsee-Exp., *v.* 13 pars 2 p. 378.

Die Verzweigung ist sehr dicht und typisch dichotomisch; die Äste gehen in spitzem Winkel ab. Die Polypen stehen an den Endzweigen in Wirteln von 4—6, an den basalen Teilen von 13—15, selten bis 18. Auf den dicksten Ästen stehen sie unregelmäßig. Auf 1 cm Astlänge kommen 8—9 Wirtel. Die Polypen sind 1 mm lang. In den abaxialen Längsreihen liegen 12 oder 13 Schuppen. Auch die äußeren lateralen Schuppenreihen sind vorhanden, die inneren lateralen bestehen meist aus 3 distalen, die adaxialen aus 1—3 sehr kleinen, dünnen Schuppen. Die Rumpfschuppen zeigen auf ihrer Außenfläche radial gestellte Warzen. Die Rindenskleriten sind gerundet, aber sehr wenig verlängert; auf ihrer Außenfläche finden sich unregelmäßig radiale, meist miteinander anastomosierende Leisten.

Formosa, Sagamibucht (Japan).

17. **C. compressa** (Verrill) 1834 *Prymnoa verticillaris* (part.), Ehrenberg in: Abh. Ak. Berlin, p. 357 | 1865 *Primnoa compressa*, A. E. Verrill in: P. Essex Inst., *v.* 4 Commun. p. 189 | 1870 *Calligorgia verticillata* (part.) + *Fanellia c.* (part.), J. E. Gray, Cat. Lithoph. Brit. Mus., p. 35, 46 | 1878 *C. c.*, Th. Studer in: Monber. Ak. Berlin, p. 647 t. 2 f. 14 | 1889 *Caligorgia c.*, P. Wright & Th. Studer in: Rep. Voy. Challenger, *v.* 31 pars 64 p. 80 | 1906 *C. c.*, Versluys in: Siboga-Exp., *v.* 13a p. 81 | 1919 *C. c.*, Kükenthal in: Ergeb. Tiefsee-Exp., *v.* 13 pars 2 p. 379.

Verzweigung dichotomisch, fächerförmig; die größeren Äste sind in der Verzweigungsebene abgeplattet. Die Polypen stehen in Wirteln von 9—12 dicht gedrängt auch auf dem Stamme, und die Wirtel berühren sich. Auf 1 cm Zweiglänge kommen beinahe 7 Wirtel. Die Polypen sind bis über 1,5 mm lang, im Querschnitt oval, mit der kürzesten Achse senkrecht zu den Zweigen gestellt. In den beiden abaxialen Längsreihen stehen je 7 oder 8 Schuppen, auch die äußeren lateralen Reihen sind ganz oder größtenteils ausgebildet. Die Polypenschuppen tragen auf der Außenfläche sehr hohe Warzen, die öfter zu Leisten verschmolzen sind. Das Operculum ist niedriger als bei *C. tuberculata* (nr. 22).

Nördlicher Pazifischer Ozean.

18. **C. indica** Versluys MS 1906 *C. i.*, Versluys MS. in: J. A. Thomson & W. D. Henderson, Alcyon. Investigator, *v.* 1 p. 43 | 1909 *C. i.*, J. A. Thomson & J. Simpson, Alcyon. Investigator, *v.* 2 p. 180 | 1919 *C. i.*, Kükenthal in: Ergeb. Tiefsee-Exp., *v.* 13 pars 2 p. 379.

Die Verzweigung ist dichotomisch. An den dünneren Zweigen stehen die Polypen in Wirteln von 2, auch 3. Auf 1 cm Astlänge kommen 8 bis 9 Wirtel. Die Zwischenräume zwischen den Wirteln betragen 0,4—0,9 mm. Die Länge der Polypen erreicht 0,75 mm. In den abaxialen Längsreihen liegen 7 Schuppen, in den äußeren lateralen nur 3, 2 distale und 1 basale. Von den abaxialen Reihen bedecken nur je 2 Schuppen auch die Polypenseiten.

Andamanen. In 82—490 m Tiefe.

19. **C. minuta** Versl. 1906 *C. m.*, Versluys in: Siboga-Exp., *v.* 13a p. 78 t. 6 f. 17 | 1919 *C. m.*, Kükenthal in: Ergeb. Tiefsee-Exp., *v.* 13 pars 2 p. 380.

Verzweigung teils dichotomisch, teils federartig lateral. Die Polypen stehen in Wirteln zu 2, auch 3, selten 4, auf den stärkeren Ästen mehr regellos. Auf 1 cm Astlänge kommen 8—9 Wirtel, zwischen denen ein Abstand von 0,25—0,5 mm bleibt. Die Polypen sind sehr klein, 0,67—0,75 mm lang und ihre abaxialen Längsreihen haben nur 5 Schuppen aufzuweisen. Außerdem findet sich je eine äußere laterale Randschuppe. Die Oberfläche trägt nur wenige kurze zahnartig vorspringende Leisten am freien Rande. Das Operculum ist niedrig, aber zugespitzt, die abaxialen Deckschuppen sind nur 0,28 mm lang. Die Rindenskleriten haben einen Durchmesser von 0,2—0,36 mm, einzelne erreichen 0,45 mm, ihre Außenfläche trägt netzförmig verbundene Leistchen.

Kei-Inseln. In 90 m Tiefe.

20. **C. affinis** Versl. 1906 *C. a.*, Versluys in: Siboga-Exp., *v.* 13a p. 76 t. 6 f. 16 | 1919 *C. a.*, Kükenthal in: Ergeb. Tiefsee-Exp., *v.* 13 pars 2 p. 380.

Verzweigung dichotomisch in einer Ebene. Die Polypen sind alle wirtelständig zu 4 oder 5, auf den kräftigeren Ästen zu 6 oder 7, seltener 8. Auf 1 cm Zweiglänge kommen 9—10 Wirtel, die durch kleine Abstände getrennt sind. Die Polypen sind weniger als 1 mm lang. Die äußeren lateralen Reihen fehlen bis auf die beiden Randschuppen. Jede abaxiale Längsreihe enthält 7 Schuppen, die sich flügelartig auf die Seiten ausdehnen. Die adaxiale Polypenseite ist bis auf die 4 Randschuppen nackt. Von den Deckschuppen sind die adaxialen erheblich kleiner. Auf der Innenseite der Deckschuppen liegt ein nach innen eingebogener Längskiel. Die Rumpfschuppen zeigen am Rande kräftige, zahnartige Leisten. Die Rindenskleriten, mit einem Durchmesser von 0,1—0,2, selten 0,3 mm liegen in einer Schicht, ihre konkave Außenfläche trägt vorragende Leisten, die aber meist der Mitte fehlen.

Solorstraße. In 113 m Tiefe.

21. **C. similis** Versl. 1906 *C. s.*, Versluys in: Siboga-Exp., *v.* 13a p. 79 t. 6 f. 18 | 1919 *C. s.*, Kükenthal in: Ergeb. Tiefsee-Exp., *v.* 13 pars 2 p. 380.

Verzweigung spärlich, dichotomisch. Die Polypen stehen in Wirteln zu meist 3. Auf 1 cm Zweiglänge kommen 7—8 Wirtel, zwischen denen ein Abstand von 0,33—0,5 mm bleibt. Die Polypen sind bis 0,8 mm lang, haben ein hohes Operculum und ihre abaxialen Längsreihen bestehen aus 7 Schuppen. Die zahnartigen Vorsprünge am Rande der Rumpfschuppen sind schwach entwickelt. Die Deckschuppen sind abaxial bis 0,4 mm lang. Rindenskleriten ähnlich wie bei *C. minuta*.

Kei-Inseln. In 90 m Tiefe.

22. **C. tuberculata** Versl. 1906 *C. t.*, Versluys in: Siboga-Exp., *v.* 13a p. 80 t. 6 f. 15 | 1907 *C. granulosa*, Kinoshita in: Annot. zool. Jap., *v.* 6 p. 231 | 1908 *C. g.* + *C. aspera*, Kinoshita in: J. Coll. Japan, *v.* 23 nr. 12 p. 37, 39 t. 2 f. 13. 14, 15—16; t. 6 f. 46, 47 | 1912 *C. a.*, Nutting in: P. U. S. Mus., *v.* 43 p. 61 | 1919 *C. tuberculata*, Kükenthal in: Ergeb. Tiefsee-Exp., *v.* 13 pars 2 p. 381.

Verzweigung typisch dichotomisch, fächerförmig, annähernd in einer Ebene. Die Polypen stehen auf den dünnen Zweigen in Wirteln zu 2, dann 3 und auf den dickeren Ästen zu 4 oder 5 oder mehr regellos. Die Zweigenden sind oft polypenlos. Auf 1 cm Astlänge kommen 6—7 Wirtel, deren Abstand meist über 0,5 mm beträgt. Die Polypen sind 1,25—1,5 mm lang. Die abaxialen Längsreihen bestehen aus je 6 Schuppen, von den äußeren lateralen Reihen sind nur die beiden Randschuppen vorhanden. Das Operculum ist von mittlerer Höhe. Die Außenfläche der Rumpfschuppen ist dicht mit groben Warzen bedeckt. Die Rindenskleriten sind dick (Fig. 156) und haben einen größten Durchmesser von meist 0,3 mm, gelegentlich bis 0,9 mm.

Sula-Inseln. In 522 m Tiefe.

Fig. 156.
Caligorgia tuberculata.
Rindenskleriten (nach Versluys).

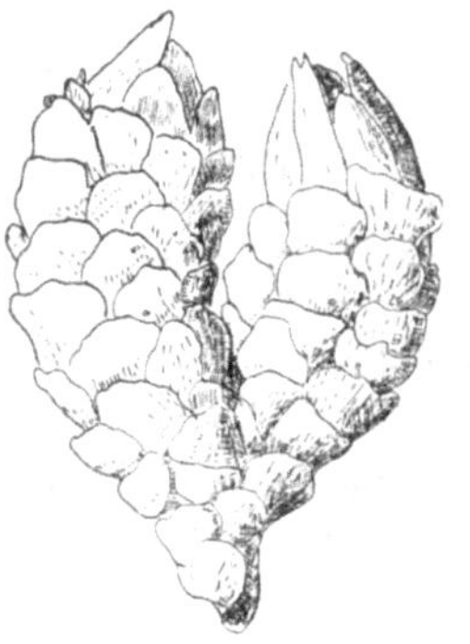

Fig. 157.
Caligorgia antarctica.
2 Polypen.

23. **C. antarctica** Küktb. 1909 *C. a.*, Kükenthal in: Zool. Anz., *v.* 35 p. 48 | 1912 *C. a.*, Kükenthal in: D. Südp.-Exp., *v.* 13 (5) p. 321 t. 21 f. 10 | 1919 *C. a.*, Kükenthal in: Ergeb. Tiefsee-Exp., *v.* 13 pars 2 p. 382.

Die sehr starre Kolonie ist spärlich verzweigt, die Äste gehen in spitzen Winkeln in dichotomischer Verzweigung nach allen Richtungen ab. Die Polypen stehen in Wirteln von 5 oder 6. Nur der unterste Teil der Hauptäste und des Hauptstammes sind mit einzelstehenden Polypen besetzt. Auf 1 cm Astlänge kommen etwa 4 Wirtel. Die Polypen sind etwa 1,5 mm lang, 0,5 mm breit, adaxial eingebogen und liegen dem Stamm ziemlich dicht an. Ihr Körper ist etwas abgeplattet. In den abaxialen Längsreihen stehen je 8 oder 9, in den äußeren lateralen 7 oder 8 Schuppen von 0,3 mm Breite und 0,22 mm Länge (Fig. 157). Ihre Außenseite ist glatt, die untere Hälfte ihrer Innenseite dicht mit großen Warzen besetzt, der obere Teil glatt. Von adaxialen Schuppen sind nur am distalen Rande einige vorhanden, sonst ist die adaxiale Polypenseite nackt. Die Randschuppen unterscheiden sich nicht von den anderen. Die dreieckigen Deckschuppen sind bis 0,36 mm hoch, zugespitzt und mit Längsleisten versehen. Die Rindenschuppen der Äste sind scheibenförmig, bis 0,42 mm im Durchmesser haltend, mit äußerem glattem Rande. In der Stammrinde sind die Schuppen kleiner und dicker.

Außerdem kommt eine tiefere Schicht von kleinen, 0,09 mm im Durchmesser haltenden Skleriten vor. Grauweiß (in Alkohol).

Gaußstation (Antarktis). In 380 m Tiefe.

C. modesta (Th. Stud.) 1878 *Narella m.*, Th. Studer in: Monber. Ak. Berlin, p. 643 t. 1 f. 7 | 1889 *N. m.*, P. Wright & Th. Studer in: Rep. Voy. Challenger, *v.* 31 pars 64 p. 50 | 1906 *Caligorgia m.*, Versluys in: Siboga-Exp., *v.* 13a p. 79 | 1919 *C. m.*, Kükenthal in: Ergeb. Tiefsee-Exp., *v.* 13 pars 2 p. 383.

Verzweigung dichotomisch (?). Die Polypen stehen in Wirteln zu 6, die Wirtel lassen keinen Zwischenraum. Die Polypen sind 1,2 (nach Studer 2,2) mm lang. Die abaxialen Längsreihen bestehen aus je 7 Schuppen. Von den äußeren lateralen Reihen sind nur 2 Randschuppen vorhanden. Die Deckschuppen sind 0,3 mm hoch, das Operculum daher ziemlich niedrig. Zart orangerot.

Westlicher Pazifischer Ozean, zwischen Neuseeland und den Fidschiinseln. In 1075 m Tiefe.

C. dubia J. A. Thoms. & W. D. Hend. 1906 *C. d.*, J. A. Thomson & W. D. Henderson, Alcyon. Investigator, *v.* 1 p. 45 | 1919 *C. d.*, Kükenthal in: Ergeb. Tiefsee-Exp., *v.* 13 pars 2 p. 383.

In einer Ebene federartig verzweigt. Die Polypen stehen in Wirteln von 2 oder 3, gelegentlich auch einzeln, sind lang, leicht keulenförmig angeschwollen und adaxial etwas eingebogen. Die abaxialen Schuppen stehen zu 9 in jeder Längsreihe, die äußeren lateralen Reihen enthalten weniger. Die adaxiale Polypenwand ist nackt. Die obersten Querreihen der Rumpfschuppen sind an den Rändern bedornt. Die Rumpfschuppen sind bis 0,4 mm breit. Die Deckschuppen bilden einen hohen Deckel und sind bis über 0,6 mm hoch.

Indischer Ozean. In 730 m Tiefe.

C. gilberti Nutting 1908 *C. G.*, Nutting in: P. U. S. Mus., *v.* 34 p. 574 t. 43 f. 4; t. 47 f. 6 | 1919 *C. g.*, Kükenthal in: Ergeb. Tiefsee-Exp., *v.* 13 pars 2 p. 383.

Verzweigung anscheinend federförmig, wechselständig, Kolonie fächerförmig. Die Polypen stehen in Wirteln von 5 (selten 4) bis 7 mit der adaxialen Seite dem Ast angepreßt. Die Polypen haben eine Länge von 1,5 mm. Zahlreiche Polypenschuppen mit radialen Leisten an den Rändern, oft gezackt. Die adaxialen Deckschuppen sind nicht merklich kleiner als die anderen. Gelb (in Alkohol).

Bei Hawai. In 400—1000 m Tiefe.

C. fraseri Hickson 1915 *C. f.*, Hickson in: P. zool. Soc. London, p. 553 t. 1 f. 2.

Verzweigung unregelmäßig wechselständig in einer Ebene. Die Polypen stehen in Wirteln von 11 oder 12, an den Zweigenden von 5 oder 6 und sind etwa 1 mm lang, 0,5 mm breit und adaxial angeschmiegt. Die Polypenschuppen messen etwa 0,3 mm im Durchmesser, sind im Umriß rund oder oval, überdecken sich etwas und sind auf ihren Außenflächen mit hohen Warzen bedeckt, die radial angeordnet sind, ebenso wie die bis 0,28 mm langen Deckschuppen. Die adaxiale Polypenfläche ist nackt bis auf das distale Ende. Unter den Polypenschuppen liegt eine Schicht kleinerer, unregelmäßig bewarzter Kalkkörper. Rot.

Golf von Alaska. In 92—183 m Tiefe.

Möglicherweise identisch mit *C. compressa* (nr. 17).

5. Gen. **Primnoella** J. E. Gray

1857 *P.*, J. E. Gray in: P. zool. Soc. London, *v.* 25 p. 286 | 1870 *P.*, J. E. Gray, Cat. Lithoph. Brit. Mus., p. 49 | 1887 *P.*, Th. Studer (& P. Wright) in: Arch. Naturg., *v.* 53 I p. 51 | 1889 *P.*, P. Wright & Th. Studer in: Rep. Voy. Challenger, *v.* 31 pars 64 p. 80 | 1894 *Callirrhabdos*, A. Philippi in: Arch. Naturg., *v.* 60 I p. 211 | 1906 *Primnoella*, Versluys in: Siboga-Exp., *v.* 13a p. 48 | 1907 *P.*, Hickson in: Nat. antarct. Exp., *v.* 3 Coel. Alcyon. p. 10 | 1907 *Dicholaphis*, Kinoshita in: Annot. zool. Jap., *v.* 6 p. 230 | 1908

D., Kinoshita in: J. Coll. Japan, *v.* 23 nr. 12 p. 24 | 1908 *Primnoella*, Kükenthal in: Zool. Anz., *v.* 33 p. 12 | 1912 *P.*, Kükenthal in: D. Südp.-Exp., *v.* 13 (5) p. 311 | 1919 *P.*, Kükenthal in: Ergeb. Tiefsee-Exp., *v.* 13 pars 2 p. 384.

Die Kolonien sind unverzweigt und rutenförmig oder spärlich verzweigt. Die Achse ist stets sehr dünn, basalwärts stärker verkalkt, distalwärts mehr hornig. Die Basis ist scheiben- oder wurzelförmig verbreitert. Die Polypen stehen fast stets in deutlichen Wirteln und sind auch äußerlich mehr oder weniger bilateral symmetrisch gebaut. Die dachziegelartig angeordneten Polypenschuppen stehen in meist wechselständigen Längsreihen, die abaxial stets regelmäßig angeordnet und groß sind, während die unregelmäßiger angeordneten adaxialen Polypenschuppen kleiner werden und auch fehlen können. Die Polypenschuppen sind zart, außen meist glatt, innen mit ziemlich weitstehenden, großen gezackten Warzen besetzt. Die obersten Polypenschuppen (Randschuppen) sind meist länglichoval und können sich etwas nach innen einschlagen. Die Deckschuppen sind meist längsoval oder abgerundet, manchmal auch zugespitzt, im ganzen wenig differenziert. Die Rindenschuppen liegen dachziegelartig übereinander und sind den Polypenschuppen ähnlich, darunter liegen Längsreihen kleiner stark warziger Skleriten.

Meere der südlichen Hemisphäre, Antarktis, Litoral und oberes Abyssal.

14 sichere Arten, eine unsichere.

Spec. typ.: *P. australasiae* Gray

Bestimmungstabelle der Arten:

1	Polypenrumpf im Querschnitt kreisrund. Abaxial sind mehr als 2 Längsreihen sichtbar („Convexae") — 2	
	Polypenrumpf abgeplattet. Abaxial sind nur 2 Längsreihen von Polypenschuppen sichtbar („Compressae") — 8	
2	Kolonie unverzweigt — 3	
	Kolonie verzweigt	7. **P. divaricata**
3	Mit 6—8 Polypen in je einem Wirtel — 4	
	Mit 2—5 Polypen in je einem Wirtel	6. **P. distans**
4	Die mittlere adaxiale Polypenwand ist mit Schuppen bedeckt — 5	
	Die mittlere adaxiale Polypenwand ist nahezu oder völlig nackt — 7	
5	Die adaxialen Schuppen stehen in zwei Längsreihen — 6	
	Die adaxialen Schuppen sind unregelmäßig gelagert .	3. **P. magelhaenica**
6	Mit 8—11 Schuppen in jeder abaxialen Längsreihe . .	1. **P. flagellum**
	Mit 11—14 Schuppen in jeder abaxialen Längsreihe .	2. **P. vanhoeffeni**
7	Mit 8—9 Schuppen in jeder abaxialen Längsreihe . .	4. **P. murrayi**
	Mit 12 und mehr Schuppen in jeder abaxialen Längsreihe	5. **P. antarctica**
8	Kolonie unverzweigt — 9	
	Kolonie verzweigt	14. **P. divergens**
9	Mit 8 und mehr Polypen in einem Wirtel — 10	
	Mit höchstens 7 Polypen in einem Wirtel — 13	
10	Die mittlere adaxiale Polypenwand ist mit Schuppen bedeckt — 11	
	Die mittlere adaxiale Polypenwand ist nahezu oder völlig nackt — 12	
11	Die mittleren adaxialen Schuppen stehen in 2 Längsreihen	8. **P. scotiae**
	Die mittleren adaxialen Schuppen sind unregelmäßig gelagert	9. **P. compressa**

12	Polypen mit abaxialem Längskiel	10. **P. biserialis**
	Polypen ohne abaxialen Längskiel	11. **P. australasiae**
13	Die mittlere adaxiale Polypenwand ist mit 2 Längsreihen von Schuppen bedeckt	12. **P. delicatissima**
	Die mittlere adaxiale Polypenwand ist basal nackt, distal mit 4 Längsreihen von Schuppen bedeckt .	13. **P. grandisquamis**

1. **P. flagellum** Th. Stud. 1878 *P. f.*, Th. Studer in: Monber. Ak. Berlin, p. 645 t. 2 f. 11a, b, c | 1889 *P. f.*, P. Wright & Th. Studer in: Rep. Voy. Challenger, *v.* 31 pars 64 p. 85 t. 18 f. 2, 2a; t. 21 f. 12 | 1906 *P. f.*, Versluys in: Siboga-Exp., *v.* 13a p. 51 | 1911 *P. f.*, J. A. Thomson & Mackinnon in: Mem. Austral. Mus., *v.* 4 p. 688 | 1919 *P. f.*, Kükenthal in: Ergeb. Tiefsee-Exp., *v.* 13 pars 2 p. 387.

Stamm gleichmäßig dünn und nach allen Richtungen biegsam. Die Polypen bilden Wirtel von 6—8, die so weit voneinander abstehen, daß die Internodien nicht ganz verdeckt sind. Die Polypen sind 2—2,5 mm lang und 1 mm breit. Dorsal sind drei Längsreihen von Schuppen sichtbar, in jeder Längsreihe stehen 8 oder 9, oder 8—11 Schuppen. Die ventralen Schuppen sind wohl entwickelt und bilden zwei Reihen. Die Randschuppen sind dreieckig und am Rande mit einem vorragenden flachen Knopfe versehen. Dorsal messen sie 0,63 mm Länge gegen 0,20 mm Breite, ventral 0,37 : 0,15. Innen davon liegen die kleinen Deckschuppen mit abgerundeten Enden. Die Polypenschuppen sind bis 0,45 mm breit, die distalen mit stark konvexem freiem Rande. Die Rindenspicula sind längsoval und messen 0,23 : 0,13 mm, 0,22 : 0,19 mm. Rosenrot.

Südlicher Atlantischer Ozean in 43° 56' 2" s. Br. 60° 25' 2" w. L. in 110 m Tiefe, Tom Bay (Patagonien) in 320 m Tiefe, Australien.

2. **P. vanhoeffeni** Kükth. 1909 *P. v.*, Kükenthal in: Zool. Anz., *v.* 35 p. 47 | 1912 *P. v.*, Kükenthal in: D. Südp.-Exp., *v.* 13 (5) p. 316 t. 21 f. 7, 8, 9 | 1919 *P. v.*, Kükenthal in: Ergeb. Tiefsee-Exp., *v.* 13 pars 2 p. 388.

Die Kolonie ist mit scheibenförmiger Verbreiterung fest gewachsen und ziemlich rigid. Der Stamm verjüngt sich oberhalb der Basis ganz erheblich. Die Polypen bilden Wirtel von meist 8. Die Wirtel berühren einander nahezu und stehen oben dichter als unten. Die Polypen sind 2 mm lang, von rundlichem Querschnitt und adaxial stark eingebogen. In den adaxialen Längsreihen liegen 11—14 Schuppen von meist rechteckiger etwas abgerundeter Form und 0,3 mm Breite. Ihr freier Rand ist kräftig gezähnt. Die 8 Randschuppen sind breit dreieckig, die beiden adaxialen sind sehr viel kleiner. Die nach innen davon liegenden Deckschuppen sind spitz dreieckig und glatt, während alle anderen Polypenschuppen ziemlich dick und stark skulpturiert sind. Adaxial liegen zwei Längsreihen kleinerer Schuppen, die in der Medianen zusammenstoßen, daneben Längsreihen etwas größerer Schuppen. Die Rinde enthält 0,12 mm messende, runde, ovale oder unregelmäßige Schuppen mit kräftig gezacktem Rande, darunter noch Längsreihen kleinerer, dickerer Körper. Kräftig gelb.

Gaußstation (Antarktis). Küsten-Abyssal.

3. **P. magelhaenica** Th. Stud. 1878 *P. m.*, Th. Studer in: Monber. Ak. Berlin, p. 644 t. 2 f. 10a, b, c | 1889 *P. magellanica*, P. Wright & Th. Studer in: Rep. Voy. Challenger, *v.* 31 pars 64 p. 83 t. 17 f. 2; t. 21 f. 10 | 1899 *P. magelhaenica*, May in: Ergeb. Hamburg. Magalh.-Sammelr., *v.* 1 Alcyon. p. 15 | 1906 *P. m.*, J. A. Thomson & J. Ritchie in: Tr. R. Soc. Edinb., *v.* 41 p. 855 t. 1 f. 3 | 1906 *P. m.*, Versluys in: Siboga-Exp., *v.* 13a p. 51 | 1919 *P. m.*, Kükenthal in: Ergeb. Tiefsee-Exp., *v.* 13 pars 2 p. 389 t. 40 f. 50, 51.

Die Kolonie ist unten ziemlich starr, der Stamm verjüngt sich oberhalb der Basis sehr rasch. Die Polypen bilden Wirtel von 8. Die Wirtel stehen unten etwas weiter auseinander als oben, wo sie sich nahezu berühren. Die Polypen sind stark abgespreizt, adaxial etwas eingebogen und etwa 2 mm lang. In den adaxialen, sehr unregelmäßigen Längsreihen liegen je 10 bis 13 Schuppen von rundlich polygonaler Form und 0,25 mm Durchmesser. Ihr freier Rand ist glatt und auf ihrer Oberfläche sitzen kleine radiär angeordnete Warzen. Die Schuppen der lateralen Reihen und adaxialen Reihen sind ähnlich, aber sehr unregelmäßig gelagert. Die Randschuppen sind groß, dreieckig zugespitzt, im oberen Teil warzenfrei und messen abaxial 0,55 : 0,24 mm; adaxial sind sie etwas kleiner. Die nach innen davon liegenden Deckschuppen sind lang, schmal und glatt. In der Rinde liegen dachziegelartig angeordnete, rundlich polygonale Schuppen von etwa 0,19 mm Durchmesser, darunter in regelmäßige Längsreihen angeordnet, sehr kleine, warzige bis sternförmige Skleriten von etwa 0,08 mm Durchmesser. Rosenrot.

Magelhaenstraße, 75 m, Montevideo, 1100 m, Burdwood Bank (54° 25' s. Br. 57° 32' w. L.), 95 m, Mollineuxsund.

4. **P. murrayi** P. Wright & Th. Stud. 1889 *P. m.*, P. Wright & Th. Studer in: Rep. Voy. Challenger, *v.* 31 pars 64 p. 84 t. 18 f. 3, 3a; t. 21 f. 11 | 1906 *P. m.*, Versluys in: Siboga-Exp., *v.* 13ª p. 52 | 1919 *P. m.*, Kükenthal in: Ergeb. Tiefsee-Exp., *v.* 13 pars 2 p. 390.

Achse an der Basis verhältnismäßig kräftig, nach oben sehr dünn werdend, aber wenig biegsam. Die dicht stehenden Wirtel bestehen aus 6—8 Polypen. Die Polypen sind 3 mm hoch, 1 mm breit, oben etwas erweitert und adaxial eingebogen. Die Polypenschuppen sind groß; abaxial sind drei Längsreihen sichtbar (Fig. 158). Auf den abaxialen Polypenschuppen, die bis 0,6 mm hoch, 0,54 mm breit sind und zu 8 oder 9 in einer Längsreihe stehen, erhebt sich von einem medianen Kiele aus ein gefurchter Stachel, der bei den distalwärts gelegenen Schuppen größer wird. Adaxial findet sich ein schmaler, nackter Streifen am Polypenkörper. Die Deckschuppen sind lanzettförmig, kurz und breit, die abaxialen 0,45 mm hoch, 0,53 mm breit, die kleineren adaxialen 0,25 mm hoch, 0,09 mm breit. Die Rindenschuppen sind unregelmäßig viereckige und dreieckige Platten von 0,4 mm größtem Durchmesser.

Fig. 158. Primnoella murrayi. 2 Wirtel (nach Wright & Studer).

Montevideo. In 1100 m Tiefe.

5. **P. antarctica** Kükth. 1907 *P. a.*, Kükenthal in: Zool. Anz., *v.* 31 p. 211 | 1919 *P. a.*, Kükenthal in: Ergeb. Tiefsee-Exp., *v.* 13 pars 2 p. 391 t. 30 f. 27; t. 31 f. 13; t. 40 f. 52—56.

Stamm gleichmäßig dünn, ziemlich schlaff und biegsam. Die Polypen bilden Wirtel von 6—8, meist 7, die durch kleine freie Zwischenräume voneinander getrennt sind. Die Polypen sind etwa 3 mm lang, schlank und von kreisrundem Querschnitt. Adaxial sind sie nach dem Stamm zu eingebogen (Fig. 159). Die Zahl der Schuppen in jeder abaxialen Längsreihe beträgt 12 und mehr, meist sind die Polypenschuppen kreisrund, nur die oberen sind länger. Ihr Durchmesser beträgt etwa 0,28 mm. Adaxial ist die Polypenwand nackt, bis auf einige basal und distal unterhalb der Mundöffnung gelegene kleine Schuppen. Die Randschuppen sind nicht geknöpft und die beiden abaxialen sind bedeutend größer als die andern. Die Deckschuppen sind klein, länglich abgerundet, und auch bei ihnen sind die abaxialen die größten. In der Stammrinde liegen scheibenförmige Schuppen von 0,12 mm Durchmesser und basalwärts treten dazu noch stark gezackte Körper von 0,06—0,09 mm Durchmesser, die in der scheibenförmigen Basalausbreitung ausschließlich vorkommen. Weißgelb.

Bouvet-Insel. Im Küsten-Abyssal.

Fig. 159.
Primnoella antarctica mit **Asteronyx**.

6. **P. distans** Th. Stud. 1878 *P. d.*, Th. Studer in: Monber. Ak. Berlin, p. 644 t. 1 f. 9 | 1889 ? *P. d.*, P. Wright & Th. Studer in: Rep. Voy. Challenger, *v.* 31 pars 64 p. 85 t. 17 f. 1, 1a | 1906 *P. d.*, Versluys in: Siboga-Exp., *v.* 13a p. 52 | 1911 *P. d.*, J. A. Thomson & Mackinnon in: Mem. Austral. Mus., *v.* 4 p. 689 | 1919 *P. d.*, Kükenthal in: Ergeb. Tiefsee-Exp., *v.* 13 pars 2 p. 393.

Stamm biegsam, Achse hornig, unten mit wurzelartigen breiten Stolonen festgewachsen. Die Wirtel stehen in Entfernungen von 3—4 mm und werden von 2—5 Polypen gebildet. Diese sind becherförmig und 1,5 bis 2 mm lang. Von den großen Polypenschuppen sind abaxial nur zwei Längsreihen sichtbar, in denen 7 oder 8 Schuppen stehen. Diese Schuppen sind viereckig, breiter als hoch und bis 0,33 mm breit. Die distalen haben einen stark gezähnten, konvexen freien Rand. Die Randschuppen messen abaxial 0,27 : 0,13 mm, adaxial 0,12 : 0,5 mm; sie sind gebogen und zugespitzt und ragen weit über die Deckschuppen vor. In der Rinde liegen kleine, unregelmäßige, polygonale oder ovale Platten von 0,2 mm größtem Durchmesser. Zart rosenrot.

Westindien in 910 m, Pernambuco in 216—720 m Tiefe, 22° 21' s. Br. 154° 17' östl. L. 990 m. Australien.

7. **P. divaricata** (Th. Stud.) 1878 *Narella d.*, Th. Studer in: Monber. Ak. Berlin, p. 643 t. 1 f. 8a, b, c | 1887 *Calligorgia d.*, Th. Studer (& P. Wright) in: Arch. Naturg., *v.* 53 I p. 52 | 1906 *Primnoella d.*, Versluys in: Siboga-Exp., *v.* 13a p. 54 | 1908 *P. d.*, Kükenthal in: Zool. Anz., *v.* 33 p. 18 | 1919 *P. d.*, Kükenthal in: Ergeb. Tiefsee-Exp., *v.* 13 pars 2 p. 394 t. 41 f. 57, 58.

Die verzweigte Kolonie ist ziemlich starr, aber doch nicht unelastisch. Die Verzweigung findet annähernd in einer Ebene statt. Die sehr dünnen Hauptäste tragen einige ebenso dünne Seitenäste. Alle Äste gehen in spitzem Winkel ab. Die Seitenäste sind meist langgestreckt und unverzweigt. Die Polypen stehen distalwärts zu 5 oder 6 in jedem Wirtel. Im basalen Teil der Kolonie werden die Wirtel undeutlich. Die Wirtel stehen im Durchschnitt 2 mm voneinander ab, und die Polypen sind bis 1,2 mm lang. Auf der abaxialen Polypenseite finden sich 4 regelmäßige Reihen von Schuppen, 12 in den beiden abaxialen, 10 in den äußeren lateralen Reihen, 0,24 mm breit, 0,18 mm hoch (Fig. 160). Adaxial ist der Polypenrumpf mit 4 Reihen kleiner Schuppen bedeckt. Rand- und Deckschuppen sind längsoval, letztere recht klein. Die Rindenschuppen sind scheibenförmig, 0,16 mm messend, darunter liegen Längsreihen kleinerer von 0,06—0,08 mm Durchmesser. Hellgrau.

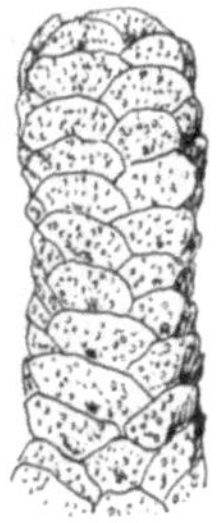

Fig. 160.
Primnoella divaricata.
Polyp (nach Versluys).

Ostküste Südamerikas 38° s. Br. in 54 m Tiefe, Patagonien.

8. **P. scotiae** J. A. Thoms. & J. Ritchie 1906 *P. s.*, J. A. Thomson & J. Ritchie in: Tr. R. Soc. Edinb., *v.* 41 p. 854 t. 2 f. 3, 8 | 1919 *P. s.*, Kükenthal in: Ergeb. Tiefsee-Exp., *v.* 13 pars 2 p. 396.

Wirtel 4 mm breit mit 9—11 Polypen, meist mit 10, die Wirtel überdecken sich teilweise. Die Polypen sind dicht dem Stamm angeschmiegt und auch gegeneinander gepreßt, ihre Länge beträgt 2,5—3 mm, ihre Breite 1 mm, aber durch die Überdeckung werden weniger als 2 mm von den Polypen sichtbar. Sie erscheinen als leicht abgeplattete walzenförmige Körper mit zwei Reihen dachziegelförmig angeordneter Schuppen, die ohne Kiel in der Mittellinie zusammenstoßen. In jeder Reihe liegen 21—28 solcher sehr breiter und rechtwinkeliger Schuppen, deren oberer Rand glatt ist. Innen finden sich zahlreiche Warzen sowie zahlreiche sehr feine wellenförmige Querlinien. Adaxial liegen zwei kleine Längsreihen an den Rändern und dazwischen rundliche, unregelmäßig gelagerte Schuppen. Ein besonderes Operculum scheint zu fehlen (?). Die zurückgezogenen Tentakel sind meist sichtbar. Die anderen Schuppen sind unregelmäßig mit glattem oder freiem Rande. Schmutzig gelbweiß.

Burdwood Bank, 54° 25' s. Br. 57° 32' w. L. (südlich von den Falklandsinseln). In 94 m Tiefe.

9. **P. compressa** Kükth. ? 1894 *Callirrhabdos chilensis*, A. Philippi in: Arch. Naturg., *v.* 60I p. 212 | 1908 *Primnoella compressa*, Kükenthal in: Zool. Anz., *v.* 33 p. 14 | 1912 *P. c.*, Kükenthal in: D. Südp.-Exp., *v.* 13 (5) p. 313 | 1919 *P. c.*, Kükenthal in: Ergeb. Tiefsee-Exp., *v.* 13 pars 2 p. 396 t. 41 f. 59, 60.

Die starre, nur oben etwas eingerollte und biegsame Kolonie ist mit einer dünnen scheibenförmigen Verbreiterung auf der Unterlage befestigt. Die Polypenwirtel stoßen dicht aneinander an und geben der Kolonie einen Breitendurchmesser von 4 mm. Zwischen den Polypen eines Wirtels sind nur in der Körpermitte schmale Längsspalten sichtbar. Jeder Wirtel enthält 9 stark abgeplattete Polypen, deren Länge 3 mm beträgt, bei etwa 0,9 mm Breite. Abaxial liegen 2 sehr regelmäßige Längsreihen von sehr breiten, niedrigen Schuppen, etwa 25 in jeder Reihe. Sie sind 0,6 mm breit, 0,18 mm hoch, ungefähr rechteckig und mit oberem glattem Rande versehen. Außer Warzen finden sich noch ein Paar feine Querstreifen auf ihrer Außenseite. Diese Schuppen ragen ziemlich weit dachziegelförmig über den abgeflachten Polypenkörper hinweg, scharfe Ränder bildend. Adaxial liegen kleine Schuppen unregelmäßig angeordnet, seitlich davon regelmäßigere, laterale Reihen länglich ovaler Schuppen von etwa 0,36 m Länge, mit glattem oberem Rande. Die Deckschuppen sind von ungefähr gleicher Gestalt wie die Rumpfschuppen. In der Stammrinde finden sich flache, 0,2—0,3 mm große, mit zackigen Warzen besetzte Schuppen und darunter in Längsreihen angeordnete, kleine, rundliche oder ovale, stark bewarzte Körper von 0,09 mm Länge. Weißlich (in Alkohol).

Chile (Iquique).

10. **P. biserialis** P. Wright & Th. Stud. 1889 *P. b.*, P. Wright & Th. Studer in: Rep. Voy. Challenger, *v.* 31 pars 64 p. 87 t. 17 f. 3; t. 21 f. 1 | 1899 *P. b.*, May in: Ergeb. Hamburg. Magalh.-Sammelr., *v.* 1 Alcyon. p. 16 | 1906 *P. b.*, Versluys in: Siboga-Exp., *v.* 13a p. 55 | 1919 *P. b.*, Kükenthal in: Ergeb. Tiefsee-Exp., *v.* 13 pars 2 p. 399 t. 41 f. 61.

Kolonie biegsam, nur unten etwas starrer. Die Wirtel enthalten 8 Polypen und sind durch einen Zwischenraum von 0,2 mm Länge voneinander getrennt. Die Polypen sind 1,5—2 mm lang, sehr stark abgeflacht und mit der adaxialen Seite dem Stamm angeschmiegt. Abaxial stehen 2 wechselständige Schuppenreihen, die in der Mittellinie einen deutlichen Kiel bilden. In jeder Reihe finden sich 16—18 Schuppen, die seitlich sehr weit vorragen und jederseits einen scharfen Rand bilden. Sie sind bis 0,32 mm breit und 0,15 mm hoch und haben einen vollkommenen glatten distalen Rand. Adaxial finden sich nur 2 laterale regelmäßige Schuppenreihen von rhombischer, abgerundeter Form, etwa 0,15 mm messend, während der mittlere Teil schuppenfrei ist und nur unterhalb des Mundes einige kleine Skleriten trägt. Die Deckschuppen sind blattförmig, zart und bis 0,2 mm lang. In der Rinde liegen polygonale oder rundliche, 0,24 mm messende Platten, darunter in Längsreihen stark warzige bis kräftige Skleriten von 0,008 mm Größe. Weißlich (in Alkohol), Achse gelbbraun.

Tom-Bai (Patagonien), 315 m. Smithkanal (Patagonien), 15 m.

11. **P. australasiae** (Gray) 1849 *Primnoa a.*, J. E. Gray in: P. zool. Soc. London, *v.* 17 p. 146 | 1850 *P. a.*, J. E. Gray in: Ann. nat. Hist., ser. 2 *v.* 5 p. 510 | 1870 *P. a.*, J. E. Gray, Cat. Lithoph. Brit. Mus., p. 50 | 1889 *Primnoella a.*, P. Wright & Th. Studer in: Rep. Voy. Challenger, *v.* 31 pars 64 p. 88 t. 18 f. 1, 1a; t. 21 f. 15 | 1906 *P. a.*, Versluys in: Siboga-Exp., *v.* 13a p. 52 | 1911 *P. a.*, J. A. Thomson & Mackinnon in: Mem. Austral. Mus., *v.* 4 p. 688 t. 61 f. 1 | 1919 *P. a.*, Kükenthal in: Ergeb. Tiefsee-Exp., *v.* 13 pars 2 p. 401 t. 41 f. 62, 63.

Die Kolonie ist recht biegsam, nur basal starrer, distal leicht spiralig eingebogen und mit einer kleinen scheibenförmigen Basis festgeheftet. Die Wirtel folgen dicht aufeinander ohne Zwischenraum; bei kleinen Exemplaren sind 8—10 Polypen in jedem Wirtel vorhanden, bei größeren 16—20. Die Polypen sind bis 2 mm lang, abgeplattet und ihre ovale Fläche legt sich ganz dem Stamme an. In jeder der beiden abaxialen Schuppenreihen liegen etwa 9 Skleriten; die adaxiale Seite ist fast ganz nackt, nur seitlich liegen zwei Reihen rundlicher Schuppen von etwa 0,2—0,27 mm Durchmesser, während die abaxialen Schuppen 0,33 mm breit, 0,2 mm hoch sind. Die Randschuppen sind länglich, die abaxialen größer als die adaxialen, die Deckschuppen noch schmaler und kleiner. In der Rinde liegen bis 0,31 mm messende, dachziegelartig angeordnete Schuppen von unregelmäßig polygonaler Form, darunter Längsreihen kleiner warziger Skleriten. Hellbraun (in Alkohol), Achse weiß.

Australien, Tasmanien, Neuseeland, 13—275 m.

12. **P. delicatissima** Kükth. 1909 *P. d.*, Kükenthal in: Zool. Anz., *v.* 35 p. 47 | 1919 *P. d.*, Kükenthal in: Ergeb. Tiefsee-Exp., *v.* 13 pars 2 p. 402.

Kolonie sehr dünn, aber doch nicht unelastisch. Die Wirtel enthalten 5—7 Polypen und sind durch Zwischenräume von etwa 1 mm voneinander getrennt. Die Polypen sind sehr klein, etwa 1 mm lang, dem Stamm dicht anliegend. Ihr Körper ist abgeflacht. Abaxial liegen zwei Schuppenreihen von 10—12 Polypen, die in der Mittellinie zusammenstoßen, ohne einen Kiel zu bilden. Sie sind bis 0,3 mm breit, 0,18 mm hoch. Adaxial finden sich nur 2 regelmäßige Reihen rhombischer Schuppen am Rande, während der mittlere Teil bis auf ein paar den Mund umgebende Skleriten schuppenfrei ist. In der Rinde liegen rundliche bis polygonale Platten, auch solche von längsovaler Form, von etwa 0,2 mm Länge, und darunter kleinere, mitunter stachlige Skleriten mit ausgezackten Rändern von etwa 0,12 mm Durchmesser. Weißlich gelb (in Alkohol).

Süd-Atlantischer Ozean (41° 41' w. L. 22° 47' s. Br.).

13. **P. grandisquamis** P. Wright & Th. Stud. 1889 *P. g.*, P. Wright & Th. Studer in: Rep. Voy. Challenger, *v.* 31 pars 64 p. 86 t. 17 f. 4; t. 21 f. 13 | 1906 *P. g.*, Versluys in: Siboga-Exp., *v.* 13a p. 55 | 1919 *P. g.*, Kükenthal in: Ergeb. Tiefsee-Exp., *v.* 13 pars 2 p. 403.

Kolonie lang, nach allen Richtungen biegsam. Die Wirtel stehen in ziemlichen Zwischenräumen voneinander, meist 1,5—2 mm entfernt und enthalten 4, 5 oder 6 Polypen. Die ziemlich dicken Polypen sind bis 1,5 mm hoch, 0,7 mm dick. Abaxial finden sich 2 Längsreihen von je 7 großen Schuppen, die bis 0,38 mm breit und etwa halb so hoch sind. Adaxial ist nur der basale Rumpfteil nackt, distal finden sich 4 Reihen kleiner 0,16 bis 0,17 mm messender Schuppen. Rand- und Deckschuppen sind klein, und das Operculum ist flach. In der Rinde liegen dachziegelartig polygonale Platten von bis 0,23 mm Durchmesser.

Twofold-Bai (Australien), 275 m.

14. **P. divergens** Hickson 1907 *P. d.*, Hickson in: Nat. antarct. Exp., *v.* 3 Coel. Alcyon. p. 10 t. 1 f. 8, 9, 10 | 1919 *P. d.*, Kükenthal in: Ergeb. Tiefsee-Exp., *v.* 13 pars 2 p. 403.

Die Kolonie ist unregelmäßig und annähernd in einer Ebene verzweigt. Die Zahl der Polypen in einem Wirtel schwankt an den Endzweigen von 4—6, an den dickeren Ästen von 8—9, an ersteren sind die Wirtel 1 mm voneinander entfernt, an letzteren stehen sie entfernter, auch finden sich hier einzelstehende Polypen. Die Polypen sind etwa 1 mm lang und an der Basis durch Geschlechtsprodukte teilweise angeschwollen (Fig. 161). Sie sind bedeckt mit 3—4 Reihen von je 5 oder 6 dünnen, nur mit Warzen bedeckten Schuppen, die sich entweder überdecken, oder durch weite Zwischenräume voneinander getrennt sind. Im Durchschnitt messen sie 0,3 : 0,3 mm. Die sehr kleinen etwa 0,3 mm hohen, 0,1 mm breiten Deckschuppen sind an ihrem Ende in einen Stachel ausgezogen, die nicht viel größeren Randschuppen nur selten. Die etwa dreieckigen, bis 0,5 mm messenden Rindenschuppen sind unregelmäßig gelagert, überdecken sich und haben einen gezähnten Rand. Unter ihnen liegen Längsreihen 0,1 mm langer, sternförmiger Skleriten.

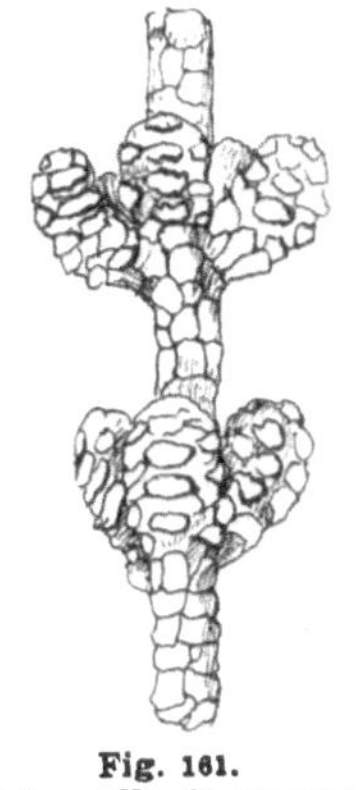

Fig. 161. **Primnoella divergens.** 2 Wirtel (nach Hickson).

Antarktis (76° s. Br.). In 83 m Tiefe.

P. delicata (Kinosh.) 1907 *Dicholaphis d.*, Kinoshita in: Annot. zool. Jap., *v.* 6 p. 230 | 1908 *D. d.*, Kinoshita in: J. Coll. Japan, *v.* 23 nr. 12 p. 25 t. 2 f. 11; t. 5 f. 44 | 1919 *Primnoella d.*, Kükenthal in: Ergeb. Tiefsee-Exp., *v.* 13 pars 2 p. 404.

Die Verzweigung ist dichotomisch und in einer Ebene erfolgt; Kurzzweige fehlen. Die Polypen stehen unregelmäßig rings um die Äste, an deren Enden büschelförmig zusammengedrängt. Die schlanken Polypen sind adaxial eingekrümmt und etwa 2,5 mm lang. Nur im distalen Polypenteil sind 8 deutliche Längsreihen von Schuppen vorhanden. Die Randschuppen können zu einem langen Stachel ausgezogen sein und sind bis 0,5 mm hoch. Die Deckschuppen sind auf der Außenseite etwas konkav, von spitz dreieckiger Form, gezähnelt und bis 0,78 mm hoch, nur die adaxialen sind kleiner. Die Rindenschuppen der Zweige sind sehr dünn, gezähnelt, scheibenförmig oder verlängert und bis 0,37 mm im Durchmesser haltend. Die Rindenschuppen sind kleiner und unter ihnen liegt eine Schicht noch kleinerer, höckeriger Skleriten. Achse gelblich goldglänzend.

Okinosebank (Japan).

6. Gen. **Thouarella** J. E. Gray

1870 *T.*, J. E. Gray, Cat. Lithoph. Brit. Mus., p. 45 | 1887 *T.*, Th. Studer (& P. Wright) in: Arch. Naturg., *v.* 53I p. 50 | 1889 *T.* + *Amphilaphis*, P. Wright & Th. Studer in: Rep. Voy. Challenger, *v.* 31 pars 64 Pref. p. 49; p. 59 | 1906 *T.* + *A.*, Versluys in: Siboga-Exp., *v.* 13a p. 20 | 1908 *T.* + *Dicholaphis*, Kinoshita in: J. Coll. Japan, *v.* 23 nr. 12 p. 20 | 1908 *T.*, Kükenthal in: Zool. Anz., *v.* 33 p. 10 | 1908 *T.* incl. Subgen. *Diplocalyptra*, Kinoshita in: Annot. zool. Jap., *v.* 7 p. 49 | 1912 *T.*, Kükenthal in: D. Südp.-Exp., *v.* 13 (5) p. 292 | 1915 *T.*, Kükenthal in: Zool. Anz., *v.* 46 p. 149 | 1919 *T.*, Kükenthal in: Ergeb. Tiefsee-Exp., *v.* 13 pars 2 p. 405.

Die Kolonie ist stets mit Kurzzweigen versehen, die aber auch zu großen Ästen werden können. In letzterem Falle liegen diese fast stets in einer Ebene. Stamm und Äste sind verschieden dicht mit Kurzzweigen besetzt, deren Länge für jede Art meist ziemlich scharf begrenzt ist. Diese sind entweder unverzweigt, oder verzweigt. Die Abgabe der Kurzzweige erfolgt entweder regellos allseitig, oder vorwiegend biradial, oder ausgesprochen von zwei Seiten. Meist biegen sich die Kurzzweige nach einer Seite ab, dadurch eine Vorder- und eine Hinterseite der Kolonie erzeugend. Die Polypen stehen weit von den Zweigen ab, kommen bei manchen Arten auch an den Hauptästen und dem Hauptstamm vor und sind adaxial nur wenig eingekrümmt. Ihre Form ist walzenförmig, keulenförmig oder glockenförmig. Ihre Größe schwankt von 1—3 mm und ist bei den einzelnen Arten ziemlich konstant. Die Polypenstellung ist verschieden, entweder unregelmäßig, isoliert oder an den Kurzzweigen in Wirteln von 2 oder 3. Die Polypenschuppen sind groß, ihre Längsreihen sind besonders adaxial und nach der Basis zu meist verschoben und auf einen Polypenquerschnitt kommen meist nur 4—6, nur distalwärts auch 8 Schuppen. Die Polypenschuppen sind gezähnelt oder glattrandig, innen dicht bewarzt und mitunter mit feinen radiären Längsleisten versehen. Die obersten Polypenschuppen sind fast stets 8 an der Zahl. Entweder sind sie gezähnelt oder blattartig zugespitzt, oder in einen Stachel ausgezogen, der durch einen auf der Innenseite liegenden Kiel gestützt wird. Diese Randschuppen sind etwas nach innen einschlagbar. An ihrer Innenseite inserieren die 8 Deckschuppen von meist dreieckiger, zugespitzter Form, die ein verschieden hohes Operculum bilden. Auch können 4 größere mit 4 kleineren Deckschuppen abwechseln. Die Schuppen der Zweigrinde sind wie die Polypenschuppen dachziegelförmig angeordnet und ihnen auch in der Gestalt ziemlich ähnlich, nur etwas kleiner und länglicher, während die kleineren Schuppen der Stammrinde dicht nebeneinander liegen, und oft stark skulpturiert und gezackt sind.

Subantarktisches Gebiet, sowie südatlantischer Ozean, ebenso südpazifischer Ozean. Im Indischen Ozean weiter nördlich verbreitet, an der ostasiatischen Küste bis nach Japan.

4 Untergattungen mit 26 sicheren Arten und 8 Unterarten und 7 unsicheren Arten.

Spec. typ.: *T. antarctica* Gray

Bestimmungstabelle der Untergattungen:

1	Rumpfschuppen in 8 Längsreihen	a) Subgen. **Amphilaphis**
	Rumpfschuppen in weniger als 8 Längsreihen — 2	
2	Randschuppen in eine mediane, oft stachelartige Spitze ausgezogen — 3	
	Randschuppen nicht in eine Spitze ausgezogen . .	d) Subgen. **Epithouarella**
3	Die Polypen stehen paarweise oder in Wirteln bis zu 4	b) Subgen. **Euthouarella**
	Die Polypen stehen einzeln	c) Subgen. **Parathouarella**

a) Subgen. **Amphilaphis** Th. Studer & P. Wright

1887 *A.*, Th. Studer (& P. Wright) in: Arch. Naturg., *v.* 53 I p. 50 | 1889 *A.*, P. Wright & Th. Studer in: Rep. Voy. Challenger, *v.* 31 pars 64 p. 70 | 1906 *A.*, Versluys in: Siboga-Exp., *v.* 13a p. 20 | 1908 *A.*, Kinoshita in: Annot. zool. Jap., *v.* 7 p. 49 | 1908 *Thouarella* (part.), Kükenthal in: Zool. Anz., *v.* 33 p. 10 | 1912 *T.*, „*Regularisgruppe*", Kükenthal in: D. Südp.-Exp., *v.* 13 (5) p. 294 | 1915 *Amphilaphis*, Kükenthal in: Zool. Anz., *v.* 46 p. 149 | 1919 *A.*, Kükenthal in: Ergeb. Tiefsee-Exp., *v.* 13 pars 2 p. 408.

Die Verzweigung ist wie bei Plumarella federartig und findet annähernd in einer Ebene statt, doch ist die Anordnung der Zweige keine genau abwechselnde und die Entfernung der Zweigursprünge ist verschieden. Die

Kurzzweige sind verschieden lang, oft mit Seitenzweigen versehen und ihre Spitzen sind schlaff. Neue Kurzzweige werden auch zwischen den schon vorhandenen gebildet, im Gegensatz zu Plumarella, wo sie stets am Ende entstehen. Die Polypen stehen teils regellos im Umkreis der Rinde, teils in Paaren, sie biegen sich adaxial stark ein, ohne indessen die Zweigrinde zu berühren. Die Polypenschuppen stehen in 8 Längsreihen, die sich nur basalwärts etwas verschieben. Die obersten Polypenschuppen (Randschuppen) haben eine mediane Rippe mit nur schwach vorragendem Stachel und können sich etwas nach innen umlegen. Die Deckschuppen sind nach außen konkav und mit einem medianen, in einen Stachel auslaufenden Kiel versehen. In der Rinde liegen oberflächlich größere, polygonale oder unregelmäßige, darunter kleinere, rundliche Platten.

7 Arten (nr. 1—7).

Bestimmungstabelle der Arten:

1	Polypen paarig und in Wirteln — 2	
	Polypen einzelnstehend — 4	
2	Randschuppen mit Stachel	1. **T. (A.) regularis**
	Randschuppen ohne Stachel — 3	
3	5 Schuppen in jeder abaxialen Längsreihe	2. **T. (A.) parva**
	6 Schuppen in jeder abaxialen Längsreihe	3. **T. (A.) abietina**
4	Randschuppen mit Stachel — 5	
	Randschuppen ohne Stachel — 6	
5	Polypen weit auseinander stehend	4. **T. (A.) dispersa**
	Polypen in dichtester Anordnung	5. **T. (A.) superba**
6	7 oder 8 Schuppen in jeder abaxialen Längsreihe . . .	6. **T. (A.) grandiflora**
	8—12 Schuppen in jeder abaxialen Längsreihe	7. **T. (A.) plumacea**

1. **T. (A.) regularis** P. Wright & Th. Stud. 1889 *A. r.*, P. Wright & Th. Studer in: Rep. Voy. Challenger, *v.* 31 pars 64 p. 71 t. 15; t. 21 f. 7 | 1906 *A. r.*, Versluys in: Siboga-Exp., *v.* 13a p. 22 | 1906 *A. r.*, J. A. Thomson & J. Ritchie in: Tr. R. Soc. Edinb., *v.* 41 p. 854 t. 2 f. 5 | 1908 ?*A. r.*, Nutting in: P. U. S. Mus., *v.* 34 p. 573 | 1919 *Thouarella (A.) r.*, Kükenthal in: Ergeb. Tiefsee-Exp., *v.* 13 pars 2 p. 409.

Die Verzweigung erfolgt annähernd in einer Ebene. Die Äste entspringen von beiden Seiten des Hauptstammes und tragen Seitenäste wie Kurzzweige, die ungefähr parallel miteinander laufen und in Winkeln von 45° entspringen. Kurzzweige und Seitenäste gehen ineinander über, und ihre Enden sind ziemlich schlaff. Neue Kurzzweige bilden sich zwischen den vorhandenen aus. Die Polypen stehen teils regellos rings um die Zweige, teils paarig, und sind 1,5—2 mm lang (Fig. 162). Die 8 Längsreihen der Polypenschuppen sind basal etwas verschoben. Abaxial stehen 10—12 Schuppen, adaxial 7 oder 8 in jeder Längsreihe. Die Polypenschuppen sind bis 0,37 mm breit, 0,27 mm hoch und mit radiär ausstrahlenden, kleine Stacheln bildenden Leisten besetzt. Die Randschuppen tragen einen sehr kleinen, gekielten Stachel. Die Deckschuppen sind ungefähr dreieckig, bis 0,37 mm hoch, nach außen konkav gewölbt und innen mit einem medianen Längskiel versehen. Die Rindenschuppen der oberflächlichen Lage sind bis 0,27 mm breite, polygonale, unregelmäßig gezähnelte Skleriten. Darunter liegen 0,1 mm lange scheibenförmige Schuppen.

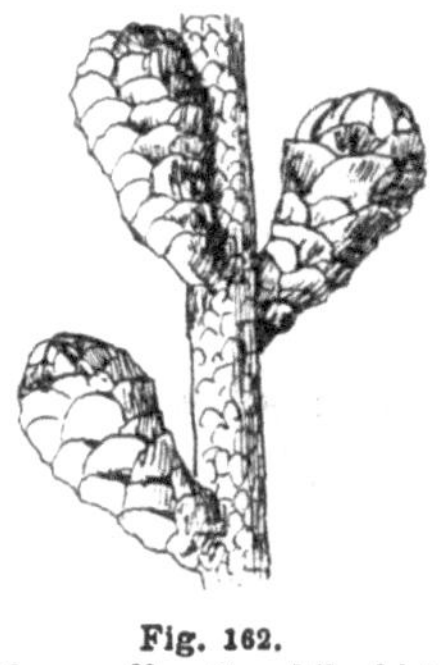

Fig. 162. **Thouarella** (Amphilaphis) **regularis.** Polypen (nach Wright & Studer).

Tristan d'Acunha 137 m. Nachtigallinsel 183—275 m. St. Helena, Hawai (?) 720 m.

2. **T. (A.) parva** (Kinosh.) 1908 *T. (Diplocalyptra) p.*, Kinoshita in: Annot. zool. Jap., *v.* 7 p. 53 | 1919 *T. (Amphilaphis) p.*, Kükenthal in: Ergeb. Tiefsee-Exp., *v.* 13 pars 2 p. 410.

Die Verzweigung ist dichotomisch, und die Aste gehen in einem Winkel von 50° ab. Die Polypen stehen in Paaren; auf 1 cm Astlänge kommen etwa 6 Paare. Die Schuppen sind adaxial der Astrinde genähert und 1 mm lang. In den abaxialen und den äußeren lateralen Längsreihen stehen 5, in den anderen mindestens 4 Schuppen. Die Polypenschuppen sind transversal verbreitert, bewarzt, am Rande gezähnelt und etwa 0,38 mm breit. Die Randschuppen sind länger als breit und messen etwa 0,4 mm in der Länge. Die Deckschuppen sind klein, nach außen konkav gebogen, am Rande schwach gezähnelt und mit stachelförmig auslaufenden Warzen besetzt. Das Operculum ist niedrig und wird von den Randschuppen fast überdeckt. Die in einer Schicht gelagerten Rindenskleriten sind dünne, ovale Platten, bis zu 0,2 mm Durchmesser haltend, mit teilweise fein gezähneltem Rande. Ihre Oberfläche ist mit Warzen besetzt, die zu netzartigen Falten zusammentreten können.

Japan.

3. **T. (A.) abietina** Th. Stud. 1894 *A. a.*, Th. Studer in: Bull. Mus. Harvard, *v.* 25 p. 65 | 1905 *A. a.*, Menneking in: Arch. Naturg., *v.* 71 I p. 255 t. 8 f. 7, 8; t. 9 f. 17—20 | 1919 *Thouarella (A.) a.*, Kükenthal in: Ergeb. Tiefsee-Exp., *v.* 13 pars 2 p. 410.

Vom Hauptstamm gehen unter fast rechtem Winkel in einer Ebene zahlreiche Äste ab, die wiederum Zweige und tertiäre Nebenzweige unter gleichem Winkel abgeben. Die Polypen stehen an den Hauptästen meist paarig in Abständen von 3—4 mm und sind derart angeordnet, daß dorsale und ventrale Zweigflächen frei bleiben. Ihre Länge beträgt 2 mm. Dagegen ist der Endpolyp jeden Zweiges 3—4 mm lang. An den Nebenzweigen stehen die Polypen in Abständen von 2 mm. Alle Polypen sind schräg distalwärts gerichtet und adaxial eingebogen. Die Anordnung der Polypenschuppen ist in 8 Längsreihen erfolgt; abaxial stehen sie zu 6, adaxial weniger und sind 0,18 mm hoch, 0,54 mm breit, einander dachziegelförmig um ein Drittel ihrer Höhe überdeckend. Die Randschuppen sind mit zahlreichen kleinen Zähnen mit abgerundetem Rande besetzt. Die Deckschuppen sind dreieckig, längsgestreift und stark gezackt und ihre Länge beträgt 0,86—1,2 mm. Das Operculum ist recht hoch. Die Rindenskleriten sind 0,12—0,32 mm lang, drei- oder viereckig und mit Warzen besetzt, aber ohne Längsstreifen.

Pazifischer Ozean, 1° 7' n. Br. 81° 4' östl. L. in 3182 m Tiefe.

4. **T. (A.) dispersa** Kükth. 1912 *T. d.*, Kükenthal in: D. Südp.-Exp., *v.* 13 (5) p. 307 t. 20 f. 4 | 1919 *T. (Amphilaphis) d.*, Kükenthal in: Ergeb. Tiefsee-Exp., *v.* 13 pars 2 p. 411 t. 31 f. 11.

Die Kolonie ist in einer etwas eingekrümmten Ebene entwickelt. Der sonst unverzweigte Hauptstamm gibt in ungefährer wechselständiger Fiederstellung meist nicht weiter verästelte Kurzzweige ab, die im basalen Abschnitte der Kolonie in rechtem Winkel, weiter oben im Winkel von 60° entspringen und 1,5—2,5 cm lang sind. Die Polypen stehen in spitzem bis fast rechtem Winkel, sitzen an den Kurzzweigen sehr zerstreut, vereinzelt auch am Stamm, sind 1,5—2 mm lang, adaxial nur wenig eingebogen und weisen in jeder abaxialen Längsreihe 5—6 Schuppen auf. Die Polypenschuppen sind besonders mehr distalwärts schwach blattartig zugespitzt und die Randschuppen tragen etwas längere mediane Spitzen. Die Polypenschuppen sind höchstens 0,6 mm breit, meist kleiner. Die Deckschuppen sind sehr hoch, bis 0,8 mm Länge erreichend, mit einem starken medianen Kiel, der in einer oder mehreren Spitzen vorspringt. Die Rindenskleriten sind dünn, bis 0,25 mm im Durchmesser haltend, meist polygonale oder abgerundete Schuppen.

Bouvetinsel, Küsten-Abyssal.

5. **T. (A.) superba** (Nutting) 1912 *Primnodendron superbum*, Nutting in: P. U. S. Mus., *v.* 43 p. 71 t. 9 f. 2, 2a; t. 19 f. 4 | 1919 *Thouarella (Amphilaphis) superba*, Kükenthal in: Ergeb. Tiefsee-Exp., *v.* 13 pars 2 p. 412.

Aufbau der Kolonie fächerförmig. Die zahlreichen Kurzzweige teilen sich wiederum, so daß die Kolonie zu einer kompakten abgeplatteten Masse wird. Die Polypen stehen in dichter, aber unregelmäßiger Anordnung an allen Seiten der Zweige, sind von leicht gebogener Keulenform und 2 mm lang. Die Randschuppen haben scharfe Spitzen, die nur bei den adaxialen undeutlich werden, und ebensolche nur kleinere Schuppen weisen die zwei bis drei darunter liegenden horizontalen Schuppenreihen auf. Die 8 Längsreihen der Rumpfschuppen sind deutlich ausgebildet, in jeder abaxialen und lateralen stehen 6—7 Schuppen, in jeder der beiden adaxialen 3—4. Die wohlentwickelten Deckschuppen haben eine deutliche Spitze, die nur den kleineren adaxialen fehlt. Die Rindenskleriten sind kleiner als die Rumpfschuppen und von mehr unregelmäßiger Form. Hellgelbbraun, Achse schwarz, distal etwas heller.

Japan. In 60—79 m Tiefe.

6. **T. (A.) grandiflora** Kükth. 1912 *T. g.*, Kükenthal in: D. Südp.-Exp., *v.* 13 (5) p. 304 t. 21 f. 6 | 1919 *T. (Amphilaphis) g.*, Kükenthal in: Ergeb. Tiefsee-Exp., *v.* 13 pars 2 p. 413.

Die Kolonie ist in einer etwas eingekrümmten Ebene verästelt, die unverzweigten bis 40 mm langen Kurzzweige gehen im Winkel von 45° in fiederförmiger Anordnung und einander parallel vom Hauptstamm und den Hauptästen ab. Die einzeln stehenden Polypen sind bis 3 mm lang, entspringen meist im rechten Winkel, liegen vornehmlich in der Verzweigungsebene und sind gelegentlich an den Enden der Kurzzweige zu dichten Klumpen angehäuft. Die Polypenskleriten sind in 8 adaxial undeutlichen Längsreihen angeordnet. Abaxial finden sich 7—8 Schuppen in jeder Längsreihe. Die Polypenschuppen sind bis 0,6 mm breit und haben einen glatten oder etwas gezackten Rand. Auch die Randschuppen sind davon kaum verschieden, nur sind sie mit einigen kurzen Zacken versehen. Die Deckschuppen sind 0,6 mm hoch, schmal, dreieckig und mit dickem, medianem Kiel und gezackten Seitenrändern versehen. Die Rindenschuppen sind dünne Scheiben von bis 0,3 mm Durchmesser, und darunter liegen kleinere Skleriten mit kräftigen, radial gestellten Leisten. Hellgelb (in Alkohol).

Gaußstation (Antarktis). In 385 m Tiefe.

Fig. 163. Thouarella (Amphilaphis) plumacea Polyp (nach Thomson & Mackinnon).

7. **T. (A.) plumacea** J. A. Thoms. & Mackinn. 1911 *A. p.*, J. A. Thomson & Mackinnon in: Mem. Austral. Mus., *v.* 4 p. 680 t. 65 f. 3; t. 68 f. 3; t. 74 | 1919 *Thouarella (A.) p.*, Kükenthal in: Ergeb. Tiefsee-Exp., *v.* 13 pars 2 p. 414.

Kolonie ähnlich einer gekrümmten Straußenfeder. Die Verzweigung erfolgt in annähernd einer Ebene, und die Enden der Zweige sind herabhängend. Die Polypen stehen ziemlich unregelmäßig, teils in 2 lateralen Reihen, teils einzeln und entspringen in einem Winkel von 45—60°. Ihre Länge beträgt 1—1,5 mm und in ihren abaxialen Längsreihen stehen 8 bis 12 Schuppen, in den adaxialen etwas weniger. Die Polypenschuppen sind bis 0,316 mm breit und bis 0,272 mm hoch. Ihr freier Rand ist mit etwas vorspringenden radialen Leisten versehen und ihr basaler Teil kräftig bewarzt (Fig. 163). Die Randschuppen sind ähnlich geformt und etwas nach außen gebogen. Die dreieckigen, bewarzten Deckschuppen sind bis 0,415 mm hoch und tragen auf der Innenseite einen medianen Kiel. Der glatte Rand ist mit radialen Leisten versehen. Die Rindenskleriten sind scheibenförmig und haben 0,112—0,136 mm Durchmesser. Gelblichbraun.

Barrenjoy (Australien). In 55—73 m Tiefe.

b) Subgen. **Euthouarella** Kükenthal

1906 „*Hilgendorfi*-Gruppe", Versluys in: Siboga-Exp., *v.* 13ᵃ p. 24 | 1912 „*H.*", Kükenthal in: D. Südp.-Exp., *v.* 13 (5) p. 297 | 1915 *Euthouarella*, Kükenthal in: Zool. Anz., *v.* 46 p. 149 | 1919 *E.*, Kükenthal in: Ergeb. Tiefsee-Exp., *v.* 13 pars 2 p. 414.

Die Achtzahl der Längsreihen der Rumpfschuppen vermindert sich proximalwärts. Die Randschuppen sind stets in eine mit medianem Stachel versehene Spitze ausgezogen. Die Polypen stehen in Wirteln zu 2—4.

10 Arten (nr. 8—17).

Bestimmungstabelle der Arten:

1	Mit Kurzzweigen — 2	
	Ohne Kurzzweige	17. T. (E.) coronata
2	Kurzzweige rings um den Stamm — 3	
	Verzweigung annähernd in einer Ebene — 4	
3	Mit 5 Wirteln auf 1 cm Zweiglänge	8. T. (E.) longispinosa
	Mit 6 Wirteln auf 1 cm Zweiglänge	9. T. (E.) hilgendorfi
	Mit 10—11 Wirteln auf 1 cm Zweiglänge	10. T. (E.) typica
4	Mit 4 Wirteln auf 1 cm Zweiglänge	11. T. (E.) laxa
	Mit 5 Wirteln auf 1 cm Zweiglänge — 5	
	Mit 6 Wirteln auf 1 cm Zweiglänge	14. T. (E.) tydemani
	Mit 7—8 Wirteln auf 1 cm Zweiglänge — 6	
5	Polypen paarweise	12. T. (E.) moseleyi
	Polypen paarweise und in Wirteln zu 3	13. T. (E.) flabellata
6	Polypen paarweise	15. T. (E.) tenuisquamis
	Polypen in Wirteln zu 3	16. T. (E.) carinata

8. **T. (E.) longispinosa** Kükth. 1912 *T. l.*, Kükenthal in: D. Südp.-Exp., *v.* 13 (5) p. 299 t. 20 f. 1 | 1919 *T. (Euthouarella) l.*, Kükenthal in: Ergeb. Tiefsee-Exp., *v.* 13 pars 2 p. 415.

Verzweigte Kolonie, deren Kurzzweige nahezu allseitig abgehen, wobei aber die der einen Seite nach der anderen zu gekrümmt sind. Die Kurzzweige sind unten bis 22 mm lang, oben kürzer. Die Polypen stehen in Wirteln von 3 und 4, selten in Paaren, und es kommen 5 Wirtel auf 10 mm Zweiglänge. Die Polypen sind bis 1,5 mm lang, unten schlank, oben trichterförmig verbreitert, und sind stets stark abgespreizt, adaxial eingebogen. In den abaxialen Längsreihen stehen nur 4 Schuppen. Die Randschuppen besitzen einen sehr langen, breiten Stachel, der bis 0,7 mm Länge erreichen kann. Die Deckschuppen sind spitz dreieckig und bis 0,32 mm lang. Die Rindenskleriten sind flach, annähernd kreisförmig und haben einen Durchmesser von 0,25 mm.

Gaußstation (Antarktis). In 385 m Tiefe.

9. **T. (E.) hilgendorfi** (Th. Stud.) 1878 *Plumarella h.*, Th. Studer in: Monber. Ak. Berlin, p. 648 t. 2 f. 15a, b, c, d, e | 1889 *P. h.*, P. Wright & Th. Studer in: Rep. Voy. Challenger, *v.* 31 pars 64 p. 62 | 1906 *Thouarella h.*, Versluys in: Siboga-Exp., *v.* 13a p. 24 t. 1 f. 4; t. 2 f. 7 | 1907 *T. h.*, Kükenthal in: Zool. Anz., *v.* 31 p. 206 | 1908 *T. h.*, Kinoshita in: J. Coll. Japan, *v.* 23 nr. 12 p. 21 t. 5 f. 42 | 1912 *T. h.*, Nutting in: P. U. S. Mus., *v.* 43 p. 66 | 1919 *T. (Euthouarella) h.*, Kükenthal in: Ergeb. Tiefsee-Exp., *v.* 13 pars 2 p. 415.

Die Kolonie ist verästelt; die Kurzzweige sind nicht gleich groß, die längsten erreichen 55 mm Länge; fast stets sind sie unverästelt und gehen nach allen Seiten ab, nur schwach kann ein Gegensatz von Vorder- und Hinterseite in Erscheinung treten. Die Polypen stehen meist in Wirteln zu zwei und drei, an den dickeren Astteilen einzeln. Auf 10 mm Zweiglänge kommen 6 Wirtel. Die Polypen sind etwa 1 mm lang; in den abaxialen Längsreihen stehen je 6 Schuppen, adaxial weniger. Der Durchmesser der scheibenförmigen dünnen Polypenschuppen erreicht 0,26—0,3 mm. Die Randschuppen sind bis 0,54 mm hoch, und ihre Spitze trägt auf der Unterseite einen Kiel. Die länglich dreieckigen, meist abgerundeten Deckschuppen sind stets kleiner als die Randschuppen, 0,2—0,23 mm lang und an letztere eingelenkt. Die Rindenschuppen sind an den Kurzzweigen dachziegelartig angeordnet und von Gestalt und Größe der Polypenschuppen, am Stamm sind die Rindenschuppen kleiner, 0,06—0,18 mm messend und mit kielartigen Leisten und unregelmäßigen Verdickungen besetzt. Weißlich (in Alkohol).

Japan, Kei-Inseln, Siberut-Insel. Tieferes Litoral und Küsten-Abyssal.

10. **T. (E.) typica** Kinosh. 1907 *T. t.*, Kinoshita in: Annot. zool. Jap., *v.* 6 p. 230 | 1908 *T. t.*, Kinoshita in: J. Coll. Japan, *v.* 23 nr. 12 p. 23 t. 2 f. 9, 10; t. 5 f. 43 | 1912 ?*T. t.*, Nutting in: P. U. S. Mus., *v.* 43 p. 68 | 1919 *T. (Euthouarella) t.*, Kükenthal in: Ergeb. Tiefsee-Exp., *v.* 13 pars 2 p. 417.

Von den Hauptästen entspringen nahezu allseitig dünne, meist unverzweigte Kurzzweige. Die Polypen stehen in Wirteln von 2 oder 3, selten 4, und sind 1 mm lang. Sie stehen so nahe an den Kurzzweigen, daß sie mit der adaxialen Seite die Rinde beinahe berühren. Die Polypenschuppen stehen in 8 größtenteils erhaltenen Längsreihen, abaxial finden sich 5 oder 6, adaxial 3 oder 4 Schuppen in jeder Längsreihe. Die Randschuppen besitzen einen langen, medianen Stachel; die Deckschuppen sind sehr klein, 0,12—0,20 mm lang. Die Rindenskleriten sind den Rumpfskleriten sehr ähnlich. Achse brüchig, bräunlich schwarz, mit schwachem, grünlichem Metallglanz.

Japan. Im tieferen Litoral.

11. **T. (E.) laxa** Versl. 1906 *T. l.*, Versluys in: Siboga-Exp., *v.* 13a p. 30 t. 1 f. 5; t. 3 f. 8 | 1908 *T. l.*, Kükenthal & Gorzawsky in: Abh. Bayer. Ak., suppl. *v.* 1 nr. 3 p. 36 t. 2 f. 13 | 1919 *T. (Euthouarella) l.*, Kükenthal in: Ergeb. Tiefsee-Exp., *v.* 13 pars 2 p. 417.

Die Kolonie ist annähernd in einer Ebene verzweigt; die Kurzzweige stehen lose, werden 3 auch 4 cm lang und stehen meist in der Ausbreitungsebene, ihren Spitzen nach einer Seite zugewandt, so daß eine Vorder- und eine Hinterseite entsteht. Die Polypen stehen in Paaren, auf 1 cm Zweiglänge kommen 4 Paare. Sie sind 1,2—1,5 mm lang. Die Rumpfschuppen haben einen Durchmesser von 0,36 mm; ihre Zahl ist geringer als bei *T. (E.) hilgendorfi* (nr. 9) und beträgt in jeder abaxialen Längsreihe etwa 5 (Fig. 164). Die Randschuppen sind bis 0,75 mm lang, wovon die Hälfte auf den Stachel kommt. Von Deckschuppen finden sich 4 größere und 4 kleinere abwechselnd, erstere bis 0,36 mm lang, mit abgestutztem, breitem

Rande. Rindenschuppen an den Kurzzweigen bis 0,4 mm Durchmesser haltend, am Stamm kleiner, etwa 0,2 mm.

Makassarstraße in 1301 m; Japan in 400—700 m Tiefe.

12. **T. (E.) moseleyi** P. Wright & Th. Stud. 1889 *T. m.*, P. Wright & Th. Studer in: Rep. Voy. Challenger, *v.* 31 pars 64 p. 61 | 1906 *T. m.*, Versluys in: Siboga-Exp., *v.* 13a p. 29 t. 1 f. 6 | 1906 ? *T. m.* var. *spicata*, J. A. Thomson & W. D. Henderson, Alcyon. Investigator, *v.* 1 p. 42 t. 3 f. 2, 4 | 1919 *T. (Euthouarella) m.*, Kükenthal in: Ergeb. Tiefsee-Exp., *v.* 13 pars 2 p. 417.

Verzweigte Kolonie, deren Kurzzweige nur von zwei Seiten abgehen; ein Teil biegt nach der Vorderseite um, die Hinterseite ist deutlich markiert und fast ohne Kurzzweige. Die Polypen stehen paarig oder isoliert, etwa 5 Paar auf 1 cm Zweiglänge. Die Polypen sind 1,25—1,5 mm lang, ihre Rumpfschuppen haben 0,35 —0,4 mm Durchmesser und stehen abaxial zu 5 oder 6 in jeder Längsreihe. Die Deckschuppen sind höher als die Randschuppen, bis 0,58 mm hoch. Die Rindenskleriten sind auch am Stamm 0,3—0,35 mm messende, den Polypenschuppen ähnliche Schuppen.

Kermadekinseln, 1080 m; Flores 794 m.

Fig. 164.
Thouarella (Euthouarella) laxa.
Polyp (nach Versluys).

Fig. 165.
Thouarella (Euthouarella) tydemani.
Polyp (nach Versluys).

13. **T. (E.) flabellata** Kükth. 1907 *T. f.*, Kükenthal in: Zool. Anz., *v.* 31 p. 207 | 1919 *T. (Euthouarella) f.*, Kükenthal in: Ergeb. Tiefsee-Exp., *v.* 13 pars 2 p. 418 t. 42 f. 64.

Die Kolonie ist ungefähr in einer Ebene entwickelt. Die Kurzzweige stehen in der Verzweigungsebene fiederförmig und unregelmäßig wechselständig, ziemlich dicht und annähernd in einer Fläche. Meist sind sie unverzweigt und etwa 3 cm lang, doch finden sich auch größere mit fiederförmig und wechselständig stehenden seitlichen Kurzzweigen. Eine Vorder- und eine Hinterseite sind nicht oder doch kaum voneinander zu unterscheiden, da ein deutliches Abbiegen der Kurzzweige nicht zu bemerken ist. Die Polypen stehen meist in Wirteln von 2 und 3. Auf 1 cm Zweiglänge finden sich etwa 5 Wirtel. An den Ästen sind sie regellos angeordnet. Die Polypen sind fast gestreckt etwa 1 mm lang, schlank und oben kelchförmig erweitert. Abaxial liegen 5 Schuppen in jeder Längsreihe, adaxial 4. Die

Polypenschuppen sind 0,3—0,36 mm breit; die oberen tragen am Rande feine radiäre Leisten. Die Randschuppen haben einen kurzen, abgestumpften Stachel mit kräftigem Kiel. Die 4 größeren Deckschuppen laufen spitz zu und haben daneben noch 2 Seitenzacken, in der Mitte auch oft einen schwachen Kiel, während die kleinen Deckschuppen spitz dreieckig gestaltet sind mit abgerundeter Spitze. Die Rindenschuppen sind an den Kurzzweigen bis 0,3 mm groß und unregelmäßig angeordnet, am Stamm 0,1 mm Durchmesser haltend, stark bewarzt und gezähnelt. Gelbweiß (in Alkohol). Achse hellbraun.

Ostafrikanische Küste 1° 48,2' n. Br., 45° 42,5' östl. L. In 1644 m Tiefe.

14. **T. (E.) tydemani** Versl. 1870 ? *Hookerella pulchella*, J. E. Gray, Cat. Lithoph. Brit. Mus., p. 45 | 1906 *Thouarella tydemani*, Versluys in: Siboga-Exp., *v.* 13a p. 33 t. 1 f. 2 | 1919 *T. (Euthouarella) t.*, Kükenthal in: Ergeb. Tiefsee-Exp., *v.* 13 pars 2 p. 420.

Die Kolonien sind annähernd in einer Ebene verzweigt mit mehreren Hauptästen. Die Kurzzweige gehen nur von 2 Seiten ab und wenden sich meist der Vorderseite zu, die sehr deutlich ausgeprägte Hinterseite freilassend; vielfach tragen sie sekundäre Kurzzweige; ihre Länge schwankt von 15—30 mm. Die Polypen stehen in Paaren oder Wirteln von drei, etwa 6 auf 1 cm Zweiglänge und sind 1,5 mm lang und ziemlich breit. Abaxial finden sich etwa 5 Schuppen in jeder Längsreihe (Fig. 165). Die Stacheln der Randschuppen sind bis 0,5 mm lang. Die Deckschuppen sind am oberen Rande zackig, die kleineren abgestumpft. An Länge erreichen sie 0,36 mm. Die Rindenskleriten sind sehr dick, von unregelmäßiger Form, die des Stammes auch mit kielartigen Erhebungen versehen.

Östlich von Rotti (Malayischer Arch.). In 520 m Tiefe.

15. **T. (E.) tenuisquamis** Kükth. 1907 *T. regularis* (non *T. (Amphilaphis) r.*, P. Wright & Th. Studer 1889), Kükenthal in: Zool. Anz., *v.* 31 p. 206 | 1915 *T. (Euthouarella) tenuisquamis*, Kükenthal in: Zool. Anz., *v.* 46 p. 151 | 1919 *T. (E.) t.*, Kükenthal in: Ergeb. Tiefsee-Exp., *v.* 13 pars 2 p. 421 t. 42 f. 65.

Kolonie anscheinend ohne Hauptäste; der gestreckte Hauptstamm trägt auf 2 Seiten angeordnete Kurzzweige, die nahezu in rechtem Winkel entspringen und sich nach einer Seite, der Vorderseite, umbiegen, während die sehr deutlich ausgesprochene Hinterseite fast zweiglos ist. Die Kurzzweige sind ungefähr gleich lang, 1,8 cm, und stehen gleichmäßig verteilt, aber nicht besonders dicht. Fast stets sind sie unverzweigt. Die Polypen stehen paarweise und gegenständig. Auf 1 cm Zweiglänge kommen 7—8 Paare. Im basalen Teile der Kurzzweige und auf manchen Strecken des Hauptstammes stehen sie viel dichter, oft vollkommen aneinander gedrängt. Die 1,2 mm langen Polypen gehen nahezu senkrecht ab, sind schlank und adaxial kaum eingebogen. Abaxial finden sich in jeder Längsreihe je 6 sehr zarte Schuppen, von 0,25 mm Breite und fast gleicher Höhe, die nur schwach bewarzt sind und meist einen glatten, freien Rand haben. Die sehr dünnen Randschuppen sind zugespitzt, 0,26 mm breit, 0,55 mm lang und von spitzdreieckigem Umriß. Der unter der Spitze liegende Kiel ist schwach entwickelt. Die Deckschuppen sind kleiner und sehr dünn; meist laufen sie in eine Spitze oder einen Kiel aus. Die oberen Rindenschuppen sind denen des Polypenrumpfes ähnlich, und etwa 0,25 mm breit, unten meist scheibenförmig und 0,15 mm messend. Hellgelb bis braun (in Alkohol), Achse hellbräunlich.

Groß-Nikobar. In 752 m Tiefe.

16. **T. (E.) carinata** Kükth. 1908 *T. c.*, Kükenthal in: Zool. Anz., *v.* 33 p. 11 t. 1 f. 1 | 1919 *T. (Euthouarella) c.*, Kükenthal in: Ergeb. Tiefsee-Exp., *v.* 13 pars 2 p. 423 t. 42 f. 66.

Die Kolonie ist in einer Ebene verzweigt, die Äste gehen in einem spitzen Winkel ab, und sind wie der Hauptstamm gestreckt. Die dicht angeordneten Kurzzweige stehen vorwiegend in der Verzweigungsebene und lassen eine deutliche Hinterseite frei. Die Kurzzweige sind ungefähr gleich groß, selten verzweigt und durchschnittlich 1,8 cm lang. Die Polypen stehen in Wirteln zu 3; auf 1 cm Zweiglänge kommen 7—8 Wirtel. Am Stamm stehen die Polypen teilweise sehr dicht aneinander gedrängt. Die Polypen sind 1,3 mm lang und haben 6 Schuppen in jeder abaxialen Längsreihe, adaxial weniger. Die Randschuppen sind in lange, lanzettförmige Spitzen ausgezogen, die durch einen sehr kräftigen Kiel gestützt werden. Die Polypenschuppen haben einen größten Durchmesser von 0,36 mm. Die Randschuppen sind 0,65 mm hoch. Die Deckschuppen sind breit dreieckig, oben abgerundet oder abgestutzt. Es wechseln vier größere, 0,36 mm hohe, mit vier kleineren, 0,18 mm hohen ab. Die Schuppen der Kurzzweige wie die Polypenschuppen der Stammrinde sind viel kleiner, meist scheibenförmig, von etwa 0,12 mm Durchmesser. Achse tief längsgefurcht. Weiß bis hellbräunlich (in Alkohol), Achse braungelb mit metallischem Glanz.

Japan (Okinose- und Urugakanal). In 732 m Tiefe.

17. **T. (E.) coronata** (Kinosh.) 1908 *T. (Diplocalyptra) c.*, Kinoshita in: Annot. zool. Jap., *v.* 7 p. 56 | 1915 *T. (Euthouarella) c.*, Kükenthal in: Zool. Anz., *v.* 46 p. 151 | 1919 *T. (E.) c.*, Kükenthal in: Ergeb. Tiefsee-Exp., *v.* 13 pars 2 p. 425.

Die Verzweigung ist dichotomisch und in einer Ebene erfolgt. Die Hauptäste sind in der Verzweigungsebene abgeplattet. Die Polypen stehen in Wirteln zu 3, seltener 4 oder paarig. Auf 3 cm Astlänge kommen 17—20 Wirtel. Die Polypen sind starr nach außen gerichtet und nur die der Zweigspitzen adaxial etwas eingekrümmt; ihre Länge schwankt zwischen 1—1,4 mm. Die 8 Längsreihen von Rumpfschuppen sind nur im distalen Polypenteil deutlich ausgeprägt. Die distalen Rumpfschuppen laufen in einen medianen Stachel mit Kiel aus; ihr größter Durchmesser beträgt 0,6 mm. Auch die Randschuppen sind mit Stachel versehen. Die dreieckigen Deckschuppen sind klein, außen konkav und sehr fein gezähnelt. Die Rindenskleriten sind scheibenförmig oder elliptisch, mit einem Durchmesser von 0,3, selten 0,4 mm, und außen mit Warzen besetzt, die bei den Schuppen der dickeren Äste zu unregelmäßigen Falten verschmelzen können. Achse basal braun in der Mitte gelblich mit grünlichem Metallglanz, in den Endabschnitten farblos.

Japan. In 146 m Tiefe.

c) Subgen. **Parathouarella** Kükenthal

1912 „*Kölliberi*-Gruppe", Kükenthal in: D. Südp.-Exp., *v.* 13 (5) p. 304 | 1915 *Thouarella (Parathouarella)*, Kükenthal in: Zool. Anz., *v.* 46 p. 150 | 1919 *T. (P.)*, Kükenthal in: Ergeb. Tiefsee-Exp., *v.* 13 pars 2 p. 425.

Die Achtzahl der Längsreihen der Rumpfschuppen vermindert sich proximalwärts. Die Randschuppen sind blattartig zugespitzt. Die Polypen stehen einzeln.

6 Arten (nr. 18—23) mit 3 Unterarten.

Bestimmungstabelle der Arten:

1	4, 5 oder 6 Schuppen in jeder abaxialen Längsreihe — 2	
	8 Schuppen in jeder abaxialen Längsreihe	22. T. (P.) köllikeri
	9 oder 10 Schuppen in jeder abaxialen Längsreihe . .	23. T. (P.) antarctica
2	Die Rumpfschuppen sind radiär gestreift	18. T. (P.) striata
	Die Rumpfschuppen sind nicht radiär gestreift — 3	
3	Die Polypen sind annähernd gleichmäßig an den Zweigen verteilt — 4	
	Die Polypen treten an den Zweigenden vielfach zu dicken, keulenförmigen Bildungen zusammen . . .	21. T. (P.) clavata
4	4 Schuppen in jeder abaxialen Längsreihe	19. T. (P.) variabilis
	6 Schuppen in jeder abaxialen Längsreihe	20. T. (P.) versluysi

18. **T. (P.) striata** Kükth. 1907 *T. s.*, Kükenthal in: Zool. Anz., *v.* 31 p. 204 | 1912 *T. s.*, Nutting in: P. U. S. Mus., *v.* 43 p. 69 t. 10 f. 2, 2a | 1919 *T. (Parathouarella) s.*, Kükenthal in: Ergeb. Tiefsee-Exp., *v.* 13 pars 2 p. 426 t. 42 f. 67.

Der Hauptstamm entsendet allseitig in dichter Anordnung in fast rechtem Winkel ausstrahlende Kurzzweige, die 2,5 cm lang sind. Vorder- und Hinterseite sind kaum angedeutet. Gelegentlich sind Kurzzweige verästelt; die Polypen stehen dicht an den Kurzzweigen, vereinzelt auch am Hauptstamm, nach allen Richtungen ausgehend, aber niemals in Wirteln angeordnet; sie sind 1,5—2 mm groß, unten schlank, oben stark verbreitert. Abaxial stehen 5 Polypenschuppen in jeder Reihe, bis 0,6 mm breit und 0,45 mm hoch, die außen feine radiäre Leisten tragen. Ihr freier Rand ist fein gezähnelt. Die Randschuppen sind breit, 0,6 mm hoch und haben eine blattartige, allmählich spitz zulaufende Form. Die Spitze ist mit einem schwachen Kiel versehen. Auch die schmaleren Deckschuppen von etwa 0,48 mm Höhe haben eine feine, gekielte Spitze. Alle diese Schuppen sind außen fein radiär gestreift. In der Zweigrinde liegen unter oberflächlichen, größeren Schuppen zahlreiche sehr kleine, von 0,1 mm Durchmesser, von Scheibenform oder oval; ebensolche finden sich in der Stammrinde, hier fein gezackt und mit kräftigen Leisten versehen. Weißgelb (in Alkohol) ebenso der Achse.

Bouvetinsel. In 450 m Tiefe.

19. **T. (P.) variabilis** P. Wright & Th. Stud. 1889 *T. v.*, P. Wright & Th. Studer in: Rep. Voy. Challenger, *v.* 31 pars 64 p. 68 t. 21 f. 1 | 1905 *T. v.*, Menneking in: Arch. Naturg., *v.* 71I p. 260 t. 9 f. 9, 10, 21, 22 | 1906 *T. v.*, Versluys in: Siboga-Exp., *v.* 13a p. 37 | 1912 *T. aff. v.*, Kükenthal in: D. Südp.-Exp., *v.* 13 (5) p. 305 t. 20 f. 2, 3 | 1919 *T. (Parathouarella) v.*, Kükenthal in: Ergeb. Tiefsee-Exp., *v.* 13 pars 2 p. 428.

Hauptstamm verästelt; die Kurzzweige entspringen fast rechtwinkelig nach allen Seiten, sind aber bisweilen etwas nach einer Fläche gebogen. Fast alle Kurzzweige sind verzweigt und erreichen eine Länge von 2—3 cm. Die isoliert stehenden Polypen stehen auf den basalen Zweigabschnitten dichter und fehlen dem Stamm. Die Polypen sind gedrungen, 2—2,5 mm lang und mit relativ wenigen Schuppen bedeckt. Die Randschuppen tragen lange Stacheln, darunter liegen in jeder Längsreihe 3—4 Rumpfschuppen mit kurzen Stacheln. Die Deckschuppen sind sehr schmal und zugespitzt. Die Randschuppen sind groß.

Prinz Edward-Insel. In 567 m Tiefe.

Diese Art zerfällt in 3 Unterarten:

19a. **T. (P.) variabilis typica** P. Wright & Th. Stud. 1889 *T. v.*, P. Wright & Th. Studer in: Rep. Voy. Challenger, *v.* 31 pars 64 p. 68 t. 21 f. 1.

Mit den Merkmalen der Art.

Prinz Edward-Insel. In 567 m Tiefe.

19b. T. (P.) **variabilis brevispinosa** P. Wright & Th. Stud. 1889 *T. v.* var. *b.*, P. Wright & Th. Studer in: Rep. Voy. Challenger, *v.* 31 pars 64 p. 69 | 1919 *T. (Parathouarella) v.* var. *b.*, Kükenthal in: Ergeb. Tiefsee-Exp., *v.* 13 pars 2 p. 428.

Polypen weiter gestellt, 2,5—3 mm lang; Stacheln der Randschuppen kürzer; Zahl der Polypen größer.

Prinz Edward-Insel. In 567 m Tiefe.

19c. T. (P.) **variabilis gracilis** P. Wright & Th. Stud. 1889 *T. v.* var. *g.*, P. Wright & Th. Studer in: Rep. Voy. Challenger, *v.* 31 pars 64 p. 70 | 1919 *T. (Parathouarella) v.* var. *g.*, Kükenthal in: Ergeb. Tiefsee-Exp., *v.* 13 pars 2 p. 428.

Aufbau zarter; Stacheln der Randschuppen kleiner.

Heard-Insel. In 275 m Tiefe.

20. T. (P.) **versluysi** Kükth. 1907 *T. v.*, Kükenthal in: Zool. Anz., *v.* 31 p. 202 | 1919 *T. (Parathouarella) v.*, Kükenthal in: Ergeb. Tiefsee-Exp., *v.* 13 pars 2 p. 428 t. 43 f. 68.

Hauptstamm gekrümmt, verästelt. Kurzzweige nach der Vorderseite eingebogen. Hinterseite mit wenigen und spärlichen Kurzzweigen, die 2 cm lang und meist mit Seitenzweigen versehen sind. Polypen nur an den Kurzzweigen, stets einzeln, nicht in Wirteln. Auf 1 cm Zweiglänge kommen 4—5 Polypen. Die Polypen sind etwa 10 mm groß und ziemlich dick, adaxial sind sie fast nicht eingebogen. Abaxial liegen etwa 6, adaxial 4 Schuppen hintereinander. Die größte Breite der Polypenschuppen ist 0,6 mm, ihre Höhe 0,42 mm. Ihr freier Rand ist glatt. Die Randschuppen, wie teilweise auch die darunter liegenden Rumpfschuppen haben eine von einem kräftigen Kiel unterstützte Spitze. Die Randschuppen sind bis 0,6 mm hoch. Die Deckschuppen sind von Lanzettform, mit medianem Kiel und etwa 0,88 mm hoch. In der Zweigrinde liegen scheibenförmige oder unregelmäßigere Schuppen von 0,2—0,25 mm Durchmesser, während die der Stammrinde Scheiben von etwa 0,12 mm Durchmesser sind. Gelblichweiß (in Alkohol), Achse hellbraun.

Agulhasstrom. In 500 m Tiefe.

21. T. (P.) **clavata** Kükth. 1907 *T.* aff. *antarctica*, Kükenthal in: Zool. Anz., *v.* 31 p. 203 | 1919 *T. (Parathouarella) clavata*, Kükenthal in: Ergeb. Tiefsee-Exp., *v.* 13 pars 2 p. 430 t. 43 f. 69.

Die Kurzzweige entspringen recht eng unter einem nahezu rechten Winkel und sind nach der Vorderseite zu eingebogen, während die Hinterseite nur sehr wenige und kürzere Zweige besitzt. Die Kurzzweige sind 3—3,5 cm lang und meist verästelt. Die Polypen stehen an den Zweigen sehr vereinzelt und isoliert, nur an einigen Zweigenden sind sie so dicht zusammengedrängt, daß dicke, keulenförmige Bildungen von 1 cm Länge entstehen; dem Hauptstamm fehlen Polypen. Die isoliert stehenden Polypen sind 1,5—2 mm groß, schon unten ziemlich breit und sich nach oben wenig verbreiternd. Abaxial stehen 5 oder 6 Schuppen in einer Längsreihe, etwa 0,5 mm breit mit glattem Rande. Die Randschuppen haben einen kürzeren Stachel mit schwachem Kiel und seitlichen, radiären Leisten. Die Deckschuppen sind dreieckig mit schwachem, medianem Kiel. Die Polypen der verdeckten Keulen sind kürzer als breiter, plumper, mit weit abstehenden, sämtlich spitz ausgezogenen Schuppen. In der Zweigrinde liegen 0,3—0,6 mm lange, schmale Schuppen, in der untersten Stammrinde vorwiegend scheibenförmige Skleriten von 0,24 mm Durchmesser, mit starken Warzen. Hellbraun (in Alkohol), Achse unten dunkler, oben heller braun.

Agulhasstrom. In 500 m Tiefe.

22. **T. (P.) köllikeri** P. Wright & Th. Stud. 1889 *T. k.*, P. Wright & Th. Studer in: Rep. Voy. Challenger, *v.* 31 pars 64 p. 64 t. 21 f. 5 | 1906 *T. k.*, Versluys in: Siboga-Exp., *v.* 13ª p. 35 | 1919 *T. (Parathouarella) k.*, Kükenthal in: Ergeb. Tiefsee-Exp., *v.* 13 pars 2 p. 435.

Die Kurzzweige gehen hauptsächlich nach zwei Seiten ab, ein Teil biegt nach einer Fläche um, und es entsteht dadurch Vorder- und Hinterseite. Die Polypen stehen isoliert und regellos, sind 2—2,5 mm lang, und ihre Schuppen, die in 8 transversalen Reihen stehen, sind bis 0,57 mm breit, 0,47 mm hoch. Die Randschuppen sind dreieckig zugespitzt, aber nicht in Stacheln ausgezogen, 0,62 mm hoch, 0,54 mm breit. Die Deckschuppen ragen noch über die Randschuppen hervor und erreichen 0,7 mm Höhe. Die Skleriten der Zweige messen bis 0,43 mm im Durchmesser, sind unregelmäßig dreieckig oder polygonal, auch abgerundet und darunter liegen kleinere Schuppen von 0,2 mm Durchmesser.

Tom-Bay, Patagonien 320 m. Sarmiento Kanal, Patagonien 730 m.

23. **T. (P.) antarctica** (Val.) 1846 *Primnoa a.*, Valenciennes in: Voy. Vénus, Atl. Zooph. t. 12 f. 2 und 2a (nur Abbildungen, kein Text) | 1857 *P. a.*, H. Milne-Edwards, Hist. Corall., *v.* 1 p. 140 | 1857 *P. a.*, J. E. Gray in: P. zool. Soc. London, *v.* 25 p. 286 | 1865 *P. a.*, Kölliker, Icon. histiol., p. 135 | 1870 *Thouarella a.*, J. E. Gray, Cat. Lithoph. Brit. Mus., p. 45 | 1889 *T. a*, P. Wright & Th. Studer in: Rep. Voy. Challenger, *v.* 31 pars 64 p. 65 | 1906 *T. a.*, Versluys in: Siboga-Exp., *v.* 13a p. 35 | 1907 nec *T. a.*, Hickson in: Nat. antarct. Exp., *v.* 3 Coel. Alcyon. p. 9 t. 2 f. 19, 24 | 1913 *T. a.*, Gravier in: Bull. Mus. Paris, p. 460 | 1919 *T. (Parathouarella) a.*, Kükenthal in: Ergeb. Tiefsee-Exp., *v.* 13 pars 2 p. 433.

Vom Hauptstamm gehen nach allen Seiten und spitzwinklig meist unverzweigte Kurzzweige ab. Die Polypen stehen isoliert und sind sehr schräg distalwärts gerichtet. An den Zweigen häufen sie sich zu keulenförmigen Bildungen an. Die 2 mm großen Polypen sind mit großen Schuppen bedeckt, von denen 9—10 in jeder abaxialen Längsreihe stehen. Distalwärts laufen die 0,6 mm langen, 0,65 mm breiten Polypenschuppen in eine Spitze aus und ihre Außenfläche ist mit radial angeordneten Warzen besetzt; ihr freier Rand ist stark gefältelt, so daß radiale Leisten entstehen. Die 8 Randschuppen sind bis 0,8 mm lang, 0,6 mm breit und zugespitzt. Auf ihrer Innenseite verläuft ein Längskiel mit transversalen, seitlichen, plattenartigen Fortsätzen. Die 8 blattartigen Deckschuppen sind bis 0,67 mm lang, 0,35 mm breit und ihre gezähnten Ränder sind aufwärts gebogen. Die Rindenskleriten sind von sehr verschiedener Gestalt und Größe und weisen einen gezähnelten Vorderrand und einen verdickten Hinterrand auf.

Falklandsinseln.

d) Subgen. **Epithouarella** Kükenthal

1906 *Thouarella („Antarktikagruppe")*, Versluys in: Siboga-Exp., *v.* 13a p. 35 | 1912 *T. („A.")*, Kükenthal in: D. Südp.-Exp., *v.* 13 (5) p. 301 | 1915 *T. (Epithouarella)*, Kükenthal in: Zool. Anz., *v.* 46 p. 150 | 1919 *T. (E.)*, Kükenthal in: Ergeb. Tiefsee-Exp., *v.* 13 pars 2 p. 435.

Die Achtzahl der Längsreihen der Rumpfschuppen vermindert sich proximalwärts. Die Randschuppen sind meist in eine Spitze ausgezogen. Alle Rumpfschuppen sind stark gezähnelt. Die Polypen stehen regellos.

3 Arten (nr. 24—26).

Bestimmungstabelle der Arten:

1 { 7 und 8 Schuppen in jeder abaxialen Längsreihe — 2
  { 9 und 10 Schuppen in jeder abaxialen Längsreihe . . . 26. **T. (E.) crenelata**

2	Die Polypen sind annähernd gleichmäßig an den Zweigen verteilt	24. **T. (E.) affinis**
	Die Polypen treten an den Zweigenden zu walzenförmigen Bildungen zusammen	25. **T. (E.) chilensis**

24. **T. (E.) affinis** P. Wright & Th. Stud. 1889 *T. a.*, P. Wright & Th. Studer in: Rep. Voy. Challenger, *v.* 31 pars 64 p. 66 t. 21 f. 8 | 1919 *T. (Epithouarella) a.*, Kükenthal in: Ergeb. Tiefsee-Exp., *v.* 13 pars 2 p. 435.

Die Kurzzweige entspringen sehr unregelmäßig von allen Seiten des unverzweigten Stammes, in dichter Anordnung und nahezu rechtem Winkel und werden bis 5 cm lang; mitunter sind sie verzweigt. Die Polypen stehen regellos, nicht sehr dicht, sind 2 mm lang und von Birnenform, an der Basis kaum halb so dick wie oben. Die Polypenschuppen sind breiter als hoch, 0,42—0,33 mm, am freien Rande gezähnelt und stehen zu 7 hintereinander. Die Randschuppen sind zugespitzt, aber ohne Stachel. Die Deckschuppen sind groß und vorragend. In der Rinde liegen außen 0,47 mm breite, unregelmäßige Skleriten, darunter kleinere, bis 0,3 mm messende, mit einigen kleinen Warzen.

Tristan da Cunha. In 106—128 m.

25. **T. (E.) chilensis** Kükth. 1912 *T. c.*, Kükenthal in: D. Südp.-Exp., *v.* 13 (5) p. 302 t. 21 f. 5 | 1919 *T. (Epithouarella) c.*, Kükenthal in: Ergeb. Tiefsee-Exp., *v.* 13 pars 2 p. 436.

Hauptstamm wenig verästelt. Die Kurzzweige sitzen in dichter Anordnung senkrecht an Stamm und Hauptästen und gehen nach allen Seiten ab, sind ungefähr gleich lang, 2,2 cm, nur kurz über der Basis kleiner werdend und stets unverzweigt. Die Polypen stehen in dichtester Anordnung im oberen Teil der Kurzzweige, der dadurch walzenförmig erscheint, basal stehen sie etwas lockerer. Einzelne Polypen finden sich auch am unteren Stamme. Die Polypen sind 2 mm lang, schon unten breit, sitzen rechtwinklig auf den Kurzzweigen und sind adaxial nur wenig eingebogen. Abaxial liegen 7 oder 8 Schuppen von 0,42 mm Breite und 0,25 mm Höhe in jeder Längsreihe. Alle Polypenschuppen haben einen fein gezackten Rand. Die Randschuppen sind bis 0,6 mm hoch und flach dreieckig zugespitzt. Ein Stachel fehlt. Die Spitze ist stark gezähnt, mit Längsleisten versehen und endet abgestumpft. Die Deckschuppen sind etwa blatt- oder lanzettförmig, schmal und 0,4 mm hoch; ihr freier Rand ist gezähnt. Die Rinde der Kurzzweige enthält größere, die Stammrinde kleinere Schuppen von 0,15 mm Durchmesser mit sehr stark gezacktem Rande. Elfenbeinweiß (in Alkohol), Achse unten rotbraun.

Iquique (Chile).

26. **T. (E.) crenelata** Kükth. 1907 *T. c.*, Kükenthal in: Zool. Anz., *v.* 31 p. 205 | 1919 *T. (Epithouarella) c.*, Kükenthal in: Ergeb. Tiefsee-Exp., *v.* 13 pars 2 p. 436 t. 43 f. 70.

Die Anordnung der Kurzzweige ist biradial, eine Hinterseite ist besonders im unteren Teil der Kolonie deutlich ausgeprägt. Die Kurzzweige sind 0,22 mm lang, nur unten verzweigt, und entspringen im Winkel von 60—90°. Die Polypen stehen an den Kurzzweigen sehr dicht und ringsherum, aber nicht in Wirteln, dem Stamm fehlen sie fast völlig. Die Polypen sind 2 mm lang, mit nur schwach angeschwollenen Köpfchen. Abaxial stehen 10 Polypenschuppen in jeder Längsreihe, adaxial 9. Alle Polypenschuppen sind am freien Rande stark gezähnelt, etwa 0,35 mm breit und 0,25 mm hoch. Die

Randschuppen sind noch kräftiger gezähnelt, aber ohne ausgeprägten Stachel und Kiel. Die Deckschuppen sind blattförmig, stark gezähnelt und halb so groß wie die Randschuppen. In der Rinde der Zweige liegen etwa 0,15 mm messende, scheibenförmige bis ovale Schuppen mit gezacktem Rande und ebensolche Schuppen mit starker Leistenbildung finden sich in der Stammrinde. Gelbweiß (in Alkohol), Achse braun.

Bouvetinsel. In 457 m Tiefe.

Species dubiae atque incertae sedis.

T. attenuata Nutting 1912 *T. a.*, Nutting in: P. U. S. Mus., *v.* 43 p. 69 t. 9 f. 1, 1a; t. 19 f. 3 | 1919 *T. a.*, Kükenthal in: Ergeb. Tiefsee-Exp., *v.* 13 pars 2 p. 438.

Die Zweige entspringen von zwei Seiten und stehen sehr dicht; sie erreichen eine Länge von bis 3,2 cm. Die Polypen sind etwa 2 mm voneinander entfernt und stehen wechselständig. Sie sind 1,5 mm lang, an der Basis schlank und beträchtlich eingebogen. Die Polypenschuppen sind auffällig dünn und stehen abaxial zu 8 oder 9, seitlich zu 6 oder 7 und adaxial zu 4 in jeder Längsreihe. Ihre freien Ränder sind fein gezähnelt. Die Stacheln der Randschuppen sind 1 mm lang und sehr dünn. Die dreieckigen Deckschuppen sind klein und äußerst zart. Weiß, Achse goldiggrün.

Japan. In 915 m Tiefe.

T. biserialis (Nutting) 1908 *Amphilaphis b.*, Nutting in: P. U. S. Mus., *v.* 34 p. 573 t. 43 f. 3; t. 47 f. 4 | 1919 *Thouarella b.*, Kükenthal in: Ergeb. Tiefsee-Exp., *v.* 13 pars 2 p. 438.

Stamm (oder Ast) mit alternierenden Seitenästen. Die Polypen sind 1,5 mm hoch, keulenförmig und in spitzem Winkel am Stamm inseriert. Sie sind gegenständig und am Ende der Äste mitunter in Wirteln zu 3 angeordnet. Die Polypenschuppen stehen gewöhnlich in 4 Längsreihen und 5 Querreihen, sind am Rande kammartig gezähnelt oder zeigen wellenförmige Ränder. Ihre Oberfläche ist oft mit radialen Linien oder Furchen versehen. Die Deckschuppen sind fast völlig von den Randschuppen verdeckt und stellen dreieckige, gerippte Platten dar. Mitunter sind sie wechselständig in 2 Reihen zu je 4 angeordnet. Die Rindenskleriten sind scheibenförmig, oval oder eiförmig und flach. Hell lederbraun.

Hawai. In 73—426 m Tiefe.

T. brucei J. A. Thoms. & Ritchie 1906 *T. B.*, J. A. Thomson & J. Ritchie in: Tr. R. Soc. Edinb., *v.* 41 p. 852 t. 1 f. 1; t. 2 f. 1 | 1919 *T. b.*, Kükenthal in: Ergeb. Tiefsee-Exp., *v.* 13 pars 2 p. 439.

Vom Hauptstamm, der mit einer verbreiterten Scheibe der Unterlage aufsitzt, gehen zahlreiche Äste nach mindestens drei Richtungen ab, die sich nochmals verästeln können. Die Kurzzweige entspringen von allen Seiten in sehr unregelmäßigen Zwischenräumen. Die Polypen sind etwa 1 mm hoch, stehen dicht aber nicht regelmäßig angeordnet, sind birnenförmig und adaxial eingebogen. In jeder Längsreihe stehen 7 Schuppen, alle ungefähr gleich, annähernd viereckig und dick bewarzt. Die 7 Randschuppen sind mit einem Stachel versehen, der seitlich dünne Flügel trägt. Cremeweiß (in Alkohol).

Burdwood Bank 102 m, Gough Island 183 m. St. Helena.

T. hicksoni J. S. Thoms. 1911 *T. H.*, J. S. Thomson in: P. zool. Soc. London, p. 886 t. 44 f. 3a, b; t. 45 f. 1 | 1919 *T. h.*, Kükenthal in: Ergeb. Tiefsee-Exp., *v.* 13 pars 2 p. 439.

Die Kolonie hat das Aussehen einer Flaschenbürste. Die Kurzzweige sind an der Basis des Hauptstammes länger als am Ende und nur gelegentlich verzweigt. Gelegentlich stehen Polypen auch am Hauptstamm. Die Polypen sind birnförmig und sehr verschieden groß, von 0,47 mm bis 1,94 mm Länge. Die Polypenschuppen stehen in 4 bis 5 Längsreihen. Der Rand der Polypenschuppen ist häufig teilweise oder völlig gezähnelt. Die Randschuppen sind in einen Stachel ausgezogen und messen bis 0,56 mm Länge. Die Rindenskleriten sind wenig regelmäßig angeordnet und von sehr verschiedener Größe, von 0,068 mm bis 0,22 mm Durchmesser aufweisend.

Bei Cap St. Francis (Südafrika). In 74 Faden Tiefe.

T. pendulina (Roule) 1908 *Rhopalonella p.*, Roule in: Exp. antarct. Franç., Alcyon. p. 4 t. 1 f. 5—8 | 1919 *Thouarella p.*, Kükenthal in: Ergeb. Tiefsee-Exp., *v.* 13 pars 2 p. 440.

Die Kolonie besteht aus einem Hauptstamm, der zahlreiche nach allen Richtungen abgehende Kurzzweige von etwa 40—42 mm Länge trägt. Die Kolonie gewinnt dadurch das Aussehen einer Flaschenbürste. Die Polypen stehen nach allen Seiten, sehr dicht, besonders an den Enden der Kurzzweige, wo sie keulenartige Anschwellungen bilden können. Die Polypen sind 1—1,5 mm lang, mit schwach ausgebildetem Köpfchen. Abaxial stehen 5 oder 6 Polypenschuppen in einer Längsreihe. Die Randschuppen laufen in einen ansehnlichen Stachel aus.

Antarctis (Booth-Wandel Insel), den Nestern von Kormoranen entnommen.

T. recta Nutting 1912 *T. r.*, Nutting in: P. U. S. Mus., *v.* 43 p. 67 t. 7 f. 1, 1a; t. 19 f. 2 | 1919 *T. r.*, Kükenthal in: Ergeb. Tiefsee-Exp., *v.* 13 pars 2 p. 440.

Die Äste stehen am proximalen Stammteile unregelmäßig, am distalen in Spiralen zu drei, sind meist unverzweigt oder gegabelt, und geben nur gelegentlich bis 2,4 cm lange Seitenäste ab. Die Polypen stehen unregelmäßig, anscheinend in langen Spiralen, sie sind gestreckt und durchschnittlich 1,4 mm lang. Die Randschuppen sind mit langen, dünnen Stacheln versehen. Die Rumpfschuppen stehen in Längsreihen zu 6 und weisen fein gezähnelte, freie Ränder auf. Die dreieckigen Deckschuppen sind niedrig und fast völlig von den Randschuppen verdeckt, ihr Rand ist gezähnelt. Die Rindenskleriten sind abgerundet oder unregelmäßig und in 2 Schichten angeordnet. Sehr hell, fast weiß, Achse goldbraun, distalwärts heller.

Japan. In 869—924 m Tiefe.

Wahrscheinlich zu *T. (E.) laxa* (nr. 11) gehörig.

T. acanthina (P. Wright & Th. Stud.) 1889 *Stenella a.*, P. Wright & Th. Studer in: Rep. Voy. Challenger, *v.* 31 pars 64 p. 59 | 1906 *S. (Dasystenella) a.*, Versluys in: Siboga-Exp., *v.* 13a p. 48 | 1915 *Thouarella a.*, Kükenthal in: Zool. Anz., *v.* 46 p. 151 | 1919 *T. a.*, Kükenthal in: Ergeb. Tiefsee-Exp., *v.* 13 pars 2 p. 441.

Verzweigung dicht, mit allseitig abgehenden Kurzzweigen. Die Polypen stehen in Wirteln zu 3 oder 4 und sind an den Ästen schräg distalwärts gerichtet. Die Polypen sind etwa 2 mm hoch, 1,25 mm dick und mit 5 Querreihen von bis 0,8 mm messenden Schuppen bedeckt. Die nicht umlegbaren Randschuppen sind weniger als 8 an Zahl und in lange Stacheln ausgezogen. Die Länge der Randschuppen kann 1,5 mm erreichen, die der Deckschuppen 0,7 mm. Die Rindenskleriten sind bis 0,32 mm groß.

Atlant. Ozean (vor dem Rio de la Plata). In 1080 m Tiefe.

Steht der *T. (E.) longispinosa* (nr. 8) nahe.

C. Subfam. **Callozostrinae**

1889 *Callozostroninae + Stenella*, P. Wright & Th. Studer in: Rep. Voy. Challenger, *v.* 31 pars 64 p. 47, 56 | 1906 *C. + S.*, Versluys in: Siboga-Exp., *v.* 13a p. 158 | 1919 *C.*, Kükenthal in: Ergeb. Tiefsee-Exp., *v.* 13 pars 2 p. 442.

Polypen mit ausgebildetem Operculum, allseitig mit Schuppen bedeckt, senkrecht gestellt, adaxial nicht einkrümmbar.

Mit 2 Gattungen und 11 Arten.

Bestimmungstabelle der Gattungen:

Die Polypen stehen einzeln oder in weitstehenden Wirteln bis zu 5	1. Gen. **Stenella**
Die Polypen stehen in dicht angeordneten Wirteln nicht unter 8	2. Gen. **Callozostron**

1. Gen. **Stenella** J. E. Gray

1870 *S.*, J. E. Gray, Cat. Lithoph. Brit. Mus., p. 48 | 1878 *Narella* (part.), Th. Studer in: Monber. Ak. Berlin, p. 643 | 1887 *Stenella*, Th. Studer (& P. Wright) in: Arch. Naturg., *v.* 53 I p. 50 | 1889 *S.*, P. Wright & Th. Studer in: Rep. Voy. Challenger, *v.* 31 pars 64 p. 56 | 1906 *S.*, Versluys in: Siboga-Exp., *v.* 13a p. 38 | 1915 *S.*, Kükenthal in: Zool. Anz., *v.* 46 p. 151 | 1919 *S.*, Kükenthal in: Ergeb. Tiefsee-Exp., *v.* 13 pars 2 p. 443.

Verzweigung unregelmäßig dichotomisch, ohne Gegensatz von Hauptästen und Kurzzweigen, die Polypen stehen wirtelständig paarweise oder einzeln. Die Wirtel enthalten höchstens 5 Polypen, meist 3 oder 4. Stets stehen die starren Polypen von den Ästen ab, meist senkrecht dazu, sind adaxial nicht oder kaum eingebogen und niemals anlegbar. Die Polypenschuppen sind wenig zahlreich, groß und niemals nach innen umlegbar, auch die Rumpfschuppen können teilweise in Stacheln auslaufen oder haben weit abstehende freie Ränder. Die Deckschuppen stehen unabhängig von den Randschuppen und zeigen eine ausgeprägte Form. Die Rindenskleriten sind stets schuppenförmig.

Indopazifischer und Atlantischer Ozean. Tiefsee.

8 Arten.

Spec. typ.: *S. imbricata* (J. Y. Johns.)

Bestimmungstabelle der Arten:

1	Mit acht ungefähr gleich großen Randschuppen — 2	
	Mit vier großen Randschuppen — 5	
2	Die Polypen stehen alle einzeln — 3	
	Die Polypen stehen teilweise in Wirteln — 4	
3	Die Randschuppen sind breit ausgezogen	1. **S. ramosa**
	Die Randschuppen laufen in lange Stacheln aus . . .	2. **S. horrida**
4	Die Rumpfschuppen sind blattartig nach außen gebogen	3. **S. spinosa**
	Die Rumpfschuppen sind nicht blattartig nach außen gebogen	4. **S. doederleini**
5	Die Polypen stehen in Paaren und einzeln	5. **S. johnsoni**
	Die Polypen stehen teilweise in Wirteln zu 3 und 4 — 6	
6	Kolonie anscheinend unverzweigt	6. **S. gigantea**
	Kolonie verzweigt — 7	
7	Polypenschuppen in drei Querreihen	7. **S. imbricata**
	Polypenschuppen in vier Querreihen	8. **S. helminthophora**

1. **S. ramosa** Th. Stud. 1894 *S. r.*, Th. Studer in: Bull. Mus. Harvard, *v.* 25 p. 64 | 1906 *S. r.*, Versluys in: Siboga-Exp., *v.* 13a p. 47 | 1919 *S. r.*, Kükenthal in: Ergeb. Tiefsee-Exp., *v.* 13 pars 2 p. 445.

Die Kolonie ist sehr reichlich verzweigt und etwas abgeplattet. Die Endzweige sind nach der Basis abgebogen. Die Polypen stehen einzeln und senkrecht auf den Ästen, sind 3 mm lang und mit 4 Querreihen von Schuppen bedeckt, von denen die Randschuppen weit ausgezogen sind. Das Operculum ist niedrig. Die Achse ist schwarz.

Panama. In 824 m Tiefe.

2. **S. horrida** J. A. Thoms. & W. D. Hend. 1906 *S. h.*, J. A. Thomson & W. D. Henderson, Alcyon. Investigator, *v.* 1 p. 36 t. 5 f. 13; t. 9 f. 3 | 1919 *S. h.*, Kükenthal in: Ergeb. Tiefsee-Exp., *v.* 13 pars 2 p. 445.

Verzweigung unregelmäßig und annähernd in einer Ebene. Die Polypen stehen nicht in Wirteln oder Paaren, sondern einzeln und sind sehr kurz und dick, 1,5—2 mm lang, 1,2 mm dick. Sie stehen nahezu senkrecht an den Ästen und ihr distaler Rand ist von 6—8 vorstehenden Stacheln umgeben. Die Polypenschuppen sind wenig zahlreich; auf eine basale Querreihe folgen bereits die in lange Spitzen ausgezogenen Randschuppen, die das Operculum weit überragen. Die Rindenskleriten sind flache, unregelmäßig geformte, meist etwas langgezogene Schuppen. Stamm dunkelbraun.

Andamanen. In etwa 200 m Tiefe.

3. **S. spinosa** P. Wright & Th. Stud. 1889 *S. s.*, P. Wright & Th. Studer in: Rep. Voy. Challenger, *v.* 31 pars 64 p. 58 t. 13 f. 1, 2; t. 20 f. 9 | 1906 *S. s.*, Versluys in: Siboga-Exp., *v.* 13a p. 47 | 1919 *S. s.*, Kükenthal in: Ergeb. Tiefsee-Exp., *v.* 13 pars 2 p. 446.

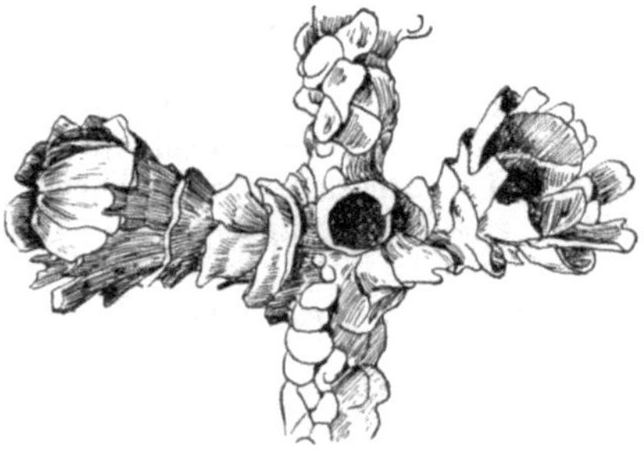

Fig. 166. **Stenella spinosa.** Polyp (nach Wright & Studer).

Verzweigung sehr dicht und regellos. Die Kolonien sind hoch und schmal. Die Polypen stehen meist in Wirteln zu 3 oder 4 sowie in Paaren, an den starken Stämmen isoliert. Die Entfernung der Wirtel voneinander beträgt bis 3 mm. Die Polypen sind 3 mm und darüber lang, bei 2—2,5 mm Durchmesser. Die Polypenschuppen stehen in 5 Querreihen und haben einen Durchmesser von bis 1,1 mm (Fig. 166). Ihr freier Rand ist blattartig nach außen gebogen und bei den 8 Randschuppen ist dies in erhöhtem Maße der Fall. Das Operculum ist weniger hoch als bei *S. doederleini* (nr. 4) und wird von 8 tief eingebuchteten, bis 0,9 mm langen Deckschuppen gebildet. Die Rindenskleriten sind verschieden groß, bis 0,6 mm erreichend und mit sehr unregelmäßig eingeschnittenen Rändern versehen. Ein Höcker auf ihrer Außenseite kommt oft vor, ist aber niedrig und nicht scharf abgesetzt. Achse bräunlich.

Prinz-Edward-Insel. In 558 m Tiefe.

4. **S. doederleini** P. Wright & Th. Stud. 1889 *S. d.*, P. Wright & Th. Studer in: Rep. Voy. Challenger, *v.* 31 pars 64 p. 58 | 1906 *S. d.*, Versluys in: Siboga-Exp., *v.* 13a p. 45 t. 1 f. 3 | 1908 *S. d.*, Kükenthal & Gorzawsky in: Abh. Bayer. Ak., suppl. *v.* 1 nr. 3 p. 34 t. 2 f. 12 | 1908 *S. d.*, Kinoshita in: J. Coll. Japan, *v.* 23 nr. 12 p. 28 t. 2 f. 12 | 1913 *S. d.*, Kükenthal in: Zool. Jahrb., Syst. *v.* 35 p. 266 | 1919 *S. d.*, Kükenthal in: Ergeb. Tiefsee-Exp., *v.* 13 pars 2 p. 446.

Verzweigung ganz unregelmäßig aber dicht; die Kolonie erscheint teils etwas abgeplattet, teils buschig. Anastomosen zwischen den dünnen Zweigen kommen vor. Die Polypen stehen meist in Paaren, in Entfernungen von

$1\frac{1}{2}$—3 mm, aber auch in Wirteln zu 3 oder 4 sowie einzeln; sie sind starr nach außen gerichtet, oft etwas der Basis der Zweige zugebogen; ihre Länge beträgt 2—3 mm, gelegentlich werden sie bis 3,5 mm lang. Die Rumpfschuppen sind etwa 0,5 mm breit und stehen in 6 oder 7 undeutlichen Längsreihen zu je 4; alle 8 Randschuppen sind vorhanden. Die Polypenschuppen sind dicht mit kleinen Wärzchen bedeckt, die distal gelegenen der Rumpfmitte weisen je einen dicken, kurzen, weit abstehenden Stachel auf. Von den Randschuppen sind die 5 distal gelegenen mit kräftigen Stacheln versehen, während die 3 basal gelegenen nur zugespitzt sind. Die Deckschuppen sind bis 1,1 mm lang, annähernd gleich groß und zeigen ein abgerundetes freies Ende. Auf der Innenseite sind sie durch einen schwachen Kiel gestützt. Die Rindenskleriten sind dünne, bis 1 mm große, meist scheibenförmige Schuppen, außen meist mit einem zentralen Höcker und zahlreichen Ringeln. Schneeweiß oder rosenrot, Achse bräunlich, basal metallisch glänzend.

Japan, Malayischer Archipel. Westküste von Zentralamerika, Kalifornien. Bis zu 3375 m.

5. **S. johnsoni** P. Wright & Th. Stud. 1889 *S. j.*, P. Wright & Th. Studer in: Rep. Voy. Challenger, *v.* 31 pars 64 p. 57 t. 13 f. 3; t. 20 f. 6 | 1896 *S. j.*, Roule in: Ann. Univ. Lyon, *v.* 26 p. 304, 322 | 1906 *S. j.*, Versluys in: Siboga-Exp., *v.* 13a p. 43 | 1919 *S. j.*, Kükenthal in: Ergeb. Tiefsee-Exp., *v.* 13 pars 2 p. 447.

Die Verzweigung ist regellos dichotomisch; zwischen den Zweigen kommen vereinzelt Anastomosen vor. Die Polypen stehen nahezu senkrecht an den Ästen, nicht in Wirteln, meist in Paaren, in Entfernungen von 2—3 mm und sind etwa 2,5 mm lang, 1,5 mm dick. Die großen Rumpfschuppen sind in Längsreihen und gleichzeitig 3 Querreihen angeordnet. Am Rande stehen 4 annähernd gleichgroße Schuppen, welche je 2 Deckschuppen tragen. Das Operculum ist niedrig. Die Rindenskleriten sind bis 1,25 mm groß.

Ascension in 756 m Tiefe, Golf von Biskaya in 1700—1220 m Tiefe.

6. **S. gigantea** P. Wright & Th. Stud. 1889 *S. g.*, P. Wright & Th. Studer in: Rep. Voy. Challenger, *v.* 31 pars 64 p. 57 t. 14 f. 4; t. 20 f. 8 | 1906 *S. g.*, Versluys in: Siboga-Exp., *v.* 13a p. 44 | 1919 *S. g.*, Kükenthal in: Ergeb. Tiefsee-Exp., *v.* 13 pars 2 p. 448.

Kolonie anscheinend unverzweigt. Die Polypen stehen in Wirteln zu 3 oder 4; jeder Wirtel ist vom andern 8—9 mm entfernt; sie erreichen bis 7 mm Länge bei 3 mm Dicke. Die großen Polypenschuppen stehen in 4 ziemlich regelmäßigen Längsreihen zu 4—7, auf der adaxialen Seite finden sich dazwischen einige kleine, scheibenförmige Schüppchen. Die Randschuppen werden bis 2 mm lang und ebenso breit. Die Deckschuppen sind tief ausgehöhlt und bilden ein sehr hohes Operculum.

Fidschiinseln. In 878—1089 m Tiefe.

7. **S. imbricata** (J. Y. Johns.) 1862 *Primnoa i.*, J. Y. Johnson in: P. zool. Soc. London, p. 245 | 1863 *P. i.*, J. Y. Johnson in: Ann. nat. Hist., ser. 3 *v.* 11 p. 299 | 1870 *Stenella i.*, J. E. Gray, Cat. Lithoph. Brit. Mus., p. 48 f. 14 | 1878 *Narella i.*, Th. Studer in: Monber. Ak. Berlin, p. 643 | 1889 *Stenella i.*, P. Wright & Th. Studer in: Rep. Voy. Challenger, *v.* 31 pars 64 p. 56, 281 | 1906 *S. i.*, Versluys in: Siboga-Exp., *v.* 13a p. 42 | 1919 *S. i.*, Kükenthal in: Ergeb. Tiefsee-Exp., *v.* 13 pars 2 p. 448.

Verzweigung unregelmäßig dichotomisch. Die Äste sind dünn und etwas biegsam. Die Polypen stehen in dichten Wirteln zu 3 und 4, und entspringen fast stets in annähernd rechtem Winkel, sie werden bis 3 mm lang, gelegentlich auch noch etwas länger. Die Polypenschuppen stehen in 3 deutlichen Querreihen; von den basalen sind meist nur 2 vorhanden. Die mittleren sind am kürzesten. Von den 4 Randschuppen sind 2 besonders groß; adaxial können auch noch kleine Randschuppen dazukommen. Die mit Längskiel versehenen Deckschuppen sind sehr hoch und ihre Ränder sind flügelartig verbreitert und nach außen aufgebogen. Die Rindenschuppen sind meist lange, etwa 1 mm messende, schmale, abgeplattete Gebilde mit weitstehenden Warzen und meist mit einem Längskiel versehen. Weiß.

Madeira. Moroküste. Abyssal.

8. **S. helminthophora** Nutting 1908 *S. h.*, Nutting in: P. U. S. Mus., *v.* 34 p. 575 t. 44 f. 6—9; t. 47 f. 5 | 1919 *S. h.*, Kükenthal in: Ergeb. Tiefsee-Exp., *v.* 13 pars 2 p. 449.

Verzweigung unregelmäßig, mit Tendenz zur Verbreitung in einer Ebene. Die starren Polypen stehen an den Zweigen zu 7 in unregelmäßigen Wirteln, sowie vereinzelt am Stamm und Ästen und sind senkrecht aufgesetzt. Ihre Länge beträgt etwa 4 mm, ihr distales Ende ist trompetenförmig erweitert. Die großen Polypenschuppen stehen in 4 Querreihen. Von Randschuppen sind 2 große und 2 etwas kleinere vorhanden. Die unterste Querreihe besteht oft nur aus 2 langen Schuppen. Das Operculum ist sehr hoch. Die Rindenschuppen sind oft konvex.

Hawai. In 38—1830 m Tiefe.

2. Gen. **Callozostron** P. Wright

1885 *C.*, P. Wright in: Rep. Voy. Challenger, Narr. *v.* 1 p. 691 | 1887 *C.*, Th. Studer (& P. Wright) in: Arch. Naturg., *v.* 53ɪ p. 48 | 1889 *C.*, P. Wright & Th. Studer in: Rep. Voy. Challenger, *v.* 31 pars 64 p. 48 | 1912 *C.*, Kükenthal in: D. Südp.-Exp., *v.* 13 (5) p. 331 | 1919 *C.*, Kükenthal in: Ergeb. Tiefsee-Exp., *v.* 13 pars 2 p. 449.

Die Kolonie ist stets unverzweigt, die Achse dünn, elastisch oder starr. Die Polypen stehen in Wirteln zu mindestens 8, nach der Basis zu können die Wirtel undeutlicher werden. Die großen, gestreckten, starren Polypen stehen annähernd senkrecht von der Achse ab und sind nicht oder kaum adaxial eingebogen. Tentakel sind stets vorhanden. Das Schuppenkleid ist wenig regelmäßig und bedeckt den gesamten Polypenkörper. Das Operculum ist spitz oder stumpf. Die unbeweglichen Randschuppen, meist 5, sind in sehr lange Stacheln ausgezogen, mitunter auch die darunterliegende Querreihe von Polypenschuppen. Die Stammrinde ist verschieden dick und enthält kleinere, meist scheibenförmige Schuppen.

Antarktis. Tiefsee.

3 Arten.

Spec. typ.: *C. mirabile* P. Wright

Bestimmungstabelle der Arten:

1	Polypen groß, mit 4—6 Stacheln — 2	
	Polypen klein mit 9—11 Stacheln	3. **C. carlottae**
2	Polypen in Gruppen von 1—4. Wirtel nur im obersten Teile	1. **C. mirabile**
	Polypen in Gruppen von je 6. Deutlich getrennte Wirtel in der ganzen Länge der Kolonie	2. **C. horridum**

1. **C. mirabile** P. Wright 1885 *C. mirabilis*, P. Wright in: Rep. Voy. Challenger, Narr. *v.* 1 p. 691 f. 234, 235 | 1889 *C. m.*, P. Wright & Th. Studer in: Rep. Voy. Challenger, *v.* 31 pars 64 p. 48 t. 10 f. 1—5; t. 20 f. 1 | 1906 *C. m.*, Versluys in: Siboga-Exp., *v.* 13a p. 124 | 1919 *C. m.*, Kükenthal in: Ergeb. Tiefsee-Exp., *v.* 13 pars 2 p. 450.

Die Achse ist dünn und außerordentlich biegsam. Die Polypen stehen sehr dicht in unregelmäßigen Querreihen von 12 und mehr, und nur an der Spitze sind Wirtel erkennbar, sonst sind sie in Gruppen bis zu 4 zusammengedrängt. Auf der Kolonie verläuft eine nackte Längsfurche. Die Polypen sind bis zur Spitze der vorstehenden Skleriten 6—7 mm hoch und 1,5 mm dick. Die Polypenschuppen sind meist von dreieckiger, viereckiger oder kreisrunder Form, an den Rändern fein gesägt und auf der ganzen Oberfläche mit Warzen besetzt, die von einem Zentrum ausstrahlen; sie messen 0,7—0,8 mm. Die Randschuppen, 4—6 an der Zahl, sind in lange Stacheln von 3—3,5 mm Länge ausgezogen. Die Stacheln sind glatt und im Querschnitt kreisrund. Die 6—8 Deckschuppen sind mitunter seitlich mit flügelartigen Fortsätzen versehen, länglich dreieckig und bis 1,5 mm hoch. Die Rindenschuppen sind flach kreisförmig, auch eckig und mitunter flach spindelförmig, gezähnelt und bewarzt.

Antarktis. In 3015 m Tiefe.

2. **C. horridum** Kükth. 1909 *C. h.*, Kükenthal in: Zool. Anz., *v.* 35 p. 49 | 1912 *C. h.*, Kükenthal in: D. Südp.-Exp., *v.* 13 (5) p. 331 t. 22 f. 12, 13 | 1919 *C. h.*, Kükenthal in: Ergeb. Tiefsee-Exp., *v.* 13 pars 2 p. 451.

Die Achse ist dünn, nicht in besonderem Maße biegsam, aber doch etwas elastisch. Die Polypen stehen in deutlichen, etwa 4 mm Zwischenraum lassenden Wirteln. Im distalen Teil finden sich 10, im proximalen 12 Polypen, aber nie mehr in jedem Wirtel. Jeder Wirtel besteht aus 2 Hälften, die durch eine breite, am Stamm längsverlaufende Furche getrennt sind. Die Polypen sind bis 8 mm lang, wovon etwa 4 mm auf die langen Stacheln kommen (Fig. 167). Die Dicke eines Polypen beträgt meist weniger als 1,5 mm. Im distalen Teile sind die Polypen leicht verdickt. Die Polypenschuppen sind von rhombischer, basalwärts mehr abgerundeter Form und bilden 5 wenig regelmäßige Längsreihen, von je etwa 7 Schuppen. Ihr Durchmesser beträgt etwa 0,65 mm. Der freie Rand ist etwas eingekerbt, teilweise auch fein gesägt. Die Randschuppen, 4—6 an der Zahl, laufen in einen bis 4 mm langen Stachel aus. Die länglich dreieckigen Deckschuppen sind bis 0,9 mm lang, haben eine abgerundete Spitze und ihre Ränder sind nach außen zu rinnenförmig eingebogen. Die Rindenschuppen gleichen den unteren Polypenschuppen. Elfenbeinweiß (Alkohol).

Fig. 167. Callozostron horridum. Halber Polypenwirtel.

Antarktis. Tiefsee.

3. **C. carlottae** Kükth. 1909 *C. c.*, Kükenthal in: Zool. Anz., *v.* 35 p. 49 | 1912 *C. c.*, Kükenthal in: D. Südp.-Exp., *v.* 13 (5) p. 334 t. 22 f. 14, 15, 16, 17 | 1919 *C. c.*, Kükenthal in: Ergeb. Tiefsee-Exp., *v.* 13 pars 2 p. 451.

Die Achse ist ziemlich starr und wenig elastisch. Die Polypen stehen in deutlichen Wirteln, die dicht angeordnet sind. In jedem Wirtel stehen 8 Polypen, nur in der Mitte der Kolonie können 9 vorkommen. Eine bilaterale Anordnung der Polypen im Wirtel ist nicht zu erkennen. Die Polypen sind 1,2 mm lang, wovon 0,5 mm auf die Randstacheln kommen, oben 0,75 mm, unten 0,55 mm breit, also distal sehr stark verbreitert. Die Polypenschuppen sind bis 0,3 mm breit, spärlich bewarzt und nicht mit gebogenem, glattem, äußerem Rande versehen. Sie stehen in etwa 6—8 unregelmäßigen Längsreihen, jede etwa zu 4 oder 5 Schuppen. Die Randschuppen verjüngen sich allmählich zu einem langen, runden Stachel (Fig. 168), und auch die darunterliegenden Polypenschuppen sind mit solchen Stacheln versehen, so daß jeder Polyp mit 9 bis 11 Stacheln besetzt ist. Die Rindenskleriten sind kleine, flache, scheibenförmige oder etwas eckige Schuppen von 0,1 mm Durchmesser mit glattem Rande. Hellgelbbraun (in Alkohol).

Fig. 168. **Callozostron carlottae.** Polyp von oben.

Antarktis. Tiefsee.

D. Subfam. **Calyptrophorinae**

1889 *C.* + *Stachyodes*, P. Wright & Th. Studer in: Rep. Voy. Challenger, *v.* 31 pars 64 p. 49, 54 | 1906 *Primnoinae* (part.), Versluys in: Siboga-Exp., *v.* 13a p. 157 | 1915 *Calyptrophorinae*, Kükenthal in: Zool. Anz., *v.* 46 p. 143 | 1919 *C.*, Kükenthal in: Ergeb. Tiefsee-Exp., *v.* 13 pars 2 p. 452.

Polypen mit ausgebildetem Operculum, mit 2 oder 3 Paar großer, ringförmiger, zusammenschließender Schuppen.

3 sichere Gattungen, 1 unsichere, 24 sichere Arten und 6 unsichere.

Bestimmungstabelle der Gattungen:

1	Polypen mit 3 Paar Rumpfschuppen	1. Gen. **Stachyodes**
	Polypen mit 2 Paar Rumpfschuppen — 2	
2	Mit 1 Paar Infrabasalschuppen	2. Gen. **Calyptrophora**
	Mit 3 Paar Infrabasalschuppen	3. Gen. **Arthrogorgia**

1. Gen. **Stachyodes** Th. Studer

1887 *S.*, Th. Studer (& P. Wright) in: Arch. Naturg., *v.* 53 I p. 49 | 1889 *S.* + *Calypterinus*, P. Wright & Th. Studer in: Rep. Voy. Challenger, *v.* 31 pars 64 Pref. p. 48 und p. 54 | 1901 *S.*, Th. Studer in: Résult. Camp. Monaco, *v.* 20 p. 40 | 1906 *S.*, Versluys in: Siboga-Exp., *v.* 13a p. 86 | 1906 *S.*, J. A. Thomson & W. D. Henderson, Alcyon. Investigator, *v.* 1 p. 35 | 1907 *S.*, Kinoshita in: Annot. zool. Jap., *v.* 6 p. 233 | 1908 *S.*, Kinoshita in: J. Coll. Japan, *v.* 23 nr. 12 p. 45 | 1910 *S.*, J. A. Thomson & Russell in: Tr. Linn. Soc. London, ser. 2 *v.* 13 p. 142 | 1912 *S.*, Kükenthal in: D. Südp.-Exp., *v.* 13 (5) p. 325 | 1915 *S.*. Kükenthal in: Zool. Anz., *v.* 46 p. 152 | 1919 *S.*, Kükenthal in: Ergeb. Tiefsee-Exp., *v.* 13 pars 2 p. 452.

Die Kolonien sind in einer Ebene entwickelt. Die Verzweigung erfolgt meist dichotomisch, vereinzelt auch einseitig oder zweiseitig fiederig. Die Polypen stehen stets in Wirteln und sind mit der Mundöffnung basalwärts gerichtet. Der Polypenrumpf ist mit 3 Paar großen Schuppen bedeckt, die sich adaxial ganz oder teilweise vereinigen können. Vielfach ist die adaxiale Polypenseite mit einzelnen kleinen Schuppen bedeckt. Die Deckschuppen sind wohl ausgebildet. Die Rindenskleriten haben sehr verschiedene Form und Größe, bald in die Länge gezogen, bald mehr schuppenartig, und sind meist, aber nicht immer, in einer einzigen Schicht vorhanden.

Südliche Halbkugel und nördlich bis Japan, Irland, Westindien und Florida. Küsten-Abyssal.

Mit 18 sicheren, 4 unsicheren Arten.

Spec. typ.: *S. studeri* Versl.

Bestimmungstabelle der Arten:

1	Randschuppen an der adaxialen Polypenwand vorhanden — 2	
	Randschuppen an der adaxialen Polypenwand fehlen — 17	
2	Die drei Rumpfschuppenpaare sind adaxial getrennt — 3	
	Die Basalschuppen treten zu einem Ringe zusammen — 15	
3	Kolonie unverzweigt	1. **S. versluysi**
	Kolonie verzweigt — 4	
4	Verzweigung einseitig gefiedert	2. **S. bellissima**
	Verzweigung dichotomisch — 5	
5	Die Polypen sind stets kleiner als 3 mm — 6	
	Die Polypen sind mindestens 3 mm groß — 9	
6	Höchstens 12 Polypen in jedem Wirtel — 7	
	13 oder 14 Polypen in jedem Wirtel	6. **S. irregularis**
7	Die Basalschuppen sind seitlich flügelartig verbreitert — 8	
	Die Basalschuppen sind nicht seitlich flügelartig verbreitert	5. **S. compressa**
8	Vorderrand der Medialschuppen stachelartig ausgezogen .	3. **S. allmani**
	Vorderrand der Medialschuppen ohne Stachel	4. **S. megalepis**
9	Die Medialschuppen seitlich nicht zusammengedrückt — 10	
	Die Medialschuppen seitlich zusammengedrückt — 14	
10	Die Rindenskleriten sind langgestreckt und mit Längsleisten versehen — 11	
	Die Rindenskleriten sind mehr schuppenartig und ohne Längsleisten — 12	
11	Die Basalschuppen sind flügelartig verbreitert	7. **S. dichotoma**
	Die Basalschuppen sind nicht flügelartig verbreitert . . .	8. **S. gaussi**
12	Die Basalschuppen ragen seitlich weit vor — 13	
	Die Basalschuppen ragen seitlich kaum vor	11. **S. obscura**
13	Die Medialschuppen sind annähernd so groß wie die Bukkalschuppen	9. **S. grandiflora**
	Die Medialschuppen sind viel kleiner als die Bukkalschuppen	10. **S. orientalis**
14	Die Basalschuppen mit seitlich verbreiterter Dorsalpartie .	12. **S. studeri**
	Die Basalschuppen mit nach vorn verbreiterter Dorsalpartie	13. **S. parva**
15	Die Zweigenden keulenförmig verdickt — 16	
	Die Zweigenden nicht keulenförmig verdickt	16. **S. horrida**
16	Die Medialschuppen mit 2 dorsalen, platten Fortsätzen . .	14. **S. ambigua**
	Die Medialschuppen ohne dorsale Fortsätze	15. **S. clavata**
17	Basalschuppen und Bukkalschuppen treten zu zwei Ringen zusammen	17. **S. biannulata**
	Die Rumpfschuppen treten zu 3 Ringen zusammen	18. **S. trilepis**

1. **S. versluysi** Hickson 1896 *?Calypterinus allmani*, Roule in: Ann. Univ. Lyon, *v.* 26 p. 303 | 1906 *Stachyodes sp.*, Versluys in: Siboga-Exp., *v.* 13a p. 93 | 1909 *S. versluysi*, Hickson in: J. Stephens in: Sci. Invest. Fish. Ireland, 1907 nr. 5 p. 10 | 1919 *S. v.*, Kükenthal in: Ergeb. Tiefsee-Exp., *v.* 13 pars 2 p. 456.

Kolonien anscheinend unverzweigt, sehr lang. Auf 3 cm kommen $8^1/_2$—9 Wirtel, die 1 mm voneinander entfernt stehen. In jedem Wirtel stehen basal 14, distal 9 Polypen. Die Polypen sind 3,5 mm lang. Die Basalschuppen greifen seitlich um den Polypen herum, ohne aber adaxial zusammenzustoßen. Eine seitwärts verbreiterte Dorsalpartie fehlt. Die Medialschuppen sind kleiner, die Bukkalschuppen gleichen denen von *S. studeri* (nr. 12). Die Deckschuppen sind auf der Innenseite gekielt und abaxial 1,2 mm lang, adaxial 0,75 mm. Die Rindenschuppen zeigen eine sehr verschiedenartige Gestalt, bald langgestreckt, bald breit, sternförmig oder ganz unregelmäßig; meist haben sie einen deutlichen Kiel.

Atlantischer Ozean, vor der irischen Küste in Tiefen von 750—915 m.

2. **S. bellissima** Kükth. 1901 *S. trilepis* (non *Primnoa t.* Pourtalès 1868), Th. Studer in: Résult. Camp. Monaco, *v.* 20 p. 41 t. 5; t. 11 f. 3, 6, 7 | 1906 *S. sp.*, Versluys in: Siboga-Exp., *v.* 13a p. 123 | 1915 *S. bellissima*, Kükenthal in: Zool. Anz., *v.* 46 p. 154 | 1919 *S. b.*, Kükenthal in: Ergeb. Tiefsee-Exp., *v.* 13 pars 2 p. 457.

Der Hauptstamm teilt sich kurz über der Basis in 2 Hauptäste, die beide nach innen zu in regelmäßigen Abständen lange, in einer Ebene liegende, parallel laufende Seitenäste entsenden, die entweder sich nochmals dichotomisch teilen können, oder unverzweigt sind. Die Kolonie ist somit einseitig gefiedert und gewinnt Fächerform. Die Polypenwirtel folgen dicht aufeinander; auf 3 cm Astlänge kommen etwa 14 Wirtel. Die Polypen stehen meist zu 5 in jedem Wirtel und sind etwa 2 mm lang. Die Polypenschuppen bilden keine Ringe.

Azoren. In etwa 1700 m Tiefe.

3. **S. allmani** (P. Wright & Th. Stud.) 1889 *Calypterinus a.*, P. Wright & Th. Studer in: Rep. Voy. Challenger, *v.* 31 pars 64 p. 53 t. 11 f. 1 | 1896 nec *C. a.*, Roule in: Ann. Univ. Lyon, *v.* 26 p. 303 | 1906 *Stachyodes a.*, Versluys in: Siboga-Exp., *v.* 13a p. 82 | 1906 *? S. A.*, J. A. Thomson & W. D. Henderson, Alcyon. Investigator, *v.* 1 p. 35 | 1910 *? S. A.*, J. A. Thomson & Russell in: Tr. Linn. Soc. London, ser. 2 *v.* 13 p. 142 | 1919 *S. a.*, Kükenthal in: Ergeb. Tiefsee-Exp., *v.* 13 pars 2 p. 457.

Anscheinend unverzweigt. Auf 3 cm Stammlänge kommen 10—11 Wirtel mit einem Abstande von $^1/_2$—1 mm. Jeder Wirtel enthält 4—7 Polypen. Die Polypen sind 2 mm lang. Die Basalschuppen sind langgestreckt schmal und seitlich flügelartig verbreitert. Der vordere Rand der medialen Schuppen ist in eine verschieden lange Spitze ausgezogen. Die Rindenskleriten sind nicht besonders dick, bis 1 mm im Durchmesser haltend und schwach bewarzt. Sie zeigen sehr unregelmäßige Formen.

Fidschiinseln, Tiefsee.

4. **S. megalepis** Kinosh. 1908 *S. m.*, Kinoshita in: J. Coll. Japan, *v.* 23 nr. 12 p. 47 t. 3 f. 21, 22; t. 6 f. 50 | 1912 *? S. m.*, Nutting in: P. U. S. Mus., *v.* 43 p. 59 | 1919 *S. m.*, Kükenthal in: Ergeb. Tiefsee-Exp., *v.* 13 pars 2 p. 458.

Verzweigung dichotomisch, reichlich. Kolonie schmal fächerförmig. Achsen etwas abgeplattet; die Äste laufen schließlich fast parallel. Auf 3 cm Astlänge kommen 9—11 Wirtel; jeder Wirtel enthält 5—8 Polypen. Die Polypen sind etwa 2,5 mm lang oder etwas größer. Die Basalschuppen messen 1,6—2,2 mm in der Länge, die Medialschuppen und ebenso die Bukkalschuppen sind 1—1,2 mm lang (Fig. 169). Adaxial finden sich zahlreiche 0,1 mm große Skleriten in der sonst nackten Polypenwand, von denen die 2 randständigen, je eine adaxiale Deckschuppe tragenden 0,4—0,5 mm Länge erreichen. Die abaxialen Deckschuppen sind abgerundet und haben immer einen sehr hohen Kiel, sie erreichen bis 1,5 mm Länge, während die schlanken adaxialen mit schwachem Kiel nur bis 0,85 mm lang werden. Außen sind die Deckschuppen mit radial angeordneten Warzen bedeckt. Die Rindenskleriten sind meist polygonal oder abgerundet, selten länglich und liegen vielfach übereinander. Innen weisen sie Leisten, außen Warzen auf; ihre Länge kann 0,85 mm erreichen. In der Rinde der dickeren Astteile liegen vorwiegend unregelmäßige, kleinere, 0,4—0,5 mm messende Schuppen. Achse gelblichbraun, stark goldglänzend.

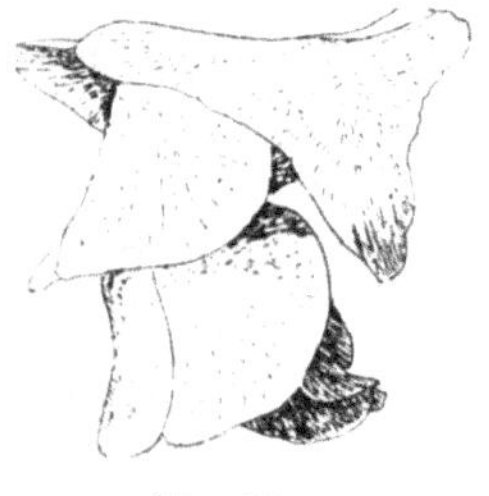

Fig. 169.
Stachyodes megalepis.
Polyp (nach Kinoshita).

Japan.

5. **S. compressa** Kinosh. 1908 *S. c.*, Kinoshita in: J. Coll. Japan, *v.* 23 nr. 12 p. 51 t. 3 f. 25; t. 6 f. 51 | 1919 *S. c.*, Kükenthal in: Ergeb. Tiefsee-Exp., *v.* 13 pars 2 p. 458.

Verzweigung dichotomisch. Achsen unten beinahe walzenförmig, oben abgeplattet. Auf 3 cm Astlänge kommen 11—12 Wirtel, mit je 7 oder 8 Polypen. Die Polypen sind 2 mm lang, mit großen Basalschuppen, die seitlich nicht verbreitert sind. Die adaxiale Polypenwand ist nackt, nur ein paar Randschuppen können auftreten. Die abaxialen Deckschuppen sind von abgerundeter Form und bis 1 mm lang, die adaxialen bis 0,65 mm lang. Die Rindenskleriten sind dick, etwas verlängert, außen mit rundlichen Warzen bedeckt, innen mit gröberen Warzen und bis 1,6 mm lang. Zwischen diesen dicken Formen kommen noch flache vor. Achsen schmutzigbraun.

Japan.

6. **S. irregularis** Kinosh. 1907 *S. i.*, Kinoshita in: Annot. zool. Jap., *v.* 6 p. 233 | 1908 *S. i.*, Kinoshita in: J. Coll. Japan, *v.* 23 nr. 12 p. 49 t. 3 f. 23, 24; t. 6 f. 52 | 1919 *S. i.*, Kükenthal in: Ergeb. Tiefsee-Exp., *v.* 13 pars 2 p. 459.

Verzweigung dichotomisch, reichlich. Auf 3 cm Astlänge kommen 13 bis 14 Wirtel, jeder mit 4—6 Polypen. Die Länge der Polypen beträgt 2 bis 2,3, selten 3 mm. Die Basalschuppen sind meist abnorm verlängert, bald lang und schmal, bald kurz und breit. Auch stachelige Fortsätze am freien Rande können vorkommen. Auch die medialen Schuppen variieren sehr stark und sind am freien Rande stachelig ausgezogen. Die Bukkalschuppen sind in Größe und Gestalt einheitlicher und in ein oder zwei Spitzen ausgezogen. Höchst selten kommt zwischen medialen und bukkalen Schuppen eine weitere Schuppe vor. Die Außenfläche aller Rumpfschuppen ist rauh. Die Basalschuppen sind 1,5—2 mm, selten 3 mm lang. Die medialen 0,6—1 mm, die bukkalen 1—1,2 mm. Adaxial finden sich zahlreiche kleine Schuppen, von denen 2 randständige, größere, 0,4—0,5 mm messende je eine adaxiale Deckschuppe tragen. Die Deckschuppen sind hoch dreieckig, innen mit dünnem aber hohem Kiel versehen und 0,9—1 mm lang. Die Rindenskleriten sind polygonal, dick und außen mit kleinen Warzen und feinen Ringeln bedeckt. Sie sind 0,4—0,6 mm lang, in den unteren Astabschnitten 0,8—1 mm, ja bis 3 mm. Achsen rundlich dunkelbraun.

Japan.

7. **S. dichotoma** Versl. 1906 *S. d.*, Versluys in: Siboga-Exp., *v.* 13a p. 88 t. 7 f. 20; t. 8 f. 23 | 1908 *S. d.*, Nutting in: P. U. S. Mus., *v.* 34 p. 577 | 1919 *S. d.*, Kükenthal in: Ergeb. Tiefsee-Exp., *v.* 13 pars 2 p. 459.

Die Verzweigung ist dichotomisch und spitzwinkelig. Die Kolonie erhält die Gestalt eines schmalen Fächers. Die Polypenwirtel haben einen Abstand von 1 mm. Auf 3 cm Astlänge kommen etwa 8—10 Wirtel. Die Wirtel enthalten 4, mehr basalwärts auch 5 und 6 Polypen. Die Länge der Polypen beträgt meist unter 3 mm. Von den Polypenschuppen sind die beiden medialen etwas kleiner als die anderen, die basalen sind erheblich flügelartig verbreitert. Stachelartige Fortsätze fehlen. Die adaxialen bukkalen Schuppen sind nur 0,27 mm groß, sie tragen die beiden adaxialen Deckschuppen, die mit 0,72 mm Höhe erheblich kleiner sind als die abaxialen, die bis 1,25 mm hoch werden. Auf der Innenseite der Deckschuppen zieht sich ein medianer Längskiel entlang. Die zarte Rinde enthält nur eine zarte Schicht von Skleriten von länglicher Form, etwa 1 mm lang, außen mit ein oder zwei hohen Leisten und mit dichtstehenden Wärzchen bedeckt. Achse dunkelgrau.

Malayischer Archipel. In 204—1264 m Tiefe.

8. **S. gaussi** Kükth. 1912 *S. g.*, Kükenthal in: D. Südp.-Exp., *v.* 13 (5) p. 326 t. 22 f. 11 | 1919 *S. g.*, Kükenthal in: Ergeb. Tiefsee-Exp., *v.* 13 pars 2 p. 460.

Verzweigung spärlich dichotomisch. Auf 3 cm Länge stehen $7^1/_2$ bis 9 Wirtel, die etwa 2 mm voneinander entfernt sind. Die Polypen sind bis 3 mm lang (Fig. 170), in jedem Wirtel stehen 5 oder weniger Polypen. Die beiden basalen, adaxial nicht zusammentretenden Schuppen sind ziemlich groß, nicht flügelartig verbreitert und überragen etwas die beiden kleineren medialen, die der Polypenwand in ihrer ganzen Ausdehnung dicht anliegen,

Fig. 170. **Stachyodes gaussi.** Polypenwirtel ($^{12}/_1$).

ebenso wie die beiden bukkalen Schuppen. Zwischen bukkale und mediale Schuppen kann sich eine weitere Schuppe manchmal auf einer Seite, manchmal auf beiden einschieben. Die dreieckigen, zugespitzten, nach innen eingebogenen Deckschuppen haben auf der Innenseite keinen Kiel. Die Rindenskleriten sind langgestreckte, mitunter fast spindelförmige Körper von ansehnlicher Dicke und verschiedener Größe. Hellgrau (in Alkohol).

Antarktis. In 2450 m Tiefe.

9. **S. grandiflora** Kükth. 1907 *S. g.*, Kükenthal in: Zool. Anz., *v.* 31 p. 210 | 1919 *S. g.*, Kükenthal in: Ergeb. Tiefsee-Exp., *v.* 13 pars 2 p. 460 t. 48 f. 71.

Verzweigung typisch dichotomisch, spärlich. Auf 3 cm Astlänge kommen $7^1/_2$—9 Wirtel, die etwa 2 mm freien Zwischenraum lassen. In jedem Wirtel stehen 4 oder 5 Polypen. Die Polypen erreichen bis 3 mm Länge. Die Schuppen sind in ihrem freien lateralen Rande sehr stark abgebogen und besonders die Basalschuppen sind ganz besonders groß, bis zu 3 mm hoch, und vom Polypenkörper abgebogen. Adaxial stoßen sie nicht völlig zusammen. Die beiden medialen Schuppen sind etwas kleiner, die bukkalen kaum größer als letztere und wiederum stark blattartig abgebogen. Adaxial liegen zahlreiche kleine, länglich geformte, quer gelagerte Schuppen. Die Deckschuppen sind spitz dreieckig und nach innen zu rinnenförmig eingebogen.

Auf der Innenseite verläuft ein kräftiger, zahnartig vorspringender medianer Kiel. Die adaxialen Deckschuppen sind ziemlich klein. Die Rindenskleriten liegen in 2 Schichten. Die innere enthält langgestreckte, dicke Formen von bis 0,6 mm Länge, mit zentralem Kernpunkt und radiär angeordneten Warzen und Ringeln. Sie liegen in mehreren Lagen übereinander und werden überdeckt von einer äußeren Schicht breiterer, dickerer, schuppenartiger Platten, oder mehr spindelförmiger Körper, die bis zu 3 mm Länge erreichen können. Elfenbeinweiß (in Alkohol), Achse hellgelb, metallisch glänzend.

Sombrerokanal (Sumatra). In 805 m Tiefe.

10. **S. orientalis** Versl. 1906 *S. o.*, Versluys in: Siboga-Exp., *v.* 13a p. 91 | 1919 *S. o.*, Kükenthal in: Ergeb. Tiefsee-Exp., *v.* 13 pars 2 p. 462.

Verzweigung anscheinend dichotomisch, spitzwinkelig. Die Äste verlaufen dann weiter annähernd parallel. Auf 3 cm Astlänge kommen 8 Wirtel, die etwa 1 mm voneinander entfernt sind. Die Basalschuppen ragen seitlich nicht weiter vor. Die kleineren medialen Schuppen werden zum guten Teil von den basalen verdeckt. Die Rindenskleriten sind sehr unregelmäßig geformte, dicke, bewarzte Schuppen, bis 1,86 mm im Durchmesser haltend. Leisten fehlen anscheinend der Außenfläche. Achse im Querschnitt rund, gelblich, die dickeren Abschnitte mit starkem Goldglanz.

Rotti (Malayischer Archipel). In 520 m Tiefe.

11. **S. obscura** Versl. 1906 *S. o.*, Versluys in: Siboga-Exp., *v.* 13a p. 90 t. 7 f. 21 | 1919 *S. o.*, Kükenthal in: Ergeb. Tiefsee-Exp., *v.* 13 pars 2 p. 462.

Verzweigung anscheinend dichotomisch, spitzwinklig. Die Achsen sind deutlich abgeplattet. Auf 3 cm Länge kommen etwa 9 Wirtel, jeder aus 4—6 Polypen bestehend; die Polypen gleichen denen von *S. dichotoma* [nr. 7], doch haben die Polypenschuppen mehr aufgebuchtete Ränder; die Basalskleriten ragen weit hervor. Die Rindenskleriten sind dick, unregelmäßig gerundet und selten in einer Richtung erheblich verlängert. Kielartige Leisten kommen nur selten vor. Die längsten Rindenskleriten messen 0,83 mm. Achse blaßgelb.

Groß-Keiinsel (Niederl. Indien). In 984 m Tiefe.

12. **S. studeri** Versl. 1889 *S. regularis* (non: *Primnoa (S.) r.*, Duchassaing & Michelotti 1860), P. Wright & Th. Studer in: Rep. Voy. Challenger, *v.* 31 pars 64 p. 55 | 1906 *S. Studeri*, Versluys in: Siboga-Exp., *v.* 13a p. 94 | 1908 ? *S. regularis*, Nutting in: P. U. S. Mus., *v.* 34 p. 577 | 1911 ? *S. Studeri*, J. A. Thomson & Mackinnon in: Mem. Austral. Mus., *v.* 4 p. 680 | 1919 *S. s.*, Kükenthal in: Ergeb. Tiefsee-Exp., *v.* 13 pars 2 p. 463.

Wenig verzweigt oder unverzweigt mit relativ dünnen Stämmen. Auf 3 cm Astlänge kommen 9 bis 10 Wirtel, jeder mit 4 oder 5 Polypen. Die Wirtel berühren sich nahezu oder gänzlich. Die Polypen sind 3 mm und etwas darüber lang. Die medialen Schuppen sind in ihrer Mitte seitlich eingedrückt (Fig. 171). Die basalen Schuppen zeigen eine seitwärts verbreiterte Dorsalpartie. Die Deckschuppen besitzen einen gut entwickelten Längskiel auf der Innenfläche; die abaxialen sind 1,25 mm lang und 0,7 mm breit, die adaxialen 1,1 mm lang und nur 0,36 mm breit. Die Rindenskleriten sind langgestreckt, etwas abgeplattet, mit kielartigen Erhebungen auf der Außenfläche und bis 1,5 mm lang. Außen

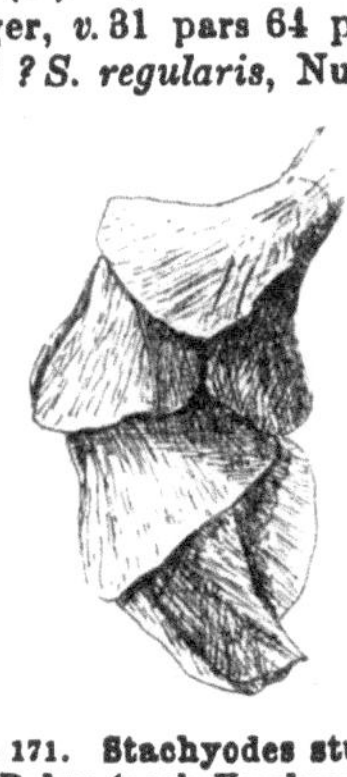

Fig. 171. Stachyodes studeri. Polyp (nach Versluys).

sind sie mit feinen Wärzchen ziemlich dicht bedeckt, die Innenfläche weist gröbere Wärzchen in dichter Anordnung auf. Achse hell, goldglänzend, dünn.

Kermadekinseln in 1080 m Tiefe, Celebessee in 1165—1264 m Tiefe.

13. **S. parva** Versl. 1906 *S. p.*, Versluys in: Siboga-Exp., *v.* 13a p. 96 t. 6 f. 19 | 1910 *S. p.*, J. A. Thomson & Russell in: Tr. Linn. Soc. London, ser. 2 *v.* 13 p. 142 | 1919 *S. p.*, Kükenthal in: Ergeb. Tiefsee-Exp., *v.* 13 pars 2 p. 463.

Verzweigung spärlich und regelmäßig, mit wenigen Endästen. Die erste Verzweigung beginnt schon in der Nähe der Basis. Auf 3 cm Astlänge kommen beinahe 10 Wirtel mit Abständen von etwa 1 mm. Jeder Wirtel enthält 3 oder 4 Polypen. Diese sind 3 mm lang, ihre medialen Schuppen sind seitlich stark eingedrückt; Dorsal- und Seitenpartie der basalen Skleriten bilden einen rechten Winkel, die Dorsalpartie ist aber nicht seitwärts verbreitert, sondern ragt nach vorn zu weit über die medialen Skleriten vor. Die adaxialen Deckschuppen sind nur wenig kleiner als die abaxialen, 0,96 mm langen. Ein Kiel ist auf der Innenfläche gut entwickelt, nur bei den adaxialen etwas niedriger als bei den anderen. Die Rindenskleriten sind glatte, langgestreckte, meist spindelförmige Gebilde, mit feinen Wärzchen bedeckt, meist ohne Kiel. Ihre Länge schwankt zwischen 0,5 und 0,8 mm, gelegentlich werden sie bis 1 mm lang. Achse weißlich bis ockergelb, die dickeren mit schwachem Goldglanz.

Ceramsee 1300—1633 m, Bandasee 1595 m.

14. **S. ambigua** Th. Stud. 1894 *S. a.*, Th. Studer in: Bull. Mus. Harvard, *v.* 25 p. 63 | 1905 *S. a.*, Menneking in: Arch. Naturg., *v.* 71I p. 248 t. 8 f. 1, 2; t. 9 f. 11, 12 | 1906 *S. a.*, Versluys in: Siboga-Exp., *v.* 13a p. 103 | 1919 *S. a.*, Kükenthal in: Ergeb. Tiefsee-Exp., *v.* 13 pars 2 p. 464.

Verzweigung anscheinend zweiseitig fiederig (?). Die Seitenäste sind unverzweigt oder können Zweige abgeben. Die Endzweige sind 3 cm lang und an den Enden etwas angeschwollen. Die Wirtel bestehen aus je 5 oder 6 Polypen und stehen dicht hintereinander, so daß sie sich berühren. Die Polypen sind 3—5 mm lang. Die Basalschuppen sind verbreitert und am Rande gezähnelt, die Medialschuppen sind kleiner, länglich viereckig und am dorsalen Teil mit zwei glatten Fortsätzen versehen. Die Bukkalschuppen sind groß und flügelartig verbreitert. Von den Deckschuppen sind die beiden abaxialen am größten und bis 0,91 mm lang. Die Rindenskleriten messen bis 0,92 mm im Durchmesser, und sind von dreieckiger, viereckiger, auch fächerförmiger Gestalt.

Galapagos. In 691 m Tiefe.

15. **S. clavata** Versl. 1906 *S. c.*, Versluys in: Siboga-Exp., *v.* 13a p. 98 t. 10 f. 26 | 1910 *S. c.*, J. A. Thomson & Russell in: Tr. Linn. Soc. London, ser. 2 *v.* 13 p. 143 | 1919 *S. c.*, Kükenthal in: Ergeb. Tiefsee-Exp., *v.* 13 pars 2 p. 464.

Verzweigung anscheinend nach einer Seite hin. Die Kolonie hat einen kräftigen, gedrungenen Bau. Auf 3 cm Astlänge stehen bis zu 10 Wirtel mit 4—7 Polypen. Die Wirtel lassen einen Abstand von 1 mm zwischeneinander an den basalen Teilen der Äste, während sie an den distalen Zweigabschnitten dichter stehen und größere Polypen haben, so daß die Endzweige gestreckte Keulenform erhalten. Die Bildung neuer Polypenwirtel geschieht in den basalen Teilen der Äste. Die Länge der Polypen beträgt meist 3 mm und weniger, steigt aber bis auf 3,5 mm. Die Polypenschuppen sind sehr dick (Fig. 172). Die basalen Schuppen biegen sich allmählich auf und zeigen einen seitwärts und nach vorn gewendeten flügelartigen Auswuchs. Die Basalschuppen bilden einen vollständigen Ring um die Polypenbasis. Die Medialschuppen haben keine dorsalen Fortsätze. Die beiden großen bukkalen Schuppen bilden keinen vollständigen Ring; zwischen ihnen liegen an der adaxialen Polypenseite noch zwei kleine bukkale Skleriten, welche die adaxialen Deckschuppen tragen; die übrige adaxiale Polypenseite ist frei von Schuppen. An den Deckschuppen ist der Kiel auf ihrer Innenfläche gut entwickelt; die abaxialen sind bis 0,99 mm hoch, die adaxialen 0,59 mm. Die Rindenskleriten sind ursprünglich mit zerstreuten kleinen Wärzchen bedeckt, bilden sich aber zu dicken, unregelmäßigen, wie aus Kieselsteinchen zusammengesetzten Körpern von bis zu 1 mm Länge um, die einen sehr festen Kalkpanzer bilden. Milchweiß.

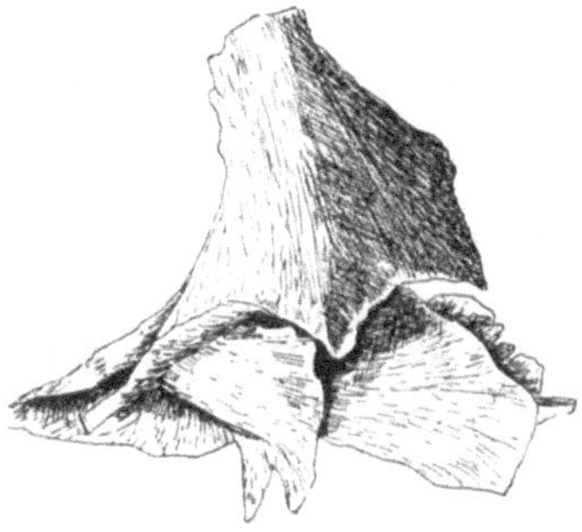

Fig. 172. **Stachyodes clavata.** Polyp (nach Versluys).

Kei-Inseln (Niederl. Indien). In 204 m.

16. **S. horrida** Versl. 1906 *S. h.*, Versluys in: Siboga-Exp., *v.* 13a p. 101 t. 8 f. 24 | 1919 *S. h.*, Kükenthal in: Ergeb. Tiefsee-Exp., *v.* 13 pars 2 p. 465.

Verzweigung schon von der Basis an dichotomisch; Kolonie wahrscheinlich fächerförmig. Achsen stark, die Zweigenden sind nicht keulenförmig angeschwollen. Auf 3 cm Astlänge kommen 12—13 Wirtel, mit einem Abstand von etwa 1 mm. In jedem Wirtel stehen meist 5 oder 6 Polypen, an den Zweigspitzen nur 4, an den dicksten Ästen 7 oder 8. Die Länge der Polypen schwankt erheblich und erreicht 2 mm. Die Rumpfschuppen sind sehr dick; die basalen sind zu einem Ringe vereinigt und jede Schuppe ist in einen sehr kräftigen, mitunter zweispitzigen Stachel ausgezogen. Die medianen Skleriten werden von den basalen ganz verdeckt, und nur ein langer Stachel tritt vor. Die kleinen adaxialen bukkalen Schuppen sind aber gut entwickelt. Die adaxiale Polypenwand enthält einige kleine, zarte Schuppen und sehr kleine, warzige, kugelige Skleriten. Die abaxialen Deckschuppen werden bis 0,81 mm lang, die adaxialen 0,56 mm. Die Rindenskleriten werden ziemlich dick und 0,5—1 mm lang. Achsen bräunlichgelb mit Goldglanz.

Kei-Inseln (Niederl. Indien). In 204 m.

17. **S. biannulata** Kinosh. 1907 *S. b.*, Kinoshita in: Annot. zool. Jap., *v.* 6 p. 233 | 1908 *S. b.*, Kinoshita in: J. Coll. Japan, *v.* 23 nr. 12 p. 58 t. 4 f. 26, 27; t. 6 f. 53 | 1919 *S. b.*, Kükenthal in: Ergeb. Tiefsee-Exp., *v.* 13 pars 2 p. 465.

Die Verzweigung ist dichotomisch und reichlich. Die Achsen sind in der Verzweigungsebene etwas abgeplattet. Auf 3 cm Astlänge kommen 13 bis 17 Wirtel, meist 15—16. In jedem Wirtel stehen 6 oder 7 Polypen, mehr basalwärts bis 9. Die Polypen sind 2 mm lang. Basalschuppen und Bukkalschuppen bilden je einen geschlossenen Ring. Die adaxialen bukkalen Skleriten sind verschwunden. Die Basalschuppen sind 1,3—1,9 mm lang, die Medialschuppen 0,7—0,87 mm. Die Rumpfschuppen sind außen fein bewarzt. Die Bukkalschuppen tragen innen eine kielartige Leiste. Die Deckschuppen sind gerundet dreieckig, auf der Innenseite gekielt; die abaxialen sind bis 0,7 mm lang, die adaxialen bis 0,47 mm. Die Rindenskleriten sind dick, verlängert, bewarzt und außen fein geringelt und bis 1,5 mm lang; in der Rinde der dickeren Äste kommen auch dünne Schuppen häufig vor.

Japan.

18. **S. trilepis** (Pourt.) 1868 *Primnoa t.*, Pourtalès in: Bull. Mus. Harvard, *v.* 1 p. 130 | 1870 *Calyptrophora t.*, J. E. Gray, Cat. Lithoph. Brit. Mus., p. 42 | 1877 *C. t.*, Lindström in: Svenska Ak. Handl., *v.* 14 nr. 6 p. 7 | 1901 nec. *Stachyodes t.*, Th. Studer in: Résult. Camp. Monaco, *v.* 20 p. 40 | 1906 ? *S. t.*, Versluys in: Siboga-Exp., *v.* 13a p. 122 | 1919 *S. t.*, Kükenthal in: Ergeb. Tiefsee-Exp., *v.* 13 pars 2 p. 465.

Verzweigung dichotomisch, spärlich, unregelmäßig in einer Ebene. Endzweige sehr zart und biegsam. Die Wirtel stehen in Zwischenräumen, die der Polypenlänge gleichkommen. Jeder Wirtel enthält 5 auch 4 Polypen. Die Polypenschuppen bilden 3 geschlossene Ringe, die aus je 2 verschmolzenen Skleriten entstanden sind. Die Rindenskleriten haben unregelmäßige Formen. Achsen der stärkeren Äste braun, der dünneren gelb.

Florida. In 583 m Tiefe.

S. regularis (Duchass. & Mich.) 1860 *Primnoa r.*, Duchassaing & Michelotti in: Mem. Acc. Torino, ser. 2 *v.* 19 p. 17 t. 1 f. 12, 13 | 1865 *P. r.*, Kölliker, Icon. histiol., p. 135 | 1870 *P. r.*, Duchassaing, Rev. Zooph. Spong. Antill., p. 13 | 1889 nec. *Stachyodes r.*, P. Wright & Th. Studer in: Rep. Voy. Challenger, *v.* 31 pars 64 p. 55 | 1906 *S. r.*, Versluys in: Siboga-Exp., *v.* 13a p. 96 | 1919 *S. r.*, Kükenthal in: Ergeb. Tiefsee-Exp., *v.* 13 pars 2 p. 466.

Verzweigung dichotomisch, ziemlich dicht. Kolonie fächerförmig mit dicken, kräftigen Ästen. Die Wirtel stehen ziemlich weit auseinander. In jedem Wirtel finden sich bis zu 10 Polypen. Basalschuppen anscheinend sehr klein.

Guadelupe. Wahrscheinlich Tiefsee.

S. angularis Nutting 1908 *S. a.*, Nutting in: P. U. S. Mus., *v.* 34 p. 576 t. 43 f. 7; t. 48 f. 1 | 1919 *S. a.*, Kükenthal in: Ergeb. Tiefsee-Exp., *v.* 13 pars 2 p. 467.

Verzweigung in einer Ebene. Die Polypenwirtel stehen mehr beieinander; in jedem Wirtel finden sich 4 oder 5 Polypen, die distalwärts gerichtet scheinen (?). Die Basalskleriten bilden einen adaxial inkompletten Ring. Die Medialskleriten weisen 2 stumpfe seitliche Fortsätze auf, und die Bukkalskleriten stehen in spitzem Winkel zu den medialen und weisen einen abgerundeten, glatten Rand auf. Die Deckschuppen sind dünn und zart, ebenso die Rindenskleriten. Weiß, Achse goldglänzend.

Hawai.

S. bowersi Nutting 1908 *S. B.*, Nutting in: P. U. S. Mus., *v.* 34 p. 577 t. 43 f. 5, 6; t. 48 f. 2 | 1919 *S. b.*, Kükenthal in: Ergeb. Tiefsee-Exp., *v.* 13 pars 2 p. 467.

Die Verzweigung ist dichotomisch, dicht und beginnt schon gleich über der Basis. Die Äste verlaufen annähernd parallel. Die Wirtel stehen ziemlich weit auseinander und jeder Wirtel enthält 4 Polypen. Die Polypen sind 6 mm lang, 2,5 mm dick. Die Rumpfschuppen sind gezähnelt und mit Längsrippen versehen. Die medialen Schuppen bilden keinen geschlossenen Ring. Basalschuppen und Bukkalschuppen zeigen ausgebuchtete, gezähnte Ränder. Die Deckschuppen sind annähernd gleich groß und stellen zarte Lamellen dar. Die Rindenskleriten sind lange, zarte, abgeplattete Schuppen. Stamm und Äste hellgelb, Polypen rein weiß.

Hawai. In 1800—1900 m Tiefe.

S. gilberti J. S. Thoms. 1911 *S. g.*, J. S. Thomson in: P. zool. Soc. London, p. 885 t. 44 f. 1; t. 45 f. 2a, b | 1919 *S. g.*, Kükenthal in: Ergeb. Tiefsee-Exp., *v.* 13 pars 2 p. 468.

Verzweigung in einer Ebene, aber nicht dichotomisch (?) und nicht regelmäßig. Auf 8 cm Astlänge kommen etwa 15 Wirtel, die 1 mm voneinander entfernt sind.

Meist stehen 5 Polypen in einem Wirtel. Die Basalschuppen bilden einen Ring und weisen wie die kleineren medialen Schuppen scharfe, winkelige Ränder auf, während die Bukkalskleriten leicht gerippt sind oder gezähnte Ränder besitzen. Die Rumpfschuppen sollen bis 4 mm lang und 2 mm breit werden. Die Rindenskleriten sind unregelmäßig gestaltet.

Natal. In 146—183 m Tiefe.

2. Gen. **Calyptrophora** J. E. Gray

1866 *C.*, J. E. Gray in: P. zool. Soc. London, p. 25 f. 1 | 1870 *C.*, J. E. Gray, Cat. Lithoph. Brit. Mus., p. 42 f. 13 | 1887 *C.*, Th. Studer (& P. Wright) in: Arch. Naturg., *v.* 53 I p. 48 | 1889 *C.*, P. Wright & Th. Studer in: Rep. Voy. Challenger, *v.* 31 pars 64 Pref. p. 47 & p. 50 | 1906 *C.*, Versluys in: Siboga-Exp., *v.* 13a p. 104 | 1908 *C.*, Kinoshita in: J. Coll. Japan, *v.* 23 nr. 12 p. 54 | 1919 *C.*, Kükenthal in: Ergeb. Tiefsee-Exp., *v.* 13 pars 2 p. 468.

Die Verzweigung ist dichotomisch, die der Hauptäste teilweise auch einseitig gefiedert, und erfolgt in einer Ebene, oder in zwei gelegentlich auch drei parallel laufenden, so daß einfache oder Doppelfächer entstehen. Die Polypen stehen in Wirteln und sind mit der Mundöffnung basalwärts — bei einer Form *(C. japonica)* zuweilen auch distalwärts — gerichtet. Die Basis der Polypen wird abaxial von einem Paar kleinerer Infrabasalschuppen bedeckt; von großen Rumpfschuppen finden sich nur 2 Paar, die adaxial entweder nicht geschlossen sind, oder zu 2 geschlossenen Ringen zusammentreten. Kleine adaxiale bukkale Schuppen können vorhanden sein oder fehlen. Die Deckschuppen bilden ein ziemlich hohes Operculum. Die Rindenskleriten sind schuppenförmig und einschichtig.

Indopazifischer Ozean und Atlantischer Ozean. Tiefsee.

5 sichere Arten, eine unsichere.

Spec. typ.: *C. japonica* Gray

Bestimmungstabelle der Arten:

1	Polypen über 2 mm hoch — 2	
	Polypen unter 2 mm hoch — 4	
2	Polypen 4 mm hoch	1. **C. agassizii**
	Polypen 2—2,5 mm hoch — 3	
3	Rindenskleriten dick, bis 1 mm Durchmesser haltend	2. **C. kerberti**
	Rindenskleriten dünn, bis 1,5 mm Durchmesser haltend	3. **C. wyvillei**
4	Auf 3 cm Astlänge kommen 11 Wirtel	4. **C. mariae**
	Auf 3 cm Astlänge kommen 14—15 Wirtel	5. **C. josephinae**

1. **C. agassizii** Th. Stud. 1894 *C. A.*, Th. Studer in: Bull. Mus. Harvard, *v.* 25 p. 63 | 1905 *C. A.*, Menneking in: Arch. Naturg., *v.* 71 I p. 253 t. 8 f. 5, 6; t. 9 f. 15, 16 | 1906 *C. a.*, Versluys in: Siboga-Exp., *v.* 13a p. 112 | 1919 *C. a.*, Kükenthal in: Ergeb. Tiefsee-Exp., *v.* 13 pars 2 p. 475.

Kolonie fächerförmig. Die Endzweige bilden lange Ruten. Die Polypen stehen in Wirteln zu 6 und sind 4 mm lang. Die Wirtel berühren sich. Kleine adaxiale Schuppen sind vorhanden. Die Basalschuppen bilden einen Ring mit 2 kleinen divergierenden Stacheln. Die Bukkalschuppen bilden ebenfalls einen Ring und sind am Vorderrande ausgeschnitten und abgeplattet. Seitlich finden sich jederseits 3 oder 4 breite, hohe Zacken. Die Rindenskleriten sind bis 0,24 mm große, eckige Schuppen. Achse gelb, goldglänzend.

Nördlich von den Galapagos. In 691 m Tiefe.

2. **C. kerberti** Versl. 1906 *C. k.*, Versluys in: Siboga-Exp., *v.* 13a p. 105 | 1908 *C. (Paracalyptrophora) k.*, Kinoshita in: J. Coll. Japan, *v.* 23 nr. 12 p. 63 t. 4 f. 29 | 1919 *C. k.*, Kükenthal in: Ergeb. Tiefsee-Exp., *v.* 13 pars 2 p. 472.

Verzweigung mehrfach dichotomisch. Die Kolonie bildet einen doppelten Fächer mit distalwärts parallel laufenden Ästen. Die Polypen stehen in Wirteln, die auf den stärkeren Ästen oft unregelmäßig sind. Auf 3 cm Astlänge kommen 8 bis 13 Wirtel (Fig. 173). Am Basalstamm stehen einzelne Polypen isoliert. Jeder Wirtel enthält 4 bis 6 Polypen. Die Polypen sind meist 2 mm lang, selten bis 2,5 mm Länge erreichend. Es sind 2 besonders geformte Infrabasalschuppen vorhanden. Die Basalschuppen tragen meist kurze und breite Stacheln und sind bald geöffnet, bald geschlossen. Das gleiche ist mit den Bukkalschuppen der Fall, die ganzrandig sind. Adaxial können kleine bukkale Skleriten vorkommen oder fehlen. Die Ränder der bis 0,94 mm langen Deckschuppen sind gezähnelt und innen mit einem ziemlich hohen Längskiel an der Spitze versehen. Die Rindenskleriten sind unregelmäßig geformte, ziemlich dicke Schuppen, die bis 1 mm Länge erreichen. Rosenrot, Achsen bräunlich goldglänzend, unten glänzend schwarz.

Fig. 173. Calyptrophora kerberti (nach Versluys).

Japan. In 150—915 m Tiefe.

3. **C. wyvillei** P. Wright 1885 *C. w.*, P. Wright in: Rep. Voy. Challenger, Narr. *v.* 1 p. 690 | 1889 *C. w.*, P. Wright & Th. Studer in: Rep. Voy. Challenger, *v.* 31 pars 64 p. 52 t. 19 f. 2, 2a; t. 20 f. 5 | 1906 *C. w.*, Versluys in: Siboga-Exp., *v.* 13a p. 110 t. 7 f. 22 | 1919 *C. w.*, Kükenthal in: Ergeb. Tiefsee-Exp., *v.* 13 pars 2 p. 474.

Verzweigung regelmäßig dichotomisch und einseitig fiederförmig. Die Kolonie bildet einen einfachen Fächer. Auf 3 cm Astlänge kommen 10 bis 11 Wirtel. Jeder Wirtel enthält an den Zweigspitzen 3 oder 4, an den stärksten Ästen bis zu 6 Polypen. Meist finden sich 5 Polypen in einem Wirtel. Die Polypen sind 2—2,5 mm lang, und haben eine gedrungene Form. Die Basalschuppen sind wie die Bukkalschuppen bei erwachsenen Polypen ringförmig verschmolzen, bei jungen noch adaxial getrennt. Die Basalschuppen haben je einen kräftigen Stachel. Die Bukkalringe sind gelegentlich in kurze, stumpfe Fortsätze am freien Rande ausgezogen. Die Oberfläche der Rumpfschuppen ist fein gerunzelt. Das Operculum ist nicht sehr hoch; die abaxialen Deckschuppen können aber 1,1—1,4 mm Länge erreichen, während die adaxialen kleiner sind. Ein Kiel ist auf der Innenseite nur angedeutet. Die Rindenskleriten sind bis 1,5 mm große, ziemlich dünne Schuppen, außen mit wenigen Wärzchen und oft auch leistenartig vorspringenden Erhebungen bedeckt. Zweigachsen blaßbräunlich, die dickeren goldglänzend, die stärksten dunkelbronzefarbig, fast schwarz.

Kermadekinseln, Celebessee. In Tiefen von 1080—1264 m.

4. **C. mariae** Versl. 1906 *C. m.*, Versluys in: Siboga-Exp., *v.* 13a p. 107 t. 9 f. 25 | 1919 *C. m.*, Kükenthal in: Ergeb. Tiefsee-Exp., *v.* 13 pars 2 p. 474.

Verzweigung wiederholt dichotomisch. Die Kolonie bildet einen doppelten Fächer mit oben parallel laufenden Ästen. Auf 3 cm Astlänge kommen

11 Wirtel. Jeder Wirtel enthält auf den dünnen Zweigen 4 oder 5, auf den stärksten Ästen 6 oder 7 Polypen. Die Polypen sind etwas weniger als 2 mm lang. Die beiden Infrabasalschuppen sind nicht groß. Die Basalschuppen sind mit einem unten breiten Stachel versehen, während die Bukkalschuppen einen stumpfen Fortsatz aufweisen. Beide Schuppenpaare bilden Ringe, die aber nicht verkittet sind. Außen sind die großen Polypenschuppen grobkörnig, gerunzelt und mit kleinen Wärzchen dicht bedeckt. Die Deckschuppen sind bis 0,83 mm lang und am oberen Rande gezähnelt. Die Rindenskleriten sind von unregelmäßiger Form, dick und meist 0,5 mm und darüber lang. Außen finden sich, außer einigen groben Wärzchen, kielförmige Erhebungen. Achse dunkelgoldglänzend, Stamm glänzend schwarz.

Timorsee. In 520 m Tiefe.

5. **C. josephinae** Lindström 1877 *C. J.*, Lindström in: Svenska Ak. Handl., *v.* 14 nr. 6 p. 6 t. 1 f. 1 | 1901 *Stachyodes J.*, Th. Studer in: Résult. Camp. Monaco, *v.* 20 p. 41 | 1906 *Calyptrophora j.*, Versluys in: Siboga-Exp., *v.* 13ª p. 109 | 1919 *C. j.*, Kükenthal in: Ergeb. Tiefsee-Exp., *v.* 13 pars 2 p. 474.

Verzweigung wiederholt dichotomisch. Die Kolonie bildet einen Fächer. Auf 3 cm Astlänge kommen 14—15 Wirtel. Jeder Wirtel enthält 4 oder 5 und 6 oder 7 Polypen. Die Polypen sind klein, höchstens bis 1,5 mm lang. Die Basalschuppen haben einen kurzen und breiten Stachel, während die Bukkalschuppen keine breiten Fortsätze aufweisen. Die Außenfläche der Polypenskleriten ist runzlig und mit feinen Wärzchen bedeckt. Die Deckschuppen sind am Rande nicht gezähnelt. Die Rindenskleriten sind mit mäßig starken Leisten versehen.

Im Atlantik, westlich von Portugal und bei den Azoren. In 200—318 m Tiefe.

C. japonica J. E. Gray 1866 *C. j.*, J. E. Gray in: P. zool. Soc. London, p. 25 | 1870 *C. j.*, J. E. Gray, Cat. Lithoph. Brit. Mus., p. 41 | 1889 *C. i.*, P. Wright & Th. Studer in: Rep. Voy. Challenger, *v.* 31 pars 64 p. 50 | 1906 *C. j.*, Versluys in: Siboga-Exp., *v.* 13ª p. 113 t. 10 f. 27, 28, 29 | 1908 *C. j.*, Kinoshita in: J. Coll. Japan, *v.* 23 nr. 12 p. 66 t. 4 f. 30—35 | 1919 *C. j.*, Kükenthal in: Ergeb. Tiefsee-Exp., *v.* 13 pars 2 p. 475.

Die Verzweigung ist teils dicht, teils weniger dicht, dichotomisch und einseitig fiederig. Die Wirtel stehen meist dicht zusammen; auf 3 cm Astlänge kommen bis zu 16 Wirtel, doch gibt es auch Formen mit sehr weitstehenden Wirteln. Jeder Wirtel enthält 4—10 Polypen. Die Polypen sind 1,3—5 mm lang. Die Polypen sind entweder distalwärts gekehrt oder bei manchen Formen basalwärts. Die Basalschuppen bilden einen geschlossenen Ring, jede Basalschuppe weist einen kräftigen Stachel auf. Die Bukkalschuppen bilden ebenfalls einen geschlossenen Ring, und jede ist mit einem bald kräftigen, bald kleineren Paar Stacheln versehen. Die abaxialen Deckschuppen sind bald zart, bald lang dreieckig, mit niedrigem oder hohem Kiele, bald kurz und dick. Die Rindenskleriten sind schuppenartig, außen bewarzt, und etwa 0,6 mm im Durchmesser haltend. Achse goldglänzend, schwarz oder heller.

Japan, Fidschiinseln, Bourbon, Malay. Archipel. In Tiefen von 400—1300 m.

Wahrscheinlich aus mehreren Arten zusammengesetzt.

3. Gen. **Arthrogorgia** Kükenthal

1907 *Calyptrophora* (part.), Kinoshita in: Annot. zool. Jap., *v.* 6 p. 234 | 1908 *Arthrogorgia*, Kükenthal in: Kükenthal & Gorzawsky in: Zool. Anz., *v.* 32 p. 625 | 1908 *A.*, Kükenthal & Gorzawsky in: Abh. Bayer. Ak., suppl. *v.* 1 nr. 3 p. 28 | 1908 *Calyptrophora* (Subgen. *A.*), Kinoshita in: J. Coll. Japan, *v.* 23 nr. 12 p. 59 | 1919 *A.*, Kükenthal in: Ergeb. Tiefsee-Exp., *v.* 13 pars 2 p. 476.

Die Kolonie ist ausgesprochen zweiseitig fiedrig verästelt und die Seitenzweige stehen wechselständig. Zwischen dem Stamme und dem basalen Teile der Hauptäste findet sich eine dicht mit Skleriten erfüllte membranöse Erweiterung. Die Polypen sind mit der Mundseite basalwärts gekehrt und stehen in Wirteln. Die Basis der Polypen wird abaxial von 3 aufeinander folgenden Paaren kleinerer Infrabasalschuppen bedeckt, während adaxial zwei Paar vorhanden sind. Von großen Rumpfschuppen finden sich 2 Paar adaxial unvollständig geschlossener Basal- und Bukkalschuppen. An der adaxialen Polypenwand kommen eine Anzahl kleiner Skleriten vor. Das Operculum ist hoch. Die Rindenskleriten sind dünne, meist etwas längliche Schuppen.

Japan. Küsten-Abyssal.

1 Art.

1. **A. ijimai** (Kinosh.) 1907 *Calyptrophora i.*, Kinoshita in: Annot. zool. Jap., *v.* 6 p. 234 | 1908 *Arthrogorgia membranacea*, Kükenthal in: Kükenthal & Gorzawsky in: Zool. Anz., *v.* 32 p. 626 | 1908 *Calyptrophora (A.) ijimai*, Kinoshita in: J. Coll. Japan, *v.* 23 nr. 12 p. 59 t. 4 f. 28; t. 6 f. 54 | 1908 *A. membranacea*, Kükenthal & Gorzawsky in: Abh. Bayer. Ak., suppl. *v.* 1 nr. 3 p. 29 t. 2 f. 10, 11 | 1919 *A. ijimai*, Kükenthal in: Ergeb. Tiefsee-Exp., *v.* 13 pars 2 p. 477.

Die Kolonie ist ausgesprochen fiederförmig verästelt. Die Seitenzweige stehen wechselständig und nehmen nach oben zu an Länge ab. Die Äste der beiden Seiten stehen nicht in einer Ebene, sondern in einem Winkel, der etwas größer ist als ein rechter und sind nach einer Seite zu etwas eingekrümmt, so daß sich eine Vorder- und eine Hinterseite unterscheiden lassen. Zwischen dem Stamm und den basalen Teilen der Hauptäste hat sich eine etwa 5 mm breite, mit Skleriten dicht erfüllte Membran ausgebildet. Auf 3 cm Astlänge kommen meist 11—13 Polypenwirtel, selten etwas weniger. Sie stehen in freien Abständen von 2,5 mm. Jeder Wirtel enthält durchschnittlich 5 Polypen, nur im Bereich der Membran weniger, da hier die Polypen nur auf der konvexen Seite in Gruppen von 2 oder 3, manchmal auch einzeln stehen, der konkaven Seite dagegen fehlen (Fig. 174). Die Polypen sind 2—2,3 mm lang und mit der Mundseite basalwärts gekehrt. Die Polypenschuppen liegen im basalen Polypenteil abaxial in 3, adaxial in 2 Reihen, im darauffolgenden bilden sie 2 Ringe. Die proximalen Rumpfschuppen (Infrabasalschuppen) sind klein, den Rindenskleriten ähnlich und stehen alternierend. Sie stehen abaxial zu 3 Paar, adaxial gewöhnlich zu 2 Paar angeordnet. Die großen Basalschuppen erscheinen auf der adaxialen Polypenseite langgestreckt und am oberen Rande mit einem langen äußeren und meist auch einem kürzeren inneren Stachel versehen. Die ebenfalls sehr großen Bukkalschuppen haben ebenfalls 2 solcher Stachel. Beide Schuppenpaare sind adaxial unvollständig geschlossen, es finden sich in der adaxialen Polypenwand zwischen den großen Rumpfschuppen eine Anzahl kleiner Skleriten. Das Operculum ist hoch, die Deckschuppen sind schmal und bis 0,62 mm lang. Die Rindenskleriten sind dünne, unregelmäßig übereinander gelagerte, meist etwas längliche Schuppen von 0,5 mm größtem Durchmesser, die auf ihrer Oberfläche mit flachen Wärzchen besetzt sind. Die Achse ist von glänzend hellgelber, in den stärkeren Abschnitten brauner Farbe mit etwas Goldglanz. Gelblichweiß.

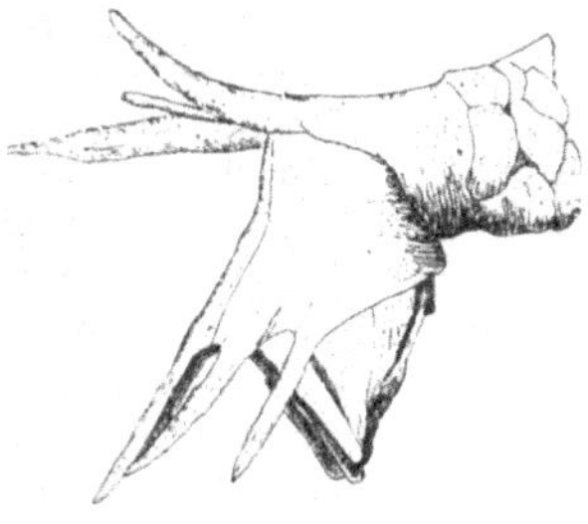

Fig. 174. Arthrogorgia ijimai. Polyp (nach Kinoshita).

Sagamibai (Japan). Küsten-Abyssal.

Genera dubia et species dubiae Primnoidarum

Dichotella divergens J. E. Gray 1870 *D. d.*, J. E. Gray, Cat. Lithoph. Brit. Mus., p. 50.

Dichotomisch verzweigt, Rinde ziemlich dick, granuliert. Polypenkelche nicht über die Oberfläche vorragend in mehreren Längsreihen; bedeckt von einer unregelmäßig gestalteten Schuppe. Achse hart, kalkig, tief längsgestreift. Braun.

Hab.?

Vielleicht ein defektes Exemplar irgendeiner *Primnoide*.

9. Fam. Gorgoniidae

1758 *Gorgonia* (part.), Linné, Syst. Nat., ed. 10 p. 800 | 1834 *Gorgonina* (part.), Ehrenberg in: Abh. Ak. Berlin, p. 357 | 1846 *Gorgonidae* (part.), J. D. Dana in: U. S. expl. Exp., *v.* 7 p. 637 | 1855 „*Gorgonacées*" (part.), Valenciennes in: CR. Ac. Sci., *v.* 41 p. 12 | 1857 *Gorgonidae* (part.), H. Milne-Edwards, Hist. Corall., *v.* 1 p. 134 | 1865 *G.* (part.), Kölliker, Icon. histiol., p. 135 | 1865 *G.* (part.), A. E. Verrill in: P. Essex Inst., *v.* 4 Commun. p. 186 | 1884 *Gorgoniidae*, S. Ridley in: Rep. Voy. Alert, p. 341 | 1889 *Gorgonidae* (part.), P. Wright & Th. Studer in: Rep. Voy. Challenger, *v.* 31 pars 64 Pref. p. 60 | 1910 *G.* (part.), Nutting in: Siboga-Exp., *v.* 13b4 p. 1 | 1918 *Gorgoniidae*, Bielschowsky, Revis. Gorgon., p. 12 | 1919 *G.*, Kükenthal in: Ergeb. Tiefsee-Exp., *v.* 13 pars 2 p. 638, 850.

Die Kolonien sind meist lateral, in einer Ebene, alternierend oder gegenständig verzweigt. Anastomosen sind nicht selten. Die Polypen sitzen an Stamm und Ästen fast stets biserial. Sie entspringen aus niedrigen, meist intraktilen Kelchen, die auch fehlen können, und sind mit einer Krone kleiner, spindelförmiger, unregelmäßig bewarzter Skleriten bewaffnet oder skleritenfrei. Die Rinde enthält stets kleine Spindeln mit meist in Gürteln angeordneten Warzen; aus den Spindeln können auch Klammern und Scheibenträger hervorgehen. Die Achse ist fast stets rein hornig. Farbe rot, gelb, violett, weiß, der Achse unten dunkelbraun bis schwarz, oben meist fadendünn, durchscheinend gelblich, bei einer Gattung *(Phycogorgia)* stark abgeplattet.

Atlantischer und Indopazifischer Ozean. Meist litoral.

11 Gattungen, 71 sichere Arten, von denen 8 in 18 Unterarten zerfallen, 44 unsichere Arten und 2 Varietäten.

Bestimmungstabelle der Gattungen:

1	Äste walzenförmig oder abgeplattet — 2	
	Äste blattförmig verbreitert — 9	
2	Die Rindenskleriten sind nur Spindeln — 3	
	Die Rindenskleriten sind Spindeln und Scheibenträger oder Klammern — 6	
3	Die Spindeln der Rinde sind klein, ihre Warzen in Gürteln angeordnet — 4	
	Die Spindeln der Rinde sind groß, ihre Warzen stehen nicht in Gürteln	5. Gen. **Stenogorgia**
4	Anastomosen fehlen meist völlig — 5	
	Anastomosen sind reichlich vorhanden	3. Gen. **Gorgonia**
5	Die Endzweige sind rund, die Polypen stehen allseitig	1. Gen. **Lophogorgia**
	Die Endzweige sind abgeplattet, die Polypen stehen biserial	2. Gen. **Leptogorgia**
6	In der Rinde Gürtelspindeln und Scheibenträger .	4. Gen. **Eugorgia**
	In der Rinde Gürtelspindeln und Klammern — 7	

7	Anastomosen sehr reichlich	6. Gen. **Rhipidogorgia**
	Anastomosen fehlen — 8	
8	Klammern an den Enden unbewarzt	7. Gen. **Pterogorgia**
	Klammern an den abgestumpften Enden bewarzt .	8. Gen. **Pseudopterogorgia**
9	Die Polypen sitzen an den Blatträndern	9. Gen. **Xiphigorgia**
	Die Polypen sitzen auf den Blattflächen — 10	
10	Achse in den Blättern verzweigt, oft mit Anastomosen	10. Gen. **Phyllogorgia**
	Achse in den Blättern lamellös verbreitert . . .	11. Gen. **Phycogorgia**

1. Gen. **Lophogorgia** H. Milne-Edwards

1786 *Gorgonia* (part.), Ellis & Solander, Zooph., p. 67 | 1855 *G.* (part.), Valenciennes in: CR. Ac. Sci., *v.* 41 p. 12 | 1857 *Lophogorgia*, H. Milne-Edwards, Hist. Corall., *v.* 1 p. 167 | 1861 *L.* + *Gorgonia*, Möbius in: N. Acta Ac. Leop., *v.* 29 p. 7, 9 | 1865 *L.*, A. E. Verrill in: P. Essex Inst., *v.* 4 Commun. p. 186 | 1869 *Leptogorgia* (part.), A. E. Verrill in: Amer. J. Sci., ser. 2 *v.* 48 p. 421 | 1887 *Lophogorgia*, Th. Studer (& P. Wright) in: Arch. Naturg., *v.* 53 I p. 63 | 1918 *L.*, Bielschowsky, Revis. Gorgon., p. 13.

Die Kolonie ist in einer Ebene und lateral verzweigt, die Endzweige sind meist kurz und am Ende abgerundet. Hauptstamm und Äste sind stets abgeplattet, die Endzweige rund. Die Polypen haben niedrige Scheinkelche und stehen an Stamm und Ästen biserial, an den Endzweigen allseitig. Die Polypenskleriten sind fast stets kronenförmig angeordnet. Die Rindenskleriten sind kleine, abgestumpfte Doppelspindeln mit 2 Gürteln zackiger Warzen, außerdem können größere spitz zulaufende Gürtelspindeln auftreten. Goldgelb, feuerrot, hellila.

Westküste von Afrika. Tieferes Litoral.

3 sichere, 2 unsichere Arten.

Spec. typ.: *L. flammea* (Ellis & Soland.)

Bestimmungstabelle der Arten:

1	Kolonie spärlich verzweigt	1. **L. crista**
	Kolonie reich verzweigt — 2	
2	Rindenskleriten nur kleine, abgestumpfte Gürtelspindeln . . .	2. **L. flammea**
	Rindenskleriten, außer kleinen, abgestumpften Gürtelspindeln auch größere, spitz zulaufende	3. **L. radula**

1. **L. crista** Möb. 1861 *L. c.*, Möbius in: N. Acta Ac. Leop., *v.* 29 p. 7 t. 2 f. 1—7 | 1869 *Leptogorgia c.*, A. E. Verrill in: Amer. J. Sci., ser. 2 *v.* 48 p. 421 | 1906 *Lophogorgia c.*, J. A. Thomson & W. D. Henderson in: P. zool. Soc. London, pars 1 p. 432 t. 29 f. 5—7 | 1919 *L. c.*, Kükenthal in: Ergeb. Tiefsee-Exp., *v.* 13 pars 2 p. 638 t. 32 f. 18; t. 33 f. 19.

Die Kolonie ist in einer Ebene, spitzwinklig und vorwiegend einseitig lateral verzweigt. Die langen, leicht wellig gekrümmten Endzweige biegen nach oben um und verlaufen annähernd parallel. Der Hauptstamm ist deutlich abgeplattet, die Endzweige sind rund. Die Polypen stehen allseitig, nur im unteren Teil der Kolonie biserial, sind 1 mm voneinander entfernt und entspringen aus niedrigen Scheinkelchen. Die Polypenskleriten sind kronenartig angeordnete, 0,12 mm lange, zarte, weit aber hoch bedornte Spindeln. Die Rindenskleriten sind 0,09 mm lange Doppelspindeln mit vier Kränzen von gezackten Warzen, die teilweise verschmelzen können. Ziegelrot bis dunkelrot.

Südafrika. Tieferes Litoral.

2. **L. flammea** (Ellis & Soland.) 1786 *Gorgonia f.*, Ellis & Solander, Zooph., p. 80 t. 11 | 1791—99 *G. palma* (part.), Esper, Pflanzenth., *v.* 2 p. 32 t. 5 | 1857 *Lophogorgia p.* (part.), H. Milne-Edwards, Hist. Corall., *v.* 1 p. 167 | 1865 *Gorgonia p.*, Kölliker, Icon. histiol., p. 139 | 1869 *Leptogorgia flammea*, A. E. Verrill in: Amer. J. Sci., ser. 2 *v.* 48 p. 421 | 1889 *Lophogorgia f.*, P. Wright & Th. Studer in: Rep. Voy. Challenger, *v.* 31 pars 64 p. 151 | 1900 *Gorgonia f.*, Hickson in: Mar. Invest. S.-Afr., *v.* 1 p. 81 t. 5B | 1918 *Lophogorgia f.*, Bielschowsky, Revis. Gorgon., p. 18.

Die Kolonie ist in einer Ebene und lateral verzweigt. Die Zweige entspringen in spitzem Winkel alternierend oder fiederförmig nicht sehr dicht, sind kurz und unverzweigt. Hauptstamm und Äste sind stark abgeplattet, Endzweige rundlicher. Die Polypen stehen nur an den Endzweigen allseitig. Die Rindenskleriten sind 0,06 mm lange, meist abgestumpfte Doppelspindeln mit 2 Gürteln gezackter Warzen. Ziegel- oder scharlachrot.

Südafrika. Litoral.

3. **L. radula** (Möb.) 1861 *Gorgonia r.*, Möbius in: N. Acta Ac. Leop., *v.* 29 p. 9 t. 3 f. 1—4 | 1865 *G. r.*, Kölliker, Icon. histiol., p. 139 t. 18 f. 36—38 | 1869 *Leptogorgia r.*, A. E. Verrill in: Amer. J. Sci., ser. 2 *v.* 48 p. 421 | 1918 *Lophogorgia r.*, Bielschowsky, Revis. Gorgon., p. 18.

Verzweigung in einer Ebene lateral. Zweige fiederförmig, wechselständig oder gegenständig angeordnet, nicht besonders dicht. Hauptstamm stark abgeplattet, Äste und Zweige rund. An den Endzweigen stehen die Polypen allseitig, sonst biserial. Die Rindenskleriten sind 0,14 mm lange, schlanke, zugespitzte Gürtelspindeln, Warzengürteln, sowie 0,18 mm lange Spindeln mit 10—12 Gürteln niedriger Warzen, sowie sehr kleine, nur 0,05 mm lange abgestumpfte Skleriten. Lila.

St. Thomi. Westküste von Afrika. Litoral.

L. pinnata (L.) 1758 *Gorgonia p.*, Linné, Syst. Nat., ed. 10 p. 802 | 1836 *G. p.* (part.), Lamarck, Hist. An. s. Vert., ed. 2 *v.* 2 p. 493 | 1887 *G. p.*, Pfeffer in: Verh. Ver. Hamburg, *v.* 6 p. 8.

In einer Ebene verzweigt, die Endzweige sind dünn und stehen ziemlich regelmäßig alternierend oder fiederförmig. Die Polypen sind zerstreut. Mennigrot.

Südafrika.

L. rubrotincta J. A. Thoms. & W. D. Hend. 1905 *L. r.*, J. A. Thomson & W. D. Henderson in: Herdman, Rep. Ceylon Pearl Fish., *v.* 3 nr. 20 p. 307 t. 4 f. 12.

Annähernd in einer Ebene verzweigt, die Hauptäste stehen unregelmäßig am Hauptstamm. Rindenskleriten, rauhe Spindeln von 0,1 mm Länge und 0,04 mm Breite. Orangegelb, auf der Mittellinie verläuft ein roter Streifen.

Indischer Ozean. Litoral.

2. Gen. Leptogorgia H. Milne-Edwards

1766 *Gorgonia* (part.), Pallas, Elench. Zooph., p. 160 | 1786 *G.* (part.), Ellis & Solander, Zooph., p. 67 | 1816 *G.* (part.), Lamarck, Hist. An. s. Vert., *v.* 2 p. 322 | 1834 *G.* (part.) + *Plexaura* (part.) + *Pterogorgia* (part.) + *Eunicea* (part.), Ehrenberg in: Abh. Ak. Berlin, p. 359, 365, 366, 368 | 1846 *Pterogorgia* (part.) + *Gorgonia* (part.), J. D. Dana in: U. S. expl. Exp., *v.* 7 p. 647, 654 | 1855 *G.* (part.) + *Plexaura* (part.), Valenciennes in: CR. Ac. Sci., *v.* 41 p. 12 | 1857 *G.* (part.) + *Leptogorgia* + *Lophogorgia*, H. Milne-Edwards, Hist. Corall, *v.* 1 p. 157, 163, 167 | 1864 *L.* (part.) + *G.* (part.), A. E. Verrill in: Bull. Mus. Harvard, *v.* 1 p. 31, 33 | 1868 *Litigorgia* (part.) + *Eugorgia* (part.), A. E. Verrill in: Amer. J. Sci., ser. 2 *v.* 45 p. 415 | 1887 *Leptogorgia*, Th. Studer (& P. Wright) in: Arch. Naturg., *v.* 531 p. 64 | 1887 *Gorgonia* (part.), Pfeffer in: Verh.

Ver. Hamburg, *v.* 6 p. 8 | 1910 *Lophogorgia* + *Leptogorgia*, Nutting in: Siboga-Exp., *v.* 13b4 p. 3, 4 | 1918 *Leptogorgia*, Bielschowsky, Revis. Gorgon., p. 18 | 1919 *L.*, Kükenthal in: Ergeb. Tiefsee-Exp., *v.* 13 pars 2 p. 851.

Die Kolonie ist meist in einer Ebene und lateral verzweigt, nur gelegentlich dichotomisch. Mitunter tritt Anastomosenbildung auf. Die Endzweige sind fast stets zweiseitig, oft fiederförmig angeordnet; bei einseitiger Anordnung können die Endzweige sehr lang werden. Äste und Zweige sind stets abgeplattet, die Polypen stehen vorwiegend in zwei seitlichen Reihen, haben schwach entwickelte Polypenkelche und sind meist mit einer Krone bewehrt. Die Rinde enthält Gürtelspindeln, deren Warzen teilweise zu Scheiben verschmelzen können. Weiß, braunrot, auch gelb und violett.

West- und Ostküste Mittel- und Südamerikas, Antillen, Florida, Karolinen, Prinz Edwardsinsel, Süd- und Westküste Afrikas, Kanarische Inseln, Mittelmeer, Japan. Vom flachen Litoral bis 1900 m Tiefe.

30 sichere, 22 unsichere Arten und 2 Varietäten.

Spec. typ.: *L. petechizans* (Pall.)

Bestimmungstabelle der Arten:

1	Rindenskleriten Spindeln mit warzenförmigen Fortsätzen — 2	
	Rindenskleriten Spindeln mit Warzen, die gelegentlich teilweise verschmelzen können — 27	
2	Polypenkelche hoch und walzenförmig	1. **L. rubra**
	Polypenkelche niedrig und warzenförmig — 3	
3	Endzweige mindestens die Hälfte der Koloniehöhe erreichend — 4	
	Endzweige kürzer — 6	
4	Verzweigung dichotomisch	2. **L. floridana**
	Verzweigung nicht dichotomisch — 5	
5	Rindenskleriten bis 0,16 mm lang	3. **L. fasciculata**
	Rindenskleriten bis 0,1 mm lang	4. **L. flexilis**
6	Verzweigung dichotomisch	5. **L. dichotoma**
	Verzweigung lateral — 7	
7	Anastomosen häufig — 8	
	Anastomosen fehlen meist völlig — 9	
8	Kolonie fächerförmig	6. **L. pumila**
	Kolonie buschig	7. **L. sarmentosa**
9	Zweige vorwiegend einseitig — 10	
	Zweige zweiseitig — 12	
10	Zweigenden zugespitzt	8. **L. esperi**
	Zweigenden abgestumpft — 11	
11	Rindenskleriten klein und abgestumpft	9. **L. varians**
	Rindenskleriten z. T. groß und zugespitzt	10. **L. rigida**
12	Zweigenden sehr scharf zugespitzt — 13	
	Zweigenden nicht scharf zugespitzt — 14	
13	Rindenskleriten bis 0,08 mm lang, abgestumpft . . .	11. **L. acuta**
	Rindenskleriten durchschnittlich 0,17 mm lang, zugespitzt	12. **L. purpurea**
14	Äste unverzweigt — 15	
	Äste verzweigt — 17	
15	Rindenskleriten bis 0,3 mm lang	13. **L. lütkeni**
	Rindenskleriten kürzer — 16	
16	Rindenskleriten größer und zugespitzt sowie kürzer und abgestumpft	14. **L. alba**
	Rindenskleriten nur groß und zugespitzt	15. **L. fusco-punctata**

17	Polypenkelche größer	16. **L. diffusa**
	Polypenkelche sehr klein — 18	
18	Polypen an den Zweigen teilweise allseitig	17. **L. pulcherrima**
	Polypen stets zweiseitig an den Zweigen — 19	
19	Rindenskleriten durchschnittlich 0,15 mm lang	18. **L. dioxys**
	Rindenskleriten bis 0,1 mm lang — 20	
20	Kolonie locker verzweigt — 21	
	Kolonie dicht verzweigt — 23	
21	Die Polypen sind mit langen Skleriten bewehrt	19. **L. pusilla**
	Polypenskleriten kurz — 22	
22	Hauptäste abgeplattet	20. **L. tenuissima**
	Hauptäste vierkantig	21. **L. parva**
23	Rindenskleriten abgestumpft	22. **L. aequatorialis**
	Rindenskleriten teilweise zugespitzt — 24	
24	Zweige vierkantig — 25	
	Zweige mehr oder minder abgeplattet — 26	
25	Endzweige abgestumpft	23. **L. obscura**
	Endzweige zugespitzt	24. **L. ramulus**
26	Der Hauptstamm setzt sich durch die gesamte Kolonie fort	25. **L. abietina**
	Der Hauptstamm löst sich bald in die Hauptäste auf	26. **L. florae**
27	Endzweige ziemlich kurz	27. **L. petechizans**
	Endzweige reihenförmig verlängert — 28	
28	Äste rund — 29	
	Äste abgeplattet	30. **L. virgulata**
29	Die Polypen stehen in mehreren Längsreihen	28. **L. sulfurea**
	Die Polypen stehen in zwei Längsreihen	29. **L. contorta**

1. **L. rubra** Bielsch. 1889 *L. purpurea* (non *Gorgonia p.*, Esper 1797), P. Wright & Th. Studer in: Rep. Voy. Challenger, *v.* 31 pars 64 p. 151 t. 21 f. 1, 1 a; t. 34 f. 3 | 1909 *L. p.*, Nutting in: P. U. S. Mus., *v.* 35 p. 722 | 1918 *L. rubra*, Bielschowsky, Revis. Gorgon., p. 29 | 1919 *L. r.*, Kükenthal in: Ergeb. Tiefsee-Exp., *v.* 13 pars 2 p. 911.

Verzweigung lateral, meist in einer Ebene, spärlich. Astenden scharf zugespitzt. Stamm und Äste wenig, Zweige stark abgeplattet. Die Zweige entspringen rechtwinklig und sind längsgefurcht. Die Polypen stehen am Stamm und dem basalen Teil der Äste in 4, sonst in 2 Längsreihen; sie entspringen aus hohen, walzenförmigen Kelchen und sind mit einer Krone longitudinaler, flacher Spindeln bewehrt. Ihre Länge beträgt etwa 0,1 mm. In der Rinde liegen 0,05 mm lange Doppelspindeln, die abgestumpft sind und jederseits einen Gürtel gezackter Warzen tragen, sowie etwas längere mit 2—3 Warzengürteln jederseits. Rot oder orangegelb.

Ost- und Westküste Zentral- und Südamerikas. In 18—732 m Tiefe.

2. **L. floridana** Verrill 1864 *L. purpurea* (non *Gorgonia p.*, Esper 1797), A. E. Verrill in: Bull. Mus. Harvard, *v.* 1 p. 31 | 1869 *L. floridana*, A. E. Verrill in: Amer. J. Sci., ser. 2 *v.* 48 p. 420, 423 | 1918 *L. f.*, Bielschowsky, Revis. Gorgon., p. 29.

Verzweigung dichotomisch, die Endzweige sind lang, dünn, rutenförmig und rund, einander parallel nach oben laufend. Die Polypen fehlen an den Zweigen nur einer schmalen, mittleren Zone, und entspringen aus niedrigen Scheinkelchen. Die Rindenskleriten sind etwa 0,12 mm lange, schlanke Doppelspindeln mit jederseits 3—4 Warzenkränzen, sowie 0,08 mm lange, abgestumpfte Doppelspindeln mit enger stehenden Warzen, die in kleine, 0,06 mm lange Skleriten mit 1—2 Warzengürteln übergehen. Rot.

Florida.

3. **L. fasciculata** Bielsch. 1918 *L. f.*, Bielschowsky, Revis. Gorgon., p. 29 | 1919 *L. f.*, Kükenthal in: Ergeb. Tiefsee-Exp., *v.* 13 pars 2 p. 912.

Verzweigung lateral in einer Ebene, mit wenigen langen, rutenförmigen Endzweigen, die fast stets unilateral stehen, und zugespitzt enden. Der Stamm ist fast rund, Äste und Zweige sind abgeplattet, Stamm und Äste längsgefurcht. Die Polypen sind klein, seitlich in Längsreihen angeordnet und ihre Scheinkelche sind niedrig. Ihre Bewehrung besteht aus spindel- oder stäbchenförmigen, bis 0,12 mm langen Skleriten, deren Ränder mit niedrigen, glatten Warzen unregelmäßig besetzt sind. Die Rinde enthält zugespitzte, etwa 0,13 mm lange Doppelspindeln mit 4 Gürteln dicht stehender, gezackter Warzen jederseits, und ansehnlichem, eingeschnürtem, glattem Mittelteil, sowie abgestumpfte, 0,04—0,09 mm lange Doppelspindeln mit 1—2 Gürteln dicht stehender, gezackter Warzen jederseits. Weiß.

Panama.

4. **L. flexilis** Verrill 1868 *L. f.*, A. E. Verrill in: Tr. Connect. Ac., *v.* 1 p. 400 t. 5 f. 11 | 1868 *Gorgonia (Eugorgia) f.*, A. E. Verrill in: Amer. J. Sci., ser. 2 *v.* 45 p. 415 | 1869 *Leptogorgia f.*, A. E. Verrill in: Amer. J. Sci., ser. 2 *v.* 48 p. 421 | 1918 *L. f.*, Bielschowsky, Revis. Gorgon., p. 29.

Der Aufbau der Kolonie ist buschig, der Hauptstamm gibt wechselständige Hauptäste ab, die in gleicher Weise angeordnete Seitenäste tragen, an denen fiederförmig oder unilateral angeordnete, lange, dünne, herabhängende Endzweige sitzen, die untereinander parallel laufen. Hauptstamm und Hauptäste sind rund oder etwas abgeplattet und deutlich längsgefurcht, die runden Endzweige sind nach den Enden zu etwas verjüngt. Die Polypen stehen in mehreren seitlichen Längsreihen; Polypenkelche fehlen. Die Rinde enthält etwa 0,093 mm lange, zugespitzte Doppelspindeln mit 3—4 Warzengürteln jederseits und breitem, glattem Mittelschaft, sowie 0,05 mm lange, abgestumpfte Doppelspindeln mit jederseits 2 Warzengürteln. Dunkelrotbraun.

Westküste Zentralamerikas. Flaches Litoral.

5. **L. dichotoma** Verrill 1870 *L. d.*, A. E. Verrill in: Amer. J. Sci., ser. 2 *v.* 49 p. 375 | 1918 *L. d.*, Bielschowsky, Revis. Gorgon., p. 29.

Verzweigung spärlich, dichotomisch. Äste und Zweige sind lang, dünn und wenig verjüngt, ihre Enden sind abgestumpft; sie sind abgeplattet oder vierkantig. Die Polypen stehen in dichten seitlichen Längsreihen, nur einen schmalen Mittelstreifen auf beiden Seiten freilassend, und entspringen aus breiten, runden, niedrigen Scheinkelchen. Ihre Bewehrung besteht aus schlanken, bedornten, 0,17 mm langen Spindeln. In der Rinde liegen vorwiegend 0,2 mm lange, zugespitzte Doppelspindeln mit 4—5 Gürteln nicht dichtstehender Warzen jederseits; außerdem kommen kürzere, dickere Formen mit dichter angeordneten Warzen vor. Gelb, Kelche meist violett.

Sierra Leone.

6. **L. pumila** (Verrill) 1868 *Litigorgia p.*, A. E. Verrill in: Amer. J. Sci., ser. 2 *v.* 45 p. 415 | 1868 *Leptogorgia p.*, A. E. Verrill in: Tr. Connect. Ac., *v.* 1 p. 396 t. 5 f. 8 | 1918 *L. p.*, Bielschowsky, Revis. Gorgon., p. 29.

Kolonie fächerförmig in einer Ebene lateral verzweigt. Die kurzen Endzweige bilden zahlreiche Anastomosen, und enden undeutlich dreikantig. Der Stamm und der basale Teil der Äste sind rund, der periphere Teil der Kolonie ist etwas abgeplattet; die Äste verjüngen sich sehr stark (Fig. 175). Die Polypen stehen in 4 seitlichen nicht dichten Längsreihen, entspringen aus ziemlich niedrigen, warzenförmigen Kelchen und sind mit einer Krone 0,07 mm langer, flacher, am Rande niedrig bewarzter Spindeln bewehrt. Die Rindenskleriten sind etwa 0,1 mm lange, zugespitzte Doppelspindeln mit 3 Warzengürteln jederseits, sowie 0,05 bis 0,08 mm lange, mehr abgestumpfte Doppelspindeln mit 1—2 Warzengürteln jederseits. Rot.

Panama, Peru.

Fig. 175. **Leptogorgia pumila** (nach Bielschowsky).

7. **L. sarmentosa** (Esp.) 1791—99 *Gorgonia s.*, Esper, Pflanzenth., *v.* 2 p. 85 t. 21 f. 1, 2 | 1797 *G. s.* var., Esper, Pflanzenth., Forts. *v.* 1 p. 265 (err. p. 165) t. 45 f. 1, 2 | 1855 *Gorgonella s.*, Valenciennes in: CR. Ac. Sci., *v.* 41 p. 12 | 1857 *G. s.*, H. Milne-Edwards, Hist. Corall., *v.* 1 p. 183 | 1869 *Leptogorgia s.*, A. E. Verrill in: Amer. J. Sci., ser. 2 *v.* 48 p. 421 | 1882 *Gorgonella s.*, G. Koch in: Mt. Stat. Neapel, *v.* 3 p. 545 tf. 7; t. 1 f. 4; t. 6 f. 1—9; t. 8 f. 28, 29, 36—38 | 1887 *G. s.*, *Leptogorgia s.*, G. Koch in: F. Fl. Neapel, *v.* 15 p. 37, 98 tf. 37, 43 | 1918 *L. s.*, Bielschowsky, Revis. Gorgon., p. 29.

Verzweigung reichlich, buschig; Anastomosen sind häufig. Die Polypen stehen meist weit auseinander in Längsreihen, haben sehr niedrige Kelche, die sich bis auf Längsspalten schließen können, und sind mit 0,1 mm langen, bewarzten Spindeln bewehrt. Die Rindenskleriten sind 0,05—0,12 mm lange Doppelspindeln, die mit großen, gezackten Warzen besetzt sind. Achse etwas verkalkt. Rot, orange, gelb, Polypen weiß mit rot.

Mittelmeer. Tieferes Litoral.

8. **L. esperi** Verrill 1791—99 *Gorgonia violacea* (part.), Esper, Pflanzenth., *v.* 2 p. 54 t. 12 f. 1, 2 | 1869 *Leptogorgia esperi*, A. E. Verrill in: Amer. J. Sci., ser. 2 *v.* 48 p. 420 | 1870 *Pterogorgia e.*, Duchassaing, Rev. Zooph. Spong. Antill., p. 16 | 1918 *Leptogorgia e.*, Bielschowsky, Revis. Gorgon., p. 29 | 1919 *L. e.*, Kükenthal in: Ergeb. Tiefsee-Exp., *v.* 13 pars 2 p. 912.

Fächerförmig, lateral in einer Ebene verzweigt, aber auch mehr buschig, mit ziemlich langen, parallel verlaufenden Endzweigen. Stamm, Äste und weniger stark auch die Zweige sind abgeplattet, letztere am Ende meist etwas zugespitzt. Die Polypen sind streng biserial in mehreren wechselständigen Längsreihen angeordnet und mit kleinen, 0,04 mm langen, flachen, an den Rändern niedrig bewarzten Skleriten bewehrt. Die Rindenskleriten sind 0,156 mm lange, zugespitzte Doppelspindeln mit 2 und mehr Paar Warzengürteln, sowie 0,1 mm lange, abgestumpfte Doppelspindeln mit 1—2 Paar Warzengürteln. Violett.

Sierra Leone.

9. **L. varians** (W. Koch) 1886 *Gorgonia v.*, W. Koch, Anthoz. Guinea, p. 8 t. 1 f. 19, 20; t. 2 f. 1, 2 | 1918 *Leptogorgia v.*, Bielschowsky, Revis. Gorgon., p. 29.

Annähernd in einer Ebene, lateral oder sympodial verzweigt. Die Zweige sind uniserial angeordnet, die Endzweige sind kurz, etwas zugespitzt oder angeschwollen und wie die Äste leicht abgeplattet. Die dicht stehenden Polypen finden sich nur im oberen Teil der Äste und an den Zweigen, sind vorwiegend biserial angeordnet und entspringen aus ganz niedrigen Scheinkelchen. Die Polypen sind unbewehrt. In der Rinde liegen abgestumpfte 0,05 mm messende Doppelspindeln mit 2 Gürteln gezackter Warzen. Blaurot bis rostrot.

Golf von Guinea.

10. **L. rigida** Verrill 1864 *L. r.* (part.), A. E. Verrill in: Bull. Mus. Harvard, *v.* 1 p. 32 | 1866 *Gorgonia r.* (part.), A. E. Verrill in: P. Boston Soc., *v.* 10 p. 327 | 1868 *G. (Eugorgia) r.*, A. E. Verrill in: Amer. J. Sci., ser. 2 *v.* 45 p. 415 | 1868 *Leptogorgia r.*, A. E. Verrill in: Tr. Connect. Ac., *v.* 1 p. 401 t. 5 f. 9 | 1883 *L. r.*, Th. Studer in: Mt. Ges. Bern, fasc. 1 p. 4 | 1918 *L. r.*, Bielschowsky, Revis. Gorgon., p. 29.

Der Hauptstamm teilt sich dicht über der Basis in mehrere starke Hauptäste, die vorwiegend einseitig angeordnete Seitenäste mit langen Endzweigen tragen. Hauptäste, Seitenäste und Zweige sind abgeplattet. Die ziemlich großen Polypen sind an den Zweigen in 4—6 schrägen Reihen angeordnet, eine längsgefurchte Mittellinie freilassend; ihre Kelche sind niedrig. Die Rinde enthält 0,11 mm lange, zugespitzte Doppelspindeln mit 3 oder 4 Gürteln unregelmäßiger Warzen jederseits, sowie abgestumpfte Doppelspindeln von 0,078 mm Länge mit 2 Warzengürteln jederseits, nebst kleineren, nur 0,04 mm langen Formen mit je einem Warzengürtel. Dunkelblaurot, violett, auch purpurrot mit gelb.

Westküste Zentralamerikas.

11. **L. acuta** Bielsch. 1918 *L. a.*, Bielschowsky, Revis. Gorgon., p. 30 | 1919 *L. a.*, Kükenthal in: Ergeb. Tiefsee-Exp., *v.* 13 pars 2 p. 912.

Verzweigung lateral in einer Ebene. Die Endzweige sind kurz, entspringen in rechtem Winkel und biegen nach oben um. Stamm, Äste und Zweige sind vierkantig. Die Zweigenden sind scharf zugespitzt. Die Polypen stehen in 4 dichten Längsreihen und entspringen aus warzenförmigen Kelchen. Die Polypenskleriten sind stäbchenförmig, 0,047 mm lang und zu einer dichten Krone angeordnet, darunter liegen horizontal angeordnete, ebenso lange Skleriten in 8 Feldern. Die Rindenskleriten sind kleine abgestumpfte Doppelspindeln von 0,08 mm Länge mit 2 Warzengürteln und tief eingeschnürter Mitte. Farbe rot.

Verbreitung?

12. **L. purpurea** (Esp.) 1794—97 *Gorgonia p.*, Esper, Pflanzenth., Forts. *v.* 1 p. 159 t. 43 f. 1, 2 | 1878 *Leptogorgia p.*, Th. Studer in: Mt. Ges. Bern, p. 175 | 1918 *L. p.*, Bielschowsky, Revis. Gorgon., p. 30.

Verzweigung lateral in einer Ebene. Die Endzweige sind nicht lang, entspringen wie die Äste in meist rechtem Winkel und sind eigentümlich gekrümmt. Stamm, Äste und Zweige sind vierkantig und die Enden sind scharf zugespitzt. Die Polypen stehen in 4 seitlichen Längsreihen, die freibleibenden Mittelstreifen sind längs gefurcht. Ihre Bewehrung besteht aus einer Krone flacher, 0,07 mm langer Skleriten, deren Rand mit einigen niedrigen, glatten Warzen besetzt ist. Die Rindenskleriten sind spitz zulaufende, 0,17 mm lange Doppelspindeln, mit 2 oder 3 Gürteln gezackter Warzen jederseits. Lila oder hell blaurot.

Westafrika.

13. **L. lütkeni** (P. Wright & Th. Stud.) 1889 *Lophogorgia l.*, P. Wright & Th. Studer in: Rep. Voy. Challenger, *v.* 31 pars 64 p. 150 t. 30 f. 1, 1a; t. 34 f. 1 | 1905 nec. *L. l.*, J. A. Thomson & W. D. Henderson in: Herdman, Rep. Ceylon Pearl Fish., *v.* 3 nr. 20 p. 306 t. 3 f. 6 | 1909 nec. *L. l.*, J. A. Thomson & J. Simpson, Alcyon. Investigator, *v.* 2 p. 264 | 1909 nec. *L. l.*, J. A. Thomson & Crane in: Rep. mar. Zool. Okhamandal, pars 1 p. 182 f. 11 | 1918 *Leptogorgia l.*, Bielschowsky, Revis. Gorgon., p. 30.

Verzweigung in einer Ebene. Basis scheibenförmig. Hauptstamm und Äste zeigen auf Vorder- und Hinterfläche eine unregelmäßige Wellenlinie.

Die Polypen stehen in seitlichen Längsreihen und entspringen aus sehr niedrigen Kelchen, die sich bis auf einen länglichen Schlitz schließen können. Die Tentakel enthalten nadelförmige, schwach bedornte, 0,2 mm lange Skleriten. Die Rinde enthält 0,2—0,3 mm lange, warzige Spindeln. Dunkelgelbrot.

Prinz Edward-Insel. Küstenabyssal.

14. **L. alba** (Duchass. & Mich.) 1864 *Lophogorgia a.*, Duchassaing & Michelotti in: Mem. Acc. Torino, ser. 2 *v.* 23 p. 19 t. 4 f. 2 | 1918 *Leptogorgia a.*, Bielschowsky, Revis. Gorgon., p. 30.

Verzweigung in einer Ebene, lateral. Hauptäste eigentümlich gekrümmt. Seitenäste und Zweige entspringen meist in rechtem Winkel und biegen dann nach oben um. Stamm und Äste sind leicht abgeplattet. Die Polypen stehen wechselständig in seitlichen Längsreihen. Polypenkelche fehlen. Die Polypenskleriten sind flache Spindeln mit ziemlich hohen, glatten Warzen von 0,1 mm Länge, in dichten Längsreihen angeordnet, eine Krone bildend. Die Rinde enthält kleinere, abgestumpfte und größere, zugespitzte Doppelspindeln mit 1—3 Warzengürteln jederseits. Weiß.

Westküste Zentral- und Südamerikas.

14a. **L. alba var. sulcata** Bielsch. (MS) *L. a.* var. *s.*, Bielschowsky (MS).

Verzweigung lateral in einer Ebene. Endzweige spärlich, wechselständig, meist in spitzem Winkel entspringend, am Ende zugespitzt. Hauptstamm und Hauptäste weisen sehr tiefe Längsfurchen auf. Die Polypen stehen an Ästen und Zweigen wechselständig, in mehreren nicht sehr dichten, seitlichen Reihen. Die Polypenskleriten sind basal horizontal angeordnet. Weiß.

Westküste Zentral- und Südamerikas.

15. **L. fusco-punctata** (W. Koch) 1886 *Gorgonia f.*, W. Koch, Anthoz. Guinea, p. 7 t. 2 f. 3; t. 1 f. 10—13 | 1918 *Leptogorgia f.*, Bielschowsky, Revis. Gorgon., p. 30.

Verzweigung lateral in einer Ebene. Der Hauptstamm ist im unteren Teile unverzweigt und trägt oben einige wechselständig angeordnete, meist nicht weiter verzweigte Äste. Die Enden sind leicht zugespitzt. Die Polypen stehen an Stamm und Ästen in seitlichen, wechselständigen Längsreihen und entspringen aus niedrigen Scheinkelchen. Die Tentakel enthalten 0,047 mm lange, flache Skleriten mit unregelmäßig gewelltem Rande. Die Polypenkrone besteht aus 0,1 mm langen, spindel- oder stabförmigen Skleriten, die basal transversal darüber in dichten Längsreihen angeordnet sind, und die seitlich mit niedrigen, glatten Warzen besetzt sind. Im unteren Teil des Polypenkörpers liegt ein Saum sehr kleiner Spindeln mit einigen hohen Warzen. Die Rinde enthält zugespitzte Doppelspindeln von etwa 0,17 mm Länge mit 2 oder 3 Warzengürteln jederseits. Braun, Polypen gelb.

Golf von Guinea.

16. **L. diffusa** (Verrill) 1868 *Litigorgia d.*, A. E. Verrill in: Amer. J. Sci., ser. 2 *v.* 45 p. 415 | 1868 *Leptogorgia d.*, A. E. Verrill in: Tr. Connect. Ac., *v.* 1 p. 397 t. 5 f. 6; t. 6 f. 3 | 1918 *L. d.*, Bielschowsky, Revis. Gorgon., p. 30.

Verzweigung spärlich, die der Hauptäste dichotomisch, der Endzweige lateral, fiederförmig, letztere sind stark abgeplattet. Die nicht dichtstehenden Polypen sind in jederseits 2 alternierenden Reihen angeordnet, an den Zweigen nur in je einer Längsreihe, und entspringen aus ziemlich großen und breiten Kelchen. Die Polypenskleriten sind etwa 0,14 mm lang. Die

Rinde enthält zugespitzte Doppelspindeln von bis 0,12 mm Länge mit Gürteln großer Warzen sowie abgestumpfte Doppelspindeln von 0,08 mm Länge deren große rauhe Warzen dichte Gürtel bilden. Rot.

Westküste Zentralamerikas.

17. **L. pulcherrima** Bielsch. 1918 *L. p.*, Bielschowsky, Revis. Gorgon., p. 30 | 1919 *L. p.*, Kükenthal in: Ergeb. Tiefsee-Exp., *v.* 13 pars 2 p. 913.

Verzweigung lateral in einer Ebene. Die Zweige und Endzweige sind wechselständig und ziemlich dicht angeordnet, ihre Enden sind abgerundet. Hauptstamm und Äste sind stark abgeplattet. Die sehr dicht stehenden Polypen sind biserial, an den Endzweigen auch allseitig angeordnet, entspringen aus niedrigen Scheinkelchen und ihre Krone besteht aus nicht sehr dicht stehenden, etwa 0,07 mm langen Skleriten, die mit niedrigen, kleinen Warzen unregelmäßig besetzt sind. In der Rinde liegen kleine, abgestumpfte Doppelspindeln von 0,05 mm Länge mit 2 Gürteln ziemlich großer Warzen, sowie zugespitzte Gürtelspindeln von 0,12 mm Länge mit 4—6 regelmäßigen Gürteln gezackter Warzen. In der tieferen Rinde der oberen Kolonie liegen außerdem 0,14—0,18 mm lange Spindeln, meist mit 10 Gürteln niedriger schwach gezackter und nicht sehr regelmäßig angeordneter Warzen. Goldgelb oder dunkelrot.

Westküste von Afrika.

17a. **L. pulcherrima** var. **simplex** Bielsch. MS 1919 *L. p.* var. *s.*, Bielschowsky MS in: Kükenthal in: Ergeb. Tiefsee-Exp., *v.* 13 pars 2 p. 913.

Die Verzweigung ist lateral, in einer Ebene und sehr regelmäßig. Die Zweige sind streng zweizeilig und wechselständig angeordnet, und sind oft stark gekrümmt. Die Enden sind stumpf konisch. Die sehr kleinen Polypen finden sich nur im oberen Teil der Kolonie, hier vorwiegend biserial angeordnet, Kelche fehlen. Polypen- und Rindenbewehrung ist ungefähr die gleiche wie bei der typischen Form. Blaurot.

Westküste von Afrika.

18. **L. dioxys** Bielsch. 1918 *L. d.*, Bielschowsky, Revis. Gorgon., p. 30 | 1919 *L. d.*, Kükenthal in: Ergeb. Tiefsee-Exp., *v.* 13 pars 2 p. 913.

Verzweigung lateral in einer Ebene. Die Zweige sind kurz, nicht verjüngt und enden zweispitzig oder einfach zugespitzt. Die Polypen stehen in seitlichen Längsreihen und entspringen aus niedrigen Scheinkelchen. Die Rinde enthält lange, zugespitzte Doppelspindeln von 0,15 mm Länge, mit 4 Gürteln schwach gezackter Warzen jederseits, sowie 0,08 mm lange, abgestumpfte Doppelspindeln mit nur einem Gürtel dicht stehender, gezackter Warzen jederseits und einem sehr tief eingeschnittenen Mittelschaft. Die Kelche enthalten kleine, stäbchenförmige, 0,05 mm lange Skleriten und 0,1 mm lange, stark bedornte Spindeln. Schwarzrot.

Westküste von Afrika.

19. **L. pusilla** Kükth. 1919 *L. p.*, Kükenthal in: Ergeb. Tiefsee-Exp., *v.* 13 pars 2 p. 641 t. 48 f. 90.

Verzweigung in einer Ebene, ausgesprochen lateral. Die Äste und Zweige entspringen in rechtem Winkel (Fig. 176). Die Polypen stehen seitlich in 1 mm Entfernung, sind 0,5 mm hoch, ebenso breit und entspringen aus niedrigen Kelchen. Ihre Bewehrung ist dicht und besteht aus 8 Feldern nahezu longitudinal verlaufender, flacher, breiter Spindeln von 0,15 mm Länge, mit großen, stumpfen, seitlichen Warzen. Die Tentakel enthalten transversal angeordnet zahlreiche kleinere, mehr stabförmige Skleriten. Die Gürtelstäbe der Rinde sind gerade oder gebogen, 0,15 mm lang und meist mit 4 Gürteln großer, gezackter Fortsätze versehen. Orangerot, Polypenskleriten blutrot.

Südafrika. Tieferes Litoral bis Küstenabyssal.

Fig. 176. **Leptogorgia pusilla.**

20. **L. tenuissima** Kükth. 1919 *L. t.*, Kükenthal in: Ergeb. Tiefsee-Exp., *v.* 13 pars 2 p. 640 t. 33 f. 23.

Die zierliche Kolonie ist reichlich und lateral in einer Ebene verzweigt. Die Endzweige sind kurz und zugespitzt und wie die Äste abgeplattet. Die sehr kleinen Polypen stehen in etwas mehr als 1 mm Entfernung in unregelmäßigen seitlichen Reihen, entspringen aus niedrigen Scheinkelchen und sind mit 0,09 mm langen, flachen Spindeln bewehrt, die weitstehende aber hohe, seitliche Warzen tragen. Die Rindenskleriten sind 0,09 mm lange Gürtelstäbe mit 2 oder 4 Gürteln hoher Fortsätze. Orangerot.

Südafrika. Tieferes Litoral.

21. **L. parva** Bielsch. 1918 *L. p.*, Bielschowsky, Revis. Gorgon., p. 36 | 1919 *L. p.*, Kükenthal in: Ergeb. Tiefsee-Exp., *v.* 13 pars 2 p. 913.

Verzweigung nicht in einer Ebene, lateral. Die Zweige stehen wechselständig oder fiederförmig und entspringen meist in spitzem Winkel. Stamm und Äste sind rund oder letztere etwas abgeplattet; die Zweige erscheinen mehr vierkantig, ergänzen sich kaum und sind längsgefurcht. Die Polypen stehen in 2—4 seitlichen Längsreihen und entspringen aus niedrigen, warzenförmigen Scheinkelchen. Sie sind mit einer Krone bewehrt, die aus flachen, in der Mitte tief eingeschnürten, 0,05 mm langen Skleriten besteht. Die Rinde enthält abgestumpfte Doppelspindeln von 0,07—0,09 mm Länge, mit 1—2 Warzengürteln jederseits. Dunkelviolettrot.

Westküste Zentralamerikas.

22. **L. aequatorialis** Bielsch. 1918 *L. a.*, Bielschowsky, Revis. Gorgon., p. 31 | 1919 *L. a.*, Kükenthal in: Ergeb. Tiefsee-Exp., *v.* 13 pars 2 p. 914.

Verzweigung nicht ausgeprägt in einer Ebene, sondern in hintereinanderliegenden Ebenen, sonst buschig, lateral. Endzweige fiederförmig oder wechselständig, in rechtem Winkel entspringend, während die Äste in spitzem Winkel abgehen. Der Stamm ist fast rund, Äste und Zweige sind abgeplattet und nicht verjüngt, am Ende dreikantig gestaltet. Die Polypen stehen in 4 seitlichen dichten Längsreihen und die dazwischenliegenden Flächen sind längsgefurcht. Sie entspringen aus niedrigen, warzenförmigen Kelchen. Ihre Bewehrung besteht aus einer Krone kleiner, 0,04 mm langer Stäbe, die in der Mitte tief eingeschnürt, an den Enden verbreitert sind und in 8 Feldern stehen. Die Rindenskleriten sind 0,07 mm lange, abgestumpfte Doppelspindeln mit zwei Gürteln dicht stehender gezackter Warzen. Zinnoberrot.

Westküste von Zentral- und Südamerika. Flaches Litoral.

23. **L. obscura** Bielsch. 1918 *L. o.*, Bielschowsky, Revis. Gorgon., p. 31 | 1919 *L. o.*, Kükenthal in: Ergeb. Tiefsee-Exp., *v.* 13 pars 2 p. 914.

Verzweigung nicht ausgeprägt in einer Ebene, lateral, sehr dicht. Die Zweige stehen fiederförmig oder wechselständig, die Endzweige sind kurz, nicht verjüngt, abgestumpft und vierkantig, während Stamm und Äste fast rund sind. Die Polypen stehen in 4 sehr dichten Längsreihen, entspringen aus warzenförmigen Kelchen und sind mit einer Krone flacher, 0,05 mm langer Spindeln mit einigen niedrigen, glatten Warzen bewehrt. Die Rinde enthält abgestumpfte, 0,08 mm lange Doppelspindeln mit einem Warzengürtel jederseits, und einzelnen zugespitzten, 0,1 mm langen Doppelspindeln mit zwei Warzengürteln jederseits. Dunkelblaurot.

Westküste von Zentral- und Südamerika. Flaches Litoral.

24. **L. ramulus** (Val.) 1855 *Gorgonia r.*, Valenciennes in: CR. Ac. Sci., *v.* 41 p. 12 | 1863 *G. humilis*, A. E. Verrill in: Mem. Boston Soc., *v.* 1 p. 6 | 1864 *G. ramulus*, A. E. Verrill in: Bull. Mus. Harvard, *v.* 1 p. 33 | 1868 *Litigorgia r.*, A. E. Verrill in: Amer. J. Sci., ser. 2 *v.* 45 p. 415 | 1869 *Leptogorgia r.*, A. E. Verrill in: Amer. J. Sci., ser. 2 *v.* 48 p. 421 | 1883 *L. r.*, Th. Studer in: Mt. Ges. Bern, fasc. 1 p. 4 | 1918 *L. r.*, Bielschowsky, Revis. Gorgon., p. 31 | 1919 *L. r.*, Kükenthal in: Ergeb. Tiefsee-Exp., *v.* 13 pars 2 p. 914.

Reich verzweigt, die Zweige sind kurz, gekrümmt, fast vierkantig, die Enden sind zugespitzt. Äste und Zweige sind längsgefurcht. Die Polypen stehen jederseits vorwiegend in 2 dichten Längsreihen und entspringen aus niedrigen, runden Kelchen. Die Polypen sind mit schlanken, spindelförmigen Skleriten von 0,08 mm Länge bewehrt, die weitstehende Warzen tragen. Die Rinde enthält meist abgestumpfte Doppelspindeln, die warzenförmige Fortsätze in 2—4 Gürteln tragen und etwa 0,08—1 mm lang sind. Grauweiß, dunkelviolettrot, tief purpurrot, hellrot, auch teilweise rot und weiß.

Westküste von Zentral- und Südamerika.

25. **L. abietina** Kükth. 1919 *L. a.*, Kükenthal in: Ergeb. Tiefsee-Exp., *v.* 13 pars 2 p. 639 t. 32 f. 15.

Verzweigung ausgeprägt in einer Ebene, lateral und ziemlich dicht. Die Äste und Zweige gehen gleichmäßig im Winkel von 60° ab. Der Hauptstamm ist stark abgeplattet. Die Polypen sind am Hauptstamm biserial an den Zweigen unregelmäßig und dicht, mehr allseitig; ihre Kelche sind halbkugelige, kleine Warzen. Ihre Bewehrung besteht aus zarten, 0,1 mm langen, fein- und weitbedornten Spindeln, die basal in transversaler Richtung angeordnet sind, distalwärts sich in fast longitudinaler Richtung in 8 Feldern erheben. Die am Hauptstamm fein längsgestreifte Rinde enthält zahlreiche bis 0,09 mm lange, ziemlich dicke Doppelspindeln mit 2 Gürteln hoher Fortsätze jederseits. Mennigrot.

Südafrika. Tieferes Litoral.

26. **L. florae** (Verrill) 1868 *Litigorgia f.*, A. E. Verrill in: Amer. J. Sci., ser. 2 *v.* 45 p. 415 | 1868 *Leptogorgia f.*, A. E. Verrill in: Tr. Connect. Ac., *v.* 1 p. 387 t. 5 f. 3; t. 6 f. 1 | 1869 *L. f.*, A. E. Verrill in: Amer. J. Sci., ser. 2 *v.* 48 p. 421 | 1918 *L. f.*, Bielschowsky, Revis. Gorgon., p. 31.

Kolonie fächerförmig, die Äste und Zweige sind dicht fiederförmig oder wechselständig angeordnet, die Endzweige sind kurz, wie die Äste etwas abgeplattet und an den dreikantigen Enden etwas verbreitert. Die Polypen stehen in seitlichen Längsreihen an den längsgefurchten Ästen und Zweigen, entspringen aus kleinen, kegelförmigen Kelchen und sind mit 0,09 mm langen, weit und niedrig bewarzten Skleriten versehen. In der Rinde liegen zugespitzte, 0,12 mm lange Doppelspindeln mit 3 Warzengürteln jederseits, sowie 0,08 mm lange, abgestumpfte Doppelspindeln. Rot.

Westküste von Zentralamerika.

27. **L. petechizans** (Pall.) 1766 *Gorgonia p.*, Pallas, Elench. Zooph., p. 196 | 1786 *G. abietina*, Ellis & Solander, Zooph., p. 95 t. 16 f. 1, 2 | 1791—99 *G. petechizans*, Esper, Pflanzenth., *v.* 2 p. 55 t. 13 f. 1, 2 | 1846 *Pterogorgia p.*, J. D. Dana in: U. S. expl. Exp., *v.* 7 p. 650 | 1865 *Gorgonia p.*, Kölliker, Icon. histiol., p. 139 | 1887 *G. ornata*, Pfeffer in: Verh. Ver. Hamburg, *v.* 6 p. 10 | 1918 *Leptogorgia petechizans* + *L. ornata*, Bielschowsky, Revis. Gorgon., p. 31 | 1919 *L. p.*, Kükenthal in: Ergeb. Tiefsee-Exp., *v.* 13 pars 2 p. 914.

Verzweigung in einer Ebene, lateral. Die Zweige stehen wechselständig, sind kurz und enden zugespitzt oder abgerundet. Stamm und Äste sind stark abgeplattet. Die Polypen stehen an Stamm, Ästen und Zweigen in dichten seitlichen Längsreihen, entspringen aus niedrigen Kelchen und sind mit 0,08 mm langen, flachen, unregelmäßig mit niedrigen Warzen besetzten Spindeln bewehrt. Die Rinde enthält zugespitzte, 0,13—0,21 mm lange Doppelspindeln, mit 8 Gürteln niedriger, schwach gezackter Warzen, die bei den kleineren Formen gelegentlich zu Scheiben verschmelzen können. Ferner treten schlankere, mitunter abgestumpfte Doppelspindeln von bis zu 0,21 mm Länge auf mit 10 Warzengürteln, und im basalen Teile der Kolonie finden sich 0,08 mm lange Doppelspindeln mit 2—4 Gürteln gezackter Warzen. Gelb, hellblaugrau oder dunkelviolett, Kelche rotviolett.

Westküste von Afrika.

28. **L. sulfurea** Bielsch. 1918 *L. s.*, Bielschowsky, Revis. Gorgon., p. 31 | 1919 *L. s.*, Kükenthal in: Ergeb. Tiefsee-Exp., *v.* 13 pars 2 p. 915.

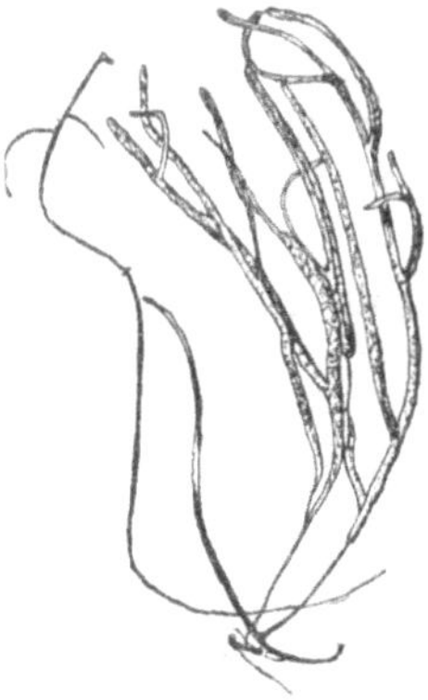

Fig. 177.
Leptogorgia sulfurea.

Verzweigung in einer Ebene, sympodial. Die Äste sind fast ganz rund, die Zweige leicht abgeplattet, zugespitzt und auf den Flächen mit je einer Längsfurche versehen (Fig. 177). Die Polypen stehen seitlich in vielen Längsreihen und entspringen aus ganz niedrigen Scheinkelchen. Ihre Skleriten sind 0,05 mm lang und am Rande mit ziemlich hohen Warzen besetzt. In der äußeren Rinde liegen meist abgestumpfte 0,07 bis 0,1 mm lange Doppelspindeln mit 1 bis 2 Warzengürteln jederseits, die zu Scheiben verschmelzen können. In der inneren Rinde liegen außerdem 0,16 mm lange, zugespitzte Spindeln mit 4 Warzengürteln jederseits. Schwefelgelb.

Verbreitung unbekannt.

29. **L. contorta** Kükth. 1919 *L. c.*, Kükenthal in: Ergeb. Tiefsee-Exp., *v.* 13 pars 2 p. 915.

Kolonie drahtartig dünn, spiralig gedreht. Die Äste entspringen von beiden Seiten des Hauptstammes in oft nahezu rechtem Winkel und geben lange Zweige ab, die den gleichen Durchmesser wie Äste und Hauptstamm haben, drehrund, spiralig gewunden und sehr elastisch sind. Die Polypen stehen in 2 seitlichen Reihen in dichter Anordnung; die beiden dazwischenliegenden, nackten Felder haben je eine deutliche Längsfurche aufzuweisen. Die Polypenkelche sind niedrig, die Polypenskleriten sind flache, bis 0,1 mm messende Spindeln. In der relativ dicken Rinde liegen 0,09 mm messende Gürtelspindeln, meist mit 4 Gürteln hoher, an ihrer Basis verschmolzener Warzen. Diese Gürtelspindeln sind zum Teil gebogen und tragen auf der konvexen Seite höhere Warzen als auf der konkaven. Milchweiß, die Skleriten sind farblos, gelegentlich auch rot oder gelb gefärbt.

Rio de Janeiro.

30. **L. virgulata** (Lm.) 1766 *Gorgonia ceratophyta* (part.), Pallas, Elench. Zooph., p. 185 | 1786 *G. viminalis* (non *G. v.*, Pallas 1766), Ellis & Solander, Zooph., p. 82 t. 12 f. 1 | 1815 *G. virgulata*, Lamarck in: Mém. Mus. Paris, *v.* 2 p. 157 | 1816 *G. v.* + *G. olivieri*, Lamouroux, Hist. Polyp., p. 412, 400 | 1855 *Plexaura virgulata* + *P. viminea*, Valenciennes in: CR. Ac. Sci., *v.* 41 p. 12 | 1864 *Leptogorgia virgulata*, A. E. Verrill in: Bull. Mus. Harvard, *v.* 1 p. 31 | 1869 *L. v.*, A. E. Verrill in: Amer. J. Sci., ser. 2 *v.* 48 p. 420 | 1918 *L. v.*, Bielschowsky, Revis. Gorgon., p. 31.

Verzweigung in einer Ebene, lateral. Die wenigen Äste entspringen in spitzem Winkel und sind lang, dünn und spärlich oder gar nicht verzweigt. Der Stamm ist längsgefurcht und wie die Äste und Zweige abgeplattet. Die Polypen stehen in seitlichen, wechselständigen Längsreihen und entspringen aus sehr niedrigen Scheinkelchen. Ihre Skleriten sind 0,08 mm lange Spindeln, deren Rand mit ungleichmäßig hohen, glatten Warzen besetzt ist. In der Rinde liegen Doppelspindeln, deren in Gürteln angeordnete Fortsätze zu Scheiben verschmelzen können. Es finden sich vorwiegend 0,1 mm lange Formen mit 1—2 Gürteln ziemlich dichtstehender, gezackter Warzen jederseits, ferner 0,14 mm lange, oft gebogene Doppelspindeln, deren in 2—3 Gürteln jederseits stehende Warzen auf der einen Seite zu Dornen werden können, und auch kleine, 0,05 mm lange Formen kommen vor, deren Gürtel auf einer Seite zu Scheiben umgewandelt sind. Orange, hellgelb, violett, grau, weiß.

Südliche Küste von Nordamerika. Flaches Litoral.

L. arbuscula (Phil.) 1866 *Plexaura a.*, A. Philippi in: Arch. Naturg., *v.* 32I p. 118 | 1868 *Leptogorgia a.*, A. E. Verrill in: Tr. Connect. Ac., *v.* 1 p. 406.

Verzweigung reichlich, mit gelegentlichen Anastomosen. Basis stark verbreitert; die Endzweige sind etwas abgeplattet, dunkel pfirsichblütenrot.

Chile. Bucht von Arauco.

L. californica Verrill 1868 *L. c.*, A. E. Verrill in: Tr. Connect. Ac., *v.* 1 p. 398 t. 5 f. 10.

Fächerförmig, Verzweigung annähernd fiederförmig, Endzweige kurz. Die Polypen stehen in 3 seitlichen Reihen und entspringen aus niedrigen Kelchen; ihre Skleriten sind schlank und weit und niedrig bewarzt. Die Rindenskleriten sind 0,09 mm lange Doppelspindeln mit 3 Warzengürteln jederseits, sowie kleinere, abgestumpfte, 0,08 mm lange Formen mit 2 Warzengürteln jederseits. Violettrot, häufig mit schmalem gelbem Streifen auf der Mittellinie.

Nieder-Kalifornien.

L. caryi Verrill 1864 *Plexaura fucosa* (non *P. f.*, M.-E. 1857), A. E. Verrill in: Bull. Mus. Harvard, *v.* 1 p. 35 | 1868 *Leptogorgia caryi*, A. E. Verrill in: Tr. Connect. Ac., *v.* 1 p. 404.

Verzweigung dichotomisch. Die starken Endzweige sind fast rund. Die Polypen stehen zerstreut rings um die Zweige und entspringen aus sehr niedrigen Kelchen. In der Rinde liegen kaum zugespitzte und abgestumpfte Doppelspindeln mit 2—3 Warzengürteln jederseits, von 0,14 und 0,1 mm Länge. Manche von ihnen werden Doppelkugeln ähnlich. Orangerot.

Die Zugehörigkeit zur Gattung ist fraglich.

Kalifornien.

L. cauliculus (Val.) 1855 *Plexaura c.*, Valenciennes in: CR. Ac. Sci., *v.* 41 p. 12 | 1857 *Leptogorgia c.*, H. Milne-Edwards, Hist. Corall., *v.* 1 p. 163 | 1865 *Gorgonia c.*, Kölliker, Icon. histiol., p. 139.

Die Äste sind sehr schlank. Die Kelche sind überall deutlich ausgebildet, stehen sehr dicht und sind klein. Gelb.

Algerien?

L. chilensis Verrill 1866 *Plexaura rosea* (non *Gorgonia r.*, Lamarck 1815), A. Philippi in: Arch. Naturg., *v.* 32I p. 118 | 1868 *Leptogorgia (?) chilensis*, A. E. Verrill in: Tr. Connect. Ac., *v.* 1 p. 406.

Verzweigung annähernd in einer Ebene, teilweise dichotomisch. Äste mit knotenförmigen Verdickungen, Endzweige rutenförmig. Rosa.

Südliches Chile.

L. cuspidata Verrill 1865 *L. c.*, A. E. Verrill in: P. Essex Inst., *v.* 4 Commun. p. 186 | 1868 *Gorgonia (Eugorgia) c.*, A. E. Verrill in: Amer. J. Sci., ser. 2 *v.* 45 p. 414 | 1868 *Leptogorgia c.*, A. E. Verrill in: Tr. Connect. Ac., *v.* 1 p. 403.

Fächerförmig, breit, dichotomisch verzweigt. Die Zweige sind dick und verjüngen sich nach den Enden zu. Die Polypen nehmen die ganze Oberfläche der Zweige ein bis auf einen schmalen mittleren Streifen auf jeder Seite, und entspringen aus ziemlich großen, runden Kelchen. Dunkelrot, Kelche gelb umrandet.

Kap St. Lucas.

L. divergens Th. Stud. 1878 *L. d.*, Th. Studer in: Monber. Ak. Berlin, p. 655 t. 4 f. 21 a, b, c.

Baumförmig in einer Ebene verzweigt. Die Äste sind drehrund; die Zweige gehen meist unter stumpfem bis rechtem Winkel ab, und biegen dann nach aufwärts. Die kleinen Endzweige sind terminal meist angeschwollen. Die Polypen stehen an den Endzweigen in zwei Reihen, entspringen aus flachen Kelchen und sind am Stamme zerstreut und eingesenkt. Die Rindenskleriten sind 0,1 mm lange, wenig bewarzte Spindeln, die der Kelche 0,37 mm lange, warzige Spindeln, die die Kelche peripher umgeben. Ockergelb, Polypen weiß.

Die Zugehörigkeit zur Gattung ist fraglich.

Nordwestaustralien. Tieferes Litoral.

L. festiva (Duchass. & Mich.) 1860, 1864 *Pterogorgia f.*, Duchassaing & Michelotti in: Mem. Acc. Torino, ser. 2 *v.* 19 p. 31; *v.* 23 p. 19 | 1869 *Leptogorgia f.*, A. E. Verrill in: Amer. J. Sci., ser. 2 *v.* 48 p. 429.

Baumförmig, Verzweigung der ziemlich weit auseinander stehenden Hauptäste unregelmäßig dichotomisch. Die Zweige sind etwas abgeplattet. Die Polypen sind in seitlichen Reihen angeordnet. Die Rinde enthält Doppelspindeln. Kelche purpurrot.

St. Thomas.

L. dubia nom. nov. Kükth. 1860 *L. flavida* (non *Gorgonia f.*, Lamarck 1816), Duchassaing & Michelotti in: Mem. Acc. Torino, ser. 2 *v.* 19 p. 32 t. 3 f. 11—13.

Fächerförmig, die obersten zugespitzten Äste sind sehr dünn und nur spärlich verzweigt. Die Hauptäste sind etwas abgeplattet. Längsfurchen fehlen. Die kelchlosen Polypen stehen seitlich.

Antillen.

L. hebes Verrill 1869 *L. h.*, A. E. Verrill in: Amer. J. Sci., ser. 2 *v.* 48 p. 421, 422.

Verzweigung annähernd in einer Ebene und dichotomisch. Vom Hauptstamm gehen jedenfalls nicht streng fiederförmig angeordnete, starke Äste ab, die sich meist einseitig verzweigen. Die ziemlich langen, aufgerichteten Endzweige sind wie die Äste ziemlich starr. Die Polypen stehen in seitlichen Längsreihen und entspringen aus niedrigen Kelchen. In der Rinde liegen 0,09—0,1 mm lange Doppelspindeln. Dunkelrot.

Florida.

L. labiata Verrill 1870 *L. l.*, A. E. Verrill in: Tr. Connect. Ac., *v.* 1 p. 552.

Die niedrige Kolonie ist dicht verzweigt, die Zweige sind kurz, dick vierkantig, an den Enden abgerundet oder keulenförmig verdickt oder zugespitzt. Die Polypen stehen in 4 dichten Längsreihen und entspringen aus großen, runden Kelchen. Rot oder bräunlich mit etwas Gelb.

Westküste von Zentralamerika.

L. peruana Verrill 1866 *Plexaura reticulata* (? non *P. r.*, Ehrenberg 1834), A. Philippi in: Arch. Naturg., *v.* 32I p. 119 | 1868 *Leptogorgia peruana*, A. E. Verrill in: Tr. Connect. Ac., *v.* 1 p. 405.

Die Kolonie ist niedrig, buschig und sehr dicht verzweigt. Von der breiten Basis gehen oft mehrere Hauptstämme aus, die sich in zahlreiche gekrümmte, ziemlich dicke, runde Äste und Zweige teilen. Letztere stehen oft fiederförmig. Anastomosen sind häufig, die kleinen, kelchlosen Polypen stehen in zahlreichen seitlichen Längsreihen. In der Rinde liegen längere, zugespitzte Doppelspindeln von 0,1 mm Länge mit zahlreichen Warzen, sowie kürzere, abgestumpfte Doppelspindeln von 0,08 mm Länge mit einem Warzengürtel jederseits. Weißlich.

Peru.

L. porosissima M.-E. 1857 *L. p.*, H. Milne-Edwards, Hist. Corall., *v.* 1 p. 164.

Die Kolonie hat sehr lange, dünne Zweige. Die Polypen stehen äußerst dicht. Kelche fehlen. Weiß.

Verbreitung unbekannt.

L. pumicea (Val.) 1855 *Gorgonia punicea* (err.), Valenciennes in: CR. Ac. Sci., *v.* 41 p. 12 | 1857 *G. pumicea*, H. Milne-Edwards, Hist. Corall., *v.* 1 p. 160 | 1869 *Leptogorgia p.*, A. E. Verrill in: Amer. J. Sci., ser. 2 *v.* 48 p. 422.

Verzweigung reichlich, die schlanken Äste sind fiederförmig angeordnet. Die Endzweige sind sehr dünn und kaum verjüngt. Die Polypen stehen in je 2 seitlichen Reihen und ihre Kelche springen vor. Die Rinde enthält 0,1 mm lange, zugespitzte Doppelspindeln mit 3 Warzengürteln jederseits, sowie 0,078 mm lange, abgestumpfte Doppelspindeln mit 2 Warzengürteln jederseits. Blaurot.

Rio de Janeiro.

L. rosea (Lm.) 1815 *Gorgonia r.*, Lamarck in: Mém. Mus. Paris, *v.* 2 p. 157 | 1846 *Pterogorgia r.*, J. D. Dana in: U. S. expl. Exp., *v.* 7 p. 651 | 1857 *Leptogorgia r.*, H. Milne-Edwards, Hist. Corall., *v.* 1 p. 164 | 1869 *L. r.*, A. E. Verrill in: Amer. J. Sci., ser. 2 *v.* 48 p. 420.

Verzweigung dichotomisch in einer Ebene. Die Zweige sind rund. Die Polypen stehen in seitlichen Längsreihen und entspringen aus sehr niedrigen Kelchen. Rosa.

Mittelmeer, Atlantischer Ozean.

L. sanguinea (Lm.) 1815 *Gorgonia s.*, Lamarck in: Mém. Mus. Paris, *v.* 2 p. 157 | 1857 *Leptogorgia s.*, H. Milne-Edwards, Hist. Corall., *v.* 1 p. 165.

Verzweigung spärlich, Äste dünn, gerade aufgerichtet, rund. Die Zweige sind meist einseitig angeordnet. Die Polypen stehen in seitlichen Längsreihen. Karminrot.

Indischer Ozean, Isle de France, Callao.

L. sanguinolenta (Pall.) 1766 *Gorgonia s.*, Pallas, Elench. Zooph., p. 175 | 1791—99 *G. s.* (part.), Esper, Pflanzenth., *v.* 2 p. 85 t. 12 f. 1, 2 | 1816 *G. pinnata* (part.), Lamouroux, Hist. Polyp., p. 396 | 1864 *Leptogorgia sanguinolenta*, A. E. Verrill in: Bull. Mus. Harvard, *v.* 1 p. 31 | 1865 *Gorgonia s.*, Kölliker, Icon. histiol., p. 139.

Verzweigung in einer Ebene. Die Zweige stehen annähernd fiederförmig. Die Kolonie ist stark abgeplattet. Die Polypen stehen an den Ästen in seitlichen Längsreihen. Gelb, Polypenumgebung rot.

Atlantischer Ozean, Haiti.

L. tenuis Verrill 1863 *L. t.*, A. E. Verrill in: Mem. Boston Soc., *v.* 1 p. 8 | 1870 nec *L. t.*, A. E. Verrill in: Tr. Connect. Ac., *v.* 1 p. 551.

Verzweigung annähernd in einer Ebene, unregelmäßig und nicht sehr dicht. Die glatten, runden Endzweige sind sehr lang und dünn. Die Polypen stehen dicht in 2 seitlichen Längsreihen an den kleineren Zweigen und entspringen aus niedrigen länglichen Kelchen. Gelbbraun oder violett.

Bei New York.

L. longiramosa nom. nov. Kükth. 1791—99 *Gorgonia viminalis* (non *G. v.*, Pallas 1766), Esper, Pflanzenth., *v.* 2 p. 51 t. 11 f. 1, 2 | 1855 *Plexaura v.* + ? *P. webbiana*, Valenciennes in: CR. Ac. Sci., *v.* 41 p. 12 | 1857 *Leptogorgia v.* + ? *L. rosea* + ? *L. webbiana*, H. Milne-Edwards, Hist. Corall., *v.* 1 p. 163 | 1882 *L. v.*, Marion in: Ann. nat. Hist., ser. 5 *v.* 9 p. 408.

Verzweigung lateral in einer Ebene. Der kurze Hauptstamm teilt sich in einige lange Äste, die nur wenige meist einseitig angeordnete Zweige tragen. Die im spitzen Winkel abgehenden Zweige verjüngen sich nicht und sind am Ende zugespitzt. Die Polypen stehen meist biserial und entspringen nur sehr niedrigen Kelchen, die sich in einem Längsspalt öffnen. Zitronengelb.

Mittelmeer, Kanarische Inseln. Mittleres Litoral.

L. violacea (Pall.) 1766 *Gorgonia v.*, Pallas, Elench. Zooph., p. 176 | 1791—99 nec *G. v.*, Esper, Pflanzenth., *v.* 2 p. 54 t. 12 f. 1, 2 | 1834 *Pterogorgia v.*, Ehrenberg in: Abh. Ak. Berlin, p. 370 | 1855 ? *Gorgonella v.*, Valenciennes in: CR. Ac. Sci., *v.* 41 p. 14 | 1857 ? *Verrucella v.*, H. Milne-Edwards, Hist. Corall., *v.* 1 p. 184 | 1869 *Leptogorgia v.*, A. E. Verrill in: Amer. J. Sci., ser. 2 *v.* 48 p. 421.

Die Kolonie ist in einer Ebene verzweigt. Nur einzelne Äste sind fiederförmig weiter verzweigt. Die Polypen stehen in 4 Längsreihen, wodurch die Äste ein vierkantiges Aussehen erhalten. Purpurrot bis violett.

Amerika.

L. virgea (Val.) 1855 *Plexaura v.*, Valenciennes in: CR. Ac. Sci., *v.* 41 p. 12 | 1857 *Leptogorgia v.*, H. Milne-Edwards, Hist. Corall., *v.* 1 p. 166 | 1869 *L. v.*, A. E. Verrill in: Amer. J. Sci., ser. 2 *v.* 48 p. 420.

Verzweigung spärlich, die walzenförmigen Äste sind schlank und starr. Kelche sind kaum wahrnehmbar. Das Coenenchym weist eine deutliche Furche auf. In der Rinde Doppelspindeln.

Antillen.

L. webbiana (Val.) 1855 *Plexaura w.*, Valenciennes in: CR. Ac. Sci., *v.* 41 p. 12 | 1857 *Leptogorgia w.*, H. Milne-Edwards, Hist. Corall., *v.* 1 p. 165 | 1869 *L. w.*, A. E. Verrill in: Amer. J. Sci., ser. 2 *v.* 48 p. 420.

Verzweigung mäßig dicht, die walzenförmigen Äste sind aufgerichtet und sehr starr. Die äußersten sind sehr lang und am Ende stark verjüngt. Rot.

? = *L. longiramosa* Kükth.

Kanarische Inseln.

3. Gen. **Gorgonia** Linné

1758 *G.* (part.), Linné, Syst. Nat., ed. 10 p. 800 | 1766 *G.* (part.), Pallas, Elench. Zooph., p. 67 | 1791 *G.* (part.), Esper, Pflanzenth., *v.* 2 p. 1 | 1836 *G.* (part.), Lamarck, Hist. An. s. Vert., ed. 2 *v.* 2 p. 484 | 1855 *Rhipidigorgia* (part.), Valenciennes in: CR. Ac. Sci., *v.* 41 p. 13 | 1857 *R.* (part.), H. Milne-Edwards, Hist. Corall., *v.* 1 p. 173 | 1864 *Rhipidogorgia* (part.), A. E. Verrill in: Bull. Mus. Harvard, *v.* 1 p. 32 | 1865 *Gorgonia* (part.), Kölliker, Icon. histiol., p. 139 | 1866 *G.* (part.), A. E. Verrill in: P. Boston Soc., *v.* 10 p. 327 | 1868 *Litigorgia* (part.) + *Eugorgia* (part.), A. E. Verrill in: Amer. J. Sci., ser. 2 *v.* 45 p. 415 | 1868 *Leptogorgia* (part.), A. E. Verrill in: Tr. Connect. Ac., *v.* 1 p. 387 | 1889 *L.* (part.), P. Wright & Th. Studer in: Rep. Voy. Challenger, *v.* 31 pars 64 Pref. p. 62 | 1918 *Gorgonia*, Bielschowsky, Revis. Gorgon., p. 32 | 1919 *G.*, Kükenthal in: Ergeb. Tiefsee-Exp., *v.* 13 pars 2 p. 852.

Verzweigung fächerförmig und netzförmig. Der Hauptstamm löst sich in einige meist kurze Hauptäste auf, die Seitenäste und Zweige sind durchweg durch Anastomosen verbunden und abgeplattet. Die Polypen stehen auf den Flächen der Zweige, sind kelchlos oder haben nur niedrige Kelche und ihre Bewehrung besteht aus sehr schlanken Spindeln, deren Rand unregelmäßig mit niedrigen Warzen besetzt ist. Die Rinde enthält größere, zugespitzte und kleinere, abgestumpfte Doppelspindeln mit wenigen Warzengürteln. Achse rein hornig. Rot oder rot und gelb.

Westküste von Mittel- und Südamerika, Neuseeland. Im flachen Litoral.

Mit 10 sicheren Arten und 4 Unterarten, 5 unsicheren Arten.

Spec. typ.: *G. ventalina* L.

Bestimmungstabelle der Arten:

1	Die Kolonie wird von einzelnen besonders starken Ästen durchzogen	1. **G. media**
	Die Äste sind alle gleich stark — 2	
2	Die Maschen des Netzwerkes haben höchstens 2,5 mm Durchmesser — 3	
	Die Maschen des Netzwerkes sind bedeutend größer — 5	
3	Rindenskleriten abgestumpft, bis 0,1 mm lang	2. **G. agassizii**
	Rindenskleriten teils abgestumpft, teils zugespitzt, bis 0,15 mm lang — 4	
4	Kelche nicht zweilappig	3. **G. adamsii**
	Kelche zweilappig	4. **G. rutila**
5	Freie Endzweige fehlen	5. **G. cribrum**
	Freie Endzweige vorhanden — 6	
6	Zweige dick und vierkantig	6. **G. pulchra**
	Zweige dünn und rundlich oder abgeplattet — 7	
7	Rindenskleriten abgestumpft, bis 0,06 mm lang	7. **G. ventalina**
	Rindenskleriten teils abgestumpft, teils zugespitzt, größer als 0,06 mm werdend — 8	
8	Polypenkelche hoch	8. **G. gracilis**
	Polypenkelche niedrig — 9	
9	Endzweige in höchstens 25 mm Länge frei	9. **G. eximia**
	Endzweige in 30 mm Länge frei	10. **G. stenobrochis**

1. **G. media** (Verrill) 1864 *Rhipidogorgia m.*, A. E. Verrill in: Bull. Mus. Harvard, *v.* 1 p. 33 | 1866 *Gorgonia m.*, A. E. Verrill in: P. Boston Soc., *v.* 10 p. 327 | 1868 *Litigorgia m.*, A. E. Verrill in: Amer. J. Sci., ser. 2 *v.* 45 p. 415 | 1868 *Leptogorgia m.*, A. E. Verrill in: Tr. Connect. Ac., *v.* 1 p. 389 | 1918 *Gorgonia m.*, Bielschowky, Revis. Gorgon., p. 38.

Die stark abgeplatteten Hauptäste entspringen dicht über der Basis und lassen sich durch den größten Teil des Fächers verfolgen. Die dünnen runden Endzweige bilden durch sehr zahlreiche Anastomosen ein dichtes Netzwerk meist quadratischer Maschen. Die Kelche sind sehr niedrig. Die Polypenspicula sind 0,07 mm lang. Die Rindenskleriten sind abgestumpfte Doppelspindeln von 0,04—0,1 mm Länge, mit zahlreichen dichtstehenden Warzen. Rot oder bräunlich, oft mit gelbem Anflug.

Guayamas bis Panama.

2. **G. agassizii** (Verrill) 1864 *Rhipidogorgia a.* (part.), A. E. Verrill in: Bull. Mus. Harvard, *v.* 1 p. 32 | 1866 *Gorgonia a.* (part.), A. E. Verrill in: P. Boston Soc., *v.* 10 p. 327 | 1868 *Litigorgia a.*, A. E. Verrill in: Amer. J. Sci., ser. 2 *v.* 45 p. 415 | 1868 *Leptogorgia a.*, A. E. Verrill in: Tr. Connect. Ac., *v.* 1 p. 388 | 1918 *Gorgonia a.*, Bielschowsky, Revis. Gorgon., p. 38.

Von breiter verdickter Basis entspringen mehrere Hauptäste, die sich sehr stark verzweigen, so daß sie nur bis zur Mitte des Fächers erkennbar sind. Die abgeplatteten Zweige bilden Maschen von 2,5 mm Durchmesser. Die Endzweige sind in geringer Ausdehnung frei und enden mit ausgebreiteten Spitzen. Die Polypen stehen dicht über die ganze Kolonie verstreut, nur auf Basis und Hauptästen spärlicher und entspringen aus niedrigen Kelchen. Ihre Skleriten werden etwa 0,07 mm lang. Die Rinde enthält abgestumpfte Doppelspindeln von 0,12 mm Länge mit großen, dichtgedrängten Warzen. Tiefrot, oft mit gelben Kelchen.

Westküste Mittelamerikas.

3. **G. adamsii** Verrill 1864 *Rhipidogorgia agassizii* (part.), A. E. Verrill in: Bull. Mus. Harvard, *v.* 1 p. 32 | 1864 *R. ventalina* (non *Gorgonia v.*, Linné 1758), Duchassaing & Michelotti in: Mem. Acc. Torino, ser. 2 *v.* 28 p. 20 t. 4 f. 3 | 1868 *Gorgonia (Litigorgia) adamsii*, A. E. Verrill in: Amer. J. Sci., ser. 2 *v.* 45 p. 415 | 1868 *Leptogorgia a.*, A. E. Verrill in: Tr. Connect. Ac., *v.* 1 p. 391 t. 5 f. 5; t. 6 f. 4 | 1918 *Gorgonia a.*, Bielschowsky, Revis. Gorgon., p. 38.

Verzweigung in einer oder mehreren Ebenen. Der kurze, abgeplattete Hauptstamm teilt sich in mehrere abgeplattete Hauptäste, die sich alsbald in zahlreiche kleine, anastomosierende Zweige auflösen. Die Endzweige sind in geringer Ausdehnung frei, etwas abgeplattet und enden geradkantig. Die Polypen stehen sehr dicht an den Außenflächen der Maschen und entspringen aus niedrigen, kegelförmigen Kelchen. An ihrem unteren Rande liegt ein Saum sehr kleiner hoch bedornter Spindeln; darüber sind die 0,1 mm langen Polypenspindeln fast longitudinal in 8 dreieckigen Feldern angeordnet, die auf einer Doppelreihe transversaler Spindeln stehen. In der Rinde liegen 0,1 mm lange Doppelspindeln mit Gürteln gezackter Warzen, nebst kleineren 0,05 mm langen, abgestumpften Skleriten, die jederseits nur einen Warzengürtel tragen. Graurot, gelegentlich mit gelben Kelchen, oder leuchtend gelb.

Westküste Mittel- und Südamerikas. Im flachen Litoral.

4. **G. rutila** (Verrill) 1864 *Rhipidogorgia agassizii* (part.), A. E. Verrill in: Bull. Mus. Harvard, *v.* 1 p. 32 | 1868 *Leptogorgia rutila (Litigorgia adamsii* var. *rutila*, ed. 1), A. E. Verrill in: Tr. Connect. Ac., *v.* 1 p. 392 t. 6 f. 5 | 1918 *Gorgonia r.*, Bielschowsky, Revis. Gorgon., p. 38.

Der Fächer wird von sehr kleinen, recht regelmäßigen Maschen gebildet, die Endzweige sind in geringer Ausdehnung frei. Die Polypenkelche sind zweilappig, die Polypenskleriten schlank, zugespitzt und mit wenigen Warzen besetzt. In der Rinde liegen zugespitzte Doppelspindeln von bis zu 0,156 mm Länge mit 3—4 Warzengürteln jederseits, sowie abgestumpfte Doppelspindeln von 0,09 mm Länge mit 2 Warzengürteln jederseits, sowie 0,05 mm lange Skleriten mit nur einem Warzengürtel jederseits, der teilweise mit einer Gruppe endständiger Warzen verschmilzt. Hellrot.

Westküste von Mittelamerika.

5. **G. cribrum** Val. 1846 *G. c.*, Valenciennes in: Voy. Vénus, Atl. Zooph. t. 13 f. 1—3 | 1855 *Rhipidigorgia c.*, Valenciennes in: CR. Ac. Sci., *v.* 41 p. 13 | 1869 *Leptogorgia c.*, A. E. Verrill in: Amer. J. Sci., ser. 2 *v.* 48 p. 421 | 1918 *Gorgonia c.*, Bielschowsky, Revis. Gorgon., p. 38.

Die Kolonie besteht aus mehreren, sich meist rechtwinklig kreuzenden Fächern, die großen, horizontal verlaufenden Ästen aufsitzen. Die Maschen sind ziemlich klein und meist viereckig. Freie Endzweige fehlen. Die ziemlich starken Äste sind leicht abgeplattet, die Zweige vierkantig. Die Polypen fehlen den Hauptästen und stehen an der Außenfläche der Maschen in 2 ziemlich dichten Längsreihen. Sie entspringen aus sehr niedrigen Scheinkelchen und sind mit einer Krone 0,1 mm langer, schlanker, wenig und niedrig bewarzter Spindeln bewehrt. Die Rinde enthält 0,06 mm lange, abgestumpfte Doppelspindeln mit einem Warzengürtel jederseits. Bräunlich-rosa.

Neu-Seeland.

6. **G. pulchra** (Verrill) 1870 *Leptogorgia p.*, A. E. Verrill in: Tr. Connect. Ac., *v.* 1 p. 549 | 1918 *Gorgonia p.*, Bielschowsky, Revis. Gorgon., p. 38.

Die Fächer stehen in einer oder in mehreren Ebenen. Der Hauptstamm teilt sich nahe der Basis in mehrere, sich bald in die vierkantigen Zweige auflösende Hauptäste, die Maschen sind oft viereckig mit abgerundeten Ecken. Die Polypen stehen ziemlich dicht in je 2 Längsreihen auf jeder Seite der Zweige und entspringen aus runden, undeutlich zweilappigen Kelchen. Die Polypenskleriten sind ziemlich schlanke Spindeln mit wenigen niedrigen Warzen auf einer oder beiden Seiten. Die Rinde enthält abgestumpfte Doppelspindeln von 0,09—0,1 mm Länge mit 2 oder 3 Warzengürteln jederseits, sowie 0,05 mm lange Skleriten mit jederseits nur einem Warzengürtel. Hell- oder dunkelrot, mit gelblichem Anflug, auch gelblich, ziegelrot oder rotbraun.

Südkalifornien. Im flachen Litoral.

Die Art zerfällt in 2 Unterarten:

6a. **G. pulchra typica** (Verrill) 1870 *Leptogorgia p.*, A. E. Verrill in: Tr. Connect. Ac., *v.* 1 p. 549.

Mit den Merkmalen der Art.

Süd-Kalifornien. Im flachen Litoral.

6b. **G. pulchra exilis** (Verrill) 1870 *Leptogorgia p.* var. *e.*, A. E. Verrill in: Tr. Connect. Ac., *v.* 1 p. 550.

Zweige schlanker, rund, Maschen größer, quadratisch oder länglich. Die Polypen stehen meist in 4 wechselständigen Reihen an den Zweigen. Bewehrung wie bei der typischen Form. Gelbrot in verschiedenen Schattierungen.

Südkalifornien.

7. **G. ventalina** L. 1758 *G. v.*, Linné, Syst. Nat., ed. 10 p. 801 | 1766 *G. ventilabrum*, Pallas, Elench. Zooph., p. 165 | 1857 *Rhipidigorgia ventalina*, H. Milne-Edwards, Hist. Corall., *v.* 1 p. 177 | 1865 *Gorgonia v.*, Kölliker, Icon. histiol., p. 139 | 1869 *G. v.*, A. E. Verrill in: Amer. J. Sci., ser. 2 *v.* 48 p. 422 | 1918 *G. v.*, Bielschowsky, Revis. Gorgon., p. 39.

Der Hauptstamm entspringt von membranös verbreiterter Basis und teilt sich in wenige kurze Hauptäste, die sich in zahlreiche etwas abgeplattete, anastomosierende Zweige auflösen. Die Endzweige sind größtenteils frei und etwas zugespitzt. Die Polypen stehen nur an den dünneren Ästen und den Zweigen, hier in dichten, meist den Kanten entlang laufenden Längsreihen, und entspringen aus niedrigen, warzenförmigen Kelchen. Basal liegt ein Saum kleiner, hochbedornter Spindeln. Darüber eine Krone konvergierender 0,073 mm langer, sehr flacher Skleriten in 8 Feldern. In der Rinde liegen abgestumpfte, 0,068 mm lange Doppelspindeln mit 2 Warzengürteln jederseits. Bläulichrot.

Equadur.

8. **G. gracilis** nom. nov. Kükth. 1870 *Leptogorgia tenuis* (non *L. t.*, A. E. Verrill 1862), A. E. Verrill in: Tr. Connect. Ac., *v.* 1 p. 551 | 1918 *Gorgonia t.*, Bielschowsky, Revis. Gorgon., p. 39.

Das Netzwerk des Fächers ist nicht sehr dicht, die Maschen sind etwa 6 mm breit, 6—25 mm hoch. Äste und Zweige sind sehr schlank, die Äste rund, die am Ende breiteren Endzweige abgeflacht. Die Polypen stehen nicht sehr dicht in 4 unregelmäßigen Längsreihen, an den Endzweigen in je einer Längsreihe und entspringen aus hohen, konischen Kelchen. Ihre Skleriten sind mit niedrigen, stumpfen Warzen besetzt. In der Rinde liegen teils sehr zugespitzte, 0,14 mm lange Doppelspindeln mit 3 oder 4 Warzengürteln jederseits, teils abgestumpfte Doppelspindeln mit dichter stehenden Warzen. Außerdem kommen kleine Skleriten mit einem Warzengürtel jederseits vor. Hellrot.

Südkalifornien.

9. **G. eximia** (Verrill) 1868 *Leptogorgia e.*, A. E. Verrill in: Tr. Connect. Ac., *v.* 1 p. 390 t. 6 f. 2 | 1918 *Gorgonia e.*, Bielschowsky, Revis. Gorgon., p. 39.

Die fächerförmige Kolonie weist mitunter sekundäre Fächer auf. Die Hauptäste lösen sich sehr bald auf. Die Zweige sind rund und bilden meist quadratische oder rhombische Maschen. Die Endzweige sind in geringer Ausdehnung frei. Die Polypen stehen dicht auf allen Seiten der Zweige und entspringen aus niedrigen runden Kelchen. Die Polypenskleriten sind bis 0,1 mm lang und mit wenigen verstreut angeordneten Warzen besetzt. In der Rinde liegen teils zugespitzte, 0,14 mm lange Doppelspindeln mit großen, nicht sehr dicht stehenden Warzen, teils abgestumpfte, 0,1 mm lange Doppelspindeln mit weniger zahlreichen, aber dichter stehenden Warzen. Hellrot oder zinnoberrot.

Bei Panama. Im flachen Litoral.

10. **G. stenobrochis** Val. 1846 *G. s.*, Valenciennes in: Voy. Vénus, Atl. Zooph. t. 12 f. 1, 1a | 1855 *Rhipidogorgia stenobrachis* (err.), Valenciennes in: CR. Ac. Sci., *v.* 41 p. 13 | 1868 *Gorgonia (Eugorgia) s.*, A. E. Verrill in: Amer. J. Sci., ser. 2 *v.* 45 p. 415 | 1868 *Leptogorgia stenobrochis*, A. E. Verrill in: Tr. Connect. Ac., *v.* 1 p. 393 | 1918 *Gorgonia s.*, Bielschowsky, Revis. Gorgon., p. 39.

Der Fächer erhebt sich von ziemlich stark verbreiterter Basis. Die Zweige gehen fast durchweg rechtwinklig von den Ästen ab, und biegen nach kurzem Verlauf nach oben um. Die Maschen sind in die Länge gezogene Rechtecke, Äste und Zweige sind abgeplattet. Die Endzweige verjüngen sich nicht und sind am Ende abgerundet. Die Polypen fehlen dem Hauptstamm und stehen vereinzelt auf der Basis; an den Ästen und Zweigen sind sie in seitlichen Längsreihen angeordnet, letztere mitunter völlig bedeckend. Polypenkelche fehlen meist. Die Polypenbewehrung besteht aus einer einfachen oder einer Doppelreihe transversaler Spindeln und darüber aus 8 Doppelreihen von 3 oder 4 Paar konvergierender, 0,05 mm langer, flacher, unregelmäßig bedornter Spindeln. In der Rinde liegen nur wenig verjüngte Doppelspindeln von 0,04 mm Länge, mit einem Warzengürtel jederseits, daneben 0,07 mm lange Doppelspindeln mit 2 Warzengürteln jederseits und zugespitzte, 0,1 mm lange Doppelspindeln mit 3 Gürteln gezackter Warzen jederseits. Bräunlichgelb mit rötlichen Flecken.

Westküste von Mittel- und Südamerika. Im flachen Litoral.

Die Art zerfällt in 2 Unterarten:

10a. G. stenobrochis typica Val. 1846 *G. s.*, Valenciennes in: Voy. Vénus, Atl. Zooph. t. 12 f. 1, 1a.

Mit den Merkmalen der Art.

Westküste von Mittel- und Südamerika. Im flachen Litoral.

10b. G. stenobrochis engelmanni (G. Horn) 1860 *Rhipidigorgia e.*, G. Horn in: P. Ac. Philad., [*v.* 12] p. 233 | 1868 *Leptogorgia stenobrochis* var. *e.*, A. E. Verrill in: Tr. Connect. Ac., *v.* 1 p. 394 | 1883 *L. stenobraçhis* (err.) var. *e.*, Th. Studer in: Mt. Ges. Bern, fasc. 1 p. 4.

Zweige stärker abgeplattet, Endzweige kürzer, Maschen kleiner, quadratisch oder abgerundet. Die Polypen stehen an den Zweigen ziemlich dicht und allseitig, und ihre Kelche sind niedrig. Die Rindenskleriten sind etwas kleiner. Bräunlich oder rotgelb.

Westküste von Mittelamerika.

G. arenata Val. 1846 *G. a.*, Valenciennes in: Voy. Vénus, Atl. Zooph. t. 12 f. 1, 1a; t. 13; t. 14 | 1855 *Rhipidigorgia a.*, Valenciennes in: CR. Ac. Sci., *v.* 41 p. 13 | 1869 *Leptogorgia a.*, A. E. Verrill in: Amer. J. Sci., ser. 2 *v.* 48 p. 422.

Fächerförmig und netzförmig. Zweige walzenförmig. Die Maschen sind meist viereckig. Die Polypenkelche sind niedrig. Rot, Kelche gelb.

Neu-Seeland.

G. clathrus Pall. 1766 *G. c.*, Pallas, Elench. Zooph., p. 168.

Netzförmig, aber nicht in einer Ebene entwickelt. Zweige walzenförmig. Die Polypen stehen zerstreut. Rötlichgrau, Achse hellgelb.

Verbreitung unbekannt.

G. flavescens nom. nov. Kükth. 1834 *Eunicea granulata* (non *E. g.*, Esper 1797), Ehrenberg in: Abh. Ak. Berlin, p. 361.

Fächerförmig und netzförmig. Äste dünn. Gelblich, Achse schwärzlich.

Verbreitung unbekannt.

G. reticulum Pall. 1766 *G. r.*, Pallas, Elench. Zooph., p. 167 | 1786 nec. *G. r.*, Ellis & Solander, Zooph., t. 17 | 1794—97 nec. *G. r.*, Esper, Pflanzenth., Forts. *v.* 1 p. 161 t. 44 f. 1—3 | 1815 *G. r.*, Lamarck in: Mém. Mus. Paris, *v.* 2 p. 79 | 1834 nec. *Eunicea r.*, Ehrenberg in: Abh. Ak. Berlin, p. 360 | 1855 *Rhipidigorgia r.*, Valenciennes in: CR. Ac. Sci., *v.* 41 p. 10.

Fächerförmig und netzförmig. Zweige rund. Polypen zerstreut, um den Hauptstamm fehlend. Kelche fehlen. Rindenskleriten Spindeln. Rötlich oder hellgelb.

Indischer Ozean.

G. venusta Dana 1846 *G. v.*, J. D. Dana in: U. S. expl. Exp., *v.* 7 p. 658.

Fächerförmig und netzförmig. Zweige rund. Die Polypen stehen zerstreut. Die Rinde ist dick. Rot oder ockergelb.

4. Gen. **Eugorgia** A. E. Verrill

1860 *Lophogorgia* (part.), G. Horn in: P. Ac. Philad., [*v.* 12] p. 233 | 1864 *Gorgonia* (part.), A. E. Verrill in: Bull. Mus. Harvard, *v.* 1 p. 33 | 1868 *Eugorgia* (part.), A. E. Verrill in: Amer. J. Sci., ser. 2 *v.* 45 p. 414 | 1868 *E.*, A. E. Verrill in: Tr. Connect. Ac., *v.* 1 p. 406 | 1887 *E.*, Th. Studer (& P. Wright) in: Arch. Naturg., *v.* 53 I p. 64 | 1918 *E.*, Bielschowsky, Revis. Gorgon., p. 39.

Verzweigung vorwiegend in einer Ebene, dichotomisch oder rein lateral, in letzterem Falle dicht und meist fiederförmig. Äste und Zweige sind etwas abgeplattet. Die Polypen sind biserial in dichten Längsreihen angeordnet, die von Polypen freie Fläche ist meist längsgefurcht. Eine Polypenbewehrung fehlt. Polypenkelche können fehlen oder sind sehr niedrig. In der Rinde liegen Scheibenträger, sowie zugespitzte, längere und abgestumpfte, kürzere Gürtelspindeln. Achse hornig. Rot oder gelb, selten weiß.

Westküste von Mittel- und Südamerika. Im flachen Litoral.

9 sichere Arten mit 6 Unterarten, eine unsichere.

Spec. typ.: *E. aurantiaca* (G. Horn)

Bestimmungstabelle der Arten:

1	Verzweigung vorwiegend dichotomisch — 2	
	Verzweigung rein lateral — 5	
2	Zweige nicht fiederförmig angeordnet — 3	
	Zweige fiederförmig angeordnet	4. **E. forreri**
3	Die Zweige sind dick — 4	
	Die Zweige sind dünn	3. **E. bradleyi**
4	Die Polypen sind bewehrt	1. **E. ampla**
	Die Polypen sind unbewehrt	2. **E. nobilis**
5	Die Endzweige sind biserial angeordnet — 6	
	Die Endzweige sind vorwiegend uniserial angeordnet . .	9. **E. querciformis**
6	Die Rinde enthält fast ausschließlich Scheibenträger . .	5. **E. multifida**
	Die Rinde enthält Scheibenträger und Doppelspindeln — 7	
7	Die Scheibenträger besitzen spitz zulaufende Scheiben .	6. **E. daniana**
	Die Scheiben sind abgerundet — 8	
8	Die Zweige werden bis 25 mm lang	7. **E. aurantiaca**
	Die Zweige werden höchstens 15 mm lang	8. **E. rubens**

1. **E. ampla** (Verrill) 1864 *Leptogorgia a.*, A. E. Verrill in: Bull. Mus. Harvard, *v.* 1 p. 32 | 1868 *Eugorgia a.*, A. E. Verrill in: Amer. J. Sci., ser. 2 *v.* 45 p. 415 | 1868 *E. a.*, A. E. Verrill in: Tr. Connect. Ac., *v.* 1 p. 407 t. 5 f. 12; t. 6 f. 6 | 1918 *E. a.*, Bielschowsky, Revis. Gorgon., p. 44.

Fächerförmig, die Zweige stehen an den starken Hauptästen oft wechselständig, mitunter auch einseitig, ziemlich weit auseinander, sind lang, oft etwas gekrümmt und laufen schließlich parallel mit den Ästen. Zweige und oft auch Äste sind leicht abgeplattet und schwach längsgefurcht. Die Zweige verjüngen sich nur wenig und enden abgestumpft. Die Polypen stehen in dichten, breiten, seitlichen Reihen und entspringen aus niedrigen Kelchen. Ihre Bewehrung besteht aus kleinen, schwach bewarzten Doppelspindeln. In der Rinde liegen Doppelräder von 0,05 mm Länge, mit ziemlich dünnen, an den Rändern oft zugeschärften Scheiben. Außerdem finden sich scharf zugespitzte, 0,1 mm lange Doppelspindeln mit 3 Warzengürteln jederseits, sowie dichter mit Warzen bedeckte, 0,09 mm lange Doppelspindeln. Gelb.

Kalifornien, Westküste von Mittel- und Südamerika.

Diese Art zerfällt in 2 Unterarten:

1a. **E. ampla typica** (Verrill) 1864 *Leptogorgia a.*, A. E. Verrill in: Bull. Mus. Harvard, *v.* 1 p. 32 | 1868 *Eugorgia a.*, A. E. Verrill in: Tr. Connect. Ac., *v.* 1 p. 407 t. 5 f. 12; t. 6 f. 6.

Mit den Merkmalen der Art.

Kalifornien.

1b. **E. ampla purpurascens** Verrill 1868 *E. a.* var. *p.*, A. E. Verrill in: Tr. Connect. Ac., *v.* 1 p. 408.

Äste und Zweige nur halb so stark. Scheibenträger kleiner und die Enden sind nicht so zugeschärft. Hellpurpurn.

Westküste von Mittel- und Südamerika.

2. **E. nobilis** Verrill 1868 *E. n.*, A. E. Verrill in: Tr. Connect. Ac., *v.* 1 p. 408 t. 5 f. 13 | 1918 *E. n.*, Bielschowsky, Revis. Gorgon., p. 44.

Fächerförmig, annähernd dichotomisch verzweigt. An den starken, abgeplatteten Hauptästen sitzen zahlreiche annähernd parallele, gekrümmte Nebenäste, die zahlreiche Zweige aussenden. Die Endzweige sind kurz und dick und gekrümmt; sie verjüngen sich kaum. Die Polypen stehen in 2 breiten Längsreihen, die durch eine schmale Furche getrennt werden; ihre Kelche sind niedrig. In der Rinde liegen Doppelräder von 0,042 mm Länge, sowie 0,12 mm lange, dicht bewarzte, etwas zugespitzte Doppelspindeln und abgestumpfte, 0,084 mm lange, noch dichter bewarzte Doppelspindeln. Gelb- oder rotbraun.

Kalifornien, Panama. Im flachen Litoral.

Diese Art zerfällt in 2 Unterarten:

2a. **E. nobilis typica** Verrill 1868 *E. n.*, A. E. Verrill in: Tr. Connect. Ac., *v.* 1 p. 408 t. 5 f. 13.

Mit den Merkmalen der Art.

Kalifornien, Westküste von Mexiko, Panama.

2b. **E. nobilis excelsa** Verrill 1870 *E. n.* var. *e.*, A. E. Verrill in: Tr. Connect. Ac., *v.* 1 p. 553.

Mitunter entspringen von gemeinsamer, breiter Basis mehrere Fächer, die parallel laufen. Verzweigung sehr stark. Seitenäste fiederförmig wechselständig stehend. Äste und Zweige entspringen in stumpfem Winkel und biegen dann scharf nach oben um. Die Endzweige sind ziemlich schlank, etwas abgeplattet, mit einer sehr schmalen, mittleren Fläche, die deutlich längsgefurcht ist. Die Polypen stehen jederseits in einer breiten Längsreihe und entspringen aus ganz flachen Kelchen. In der Rinde liegen Vierscheiber von 0,04 mm Länge, sowie 0,1 mm lange, zugespitzte und 0,08 mm lange, abgestumpfte Doppelspindeln, mit 2 oder 3 Warzengürteln und bewarzten Enden jederseits. Hellbraungelb oder kastanienbraun, mitunter fast ziegelrot.

Kalifornien, Westküste von Mexiko. Im flachen Litoral.

3. **E. bradleyi** Verrill 1868 *E. b.*, A. E. Verrill in: Tr. Connect. Ac., *v.* 1 p. 411 | 1883 *E. b.*, Th. Studer in: Mt. Ges. Bern, fasc. 1 p. 7 | 1918 *E. b.*, Bielschowsky, Revis. Gorgon., p. 44.

Annähernd fächerförmig und dichotomisch verzweigt. Die in stumpfem Winkel entspringenden Zweige sind meist einseitig angeordnet, schlank, nach den Enden zu verjüngt und längsgefurcht. Die Polypen stehen dicht gedrängt in je 4 Reihen, an den Endzweigen in 1 oder 2 Reihen, und entspringen aus sehr niedrigen Kelchen. Die Rinde enthält Vierscheiber von etwa 0,04 mm Länge, mit dünnen Scheiben, sowie 0,08—0,14 mm lange Doppelspindeln, von denen die kleineren 3 Gürtel, die größeren, scharf zugespitzten 4 bis 6 Gürtel hoher Warzen tragen. Purpurrot, zitronengelb oder hellgelbbraun.

Westküste von Mittelamerika, Acajutla.

Diese Art zerfällt in 2 Unterarten:

3a. **E. bradleyi typica** Verrill 1868 *E. b.*, A. E. Verrill in: Tr. Connect. Ac., *v.* 1 p. 411 | 1883 *E. b.*, Th. Studer in: Mt. Ges. Bern, fasc. 1 p. 7.

Mit den Merkmalen der Art.

Westküste von Mittelamerika.

3b. **E. bradleyi alba** Bielsch. (in MS) *E. b.* var. *a.*, Bielschowsky (in MS).

Die annähernd dichotomische Verzweigung erfolgt nicht in einer Ebene (Fig. 178). Polypenkelche fehlen meist. Die Vierscheiber der Rinde sind 0,05 mm lang und ihre Scheiben sind auf einer Seite gezackt und auf der anderen etwas spitz zugehend. Außerdem kommen 0,1 mm lange, nur schwach verjüngte Doppelspindeln mit 4 Gürteln gezackter Warzen, sehr zahlreiche, plumpe, 0,08 mm lange Doppelspindeln, deren 4 Warzengürtel Übergänge zur Scheibenbildung zeigen, sowie in geringer Zahl zugespitzte 0,13 mm lange Doppelspindeln mit jederseits 3 oder 4 Gürteln gezackter Warzen vor. Weiß.

Fig. 178.
Eugorgia bradleyi alba.

Acajutla.

4. **E. forreri** Th. Stud. 1883 *E. f.*, Th. Studer in: Mt. Ges. Bern, fasc. 1 p. 6 | 1918 *E. f.*, Bielschowsky, Revis. Gorgon., p. 44.

Fächerförmig, die größeren Äste teilen sich dichotomisch, die Zweige stehen fiederartig, wechselständig. Die Äste sind abgeplattet, nur die kleineren Zweige rund. Die Polypen stehen seitlich in mehreren Reihen, die in der Mitte durch eine Furche getrennt sind, an den Seitenzweigen nur in einer Reihe. In der Rinde liegen Doppelspindeln von 0,108 mm Länge, entweder zugespitzt oder etwas abgestutzt, sowie 0,05—0,075 mm lange Doppelräder. Korallenrot, Kelche gelb; am Stamm und Ästen einige gelbe Streifen.

Südkalifornien.

5. **E. multifida** Verrill 1870 *E. m.*, A. E. Verrill in: Tr. Connect. Ac., *v.* 1 p. 554 t. 6 f. 8 | 1918 *E. m.*, Bielschowsky, Revis. Gorgon., p. 45.

Fächerförmig, in einer Ebene lateral verzweigt. Die sehr kurzen Endzweige stehen dicht und meist fiederförmig. Der Hauptstamm ist etwas abgeplattet, Äste und Zweige sind mehr vierkantig und längsgefurcht. Die Polypen stehen in 4, an den abgeplatteten Enden in 2 Längsreihen, und entspringen aus niedrigen, warzenförmigen Kelchen. In der Rinde liegen fast ausschließlich 0,067—0,1 mm lange Vierscheiber mit auf einer Seite gezackten, auf der anderen zugespitzten Scheiben. Ferner treten 0,078 mm lange, plumpe Formen auf, die zwischen Doppelspindeln und Vierscheibern stehen. In den Kelchen liegen außerdem kleine, 0,05 mm lange Doppelräder. Rot, basal gelb gefleckt. Kelche gelb.

Westküste von Mexiko.

6. **E. daniana** Verrill 1868 *E. d.*, A. E. Verrill in: Tr. Connect. Ac., *v.* 1 p. 409 t. 5 f. 14; t. 6 f. 7 | 1918 *E. d.*, Bielschowsky, Revis. Gorgon., p. 45.

Verzweigung in einer Ebene, lateral. Die Äste und Zweige entspringen rechtwinklig und sind wie der Stamm längsgefurcht. Äste und Zweige sind etwas abgeplattet oder vierkantig, die Polypen stehen an ihnen in dichten, seitlichen Längsreihen und entspringen aus stumpf kegelförmigen Kelchen. In der Rinde liegen 0,073 mm lange Vierscheiber, mit 2 inneren größeren, 2 äußeren kleineren Scheiben, die auf einer Seite gezackt, auf der anderen zugespitzt sind. Daneben finden sich 0,1 mm lange, zugespitzte Gürtelspindeln, mit 3 Gürteln niedriger, weitstehender Warzen jederseits, sowie vereinzelte 0,07 mm lange, an den Enden abgestumpfte Gürtelspindeln mit nur 2 Gürteln jederseits. Orangegelb, bisweilen rot gefleckt.

Westküste von Mittelamerika. Im flachen Litoral.

7. **E. aurantiaca** (G. Horn) 1860 *Lophogorgia a.*, G. Horn in: P. Ac. Philad., [*v.* 12] p. 233 | 1864 *Gorgonia a.*, A. E. Verrill in: Bull. Mus. Harvard, *v.* 1 p. 33 | 1868 *Eugorgia mexicana*, A. E. Verrill in: Amer. J. Sci., ser. 2 *v.* 45 p. 415 | 1868 *E. aurantiaca*, A. E. Verrill in: Tr. Connect. Ac., *v.* 1 p. 410 t. 5 f. 15 | 1883 *E. a.*, Th. Studer in: Mt. Ges. Bern, fasc. 1 p. 5 | 1918 *E. a.*, Bielschowsky, Revis. Gorgon., p. 45.

Fächerförmig und fiederig verzweigt. Die Hauptäste sind abgeplattet und längsgefurcht. Die Polypen stehen an den stärkeren Ästen in 2 unregelmäßigen, seitlichen Längsreihen, an den Zweigen allseitig und entspringen aus runden, meist zweilappigen Kelchen. Die Rinde enthält 0,06 mm lange Vierscheiber, deren Außenscheiben abgerundet sind, während die beiden Innenscheiben an einer Seite gezackt sein können. Außerdem kommen 0,1 mm lange, meist zugespitzte Doppelspindeln mit 3 oder 4 Warzengürteln jederseits, sowie 0,08 mm lange Doppelspindeln mit nur 2 Warzengürteln jederseits vor. Orangegelb mit roten Flecken.

Kalifornischer Golf bis Acapulco.

8. **E. rubens** Verrill 1868 *E. r.*, A. E. Verrill in: Tr. Connect. Ac., *v.* 1 p. 411 | 1894 *E. r.*, Th. Studer in: Bull. Mus. Harvard, *v.* 25 p. 69 | 1918 *E. r.*, Bielschowsky, Revis. Gorgon., p. 45.

Die schlanke Kolonie ist fächerförmig und fiederig verzweigt. Die Zweige sind sehr schlank und ziemlich kurz. Die Polypen stehen in Längsreihen an den Zweigkanten und entspringen aus kegelförmigen Kelchen. In der Rinde liegen meist kurze und abgestumpfte Skleriten, Vierscheiber von 0,06 mm Länge mit dicken, abgerundeten Scheiben, schlanke Doppelspindeln von 0,1 mm Länge, mit 3 Gürteln dichtgedrängter Warzen jederseits, sowie dicke, abgestumpfte, von 0,096 mm Länge, mit 2 oder 3 Gürteln dichtgedrängter, rauher Warzen jederseits. Rosa oder hell orangegelb.

Panama, Peru.

9. **E. querciformis** Bielsch. 1918 *E. q.*, Bielschowsky, Revis. Gorgon., p. 45 | 1919 *E. q.*, Kükenthal in: Ergeb. Tiefsee-Exp., *v.* 13 pars 2 p. 916.

Verzweigung lateral in einer Ebene. Hauptstamm und Äste sind abgeplattet; die Zweige stehen locker und wechselständig, die Endzweige oft einseitig und in rechtem Winkel entspringend, dann nach oben umbiegend und stumpf kegelförmig oder etwas kolbig anschwellend. Die Polypen stehen an Stamm und Ästen allseitig, an den Zweigen sehr dicht, in seitlichen Längsreihen. Kelche fehlen fast völlig. In der äußeren Rinde liegen hauptsächlich 0,04 mm lange Doppelräder, mit sehr schmalen auf einer Seite gezackten, auf der anderen zugespitzten Scheiben, sowie plumpere, 0,06 mm lange Vierscheiber mit breiteren und stumpferen Scheiben. In der inneren Rinde überwiegen Doppelspindeln, und zwar 0,1 mm lange, abgestumpfte Formen mit 2 Gürteln gezackter, dichtgedrängter Warzen jederseits, sowie zugespitzte 0,12 mm lange Formen mit 3 Warzengürteln jederseits. Dunkelweinrot.

Ecuador.

E. gilchristi Hickson 1905 *E. g.*, Hickson in: Mar. Invest. S. Afr., *v.* 3 p. 230 t. 9 f. 15, 19.

Verzweigung reichlich mit fiederförmig angeordneten, gelegentlich anastomosierenden Zweigen. Die Polypen stehen allseitig und entspringen aus kuppelförmigen Kelchen. In der Rinde liegen warzige, bis 0,12 mm lange Spindeln, sowie 0,05 mm lange Doppelräder. Die Kelche enthalten weit bewarzte fein zugespitzte Spindeln. Weiß.

Kap der guten Hoffnung. Mittleres Litoral.

Vielleicht zu *Stenogorgia* gehörig.

5. Gen. **Stenogorgia** A. E. Verrill

1855 *Gorgonia* (part.), Valenciennes in: CR. Ac. Sci., *v.* 41 p. 12 | 1883 *Stenogorgia*, A. E. Verrill in: Bull. Mus. Harvard, *v.* 11 p. 29 | 1887 *S.*, Grieg in: Bergens Mus. Aarsber., 1886 p. 5, 18 | 1887 *S.*, Th. Studer (& P. Wright) in: Arch. Naturg., *v.* 53I p. 64 | 1901 *S.*, Th. Studer in: Résult. Camp. Monaco, *v.* 20 p. 51 | 1910 *S.*, Nutting in: Siboga-Exp., *v.* 13b4 p. 6 | 1917 *S.*, Jungersen in: Meddel. Grönl., *v.* 23 p. 1186 | 1918 *S.*, Bielschowsky, Revis. Gorgon., p. 45.

Verzweigung meist in einer Ebene, lateral und nicht sehr dicht. Die Polypen sind groß und stehen nicht dicht, allseitig oder meist in je einer seitlichen, meist wechselständigen Längsreihe, mitunter auch auf der Vorderfläche allein. Ihre Kelche sind hoch, stumpf kegelförmig und nicht intraktil; ihre Bewehrung ist meist stark und besteht aus 8 Feldern konvergierender bis longitudinaler, großer Spindeln, die unregelmäßig mit niedrigen Dornen oder Warzen besetzt sind. Die Rinde enthält stets Spindeln von durchschnittlich 0,2 mm Länge, deren dornen- oder warzenartige Fortsätze meist nicht in regelmäßigen Gürteln stehen, außerdem können kleine Scheibenträger vorkommen. Rosa, rot oder weiß.

Nördlicher Atlantischer sowie Indischer Ozean und Japan. Im tieferen Litoral und Küsten-Abyssal.

6 sichere, 2 unsichere Arten.

Spec. typ.: *S. casta* Verrill

Bestimmungstabelle der Arten:

1	Kolonie vorwiegend in einer Ebene verzweigt — 2	
	Kolonie unverzweigt	6. **S. africana**
2	Verzweigung fächerförmig mit kurzen Endzweigen — 3	
	Verzweigung spärlich mit langen, rutenförmigen Endzweigen — 5	
3	Polypen dichtstehend, Polypenkelche niedrig	1. **S. studeri**
	Polypen weitstehend, Polypenkelche hoch — 4	
4	Polypen bewehrt	2. **S. miniata**
	Polypen unbewehrt	3. **S. beringi**
5	Rinde ohne Scheibenträger	4. **S. casta**
	Rinde mit Scheibenträgern	5. **S. rosea**

1. **S. studeri** Nutting 1910 *S. s.*, Nutting in: Siboga-Exp., *v.* 13b4 p. 7 t. 2 f. 1, 1a; t. 3 f. 3a.

Die fächerförmige Kolonie ist nicht stark verzweigt. Die Zweige entspringen meist in rechtem Winkel. Die Endzweige sind kurz und meist dreikantig. Hauptstamm und Hauptäste sind abgeplattet und längsgefurcht. Die Polypen stehen biserial und dicht und entspringen aus warzen- oder stumpfkegelförmigen Kelchen von durchschnittlich 0,8 mm Höhe. Die Kelchöffnung ist achtstrahlig. Die Polypenskleriten sind im basalen Teile transversal darüber longitudinal angeordnet und mit zahlreichen Warzen besetzt. In den Tentakeln liegen kleine, bewarzte Spindeln, basal in Querreihen, distal in Längsreihen. Die Rinde enthält starke Spindeln, deren Warzen nicht in regelmäßigen Gürteln angeordnet sind. Schwach rötlich.

Floressee. Im mittleren Litoral.

2. **S. miniata** (Val.) 1855 *Gorgonia mimata* (err.), Valenciennes in: CR. Ac. Sci., *v.* 41 p. 12 | 1857 *G. miniata*, H. Milne-Edwards, Hist. Corall., *v.* 1 p. 160 | 1868 *G. m.*, Pourtalès in: Bull. Mus. Harvard, *v.* 1 p. 131 | 1901 *Stenogorgia m.*, Th. Studer in: Résult. Camp. Monaco, *v.* 20 p. 51 t. 8 f. 7—8 | 1910 *? S. m.*, Nutting in: Siboga-Exp., *v.* 13b4 p. 6 | 1919 *S. m.*, Kükenthal in: Ergeb. Tiefsee-Exp., *v.* 13 pars 2 p. 642 t. 48 f. 91.

Die Kolonie ist in einer leicht eingerollten Ebene entwickelt. Die Verzweigung ist lateral und reichlich, die Äste gehen meist in annähernd rechtem Winkel ab; die Endzweige sind kurz. Die Polypen stehen in 2 seitlichen Längsreihen in je 3 mm Entfernung und sind der einen Fläche etwas zugewandt; ihre schlanken Kelche sind bis 2 mm hoch. Die Polypenskleriten sind longitudinal in 8 Feldern angeordnete, bis 0,25 mm lange, flache, weitbedornte Spindeln. Die Tentakel sind mit 2 dichten Reihen kleinerer, schlankerer Spindeln erfüllt. In der Rinde liegen bis 0,3 mm lange Spindeln, die keulenförmig werden können, sowie kleinere, einseitig hochbedornte, dicke Gürtelstäbe und vereinzelte kleine, daraus hervorgehende Scheibenträger. Ziegelrot.

Antillen, Azoren, Sombrerokanal. Küsten-Abyssal.

3. **S. beringi** (Nutting) 1912 *Leptogorgia b.*, Nutting in: P. U. S. Mus., *v.* 43 p. 95 t. 16 f. 1, 1a; t. 21 f. 5 | 1918 *L. b.*, Bielschowsky, Revis. Gorgon., p. 29 | 1919 *Stenogorgia b.*, Kükenthal in: Ergeb. Tiefsee-Exp., *v.* 13 pars 2 p. 918.

Verzweigung lateral in einer Ebene, die Kolonie ist fächerförmig. Der Hauptstamm setzt sich geradlinig durch die gesamte Kolonie fort. Stamm, Äste und Zweige sind rund und nicht verjüngt. Polypen unbewehrt, mit 2—3 mm hohen, walzenförmigen Kelchen; der Hinterfläche der Kolonie fehlen Polypen. Rindenskleriten Spindeln mit schwach oder gar nicht gezackten Warzen, die in unregelmäßigen Gürteln stehen. Die Spindeln laufen teils spitz zu, 0,15 mm lang werdend, teils sind sie abgestumpft und 0,08 bis 0,11 mm lang. Hellgelb oder weiß.

Japan. In 600—1914 m Tiefe.

4. **S. casta** Verrill 1883 *S. c.*, A. E. Verrill in: Bull. Mus. Harvard, *v.* 11 p. 30 t. 2 f. 1, 1a, 1b | 1918 *S. c.*, Bielschowsky, Revis. Gorgon., p. 48.

Verzweigung in annähernd einer Ebene, meist unregelmäßig, gelegentlich fiederig, in fast rechtem Winkel, nach oben umbiegend. Die Polypen stehen biserial und wechselständig und entspringen aus vorragenden Kelchen. Die Tentakel enthalten vorwiegend schlanke, weitbewarzte meist etwas gebogene Spindeln von 0,19—0,23 mm Länge, die an einem oder an beiden Enden zugespitzt sind, sowie stumpfe, 0,19 mm lange Skleriten, die nur an einem Ende bewarzt sind, ferner solche, die dicht und allseitig mit Warzen bedeckt sind, und flache, 0,1 mm lange Formen mit wenigen, randständigen Warzen. In der Rinde und den Kelchen liegen etwa 0,24 mm lange, zugespitzte Spindeln, sowie 0,16 mm lange, abgestumpfte Spindeln, die oft gebogen und unregelmäßig mit Warzen bedeckt sind. Weiß.

Ostküste von Nordamerika. Im Küsten-Abyssal.

5. **S. rosea** Grieg 1806 *Gorgonia pinnata* (non *G. p.*, Linné 1758), Rathke in: O. F. Müller, Zool. Dan., *v.* 4 p. 37 t. 153 | 1887 *Stenogorgia rosea* + *Danielssenia irramosa,* Grieg in: Bergens Mus. Aarsber., 1886 p. 5, p. 8 t. 1, 2 f. 1—9; t. 3 f. 33; t. 4; t. 6 | 1908 *Pterogorgia pinnata,* Théel in: Ark. Zool., *v.* 4 nr. 5 p. 57 | 1913 *P. p.*, Grieg in: Bergens Mus. Aarbok, 1913 fasc. 1 nr. 1 p. 22 nota | 1918 *Stenogorgia rosea,* Bielschowsky, Revis. Gorgon., p. 48 | 1919 *Leptogorgia irramosa,* Molander in: Ark. Zool., *v.* 12 nr. 5 p. 1 | 1919 *Stenogorgia rosea,* Kükenthal in: Ergeb. Tiefsee-Exp., *v.* 13 pars 2 p. 916.

Verzweigung spärlich, lateral, vorwiegend aber nicht ausschließlich in einer Ebene. Die Endzweige sind lang, rutenförmig und mit schlaffen Enden herabhängend. Stamm und Äste sind kaum abgeplattet und gleichdick. Die ziemlich dicht und allseitig stehenden Polypen ordnen sich an den basalen Teilen der Äste vorwiegend in zwei seitlichen Reihen an und entspringen aus 1 mm hohen, senkrecht zur Unterlage stehenden Kelchen. Die Polypenskleriten stehen in Winkelreihen zu je 12 Paar und sind 0,18 mm messende, flache, niedrig bedornte Spindeln. Die Tentakel sind bis in die Pinnulä hinein mit kleineren, stäbchenförmigen, gezackten Skleriten erfüllt. Auch in der Schlundrohrwandung liegen bis 0,12 mm lange, walzenförmige Skleriten. Die Rinde enthält bis 0,26 mm messende, schlanke, zugespitzte Spindeln, deren weitstehende, hohe und abgerundete Warzen nicht in deutlichen Gürteln stehen; ferner kommen kürzere und dickere Spindeln mit abgerundeten Enden und deutlicheren Warzengürteln vor, sowie kleinere Formen, fast von der Gestalt von Doppelkugeln, die in Scheibenträger von 0,05 mm Länge, mit zwei aus verschmolzenen Warzengürteln entstandenen Scheiben übergehen. Zinnoberrot bis braunrot.

Westküste Schwedens und Norwegens bis Finmarken. Im tiefen Litoral.

6. **S. africana** Kükth. 1919 *S. a.*, Kükenthal in: Ergeb. Tiefsee-Exp., *v.* 13 pars 2 p. 644 t. 33 f. 20, 21, 22.

Unverzweigt, dünn, fadenförmig und ziemlich schlaff. Die Polypen stehen wechselständig in zwei seitlichen Längsreihen in Abständen von durchschnittlich 2,5 mm. Ihre Kelche sind flachkonische Erhebungen mit längsovaler, bis 2,5 mm messender Basis und höchstens 1 mm Höhe. Die Polypenskleriten sind in 8 konvergierenden Feldern angeordnet, die einem transversalen Ringe von 3 Reihen Spindeln aufsitzen. Die Länge der Polypenskleriten beträgt bis 0,15 mm. Kelche und Rinde enthalten außen eine Schicht starkbewarzter, bis 0,45 mm langer Spindeln, darunter schwächer und weiter bewarzte Spindeln (Fig. 179). Außerdem kommen nur noch kleinere, bewarzte Spindeln, aber keine Scheibenträger vor. Farbe purpurrot oder ziegelrot.

Fig. 179. Stenogorgia africana. Rindenskleriten ($^{180}/_{1}$).

Vor der Kongomündung. In 44 m Tiefe.

S. borealis Jungersen 1917 *S. b.*, Jungersen in: Meddel. Grönl., *v.* 23 p. 1186. Beschreibung fehlt.

Island, Dänemarkstraße, Faröer. Im mittleren und tieferen Litoral und im Abyssal bis 1583 m Tiefe.

S. kofoidi Nutting 1909 *S. k.*, Nutting in: P. U. S. Mus., *v.* 35 p. 724 t. 88 f. 5, 6; t. 90 f. 6.

Fächerförmig. Seitenäste fiederig angeordnet. Die Polypen stehen in seitlichen, unregelmäßigen Reihen in 3,5 mm Entfernung und entspringen aus 1,5 mm hohen Kelchen; sie sind mehr der Vorderfläche zugewandt. Ihre Tentakel sind dicht mit Skleriten erfüllt. In der Rinde liegen kleine, schlanke, bedornte Spindeln, teilweise gebogen. Auch kleine Doppelspindeln kommen vor. Dunkelkorallenrot, Achse dunkelgrünlichbraun.

Kalifornien. Tieferes Litoral.

6. Gen. Rhipidogorgia Valenciennes (emend.)

1758 *Gorgonia* (part.), Linné, Syst. Nat., ed. 10 p. 800 | 1855 *Rhipidigorgia* (part.), Valenciennes in: CR. Ac. Sci., *v.* 41 p. 13 | 1857 *R.* (part.), H. Milne-Edwards, Hist. Corall., *v.* 1 p. 173 | 1864 *Rhipidogorgia* (part.), A. E. Verrill in: Bull. Mus. Harvard, *v.* 1 p. 32 | 1865 *Gorgonia* (part.), Kölliker, Icon. histiol., p. 139 | 1887 *G.* (part.), Th. Studer (& P. Wright) in: Arch. Naturg., *v.* 53 I p. 64 | 1916 *Rhipidogorgia*, Kükenthal in: Zool. Jahrb., suppl. 11 p. 485 | 1918 *R.*, Bielschowsky, Revis. Gorgon., p. 49 | 1919 *R.*, Kükenthal in: Ergeb. Tiefsee-Exp., *v.* 13 pars 2 p. 853.

Kolonie fächerförmig, in einer oder mehreren parallelen Ebenen verzweigt. Durch sehr zahlreiche Anastomosen wird ein engmaschiges Netzwerk gebildet. Die Polypen stehen in 2 dichten seitlichen Längsreihen und entspringen aus niedrigen Kelchen. Sie sind mit kleinen, stäbchenförmigen, fast glatten Skleriten bewehrt. In der Rinde liegen innen Doppelspindeln und außen Klammern mit in Gürteln angeordneten Warzen. Violett oder gelb.

Florida, Bermudas, Antillen. Im flachen Litoral.

1 sichere Art, 3 unsichere.

1. **R. flabellum** (L.) 1758 *Gorgonia f.*, Linné, Syst. Nat., ed. 10 p. 801 | 1855 *Rhipidigorgia f.*, Valenciennes in: CR. Ac. Sci., *v.* 41 p. 13 | 1865 *Gorgonia f.*, Kölliker, Icon. histiol., p. 139 | 1907 *G. f.*, A. E. Verrill in: Tr. Connect. Ac., *v.* 12 p. 297 | 1916 *Rhipidogorgia f.*, Kükenthal in: Zool. Jahrb., suppl. 11 p. 485 | 1918 *R. f.*, Bielschowsky, Revis. Gorgon., p. 50.

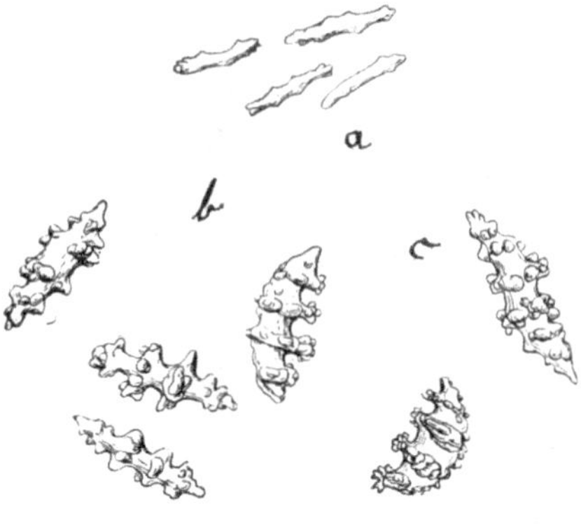

Fig. 180. **Rhipidogorgia flabellum.**
Skleriten, *a* der Polypen, *b* der äußeren und *c* der tieferen Rinde.

Verzweigung in einer oder mehreren Ebenen, ein engmaschiges Netzwerk bildend. Die Hauptäste, Seitenäste und Zweige sind abgeplattet. Die Endzweige sind in geringer Ausdehnung frei und laufen spitz zu. Polypen fehlen dem Hauptstamm und dem unteren Teil der Hauptäste und stehen an den Zweigen in seitlichen, dichten Längsreihen im inneren Rahmen der Maschen. Die Kelche sind flach und längsoval. In der Polypenwand liegen in schräg nach oben gerichteten Doppelreihen fast glatte, schlanke, etwa 0,06 mm lange Stäbchen, die in den Tentakeln kleiner und breiter werden (Fig. 180). In den Kelchen liegen etwa 0,1 mm lange, breite, spindel- bis stabförmige Skleriten mit mehreren Gürteln großer, gezackter Dornen. Derartige Formen kommen auch in der inneren Rinde vor, nur etwas kleiner und mit nur 2—4 Dornengürteln besetzt. In der äußeren Rinde liegen bis 0,1 mm lange Klammern mit größeren Dornen an der inneren Seite. Violett oder gelb.

Florida, Bermudas, Antillen. Im flachen Litoral.

R. coarctata (Val.) 1855 *Rhipidigorgia c*, Valenciennes in: CR. Ac. Sci., *v.* 41 p. 13 | 1857 *R. c.*, H. Milne-Edwards, Hist. Corall., *v.* 1 p. 179 | 1918 *Rhipidogorgia c.*, Bielschowsky, Revis. Gorgon., p. 52.

Fächerförmig, die Zweige sind nur zum Teil durch Anastomosen verbunden und rund. Die Polypen entspringen aus niedrigen, warzenförmigen Kelchen.

Bourbon.

R. elegans Duchass. & Mich. 1864 *R. e.*, Duchassaing & Michelotti in: Mem. Acc. Torino, ser. 2 *v.* 23 p. 20 t. 4 f. 4 | 1918 *R. e.*, Bielschowsky, Revis. Gorgon., p. 52.

Fächerförmig. Alle Zweige sind durch Anastomosen verbunden. Hellrot.

Trinidad.

Wohl nur eine Farbenvarietät von *R. flabellum*.

R. occatoria (Val.) 1855 *Rhipidigorgia o.*, Valenciennes in: CR. Ac. Sci., *v.* 41 p. 13 | 1857 *R. o.*, H. Milne-Edwards, Hist. Corall., *v.* 1 p. 175 | 1860 *R. o.*, Duchassaing & Michelotti in: Mem. Acc. Torino, ser. 2 *v.* 19 p. 33 | 1869 *Gorgonia o.*, A. E. Verrill in: Amer. J. Sci., ser. 2 *v.* 48 p. 424.

Fächerförmig mit engen Maschen, die fast ebenso breit wie hoch sind. Rindenskleriten sind Doppelspindeln und Klammern. Weißlich.

Guadelupe.

Vielleicht zu *R. flabellum* gehörig.

7. Gen. **Pterogorgia** Ehrenberg

1766 *Gorgonia* (part.), Pallas, Elench. Zooph., p. 160 | 1767 *G.* (part.), Linné, Syst. Nat., ed. 12 *v.* 1 pars 2 p. 1292 | 1834 *Pterogorgia* (part.), Ehrenberg in: Abh. Ak. Berlin, p. 368 | 1855 *P.* (part.), Valenciennes in: CR. Ac. Sci., *v.* 41 p. 13 | 1857 *P.* (part.), H. Milne-Edwards, Hist. Corall., *v.* 1 p. 167 | 1860 *P.* (part.), Duchassaing & Michelotti in: Mem. Acc. Torino, ser. 2 *v.* 19 p. 29 | 1864 *P.*, A. E. Verrill in: Bull. Mus. Harvard, *v.* 1 p. 30 | 1865 *Gorgonia* (part.), Kölliker, Icon. histiol., p. 139 | 1868 *G.* (part.), A. E. Verrill in: Tr. Connect. Ac., *v.* 1 p. 386 | 1907 *G.* (part.), A. E. Verrill in: Tr. Connect. Ac., *v.* 12 p. 296 | 1918 *Pterogorgia* (part.), Bielschowsky, Revis. Gorgon., p. 52 | 1919 *P.*, Kükenthal in: Ergeb. Tiefsee-Exp., *v.* 13 pars 2 p. 853.

Vorwiegend in einer Ebene entwickelt mit rein lateraler Verzweigung. Der Hauptstamm löst sich entweder direkt in die Hauptäste auf, oder er erreicht eine bedeutende Länge und trägt dann stets außer den Ästen noch fiederig angeordnete Endzweige, die in sehr dichter Anordnung stehen. Stamm und Äste sind rund oder leicht abgeplattet, im oberen Teile der Kolonie stärker abgeplattet, ebenso wie die häufig sehr langen und dünnen Zweige.

Die kelchlosen Polypen stehen vereinzelt am Stamm und den Hauptästen in dichten, seitlichen Längsreihen an den Endzweigen, während deren Flächen frei bleiben und Längsfurchen aufweisen. Die Polypenskleriten bilden eine Krone oder liegen in der Polypenwand verstreut. In der Rinde liegen außen Klammern, deren Enden keine Warzen tragen, innen Spindeln und Doppelspindeln.

Bermudas, Antillen, bis Venezuela. Im flachen Litoral.

4 sichere Arten, davon 2 mit 6 Unterarten, 8 unsichere Arten

Spec. typ.: *P. acerosa* (Pall.)

Bestimmungstabelle der Arten:

1	Die Klammern tragen nur auf der konkaven Seite Fortsätze — 2	
	Die Klammern tragen auf konkaver wie konvexer Seite Fortsätze — 3	
2	Die Rinde besteht aus Außenschicht und Innenhaut	1. **P. acerosa**
	Die Rinde ist einheitlich	2. **P. bipinnata**
3	Verzweigung sehr dicht	4. **P. kallos**
	Verzweigung nicht dicht	3. **P. antillarum**

1. **P. acerosa** (Pall.) 1750 *Lithophytum pinnatum purpureum asperum*, Catesby, Pisc. Imag., p. 35 t. 35 | 1758 non *Gorgonia pinnata*, Linné, Syst. Nat., ed. 10 p. 802 | 1766 *G. acerosa*, Pallas, Elench. Zooph., p. 172 | 1767 *G. setosa*, Linné, Syst. Nat., ed. 12 *v.* 1 pars 2 p. 1292 | 1786 *G. pinnata*. Ellis & Solander, Zooph., p. 87 t. 14 f. 3 | 1791 *G. americana*, J. F. Gmelin-Linné, Syst. Nat., ed. 13 *v.* 1 pars 6 p. 3799 | 1791—99 *G. setosa* + *G. acerosa*, Esper, Pflanzenth., *v.* 2 p. 66 t. 17 f. 1—3; p. 106 t. 31, 31 A | 1834 *Pterogorgia s.* + *P. a.* + ? *P. stricta* + ? *P. violacea*, Ehrenberg in: Abh. Ak. Berlin, p. 368, 369 | 1846 *P. a.* + *P. setosa* + *P. pinnata*, J. D. Dana in: U. S. expl. Exp., *v.* 7 p. 649, 650 | 1857 *P. s.* (part.) + *P. p.* + *P. sloanei* + *P. ellisiana*, H. Milne-Edwards, Hist. Corall., *v.* 1 p. 168, 169 | 1864 *Gorgonia setosa* + *G. acerosa* + *G. americana* (part.), A. E. Verrill in: Bull. Mus. Harvard, *v.* 1 p. 30 | 1865 *G. ellisiana* + *G. pinnata* + *G. acerosa* + *G. s.*, Kölliker, Icon. histiol., p. 139 | 1907 *G. a.* + *G. americana* (part.), A. E. Verrill in: Tr. Connect. Ac., *v.* 12 p. 298 t. 33 C f. 1 (¹); t. 36 f. 1 (18) p. 300 | 1918 *Pterogorgia acerosa*, Bielschowsky, Revis. Gorgon., p. 61 | 1919 *P. a.*, Kükenthal in: Ergeb. Tiefsee-Exp., *v.* 13 pars 2 p. 919.

Verzweigung in einer oder mehreren Ebenen. Die fiederförmigen Endzweige hängen herab, sind stark abgeplattet, nicht verjüngend zulaufend, aber an den Enden zugespitzt. Äste und Zweige sind längsgefurcht. Die kleinen Polypen stehen in 1 oder 2 seitlichen Längsreihen und sind mit zerstreuten kleinen, flachen Spindeln bewehrt. Polypenkelche fehlen. In der äußeren Rinde liegen schlanke, zugespitzte, schwach gebogene, 0,1 mm lange Klammern mit 4 oft unvollständigen Gürteln gezackter Warzen. Die konvexe Seite der Klammern ist glatt. Außerdem finden sich 0,1 mm lange Spindeln. Die der Achse aufliegende Innenhaut enthält 0,1 mm lange, zugespitzte Doppelspindeln mit meist 2 Gürteln dichtstehender, gezackter Warzen jederseits, sowie in geringerer Zahl abgestumpfte, etwas längere Doppelspindeln mit 3 Warzengürteln jederseits. Violett, gelblichrot, hellgelb oder braungrau.

Antillen, Florida, Bermudas. Im flachen und mittleren Litoral.

Diese Art zerfällt in 4 Unterarten:

1a. **P. acerosa typica** Bielsch. *P. a. forma t.*, Bielschowsky (in MS).

Mit den Merkmalen der Art.

Antillen, Florida, Bermudas. Im flachen und mittleren Litoral.

1b. **P. acerosa arbuscula** Bielsch. *P. a.* forma *a.*, Bielschowsky (in MS).

Mit sehr dünnen herabhängenden Zweigen. Die Rindenskleriten sind etwas größer, die Klammern zum Teil erheblich eingekrümmt und ihre Enden sind verlängert.

Antillen.

1c. **P. acerosa elastica** Bielsch. *P. a.* var. *e.*, Bielschowsky (in MS).

Die Zweige sind vierkantig und zugespitzt, und die ziemlich großen Polypen stehen an ihnen in 4 Längsreihen. Eine Polypenbewehrung fehlt meist. Die Klammern der äußeren Rinde sind stark gebogen, tragen nur auf der konkaven Seite 2 oder 4 schwach gezackte Warzen und sind an den Enden auffallend stark in die Länge gezogen. Die Doppelspindeln der inneren Rinde sind bis 0,2 mm lang und die beiden inneren Gürtel haben viel höher gezackte Warzen als die beiden äußeren. Die Rinde ist relativ sehr dick, die gesamte Kolonie schlaff. Fleischfarben mit braunem Ton.

Antillen. Im flachen Litoral.

1d. **P. acerosa rigida** Bielsch. *P. a.* var. *r.*, Bielschowsky (in MS).

Die Endzweige sind rund oder nur leicht abgeplattet und enden stumpf, die Polypen stehen an ihnen in biserialer Anordnung. Polypenkelche fehlen. Die Polypen sind mit zerstreuten kleinen, flachen Skleriten besetzt. Die Klammern der äußeren Rinde sind schwach gebogen, an den Enden abgestumpft und 0,08 mm lang. Die Doppelspindeln der inneren Rinde sind abgestumpft und 0,08—0,09 mm lang. Die Rinde ist ziemlich dünn, die gesamte Kolonie starrer. Bläulichrosa.

Antillen. In 50 m Tiefe.

2. **P. bipinnata** Verrill 1864 *P. b.*, A. E. Verrill in: Bull. Mus. Harvard, *v.* 1 p. 31 | 1869 *Gorgonia b.*, A. E. Verrill in: Amer. J. Sci., ser. 2 *v.* 48 p. 424 | 1918 *Pterogorgia b.*, Bielschowsky, Revis. Gorgon., p. 61.

Verzweigung lateral in einer Ebene. Die nicht sehr dicht stehenden, fiederig angeordneten Kurzzweige sind bisweilen durch Anastomosen verbunden, entspringen senkrecht von den Ästen und sind zugespitzt. Die kleinen Polypen stehen in 1 oder 2 seitlichen Reihen. Polypenkelche fehlen. Die sehr flachen, 0,1 mm langen, glatten oder leicht gezackten Polypenskleriten bilden eine Krone. In der Rinde liegen 0,18 mm lange, zugespitzte, wenig gebogene Klammern, deren schmale, schwach gezackte Warzen auf die konkave Seite beschränkt sind, sowie Spindeln. Weiß, violett, hellgelb oder hellgelbbraun.

Venezuela, Antillen.

Diese Art zerfällt in 2 Unterarten:

2a. **P. bipinnata typica** Verrill 1864 *P. b.*, A. E. Verrill in: Bull. Mus. Harvard, *v.* 1 p. 31.

Mit den Merkmalen der Art.

Venezuela, Antillen. Im Litoral.

2b. **P. bipinnata sparsiramosa** Bielsch. 1919 *P. b.* var. *s.*, Bielschowsky MS in: Kükenthal in: Ergeb. Tiefsee-Exp., *v.* 13 pars 2 p. 919.

Verzweigung auffällig spärlich. Schmutzig graugrün.

Barbados.

3. **P. antillarum** Bielsch. 1918 *P. a.*, Bielschowsky, Revis. Gorgon., p. 61 | 1919 *P. a.*, Kükenthal in: Ergeb. Tiefsee-Exp., *v.* 13 pars 2 p. 919.

Vorwiegend in einer Ebene verzweigt. Die fiederig angeordneten Endzweige sind sehr dünn, ziemlich kurz, stark abgeplattet und gelegentlich durch Anastomosen verbunden. Am Ende sind sie rundlich abgestumpft. Die Polypen stehen an ihnen in 2 regelmäßigen nicht sehr dichten Längsreihen und entspringen aus ganz niedrigen Kelchen. Die Polypenskleriten sind flache, plumpe Spindeln von bis zu 0,1 mm Länge, deren Rand ziemlich regelmäßig mit glatten Warzen besetzt ist. In der Rinde liegen an den Enden zugespitzte Spindeln von 0,08—0,16 mm Länge mit 1—3 Warzengürteln. Die an den Enden zugespitzten 0,12—0,18 mm langen Klammern sind schwach gebogen und tragen in der Mitte 2 Gürtel dornenartiger, gelegentlich etwas verschmelzender Fortsätze, die auf der konkaven wie konvexen Seite ausgebildet sind. Gelblichweiß.

St. Thomas.

4. **P. kallos** Bielsch. 1918 *P. k.*, Bielschowsky, Revis. Gorgon., p. 62 | 1919 *P. k.*, Kükenthal in: Ergeb. Tiefsee-Exp., *v.* 13 pars 2 p. 919.

Verzweigung lateral in einer Ebene. Die fiederig angeordneten Zweige sind leicht abgeplattet, nicht verjüngt und enden stumpf konisch oder zugespitzt. Hauptstamm und Äste sind annähernd rund. Die Polypen stehen an den Zweigen in jederseits 2 dichten seitlichen Längsreihen, ihre Skleriten bilden eine Krone und sind 0,08 mm lange, flache, niedrig bewarzte Spindeln. In der Rinde liegen bis 0,12 mm lange Klammern mit 4 Warzengürteln, von denen die mittleren auch auf der konvexen Seite entwickelt sind. Daneben liegen zugespitzte, bis 0,14 mm lange Spindeln mit 6—8 Gürteln niedriger, schwach zackiger Warzen. Rosa oder grünlich.

Tortugas. In 22—23 m Tiefe.

P. gracilis (Verrill) 1868 *Gorgonia (P.) g.*, A. E. Verrill in: Tr. Connect. Ac., *v.* 1 p. 359 t. 4 f. 1, 2.

Die zarte Kolonie ist nur spärlich verzweigt. Die langen, schlanken Endzweige sind abgeplattet und etwas vierkantig. Äste und Zweige sind ungefähr gleich stark. Die Polypen sind biserial in 1 oder 2 Reihen angeordnet und entspringen aus Kelchen. In der Rinde liegen Doppelspindeln und Klammern. Zitronengelb, violett mit gelben Kelchen, orange.

Abrolhos-Riffe (Brasilien).

Möglicherweise identisch mit *P. bipinnata sparsiramosa* (nr. 2a).

P. laxa (Lm.) 1815 *Gorgonia l.*, Lamarck in: Mém. Mus. Paris, *v.* 2 p. 81 | 1846 *Pterogorgia l.*, J. D. Dana in: U. S. expl. Exp., *v.* 7 p. 651 | 1857 *P. l.*, H. Milne-Edwards, Hist. Corall., *v.* 1 p. 171.

Fächerförmig, spärlich verzweigt. Äste etwas abgeplattet, Zweige gekrümmt. Polypen seitlich angeordnet, ohne Kelche.

Fundort unbekannt.

Nach Lamarck ähnlich der *Gorgonia patula* Ellis & Soland. Nach H. Milne-Edwards nahe verwandt mit *Leptogorgia petechizans.*

P. leucostoma (Ehrbg.) 1834 *Gorgonia l.*, Ehrenberg in: Abh. Ak. Berlin, p. 366 | 1846 *Pterogorgia l.*, J. D. Dana in: U. S. expl. Exp., *v.* 7 p. 653.

Fächerförmig, sehr dicht verzweigt, aber ohne Anastomosen. Die gekrümmten Zweige sind fast walzenförmig. Rosa mit weißen Streifen.

Verbreitung unbekannt.

P. lutescens Duchass. & Mich. 1860 *P. l.*, Duchassaing & Michelotti in: Mem. Acc. Torino, ser. 2 *v.* 19 p. 30.

Polypen nicht in Kelche zurückziehbar. Schmutziggelb mit braunen Flecken.

Antillen.

P. ochrostoma (Ehrbg.) 1834 *Gorgonia o.*, Ehrenberg in: Abh. Ak. Berlin, p. 366 | 1846 *Pterogorgia o.*, J. D. Dana in: U. S. expl. Exp., *v.* 7 p. 652.

Etwa fächerförmig, sehr dicht verzweigt. Die gekrümmten Zweige sind abgeplattet. Rosenrot mit gelben Streifen.

Verbreitung unbekannt.

P. pinnata Val. nom. nud. 1855 *P. p.* (non *Gorgonia p.*, Ellis & Solander, 1786), Valenciennes in: CR. Ac. Sci., *v.* 41 p. 10.

Antillen.

P. serrata Val. nom. nud. 1855 *P. s.*, Valenciennes in: CR. Ac. Sci., *v.* 41 p. 13.

Bahia.

P. turgida Ehrbg. 1834 *P. t.*, Ehrenberg in: Abh. Ak. Berlin, p. 370 | 1864 *P. americana* (part.), A. E. Verrill in: Bull. Mus. Harvard, *v.* 1 p. 31 | 1907 *Gorgonia a.*, A. E. Verrill in: Tr. Connect. Ac., *v.* 12 p. 300.

Verzweigung fiederförmig. Die Endzweige sind angeschwollen. Die Polypen stehen jederseits in 2 Längsreihen. Gelb.

St. Thomas, Florida, Bermudas.

Vielleicht identisch mit *P. acerosa* subspec. *rigida* (nr. 1d).

8. Gen. Pseudopterogorgia Kükenthal

Pterogorgia (part.) Auct. 1919 *Pseudopterogorgia*, Kükenthal in: Ergeb. Tiefsee-Exp., *v.* 13 pars 2 p. 854.

Fächerförmig lateral verzweigt, mit fiederig oder wechselständig angeordneten Zweigen. Stamm und Äste sind rund oder abgeplattet und dünn. Die Polypen stehen in seitlichen Längsreihen und entspringen aus deutlichen Kelchen. Die Rindenskleriten sind Spindeln und Klammern mit 2—4 Warzengürteln, deren zugespitzte Enden mit ähnlichen, nicht regelmäßig angeordneten Warzen besetzt sind, sowie Doppelspindeln. Rot, braun, weiß.

Indischer Ozean, von Ceylon bis zur Torresstraße. Oberes Litoral.

4 Arten, davon eine mit 2 Unterarten.

Spec. typ.: *P. australiensis* (S. Ridl.)

Bestimmungstabelle der Arten:

1	Farbe rot — 2	
	Farbe gelb	3. **P. australiensis**
	Farbe weiß	4. **P. pinnata**
2	Rindenskleriten 0,14—0,18 mm lang	1. **P. oppositipinna**
	Rindenskleriten 0,1 mm lang	2. **P. luzonica**

1. **P. oppositipinna** (S. Ridl.) 1888 *Gorgonia o.*, S. Ridley in: J. Linn. Soc. London, *v.* 21 p. 238 t. 18 f. 7—11 | 1896 *G. o.*, Brundin in: Bih. Svenska Ak., *v.* 22 nr. 3 p. 21 | 1918 *Pterogorgia o.*, Bielschowsky, Revis. Gorgon., p. 62.

Fächerförmig, im allgemeinen fiederförmig und ziemlich spärlich verzweigt. Stamm und Äste sind sehr dünn und walzenförmig, im oberen Teil abgeplattet wie auch die Endzweige, die scharf zugespitzt sind. Die Polypen stehen uniserial am Rande der Zweige und entspringen aus niedrigen Kelchen.

In der Rinde liegen 0,14—0,18 mm lange Spindeln und Klammern mit scharf zugespitzten, bewarzten Enden und 4 Warzengürteln, von denen die beiden mittleren stark gezackte Warzen tragen. Purpurrot.

Merguiarchipel, Sumatra. Litoral.

Diese Art zerfällt in 2 Unterarten:

1a. **P. oppositipinna typica** (S. Ridl.) 1888 *Gorgonia o.*, S. Ridley in: J. Linn. Soc. London, *v.* 21 p. 238 t. 18 f. 7—11 | 1896 *G. o.*, Brundin in: Bih. Svenska Ak., *v.* 22 nr. 3 p. 21.

Mit den Merkmalen der Art.

Merguiarchipel, Sumatra.

1b. **P. oppositipinna** subspec. **parvispiculata** Bielsch. 1919 *P. o.* var. *p.*, Bielschowsky MS in: Kükenthal in: Ergeb. Tiefsee-Exp., *v.* 13 pars 2 p. 920.

Fig. 181. Pseudopterogorgia oppositipinna parvispiculata (nach Bielschowsky).

Verzweigung in einer Ebene, lateral; die meist unverzweigten Äste stehen wechselständig oder fast fiederig und gehen in spitzem Winkel vom Hauptstamm ab (Fig. 181). Die Polypen stehen in seitlichen Längsreihen und entspringen aus niedrigen Kelchen. Die Polypenbewehrung besteht aus 8 weit auseinanderliegenden Längsreihen stäbchen- bis spindelförmiger, 0,05 mm langer Skleriten, mit 4 hohen, glatten Warzen. In der Rinde liegen Doppelspindeln von 0,09 mm Länge, mit 2 Gürteln schwach gezackter Warzen, die an den abgestumpften Enden mit Anhäufungen kleiner Warzen besetzt sind, sowie ähnliche Klammern von etwa 0,12 mm Länge. Hellbraunrot.

2. **P. luzonica** Kükth. 1919 *P. l.*, Kükenthal in: Ergeb. Tiefsee-Exp., *v.* 13 pars 2 p. 920.

Stamm und Äste sind sehr dünn und elastisch. Die Verzweigung ist lateral aber nur für die einzelnen Hauptäste in einer Ebene erfolgt, so daß die Kolonie buschig erscheint. Die Endzweige entspringen sehr spitzwinklig, fast parallel nach oben strebend, so daß die Kolonie noch bei reichlicher Verzweigung schmal erscheint. Die Polypen stehen anscheinend in Längsreihen. Die Rindenskleriten sind etwa 0,1 mm lange Gürtelspindeln und vereinzelt auch Klammern mit 2 bis 4 Gürteln großer, gezackter Warzen, von denen die der beiden inneren Gürtel bedeutend größer sind, als die der äußeren. Die Enden der Rindenskleriten sind mit dem charakteristischen Warzenbesatz versehen. Kräftig rot.

Luzon.

3. **P. australiensis** (S. Ridl.) 1884 *Leptogorgia a.*, S. Ridley in: Rep. Voy. Alert, p. 342 t. 36 f. C, C', c, c' | 1905 *L. a.* var. *flavotincta* + *L. a.* var. *perflava*, J. A. Thomson & W. D. Henderson in: Herdman, Rep. Ceylon Pearl Fish., *v.* 3 nr. 20 p. 308, 309 t. 4 f. 10 | 1919 *Pseudopterogorgia a.*, Kükenthal in: Ergeb. Tiefsee-Exp., *v.* 13 pars 2 p. 920.

Fächerförmig, Verzweigung lateral und dicht. Die Zweige stehen meist wechselständig, sind lang und weniger stark, wie die Äste abgeplattet. Die Polypen stehen in 2 seitlichen Reihen an den Ästen und Zweigen und entspringen aus niedrigen Kelchen, ihre Bewehrung besteht aus schlanken, bis

0,15 mm langen Spindeln. In der Rinde liegen 0,12—0,15 mm lange Gürtelspindeln mit 2—4 Warzengürteln, deren Enden Gruppen von Warzen tragen, sowie ebenso große Klammern. Gelb.

Ceylon, Tikusinsel, Warrior Riff und Torresstraße. Im oberen Litoral.

4. **P. pinnata** (Nutting) 1758 nec *Gorgonia p.*, Linné, Syst. Nat., ed. 10 p. 802 | 1910 *Lophogorgia p.*, Nutting in: Siboga-Exp., *v.* 13b4 p. 3 t. 1 f. 1, 1a; t. 3 f. 1 | 1918 *Pterogorgia sibogae*, Bielschowsky, Revis. Gorgon., p. 62.

Fächerförmig mit vorwiegend fiederiger Verzweigung. Hauptstamm und Äste sind abgeplattet, die langen, schlanken Endzweige sind rund. Die Polypenkelche sind retraktil und können sich in ovale Schlitze zurückziehen. Die Polypen fehlen dem Hauptstamm und dem unteren Teil der Hauptäste und stehen an den Zweigen meist seitlich, an den Endzweigen gelegentlich allseitig. Die Rindenskleriten sind Doppelspindeln und Klammern, die in Gürteln angeordnete Warzen tragen. Die Warzen der Klammern sind auf der konkaven wie konvexen Seite ausgebildet und die Enden sind gleichfalls mit Warzen besetzt. Weiß.

Aruinseln. Im flachen Litoral.

9. Gen. **Xiphigorgia** H. Milne-Edwards

1857 *X.*, H. Milne-Edwards, Hist. Corall., *v.* 1 p. 171 | 1865 *Gorgonia* (part.), Kölliker, Icon. histiol., p. 139 | 1868 *Pterogorgia* (part.), A. E. Verrill in: Tr. Connect. Ac., *v.* 1 p. 386 | 1887 *Xiphigorgia*, Th. Studer (& P. Wright) in: Arch. Naturg., *v.* 53 I p. 65 | 1888 *X.*, F. J. Bell in: Ann. nat. Hist., ser. 6 *v.* 2 p. 176 | 1916 *X.*, Kükenthal in: Zool. Jahrb., suppl. 11 p. 491 | 1918 *X.*, Bielschowsky, Revis. Gorgon., p. 62.

Die Kolonien sind verschieden stark verzweigt, die Äste sind stark abgeplattet und tragen an den Kanten in Längsreihen die Polypen, mitunter in Längsrinnen eingesenkt. Die Polypen sind sehr klein und spärlich mit 8 Feldern schräger bis longitudinaler, flacher Stäbchen bewehrt. In der Rinde liegen dicke, stark und wenig regelmäßig bewarzte Spindeln sowie Klammern, denen die Warzen auf der konvexen Seite fehlen. Violett oder gelb.

Antillen.

Mit 2 sicheren Arten, einer unsicheren.

Spec. typ.: *X. anceps* (Pall.)

Bestimmungstabelle:

Die stark abgeplatteten breiten Äste tragen einen mittleren Kiel	1. **X. anceps**
Die weniger stark abgeplatteten schmaleren Äste tragen keinen Kiel	2. **X. citrina**

1. **X. anceps** (Pall.) 1766 *Gorgonia a.*, Pallas, Elench. Zooph., p. 183 | 1834 *Pterogorgia a.*, Ehrenberg in: Abh. Ak. Berlin, p. 369 | 1846 *P. guadalupensis*, Duchassaing & Michelin in: Rev. zool., p. 218 | 1857 *Xiphigorgia anceps* (part.), H. Milne-Edwards, Hist. Corall., *v.* 1 p. 172 | 1860 *X. a.* + *X. guadalupensis*, Duchassaing & Michelotti in: Mem. Acc. Torino, ser. 2 *v.* 19 p. 33 t. 4 nr. 3 | 1865 *Gorgonia a.*, Kölliker, Icon. histiol., p. 139 t. 18 f. 32, 33 | 1869 *G. a.*, A. E. Verrill in: Amer. J. Sci., ser. 2 *v.* 48 p. 425 | 1916 *Xiphigorgia a.*, Kükenthal in: Zool. Jahrb., suppl. 11 p. 493 t. 23 f. 4 | 1918 *X. a.*, Bielschowsky, Revis. Gorgon., p. 62.

Verzweigung annähernd in einer Ebene oder buschförmig und ziemlich spärlich, dichotomisch. Die meist unverzweigten Hauptäste sind stark verbreitert, schilfartig, mit scharfen Rändern und einem mittleren Kiel. Die Polypen sitzen zerstreut in Rinnen an den Seitenrändern der Äste, sind sehr klein, höchstens 1 mm messend und mit spärlichen Doppelreihen flacher, breiter, 0,06 mm langer Stäbchen bewehrt, die seitlich einige Warzen tragen. In der äußeren Rinde liegen in dichtester Anordnung dunkelviolette, 0,1 mm lange, dicke Spindeln mit 3—4 Warzengürteln sowie Klammern, während in der inneren Rinde die 0,15 mm langen Skleriten farblos sind, noch dicker werden und noch größere Warzen tragen. Rotviolett.

Antillen und Florida. In flachem Litoral.

2. **X. citrina** (Esp.) 1756 *Keratophyton dichotomum*, Ellis, Nat. Hist. Corall., p. 68 t. 27 nr. 2 f. 9 | 1791—99 *Gorgonia citrina*, Esper, Pflanzenth., *v.* 2 p. 129 t. 38 | 1816 nec *G. c.*, Lamarck, Hist. An. s. Vert., *v.* 2 p. 494 | 1834 *Pterogorgia fasciolaris* + ? *P. sanctithomae*, Ehrenberg in: Abh. Ak. Berlin, p. 369 | 1857 *Xiphigorgia anceps* (part.), H. Milne-Edwards, Hist. Corall., *v.* 1 p. 172 | 1864 *X. citrina*, A. E. Verrill in: Bull. Mus. Harvard, *v.* 1 p. 33 | 1864 ? *X. americana*, Duchassaing & Michelotti in: Mem. Acc. Torino, ser. 2 *v.* 23 p. 19 t. 2 f. 6 | 1869 ? *Gorgonia pumila*, A. E. Verrill in: Amer. J. Sci., ser. 2 *v.* 48 p. 425 | 1916 *Xiphigorgia citrina*, Kükenthal in: Zool. Jahrb., suppl. 11 p. 498 t. 23 f. 5 | 1918 *X. c.*, Bielschowsky, Revis. Gorgon., p. 62.

Von gemeinsamer Basis entspringen mehrere Hauptstämme, die seitliche Hauptäste abgeben, die vereinzelte, kurze Endzweige tragen. Die Verzweigung erfolgt annähernd in einer Ebene (Fig. 182). Die Stämme, Äste und Zweige sind nur mäßig verbreitert und haben keinen Kiel. Die Polypen stehen ausschließlich an den Seitenrändern in ziemlich dichter Anordnung, sind nur wenig über 1 mm hoch und entspringen aus niederen, längsovalen Kelchen. Ihre Bewehrung besteht aus longitudinal angeordneten, in weit getrennten Feldern stehenden, flachen, weitbedornten Stäben von 0,12 mm Länge. In der Rinde liegen 0,15 mm lange, dicke Spindeln mit Gürteln großer, gezackter Warzen, sowie Klammern, denen auf der konvexen Seite Warzen fehlen. Zitronengelb, Kelche und Astspitzen dunkelviolett. Achse basal schwarz, weiter oben dunkelviolett.

Fig. 182. Xiphigorgia citrina.

Antillen, Florida. Im flachen Litoral.

X. setacea (Pall.) 1766 *Gorgonia s.*, Pallas, Elench. Zooph., p. 182 | 1857 *Xiphigorgia s.*, H. Milne-Edwards, Hist. Corall., *v.* 1 p. 172 | 1916 *X. s.*, Kükenthal in: Zool. Jahrb., suppl. 11 p. 502 t. 23 f. 6.

Die sehr langen Kolonien sind nur wenig verzweigt. Die Verzweigung ist eine laterale. Äste und Zweige sind sehr schmal und abgeplattet, bandartig, von annähernd gleicher Breite bis zum Ende. Die Polypen stehen an den Endzweigen in 2 seitlichen Längsreihen, mehr basalwärts unregelmäßiger. Ihre Bewehrung besteht aus 0,06 mm langen Gürtelstäben mit meist 2 Warzengürteln. Die hohen, spitz konischen Polypenkelche enthalten 0,09 mm lange, spindelförmige, bis fast ovale rote Skleriten mit meist 4 Warzengürteln. In der Rinde liegen farblose Spindeln, aber keine Klammern. Weiß, Polypenkelche dunkelkarminrot.

Atlantische Küsten von Zentralamerika.

10. Gen. **Phyllogorgia** H. Milne-Edwards & Haime

1791 *Gorgonia* (part.), Esper, Pflanzenth., *v.* 2 p. 1 | 1834 *G.* (part.), Ehrenberg in: Abh. Ak. Berlin, p. 366 | 1846 *Pterogorgia* (part.), J. D. Dana in: U. S. expl. Exp., *v.* 7 p. 647 | 1850 *Phyllogorgia*, H. Milne-Edwards & Haime, Monogr. Brit. foss. Corals, pars 1 Intr. p. 80 | 1855 *P.* + *Hymenogorgia*, Valenciennes in: CR. Ac. Sci., *v.* 41 p. 13 | 1857 *P.* + *H.*, H. Milne-Edwards, Hist. Corall., *v.* 1 p. 180, 181 | 1865 *Gorgonia* (part.), Kölliker, Icon. histiol., p. 139 | 1868 *Hymenogorgia*, A. E. Verrill in: Tr. Connect. Ac., *v.* 1 p. 181 | 1887 *H.*, Th. Studer (& P. Wright) in: Arch. Naturg., *v.* 53I p. 65 | 1918 *H.*, Bielschowsky, Revis. Gorgon., p. 62.

Verzweigung in einer Ebene, teilweise mit Anastomosenbildung. Die stark verbreiterte Rinde umfaßt blattartig Äste und Zweige in verschiedener Ausdehnung, ihre Achsen erscheinen als Blattrippen. Die Polypen sind völlig retraktil und stehen ziemlich eng auf den beiden Flächen. Die Skleriten sind Gürtelspindeln und Klammern. Gelb, an der Basis auch rot.

Brasilianische Küste, Guadelupe. In flachem Wasser.

1 Art.

1. **P. dilatata** (Esp.) 1798, 1806 *Gorgonia d.*, Esper, Pflanzenth., Forts. *v.* 2 p. 25 t. 51 f. 1—3 | 1834 *G. quercusfolium*, Ehrenberg in: Abh. Ak. Berlin, p. 367 | 1846 *Pterogorgia quercifolia*, J. D. Dana in: U. S. expl. Exp., *v.* 7 p. 647 | 1850 *Phyllogorgia dilatata*, H. Milne-Edwards & Haime, Monogr. Brit. foss. Corals, pars 1 Intr. p. 80 | 1851 *P. d.*, H. Milne-Edwards & Haime in: Arch. Mus. Paris, *v.* 5 p. 185 | 1855 *P. d.* + *P. foliata* + *Hymenogorgia qercifolia*, Valenciennes in: CR. Ac. Sci., *v.* 41 p. 13 | 1857 *P. d.* + *P. f.* + *H. q.*, H. Milne-Edwards, Hist. Corall., *v.* 1 p. 181 | 1865 *Gorgonia q.*, Kölliker, Icon. histiol., p. 139 | 1868 *Hymenogorgia q.*, A. E. Verrill in: Tr. Connect. Ac., *v.* 1 p. 359 t. 4 f. 1 | 1869 *Gorgonia dilatata*, A. E. Verrill in: Amer. J. Sci., ser. 2 *v.* 48 p. 425 | 1918 *Hymenogorgia d.* + *[H. quercifolia]*, Bielschowsky, Revis. Gorgon., p. 63 | 1919 *Phyllogorgia d.*, Kükenthal in: Ergeb. Tiefsee-Exp., *v.* 13 pars 2 p. 920.

Verzweigung in einer Ebene, mit und ohne Anastomosenbildung. Die Verzweigung erfolgt vorwiegend lateral. Stamm und Äste sind verschieden stark verbreitert. Bei schmalblättrigen Formen entspringen Äste und Zweige in einem Winkel, der sich einem Rechten nähert, bei breitblättrigen Formen in einem spitzeren Winkel. Das sich verbreiternde Coenenchym kann schließlich ganze Komplexe von Ästen und Zweigen einschließen, deren Achsen als Blattrippen erscheinen. Die kleinen Polypen sind völlig zurückziehbar und stehen auf beiden Flächen in durchschnittlichen Abständen von 1,5—2 mm. Die Rindenskleriten sind 0,1—0,15 mm lange Gürtelspindeln, mit kurzem, glattem Mittelschaft, 4 Warzengürteln, deren Oberfläche stark gezackt ist, und zugespitzten Enden, sowie etwa ebensolange Klammern. Nach der Tiefe zu werden die Gürtelspindeln schlanker, und ihre Warzen werden dünner und glatter. Gelblich, an der Basis oft etwas purpurfarben.

Brasilianische Küste, Guadelupe. In flachem Wasser.

11. Gen. Phycogorgia H. Milne-Edwards & Haime

1846 *Gorgonia* (part.), Valenciennes in: Voy. Vênus, Atl. Zooph. t. 11 f. 2 | 1850 *Phycogorgia*, H. Milne-Edwards & Haime, Monogr. Brit. foss. Corals, pars 1 Intr. p. 80 | 1855 *P.*, Valenciennes in: CR. Ac. Sci., *v.* 41 p. 13 | 1857 *P.*, H. Milne-Edwards, Hist. Corall., *v.* 1 p. 182 | 1866 *Plexaura* (part.), A. Philippi in: Arch. Naturg., *v.* 32I p. 119 | 1887 *Phycogorgia*, Th. Studer (& P. Wright) in: Arch. Naturg., *v.* 53I p. 65 | 1892 *P.*, A. Philippi in: An. Mus. Chile, p. 4 | 1918 *P.*, Bielschowsky, Revis. Gorgon., p. 12.

Der Aufbau der Kolonie ist buschig, die von membranöser Basis entspringenden Hauptäste sind annähernd in sich schneidenden Ebenen verzweigt und stark blattartig verbreitert ebenso wie die spitzwinklig davon abgehenden Äste. Die Ränder der Blätter verlaufen wellenförmig, an den Enden sind die Blätter breit abgestumpft. Die sehr kleinen Polypen stehen auf den Flächen sowie auch auf der membranösen Basis in dichter Anordnung, sind völlig in die Rinde zurückziehbar und unbewehrt. Die Rinde ist dicht erfüllt mit kleinen Achtern. Die Achse ist blattförmig verbreitert und geht bis an den Rand der Blätter. Farbe braunrot bis rosenrot.

Küste von Zentral- und Südamerika. Flaches Litoral.

1 Art.

1. **P. fucata** (Val.) 1846 *Gorgonia f.*, Valenciennes in: Voy. Vénus, Atl. Zooph. t. 11 f. 2 | 1850 *Phycogorgia f.*, H. Milne-Edwards & Haime, Monogr. Brit. foss. Corals, pars 1 Intr. p. 80 | 1855 *P. f.*, Valenciennes in: CR. Ac. Sci., *v.* 41 p. 13 | 1866 *Plexaura platyclados*, A. Philippi in: Arch. Naturg., *v.* 32I p. 119 | 1892 *Phycogorgia p.* + *P. leptoclados*, A. Philippi in: An. Mus. Chile, p. 4 t. 1 f. 3 | 1919 *P. fucata*, Kükenthal in: Ergeb. Tiefsee-Exp., *v.* 13 pars 2 p. 921.

Die Kolonie ist blattförmig verbreitert, die Hauptäste sind annähernd in einer Ebene verzweigt; auch die Achse ist blattförmig verbreitert. Die Polypen stehen sehr dicht auf beiden Flächen wie auf der membranösen Basis in Entfernungen von 1—2 mm und sind völlig in der Rinde zurückziehbar. Sie sind sehr klein und gänzlich unbewehrt. In der Rinde liegen ausschließlich kleine Skleriten von Achterform, 0,06 mm messend, mit 2 größeren, mittleren und 2 kleineren, peripheren Warzengürteln. Rotbraun.

Westküste Zentral- und Südamerikas von Mazatlan bis Chile. Flaches Litoral.

10. Fam. **Gorgonellidae**

1855 *„Gorgonellacées"*, Valenciennes in: CR. Ac. Sci., *v.* 41 p. 14 | 1857 *„G."*, H. Milne-Edwards, Hist. Corall., *v.* 1 p. 182 | 1859 *Coralliadae* (part.) + *Ellisellidae*, J. E. Gray in: P. zool. Soc. London, *v.* 27 p. 480, 481 | 1865 *Gorgonidae*, Subfam. *Gorgoninae* D. *Gorgonellidae*, Kölliker, Icon. histiol., p. 139 | 1878 *Gorgonellidae*, Th. Studer in: Monber. Ak. Berlin, p. 656 | 1882 *G.*, S. Ridley in: Ann. nat. Hist., ser. 5 *v.* 9 p. 192; *v.* 10 p. 130 | 1887 *G.*, Th. Studer (& P. Wright) in: Arch. Naturg., *v.* 53I p. 66 | 1889 *G.*, P. Wright & Th. Studer in: Rep. Voy. Challenger, *v.* 31 pars 64 p. 153 | 1910 *G.*, J. Simpson in: P. Irish Ac., *v.* 28 p. 247 | 1910 *G.*, Nutting in: Siboga-Exp., *v.* 13b3 p. 1.

Die Kolonien sind unverzweigt oder verzweigt, in letzterem Falle entweder locker und buschig, mit langen Endzweigen oder lateral in einer Ebene, mit kurzen Endzweigen. Die Polypen stehen entweder allseitig oder seitlich in breiten Bändern oder biserial und sind in Kelche zurückziehbar. Ein Operculum fehlt. Die Rindenskleriten sind kleine Doppelkeulen, die auch asymmetrisch werden können. Daneben können auch Spindeln und Doppelspindeln vorkommen. Das Kanalsystem besteht aus einem die Achse umgebenden Kranze von Längskanälen, von denen sich 2, 3 oder 4 durch größeres Lumen auszeichnen können. Die Achse ist stark verkalkt und aus konzentrischen Lamellen zusammengesetzt, zwischen denen sich reine Kalklamellen einschieben können. Weiß, gelb, orange oder rot.

Atlantischer und Indopazifischer Ozean. Meist litoral, vom flachen Litoral bis zu 700 m Tiefe.

6 Gattungen mit 45 sicheren Arten und 4 Unterarten, 20 unsicheren Arten.

Bestimmungstabelle der Gattungen:

1 { Kolonie unverzweigt oder locker verzweigt, mit langen, rutenförmigen Endzweigen — 2
Kolonie sehr dicht in einer Ebene verzweigt, mit kurzen Endzweigen — 5

2 { Die Äste stehen unregelmäßig — 3
Die Äste stehen regelmäßig auf der Oberseite der Hauptäste, so daß die Kolonie Lyraform erhält . . . . . 4. Gen. **Ctenocella**

3 Die Polypenkelche haben die gleichen Skleriten wie die Rinde — 4
Die Polypenkelche haben andere Skleriten wie die Rinde . . . 3. Gen. **Scirpearia**

4 Die äußere Rindenschicht enthält asymmetrisch gebaute Doppelkeulen . . . . 1. Gen. **Junceella**
Die äußere Rindenschicht enthält symmetrisch gebaute Doppelkugeln . . . . 2. Gen. **Ellisella**

5 Die innere Rindenschicht enthält Spindeln und Doppelspindeln von mindestens der doppelten Länge wie die Doppelkugeln der äußeren . . . . 5. Gen. **Nicella**
Die Skleriten der inneren und äußeren Rindenschicht sind von der gleichen Länge . . . . 6. Gen. **Gorgonella**

1. Gen. Junceella Valenciennes

1766 *Gorgonia* (part.), Pallas, Elench. Zooph., p. 180 | 1855 *Junceella* (part.), Valenciennes in: CR. Ac. Sci., *v.* 41 p. 14 | 1857 *Juncella* + *Verrucella* (part.), H. Milne-Edwards, Hist. Corall., *v.* 1 p. 186, 184 | 1857 *Ellisella* (part.), J. E. Gray in: P. zool. Soc. London, *v.* 25 p. 287 | 1860 *Juncella*, Duchassaing & Michelotti in: Mem. Acc. Torino, ser. 2 *v.* 19 p. 34 | 1864 *J.* (part.), A. E. Verrill in: Bull. Mus. Harvard, *v.* 1 p. 37 | 1865 *J.*, Kölliker, Icon. histiol., p. 140 | 1870 *Junceella* + *Ellisella* (part.) + *Viminella* (part.) + *Scirpearia* (part.), J. E. Gray, Cat. Lithoph. Brit. Mus., p. 25, 26, 29, 38 | 1887 *Juncella*, Th. Studer (& P. Wright) in: Arch. Naturg., *v.* 53 I p. 67 | 1910 *J.* (part.), J. Simpson in: P. Irish Ac., *v.* 28 p. 294 | 1910 *J.*, Nutting in: Siboga-Exp., *v.* 13^{bs} p. 18 | 1919 *Junceella*, Toeplitz MS in: Kükenthal in: Ergeb. Tiefsee-Exp., *v.* 13 pars 2 p. 857.

Unverzweigt oder verzweigt, meist in einer Ebene, seltener buschig. Die Polypen stehen allseitig oder biserial; ihre Kelche sind zum Teil retraktil und stets schräg distalwärts gerichtet, oft schuppenförmig. Die kleinen Polypen sind mit schlanken, unregelmäßig bewarzten, sehr kleinen Stäbchen bewehrt, die auch die Tentakel erfüllen. Die Rinde enthält vorwiegend kleine, asymmetrische Doppelkeulen. Zwischen den konzentrischen Lamellen der Achse erscheinen im Querschnitt fächerförmige Ablagerungen amorphen Kalkes. Weiß, grau und rot.

Indopazifischer Ozean und Antillen. Im Litoral und Küstenabyssal.

7 sichere Arten mit 2 Unterarten und 7 unsichere Arten.

Spec. typ.: *J. juncea* (Pall.)

Bestimmungstabelle der Arten:

1 Kelche vollständig — 2
Die adaxiale Wand der Kelche ist rückgebildet — 6

2 Mit drei größeren Längskanälen außer kleineren . . . . . 1. **J. trilineata**
Mit zwei größeren Längskanälen außer kleineren — 3

3 Die innere Rindenschicht mit fast durchweg asymmetrischen Skleriten . . . . 2. **J. virgulata**
Die innere Rindenschicht nur mit symmetrischen Skleriten — 4

4 Die Keulen der äußeren Rindenschicht sind mit langen, blattförmigen Warzen besetzt . . . . 3. **J. racemosa**
Die Keulen der äußeren Rindenschicht tragen kurze Warzen — 5

5 Die Polypen stehen in vier Längsreihen . . . . 4. **J. antillarum**
Die Polypen stehen allseitig oder in 2 breiten, seitlichen Längsbändern . . . . 5. **J. juncea**

6 Die Skleriten der inneren Rindenschicht gleichen denen der äußeren . . . . 6. **J. squamata**
Die Skleriten der beiden Rindenschichten sind verschieden 7. **J. fragilis**

1. **J. trilineata** J. A. Thoms. & W. D. Hend. 1905 *J. t.*, J. A. Thomson & W. D. Henderson in: Herdman, Rep. Ceylon Pearl Fish., *v.* 3 nr. 20 p. 315 | 1910 *J. t.*, J. Simpson in: P. Irish Ac., *v.* 28 p. 303 t. 5 f. 24—26.

Die sehr biegsame Kolonie ist unverzweigt oder spärlich in einer Ebene verzweigt. Die Polypen stehen auf drei Längsstreifen, die dazwischen liegenden nackten Streifen, unter denen je ein größerer Längskanal liegt, tragen in der Mitte je eine kielförmige Erhöhung. Jeder polypentragende Längsstreifen enthält 3—4 in Querreihen stehende Polypen. Die Polypen sind 1,1—1,5 mm hoch. Die Rindenskleriten sind asymmetrische, 0,08 mm lange Keulen und etwa ebenso lange Doppelsterne. Orangegelb, Kelche heller.

Siam, Ceylon. Im Litoral.

2. **J. virgulata** Toepl. 1919 *J. v.*, Toeplitz MS in: Kükenthal in: Ergeb. Tiefsee-Exp., *v.* 13 pars 2 p. 922.

Verzweigung spärlich in einer Ebene, sympodial. Alle Äste und Zweige entspringen von derselben Seite des voraufgehenden Sprosses und verzweigen sich meist weiter. Die Polypen stehen allseitig und sehr dicht, nur den basalen Teil der Kolonie freilassend. Ihre hohen Kelche sind schräg distalwärts gerichtet und dem Stamm angeschmiegt. Die Polypen sind mit kleinen, unregelmäßig bewarzten Stäbchen von 0,036 mm Länge bewehrt. Die glatte Rinde enthält außen 0,08 mm lange, asymmetrische Doppelkeulen, indem an einer Hälfte große, abgerundete, senkrecht zur Oberfläche stehende Warzen vorkommen, an der anderen kleinere, terminalwärts gerichtete Schuppen. Die innere Rindenschicht enthält asymmetrische, 0,088 mm lange Doppelspindeln und Keulen, mit sehr langen großen Warzen. Von den Längskanälen haben 2 ein größeres Lumen. Weiß.

Verbreitung unbekannt.

3. **J. racemosa** (P. Wright & Th. Stud.) 1889 *Juncella r.*, P. Wright & Th. Studer in: Rep. Voy. Challenger, *v.* 31 pars 64 p. 159 t. 34 f. 11 | 1906 *? J. miniacea*, J. A. Thomson & W. D. Henderson, Alcyon. Investigator, *v.* 1 p. 81 t. 5 f. 7, 12 | 1909 *J. racemosa*, J. A. Thomson & J. Simpson, Alcyon. Investigator, *v.* 2 p. 268 | 1910 *J. r.*, J. Simpson in: P. Irish Ac., *v.* 28 p. 300 t. 4, 5 f. 20—23 | 1910 *J. r.*, Nutting in: Siboga-Exp., *v.* 13bis p. 21.

Verzweigung der zarten Kolonien vorwiegend einseitig in einer Ebene. Die Polypen stehen unregelmäßig allseitig, an den Endzweigen in 2 Längsreihen; die Polypenskleriten sind kleine, 0,04 mm lange Stäbchen, die besonders reichlich in den Tentakeln vorkommen. Die teils senkrecht abstehenden, teils distalwärts gebogenen Kelche enthalten außer den auch in der Rinde vorkommenden Skleriten bis 0,1 mm lange, asymmetrische Doppelkeulen, die in der äußeren Rindenschicht etwa 0,08 mm lang sind. In der inneren Rindenschicht liegen symmetrische Doppelkeulen mit langen, spitzen Warzen. Von den Längskanälen sind 2 einander gegenüber liegende größer. Gelbrot bis dunkelrot.

Indischer Ozean, Malayischer Archipel. In 16—631 m Tiefe.

4. **J. antillarum** Toepl. 1860? *Juncella juncea*, Duchassaing & Michelotti in: Mem. Acc. Torino, ser. 2 *v.* 19 p. 34 | 1889 *J. barbadensis* (non *J. b.*, Duchassaing & Michelotti 1860), P. Wright & Th. Studer in: Rep. Voy. Challenger, *v.* 31 pars 64 p. 159 t. 34 f. 14 | 1910 *J. juncea* (part.), J. Simpson in: P. Irish Ac., *v.* 28 p. 285 | 1919 *Junceella antillarum*, Toeplitz MS in: Kükenthal in: Ergeb. Tiefsee-Exp., *v.* 13 pars 2 p. 122.

Unverzweigt. Die Polypen stehen in 4 Längsreihen und sind in 2,5 mm lange Kelche zurückziehbar, die sich adaxial einkrümmen. Die dünne Rinde enthält 0,1 mm lange Keulen, ferner 0,06—0,104 mm lange Doppelsterne und 0,1—0,25 mm lange Spindeln.

Sombreroinseln (Antillen). In 820 m Tiefe.

5. **J. juncea** (Pall.) 1766 *Gorgonia j.*, Pallas, Elench. Zooph., p. 180 | 1855 *Junceella j.*, Valenciennes in: CR. Ac. Sci., v. 41 p. 14 | 1857 *Juncella j.*, H. Milne-Edwards, Hist. Corall., v. 1 p. 186 | 1857 *Ellisella j.*, J. E. Gray in: P. zool. Soc. London, v. 25 p. 287 | 1878 *Juncella j.* + *J. flexilis*, Th. Studer in: Monber. Ak. Berlin, p. 659 | 1884 *J. j.* + *J. gemmacea*, S. Ridley in: Rep. Voy. Alert, p. 345, 346, 580 | 1888 *J. fragilis* var. (part.), S. Ridley in: J. Linn. Soc. London, v. 21 p. 242 | 1889 *J. juncea* var. *alba* + *J. gemmacea*, P. Wright & Th. Studer in: Rep. Voy. Challenger, v. 31 pars 64 p. 158 t. 34 f. 12; t. 41 f. 38 | 1905 *J. j.* + *J. flexilis* + *J. elongata* (part.), Hickson in: Fauna Geogr. Maldiv., v. 2 p. 820, 821 | 1905 *J. j.* + *J. gemmacea* + *J. fragilis* var. *rubra*, J. A. Thomson & W. D. Henderson in: Herdman, Rep. Ceylon Pearl Fish., v. 3 nr. 20 p. 313, 314 t. 4 f. 4, 5 | 1910 *J. g.*, J. A. Thomson & Russell in: Tr. Linn. Soc. London, ser. 2 v. 13 p. 162 | 1910 *J. juncea* (part.), J. Simpson in: P. Irish Ac., v. 28 p. 284 t. 2 f. 9—13; t. 3 f. 14 | 1910 *J. j.*, Nutting in: Siboga-Exp., v. 13bis p. 18 t. 3 f. 1—4.

Unverzweigt, der kreisrunde Stamm ist basal sowie an der Spitze polypenfrei, sonst dicht mit Polypen besetzt (Fig. 183), die entweder allseitig oder in 2 breiten Längsfeldern stehen, zwischen denen je ein schmaler nackter Längsstreifen vorhanden ist, der streckenweise verschwinden kann. Die Kelche sind konisch geformt und distalwärts gerichtet, dem Stamme dicht anliegend. Die Polypenspicula sind 0,057 mm lange Stäbchen, die in 8 Längsreihen geordnet sind und die Tentakel erfüllen. Die dicke, glatte Rinde enthält außen asymmetrische, 0,1 mm lange Keulen, innen symmetrische, 0,08 mm lange Doppelkeulen mit langen, zugespitzten Dornen. Unter den beiden nackten Längsstreifen liegen 2 größere Kanäle. Weiß, orange, dunkelrot.

Indopazifischer Ozean. Im oberen Litoral.

Fig. 183.
Junceella juncea typica (nach Nutting).

Die Art zerfällt in 2 Unterarten:

5a. **J. juncea typica** (Pall.) 1766 *Gorgonia j.*, Pallas, Elench. Zooph., p. 180.

Mit den Merkmalen der Art.

Indopazifischer Ozean. Im oberen Litoral.

5b. **J. juncea gemmacea** (Val.) 1857 *Gorgonia gemmacea*, Valenciennes MS. in: H. Milne-Edwards, Hist. Corall., v. 1 p. 185 | 1857 *Verrucella g.*, H. Milne-Edwards, Hist. Corall., v. 1 p. 185 | 1865 *Juncella g.*, Kölliker, Icon. histiol., p. 140 | 1870 *Ellisella g.*, J. E. Gray, Cat. Lithoph. Brit. Mus., p. 26 | 1877 *Juncella g.*, Klunzinger, Korall. Rot. Meer., v. 1 p. 53 | 1884 *J. elongata* var., S. Ridley in: Rep. Voy. Alert, p. 346, 580 | 1889 *J. gemmacea*, P. Wright & Th. Studer in: Rep. Voy. Challenger, v. 31 pars 64 p. 158 | 1896 *J. flexilis*, Germanos in: Abh. Senckenb. Ges., v. 23 p. 182 t. 10 f. 15 | 1908 *J. gemmacea*, Gravier in: Arch. Zool. expér., ser. 4 v. 8 p. 226 | 1909 *J. juncea* (part.), J. A. Thomson & Crane in: Ann. nat. Hist., ser. 8 v. 3 p. 366 | 1910 *J. gemmacea*, J. Simpson in: P. Irish Ac., v. 28 p. 294 | 1910 *J. g.* + *J. sanguinea*, Nutting in: Siboga-Exp., v. 13bis p. 20, 22.

Stets und wahrscheinlich dichotomisch verzweigt. Die Polypen stehen in zwei breiten Längsbändern. Alle übrigen Merkmale sind die gleichen wie die der Unterart typica.

6. **J. squamata** Toepl. 1919 *J. s.*, Toeplitz MS in: Kükenthal in: Ergeb. Tiefsee-Exp., *v.* 13 pars 2 p. 922.

Unverzweigt, rutenförmig, in der Mitte stärker als an der Basis und dem distalen Ende, die steril sind. Die Polypen stehen unregelmäßig allseitig, im proximalen Abschnitte auch biradial. Ein vorspringender Polypenkelch fehlt; abaxial findet sich eine schuppenförmige Klappe, die die Öffnung verschließen kann, die Polypen sind mit Stäbchen von 0,05 mm Länge bewehrt, die in 8 Doppelreihen am Polypenkörper entlang ziehen und die Tentakel erfüllen. Die dicke, glatte Rinde enthält asymmetrische, 0,083 mm lange Doppelkeulen, sowie Übergänge zu Doppelkugeln. Im Kanalsystem herrschen 2 starke, einander gegenüberliegende Längsgefäße vor. Weiß bis hellgrau.

Philippinen, Formosa.

7. **J. fragilis** (S. Ridl.) 1884 *Juncella f.*, S. Ridley in: Rep. Voy. Alert, p. 347 t. 31 f. D. | 1888 *J. f.* (part.), S. Ridley in: J. Linn. Soc. London, *v.* 21 p. 242 | 1905 *J. f.* (nec *J. f.* var. *rubra*), J. A. Thomson & W. D. Henderson in: Herdman, Rep. Ceylon Pearl Fish., *v.* 3 nr. 20 p. 314 | 1910 *J. juncea* (part.), J. Simpson in: P. Irish Ac., *v.* 28 p. 284.

Unverzweigt, in der Mitte allmählich anschwellend. Die Polypen stehen allseitig, nur dem basalen Teil fehlend, stellenweise treten zwei feine, nackte Längsstreifen auf. Die Kelche sind schuppenförmig, distalwärts gerichtet und dem Stamm anliegend, mit dünner, auch fehlender, adaxialer Wand. Die 0,04 mm langen Polypenskleriten stehen in 8 Längsreihen und erfüllen die Tentakel. Die dicke Rinde enthält außen 0,07—0,08 mm lange Keulen mit distalwärts gerichteten Warzen, innen Keulen mit senkrecht abstehenden Warzen, dazwischen 0,05—0,07 mm lange Doppelsterne. Weiß.

Indischer Ozean, Nordostaustralien, Philippinen, Chinasee. Im flachen Litoral.

J. barbadensis Duchass. & Mich. 1864 *J. b.*, Duchassaing & Michelotti in: Mem. Acc. Torino, ser. 2 *v.* 23 p. 22 t. 5 f. 5, 6 | 1870 *Scirpearia b.*, J. E. Gray, Cat. Lithoph. Brit. Mus., p. 38 | 1910 *Juncella b.*, J. Simpson in: P. Irish Ac., *v.* 28 p. 305.

Unverzweigt, fadenförmig, die Polypen stehen in zwei Längsreihen; ihre langen Kelche sind an der Spitze keulenförmig angeschwollen und distalwärts gerichtet. Die Rinde wird auf Vorder- und Hinterfläche von einer Längsfurche durchzogen. Weiß.

Barbados, Guadelupe.

J. funiculina Duchass. & Mich. 1864 *J. f.*, Duchassaing & Michelotti in: Mem. Acc. Torino, ser. 2 *v.* 23 p. 22 t. 5 f. 5, 6 | 1870 *Scirpearia f.*, J. E. Gray, Cat. Lithoph. Brit. Mus., p. 38 | 1910 *Juncella barbadensis*, J. Simpson in: P. Irish Ac., *v.* 28 p. 305.

Unverzweigt, biegsam. Die Polypen stehen in je 2 Längsreihen. Ihre Kelche sind klein und an den Stamm gedrückt. Die Rinde ist dünn. Weißlich.

Guadelupe.

J. hystrix Val. 1855 *J. h.*, Valenciennes in: CR. Ac. Sci., *v.* 41 p. 14 | 1857 *Juncella h.*, H. Milne-Edwards, Hist. Corall., *v.* 1 p. 186 | 1870 *Viminella h.*, J. E. Gray, Cat. Lithoph. Brit. Mus., p. 29 | 1910 *Juncella h.*, J. Simpson in: P. Irish Ac., *v.* 28 p. 306.

Unverzweigt, zart. Die Kelche stark vorspringend.

Bahia.

J. sanctae-crusis Duchass. & Mich. 1864 *J. s.-c.*, Duchassaing & Michelotti in: Mem. Acc. Torino, ser. 2 *v.* 23 p. 21 t. 2 f. 1 | 1870 *Viminella? s.-c.*, J. E. Gray, Cat. Lithoph. Brit. Mus., p. 29 | 1910 *Juncella s.-c.*, J. Simpson in: P. Irish Ac., *v.* 28 p. 304.

Unverzweigt, starr. Die Polypen stehen in 2 seitlichen, unregelmäßigen Reihen. Die Rinde ist dünn. Weiß.

St. Croix.

Möglicherweise identisch mit *Scirpearia rigida* Toepl.

J. surculus Val. 1855 *J. s.*, Valenciennes in: CR. Ac. Sci., *v.* 41 p. 14.

Keine Beschreibung.

Senegal.

J. vetusta (Köll.) 1865 *Juncella v.*, Kölliker, Icon. histiol., t. 14 f. 12.

Keine Beschreibung.

J. vimen Val. 1855 *J. v.*, Valenciennes in: CR. Ac. Sci., *v.* 41 p. 14 | 1857 *Juncella v.*, H. Milne-Edwards, Hist. Corall., *v.* 1 p. 186 | 1870 *Viminella juncea*, J. E. Gray, Cat. Lithoph. Brit. Mus., p. 29 | 1910 *Juncella vimen*, J. Simpson in: P. Irish Ac., *v.* 28 p. 306.

Die Polypen stehen lateral und lassen im medianen Teil des Stammes einen ziemlich breiten, nackten Streifen frei.

Insel Bourbon.

2. Gen. **Ellisella** J. E. Gray

1766 *Gorgonia* (part.), Pallas, Elench. Zooph., p. 179 | 1855 *Junceella* (part.), Valenciennes in: CR. Ac. Sci., *v.* 41 p. 14 | 1857 *Juncella* (part.), H. Milne-Edwards, Hist. Corall., *v.* 1 p. 186 | 1857 *Ellisella* (part.), J. E. Gray in: P. zool. Soc. London, *v.* 25 p. 287 | 1865 *Juncella* (part.), Kölliker, Icon. histiol., p. 140 | 1870 *Ellisella* (part.) + *Viminella* (part.), J. E. Gray, Cat. Lithoph. Brit. Mus., p. 25, 26 | 1887 *E.*, Th. Studer (& P. Wright) in: Arch. Naturg., *v.* 53I p. 68 | 1889 *E.*, P. Wright & Th. Studer in: Rep. Voy. Challenger, *v.* 31 pars 64 p. 160 | 1905 *Juncella* (part.) + *Scirpearia* + *Scirpearella*, Hickson in: Fauna Geogr. Maldiv., *v.* 2 p. 821—823 | 1905 *Scirpearella* (part.) + *Scirpearia* (part.), J. A. Thomson & W. D. Henderson in: Herdman, Rep. Ceylon Pearl Fish., *v.* 3 nr. 20 p. 311, 313 | 1910 *Scirpearia* (part.), J. Simpson in: P. Irish Ac., *v.* 28 p. 306, 325, 339, 355 | 1910 *Verrucella* (part.) + *Scirpearella* (part.) nec. *Ellisella*, Nutting in: Siboga-Exp., *v.* 13bis p. 12, 26 | 1919 *Ellisella*, Toeplitz MS in: Kükenthal in: Ergeb. Tiefsee-Exp., *v.* 13 pars 2 p. 858.

Meist verzweigt. Die Verzweigung ist locker, in einer Ebene erfolgt und die Endzweige sind sehr lang. Anastomosen fehlen. Die Polypen stehen allseitig oder biradial, 2 schmale, sterile Längsstreifen freilassend, bei einer Form (*E. ceylonensis* nr. 2) auch biserial. In den Polypen finden sich kleine Stäbchen in den Tentakeln und stachelige Skleriten an der Basis. Die Polypen sind in Kelche zurückziehbar. Die Rinde ist verschieden dick und enthält Doppelkugeln und Doppelspindeln, die nicht über 0,1 mm Länge erreichen. 2 Längskanäle haben ein größeres Lumen. Die Achse ist stets stark verkalkt. Weiß, gelb und rot.

Indopazifischer Ozean und Antillen. Litoral.

6 sichere Arten.

Spec. typ.: *E. elongata* (Pall.)

Bestimmungstabelle der Arten:

1	Unverzweigt	1. **E. laevis**
	Verzweigt — 2	
2	Polypen biserial, Stamm und Äste abgeplattet	2. **E. ceylonensis**
	Polypen nicht biserial, Stamm und Äste rund — 3	
3	Polypen allseitig	3. **E. plexauroides**
	Polypen biradial — 4	
4	Kelche anders gefärbt als die Rinde	4. **E. maculata**
	Kolonie einfarbig — 5	
5	Rinde dick, Achse dünn	5. **E. elongata**
	Rinde dünn, Achse dick	6. **E. andamanensis**

1. **E. laevis** (Verrill) 1865 *Juncella l.*, A. E. Verrill in: P. Essex Inst., *v.* 4 Commun. p. 189 | 1870 *Viminella l.*, J. E. Gray, Cat. Lithoph. Brit. Mus., p. 29 | 1878 *Ellisella calamus*, Th. Studer in: Monber. Ak. Berlin, p. 660 t. 5 f. 28 | 1889 *E. maculata* (part.), P. Wright & Th. Studer in: Rep. Voy. Challenger, *v.* 31 pars 64 p. 160 | 1905 *Juncella elongata* (part.) + *Scirpearella indica*, Hickson in: Fauna Geogr. Maldiv., *v.* 2 p. 821, 822 f. 10 | 1910 *S. aurantiaca* (part.), J. A. Thomson & Russell in: Tr. Linn. Soc. London, ser. 2 *v.* 13 p. 163 | 1910 *Juncella laevis* + *Scirpearia furcata* + *S. f.* var. *robusta* (part.) + *S. maculata* (part.), J. Simpson in: P. Irish Ac., *v.* 28 p. 306, 339, 357 | 1910 *Scirpearella hemisphaerica*, Nutting in: Siboga-Exp., *v.* 13bs p. 27 t. 5 f. 2, 2a; t. 10 f. 6.

Unverzweigt. Der mittlere Teil ist etwas dicker. Die Polypen stehen biradial, ihre Kelche sind kleine, kegelförmige Warzen. Die ziemlich dicke Rinde enthält 0,05—0,072 mm lange Doppelkugeln, von denen die kleineren mit glatten, die größeren mit gezackten Warzen besetzt sind, sowie ebenso lange Doppelspindeln mit 2 Gürteln verzweigter Warzen. Von den Längskanälen haben zwei ein weiteres Lumen. Gelblichbraun, weiß, rot oder weiß mit rot untermischt.

Indopazifischer Ozean. In 23—92 m Tiefe.

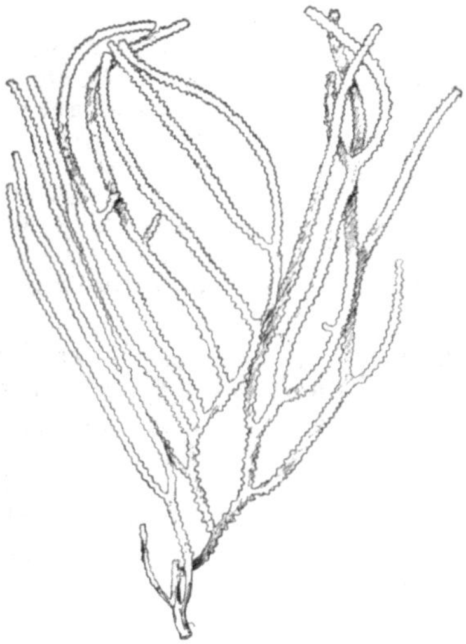

Fig. 184. Ellisella ceylonensis (nach Nutting).

2. **E. ceylonensis** (J. Simps.) 1910 *Scirpearia c.*, J. Simpson in: P. Irish Ac., *v.* 28 p. 355 f. 105—107 | 1910 *Verrucella flaviflora*, Nutting in: Siboga-Exp., *v.* 13bs p. 12 t. 1 f. 1, 1a.

Verzweigung lateral in einer Ebene und wenig dicht. Die Endzweige sind sehr lang und ihre Enden sind abgestumpft. Äste und Zweige sind abgeplattet (Fig. 184). Die Polypen stehen seitlich in je einer Reihe, ihre Kelche sind kegelförmig. In der Rinde liegen Doppelkugeln und Doppelspindeln mit allen Übergängen, die bis 0,8 mm lang werden. 2 Längskanäle auf den Flächen haben ein weiteres Lumen. Gelb bis rot.

Indischer Ozean. In 55 m Tiefe.

3. **E. plexauroides** Toepl. 1919 *E. p.*, Toeplitz MS in: Kükenthal in: Ergeb. Tiefsee-Exp., *v.* 13 pars 2 p. 923.

Verzweigung lateral, spärlich, spitzwinklig mit langen, rutenförmigen Endzweigen, deren Enden seitwärts umgebogen sind. Äste und Zweige sind nicht abgeplattet. Die Polypen stehen allseitig auch am Stamm und der membranösen Basis. Nackte Längsstreifen fehlen. Die Kelche sind sehr niedrig und retraktil. Die kleinen Polypen enthalten bis 0,03 mm lange, abgestumpfte Stäbchen, die auch in den Tentakeln vorkommen, während an der Basis sich Skleriten mit 2 Gürteln eckiger Warzen und gespaltenen Enden vorfinden. In der dicken, glatten Rinde liegen außer kleinen Doppelkugeln und schlanken Doppelspindeln innen bis 0,067 mm lange Skleriten mit hohem, warzenfreiem Schaft und einem Gürtel gezackter Warzen unregelmäßig an beiden Enden gestaltet. Die Längsgefäße sind alle gleich weit. Gelbrot, die Skleriten der äußeren Rindenschicht sind gelb, die der inneren farblos.

Japan.

4. **E. maculata** Th. Stud. 1878 *E. m.*, Th. Studer in: Monber. Ak. Berlin, p. 659 t. 4 f. 27 | 1889? *E. m.* (part.), P. Wright & Th. Studer in: Rep. Voy. Challenger, *v.* 31 pars 64 p. 160 t. 34 f. 9 | 1895? *E. calamus*, Th. Studer in: Mt. Ges. Lübeck, ser. 2 fasc. 7, 8 p. 120 | 1905 *Scirpearia furcata* + *S. f.* var., Hickson in: Fauna Geogr. Maldiv., *v.* 2 p. 822 f. 8, 9 | 1905 *Scirpearella aurantiaca* + *Scirpearia spec.*, J. A. Thomson & W. D. Henderson in: Herdman, Rep. Ceylon Pearl Fish., *v.* 3 nr. 20 p. 311, 313 t. 4 f. 1, 7; t. 5 f. 15, 16 | 1910 *Scirpearella aurantiaca* + *Scirpearia furcata* var. *robusta* (part.) + *S. maculata* (part.) + *S. aurantiaca*, J. Simpson in: P. Irish Ac., *v.* 28 p. 339, 357 t. 12—14 f. 69—96; t. 17 f. 108—109.

Verzweigung lateral in einer Ebene und wenig dicht. Endzweige lang rutenförmig. Die Polypen stehen in zwei seitlichen breiten Bändern in mehreren Reihen; ihre Kelche sind sehr niedrig und warzenförmig. Die dünne, rauhe Rinde enthält 0,095 mm lange Doppelkugeln und vereinzelte 0,084 mm lange, bewarzte Spindeln. 2 Längskanäle haben ein weiteres Lumen. Gelb bis orangerot, Polypenkelche dunkelrot.

Indopazifischer Ozean. In 36—275 m Tiefe.

5. **E. elongata** (Pall.) 1766 *Gorgonia e.*, Pallas, Elench. Zooph., p. 179 | 1855 *Juncella e.*, Valenciennes in: CR. Ac. Sci., *v.* 41 p. 14 | 1857 *Ellisella e.* + *E. coccinea*, J. E. Gray in: P. zool. Soc. London, *v.* 25 p. 287 | 1878 *E. e.*, Th. Studer in: Monber. Ak. Berlin, p. 660 | 1884 nec *Juncella e.* var., S. Ridley in: Rep. Voy. Alert, p. 346, 580 | 1900 nec *J. e.*, Hickson in: Mar. Invest. S. Afr., [*v.* 1] p. 85 t. 5 f. D | 1905 nec *J. e.* var. *capensis*, Hickson in: Mar. Invest. S. Afr., *v.* 3 p. 233 | 1905 nec *J. e.*, Hickson in: Fauna Geogr. Maldiv., *v.* 2 p. 818 | 1906 nec *J. e.*, J. A. Thomson & W. D. Henderson, Alcyon. Investigator, *v.* 1 p. 81 t. 9 f. 17 | 1910 *Scirpearia e.*, J. Simpson in: P. Irish Ac., *v.* 28 p. 325.

Verzweigung lateral und buschig mit langen Endzweigen, Stamm und Äste sind dick und nach der Spitze zu wenig verjüngt. Basal finden sich gelegentlich Anastomosen. Die Polypen stehen in zwei breiten Längsbändern, ihre Kelche sind retraktil. Die dicke Rinde enthält 0,05—0,068 mm lange Doppelkugeln sowie Doppelspindeln und kleine Spindeln. Hochrot.

Antillen.

6. **E. andamanensis** (J. Simps.) 1910 *Scirpearia a.*, J. Simpson in: P. Irish Ac., *v.* 28 p. 252 f. 97—101 | 1910 *Verrucella stellata* + *Scirpearella regia*, Nutting in: Siboga-Exp., *v.* 13bis p. 13, 26.

Verzweigung lateral und nicht dicht, mit ziemlich langen, an den Enden abgestumpften Endzweigen. Die Polypen stehen seitlich in mehreren Längsreihen. Die beiden dazwischen liegenden, nackten Streifen sind nicht auf der ganzen Kolonie sichtbar; die Kelche sind schräg distalwärts gerichtet und der Rinde angeschmiegt. Die Polypenskleriten sind 0,01—0,05 mm lange Stäbchen, die in den Tentakeln reichlich vorkommen. An der Polypenbasis sind diese Stäbchen mit Stacheln besetzt. In der Rinde liegen außen 0,046—0,07 mm lange Doppelkugeln, sowie schlankere, bis 0,083 mm lange Doppelspindeln, innen asymmetrische, 0,07 mm messende Doppelspindeln. 2 Längskanäle haben ein weiteres Lumen. Ockergelb bis orangerot, Kelchspitzen weiß.

Andamanen, Japan. In 18—75 m Tiefe.

3. Gen. **Scirpearia**[1]) (G. Cuvier) Ehrenberg

1817 „*Scirpéaires*“, G. Cuvier, Règne an., *v.* 4 p. 85 | 1820 *Scirparia*, A. F. Schweigger, Handb. Naturg., p. 435 | 1830 „*Scirpeaires*“, G. Cuvier, Règne an., ed. 2 *v.* 3

[1]) Der Name *Scirpearia* ist als nomen conservandum behandelt.

p. 319 | 1834 *Scirpearia*, Ehrenberg in: Abh. Ak. Berlin, p. 288 | 1863 *Juncella*, J. Y. Johnson in: P. zool. Soc. London, p. 505 | 1870 *Scirpearia*, Kölliker in: Abh. Senckenb. Ges., *v.* 7 p. 601 | 1870 *Viminella* (part.) + *S.* (part.), J. E. Gray, Cat. Lithoph. Brit. Mus., p. 29 | 1878 *S.*, Th. Studer in: Monber. Ak. Berlin, p. 660 | 1882 *Verrucella*, S. Ridley in: Ann. nat. Hist., ser. 5 *v.* 9 p. 192 f. 2 | 1889 *Scirpearella*, P. Wright & Th. Studer in: Rep. Voy. Challenger, *v.* 31 pars 64 p. 154 | 1906 *Juncella* (part.) + *S.*, J. A. Thomson & W. D. Henderson, Alcyon. Investigator, *v.* 1 p. 81, 82 | 1910 *Scirpearia* (part.), J. Simpson in: P. Irish Ac., *v.* 28 p. 307 | 1910 *Scirpearella* (part.) + *Ellisella*, Nutting in: Siboga-Exp., *v.* 13b3 p. 23, 30 | 1919 *Scirpearia*, Toeplitz MS in: Kükenthal in: Ergeb. Tiefsee-Exp., *v.* 13 pars 2 p. 859.

Unverzweigt oder spärlich verzweigt, und dann mit langen, rutenförmigen Endzweigen. Die Polypen sind biserial in Längsreihen oder in Spiralen angeordnet; ihre Skleriten sind bewarzte Stäbchen, in den Tentakeln Doppelspindeln; ihre Kelche sind mit bewarzten Spindeln und Doppelspindeln bewehrt, während die Rindenskleriten Doppelkugeln verschiedener Größe enthalten. Die Rinde ist dünn. Von den Kanälen weisen 2 oder 4 ein größeres Lumen auf. Weiß, gelb, rosa oder rot.

Indopazifischer und Atlantischer Ozean. In 50—650 m Tiefe.

17 sichere Arten mit 2 Unterarten und 7 unsichere Arten.

Spec. typ.: *S. flagellum* (J. Y. Johns.)

Bestimmungstabelle der Arten:

1	Unverzweigt oder nur gegabelt — 2	
	Verzweigt — 13	
2	Die Polypen stehen jederseits in 1 höchstens 2 Reihen — 3	
	Die Polypen stehen in mehr als in 2 Reihen, oft auch in breiten Längsbändern und Spiralen — 7	
3	Die Polypenkelche sind niedrig und senkrecht abstehend — 4	
	Die Polypenkelche sind hoch und schräg distalwärts gebogen — 6	
4	Polypen und Kelchskleriten sind sehr schlanke, spitze Doppelspindeln	1. S. ochracea
	Polypen und Kelchskleriten sind breitere, abgestumpfte Doppelspindeln — 5	
	Die Kelchskleriten sind gleichmäßig bewarzte Spindeln .	3. S. filiformis
	Die Rindenskleriten sind Doppelkugeln von 0,13—0,15 mm Länge	4. S. alba
5	Doppelspindeln kommen nur in den Tentakeln und Kelchwänden vor	2a. S. rigida typica
	Doppelspindeln finden sich auch im Coenenchym . . .	2b. S. rigida tenuis
6	Die Kelchskleriten sind 0,12 mm lange Spindeln	5. S. erythraea
	Die Kelchskleriten sind 0,15 mm lange Doppelspindeln .	6. S. atlantica
7	Stamm vierkantig	7. S. quadrilineata
	Kolonie walzenförmig oder abgeplattet — 8	
8	Kelche abweichend vom Coenenchym gefärbt	8. S. anomala
	Kolonie einfarbig — 9	
9	Kelche mit abgestumpften Spindeln oder Doppelspindeln — 10	
	Kelchskleriten zugespitzt — 12	
10	Polypenkelche niedrig, warzenförmig	9. S. cylindrica
	Polypenkelche hoch, walzenförmig — 11	
11	Tentakelskleriten sind Doppelspindeln von 0,06 mm Länge	10. S. flagellum
	Tentakelskleriten sind Doppel- bis Gürtelspindeln von 0,1 mm Länge	11. S. gracilis

12	Kelchskleriten Doppelspindeln mit deutlichem, warzenfreiem Schaft	12. **S. verrucosa**
	Kelchskleriten Doppelspindeln ohne deutlichen, warzenfreien Schaft	13. **S. rubra**
13	Die Polypen stehen in je einer seitlichen Reihe	14. **S. ramosa**
	Die Polypen stehen in 2 breiten Längsbändern oder Spiralen — 14	
14	Kelche niedrig, warzenförmig — 15	
	Kelche hoch und distalwärts eingebogen	17. **S. candida**
15	Die Doppelkugeln der Rinde sind 0,04 mm lang. . . .	15. **S. grandis**
	Die Doppelkugeln der Rinde sind 0,07—0,08 mm lang .	16. **S. thomsoni**

1. **S. ochracea** Th. Stud. 1890 *S. o.*, Th. Studer in: Mém. Soc. zool. France, *v.* 3 p. 559 | 1901 *S. o.*, Th. Studer in: Résult. Camp. Monaco, *v.* 20 p. 53 | 1910 *S. flagellum* (part.), J. Simpson in: P. Irish Ac., *v.* 28 p. 328 t. 9 f. 49, 50; t. 10 f. 51—60.

Unverzweigt, an der Spitze verjüngt und hier abgeplattet. Die Polypen fehlen dem basalen Teil und sind biserial und wechselständig angeordnet; ihre Kelche sind bis 2 mm hoch und erheben sich senkrecht vom Stamm. Die Polypen sind mit 8 Reihen 0,057 mm langer Gürtelstäbe bewehrt, die in den Tentakeln zu schlanken, 0,078 mm langen Doppelspindeln werden. Ähnliche Doppelspindeln liegen in den Kelchen. Die dünne, glatte Rinde ist mit Doppelkugeln von 0,05—0,06 mm Länge sowie mit 0,088 mm langen Doppelspindeln erfüllt. Orangerot, mitunter mit weißen Kelchspitzen.

Azoren. In 318 m Tiefe. Amerika.

2. **S. rigida** Toepl. 1910 *S. flagellum* (part.), J. Simpson in: P. Irish Ac., *v.* 28 p. 331 f. 51—54 | 1911 *S. f.* (part.), J. S. Thomson in: P. zool. Soc. London, p. 888 | 1919 *S. rigida*, Toeplitz MS in: Kükenthal in: Ergeb. Tiefsee-Exp., *v.* 13 pars 2 p. 923.

Unverzweigter, durchweg abgeplatteter Stamm, der sich nach der Spitze zu verjüngt. Der basale Teil ist steril. Die Polypen stehen biserial in dichter Anordnung; ihre Kelche erheben sich senkrecht vom Stamm. Die Polypen sind mit 0,04 mm langen, bedornten Stäbchen, in den Tentakeln mit 0,07 mm langen plumpen Doppelspindeln bewehrt, die abgestumpft und nur wenig bewarzt sind. In den Kelchen liegen bis 0,1 mm lange Doppelspindeln mit großen, ovalen Warzen und deutlichem, glattem Schaft. Die dünne, an der Oberfläche gefurchte Rinde enthält 0,07 mm lange Doppelkugeln und in geringer Zahl ähnliche Doppelspindeln. 2 Längskanäle haben ein weiteres Lumen. Weiß bis hellgrau oder gelblich.

Antillen, Südafrika in 183—567 m Tiefe.

Die Art zerfällt in 2 Unterarten:

2a. **S. rigida typica** Toepl. 1919 *S. r. t.*, Toeplitz MS in: Kükenthal in: Ergeb. Tiefsee-Exp., *v.* 13 pars 2 p. 923.

Mit den Merkmalen der Art.

Antillen, Südafrika in 183—567 m Tiefe.

2b. **S. rigida tenuis** Toepl. 1919 *S. r.* var. *t.*, Toeplitz MS in: Kükenthal in: Ergeb. Tiefsee-Exp., *v.* 13 pars 2 p. 923.

Zarte, unverzweigte Kolonie, deren Polypenkelche außer 0,13 mm langen Doppelspindeln auch noch Doppelkugeln wie in der Rinde enthalten. Die Tentakel und der Polypenkörper enthalten 0,08 mm lange, beiderseits zugespitzte Doppelspindeln. Weiß bis weißgrau.

Antillen. In 183 m Tiefe.

3. **S. filiformis** Toepl. 1889 *Scirpearella moniliforme* (non *Gorgonia moniliformis* Lamarck 1816), P. Wright & Th. Studer in: Rep. Voy. Challenger, *v.* 31 pars 64 p. 156 t. 34 f. 8 | 1906 *S. m.*, J. A. Thomson & W. D. Henderson, Alcyon. Investigator, *v.* 1 p. 82 | 1910 *Nicella m.*, J. Simpson in: P. Irish Ac., *v.* 28 p. 368 f. 117, 118 | 1910 *Ellisella flava*, Nutting in: Siboga-Exp., *v.* 13b3 p. 31 t. 9 f. 4, 4a; t. 11 f. 3 | 1919 *Scirpearia filiformis*, Toeplitz MS in: Kükenthal in: Ergeb. Tiefsee-Exp., *v.* 13 pars 2 p. 924.

Unverzweigt oder nur schwach verzweigt, sehr schlank und von annähernd gleichmäßigem Durchmesser. Die Polypen stehen im basaleren Teile in vier unregelmäßigen Reihen, nach der Spitze zu in 2 seitlichen Reihen; ihre bis 1 mm hohen Kelche sind niedrig, warzenförmig und stehen senkrecht am Stamm. Polypen und Kelche enthalten regelmäßige, dichtbewarzte Spindeln, die in den Kelchwänden longitudinal angeordnet sind. Die dünne Rinde enthält Doppelkugeln und Doppelkeulen von 0,05—0,11 mm Länge sowie fein bewarzte Spindeln von 0,13—0,2 mm Länge. Weiß.

Amboina in 183 m Tiefe, Andamanen in 82—484 m Tiefe.

4. **S. alba** (J. A. Thoms. & W. D. Hend.) 1906 *Scirpearella a.*, J. A. Thomson & W. D. Henderson, Alcyon. Investigator, *v.* 1 p. 82 t. 9 f. 15 | 1910 *Scirpearia a.*, J. Simpson in: P. Irish Ac., *v.* 28 p. 334 f. 64, 65 | 1910 *Scirpearella rubra* (part.), Nutting in: Siboga-Exp., *v.* 13b3 p. 24 t. 6 f. 5.

Unverzweigt oder gegabelt, abgeplattet, mitunter mit 2 Längsfurchen versehen. Die Polypen stehen biserial und die beiden Reihen alternieren miteinander; ihre Kelche sind niedrig und abgestumpft. Die ziemlich dicke Rinde enthält vorwiegend 0,13—0,15 mm lange Doppelkeulen mit schmalem, glattem Schaft und halbkugeligen, dicht mit gezackten Warzen besetzten Enden sowie schlanke, 0,09—0,15 mm lange Doppelspindeln und vereinzelte kleinere, unregelmäßiger geformte Skleriten. Weiß.

Golf von Bengalen. In 160 m Tiefe.

5. **S. erythraea** Kükth. 1913 *S. e.*, Kükenthal in: Denk. Ak. Wien, *v.* 89 p. 26 f. 21, 22.

Unverzweigt, die Polypen stehen in je 2 seitlichen Längsreihen, ihre Kelche sind walzenförmig, 1,2 mm hoch und aufgebogen. Die Polypen enthalten 0,04—0,06 mm messende Doppelspindeln und Doppelkeulen mit in Gürteln angeordneten Warzen. In den Kelchen liegen zugespitzte, weit bewarzte Spindeln, die in konvergierenden Doppelreihen angeordnet sind. Die dicke Rinde enthält fast ausschließlich Doppelkeulen von 0,04—0,07 mm Länge mit Warzengürteln. Strohgelb.

Rotes Meer.

6. **S. atlantica** Toepl. 1910 *S. flagellum* (part.), J. Simpson in: P. Irish Ac., *v.* 28 p. 332 f. 55—57 | 1911 *S. f.* (part.), J. S. Thomson in: P. zool. Soc. London, p. 888 | 1919 *S. atlantica*, Toeplitz MS in: Kükenthal in: Ergeb. Tiefsee-Exp., *v.* 13 pars 2 p. 924.

Unverzweigt, sehr schlank, der basale Teil ist steril. Die Polypen stehen jederseits in einer Reihe; ihre Kelche sind hoch, kolbenförmig und distalwärts aufgebogen. Die Polypen sind bewehrt mit 8 Reihen bedornter Stäbchen von 0,007 mm Länge; in den Tentakeln liegen plumpe, 0,08 bis 0,09 mm lange Doppelspindeln; in den Kelchen 0,11—0,13 mm messende Doppelspindeln, die mit großen, weitstehenden Warzen besetzt und an den Enden zugespitzt sind. Die dünne Rinde enthält außen bewarzte Doppelkugeln von 0,06 mm Länge und spärlich bewarzte, 0,08—0,1 mm lange Doppelspindeln; innen liegen abgestumpfte, schwach bewarzte, 0,067 mm lange

Doppelspindeln mit ausgezackten Enden. 2 Längskanäle haben ein weiteres Lumen. Orangerot.

Antillen, Südafrika. In 165—183 m Tiefe.

7. **S. quadrilineata** J. Simps. 1910 *S. q.*, J. Simpson in: P. Irish Ac., *v.* 28 p. 358 f. 11—113.

Unverzweigt, rutenförmig, vierkantig, nach der Spitze zu verjüngt. Die Polypen fehlen dem basalen Teil und sind in vier getrennten Längsreihen angeordnet; ihre Kelche sind niedrig, warzenförmig. Die Rinde ist sehr dünn und enthält 0,049—0,09 mm lange Doppelkugeln, die gleichmäßig und dicht bewarzte, runde Enden haben, sowie 0,09—0,12 mm lange Spindeln und Doppelspindeln. Vier Längskanäle haben ein weiteres Lumen. Leuchtend orangegelb.

Laccadiven. In 55—73 m Tiefe.

8. **S. anomala** J. Simps. 1910 *S. a.*, J. Simpson in: P. Irish Ac., *v.* 28 p. 317 f. 34, 35.

Unverzweigt, im mittleren Abschnitt etwas dicker. Die Polypen stehen in 2 oder 3 Längsreihen; ihre Kelche sind distalwärts aufgebogen und bis 2 mm hoch. Die kleinen Polypen sind mit 8 Feldern 0,05 mm langer Doppelspindeln bewehrt, die auch in den Tentakeln vorkommen. In der Rinde liegen außen gelbe Doppelkugeln von 0,052—0,07 mm Länge, innen farblose ähnliche aber unregelmäßiger bewarzte Formen. 2, stellenweise auch 3 Kanäle haben ein weiteres Lumen. Gelb bis orange. Polypenkelche rot.

Andamanen.

9. **S. cylindrica** Toepl. 1919 *S. c.*, Toeplitz MS in: Kükenthal in: Ergeb. Tiefsee-Exp., *v.* 13 pars 2 p. 924.

Anscheinend unverzweigt. Stamm walzenförmig. Die Polypen stehen in 4 dichten Längsreihen; ihre Kelche sind niedrig, warzenförmig und distalwärts gerichtet. Die Polypen haben nur an der Basis kleine, bedornte Stäbchen aufzuweisen; in den Tentakeln liegen 0,046 mm lange Doppelspindeln. Die dünne Rinde enthält Doppelkugeln mit dicht bewarzten Enden, die 0,04—0,057 mm lang sind; in tieferer Schicht liegen 0,057 mm messende Doppelspindeln. Die Längskanäle sind ungefähr gleich weit. Ziegelrot.

Barbados.

10. **S. flagellum** (J. Y. Johns.) 1863 *Juncella f.*, J. Y. Johnson in: P. zool. Soc. London, p. 505 | 1870 *Viminella F.*, J. E. Gray, Cat. Lithoph. Brit. Mus., p. 29 | 1878 *Scirpearia mirabilis* + *S. f.*, Th. Studer in: Monber. Ak. Berlin, p. 660 t. 5 f. 29, 30 | 1901 *S. f.*, Th. Studer in: Résult. Camp. Monaco, *v.* 20 p. 53 t. 9 f. 1—3 | 1910 nec *S. f.*, J. A. Thomson & Russell in: Tr. Linn. Soc. London, ser. 2 *v.* 13 p. 163 t. 8 f. 2 | 1910 *S. f.* (part.), J. Simpson in: P. Irish Ac., *v.* 28 p. 328.

Unverzweigt, im basalen Teile walzenförmig, im distalen abgeplattet. In der Mitte etwas dicker, am distalen Ende verjüngt. Die Polypen fehlen dem basalen Teile und stehen am abgeplatteten Ende in je 2—4 Längsreihen; ihre Kelche sind bis 2 mm hoch. Die Polypen sind mit kleinen, unregelmäßig bewarzten, 0,04 mm messenden Stäbchen bewehrt, die in Längsreihen angeordnet sind; ihre Tentakel enthalten schlanke, zugespitzte Doppelspindeln von bis 0,06 mm Länge, die Kelche abgestumpfte, 0,09—0,1 mm lange Spindeln. In der dünnen Rinde liegen außen 0,06 mm messende Doppelkugeln und 0,08 mm lange Doppelspindeln, innen spärlich bewarzte, 0,067 mm messende, an den Enden abgestumpfte Doppelspindeln. Weiß, gelbweiß oder orangerot.

Azoren in 318 m Tiefe. Antillen in 55 m Tiefe.

11. **S. gracilis** (P. Wright & Th. Stud.) 1889 *Scirpearella g.*, P. Wright & Th. Studer in: Rep. Voy. Challenger, *v.* 31 pars 64 p. 156 t. 31 f. 1, 1a; t. 34 f. 6 | 1910 *Scirpearia flagellum*, J. A. Thomson & Russell in: Tr. Linn. Soc. London, ser. 2 *v.* 13 p. 163 t. 8 f. 2 | 1910 *S. profunda* (part.), J. Simpson in: P. Irish Ac., *v.* 28 p. 312 f. 27 | 1910 *Scirpearella gracilis*, Nutting in: Siboga-Exp., *v.* 13b3 p. 25 t. 6 f. 1—5 | 1912 *S. g.*, Nutting in: P. U. S. Mus., *v.* 43 p. 98.

Unverzweigt oder gegabelt. Der basale Teil ist steril. Die Polypen stehen jederseits in 2—3 Reihen; ihre Kelche sind 1—2 mm hoch; ihre Bewehrung ist kräftig und besteht aus in Doppelreihen liegenden, kleinen Stäbchen, in den Tentakeln aus Doppel- oder Gürtelspindeln von 0,1 mm Länge. Die Kelche enthalten Spindeln, selten Doppelspindeln mit abgestumpften Enden von 0,114—0,14 mm Länge. In der dünnen Rinde liegen 0,07—0,08 mm messende Doppelkugeln und asymmetrische Formen. Weiß.

Indischer Ozean. In 36—240 m Tiefe.

12. **S. verrucosa** J. Simps. 1910 *S. v.*, J. Simpson in: P. Irish Ac., *v.* 28 p. 318 f. 32, 33.

Unverzweigt; der basale Teil ist steril. Die Polypen stehen in 2 nicht deutlichen, breiten Längsbändern; ihre Kelche sind ziemlich hoch, kegelförmig abgestumpft und distal eingebogen; bewehrt sind die Kelche mit zugespitzten, 0,114 mm langen Doppelspindeln. In der sehr dünnen, eine gekörnte Oberfläche aufweisenden Rinde liegen vorwiegend 0,07—0,095 mm messende Doppelkugeln, mit kurzem, breitem, glattem Schaft und runden, mit großen, etwas gezackten Warzen besetzten Enden. Lachsrosa.

Andamanen. In 100 m Tiefe

13. **S. rubra** (P. Wright & Th. Stud.) 1889 *Scirpearella r.*, P. Wright & Th. Studer in: Rep. Voy. Challenger, *v.* 31 pars 64 p. 157 t. 34 f. 5 | 1910 *Scirpearia profunda* (part.) + *S. hicksoni*, J. Simpson in: P. Irish Ac., *v.* 28 p. 312, 313 f. 28—31 | 1910 *Scirpearella rubra*, Nutting in: Siboga-Exp., *v.* 13b3 p. 24 t. 6 f. 1—4.

Unverzweigt, rutenförmig, von der Basis nach der Spitze zu sich stark verjüngend. Die Polypen stehen in Spiralen oder zwei seitlichen Längsbändern; ihre ziemlich hohen Kelche sind abgestumpft kegelförmig, ihre Tentakel enthalten Spindeln. In den Kelchwänden liegen 0,08—0,12 mm lange Spindeln und Doppelspindeln. Die dünne Rinde mit gekörnter Oberfläche enthält 0,05—0,08 mm lange Doppelkugeln mit großen, gezackten Warzen. 2 Längskanäle haben ein weiteres Lumen. Ziegelrot.

Japan, Malayischer Archipel, Andamanen. In 22—631 m Tiefe.

14. **S. ramosa** J. Simps. 1910 *S. r.*, J. Simpson in: P. Irish Ac., *v.* 28 p. 354 t. 16 f. 102—104.

Verzweigung spärlich, lateral, in einer Ebene. Die langen, gleichmäßig dicken Äste gehen meist in rechtem Winkel ab, nach aufwärts umbiegend. Stamm und Äste sind in der Verzweigungsebene abgeplattet. Der basale Teil ist steril. Die Polypen sind seitlich in je 1 oder 2 Längsreihen angeordnet, ihre Kelche enthalten 0,07—0,09 mm lange Doppelspindeln mit dicht bewarzten Enden. Die mäßig dicke Rinde mit gekörnter Oberfläche ist mit 0,04—0,07 mm langen, sehr dicht bewarzten Doppelkugeln bewehrt, die teils gelb, teils farblos sind. 2 Längskanäle haben ein weiteres Lumen. Gelbrot mit lebhaft rot gefärbten Kelchen.

Andamanen. In 36 m Tiefe.

15. **S. grandis** (Verrill) 1901 *Verrucella g.*, A. E. Verrill in: Tr. Connect. Ac., *v.* 11 p. 53 t. 9 f. 1, 2, 3.

Verzweigung spärlich, dichotomisch in einer Ebene. Die mehr basalen Äste sind walzenförmig, die mehr distalen abgeplattet. Die Polypen stehen seitlich in je 2—4 dichten Reihen; ihre Kelche stehen senkrecht, sind niedrig und warzenförmig; ihre Bewehrung besteht aus 0,05 mm langen Stäbchen, in den Tentakeln aus 0,056 mm Doppelspindeln; in den Kelchen aus 0,07 mm messenden Gürtelstäben, deren gezackte Warzen in 5 oder 6 Gürteln stehen. Die dünne, glatte Rinde enthält vorwiegend 0,04 mm messende Doppelkugeln, die in tieferer Schicht bis 0,062 mm groß werden und unregelmäßig bewarzt sind. Gelbrot.

Antillen, Bermudas. In 77 m Tiefe.

16. **S. thomsoni** J. Simps. 1905 *? Scirpearella divida*, J. A. Thomson & W. D. Henderson in: Herdman, Rep. Ceylon Pearl Fish., *v.* 3 nr. 20 p. 312 t. 6 f. 8 | 1906 *Juncella elongata* (non *Gorgonia e.*, Pallas 1766), J. A. Thomson & W. D. Henderson, Alcyon. Investigator, *v.* 1 p. 81 t. 1 f. 10; t. 9 f. 17.

Verzweigung spärlich, annähernd dichotomisch in einer Ebene; die Äste und Endzweige sind sehr lang und rutenförmig. Die Polypen stehen in zwei seitlichen Längsstreifen in 3 oder 4 Reihen jederseits; ihre Kelche sind niedrig und retraktil. Die Rinde ist dünn und enthält 0,07—0,08 mm messende Doppelkugeln mit ziemlich langem Schaft, außerdem finden sich Doppelspindeln von 0,095—0,125 mm Länge mit zugespitzten Enden und unregelmäßig stehenden, großen, gezackten Warzen. Lachsrosa.

Golf von Bengalen. In 160 m Tiefe.

Möglicherweise identisch mit der ungenügend beschriebenen *S. divisa.*

17. **S. candida** (S. Ridl.) 1882 *Verrucella c.*, S. Ridley in: Ann. nat. Hist., ser. 5 *v.* 9 p. 192 f. 2 | 1889 *Scirpearella profunda*, P. Wright & Th. Studer in: Rep. Voy. Challenger, *v.* 31 pars 64 p. 155 t. 31 f. 2; t. 32 f. 1; t. 34 f. 7 | 1910 *Scirpearia p.* (part.), J. Simpson in: P. Irish Ac., *v.* 28 p. 312 f. 27.

Verzweigung spärlich, lateral und buschig; die Endzweige sind sehr lang und rutenförmig. Nur die Endzweige sind etwas abgeplattet. Die Polypen stehen in unregelmäßigen Spiralen in Abständen von 1—3 mm; ihre Kelche werden bis 2 mm hoch und sind mit abgestumpften, dicht mit runden Warzen besetzten, 0,14 mm langen Spindeln und Doppelspindeln bewehrt. Die an der Oberfläche fein längsgefurchte Rinde enthält 0,1 mm lange Doppelkugeln mit schmalem Schaft und rundlichen Warzen. Weiß, grauweiß, gelb.

Indopazifischer Ozean. In 80—240 m Tiefe.

S. divisa (J. A. Thoms. & W. D. Hend.) 1905 *Scirpearella d.*, J. A. Thomson & W. D. Henderson in: Herdman, Rep. Ceylon Pearl Fish., *v.* 3 nr. 20 p. 312 t. 6 f. 8.

Die Kolonie ist verzweigt, die Polypen stehen ziemlich unregelmäßig, an den Endzweigen anscheinend in 4 Reihen, ihre Kelche sind niedrig und abgerundet. Die ziemlich dünne Rinde hat eine fein gekörnte Oberfläche und enthält 0,04—0,06 mm lange Doppelkugeln mit sehr kurzem Schaft sowie 0,1 mm lange Spindeln. Die Achse ist von hellgelber Farbe und stellenweise gefurcht. Orangerot.

Ceylon.

S. moniliformis (Lm.) 1816 *Gorgonia m.*, Lamarck, Hist. An. s. Vert., *v.* 2 p. 318 | 1870 *Scirpearia m.*, J. E. Gray, Cat. Lithoph. Brit. Mus., p. 39.

Unverzweigt, schlank, die Kelche ragen weit vor und stehen ziemlich zerstreut. Die Rinde ist dünn. Weiß.

Australien.

S. sp. 1910 *S. flagellum* (non *S. f.*, J. Y. Johnson 1863), J. A. Thomson & Russell in: Tr. Linn. Soc. London, ser. 2 *v.* 13 p. 163.

Unverzweigt, schlank. Die Polypen stehen jederseits in einer Reihe, im basalen Teile in je 2 seitlichen Reihen, ihre Kelche sind keulenförmig. Die Skleriten sind Doppelkeulen und verhältnismäßig große Spindeln. Gelblichweiß.

Chagos-Archipel. In 110—220 m Tiefe.

S. sp. α J. A. Thoms. & W. D. Hend. 1905 *S.* sp. *α*, J. A. Thomson & W. D. Henderson in: Herdman, Rep. Ceylon Pearl Fish., *v.* 3 nr. 20 p. 312.

Der Stamm ist verzweigt, die Polypen stehen allseitig in Reihen; ihre Kelche springen vor. Die Achse ist am basalen Teile tief gefurcht.

Ceylon.

Soll *S. moniliformis* (Lm.) ähnlich sein.

S. sp. β J. A. Thoms. & W. D. Hend. 1905 *S.* sp. *β*, J. A. Thomson & W. D. Henderson in: Herdman, Rep. Ceylon Pearl Fish., *v.* 3 nr. 20 p. 312.

Polypenkelche kaum vorragend, Polypen weiß, eine weiße Linie findet sich auf einer Seite. Die hornige und stark verkalkte Achse ist schwach und unregelmäßig gefurcht. Skleritenformen sind Doppelkeulen von 0,06 mm Länge, Doppelsterne von 0,05—0,07 mm Länge und 0,06—0,08 mm lange Spindeln.

Ceylon.

S. sp. J. A. Thoms. & W. D. Hend. 1905 *S.* sp., J. A. Thomson & W. D. Henderson in: Herdman, Rep. Ceylon Pearl Fish., *v.* 3 nr. 20 p. 312.

Die Polypen stehen jederseits in 3 Reihen, auf einer nackten Fläche findet sich eine Furche, die Kelche sind sehr klein. Skleritenformen sind 0,05—0,06 mm lange Doppelkeulen, ebenso lange Doppelspindeln und 0,06—0,07 mm lange Spindeln.

Ceylon.

S. sp. J. A. Thoms. & W. D. Hend.

Die Kolonie ist am Ende in rutenförmige Zweige gegabelt. Die Polypen sind dunkler gefärbt als der Stamm und lassen zwei nackte Streifen frei. Skleriten sind Doppelkeulen von 0,06—0,063 mm Länge und dunkler gefärbte, von 0,07—0,08 mm Länge. Hellrot.

Ceylon.

4. Gen. **Ctenocella** Val.

1766 *Gorgonia* (part.), Pallas, Elench. Zooph., p. 179 | 1846 *Pterogorgia* (part.), J. D. Dana in: U. S. expl. Exp., *v.* 7 p. 652 | 1855 *Ctenocella*, Valenciennes in: CR. Ac. Sci., *v.* 41 p. 14 | 1857 *Ellisella* (part.), J. E. Gray in: P. zool. Soc. London, *v.* 25 p. 287 | 1865 *Gorgonella* (part.), Kölliker, Icon. histiol., p. 140 | 1870 *Ctenocella*, J. E. Gray, Cat. Lithoph. Brit. Mus., p. 26 | 1884 *C.*, S. Ridley in: Rep. Voy. Alert, p. 348 | 1887 *C.*, Th. Studer (& P. Wright) in: Arch. Naturg., *v.* 53 I p. 68 | 1910 *Scirpearia* (part.), J. Simpson in: P. Irish Ac., *v.* 28 p. 319 | 1910 *Ctenocella*, Nutting in: Siboga-Exp., *v.* 13 b3 p. 14 | 1916 *Scirpearia* (part.), Broch in: Svenska Ac. Handl., *v.* 52 nr. 11 p. 36 | 1919 *Ctenocella*, Toeplitz MS in: Kükenthal in: Ergeb. Tiefsee-Exp., *v.* 13 pars 2 p. 860.

Verzweigung in einer Ebene, dichotomisch, lyraförmig; ein jedes Teilstück teilt sich in einen langen medianen und einen kurzen lateralen Ast, letztere setzen sich zu einem scheinbar einheitlichen Hauptast zusammen, die medialen Äste laufen parallel, senkrecht nach oben. Die Polypen stehen seitlich in mehreren Reihen und fehlen auf den in der Verzweigungsebene liegenden Flächen; ihre Tentakel sind mit schlanken, stäbchenförmigen Skleriten bewehrt; in den Kelchen liegen Spindeln oder Doppelspindeln, in der Rinde außen Doppelkugeln, innen Doppelspindeln mit einem regelmäßigen Warzengürtel jederseits des eingeschnürten Schaftes und terminalen Warzenbüscheln. Auf Vorder- und Hinterseite ist je ein größerer Kanal vorhanden, in dem basalen Teile finden sich mehrere Kanäle. Weiß bis dunkelrot.

Indische und Malayische Region. Im flachen Litoral bis zu 35 m Tiefe.

2 Arten.

Spec. typ.: *C. pectinata* (Pall.)

Bestimmungstabelle der Arten:

Die Rindenskleriten sind echte Doppelspindeln . . . . . . 1. C. pectinata

Die Rindenskleriten sind gedrungene Doppelspindeln mit je einem Gürtel großer, eckiger Warzen jederseits vom Schaft und terminalen Warzenbüscheln . . . . 2. C. lyra

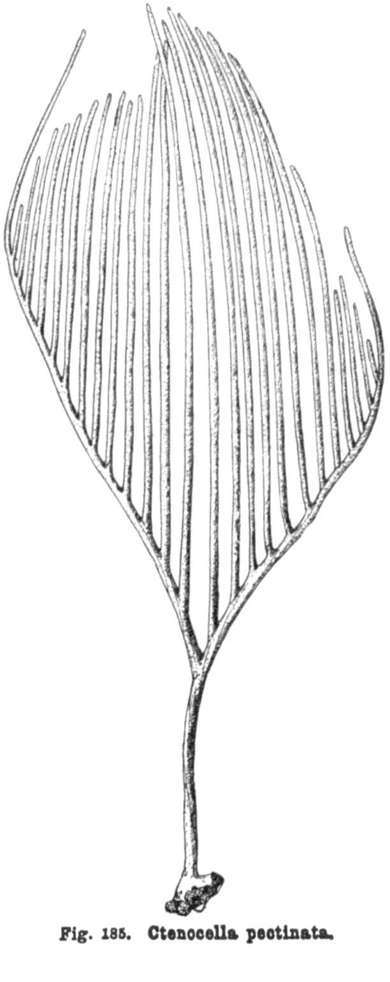

Fig. 185. Ctenocella pectinata.

1. **C. pectinata** (Pall.) 1766 *Gorgonia p.*, Pallas, Elench. Zooph., p. 179 | 1855 *Ctenocella p.*, Valenciennes in: CR. Ac. Sci., *v.* 41 p. 14 | 1857 *Ellisella p.*, J. E. Gray in: P. zool. Soc. London, *v.* 25 p. 287 | 1865 *Gorgonella p.*, Kölliker, Icon. histiol., p. 143 t. 18 f. 41 | 1884 *Ctenocella p.*, S. Ridley in: Rep. Voy. Alert, p. 348 | 1910 *Scirpearia p.*, J. Simpson in: P. Irish Ac., *v.* 28 p. 319 t. 7, 8 f. 36—45 | 1916 *S. p.*, Broch in: Svenska Ak. Handl., *v.* 52 nr. 11 p. 36.

Lyraförmig; Verzweigung in einer Ebene, dichotomisch mit langen, parallellaufenden medialen und kurzen, hintereinander liegenden, lateralen Ästen, die scheinbar einen einheitlichen Hauptast bilden. Die Enden der Äste sind stark verjüngt und zugespitzt (Fig. 185). Die Polypen stehen seitlich in mehreren Längsreihen; ihre Kelche sind niedrig, warzenförmig; ihre Bewehrung besteht basal aus einigen kleinen, stacheligen Doppelsternen, während die Tentakel 0,04 mm lange, abgestumpfte Gürtelspindeln in geringer Zahl enthalten. Die Kelche sind mit zugespitzten, 0,067 mm langen, unregelmäßig bewarzten Doppelspindeln bewehrt. Die dünne, glatte Rinde enthält außen 0,052 mm messende Doppelkugeln mit großen, eckigen Warzen jederseits des Schaftes und terminalen Büscheln kleiner, zugespitzter Warzen. Rot, gelb, weiß.

Indische und Malayische Region. Im flachen Litoral.

2. **C. lyra** Toepl. 1919 *C. l.*, Toeplitz MS in: Kükenthal in: Ergeb. Tiefsee-Exp., *v.* 13 pars 2 p. 924.

Verzweigung sehr regelmäßig, lyraförmig. Die Äste sind in der Verzweigungsebene abgeplattet und an den Enden kaum verjüngt. Die Polypen stehen seitlich in mehreren Reihen; ihre niedrigen Kelche sind völlig in die Rinde zurückziehbar. Die Tentakel sind dicht mit 0,078 mm langen Stabformen mit regelmäßigen Warzengürteln bewehrt, während der Polypenkörper völlig skleritenfrei ist. In den Kelchen liegen 0,088 mm messende Doppelspindeln, die jederseits des Schaftes einen Gürtel vertikal abstehender Warzen besitzen, terminal davon unregelmäßig angeordnete. Die glatte, ziemlich dicke Rinde enthält außen 0,05 mm messende Doppelkugeln mit schmalem Schaft und jederseits davon einen regelmäßigen Gürtel großer, senkrecht stehender Warzen und terminale Büschel kleiner. Außerdem finden sich größere Doppelspindeln mit zwei Warzengürteln jederseits. In der inneren Rindenschicht liegen 0,067 mm lange Doppelspindeln. Reinweiß.

Aru-Inseln. In 12 m Tiefe.

5. Gen. **Nicella** J. E. Gray

1870 *N.*, J. E. Gray, Cat. Lithoph. Brit. Mus., p. 40 | 1878 *N.* + *Verrucella*, Th. Studer (& P. Wright) in: Arch. Naturg., *v.* 53I p. 67, 68 | 1897 *N.* + *V.*, Whitelegge in: Mem. Austral. Mus., *v.* 3 p. 319 | 1910 *N.* (part.), J. Simpson in: P. Irish Ac., *v.* 28 p. 360 | 1910 *N.*, Nutting in: Siboga-Exp., *v.* 13bs p. 28 | 1919 *N.*, Toeplitz MS in: Kükenthal in: Ergeb. Tiefsee-Exp., *v.* 13 pars 2 p. 861.

Verzweigung in einer Ebene, sympodial. Die Zweige sind meist walzenförmig und nicht abgeplattet. Die Polypen stehen in 2 Reihen auf einer Fläche, die entgegengesetzte völlig freilassend, und sind wechselständig angeordnet; ihre Kelche sind warzenförmig abgestumpft, erheben sich senkrecht von der Unterlage und sind am distalen Ende in 4 Vorsprünge ausgezogen. Die Polypen sind mit stacheligen Doppelsternen bewehrt, die vorwiegend in der Basis liegen, sowie mit Gürtelwalzen, die zu beiden Seiten des Schaftes mehrere Warzengürtel tragen. Letztere kommen vorwiegend in den

Tentakeln vor. In der Rinde liegen außen kleine Doppelkugeln, innen sehr viel längere, abgeplattete Spindeln oder Doppelspindeln. Die Längskanäle sind meist gleich groß. Schmutzigweiß, bräunlich, korallenrot.

Antillen, Westafrika, Indopazifischer Ozean. In 55—494 m Tiefe.

8 sichere Arten.

Spec. typ.: *N. dichotoma* (Gray)

Bestimmungstabelle der Arten:

1	Die Kolonie ist nur auf einer Seite des Hauptstammes entwickelt — 2	
	Die Kolonie ist auf beiden Seiten des Hauptstammes entwickelt — 3	
2	Die Rindenoberfläche ist von einem Netz von Furchen durchzogen	1. **N. ramosa**
	Die Rindenoberfläche zeigt 2 tiefe Längsfurchen . . .	2. **N. flabellata**
3	Die Kelche sind andersfarbig als die Rinde	3. **N. guadalupensis**
	Die Kolonie ist einfarbig — 4	
4	Die Skleriten der inneren Rindenschicht sind sehr lange Spindeln — 5	
	Die Skleriten der inneren Rindenschicht sind kürzer, in der Mitte verdickte, an den Enden zugespitzte Doppelspindeln	7. **N. granifera**
	Die Skleriten der inneren Rindenschicht sind lange Doppelspindeln mit abgerundeten Enden	8. **N. carinata**
5	Die Spindeln sind zugespitzt	4. **N. americana**
	Die Spindeln sind abgestumpft — 6	
6	Mit netzförmigen Furchen auf der Rindenoberfläche . .	5. **N. dichotoma**
	Ohne netzförmige Furchen auf der Rindenoberfläche .	6. **N. multiramosa**

1. **N. ramosa** Toepl. 1919 *N. r.*, Toeplitz MS in: Kükenthal in: Ergeb. Tiefsee-Exp., *v.* 13 pars 2 p. 925.

Verzweigung sympodial, dicht und fächerförmig, nach nur einer Seite des Hauptstammes entwickelt. Die Sprosse sind walzenförmig, nach den Enden zu verjüngt, das Ende selbst angeschwollen. Die Polypen stehen nur auf einer Fläche, annähernd in 2 Reihen; ihre Kelche erheben sich senkrecht von der Unterlage und stellen deutliche, abgestumpfte Warzen dar. In den Polypen liegen an der Basis 0,036 mm messende, stachelige Doppelsterne, in den Tentakeln 0,06 mm lange Doppelwalzen mit jederseits 3 Warzengürteln, die auch in 8 Reihen am Polypenkörper stehen. Die Kelche enthalten außen kleine Doppelkugeln, innen abgeplattete, plumpe Spindeln und Doppelspindeln mit abgestumpften Enden und am Rande schlanke, zugespitzte Spindeln. In der Rinde liegen außen kleine, hellgelbe, 0,04 mm messende Doppelkugeln, innen 0,124 mm lange, abgeplattete Doppelspindeln mit abgestumpften Enden. Ockergelb bis orangerot.

Barbados. In 183 m Tiefe.

2. **N. flabellata** (Whitelegge) 1897 *Verrucella f.*, Whitelegge in: Mem. Austral. Mus., *v.* 3 p. 319 t. 17 f. 34—37 | 1899 *V. granifera*, Hiles in: P. zool. Soc. London, p. 52 | 1906 *Nicella flabellata*, J. A. Thomson & W. D. Henderson, Alcyon. Investigator, *v.* 1 p. 8 | 1910 *N. f.*, J. Simpson in: P. Irish Ac., *v.* 28 p. 365 t. 18 f. 115.

Verzweigung in einer Ebene, sympodial, vorwiegend nach einer Seite des Hauptstammes. Der distalwärts etwas abgeplattete Hauptstamm hat auf beiden Flächen je eine mediane, tiefe Längsfurche. Die Polypen stehen seitlich in je einer gebogenen Längsreihe, am Hauptstamm auch auf den

Flächen, stets aber einen schmalen, nackten Streifen zwischen sich lassend; ihre konischen Kelche entspringen senkrecht von der Unterlage und sind in 8 Lappen ausgezogen. In den Tentakeln liegen Stäbe und Spindeln. In der ziemlich dicken Rinde liegen die gleichen Skleriten wie in den Kelchen, außen kleine, 0,05 mm lange Doppelkugeln, darunter 0,19 mm lange, abgeplattete Spindeln und Doppelspindeln mit abgestumpften Enden. Gelbweiß, bräunlichweiß bis ockergelb.

Funafuti, Andamanen. In 82—494 m Tiefe.

3. **N. guadalupensis** (Duchass. & Mich.) 1860 *Verrucella g.*, Duchassaing & Michelotti in: Mem. Acc. Torino, ser. 2 *v.* 19 p. 33 t. 4 f. 5, 6 | 1865 *V. g.*, Kölliker, Icon. histiol., p. 140 t. 19 f. 4, 10.

Verzweigung in einer Ebene, nicht sehr dicht, sympodial, nach beiden Seiten des Hauptstammes. Die Sprosse sind nicht abgeplattet und distalwärts verjüngt; ihre Spitze ist angeschwollen. Die Polypen stehen auf einer Fläche in 2 wechselständigen Reihen, an den Hauptästen reichlicher und unregelmäßiger; ihre Kelche erheben sich senkrecht von der Unterlage und sind vorspringend, etwas abgestumpft kegelförmig. Die Polypen sind an der Basis mit einem Kranz kleiner, farbloser, bedornter Doppelsterne bewehrt, darüber liegen acht septale Längsreihen 0,04 mm langer Skleriten und die Tentakel enthalten Gürtelwalzen von 0,062 mm Länge mit jederseits 3 Gürteln kleiner, runder, weitgestellter Warzen. In den Kelchen finden sich 0,04 mm lange, farblose Doppelkugeln und darunter eine dicke Schicht abgeflachter, bis 0,135 mm langer, abgestumpfter Spindeln, seltener Doppelspindeln. Die dünne Rinde enthält 0,04 mm lange, gelbe Doppelkugeln, darunter abgeplattete, bis 0,15 mm lange, gelbe Doppelspindeln. Rötlichgelb, Kelche weiß.

Antillen. In 55—150 m Tiefe.

4. **N. americana** Toepl. 1919 *N. a.*, Toeplitz MS in: Kükenthal in: Ergeb. Tiefsee-Exp., *v.* 13 pars 2 p. 925.

Verzweigung in einer Ebene, nicht sehr dicht, sympodial und fächerförmig. Die Enden verjüngen sich an den Spitzen und sind mit 2 gegenständigen Polypen besetzt. Die Polypen stehen auf einer Fläche in zwei wechselständigen Reihen, die sich basalwärts verwischen; ihre Kelche sind warzenartig, etwas abgeflacht und entspringen senkrecht von der Unterlage. Die Polypen enthalten an der Basis 0,04 mm messende, stachelige Doppelsterne, die sich in 8 Reihen am Polypenkörper entlang ziehen; die Tentakel sind mit einfachen, abgestumpften, 0,062 mm messenden Gürtelwalzen mit jederseits 3 Gürteln unverzweigter Warzen erfüllt. Die Rinde enthält die gleichen Skleriten wie die Kelche, außen 0,04 mm lange Doppelkugeln, innen 0,182 mm lange, abgeplattete Spindeln mit zugespitzten Enden. Gelbbraun.

Barbados. In 183 m Tiefe.

5. **N. dichotoma** (Gray) 1859 *Scirpearia d.*, J. E. Gray in: P. zool. Soc. London, *v.* 27 p. 481 | 1865 *Verrucella ramosa*, Kölliker, Icon. histiol., p. 140 | 1870 *Nicella mauritiana*, J. E. Gray, Cat. Lithoph. Brit. Mus., p. 40 | 1878 nec *N. m.*, Th. Studer in: Monber. Ak. Berlin, p. 660 | 1882 *N. dichotoma*, S. Ridley in: Ann. nat. Hist., ser. 5 *v.* 10 p. 130 | 1897 *N. laxa*, Whitelegge in: Mem. Austral. Mus., *v.* 3 p. 317 t. 18 f. 30—33 | 1899 *Verrucella guadalupensis*, Hiles in: Willey, Zool. Results, pars 2 p. 202 | 1910 *Nicella dichotoma*, J. Simpson in: P. Irish Ac., *v.* 28 p. 363 t. 18 f. 114 | 1910 *N. coralloides*, Nutting in: Siboga-Exp., *v.* 13bs p. 28 t. 9 f. 2, 2a; t. 11 f. 1.

Verzweigung in einer Ebene, lateral, fächerförmig (Fig. 186). Die Polypen stehen lateral und wechselständig in je einer Längsreihe, im proximalen Teile auch auf Vorder- und Rückseite; ihre Kelche sind 1,3 mm hohe, abgestumpfte Warzen und entspringen senkrecht. Die Polypenskleriten sind kleine Stäbe, die am Polypenkörper retraktil angeordnet sind und in den Tentakeln sich anhäufen. In der dünnen Rinde, deren Oberfläche von einem dichten Netzwerk von Furchen durchzogen ist, liegen, wie in den Kelchen in 2 deutliche Schichten gesondert, außen 0,05 mm messende Doppelkugeln, innen 0,01—0,25 mm lange, zum Teil abgeplattete Spindeln, auch Doppelspindeln mit abgestumpften Enden und dicht angeordneten Warzen. Ockergelb bis kastanienbraun, auch fleischrot, hellkorallenrot und schmutzigweiß.

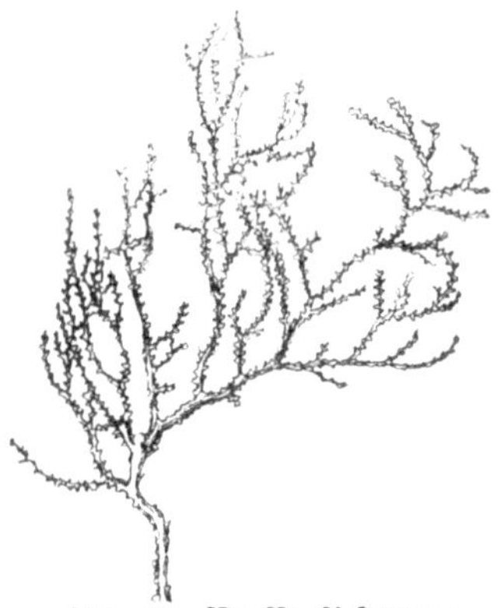
Fig. 186. Nicella dichotoma (nach Nutting).

Indischer Ozean, Malay. Archipel, West-Polynesien. In 50—220 m Tiefe.

6. **N. multiramosa** Kükth. 1919 *N. m.*, Kükenthal in: Ergeb. Tiefsee-Exp., *v.* 13 pars 2 p. 926.

Verzweigung sehr reichlich, fächerförmig in einer Ebene, beiderseits vom Hauptstamm. Die seitlichen, nicht abgeplatteten anscheinenden Hauptäste sind sympodial zusammengesetzt und weisen leichte Knickungen auf. Die zahlreichen kurzen und dünnen Endzweige anastomosieren gelegentlich. Die Polypen fehlen dem basalen Teile der Kolonie und der Hinterfläche des Fächers und stehen auf der Vorderfläche seitlich in wechselständigen Reihen. Ihre Skleriten sind 0,11—0,15 mm lange, flachbedornte Stäbe, die basal in horizontaler, darüber in longitudinaler Anordnung stehen. Ähnliche Formen erfüllen die Tentakel. Die Polypenkelche sind 0,5 mm hohe Warzen. Sie sind wie die glatte Rinde mit 0,05 mm messenden Doppelkugeln erfüllt, während in der tieferen Rindenschicht etwa 0,15 mm messende, ziemlich dicke, etwas abgeflachte Spindeln und Doppelspindeln liegen, mit abgestumpften Enden und dicht mit niedrigen, breiten Dornen besetzt. Hellrötlichbraun.

Westafrika.

7. **N. granifera** (Köll.) 1865 *Verrucella g.*, Kölliker, Icon. histiol., p. 140 t. 19 f. 5, 12 | 1890 *V. guernei*, Th. Studer in: Mém. Soc. zool. France, *v.* 3 p. 559 | 1899 nec *V. granifera*, Hiles in: P. zool. Soc. London, p. 52 | 1901 *V. guernei*, Th. Studer in: Résult. Camp. Monaco, *v.* 20 p. 54.

Verzweigung in einer Ebene, sehr dicht, sympodial. Die Polypen stehen seitlich in weiten Abständen; ihre 1 mm hohen Kelche erheben sich senkrecht und ihr Rand ist in 8 Spitzen ausgezogen; ihre Bewehrung besteht aus kleinen Spindeln. In der glatten Rinde liegen außen 0,05 mm messende Doppelkugeln, innen 0,09 mm lange, abgeplattete Spindeln und Doppelspindeln. Weiß bis gelbbraun.

Westküste von Afrika. In 318 m Tiefe.

8. **N. carinata** Nutting 1910 *N. c.*, Nutting in: Siboga-Exp., *v.* 13bs p. 29 t. 9 f. 1, 1a; t. 11 f. 2.

Verzweigung sehr reichlich bis zu Zweigen 6. Ordnung, mit Neigung zur Fächerform. Die Polypen stehen seitlich, wechselständig; die dazwischenliegenden, nackten Streifen weisen einen längsverlaufenden, medianen Kiel auf. Die Polypenkelche sind 1,6 mm hoch, 1,3 mm breit und distalwärts gerichtet; ihr Rand ist in 8 Lappen ausgezogen. In den Tentakeln liegen zahlreiche Doppelkugeln, ähnlich wie in den Kelchen und in der Rinde. Die ziemlich dünne Rinde enthält außen winzig kleine, dicht bewarzte Doppelkugeln, innen in dickerer Schicht bedeutend größere Stabformen, die fein bewarzt sind, bis auf den mittleren, nackten Schaft und sich nach dem Ende zu verjüngen. Auch kommen vereinzelt kleine Kreuze oder winzig kleine regelmäßige Spindeln vor. Gelbbraun, Polypen dunkelbraun.

Indischer Ozean bis zu 113 m Tiefe.

6. Gen. **Gorgonella** Valenciennes

1786 *Gorgonia* (part.), Ellis & Solander, Zooph., p. 80 t. 10 | 1855 *Rhipidigorgia* (part.) + *Gorgonella* (part.) + *Junceella* (part.), Valenciennes in: CR. Ac. Sci., *v.* 41 p. 13, 14 | 1857 *Rhipidigorgia* (part.) + *G.* (part.) + *Verrucella* (part.), H. Milne-Edwards, Hist. Corall., *v.* 1 p. 178, 179, 183—185 | 1857 *Umbracella*, J. E. Gray in: P. zool. Soc. London, *v.* 25 p. 289 | 1859 *Heliania* + *Phenilia* + *U.*, J. E. Gray in: P. zool. Soc. London, *v.* 27 p. 481, 482 | 1864 *Gorgonella*, A. E. Verrill in: Bull. Mus. Harvard, *v.* 1 p. 37 | 1865 *G.* (part.), Kölliker, Icon. histiol., p. 140 | 1870 *G.* (part.) + *Reticella* + *Heliania* + *Phenilia*, J. E. Gray, Cat. Lithoph. Brit. Mus., p. 27, 30, 32, 33 | 1877 *Verrucella*, Klunzinger, Korall. Rot. Meer., *v.* 1 p. 54 | 1889 *Gorgonella*, P. Wright & Th. Studer in: Rep. Voy. Challenger, *v.* 31 pars 64 p. 161 | 1909 *Nicella* + *Verrucella* + *G.*, J. A. Thomson & J. Simpson, Alcyon. Investigator, *v.* 2 p. 266, 272, 274 | 1910 *N.* (part.), J. Simpson in: P. Irish Ac., *v.* 28 p. 366 | 1910 *Gorgonella* + *Verrucella* (part.), Nutting in: Siboga-Exp., *v.* 13bis p. 8—11 | 1919 *G.*, Toeplitz MS in: Kükenthal in: Ergeb. Tiefsee-Exp., *v.* 13 pars 2 p. 861.

Verzweigung in einer Ebene, fächerförmig, dicht und lateral. Endzweige stets kurz. Anastomosen kommen vor. Die Polypen stehen allseitig oder biserial; ihre Kelche sind warzenförmig. In der Rinde liegen höchstens bis 0,1 mm lange Doppelkugeln, mitunter auch Doppelspindeln von gleicher Länge. Weiß, gelb, rot.

Indischer Ozean, Rotes Meer.

5 sichere, 6 unsichere Arten.

Spec. typ.: *G. umbraculum* (Ellis & Soland.)

Bestimmungstabelle der Arten:

1	Ohne Anastomosen — 2	
	Mit Anastomosen — 3	
2	Äste und Zweige gleich stark, Polypen allseitig	1. **G. miniacea**
	Hauptäste bedeutend stärker als die zarten Zweige, Polypen auf letzterer biserial	2. **G. alba**
3	Freie Äste in größerer Zahl vorhanden, Endzweige stets frei — 4	
	Äste ein dichtes Maschenwerk bildend, Endzweige nicht frei	5. **G. umbella**
4	Kolonie einfarbig	3. **G. umbraculum**
	Kelche anders gefärbt wie die Rinde	4. **G. sanguinolenta**

1. **G. miniacea** Th. Stud. 1878 *G. m.*, Th. Studer in: Monber. Ak. Berlin, p. 657 | 1909 *G. granula*, J. A. Thomson & J. Simpson, Alcyon. Investigator, *v.* 2 p. 174 | 1910 *G. delicatula*, Nutting in: Siboga-Exp., *v.* 13bis p. 9 t. 1 f. 2, 2a; t. 10 f. 1.

Verzweigung in einer Ebene, ohne Anastomosen. Die Zweige sind walzenförmig, stark divergierend, die Äste oft winklig gebogen. Die Enden der Zweige sind kolbenförmig verdickt. Die Polypen stehen allseitig; ihre

Kelche sind niedrig. In der Polypenbasis liegen 0,062 mm lange, stachelige Doppelsterne, in den Tentakeln gleichgroße mit niedrigen Warzen besetzte Stäbchen. Die gleichmäßig dicke Rinde enthält 0,08 mm lange Spindeln, sowie 0,06—0,07 mm lange Doppelkugeln und Doppelkeulen. Gelbbraun bis mennigrot.

Andamanen, Kei-Inseln, Westaustralien. Litoral bis zu 110 m Tiefe.

2. **G. alba** Toepl. 1913 *Verrucella flexuosa* (non *Gorgonia f.*, Lamarck 1816), Kükenthal in: Denk. Ak. Wien, *v.* 89 p. 27 f. 23—25; t. 3 f. 9 | 1919 *Gorgonella alba*, Toeplitz MS in: Kükenthal in: Ergeb. Tiefsee-Exp., *v.* 13 pars 2 p. 926.

Verzweigung in einer Ebene, lateral, reichlich; Anastomosen fehlen. Die Hauptäste sind fast steril. Die Polypen stehen auf den Zweigen meist in zwei wechselständigen Reihen, an der Spitze findet sich ein seitlichstehender Polyp. Die Kelche erheben sich senkrecht und sind in 8 Lappen ausgezogen. In dem Polypenkörper finden sich kleine, stachelige Doppelsterne, in den Tentakeln 0,12—0,14 mm lange, spärlich bewarzte, an den Enden abgestumpfte Stäbchen oder Spindeln. Die Rinde ist sehr dünn und enthält 0,08 mm lange, abgestumpfte Doppelkeulen mit wenigen Warzengürteln. Weiß.

Rotes Meer.

3. **G. umbraculum** (Ellis & Soland.) ?1766 *Gorgonia reticulum*, Pallas, Elench. Zooph., p. 167 | 1786 *G. umbraculum*, Ellis & Solander, Zooph., p. 80 t. 10 | 1794—97 *G. granulata* + *G. reticulum*, Esper, Pflanzenth., Forts. *v.* 1 p. 161 t. 54; p. 2, 30 t. 4 | 1816 *G. umbraculum* + *G. stricta* + *G. flexuosa*, Lamarck, Hist. An. s. Vert., *v.* 2 p. 314 | 1816 *G. f.* + *G. u.* + *G. granulata* + *G. s.*, Lamouroux, Hist. Polyp., p. 398, 405, 406, 408 | 1855 *Rhipidigorgia u.* + *Gorgonella f.*, Valenciennes in: CR. Ac. Sci., *v.* 41 p. 13, 14 | 1857 *Verrucella f.* + *R. u.* + *R. stricta*, H. Milne-Edwards, Hist. Corall., *v.* 1 p. 178, 179, 184 | 1857 *Umbracella u.* + *U. granulata*, J. E. Gray in: P. zool. Soc. London, *v.* 25 p. 289 | 1864 *Gorgonella umbracula* + *G. stricta*, A. E. Verrill in: Bull. Mus. Harvard, *v.* 1 p. 37 | 1865 *G. granulata* + *G. flexuosa*, Kölliker, Icon. histiol., p. 140 t. 18 f. 43 | 1870 *G. umbracula* + *G. stricta* + *G. g.* + *Reticella f.*, J. E. Gray, Cat. Lithoph. Brit. Mus., p. 30, 37 | 1877 *Verrucella f.*, Klunzinger, Korall. Rot. Meer., *v.* 1 p. 54 t. 4 f. 2 | 1878 *Gorgonella verriculata*, Th. Studer in: Monber. Ak. Berlin, p. 656 | 1895 *G. stricta*, Th. Studer in: Mt. Ges. Lübeck, ser. 2 fasc. 7, 8 p. 118 | 1905 *Verrucella rubra* + *V. flexuosa* var. *aurantiaca* + *V. flexuosa* var. *gallensis*, J. A. Thomson & W. D. Henderson in: Herdman, Rep. Ceylon Pearl Fish., *v.* 3 nr. 20 p. 315, 317 t. 3 f. 4, 9; t. 4 f. 8, 13; t. 5 f. 8, 11 | 1909 *Nicella reticulata*, J. A. Thomson & J. Simpson, Alcyon. Investigator, *v.* 2 p. 266 t. 4 f. 5; t. 8 f. 12 | 1910 *N. r.*, J. Simpson in: P. Irish Ac., *v.* 28 p. 366 f. 116 | 1910 *Gorgonella umbraculum* + *Verrucella rubra*, Nutting in: Siboga-Exp., *v.* 13b3 p. 8, 11.

Verzweigung reichlich in einer Ebene, fächerförmig, mit Anastomosen. Äste und Zweige gehen unter nahezu rechtem Winkel ab. Die Enden der Zweige sind meist kolbig verdickt. Die Polypen stehen allseitig, unregelmäßig und nicht dicht; ihre Bewehrung besteht aus kleinen, schlanken, bedornten und bewarzten Stäbchen, die in den Tentakeln 0,078 mm lang werden. Die mäßig dicke Rinde enthält 0,06 mm messende Doppelkugeln und 0,08—0,09 mm lange Doppelspindeln. Dunkelgelb bis rot.

Indischer Ozean, Rotes Meer. Im Litoral bis zu 100 m Tiefe.

4. **G. sanguinolenta** (Gray) 1859 *Phenilia s.*, J. E. Gray in: P. zool. Soc. London, *v.* 27 p. 482 | 1878 *Gorgonella distans*, Th. Studer in: Monber. Ak. Berlin, p. 657 t. 4 f. 26a, b | 1889 *?G. orientalis*, P. Wright & Th. Studer in: Rep. Voy. Challenger, *v.* 31 pars 64 p. 161 t. 34 f. 10 | ?1909 *Nicella pustulosa*, J. A. Thomson & J. Simpson, Alcyon. Investigator, *v.* 2 p. 267 t. 5 f. 6; t. 8 f. 11 | 1910 *Gorgonella orientalis* + *G. rigida*, Nutting in: Siboga-Exp., *v.* 13b3 p. 10 t. 1 f. 1; t. 10 f. 2.

Verzweigung in einer Ebene lateral, fächerförmig. Die dicken Äste gehen in rechtem bis stumpfem Winkel ab und sind am Ende etwas kolbig angeschwollen. Anastomosen kommen vor. Die Polypen stehen seitlich in 3—4 Reihen; ihre Kelche sind niedrig, ihre Tentakel enthalten dicht bewarzte, 0,09 mm lange Stäbchen. Die ziemlich dicke Rinde enthält 0,05—0,083 mm messende Doppelkeulen sowie 0,08—0,1 mm lange Spindeln. Gelb, Polypenkelche rot.

Nordwestaustralien in 113 m Tiefe, Japan bis zu 630 m Tiefe.

5. **G. umbella** (Esp.) 1798, 1806 *Gorgonia u.*, Esper, Pflanzenth., Forts. *v.* 2 p. 30 t. 53 f. 1, 2 | 1857 *Rhipidigorgia u.*, H. Milne-Edwards, Hist. Corall., *v.* 1 p. 175 | 1888 *Gorgonella u.*, S. Ridley in: J. Linn. Soc. London, *v.* 21 p. 240 | 1895 *G. umbraculum*, Th. Studer in: Mt. Ges. Lübeck, ser. 2 fasc. 7, 8 p. 118 | 1905 *G. verriculata*, Hickson in: Fauna Geogr. Maldiv., *v.* 2 p. 816 | 1909 *G. flexuosa* + *G. umbella*, J. A. Thomson & J. Simpson, Alcyon. Investigator, *v.* 2 p. 272 | 1910 *G. verriculata*, J. A. Thomson & Russell in: Tr. Linn. Soc. London, ser. 2 *v.* 13 p. 164.

Verzweigung in einer Ebene, dicht, fächerförmig, mit zahlreichen Anastomosen. Die Äste verlaufen fast parallel miteinander. Die Polypen stehen allseitig, unregelmäßig, distalwärts dichter. In der ziemlich dicken, an der Oberfläche gekörnten Rinde liegen 0,06—0,067 mm lange Doppelkugeln sowie 0,05—0,08 mm lange Spindeln und Doppelspindeln. Orange bis dunkelrot.

Indischer Ozean. In 36—495 m Tiefe.

G. calyculata (Val.) 1855 *Junceella c.*, Valenciennes in: CR. Ac. Sci., *v.* 41 p. 14 | 1865 *Gorgonella c.*, Kölliker, Icon. histiol., p. 140.

Beschreibung fehlt.

G. cumingi Gray 1870 *G. c.*, J. E. Gray, Cat. Lithoph. Brit. Mus., p. 28.

Fächerförmig, breiter als hoch, Zweige schlank, walzenförmig, divergierend. Endzweige zugespitzt.

Philippinen.

G. furcata (Lm.) 1816 *Gorgonia f.*, Lamarck, Hist. An. s. Vert., *v.* 2 p. 316 | 1855 *Gorgonella f.*, Valenciennes in: CR. Ac. Sci., *v.* 41 p. 14 | 1857 *Verrucella f.*, H. Milne-Edwards, Hist. Corall., *v.* 1 p. 185.

Verzweigung buschig, nicht sehr dicht; die Äste gehen in annähernd rechtem Winkel ab. Die Zweige sind dünn. Die Polypen stehen unregelmäßig verteilt; ihre Kelche sind mäßig hoch. Die Rinde ist sehr dünn. Weiß.

Verbreitung unbekannt.

G. pseudo-antipathes Köll. 1865 *G. p.*, Kölliker, Icon. histiol., p. 140 t. 18 f. 42.

Die fast walzenförmigen Hauptäste laufen einander fast parallel. Die Äste anastomosieren und bilden ein lockeres, unregelmäßiges Netzwerk. Einzelne Äste sind frei. Die Polypen stehen sehr dicht. Die Skleriten der Rinde sind Doppelkugeln. Weißlich.

Verbreitung unbekannt.

G. spinescens (Gray) 1859 *Heliania s.*, J. E. Gray in: P. zool. Soc. London, *v.* 27 p. 481.

Baumförmig, dichotomisch verzweigt; Anastomosen nur im basalen Teile der Kolonie. Die Äste enden zugespitzt. Die Polypen stehen in 2—4 seitlichen Reihen oder unregelmäßig. Die Rinde ist hart und glatt. Achse graubraun.

Philippinen.

G. verriculata M.-E. 1857 *G. v.*, H. Milne-Edwards, Hist. Corall., *v.* 1 p. 183.

Äste sehr schlank, anastomosierend, Kelche nicht sehr hoch, aber deutlich vorspringend.

Isle de France.

11. Fam. **Chrysogorgiidae**

1883 *C.*, A. E. Verrill in: Bull. Mus. Harvard, *v.* 11 p. 21 | 1889 *Dasygorgidae*, P. Wright & Th. Studer in: Rep. Voy. Challenger, *v.* 31 pars 64 p. 1 | 1902 *Chrysogorgiidae*, Versluys in: Siboga-Exp., *v.* 13 p. 2 | 1909 *C.*, Kükenthal in: Abh. Bayer. Ak., suppl. *v.* 1 nr. 5 p. 39 | 1913 *C.*, Kinoshita in: J. Coll. Japan, *v.* 33 nr. 2 p. 1 | 1919 *C.*, Kükenthal in: Ergeb. Tiefsee-Exp., *v.* 13 pars 2 p. 489.

Gorgonarien mit ungegliederter Achse und meist wurzelförmig verästelter, selten scheibenförmiger Basis. Der Stamm ist entweder verzweigt oder unverzweigt. Die Zweige entstehen übereinander auf einem Längsstreifen der Achse, der eine steile Spirale beschreiben kann. Die Polypen stehen entweder dicht und allseitig und dann im unteren Teile der Kolonie auch biserial, oder sie sind weitstehend und in einer Längsreihe an den Zweigen angeordnet. Die Polypen sind nicht in die Rinde zurückziehbar und sind auch (vielleicht mit Ausnahme von *Trichogorgia*) nicht in Kelch und retraktilen, distalen Polypenteil differenziert. Die Tentakel können sich verschieden weit nach innen umlegen. Die Grundform der Skleriten ist die abgeflachte Stabform, die in schlanke Spindel- oder Nadelform, sowie in mehr schuppenartige, oft unregelmäßig gelappte Plattenform übergehen kann. Gelegentlich können auch besonders in der Rinde warzige, rundliche Formen und Doppelkugeln (*Riisea)* erscheinen. Farbe vorwiegend weiß. Achse häufig mit Kalkkonkrementen und stark metallisch glänzend.

Atlantischer und Indopazifischer Ozean. Im Abyssal und tieferen Litoral.

Mit 7 Gattungen und 46 sicheren Arten mit 2 Unterarten und 29 unsicheren Arten.

Bestimmungstabelle der Gattungen:

1	Polypen allseitig, zum Teil biserial	1. Gen. **Trichogorgia**
	Polypen unregelmäßig zerstreut oder in einer Längsreihe — 2	
2	Kolonie verzweigt — 3	
	Kolonie unverzweigt	7. Gen. **Radicipes**
3	Die Stammäste sind mehrfach verzweigt — 4	
	Die Stammäste sind nicht weiter verzweigt	6. Gen. **Iridogorgia**
4	Die Seitenzweige werden nur an einer Seite der Äste angelegt und diese zweigtragende Seite bleibt für die Zweige nachfolgender Ordnung die gleiche — 5	
	Die Seitenzweige gehen stets nach einer Seite ab, die für die Zweige nachfolgender Ordnung entgegengesetzt, abwechselnd ist — 6	
5	Zweige zweireihig angeordnet	2. Gen. **Riisea**
	Zweige einreihig angeordnet	3. Gen. **Pleurogorgia**
6	Stamm monopodial	4. Gen. **Metallogorgia**
	Stamm sympodial	5. Gen. **Chrysogorgia**

1. Gen. **Trichogorgia** Hickson

1899 *Chrysogorgia* (part.), Hiles in: Willey, Zool. Results, pars 2 p. 195 | 1905 *Trichogorgia* + *Malacogorgia*, Hickson in: Mar. Invest. S. Afr., *v.* 3 p. 222, 226 | 1919 *T.*, Kükenthal in: Ergeb. Tiefsee-Exp., *v.* 13 pars 2 p. 497.

Die Kolonie ist in einer Ebene mehrfach verzweigt und mit scheibenförmiger Basis festgewachsen. Von einem monopodialen (?) Stamme entspringen die Stammäste in einer hintereinanderliegenden, nicht spiralig gedrehten Reihe und geben weitere Seitenzweige 2.—4. Ordnung ab, die stets von derselben Seite abgehen. Ein sympodialer Bau der Stammäste wird nicht angegeben. Die Endzweige können sehr lang werden und die Achse, die Kalk enthalten kann oder rein hornig ist, wird in den Endzweigen haarfein. Die Polypen stehen sehr dicht und an den Zweigenden allseitig, weiter basalwärts können sie eine biseriale Anordnung annehmen; dem basalen Teile der Kolonie fehlen sie anscheinend. Die nicht in die Rinde zurückziehbaren Polypen sollen bei einer Art (*T. flexilis*) in einen retraktilen, oberen Teil und einen hohen Kelchteil differenziert sein. Die Stellung der Polypen ist ausnahmslos eine schräg distalwärts gerichtete. Skleriten der Polypen und der Rinde können völlig fehlen oder sind sehr dünne, fast glatte, längliche, in der Mitte eingeschnürte Platten, die in einer Schicht liegend sich überdecken; bei einer Art kommen bedornte Spindeln vor.

Südafrika. In 46—102 m Tiefe.

Mit 2 sicheren Arten, einer unsicheren.

Spec. typ.: *T. flexilis* Hickson

1. **T. flexilis** Hickson 1905 *T. f.*, Hickson in: Mar. Invest. S. Afr., *v.* 3 p. 222 t. 8 f. 13; t. 9 f. 16, 17 | 1919 *T. f.*, Kükenthal in: Ergeb. Tiefsee-Exp., *v.* 13 pars 2 p. 498.

Die Verzweigung ist in einer Ebene erfolgt. Der Stamm ist mit scheibenförmiger Basis festgewachsen. Die Hauptäste entspringen nur auf einer Seite des Hauptstammes und geben Äste 2., 3. und 4. Ordnung stets nach derselben Seite ab. In den Endzweigen wird die Achse fadendünn. Die Achse ist aus Hornfasern gebildet und enthält ziemlich viel Konkretionen von amorphem, kohlensaurem Kalk. Der oberste Polypenteil ist in lange, walzenförmige Kelche von 1 mm Länge zurückziehbar, die in spitzem nach aufwärts gerichtetem Winkel von den Ästen und deren Endzweigen abgehen. Die Stellung der Polypen ist eine sehr dichte und allseitige. Das Coenenchym ist am basalen Teile der Kolonie sehr dünn, wird aber nach den Enden der Zweige zu dicker. Die Skleriten der Polypen und der Rinde sind dünne, flache Doppelscheiben oder Doppelplatten von 0,1—0,15 mm Durchmesser, die in einer Schicht liegen und sich teilweise überdecken. Selten treten auch einige fast glatte Spindeln auf.

Cap Recife (Südafrika) in 34° 7' südl. Br., 25° 43' östl. L. In 102 m Tiefe.

Fig. 187. Trichogorgia capensis (nach Hickson).

2. **T. capensis** (Hickson) 1905 *Malacogorgia c.*, Hickson in: Mar. Invest. S. Afr., *v.* 3 p. 226 t. 7 f. 5; t. 8 f. 10, 11 | 1911 *M. c.*, J. S. Thomson in: P. zool. Soc. London, p. 884 | 1919 *Trichogorgia c.*, Kükenthal in: Ergeb. Tiefsee-Exp., *v.* 13 pars 2 p. 499.

Der aufrechte Hauptstamm ist mit verbreiteter Basis festgewachsen und in einer Ebene verzweigt (Fig. 187). Die Polypen sitzen an den sekundären Zweigen, die sehr lang werden können, und sind in deren distalen Teilen dicht und allseitig angehäuft, in deren basalen ordnen sie sich in zwei gegenüberstehenden Längsreihen an. Die Polypen sind bis 1 mm lang, 0,75 mm breit, und ihre mit 12—14 Pinnulapaarem besetzten Tentakel können 0,4 mm Länge erreichen. Skleriten fehlen den Polypen wie der Rinde. Die Achse ist rein hornig und ohne Kalkeinlagerungen. Weiß.

Südafrika in 46—73 m Tiefe.

T. constricta (Hiles) 1899 *Chrysogorgia c.*, Hiles in: Willey, Zool. Results, pars 2 p. 195 | 1902 nec *C. c.*, Versluys in: Siboga-Exp., *v.* 13 p. 58 | 1903 *C. c.*, Hentschel in: Denk. Ges. Jena, *v.* 8 p. 647 t. 52 f. 12—15 | 1905 *C. c.*, Hickson in: Mar. Invest. S. Afr., *v.* 3 p. 222 | 1919 *Trichogorgia c.*, Kükenthal in: Ergeb. Tiefsee-Exp., *v.* 13 pars 2 p. 499.

Verzweigung unbekannt. Die großen Polypen stehen schräg nach oben gerichtet und stehen wechselständig in Entfernungen von 9—10 mm an den Zweigen. In der Mitte sind die 6,5 mm hohen Polypen eingeschnürt. Die Polypenskleriten sind bedornte, longitudinal in 8 Winkelreihen angeordnete Spindeln, die auch in der dünnen Rinde vorkommen. Farbe (in Alkohol) weiß. Die Achse, welche in teilweisen Ringen angeordnet Kalkkonkremente enthält, ist gelb.

Neu-Britannien, Amboina.

2. Gen. Riisea Duchassaing & Michelotti

1860 *Rusea*, Duchassaing & Michelotti in: Mem. Acc. Torino, ser. 2 *v.* 19 p. 18 | 1860 *Herophile*, Steenstrup in: Ov. Danske Selsk., p. 121 | 1864 *Riisea*, Duchassaing & Michelotti in: Mem. Acc. Torino, ser. 2 *v.* 23 p. 14 | 1865 *R.*, Kölliker, Icon. histiol., p. 140 | 1870 *R.*, Duchassaing, Rev. Zooph. Spong. Antill., p. 17 | 1887 *R.*, Th. Studer (& P. Wright) in: Arch. Naturg., *v.* 53ı p. 41 | 1889 *Herophila* + *R.*, P. Wright & Th. Studer in: Rep. Voy. Challenger, *v.* 31 pars 64 Pref. p. 41; p. 24 | 1902 *R.*, Versluys in: Siboga-Exp., *v.* 13 p. 96 | 1919 *R.*, Kükenthal in: Ergeb. Tiefsee-Exp., *v.* 13 pars 2 p. 500.

Der monopodiale Stamm gibt mehrere starke Seitenäste ab, die wieder mehrfach verzweigt sind. Die Äste geben nach zwei Seiten abwechselnd gestellte Seitenzweige ab, die in gleicher Anordnung weiter Zweige abgehen lassen. Die Polypen sitzen fast sämtlich den Zweigspitzen seitlich auf. Die mit unregelmäßigen, kurzen Längsreihen versehenen Achsen sind verkalkt und ohne Metallglanz, die stärkeren Achsen mit stark exzentrischem Zentralzylinder. Die Polypen haben dicke, mit zahlreichen kleinen Skleriten erfüllte Wände. Die Tentakel sind bei Kontraktion stark und regelmäßig nach innen gebogen. Die mäßig dicke Rinde weist auf den dickeren Ästen zwei Längsfurchen auf, von denen die eine zickzackförmig von einem Zweigursprung zum anderen verläuft, die andere stärkere gradlinig ist. Die zahlreichen kleinen Rindenskleriten liegen in mehreren Schichten übereinander und sind vorwiegend Doppelkugeln.

Antillen.

Mit einer Art.

Fig. 188.
Riisea paniculata.
Rindensklerit
(nach Versluys).

1. **R. paniculata** Duchass. & Mich. 1860 *Rusea p.*, Duchassaing & Michelotti in: Mem. Acc. Torino, ser. 2 *v.* 19 p. 18 | 1860 *Herophile regia*, Steenstrup in: Ov. Danske Selsk., p. 121 | 1865 *Riisea paniculata*, Kölliker, Icon. histiol., p. 140 | 1870 *R. p.*, Duchassaing, Rev. Zooph. Spong. Antill., p. 17 | 1889 *R. p.*, P. Wright & Th. Studer in: Rep. Voy. Challenger, *v.* 31 pars 64 p. 24 | 1902 *R. p.*, Versluys in: Siboga-Exp., *v.* 13 p. 97 | 1919 *R. p.*, Kükenthal in: Ergeb. Tiefsee-Exp., *v.* 13 pars 2 p. 500.

Die sehr große Kolonie gibt viele, darunter sehr starke Äste ab, von denen nach zwei Seiten abwechselnd in gleichgroßen Abständen stehende Seitenzweige abgehen. Jeder Zweig trägt am Ende 1 oder 2, selten 3 Polypen immer in einer Reihe, die nach einer Seite gekehrt sind. Der Endpolyp ist immer erwachsen. Die Polypen sind bis 2,5 mm lang, kurz, birnförmig und mit 8 septalen Längsfurchen versehen. Die dicke Polypenwand ist erfüllt mit zahlreichen, mehrfach übereinandergeschichteten Skleriten, meist 0,2 mm lange Schuppen mit stark unregelmäßig gezähntem Rande und ziemlich vielen Wärzchen, sowie schmaleren, dickeren, stabförmigen Skleriten und in oberflächlicher Schicht mit Doppelkugeln (Fig. 188). Dieselben Skleriten liegen in den Tentakeln. Die Rinde ist erfüllt mit bewarzten Doppelkugeln von bis 0,075 mm Länge. Farbe der Rinde orangegelb, der Achsen schmutzigweiß oder weißgelb.

Antillen.

3. Gen. **Pleurogorgia** Versluys

1902 *P.*, Versluys in: Siboga-Exp., *v.* 13 p. 93 | 1908 *P.*, Nutting in: P. U. S. Mus., *v.* 34 p. 596 | 1919 *P.*, Kükenthal in: Ergeb. Tiefsee-Exp., *v.* 13 pars 2 p. 501.

Verzweigung in einer Ebene. Jeder Ast gibt nur nach einer Seite, die bei den nachfolgenden Ästen immer die gleiche ist, Zweige ab; die Achsen sind glatt und goldglänzend. Die Polypen stehen einreihig, meist in der Verzweigungsebene; ihre Tentakel werden bei Kontraktion in scharfer Knickung über die Mundscheibe gelegt. Die kleinen Skleriten liegen in einer dichten Schicht zu 4 oder 5 übereinander und auch die Seiten der Tentakel und der Außenseite der Pinnulae enthalten kleine Kalkkörperchen. Die Rinde ist dick und ganz mit kleinen Skleriten erfüllt, die in der oberflächlichen Schicht dick und mit hohen Höckern besetzt sind.

Malayischer Archipel, Tiefsee.

2 Arten.

Spec. typ.: *P. plana* Versl.

1. **P. plana** Versl. 1902 *P. p.*, Versluys in: Siboga-Exp., *v.* 13 p. 93 | 1919 *P. p.*, Kükenthal in: Ergeb. Tiefsee-Exp., *v.* 13 pars 2 p. 501.

Verzweigung in einer Ebene, alle Zweige geben nur nach derselben Seite einen Seitenzweig ab. Das längste Endinternodium erreicht 41,5 mm Länge. Die Polypen stehen in der Polypenverzweigungsebene in deutlichen Reihen in Entfernungen von 1—2 mm. Nahezu alle Seitenzweige entspringen deutlich auf dem polypentragenden Abschnitt der Äste. Die Polypen sind bis 2 mm lang, und ihre Form ist kurz walzenförmig mit ovalem Querschnitt, die Tentakel mit 8—10 Pinnulae jederseits können scharf über die Mundscheibe eingeknickt werden. In der Polypenwand liegen in tieferen Schichten ziemlich dicke, 0,23 mm lange Schuppen, die oft stark in einer Richtung verlängert und dann stark zugespitzt sind. Ihre Ränder sind tief und unregelmäßig eingeschnitten, die Oberfläche etwas bewarzt. Die Skleriten der oberflächlichen Schicht weisen sehr hohe Höcker auf der nach außen gekehrten Seite auf. Im Tentakelrücken finden sich beide Skleritenformen, in den Seitenflächen liegen lange Schuppen sowie mehr nach innen flache, stabförmige, unbewarzte oder schwach bewarzte Formen, in den Pinnulae kleine, rundliche Schuppen mit einigen Höckerchen. Auch Mundscheibe und Schlundwand enthalten sehr kleine, unregelmäßige Kalkkörper. Die dicke, spröde Rinde ist erfüllt mit bis 0,14 mm langen Skleriten, mit großen, unregelmäßigen Höckern, die bei den oberflächlichen Skleriten an der freien Seite besonders hoch werden. Achsen glatt, goldglänzend, Rinde weiß.

Insel Gebe (Malay. Archipel). In 1089 m Tiefe.

2. **P. militaris** Nutting 1908 *P. m.*, Nutting in: P. U. S. Mus., *v.* 34 p. 596 t. 46 f. 8; t. 51 f. 2 | 1919 *P. m.*, Kükenthal in: Ergeb. Tiefsee-Exp., *v.* 13 pars 2 p. 502.

Der glatte, gestreckte Stamm gibt einseitig in 8 mm Entfernung stehende glatte Äste ab, die alle in der gleichen Ebene liegen. Die Polypen stehen auf der oberen Seite des Astes in gleichmäßiger Entfernung von 7 mm und sind ziemlich schlank, walzenförmig, 3 mm hoch und unter den Tentakelinsertionen am breitesten. Sie stehen rechtwinklig oder auch etwas distalwärts gerichtet. Die Tentakel sind lang, nicht retraktil und mit langen Pinnulae besetzt. Die Polypenskleriten stehen in 8 Längsbändern und sind lang und nadelförmig. Tentakelskleriten sind spärlich oder fehlen völlig. Die Rinde erscheint glatt und enthält ein dünnes Lager von schuppenartigen Skleriten. Braun, der Stamm dunkler braun, etwas metallglänzend.

Hawai. In 1171 m Tiefe.

4. Gen. **Metallogorgia** Versluys

1889 *Dasygorgia* (part.), P. Wright & Th. Studer in: Rep. Voy. Challenger, *v.* 31 pars 64 p. 15, 275 | 1902 *Metallogorgia*, Versluys in: Siboga-Exp., *v.* 13 p. 87 | 1919 *M.*, Kükenthal in: Ergeb. Tiefsee-Exp., *v.* 13 pars 2 p. 502.

Kolonien mit deutlichem monopodialem Stamm, der nur wenige Seitenzweige abgibt und sich am distalen Ende einige Male durch Abgabe gleichstarker Seitenäste anscheinend dichotomisch teilt und sich in starker Verzweigung auflöst. Die starken nach zwei Seiten abgehenden Äste sind Sympodien. Die Achsen sind rund, mit glatter Oberfläche und starkem Metallglanz. Die Rinde ist dünn mit wenig zahlreichen Skleriten, die nicht in einzelne Schichten gesondert sind. Die Achsen sind stark metallglänzend.

Atlantischer und Indopazifischer Ozean. Tiefsee.

2 sichere Arten.

Spec. typ.: *M. melanotrichos* (P. Wright & Th. Stud.)

Bestimmungstabelle der Arten:

Polypenskleriten basal transversal gelagert	1. **M. melanotrichos**
Polypenskleriten durchweg longitudinal gelagert. . . .	2. **M. macrospina**

1. **M. melanotrichos** (P. Wright & Th. Stud.) 1889 *Dasygorgia m.*, P. Wright & Th. Studer in: Rep. Voy. Challenger, *v.* 31 pars 64 p. 15, 275 | 1902 *Metallogorgia m.*, Versluys in: Siboga-Exp., *v.* 13 p. 87 | 1908 *M. m.*, Nutting in: P. U. S. Mus., *v.* 34 p. 593 t. 51 f. 5 | 1919 *M. m.*, Kükenthal in: Ergeb. Tiefsee-Exp., *v.* 13 pars 2 p. 503.

Der Stamm ist monopodial, die Asturspründe am Stamm stehen unregelmäßig in einer rechts gewundenen Spirale. Im oberen Teile findet eine starke Verzweigung in meist stumpfem Winkel statt. Die Ausbreitung der Äste erfolgt vorwiegend in einer Schicht, die senkrecht zum Endabschnitt des Stammes liegt. Die Äste sind wie bei *Chrysogorgia* verzweigt; die distalen dünneren Zweigabschnitte sind deutlich in einer Ebene ausgebreitet. Polypen fehlen dem Stamm und den basalen Internodien und finden sich spärlich an den dickeren Ästen, reichlich an den dünneren, dort 0,5—3 mm auseinanderstehend. Meist sind die Polypen kurz kegelförmig, von ovalem Querschnitt, bis 1,75 mm hoch, an der Basis bis 1,4 mm dick und stehen oft schräg distalwärts gerichtet. In der Polypenbasis sind die Skleriten streckenweise quergelagert. Die Skleriten des Polypenrumpfes sind länglich, dünn, nahezu glatt, im Tentakelrücken werden die Skleriten stets dicker und fein bewarzt. Die Rinde des Stammes ist äußerst dünn und enthält nur wenige, bis 0,18 mm lange, glatte, dünne, längliche Skleriten. In der etwas dickeren Astrinde werden sie dicker und größer, bis 0,225 mm lang. Nesselpapillen fehlen. Stammachse dunkel mit sehr starkem grünem Metallglanz, die Achse der stärkeren Zweige ist bronzefarbig, die der dünnsten Zweige braun durchscheinend.

Ascension in 778 m Tiefe, Malayischer Archipel in 765—1994 m Tiefe, Hawai in 183—1385 m Tiefe.

2. **M. macrospina** Kükth. 1919 *M. m.*, Kükenthal in: Ergeb. Tiefsee-Exp., *v.* 13 pars 2 p. 504 t. 30 f. 6.

Der Stamm ist monopodial und nur mit schwachen Spuren von Seitenästen versehen. Die Verzweigung beschränkt sich auf den obersten Teil der Kolonie, ist unregelmäßig, sympodial, und anscheinend ist die Spirale rechts gewunden (Fig. 189). Die Verzweigung eines Hauptastes erfolgt in einer annähernden Ebene. Es finden sich bis zu 14 aufeinanderfolgende Internodien. Dem Stamm und den proximalen Internodien fehlen Polypen, sie treten zu je einem an jedem Internodium der distalen Astteile auf, sind meist schräg distalwärts gerichtet, dick walzenförmig und bis 3 mm dick. Die Polypenskleriten sind stets longitudinal angeordnet, bis 0,5 mm lange abgeflachte Stäbe und Spindeln, die sehr fein bedornt und im distalen Polypenteil in 8 Reihen angeordnet sind. Die Polypenbasis umfaßt das Internodium. Die Skleriten des Tentakelrückens sind kleinere, schlankere, longitudinal angeordnete Stäbe. Den Pinnulae fehlen Skleriten. Die Stammrinde enthält zahlreiche, bis 0,3 mm lange, flache Stabformen. Nesselpapillen fehlen. Die Farbe ist metallisch golden.

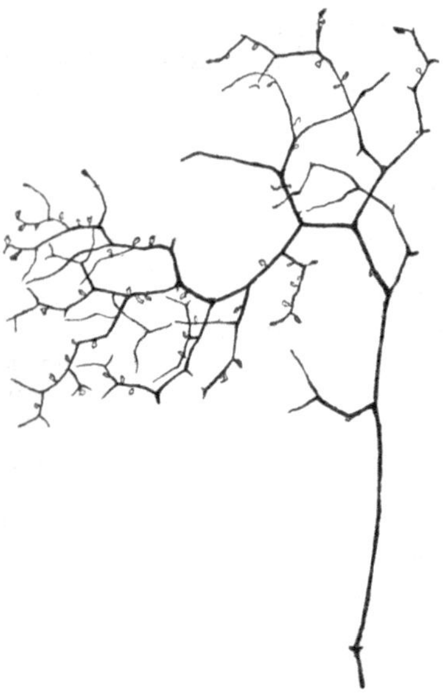

Fig. 189. **Metallogorgia macrospina.**

Westsumatra. In 1280 m Tiefe.

5. Gen. **Chrysogorgia** Duchassaing & Michelotti

1864 *C.*, Duchassaing & Michelotti in: Mem. Acc. Torino, ser. 2 *v.* 23 p. 13, 21 | 1870 *C.*, Duchassaing, Rev. Zooph. Spong. Antill., p. 17 | 1870 *C.*, J. E. Gray, Cat. Lithoph. Brit. Mus., p. 45 | 1883 *C.* + *Dasygorgia*, A. E. Verrill in: Bull. Mus. Harvard, *v.* 11 p. 21 | 1887 *C.* + *D.*, Th. Studer (& P. Wright) in: Arch. Naturg., *v.* 53I p. 41 | 1889 *C.* + *D.*, P. Wright & Th. Studer in: Rep. Voy. Challenger, *v.* 31 pars 64 p. 6, 23 | 1902 *C.*, Versluys in: Siboga-Exp., *v.* 13 p. 17 | 1909 *C.*, Kükenthal in: Abh. Bayer. Ak., suppl. *v.* 1 nr. 5 p. 40 | 1913 *C.*, Kinoshita in: J. Coll. Japan, *v.* 33 nr. 2 | 1919 *C.*, Kükenthal in: Ergeb. Tiefsee-Exp., *v.* 13 pars 2 p. 505.

Kolonien mit sympodial gebautem Stamm. Achsen rund, mit glatter, metallglänzender Oberfläche. Achse wiederholt verzweigt, beinahe immer wenigstens annähernd in einer Ebene ausgebreitet. Die Seitenzweige entstehen stets auf einem schmalen Längsstreifen der Rinde, die auf den Seitenzweigen nachfolgender Ordnung auf den einander gegenüberstehenden Seiten verläuft. Drehung macht diese Anordnung oft undeutlich. Die Polypen stehen meist regellos und sind nicht auf eine Seite der Zweige beschränkt, stets aber in einiger Entfernung voneinander. Die Tentakel können sich über die Mundscheibe zusammenlegen, werden aber niemals in den Polypenrumpf aufgenommen. Die Polypenskleriten sind relativ groß, stab- oder schuppenförmig, meist spärlich und ziehen in einem Streifen auf die Außenseite der Tentakel. Die Rinde ist dünn und enthält wenig zahlreiche

Skleriten, die nicht in tiefen und oberflächlichen Schichten verschiedener Form gesondert sind.

Atlantischer und Indopazifischer Ozean, im Küsten-Abyssal und Hochsee-Abyssal bis zu 3375 m Tiefe.

Mit 31 sicheren Arten und 2 Unterarten und 24 unsicheren Arten.

Spec. typ.: *C. desbonni* Duchass. & Mich.; spec. dub., p. 404.

Bestimmungstabelle der Arten:

1	Bewehrung der Polypen vorwiegend mit Stäben und Spindeln — 2	
	Bewehrung der Polypen mit Schuppen — 20	
2	Aststand regelmäßig — 3	
	Aststand regellos — 17	
3	Aststand $^1/_4$; links gedreht — 4	
	Aststand $^2/_5$; rechts gedreht — 13	
4	Polypenskleriten nur rundliche Stäbe — 5	
	Polypenskleriten rundliche Stäbe und flache Platten — 12	
5	Die Hauptäste haben etwa 9 Internodien — 6	
	Die Hauptäste haben 5—7 Internodien — 7	
	Die Hauptäste haben höchstens 5 Internodien — 9	
6	Die proximalsten Internodien sind sehr kurz . .	1. **C. cupressa**
	Die proximalsten Internodien sind am längsten .	2. **C. rotunda**
7	Ohne Nesselpapillen auf den Polypen — 8	
	Mit Nesselpapillen auf den Polypen	5. **C. papillosa**
8	Die Hauptäste gehen weitwinklig ab	3. **C. lata**
	Die Hauptäste gehen spitzwinklig ab	4. **C. pyramidalis**
9	Polypenskleriten zahlreich, dicht gelagert — 10	
	Polypenskleriten spärlich, in 8 Längsstreifen — 11	
10	Polypen 1,2 mm lang	6. **C. tetrasticha**
	Polypen 0,85 mm lang	7. **C. pusilla**
11	Hauptäste in dichter Anordnung	8. **C. minuta**
	Hauptäste sehr weit auseinander stehend	9. **C. dispersa**
12	Die Platten kommen nur im basalen Polypenteile vor	10. **C. okinosensis**
	Die Platten reichen bis zur Tentakelinsertion . .	11. **C. comans**
13	Astinternodien mit nur einem Polypen, nur das Endinternodium kann 2—4 Polypen tragen — 14	
	Astinternodien mit 4—13 Polypen	15. **C. pentasticha**
14	Die Hauptäste haben nicht unter 5 Internodien — 15	
	Die Hauptäste haben 2 oder 3 Internodien . . .	14. **C. affinis**
15	Polypenskleriten bewarzt, bis 0,33 mm lang — 16	
	Polypenskleriten meist völlig glatt, bis 0,5 mm lang	13. **C. debilis**
16	Polypenskleriten abgerundet, stabförmig	12. **C. flexilis**
	Polypenskleriten zugespitzt, spindelförmig	12b. **C. flexilis africana**
17	Verzweigung allseitig — 18	
	Verzweigung fächerförmig in einer Ebene . . .	19. **C. occidentalis**
18	Astinternodien mit 1 oder 2 Polypen — 19	
	Astinternodien mit 2—6 Polypen	18. **C. mixta**
19	Polypenskleriten bis 0,5 mm lang	16. **C. squarrosa**
	Polypenskleriten bis 1 mm lang	17. **C. orientalis**
20	Die Tentakel enthalten teilweise oder gänzlich echte Spicula, teilweise dicke unregelmäßige Skleriten — 21	
	Die Tentakel enthalten nur Schuppen — 24	

21	Tentakelrücken nur mit typischen Spicula . . .	20. **C. intermedia**
	Tentakelrücken mit dicken, unregelmäßigen, longitudinal angeordneten Skleriten, Aststand $^1/_4$; rechts gewunden — 22	
22	Tentakelbasis dicht mit Skleriten erfüllt — 23	
	Tentakelbasis mit dreieckigem, nacktem Felde . .	23. **C. versluysi**
23	Bis zu 18 aufeinanderfolgende Internodien in jedem Stammast	21. **C. expansa**
	4 oder 5 aufeinanderfolgende Internodien in jedem Stammast	22. **C. octagonos**
24	Die Schuppen des Tentakelrückens liegen vorwiegend quer. Aststand $^2/_5$; links gewunden — 25	
	Die Schuppen des Tentakelrückens liegen bis auf die basalen oder sämtlich quer. Aststand $^1/_3$; links gewunden — 26	
	Die Schuppen des Tentakelrückens liegen quer, Aststand $^1/_4$; links gewunden.	31. **C. ramosa**
25	Jeder Stammast gibt einen nach unten gerichteten Zweig ab.	24. **C. pendula**
	Die Stammäste ohne nach unten gerichtete Zweige	25. **C. acanthella**
26	Die basalen Schuppen des Tentakelrückens liegen longitudinal, die anderen quer — 27	
	Auch die basalen Schuppen liegen quer — 28	
27	An den Astinternodien stehen 2 oder 3 Polypen	26. **C. sibogae**
	An den Astinternodien steht 1, selten 2 Polypen	27. **C. cavea**
28	Die seitlichen in die Pinnulae ragenden Tentakelskleriten sind kleine Platten	28. **C. axillaris**
	Die seitlichen in die Pinnulae ragenden Skleriten sind lang und schmal rippenförmig — 29	
29	Auf jedem Astinternodium 1 Polyp	29. **C. excavata**
	Meist 2 Polypen auf jedem Astinternodium . . .	30. **C. geniculata**

1. **C. cupressa** (P. Wright & Th. Stud.) 1889 *Dasygorgia c.*, P. Wright & Th. Studer in: Rep. Voy. Challenger, *v.* 31 pars 64 p. 11 t. 5 f. 3 | 1902 *Chrysogorgia c.*, Versluys in: Siboga-Exp., *v.* 13 p. 40 | 1919 *C. c.*, Kükenthal in: Ergeb. Tiefsee-Exp., *v.* 13 pars 2 p. 511.

Aststand links gewunden. Die vier vertikalen Astreihen sind ziemlich regelmäßig. Die untersten Stammäste gehen horizontal ab oder sind etwas nach dem Boden gerichtet, die oberen stehen immer mehr schräg distalwärts. Der Stamm ist relativ dick, die Zahl der Internodien steigt auf 9. Die proximalsten Internodien der Stammäste sind sehr kurz. Die Polypen sind regellos gestellt, sehr klein, mit zusammengelegten Tentakeln 1 mm messend, und enthalten im Polypenrumpf je 5—8 Skleriten in jeder horizontalen Reihe, die meist bis zur Polypenbasis hinabziehen. Die Skleriten sind langgestreckt, auf dem Querschnitt annähernd rundlich, bis 0,24 mm Länge erreichend. Die Rinde enthält keine Nesselpapillen und keine Skleriten. Farbe der stärkeren Achsenabschnitte grünlich metallisch, der dünneren gelblich goldglänzend.

Kei-Inseln. In 90—252 m Tiefe.

2. **C. rotunda** Kinosh. 1913 *C. r.*, Kinoshita in: J. Coll. Japan, *v.* 33 nr. 2 p. 11 t. 2 f. 2 | 1919 *C. r.*, Kükenthal in: Ergeb. Tiefsee-Exp., *v.* 13 pars 2 p. 511.

Der Aststand ist $^1/_4$, d. h. jeder vierte Ast steht über dem ersten. Die Spirale, in der die Aste angeordnet sind, ist links gewunden. Die Abstände der Stammäste einer Längsreihe betragen von unten nach oben 8—25 mm.

Sie gehen unten in einem Winkel von 60° ab. Jeder Stammast besteht aus 6—9 Internodien, von denen die proximalsten am längsten sind. Der Umriß der Kolonie ist regelmäßig rundlich. Die Polypen stehen auf dem Stamm vereinzelt unterhalb der Basis jedes Stammastes, auf letzteren zu 1 oder 2, auf den Endzweigen etwas zahlreicher. Die Polypen sind bis 1 mm lang und der Rinde meist angeschmiegt (Fig. 190). Es sind 8 mitunter undeutliche septale Längsreihen von zerstreuten Skleriten vorhanden, die bis 0,2 mm lang, schlank und fein bewarzt sind. Ähnlich sind die Skleriten des Tentakelrückens und in den Pinnulae liegen 3 oder 4 verlängerte dünne Schuppen. Die dünne Rinde ist ohne Skleriten und Nematozooide. Achsen braun oder grünlich metallglänzend.

Fig. 190.
Chrysogorgia rotunda.
Polyp (nach Kinoshita).

Japan, oberes Abyssal.

3. **C. lata** Versl. 1902 *C. l.*, Versluys in: Siboga-Exp., *v.* 13 p. 33 | 1908 *C. l.*, Nutting in: P. U. S. Mus., *v.* 34 p. 590 | 1912 *C. l.*, Nutting in: P. U. S. Mus., *v.* 43 p. 54 | 1919 *C. l.*, Kükenthal in: Ergeb. Tiefsee-Exp., *v.* 13 pars 2 p. 512.

Aststand $^1/_4$, links gewunden, die untersten Stammäste stehen nahezu senkrecht, die oberen in einem Winkel von 50—60°. Die Stammäste sind wiederholt scheinbar dichotomisch verzweigt bis zu Seitenästen 4. Ordnung. Die proximalen Verzweigungen finden meist genau in einer Ebene statt, die distalen Zweige liegen unregelmäßiger. Es finden sich bis zu 7 Internodien. Durchschnittlich stehen 2 Polypen auf jedem Internodium, die regellos nach allen Seiten gerichtet sind. Ihre Länge erreicht 1 mm, mit vorgestreckten Tentakeln 1,75 mm, ihre Dicke 0,5—0,65 mm. Die Polypenskleriten sind wenig zahlreich, liegen in 8 septalen Reihen und gehen in die Skleritenreihen der Außenseite der benachbarten Tentakel über. Es sind runde Stabformen mit abgerundeten Enden bis 0,24 mm lang, die nach der Tentakelspitze zu immer kleiner werden. In der Basis der Pinnulae liegen kleine, schmale, sehr dünne, meist glatte Skleriten, und ähnliche Formen finden sich in der Mundscheibe. Die Rinde ist auf dem Stamm und den stärkeren Astinternodien mit zahlreichen Nematozooiden bedeckt, die ihr ein rauhes Aussehen verleihen. Skleriten kommen in der Rinde nur ganz vereinzelt vor. Farbe der Stammachse unten grün metallisch schimmernd, oben braun mit Goldglanz, der dünnste Teil wie die Zwergachsen mehr gelb mit schwachem Goldglanz.

Celebessee 1901 m, Hawai 385—703 m, Japan 360—924 m.

4. **C. pyramidalis** Kükth. 1908 *C. p.*, Kükenthal in: Zool. Anz., *v.* 33 p. 706 | 1909 *C. p.*, Kükenthal in: Abh. Bayer. Ak., suppl. *v.* 1 nr. 5 p. 43 t. 3 f. 18 (err. non 17) | 1913 *C. aurea*, Kinoshita in: J. Coll. Japan, *v.* 33 nr. 2 p. 13 t. 2 f. 1 | 1919 *C. pyramidalis*, Kükenthal in: Ergeb. Tiefsee-Exp., *v.* 13 pars 2 p. 513.

Der Aststand ist $^1/_4$, die Spirale ist links gewunden. Jeder Stammast ist vom nächsten derselben Längsreihe im Durchschnitt 10 mm entfernt. Die Länge der Stamminternodien beträgt 3—4 mm. Die Stamminternodien bilden miteinander sehr deutliche Winkel. Die Stammäste gehen in spitzem Winkel von 45° von der Stammachse ab. Ihre Verzweigung erfolgt in einer Ebene. Das proximale Internodium ist sehr kurz, nur 3 mm lang, dann folgt scheinbare Dichotomie im Winkel von 45° und diese beiden Internodien sind 6—8 mm lang, durch nochmalige scheinbare dichotomische Teilung werden 4—12 mm lange Internodien gebildet, und an den beiden inneren geht nochmals eine Teilung in fadendünne Endinternodien vor sich. Im ganzen finden sich 5—7 Internodien. Nematozooide kommen am Stamm vor. Polypen fehlen dem Hauptstamm und den basalen Internodien der Stammäste. An den übrigen sitzen sie in ziemlich gleichen Abständen senkrecht auf der Unterlage, aber nach verschiedenen Richtungen abgehend. Ihr Rumpf ist 0,8 mm lang, ebensolang sind die Tentakel. Die Polypen sind sehr zart und durchscheinend. Ihre spärliche Bewehrung besteht aus sehr zarten, schlanken, glatten, 0,1 mm langen Stäbchen, die sich, etwas kürzer werdend, in die Tentakelachse fortsetzen. Der Rinde scheinen Skleriten zu fehlen. Achse mit hellbläulich-grünlichem Metallschimmer, Farbe des Stammes und des unteren Teiles der Stammäste hellbräunlich, die Polypen weißlich durchscheinend.

Japan. Oberes Abyssal.

5. **C. papillosa** Kinosh. 1913 *C. p.*, Kinoshita in: J. Coll. Japan, *v.* 33 nr. 2 p. 8 t. 1 f. 1; t. 3 f. 3, 4, 5 | 1919 *C. p.*, Kükenthal in: Ergeb. Tiefsee-Exp., *v.* 13 pars 2 p. 514.

Aststand $^1/_4$. Die Spirale ist links gewunden. Die Abstände der Stammäste derselben Längsreihe betragen von unten nach oben 7 bis 22 mm. Unten gehen die Stammäste mehr rechtwinklig ab, oben im Winkel von 50° und weisen durchschnittlich 6—7 Internodien auf. Die meist kurzen Endzweige richten sich stark büschelartig nach außen. Die Polypen stehen regellos nach allen Seiten gerichtet an Stamm wie Ästen. Die Zahl der Polypen auf einem Internodium variiert von 1—6. Die Polypen sind 1—1,25 mm hoch, in der Mitte leicht eingeschnürt und mit einer Anzahl Nematozooide besetzt. Die Rumpfskleriten ordnen sich in 8 Längsreihen, und sind bis 0,14 mm lange, dicke, an den Enden gerundete und auf der Oberfläche mit zarten Wärzchen bedeckte Stäbe, die zu 10—17 in jeder Längsreihe stehen. Sie kommen auch in dem Tentakelrücken vor, und auch in den Pinnulae liegen dünne, verlängerte, glatte Skleriten. Ganz vereinzelt treten in den Polypen auch schuppenartige, mitunter kreuzbildende Skleriten, anscheinend einer tieferen Schicht angehörend, auf. Die dünne Rinde enthält nur wenige schuppenförmige Skleriten. Auf Stamm wie Stammästen kommen zahlreiche kegelförmige, 0,3 mm hohe Nematozooide vor. Die Achsen sind im Stamm braun mit grünlichem Metallglanz, in den distalen Abschnitten des Stammes sowie der Stammäste gelblichbraun mit Goldglanz, in den dünnen Abschnitten heller.

Okinosebank (Sagamibai) in Japan. In 730 m Tiefe.

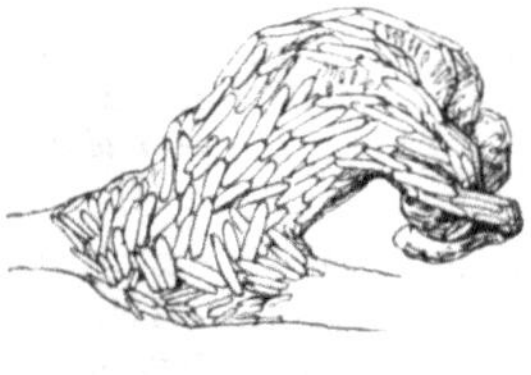

Fig. 191.
Chrysogorgia tetrasticha.
Polyp (nach Versluys).

6. **C. tetrasticha** Versl. 1902 *C. t.*, Versluys in: Siboga-Exp., *v.* 13 p. 86 | 1919 *C. t.*, Kükenthal in: Ergeb. Tiefsee-Exp., *v.* 13 pars 2 p. 514.

Aststand $^1/_4$, links gewunden, 4 Längsreihen von Stammästen drehen sich ein wenig um den Stamm. Die untersten Stammäste stehen nahezu senkrecht, die oberen bilden einen Winkel von 45°. Die Stammäste sind regelmäßig scheinbar dichotom verzweigt und die Zweige liegen ziemlich genau in einer Ebene. Es sind Seitenzweige bis zur dritten Ordnung vorhanden. Jeder Stammast hat bis 5 Internodien. Auf jedem Internodium des Stammes und der Äste stehen 1—2 Polypen, deren Mundöffnung meist nach oben oder der Peripherie gekehrt ist. Die Polypen sind 1,2 mm, mit vorgestreckten Tentakeln bis 1,6 mm lang und dicht mit Skleriten bedeckt, die bis 0,24 mm, meist 0,18 mm lang, stabförmig von rundem Querschnitt mit abgerundeten Enden und mit zahlreichen Wärzchen bedeckt (Fig. 191). Diese Skleriten gehen auch in den Tentakelrücken über, und auch in den Pinnulae liegen ziemlich zahlreiche, kleine, dünne, deutlich bewarzte Skleriten bis 0,06 mm Länge. Die Rinde mit zahlreichen Nematozooiden und einigen wenigen langen, glatten, bis 0,19 mm langen, ungefähr stabförmigen Skleriten. Gelb, goldglänzend.

Kei-Inseln. In 204 m Tiefe.

7. **C. pusilla** Versl. 1902 *C. p.*, Versluys in: Siboga-Exp., *v.* 13 p. 38 | 1919 *C. p.*, Kükenthal in: Ergeb. Tiefsee-Exp., *v.* 13 pars 2 p. 515.

Aststand $^1/_4$, links gewunden, die Stammäste sind stets aufgerichtet, auch die untersten. Die Verzweigung der Stammäste ist recht unregelmäßig und nur die proximalen Internodien liegen in einer Ebene. Jeder Ast hat 3 oder 4 (5) Internodien. Die Polypen stehen zu 1 und 2 auf jedem Internodium, sind klein, mit zusammengelegten Tentakeln bis 0,85 mm messend, mit vorgestreckten Tentakeln bis 1,55 mm und ziemlich schmal; die Zahl der Polypenskleriten ist recht groß und eine Anordnung in 8 septale Reihen ist meist nicht erkennbar. Die Polypenskleriten sind bis 0,23 mm lang und 0,04 mm breit. Auf dem Tentakelrücken liegen höchstens 2 Skleriten nebeneinander. Die Rinde enthält nur wenige vereinzelte oder zu kleinen Gruppen vereinigte kleine Nematozooide und auch nur wenige Skleriten. Farbe der Achse gelb, grünlich goldglänzend.

Östlich von Rotti (Malayischer Archipel). In 250 m Tiefe.

8. **C. minuta** Kinosh. 1913 *C. m.*, Kinoshita in: J. Coll. Japan, *v.* 33 nr. 2 p. 16 t. 1 f. 4 | 1919 *C. m.*, Kükenthal in: Ergeb. Tiefsee-Exp., *v.* 13 pars 2 p. 515.

Der Aststand ist $^1/_4$; die Spirale ist links gewunden, die Abstände der Stammäste einer Längsreihe betragen von unten nach oben 2,5—4 mm. Sie gehen unten in einem Winkel von 80° ab, oben in einem Winkel von 40°, sind bis 30 mm lang und bestehen unten aus 2 oder 3, oben aus 4 oder 5 Internodien, von denen die proximalen annähernd in einer Ebene liegen. Das proximalste ist sehr kurz, unten 1,5 mm, oben bis 2,5 mm lang; die mittleren sind am längsten. In der Seitenansicht ist die Kolonie kreisförmig. Dem Stamm fehlen Polypen, ebenso den proximalsten Internodien. Auf den anderen stehen sie zu 3—6, selten zu 8 in einer Reihe, sind der Spitze der Achse zugewandt und messen 0,8 mm in der Höhe. In jeder der 8 septalen Längsreihen stehen bis zu 7 flache, fein bewarzte Skleriten von länglicher Form. Im Tentakelrücken liegen etwa 3 Reihen Skleriten nebeneinander, longitudinal angeordnet und etwas größer als die des Polypenrumpfes, bis 0,15 mm lang. Die ziemlich dicke Rinde trägt zahlreiche fingerförmige Nematozooide und enthält nur ganz vereinzelte, dünne, längliche Schuppen mit unregelmäßigen Umrissen. Achsen braun mit Goldglanz, in den Ästen gelblich mit grünlichem Metallglanz.

Diese Art steht nach Kinoshita der *C. tetrasticha* (nr. 6) nahe, unterscheidet sich aber von ihr durch das Skleritenkleid der Schuppen.

Uji-Inseln (Japan). In 146 m Tiefe.

9. **C. dispersa** Kükth. 1908 *C. d.*, Kükenthal in: Zool. Anz., *v.* 33 p. 706 | 1909 *C. d.*, Kükenthal in: Abh. Bayer. Ak., suppl. *v.* 1 nr. 5 p. 42 t. 3 f. 16 | 1919 *C. d.*, Kükenthal in: Ergeb. Tiefsee-Exp., *v.* 13 pars 2 p. 516.

Der Aststand ist $^1/_4$, die Spirale ist links gewunden. Der Stamm sitzt mittels einer flachen Scheibe von 5 mm Durchmesser dem Untergrunde auf.

Die sehr spärlichen Stammäste stehen in 4 Längsreihen, die in 2 rechtwinklig einander schneidenden Ebenen liegen. Jeder Ast ist vom nächstfolgenden der gleichen Längsrichtung 1,3 mm entfernt. Die Länge der starkwinkelig zueinanderstehenden Internodien beträgt 4 mm. Die Stammäste sind im Winkel von 65° schräg nach oben gerichtet. Jeder Stammast hat 3 oder 4 Internodien, von denen das proximale und das distale am längsten sind. Die Polypen sitzen zahlreich am Hauptstamm und sind hier basalwärts gekehrt. Auf jedes Stamminternodium kommen besonders im unteren Teile oft mehrere Polypen. Am Stamm stehen ferner zahlreiche, kleine, aber relativ hohe Nematozooide. Die Äste tragen auf jedem Internodium 1, auf jedem Endinternodium auch 2 oder 3 ziemlich regellos gestellte Polypen. Die Polypen sind etwa 1 mm lang und mit 8 unregelmäßigen Längsstreifen von stabförmigen, völlig glatten Spicula von etwa 0,2 mm Länge und 0,05 mm Breite bewehrt, die an beiden Enden abgerundet sind. Ähnliche bis 0,1 mm lange Skleriten liegen longitudinal in der Tentakelachse und auch die Pinnulae enthalten schlankere Stäbchen. In der Astrinde liegen, stellenweise angehäuft. stabförmige Skleriten von 0,12 mm durchschnittlicher Länge, in der Stammrinde kommen Skleriten nur vereinzelt vor. Farbe der Achse schwach gelblich, metallglänzend, Rinde und Polypen weiß.

Japan.

10. **C. okinosensis** Kinosh. 1913 *C. o.*, Kinoshita in: J. Coll. Japan, *v.* 33 nr. 2 p. 20 t. 1 f. 3 | 1919 *C. o.*, Kükenthal in: Ergeb. Tiefsee-Exp., *v.* 13 pars 2 p. 516.

Der Aststand ist $^1/_4$, die Spirale ist links gewunden. Die Abstände der Stammäste einer Reihe betragen von unten nach oben 5—9 mm. Sie gehen im distalen Teil im Winkel von 55—45° ab und bestehen aus 4 oder 5 in einer Ebene liegenden Internodien, von denen das proximalste durchschnittlich 2,2, das distalste 9 mm lang ist. Die Polypen fehlen den beiden proximalsten Internodien und stehen annähernd senkrecht, meist an der der Spitze zugekehrten Seite der Äste. Auf 2 cm Astlänge kommen 1—8 Polypen, deren Höhe 1 mm beträgt. Die Skleriten des Polypenrumpfes sind von zweierlei Form, die einen sind bis 0,17 mm lang, stabförmig, ziemlich dick und auf der Oberfläche mit Warzen bedeckt und stehen zu 3 nebeneinander in Gruppen, zu 10 septal in der oberen Rumpfhälfte. Die anderen bedecken den basalen Rumpfteil und sind flache, beinahe glatte Schuppen, die mit den Rändern übereinander liegen. Die Tentakelskleriten gleichen denen der oberen Rumpfhälfte und sind zu 4 nebeneinander longitudinal angeordnet. Die dünne durchsichtige Rinde hat keine Nematozooide und ihre Skleriten sind längliche, beinahe glatte Schuppen. Die in den distalen Abschnitten fadenfeinen und sehr biegsamen Achsen sind blaß, in den dickeren Abschnitten gelblichbraun mit Goldglanz.

Okinosebank (Japan). In 366 m Tiefe.

11. **C. comans** Kinosh. 1913 *C. c.*, Kinoshita in: J. Coll. Japan, *v.* 33 nr. 2 p. 22 t. 2 f. 4 | 1919 *C. c.*, Kükenthal in: Ergeb. Tiefsee-Exp., *v.* 13 pars 2 p. 517.

Der Aststand ist $^1/_4$, die Spirale ist links gewunden. Die Abstände der Hauptäste einer Längsreihe betragen von unten nach oben 3,5—3,8 mm; die untersten entspringen in 80°, die darauffolgenden in 35°. Die Ausbreitung erfolgt annähernd in einer Ebene, nur die distalen Abschnitte weichen meist etwas davon ab. Die Internodien der unteren Äste sind kurz, 1—7 mm lang, die der oberen, die bis zu 6 vorhanden sein können, 6,5—13 mm. Die Endzweige der oberen Stammäste sind bis über 30 mm lang. Polypen fehlen dem Stamm an den proximalsten Internodien. Sie stehen auf den oberen oder lateralen Seiten der Äste meist in einer Längsreihe, 10 auf je 20 cm Länge. Ihre Polypen sind schlank bis 1 mm hoch und biegen sich meist distalwärts zu. Ihre Skleriten weisen zweierlei Form auf. In dem obersten Rumpfteil liegen septal vereinzelte lange, dicke, an beiden Enden abgerundete Stäbchen, deren Oberfläche mit Wärzchen bedeckt ist, in der Basis, aber bis zu dem Ansatz der Tentakel reichend, finden sich ferner dünne, im Umriß unregelmäßigere Schuppen. Der Tentakelrücken enthält die dickeren Skleritenformen zu 3 oder 4 nebeneinander, die bis 0,2 mm lang werden. Die Achsen sind braun mit grünlichem Glanze.

Uji-Inseln (Japan). In 146 m Tiefe.

12. **C. flexilis** (P. Wright & Th. Stud.) 1889 *Dasygorgia f.*, P. Wright & Th. Studer in: Rep. Voy. Challenger, *v.* 31 pars 64 p. 10 | 1902 *Chrysogorgia f.*, Versluys in: Siboga-Exp., *v.* 13 p. 43 | 1906 *C. f.*, J. A. Thomson & W. D. Henderson, Alcyon. Investigator, *v.* 1 p. 28 t. 2 f. 3 | 1908 *C. f.*, Nutting in: P. U. S. Mus., *v.* 34 p. 590 | 1912 *C. f.*, Nutting in: P. U. S. Mus., *v.* 43 p. 54 | 1913 *C. f.*, Kinoshita in: J. Coll. Japan, *v.* 33 nr. 2 p. 24 | 1919 *C. f.*, Kükenthal in: Ergeb. Tiefsee-Exp., *v.* 13 pars 2 p. 517.

Aststand $^2/_5$, rechts gewunden. Die 5 vertikalen Stammreihen sind ziemlich regelmäßig und immer deutlich. Die Internodien des Stammes ohne Polypen, auf denen der Äste 1 oder 2, seltener 3 Polypen. Jeder Hauptast hat 5 oder 6 Internodien. Die Polypenlänge beträgt bei zusammengelegten Tentakeln bis 2 mm. Die Polypenbasis kann jederseits den Ast mit sackförmiger Aufstülpung umgreifen. Polypenrumpf mit 8 deutlichen septalen Skleritenreihen. Die Polypenskleriten sind stabförmig bis 0,33 mm lang mit gerundeten Enden, auf dem Querschnitt etwas abgeplattet und mit rundlichen Häkchen besetzt. An der Polypenbasis sind sie schuppenförmig und bilden eine nahezu vollständig geschlossene Schicht. In der Außenseite der Tentakel liegen proximal 2—4 longitudinal angeordnete Spicula, distal zahlreiche kleine Schuppen. Außerdem kommen transversal angeordnete, kleine, meist flache Skleriten in den Tentakeln vor. Nematozooide fehlen, die Rinde ist dünn und enthält in den Ästen nur eine Schicht längsovaler Schuppen bis zu 0,22 mm Länge, in den basalen Stammteilen in mehreren Schichten; diese Skleriten haben einen feingezähnten Rand und werden zwischen 0,11 und 0,6 mm lang. Rinde weiß, Achse gelblich goldglänzend, im unteren Stammteil mehr bräunlich.

Chile in 924 m Tiefe, Malayischer Archipel in 216 m Tiefe. Japan, Indischer Ozean in 1223 m Tiefe, Hawai in 380—498 m Tiefe.

Die Art zerfällt in 2 Unterarten:

12a. **C. flexilis typica** (P. Wright & Th. Stud.) 1889 *Dasygorgia f.*, P. Wright & Th. Studer in: Rep. Voy. Challenger, *v.* 31 pars 64 p. 10 | 1902 *Chrysogorgia f.*, Versluys in: Siboga-Exp., *v.* 13 p. 43.

Mit den Merkmalen der Art.

Indopazifischer Ozean. Im Küsten-Abyssal.

12b. **C. flexilis africana** Kükth. 1908 *C. f.* var. *a.*, Kükenthal in: Zool. Anz., *v.* 33 p. 705 | 1919 *C. f.* var. *a.*, Kükenthal in: Ergeb. Tiefsee-Exp., *v.* 13 pars 2 p. 518 t. 31 f. 12.

Vom Bau der *C. flexilis* mit folgenden Abweichungen. Die Polypenskleriten sind kleiner, teilweise spindelförmig und dicht und fein bewarzt. Ebenso sind die Rindenskleriten kleiner. Farbe goldgelb, Achse gelblich goldglänzend, im Stammteil etwas dunkler.

Ostafrikanische Küste. Oberes Abyssal.

13. **C. debilis** Kükth. 1908 *C. d.*, Kükenthal in: Zool. Anz., *v.* 33 p. 705 | 1909 *C. d.*, Kükenthal in: Abh. Bayer. Ak., suppl. *v.* 1 nr. 5 p. 40 t. 4 f. 15 | 1919 *C. d.*, Kükenthal in: Ergeb. Tiefsee-Exp., *v.* 13 pars 2 p. 520.

Der Aststand ist $^2/_5$, die Spirale ist rechts gewunden. Die Stammbasis wird von horizontalen, verästelten, stark verkalkten Stolonen gebildet, die in 2 entgegengesetzten Richtungen ausgebreitet sind. Die Stammäste stehen in 5 recht deutlichen Längsreihen. Die Entfernungen eines Astes vom nächsten der gleichen Längsreihe beträgt 13 mm, die Länge der Stamminternodien 3,5 mm. Die untersten Äste sind sehr kurz. Die Stammäste gehen im Winkel von 70° vom Stamm ab. Ihre Verzweigung erscheint äußerlich als dichotomische und erfolgt zunächst in einer senkrecht die Stammachse schneidenden Ebene. Jeder Stammast hat bis zu 5 Nodien und verzweigt sich bis zu Endzweigen 6. Ordnung. Die distalen Enden sind sehr zart, ziemlich schlaff und mehr nach oben gerichtet. Jedes Internodium trägt 1 Polypen, nur die Endzweige 2 bis 3. Dem Stamm fehlen Polypen. Alle Polypen sind parallel der Stammachse nach oben gerichtet, in der Mitte etwas eingeschnürt und 1,5 mm lang. Die Polypenskleriten sind 0,35—0,5 mm lange, fast glatte, breite, spitz zulaufende Stäbe, die vom anderen Polypenteil schräg nach oben verlaufen und hier in 8 Längsreihen angeordnet sind. Die Tentakel enthalten in dichter Anordnung schräggestellte kleine Skleriten. In der Stammrinde liegen dicht gedrängt längliche, oft biskuitförmige, 0,12—0,16 mm lange Skleriten mit eingesägtem Rande und feiner Granulierung der Oberfläche. Stamm hellgelb ohne ausgesprochenen Metallglanz, Polypen weiß.

Japan.

14. **C. affinis** Versl. 1889 *Dasygorgia spiculosa* (non *Chrysogorgia s.*, A. E. Verrill 1883), P. Wright & Th. Studer in: Rep. Voy. Challenger, *v.* 31 pars 64 p. 9 | 1902 *Chrysogorgia affinis*, Versluys in: Siboga-Exp., *v.* 13 p. 47 | 1919 *C. a.*, Kükenthal in: Ergeb. Tiefsee-Exp., *v.* 13 pars 2 p. 521.

Der Aststand ist $^2/_5$. Die Stammäste sind ein wenig aufgerichtet und werden 2 oder 3 Internodien lang. Die Äste teilen sich anscheinend dichotomisch im Winkel von 60—75°. Die Polypen sind mit zusammengelegten Tentakeln bis 3 mm lang. Ihre Skleriten zeigen große und spitze Höcker und sind vielfach an den Enden zugespitzt und bis 0,36 mm lang. Die Rindenskleriten wie bei *C. flexilis* (nr. 12).

Pernambuko. In 630 m Tiefe.

15. **C. pentasticha** Versl. 1902 *C. p.*, Versluys in: Siboga-Exp., *v.* 13 p. 48 | 1919 *C. p.*, Kükenthal in: Ergeb. Tiefsee-Exp., *v.* 13 pars 2 p. 521.

Aststand $^2/_5$, rechts gewunden. Die fünf Vertikalreihen der Stammäste sind ziemlich unregelmäßig. Die Stammäste sind stark aufgerichtet im Winkel von basal 70°, distal 40° und meist in einer schwach gebogenen Ebene anscheinend dichotomisch verzweigt. Die Zahl der Internodien eines Hauptastes ist 4 oder 5, die Länge der Internodien 11—27 mm, der Endinternodien bis 30 mm, der untere des Stammes ist ohne Polypen. Der obere Teil enthält 1 oder 2 Polypen auf jedem Internodium. Äste mit 4—13, meist mit 6 oder 7 Polypen auf jedem Internodium, die 1,5—6 mm auseinanderstehen. Die Polypen mit zusammengelegten Tentakeln meist weniger als 1,6 mm lang, mit ausgestreckten 2—2,5 mm. Skleriten in acht deutlichen septalen Reihen, bis 0,42 mm lang von nahezu rundem Querschnitt und mit gerundeten stumpfen Enden. Ihre Oberfläche ist mit ziemlich weitstehenden Wärzchen besetzt. Außerdem findet sich eine tiefere Schicht von

Skleriten auf der Polypenbasis von glatten, dünnen, bis 0,25 mm messenden Schuppen. Auf der Außenseite der Tentakel liegen bis zur Mitte 2—4 Spicula und von da bis zur Spitze kleinere Schuppen, Nematozooide fehlen. Die Stammrinde ist mit einer nahezu geschlossenen Schicht von schmalen Kalkkörpern bedeckt, an der Basis bis zu 0,18 mm Länge, in der Mitte und auf den Hauptästen bis zu 0,35 mm lang und auf den dünneren Zweigen bis 0,44 mm lang. Diese Rindenskleriten sind nur mit vereinzelten Wärzchen besetzt. Stamm gelblichbraun, stark goldglänzend; Achsen der Äste gelblich mit schwachem Goldglanz.

Östlich von Rotti (Malayischer Archipel). In 520 m Tiefe.

16. **C. squarrosa** (P. Wright & Th. Stud.) 1889 *Dasygorgia s.*, P. Wright & Th. Studer in: Rep. Voy. Challenger, *v.* 31 pars 64 p. 14 | 1902 *Chrysogorgia s.*, Versluys in: Siboga-Exp., *v.* 13 p. 56 | 1908 *Metallogorgia s.*, Nutting in: P. U. S. Mus., *v.* 34 p. 594 t. 51 f. 4 | 1919 *Chrysogorgia s.*, Kükenthal in: Ergeb. Tiefsee-Exp., *v.* 13 pars 2 p. 522.

Der Aststand ist regellos. Vertikale Stammstreifen lassen sich nicht wahrnehmen. Die Ausbreitung jedes Stammastes erfolgt annähernd in einer Ebene, die meist mehr dem Stamm parallel gerichtet ist. Die Astinternodien sind bis 11 mm lang, die Verzweigung findet unter stumpfen Winkeln statt. Auf jedem Internodium stehen 1 oder 2 Polypen, die mit zusammengelegten Tentakeln gut 3 mm Länge erreichen. Sie erheben sich senkrecht auf den Zweigen oder nach deren Spitzen zu geneigt, ihre Form ist walzenförmig, wenn sie reife Geschlechtsprodukte enthalten ist ihre Basis stark angeschwollen. An ihrer Basis bilden die Skleriten einen transversalen niedrigen Ring (Fig. 192), darüber erheben sich in nahezu lückenloser Schicht longitudinal gerichtete, bis 0,5 mm lange Skleriten. Meist sind die Polypenskleriten sehr dünn, mitunter mit hohen dünnen Leisten. Nematozooide fehlen. Die Rinde ist nahezu völlig mit flachen langgestreckten Skleriten bis 0,35 mm Länge bedeckt mit etwas unregelmäßig gebuchteten Rändern, oft mit kleinen Leistchen und meist ohne Warzen. In der Stammrinde liegen dazwischen einzelne bis 0,6 mm lange dickere Skleriten.

Fig. 192.
Chrysogorgia squarrosa.
Polyp (nach Versluys).

Celebessee. In 900 m Tiefe.

17. **C. orientalis** Versl. 1902 *C. o.*, Versluys in: Siboga-Exp., *v.* 13 p. 53 | ? 1906 *C. o.*, J. A. Thomson & W. D. Henderson, Alcyon. Investigator, *v.* 1 p. 28 t. 7 f. 2 | 1919 *C. o.*, Kükenthal in: Ergeb. Tiefsee-Exp., *v.* 13 pars 2 p. 522.

Aststand ziemlich regellos, annähernd $^1/_3$ oder $^2/_5$, links gewunden. Die Stammäste sind wenig aufgerichtet und haben bis zu 6 Internodien, sie breiten sich vorwiegend quer zum Stamm aus. Polypen fehlen dem Stamm, auf den Ästen kommen je 1 oder 2 auf jedem Internodium vor. Mit zusammengelegten Tentakeln sind die Polypen bis 2,75 mm lang. Die Skleriten sind im distalen Polypenteil longitudinal angeordnet, in der Polypenbasis transversal und sind lange, spitze, dicht und fein bewarzte, bis 1 mm lange Skleriten und kleine, sehr dünne Platten. Nematozooide fehlen. Die Rinde enthält lange dünne Skleriten mit unregelmäßig gezähntem Rand bis zu 0,26 mm Länge.

Malayischer Archipel. In 918 und 924 m Tiefe.

18. **C. mixta** Versl. 1902 *C. m.*, Versluys in: Siboga-Exp., *v.* 13 p. 58 | 1919 *C. m.*, Kükenthal in: Ergeb. Tiefsee-Exp., *v.* 13 pars 2 p. 523.

Aststand unbekannt. Jeder Hauptast mit mindestens 6 aufeinanderfolgenden Internodien; die Verzweigung findet annähernd in einer Ebene statt. Die ziemlich zahlreichen Polypen stehen meist auf einer Seite der Äste, auf jedem Internodium 2—5, auf den dünnen biegsamen Internodien wohl auch 6. Die Polypen sind mit zusammengelegten Tentakeln bis 4 mm lang, sind fast alle sehr schräg distalwärts inseriert und ihre Basis ist lang ausgezogen. Die Skleriten sind in 8 septalen Längsreihen angeordnet, sind 1,5—1,75 mm, in der Basis sogar bis 2,5 mm lang, meist an den Enden zugespitzt, oft gebogen und mit zahlreichen Wärzchen bedeckt. In der Polypenbasis liegt eine geschlossene Schicht dünner schuppenartiger Skleriten, die allmählich in die Rindenschuppen übergehen und bis 0,25 mm lang sind. Die Außenseite der Tentakel enthält bis an die Spitze warzige, stumpfe, auf dem Querschnitt runde Skleriten. Nematozooide fehlen. Die dünne Rinde enthält eine nahezu geschlossene Schicht von 0,2—0,4 mm langen, dünnen, schuppenartigen Skleriten mit glatter Oberfläche und sehr fein gezähnten, etwas buchtigen Rändern.

Celebessee bei Menada. In 1165—1264 m Tiefe.

19. **C. occidentalis** Versl. 1883 *C. desbonni* (non *C. d.*, Duchassaing & Michelotti 1864), A. E. Verrill in: Bull. Mus. Harvard, *v.* 11 p. 25 t. 2 f. 6, 6a, 6b | 1901 *C. d.*, Hargitt & Rogers in: Bull. U. S. Fish. Comm., *v.* 2 p. 281 t. 1 f. 1—5 | 1902 *C. occidentalis*, Versluys in: Siboga-Exp., *v.* 13 p. 56 | 1919 *C. o.*, Kükenthal in: Ergeb. Tiefsee-Exp., *v.* 13 pars 2 p. 523.

Die Kolonie ist fächerförmig, mitunter liegen die Äste sämtlich in einer Ebene. Die Hauptäste haben mehrere Internodien von 3—6 mm Länge, die Endzweige sind kurz und etwas rigid. Die Polypen stehen zerstreut, senkrecht oder etwas abwärts gebogen und sind mit ziemlich großen, rauh bewarzten, gebogenen Skleriten bewehrt, die transversal angeordnet sind. Die Tentakel enthalten kleinere Skleriten. Die dünne Rinde enthält unregelmäßig gestaltete, lange, rauh bewarzte, längliche und spindelförmige Skleriten. Farbe (in Alkohol weiß), die harte, etwas verkalkte Achse dunkelbraun, in den dünneren Zweigen gelbbraun und durchscheinend.

Antillen. In 161—527 m Tiefe.

20. **C. intermedia** Versl. 1902 *C. i.*, Versluys in: Siboga-Exp., *v.* 13 p. 61 | 1919 *C. i.*, Kükenthal in: Ergeb. Tiefsee-Exp., *v.* 13 pars 2 p. 524.

Die Stammäste sind meist in einer Ebene verzweigt. Die Internodien sind bisweilen schwach gebogen, geschlängelt und 2—7 mm lang. Die Polypen stehen zu je 1 oder 2 auf den letzten und vorletzten Astinternodien und sind nicht auf eine Seite der Zweige beschränkt. Ihre Länge beträgt mit zusammengelegten Tentakeln 1,8—2 mm. Der Polypenrumpf ist bedeckt mit einer 2—3 fachen Schicht sehr dünner, regellos gelagerter Schuppen von meist länglicher Form, auch Vierlinge kommen vor. Die Schuppen werden bis 0,43 mm groß. Im Tentakelrücken liegen zu 2 oder 3 nebeneinander typische Spicula mit stumpfen Enden, halb so dick wie breit und fein bewarzt. Ihre mittlere Größe beträgt etwa 0,28 mm. Seitlich davon und in den Pinnulae liegen glatte, sehr dünne, bis 0,23 mm lange Skleriten. Rinde dünn mit wenigen, regellos zerstreuten, bis 0,13 mm messenden, dünnen, glatten, gelben Schuppen, deren Rand äußerst fein gezähnt ist. Farbe der Achsen blaß-ockergelb mit nur sehr schwachem Goldglanz.

Timorsee. In 250 m Tiefe.

21. **C. expansa** (P. Wright & Th. Stud.) 1889 *Dasygorgia e.*, P. Wright & Th. Studer in: Rep. Voy. Challenger, *v.* 31 pars 64 p. 16 t. 4 f. a, b; t. 5 f. 6 | 1902 *Chrysogorgia e.*, Versluys in: Siboga-Exp., *v.* 13 p. 63 | 1919 *C. e.*, Kükenthal in: Ergeb. Tiefsee-Exp., *v.* 13 pars 2 p. 524.

Aststand $^1/_4$, rechts gewunden. Die Stammäste gehen senkrecht vom Stamm ab und verzweigen sich sehr reichlich und vorherrschend in einer dem Stamm parallelen Ebene. Die Stammäste haben bis 18 aufeinanderfolgende Internodien, deren Länge 2—10 mm beträgt. Die Polypen fehlen dem Stamm und den proximalsten Internodien und stehen zu je einem, terminal auch 2 auf jedem Internodium, sie sind mit zusammengelegten Tentakeln 1,75 mm lang und mit meist transversal gelagerten Schuppen in dichter Anordnung bedeckt, die unter den Tentakelbasen einen deutlichen vorspringenden Ring bilden. Auf dem Tentakelrücken liegen bis 0,51 mm lange, longitudinal gerichtete, abgeflachte, glatte Skleriten. Die Rinde des Stammes enthält zerstreutliegende dünne Schuppen mit sehr fein und unregelmäßig gezähneltem Rande. Stamm und Äste mit Nematozooiden. Stamm braun mit starkem Metallglanz.

Kermadekinseln. In 936 und 1080 m Tiefe.

22. **C. octagonos** Versl. 1902 *C. o.*, Versluys in: Siboga-Exp., *v.* 13 p. 65 | 1919 *C. o.*, Kükenthal in: Ergeb. Tiefsee-Exp., *v.* 13 pars 2 p. 525.

Aststand $^1/_4$, rechts gewunden. Stammäste kurz, nicht in einer Ebene ausgebreitet, mit 4 oder 5 sukzessiven Internodien von $2^1/_2$—$6^1/_2$ oder terminal bis 9 mm Länge. Die Stamminternodien sind 3 mm lang; die Stammäste sind etwas aufgerichtet, Polypen sitzen nur auf den Endinternodien der Zweige, meist nur einer an der Spitze des Zweiges, der sehr schräg gerichtet ist. Die Länge mit zusammengelegten Tentakeln beträgt 2,5 mm. Der Polypenrumpf enthält eine dreifache Schicht von Kalkschuppen (Fig. 193), die meist transversal und doch ziegelförmig übereinanderliegen. Diese Polypenschuppen sind meist 0,21—0,4 mm, selten bis 0,6 mm lang und bilden unter den Tentakeln einen vorspringenden scharfen Rand. Auf dem Tentakelrücken liegen in dessen proximalen Teil stabförmig longitudinal gelagerte Skleriten und abgestumpfte höckerige Enden, die nach der Tentakelspitze und den Seiten zu kleiner, dünner und ungleichmäßiger werden. Nematozooide fehlen anscheinend. Die dünne Rinde enthält in unregelmäßiger Lagerung dünne, am Rande sehr fein gezähnelte Schuppen von 0,15—0,25 gelegentlich bis 0,4 mm Durchmesser, die oft Vierlinge bilden. Achse des Stammes und der stärkeren Astinternodien bräunlich, die der Zweige blaßgelb, wenig glänzend.

Fig. 193.
Chrysogorgia octagonos.
Polyp (nach Versluys).

Östlich von Rotti (Malayischer Archipel). In 520 m Tiefe.

23. **C. versluysi** Kinosh. 1913 *C. v.*, Kinoshita in: J. Coll. Japan, *v.* 33 nr. 2 p. 25 t. 2 f. 3 | 1919 *C. v.*, Kükenthal in: Ergeb. Tiefsee-Exp., *v.* 13 pars 2 p. 525.

Aststand unbekannt. Die größeren Bruchstücke von Kolonien sind in einer Ebene ausgebildet. Die Länge der Internodien beträgt 6—10, auch bis 20 mm. Die Endzweige sind an allen Stellen der Ausbreitung gleichmäßig verteilt. Anastomosen kommen vor. Die Polypen stehen meist auf der Außenseite der Verzweigung in jedem Internodium 1 oder 2, sind aufgerichtet, an den dünneren Ästen schräg nach der Zweigspitze zugekehrt und

2—4 mm hoch. Der Polypenrumpf ist dicht bedeckt mit horizontalen, länglichen Schuppen, die dachziegelförmig übereinanderliegen und an den Rändern fein gezähnelt sind. Unter jeder Tentakelbasis ist das Schuppenkleid zu einer Spitze ausgezogen. Die Tentakel sind ungleich groß und die abaxialen legen sich beim Einfalten über die adaxialen. An der Basis findet sich eine dreieckige, nackte Fläche, die seitlich davon gelegenen Skleriten sind entweder typische, gerade oder gebogene Spicula, oder keulenförmig mit distalwärts gerichtetem Kopfe. Außerdem sind sie bewarzt, ihre Ränder gezähnelt, ihre Länge beträgt bis 0,4 mm. Sie sind longitudinal, an der Spitze aber quer angeordnet. In jeder Pinnulae liegt ein paar glatter, 0,2 mm langer Schuppen. Die dünne Rinde hat keine Nematozooide und weist dünne, bis 0,12 mm lange, in der Mitte etwas eingeschnürte Schuppen auf. Die Farbe der Achsen ist schwarz mit bräunlichem Metallglanz, in den Endzweigen braun.

Sagamibai (Japan). In 732 m Tiefe.

24. **C. pendula** Versl. 1902 *C. p.*, Versluys in: Siboga-Exp., *v.* 13 p. 73 | 1919 *C. p.*, Kükenthal in: Ergeb. Tiefsee-Exp., *v.* 13 pars 2 p. 526.

Aststand $^2/_5$, links gewunden. Länge eines Stamminternodium 3—4 mm. Die Stammäste sind kurz, nahezu senkrecht zum Stamm gerichtet und geben nahe ihrer Basis einen schräg nach unten gerichteten Seitenast ab, der dann wieder nach aufwärts biegt. Außerdem finden sich noch 2 oder 3 Seitenzweige. Die Polypen fehlen dem Stamm, auf den Ästen stehen sie zu je 1 an jedem Internodium. Sie sind nur 1,2—1,4 mm groß und mit einer dichten Schicht von Schuppen bedeckt, die bis 0,3 mm lang und am Ende oft gespalten sind. Die Tentakelrücken sind mit einer Längsreihe transversal gelagerter Skleriten bis 0,22 mm Länge bedeckt, die nahezu ganzrandig und mit zerstreut stehenden sehr feinen Warzen bedeckt sind (Fig. 194). In den Seitenflächen der Tentakel liegen bis 0,24 mm lange, dünne, glatte Skleriten, von denen je einer in eine Pinnulae hineindringt. Die dünne Rinde enthält am Stamm vereinzelte, an den Ästen zahlreiche, sehr dünne, glatte Skleriten von 0,1—0,173 mm Länge. Achse unten braun, oben wie die Zweigachsen blaßgelb mit starkem Goldglanz.

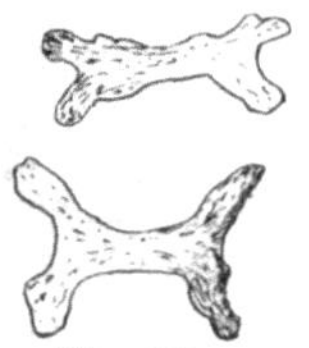

Fig. 194. Chrysogorgia pendula. Skleriten des Tentakelrückens von innen und außen gesehen (nach Versluys).

Bandainseln. In 1595 m Tiefe.

25. **C. acanthella** (P. Wright & Th. Stud.) 1889 *Dasygorgia a.*, P. Wright & Th. Studer in: Rep. Voy. Challenger, *v.* 31 pars 64 p. 18 | 1902 *Chrysogorgia a.*, Versluys in: Siboga-Exp., *v.* 13 p. 71 | 1919 *C. a.*, Kükenthal in: Ergeb. Tiefsee-Exp., *v.* 13 pars 2 p. 526.

Aststand $^3/_5$, links gewunden. Längs- und Stamminternodien etwa 2 mm. Die Stammäste gehen senkrecht vom Stamm ab, nur die oberen sind schräg aufgerichtet; sie haben 4 oder 5 Internodien von 2,5—5,5 mm Länge. Auf jedem Internodium findet sich ein Polyp, auf dem Endinternodium bisweilen 2. Auch am Stamm finden sich kleinere Polypen. Die Polypen sind 1,75 mm lang, sind annähernd kugelig geformt und ihre Bewehrung ist wie bei *C. japonica*. Auf dem Tentakelrücken finden sich querliegende Skleriten. Nematozooide zahlreich bis 0,1 mm hoch. Die Rinde enthält bis 0,2 mm lange Skleriten, ähnlich denen von *C. expansa* (nr. 21), nur mit weniger eingebuchteten Rändern. Achse des Stammes grünlich metallisch glänzend, die Äste der Zweige sind gelb, goldglänzend.

Kermadek-Inseln. In 1080 m Tiefe.

26. **C. sibogae** Versl. 1902 *C. s.*, Versluys in: Siboga-Exp., *v.* 13 p. 74 | 1919 *C. s.*, Kükenthal in: Ergeb. Tiefsee-Exp., *v.* 13 pars 2 p. 527.

Aststand $^1/_3$, links gewunden. Länge eines Stamminternodium unten 1, in der Mitte 2, an der Spitze 2,7—3 mm. Die unteren Stammäste stehen senkrecht zum Stamm, die anderen sind mehr aufgerichtet. Ihre Verzweigung ist ziemlich regelmäßig, anscheinend dichotomisch und nahezu in einer Ebene erfolgt, die senkrecht zu der Ebene steht, die man durch den Stamm und den Anfang des Hauptastes legen kann. Die Hauptäste zählen 3—8 Internodien, von denen das basale meist 2—3 mm lang ist, die terminalen meist etwas unter 10 mm, gelegentlich aber bis 27 mm. Die Endinternodien sind sehr dünn und sehr biegsam. Die Polypen sind zahlreich, regellos angeordnet und nach allen Seiten gerichtet. An den Stamminternodien stehen je 1 oder 2, an den Astinternodien 2—6. Ihre Größe ist verschieden, bis 3,3 mm. Die Polypenschuppen bilden eine sehr dünne Schicht, erreichen bis 0,23 mm Durchmesser und ihr Rand ist sehr fein gezähnelt. Die Tentakelschuppen sind bis 0,27 mm lang, liegen in der Mitte der Spitze transversal, in der Basis schräg oder longitudinal. Nematozooide sehr zahlreich, der Rinde ein samtartiges Aussehen verleihend. Rinde mit sehr wenigen, ganz zerstreut liegenden, glatten, runden oder ovalen Schuppen bis 0,1 mm Durchmesser. Achse des Stammes metallisch braun, der Äste weiß, der stärkeren bräunlich mit Goldglanz.

Kei-Inseln. In 204 m Tiefe.

27. **C. cavea** Kinosh. 1913 *C. c.*, Kinoshita in: J. Coll. Japan, *v.* 33 nr. 2 p. 28 t. 1 f. 2 | 1919 *C. c.*, Kükenthal in: Ergeb. Tiefsee-Exp., *v.* 13 pars 2 p. 527.

Der Aststand ist zwischen $^1/_3$ und $^2/_5$, die Spirale ist links gewunden. Die Stammäste gehen im unteren Teil horizontal ab, im oberen Teil gabelt sich der Hauptstamm dichotomisch. Die Gabelungen der Äste bei diesen beiden Stämmen finden unter einem Winkel von 60—80° statt und die Länge der Internodien ist gewöhnlich 5 mm. Die Endzweige verteilen sich ziemlich gleichmäßig auf der Oberfläche. Anastomosen sind häufig. Polypen stehen auf Stamm wie Ästen, hier auf der nach außen gekehrten Seite, zu 1, selten 2 in jedem Internodium und kehren ihre Mundseite entweder proximalwärts oder distalwärts. Ihre Höhe beträgt 1,5 mm, ihr Rumpf ist mit einer vollständigen Schicht fein gezähnelter und bewarzter Schuppen bedeckt, deren Ränder sich regelmäßig überdecken. Die unteren Polypenskleriten sind etwas verlängert, abgerundet und in der Mitte leicht eingeschnürt, die oberen sind größer und oft drei- und vierlappig. Die Tentakel weisen basal unregelmäßig lappige Schuppen auf, die in der Längsrichtung zu zweit nebeneinanderliegen, sowie kleinere Schuppen; in der Mitte und mehr distalwärts ordnen sich die Schuppen in einer Querreihe dachziegelförmig an. Die Pinnulae sind mit je einer rippenartigen, bis 0,25 mm langen Schuppe versehen. Die Rinde enthält keine Nematozooide und ist mit glatten, am Rande gezähnelten Schuppen bedeckt, die am Stamm 0,15 mm lang werden. Die Farbe der steifen und dicken Achsen ist unten grünlichbraun, in der Mitte grünlich mit Goldglanz, oben gelblichbraun.

Okinosebank (Japan). In 640—752 m Tiefe.

28. **C. axillaris** (P. Wright & Th. Stud.) 1889 *Dasygorgia a.*, P. Wright & Th. Studer in: Rep. Voy. Challenger, *v.* 31 pars 64 p. 20 | 1902 *Chrysogorgia a.*, Versluys in: Siboga-Exp., *v.* 13 p. 77 | 1919 *C. a.*, Kükenthal in: Ergeb. Tiefsee-Exp., *v.* 13 pars 2 p. 528.

Aststand $^1/_3$, links gewunden. Länge eines Stamminternodium etwa 3 mm. Die Stammäste stehen nahezu senkrecht zum Stamm und haben bis

10 Internodien. Ihre Verzweigung erfolgt nicht in einer Ebene. Die Polypen fehlen am Stamm und den basalen Internodien der Stammäste und stehen zu je 1 auf den anderen Internodien, auf den terminalen auch zu 2. Die Polypen sind höchstens 1,5 mm lang, ihr Rumpf ist kugelig und mit einer dichten doppelten Schicht von Schuppen bedeckt, die meist transversal gelagert sind und 0,48 mm Durchmesser erreichen. Ihre Oberfläche ist glatt, der Rand sehr fein gezähnelt. Alle Schuppen des Tentakelrückens liegen transversal und lückenlos dachziegelförmig übereinander. Nematozooide zahlreich. Rinde mit zerstreut liegenden, sehr dünnen, meist länglichen, longitudinal angeordneten Skleriten.

Philippinen, Kermadekinseln. In 148—1049 m Tiefe.

29. **C. excavata** Kükth. 1908 *C. e.*, Kükenthal in: Zool. Anz., *v.* 33 p. 708 | 1909 *C. e.*, Kükenthal in: Abh. Bayer. Ak., suppl. *v.* 1 nr. 5 p. 46 t. 3 f. 19 | 1919 *C. e.*, Kükenthal in: Ergeb. Tiefsee-Exp., *v.* 13 pars 2 p. 528.

Der Aststand ist $^1/_3$, die Stammäste stehen in einer links gewundenen Spirale rechtwinklig am Stamm. Die 3 scharf ausgesprochenen Längsreihen bilden verschiedene Winkel, indem 2 nur wenig größer als 90° sind, der dritte dagegen nahezu ein gestreckter ist. Die Entfernung je zweier Äste der gleichen Längsreihe beträgt 13 mm. Die Stamminternodien sind 5,5 mm lang. Die Verzweigung der Stammäste erfolgt in einer senkrecht den Hauptstamm schneidenden Ebene. Die medianen Hauptäste haben eine andere Verzweigung als die lateralen, die nur nach einer Seite, der medianen zu, Zweige abgeben, während bei den medianen eine anscheinend regelmäßige dichotomische Teilung auftritt. Auf jedem Stamminternodium sitzt ein Polyp, auf den Internodien der Äste meist 2, die nach oben gerichtet sind. Ihre Länge erreicht 2 mm, basal sind sie stark eingeschnürt und mit einer dichten Lage unregelmäßiger, glatter Schuppen bedeckt, die lange, lappige Fortsätze aufweisen und 0,15 mm, gelegentlich aber 0,4 mm lang sind. Ähnliche kleinere Schuppen bedecken den Tentakelrücken, und in die Pinnulae gehen schlanke, rippenförmige Skleriten von 0,5 mm Länge hinein, auf deren konvexen Seiten ein dünner, gezackter Kamm erscheint. Die Rindenskleriten sind im Stamme ovale oder biskuitförmige Körperchen von etwa 0,1 mm Länge, die in der Astrinde bis 0,18 mm lang und schlanker werden. Farbe der Polypen schneeweiß. Stammachse und basales Internodium der Äste mit intensivem dunkelblau-grünem Metallglanz.

Japan. Oberes Abyssal.

Fig. 195.
Chrysogorgia geniculata. Tentakelrücken u. Pinnulaeskleriten (nach Versluys).

30. **C. geniculata** (P. Wright & Th. Stud.) 1889 *Dasygorgia g.*, P. Wright & Th. Studer in: Rep. Voy. Challenger, *v.* 31 pars 64 p. 17 | 1902 *Chrysogorgia g.*, Versluys in: Siboga-Exp., *v.* 13 p. 79 | 1908 *C. g.*, Nutting in: P. U. S. Mus., *v.* 34 p. 592 t. 50 f. 4 | 1913 *C. g.*, Kinoshita in: J. Coll. Japan, *v.* 33 nr. 2 p. 32 | 1919 *C. g.*, Kükenthal in: Ergeb. Tiefsee-Exp., *v.* 13 pars 2 p. 529.

Aststand $^1/_3$, links gewunden. Die Stamminternodien sind 3,5—4 mm lang. Die Stammäste gehen nahezu senkrecht vom Stamme ab, die oberen sind etwas schräg aufgerichtet und sind viel dicker als die unteren. Die Verzweigung erfolgt meist in einer Ebene. Die Hauptäste haben bis 7 Internodien. Die Polypen stehen auf Stamm und Ästen zu je 1 in jedem Internodium, werden bis 3 mm lang und haben ein dichtes Schuppenkleid, das meist transversal verläuft. Die Oberfläche der Schuppen ist sehr fein bewarzt. Auf dem Tentakelrücken liegen transversale Schuppen in einer Reihe übereinander und seitlich davon gehen auffallend große, stachelähnliche Kalkkörper von bis zu 0,4 mm Länge in die Tentakelpinnulae hinein (Fig. 195). Nematozooide fehlen. Die zarte Rinde ist mit ziemlich zahlreichen, dünnen, länglichen Skleriten erfüllt, die bis 0,3 mm lang werden. Achse des Stammes bräunlich mit starkem, blauem Metallglanz; Achsen der Stammäste blaßgelblich mit Goldglanz.

Philippinen, Japan, Keiinseln, Hawai. In Tiefen von 149—621 m.

31. **C. ramosa** Versl. 1902 *C. r.*, Versluys in: Siboga-Exp., *v.* 13 p. 83 | 1919 *C. r.*, Kükenthal in: Ergeb. Tiefsee-Exp., *v.* 13 pars 2 p. 529.

Aststand $^1/_4$, links gewunden; die Stammäste entspringen sehr nahe beieinander, und die Stamminternodien sind unten nur 1 mm, oben 3 mm lang. Die Stammäste breiten sich vorherrschend in einer Ebene senkrecht zum Stamme aus, die dünneren Endzweige sind meist etwas aufgerichtet. Auf den 4—12 mm langen Astinternodien stehen 1 oder 2 Polypen, die mit zusammengelegten Tentakeln bis 2 mm lang sind. Die Polypenschuppen sind ganz glatt und bis 0,32 mm lang; die glatten, sehr unregelmäßigen, transversal gelagerten Schuppen des Tentakelrückens sind bis 0,18 mm lang. Auch die Skleriten der Pinnulae, etwa 10 jederseits, sind sehr lang, bis 0,34 mm und ihre distalen Enden sind meist etwas verbreitert. Die Rinde des Stammes enthält zahlreiche, einander teilweise überdeckende, dünne Skleriten (Fig. 196) mit fein bewarzter Oberfläche und von bis zu 0,24 mm Länge, während in den Zweigen die Rindenskleriten nur bis 0,14 mm lang und fast glatt sind. Nematozooide fehlen. Stamm mit grünlichem Goldglanz, Achsen der Zweige mit starkem dunklem Goldglanz.

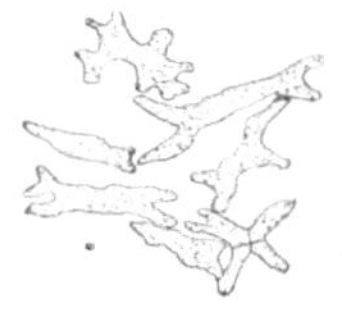

Fig. 196. Chrysogorgia ramosa. Rindenskleriten (nach Versluys).

Suluinseln. In 522 m Tiefe.

C. agassizii (Verrill) 1883 *Dasygorgia a.*, A. E. Verrill in: Bull. Mus. Harvard, *v.* 11 p. 22 t. 2 f. 4, 4a, 4b | 1896 *D. a.*, Roule in: Ann. Univ. Lyon, *v.* 26 p. 304 | 1902 *Chrysogorgia a.*, Versluys in: Siboga-Exp., *v.* 13 p. 22 | ? 1912 *C. a.*, Nutting in: P. U. S. Mus., *v.* 43 p. 55 | 1919 *C. a.*, Kükenthal in: Ergeb. Tiefsee-Exp., *v.* 13 pars 2 p. 530.

Aststand $^2/_5$. Die Stammäste gehen in nahezu rechtem Winkel ab und die Zahl ihrer Internodien beträgt 3 oder 4. Die Endzweige sind haarfein. Die ziemlich großen Polypen sind wenig zahlreich, schräg aufwärts gerichtet, und ihre Skleriten sind bis 0,18 mm lange, flache, dünne, längliche Gebilde mit abgerundeten Enden und in der Mitte meist eingeschnürt. Distalwärts werden diese Skleriten bis 0,34 mm lang und sind fein bedornte Spindeln. Die sehr zarte Rinde ist mit kleinen, flachen, länglichen Skleriten erfüllt. Die Achse enthält Kalk. Farbe (in Alkohol) weiß, der Achse goldgelb mit bronzefarbenem Metallglanz.

Georgs-Bank (Atlantischer Ocean). In 2271 m Tiefe.

C. anastomosans Versl. 1902 *C. a.*, Versluys in: Siboga-Exp., *v.* 13 p. 51 | 1919 *C. a.*, Kükenthal in: Ergeb. Tiefsee-Exp., *v.* 13 pars 2 p. 530.

Die Verzweigung der Aste erfolgt vorherrschend in einer Ebene, aber die dünneren Zweige sind alle mehr oder weniger nach derselben Seite dieser Ebene gekehrt. Zahlreiche Anastomosen. Die Astinternodien sind 4—5 mm lang und oft sanft gebogen. Die Polypen fehlen der Unterseite der stärkeren Äste, sind sonst regellos verbreitert und stehen zu 1 oder 2, aber auch 3 oder 4 auf einem Internodium. Die Polypen sind mit zusammengelegten Tentakeln höchstens 1,6 mm lang. Ihre bis 0,31 mm langen Skleriten liegen in 8 septalen Längsreihen, sind auf dem Querschnitt rund oder breit oval, mit abgerundeten Enden und ihre Oberfläche ist schwach bewarzt. In der Polypenbasis bilden sie eine nahezu geschlossene Schicht, sind meist stark abgeplattet und bis 0,41 mm lang und warzenfrei. Nematozooide fehlen. Die Rindenskleriten liegen in regellosen Gruppen, sind dünn, meist völlig glatt und bis 0,2 mm lang. Achse bräunlich gelb mit schwachem Goldglanz.

Malayischer Archipel. In 520—827 m Tiefe.

C. arborescens Nutting 1908 *C. a.*, Nutting in: P. U. S. Mus., *v.* 34 p. 588 t. 45 f. 4, 8; t. 49 f. 6 | 1919 *C. a.*, Kükenthal in: Ergeb. Tiefsee-Exp., *v.* 13 pars 2 p. 531.

Aststand $^{2}/_{5}$, rechts gewunden. Die Entfernung zwischen 2 Hauptästen ist 3 mm. Die Verzweigung geht bis zu Zweigen vierter Ordnung. Die Internodien tragen 1 Polypen, die Endzweige 2. Die Polypen sind 1,5—2 mm hoch, schlank und mit stabförmigen, longitudinal angeordneten Skleriten bedeckt, die auch unregelmäßige Formen annehmen. Einzelne Polypen können bis 12 mm hoch und 2 mm dick werden, was durch parasitische Crustaceen hervorgerufen wird. Farbe wahrscheinlich im Leben gelb, Achse grünlich metallisch glänzend.

Hawai. In 722—914 m Tiefe.

C. curvata Versl. 1902 *C. c.*, Versluys in: Siboga-Exp., *v.* 13 p. 67 | 1908 *C. c.*, Nutting in: P. U. S. Mus., *v.* 34 p. 591 | 1919 *C. c.*, Kükenthal in: Ergeb. Tiefsee-Exp., *v.* 13 pars 2 p. 531.

Die Internodien sind 3—4 mm, an den Enden 7 mm lang. Anastomosen kommen vor. Die Polypen sind so ziemlich nach allen Seiten gekehrt, stehen dicht zusammen zu 2 auf den kurzen Internodien und werden 2 mm lang. Die Polypenskleriten sind eine 2 bis 3fache Schicht von Kalkschuppen, die glatt und nur mit sehr fein gezähnelten Rändern versehen sind. Im distalen Polypenteil liegen sie transversal, bilden aber keinen vorstehenden Rand unter den Tentakelbasen. In der Tentakelachse liegen in longitudinaler Anordnung bis 0,3 mm lange Skleriten mit zahnartigen Höckern an einem Ende. Nematozooide fehlen. Die Rinde enthält zahlreiche schuppenförmige unregelmäßig geformte Skleriten von 0,08—0,26 mm, selten bis 0,3 mm Länge. Achse bräunlich mit starkem Goldglanz.

Molukken. In 1089 m Tiefe.

C. delicata Nutting 1908 *C. d.*, Nutting in: P. U. S. Mus., *v.* 34 p. 589 t. 45 f. 7 | 1919 *C. d.*, Kükenthal in: Ergeb. Tiefsee-Exp., *v.* 13 pars 2 p. 531.

Aststand $^{1}/_{3}$, links gewunden. Stamm und Äste sehr zart. Äste nur 1- oder 2mal verzweigt. Die Polypen sind ungefähr 2,5 mm hoch und stehen zu je einem auf jedem Internodium, nur an den Enden zu zwei. Die Polypenskleriten sind schuppenförmig und sehr verschieden gestellt, mit lappigen Fortsätzen an den Rändern, sich überdeckend. Basal sind sie mehr transversal, distal mehr longitudinal angeordnet. Die Tentakelskleriten sind gebogen und transversal angeordnet. Farbe weiß, Achse mit violettem Metallglanz.

Hawai. In 536—1463 m Tiefe.

C. desbonni Duchass. & Mich. 1864 *C. d.*, Duchassaing & Michelotti in: Mem. Acc. Torino, ser. 2 *v.* 23 p. 13 t. 1 f. 7, 8; p. 21 t. 4 f. 5 | 1870 *C. d.*, Duchassaing, Rev. Zooph. Spong. Antill., p. 17 | 1883 nec *C. d.*, A. E. Verrill in: Bull. Mus. Harvard, *v.* 11 p. 25 | 1889 *C. d.* (part.), P. Wright & Th. Studer in: Rep. Voy. Challenger, *v.* 31 pars 64 p. 1, 24 | 1901 nec *C. d.*, Hargitt & Rogers in: Bull. U. S. Fish. Comm., *v.* 2 p. 281 t. 1 f. 1, 5 | 1902 *C. d.*, Versluys in: Siboga-Exp., *v.* 13 p. 85 | 1919 *C. d.*, Kükenthal in: Ergeb. Tiefsee-Exp., *v.* 13 pars 2 p. 532.

Die Stammäste gehen nach allen Seiten in Entfernungen von 2—3 mm im Winkel von 45° ab, sind sehr lang, alle stark aufgerichtet und erheben sich weit über der Spitze des Stammes. Sie sind stark und vielfach nach nur einer Seite verzweigt und weisen 11—13, 4—7 mm lange Internodien auf. Meist findet sich auf jedem Internodium 1 Polyp von 1 mm Länge, der mit verschmälerter Basis und unter der Tentakelinsertion am breitesten ist. Die Achsen sind bernsteinfarbig, die Rinde ist milchweiß.

Guadeloupe.

C. dichotoma J. A. Thoms. & W. D. Hend. 1906 *C. d.*, J. A. Thomson & W. D. Henderson, Alcyon. Investigator, *v.* 1 p. 29 t. 6 f. 3 | 1912 *C. d.*, Nutting in: P. U. S. Mus., *v.* 43 p. 56 | 1919 *C. d.*, Kükenthal in: Ergeb. Tiefsee-Exp., *v.* 13 pars 2 p. 532.

Aststand in unregelmäßiger links gewundener Spirale. Die Internodien sind etwa 2 mm lang und die Stammäste stehen in 7—10 mm Entfernung übereinander. Jeder Ast teilt sich dichotomisch und ungefähr in einer Ebene. Die Polypen sind sehr klein, höchstens 0,5 mm lang, 0,25 mm breit und stehen an den Ästen in kurzen Spiralen. Die Polypenskleriten sind feinbedornte Spindeln oder Stäbe mit abgerundeten Enden bis 0,16 mm lang. Die langen Tentakel haben ein aborales Band von Skleriten, die in 2 oder 3 Reihen stehen. Die sehr dünne, durchscheinende Rinde enthält keine Skleriten Die Achse ist sehr verkalkt und sehr brüchig und von brauner Farbe mit grünlichem Schimmer in den basalen Teilen, goldgelb in den distalen.

Indischer Ozean, 13° 17' n. Br. 93° 07' ö. L. in 169 m Tiefe. Japan 174—188 m.

C. elegans (Verrill) 1883 *Dasygorgia e.*, A. E. Verrill in: Bull. Mus. Harvard, *v.* 11 p. 23 | 1902 *Chrysogorgia e.*, Versluys in: Siboga-Exp., *v.* 13 p. 61 | ? 1908 *C. e.*, Nutting in: P. U. S. Mus., *v.* 34 p. 590 | 1919 *C. e.*, Kükenthal in: Ergeb. Tiefsee-Exp., *v.* 13 pars 2 p. 533.

Die große, runde, symmetrisch gebaute Kolonie ist schön spiralig verzweigt, die Stammäste sind dichter, kürzer und mit mehr Internodien versehen als bei *C. agassizii* (p. 403), die Endzweige sind kürzer und weniger biegsam, die Polypen sind größer und stehen mehr senkrecht, ihre Skleriten sind größer und stärker bewarzt aber weniger zahlreich. Die Skleriten der dünnen Rinde sind kleiner und fein bedornt. Farbe der Achse hellgelbbraun mit schwachem Metallglanz.

Westindien. In 427—625 m Tiefe.

C. fewkesi Verrill 1868 *C. desbonni* (non *C. d.*, Duchassaing & Michelotti 1864), Pourtalès in: Bull. Mus. Harvard, *v.* 1 p. 131 | 1883 *C. fewkesi*, A. E. Verrill in: Bull. Mus. Harvard, *v.* 11 p. 26 | 1902 *C. f.*, Versluys in: Siboga-Exp., *v.* 13 p. 55 | 1919 *C. f.*, Kükenthal in: Ergeb. Tiefsee-Exp., *v.* 13 pars 2 p. 533.

Die Kolonie ist kräftig entwickelt und breit und stark verzweigt. Die Hauptäste entspringen nahezu rechtwinklig und stehen 4—6 mm voneinander entfernt. Die proximalen Internodien sind 10—12 mm lang, die darauffolgenden verschieden groß. Die Endzweige sind sehr fein und divergieren stark. Die ziemlich kleinen Polypen stehen unregelmäßig, sind in der Mitte eingeschnürt und stehen meist senkrecht auf den Zweigen, nur die an den Enden sind schräg distalwärts gerichtet. Die Polypenskleriten sind groß, warzig, gebogen und an der Basis schräg in der Mitte transversal angeordnet. Die Tentakel sind mit kleinen, abgestumpften Skleriten erfüllt. Die dünne Rinde enthält große, in der Längsrichtung angeordnete, bewarzte Spindeln. Achse glatt, zart. Farbe (in Alkohol) weiß, der Achse braungelb, in den Zweigen heller, mit einem schwachem Metallglanz.

St. Vincent (Westindien) in 573 m Tiefe. Kuba.

C. fruticosa (Th. Stud.) 1894 *Dasygorgia f.*, Th. Studer in: Bull. Mus. Harvard, *v.* 25 p. 61 | 1902 *Chrysogorgia f.*, Versluys in: Siboga-Exp., *v.* 13 p. 86 | 1919 *C. f.*, Kükenthal in: Ergeb. Tiefsee-Exp., *v.* 13 pars 2 p. 534.

Im Habitus der *C. cupressa* (nr. 1) ähnlich. Der Aststand ist $^1/_3$. Die Verzweigung geht bis zu Ästen vierter Ordnung. Die Drehung, ob rechts- oder linksgewunden, ist unbekannt. Der Stamm ist an der Basis 2 mm dick. Die Internodien sind sehr kurz, am Stamm 5—7 mm lang. Die Polypen sind nur 1 mm lang, walzenförmig mit verbreiterter Basis, und seitlich von ihnen stehen Nesselpapillen. Die Polypenskleriten stehen longitudinal und sind flache, längliche, in der Mitte biskuitförmig eingeschnürte Formen. Die Rinde ist sehr dünn und durchscheinend. Die Achse ist basal rigid, in den Zweigen biegsam, an der Basis schwarz, sonst gelb mit goldigem Glanz. Farbe (in Alkohol) weiß.

Westküste Zentralamerikas in 7° 31' 30' n. Br. 79° 14' ö. L. Tiefe 838 m.

C. indica J. A. Thoms. & W. D. Hend. 1906 *C. i.*, J. A. Thomson & W. D. Henderson, Alcyon. Investigator, *v.* 1 p. 31 t. 3 f. 6 | 1919 *C. i.*, Kükenthal in: Ergeb. Tiefsee-Exp., *v.* 13 pars 2 p. 534.

Die Verzweigung ist dichotomisch und sehr unregelmäßig. Die Polypen stehen senkrecht auf ihrer Unterlage und umfassen den Ast mit ihrem basalen Teile. An jedem Internodium findet sich bei jungen Exemplaren ein Polyp, in den Endzweigen wohl auch zwei, bei älteren Exemplaren finden sich 2 oder 3 Polypen in jedem Internodium. Die Polypenskleriten sind gestreckte oder leicht gebogene, bis 0,8 mm lange, fein bewarzte Spindeln oder unregelmäßige, abgeflachte Stäbe und sind regelmäßig in der Längsrichtung angeordnet. Auf der Rückenfläche der Tentakel liegt ein Band longitudinal angeordneter Skleriten. Die sehr dünne durchscheinende Rinde enthält bis 0,35 mm lange sonst ähnliche Skleriten wie die Polypenwand. Die Achse ist hart und brüchig. Farbe der Polypen weiß, der Achse tiefbraunfarben.

Indischer Ozean 6° 57' n. Br. 79° 33' ö. L. in 1038 m Tiefe.

C. irregularis J. A. Thoms. & W. D. Hend. 1906 *C. i.*, J. A. Thomson & W. D. Henderson, Alcyon. Investigator, *v.* 1 p. 30 t. 2 f. 4; t. 9 f. 6 | 1919 *C. i.*, Kükenthal in: Ergeb. Tiefsee-Exp., *v.* 13 pars 2 p. 535.

Aststand 1/3, aber unregelmäßig. Jedes Internodium trägt durchschnittlich einen Polypen, an den distalen Enden auch zwei. Die Polypen sind von Glockenform mit 8 konvergierenden Spitzen und astumfassender Basis. Die Skleriten sind vorwiegend stabförmig und basal spiralig, distal in 8 Längsreihen angeordnet, die in konvergierende Spitzen auslaufen. Ihre Gestalt ist wie die der Rindenskleriten sehr unregelmäßig, stabförmig, spindelförmig oder ganz unregelmäßig und abgeplattet und vorwiegend mit glatter Oberfläche. Die Achse ist hart, kolbig und brüchig, von goldgelber Farbe.

Indischer Ozean, 7° 4' 4" n. Br. 82° 2' 45" ö. L. in 1271 m Tiefe.

C. japonica (P. Wright & Th. Stud.) 1889 *Dasygorgia j.*, P. Wright & Th. Studer in: Rep. Voy. Challenger, *v.* 31 pars 64 p. 21 | 1902 *Chrysogorgia j.*, Versluys in: Siboga-Exp., *v.* 13 p. 69 | 1919 *C. j.*, Kükenthal in: Ergeb. Tiefsee-Exp., *v.* 13 pars 2 p. 535.

Die stärkeren Äste geben meist nur nach einer Seite hin wieder Seitenäste ab, die dünneren Äste oft in der Ebene der Verzweigung nach beiden Seiten hin. Die Zweige sind oft gebogen. Die Polypen sind zahlreich und stehen vorwiegend in der Verzweigungsebene. Ihre Länge beträgt bis 4 mm, meist sitzen sie den Zweigen schräg auf. Die Polypenskleriten liegen schräg zur Längsachse der Polypen; ihre größte Länge beträgt 0,4 mm, ihr Rand ist streckenweise sehr fein gezähnelt. In der Tentakelbasis sind die Schuppen sehr schmal und longitudinal dicht nebeneinander angeordnet. Die Rinde enthält große Nematozooide. Die Rinde ist dünn und enthält glatte dünne Schuppen bis 0,24 mm Größe. Achse dunkel metallisch glänzend.

Japan. In 3375 m Tiefe.

C. flavescens Nutting 1908 *C. f.*, Nutting in: P. U. S. Mus., *v.* 34 p. 591 t. 50 f. 5 | 1919 *C. f.*, Kükenthal in: Ergeb. Tiefsee-Exp., *v.* 13 pars 2 p. 535.

Aststand 1/3, links gewunden. Der Stamm ist glatt, in der unteren Hälfte unverzweigt, und die Stammäste stehen 12 mm voneinander entfernt. Die Verzweigung geht bis zu Zweigen vierter und fünfter Ordnung. Die Polypen stehen rechtwinklig zu je einem auf jedem Internodium, sind 2,5 mm hoch, mit eingeschnürtem mittlerem Teil und ihre Spicula sind Schuppen mit lappigen Rändern, die transversal angeordnet sind und mit ihren lappigen Fortsätzen sich überdecken. Auch der Tentakelrücken ist mit transversalen Skleriten bedeckt. Die Rindenskleriten sind größere lappige Schuppen, die longitudinal angeordnet sind, auch kreuzförmige Gebilde kommen vor. Farbe ledergelb, Achse goldig metallglänzend.

Hawai. In 1688—1977 m Tiefe.

C. pellucida Kükth. 1908 *C. p.*, Kükenthal in: Zool. Anz., *v.* 33 p. 707 | 1909 *C. p.*, Kükenthal in: Abh. Bayer. Ak., suppl. *v.* 1 nr. 5 p. 44 t. 3 f. 18 | 1919 *C. p.*, Kükenthal in: Ergeb. Tiefsee-Exp., *v.* 13 pars 2 p. 536.

Die Teilung der Stammäste erfolgt scheinbar mehrfach dichotomisch in sehr spitzem Winkel von etwa 25°. Die Internodien sind ungleich lang, das längere teilt sich in einer Ebene, die senkrecht zur vorhergehenden steht, das kürzere dagegen in der gleichen Ebene, in der die erste Teilung erfolgt ist. Die Endäste sind kurz, nur 8 mm lang. Die Polypen sitzen in ganz gleichen Abständen von 2,5 mm an den Internodien, von denen manche bis zu 9 Polypen tragen. Sie sind senkrecht inseriert, gehen aber nach verschiedenen Richtungen ab; die Polypenrumpflänge beträgt 2 mm, die Tentakel sind bis 2 mm lang. Die Polypenskleriten sind 0,12 mm lange und kleine, glatte, flache Stäbchen, mitunter in der Mitte eingeschnürt und in 8 Längszügen angeordnet. Diese Skleriten treten auch in die Tentakelachse hinein. Die Pinnulae sind spiculafrei. Die Astrinde enthält die gleichen Skleriten wie die Polypen. Farbe weiß, der Polypen durchsichtig. Achse weißgelb mit schwachem Goldglanz.

Japan. In 100 m Tiefe.

C. rigida Versl. 1902 *C. r.*, Versluys in: Siboga-Exp., *v.* 13 p. 81 | 1919 *C. r.*, Kükenthal in: Ergeb. Tiefsee-Exp., *v.* 13 pars 2 p. 536.

Aststand $^1/_3$; linksgewunden. Die Stammäste sind vorwiegend senkrecht zum Stamm ausgebreitet. Die Astinternodien sind 3—4,5 mm lang. Die Polypen und ihre Skleriten gleichen denen von *C. geniculata* (nr. 30); dem Stamm fehlen Polypen völlig. (Fig. 197). Die Rindenschuppen sind etwas kleiner als bei *C. geniculata*. Achse des Stammes hell blaßbräunlich mit hellblauem Metallschimmer.

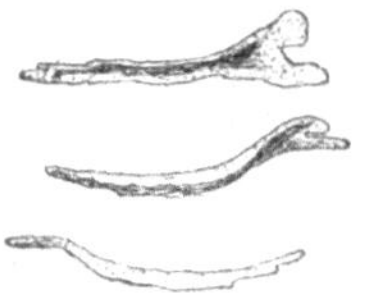

Fig. 197.
Chrysogorgia rigida.
Pinnulaeskleriten
(nach Versluys).

Suluinseln. In 522 m Tiefe.

C. sp. Versl. 1902 *C. sp.*, Versluys in: Siboga-Exp., *v.* 13 p. 39.

Nur Astabschnitte vorhanden. Es kommen bis zu 20 Internodien vor. Die Verzweigung der Äste erfolgt vorherrschend in einer Ebene, auch Anastomosen finden sich. Die Internodien sind meist 4 mm lang, jedes trägt 2, selten 1 Polypen, die denen von *C. pusilla* (nr. 7) ähnlich sind. Die Skleriten sind stumpf, mit nur kleinen Wärzchen. Ohne Schuppen im Polypenrumpf und in den Tentakelspitzen. Rindenskleriten und Nesselpapillen fehlen wie bei *C. cupressa* (nr. 1). Dadurch erscheint die Form mit *C. cupressa* verwandt, in der Polypenform mit *C. pusilla*, während sie durch die starke Verzweigung von beiden verschieden ist.

C. sp. Versl. ? 1902 *C. tetrasticha*, Versluys in: Siboga-Exp., *v.* 13 p. 36 | 1902 *C. sp.*, Versluys, ibid., p. 37.

Es sind nur ein paar Astabschnitte vorhanden. Die Ausbreitung der Zweige findet nicht in einer Ebene statt, Polypen und Skleriten wie bei *C. tetrasticha* (nr. 6). Die Astinternodien sind länger als bei *C. pusilla* (nr. 7) und tragen 2 oder 3 mitunter bis 6 Polypen, auch sind die Polypen größer als bei *C. pusilla*.

Versluys läßt es unentschieden, ob die Bruchstücke zu *C. tetrasticha*, *C. pusilla* oder zu einer dritten neuen Art gehören.

C. sp. Versl. 1902 *C. sp.*, Versluys in: Siboga-Exp., *v.* 13 p. 35.

Die Art, von der nur einige Astfragmente vorhanden sind, ist sehr ähnlich der *C. lata* Versl. (nr. 3) und unterscheidet sich von ihr nur durch die stärkere und unregelmäßigere Verzweigung der längeren Äste. Die Rinde enthält keine Skleriten. Anastomosen kommen vor.

Keiinseln. In 595 m Tiefe.

C. sp. Versl. 1902 *C. sp.*, Versluys in: Siboga-Exp., *v.* 13 p. 78.

Wahrscheinlich eine ganz junge Kolonie einer neuen Art.

Menado. In 1165—1264 m Tiefe.

C. spiculosa (Verrill) 1883 *Dasygorgia s.*, A. E. Verrill in: Bull. Mus. Harvard, *v.* 11 p. 23 t. 2 f. 5 | 1889 nec *D. s.*, P. Wright & Th. Studer in: Rep. Voy. Challenger, *v.* 31 pars 64 p. 9 t. 4 f. 1; t. 5 f. 1 | 1902 *Chrysogorgia s.*, Versluys in: Siboga-Exp.,

v. 13 p. 61 | ? 1908 *C. s.*, Nutting in: P. U. S. Mus., v. 34 p. 591 | 1919 *C. s.*, Kükenthal in: Ergeb. Tiefsee-Exp., v. 13 pars 2 p. 537.

Aststand anscheinend $^2/_5$. Die Stammäste sind nicht in einer horizontalen Ebene und weit divergierend verästelt. Der Stamm ist ziemlich dick. Die großen Polypen stehen meist rechtwinklig auf den Ästen, nur die distalen sind schräg gerichtet; in der Mitte sind sie eingeschnürt und ihre Bewehrung besteht aus sehr langen longitudinal und schräg angeordneten fein bewarzten Spindeln. Auch die Rinde enthält große bewarzte Spindelformen, die am Stamm kleiner und stumpfer werden. Farbe der Achse hellbraungelb mit leichter Iridescenz.

Westindien. In 600—1000 m Tiefe.

C. splendens (Verrill) 1883 *Dasygorgia s.*, A. E. Verrill in: Bull. Mus. Harvard, v. 11 p. 25 | 1902 *Chrysogorgia s.*, Versluys in: Siboga-Exp., v. 13 p. 61 | 1919 *C. s.*, Kükenthal in: Ergeb. Tiefsee-Exp., v. 13 pars 2 p. 537.

Kolonie schlank, spiralig verästelt. Die Abstände der Hauptäste sind 5—8 mm. Die Polypen sind weitstehend, ziemlich groß und etwas schräg distalwärts gerichtet und sind mit ziemlich großen länglichen abgerundeten Skleriten bedeckt, die longitudinal und an der Basis schräg angeordnet sind. Die Rindenskleriten sind kleiner, abgeflacht, oft mit gezähnten Rändern aber mit glatter irisierender Oberfläche. Achse stark metallisch grün und blau glänzend.

Santa Cruz. In 1061 m Tiefe.

C. squamata (Verrill) 1883 *Dasygorgia s.*, A. E. Verrill in: Bull. Mus. Harvard, v. 11 p. 24 | 1902 *Chrysogorgia s.*, Versluys in: Siboga-Exp., v. 13 p. 85 | 1919 *C. s.*, Kükenthal in: Ergeb. Tiefsee-Exp., v. 13 pars 2 p. 538.

Im Habitus der *C. spiculosa* (Verr.) (p. 407) ähnlich. Die Polypen sind groß und stehen in annähernd rechtem Winkel auf den Zweigen, am distalen Ende sind sie verbreitert. Ihre Bewehrung besteht aus ovalen oder unregelmäßigen Platten, die einen dichten glatten Panzer bilden, der metallisch glänzt. An den Tentakelbasen werden die Skleriten kleiner und oblong. Die Rinde ist mit kleinen, glatten, flachen, oblongen und unregelmäßigen Schuppen erfüllt, die in der Nähe der Polypen größer werden. Die Achse ist gelblich oder bernsteinfarben mit fahlem Metallglanz.

Antillen. In 427 und 1031 m Tiefe.

C. stellata Nutting 1908 *C. s.*, Nutting in: P. U. S. Mus., v. 34 p. 593 t. 46 f. 3; t. 50 f. 8 | 1919 *C. s.*, Kükenthal in: Ergeb. Tiefsee-Exp., v. 13 pars 2 p. 538.

Die Kolonie ist im allgemeinen fächerförmig und sehr weitstehend verzweigt. Die Basis ist eine flache verkalkte Platte. Die Zweige gehen bis zur 10. Ordnung. Die Polypen stehen in den proximalen Internodien zu je 1, in den distalen zu je 2, sind schräg distalwärts gerichtet und 4 mm hoch, 2,5 mm breit. Ihre Basis ist ziemlich breit, ihr distaler Rand läuft in 8 breite vorspringende Fortsätze aus, die radial auseinander weichen. Die Polypenskleriten stehen an der Basis schräg, weiter oben transversal. Die vorspringenden Fortsätze werden von longitudinalen Skleriten gebildet. Der Tentakelrücken enthält ein Band schuppenförmiger Spicula in mehreren undeutlichen Reihen. Die Rinde ist außen mit langen, innen mit kleinen, schuppenartigen Skleriten erfüllt. Farbe glänzend goldgelb, ebenso der Achse.

Hawai. In 649—678 m Tiefe.

6. Gen. **Iridogorgia** A. E. Verrill

1883 *I.*, A. E. Verrill in: Bull. Mus. Harvard, v. 11 p. 26 | 1888 *I.*, A. Agassiz in: Bull. Mus. Harvard, v. 15 p. 144 | 1889 *I.*, P. Wright & Th. Studer in: Rep. Voy. Challenger, v. 31 pars 64 p. 6 | 1902 *I.*, Versluys in: Siboga-Exp., v. 13 p. 91 | 1908 *I.*, Nutting in: P. U. S. Mus., v. 34 p. 594 t. 46 f. 4; t. 51 f. 1 | 1919 *I.*, Kükenthal in: Ergeb. Tiefsee-Exp., v. 13 pars 2 p. 538.

Der monopodiale Stamm bildet eine aufgerichtete Spirale und trägt an der Außenseite eine Reihe langer, dünner, unverzweigter Seitenäste. Die

Polypen stehen in einer regelmäßigen Reihe auf der Oberseite der Äste, vereinzelt auch am Stamm; am Rumpfe enthalten sie zarte, spindelförmige Skleriten, während den sehr wenig bewarzten Tentakeln Kalkkörper völlig fehlen können. Nesselpapillen sind vorhanden. Die Rinde ist dünn und enthält nur wenig Skleriten.

Atlantischer Ozean (Antillen und Westküste Portugals). Tiefsee.

3 Arten.

Spec. typ.: *I. pourtalesii* Verrill

Bestimmungstabelle der Arten:

1	Polypenskleriten an der Basis transversal gelagert — 2	
	Polypenskleriten in 8 dichten, longitudinalen Reihen angeordnet	3. **I. bella**
2	Die Polypen stehen an den Ästen in 5—10 mm Entfernung	1. **I. pourtalesii**
	Die Polypen stehen an den Ästen in 4—6 mm Entfernung .	2. **I. superba**

1. **I. pourtalesii** Verrill 1883 *I. p.*, A. E. Verrill in: Bull. Mus. Harvard, *v.* 11 p. 26 | 1888 *I. p.*, A. Agassiz in: Bull. Mus. Harvard, *v.* 15 p. 144 | 1902 *I. p.*, Versluys in: Siboga-Exp., *v.* 13 p. 92 | 1919 *I. p.*, Kükenthal in: Ergeb. Tiefsee-Exp., *v.* 13 pars 2 p. 539.

Der monopodiale Hauptstamm ist ziemlich rigid, verkalkt und in einer aufrechten Spirale stehend. Die zahlreichen langen Äste gehen in etwa rechtem Winkel vom Stamm an dessen Außenseite in gleichmäßigen Entfernungen von 4—6 mm ab, sind sehr lang, dünn und unverzweigt und tragen allein die Polypen, die in 5—10 mm Entfernung stehen und niedrige warzenartige Erhöhungen bilden, die mit einer längs des Astes spindelförmig verbreiterten Basis den viel dünneren Ast umgreifen. Die Polypenskleriten liegen im basalen Teile transversal und schräg, im distalen Teile longitudinal, sie sind spindelförmig und bis 0,56 mm lang. Die Pinnulae der Tentakel sind skleritenfrei. Die Skleriten der dünnen Rinde messen bis 0,5 mm. Stamm und proximaler Teil der Äste sind mit hohen Nesselpapillen bedeckt. Weiß, Achse des Stammes und der Äste stark irisierend mit goldenem und hellgrünem Metallschimmer.

Westindien. In 976—1321 m Tiefe.

2. **I. superba** Nutting 1908 *I. s.*, Nutting in: P. U. S. Mus., *v.* 34 p. 595 t. 46 f. 5; t. 50 f. 2 | 1919 *I. s.*, Kükenthal in: Ergeb. Tiefsee-Exp., *v.* 13 pars 2 p. 540.

Der Hauptstamm ist brüchig und bis auf das distale Ende gestreckt. Die Äste stehen 2—3 mm entfernt, sind lang und sehr schlank. Die Polypen stehen vereinzelt am Stamm, an den Ästen in einer Reihe, 5—6 mm voneinander entfernt und ihre Basis ist in der Längsrichtung des Astes angeschwollen und bis 2,5 mm lang, während die Höhe des Polypen 1 mm beträgt. Die nicht retraktilen Tentakel sind 6 mm lang. Nesselpapillen sind vorhanden und stehen gruppenweise an den Zweigen. Die Skleriten sind ziemlich schlanke, glatte Stäbe mit abgerundeten Enden, in der Mitte etwas eingeschnürt, die in der Polypenbasis transversal und in der Rinde longitudinal angeordnet sind. Dem übrigen Polypenteil und den Tentakeln fehlen anscheinend Spicula. Farbe des Stammes graugelb, der Äste und der Polypen korngelb. Die Achse zeigt einen glänzendgrünen Metallschimmer.

Hawai. In 705—915 m Tiefe.

3. **I. bella** Nutting 1908 *I. b.*, Nutting in: P. U. S. Mus., *v.* 34 p. 594 t. 46 f. 4; t. 51 f. 1 | 1919 *I. b.*, Kükenthal in: Ergeb. Tiefsee-Exp., *v.* 13 pars 2 p. 540.

Der drahtartige Stamm ist dick und sehr spiralig eingerollt. Die nach außen stehenden, unverzweigten Äste sind in Entfernungen von 4 mm gleichmäßig verteilt. Die universal stehenden Polypen sind 7 mm voneinander entfernt, umfassen mit langer Anschwellung den Ast, sind distalwärts gerichtet, am proximalen Ende dünner als am distalen und 2,5 mm hoch. Die Tentakel scheinen nicht retraktil zu sein. Nesselpapillen sind ziemlich spärlich auf der oberen Seite der Äste verteilt. Die Polypenskleriten sind Nadel- oder Stabformen, mitunter schwach verzweigt und in 8 dichten longitudinalen Reihen angeordnet, die in Spitzen zwischen den Tentakelbasen enden. Die Tentakelskleriten sind longitudinal gerichtet. Farbe?

Hawai. In 742—925 m Tiefe.

7. Gen. **Radicipes** Stearns

1883 *R.*, Stearns in: P. U. S. Mus., *v.* 6 p. 97 | 1884 *Lepidogorgia*, A. E. Verrill in: Amer. J. Sci., ser. 3 *v.* 28 p. 220 | 1885 *L.*, A. E. Verrill in: Rep. U. S. Fish Comm., *v.* 11 (1883) p. 512 | 1885 *Strophogorgia*, P. Wright in: Rep. Voy. Challenger, Narr. *v.* 1 p. 691 | 1887 *S.*, Th. Studer (& P. Wright) in: Arch. Naturg., *v.* 531 p. 41 | 1889 *S.*, P. Wright & Th. Studer in: Rep. Voy. Challenger, *v.* 31 pars 64 p. 2 | 1902 *Lepidogorgia*, Versluys in: Siboga-Exp., *v.* 13 p. 5 | 1906 *L.*, J. A. Thomson & W. D. Henderson, Alcyon. Investigator, *v.* 1 p. 27 | 1913 *Radicipes*, Kinoshita in: J. Coll. Japan, *v.* 33 nr. 2 p. 5 | 1919 *R.*, Kükenthal in: Ergeb. Tiefsee-Exp., *v.* 13 pars 2 p. 540.

Die Kolonie ist unverzweigt und entweder mit scheibenförmig verbreiterter Basis festgewachsen oder mit wurzelförmigen Stolonen im Schlammboden verankert. Gelegentlich können sich 2 Stämme von derselben Unterlage erheben. Die Polypen stehen in einer Reihe übereinander schräg distalwärts gerichtet und ihre Gastralräume stehen mit einem der 4 längsverlaufenden Hauptkanäle des Stammes in direkter Verbindung. Neue Polypen entstehen zwischen den alten. Der untere Abschnitt des Stammes ist polypenfrei. Von den Tentakeln können die adaxialen kleiner und rudimentär werden; die Tentakel sind nicht zurückziehbar, sondern können sich nur über die Mundscheibe zusammenfalten. Die Polypenskleriten sind stabförmig oder spindelförmig oder schuppenförmig, in letzterem Falle transversal gelagert. Die Rindenskleriten sind dünne, längliche Platten. Farbe meist hell, orange, gelb, weiß.

Indopazifisch und Atlantisch. Küsten-Abyssal bis Hochsee-Abyssal.

5 sichere, 4 unsichere Arten.

Spec. typ.: *R. pleurocristatus* Stearns

Bestimmungstabelle der Arten:

1	Polypenskleriten longitudinale oder schräge Stäbe — 2	
	Polypenskleriten transversale Schuppen	5. **R. squamiferus**
2	Adaxiale Tentakel rudimentär — 3	
	Adaxiale Tentakel nicht rudimentär	4. **R. aureus**
3	Polypen bis 7 mm lang	1. **R. pleurocristatus**
	Polypen bis 3,5 mm lang	2. **R. verrilli**
	Polypen 2,5—3 mm lang	3. **R. challengeri**

1. **R. pleurocristatus** Stearns 1883 *R. p.*, Stearns in: P. U. S. Mus., *v.* 6 p. 96 t. 7 | 1889 *Strophogorgia petersi*, P. Wright & Th. Studer in: Rep. Voy. Challenger, *v.* 31 pars 64 p. 2 | 1902 *Lepidogorgia p.*, Versluys in: Siboga-Exp., *v.* 13 p. 7 | 1912 *L. p.*, Nutting in: P. U. S. Mus., *v.* 43 p. 53 | 1913 *Radicipes pleurocristatus*, Kinoshita in: J. Coll. Japan, *v.* 33 nr. 2 p. 5 | 1919 *R. p.*, Kükenthal in: Ergeb. Tiefsee-Exp., *v.* 13 pars 2 p. 542.

Kolonie sehr groß werdend, mit verkalkter goldglänzender Achse, die basalwärts unregelmäßig vierkantig mit abgerundeten Kanten ist. Von der

Basis gehen Stolonen aus. Die Polypen stehen auf einer Seite in wechselnden Abständen, auf den ältesten Stammteilen sehr dicht, erreichen eine Länge bis zu 7 mm und sind schräg distalwärts inseriert, adaxial der Stammrinde angeschmiegt. Die Polypenskleriten sind longitudinal angeordnet, stabförmig, gerade oder schwach gebogen im Querschnitt rund oder oval, mit gerundeten Enden, zahlreiche kleine Warzen an der Oberfläche verschmelzen größtenteils zu kurzen Längsleisten. Abaxial werden die Polypenskleriten bis 4 mm lang. Ähnliche, bis 0,9 mm lange Skleriten finden sich an der Außenfläche der Tentakel (Fig. 198). An der adaxialen Polypenwand liegt ein Längsstreifen von wenigen Skleriten, seitlich davon ist die Wand nackt. Von den Tentakeln ist der über der Mitte der adaxialen Körperwand stehende rudimentär, die beiden benachbarten sind kleiner, während die fünf größeren bei Kontraktion sich nach dem Stamm umbiegen. Die Skleriten der dünnen Stammrinde liegen in einer Schicht, teilweise vereinzelt, sind von länglicher Form bis 0,8 mm lang mit fein und unregelmäßig gezähneltem Rande und mit kleinen aus Wärzchen zusammengeflossenen Längsleisten. Im mittleren Teil der Kolonie wechseln vier Streifen größerer Skleriten mit vier Streifen kleinerer ab.

Fig. 198.
Radicipes pleurocristatus.
Polyp (nach Versluys).

Japan, Malayischer Archipel. Im oberen Abyssal.

2. **R. verrilli** (P. Wright) 1885 *Strophogorgia v.*, P. Wright in: Rep. Voy. Challenger, Narr. *v.* 1 p. 691 | 1889 *S. v.*, P. Wright & Th. Studer in: Rep. Voy. Challenger, *v.* 31 pars 64 p. 3 t. 1 f. 2, 2a; t. 5 f. 3 | 1902 *Lepidogorgia v.*, Versluys in: Siboga-Exp., *v.* 13 p. 12 | 1906 *L. v.*, J. A. Thomson & W. D. Henderson, Alcyon. Investigator, *v.* 1 p. 26 t. 3 f. 5a, 5b | 1919 *Radicipes v.*, Kükenthal in: Ergeb. Tiefsee-Exp., *v.* 13 pars 2 p. 543.

Stamm dünn und sehr biegsam, rund und glatt. Die Polypen stehen im oberen Stammteil in einer Reihe übereinander, sind 2—5 (6) mm von einander entfernt und sind bis 3,5 mm lang, schräg distalwärts gerichtet und adaxial eingebogen. Einzelne Polypen sind viel kleiner. Die Polypenskleriten werden bis 2 mm lang und sind von gleichem Aussehen wie die von *P. pleurocristatus*. Die Skleriten der sehr dünnen Rinde sind lange, flache Kalkkörper mit nur sehr fein gerunzelter Oberfläche, an den Enden gerundet oder zugespitzt und durchschnittlich 0,5 mm lang. Farbe des Stammes gelblichweiß, durchscheinend mit nur schwachem Goldglanz.

Japan (1034 m), Malayischer Archipel, Andamanen. Abyssal.

3. **R. challengeri** (P. Wright) 1885 *Strophogorgia c.*, P. Wright in: Rep. Voy. Challenger, Narr. *v.* 1 p. 691 | 1889 *S. c.*, P. Wright & Th. Studer in: Rep. Voy. Challenger, *v.* 31 pars 64 p. 3 t. 1 f. 1, 1a; t. 5a f. 2 | 1902 *Lepidogorgia c.*, Versluys in: Siboga-Exp., *v.* 13 p. 14 | 1917 *Radicipes c.* + ? *R. gracilis*, Jungersen in: Meddel. Grönl., *v.* 23 p. 1183 | 1919 *R. c.*, Kükenthal in: Ergeb. Tiefsee-Exp., *v.* 13 pars 2 p. 543.

Achse im oberen Teile nahezu glatt. Die Polypen stehen meist 4 bis 5 mm von einander entfernt, sind 2,5—3 mm lang (ohne Tentakel 1 mm) und schmiegen sich bei Kontraktion adaxial an den Stamm an. Ihre Skleriten liegen in 8 interseptalen Längsreihen, wovon aber nur die 5 Reihen der freien Seite sich auf der Polypenbasis bis zum Stamm fortsetzen. In jeder Reihe liegen meist zwei lange, dünne, fein bewarzte Skleriten nebeneinander, von 0,4 mm Länge, an die sich an der Außenwand der Tentakel 2 oder 3 weitere Skleriten anschließen, auch die Pinnulae enthalten bis 0,25 mm lange Skleriten. Die zarte Rinde enthält nur sehr wenige Skleriten, dünne Scheiben mit unregelmäßigem Rande und vereinzelten Warzen, auch biskuitförmige Figuren. Die Rindenskleriten sind bis 0,12 mm lang.

Bei Cadiz in 1080 m Tiefe. Davisstraße in 2626 m Tiefe.

4. **R. aureus** Kükth. 1919 *R. a.*, Kükenthal in: Ergeb. Tiefsee-Exp., *v.* 13 pars 2 p. 544.

Der Stamm ist sehr dünn und spiralig eingerollt. Die Achse ist im basalen Teile vierkantig mit abgerundeten Ecken. Die Polypen stehen einreihig in gleichweiten Entfernungen von 5 mm, sind etwa 5 mm hoch, 1,3 mm breit, an der Basis verbreitert, in der Mitte eingeschnürt. Sie entspringen in Winkeln von 45° und biegen dann adaxial ein, schmiegen sich aber dem Stamm nicht an. Die adaxialen Tentakel sind kaum kleiner als die anderen. Die Polypenskleriten sind schmale, bis 1,3 mm lange, glatte Stäbe, die in 8 Längsreihen stehen, die basal sich in dichter transversaler Anordnung befinden. Die Skleriten der Tentakelachse sind bis 0,6 mm lange, glatte, schlanke Stäbe, und die Pinnulae sind erfüllt mit 0,1 mm langen, dünnen Stäbchen. In der sehr dünnen Rinde liegen äußerst zarte, plattenartige Skleriten mit welligen Ausbreitungen, die bis 0,36 mm lang sind und einen glatten Rand haben. Die Farbe (in Alkohol) ist hellgelbbraun, der Achse goldgelb mit schwachem metallischem Glanze.

Indischer Ozean (nahe der äquatorialen Küste Ostafrikas). In 1644 m Tiefe.

5. **R. squamiferus** Kükth. 1919 *R. s.*, Kükenthal in: Ergeb. Tiefsee-Exp., *v.* 13 pars 2 p. 545.

Die kleinen Kolonien sind etwas eingerollt oder gestreckt und sitzen mit dünner, scheibenartiger Verbreiterung der Basis auf. Der sehr dünne Stamm ist etwa ein Drittel bis ein Viertel der Gesamtlänge polypenfrei. Die Polypen stehen meist in Gruppen von 3 oder 4 hintereinander und dicht zusammen, sie sind bis 1,3 mm hoch, 0,6 mm breit, schräg distalwärts inseriert, und ihr distales Ende ist meist stark angeschwollen. Ihre Bewehrung besteht aus transversalen, flachen, etwa 1,15 mm messenden Platten mit hohen, fingerförmigen, ineinandergreifenden Fortsätzen am Rande und weitstehenden Dornen auf der Oberfläche, die kleiner werdend auch die Tentakelrücken bedecken, während die Pinnulae mit kleinen, schmaleren Skleriten erfüllt sind. Nach der Basis des Polypen zu gehen die Platten in schmale etwas abgeflachte Spindeln über, die hoch bewarzt sind. Ähnliche, bis 0,4 mm lange Spindeln liegen in dichter Anordnung in der Rinde, mitunter mit gegabelten Enden. Farbe weißgelb, Achse bläulich metallisch glänzend.

Küste von Deutsch-Ostafrika. Oberes Abyssal.

R. gracilis (Verrill) 1884 *Lepidogorgia g.*, A. E. Verrill in: Amer. J. Sci., ser. 3 *v.* 28 p. 220 | 1885 *L. g.*, A. E. Verrill in: Rep. U. S. Fish Comm., *v.* 11 (1883) p. 512 t. 2 f. 10 | 1902 *L. g.*, Versluys in: Siboga-Exp., *v.* 13 p. 16.

Von einer fein baumförmig verästelten Basis erhebt sich ein schlanker, am Ende biegsamer Stamm. Die (nach Verrills Abbildung) bis 4 mm langen, 1 mm dicken Polypen stehen schräg und 5—10 mm voneinander und sind mit großen, longitudinal gerichteten Skleriten bewehrt. Die Tentakel sind anscheinend gleich groß. Die Rindenskleriten sind flache, längliche, in der Mitte auch eingeschnürte Gebilde mit abgerundeten Enden. Farbe orange oder lachsfarben.

Atlantischer Ozean (Westküste Nordamerikas, zwischen 38° 50' und 41° 53' n. Br.). In 1544—3120 m Tiefe.

R. fragilis (P. Wright & Th. Stud.) 1889 *Strophogorgia f.*, P. Wright & Th. Studer in: Rep. Voy. Challenger, *v.* 31 pars 64 p. 4 t. 2 f. 2; t. 5a f. 4 | 1902 *Lepidogorgia f.*, Versluys in: Siboga-Exp., *v.* 13 p. 16.

Achse sehr schwach verkalkt, vielleicht einen kriechenden Stolo bildend. Die großen Polypen stehen in Entfernungen von 1—5 mm und sind 4—4,5 mm lang bei einem Durchmesser von 1—1,5 mm, an ihrer Basis sind sie stark verjüngt, dem Stamm schmiegen sie sich anscheinend nicht an. Die Tentakel sind wahrscheinlich gleich groß. Die Polypenskleriten stehen an der Polypenbasis unregelmäßig, mehr distalwärts in 8 Reihen, die beim Zusammenziehen der Polypen über den Mund zu liegen kommen. Die Polypenskleriten sind spindelförmig, abgeplattet, mitunter an den Enden fein gezähnt und bis 0,76 mm lang. Die Rinde ist sehr dünn und fast skleritenfrei.

Westlich von den Azoren 38° 25' n. Br. 35° 50' w. L. In 3015 m Tiefe.

R. gibbosus (Nutting) 1908 *Lepidogorgia g.*, Nutting in: P. U. S. Mus., *v.* 34 p. 587 t. 45 f. 6; t. 49 f. 5.

Die unverzweigten Stämme entspringen einzeln oder in Büschen von einer wurzelartigen Stolonenmasse. Die Stämme sind schlank und biegsam und die distalwärts gerichteten Polypen stehen in einer Reihe und gleichen Abständen von 27 mm. Ihre Basis ist angeschwollen und umfaßt den Stamm, der Polypenkörper ist 1 mm hoch und trägt sehr lange, bis 2 mm vorragende Tentakel mit langen Pinnulae. Die Skleriten sind longitudinal und ziemlich schräg am Polypenkörper angeordnete, kleine stabförmige Körper ohne deutliche Warzen. An der Polypenbasis stehen sie dichter. Die dünne Rinde enthält schuppenartige, lappig ausgezogene Skleriten. Farbe ledergelb, die Achse mit goldigem Metallglanz.

Hawai. In 302—858 m Tiefe.

R. spiralis (Nutting) 1908 *Lepidogorgia s.*, Nutting in: P. U. S. Mus., *v.* 34 p. 588 t. 45 f. 5.

Die Kolonie ist sehr groß und spiralig eingebogen. Der Stamm ist außerordentlich dünn, im distalen Teile haarfein. Die Polypen stehen in Entfernungen von 3,5 mm in einer Reihe und sind 1,5 mm lang, 1 mm breit, ihre verbreiterte Basalanschwellung umfaßt den Stamm. Skleriten fehlen anscheinend völlig. Farbe strohgelb, der Achse mit undeutlichem violettem und purpurnem Schimmer.

Hawai. In 242—258 m Tiefe.

12. Fam. **Isididae**

1758 *Isis* (part.), Linné, Syst. Nat., ed. 10 p. 799 | 1766 *I.* (part.), Pallas, Elench. Zooph., p. 220 | 1816 *Isideae* (part.), Lamouroux, Hist. Polyp., p. 458 | 1857 *Isidinae* (part.), H. Milne-Edwards, Hist. Corall., *v.* 1 p. 192 | 1865 *I.* (part.), Kölliker, Icon. histiol., p. 140 | 1870 *Isidae* + *Mopseadae* + *Acanelladae* + *Keratoisidae*, J. E. Gray, Cat. Lithoph. Brit. Mus., p. 13, 16, 18, 19 | 1883 *I.* + *K.*, A. E. Verrill in: Bull. Mus. Harvard, *v.* 11 p. 9 | 1887 *I.*, Th. Studer (& P. Wright) in: Arch. Naturg., *v.* 53I p. 42 | 1910 *I.*, Nutting in: Siboga-Exp., *v.* 13b2 p. 1 | 1915 *Isididae*, Kükenthal in: Zool. Anz., *v.* 46 p. 116 | 1919 *I.*, Kükenthal in: Ergeb. Tiefsee-Exp., *v.* 13 pars 2 p. 556.

Gorgonarien, deren Achse gegliedert ist, und aus abwechselnden Kalk- und Horngliedern besteht. Die Kalkglieder sind solid oder hohl und meist bedeutend länger als die mehr scheibenförmigen Hornglieder. Die Kalkglieder bestehen aus einer lamellösen Bindesubstanz eingelagerten Kalksäulchen und nicht aus verschmolzenen Skleriten, und auch in den Horngliedern kommen keine Skleriten vor. Die Kolonien sind verzweigt oder unverzweigt, und die Äste entspringen entweder von den Kalkgliedern oder von den Horngliedern. Die Verzweigung ist sehr verschieden, entweder unregelmäßig, dichotomisch oder lateral, allseitig oder in einer Ebene, oder sie ist regelmäßig fiederig mit Kurzzweigen, die in einer Ebene angeordnet sind. Die Polypen sind entweder nicht retraktil oder in Kelche oder völlig in die Rinde zurückziehbar. Die an der Außenseite mit Skleriten bedeckten Tentakel können meist einen Deckel über der Mundscheibe bilden. Die Skleriten sind entweder stabförmig, spindelförmig bis nadelförmig, oder plattenförmig oder sie stellen sehr kleine, stark warzige, stabförmige oder unregelmäßige, auch sternförmige Körper dar.

In allen Meeren, mit Ausnahme des arktischen. Im Litoral oder Abyssal.

4 Unterfamilien, 10 sichere Gattungen, 1 unsichere, 55 sichere Arten, 13 unsichere.

Bestimmungstabelle der Unterfamilien:

1	Polypen nicht retraktil — 2	
	Polypen retraktil — 3	
2	Polypenskleriten teilweise longitudinal und septal angeordnete Spindeln, Nadelformen und Stäbe	A. Subfam. **Ceratoisidinae**
	Polypenskleriten transversal gestellte Platten .	B. Subfam. **Mopseinae**
3	Polypenskleriten kräftig bedornte Spindeln . .	C. Subfam. **Muricellisidinae**
	Polypenskleriten kleine, warzige, meist unregelmäßige Körper	D. Subfam. **Isidinae**

A. Subfam. **Ceratoisidinae**

1870 *Keratoisidae* + *Mopseadae* (part.) + *Acanelladae*, J. E. Gray, Cat. Lithoph. Brit. Mus., p. 2 | 1883 *Ceratoisidae* (part.), A. E. Verrill in: Bull. Mus. Harvard, *v.* 11 p. 9 | 1887 *Ceratoisidinae*, Th. Studer (& P. Wright) in: Arch. Naturg., *v.* 53 I p. 42 | 1910 *C.*, Nutting in: Siboga-Exp., *v.* 13b2 p. 4 | 1915 *C.*, Kükenthal in: Zool. Anz., *v.* 46 p. 117 | 1919 *C.*, Kükenthal in: Ergeb. Tiefsee-Exp., *v.* 13 pars 2 p. 560.

Die Kolonien sind verzweigt oder unverzweigt. Die Polypen sind nicht retraktil, ihre Skleriten sind Spindeln, Nadeln oder kürzere, meist abgeflachte Stäbe, die longitudinal und interseptal angeordnet sind. Die Äste entspringen entweder von den Nodien oder den Internodien.

4 Gattungen mit 32 sicheren Arten und 5 unsicheren.

Bestimmungstabelle der Gattungen:

1	Die Äste entspringen an den Nodien — 2	
	Die Äste entspringen an den Internodien	4. Gen. **Ceratoisis**
2	Verzweigung vorwiegend dichotomisch in einer Ebene — 3	
	Verzweigung wirtelförmig, allseitig	3. Gen. **Acanella**
3	Polypenskleriten stäbchenförmig, nicht vorragend	1. Gen. **Isidella**
	Polypenskleriten lange, vorragende Nadeln	2. Gen. **Lepidisis**

1. Gen. **Isidella** J. E. Gray

1857 *I.*, J. E. Gray in: P. zool. Soc. London, *v.* 25 p. 283 | 1868 *I.*, M. Sars in: Forh. Selsk. Christian., p. 22 | 1870 *I.*, J. E. Gray, Cat. Lithoph. Brit. Mus., p. 14 | 1883 *I.* (+ *Acanella?*), A. E. Verrill in: Bull. Mus. Harvard, *v.* 11 p. 13 | 1887 *Isis*, G. Koch in: F. Fl. Neapel, *v.* 15 p. 90 | 1887 *Isidella*, Th. Studer (& P. Wright) in: Arch. Naturg., *v.* 53 I p. 44 | 1910 *I.*, Nutting in: Siboga-Exp., *v.* 13b2 p. 5 | 1913 *Acanella* (part.), Broch in: Norske Selsk. Skr., nr. 2 p. 38 | 1915 *Isidella*, Kükenthal in: Zool. Anz., *v.* 46 p. 118 | 1919 *I.*, Kükenthal in: Ergeb. Tiefsee-Exp., *v.* 13 pars 2 p. 564.

Die Verzweigung ist dichotomisch und spärlich. Die langen Zweige laufen nahezu parallel, meist in einer Ebene angeordnet. Die Nodien sind kurz, die Internodien werden distalwärts am längsten und hohl, Basis wurzelförmig mit langen Lamellen. Die Zweige entspringen von den Nodien. Die

Polypen stehen in regelmäßiger Anordnung rings um den Stamm, aber in der Mehrzahl in der Verzweigungsebene, sind adaxial nicht oder nur wenig eingebogen und ziemlich abgespreizt und besitzen sehr große, nicht zurückziehbare Tentakel mit 10—14 Pinnulaepaaren. Die Polypenskleriten sind fast platte, nur sehr fein bedornte Spindeln, die in kleinere Stäbe mit abgerundeten Enden übergehen. Basal sind sie schräg dem Mauerblatt eingelagert, distal in longitudinaler Anordnung. 8 septal gelagerte Spindeln können bis 1 mm lang werden und ein klein wenig zwischen den Tentakelbasen vorragen. Tentakelstämme und Pinnulae sind dicht mit kleinen, bedornten Stäben erfüllt. In der sehr dünnen Rinde liegen ziemlich zerstreut ähnliche Skleriten.

Westküste Norwegens, Mittelmeer.

2 Arten.

Spec. typ.: *I. elongata* (Esp.)

1. **I. elongata** (Esp.) 1788—1790 *Isis e.*, Esper, Pflanzenth., *v.* 1 p. 47 t. 6 | 1816 *I. e.*, Lamarck, Hist. An. s. Vert., *v.* 2 p. 302 | 1842 *I.* oder *Mopsea e.*, A. Philippi in: Arch. Naturg., *v.* 81 p. 38 | 1857 *I. e.*, H. Milne-Edwards, Hist. Corall., *v.* 1 p. 196 | 1857 *Isidella e.*, J. E. Gray in: P. zool. Soc. London, *v.* 25 p. 283 | 1878 *Isis neapolitana*, G. Koch in: Morphol. Jahrb., *v.* 4 p. 126 | 1887 *I. elongata*, G. Koch in: F. Fl. Neapel, *v.* 15 p. 90 | 1914 *Acanella Giglioli* + *A. mediterranea*, Cecchini in: Monit. zool. Ital., *v.* 25 p. 49, 51 | 1919 *Isidella elongata*, Kükenthal in: Ergeb. Tiefsee-Exp., *v.* 13 pars 2 p. 565 t. 44 f. 72.

Die Verzweigung ist dichotomisch, spärlich, und die Kolonie ist nicht in einer Ebene verzweigt, aber doch etwas von den Seiten her zusammengedrückt. Die Nodien sind meist nicht über 0,5 mm lang, nur in der Basis länger, die Internodien sind bis 30 mm lang. Die Basis wird von zahlreichen langen Kalknadeln gebildet. Die Zweige entspringen an den Nodien. Die Polypen sind ziemlich regelmäßig, größtenteils aber nicht ausschließlich in zwei einander entgegengesetzten Reihen angeordnet und stehen nahezu senkrecht von den Ästen und Zweigen ab. Die Polypen sind 4 mm lang, 2 mm dick und im distalen Teile etwas verbreitert. Die Tentakel sind sehr stark entwickelt und tragen 10—14 Pinnulaepaare. Ihre Bewehrung besteht aus Spindeln und Stäben. Erstere sind bis 1 mm lang, an beiden Enden zugespitzt und sehr fein bedornt, nahezu glatt. Diese Spindeln liegen ziemlich vereinzelt und meist schräg im basalen Teile, in 8 Längsreihen im distalen, und je eine besonders lange Spindel kann zwischen den Tentakelinsertionen etwas vorragen. Ein horizontaler Kranz von Skleriten unter den Tentakelbasen fehlt. Außer Spindeln kommen noch kleinere, 0,2—0,3 mm messende, mehr abgeflachte, Stäbe mit abgerundeten Enden vor, sowie alle Übergänge zu den großen Spindeln. In den Tentakelstämmen finden sich in dichter Anordnung ebensolche spitz konvergierende Stabformen, in den Pinnulae sehr dicht gelagerte, kleinere Stäbe. Nicht selten sind diese Stabformen, die etwas kräftiger bedornt sind, an einem Ende etwas angeschwollen. Die Rindenskleriten liegen in der dünnen Rinde recht vereinzelt und sind meist 0,2 mm lange, bewarzte Stäbe, die in der Mitte etwas verjüngt sein können. Rein weiß, Schlundröhren der Polypen zart rötlich, Mundsaum häufig lebhaft gelbrot.

Mittelmeer, tieferes Litoral und Abyssal, Golf von Biskaya in 400—754 m Tiefe.

2. **I. lofotensis** Sars 1768 *Isis hippuris* (part.) (non *I. h.*, Linné 1758), Gunnerus in: Norske Selsk. Skr., *v.* 4 p. 70 t. 3 f. 8 | 1868 *Isidella lofotensis*, M. Sars in: Forh. Selsk. Christian., p. 22 | 1869 *Mopsea borealis*, M. Sars ibid. p. 250 | 1891 *Isidella hippuris*, Grieg in: Bergens Mus. Aarsber., 1890 nr. 2 p. 3 t. | 1913 *Acanella h.*, Broch

in: Norske Selsk. Skr., nr. 2 p. 39 | 1915 *Isidella lofotensis*, Kükenthal in: Zool. Anz., *v.* 46 p. 118 | 1919 *I. l.*, Kükenthal in: Ergeb. Tiefsee-Exp., *v.* 13 pars 2 p. 567 t. 44 f. 73.

Die Verzweigung ist dichotomisch, sehr spärlich und meist in einer Ebene erfolgt. Die Nodien sind etwa 1 mm hoch, die Internodien sind nach der Basis zu kürzer, distalwärts länger und können 40—50 mm Länge erreichen. Die Basis war von wurzelartigen, flachen Kalklamellen gebildet. Die Zweige entspringen von den Nodien. Die Polypen sind rings um die Zweige unregelmäßig aber nicht eng angeordnet, sind schlank walzenförmig und stehen meist schräg distalwärts gerichtet, erreichen eine Länge von 4 mm und tragen sehr kräftig entwickelte Tentakel, mit etwa 12 Paar Pinnulae. Die Polypenbewehrung besteht aus größeren, bis 0,9 mm langen Spindeln und kleineren, breit abgerundeten Stäben, von denen erstere in dem distalen Polypenteile longitudinal angeordnet sind und in 8 Spitzen zwischen den Tentakelbasen vorspringen. Im basalen Teile des Polypen sind die bilateral angeordneten Skleriten vorwiegend schräg zu dessen Längsachse, der Zweigachse parallel laufend, gestellt. Unter den Tentakelbasen verläuft ein Kranz horizontal gestellter Stäbe. Die Tentakelstämme enthalten bis 0,28 mm lange, longitudinal gestellte Stäbchen, und die Pinnulae, etwa 12 an der Zahl, sind erfüllt mit 0,15 mm langen, stärker bedornten und mehr abgeplatteten Stabformen. Die sehr dünne Rinde ist nur spärlich und unregelmäßig mit stabförmigen Skleriten versehen. Farbe weißlich durchscheinend, mit hell orangegelben Polypen.

Norwegische Westküste, nördlich bis zu den Lofoten, Küsten-Abyssal.

2. Gen. **Lepidisis** A. E. Verrill

1883 *L.*, A. E. Verrill in: Bull. Mus. Harvard, *v.* 11 p. 18 | 1889 *Ceratoisis* (part.), P. Wright & Th. Studer in: Rep. Voy. Challenger, *v.* 31 pars 64 p. 26 | 1910 *C.* (part.), Nutting in: Siboga-Exp., *v.* 13b2 p. 10 | 1915 *Lepidisis*, Kükenthal in: Zool. Anz., *v.* 46 p. 119 | 1919 *L.*, Kükenthal in: Ergeb. Tiefsee-Exp., *v.* 13 pars 2 p. 569.

Unverzweigt oder verzweigt. Die Basis ist wurzelförmig und aus langen Lamellen gebildet. Die spärlichen Äste entspringen meist gegenständig von den Nodien und liegen in einer Ebene. Die Internodien sind bis auf die basalsten hohl, distalwärts werden sie länger, auch sind sie längsgestreift, die sehr großen Polypen stehen ziemlich weit voneinander, meist wechselständig in 2 seitlichen Längsreihen, entspringen annähernd rechtwinkelig und sind von Walzenform mit verbreitertem, distalem Ende. Adaxial sind sie nicht eingebogen. Ihre Bewehrung besteht aus langen, fast glatten nadelförmigen Spindeln und kurzen, breiten, flachen Stäben mit abgerundeten Enden, die in der Mitte vielfach verjüngt und stets bedornt sind. Im distalen Polypenteil ordnen sich die langen Spindeln in 8 konvergierende bis longitudinale Züge an, von denen je eine besonders lange Spindel zwischen den Tentakelansätzen vorragt. In den Tentakeln liegen zahlreiche kleine, flache, bedornte Stäbchen. Die Rinde ist dünn und mit flachen, stabförmigen Skleriten erfüllt.

Antillen. Oberes Abyssal.

3 sichere Arten, 1 unsichere.

Bestimmungstabelle der sicheren Arten:

1	Polypen schlank — 2	
	Polypen dick, walzenförmig	3. **L. longiflora**
2	Skleriten bedornt	1. **L. caryophyllia**
	Skleriten fast glatt, glasartig	2. **L. vitrea**

1. **L. caryophyllia** Verrill 1883 *L. c.*, A. E. Verrill in: Bull. Mus. Harvard, *v.* 11 p. 18 t. 4 f. 1, 1a, 1b, 1c | 1919 *L. c.*, Kükenthal in: Ergeb. Tiefsee-Exp., *v.* 13 pars 2 p. 570.

Anscheinend unverzweigt. Basis aus wurzelförmigen, verbreiterten Lamellen gebildet. Die Internodien nehmen distalwärts an Länge bedeutend zu, sind hohl und tief längsgefurcht. Die Polypen stehen weit auseinander, anscheinend in 2 wechselständigen Reihen, sind 6—8 mm lang, sehr schlank, nur unter den Tentakeln etwas verbreitert und entspringen im rechten Winkel vom Stamm. Ihre Bewehrung besteht aus langen, ziemlich schlanken Spindeln, die mitunter etwas gebogen und in der Mitte leicht angeschwollen sind. Ihr inneres Ende ist abgeflacht und abgerundet, ihr freies Ende zugespitzt und glatt, während sonst in divergierenden Längsreihen angeordnete, kleine Dornen auftreten. Diese Spindeln erreichen bis 5,5 mm Länge. Außerdem kommen abgeflachte, stabförmige, an beiden Enden abgerundete und bedornte Skleriten vor, die mitunter in der Mitte verjüngt sind, und die 1,1—3,68 mm Länge haben. Die Tentakel enthalten fein bedornte, längsgestreifte, abgeflachte Stäbchen. Die sehr dünne Rinde ist mit kleinen, flachen, stabförmigen, in der Mitte oft verjüngten Skleriten erfüllt, mit fein gestreifter oder längsgestreifter Oberfläche.

Antillen. In 1067—2272 m Tiefe.

2. **L. vitrea** Verrill 1883 *L. v.*, A. E. Verrill in: Bull. Mus. Harvard, *v.* 11 p. 20 | 1919 *L. v.*, Kükenthal in: Ergeb. Tiefsee-Exp., *v.* 13 pars 2 p. 570.

Verzweigung unbekannt. Achse schlank, die Internodien durchscheinend mit sehr weitem Kanal. Polypen sehr lang, basalwärts eingeschnürt, distal verbreitert. Spindelförmige Skleriten bedecken die Polypenwand in meist longitudinaler Anordnung, 8 besonders große ragen weit über die Polypenwand hervor, haben scharfe Spitzen und sind sonst fast glatt und glasartig. In der dünnen Rinde liegen außer vereinzelten Spindeln spärlich zerstreute, kleine, länglich ovale oder uhrglasförmige Skleriten.

St. Lucia (Antillen). In 762 m Tiefe.

3. **L. longiflora** Verrill 1883 *L. l.*, A. E. Verrill in: Bull. Mus. Harvard, *v.* 11 p. 19 t. 4 f. 4, 4a | 1908 ?*L. l.*, Nutting in: P. U. S. Mus., *v.* 34 p. 572 | 1919 *L. l.*, Kükenthal in: Ergeb. Tiefsee-Exp., *v.* 13 pars 2 p. 571 t. 44 f. 74.

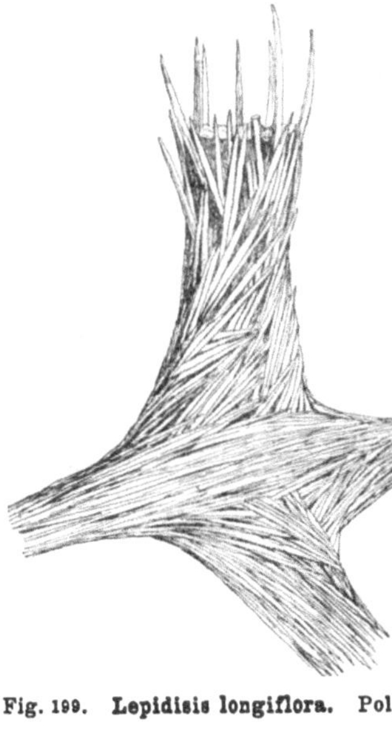

Fig. 199. **Lepidisis longiflora.** Polyp.

Verzweigung der kräftigen Kolonie spärlich. Die Äste entspringen nur von den Nodien, entweder einzeln oder paarig und dann meist gegenständig und sind etwas schräg distalwärts gerichtet, gerade oder gebogen. Die hohlen Internodien sind ziemlich lang und schlank, an den Enden angeschwollen und deutlich längsgestreift. Die Nodien sind sehr kurz. Die langen, gegenständig oder wechselständig biserial angeordneten Polypen sind etwa walzenförmig, distal meist verbreitert und mit 8 dornigen, großen Nadeln bewehrt (Fig. 199), deren fast glatter, distaler Teil etwas, aber nicht weit vorragt. Andere spindelförmige Skleriten sind etwas schräg orientiert und außerdem finden sich an der Außenseite des Mauerblattes flache, oblonge, schuppenartige Skleriten, die in der Mitte oft etwas eingeschnürt sind. Die dünne Rinde enthält ähnliche Skleriten, manche gezähnelt und bis 0,46 mm lang.

Antillen. In 843—1473 m Tiefe.

L. inermis Th. Stud. 1894 *L. i.*, Th. Studer in: Bull. Mus. Harvard, *v.* 25 p. 62 | 1919 *L. i.*, Kükenthal in: Ergeb. Tiefsee-Exp., *v.* 13 pars 2 p. 572.

Zahlreiche Äste entspringen im Winkel von 40° von den Nodien in zwei entgegengesetzten Richtungen, so daß die Kolonie in einer Ebene fächerförmig ausgebreitet ist; die Äste werden sehr dünn und lang und verzweigen sich wiederholt. Die Internodien sind im Stamm länger (25 mm) als in den Zweigen (10—15 mm), weisen eine feine Streifung auf und sind in den deckenden Ästen solid, in den Endästen hohl. Die Polypen stehen weit auseinander, in 2 wechselständigen, seitlichen Längsreihen, sind walzenförmig und 3—4 mm lang. Die Tentakel sind nur unvollkommen zurückziehbar. Die Polypenbewehrung besteht aus langen Spindeln, von denen 8 septale bis an den Polypenrand gehen, ohne aber vorzuspringen. In den Tentakeln liegen bis in die Pinnulae hinein kleine bedornte Stäbe. Die sehr dünne Rinde enthält nur kleine Konkretionen. Achse weiß, Rinde und Polypen grau.

Pazifischer Ozean an der Küste Zentralamerikas, auf 6° 22' 20" n. Br., 81° 52' östl. L. In 850 m Tiefe.

3. Gen. Acanella J. E. Gray

1870 *A.* + *Equisetella*, J. E. Gray, Cat. Lithoph. Brit. Mus., p. 16; p. 18 | 1883 *A.*, A. E. Verrill in: Bull. Mus. Harvard, *v.* 11 p. 18 | 1887 *A.*, Th. Studer (& P. Wright) in: Arch. Naturg., *v.* 53I p. 44 | 1910 *A.*, Nutting in: Siboga-Exp., *v.* 13b2 p. 14 | 1913 *A.* + *Isidella* (part.), Broch in: Norske Selsk. Skr., nr. 2 p. 38 | 1919 *A.*, Kükenthal in: Ergeb. Tiefsee-Exp., *v.* 13 pars 2 p. 573.

Die Verzweigung ist stets allseitig und niemals in einer Ebene erfolgt. Die Äste entspringen in Wirteln von den Nodien. Die Internodien sind stets solid, basalwärts am kürzesten, in der Mitte der Kolonie am längsten. Die Internodien sind glatt oder längsgestreift. Die Polypen stehen einzeln und ziemlich unregelmäßig, zeigen aber doch mitunter Tendenz zu biseria er und dann meist wechselständiger Anordnung. Die Polypen sind 2—7 mm groß und spitzwinkelig bis rechtwinkelig inseriert. Ihre Gestalt ist walzenförmig, auch kelchförmig oder keulenförmig. Die Bewehrung besteht aus 1,2—3,6 mm langen, meist schlanken Spindeln und fast stets abgeplatteten Stäben, beide fein bedornt oder mit flachen Warzen besetzt. Im distalen Polypenteil stehen die Spindeln in 8 Längszügen und können teilweise zwischen den Tentakelbasen vorragen. Die sehr großen, nur unvollkommenen retraktilen Tentakel sind dicht mit Skleriten erfüllt, die im Tentakelstamme in longitudinaler Anordnung stehen. Auch die Pinnulae sind dicht mit in ihrer Längsrichtung gelagerten, kleinen, flachen, am Rande zackigen Stäben erfüllt. Die sehr dünne Rinde enthält außer vereinzelten Spindeln fein bedornte Stäbe.

Vorwiegend circumtropisch, eine Art in Patagonien, eine andere in Japan. Küsten-Abyssal.

10 sichere Arten, 1 unsichere.

Spec. typ.: *A. arbuscula* Gray

Bestimmungstabelle der Arten:

1	Wirtel von 2 oder 3 Ästen — 2	
	Wirtel von 4 Ästen — 4	
	Wirtel von 5 Ästen — 6	
	Wirtel von 6 Ästen	10. **A. verticillata**

2	Polypen senkrecht stehend	1. **A. sibogae**
	Polypen schräg distalwärts gerichtet — 3	
3	Internodien längsgefurcht	2. **A. eburnea**
	Internodien glatt	3. **A. chiliensis**
4	Polypen senkrecht stehend — 5	
	Polypen schräg distalwärts gerichtet	6. **A. arbuscula**
5	Polypen vereinzelt stehend	4. **A. rigida**
	Polypen an den Ästen in zwei meist wechselständigen Reihen	5. **A. robusta**
6	Polypenskleriten, Nadeln und abgeplattete Stäbe — 7	
	Polypenskleriten, Nadeln und runde, nicht abgeplattete Stäbe	9. **A. japonica**
7	Polypen in 2 Reihen angeordnet	8. **A. weberi**
	Polypen unregelmäßig zerstreut	7. **A. africana**

1. **A. sibogae** Nutting 1910 *A. s.*, Nutting in: Siboga-Exp., *v.* 13b2 p. 14 t. 3 f. 2, 2a; t. 5 f. 4 | 1919 *A. s.*, Kükenthal in: Ergeb. Tiefsee-Exp., *v.* 13 pars 2 p. 575.

Verzweigung ziemlich spärlich. Von einem gestreckten Hauptstamm entspringen 4 Paar gegenständige Äste, teilweise mit Andeutung eines dritten im Wirtel stehenden Astes. Die Wirtel sind 14 mm voneinander entfernt und entspringen von den Nodien. Die Seitenzweige sind gebogen und bestehen aus einem einzelnen 13—18 mm langen Internodium. Die Polypen sind in lockeren, unregelmäßigen Spiralen inseriert und 2—4 mm voneinander entfernt, distal etwas enger stehend. Die walzenförmigen Polypen sind 4—5 mm lang, 5,1—6 mm dick, basal etwas angeschwollen und entspringen rechtwinkelig, sind aber nach der distalen Seite zu etwas eingekrümmt. Ihre Bewehrung besteht aus gebogenen, bis 3 mm langen Spindeln, die basal horizontal, distal schräg angeordnet sind; auf der adaxialen Seite finden sich vorwiegend kleinere, horizontal angeordnete Spicula. Am Rande finden sich 8 vorspringende, von langen Skleriten herrührende Ecken. Die Tentakel enthalten zahlreiche, kräftige, stabförmige Skleriten in unregelmäßiger Anordnung. Weiß.

Malayischer Archipel. In 724—1670 m Tiefe.

2. **A. eburnea** (Pourt.) 1868 *Mopsea e.*, Pourtalès in: Bull. Mus. Harvard, *v.* 1 p. 132 | 1870 *Isidella e.*, J. E. Gray, Cat. Lithoph. Brit. Mus., p. 15 | 1883 *Acanella e.* + *A. spiculosa*, A. E. Verrill in: Bull. Mus Harvard, *v.* 11 p. 16 t. 4 f. 5 | ? 1889 *A. e.*, P. Wright & Th. Studer in: Rep. Voy. Challenger, *v.* 31 pars 64 p. 30 t. 9 f. 2 | 1891 *A. arbuscula* + *A. e.*, Th. Studer in: Mém. Soc. zool. France, *v.* 4 p. 86 | 1901 *A. e.*, Th. Studer in: Résult. Camp. Monaco, *v.* 20 p. 38 | ? 1908 *A. e.*, Nutting in: P. U. S. Mus., *v.* 34 p. 572 | 1919 *A. e.*, Kükenthal in: Ergeb. Tiefsee-Exp., *v.* 13 pars 2 p. 575.

Verzweigung nicht besonders reichlich, locker. Die Äste entspringen von den Nodien einzeln, zu 2 oder 3, und sind schlank und oft gebogen. Die Internodien sind lang, dünn, durchscheinend weiß, deutlich längsgefurcht und solid. Die Polypen sind basal angeschwollen und gewöhnlich breiter als die schmalen Zweige, an denen sie schräg distalwärts entspringen. Ihr etwas erweiterter Rand ist von 8 langen, scharfen, bedornten Spindeln überragt, die über 2 mm lang werden können. Im basalen Polypenteil liegen zahlreiche, schräg angeordnete, kleinere, bis 0,9 mm lange, fein bedornte Skleriten. Ähnliche Formen, daneben auch kleinere, mehr stabförmige Skleriten enthält die sehr dünne Rinde.

Antillen, Azoren, Tiefsee.

3. **A. chiliensis** P. Wright & Th. Stud. 1889 *A. c.*, P. Wright & Th. Studer in: Rep. Voy. Challenger, *v.* 31 pars 64 p. 31 t. 9 f. 3 | 1899 *A. c.*, May in: Ergeb.

Hamburg. Magalh.-Sammelr., *v.* 1 Alcyon. p. 13 | ?1910 *A. sp.*, Nutting in: Siboga-Exp., *v.* 13b2 p. 17 | 1919 *A. chilensis*, Kükenthal in: Ergeb. Tiefsee-Exp., *v.* 13 pars 2 p. 576.

Basis wurzelähnlich verzweigt. Vom Hauptstamm entspringen von den Nodien aus die Seitenäste zu 2 oder 3, unregelmäßige Wirtel bildend. Die Internodien sind glatt. Die vorspringenden Polypen sind unregelmäßig an Stamm und Ästen verteilt, 5—7 mm lang, mit spindelförmigen oft leicht gebogenen Skleriten, von denen 6 oder 8 vorspringen. Die Tentakel haben kleine, unregelmäßige gezähnelte Skleriten. Die Rinde ist dünn und enthält mitunter leicht gebogene, bedornte Spindeln, die auch breit oder keulenförmig werden können und bis 1,5 mm Länge erreichen können.

Messierkanal (Patagonien). In 320 m Tiefe.

4. **A. rigida** P. Wright & Th. Stud. 1889 *A. r.*, P. Wright & Th. Studer in: Rep. Voy. Challenger, *v.* 31 pars 64 p. 31 t. 9 f. 4 | 1906 *A. r.*, J. A. Thomson & W. D. Henderson, Alcyon. Investigator, *v.* 1 p. 32 t. 9 f. 14 | 1919 *A. r.*, Kükenthal in: Ergeb. Tiefsee-Exp., *v.* 13 pars 2 p. 577.

Kolonie buschig. Basis wurzelähnlich verzweigt. Vom Hauptstamm entspringen 2, 3 oder 4 Äste von den Nodien, die Wirtel bilden. Nur die basalsten Nodien tragen keine Äste. Die Internodien sind längsgerieft, an der Basis kürzer als distalwärts, zwischen 3 und 6,5 mm lang. Die bis 3,3 mm langen, starren Polypen stehen vereinzelt meist senkrecht an Stamm und Ästen und sind mit dicken, gekrümmten, spindelförmigen, oft angeschwollenen und unregelmäßigen Skleriten bedeckt, die bis 3,5 mm Länge bei 1 mm Dicke erreichen können und teilweise über den Polypenrand vorragen. Die Tentakel sind nur unvollkommen zurückziehbar. Die dünne Rinde enthält sehr unregelmäßig geformte aber stets bedornte Skleriten, oft etwas gebogen mit einem schmalen und einem unregelmäßig verbreiterten Ende, und bis 0,9 mm lang.

Bandasee in 366 und 659 m Tiefe. Laccadiven in 1286 m Tiefe.

5. **A. robusta** J. A. Thoms. & W. D. Hend. 1906 *A. r.*, J. A. Thomson & W. D. Henderson, Alcyon. Investigator, *v.* 1 p. 33 | 1919 *A. r.*, Kükenthal in: Ergeb. Tiefsee-Exp., *v.* 13 pars 2 p. 577.

Verzweigung allseitig, Kolonie buschig. Die Äste entspringen vom Hauptstamm einzeln oder zu 2 bis 4, ebenso gehen die Seitenzweige einzeln, zu 2 oder 3 von den Nodien ab. Gelegentlich kommen Anastomosen vor. Die Internodien sind längsgefurcht, die Polypen sitzen am Stamm vereinzelt und unregelmäßig, an den Ästen in 2 Reihen und wechselständig, sind 3—5 mm lang, basal 2 mm dick und sehr fest. Die Polypenwand ist geschützt durch ein tieferes Lager unregelmäßig angeordneter, kleiner, stabförmiger, fein bedornter Skleriten, und darüber großen, bis 3,2 mm langen, fein bedornten Spindeln, die häufig gekrümmt sind, und im basalen Teile mehr unregelmäßig, im distalen longitudinal gelagert sind. Am Polypenrande treten sie etwas hervor. Abaxial liegen sie dichter als adaxial. Der Tentakelstamm enthält in 3 oder 4 longitudinalen Reihen angeordnete Skleriten, und auch die Pinnulae sind dicht mit in ihrer Längsrichtung gelagerten, abgeflachten, am Rande bewarzten Skleriten erfüllt. Die sehr dünne Rinde enthält vereinzelte, bis 0,18 mm lange Stäbe.

Indischer Ozean. Tiefsee.

6. **A. arbuscula** (J. Y. Johns.) 1862 *Mopsea arbusculum*, J. Y. Johnson in: P. zool. Soc. London, p. 245 t. 31 f. 1, 1a | 1870 *Acanella arbuscula*, J. E. Gray, Cat.

Lithoph. Brit. Mus., p. 16 | 1876 *A. a.*, A. M. Norman in: P. R. Soc. London, p. 210 | 1878 *A. normani*, A. E. Verrill in: Amer. J. Sci., ser. 3 *v.* 16 p. 376 | 1889 *A. arbuscula*, P. Wright & Th. Studer in: Rep. Voy. Challenger, *v.* 31 pars 64 p. 80 t. 9 f. 1 | 1901 *A. normani*, Th. Studer in: Résult. Camp. Monaco, *v.* 20 p. 37 | 1907 *A. arbuscula*, Hickson in: J. mar. biol. Ass., ser. 2 *v.* 8 p. 9 | 1909 *A. a.*, J. Stephens in: Sci. Invest. Fish. Ireland, (1907) nr. 5 p. 8 | 1919 *A. a.*, Kükenthal in: Ergeb. Tiefsee-Exp., *v.* 13 pars 2 p. 578 t. 44 f. 75.

Die Kolonie ist symmetrisch und buschförmig aufgebaut. Die Basis wird von breiten, lappigen oder wurzelartigen Ausläufern gebildet, oder bildet eine kalkige Inkrustation, wenn die Kolonie auf Steinen festgewachsen ist. Der basale Teil des Hauptstammes ist astfrei, dann erscheinen die Hauptäste in Wirteln von gewöhnlich 3 oder 4, von den Nodien entspringend. Die basalen Internodien des Hauptstammes sind 15—20 mm lang, die mehr distalen 20—25 mm. Die schlanken Hauptäste haben längere Internodien und von ihren Nodien gehen meist in Wirteln zu 4 Seitenzweige ab, die wieder 1 oder 2 Endzweige tragen, deren Internodien die längsten sind. Die Polypen stehen unregelmäßig und ziemlich zerstreut, noch am dichtesten an den Zweigenden. Dem Hauptstamm und den basalen Teilen der Hauptäste fehlen sie (Fig. 200). Die starren Polypen sind bis 6,5 mm lang und nur 1—1,5 mm dick, an der Basis etwas angeschwollen, dann stark verjüngt, um distalwärts sich allmählich zu verbreitern. Im allgemeinen stehen sie in einem spitzen bis fast rechten Winkel distalwärts gerichtet und mitunter adaxial eingekrümmt. Die Polypenskleriten sind feinbedornte Spindeln, die im distalen Teile in 8 Spitzen vorragen und bis 3,1 mm Länge erreichen. Außerdem finden sich kleinere, schlanke, an den Enden abgerundete Formen, die in der Mitte sich verschmälern können. Auch die Tentakel enthalten kleine stabförmige, bedornte Skleriten. Die Rinde ist dünn und enthält nicht sehr zahlreiche, lange, feinbewarzte Spindeln. Farbe helllachsfarben bis orange, Tentakel durchscheinend weißlich.

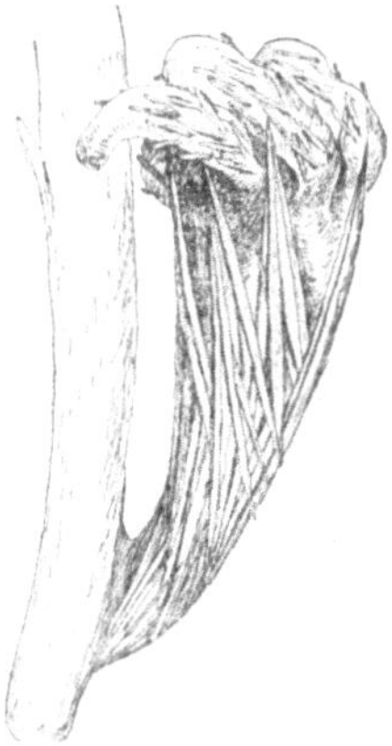

Fig. 200.
Acanella arbuscula.
Polyp.

Ostküste von Nordamerika, Grönland, Arktis. Irische See, Golf von Biskaya. Tiefsee, bis 2273 m Tiefe.

7. **A. africana** Kükth. 1915 *A. a.*, Kükenthal in: Zool. Anz., *v.* 46 p. 120 | 1919 *A. a.*, Kükenthal in: Ergeb. Tiefsee-Exp., *v.* 13 pars 2 p. 580 t. 31 f. 14.

Verzweigung allseitig und regelmäßig. Die Hauptäste entspringen von den Nodien des Stammes in Wirteln von 3—5, im Winkel von 60°, dann etwas adaxial umbiegend. Die stets soliden Internodien sind längsgestreift. Die Polypen sitzen unregelmäßig zerstreut an den Ästen, in dichterer Anordnung an den Enden, sind meist schräg basalwärts gerichtet, 3 mm lang, 1,2 mm dick und distal stark verbreitert. 8 septal angeordnete, kräftige dicke Spindeln ragen vor und erreichen 3 mm Länge. Mehr basalwärts liegen abaxial die Spindeln etwas unregelmäßiger, adaxial in konvergierenden Doppelreihen. Außerdem finden sich abgeplattete stabförmige Skleriten mit abgerundeten Enden von etwa 0,2 mm Länge. Alle Skleriten sind fein bedornt. Die Tentakel und Pinnulae sind mit solchen kleinen Stäben dicht erfüllt. Die Rinde enthält 0,3—0,4 mm flache Stäbe neben vereinzelten längeren Spindeln. Farbe (in Alkohol) weiß, Polypen hellbräunlich.

Ostafrikanische Küste. Küsten-Abyssal.

8. **A. weberi** Nutting 1910 *A. w.*, Nutting in: Siboga-Exp., *v.* 13b2 p. 15 t. 3 f. 1, 1a; t. 5 f. 6 | 1919 *A. w.*, Kükenthal in: Ergeb. Tiefsee-Exp., *v.* 13 pars 2 p. 582.

Der Hauptstamm ruht auf einigen walzenförmigen, wurzelartigen Fortsätzen und teilt sich nach kurzem Verlauf in einen Wirtel von 5 Hauptästen. Von den Hauptästen gehen 1 oder 2 Paar meist gegenständiger Seitenäste ab, die wie die Hauptäste von den Nodien entspringen. Das zweite Internodium ist 3 mm lang, die der Zweigenden bis 14 mm. Die 2—3 mm langen Polypen stehen in annähernd 2 Längsreihen, distal dichter als basal, sind keulenförmig, schräg distal gerichtet und adaxial eingebogen. Die Skleriten sind große und kleine, fein und regelmäßig bedornte Spindeln, bis 3 mm lang, die größten abaxial gelegen, mitunter in konvergierenden Doppelreihen, einzeln gelegentlich vorragend. In den Tentakeln liegen zahlreiche stabförmige Skleriten in meist transversaler Anordnung. Die dünne Rinde enthält einige longitudinal angeordnete große Spindeln und zahlreiche, kleine stabförmige Skleriten. Farbe (in Alkohol) weiß, Polypen hell goldbraun.

Malayischer Archipel. In 450 m Tiefe.

9. **A. japonica** Kükth. 1915 *A. j.*, Kükenthal in: Zool. Anz., *v.* 46 p. 120 | 1919 *A. j.*, Kükenthal in: Ergeb. Tiefsee-Exp., *v.* 13 pars 2 p. 582 t. 44 f. 76.

Die Kolonie ist allseitig und gleichmäßig verzweigt. Die Hauptäste entspringen von den Nodien des Stammes einzeln, paarweise oder in Wirteln bis zu 5 und gehen im Winkel von 45° ab, adaxial allmählich etwas einbiegend. Die Internodien sind in der Mitte der Kolonie am längsten und sind nur äußerst fein längsgestreift, nahezu glatt. Die Seitenäste gehen vorwiegend einzeln von den Nodien nach der Außenseite der Kolonie ab, und an ihnen entspringen einzeln lange, sehr dünn werdende Endzweige. Die Polypen stehen schräg distalwärts gerichtet ziemlich vereinzelt an den Seitenästen und Endzweigen, oft wechselständig, aber an den Zweigenden auch paarig, sind 2—4 mm lang, walzenförmig, distalwärts nicht verbreitert und ziemlich dick und mit dicken Spindeln bis 1,2 mm Länge bewehrt, von denen 8 septale etwas vorragen. Diese Spindeln sind mit flachen, abgerundeten Warzen besetzt; außerdem finden sich kleinere, aber nicht abgeplattete, durchschnittlich 0,3 mm lange Stäbe mit abgerundeten Enden und dicht mit flachen Warzen bedeckt. Die Tentakel sind dicht erfüllt mit ähnlichen kleinen Skleriten. Die Rinde enthält einzelne, bis 0,9 mm lange Stäbe, neben zahlreichen kleineren, bewarzten.

Japan, Küsten-Abyssal.

10. **A. verticillata** Kükth. 1915 *A. v.*, Kükenthal in: Zool. Anz., *v.* 46 p. 120 | 1919 *A. v.*, Kükenthal in: Ergeb. Tiefsee-Exp., *v.* 13 pars 2 p. 584 t. 45 f. 77.

Die Kolonie ist zart allseitig verzweigt, indem vom Hauptstamm in regelmäßiger Anordnung Wirtel von je 6 Hauptästen im Winkel von 70° abgehen. Die Internodien sind fast völlig glatt. Die Polypen stehen unregelmäßig zerstreut, meist nahezu senkrecht, nur an den Astenden mehr distalwärts gerichtet, sind 2 mm lang und vollkommen mit Skleriten gepanzert, die bis 2 mm lange, dicht und regelmäßig bedornte Spindeln darstellen, von denen 8 septale etwas vorragen können, während sie basal in einer schrägen Richtung als breite Schicht aufgelagert sind. Außerdem kommen noch kleinere, durchschnittlich etwa 0,2 mm lange, abgeplattete, bedornte Stabformen mit abgerundeten Enden vor, die häufig keulenförmig werden. Die Tentakel sind dicht erfüllt mit kleineren, breiten Stäbchen mit zackigen Rändern. In der Rinde finden sich Spindeln und Stäbe. Farbe (in Alkohol) elfenbeinweiß.

Siberutinsel, Küsten-Abyssal

A. gregorii (J. E. Gray) 1870 *Equisetella G.*, J. E. Gray, Cat. Lithoph. Brit. Mus., p. 18.

Japan.

Bruchstück einer Achse.

4. Gen. **Ceratoisis** P. Wright

1869 *Keratoisis*, P. Wright in: Ann. nat. Hist., ser. 4 *v.* 3 p. 23 | 1870 *K.*, J. E. Gray, Cat. Lithoph. Brit. Mus., p. 18 | 1883 *Ceratoisis* + *Callisis*, A. E. Verrill in: Bull. Mus. Harvard, *v.* 11 p. 20 | 1885 *Bathygorgia*, P. Wright in: Rep. Voy. Challenger, Narr. *v.* 1 p. 691 | 1889 *Ceratoisis* + *B.*, P. Wright & Th. Studer in: Rep. Voy. Challenger, *v.* 31 pars 64 p. 26 | 1896 *C.* + *Callisis*, Roule in: Ann. Univ. Lyon, *v.* 26 p. 299 ff. | 1907 *Ceratoisis* (part.), Hickson in: Nat. antarct. Exp., *v.* 3 Coel. Alcyon. p. 5 | 1910 *C.*, Nutting in: Siboga-Exp., *v.* 13b2 p. 9 | 1915 *C.*, Kükenthal in: Zool. Anz., *v.* 46 p. 120 | 1919 *C.*, Kükenthal in: Ergeb. Tiefsee-Exp., *v.* 13 pars 2 p. 585.

Die Kolonien sind verzweigt oder unverzweigt; wenn eine Verzweigung vorhanden ist, so tritt sie stets in einer Ebene auf, ist meist dichotomisch und spärlich. Die Äste entspringen stets von den Internodien, die basal meist solid sind, mitunter auch distal. Die mittleren Internodien sind am längsten. Die Polypen sind ziemlich unregelmäßig angeordnet, zeigen aber eine Tendenz zu biserialer, nach einer Seite hin gewandter Anordnung. Meist stehen die Polypen schräg distalwärts gerichtet, auch adaxial eingebogen. Ihre Form ist walzenförmig, mit verbreitertem distalem Teile; ihre Bewehrung sind im distalen Teile in 8 Längsreihen angeordnete Spindeln oder Nadeln, die glatt oder fein bedornt sind, und von denen einzelne vorragen können; im distalen Polypenteile liegen die Nadeln unregelmäßiger, schräg gerichtet und sind ebenso wie auf der adaxialen Seite meist spärlicher vorhanden. Außer den Spindel- und Nadelformen kommen in der Polypenwand auch bedeutend kleinere, abgeflachte Stäbe vor, mit abgerundeten Enden, die mitunter in der Mitte eingeschnürt sind. Die Schlundrohrwand enthält zahlreiche, sehr kleine, zackige, oft sternförmige Skleriten. Die großen, unvollkommen zurückziehbaren Tentakel sind dicht mit kleinen, stabförmigen, abgeplatteten Skleriten, mit zackigem oder dicht welligem Rande erfüllt, die transversal gelagert sind, während sie in den Pinnulae in deren Längsrichtung vorkommen. Die meist dünne Rinde enthält vereinzelte Spindeln oder Nadeln, sowie kleinere Stabformen, beide mit flachen Dornen.

Circumtropisch. Tiefsee.

17 sichere, 3 unsichere Arten.

Spec. typ.: *C. grayi* P. Wright

Bestimmungstabelle der Arten:

1	Kolonie verzweigt — 2	
	Kolonie unverzweigt — 9	
2	Polypenskleriten nicht vorragend — 3	
	Polypenskleriten vorragend — 7	
3	Polypenskleriten von einheitlicher Stabform — 4	
	Polypenskleriten in Spindeln und Stäbe differenziert — 6	
4	Polypenskleriten mit abgerundeten Enden — 5	
	Polypenskleriten mit keulenförmig angeschwollenen Enden	3. **C. profunda**
5	Internodien solid	1. **C. flexibilis**
	Internodien hohl	2. **C. siemensii**
6	Polypenbasis mit einem Ringe transversal gestellter Skleriten	4. **C. chuni**
	Polypenbasis ohne den Ring transversal gestellter Skleriten	5. **C. squarrosa**

7	Polypen allseitig angeordnet	6. C. grayi
	Polypen biserial wechselständig — 8	
8	Rindenskleriten teilweise zerschlitzt	7. C. flabellum
	Rindenskleriten nicht zerschlitzt	8. C. japonica
9	Rinde dick — 10	
	Rinde dünn 11	
10	Polypennadeln vorragend	9. C. philippinensis
	Polypennadeln nicht vorragend	10. C. rigida
11	Longitudinale Nadeln in der ganzen Länge des Polypen	11. C. gracilis
	Longitudinale Nadeln im distalen Polypenteil — 12	
12	Mit einer bis zur Basis reichenden abaxialen Nadel — 13	
	Ohne besonders ausgebildete abaxiale Nadel — 14	
13	Die abaxiale Nadel ragt nicht vor	12. C. wrighti
	Die abaxiale Nadel ragt vor	13. C. macrospiculata
14	Nadeln an der Basis gegabelt	14. C. grandiflora
	Nadeln nicht gegabelt — 15	
15	Nadeln bedornt — 16	
	Nadeln im distalen Teile glatt	17. C. paucispinosa
16	Internodien glatt, hohl	15. C. palmae
	Internodien längsgefurcht, solid	16. C. simplex

1. **C. flexibilis** (Pourt.) 1868 *Isis f.*, Pourtalès in: Bull. Mus. Harvard, *v.* 1 p. 132 | 1883 *Callisis f.*, A. E. Verrill in: Bull. Mus. Harvard, *v.* 11 p. 9 | 1896 *Ceratoisis f.*, Roule in: Ann. Univ. Lyon, *v.* 26 p. 305 | 1919 *C. f.*, Kükenthal in: Ergeb. Tiefsee-Exp., *v.* 13 pars 2 p. 590.

Unregelmäßig verzweigt, die langen, schlanken Äste entspringen von den fast glatten Internodien, die völlig oder annähernd solid sind. Die ziemlich dicht angeordneten, meist wechselständigen Polypen sind kurz, walzenförmig bis glockenförmig und enthalten ziemlich kurze, längliche und spindelförmige, abgestumpfte, fein bewarzte Skleriten, die meist nicht über den Polypenrand vorragen. Die Rinde ist dünn, mit kleinen, länglichen oder elliptischen, flachen Platten erfüllt, die auch die Oberfläche der Polypen bedecken. Braun.

Floridariff in 593 m Tiefe, Golf von Biskaya in 1410 m Tiefe.

2. **C. siemensii** Th. Stud. 1878 *Keratoisis S.*, Th. Studer in: Monber. Ak. Berlin, p. 663 t. 5 f. 35 | 1919 *Ceratoisis s.*, Kükenthal in: Ergeb. Tiefsee-Exp., *v.* 13 pars 2 p. 591.

Die Stämme entspringen von einer sehr dünnen, kalkigen Lamelle. Die Äste gehen in sehr stumpfen, häufig rechten Winkeln ab zu 8 von jedem Internodium und können Anastomosen bilden. Die Internodien sind 20 bis 60 mm lang und hohl. Die Polypen sind unregelmäßig verteilt, stumpf kegelförmig und 3 mm hoch. Die Polypenskleriten sind longitudinal angeordnete Stäbe. Über den Polypenrand vorragende Skleriten fehlen. Die Tentakel bilden 8 radiäre Lappen um die Mundöffnung. Die dünne Rinde enthält längsgelagerte, glatte, stabförmige, an den Enden abgerundete Skleriten sowie biskuitartige Formen.

Atlantischer Ozean. 48° 58' n. Br., 43° 26' w. L. In 3259 m Tiefe.

3. **C. profunda** (P. Wright) 1885 *Bathygorgia p.*, P. Wright in: Rep. Voy. Challenger, Narr. *v.* 1 p. 691 f. 236 | 1889 *B. p.*, P. Wright & Th. Studer in: Rep. Voy. Challenger, *v.* 31 pars 64 p. 32 t. 6 f. 3; t. 5a f. 9 | ?1912 *B. P.*, Nutting in: P. U. S. Mus., *v.* 43 p. 90 | 1919 *Ceratoisis p.*, Kükenthal in: Ergeb. Tiefsee-Exp., *v.* 13 pars 2 p. 591.

Kolonie spärlich verzweigt. Die Internodien sind von etwas glasartigem Aussehen, mehrfach gebogen, glatt und solid; mehr basal sind sie im Querschnitt viereckig, mehr distal kreisförmig. Die Polypen stehen in einer Längsreihe senkrecht vom Stamm entspringend und sind 5 mm lang, 2,5 mm dick. Die nicht retraktilen Tentakel sind groß. Die Polypenbewehrung besteht aus keulenförmigen, an einem oder beiden Enden verdickten, fein bedornten Stäben von bis zu 2 mm Länge, die basal mehr schräg, distal mehr longitudinal angeordnet sind und nicht vorragen. Die Tentakelstämme sind mit transversal gelagerten, kleinen, länglichen, die dünne Rinde ist mit langen, bewarzten Skleriten erfüllt.

Pazifischer Ozean, zwischen Yokohama und Sandwichsinseln. In 4209 m Tiefe.

4. **C. chuni** Kükth. 1915 *C. c.*, Kükenthal in: Zool. Anz., *v.* 46 p. 121 | 1919 *C. c.*, Kükenthal in: Ergeb. Tiefsee-Exp., *v.* 13 pars 2 p. 592 t. 45 f. 78, 79.

Die starre Kolonie ist spärlich dichotomisch verzweigt; die Hauptäste geben einige lange, meist unverzweigte Seitenäste ab, die nicht in der Verzweigungsebene der Hauptäste liegen. Alle Äste entspringen von den Internodien, die in der Mitte 22 mm Länge erreichen, während die Nodien 2 bis 3 mm lang sind. Die Polypen stehen sehr vereinzelt, mit Andeutung wechselständiger biserialer Anordnung, entspringen meist rechtwinklig, gelegentlich distalwärts etwas eingekrümmt und sind bis 3 mm lang; am distalen Ende sind sie verdeckt, und basal umgreifen sie die Unterlage mit einer wulstigen Verbreiterung (Fig. 201). Die Polypenbewehrung besteht aus Nadeln und

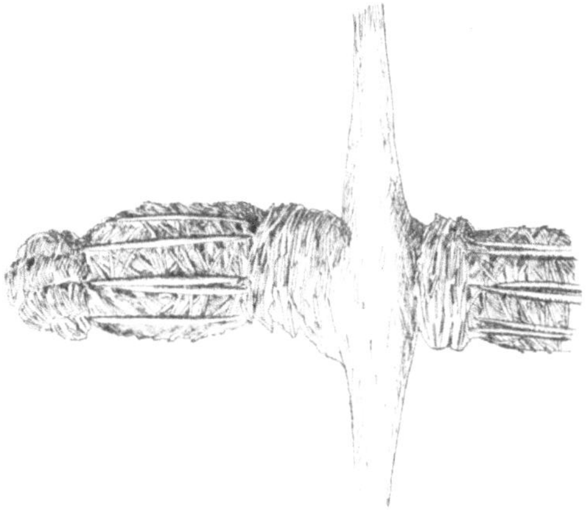

Fig. 201. **Ceratoisis chuni.** Polypen.

Stäben, die im basalen Teile vielfach transversal, auch diagonal sich kreuzend gelagert sind, während im distalen Teile einzelne Nadeln in septaler Anordnung longitudinal stehen und bis 0,8 mm Länge erreichen. Sie ragen meist nicht über den Polypengrund vor und sind völlig glatt. Außerdem finden sich zahlreiche breite, flache, stab- bis biskuitförmige Skleriten von durchschnittlich 0,13 mm Länge. Tentakelstamm und Pinnulae sind dicht erfüllt mit kleinen, stabförmigen Skleriten. Auch im Schlundrohr kommen Spicula vor als kleine scharf gezackte Platten von 0,02 mm Länge. Die Rinde ist äußerst dünn und enthält einzelne longitudinal gerichtete, glatte Nadeln mit gelegentlichen Anschwellungen, sowie kleinere, biskuitförmige Skleriten. Elfenbeinweiß, Polypen schwach bräunlich.

St. Paul (südlicher Indischer Ozean), Küsten-Abyssal.

5. **C. squarrosa** Kükth. 1915 *C. s.*, Kükenthal in: Zool. Anz., *v.* 46 p. 122 | 1919 *C. s.*, Kükenthal in: Ergeb. Tiefsee-Exp., *v.* 13 pars 2 p. 593 t. 46 f. 80.

Die Kolonie ist spärlich und in einer Ebene verzweigt. Die Äste gehen von dem dicken Hauptstamm in meist rechtem, auch stumpfem Winkel gegenständig oder wechselständig ab und sind nicht weiter verzweigt; die Nodien sind 2—3 mm lang. Die Internodien sind bis in die Enden hinein solid, sehr fein längsgestreift, fast glatt und ziemlich kurz, am Hauptstamm etwa 25 mm lang, an den Ästen ungleich groß, durchschnittlich etwa 15 mm Länge messend. Die Nodien sind 2—3 mm lang. Die Polypen stehen regellos rings um die Äste, sind stark abgespreizt, meist im rechten Winkel inseriert, und 5—8 mm lang. Mit Ausnahme der stark verbreiterten Basis sind sie gleichmäßig schlank walzenförmig. Ihre Bewehrung besteht aus Nadeln und Stäben, erstere im distalen Teile zu 8 septal geordnet, bis 3 mm Länge erreichend, aber meist nicht vorragend. Ihre Oberfläche ist glatt. Die kleineren, breiten und flachen Stäbe haben glatte oder leicht gewellte Ränder und sind mitunter in der Mitte etwas verschmälert. Die großen Tentakel sind bis in die Pinnulae hinein mit kleinen, stabförmigen Skleriten erfüllt. Die Schlundrohrwandung enthält in Längszügen angeordnete, sehr kleine, stark gezackte Platten. In der dünnen Rinde liegen vereinzelte longitudinal gelagerte Nadeln und kleinere, breite Stäbe. Hellviolettbraun, Polypen dunkler violettbraun.

Japan.

6. **C. grayi** P. Wright 1869 *C. g.*, P. Wright in: Ann. nat. Hist., ser. 4 *v.* 3 p. 24 | 1909 *C. g.*, J. Stephens in: Sci. Invest. Fish. Ireland, (1907) nr. 5 p. 8 | 1919 *C. g.*, Kükenthal in: Ergeb. Tiefsee-Exp., *v.* 13 pars 2 p. 595.

Die Kolonie ist spärlich verzweigt. Die Internodien sind verschieden lang. Die Polypen stehen sehr dicht, gleichmäßig allseitig und entspringen in ungefähr rechtem Winkel. Die Polypenskleriten sind teilweise lang und spindelförmig, und eine Anzahl longitudinal gestellter ragt weit über den Polypenrand vor. Daneben finden sich sehr viel kleinere, stabförmige Skleriten. Die Rinde ist dicht mit Skleriten erfüllt, die ihr ein rauhes Aussehen verleihen.

Setubal (Küste Portugals) im tiefen Wasser. Westküste Irlands in 699 m Tiefe.

7. **C. flabellum** Nutting 1908 *C. f.*, Nutting in: P. U. S. Mus., *v.* 34 p. 570 t. 43 f. 1; t. 47 f. 3 | 1919 *C. f.*, Kükenthal in: Ergeb. Tiefsee-Exp., *v.* 13 pars 2 p. 595.

Der Hauptstamm gibt von den Internodien in einer Ebene liegende Äste in unregelmäßigen Intervallen ab. Die Internodien sind 17—27 mm lang, die Nodien 1,5 mm. Die Polypen stehen vorwiegend an den Seiten von Stamm und Ästen, die anscheinend etwas abgeplattet sind, ungleich verteilt und in verschiedenen Winkeln abgehend. Die Polypenskleriten sind lange, bis 5 mm erreichende, longitudinal gestellte Nadeln; im basalen Teile nehmen sie öfters eine schiefe Lage ein. Ähnliche Nadeln, die an einem Ende in 2 oder 3 parallel laufende Äste geschlitzt sein können, finden sich in der Rinde. Farbe elfenbeinweiß, Nodien purpurbraun.

Hawai. In 348—430 m.

8. **C. japonica** Th. Stud. 1878 *Keratoisis j.*, Th. Studer in: Monber. Ak. Berlin, p. 663 | 1919 *Ceratoisis j.*, Kükenthal in: Ergeb. Tiefsee-Exp., *v.* 13 pars 2 p. 595.

Stamm aufrecht, wenig und in einer Ebene verzweigt. Die Äste gehen unter stumpfen bis rechten Winkeln ab, sind selten verzweigt, und ihre Enden sind eingebogen, mitunter spiralig. Die hohlen Internodien sind nur am

Hauptstamm gerieft und 20—30 mm lang. Die Polypen sind stumpf kegelförmig, 6 mm lang und entspringen am Stamm in zwei wechselständigen Reihen. Die Kelchmündung ist von einem Kranze längerer Skleriten umgeben. Die Rinde enthält nadelförmige, ziemlich glatte Skleriten in dichter Lagerung.

Yeddobai (Japan). In 550 m Tiefe.

9. **C. philippinensis** P. Wright & Th. Stud. 1889 *C. p.*, P. Wright & Th. Studer in: Rep. Voy. Challenger, *v.* 31 pars 64 p. 27 t. 5a f. 5 | 1910 *C. p.*, Nutting in: Siboga-Exp., *v.* 13b2 p. 11 | 1912 *C. p.*, Nutting in: P. U. S. Mus., *v.* 43 p. 91 | 1919 *C. p.*, Kükenthal in: Ergeb. Tiefsee-Exp., *v.* 13 pars 2 p. 596.

Kolonie unverzweigt. Die Internodien sind schwach gerieft, unregelmäßig und teilweise angeschwollen, 30—61 mm lang, basal 5 mm dick, distalwärts sehr viel dünner werdend. Die Nodien sind 5 mm hoch. Die walzenförmigen Polypen stehen in unregelmäßigen Wirteln oder Spiralen rings um die Rinde, von dieser abgespreizt, sind bis 6 mm lang und mit spindelförmigen Skleriten bedeckt. Nahe der Basis liegen einige schräg gelagerte Spindeln, darüber erheben sich longitudinal gestellte, lange, glatte Spindeln, die bis 3 mm lang werden können, und von denen 6—8 über den Polypenrand vorragen. Die Tentakel sind auf ihrer Außenseite mit 2 oder 3 Reihen von längsgestellten, stabförmigen Skleriten versehen. In der dicken Rinde liegen wenige Spindeln. Elfenbeinweiß (Alkohol).

Philippinen in 150 m Tiefe, Malayischer Archipel in 567—1264 m Tiefe, bei Japan 48° 24′ 30″ n. Br., 145° 43′ 30″ östl. L. in 805 m Tiefe.

10. **C. rigida** Kükth. 1915 *C. r.*, Kükenthal in: Zool. Anz., *v.* 46 p. 122 | 1919 *C. r.*, Kükenthal in: Ergeb. Tiefsee-Exp., *v.* 13 pars 2 p. 596 t. 32 f. 17.

Fig. 202. Ceratoisis rigida.

Die sehr starre Kolonie ist unverzweigt, sehr groß und leicht spiralig gebogen (Fig. 202). Die Internodien sind fein längsgestreift und haben mehr basalwärts eine Länge von 35—51 mm, mehr distalwärts von 22—33 mm Länge. Die Länge der Internodien nimmt also distalwärts etwas ab. Die Polypen sind 4—6 mm lang und stehen in dichter Anordnung dicht um den Stamm, mehr basalwärts einen nackten Längsstreifen freilassend. Die Polypen sind stark kontraktil, stehen schräg distalwärts am Stamm und sind adaxial stark eingebogen. Ihre Bewehrung besteht aus vollkommen glatten, nadelförmigen Skleriten, die in 8 spitz konvergierenden oder longitudinalen Längsreihen um den distalen Polypenteil angeordnet, auf der abaxialen Seite stärker ausgebildet sind, und teilweise etwas vorragen. Diese Nadeln können über 3 mm Länge erreichen. Außerdem finden sich in der Polypenwand kleinere, stabförmige Skleriten, die die Schlundrohrwandung in dichterer Anordnung erfüllen. Die Tentakel sind sehr groß und anscheinend nicht zurückziehbar, in der Außenwand ihrer Achse liegen kleine, longitudinal angeordnete Stäbchen, und auch in der Längsrichtung der Pinnulae liegen solche noch kleinere Skleriten. In der dicken, festen Rinde liegen nur ganz vereinzelt stabförmige, glatte Skleriten von etwa 0,3 mm Länge. Gelbweiß.

St. Paul (südlicher Indischer Ozean). In 680 m Tiefe.

11. **C. gracilis** J. A. Thoms. & W. D. Hend. 1906 *C. g.*, J. A. Thomson & W. D. Henderson, Alcyon. Investigator, *v.* 1 p. 31 t. 6 f. 6, 6a | 1919 *C. g.*, Kükenthal in: Ergeb. Tiefsee-Exp., *v.* 13 pars 2 p. 598.

Die Kolonie ist unverzweigt, schlank und ziemlich starr. Die Internodien sind glatt und hohl; basal folgt auf ein kurzes ein viel längeres, und dann nimmt die Länge ganz allmählich distalwärts ab. Durchschnittlich sind die Internodien 10 mm lang. Die Polypen lassen einen schmalen Längsstreifen des Stammes frei, sind unregelmäßig biserial angeordnet und nach einer Seite gewandt. Sie sind meist schräg distalwärts gerichtet und adaxial eingebogen, in der Mitte schlank basal und distal etwas verdickt und 3—5 mm lang. In der Polypenwand liegen longitudinal gerichtete, kräftige, nadelförmige fast glatte Skleriten, von denen 8 septal gelegene bis 4 mm lang werden und etwas vorragen können. Das freie Ende ist zugespitzt, das basale abgerundet und kräftig gezähnelt. Außerdem kommen kleine, breite, oft unregelmäßige, flache Stäbe von etwa 0,12 mm Länge vor, die mit flachen Dornen besetzt sind und abgerundete Enden haben. Die großen Tentakel enthalten kleine, stabförmige Skleriten bis in die Pinnulae hinein. In der sehr dünnen Rinde liegen vereinzelt größere und kleinere, flachbedornte Stäbe, die mitunter in der Mitte etwas verjüngt sind. Die Art ist ovipar. Weißgelb, Polypen rotbraun.

Andamanen, Nikobaren, Sambrerokanal. Oberes Abyssal.

12. **C. wrighti** Nutting 1910 *C. W.*, Nutting in: Siboga-Exp., *v.* 13b2 p. 12 t. 2 f. 1, 1a; t. 5 f. 3 | 1919 *C. w.*, Kükenthal in: Ergeb. Tiefsee-Exp., *v.* 13 pars 2 p. 599.

Kolonie unverzweigt. Die Basis wird von ein paar lappigen, verkalkten Fortsätzen gebildet. Die Internodien sind 3,5 mm (basal) bis 33 mm lang. Die Polypen sind biserial angeordnet, schräg distalwärts gerichtet und adaxial stark eingebogen. Die walzenförmigen Polypen sind etwa 6 mm lang und am etwas verbreiterten distalen Ende 2,5 mm breit. Abaxial liegt meist eine Nadel von 5 mm Länge, die von der Basis des Polypen an beginnt, aber nicht vorragt. Im distalen Teile finden sich 8 longitudinale Nadeln mit vorragenden Spitzen, daneben noch einige andere. Tentakel und Rinde anscheinend skleritenfrei. Die Polypenskleriten sind mit regelmäßig angeordneten aber spärlichen, kleinen Dornen besetzt. Hellrotbraun.

Malayischer Archipel. In 655 m Tiefe.

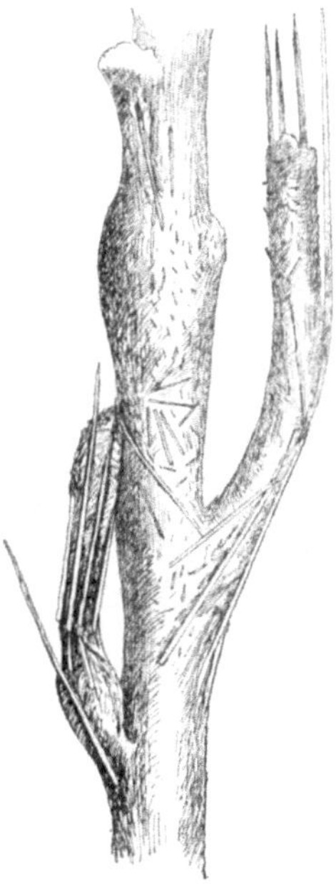

Fig. 203.
Ceratoisis macrospiculata.
Polypen.

13. **C. macrospiculata** Kükth. 1915 *C. m.*, Kükenthal in: Zool. Anz., *v.* 46 p. 122 | 1919 *C. m.*, Kükenthal in: Ergeb. Tiefsee-Exp., *v.* 13 pars 2 p. 600 t. 46 f. 82; t. 47 f. 83, 84.

Kolonie fast stets unverzweigt, sehr selten auftretende vereinzelte Äste entspringen von den Internodien. Die Internodien sind distal dünnwandig, hohl und außen glatt. Die längsten Nodien bis 94 mm Länge befinden sich in der Mitte, basalwärts wie distalwärts nehmen sie an Länge allmählich ab. Die Polypen stehen meist in Gruppen zu drei; manchmal fast wirtelförmig, aber auch unregelmäßig, stets einen Längsstreifen des Stammes freilassend, sind schräg distalwärts gerichtet, oft dem Stamm fest angeschmiegt, bis 10 mm lang und sehr schlank (Fig. 203). Ihre Bewehrung besteht aus langen, völlig glatten Nadeln, von denen 8 große, septal in der Längsrichtung angeordnet, etwas vorragen. Eine abaxial gelegene Nadel wird 6 mm lang und ragt 1,5 mm vor. Außerdem finden sich kleinere, stabförmige, flache Skleriten, die mitunter in der Mitte verjüngt sind und abgerundete Enden aufweisen. In den großen Tentakeln sind derartige Stäbchen dicht angehäuft. Die dünne Rinde enthält vereinzelt rillige, glatte, bis 4 mm lange Nadeln und in dichter unregelmäßiger Anordnung etwa 0,2 mm lange, flache Stäbe. Gelblich braun, Polypen dunkler braun.

Cap Verden. In 1694 m Tiefe.

14. **C. grandiflora** Th. Stud. 1878 *Keratoisis g.*, Th. Studer in: Monber. Ak. Berlin, p. 662 t. 5 f. 34a, b | 1889 *Ceratoisis g.*, P. Wright & Th. Studer in: Rep. Voy. Challenger, *v.* 31 pars 64 p. 27 | 1919 *C. g.*, Kükenthal in: Ergeb. Tiefsee-Exp., *v.* 13 pars 2 p. 602.

Kolonie unverzweigt mit scheibenförmiger Basis angeheftet. Die Länge der Internodien ist sehr verschieden von 15—50 mm, die kürzesten sind der Basis genähert. Die walzenförmigen Polypen sind sehr groß, bis 10 mm erreichend, und stehen unregelmäßig wechselständig in Abständen von 5 bis 6 mm. An ihrer Basis sind sie verbreitert. Die Polypenskleriten sind nadelförmig und überragen teilweise den Polypenmund, an der Basis häufig gegabelt und bis 5 mm lang. Außerdem finden sich bis 0,85 mm messende, flache, biskuitförmige Skleriten vor. Die Tentakel sind nur unvollkommen zurückziehbar. Die Skleriten der dünnen Rinde sind dicht aneinander gelagerte, platte, glatte Stäbe oder in der Mitte eingeschnürte, biskuitförmige Körper von 0,08—0,12 mm Länge. Farbe blaßrosenrot.

Fidschi-Inseln. In 384—1116 m Tiefe.

15. **C. palmae** P. Wright & Th. Stud. 1889 *C. p.*, P. Wright & Th. Studer in: Rep. Voy. Challenger, *v.* 31 pars 64 p. 29 | 1919 *C. p.*, Kükenthal in: Ergeb. Tiefsee-Exp., *v.* 13 pars 2 p. 602.

Kolonie anscheinend unverzweigt, die hohlen, glatten Internodien sind bis 15 mm lang. Die Polypen stehen sehr vereinzelt, sind 3 mm hoch, 1,5 mm breit und mit langen, bedornten, kräftigen Nadeln von bis 2,5 mm Länge dicht bedeckt, 5 oder 6 septal angeordnete Nadeln ragen etwas vor. Die Rinde ist dünn und enthält lange, schlanke, bedornte Nadeln von bis 3 mm Länge und kleinere, spindelförmige.

Palma 20° 42' n. Br., 18° 6' w. L. In 2059 m Tiefe.

16. **C. simplex** (Verrill) 1883 *Acanella s.*, A. E. Verrill in: Bull. Mus. Harvard, *v.* 11 p. 17 | 1889 *A. s.*, P. Wright & Th. Studer in: Rep. Voy. Challenger, *v.* 31 pars 64 p. 32 t. 9 f. 5 | 1919 *Ceratoisis s.*, Kükenthal in: Ergeb. Tiefsee-Exp., *v.* 13 pars 2 p. 602.

Stamm schlank, anscheinend unverzweigt. Die Internodien sind lang, längsgerieft, solid, nur die jüngsten hohl; die Nodien sind kurz. Die walzenförmigen Polypen sind zahlreich, in biserialer wechselständiger Anordnung, distal etwas dichter, bis 5 mm lang und 1 mm breit. Ihre Bewehrung besteht aus langen, oft stark gebogenen, bedornten Spindeln an der Basis und 6—8 longitudinal gestellten, bedornten an den Enden abgestumpften Spindeln im distalen Polypenteil. Die Spindeln können bis 3,5 mm lang werden, und 6—8 ragen über die Polypenwand etwas vor. Die Tentakel sind nur unvollkommen einschlagbar und enthalten kleine, längliche, bedornte Skleriten, die Rinde ist dünn und enthält größere Spindeln und kleinere, längliche Skleriten.

Westindien, Tiefsee.

17. **C. paucispinosa** P. Wright & Th. Stud. 1889 *C. p.*, P. Wright & Th. Studer in: Rep. Voy. Challenger, *v.* 31 pars 64 p. 28 t. 6 f. 1, 1a; t. 5 f. 7 | ? 1908 *C. p.*, Nutting in: P. U. S. Mus., *v.* 34 p. 571 | 1910 *C. p.*, Nutting in: Siboga-Exp., *v.* 13b2 p. 10 | 1912 *C. p.*, Nutting in: P. U. S. Mus., *v.* 43 p. 91 | 1919 *C. p.*, Kükenthal in: Ergeb. Tiefsee-Exp., *v.* 13 pars 2 p. 603.

Die Kolonie ist unverzweigt und mit breiten, wurzelartigen Ausläufern festgeheftet. Die mittleren Internodien sind die längsten, 30—40 mm messend, und ihre Länge nimmt distalwärts wie basalwärts ab. Die Internodien sind fein längsgestreift und die basalen sind solid, nur die distalen hohl, die Polypen stehen ziemlich unregelmäßig, aber dicht und sind nach einer Seite gewandt, so daß ein nackter Längsstreifen des Stammes vorhanden ist. Sie sind schräg distalwärts gerichtet, aber nicht adaxial eingebogen und erreichen eine Länge von bis zu 9 mm. Ihre Form ist schlank, distal etwas verbreitert. Bewehrt sind sie mit abaxial besonders kräftig entwickelten Nadeln, von denen acht septale bis 5 mm lang werden, wovon 2 mm vorragen. Diese Nadeln sind am freien Ende zugespitzt und glatt, am basalen mehr abgerundet und mit flachen, kleinen Dornen besetzt. Außerdem kommen zahlreiche flache Stäbe mit welligen Konturen von durchschnittlich 0,18 mm Länge vor, die auch in den Tentakelstämmen und den Pinnulae angehäuft sind. Die Rinde ist dünn, aber fest und mit einzelnen Nadeln und zahlreichen kleinen Stäben erfüllt. Weiß, Polypen braun.

Japan, Malayischer Archipel. Abyssal.

C. nuda P. Wright & Th. Stud. 1889 *C. n.*, P. Wright & Th. Studer in: Rep. Voy. Challenger, *v.* 31 pars 64 p. 28 t. 6 f. 2, 2a; t. 5a f. 8 | 1919 *C. n.*, Kükenthal in: Ergeb. Tiefsee-Exp., *v.* 13 pars 2 p. 605.

Kolonie unverzweigt. Die Internodien sind 40—60 mm lang. Die Polypen stehen dicht und ihre Basis ist angeschwollen; sie sind schräg distalwärts inseriert. Die Polypen sind basal ohne Skleriten, distal findet sich eine Anzahl bis 0,77 mm langer, nadelförmiger Skleriten auf der abaxialen Seite. Die Tentakel sind groß, unvollkommen zurückziehbar und mit nadelförmigen Skleriten versehen. Die Rinde enthält anscheinend keine Skleriten.

Fidschi-Inseln.

C. grandis Nutting 1908 *C. g.*, Nutting in: P. U. S. Mus., *v.* 34 p. 571 t. 43 f. 2; t. 49 f. 3 | 1919 *C. g.*, Kükenthal in: Ergeb. Tiefsee-Exp., *v.* 13 pars 2 p. 605.

Anscheinend unverzweigt, Internodien bis 140 mm lang, bis 8 mm dick. Die Nodien bis 4 mm lang. Die Polypen sind 4,5—8 mm lang, im distalen Teil bis 2,5 mm breit, mehr basalwärts 1 mm breit und mit sehr großen, longitudinalen, schlanken Skleriten bedeckt, die über den Polypenrand vorragen. Mitunter sind die Polypenskleriten gegabelt, selten kreuzförmig, oft stabförmig. Kleine stabförmige Skleriten liegen transversal gelagert in den Tentakeln. Die Rinde ist anscheinend ohne Skleriten. Farbe des Stammes elfenbeinweiß, der Polypen strohgelb.

Hawai. In 1264—1563 m Tiefe.

C. sp. Nutting 1910 *C. sp.*, Nutting in: Siboga-Exp., *v.* 13b2 p. 13.

Nur nackte Achse.

Malayischer Archipel. In 1165—1264 m Tiefe.

B. Subfam. **Mopseinae**

1870 *Mopseadae* (part.), J. E. Gray, Cat. Lithoph. Brit. Mus., p. 13 | 1887 *Primnoisidinae*, Th. Studer (& P. Wright) in: Arch. Naturg., *v.* 53ı p. 45 | 1889 *Mopseinae*, P. Wright & Th. Studer in: Rep. Voy. Challenger, *v.* 31 pars 64 p. 33 | 1910 *M.*, Nutting in: Siboga-Exp., *v.* 13b2 p. 17 | 1913 *M.*, Gravier in: Bull. Mus. Paris, p. 456 | 1919 *M.*, Kükenthal in: Ergeb. Tiefsee-Exp., *v.* 13 pars 2 p. 605.

Die Kolonien sind unverzweigt oder verzweigt. Die Polypen sind nicht retraktil. Die Polypenskleriten sind transversal gestellte Platten, meist mit stark gezackten ineinandergreifenden Rändern. Die gepanzerten Außenflächen der Tentakelstämme bilden ein Operculum.

3 Gattungen mit 18 sicheren Arten und 7 unsicheren.

Bestimmungstabelle der Gattungen:

1 { Kolonie verzweigt — 2
Kolonie unverzweigt . . . . 1. Gen. **Peltastisis**

2 { Verzweigung allseitig . . . . 2. Gen. **Primnoisis**
Verzweigung in einer Ebene . . . . 3. Gen. **Mopsea**

1. Gen. **Peltastisis** Nutting

1910 *P.*, Nutting in: Siboga-Exp., *v.* 13b2 p. 19 | 1919 *P.*, Kükenthal in: Ergeb. Tiefsee-Exp., *v.* 13 pars 2 p. 609.

Stamm unverzweigt, die kleinen, etwa 1 mm langen Polypen stehen in einer Längsreihe und sind mit 7 oder 8 Längsreihen von bewarzten Schuppen mit gezähnelten Rändern bedeckt. 8 große flache Schuppen über den Tentakeloberflächen bilden ein Operculum. Die Rinde enthält langgestreckte Platten und Spindeln. Die Geschlechtsprodukte liegen zwischen je 2 Polypen und verursachen Anschwellungen.

Malayischer Archipel.

2 Arten.

Spec. typ.: *P. uniserialis* Nutting

Bestimmungstabelle der Arten:

{ Ohne abaxiale Stütznadel . . . . 1. **P. uniserialis**
Mit abaxialer Stütznadel . . . . 2. **P. cornuta**

1. **P. uniserialis** Nutting 1910 *P. u.*, Nutting in: Siboga-Exp., *v.* 13b2 p. 19 t. 4 f. 3, 3a; t. 6 f. 3 | 1919 *P. u.*, Kükenthal in: Ergeb. Tiefsee-Exp., *v.* 13 pars 2 p. 610.

Stamm unverzweigt, mit kalkiger, lappiger, abgeflachter Basis. Internodien sehr kurz, basal 2 mm, die distalen 3 mm lang. Die Nodien sind nur 0,5 mm lang. Die Polypen stehen in einer Längsreihe ziemlich dicht, sind keulenförmig oder konisch, 1 mm lang, schräg distal gerichtet, und so eingebogen, daß die adaxiale Seite sich dem Stamm anschmiegt. Sie sind mit regelmäßig angeordneten Platten von ovalem Umriß und gezackten Rändern gepanzert, während die Oberfläche abgerundete Warzen trägt. In jeder abaxialen Reihe liegen etwa 7 Platten hintereinander, in jeder adaxialen 2 oder 3. An der Polypenbasis werden die Platten schmaler und mehr spindelförmig. Am Polypenrande erheben sich 8 Schuppen, die ein starkes Operculum bilden. Diese Deckschuppen sind dicht mit abgerundeten Warzen besetzt. Die Rinde enthält Spindeln mit ziemlich scharf abgerundeten Warzen. In der Rinde zwischen je 2 Polypen liegen die Geschlechtsprodukte. Nahezu weiß, Polypen braun.

Malayischer Archipel. In 411 und 827 m Tiefe.

2. **P. cornuta** Nutting 1910 *P. c.*, Nutting in: Siboga-Exp., *v.* 13b2 p. 20 t. 4 f. 4, 4a; t. 6 f. 1, 2, 3 | 1919 *P. c.*, Kükenthal in: Ergeb. Tiefsee-Exp., *v.* 13 pars 2 p. 610.

Stamm unverzweigt. Das basalste Internodium ist 6,5 mm lang, das distalste 5,5 mm, die Nodien nur 0,5 mm. Die Achse ist völlig glatt. Die 1 mm hohen Polypen stehen in einer Längsreihe in gleichmäßigen Abständen von 2,5 mm, sind kurz und dick keulenförmig, 1 mm lang und ihr distaler Teil ist adaxial eingebogen (Fig. 204). Abaxial werden die Polypen gestützt durch eine mächtige gekrümmte Spindel, die sich ein Stück weit in der Stammrinde fortsetzt. Diese Spindel mißt 1,5 mm in direkter Länge und ist glatt bis auf beide Enden, die stark bewarzt sind. Das proximale Ende ist verschmälert, das distale spatelförmig verbreitert. Die Polypenwand enthält 7 oder 8 Längsreihen von fein gezähnelten Schuppen, von denen die abaxialen etwa 8 enthalten, die adaxialen nur eine. Das Operculum besteht aus 8 dreieckigen, fein bewarzten, dünnen Deckschuppen über der dorsalen Tentakeloberfläche. In der dünnen Rinde liegen longitudinal angeordnete, flache, schuppenartige Skleriten, die ziemlich gleichmäßig mit kleinen, abgerundeten Warzen bedeckt sind. Dazwischen kommen auch stab- und nadelförmige Skleriten vor. Zwischen den Polypen liegen die Geschlechtsprodukte. Farbe nahezu weiß, Polypen braun.

Fig. 204.
Peltastisis cornuta.
Polyp (nach Nutting).

Malayischer Archipel. In 918 m Tiefe.

2. Gen. **Primnoisis** P. Wright & Th. Studer[1])

? 1878 *Sclerisis*, Th. Studer in: Monber. Ak. Berlin, p. 661 | 1887 *Primnoisis*, Th. Studer (& P. Wright) in: Arch. Naturg., *v.* 53i p. 46 | 1889 *P.*, P. Wright & Th. Studer in: Rep. Voy. Challenger, *v.* 31 pars 64 p. 34 | 1907 *Ceratoisis* (part.), Hickson in: Nat. antarct. Exp., *v.* 3 Coel. Alcyon. p. 7 | 1910 *Primnoisis*, Nutting in: Siboga-Exp., *v.* 13b2 p. 2 | 1912 *P.*, Kükenthal in: D. Südp.-Exp., *v.* 13 (5) p. 339 | 1913 *P.*, Gravier in: Bull. Mus. Paris., p. 456 | 1919 *P.*, Kükenthal in: Ergeb. Tiefsee-Exp., *v.* 13 pars 2 p. 611.

Kolonie allseitig verzweigt, jedoch mitunter vorwiegend in einer Ebene. Von einem Hauptstamm gehen in meist verschiedener Höhe Äste ab, die sich weiterhin verzweigen können. Die Internodien sind basal etwas kürzer als distal und geben die meist mit einem Nodium beginnenden Zweige ab. Die Basis ist rhizomartig oder bildet eine flache Scheibe. Die Polypen stehen vereinzelt, allseitig und entspringen rechtwinklig oder schräg distalwärts gerichtet, adaxial meist etwas eingekrümmt. Ihre Form ist walzenförmig oder keulenförmig und ihre Größe schwankt zwischen 0,8 und 2 mm. Ihre Oberfläche ist mit breiten, flachen, transversal gelagerten Schuppen gepanzert, deren Ränder große, ineinandergreifende Zähne besitzen, und deren Oberfläche mit Dornen besetzt ist. Diese Schuppen können sich in 8 Längsreihen anordnen, und es können unter ihnen in 8 regelmäßige Längsreihen angeordnete longitudinale, bedornte, gebogene, kleine Spindeln vorhanden sein. Mitunter liegen auch die Schuppen dachziegelförmig übereinander und die distalsten können in lange, den Polypenrand überragende Stacheln auslaufen. Die Tentakel bilden ein Operculum und sind an ihrer Oberfläche mit kleineren, in 2 oder 3 transversalen, gelegentlich auch nach der Spitze zu konvergierenden

[1]) *Primnoisis* ist ein nomen conservandum.

Reihen angeordneten Platten bedeckt. Die Rinde ist dünn und enthält unregelmäßige, stark bedornte und am Rande gezackte Platten und Kreuze, deren Ränder ineinandergreifen.

Antarktis, Subantarktis, Südafrika, La Platamündung. Litoral und Küsten-Abyssal.

8 sichere, 4 unsichere Arten.

Spec. typ.: *P. antarctica* (Th. Stud.)

Bestimmungstabelle der Arten:

1	Polypen walzenförmig, rechtwinklig von den Ästen entspringend — 2	
	Polypen keulenförmig, spitzwinklig von den Ästen entspringend — 5	
2	Die distalen Polypenskleriten mit langem Stachel — 3	
	Die Polypenskleriten ohne Stachel — 4	
3	3 transversale Reihen von Polypenskleriten mit Stacheln . .	1. **P. spicata**
	Nur die distalste transversale Reihe mit Stacheln	2. **P. armata**
4	Polypenskleriten auf ihrer Außenfläche schwach bewarzt . .	3. **P. antarctica**
	Polypenskleriten auf ihrer Außenfläche mit scharfen Dornen besetzt	4. **P. sparsa**
5	Internodien der Äste bis 6 mm lang — 6	
	Internodien der Äste über 10 mm lang — 7	
6	Zweigrinde dick	5. **P. ambigua**
	Zweigrinde dünn	6. **P. delicatula**
7	Polypenskleriten in 8 Längsreihen	7. **P. rigida**
	Polypenskleriten unregelmäßig	8. **P. fragilis**

1. **P. spicata** (Hickson) 1907 *Ceratoisis s.*, Hickson in: Nat. antarct. Exp., *v.* 3 Coel. Alcyon. p. 7 t. 2 f. 16, 17, 18 | 1919 *Primnoisis s.*, Kükenthal in: Ergeb. Tiefsee-Exp., *v.* 13 pars 2 p. 613.

Von dem Hauptstamm gehen Seitenäste nach allen Seiten unregelmäßig ab, die sich aber in bestimmter Richtung nach einer Ebene zu einkrümmen, so daß die Kolonie nahezu fächerförmig wird. Die Internodien sind 12—20 mm lang. Die Polypen sind unregelmäßig gestellt in Entfernungen von 1—2 mm, an den Zweigenden dichter stehend, walzenförmig und etwa 2 mm lang. Die Polypenskleriten sind einander teilweise überdeckende Schuppen, unregelmäßig oder dreistrahlig. Im distalen Teile finden sich 2 oder 3 transversale Reihen von Polypenskleriten mit weit vorragenden, bis 0,45 mm langen Stacheln. Die anderen Polypenskleriten haben sehr unregelmäßige Gestalt, ebenso wie die Rindenskleriten.

McMurdobay (Antarktis). In 175—220 m Tiefe.

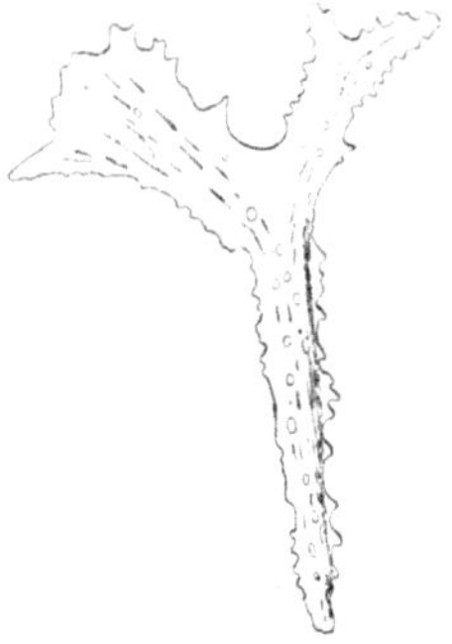

Fig. 205.
Primnoisis armata.
Distale Polypensklerit.

2. **P. armata** Kükth. 1912 *P. a.*, Kükenthal in: D. Südp.-Exp., *v.* 13 (5) p. 343 t. 23 f. 21 | 1919 *P. a.*, Kükenthal in: Ergeb. Tiefsee-Exp., *v.* 13 pars 2 p. 613.

Der Hauptstamm geht ziemlich gestreckt in die Höhe. Die Äste entspringen in annähernd rechtem Winkel und gehen in verschiedenen Richtungen, die Mehrzahl aber annähernd in einer Ebene ab. Diese Äste sind nicht oder nur wenig verzweigt. Die Internodien des Hauptstammes sind 14 mm lang, die der Äste länger. Die recht vereinzelt stehenden Polypen entspringen in annähernd einem rechten Winkel, sind aber adaxial leicht eingekrümmt und stehen vorzugsweise in 2 Reihen. Die Polypen sind etwa 1,3 mm lang, in der Mitte eingeschnürt, distal verbreitert und mit sehr großen, transversal oder schräg gestellten, stark gezackten Platten bis 0,6 mm Länge gepanzert. Die der distalen Querreihe laufen in einem langen, bedornten, weit vorspringenden Stachel aus (Fig. 205), der bis 0,4 mm erreichen kann, während der proximale Teil 2 breite, am Rande gezackte Fortsätze darstellt. Die Tentakel sind auf ihrer Oberseite mit longitudinal konvergierenden, kleineren Skleriten gepanzert. Die Rindenskleriten gleichen den Polypenskleriten, sind aber kleiner, auch kommen vielfach Kreuze vor. Farbe der Polypen hellbraun.

Antarktis. In 350—385 m Tiefe.

3. **P. antarctica** (Th. Stud.) 1878 *Isis a.*, Th. Studer in: Monber. Ak. Berlin, p. 661 t. 5 f. 32 | 1889 *Primnoisis a.*, P. Wright & Th. Studer in: Rep. Voy. Challenger, *v.* 31 pars 64 p. 35 t. 8 f. 2, 2a, 2b; t. 9 f. 6 | 1907 *Ceratoisis a.*, Hickson in: Nat. antarct. Exp., *v.* 3 Coel. Alcyon. p. 6 t. 2 f. 13, 14, 15 | 1912 *Primnoisis a.*, Kükenthal in: D. Südp.-Exp., *v.* 13 (5) p. 340 t. 23 f. 18, 19 | 1913 *P. a.*, Gravier in: Bull. Mus. Paris, p. 452 | 1919 *P. a.*, Kükenthal in: Ergeb. Tiefsee-Exp., *v.* 13 pars 2 p. 614.

Der an der Basis wurzelartig verästelte Hauptstamm verläuft ziemlich geradlinig und gibt in seinem basalen Teile keine Seitenäste ab, die erst etwas mehr distalwärts entspringen. Die Äste des basaleren Teiles der Kolonie gehen von den Internodien in rechtem Winkel ab, der nahe distalwärts zu einem spitzen wird. Sie entspringen im großen und ganzen in vier Richtungen, da aber die stärkeren Äste 2 entgegengesetzte Richtungen bevorzugen, entsteht eine vorwiegend in einer Ebene entwickelte Kolonie. Die nicht gegenständigen Äste tragen oft ziemlich lange Seitenäste, die nochmals verzweigt sein können. Die Internodien sind schwach längsgefurcht und am Hauptstamm 6 mm lang, während sie in den Ästen bis 15 mm Länge erreichen können. Die Polypen stehen an den Ästen ziemlich gleichmäßig verteilt, entspringen meist in rechtem Winkel, sind etwas über 1 mm lang, mitunter leicht eingebogen und im distalen Teile erheblich verbreitert. Auch ihre Basis ist etwas verdickt. Die Skleriten sind breite, bis 0,3 mm lange Platten, die mit tief gezackten Rändern ineinandergreifen. Ihre Oberfläche ist nur mit einigen kleinen Warzen besetzt. Die Tentakel sind mit ähnlichen Platten gepanzert, die an deren Basis 2—3 ineinandergeschobene transversale Reihen bilden und nach der Spitze zu kleiner werden. Die Tentakel bilden über der Mundöffnung ein festes Operculum. Die Rindenskleriten sind den Polypenskleriten sehr ähnlich, aber etwas kleiner und auch etwas stärker gezackt. Polypen braun, Hauptstamm weiß.

Kerguelen, Prinz Edwardsinsel, Mc'Murdobay. Gaußstation. Margueritabai (Antarktis). In 36—560 m Tiefe.

4. **P. sparsa** P. Wright & Th. Stud. 1889 *P. s.*, P. Wright & Th. Studer in: Rep. Voy. Challenger, *v.* 31 pars 64 p. 36 t. 8 f. 4; t. 9 f. 7 | 1919 *P. s.*, Kükenthal in: Ergeb. Tiefsee-Exp., *v.* 13 pars 2 p. 614.

Der Hauptstamm entspringt von einer scheibenförmigen Basis, ist wiederholt stark gekrümmt und gibt von den Internodien nach 4 Seiten entspringende Äste ab, die nur selten gegenständig in spitzem Winkel distalwärts gerichtet sind. Nur selten finden sich Seitenzweige. Die Internodien sind 10 bis 15 mm lang. Die Polypen entspringen in rechtem Winkel, sind 2—3 mm voneinander entfernt und erreichen bis 1,5 mm Länge. Basis und distalster Teil sind verdickt. Die transversal gelagerten viereckigen Polypenskleriten sind bis 0,2 mm breit und am Rande sehr kräftig gezähnt. Von den Zähnen verlaufen scharfe Leisten zum Zentrum, auch finden sich auf der Oberfläche scharfe Dornen; auf der Außenfläche jedes Tentakels verlaufen 3 Reihen von plattenförmigen Skleriten, von denen die mittleren die größten sind. Die Rindenskleriten sind längliche, flache bis 0,2 mm lange Platten mit gezähnten Rändern und scharfen Rippen auf der Oberfläche.

Prinz Edwardsinsel. In 156 m Tiefe.

5. **P. ambigua** P. Wright & Th. Stud. 1889 *P. a.*, P. Wright & Th. Studer in: Rep. Voy. Challenger, *v.* 31 pars 64 p. 39 t. 9 f. 9 | ? 1899 *P. a.*, Hiles in: Willey, Zool. Results, pars 2 p. 196 t. 22 f. 11 | 1919 *P. a.*, Kükenthal in: Ergeb. Tiefsee-Exp., *v.* 13 pars 2 p. 615.

Der Hauptstamm ist mehrfach eingebuchtet und gibt von der Basis an in spitzem Winkel in vier Richtungen Seitenäste ab, die aber vorwiegend in einer Ebene liegen. Die langen Seitenzweige sind wieder verzweigt. Die Internodien des Stammes sind 2,5—4 mm lang, die der Äste 4—5 mm. Die Polypen stehen an den Zweigenden dicht an den basaleren Teilen zerstreut, sind schräg distalwärts gerichtet, keulenförmig und 0,8—1 mm lang. Die Polypenskleriten sind transversal gelagerte bis 0,2 mm lange Platten, die mit ihren starken mitunter verzweigten Zähnen ineinandergreifen. Die ähnlichen, länglichen Rindenskleriten können bis 0,28 mm Länge erreichen.

Kerguelen. In 18—166 m Tiefe.

6. **P. delicatula** Hickson 1907 *P. d.*, Hickson in: Nat. antarct. Exp., *v.* 3 Coel. Alcyon. p. 5 t. 2 f. 11, 12 | 1919 *P. d.*, Kükenthal in: Ergeb. Tiefsee-Exp., *v.* 13 pars 2 p. 615.

Anscheinend ohne Hauptstamm. Die Kolonie besteht aus einer dichten Masse dünner Äste, die sich unregelmäßig nach allen Richtungen spitzwinklig verzweigen. Die Internodien sind 6 mm lang, die Polypen sind ganz unregelmäßig zerstreut, adaxial eingebogen, und etwa 0,65 mm lang. Die Polypenskleriten sind flache bewarzte Spindeln, die in 14 oder 15 horizontalen Reihen stehen. Die distalsten Polypenskleriten und die der Außenseite der Tentakel sind oft an einem Ende etwas verbreitert. Die Rindenskleriten sind ebenfalls flache bewarzte Spindeln, 0,1—0,2 mm lang.

Hut Point (Antarktis). In 46—55 m Tiefe.

7. **P. rigida** P. Wright & Th. Stud. 1889 *P. r.*, P. Wright & Th. Studer in: Rep. Voy. Challenger, *v.* 31 pars 64 p. 37 t. 8 f. 3, 3a; t. 9 f. 8 | 1919 *P. r.*, Kükenthal in: Ergeb. Tiefsee-Exp., *v.* 13 pars 2 p. 615.

Die Kolonie ist sehr reichlich verzweigt. Der Hauptstamm ist vielfach gebogen und gibt schon nahe der Basis dicke Äste ab. Die Äste entspringen in spitzem Winkel in verschiedener Höhe nach 4 Richtungen, vorwiegend jedoch in zwei entgegengesetzten. Jeder Ast gibt Seitenzweige ab, die sich nochmals verzweigen können, und auch diese Seitenzweige sind nochmal verzweigt. Die oft gebogenen Internodien sind im Hauptstamm und den stärkeren Teilen der Hauptäste 10 mm lang, in deren Enden bis 18 mm, während die Seitenzweige überhaupt keine Nodien aufweisen. Die keulenförmigen Polypen sind klein, 0,8 mm lang, adaxial eingebogen, und stehen in Entfernungen von 0,8—1 mm. Die Polypenskleriten bilden 8 regelmäßige Längsreihen flacher, starker bis 0,2 mm breiter Platten, am Rande stark gezähnt und mit spitzen Warzen besetzt. Unter ihnen finden sich gebogene bedornte Spindeln von 0,08 mm Länge, welche 8 Längsreihen bilden. Die

Tentakel sind mit je 3 unsymmetrischen Reihen von Platten besetzt. Die Rindenskleriten sind dreieckige und unregelmäßige längliche bis 0,15 mm messende Platten, scharf gezähnt und mit zahlreichen spitzen Dornen besetzt.

Vor der la Platamündung. In 1090 m Tiefe.

8. **P. fragilis** Kükth. 1912 *P. f.*, Kükenthal in: D. Südp.-Exp., *v.* 13 (5) p. 342 t. 23 f. 20 | 1919 *P. f.*, Kükenthal in: Ergeb. Tiefsee-Exp., *v.* 13 pars 2 p. 616.

Die Kolonie ist stark komprimiert. Die Äste entspringen vom Hauptstamm in fast rechtem bis spitzem Winkel, jederseits in 2 sich spitzwinklig schneidenden Ebenen. Ihre weitere Verästelung ist gering. Die Internodien sind im Hauptstamm etwa 10 mm lang, in den Ästen länger. Die Polypen entspringen an den Zweigen in spitzem Winkel, sind adaxial stark eingekrümmt und etwa 1,2 mm lang (Fig. 206). Sie sind an einer Stelle nahe ihrer Basis stark eingeschnürt, am distalen Teile becherartig verbreitert. Ihre Skleriten sind bis 0,3 mm lange, oft rhombische Platten, mit einzelnen großen Stacheln an den Rändern und einzelnen kleinen, rundlichen Warzen auf der Oberfläche. Die distalsten Platten erheben sich mit einer Spitze etwas über die Polypenwand. Die Tentakel sind mit kleineren Platten gepanzert, bilden aber kein besonders deutliches Operculum. Die Rindenskleriten sind schmalere, bis 0,24 mm lange Platten mit großen Zacken an den Rändern und mit wenigen kleinen, abgerundeten Warzen besetzt.

Fig. 206.
Primnoisis fragilis. Polyp.

Antarktis. In 350—385 m Tiefe.

P. ramosa (Hickson) 1905 *Ceratoisis r.*, Hickson in: Mar. Invest. S. Afr., *v.* 3 p. 224 t. 7 f. 3, 4; t. 8 f. 12 | 1919 *Primnoisis r.*, Kükenthal in: Ergeb. Tiefsee-Exp., *v.* 13 pars 2 p. 616.

Kolonie verzweigt. Der Hauptstamm ist ziemlich dick und gibt nach allen Seiten unregelmäßig stehende Äste ab, die sich weiter verzweigen. Die Internodien sind 3—5 mm lang, die Nodien 1 mm. Die Polypen stehen an den Ästen in 2—4 mm Entfernung, entspringen anscheinend rechtwinklig, sind 1 mm lang und mit plattenförmigen, bis 0,6 mm langen Skleriten bedeckt, die stark gezackte Ränder besitzen; distalwärts werden sie mehr spindelförmig und gebogen. Die Tentakel sind auf ihrer Außenseite ebenfalls mit plattenförmigen Skleriten bedeckt und bilden ein Operculum. In der Rinde kommen ebenfalls plattenförmige, stark gezackte Platten vor.

Vasco de Gama-Pik (Südafrika). In 420 m Tiefe.

P. ramosa J. A. Thoms. & J. Ritchie 1905 *P. r.*, Hickson in: Mar. Invest. S. Afr., *v.* 3 p. 224 | 1906 *P. r.*, J. A. Thomson & J. Ritchie in: Tr. R. Soc. Edinb., *v.* 41 p. 851 | 1908 *P. r.*, Roule in: Exp. antarct. Franç., Alcyon. p. 6 | 1919 *P. r.*, Kükenthal in: Ergeb. Tiefsee-Exp., *v.* 13 pars 2 p. 617.

Der Hauptstamm, mehrfach gekrümmt, gibt in spitzem Winkel zahlreiche Seitenäste ab, die sich wieder verzweigen. Von einem Internodium können bis zu 8 Ästen abgehen. Die fein längsgestreiften Internodien sind 5—10 mm lang.

Antarktis in 74° 1' südl. Br. in 195 m Tiefe. Biscoebay (Antarktis) in 110 m Tiefe.

Die Art ist völlig ungenügend beschrieben. Wahrscheinlich ist sie identisch mit *P. antarctica* (Th. Stud.) (nr. 3).

P. formosa Gravier 1913 *P. f.*, Gravier in: Bull. Mus. Paris, p. 453 | 1919 *P. f.*, Kükenthal in: Ergeb. Tiefsee-Exp., *v.* 13 pars 2 p. 617.

Die Achse ist längsgestreift. Die Äste stehen rings um den Hauptstamm in gleichmäßiger Ausbildung und geben zahlreiche Zweige ab, die sich nochmals verzweigen können. Die Internodien sind 3—7 mm lang. Die Polypen sind distalwärts eingebogen und sitzen rings um Stamm und Verzweigungen. Ihre Länge beträgt 0,5—0,8 mm. Die Polypenskleriten sind 0,25—0,28 mm lange Platten und ihr distaler, konvex gebogener Rand ist stark gezähnelt. Die Tentakelskleriten sind von ähnlicher Form und bilden ein deutliches Operculum. Die Rindenskleriten sind verschieden geformt, meist gerade oder gebogene Stäbe, die spärlich bewarzt sind.

Marguerítabai (Antarktis) in 254 m Tiefe. Am Rande des festen Eises 70° 10' südl. Br., 78° 30' westl. L. in 460 m Tiefe.

P. pulchella (Th. Stud.) 1878 *Sclerisis p.*, Th. Studer in: Monber. Ak. Berlin, p. 661 t. 5 f. 33a, b, c | 1919 *S. p.*, Kükenthal in: Ergeb. Tiefsee-Exp., *v.* 13 pars 2 p. 633 | 1919 *Primnoisis p.*, Kükenthal ibid. p. 927.

Aufrecht verzweigt, die Äste entspringen vom Hauptstamm nach drei Seiten. Die fein gestreiften Internodien sind sehr lang und lassen die dünnen Äste abgehen. Die nicht retraktilen Polypen sind glockenförmig mit eingeschnürter Basis und ihre Skleriten sind stark gezackte, meist transversal oder schräg gestellte, breite, plattenförmige Spindeln von etwa 0,25 mm Länge, auf denen sich spitz konvergierende, bis 0,32 mm messende Spindeln erheben, die an der Basis stark abgeplattet und meist gegabelt sind.

35° 21' südl. Br., 175° 40' östl. L. In 1092 m Tiefe.

3. Gen. **Mopsea** Lamouroux

1816 *M.*, Lamouroux, Hist. Polyp., p. 465 | 1834 *M.* (part.), Ehrenberg in: Abh. Ak. Berlin, p. 355 | 1857 *M.*, J. E. Gray in: P. zool. Soc. London, *v.* 25 p. 283 | 1857 *M.*, H. Milne-Edwards, Hist. Corall., *v.* 1 p. 197 | 1887 *M.* + *Acanthoisis*, Th. Studer (& P. Wright) in: Arch. Naturg., *v.* 53 I p. 46 | 1889 *M.* + *A.*, P. Wright & Th. Studer in: Rep. Voy. Challenger, *v.* 31 pars 64 p. 40, 44 | 1910 *M.*, Nutting in: Siboga-Exp., *v.* 13b2 p. 15 | 1919 *M.*, Kükenthal in: Ergeb. Tiefsee-Exp., *v.* 13 pars 2 p. 617.

Die Verzweigung ist stets in einer Ebene und meist fächerförmig erfolgt, teils fiederig und dann wechselständig, teils dichotomisch. Die Äste entspringen von den Internodien, die stets sehr kurz sind und meist mit Längsstreifen und Längsrippen versehen sind, von denen die letzteren gezähnelt sein können. Meist stehen die Polypen allseitig, an den Zweigenden können sie sich auch in 2 wechselständigen Längsreihen anordnen. Die Polypen sind sehr klein, meist nicht über 1 mm messend und keulenförmig; stets stehen sie in spitzem Winkel distalwärts gerichtet und sind adaxial eingebogen. Ihre Bewehrung besteht aus transversal gelagerten, oft auch in undeutlichen Längsreihen angeordneten Platten, die sich teilweise überdecken können und scharf gezähnelte Ränder aufweisen. Ihr distal gerichteter Rand ist konvex, der proximal gerichtete konkav. Die Tentakelstämme sind mit transversal gelagerten oft in deutlichen Längsreihen angeordneten Schuppen besetzt und bilden über der Mundöffnung ein Operculum. Die meist dünne Rinde enthält gezähnelte Platten und kleine unregelmäßigere zackige, stabförmige auch sternförmige Skleriten.

Australien und Malayischer Archipel. Litoral.

8 sichere, 3 unsichere Arten.

Spec. typ.: *M. dichotoma* (L.)

Bestimmungstabelle der Arten:

1 { Verzweigung fiederförmig — 2
  { Verzweigung dichotomisch — 6

2 { Internodien ohne gezähnelte Längsrippen — 3
  { Internodien mit gezähnelten Längsrippen — 5

3	Internodien bis 1,5 mm lang	1. **M. encrinula**
	Internodien über 5 mm lang — 4	
4	Polypenskleriten in regelmäßigen Längs- und Querreihen .	2. **M. alba**
	Polypenskleriten unregelmäßig gelagert	3. **M. flava**
5	Polypen schräg distal gestellt	4. **M. whiteleggei**
	Polypen senkrecht stehend	5. **M. flabellum**
6	Polypen an den Zweigen biserial angeordnet — 7	
	Polypen allseitig stehend	8. **M. squamosa**
7	Polypenskleriten stark gezähnelte gebogene Schuppen . .	6. **M. dichotoma**
	Polypenskleriten flache, glattrandige ovale Schuppen . . .	7. **M. elegans**

1. **M. encrinula** (Lm.) 1816 *Isis e.*, Lamarck, Hist. An. s. Vert., *v.* 2 p. 302 | 1816 *Mopsea verticillata*, Lamouroux, Hist. Polyp., p. 467 t. 18 f. 8 | ? 1834 *M. encrinula*, Ehrenberg in: Abh. Ak. Berlin, p. 355 | 1889 *M. e.*, P. Wright & Th. Studer in: Rep. Voy. Challenger, *v.* 31 pars 64 p. 43 t. 7 f. 1, 1a, 1b; t. 9 f. 11 | 1911 *M. e.*, J. A. Thomson & Mackinnon in: Mem. Austral. Mus., *v.* 4 p. 674 | 1919 *M. e.*, Kükenthal in: Ergeb. Tiefsee-Exp., *v.* 13 pars 2 p. 620 t. 46 f. 86, 87.

Kolonie fächerförmig, aufrecht, in einer Ebene verzweigt. Vom Hauptstamm gehen nach beiden Seiten wechselständige Äste ab, die sich nicht weiter verzweigen bis auf einige größere, die wieder wechselständige Seitenzweige tragen. Die Internodien sind sehr kurz und werden basal von den Nodien an Länge übertroffen. Die Internodien sind längsgestreift. Die Äste gehen im Winkel von 35 bis 40 Grad ab, jeder mit einem Nodium beginnend, das einem Internodium aufsitzt. Die Polypen stehen dicht angehäuft an Stamm und Ästen; am Stamm und den dickeren Astteilen stehen sie vorwiegend in der Verzweigungsebene, an den dünneren Zweigen in dichten Spiralen, von denen jede von 5 Polypen gebildet wird, die fast wie in einem Wirtel stehen. Die keulenförmigen Polypen sind 1 mm lang und sind adaxial eingebogen (Fig. 207). Die Tentakel können sich zu einer Art kegelförmigem Operculum schließen.

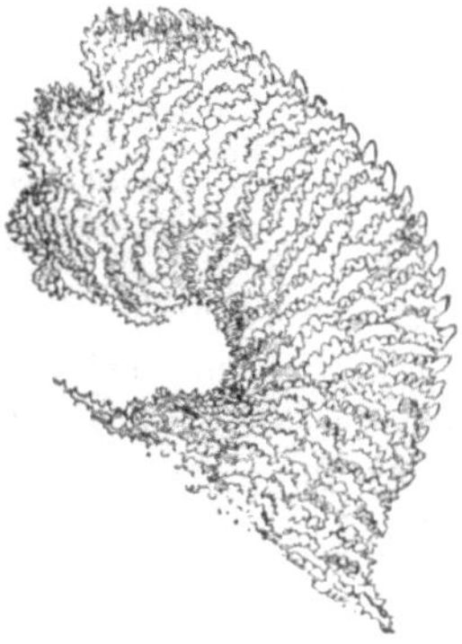

Fig. 207.
Mopsea encrinula. Polyp.

Die Polypenskleriten sind bedornte Schuppen, die in transversalen Reihen angeordnet sind. Ihr distaler Rand ist konvex von Dornen überragt, ihr basaler konkav und tief eingeschnitten. Diese Polypenschuppen sind bis 0,18 mm breit, 0,05 mm hoch. Die Tentakel enthalten ähnliche bedornte Skleriten. In der Rinde liegen rauhe, dornige, lanzettförmige Platten bis 0,14 mm lang und am Rande mit scharfen Zähnen besetzt. Gelbweiß.

Australien. In 69—92 m Tiefe.

2. **M. alba** Nutting 1910 *M. a.*, Nutting in: Siboga-Exp., *v.* 13b2 p. 18 t. 4 f. 2, 2a; t. 6 f. 4 | 1919 *M. a.*, Kükenthal in: Ergeb. Tiefsee-Exp., *v.* 13 pars 2 p. 622.

Kolonie fächerförmig. Der Hauptstamm entspringt von scheibenförmiger Basis. Die Äste entspringen von den Internodien, die bis 8 mm lang sind. Die Polypen stehen biserial wechselständig und ziemlich weit voneinander entfernt. Die adaxil eingekrümmten keulenförmigen Polypen sind etwa 1,6 mm hoch und 1 mm breit. Bewehrt sind sie mit zahlreichen kleinen Schuppen, die in zahlreichen regelmäßigen Längs- und Transversalreihen angeordnet sind. Auch die Tentakel enthalten auf ihrer Oberfläche ähnliche Schuppenreihen. Alle Skleriten sind schmale bedornte Schuppen, mit gekrümmtem und gezähneltem Rande, die besonders in der Rinde nahezu spindelförmig werden. Weiß.

Malayischer Archipel. In 469 m Tiefe.

3. **M. flava** Nutting 1910 *M. f.*, Nutting in: Siboga-Exp., *v.* 13b2 p. 18 t. 4 f. 1, 1a; t. 5 f. 5 | 1919 *M. f.*, Kükenthal in: Ergeb. Tiefsee-Exp., *v.* 13 pars 2 p. 622.

Verzweigung fächerförmig, bis zu Zweigen vierter Ordnung. Die tieflängsgefurchten Internodien sind basal kürzer als die Nodien und erreichen distal 5,5 mm Länge. Die Äste gehen von den Internodien ab. Die Polypen sind rings um die Äste angeordnet, an den Endzweigen mit gelegentlicher Tendenz zu biserialer Anordnung. Die Polypen sind abgestumpft kegelförmig und etwa 1,3 mm hoch bei 1,1 mm Durchmesser, sind völlig retraktil (?). Die Polypenskleriten sind schuppenförmig mit gezackten ineinandergreifenden Rändern, aber ohne regelmäßige Anordnung. Auf der Tentakeloberfläche finden sich einige wenige, sehr kleine, schuppenähnliche Skleriten. Alle Skleriten, auch die der Rinde, sind mit ziemlich großen Warzen besetzt. Gelegentlich kommen auch Doppelsterne und hemdenknopfähnliche Formen (wie bei *Bebryce*) vor. Hellstrohgelb.

Malayischer Archipel. In 80 m Tiefe.

4. **M. whiteleggei** J. A. Thoms. & Mackinn. 1911 *M. w.*, J. A. Thomson & Mackinnon in: Mem. Austral. Mus., *v.* 4 p. 678 t. 66 f. 2, 3; t. 73 | 1919 *M. w.*, Kükenthal in: Ergeb. Tiefsee-Exp., *v.* 13 pars 2 p. 622.

Verzweigung sehr reichlich, in einer Ebene, federförmig. Die Hauptäste tragen dicht gedrängte, wechselständige Seitenzweige, von denen einzelne größer werden und nochmals gefiedert sind. Die Verzweigung geschieht von den Internodien aus, die feingezähnelte Längsrippen tragen. Die Polypen sind vorwiegend auf die Zweige beschränkt, wo sie in je einer seitlichen Reihe biserial und wechselständig angeordnet sind; sie sind 0,5—0,75 mm lang, keulenförmig und adaxial eingebogen. Ihre Bewehrung besteht aus transversal gelagerten, schmalen, schuppenförmigen Skleriten, die stark gezähnelt und bedornt sind, teilweise einander überdecken und bis 0,238 mm Durchmesser erreichen. Abaxial liegen etwa 16 solcher sich überdeckender Skleriten in einer Längsreihe. Ähnliche Skleriten bilden ein niederes Operculum. Die Rindenskleriten gleichen denen der Polypen, liegen aber longitudinal, und ihre Zähne greifen ineinander. Außerdem kommen zahlreiche kleinere Spindeln und keulenartige Formen bis zu 0,153 mm Länge vor. Hellbraun bis cremeweiß.

Brockenbay (Australien).

5. **M. flabellum** (P. Wright & Th. Stud.) 1889 *Acanthoisis f.*, P. Wright & Th. Studer in: Rep. Voy. Challenger, *v.* 31 pars 64 p. 45 t. 8 f. 1, 1a, 1b; t. 9 f. 12 | 1911 *A. f.*, J. A. Thomson & Mackinnon in: Mem. Austral. Mus., *v.* 4 p. 679 t. 62 f. 1 u. 2 | 1919 *Mopsea f.*, Kükenthal in: Ergeb. Tiefsee-Exp., *v.* 13 pars 2 p. 623.

Verzweigung fächerförmig in einer Ebene mit radienförmig ausstrahlenden Hauptästen. Die kurzen Endzweige stehen wechselständig in fiederförmiger Anordnung an den Ästen. Anastomosen kommen vor. Die Internodien sind in den dickeren Teilen kurz, nur 3 mm lang, in den Endzweigen etwas länger, haben etwas Spindelform und lassen von sich wechselständig die Äste abgehen. Die Oberfläche ist scharf längsgerippt und die Rippen haben gesägte Ränder. Die Polypen stehen senkrecht an Stamm und Ästen in kurzen Spiralen zu 4 oder 5, in den dünnen etwas abgeflachten Endzweigen nur lateral. Ihre Form ist abgestumpft kegelförmig mit breiter Basis, ihre Länge beträgt 0,4 mm, ihre Breite an der Basis 0,5 mm. In der Polypenwand liegen in dichter Anordnung flache, oft leicht gebogene gezähnelte Skleriten mit konvexem oberem Rande, deren Zähne ineinandergreifen, und die bis 0,25 mm lang werden. In den Tentakeln werden diese Skleriten kleiner bis 0,13 mm lang. In der Rinde findet sich außerdem ein tieferes Lager von dornigen, 0,2 mm langen Spindeln. Ziegelrot, Polypenmund weiß.

Port Jackson (Australien). In 55—63 m Tiefe.

6. **M. dichotoma** (L.) 1758 *Isis d.*, Linné, Syst. Nat., ed. 10 p. 799 | 1816 *I. d.*, Lamarck, Hist. An. s. Vert., *v.* 2 p. 302 | 1816 *Mopsea d.*, Lamouroux, Hist. Polyp., p. 467 | 1857 *M. d.*, H. Milne-Edwards, Hist. Corall., *v.* 1 p. 197 | 1857 nec *Mopsella d.*, J. E. Gray in: P. zool. Soc. London, *v.* 25 p. 284 | 1864 nec *M. d.*, A. E. Verrill in: Bull. Mus. Harvard, *v.* 1 p. 38 | 1865 nec *M. d.*, Kölliker, Icon. histiol., p. 142 t. 19 f. 41 | 1889 *Mopsea d.*, P. Wright & Th. Studer in: Rep. Voy. Challenger, *v.* 31 pars 64 p. 41 t. 9 f. 10 | 1908 nec *M. d.*, Roule in: Exp. antarct. Franç., Alcyon. p. 5 | 1911 nec *M. d.*, J. A. Thomson & Mackinnon in: Mem. Austral. Mus., *v.* 4 p. 673 t. 67 f. 1 | 1919 *M. d.*, Kükenthal in: Ergeb. Tiefsee-Exp., *v.* 13 pars 2 p. 623.

Stamm aufrecht, von einer scheibenförmigen Basis entspringend. Die anscheinend dichotomische Verzweigung ist in einer Ebene erfolgt (?) und setzt sich bis zu den Zweigen fünfter Ordnung fort. Die Internodien sind im basalen Stammteil kürzer als die Nodien, im distalen etwa doppelt so lang, in den Ästen und Zweigen mehr als viermal so lang. Im Stamme sind die Internodien leicht komprimiert und längsgerippt. Mitunter sind diese Längsrippen gezähnt. Die Äste entspringen von den Internodien häufig an deren distalen Enden und ihre ersten Nodien stoßen dann mit den Nodien des Hauptstammes zusammen. Die Polypen sind keulenförmig, schräg distal gerichtet und adaxial eingekrümmt. Sie erreichen eine Länge von 0,6 bis 0,7 mm und stehen nicht so dicht wie bei *M. encrinula* (nr. 1). An den Zweigenden stehen sie biserial, wechselständig, sonst unregelmäßiger. Ihre Skleriten sind kräftige konvex gekrümmte Schuppen bis 0,22 mm Länge, deren Ränder stark gezähnt sind. Die Rinde ist in dem basalen Stammteil dünn, in den distaleren dick und erfüllt mit lanzettförmigen oft gekrümmten Platten bis 0,22 mm Länge, mit stark gezähnten Rändern und scharfen Warzen auf der Oberfläche, die der Rindenoberfläche ein rauhes Aussehen verleihen. Gelbweiß.

Australien. Litoral.

7. **M. elegans** J. A. Thoms. & Mackinn. 1911 *M. e.*, J. A. Thomson & Mackinnon in: Mem. Austral. Mus., *v.* 4 p. 677 t. 64 f. 3, 4; t. 68 f. 5; t. 72 | 1919 *M. e.*, Kükenthal in: Ergeb. Tiefsee-Exp., *v.* 13 pars 2 p. 624.

Verzweigung reichlich, dichotomisch in einer Ebene. Die Äste laufen einander fast parallel und entspringen an den Nodien (?) oder den Internodien, die fein längsgestreift sind. Die Polypen stehen vorwiegend auf 2 Seiten in 2—4 wechselständigen Reihen jederseits, sind keulenförmig, 0,75—1 mm lang und sind adaxial eingebogen. Ihre Skleriten sind sich überdeckende flache oft ovale Schuppen mit 0,55 mm größtem Durchmesser, deren Kernpunkt oft exzentrisch liegt und feine radiäre Streifen entsendet. Ihr freier Rand ist glatt, der basale stark gezähnt. Unter den Schuppen kommen an beiden Enden mit einem Kranze von großen Warzen besetzte Stäbe vor. Die Rinde ist dünn. Gelbbraun.

Australien.

8. **M. squamosa** Kükth. 1911 *M. flabellum* (non *Acanthoisis f.*, P. Wright & Th. Studer 1889). J. A. Thomson & Mackinnon in: Mem. Austral. Mus., *v.* 4 p. 676 t. 63 f. 1—3; t. 67 f. 6; t. 71 | 1919 *M. squamosa*, Kükenthal in: Ergeb. Tiefsee-Exp., *v.* 13 pars 2 p. 625, 926.

Sehr reichlich und annähernd in einer Ebene, meist dichotomisch verzweigt. Der Hauptstamm weist regelmäßig auftretende Knickungen auf. Die dünnen Zweige verlieren distalwärts nicht viel an Durchmesser. Im basalen Teile des Hauptstammes sind die Internodien mit 0,75 mm Länge kürzer als die Nodien, welche etwa 2 mm lang sind. Mehr distalwärts werden die Internodien 3—4 mm lang, während die Nodien nur 0,25 bis 0,5 mm Länge erreichen. Die Internodien sind deutlich längsgestreift und die Äste gehen von ihnen ab. Die Polypen stehen allseitig an Stamm und Ästen, niemals biserial, sind 1 mm lang, keulenförmig und adaxial eingebogen. Die Polypenbewehrung besteht aus 8 undeutlichen Reihen von sich überdeckenden Schuppen, 15—18 in jeder Reihe. Diese Schuppen haben bis 0,255 mm Durchmesser, sind flach, kreis- oder biskuitförmig oder unregelmäßig geformt. Ähnliche Schuppen auf den Tentakeln bilden ein niedriges Operculum. In der Rinde liegen Spindeln und Walzen bis zu 0,187 mm Länge mit wenigen aber großen Warzen sowie kleine, unregelmäßig geformte Körper. Orangebraun, Polypen etwas heller.

Australien. Im Litoral.

M. elongata Roule 1908 *M. e.*, Roule in: Exp. antarct. Franç., Alcyon. p. 5 | 1913 *M. e.*, Gravier in: Bull. Mus. Paris, p. 454 | 1919 *M. e.*, Kükenthal in: Ergeb. Tiefsee-Exp., *v.* 13 pars 2 p. 625.

Verzweigung dichotomisch annähernd in einer Ebene. Die Endzweige sind sehr lang. Die Internodien sind etwa 2,5 mm lang, die Nodien 0,3—0,6 mm. Die Polypen sind etwas kleiner als bei *M. dichotoma* (nr. 6), 1—1,2 mm lang, biserial angeordnet und etwas weiter auseinander stehend. Die Skleriten sind die gleichen wie bei *M. dichotoma*.

Insel Booth-Wandel? Deception-Insel in 150 m Tiefe.

Der *M. dichotoma* sehr nahe stehend.

M. australis J. A. Thoms. & Mackinn. 1911 *M. a.*, J. A. Thomson & Mackinnon in: Mem. Austral. Mus., *v.* 4 p. 675 t. 64 f. 1, 2; t. 67 f. 5 | 1919 *M. a.*, Kükenthal in: Ergeb. Tiefsee-Exp., *v.* 13 pars 2 p. 625.

Verzweigung wie bei *M. dichotoma* (nr. 6). Die Polypen sind in dichten Spiralen rund um die Äste angeordnet, 0,5—0,75 mm lang, keulenförmig und adaxial angeschmiegt. Ihre Bewehrung besteht aus 15—18 transversalen Reihen sich etwas überdeckender Skleriten, die schuppenförmige Platten mit vorspringenden Zähnen an den Rändern darstellen und bis 0,187 mm breit sind; ferner kommen Spindeln und Keulen mit großen Warzen sowie unregelmäßige Körper vor. Cremefarben.

Australien (Broken Bai).

Wahrscheinlich identisch mit *M. dichotoma*.

M. gracilis Gravier 1913 *M. g.*, Gravier in: Bull. Mus. Paris, p. 454 | 1919 *M. g.*, Kükenthal in: Ergeb. Tiefsee-Exp., *v.* 13 pars 2 p. 626.

Verzweigung in einer Ebene. Vom Hauptstamm gehen nicht regelmäßig wechselständig beiderseits große Äste ab, meist 1 oder 2 von jedem Internodium. Die Internodien sind 4,5—6 mm lang. Die Polypen stehen ringsherum und erreichen nicht über 1 mm Größe, auch sind sie stark eingebogen. Die schuppenförmigen Polypenskleriten stehen in 8 Längsreihen; ihr Vorderrand ist konvex gebogen und tief und unregelmäßig eingeschnitten; außen sind sie mit Warzen besetzt. Ihre Länge beträgt

0,22 mm, ihre Breite 0,075 mm. Die Tentakelskleriten haben gezackte Ränder und bilden ein deutliches Operculum. Die Rindenskleriten sind länglich mit großen krenelierten Warzen besetzt und messen bis 0,25 mm in der Länge.

Deception-Insel (Antarktis). In 150 m Tiefe.

C. Subfam. **Muricellisidinae**

1915 *M.*, Kükenthal in: Zool. Anz., *v.* 46 p. 124 | 1919 *M.*, Kükenthal in: Ergeb. Tiefsee-Exp., *v.* 13 pars 2 p. 620.

Polypen retraktil und in scharf gesonderte Kelche zurückziehbar. Die Polypenskleriten sind kräftig bedornte Spindeln.

Mit einer Gattung und einer Art.

1. Gen. **Muricellisis** Kükenthal

1915 *M.*, Kükenthal in: Zool. Anz., *v.* 46 p. 124 | 1919 *M.*, Kükenthal in: Ergeb. Tiefsee-Exp., *v.* 13 pars 2 p. 626.

Verzweigung spärlich. Die Äste gehen annähernd rechtwinklig an den Internodien ab. Die Internodien sind lang und hohl. Die großen Polypen entspringen allseitig in rechtem Winkel und bestehen aus einem dickwandigen Kelche und darin zurückziehbaren dünnwandigen distalen Teile. Alle Skleriten sind stark bedornte Spindeln, die im Polypenkelch wirr durcheinander liegen, im distalen Polypenteil länger werden und hier in 8 konvergierenden Doppelreihen angeordnet sind. Die Tentakel sind dicht mit longitudinal gestellten Spindeln erfüllt und bilden einen Deckel. Die Rinde ist dick und mit zahlreichen Spindeln erfüllt.

Japan. Oberes Abyssal.

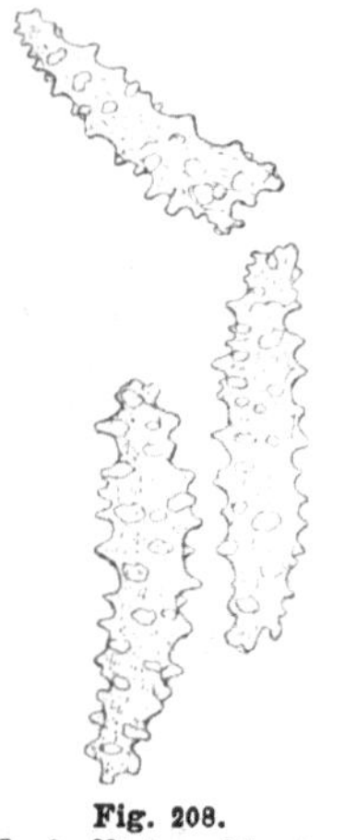

Fig. 208. **Muricellisis echinata.** Kelchskleriten ($^{80}/_{1}$).

1. **M. echinata** Kükth. 1915 *M. e.*, Kükenthal in: Zool. Anz., *v.* 46 p. 124 | 1919 *M. e.*, Kükenthal in: Ergeb. Tiefsee-Exp., *v.* 13 pars 2 p. 627 t. 46 f. 89; t. 47 f. 88.

Spärlich verzweigt. Die Äste gehen annähernd rechtwinklig von den Internodien ab. Die langen Internodien sind hohl. Die walzenförmigen 7 mm großen Polypen entspringen allseitig im rechten Winkel und bestehen aus einem dickwandigen Kelche und einem darin zurückziehbaren dünnwandigen distalen Teile. Die Kelchskleriten (Fig. 208) ragen teilweise aus der Wand vor, sind kräftig bedornte 0,3 mm lange Spindeln, die im oberen Teile schlanker bis 0,7 mm lang werden und in 8 konvergierenden Doppelreihen angeordnet sind. Die Tentakel sind dicht mit longitudinal gestellten Spindeln erfüllt und bilden ein Operculum. Die Rinde ist dick und mit 0,4 mm langen unregelmäßigen Spindeln erfüllt. Weiß.

Japan. Oberes Abyssal.

D. Subfam. **Isidinae**

1865 *I.*, Kölliker, Icon. histiol., p. 140 | 1883 *Isidae*, A. E. Verrill in: Bull. Mus. Harvard, *v.* 11 p. 9 | 1887 *Isidinae*, Th. Studer (& P. Wright) in: Arch. Naturg., *v.* 53I p. 46 | 1910 *I.*, Nutting in: Siboga-Exp., *v.* 13b2 p. 3 | 1919 *I.*, Kükenthal in: Ergeb. Tiefsee-Exp., *v.* 13 pars 2 p. 628.

Polypen völlig oder teilweise in die Rinde zurückziehbar. Polypenskleriten kleine, dicke, mit großen Warzengürteln besetzte Stäbe, dreistrahlige, vierstrahlige und sternförmige sowie unregelmäßig zackige Gebilde.

2 sichere Gattungen, 1 unsichere, 4 sichere Arten, 1 unsichere.

Bestimmungstabelle der Gattungen:

Verzweigung buschig, Äste an den Internodien entspringend	1. Gen. **Isis**
Verzweigung dichotomisch in einer Ebene, Äste an den Nodien entspringend	2. Gen. **Chelidonisis**

1. Gen. Isis Linné

1758 *I.* (part.), Linné, Syst. Nat., ed. 10 p. 799 | 1766 *I.* (part.), Pallas, Elench. Zooph., p. 233 | 1788—1790 *I.* (part.), Esper, Pflanzenth., *v.* 1 p. 27 | 1816 *I.*, Lamouroux, Hist. Polyp., p. 475 | 1816 *I.* (part.), Lamarck, Hist. An. s. Vert., *v.* 2 p. 300 | 1857 *I.* (part.), H. Milne-Edwards, Hist. Corall., *v.* 1 p. 193 | 1857 *I.* (part.), J. E. Gray in: P. zool. Soc. London, *v.* 25 p. 283 | 1865 *I.*, Kölliker, Icon. histiol., p. 140 | 1906 *I.*, J. Simpson in: J. Linn. Soc. London, *v.* 29 p. 421 | 1910 *I.*, Nutting in: Siboga-Exp., *v.* 13b2 p. 6 | 1919 *I.*, Kükenthal in: Ergeb. Tiefsee-Exp., *v.* 13 pars 2 p. 629.

Verzweigung buschig, teilweise dichotomisch mit Tendenz zur Entwicklung in einer Ebene. Die dicke Achse hat kurze mit gezähnelten Längsrippen versehene Internodien, von denen die Äste entspringen. Die Polypen stehen allseitig, sind klein und völlig in die Rinde zurückziehbar. Ein besonderer Polypenkelch ist nicht ausgebildet. Die Polypenskleriten, wenn vorhanden, gleichen den Rindenskleriten und sind kleine bis 0,2 mm lange mit großen Warzen besetzte Spindeln oder Stäbe, auch Sterne und Doppelsterne, sowie unregelmäßigere Formen. Die Rinde ist sehr dick.

Tropisch Indopazifischer Ozean. Litoral.

2 Arten.

Spec. typ.: *I. hippuris* L.

Bestimmungstabelle der Arten:

Endzweige kurz, dick, an den Enden angeschwollen	1. **I. hippuris**
Endzweige lang, schlank, an den Enden nicht angeschwollen	2. **I. reticulata**

1. **I. hippuris** L. 1758 *I. h.*, Linné, Syst. Nat., ed. 10 p. 799 | 1766 *I. h.*, Pallas, Elench. Zooph., p. 233 | 1786 *I. h.*, Ellis & Solander, Zooph., p. 105 t. 3 f. 1 | 1788—1790 *I. h.*, Esper, Pflanzenth., *v.* 1 p. 27 t. 1—3; t. 4 f. 1—5 | 1821 *I. h.*, Lamouroux, Expos. Polyp., p. 39 t. 3 f. 1 | 1849 *I. h.*, Steenstrup in: Vid. Meddel., p. 66 | 1857 *I. h.*, H. Milne-Edwards, Hist. Corall., *v.* 1 p. 194 | 1857 *I. h.*, J. E. Gray in: P. zool. Soc. London, *v.* 25 p. 283 | 1865 *I. h.*, Kölliker, Icon. histiol., p. 140 t. 19 f. 42, 43; t. 16 f. 4 | 1906 *I. h.*, J. Simpson in: J. Linn. Soc. London, *v.* 29 p. 421 t. 43 | 1909 *I. h.*, J. A. Thomson & J. Simpson, Alcyon. Investigator, *v.* 2 p. 184 | 1910 *I. h.*, Nutting in: Siboga-Exp., *v.* 13b2 p. 6 t. 1 f. 1, 1a, 1b; t. 5 f. 1 | 1919 *I. h.*, Kükenthal in: Ergeb. Tiefsee-Exp., *v.* 13 pars 2 p. 630.

Verzweigung teilweise dichotomisch, buschig, hirschgeweihartig, die Äste sind vorwiegend nach drei Seiten hin entwickelt. Die Enden der Endzweige sind angeschwollen. Die Achse ist dick und die kurzen ungefähr 4,5—6 mm langen soliden Internodien sind längsgerippt. Diese Längsrippen sind mit gezähnelten Rändern versehen. Die Äste entspringen von den Internodien bis zu drei. Die Polypen sind rings um Stamm und Äste in Zwischenräumen von 0,5—1 mm angeordnet und bis 1,25 mm lang und können sich völlig in die dicke Rinde zurückziehen. Ein besonderer Polypenkelch fehlt, doch sind die benachbarten Rindenskleriten in 8 sternförmig angeordneten Gruppen angeordnet. Die Tentakel sind 0,5 mm lang, flach und lanzettförmig und mit einer Reihe kurzer, dicker, walzenförmiger Pinnulae besetzt. Die Polypenskleriten gleichen denen der Rinde und sind nur etwas kleiner. Es sind 0,2 mm lange bewarzte meist mit einem Wirtel von 3 großen Warzen an jedem Ende, sternförmige Gebilde von 0,1 mm Durchmesser und unregelmäßigere Formen. Die Rinde ist sehr dick. Hellbraun.

Tropisch Indopazifischer Ozean. Litoral.

2. **I. reticulata** Nutting 1910 *I. r.*, Nutting in: Siboga-Exp., *v.* 13b2 p. 8 t. 1 f. 2, 2a; t. 5 f. 2 | 1919 *I. r.*, Kükenthal in: Ergeb. Tiefsee-Exp., *v.* 13 pars 2 p. 630.

Kolonie schlank mit Tendenz zur Fächerform. Die langen, schlanken Endzweige sind an ihren Enden nicht angeschwollen. Gelegentlich treten Anastomosen auf (Fig. 209). Die Internodien sind basal am kürzesten, weiter

Fig. 209. **Isis reticulata** (nach Nutting.)

distalwärts etwa 20 mm lang werdend. Die Längsfurchen gehen auch über die Nodien hinweg. Die Polypen sind sehr klein, spärlich und unregelmäßig auf allen Seiten der Äste verteilt. Ihre Wandung scheint skleritenfrei zu sein, ebenso die Tentakel. Die Rinde ist dick und ihre Skleriten sind kleiner als bei *I. hippuris*, auch treten häufig zartere Spindeln mit oft symmetrisch angeordneten Warzen auf. Rotbraun, die Polypen sind rötlicher als die Rinde.

Aruinseln. Im seichten Litoral.

2. Gen. **Chelidonisis** Th. Studer

1890 *C.*, Th. Studer in: Mém. Soc. zool. France, *v.* 3 p. 553 | 1901 *C.*, Th. Studer in: Résult. Camp. Monaco, *v.* 20 p. 39 | 1919 *C.*, Kükenthal in: Ergeb. Tiefsee-Exp., *v.* 13 pars 2 p. 631.

Verzweigung typisch dichotomisch in einer Ebene. Die fein längsgerippten Internodien teilen sich an ihren Enden dichotomisch in je 2 Äste, die mit kurzen Nodien beginnen. Die Polypen stehen allseitig aber vorwiegend in der Verzweigungsebene und sind in halbkugelige Kelche zurückziehbar, die ziemlich weit auseinander stehen. Die Skleriten sind kleine, sternförmige Gebilde, auch Doppelkeulen, ähnlich den Skleriten von *Isis*. Die Rinde ist dünn und nur um die Polypenbasis herum dicker.

Atlantischer Ozean. Litoral und Abyssal.

2 Arten.

Spec. typ.: *C. aurantiaca* Th. Stud.

Bestimmungstabelle der Arten:

Rinde gelb	1. **C. aurantiaca**
Rinde hellrot	2. **C. capensis**

1. **C. aurantiaca** Th. Stud. 1890 *C. a.*, Th. Studer in: Mém. Soc. zool. France, *v.* 3 p. 553 | 1901 *C. a.*, Th. Studer in: Résult. Camp. Monaco, *v.* 20 p. 39 t. 4 f. 6—9; t. 11 f. 1, 2 | 1909 *C. a.*, J. Stephens in: Sci. Invest. Fish. Ireland, (1907) nr. 5 p. 9 | 1919 *C. a.*, Kükenthal in: Ergeb. Tiefsee-Exp., *v.* 13 pars 2 p. 631.

Die Kolonie ist in einer Ebene typisch dichotomisch verzweigt. Die Basis ist scheibenförmig. Die Internodien sind 5—5,6 mm lang und fein längsgerippt. Die Rippen sind fein gezähnelt. Die Äste gehen von den Nodien ab und jeder wird bis zur nächsten Verzweigung von einem Internodium gebildet. Die Polypen sind vollkommen in warzenförmige halbkugelige Kelche zurückziehbar und sind ziemlich entfernt voneinander allseitig, aber doch vorwiegend in der Verzweigungsebene angeordnet. Die Kelchskleriten sind kleine Doppelkeulen bis 0,06 mm Durchmesser, während im retraktilen Polypenteile und den Tentakeln kleine, sternförmige Körperchen liegen, die aber den Pinnulae fehlen. Die Rinde ist dünn, nur um die Polypenbasis herum dicker und mit den gleichen Skleriten erfüllt wie die Polypenkelche. Gelb, Polypenkelche hellrot.

Azoren in 454 m Tiefe. Westküste Irlands in 849—1332 m Tiefe.

2. **C. capensis** (Th. Stud.) 1878 *Isidella c.*, Th. Studer in: Monber. Ak. Berlin, p. 664 t. 5 f. 36a, b | 1900 nec *Primnoisis c.*, Hickson in: Mar. Invest. S. Afr., [*v.* 1] p. 86 | 1919 *Chelidonisis c.*, Kükenthal in: Ergeb. Tiefsee-Exp., *v.* 13 pars 2 p. 632, 927.

Von dünner lamellöser Basis erhebt sich ein aufrechter Hauptstamm, der sich wiederholt dichotomisch teilt. Die Verzweigung der kleinen Kolonien erfolgt stets in einer Ebene, in der auch Stamm und Äste leicht komprimiert sind. Die fein längsgestreiften Internodien sind am Hauptstamm 4 mm, an den Ästen bis 8 mm lang. Die Äste entspringen von den kurzen Nodien. Die Polypenkelche springen hemisphärisch vor und stehen an den beiden schmaleren Seiten des Stammes in je einer Reihe in ziemlichen Abständen, sowohl an den hornigen wie an den kalkigen Gliedern. Die Skleriten sind warzige Körper von Spindel- und Keulenform und bis 0,3 mm lang. Außerdem kommen etwa 0,12 mm messende, kleinere Formen mit langen Ausläufern vor. Die Rinde ist sehr dünn. Hellrot.

Südafrika. In 46—92 m Tiefe.

Gen. **Notisis** Gravier

1913 *N.*, Gravier in: Bull. Mus. Paris, p. 454 | 1919 *N.*, Kükenthal in: Ergeb. Tiefsee-Exp., *v.* 13 pars 2 p. 633.

Kolonie in einer Ebene verzweigt, die Äste sind wenig zahlreich und sehr schlank. Die Internodien sind mit konischen, in Längsreihen angeordneten Erhebungen besetzt, die aber nicht durch Längsleisten verbunden sind. Die Rinde ist dünn. Die Polypen sind gut entwickelt und stehen ziemlich weit voneinander. Die Polypenskleriten sind Schuppen mit tief eingeschnittenen Rändern mit dicken Warzen. Die Rindenskleriten sind längliche, stabförmige, knotige Formen.

Antarktis.

1 Art.

N. fragilis Gravier 1913 *N. f.*, Gravier in: Bull. Mus. Paris, p. 455 | 1919 *N. f.*, Kükenthal in: Ergeb. Tiefsee-Exp., *v.* 13 pars 2 p. 634.

Die Kolonie ist pseudodichotomisch in einer Ebene verzweigt. Die Äste sind spärlich und sehr schlank. Die Internodien sind 2—4 mm lang und mit konischen Erhebungen besetzt, die nicht regelmäßig stehen, aber in Längsreihen, anscheinend 6 an der Zahl, angeordnet sind. Längsleisten fehlen. Nur einzelne Internodien tragen einen Ast, die meisten sind astlos. Die Polypen stehen isoliert, anscheinend wechselständig, noch am zahlreichsten an den Endzweigen. Die größten erreichen kaum 1 mm; sie sind schräg inseriert, aber nicht adaxial eingebogen. Die schuppenförmigen Skleriten stehen in 8 Längsreihen, die mit den Tentakeln korrespondieren. Der Vorderrand ist konvex, tief eingeschnitten und die Außenfläche bewarzt. Ihre Länge erreicht 0,88 mm, ihre Breite 0,8 mm. Die Tentakelskleriten sind ähnlich aber kleiner. Die Rindenskleriten sind gerade oder gebogene Stäbe mit dicken Warzen besetzt und bis 0,2 mm lang.

Marguerita-Insel (Antarktis). In 254 m Tiefe.

Alphabetisches Register

Nomenclator generum et subgenerum

von C. Apstein.

Acabaria J. E. Gray in: P. zool. Soc. London, *v.* 27 p. 484. 1859. Sp.: *A. divaricata.*

Acalycigorgia Kükenthal in: Kükenthal & Gorzawsky in: Abh. Bayer. Ak., suppl. *v.* 1 nr. 3 p. 38. 1908. Sp.: *A. irregularis, radians, densiflora, grandiflora, inermis.*

Acamptogorgia P. Wright & Th. Studer in: Rep. Voy. Challenger, *v.* 31 pars 64 p. 115. 1889. Sp.: *A. arbuscula, alternans.*

Acanella J. E. Gray, Cat. Lithoph. Brit. Mus., p. 16. 1870. Sp.: *A. arbuscula.*

Acanthogorgia J. E. Gray in: P. zool. Soc. London, *v.* 25 p. 128. 1857. Sp.: *A. hirsuta.*

Acanthoisis P. Wright & Th. Studer in: Th. Studer in: Arch. Naturg., *v.* 53 I p. 46. 1887.

Acanthomuricea Hentschel in: Denk. Ges. Jena, *v.* 8 p. 650. 1903. Sp.: *A. biserialis.*

Acanthomuricea J. A. Thomson & W. D. Henderson, Alcyon. Investigator, *v.* 1 p. 61. 1906. Sp.: *A. ramosa, spicata.*

Acis Billberg, Enum. Ins., p. 32. 1820. Sp.: *A. gibba, grossa, lanata, sericeolineata, trilineata, acuminata, spinosa, reflexa.* Col.

Acis Subgen. Lesson, Traité Orn., p. 388. 1830. Sp.: *Muscicapa (A.) miniata, flammea.* Aves.

Acis Chevrolat in: Dejean, Cat. Col., p. 435. 1833. Sp.: *A. modesta, affinis, senegalensis, chloris, madagascariensis, brunnicornis, calcutensis, spinipes, splendida, lateralis, vitula.* Col.

Acis Duchassaing & Michelotti in: Mem. Acc. Torino, ser. 2 *v.* 19 p. 19. 1860. Sp.: *A. guadalupensis.*

Adeona Lamouroux in: N. Bull. Soc. philom., *v.* 3 p. 188. 1812. Sp.: *A. grisea, elongata.*

Agerochus nom. nud. Rafinesque, Anal. Nat., p. 156. 1815.

Alcyonium Linné, Syst. Nat., ed. 10 p. 803. 1758. Sp.: *A. arboreum, digitatum, Bursa.*

Alertigorgia Kükenthal in: Zool. Anz., *v.* 33 p. 17. 1908. Sp.: *A. strammi.*

Amphilaphis Th. Studer & P. Wright in: Th. Studer in: Arch. Naturg., *v.* 53 I p. 50. 1887. Sp.: *A. regularis* (in: Rep. Voy. Challenger, *v.* 31 pars 64 p. 71. 1889.)

Anadyomena Lamouroux in: N. Bull. Soc. philom., *v.* 3 p. 187. 1812. Sp.: *A. flabellata.*

Anicella J. E. Gray in: Ann. nat. Hist., ser. 4 *v.* 2 p. 445. 1868. Sp.: *A. australis.*

Anthogorgia A. E. Verrill in: Amer. J. Sci., ser. 2 *v.* 45 p. 413. 1868. Sp.: *A. divaricata.*

Anthomuricea P. Wright & Th. Studer in: Th. Studer in: Arch. Naturg., *v.* 53 I p. 55. 1887. Sp.: *A. argentea* (in: Rep. Voy. Challenger, *v.* 31 pars 64 p. 104. 1889).

Anthoplexaura Kükenthal in: Zool. Anz., *v.* 32 p. 502. 1908. Sp.: *A. dimorpha.*

Anthothela A. E. Verrill in: P. U. S. Mus., *v.* 2 p. 199. 1879. Sp.: *A. grandiflora.*

Antipathes Pallas, Elench. Zooph., p. 205. 1766. Sp.: *A. faeniculacea, ericoides,* *pennacea, myriophylla, flabellum, clathrata, cupressina, orichalcea, dichotoma, spiralis.*

Arthrogorgia Kükenthal in: Kükenthal & Gorzawsky in: Zool. Anz., *v.* 32 p. 625. 1908. Sp.: *A. membranacea.*

Astrogorgia A. E. Verrill in: Amer. J. Sci., ser. 2 *v.* 45 p. 413. 1868. Sp.: *A. sinensis.*

Astromuricea Germanos in: Zool. Anz., *v.* 18 p. 447. 1895. Sp.: *A. polyclados, A. Theophilasi.*

Bathygorgia P. Wright in: Rep. Voy. Challenger, Narr. *v.* 1 p. 691. 1885. Sp.: *B. profunda.*

Bebryce A. Philippi in: Arch. Naturg., *v.* 8I p. 35. 1842. Sp.: *B. mollis.*

Bellonella J. E. Gray in: Ann. nat. Hist., ser. 3 *v.* 10 p. 148. 1862. Sp.: *B. granulata.*

Birotulata Nutting in: Siboga-Exp., *v.* 13b5 p. 56. 1911. Sp.: *B. splendens.*

Blepharogorgia Duchassaing & Michelotti in: Mem. Acc. Torino, ser. 2 *v.* 23 p. 15. 1864. Sp.: *B. Schrammi.*

Boarella J. E. Gray in: Ann. nat. Hist., ser. 4 *v.* 5 p. 406. 1870. Sp.: *B. flabellata.*

Bovella J. E. Gray in: Ann. nat. Hist., ser. 4 *v.* 5 p. 407. 1870. Sp.: *B. ramulosa.*

Brandella J. E. Gray, Cat. Lithoph. Brit. Mus., p. 30. 1870. Sp.: *B. intricata.*

Briarea pro: *Briareum* Blainville 1830 Duchassaing & Michelotti in: Mem. Acc. Torino, ser. 2 *v.* 19 p. 15. 1860.

Briareum Blainville in: Dict. Sci. nat., *v.* 60 p. 484. 1830. Sp.: *B. gorgonoideum.*

Calicogorgia J. A. Thomson & W. D. Henderson, Alcyon. Investigator, *v.* 1 p. 65. 1906. Sp.: *C. investigatoris, rubrotincta.*

Caligorgia pro: *Callogorgia* J. E. Gray 1857 Th. Studer in: P. Wright & Th. Studer in: Rep. Voy. Challenger, *v.* 31 pars 64 Pref. p. 50 & 75. 1889.

Callicella J. E. Gray, Cat. Lithoph. Brit. Mus., p. 37. 1870. Sp.: *C. elegans.*

Calligorgia pro: *Callogorgia* J. E. Gray 1857 J. E. Gray, Cat. Lithoph. Brit. Mus., p. 35. 1870.

Callirrhabdos A. Philippi in: Arch. Naturg., *v.* 60I p. 211. 1894. Sp.: *C. chilensis.*

Callisis A. E. Verrill in: Bull. Mus. Harvard, *v.* 11 p. 9. 1883. Sp.: *C. flexibilis.*

Callogorgia J. E. Gray in: P. zool. Soc. London, *v.* 25 p. 286. 1857. Sp.: *C. verticillata.*

Callozostron P. Wright in: Rep. Voy. Challenger, Narr. *v.* 1 p. 691. 1885. Sp.: *C. mirabile.*

Calypterinus P. Wright & Th. Studer in: Th. Studer in: Arch. Naturg., *v.* 53I p. 49. 1887. Sp.: *C. allmani* (in: Rep. Voy. Challenger, *v.* 31 pars 64 p. 53. 1889).

Calyptrophora J. E. Gray in: P. zool. Soc. London, p. 25. 1866. Sp.: *C. japonica.*

Ceratoisis pro: *Keratoisis* P. Wright 1869 A. E. Verrill in: Bull. Mus. Harvard, *v.* 11 p. 10. 1883.

Cereopsis Kent in: Quart. J. micr. Sci., ser. 2 *v.* 10 p. 398. 1870. Sp.: *C. Bocagei.*

Chelidonisis Th. Studer in: Mém. Soc. zool. France, *v.* 3 p. 553. 1890. Sp.: *C. aurantiaca.*

Chrysogorgia Duchassaing & Michelotti in: Mem. Acc. Torino, ser. 2 *v.* 23 p. 13. 1864. Sp.: *C. desbonni.*

Clathraria J. E. Gray in: P. zool. Soc. London, *v.* 27 p. 486. 1859. Sp.: *C. rubrinodis.*

Clavularia Quoy & Gaimard in: Voy. Astrol., *v.* 4 p. 260. 1834. Sp.: *C. viridis, violacea.*

Clematessa P. Wright & Th. Studer in: Arch. Naturg., *v.* 53I p. 55. 1887.

Clematissa pro: *Clematessa* P. Wright & Th. Studer 1887 P. Wright & Th. Studer in: Rep. Voy. Challenger, *v.* 31 pars 64 p. 106. 1889. Sp.: *C. verrilli.*

Coralliopsis H. Filhol, Vie Fond Mers, p. 263 t. 1. 1885. Sp.: *C. perrieri.*

Corallium Lamarck, Syst. An. s. Vert., p. 378. 1801. Sp.: *C. rubrum.*

Corallodus pro: *Corallium* Lamarck 1801 Rafinesque, Anal. Nat., p. 156. 1815.

Cricogorgia H. Milne-Edwards, Hist. Corall., Atl. t. B 2 f. b. 1857. Sp. *C. ramea.*

Ctenocella Valenciennes in: CR. Ac. Sci., *v.* 41 p. 14. 1855. Sp.: *C. pectinata.*

Cyclomuricea Nutting in: P. U. S. Mus., *v.* 34 p. 585. 1908. Sp.: *C. flabellata.*

Danielssenia Grieg in: Bergens Mus. Aarsber., 1886 p. 8. 1887. Sp.: *D. irramosa.*

Dasygorgia A. E. Verrill in: Bull. Mus. Harvard, *v.* 11 p. 21. 1883. Sp.: *D. Agassizi, elegans, spiculosa, squamata, splendens.*

Dasystenella Subgen. Versluys in: Siboga-Exp., *v.* 13ª p. 39, 48. 1906. Sp.: *Stenella (D.) acanthina.*

Dendrogorgia Duchassaing, Rev. Zooph. Spong. Antill., p. 14. 1870. Sp.: *D. parvula.*

Dicholaphis Kinoshita in: Annot. zool. Jap., *v.* 6 p. 230. 1907. Sp.: *D. delicata.*

Dichotella J. E. Gray, Cat. Lithoph. Brit. Mus., p. 50. 1870. Sp.: *D. divergens.*

Diodogorgia Kükenthal in: Ergeb. Tiefsee-Exp., *v.* 13 pars 2 p. 96. 1919. Sp.: *D. ceratosa.*

Diplocalyptra Subgen. Kinoshita in: Annot. zool. Jap., *v.* 7 p. 49, 56. 1908. Sp.: *Thouarella (D.) parva, coronata.*

Discogorgia Kükenthal in: Ergeb. Tiefsee-Exp., *v.* 13 pars 2 p. 842. 1919. Sp.: *D. campanulifera.*

Echinogorgia Kölliker, Icon. histiol., p. 136. 1865. Sp.: *E. sasappo, pseudosasappo, umbricata, furfuracea, cerea.*

Echinomuricea A. E. Verrill in: Amer. J. Sci., ser. 2 *v.* 47 p. 285. 1869. Sp.: *E. coccinea.*

Elasma Jaennicke in: Abh. Senckenb. Ges., *v.* 6 p. 322. 1866. Sp.: *E. acanthinoidea.* Dipt.

Elasma P. Wright & Th. Studer in: Th. Studer in: Arch. Naturg., *v.* 53 I p. 58. 1887.

Elasmogorgia P. Wright & Th. Studer in: Rep. Voy. Challenger, *v.* 31 pars 64 p. 132. 1889. Sp.: *E. filiformis.*

Ellisella J. E. Gray in: P. zool. Soc. London, *v.* 25 p. 287. 1857. Sp.: *E. juncea, elongata, coccinea, pectinata.*

Epithouarella Subgen. Kükenthal in: Zool. Anz., *v.* 46 p. 150. 1915. Sp.: *Thouarella (E.) affinis, chilensis, crenelata.*

Equisetella J. E. Gray, Cat. Lithoph. Brit. Mus., p. 18. 1870. Sp.: *E. Gregorii.*

Erythropodium Kölliker, Icon. histiol., p. 141. 1865. Sp.: *E. carybaeorum.*

Eugorgia A. E. Verrill in: Amer. J. Sci., ser. 2 *v.* 45 p. 414. 1868. Sp.: *E. ampla, nobilis, rigida, flexilis, cuspidata, Bradleyi, stenobrachis, Daniana, Mexicana.*

Eumuricea Subgen. A. E. Verrill in: Tr. Connect. Ac., *v.* 1 p. 449. 1869. Sp.: *Muricea (E.) acervata, tubigera, horrida, hispida, squarrosa.*

Eunephthya A. E. Verrill in: Amer. J. Sci., ser. 2 *v.* 47 p. 284. 1869. Sp.: *E. thyrsoides, glomerata.*

Eunicaea [pro: *Eunicea* Lamouroux 1816] J. D. Dana in: U. S. expl. Exp., *v.* 7 p. 655. 1846.

Eunicea Lamouroux, Hist. Polyp., p. 431. 1816. Sp.: *E. antipathes, microthela, limiformis, mollis, succinea, pseudo-antipathes, clavaria, calyculata, muricata, scirpea.*

Eunicella A. E. Verrill in: Amer. J. Sci., ser. 2 *v.* 48 p. 425. 1869. Sp.: *E. verrucosa, venosa, subtilis, tenuis, graminea, bertolonii, crinita, papillosa, palma.*

Euniceopsis A. E. Verrill in: Tr. Connect. Ac., *v.* 12 p. 311. 1907. Sp.: *E. Tourneforti, grandis, atra.*

Eunycea [pro: *Eunicea* Lamouroux 1816] Duchassaing, An. rad. Antill., p. 20. 1850.

Euplexaura A. E. Verrill in: P. Essex Inst., *v.* 6 Commun. p. 75. 1869. Sp.: *E. capensis.*

Euthouarella Subgen. Kükenthal in: Zool. Anz., *v.* 46 p. 149. 1915. Sp.:

Thouarella (E.) longispinosa, hilgendorfi, typica, laxa, moseleyi, flabellata, tydemani, tenuisquamis, carinata, coronata.

Fanellia J. E. Gray, Cat. Lithoph. Brit. Mus., p. 46. 1870. Sp.: *F. compressa.*

Filigella J. E. Gray in: Ann. nat. Hist., ser. 4 *v.* 2 p. 443. 1868. Sp.: *F. gracilis.*

Gonigoria J. E. Gray in: P. zool. Soc. London, *v.* 19 p. 124. 1851. Sp.: *G. clavata.*

Gorgonella Valenciennes in: CR. Ac. Sci., *v.* 41 p. 10, 12. 1855. Sp.: *G. sarmentosa, cauliculus, violacea, furcata, flexuosa.*

Gorgonia Linné, Syst. Nat., ed. 10 p. 800. 1758. Sp.: *G. spiralis, Ventalina, Flabellum, Antipathes, Ceratophyta, pinnata, aenea, Placomus, Abies.*

Gymnosarca Kent in: Quart. J. micr. Sci., ser. 2 *v.* 10 p. 397. 1870. Sp.: *G. bathybius.*

Heliania J. E. Gray in: P. zool. Soc. London, *v.* 27 p. 480. 1859. Sp.: *H. spinescens.*

Hemicorallium J. E. Gray in: P. zool. Soc. London, p. 125. 1867. Sp.: *H. Johnsoni.*

Herophila Subgen. E. Mulsant in: Ann. Soc. Agric. Lyon, ser. 3 *v.* 7 p. 209. 1863. Sp.: *Lamia (Herophila) Fairmairii, tristis.* Col.

Herophila pro: *Herophile* Steenstrup 1860 P. Wright & Th. Studer in: Rep. Voy. Challenger, *v.* 31 pars 64 Pref. p. 41. 1889.

Herophile Steenstrup in: Ov. Danske Selsk., p. 121. 1860. Sp.: *H. regia.*

Heteorogorgia A. E. Verrill in: Amer. J. Sci., ser. 2 *v.* 45 p. 413. 1868. Sp.: *H. verrucosa, tortuosa.*

Heterogorgia pro: *Heteorogorgia* A. E. Verrill 1868 A. E. Verrill in: Tr. Connect. Ac., *v.* 1 p. 450. 1869.

Hexapathes Kinoshita in: Annot. zool. Jap., *v.* 7 p. 231, 234. 1910. Sp.: *H. heterosticha.*

Hicksonella J. Simpson in: J. R. micr. Soc., p. 682. 1910. Sp.: *H. spiralis, flagellata, capensis.*

Hicksonella Nutting in: Siboga-Exp., *v.* 13b1 p. 14. 1910. Sp.: *H. princeps.*

Homophyton J. E. Gray in: P. zool. Soc. London, p. 27. 1866. Sp.: *H. gattyiae.*

Hookerella J. E. Gray, Cat. Lithoph. Brit. Mus., p. 45. 1870. Sp.: *H. pulchella.*

Hymenogorgia Valenciennes in: CR. Ac. Sci., *v.* 41 p. 713. 1855.

Hypnogorgia Duchassaing & Michelotti in: Mem. Acc. Torino, ser. 2 *v.* 23 p. 21. 1864. Sp.: *H. pendula.*

Iciligorgia Duchassaing, Rev. Zooph. Spong. Antill., p. 12. 1870. Sp.: *I. schrammi.*

Iridogorgia A. E. Verrill in: Bull. Mus. Harvard, *v.* 11 p. 26. 1883. Sp.: *I. Pourtalesii.*

Isidella M. Sars in: Forh. Selsk. Christian., p. 22. 1868. Sp.: *I. lofotensis.*

Isidia pro: *Isis* Linné 1758 Rafinesque, Anal. Nat., p. 156. 1815.

Isidoides Nutting in: Siboga-Exp., *v.* 13b3 p. 633. 1910. Sp.: *I. armata.*

Isis Linné, Syst. Nat., ed. 10 p. 799. 1758. Sp.: *I. Hippuris, dichotoma, ocracea, Anastatica, Encrinus.*

Ismenus nom. nud. Rafinesque, Anal. Nat., p. 156. 1815.

Junceella Valenciennes in: CR. Ac. Sci., *v.* 41 p. 9, 14. 1855. Sp.: *J. juncea, surculus, vimen, elongata, calyculata, hystrix.*

Juncella pro: *Junceella* Valenciennes 1855 H. Milne Edwards, Hist. Corall., *v.* 1 p. 186. 1857.

Keratoisis P. Wright in: Ann. nat. Hist., ser. 4 *v.* 3 p. 23. 1869. Sp.: *K. Grayii.*

Keratophyton Ellis, Nat. Hist. Corall., p. 65. 1756. non binaer.

Keroeides P. Wright & Th. Studer in: Arch. Naturg., *v.* 53I p. 30. 1887. Sp.: *K. Koreni* (in: Rep. Voy. Challenger, *v.* 31 pars 64 p. 168. 1889).

Koroeides pro: *Keroeides* P. Wright & Th. Studer 1887. Nutting in: Siboga-Exp., *v.* 13b5 p. 31. 1911.

Lepidisis A. E. Verrill in: Bull. Mus. Harvard, *v.* 11 p. 18. 1883. Sp.: *L. caryophyllia, longiflora, vitrea.*

Lepidogorgia A. E. Verrill in: Amer. J. Sci., ser. 3 *v.* 28 p. 220. 1884. Sp.: *L. gracilis.*

Lepidomuricea Kükenthal in: Ergeb. Tiefsee-Exp., *v.* 13 pars 2 p. 842. 1919. Sp.: *L. ramosa.*

Leptigorgia pro: *Leptogorgia* H. Milne Edwards 1857 A. E. Verrill in: Amer. J. Sci., *v.* 48 p. 419. 1869.

Leptogorgia H. Milne Edwards, Hist. Corall., *v.* 1 p. 163. 1857. Sp.: *L. viminalis, cauliculus, miniacea, rosea, purpuracea, porosissima, webbiana, viminea, aurantiaca, sanguinea, virgulata, borgana, virgea.*

Leucoella J. E. Gray in: Ann. nat. Hist., ser. 4 *v.* 5 p. 408. 1870. Sp.: *L. cervicornis.*

Lignella J. E. Gray in: Ann. nat. Hist., ser. 4 *v.* 5 p. 407. 1870. Sp.: *L. Richardi.*

Lissogorgia A. E. Verrill in: P. Essex Inst., *v.* 4 Commun. p. 187. 1865. Sp.: *L. flexuosa.*

Lithoprimnoa Ed. Grube in: Abh. Schles. Ges., p. 165, 174. 1861. Sp.: *L. arctica.*

Litigorgia A. E. Verrill in: Amer. J. Sci., ser. 2 *v.* 45 p. 414. 1868. Sp.: *L. media, Agassizi, laevis, Florae, ramulus, diffusa, pumila.*

Lobularia Lamarck, Hist. An. s. Vert., *v.* 2 p. 412. 1816. Sp.: *L. digitata, conoidea, palmata.*

Lophogorgia H. Milne Edwards, Hist. Corall., *v.* 1 p. 167. 1857. Sp.: *L. palma.*

Machaerigorgia Kükenthal in: Zool. Anz., *v.* 47 p. 173, 174. 1916. Sp.: *M. orientalis.*

Madrepora Linné, Syst. Nat., ed. 10 p. 793. 1758. Sp.: *M. Acetabulum, Verrucaria, turbinata, Fungites, Pileus, Maeandrites, labyrinthiformis, areolata, punctata, Agaricites, truncata, stellaris, polygama, favosa, Astroites, Organu, flexuosa, turbinata, fascicularis, Ananas, pertusa, ramea, rubra, oculata, virginea.*

Malacogorgia Hickson in: Mar. Invest. S. Afr., *v.* 3 p. 226. 1905. Sp.: *M. capensis.*

Malacosolenocaulon Subgen. Germanos in: Zool. Anz., *v.* 18 p. 446. 1895. Sp.: *Solenocaulon (M.) acalyx, tortuosum, Grayi (?).*

Melitaea J. C. Fabricius in: Mag. Ins.-Kunde, *v.* 6 p. 284. 1808. Sp.: *M. Lucina, Cinxia, Cynthia, Maturna.* Lep.

Melitaea Lamarck, Hist. An. s. Vert., *v.* 2 p. 297. 1816. Sp.: *M. ochracea, retifera, textiformis, coccinea.*

Melitea Péron & Lesueur in: Ann. Mus. Paris, *v.* 14 p. 342. 1809. Sp.: *M. purpurea.* Medus.

Melitea Lamouroux in: N. Bull. Soc. philom., *v.* 3 p. 188. 1812. Sp.: *M. ochracea, verticillaris, petechizans, flabellata.*

Melitella J. E. Gray in: P. zool. Soc. London, *v.* 27 p. 485. 1859. Sp.: *M. elongata, retifera, coccinea, ? tenella.*

Melithaea pro: *Melitaea* Lamarck 1816 Milne Edwards, Hist. Corall., *v.* 1 p. 199. 1857.

Melithea pro: *Melitaea* Lamarck 1816 Milne Edwards, Hist. Corall., *v.* 1 p. 199. 1857.

Melitodes A. E. Verrill in: Bull. Mus. Harvard, *v.* 1 p. 38. 1864. Sp.: *M. ochracea, virgata.*

Menacella J. E. Gray in: Ann. nat. Hist., ser. 4 *v.* 5 p. 406. 1870. Sp.: *M. reticularis.*

Menella J. E. Gray in: Ann. nat. Hist., ser. 4 *v.* 5 p. 407. 1870. Sp.: *M. indica.*

Metallogorgia Versluys in: Siboga-Exp., *v.* 13 p. 87. 1902. Sp.: *M. melanotrichos.*

Mopsea Lamouroux, Hist. Polyp., p. 465. 1816. Sp.: *M. verticillata, dichotoma.*

Mopsella J. E. Gray in: P. zool. Soc. London, *v.* 25 p. 284. 1857. Sp.: *M. dichotoma.*

Muricea Lamouroux, Expos. Polyp., p. 36. 1821. Sp.: *M. spicifera, elongata.*

Muriceides P. Wright & Th. Studer in: Th. Studer in: Arch. Naturg., *v.* 53 I p. 54. 1887. Sp.: *M. fragilis* (in: Rep.

Voy. Challenger, *v.* 31 pars 64 p. 105. 1889).

Muricella Subgen. A. E. Verrill in: Tr. Connect. Ac., *v.* 1 p. 450. 1869. Sp.: *Muricea (Muricella) flexuosa, nitida, ? humosa, ? tuberculata.*

Muricellisis Kükenthal in: Zool. Anz., *v.* 46 p. 124. 1915. Sp.: *M. echinata.*

Narella J. E. Gray, Cat. Lithoph. Brit. Mus., p. 49. 1870. Sp.: *N. regularis.*

Nephthya Savigny in: Descr. Egypt., Atlas *v.* 2 Polypes t. 2. Jahr?

Nicella J. E. Gray, Cat. Lithoph. Brit. Mus., p. 40. 1870. Sp.: *N. mauritiana.*

Nidalia J. E. Gray in: P. zool. Soc. London, *v.* 3 p. 60. 1835. Sp.: *N. occidentalis.*

Nisea nom. nud. Rafinesque, Anal. Nat., p. 156. 1815.

Notisis Gravier in: Bull. Mus. Paris, p. 454. 1913. Sp.: *N. fragilis.*

Palythoa pro: *Palythoe* Lamouroux 1812 L. Agassiz, Nomencl. zool., Polypi p. 19. 1844.

Palythoe Lamouroux in: N. Bull. Soc. philom., *v.* 3 p. 188. 1812. Sp.: *P. muricata, papillosa.*

Paracalyptrophora Subgen. Kinoshita in: J. Coll. Japan, *v.* 23 nr. 12 p. 58. 1908. Sp.: *Calyptrophora (P.) ijimae.*

Paracamptogorgia Kükenthal in: Ergeb. Tiefsee-Exp., *v.* 13 pars 2 p. 840. 1919. Sp.: *P. bebrycoides.*

Paracis Kükenthal in: Ergeb. Tiefsee-Exp., *v.* 13 pars 2 p. 837. 1919. Sp.: *P. orientalis.*

Paragorgia H. Milne Edwards, Hist. Corall., *v.* 1 p. 190. 1857. Sp.: *P. arborea.*

Paramuricea Kölliker, Icon. histiol., p. 136. 1865. Sp.: *P. placomus, intermedia, spinosa, nigrescens.*

Paraplexaura Kükenthal in: Abh. Bayer. Ak., suppl. 1 pars 5 p. 26. 1909. Sp.: *P. asper, spinosa, armata, studeri.*

Paraspongodes Kükenthal in: Zool. Anz., *v.* 18 p. 439. 1895. Sp.: *P. crassa.*

Parastenella Subgen. Versluys in: Siboga-Exp., *v.* 13a p. 39, 45. 1906. Sp.: *Stenella (P.) doederleini, spinosa, ramosa.*

Parathouarella Subgen. Kükenthal in: Zool. Anz., *v.* 46 p. 150. 1915. Sp.: *Thouarella (P.) striata, variabilis, versluysi, clavata, antarctica, köllikeri.*

Paratitanideum Kükenthal in: Ergeb. Tiefsee-Exp., *v.* 13 pars 2 p. 84. 1919. Sp.: *P. friabilis, mjöbergi.*

Parerythropodium Kükenthal in: Zool. Jahrb., suppl. 11 p. 461. 1916. Sp.: *P. coralloides, fulvum, norvegicum, astraeoides, punctatum, membranaceum, reptans.*

Parisis A. E. Verrill in: Bull. Mus. Harvard, *v.* 1 p. 37. 1864. Sp.: *P. fruticosa.*

Peltastisis Nutting in: Siboga-Exp., *v.* 13b2 p. 19. 1910. Sp.: *P. uniserialis, cornuta.*

Porisceles P. Wright & Th. Studer in: Th. Studer in: Arch. Naturg., *v.* 53I p. 57. 1887.

Perisceles err. pro *Periscelis,* Loew in: Berlin. ent. Z., Bd. 2 p. 113. 1858. P. Wright & Th. Studer in: Rep. Voy. Challenger, *v.* 31 pars 64 Intr. p. 55. 1889.

Phenilia J. E. Gray in: P. zool. Soc. London, *v.* 27 p. 482. 1859. Sp.: *P. sanguinolenta.*

Phycogorgia H. Milne-Edwards & Haime, Monogr. Brit. foss. Corals, pars 1 Intr. p. 80. 1850. Sp.: *P. furcata.*

Phyllogorgia H. Milne-Edwards & Haime, Monogr. Brit. foss. Corals, pars 1 Intr. p. 80. 1850. Sp.: *P. dilatata.*

Placogorgia P. Wright & Th. Studer in: Rep. Voy. Challenger, *v.* 31 pars 64 p. 113. 1889. Sp.: *P. atlantica.*

Platygorgia P. Wright & Th. Studer in: Th. Studer in: Arch. Naturg., *v.* 53I p. 60. 1887. Sp.: *P. albicans, palma* var. *alba.*

Pleurocorallium J. E. Gray in: P. zool. Soc. London, p. 126. 1867. Sp.: *P. secundum.*

Pleurocoralloides Th. Moroff in: Zool. Jahrb., Syst. *v.* 17 p. 405. 1902. Sp.: *P. formosum.*

Pleurogorgia Versluys in: Siboga-Exp., *v.* 13 p. 93. 1902. Sp.: *P. plana.*

Plexaura Lamouroux in: N. Bull. Soc. philom., *v.* 3 p. 187. 1812. Sp.: *P. suberosa, homomalla, sasappo.*

Plexaurella (nom. nud.) Valenciennes in: CR. Ac. Sci., *v.* 41 p. 10. 1855. Sp.: *P. dichotoma.*

Plexaurella Kölliker, Icon. histiol., p. 138. 1865. Sp.: *P. dichotoma, crassa, anceps, nutans, vermiculata, furcata.*

Plexauroides P. Wright & Th. Studer in: Rep. Voy. Challenger, *v.* 31 pars 64 p. 138. 1889. Sp.: *P. praelonga.*

Plexauropsis A. E. Verrill in: Tr. Connect. Ac., *v.* 12 p. 309. 1907. Sp.: *P. bicolor.*

Plumarella J. E. Gray, Cat. Lithoph. Brit. Mus., p. 36. 1870. Sp.: *P. penna.*

Plumigorgia Nutting in: Siboga-Exp., *v.* 13bis p. 632. 1910. Sp.: *P. hydroides.*

Primnoa Lamouroux in: N. Bull. Soc. philom., *v.* 3 p. 188. 1812. Sp.: *P. lepadifera.*

Primnodendron Nutting in: P. U. S. Mus., *v.* 43 p. 70. 1912. Sp.: *P. superbum.*

Primnoeides Th. Studer & P. Wright in: Th. Studer in: Arch. Naturg., *v.* 53 I p. 52. 1887.

Primnoella J. E. Gray in: P. zool. Soc. London, *v.* 25 p. 286. 1857. Sp.: *P. australasiae.*

Primnoides P. Wright & Th. Studer in: Rep. Voy. Challenger, *v.* 31 pars 64 p. 90. 1889. Sp.: *P. sertularoides.*

Primnoisis P. Wright & Th. Studer in: Th. Studer in: Arch. Naturg., *v.* 53 I p. 46. 1887. Sp.: *P. antarctica.*

Prymnoa [pro: *Primnoa* Lamouroux 1812] Ehrenberg in: Abh. Ak. Berlin, p. 357. 1834.

Psammogorgia A. E. Verrill in: Amer. J. Sci., *v.* 45 p. 413. 1868 V. Sp.: *P. arbuscula.*

Pseudobebryce Kükenthal in: Ergeb. Tiefsee-Exp., *v.* 13 pars 2 p. 841. 1919. Sp.: *P. philippi.*

Pseudoplexaura P. Wright & Th. Studer in: Rep. Voy. Challenger, *v.* 31 pars 64 p. 141. 1889. Sp.: *P. crassa.*

Pseudoplumarella Kükenthal in: Zool. Anz., *v.* 46 p. 145. 1915. Sp.: *P. thetis, corruscans, filicoides, versluysi, plumatilis.*

Pseudopterogorgia Kükenthal in: Ergeb. Tiefsee-Exp., *v.* 13 pars 2 p. 854. 1919. Sp.: *P. australiensis.*

Pseudosuberia Kükenthal in: Zool. Anz., *v.* 47 p. 173, 174. 1916. Sp.: *P. genthi.*

Pseudothesea Kükenthal in: Ergeb. Tiefsee-Exp., *v.* 13 pars 2 p. 843. 1919. Sp.: *P. placoderma.*

Psilacabaria S. Ridley in: Rep. Voy. Alert, p. 363. 1884. Sp.: *P. gracillima.*

Pterogorgia Ehrenberg in: Abh. Ak. Berlin, p. 368. 1834. Sp.: *P. setosa, acerosa, stricta, fasciolaris, Sancti Thomae, anceps, turgida, violacea.*

Pterostenella Subgen. Versluys in: Siboga-Exp., *v.* 13a p. 39. 1906. Sp.: *Stenella (P.) plumatilis.*

Radicipes Stearns in: P. U. S. Mus., *v.* 6 p. 97. 1883. Sp.: *R. pleurocristatus.*

Reticella J. E. Gray, Cat. Lithoph. Brit. Mus., p. 30. 1870. Sp.: *R. flexuosa.*

Reticulina nom. nud. Rafinesque, Anal. Nat., p. 156. 1815.

Rhabdoplexaura Kükenthal in: Ergeb. Tiefsee-Exp., *v.* 13 pars 2 p. 234. 1919. Sp.: *R. princeps.*

Rhipidella J. E. Gray in: Ann. nat. Hist., ser. 4 *v.* 5 p. 407. 1870. Sp.: *R. verticillata.*

Rhipidigorgia Valenciennes in: CR. Ac. Sci., *v.* 41 p. 9, 13. 1855. Sp.: *R. umbraculum, lagneus, stenobrachis, arenata, coarctata, cribrum, occatoria, flabellum.*

Rhipidogorgia [pro: *Rhipidigorgia* Valenciennes 1855] A. E. Verrill in: Bull. Mus. Harvard, *v.* 1 p. 32. 1864.

Rhopalonella Roule in: Exp. antarct. Franç., Alcyon. p. 2. 1908. Sp.: *R. pendulina.*

Riisea [pro: *Rusea* Duchassaing & Michelotti 1860] Duchassaing & Michelotti in: Mem. Acc. Torino, ser. 2 *v.* 23 p. 14. 1864.

Rusea Duchassaing & Michelotti in: Mem. Acc. Torino, ser. 2 *v.* 19 p. 18. 1860. Sp.: *R. paniculata.*

Sarcogorgia J. E. Gray in: P. zool. Soc. London, *v.* 25 p. 158. 1857. Sp.: *S. phidippus.*

Scirparia pro: *Scirpéaires* G. Cuvier 1817 A. F. Schweigger, Handb. Naturg., p. 435. 1820.

„Scirpéaires" G. Cuvier, Règne an., *v.* 4 p. 85. 1817. Sp.: *S. mirabilis.*

Scirpearella P. Wright & Th. Studer in: Rep. Voy. Challenger, *v.* 31 pars 64 p. 154. 1889. Sp.: *S. profunda, gracilis, moniliforme, rubra.*

Scirpearia pro: *Scirpéaires* G. Cuvier 1817. Ehrenberg in: Abh. Ak. Berlin, p. 288. 1834. Sp.: *S. mirabilis.* Pennat.

Scleracis Riess in: Kükenthal in: Ergeb. Tiefsee-Exp., *v.* 13 pars 2 p. 837. 1919.

Sclerisis Th. Studer in: Monber. Ak. Berlin, p. 661. 1878. Sp.: *S. pulchella.*

Sclerogorgia Kölliker, Icon. histiol., p. 142. 1865. Sp.: *S. suberosa, patula, verriculata.*

Sclerosolenocaulon Subgen. Germanos in: Zool. Anz., *v.* 18 p. 445. 1895. Sp.: *Solenocaulon (S.) tubulosum, sterroclonium, diplocalyx.*

Semperina Kölliker in: Verh. Ges. Würzburg, ser. 2 *v.* 2 p. 17. 1870. Sp.: *S. rubra.*

Solanderia Duchassaing & Michelin in: Rev. Zool., p. 219. 1846. Sp.: *S. gracilis.*

Solenocaulon J. E. Gray in: Ann. nat. Hist., ser. 3 *v.* 10 p. 147. 1862. Sp.: *S. tortuosum.*

Solenogorgia Genth in: Z. wiss. Zool., *v.* 17 p. 429, 433. 1867. Sp.: *S. tubulosa.*

Solenopodium Kükenthal in: Zool. Anz., *v.* 47 p. 172, 174. 1916. Sp.: *S. contortum, stechei, ? excavatum.*

Spongioderma Kölliker in: Verh. Ges. Würzburg, ser. 2 *v.* 2 p. 14. 1870. Sp.: *S. verrucosa.*

Stachyodes P. Wright & Th. Studer in: Th. Studer in: Arch. Naturg., *v.* 53 I p. 49. 1887. Sp.: *S. regularis* (in: Rep. Voy. Challenger, *v.* 31 pars 64 p. 55. 1889).

Stenella J. E. Gray, Cat. Lithoph. Brit. Mus., p. 48. 1870. Sp.: *S. imbricata.*

Stenogorgia A. E. Verrill in: Bull. Mus. Harvard, *v.* 1 p. 29. 1883. Sp.: *S. casta.*

Stereogorgia Kükenthal in: Zool. Anz., *v.* 47 p. 178. 1916. Sp.: *S. claviformis.*

Stereosoma Hickson in: Tr. zool. Soc. London, *v.* 13 p. 337. 1894. Sp.: *S. celebense.*

Sterogorgia [pro: *Stereogorgia* Kükenthal 1916] Kükenthal in: Zool. Anz., *v.* 47 p. 176. 1916. Sp.: *S. claviformis.*

Strophogorgia P. Wright in: Rep. Voy. Challenger, Narr. *v.* 1 p. 691. 1885. Sp.: *S. challengeri, verrilli.*

Subergorgia J. E. Gray in: P. zool. Soc. London, *v.* 25 p. 159. 1857. Sp.: *S. suberosa.*

Suberia Th. Studer in: Monber. Ak. Berlin, p. 666. 1878. Sp.: *S. Koellikeri.*

Suberiopsis Broch in: Svenska Ak. Handl., *v.* 52 nr. 11 p. 15. 1916. Sp.: *S. australis.*

Suberogorgia pro: *Subergorgia,* J. E. Gray 1857 S. Ridley in: Rep. Voy. Alert, p. 349. 1884.

Swiftia Duchassaing & Michelotti in: Mem. Acc. Torino, ser. 2 *v.* 23 p. 18. 1864. Sp.: *S. exserta.*

Tarasus nom. nud. Rafinesque, Anal. Nat., p. 156. 1815.

Telxina nom. nud. Rafinesque, Anal. Nat., p. 156. 1815.

Thesea Duchassaing & Michelotti in: Mem. Acc. Torino, ser. 2 *v.* 19 p. 18. 1860. Sp.: *T. exserta.*

Thouarella J. E. Gray, Cat. Lithoph. Brit. Mus., p. 45. 1870. Sp.: *T. antarctica.*

Titanideum L. Agassiz MS in: A. E. Verrill in: Mem. Boston Soc., *v.* 1 p. 10. 1863. Sp.: *T. suberosum.*

Titanidium [pro: *Titanideum* A. E. Verrill 1863] Nutting in: Siboga-Exp., *v.* 13b5 p. 19. 1911.

Trichogorgia Hickson in: Mar. Invest. S. Afr., *v.* 3 p. 222. 1905. Sp.: *T. flexilis.*

Trinella J. E. Gray, Cat. Lithoph. Brit. Mus., p. 12. 1870. Sp.: *T. Swinhoei.*

Umbracella J. E. Gray in: P. zool. Soc. London, *v.* 25 p. 289. 1857. Sp.: *U. umbraculum, granulata.*

Verrucella H. Milne-Edwards, Hist. Corall., *v.* 1 p. 184. 1857. Sp.: *V. violacea, flexuosa, furcata, gemmacea.*

Versluysia Nutting in: Siboga-Exp., *v.* 13b p. 25. 1910. Sp.: *V. ceylonensis, ramosa, rosea, dentata, operculata, reticulata, argentea.*

Villogorgia Duchassaing & Michelotti in: Mem. Acc. Torino, ser. 2 *v.* 19 p. 32. 1860. Sp.: *V. nigrescens.*

Viminella J. E. Gray, Cat. Lithoph. Brit. Mus., p. 28. 1870. Sp.: *V juncea, flabellum, hystrix, laevis, (?) santa crucis.*

Vioa Nardo in: Isis, p. 523. 1833. Sp.: *V. asbestina.*

Wrightella J. E. Gray, Cat. Lithoph. Brit. Mus., p. 31. 1870. Sp.: *W. chrysanthos, coccinea.*

Xaenia [pro: *Xenia* Lamarck 1816] Duchassaing & Michelotti in: Mem. Acc. Torino, ser. 2 *v.* 19 p. 16. 1860. Sp.: *X. caribaeorum, capitata.*

Xenia Lamarck, Hist. An. s. Vert., *v.* 2 p. 409. 1816. Sp.: *X. umbellata, purpurea.*

Xiphigorgia H. Milne-Edwards, Hist. Corall., *v.* 1 p. 171. 1857. Sp.: *H. anceps, setacea.*

Xiphocella J. E. Gray, Cat. Lithoph. Brit. Mus., p. 36. 1870. Sp.: *X. Esperi.*

Zenia pro: *Xenia* Lamarck 1816. J. E. Gray, Syn. Brit. Mus., ed. 42. 1840. (fide L. Agassiz.)

HANDBUCH DER ZOOLOGIE

EINE NATURGESCHICHTE DER STÄMME DES TIERREICHES

Begründet von

Dr. Willy Kükenthal

Geheimer Regierungsrat
weil o. ö. Prof. an der Universität Berlin

Unter Mitarbeit zahlreicher Fachgelehrter

herausgegeben von

Dr. Thilo Krumbach

Erster Band

Protozoa * Porifera * Coelenterata * Mesozoa

Bearbeitet von

Dr. Hjalmar Broch in Christiania, Prof. Dr. Max Hartmann in Berlin, Prof. Dr. Ernst Hentschel in Hamburg, Privatdoz. Dr. Viktor Jollos in Berlin-Dahlem, † Prof. Dr Willy Kükenthal in Berlin, Prof. Dr Thilo Krumbach in Berlin, Frau Dr. Fanny Moser in Berlin, Prof Dr Ferdinand Pax in Breslau, Prof. Dr. Ludwig Rhumbler in Hannöverisch-Münden

Erste Lieferung. Bogen 1 bis 12. 4°. 192 Seiten. 1923. Subskriptionspreis G.-M. 9.—.

Zweite Lieferung. Bogen 13 bis 26. 4°. Seiten 193 bis 416. 1923. Subskriptionspreis G.-M. 10.50.

Dritte Lieferung. Bogen 27 bis 32. 4°. Seiten 417 bis 512. 1924. Subskriptionspreis G.-M. 4.50.

Bis zum Fertigwerden des kompletten ersten Bandes wird das Werk zu einem **Subskriptionspreis** von 0,75 Grundzahl pro Bogen abgegeben. **Drei Monate nach Erscheinen** des ersten Bandes erlischt dieser Vorzugspreis und an seine Stelle tritt ein wesentlich **erhöhter Preis.**

Walter de Gruyter & Co.
vormals G. J Göschensche Verlagshandlung — J. Guttentag, Verlagsbuchhandlung
Georg Reimer — Karl J. Trübner — Veit & Comp
Berlin W 10 und Leipzig

Kolibri 360 GmbH
Ferdinand-Jühlke-Straße 7
99095 Erfurt, Deutschland
produktsicherheit@kolibri360.de